JN440563

BRIDGE ENGINEERING

교량공학

한계상태설계

권영봉 · 최광규 · 김경식 · 공병승 · 김희중 편저

도서출판 동화기술

편저자의 글

오랫동안 대학에서 학부 4학년 학생들을 대상으로 교량공학을 강의해 오면서 느낀 아쉬움은 과목의 범위가 너무 광범위하고 학부생에게 주어진 수업시간은 제한적이기 때문에 학부생에게 필요한 지식을 고루 포함하고 있는 적합한 교재를 찾기가 쉽지 않다는 것이었다. 어떤 책은 너무 설계분야만을 다루고 또 어떤 책은 너무 많은 것을 다루다보니 백과사전처럼 되어 전문기술적인 부분이 조금 모자라는 등의 문제점들을 가지고 있었다. 그러나 이 책은 도로교량 위주로 신설교량의 상하부 구조의 설계를 비롯하여 계약, 조사, 시공, 유지관리 및 노후교량의 개량 등 토목(교량)기술자가 꼭 알아야 하는 중요한 주제에 관한 균형적인 지식을 고루 포함하고 있는 책으로 생각되어 번역작업을 하여 1판을 출간하였다. 그러나 2012년 도로교설계기준이 한계상태설계법으로 바뀌게 되었으며, 2016년 국가건설기준센터 주관으로 건설기준표준화가 이루어졌기 때문에 이를 적극 반영하여 원서의 모든 기본적인 내용은 그대로 두되 설계기준과 관련된 부분은 AASHTO 기준 대신에 우리나라 건설기준코드의 구조설계기준, 교량설계기준[한계상태설계(2016)]을 적용하는 것이 더욱 유용하리라고 판단되어 2판을 편저서로 출판하게 되었다.

교량공학은 저자가 서문에서 언급한 것처럼 다양하고 다면적인 전문분야이며 기술의 전문화와 통합의 필요성을 동시에 가지고 있는 학문분야이다. 현대적인 도로교의 설계, 개선 그리고 유지관리는 거의 모든 분야 토목기술자들의 전문성의 통합과 협력을 필요로 한다. 이 책은 학부생을 주 대상으로 하여 집필되었기 때문에 교량의 설계만이 아니라 교량기술과 관련된 전 분야를 고루 다루고 있으며, 또한 전문가를 위한 새로운 기술이론을 제시하기 보다는 실무적인 의도로 저술되었다.

교량을 처음 접하는 학부생을 위하여 가장 일반적인 거더교에 초점을 맞추어 교량의 구성과 기능에 대한 기본적인 그러나 아주 필수적인 전문기술에 대하여 쉽게 설명하고 있다. 일반적으로 기술서적의 지루함을 덜기 위하여 내용과 관련된 중간부분에 알아두기, 설계관점 등의 제목으로 또는 중간에 이론이나 그림에 대한 설명을 따로 추가하는 방법으로 교량의 역사적인 자료, 통계 및 정보 그리고 정보에 대한 이견을 포함한 논의에 대하여 기술하고 있다. 또한 책의 초입에 원어를 병기한 전문용어사전을 제공하여 용어를 쉽게 이해할 수 있도록 하였으며, 설계예제를 통하여 설계 단계별 기술지식에 대한 완벽한 이해를 돕고자 하였다.

원서에서는 본문이나 설계예제에서 FP(Foot-Pound) 단위를 사용하고 있으나 우리나라는 공식적으로 SI(System International) 단위를 사용하고 있으므로 대부분을 단위 환산을 통하여 변환하였으나 간혹 필요에 따라서 단위를 그대로 사용하였음을 밝혀둔다.

용어의 번역에 있어서 가능하면 토목분야의 공용용어집에서 제시된 용어를 사용하였다. 서로 다른 원어가 같은 용어로 사용되는 경우나, 한 개의 용어가 두 가지 이상의 의미로 사용되는 경우에는 적재적소에 맞는 용어를 선택하여 사용할 수 있도록 찾아보기 및 본문의 교량전문용어사전에 모두 수록하였다. 또한 번역에 의해 원서의 의미 전달이 명쾌하지 않은 부분이나 주요 용어에 대해서는 괄호 속에 원어를 병기하여 독자의 이해를 돕고자 하였다.

최근까지 우리나라에서는 교량기술자가 강교량의 설계에는 허용응력법을 사용하고, 콘크리트교량의 설계에는 강도설계법을 사용해야 하는 불합리한 상황에 놓여있었다. 그러나 2012년에 도로교설계기준 - 한계상태설계가 국토해양부에 의해 개정되어, 3년의 유예기간을 거쳐서 2015년 이후 도로교의 설계는 한계상태법의 사용이 의무화 되었다. 또한 건설기준표준화에 따라서 설계코드의 편성이 재정비되었다. 따라서 빠른 시일 안에 교량기술자들이 부재의 성능을 기반으로 제정한 한계상태설계법(하중저항계수설계법)을 이해하고 교량설계에 적용하기 위한 노력이 경주되어야 한다고 판단된다. 이러한 시점에서 교량공학의 이론과 철학뿐 아니라 교량설계업무, 유지관리, 조사, 노후 교량의 개선 그리고 운영 등을 폭넓게 다루고 있는 본 역서의 개정판을 내면서, 원서의 FP 대신에 SI 단위를 적용하고, 교량설계에 AASHTO - LRFD 설계기준 대신에 국가건설기준센터에서 표준화한 구조설계기준 및 교량설계기준 - 한계상태설계(2016)를 전적으로 적용한 것은 나름대로 학생들이나 기술자들에게 상당한 도움이 될 것으로 기대된다. 아무쪼록 이 책으로 교량공학을 공부하는 모든 학생들의 학력증진과 우리나라 교량의 미래를 이어가고 있는 기술자들의 기술력의 증진에 도움이 되었으면 하는 바람이다.

편저자 일동

차 례

Chapter 01

도로교

개요

본 장에서 우리는 교량은 근대도로망의 일부라는 점을 강조하면서, 교량의 설계와 건설에 대한 간략한 역사에 대하여 서술하고자 한다. 독자들은 다양한 교량 구조물의 요소에 대하여도 알게 될 것이다. 또한 도로교 요소에 대한 개요가 교량에 관한 명칭 및 전문용어에 대한 안내서 형태로 서술될 것이다.

일반인들에게 교량에 대하여 생각해보라고 하면, 그들의 머리에는 흔히 아름답고 매우 인상적인 교량이 떠오르게 될 것이다. 만약 당신이 미국인이라면 금문교(Golden Gate Bridge)나 베라자노내로스교(Verrazano-Narrows Bridge)가 떠오를 것이고, 또 한국인이라면 이순신대교(그림 1.1)나 인천대교가 떠오를 것이다. 만약 당신이 중국인이라면 수통교(Suton Bridge)를 떠올릴 것이다. 역사적인 교량을 선호한다면 아마도 가르교(Pont Du Gard)가 최선의 선택이 될 수도 있을 것이다.

의심할 바 없이 이것들은 훌륭한 교량 구조물이며, 그것들의 역사적 그리고 기술적 배경도 자세하게 알려져 있다. 그러나 일반적인 도로교에 대한 생각은 어떠한가? 비록 당신의 차가 교량의 신축이음부를 통과할 때 덜컹거림을 느끼기는 하지만 대부분의 사람들, 더구나 토목기술자들조차도 이러한 도로교를 당연한 것으로 여길 뿐이다. 그러나 보통의 도로교는 모든 수송망(transportation network)의 가장 완벽한 일부분이며, 토목기술자가 참여하는 가장 흥미로운 설계 프로젝트의 하나가 된다.

비교적 지간이 짧은 도로교의 상부구조 형식으로 우리는 보편적으로 거더교(거더 위에 바닥판을 타설한 교량)를 선택한다. 바닥판은 주로 일련의 거더(아래에 열거한 거더 중의 한 가지) 위에 타설된 콘크리트 슬래브가 된다.

- 강재 플레이트 거더
- 프리스트레스트 콘크리트 거더
- 목재 거더(우리나라의 경우에는 거의 사용하지 않음)
- 프리플렉스 거더 및 유사한 종류의 거더

분명히 현수교, 사장교, 아치교, 트러스교 그리고 콘크리트 혹은 강재 박스 거더교 등 다양한 종류의 교량형식이 있기는 하지만, 근대의 수송망의 중추를 이루는 것은 일반적인 거더교이다. 금문교와 같은 장대 교량도 물론 차량이 통과하므로 도로교라고 부른다. 하지만 새로운 프로젝트의 지속적인 과제가 되고 또 노후화하는 사회기반시설 중에서 거더교의 유지관리 및 개량이 시급한 문제가 되기 때문에, 이 책의 초점은 거더교의 설계 및 시공에 맞추어져 있다. 교량의 개량과 관련하여서는 오늘날 교량기술자들은 선배들이 과거에 경험하지 못한 문제에 직면하고 있는 실정이다. 이 책에서 개량설계(rehabilitation design)에서 시도된 독특한 도전정신을 보게 될 것이다. 젊은 기술자로서 교량설계를 생각할 때 우리 모두는 조지워싱턴교(George Washington Bridge)나 시드니 하버교(Sydney Harbor Bridge)의 화려한 프로젝트를 생각하겠지만, 이런 교량은 흔하지 않은 것들이다. 소위말해서, 우리가 주로 다루게 되는 거더교는 화려한 특수교량처럼 매력적이지는 않지만 그만큼이나 다룰 가치가 있는 프로젝트이다.

그림 1.1 이순신대교(대림산업(주) 제공)

주경간장 1,545 m의 3경간 대칭 타정식 현수교

David B. Steinman

교량은 기반암에 설치된 기초로부터 주탑 및 경간까지 하나의 기적(wonder)과 한 편의 시(poetry)이다.

1.1 용도 및 기능

어떤 통합 수송망에서도 필연적으로 다양한 지장물을 횡단하는 교량이 건설될 수밖에 없다. 교량으로 횡단하게 되는 대상은 인간이 만든 도로, 철도 및 수로 등과 자연적인 하천 및 호수 등이 있다. 쉽게 말해서, 현재 지구상에는 수많은 교량이 공용 중이며 다양한 단체들에 의하여 관리되고 있고, 상당한 연장의 도로에서는 시점부터 종점까지 교량으로 횡단해야만 하는 장애물이 없는 경우는 거의 없다. 미국에는 60만개의 교량이 공용 중이며,[1.1] 새로운 도로프로젝트가 계획되어 건설됨에 따라 매년 그 숫자는 증가하고 있다.

1950년대부터 1970년대에 이르는 동안 폭발적으로 교량이 설계 및 시공된 반면에, 미국 교통부에 따르면 2007년까지 미국 도로교의 약 25%에서 구조적인 결함이 발생하거나 구조적인 기능이 상실될 것으로 예상된다고 한다. 이러한 상황은 이 교량들의 대부분을 시급히 보수하거나 궁극적으로 교체하지 않으면 안 된다는 것을 의미하고 있다. 우리는 이러한 사실과 함께 교량의 기본적인 용도와 기능을 마음 속 깊이 인식하고 있어야 한다.

도로교 현장은 복잡한 장소이며, 수많은 토목기술자들이 모여서 직업적으로 최고의 흥미진진한 도전 중의 하나를 수행해가는 그런 무대이다. 현장을 세밀하게 관찰해 보면 교량설계자는 다음과 같은 분야를 책임져야만 한다.

- 고가 및 하부(통과) 교량의 배치와 기하학적인 관계를 고려한 교량설계
- 상부구조 및 하부구조의 구조설계
- 교각 및 교대 기초의 지반설계
- 적절한 지간길이와 교량현장 배수를 위한 수공설계
- 교량현장의 평면과 지반 정리 작업을 위한 측량 및 지형도 제작

우리가 관심을 가질만한 다양한 기술분야가 많이 있음에도 불구하고 현대의 도로교는 설계의 우아한 단순함과 복잡한 시스템에 대한 이해의 용이성 때문에 아주 흥미로운 프로젝트가 된다. 초보이거나 또는 경험 있는 교량설계자에게 가장 도움이 되는 것은 지속적인 관찰이다. 교량기술자는 우리의 광활한 수송망을 통하여 이동하면서 계속적으로 도로교를 관찰할 수 있다. 다양한 형태의 요소를 관찰함으로써 독자들은 교량설계에 사용되는 복잡한 요소를 좀 더 잘 이해하게 되고, 구조물과 설계과정을 구체적으로 이해할 수 있게 될 것이다.

1.1.1 전문용어 및 명칭

다른 분야와 마찬가지로 교량분야에도 특별한 용어가 있으며, 설계자들은 이 전문용어들을 먼저 이해해야 이 분야에서 업무를 용이하게 수행해 나갈 수 있다. 그림 1.2에는 하부에 도로가 통과하는 대표적인 고가도로 용도로 건설된 거더교를 도시하였다. 도시된 교량은 단지간교이다. 지간은 지점과 지점을 연결하는 교량 상부구조의 일부분을 일컫는다. 다음에서 우리가 이 책에서 사용할 중요한 교량과 관련된 용어들을 살펴보고자 한다. 이 장의 끝부분에 설계자들이 사전처럼 사용할 수 있는 교량에 관한 어휘들을 총망라하였다. 여기에 망라한 용어들은 교량과 관련하여 교량의 설계 및 시공 관계자들이 가장 빈번하게 사용하는 용어들이다.

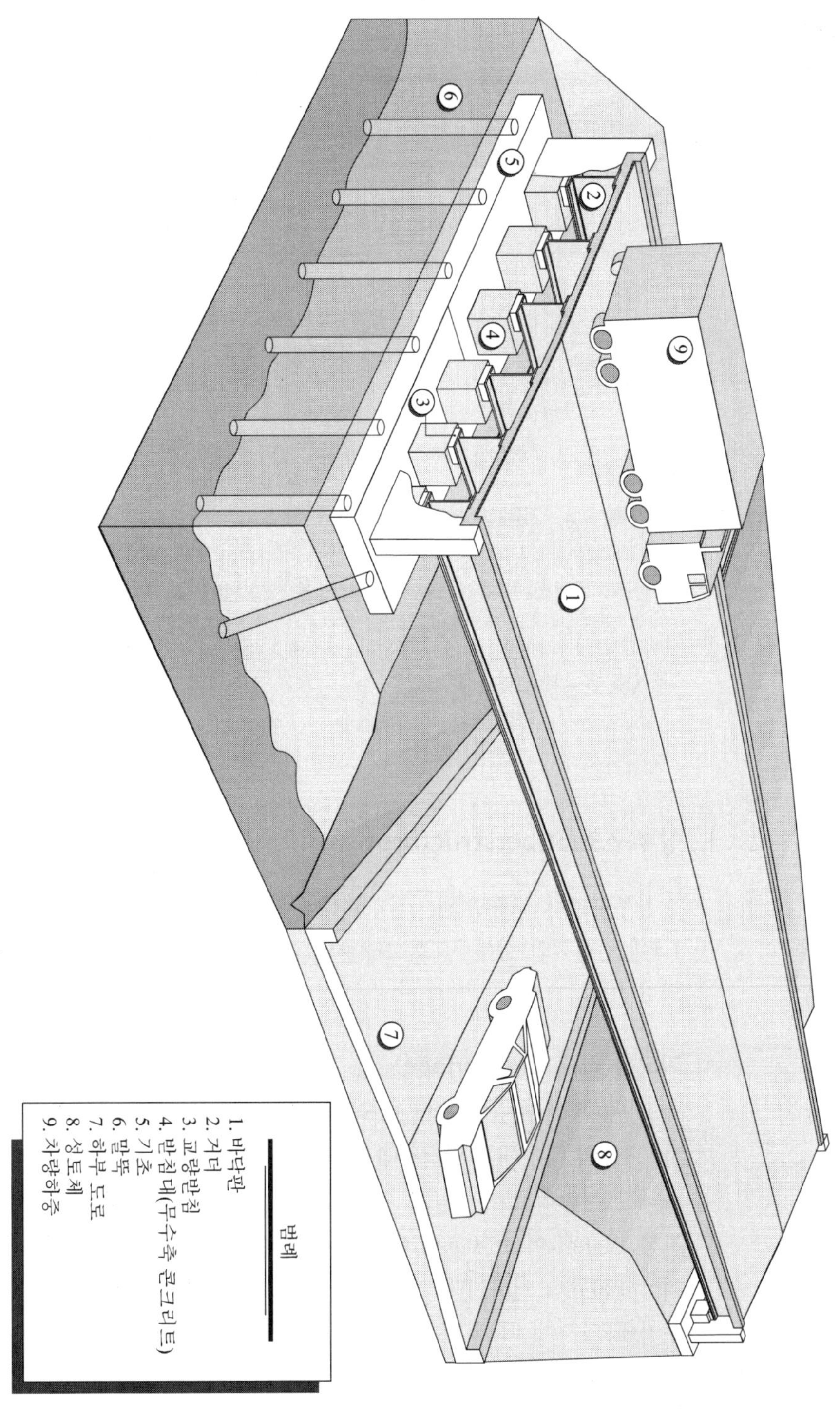

그림 1.2 대표적인 단지간 거더교와 대표적인 요소

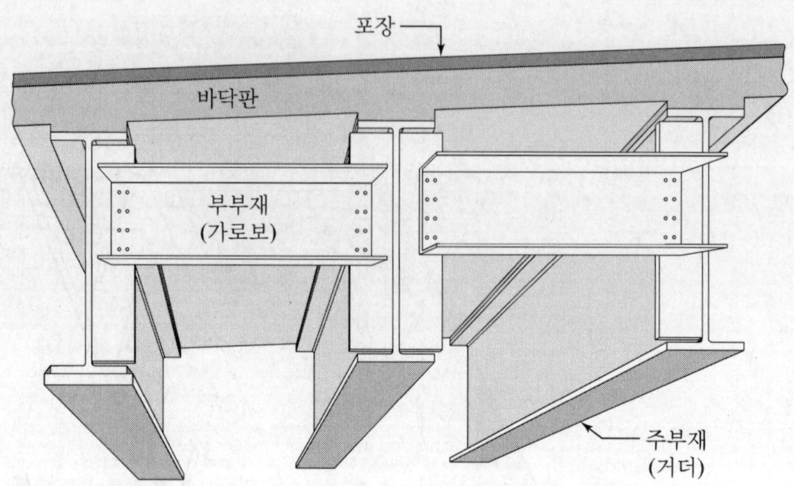

그림 1.3 거더교 상부구조의 중요 요소

상부구조는 교량받침 상부의 모든 요소로 구성된다. 이 예제에서 상부구조는 2개의 2″헌치가 있는 7.5″바닥판 위에 2.5″아스팔트포장으로 구성되어 있다. 주부재는 압연 W형강 W36×150 이다(AISC 표기로 대략의 웨브 깊이가 36″이고 단위 피트(ft)당 무게가 150파운드(lb)를 의미함). 가로보는 MC18×45.7(AISC 표기, miscellaneous channel)이며, 연결판에 A325 고장력 볼트로 접합되어 있다.

1. 상부구조(Superstructure)

상부구조란 교량받침(지점) 상부의 교량을 구성하는 모든 요소를 말한다. 그림 1.3에 전형적인 상부구조를 도시하였다. 기본적인 상부구조는 다음 요소들로 구성되어 있다.

마모층(Wearing Surface)

표면포장은 차량에 의한 마모에 저항하는 바닥판의 상면에 설치된 부분을 말한다. 보통의 경우에는 바닥판과 분리된 아스팔트층으로 구성되지만, 어떤 경우에는 바닥판 콘크리트와 일체로 시공되기도 한다. 일체로 타설된 표면포장의 두께는 보통 12 mm 이상 50 mm 이하가 된다. 아스팔트 표면포장의 두께는 보통 50 mm 이상 100 mm 이하이다. 그러나 표면포장의 두께는 교량의 공용기간 동안에 덧씌우기에 의하여 더 두꺼워지기도 한다.

바닥판(Deck)

바닥판은 교량으로 통과해야 하는 장애물 위의 도로의 연장이다. 이 그림에서 바닥판은 철근콘크리트 슬래브이다. 강바닥판교(orthotropic deck bridge)에서는 바닥판은 보강강판이 된다. 바닥판의 주요 기능은 하중을 교량 단면의 횡방향으로 분배하는 것이다. 바닥틀이나 기타 다른 구조시스템 위에 설치되거나 또는 일체로 건설된 바닥판은 교량의 길이 방향인 종방향으로도 하중을 분배한다.

강재는 헨리 베서머 경(Sir Henry Bessemer)이 강재 생산비를 획기적으로 줄일 수 있는 컨버터(converter)를 발명한 1856년에야 겨우 구조재로 사용이 가능하게 되었다. 그러나 미국에서 강재가 교량 재료로 많이 사용되기 시작한 것은 4반세기가 지난 후였다.[1,2]

주부재(Primary Members)

주부재는 하중을 종방향으로 분배하며 주로 휨과 전단에 저항하도록 설계된다. 그림 1.3에서 주부재는 압연 H형강으로 구성되어 있다. 오래된 교량의 경우에 최외측의 주부재는 더 큰 하중을 지지하기 위하여 웨브(복부판)의 높이가 크고, 하부플랜지에 덮개판이 용접되어 있는 경우도 있었다. 덮개판은 피로 문제 때문에 더 이상 사용하지 않고 있다. 최근에는 신설 교량에서는 향후 교량의 폭을 확장하기에 편리하도록 내외측 부재를 동일한 규격의 단면을 사용하는 경향이 있다.

이와 같은 보형식의 주부재는 거더 또는 세로보(스트링거)라고 부른다. 이러한 부재로 사용하는 것은 H형강, I형 플레이트 거더, 프리스트레스트 콘크리트 거더, 조립목재(glued laminated timber) 등이다. 주부재에 바닥판을 직접 연결하기 보다는 바닥판과 거더의 상부플랜지 사이에 헌치를 타설하는 경우가 흔히 있다. 헌치의 중요한 기능은 거더와 바닥판의 기하학적인 형상을 조정하는 것이다. 교량의 상부구조는 사각형 또는 사다리꼴 모양의 상자형으로 건설할 수도 있다. 박스거더 교량은 지간이 길거나 곡선교일 경우에 강재나 프리스트레스트 콘크리트로 건설할 수 있다. 주부재에 대한 더 자세한 설명은 3.1.1절에서 찾아볼 수 있다.

부부재(Secondary Members)

부부재는 상부구조 골조의 변형을 방지하고 거더 사이에 수직하중의 일부를 분배하기 위하여 주부재 사이에 설치된 가새(bracing)이다. 부부재는 가설 중에 구조물의 안정성을 확보하기 위하여 사용되기도 한다. 그림 1.3에서 압연보로 구성된 거더 사이에 ㄷ형강 가로보가 설치된 것을 볼 수 있다. ㄷ형강은 볼트로 연결판에 접합되어 있고 연결판은 주부재에 볼트나 용접으로 접합되어 있다. 다른

그림 1.4 곡선 강재 거더교의 수평가새(Lateral Bracing)

수평가새는 교량의 종축에 직각으로 작용하는 하중에 의해서 발생하는 횡변형을 방지하기 위한 일종의 부부재이다. 풍하중은 이러한 횡하중의 한 종류이다. 그림 1.4와 같은 곡선 강교에서 수평가새는 상부구조의 비틂강성(교축에 대한 비틀림을 방지하는)을 증가시킨다. 이러한 비틂강성은 박스 거더 상부구조의 성능과 유사하다(3.1.1절 4항 참조). 이러한 구조적인 장점 외에 수평가새는 양중 및 설치하기 전에 거더를 한 개의 단위 구조물로 조합할 수 있도록 함으로써 시공 절차를 간소화한다.

형태의 부부재로는 높이가 작은 H형강 가로보나 ㄱ형강을 교차시킨 가새가 사용된다. 횡변위를 방지하기 위하여 거더의 상부나 하부플랜지에 가새를 사용하는데, 이를 수평가새라 한다(그림 1.4). 부부재에 대한 자세한 설명은 3.1.4절에 있다. 곡선교의 중간다이어프램은 수직하중에 의한 비틀림에 저항하는 구조부재이기 때문에 주부재로 간주된다.

2. 하부구조(Substructure)

하부구조는 상부구조와 고가차도를 지지하는 모든 요소로 구성된다. 그림 1.2에서 3~6번 요소이다.

교대(Abutments)

교대는 교량의 시점과 종점에서 상부구조와 고가차도를 지지하는 구조물이다. 옹벽처럼 교대는 고가차도 하부의 수평토압에 저항한다. 그림 1.2에서 교대는 캔틸레버 형태의 옹벽이다. 교대는 크기와 형태가 다양하다. 자세한 것은 뒤에서 논한다.

교각(Piers)

교각은 상부구조를 교대 사이의 중간점에서 지지하는 구조물이다. 그림 1.2에 있는 단지간교의 경우에는 교각이 없다. 교대처럼 교각도 형태가 다양하며 몇 가지 형태의 교각을 간단하게 도시하여 보았다.

교대와 마찬가지로 교각도 특수 용도에 따라서 형태와 규격이 다양하다. 다음의 도식적인 그림은 도로교에서 흔히 채택되는 기본적인 형식의 교각들이다.

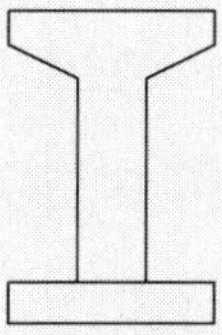

T형 교각(Hammerhead)

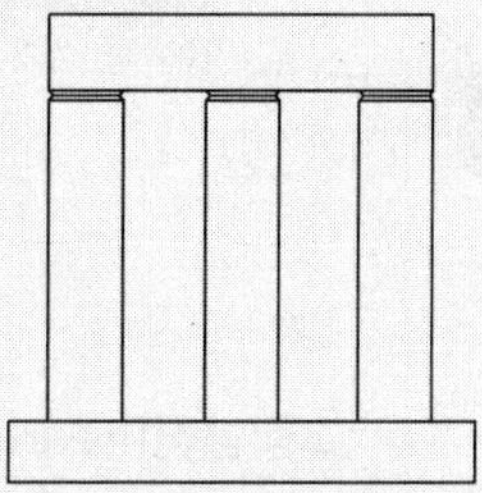

기둥식 교각(Column Bent)

벽식 교각(Solid Wall or Gravity)

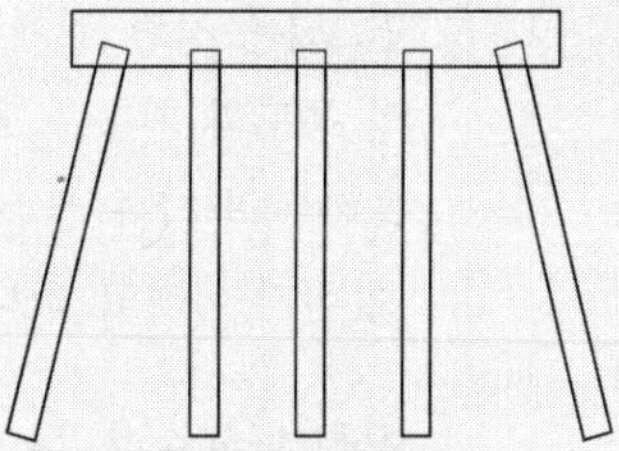

말뚝식 교각(Pile Bent)

현장의 실제적인 조건들은 교각의 형태를 선택하는 중요한 요건이 된다. 예를 들면, 시야를 좀 더 확보하기 위해서는 T형 교각을 사용하고, 수심이 얕은 하천을 가로지르는 경우는 말뚝식 교각(pile bent)을 선호한다.

미적인 관점에서 교각은 도로교에서 가장 눈에 띄는 요소 중의 하나이며 교량의 미관을 매력적으로 보이게 할 수도 있고 또 무미건조하게도 할 수 있다. 그림 1.5에는 T형 교각을 도시하였다.

그림 1.5 거더교 상부를 지지하는 T형 교각

교량받침(Bearings)

교량받침은 상부구조의 수직 및 수평하중을 하부구조로 전달하고 상하부구조 사이의 변위를 수용하는 기계적인 장치이다. 흔히 사용하는 교량받침의 예를 들면, 넓은 강판 위에 놓인 롤러받침과 합성고무로 만든 사각형 패드이다. 교량받침의 용도와 기능은 교량의 규모와 형태에 따라 정해진다. 회전과 종방향 이동을 허용하는 받침을 신축받침(롤러)이라고 하고, 회전변위만을 허용하는 받침을 고정받침(힌지)이라고 한다.

받침대(무수축 콘크리트패드, Pedestal)

무수축 콘크리트패드는 상부구조의 주부재를 직접 지지하는 교각과 교대의 교량받침 하부에 타설된 짧은 무수축 콘크리트 기둥이다. 그림 1.2의 단면을 잘라내서 내부가 보이는 왼쪽 교대에서 보면 H형강 거더가 교량받침 위에 놓여 있고, 교량받침은 무수축 콘크리트패드 위에 설치되어 있다. 보통 받침대(무수축 콘크리트패드)의 높이는 필요한 교량받침의 높이를 확보할 수 있도록 서로 다르게 설계된다.

구체(Stem)

구체는 받침대(무수축 콘크리트)를 지지하며, 기초의 상부에 있는 교대의 중요한 구성요소이다. 구체의 중요한 기능은 하중을 상부구조로부터 하부구조로 전달하는 것이다.

그림 1.6 주간 도로를 횡단하는 2경간 연속교의 날개벽

날개벽은 교대의 배벽과 일체로 타설할 수도 있다. 매력적인 점은 배벽과 구체와의 사이에 이음부를 설치하여 캔틸레버 옹벽구조와 같은 구조체로 만들 수 있다는 것이다. 일체로 타설한 날개벽은 해석하기가 어렵기 때문에 배벽과 날개벽의 연결철근의 설계는 상당히 경험적이다. 대부분의 날개벽은 이 방법으로 건설되지만 옹벽처럼 대체로 보수적으로 설계되는 경향이 있다.

배벽(Backwall)

배벽은 구체의 상부에 있는 흙막이 구조체로 작용하는 교대의 주요 구성요소이다. 배벽은 접속슬래브도 지지한다. 그림 1.6에는 날개벽과 일체로 타설된 구체와 배벽으로 구성된 교대가 도시되어 있다.

날개벽(Wingwall)

날개벽은 교대 배면의 흙을 구속하기 위하여 설치된 교대 배벽과 구체의 측벽이다. 날개벽은 교량과 접속슬래브에 평행하게 설치되거나 또는 그림 1.6과 같이 경사지게 설치할 수 있다.

기초(Footing)

교량받침이 상부구조 하중을 하부구조로 전달하는 것처럼 교각의 기초는 하중을 하부구조로부터 하층지반 또는 말뚝으로 전달한다. 말뚝 없이 흙에 의해서 직접 지지되는 기초를 확대기초라고 한다. 그림 1.2와 같이 말뚝에 의해 지지되는 기초를 말뚝 캡(pile cap)이라고 한다.

말뚝(Piles)

기초 하층부의 지반이 하부구조에 대한 적절한 지지성능(지지력, 전도안정성 및 침하의 관점에서)을 가지지 못한 경우 말뚝을 사용하여 지지한다. 말뚝은 기초로부터 단단한 지지층이나 기반암까지 연장되어야 한다. 말뚝의 종류는 현장타설 콘크리트 말뚝, 케이슨, 프리캐스트 콘크리트 말뚝, 강재 H형강 말뚝 및 원형강관 말뚝 등 다양하다. 말뚝은 선단지지력이나 표면마찰력 또는 두 가지 모두에 의해서 저항한다. 그림 1.7에서는 교량의 개량사업에서 수행 중인 교대의 교체작업을 위한 말뚝 타설 현장을 볼 수 있다.

그림 1.7 교량 교체 프로젝트에서 신규 교대설치를 위한 말뚝 항타

말뚝 항타 장비에 가까이 가본 사람은 아마도 굉장한 소음으로 인하여 그것을 기억할 수 있을 것이다. 이 그림에서 보는 것처럼 말뚝은 보통 크레인 붐대에 부착되어 있는 두 개의 가이드 사이에서 낙하하는 해머를 사용하여 박게 된다. 크레인 붐대 밑단으로부터 스포터(spotter)로 고정된 레일을 통해서 해머가 정확한 위치로 유도된다. 항타기는 말뚝을 수직으로 또는 경사지게 박을 수 있다.

사진에서 기존의 교대를 교체하기 위하여 말뚝을 박는 것은 흥미로운 일이다. 이 작업은 기존의 기초나 기초의 설계에 문제가 있다는 것을 암시할 수도 있다. 구조물의 교체에는 가끔 보다 큰 구조물을 수용할 수 있는 새로운 기초가 필요하게 된다. 그러나 많은 경우에 있어서 기초나 말뚝은 충분히 만족할 만한 상황이기 때문에 상부구조물의 교체를 수용하기 위해서는 교량받침부의 교체만으로 충분할 수도 있다.

흙막이 판재(Sheeting)

코퍼댐(가물막이)이나 얕은 굴착현장에서 굴착작업이 가능하도록 하기 위한 가설 옹벽 역할을 하도록 판재를 지반 하부까지 설치한 것을 흙막이 판재라고 한다. 강재 널말뚝은 흔히 사용되는 흙막이 판재의 하나이며, 때로는 비교적 작은 교량의 교대로도 사용이 된다. 그림 1.8에는 2차선 단지간 교량이 아치 웨브 널말뚝 교대로 지지되어 있는 것을 볼 수 있다. 이는 작은 교량의 미관과 경제적인 문제를 한꺼번에 해결한 교대로 생각된다.

그림 1.8 경제적인 교대 재료로 사용되는 강재 흙막이 판재

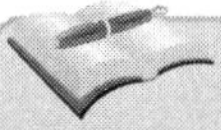

알아두기

지간장 502.9m로 당대 최장의 강아치교(steel arch bride)로 기획되었던 호주의 시드니 하버교(Sydney Harbor Bridge)는 1932년 준공이 되었는데 이는 지간장 503.5m의 미국 킬밴컬교(Kill Van Kull Bridge)가 준공된 지 겨우 몇 개월 후의 일이었다. 두 교량의 지간장 차이는 겨우 64cm이었다. 우리나라의 교량은 어떤가?

3. 교량부속장치 및 현장 특성물 (Appurtenances and Site-Related Features)

교량부속구조물은 중요한 구조요소는 아니지만 구조물의 전체적인 기능의 일부를 담당하는 교량이나 교량현장의 모든 구조물을 일컫는다(예 : 방호벽). 교량현장은 어떤 형태로든 간에 실제로 구조체를 이루는 대단히 많은 요소들로 구성된다. 우리가 이 책의 전 과정을 통하여 알게 되겠지만 교량은 세밀하고도 집중적인 프로젝트이고, 도로교는 복잡한 부속품들의 결합이기 때문에 이러한 교량부속장치와 현장 특성물들을 반드시 잘 이해하여야 한다.

성토체와 사면보호공(Embankment and Slope Protection)

교대로부터 하부차도까지 점점 낮아지는 경사부(성토체)는 외관이 양호하고 적절히 배수가 이루어지며, 침식이 방지되는 사면보호공 재료로 덮여져 있다(그림 1.2의 8번). 사면보호공은 철근콘크리트 슬래브나 블록 포장재료로 시공할 수도 있다. 그림 1.9에는 다양한 크기와 모양의 쇄석으로 만들어진 교대 성토체가 도시되어 있다. 사면보호공의 형태는 지역과 지역 간의 차이가 있으며 주로 특별한 환경적인 관심사와 쉽게 구할 수 있는 재료에 달려 있다. 하천을 횡단하는 경우에는 기초의 세굴을 방지하기 위하여 부피가 큰 잡석이 주로 사용된다.

그림 1.9 사면보호공으로 사용되는 다양한 크기의 쇄석

그림에서 건설 중인 교대는 언급할 만한 흥미로운 특징 몇 가지를 가지고 있다. 첫째, 이 교대는 배벽과 구체를 가지고 있다. 배벽은 무수축 콘크리트패드 뒤에 설치된 벽체이고, 구체는 무수축 콘크리트패드 하부에 그리고 배벽 아래 설치된 벽체이다. 그림에 도시된 것과 같이 구체가 없는 경우에는 무수축 콘크리트패드는 단독으로 서 있는 기둥과 같다. 둘째, 배벽과 구체에 설치된 몇 개의 배수구멍을 볼 수 있을 것이다. 이 구멍들은 뒤채움 흙이 포화상태가 되지 않도록 하기 위하여 표면 배수를 가능하게 한다. 뒤채움재의 포화상태는 정수압 상태를 만들어 교대의 전도를 초래하거나 콘크리트의 열화를 초래하게 된다.

배수 암거(Underdrain)

교대와 같은 주요 하부구조의 적절한 배수를 위하여 암거를 설치하여야 한다. 암거는 지표면수를 구조물로부터 적당한 자연 또는 인공 배수로로 흐르도록 하기 위하여 유공관이나 다른 적절한 관으로 구성된 배수장치이다.

접속부(Approach)

교대 위로 올라가는 또는 교대에서 내려오는 고가도로 부분을 접속부(approach) 또는 접속도로(approach road)라고 한다. 단면도에서 접속도로는 미국도로교통협회(AASHTO)에 의해서 '도로부와 길어깨'로 정의된다.[1.3] 접속부는 표준도로의 횡단면과 유사하다. 접속부에서 발생하기 쉬운 침하를 방지하기 위하여 교대의 후면에서 적절한 거리까지 철근콘크리트 슬래브(접속슬래브)를 시공하기도 한다. 접속슬래브는 차량하중을 교대 배면의 흙 위로 균등하게 분포시키고, 교대와 접속부 사이의 불균등 처짐을 초래할 수도 있는 교대에 가해지는 충격을 최소화하는 역할을 한다. 접속슬래브는 한쪽 끝단은 교대에 지지되고 전장에 걸쳐서 흙에 의해서 지지된다.

교량난간과 차량방호벽(Bridge Railings and Traffic Barriers)

교량난간과 차량방호벽은 도로 양편에 위치한 장애물이나 경사부로부터 차량 및 운전자의 충돌을 막아주는 보호장치이다.[1.3] 이것들은 파형강판으로 만든 난간으로부터 콘크리트벽체까지 종류가 아주 다양하다.

4. 기타 용어들(Miscellaneous Terms)

이 책에서 우리가 사용할 기본적인 표현이나 용어들은 다음과 같다.

통과높이(Vertical Clearance)

통과높이는 구조물과 하부도로 노면 사이의 최소 거리이다. AASHTO는 절대 최소치를 4.27 m 그리고 설계높이를 4.88 m로 규정하고 있다. 구조물의 설치장소에 따라서 이 규정을 확보하기 위하여 관계 당국과 처리해야 할 일이 많다.

하중 평가(Load Rating)

교량을 통과할 수 있는 최대허용하중을 산정하기 위하여 수행하는 구조해석을 정격하중 평가라 한다. AASHTO 교량평가매뉴얼(Manuals for Bridge Evaluations)에는 정격하중 평가에 관한 지침이 규정되어 있다. 보통 두 가지 하중 평가가 수행된다. 통상 설계수준의 하중성능에 해당하는 정격하중 평가(inventory rating)와 구조물에 작용할 수 있는 최대허용활하중에 해당하는 공용하중 평가(operating rating)가 있다. 따라서 통상 공용하중 평가에 의한 하중이 정격하중 평가에 의한 하중보다 크다.

고정하중(Dead Loads)

콘크리트 슬래브가 굳기 전에 구조물 위에 작용하는 영구적인 하중을 고정하중(또는 1차 고정하중)이라 한다. 예를 들면, 거더교에서는 거더, 다이어프램, 연결판 그리고 콘크리트 바닥판 자중(존치거푸집 포함)이 거더가 지지해야 하는 고정하중이 된다.

추가 고정하중(Superimposed Dead Loads)

추가 고정하중(또는 2차 고정하중)은 콘크리트 바닥판이 굳은 후에 구조물 위에 작용하는 영구하중을 말한다. 예를 들면 교량난간, 보도부, 마모층 등이다. 추가 고정하중(거더와 바닥판의 합성단면에 의해 지지되는)은 일반적으로 총고정하중의 일부로 취급된다.

활하중(Live Loads)

자동차, 바람, 보행자 등과 같이 구조물 위에 일시적으로 존재하는 일시적인 하중들을 활하중이라고 한다. 그림 1.2에서 구조물 위를 통과하는 트럭(요소번호 9)은 교량 위의 대표적인 활하중이다. 뒤에 있는 3.5.3절에서 살펴보겠지만, 활하중을 산정하기 위한 차량은 고속도로 상에서 흔히 볼 수 있는 실제 트레일러를 모방한 모델이 아니라 AASHTO에 의해서 1940년대와 1990년대에 개발된 가상의 차량이다.

가설 판재 피트(Sheeted Pit)

뚜껑과 바닥판이 없는 가설 사각형 박스로 하부기초를 굴착하기 위한 토류구조물을 가설 판재 피트라 한다. 네 변 벽체를 고정하기 위하여 피트의 안쪽에 설치하는 가새 부재를 띠장(wales)과 스트럿(struts)이라 한다. 띠장은 널말뚝의 안쪽 벽체를 따라서 설치되고, 스트럿은 벽채 사이에 설치된다. 이런 형태의 구조가 바닥 표면이 지하수위보다 낮은 지형에 적용될 때에는 판재 피트는 가능한 한 방수구조가 되어야 하며, 이를 코퍼댐(cofferdam) 또는 가물막이라고 한다. 그림 1.10에 중앙부 교각에서 굴착을 하기 위하여 설치된 판재 피트를 볼 수 있다.

그림 1.10 개선작업을 위한 단계적 건설 중인 교량

굴착을 위한 가설 판재 피트가 중앙부 교각에 위치하고 있다. 이 지점에서 교각 캡 하부의 구체 기둥이 제거되고 강재 가교각이 설치되었다. 이와 같은 단계적 건설은 요소의 교체뿐만 아니라 제거작업에서도 많은 흥미로운 설계문제를 제공하게 된다.

독자들은 교각 전면에 교통 방호벽이 설치된 것을 볼 수 있을 것이다. 건설 작업 중에는 인부들을 보호하기 위해서도 필요하지만, 공용 중에는 교각을 차량 충돌로부터 보호하기 위해서도 필요하다. 방호벽, 난간 그리고 이 둘의 조합이 교각을 보호하기 위하여 교각의 전면에 설치된다.

단계적 건설(Staged Constructions)

여러 단계로 나누어 수행되는 건설작업은 건설현장에서 일상적인 통행이 가능하도록 하는데, 이를 단계적 건설이라고 한다. 교량의 절반은 통행을 허용한 채로 나머지 절반만 제거하여 교체하는 방식의 교량 교체 프로젝트가 한 예이다. 일단 첫 번째 절반이 제거되고, 교체된 후에 통행은 새로운 교량으로 전환하게 되고, 나머지 절반의 교체작업이 시작된다. 이것은 교량기술자에게 흥미로운 도전과제가 되는 교량개선작업의 한 측면이다(5.1.2절 참조). 개선 프로젝트는 전체적인 통행 유지 계획에 따라서 두 단계 이상으로 구성된다. 단계적인 건설이 추진되고 있는 교량개선작업을 그림 1.10에서 볼 수 있다.

1.1.2 구조 형식과 적용

앞에서 서술했듯이 우리 사회공공시설 중에서 대부분의 교량들은 거더교 형태이다. 그러나 서로 다른 실제적 용도의 상당히 다양한 구조물이 있다. 실제적 용도라 함은 주어진 장애물을 횡단하는 구조물의 형태를 결정하는 인공적, 자연적 또는 기후학적인 조건들을 의미한다. 이러한 것들은 다음과 같다.

- 교량의 시점과 종점 사이의 거리
- 횡단 대상인 수로나 호수의 깊이
- 필요한 교하공간
- 통행차량의 종류와 크기
- 극한 온도 조건
- 강우 또는 눈
- 고가도로 선형의 곡률
- 주변 경관

이러한 기준들은 모두 일반적으로 어떤 종류의 구조물이 사용되어야 하는지 그리고 특별히 어떤 종류의 요소들이 사용되어야 하는지(즉, 프리스트레스트 콘크리트 거더 대 강재 거더)를 최종적으로 결정하는데 중요한 관점이 된다. 모든 다른 형태의 구조물의 상세한 부분까지를 설명하는 것이 이 책의 범위는 아니지만, 독자들이 몇몇 중요한 구조물의 형태와 그것들이 경쟁이 될 만한 다른 구조물들보다 매력적이게 만드는 조건을 이해하는 것은 매우 중요하다.

알아두기

42,500마일에 이르는 미국의 주간 고속도로 및 군사용 고속도로망의 1956년 초기 예산이 250억불이었으나, 최종예산은 1,100억불을 넘었다. 2006년 1년 동안 연방정부와 지방정부가 도로기반시설에 사용한 예산은 1,030억불 이상에 달했다.[1.1]

1. 거더교(Slab-on-Girder Bridges)

그림 1.2와 그림 1.3에 도시된 교량 상부구조는 가로보로 연결되어 바닥틀을 구성하는 일련의 거더들 위에 설치된 콘크리트 바닥판으로 구성되어 있다. 거더의 재료는 강재, 프리스트레스트 콘크리트 또는 다른 적절한 재료가 될 수 있다.

차량은 마모층으로 덮여 있는 바닥판의 상부를 통과한다. 그러나 때로는 콘크리트 바닥판 자체가 일체식 마모층이 되는, 즉 차량에 의한 마모에 견디는 분리된 층을 설치하는 대신에 바닥판의 일부가 마모층의 역할을 하는 두꺼운 바닥판이 사용되기도 한다. 이 시스템의 중요한 장점은 다음과 같다.

- 설계가 단순하다. 단순하다는 것은 상대적이라는 기준에서다. 기술적인 관점에서 볼 때, 거더교 구조는 기술적으로 많은 새로운 것을 요구하지 않는다. 그러나 전체적인 프로젝트의 복잡성은 모든 설계자들에게 도전이 된다. 실제로 어떤 도로교 프로젝트에나 포함되어 있는 다양한 측면 때문에, 복잡하지 않은 설계를 제공하는 것이 교량 계약의 기술서비스 제공 부문에서 비용을 합리적인 수준으로 유지하는데 필수적이다.
- 거더교는 표준화 설계에 적합하다. 획일성과 표준화는 광역 수송망에서 교량을 유지관리하는데 중요하기 때문에, 이것은 큰 장점이 된다. 표준화는 설계자가 지켜야 할 과도한 규정과 기준을 제정할 필요성을 최소화 한다. 특히 교량의 주체들이 주로 전문 컨설턴트가 새로운 교량 또는 기존 교량의 개선설계를 도와줄 수 있다고 기대하는 경우에 더욱 그렇다. 획일성은 열화된 교량을 보수하는 경우에 일관된 방법의 적용을 가능하게 하므로 경제성을 향상시킬 수 있다는 것을 의미한다. 도로망이 개별 구조물의 요구에 맞춘 요소들로 구성된 수백 가지의 독특한 설계물이 있다고 상상해보라!
- 건설분야에서는 상대적으로 단순하며, 현존하는 비교적 흔하고 쉽게 구할 수 있는 건설재료들을 사용한다. H형강 거더나 프리스트레스트 거더와 같은 조립식 주부재를 사용하면 신속하게 가설할 수 있고, 수려한 미관을 얻을 수 있으며, 또한 자재를 절약할 수 있으므로 소유주나 계약자 모두에게 이익이 될 수 있다.

이러한 교량의 장래 확장은 비슷한 크기의 유사한 거더를 사용하여 바닥판을 확장할 수 있기 때문에 비교적 쉽다. 또한 공사 기간에 차량의 통행이 계속 유지되어야 할 경우에는 단계적인 가설을 할 수도 있다.

그러나 거더교는 강재 거더일 경우에 약 90 m까지, 그리고 프리스트레스트 콘크리트 거더일 경우 50 m 정도까지의 단지간 또는 중지간 교량에 적용된다. 보통 거더 간격은 2.7～3.0 m이며, 경제적인 지간 - 형고비(span-to-depth ratios)는 콘크리트 거더의 경우 18, 그리고 강재 거더의 경우 25이다. 연속교에서는 지간 - 형고비는 10～15% 정도 더 크게 할 수 있다. 지간 길이가 너무 길어지고 현장의 기하학적 조건과 작업 조건이 복잡해지면 다른 교량형식을 고려하여야 한다.

2. 일방향 슬래브교(One-Way Slab Bridges)

지간길이가 10 m 이하의 단경간교에는 양단에서 작은 교대로 지지되는 일방향 철근콘크리트 슬래브교가 경제적이다. 이러한 단지간 교량에서는 구조물이 너무 작기 때문에 이 형식이 전유물처럼 되었다. 지간길이가 9～36 m의 단지간 및 중지간 교량에서는 프리스트레싱(prestressing)을 사용한 보강이 흔히 적용된다. 또한 고정하중을 감소시키기 위하여 중공슬래브 형식이 가끔 채택되기도 한다. 프리스트레스트 콘크리트 슬래브교의 지간-높이비는 단경간교의 경우 22, 연속교의 경우 25～33인 반면에, 프리스트레싱을 하지 않은 철근콘크리트 슬래브 교량의 지간-높이비는 단경간교의 경우 14, 연속교의 경우에는 18 정도이다.

3. 강재 및 콘크리트 박스 거더교 (Steel and Concrete Box Girder Bridges)

휨과 비틂이 중요한 경우에는 박스 거더교가 공사비가 조금 비싸지만 미관상 양호한 해결책이 된다. 이 형식의 교량은 표준화된 조립 부재요소를 사용하지

그림 1.11 프리스트레스트 콘크리트 박스 거더교

콘크리트 박스 거더교는 프리캐스트나 현장타설 방식으로 건설된다. 이러한 콘크리트 박스 거더교는 대부분 포스트텐션방식으로 건설된다.

시공방법에는 동바리공법, 이동식비계공법, 연속압출공법 및 평형캔틸레버공법이 있으며, 장지간교의 경우 상부구조를 건설하기 위하여 평형캔틸레버공법이 흔히 채택된다.

않기 때문에, 상대적으로 장지간 교량에 적합한 장점을 고려하여 건설되는 주요 고속도로 등에 국한되어 적용되고 있다. 중지간 박스 거더 교량에서는 거더의 높이가 대체로 일정하고 거더의 지간 - 형고비가 일반적인 거더교와 비슷하다. 장지간 박스 거더 교량에서는 구조적인 효율성을 증가시킬 목적으로 형고가 변하는 변단면 거더가 흔히 적용된다. 미국에서 가장 긴 박스 거더교는 웨스트버지니아주(West Virginia)에 소재하고 있는 지간장 760 ft(231.6 m)의 가나와강교(Kanawha River Bridge)이다. 이 교량의 박스 거더 높이는 중앙부 16 ft(4.88 m), 단부 38 ft(11.58 m)이다. 그림 1.11에 우리나라의 대구 - 부산 고속도로 상에 건설된 대표적인 박스 거더교가 도시되어 있다.

4. 사장교(Cable-Stayed Bridges)

지간장 760 ft(231.6 m)의 박스 거더교가 건설되기는 했지만, 500 ~ 3570 ft(153 ~ 1088 m)의 지간장을 가진 수많은 근대적인 교량이 사장교 형식으로 건설되었다. 이 형식의 교량은 미국에서 겨우 50년 전에 건설이 시작되었으나 그 반응은 획기적이었다. 낮은 비용, 시공성 그리고 조형미는 이 형식의 교량이 중지간 및 장지간 교량의 건설에서 가장 선호하는 교량형식이 된 이유이다.

그림 1.12 인천대교(삼성물산 제공)

인천대교는 주경간장 800 m의 5경간 연속 강사장교이다. 사장교의 상부구조는 주탑에 의해 지지되거나(교량받침을 통해), 주탑에 고정시키는 방법(주탑과 일체구조) 또는 주탑과 분리되어 떠 있는(주탑에 지지점이 없는) 형태로 설계된다.

콘크리트나 강재 다중박스 거더가 사장교에서 흔히 사용되는 상부구조형식이다. 주탑(tower or pylon)은 주탑의 크기나 사장 케이블로부터 전달되는 하중의 크기에 따라서 충실 또는 중공 콘크리트 형식으로 건설된다. 사장교는 평형캔틸레버법(balanced cantilever method)으로 건설된다. 따라서 동바리는 필요가 없으며, 이는 예산을 획기적으로 절감시킬 수 있다. 그림 1.12에 인천공항과 송도국제도시를 연결하는 인천대교가 도시되어 있다.

5. 현수교(Suspension Bridges)

모든 사람들이 현수교를 토목공학의 완벽한 기적의 하나로 인식하고 있다. 우리나라에서 2012년에 인상적인 장애물(예를 들면, 광양만) 위로 획기적인 지간장(1545 m)의 현수교인 이순신대교가 건설되었을 때, 이는 기념비적인 교량공학기술의 성취였다. 지간장 1991 m의 일본의 아카시대교(Akashi Kaikyo Bridge)가 현존하는 세계에서 지간장이 가장 긴 현수교이다. 그러나 준공을 눈앞에 두고 있는 이탈리아 본토와 시실리 섬을 연결하는 지간장 3400 m의 메시나교(Messina Straits Bridge)를 비롯하여, 세계 도처에 그보다 장지간의 연육교 건설이 계획 중에 있다.

현수교에는 트러스나 박스 거더가 보강형으로 사용된다. 바닥판으로부터 오는 수직하중은 주케이블(main cables)로 지지되는 행거(hangers)로 지지된다. 현수교는 구조적으로 매우 효율적이며, 따라서 같은 지간장의 다른 형식의 교량과 비교하여 자재 사용량이 매우 적다. 그러나 구조물이 세장하기 때문에 안정성을 확보하기 위하여 상세한 풍동해석이 필요하다.

6. 강재 및 콘크리트 아치교(Steel and Concrete Arch Bridges)

위에서 기술한 사장교나 현수교와 마찬가지로 홀게이트교(Hall Gate Bridge)나 시드니 하버교(Sydney Harbor Bridge)처럼 아치교도 주요 횡단 지점에 건설되는 교량으로 가장 흔히 사용된다. 그림 1.13에는 뉴욕의 모호크강(Mohawk River in New York)상에 건설된 쌍둥이 아치교인 새디어스 코시우즈코교(Thaddeus Kosciuzko Bridge)가 도시되어 있다. 특이한 점은 강재 아치가 하천 안쪽에 건설될 교각의 필요성을 제거하여 매력적인 조형미를 보여주고 있다는 것이다. 그림 1.13과 같이 바닥판이 아치 상부에 매달려 있는 구조를 하로아치(through arch)라고 한다. 바닥판이 아치 상부에 지지되어 있는 구조를 상로아치(deck arch)라 하고, 바닥판이 아치 중간에 지지되는 구조를 중로아치(half-through arch)라 한다.

아치교는 양단의 반력이 상당히 크게 된다. 이 반력의 수평분력은 양측 교대기초에 의해 지지되거나, 타이드 아치교의 경우 아치 지지점 사이의 타이(tie)가 지지하게 된다. 지간장 300 m 정도의 아치교가 이미 많이 건설되었다. 캔틸레버공법(cantilever method)과 동바리공법(falsework)이 주로 적용되는 아치교의 건설공법이다. 아치교의 요소는 아래 그림 1.13의 설명 부분에 기술되어 있다.

그림 1.13 뉴욕의 모호크강(Mohawk River in New York) 위의 강재 하로아치교

아치교의 설계는 이 책의 범위를 벗어난다. 그러나 아치교에 관하여 교량기술자가 잘 알고 있어야 하는 용어들이 몇 가지 있다. 아치의 최고 높은 점을 정점(crown)이라고 하고, 하로아치교에서 바닥판이 매달려 있는 수직 케이블을 행거(hanger)라 한다. 교량공학사전(Bridge Engineering Lexicon)에 보였듯이, 상로교에서 바닥판과 아치리브사이의 면적을 스팬드럴(spandrel)이라고 하며, 지지 기둥 사이의 빈공간이 있는 상로아치교를 오픈스팬드럴 아치교(open spandrel arch bridges)라 한다. 스프링 라인(spring line)이란 교대나 교각의 기초로부터 아치까지의 연장선을 말한다. 아치가 지지되어 있는 표면은 경사각을 이루고 있는데 이 표면을 아치받침돌 또는 스큐백(skewback)이라 한다. 아치의 하부 표면은 소핏(soffit)이며, 상면은 백(back)이다.[1.5]

7. 트러스교(Truss Bridges)

기존 교량의 보존이나 개량과 관련된 역사적·공학기술적인 프로젝트에서 가장 많이 만나는 교량은 트러스교이다. 대부분의 경우, 트러스 부재는 전형적인 붕괴유발부재(fracture-critical members)이기 때문에 새로운 교량구조로서의 트러스 시대는 끝이 났다.

붕괴유발부재란 하중경로에 여유가 없기 때문에 한 부재의 파괴가 구조물 전체의 붕괴에 이르게 되는 부재를 말한다. 트러스교가 건설되지 않는 또 다른 이유는 공사비나 유지관리비가 대단히 비싸기 때문이다. 그러나 트러스는 현수교와 같은 장대교의 부재로는 아직도 많이 사용되고 있다. 트러스는 가교로도 많이 사용된다. 그림 1.14에 트러스교가 도시되어 있다.

위에 열거한 형식 이외에도 많은 교량형식이 있지만, 일곱 가지 교량형식이 최근에 가장 많이 건설되는 교량형식이다. 우리의 초점은 토론이 필요한 특별한 교량에 대한 참고자료와 함께, 가장 흔히 채택되는 교량형식에 맞추어질 것이다. 실제로 교량의 형식은 다를지라도, 모든 도로교는 차량의 통행이라는 하나의 목적을 이루기 위하여 건설된다.

그림 1.14 시공 중인 금호 고가교의 트러스교구간

1세기 전에는 트러스교가 최고로 많이 건설되던 교량형식이었으나, 비싼 공사비와 유지관리비 그리고 구조여유도(structural redundancy)가 없는 구조이기 때문에 지난 50년 동안에 트러스교는 거의 건설되지 않았다. 우리나라에서는 전체 교량의 일부로서 장지간이 요구되는 경우에 간혹 건설되었다.

1.2 현대 도로교량의 기원

오늘날의 도로교는 급속한 근대적인 수송망 개발의 산물이다. 미국에서 이 개발은 46,876 mi(75,440 km)에 이르는 도로로 구성된 전미(全美)고속도로시스템(interstate system)이라고 알려진 도로망의 형태로 추진되었다. 전미고속도로시스템의 역사는 그 개발이 20세기 후반부에 이루어진 교량공학의 발달과 그 궤를 같이 하기 때문에 교량설계에 대한 토론과 밀접한 관련이 있다. 거의 조립생산라인 형태에 있던 새로운 교량의 설계로부터 교량 개선의 세밀한 설계로의 진화는 삽시간에 이루어진 것은 아니다. 오늘날 사용하고 있는 현대적인 규격과 기준(이 책의 설계부분의 중심이 되는)의 창조는 미국 역사의 과거와 현재의 대형 공공프로젝트 형성기에 모든 토목기술자 세대의 노력에서부터 시작된 것이다.

전미고속도로시스템의 기금은 2차 세계대전 이후에 일어난 미국의 경제성장에 따라서 조성되었다. 주요 대도시 지역을 연결하기 위한 주요 도로망의 건설계획은 2차 세계대전 이전에 이미 있기는 했지만, 1956년에 이르러서야 그 계획이 추진력을 얻게 되었다. 도로교에 미친 전미도로망의 중요한 요소 중의 하나는 장거리 트럭 수송 부분이다. 이 기능이 모든 도로교 구조물에서 설계의 구속조건이 되었다. 전미고속도로시스템의 건설은 오늘날 우리가 시행하는 도로교 건설방법에 다양하게 영향을 미쳤는데, 주로 여러 차선 통행을 허용하기 위한 교량의 폭이나, 교량 하부를 대형 군용트럭이 통과할 수 있도록 하기 위한 교하공간의 문제 등 현대 도로교의 기능을 향상 시켰다.

Thomas R. Kuesel[1.7]

사려 깊은 발주자는 그들의 기술자들에게 부과된 인위적인 제약사항을 풀어주고, 그리고 이전의 설계팀 또는 단 한 번 구성되었던 설계 및 시공 팀조차도 다시 구성하려 할 것이다.

미국전역고속도로가 시작되기 전 대부분의 소규모 교량들은 작은 차량을 고려하여 설계되었다. 그러나 전미고속도로의 출현은 더욱 무거운 하중을 지지할 수 있는 구조물의 건설 필요성에 크게 영향을 미쳤다. 국가적인 차원에서 수행된 주간도로의 건설은 모든 주에서 통용될 통합설계기준의 채택에도 영향을 미쳤으며, 거더교에 대하여 열거한 표준화의 장점들을 야기하였다(1.1.2절). 간단히 말해서 전미고속도로시스템의 개발은 도로교에 다음과 같은 영향을 미쳤다.

- 연방기금을 조성하여, 전미고속도로시스템은 현재에도 공용 중인 많은 교량들을 건설할 수 있도록 지원하였다.
- 전미고속도로시스템은 오늘날의 통합설계 및 건설기준이 된 도로교의 설계와 건설의 개발 연구를 촉진하였다.
- 전미고속도로시스템의 국가적인 개념 때문에 세분화된 통합설계기준이 개발되었다. 한 때 뉴욕, 캘리포니아 그리고 오하이오와 같은 몇 개 주에서 구체화되었던 세분화된 설계기준이 현재는 미국 전체에서 사용되며, 심지어 여러 가지 문제로 인하여 그러한 설계기준을 개발하지 못한 세계 여러 나라에서 사용할 수 있게 되었다.

이 모든 요인들이 오늘날 우리가 알고 있는, 그리고 다른 어떤 구조물의 설계와는 차별화된 교량공학을 만드는데 기여하였다. 만약 우리가 건물설계를 모방한다 하더라도, 교량구조물의 설계는 건물을 설계하는 것과 꼭 같이 유행하는 방식으로는 절대로 되지 않는다는 것을 알아야 한다. 비록 건물 그리고 건물과 관련된 분야가 (전부는 아니더라도) 교량과 같은 개념과 설계원리를 포함하고 있기는 하지만, 지방자치단체마다 현저하게 다른 규정과 기준으로 현장에 맞게 특별한 기준으로 설계되기 때문에 독특한 설계가 되곤 한다. 수천 개의 구조물들이 이와 같은 방법으로 설계된 교량으로 꽉 채워진 도로망을 상상해보라. 전미고속도로시스템은 그 규모 문제로 인하여 모든 주정부와 지방자치단체가 도로교의 기술적인 부분에 대하여 동일한 기준을 받아들이는데 있어서 빠른 결정을 강요하였다. 어떤 사람들은 이것이 교량설계에 있어서 개성과 창의성이 무시된다고 주장할지도 모르지만, 그 많은 교량을 짧은 시간에 건설하는 것은 다른 방법으로는 불가능했을 것이다.

수많은 초보 기술자나 경험 많은 기술자들은 1950년대 후반과 1960년대의 전미고속도로시스템의 전성기를 토목공학의 황금기로 본다. 오늘날과 같이 소송을 일삼는 환경에서는 전미고속도로시스템의 개발이 어떻게 그렇게 빨리 완성되고, 그 많은 수의 교량이 어떻게 그 짧은 시간에 완성될 수 있었는지를 이해하기란 쉽지 않다. 실제로, 오늘날의 엄격한 규칙들은 초창기의 급성장과 관련되어 발생한 문제 때문에 생겨났다. 새로운 수준의 교통량이 설계에 미칠 영향이 아주 크다는 것을 이해하기 시작했을 때 새로운 기준이 그렇게 신속하게 만들어질 수 있었고, 초기에 완성된 계획이 시행될 시점에 이르러서는 합법적으로 변경될 수도 있었다. 1950년대에는 새로운 구조물을 건설하기 위한 도면이 겨우 10장 또는 11장이었는데 현재는 단지 보수를 하기 위한 도면만 거의 40장이나 된다는 것은 교량설계자들에게는 참 흥미로운 일이다. 전미고속도로시스템의 초창기에 프로젝트가 위원회를 통과하여 현장건설이 시작되기까지 빠른 속도는 도로건설에 대한 획기적인 사회적 용인이 있었기 때문에 가능했다. 1960년대 중반의 환경운동이 당시 완성될 새로운 고속도로에 대한 완전한 반대는 아니지만 공공의 반감을 불러일으킨 적도 있지만, 이제는 세대가 건설한 것을 유지관리하는 시대가 시작되었다.

교량의 개량 또는 개선작업이 사소하거나 재미없는 일이 아니라는 것을 의심하지 말라. 캔자스 주 교통국(Kansas Department of Transportation)의 한 기술자가 개선프로젝트에 대해서 "이미 건설된 것을 보수하는 것보다 새로운 것을 건설하는 것이 더 재미있는 일이다"라고 말한 것처럼 열화된 교각 기둥에 콘크리트 패치 작업을 하는 것은 전혀 흥미로운 일이 아니지만, 개선설계의 범위와 정도는 가끔 새로운 구조물 설계의 규모(범위와 정도)를 능가한다. 빌코즈비(Bill Cosby)는 그의 독백에서 "여러 아이를 키우는 데는 고려해야할 사항이 너무 많기 때문에" 단지 한 아이만으로는 부모가 될 수 없다고 얘기했다.[1.6] 현대의 교량설계자들에게도 단계적 건설, 공사 기간 동안에 차량의 통행을 유지 그리고 초기 설계에 납성분 도료와 같은 유해물질을 다루는 것 등 오늘날 교량설계에 관련된 다양한 경험이 요구된다고 할 수 있다.

실제로 오늘날의 교량설계자들은 선배들이 상대적으로 쉽게 교량을 건설할 수 있었던 것을 부러워하기도 한다. 현대의 설계는 1950~1960년대에 기술자들이 상상했던 이상으로 높은 수준의 상세설계를 요구한다. 많은 주(states)에서 전에는 현장에서 계약자의 책임이던 임시 토류구조물의 설계나 철근 가공 및 조립 계획과 같은 상세에 대해서 설계기술자에 의한 정밀한 상세설계를 요구한다. 실제로 오늘날 어느 한 교량 프로젝트에 관계된 관리자나 대행인의 숫자는 주간고속도로의 전체 설치위치를 결정하는데 관계된 사람의 숫자보다 많을 것이다.

독일인들이 아우토반(Autobahn)에 많은 것을 빚진 것처럼, 미국인은 전미고속도로시스템에 빚을 지고 있다. 왜냐하면 일관적이고 관리할 수 있는 공법으로 교량을 가설하는데 있어서 실행 가능한 효과적인 방법을 창조해낸 것은 이와 같은 대형 공공프로젝트가 있었기 때문이다. 도로교와 많은 요소들은 완벽한 수송망 속에서 일체가 된다는 것을 마음속에 기억하여야 한다. 이 시스템 안에서 교량이 담당해야 하는 중요한 역할은, 기록적인 홍수의 소용돌이 속에서 스코하리 크리크(Schoharie Creek) 위에 놓인 뉴욕주고속도로(New York State Thruway) 교량이 붕괴된 사건에서 생생하게 증명되었다. 교각 아래의 흙은 씻겨나갔고(침식), 기초 하부의 지반이 약화되어 기초가 제자리에서 벗어나 쓸려감으로써 순식간에 일어난 이 비극적인 파괴가 결과적으로 주의 간선도로를 절반으로 축소시켰고, 이 과정에서 열 사람의 생명을 앗아갔다.

1.3 교량설계자와 프로젝트

교량과 건설자(Bridges and Builders)라는 훌륭한 논문에서 슈타인맨(D. B. Steinman)과 왓슨(S. R. Watson)은 "현대문명 속의 교량 건설자(The Bridge Builder in Contemporary Civilization)"라는 장으로 책을 끝맺음 했다. 이 마지막 장에서 그들은 현대교량기술자들의 역할(약 1957년경)을 금속학자, 수학자, 기초 전문가, 강구조 기술자, 예술가 그리고 인류의 지도자의 역할로 정의했다.[1.2] 인류의 지도자는 조금 과장되기는 했지만, 교량설계에 적용된 과학과 공학기술의 넓이가 가공할만하니, 설명이 전혀 불가능한 것은 아니다.

1.2절에 기술된 것과 같은 프로젝트에 관여한 교량기술자들의 노력을 통하여 지난 60년 동안에 매 프로젝트마다 기술자들이 같은 일을 다시 개발해야 하는 수고를 하지 않도록 하는 일련의 설계기준이 개발되었다. 그러나 잘 정의된 기준과 상세가 창의성을 망가뜨린 것은 아닌가? 아마도 좀 더 근본적인 기준에서 적절한 질문은 '도대체 오늘날 교량설계자들은 누구인가?'일 것이다. 미국에서 교량설계는 두 개의 중요한 그룹에 의해서 수행된다.

- 지방자치단체 : 대체로 주정부나 지방정부 교통국이나 도로교의 특수 부분을 담당하는 자치국
- 민간설계회사 : 교량설계를 하는 대부분의 개인 설계회사들은 일반적인 도로 설계전문과 특수한 도로교설계전문회사인데 규모는 중급(10~100인)에서 대형회사(100인 이상).

미국에서는 도로교 프로젝트는 발주처(대행회사)에 의해서 착수되며, 그 후에 외부 설계회사나 내부의 설계부서에서 설계가 수행된다. 일단 적절한 검토 작업이 수행된 후에, 몇 개의 회사가 입찰할 수 있도록 그 프로젝트를 입찰공고 목록에 올리게 된다. 항상 그렇지는 않지만 일반적으로 최저가 입찰자가 계약자가 된다.

이 과정에서 아주 흥미로운 대안은 일괄설계시공(design-build)이다. 이 방식에서 설계회사나 발주처는 건설하고자 하는 교량의 예비계획만을 마련하게 되는데, 이 예비계획은 건설 위치, 기본 규모, 설계하중 및 설계기준, 선형, 통과높이 등의 기본적인 정보만을 포함한다. 예비계획과 설계기준을 근거로 계약자는 사업에 응찰하게 된다. 낙찰자가 되면 설계를 완성하게 된다. 일단 설계회사나 발주처의 검토가 끝나고 설계를 승인하면 계약당사자는 교량 건설을 시작하여 마치게 될 것

이다.

민관동업(Public-Private Partnership, PPP)은 일괄설계시공의 또 다른 방식이다. 설계는 계약자 내부 설계부서나 고용된 제3의 설계회사가 완성한다. 일단 설계와 가격 제안이 발주처에 제시되면, 독립적인(검토) 기술자 그룹이 발주처와 함께 계획과 가격을 검토하고 프로젝트를 수행할 계약자를 선정하게 된다. 결정은 단지 가격에만 근거하지 않고 전체적인 해결책과 외관으로부터 환경문제까지의 모든 것에 미치는 영향(소위 기술평가)을 검토하게 된다. 대부분의 PPP프로젝트에서 계약자는 그 프로젝트에 적당한 지분을 투자하도록 요구되며, 투자금과 이윤을 회수할 수 있도록 미리 정한 기간 동안 통행시스템을 운영하게 된다.

일괄설계시공 지지자들은 이 방법이 경쟁적인 분위기를 조성하여 다양한 그룹이 고객에 대하여 더 좋은 해결책을 마련해줄 것이며, 궁극적으로 발주처에 혁신적이고 경제적인 설계를 제공할 것으로 믿는다.[1.7] 한 주체가 설계와 시공을 책임지게 되기 때문에 비용과 공사일정이 개선될 것이 틀림없다. 설계나 시공 중 어떠한 문제도 보다 쉽게 해결될 수 있다. 발주처의 관점에서 볼 때 발주처는 기술, 비용, 일정 및 품질을 책임지는 한 개 업체만을 관리하면 된다.

미국의 기술자들은 이 방식과 관련하여 몇 가지 문제점을 가지고 있다. 가장 중요한 것은 기술제공에 대한 경쟁적인 응찰이 비윤리적이라고 믿는 것이다. 이 믿음 뒤에 있는 생각은 프로젝트의 결정권자들에게 강한 인상을 주기 위하여 비용절감을 계획하는데 있어서, 기술자가 시공비용을 최소화하기 위하여 안전성과 품질을 희생하도록 유혹을 받게 된다는 것이다. 미국의 기술자가 가진 또 다른 중요한 문제는 계약자는 가격만을 기준으로 해서는 되지 않는다는 관념 문제이다. 시민들에게 최종적으로 보고해야 하는 지방자치단체는 단순히 미관문제로, 또 결정권자들의 추상적인 기준을 만족시키기 위하여 더 비싼 비용이 드는 설계를 독단적으로 선택하는 경우가 있게 된다. 일괄설계시공에서는 총액 기준으로 계약자가 결정되므로 이러한 방법이 성공하기 위해서 발주처와 계약자는 특별히 긴밀한 업무 관계를 유지해야 한다. 많은 경우에 계약자의 설계를 검토, 승인하고 시공을 감독하기 위하여 발주처에 의해서 외부 컨설팅회사가 고용되기도 한다.

반대론자들은, 계약자의 관점에서 보면 설계제안서(대부분의 경우에 30~50% 완성된 도면)를 제출해야 하는 것은 특히 수주할 가능성이 적은 경우에 비용을 낭비하는 모험이라고 주장한다. 어떤 경우에는 모든 응찰자들에게 그들의 설계제안서에 대한 보상을 할 만한 충분한 예산이 확보된 경우도 있다. 그러나 그렇지 못하다면 계약자들이 제안서를 만드는데 지출한 비용은 다음 프로젝트의 소비자의 몫이 될 수도 있다. 이 경우에 소비자는 발주처와 그들의 주민들이다. 일괄설계시공 방법의 독립된 프로젝트의 유지관리가 발주처 소관이라고 해서 교량이나 고속도로, 사회기반시설의 일부인 어떤 프로젝트의 장래의 유지관리를, 소홀히 다루어서는 안 된다. 이는 어떤 점에서는 창조성에 속박을 가하는 상세기준을 따르는 것을 의미한다.

어떤 논쟁과도 마찬가지로 그 답은 중용에 있을 수 있다. 일괄설계시공은 참여회사가 좀 더 창의적인 설계, 비용절감과 공기단축을 적극적으로 시도하도록 하지는 않는다. 그러나 경쟁력 있는 기술은 무시할 수 없는 위험한 문제들을 야기한다. 또한 발주처는 과거에 하지 않았던, 즉 설계에서 혁신적인 것을 추진하기 위하여 현재의 시스템에서 설계사와 계약자들과 더 많은 일을 처리해야 한다(설계관점 40쪽 참고). 만약 모든 당사자들이 도로교 프로젝트의 기본적인 세 가지 목표가 저비용, 품질 및 안전 그리고 내구성이라는 것을 인식한다면, 그것이 어떤 방법이 되었건 간에 성공적인 프로젝트를 수행하기 위하여 많은 것이 이루어졌다고 할 수 있다.

현재 미국에서는 몇 개의 주에서 대형 또는 세간의 이목을 끄는 프로젝트에 대해서만 대체 계약법으로 일괄설계시공 방법이 채택되고 있다. 지금까지 그 결과는 긍정적이다. 그 긍정적 결과로 인하여 더 많은 주에서 ① 프로젝트 비용을 절감하기 위해서, ② 민간 자본을 끌어 들이기 위해서, ③ 프로젝트를 신속히 추진하기 위해서, 그리고 ④ 세간의 이목을 끄는 프로젝트에서 최상의 설계를 선택하기 위해서 일괄설계시공 방법을 대체 계약법으로 채택하고 있다.

약탈적 태도(Predatory Attitude)

교량설계의 가치공학(value engineering)을 논하던 한 토론회에서, 뉴욕에서 설계회사 대표를 역임했던 큐셀(Thomas R. Kuesel)은 발주처는 이전의 방식, 즉 관례로부터 벗어나는 것에 대해서 약탈적 태도를 보인다고 토로한 적이 있었다. 큐셀이 느꼈던 좌절감은 많은 설계사가 발주처를 비롯한 다양한 기관 대행사를 상대하면서 가졌던 느낌을 대변했던 것이었다.

예를 들어 교대 배수방법에서 신공법을 적용하고자 할 경우, 기존의 표준상세에 나오지 않는다는 이유로 가혹한 수준의 엄밀한 검증을 받아야 하고, 최악의 경우 아예 적대시되기도 한다. 큐셀의 의견은 가치공학은 매우 심각한 문제를 얄팍하게 풀려는 시도에 불과하다는 것이다.

발주처의 관점을 이해하기 위해서는 오랫동안의 연구개발을 통하여 관계부처의 기준과 시행서가 만들어졌다는 것을 인식해야 한다. 이러한 기준과 가이드라인은 신중한

해석적 방법으로 얻어졌거나 실험적 방법으로 검증된 것이기에 그 어떤 것보다 신뢰성이 있고, 관례에서 벗어난다는 것은 수십 년간 담당공무원들이 교량을 건설해 온 방법을 변경하는 것을 의미한다. 그러나 역설적으로 이 기준을 신조처럼 지키는 것은 개선할 여지가 항상 있다는 것을 부정하는 것이기도 하다.

성공적인 대행사(agency)는 발주처(owner) 및 설계사(consultant)와 함께 새로운 방법과 계획을 개발하는 경우에 합의점을 찾도록 결연한 노력을 한다. 모든 당사자들이 명심해야 할 것은 서로의 입장만을 내세우다 서로 이해하지 못한 상황이 발생하면 정말 중요한 문제를 망칠 수도 있다는 사실이다. 대행사는 그들의 실력만 인정하기를 강요하며, 거의 반사적으로 어떤 것을 거부할 수도 있다. 그러나 설계사는 거부를 그들의 전문적인 위치에 대한 모욕으로 받아들일 수도 있다.

발주처는 설계사가 자기들을 곤경에 빠뜨리기 위해서 새로운 방법을 생각하는 것이 아니라는 것을 인식하고, 설계사는 새로운 시도는 발주처 입장에서는 상당한 부담이라는 사실을 이해한다면, 서로를 보다 객관적으로 이해할 수 있을 것이다. 전 과정에 있어서 가장 중요한 것은, 너무 당연한 것으로 들릴지 모르지만, 토목인(civil engineer)에게 요구되는 어렵지만 갖춰야 하는 덕목인 정중함(civility)이다.

1.4 교량공학 사전

ㄱ

ㄱ형강보강조인트(Armored Joint) 콘크리트 모서리를 보호하기 위하여 ㄱ형강으로 보강한 연결부

가동교(Movable Bridge) 주로 물위를 통과하는 교량으로 지간의 상승 및 하강이 가능한 교량

가로보(Floor Beam) 종방향 주부재를 지지하는 횡방향 부재

가동교(Movable Bridge)

가로보(Floor Beam)

가벤트(Bent)

가벤트(Bent) 수평부재로 연결된 2개 또는 그 이상의 수직 지지부재로 구성된 시공용 강골조

가새(Brace) 골조의 강성을 증가시키기 위하여 주로 대각선으로 설치하는 부재(일명 브레이싱)

가속도계수(Acceleration Coefficient) 지진력에 의한 지반운동을 나타내기 위해 사용되는 무차원 계수

가시 삼각형(Sight Triangle) 자동차의 안전한 운행을 위하여 장애물(수목, 표지판, 건물 등)이 있어서는 아니 되는 교차로에 발생하는 삼각형

간격(Clearance) 두 요소 사이의 거리

강도설계(Strength Design) 하중계수설계

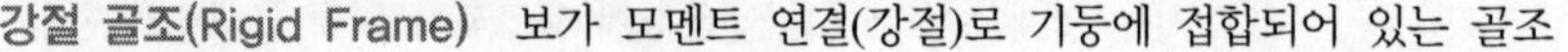

강절 골조(Rigid Frame) 보가 모멘트 연결(강절)로 기둥에 접합되어 있는 골조

개비온(Gabion) 토류구조물을 만들기 위하여 돌을 가득 채운 아연도금 또는 폴리염화비닐로 감싼 철사로 만든 바구니 상자

개선(개량)(Rehabilitation) 중요한 특성의 보수작업. 보통 개선 방법의 설계가 필요하다.

갱폼(Ganged Forms) 조립하여 구성단위를 만들기 위하여 미리 제작된 재사용이 가능한 형틀

거나이트(Gunite) 압축공기를 사용하여 표면에 분사한 포틀랜드시멘트 모르타르

거더(Girder) 교량의 종축으로 설치되는 주부재로 이 책에서는 스트링거도 같은 의미로 사용

거더교(Slab-on-Stringer) 주부재 위에 바닥판이 놓여있는 교량 형식

거푸집(Formwork)

거세트판(연결판)(Gusset Plate) 부재를 서로 연결하기 위하여 사용하는 강판

거푸집(Formwork) 형틀, 지지대 및 관련 요소의 총괄 시스템

격자기초(Grillage Footing) 하중이 분산되는 종방향 요소들로 구성된 기초

결합층(Binder Course) 마모층과 기층 사이의 층으로 역청재료와 골재로 구성됨

경사말뚝(Batter Pile) 큰 수평력에 저항하기 위하여 경사지게 박은 말뚝

경사말뚝(Batter Pile)

경사(면)(Superelevation) 도로 횡단면의 경사

계단 코(층계의 끝)(Nosing) (이 책에서는) 유수와 접하는 교각 면에 설치된 면. 보통 강재로 제작됨

계획서, 시방서 및 견적서(PS&E) Plan, Specifications and Estimate

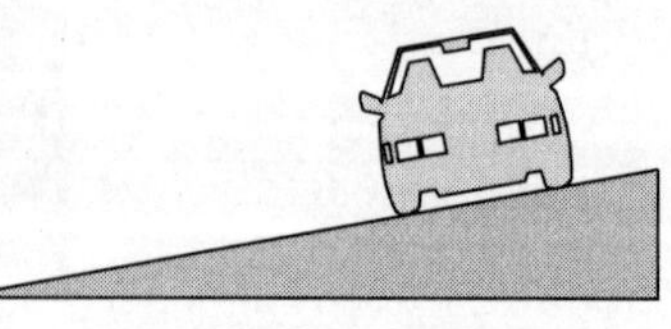
경사(면)(Superelevation)

고가도로(Overpass) 장애물 위를 통과하는 교량

고도(Elevation) 어떤 기준선으로부터의 수직거리. 구조물의 길이 방향을 따르는 단면도를 일컬음

고성능 콘크리트(HPC) High Performance Concrete. 강도, 내구성, 작업성 등을 증가시키기 위하여 특별히 개발된 콘크리트

고정지점(Fixed Support) 회전변위만이 허용된 지점 또는 회전 및 병진 변위가 허용되지 않은 지점

고정판(Keeper Plate) 보가 교량받침으로부터 분리되는 것을 방지하기 위하여 소울 플레이트에 용접이나 볼트로 연결한 강판

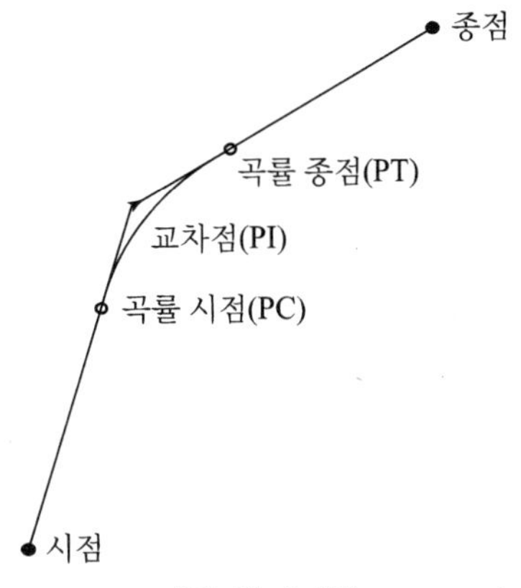

PC, PI, & PT

고정하중(Dead Load) 영구적으로 고정되어 있는 구조재 및 비구조재의 총 무게

곡률 시점(PC) 곡률의 시점

곡률 종점(PT) 특정한 수평곡선의 마지막 접선의 수평선형상의 점

곡선 거더(Curved Girder) 수평곡선에 맞추기 위하여 제작된 거더

골재 손실(Raveling) 역청재료로 만들어진 포장에서 발생하는 골재의 누적된 손실

골재 채움재(Select Granular Fill) 뒤채움제로 사용되는 규격이 다른 쇄석, 슬래그, 자갈

골조평면도(Framing Plan) 주부재 및 부부재의 배치, 크기 및 성분을 나타내기 위하여 사용되는 교량의 평면도

공기 연행(Air Entrainment) 강도는 약간 감소하나 내구성을 증가시키기 위하여 콘크리트에 공기를 불어넣는 과정. 동결융해에 대한 저항을 증가시키기 위하여 교량 바닥판에 적용한다.

공용하중(평가)(Operating Rating) 교량의 최대허용활하중(평가) 정격하중보다 크다.

과항타(Over Driving) 말뚝 선단이 장애물이나 관통할 수 없는 층에 도달한 후에도 계속 항타하는 작업. 말뚝에 손상을 입히기 쉽다.

교각(Piers) 교대 사이에서 상부구조를 지지하는 구조물

교대(Abutment) 교량의 시점과 종점에 설치된 상부구조를 지지하는 토류구조물

교대(Abutment)

교량 관리 시스템(BMS) Bridge Management System

교량받침(Bearing) 하중을 상부구조로부터 하부구조로 전달하는 기계적 장치

교량받침부(Bridge Seat, Beam Seat) 교량받침이 놓이는 표면

교량 부속물(Appurtenance) 교량의 전체적인 기능을 갖추기 위한 시설물(난간, 가로등, 표지판 등)

교점(PI) 수평곡선상의 두 접선의 교차점

교통연구단(TRB) Transportation Research Board

교통관리(Maintenance of Traffic) 현장 인부와 차량의 안전을 보장하기 위하여 현장을 통과하는 차량을 통제하는 것

교하공간(Vertical Clearance) 구조물과 하부도로나 수면과의 최소높이(거리)

구근형 T-거더(Bulb T-Girder) 하부플랜지 단면이 전구형인 콘크리트 I-거더(예, AASHTO-PCI Type V, VI 프리스트레스트 거더)

구근형 T-거더
(Bulb T-Girder)

구체(Breastwall) 교각이나 교대 기초로부터 돌출된 벽체

구체(Stem) 벽식 교각이 캔틸레버 교대에서처럼 기초로부터 연장되어 나온 벽체

국부 세굴(Local Scour) 교각이나 교대에 기인한 압축현상 때문에 생기는 국부적인 유수의 변화로 인하여 발생하는 침식

국부 좌굴(Local Buckling) 부재의 잠재적인 파괴에 이를 수도 있는 보를 구성하는 판요소(plate elements)의 국부적인 좌굴

굴착(Cut) 터파기 또는 절토부를 일컫는 용어로도 사용된다.

그라우팅(충진)(Grouting) 충진재로 균열 등을 메우는 작업

극한강도설계(Ultimate Strength Design) ACI의 하중계수설계법

기둥식 교각(Column Bent) 기둥과 캡빔(코핑)으로 구성된 벤트식 교각

기반암(Bedrock) 바닥에 놓인 암반층

기초(Footing) 하부구조로부터 지반으로 하중을 전달하는 기둥이나 벽체의 기저부

기층(Base Course) 마모층 바로 밑의 다짐을 한 층으로 주로 광물질 골재와 첨가제로 구성되며 포장면을 지지한다.

기하학적 특징(Geometrics) 요소나 부재의 배치, 방향, 공간 특성 등에 관한 것

긴장재(Tendon) 프리스트레스트 콘크리트에 사용하는 강선 및 강연선

길어깨(Shoulder) 차로의 양편 옆에 있는 도로면

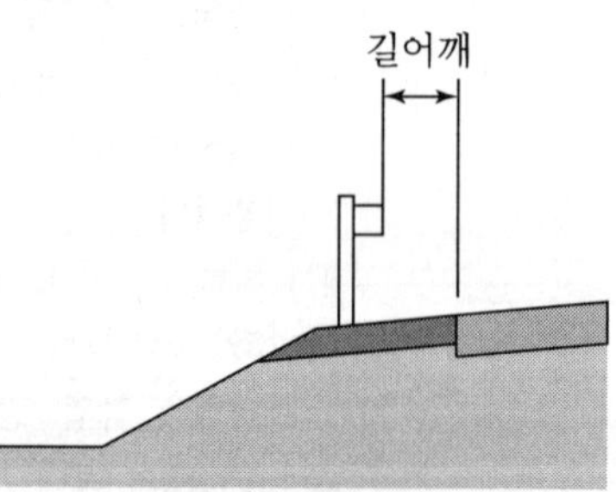

길어깨(Shoulder)

낙차식 유입구(Drop Inlet) 우수집적시스템의 관 내부에 설치되어 상부로부터 빗물이 유입되도록 제작된 사각형 구조물

난간(Balustrade) 짧은 기둥과 기둥을 연결하는 레일로 구성된 난간시스템

난간(Parapet) 콘크리트 방호벽. 특히 교량의 외측 거더 위에 설치된 방호벽

난간(Railing) 수직 기둥에 종방향 레일을 부착한 교량난간 시스템

난간(Railing)

날개벽(Wingwall) 교대 뒷면의 흙에 대한 구속력을 증가시키기 위하여 교대구체와 배벽의 측면에 설치되는 벽체

네오프렌(Neoprene) 합성고무의 일종으로 봉함재로 주로 사용됨

ㄷ

ㄷ형강(Channel Shape) ㄷ자 형태의 압연형강 또는 냉간성형형강(C형강)

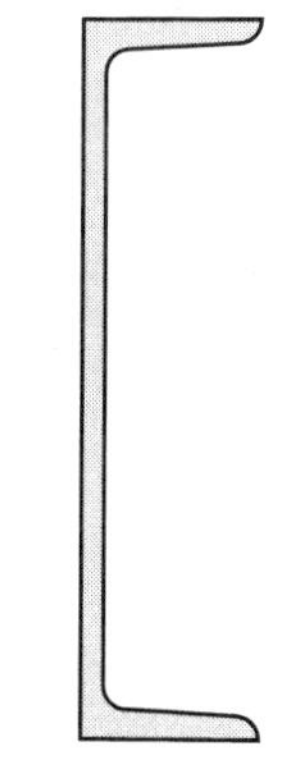

ㄷ형강(Channel Shape)

다월바(Dowel) 두 개의 콘크리트 단면에 매입되어서 응력을 전달하고 두 단면을 밀착시키는 철근

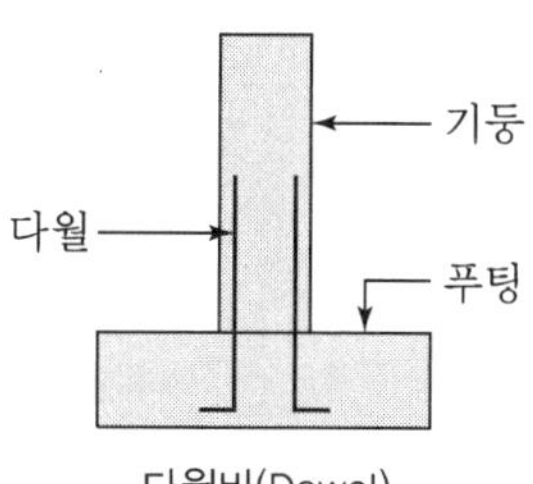

다월바(Dowel)

다이어프램(Diaphragm) 스트링거(세로보) 사이에 설치되어 주부재를 보강하고 하중의 횡분배를 원활하게 하는 횡방향 부부재

다이어프램(Diaphragm)

다재하 구조의 여용성(Redundancy) 한 구조부재가 파괴되면 다른 부재가 하중에 저항하는 다재하 구조물의 특성(반, 단재하 구조물)

단계적 건설(Staged Construction) 현장을 통과하는 교통흐름을 허용하기 위하여 단계를 나누어서 시행하는 건설

단면(Section) 횡단면

단순보(Simple Span) 인접한 지점에 주부재의 시점과 종점이 있는 보

단차(Faulting) 이음부에서 서로 다른 크기로 발생하는 이동 변위

대각선 부재(Diagonal member) 보강하기 위하여 사선으로 설치되는 부재

덕트(관)(Duct) 프리스트레스트 콘크리트 거더에서 인장케이블이 삽입되는 공극

덧씌움(Overlay) 포장이나 바닥판 위에 재포장하는 작업

덮개판(Cover Plate) 부재의 강성을 증가시키기 위하여 강재 거더의 하부플랜지에 접합된 강재 판

도개교(Bascule Bridge) 교량의 상부를 들어서 올릴 수 있는 가동교

독립기초(Individual Column Footing) 한 개의 기둥만을 지지하는 기초

동바리 또는 비계(Falsework) 구조물의 임시 지지대로 거푸집이나 구조부재의 가설 시 사용된다.

뒤채움(Backfill) 교대의 배벽과 접속부 하면 공간을 채우는 것

뒤축(기초의)(Heel) 기초의 뒷면

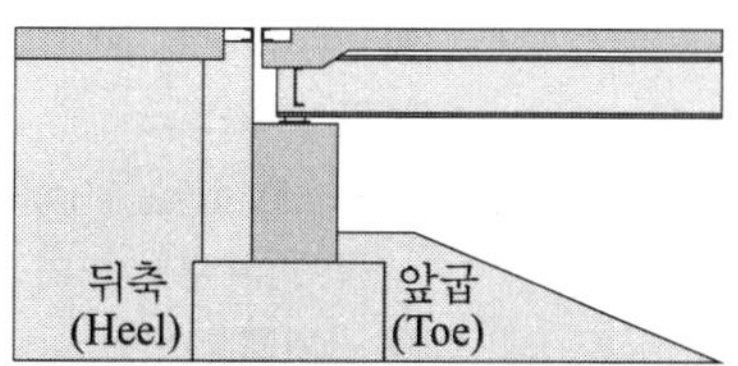

푸팅기초의 앞굽(Toe)과 뒤축(Heel)

드롭해머(Drop Hammer) 말뚝을 박는데 사용되는 대형 중추식 해머
등분포하중(Uniform Load) 요소의 전장에 걸쳐서 균일하게 분포된 하중
띠장(Wale) 판재 피트나 코퍼댐의 내측에 벽체를 따라서 설치된 가새

ㄹ

레벨링 코스(Leveling Course) 두 부분의 포장을 평평하게 하기 위하여 사용된 아스팔트 또는 바인더
리벳(Rivet) 원형강재 결합재
리브(Rib) 강바닥판의 종방향 보강재
릴랙세이션(Relaxation) 긴장재 정착 후 시간이 경과함에 따라서 프리스트레스 응력이 감소하는 현상
릴리프(지형정보)(Relief) 지형의 표면에 관한 정보. 지점 고도와 등고선 또는 두 가지를 혼용하여 표시된다.
림 높이(Rim Elevation) 배수지, 맨홀 또는 수직유입구의 높이

ㅁ

마모(Abrasion) 마찰력 등에 의해 표면을 닳아 없어지게 하는 풍화작용
마모층(Wearing Surface) 바닥판과 하부구조를 차량과 화학물질로부터 보호하고 승차감이 좋은 노면을 제공하기 위하여 교량 바닥판 위에 설치하는 아스팔트나 콘크리트 포장
마찰말뚝(Friction Pile) 말뚝과 주변 흙의 마찰력에 의하여 지지되는 말뚝
말뚝(Pile) 연약 지반에 설치되는 확대기초 위의 기둥이나 벽체에 적절한 지지력을 제공하는 길이에 비해서 단면이 작은 부재
말뚝 교각(Pile Bent) 말뚝과 말뚝 캡으로 구성된 교각
말뚝 캡(Pile Cap) 말뚝이나 케이슨으로 지지되는 교대나 교각의 기초
맞대기 이음(Butt Joint) 두 금속판을 같은 평면상에서 용접이나 볼트로 연결하는 것
맨드릴(Mandrel) 현장타설 콘크리트 말뚝의 제작에 사용되는 얇은 강재 쉘
면적측량(Planimetry) 초목, 울타리 및 배수조 등과 같은 비지형적 물체의 위치나 고도의 상세 지형정보
모듈형 조인트(Modular Joint) 여러 장의 강재스트립으로 제작되어 변형능력이 상당히 큰 조인트
모따기(Champer) 45도로 각진 콘크리트 모서리
모재(Base Metal) 용접봉을 통하여 다른 부재를 용접하는 기존의 강재
못으로 부착한 목재(Nail-Laminated) 두 개 이상의 목재를 못으로 부착시킨 목재
물가름(Cutwater) 수로와 만나는 교대의 뾰족하게 튀어나온 부분. 또는 쇄빙선
물구멍(Weep Hole) 요소 배후의 배수를 위한 콘크리트 요소(예 : 배벽)의 구멍
물리실험(Physical Testing) 현장이나 실험실에서 수행되는 재료실험 및 부재실험
물품번호(Item Number) 특별한 재료, 요소 및 시공 작업 등을 참조하기 위하여 교통당국에 의해서 붙여진 번호
물-시멘트비(Water-Cement Ratio) 콘크리트의 강도를 결정하는 물과 시멘트의 비
미국강구조협회(AISC) American Institute of Steel Construction

미국국가협동도로연구프로그램(NCHRP) National Cooperative Highway Research Program

미국도로교통협회(AASHTO) American Association of State Highway and Transportation Officials, 1973년에 AASHO로부터 교통(Transportation)을 포함하여 명칭이 변경됨.

미국도로협회(AASHO) American Association of State Highway Officials, 1914년 창립되어 1973년 AASHTO로 명칭 변경됨

미국철도협회(AREMA) American Railway Engineering and Maintenance of Way Association

미국콘크리트협회(ACI) American Concrete Institute

미세균열(Hairline Cracks) 콘크리트 표면에 발생하는 매우 가는 균열. 높은 온도에서 야기되는 수분의 급격한 손실에 의하여 발생하기 쉽다.

ㅂ

바닥판(Deck) 교량의 차량하중을 상부구조의 주부재로 전달하는 슬래브. 도로면의 교량 위의 연장선

비닥판 연결부(Deck Joint) 두 지간 또는 지간과 접속부 사이의 간격

박리(Delamination) 콘크리트가 층 형상으로 탈락되게 만드는 표면 밑의 균열 또는 공극

박스 거더(Box Girder) 하중을 지지하는 주부재로 사용되는 사각형 거더

박스 암거(Box Culvert) 철근콘크리트로 만든 사각형 암거

받침대(무수축 콘크리트패드)(Pedestal) 교대나 교각 위의 교량받침을 받치는 짧은 기둥. 우리나라에서는 무수축 콘크리트라고 한다.

받침대(무수축 콘크리트패드)
(Pedestal)

방수재(Waterproofing Membrane) 콘크리트를 물과 부식성 화학물질로부터 보호하기 위하여 마모면(포장)과 바닥판 사이에 설치하는 방수 시트. 층간박리나 박리를 발생시킬 수 조 있다.

배벽(Backwall) 교량받침 높이에 위치한 교대의 중요한 토류 구조요소

배수(Drainage) 교량이나 현장의 빗물의 흐름을 제거하는 것

배수관(Weep Tube) 콘크리트 요소(예 : 교대나 바닥판)에 매입되는 PVC 또는 다른 제품의 관. 배수를 위하여 요소의 표면 밖으로 연장됨.

배수구(Scuppers) 교량 바닥판 위의 우수를 배수하기 위한 장치

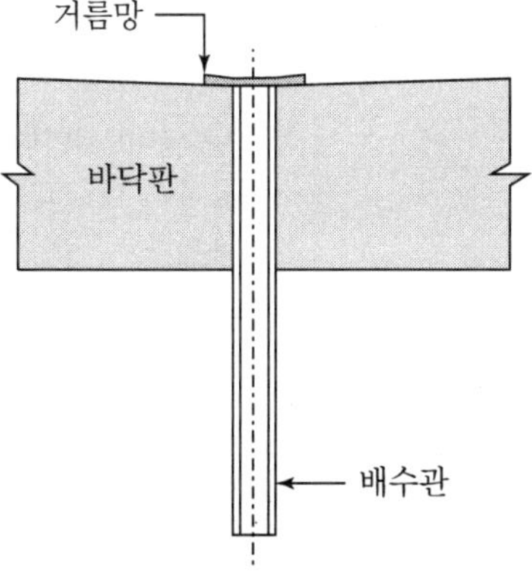

배수관(Weep Tube)

배수암거(Underdrain) 주로 뒤채움 속에 매설되며 하부구조 요소로부터 표면수를 배수시키기 위하여 사용하는 배수 도관

배수암거(Underdrain)

배수조(Catch Basin) 우수를 모으고 우수시스템에 쓰레기가 들어가지 못하도록 하기 위하여 집수시스템의 관속에 설치된 박스형 구조

배치(Batch) 정해진 콘크리트 양을 만드는 시멘트와 골재의 총무게

백화(Efflorescence) 균열 누수에 의해서 콘크리트 표면에 발생하는 하얀색 물질

범람원(Floodplain) 홍수의 피해를 입기 쉬운 수로에 근접한 지역

변단면 거더(Haunched Girder) 지점 사이의 단면의 두께가 변하는 거더

보(Beam) 수직하중을 지지하는 수평부재(예 : 파일캡 빔, 강재 거더)

보강(Strengthening) 구조부재의 성능을 증가시키기 위하여 채택하는 방법

보강재(Stiffener) 보의 단면 강도를 증가시킬 목적으로 강재보의 웨브에 용접된 판재. 지압보강재나 중간보강재는 수직으로 용접되고 수평보강재는 보를 따라서 종방향으로 용접된다.

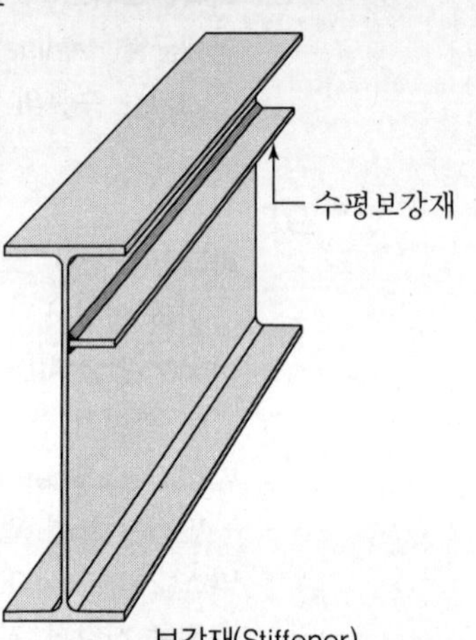

보강재(Stiffener)

보강토 공법(Reinforced Earth) 골재 뒤채움 속에 매입되어 맞물린 콘크리트 벽체면에 연결된 아연도금 강재 띠를 사용하는 일종의 토류구조물의 특허공법명

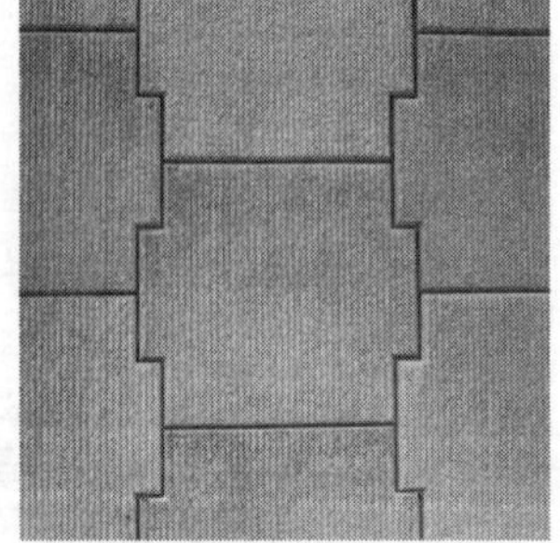
보강토 공법(Reinforced Earth)

보링(Boring) 구멍을 뚫어서 채취한 흙 시료

보조기층(Subbase) 노반과 기층 사이에 설치되는 보조적인 기층

볼록곡선(Crest) 상향으로 만곡 된 곡선(예 : 언덕)

볼스터(Bolster) 수평철근의 간격유지철근

봉함재(Seal) 틈새를 매우는 물질. 바닥판 조인트 등에 사용하며 합성고무 제품으로 봉함재형 장치에 사용된다.

봉함재형띠조인트(Strip Seal Joint) 연결 개구부에 고정된 쌍의 강재 레일에 접착된 합성고무 봉함재로 구성된 조인트

봉함재형신축이음(Compression Seal Joint) 탄성합성고무 봉함재로 연결부 틈새를 채운 이음부

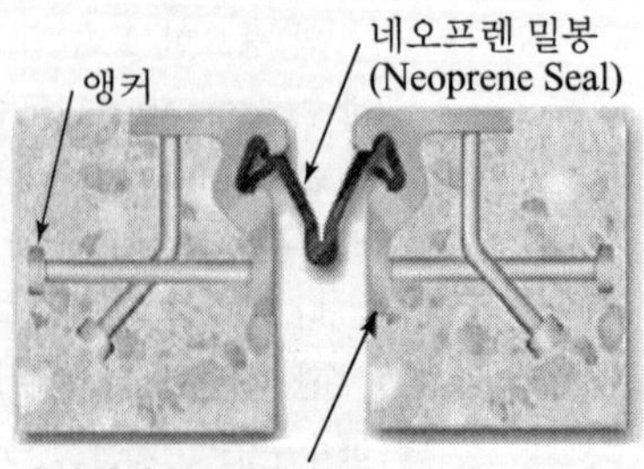

봉함재형띠조인트(Strip Seal Joint)

부모멘트(Negative Moment) 모의 상연에 인장을 하연에 압축을 발생시키는 휨모멘트

부부재(Secondary Member) 상부구조물의 단면변형에 저항하고 하중을 거더 사이에 분배하기 위하여 주부재 사이에 설치되는 가새 등의 부재

부부재(Secondary Member)

부상(浮上)(Uplift) 상부구조를 지점으로부터 들어 올리는 현상(하중)

부착(Adhesion) 두 가지 다른 물체가 함께 달라붙는 것

붕괴유발부재(Fracture Critical) 파단 등에 의한 부재의 파괴가 전체 구조물의 붕괴를 일으키는 부재

브래킷(Bracket) 보나 접속슬래브를 지지하기 위하여 기둥이나 벽체로부터 돌출된 부분

블리딩(Bleeding) 타설한 콘크리트 내부로부터 나오는 혼합수의 흐름

비틀림 강성(Torsional Rigidity) 비틀림에 저항하는 단면의 성능

사각(Skew) 고가도로 선형으로부터 직각 또는 방사형으로 연장한 선과 교량받침 중심선이 이루는 각도

사각 균열(Allegator Cracking) 마모층이나 접속포장에 발생하는 맞물린 사각모양의 균열(악어가죽과 비슷한 형상)

사면보호공(Slope Protection) 교대로부터 하부도로에 이르는 점점 줄어드는 경사부를 덮은 재료

사석(Riprap) 침식과 세굴을 방지하기 위하여 교대나 교각 주위에 설치한 쇄석

사용하중설계(Service Load Design) 탄성응력설계법

사장교(Cable-Stayed Bridge) 바닥판이 타워로부터 내려오는 대각선 케이블에 의해서 지지되는 교량

사장물(Dead Man) 앵커와 함께 묻히는 물건

산도, 산성(Acidity) pH 7 이하로 표시되는 용액 속의 산성도, 지표수에서는 산은 탄산을 만드는 공기 중의 이산화탄소에 의해서 발생한다.

상로아치교(Deck Arch) 아치의 상부에 바닥판이 놓인 아치교

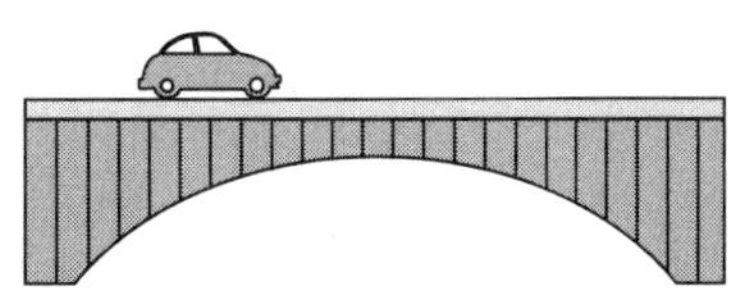
상로아치교(Deck Arch)

상부구조(Superstructure) 받침 위의 모든 구조부재 및 구성요소

상재하중(Surcharge) 토압하중 외의 활하중에 의해 옹벽에 작용하는 하중

선단지지말뚝(Bearing Pile) 말뚝의 지지력을 암반에 위치한 선단 지지에 의존하는 구조

선단(Tip) 말뚝의 하단부

선형(Theoretical Grade Line) 설계된 종단곡선을 잇는 이론적인 선

성토(체)(Fill) 고도를 높이기 위해서 추가적인 흙이 필요한 부분의 정의

성토(체)(Embankment) 구조물 주변을 흙을 쌓아서 높게 만든 것

세굴(Scour) 기초 하부의 하상 재료가 유수에 의해 쓸려 나가는 현상

소성변형(Plastic Deformation) 영구변형

소울 플레이트(Sole Plate) 거더의 하부플랜지에 부착되는 교량받침의 상부플레이트

솟음(Camber) 바닥판과 같은 하중이 재하될 때 고정하중 처짐을 보상하기 위하여 상향으로 보를 휘게 만드는 것

수직(Vertical) 교량의 수평면에 상향으로 직각인 교량의 축

수로(Channel) 물이 흐르는 길

수로(Water Channel) 교량하부의 배수용 채널 또는 하천

수선(Drop Line) 수로 단면을 파악하기 위하여 교량 바닥판으로부터 하부의 유수면의 바닥까지 연장된 선

수준점(Benchmark) 좌표와 높이를 알고 있는 측량점의 기준이 되는 점

수축(Shrinkage) 하중과 관계없이 건조과정에서 발생하는 수분의 감소에 기인한 콘크리트 볼륨의 자연적인 변화

수평가새(Lateral Bracing) 바람과 같이 교량축에 법선방향으로 작용하는 하중에 의한 변형을 억제하기 위하여 스트링거의 상부플랜지나 하부플랜지에 부착된 가새

수평곡선(Horizontal Curve) 평면선형에서 두 개의 접선이 변하는 곡선 구간

스크리드(Screed) 면을 평평하게 하고 콘크리트를 압밀하기 위하여 타설된 직후의 콘크리트면 위를 고르는 긴 강재나 목재

스테이션(Station) 도로선형의 위치를 나타내기 위하여 사용하는 용어

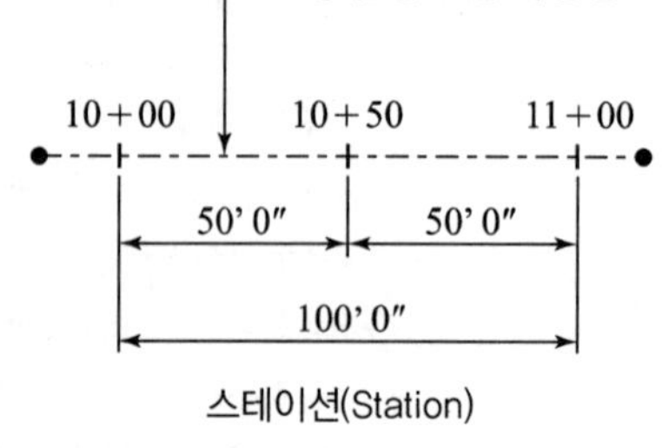

스테이션(Station)

스트럿(Strut) 수평가새 시스템의 대각방향이 아닌 횡방향 부재 또는 코퍼댐 또는 판재 피트의 벽체 사이에 설치되는 부재

스터럽(Stirrup) 콘크리트보에서 전단력이나 사인장력에 저항하기 위하여 사용되는 U형 철근

스트랜드(Strand) 와이어를 꼬아서 만든 강연선

스트링거(Stringer) 세로보. 이 책에서는 거더와 동일함

스팬드럴(Spandrel) 상로아치교에서 아치리브와 바닥판 사이의 면적

스프링 라인(Spring Line) 아치의 하면과 교대 및 교각의 교차점

슬럼프(Slump) 고깔모양의 몰드(형틀)가 제거된 후에 젖은 콘크리트의 줄어드는 높이를 결정하는 방법으로 콘크리트의 작업성을 정의하는 측정방법. 슬럼프가 작을수록 반죽이 단단하다.

슬립폼(Slipform) 콘크리트 요소를 따라서 일정한 방식으로 움직이는 거푸집. 단면이 충분한 강도에 이른 후에 거푸집이 이동해야 한다.

시공이음(Construction Joint) 분리 타설된 두 콘크리트의 이음부

시편(Coupon) 강재의 기계적 성질을 파악하기 위하여 단면에서 절취한 일부분

시거(Sight Distance) 자동차 전면의 가시 도로의 거리. 정지된 목표물에 도달하기 전에

자동차가 안전하게 멈추는데 필요한 거리로 결정된다.

신축이음부(Expansion Joint) 온도변화에 의한 수평변형을 수용하는 이음부

신축지점(Expansion Support) 회전과 종방향 이동이 가능한 지점

심(Shim) 보 지점부의 높이 차이를 조정하기 위하여 교량받침 시스템의 하부에 끼워 넣는 얇은 강재 판

쐐기(Wedge) 한쪽 모서리가 다른 쪽보다 상당히 두꺼운 금속조각

신축이음장치

아스팔트(포장)(Asphalt) 마모층이나 포장에 사용하는 검정색 역청재료. 보통 정제한 석유로 만든다.

아이바(Eye Bar) 현수교나 아치교에서 체인을 연결하는 장치

아치(Arch) 수직하중을 경사진 반력을 통하여 지점에 전달하는 곡선구조물

아치내륜(Intrados, Soffit) 정점과 스프링선을 연결하는 상로아치의 아래 부분

아치외륜(Extrados, Back) 상로교의 정점과 스프링선을 연결하는 아치의 상면과 거더와 이루는 면적(↔ soffit)

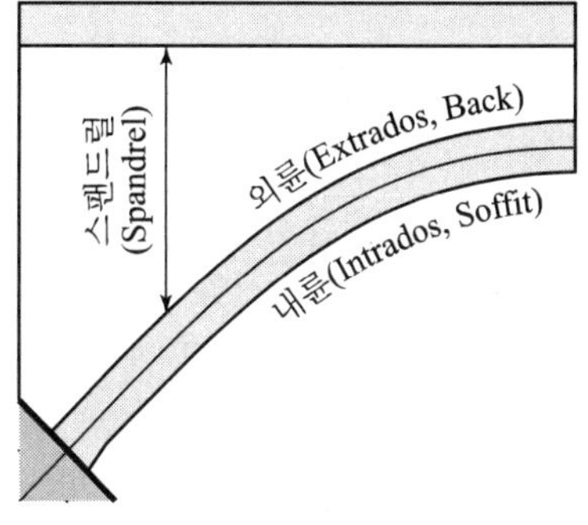

아치(Arch)

압연보(Rolled Beam) 열간압연방식으로 만든 강재 보

알칼리도(Alkalinity) pH 7 이상으로 표시되는 용액 속의 음이온의 농도

앞굽(Toe) 기초의 앞면

얕은 배수로(Swale) 교량 또는 현장으로부터 표면수를 배수시키기 위한 깊이가 얕은 배수채널로 흙이나 콘크리트 등으로 제작된다.

완성전단계설계(Advanced Detail Design) 최종계획의 제출 전단계의 완성설계. 이 단계에서 거의 모든 중요한 부분은 설계가 완성되어야 한다(참고 : 예비설계).

여수로(Spillway) 경사지의 상부로부터 인접한 배수구로 물을 통과시키는 포장된 수로

역류(Backwater) 수로에서 하류의 수리구조물이나 과도한 유량에 의하여 물이 거꾸로 흐름

역청(Bitumen) 아스팔트의 석유를 원료로 한 접합 재료

역청콘크리트(Bituminous Concrete) 골재와 채움재를 혼합한 역청 시멘트

연결판(Connection Plate) 두 요소를 연결하는 강재 판

연석(Curb) 포장 모서리를 구분하는 콘크리트 또는 대리석으로 만들어진 약간 높게 시공되는 부재

연속경간(Continuous Span) 주부재가 교대위에서 단속되지 않고 연장된 경간
연속기초(Continuous Footing) 벽체 하부기초. 연속된 구조물의 기초
연평균일교통량(AADT) 1년간의 교통량을 평균한 일일교통량
염화물(Chloride) 도로상의 눈을 녹이는 제설제. 콘크리트나 강재에 악영향을 미친다.
영국교량설계코드(BS 5400) 영국의 강교, 콘크리트교 및 합성교 설계기준
에폭시코팅철근(Epoxy-coated Reinforcing Steel) 부식을 방지하기 위하여 에폭시로 코팅한 철근
예각(Acute) 90도 미만인 각
예비설계(Preliminary Design) 프로젝트에서 포함되어야 하는 중요한 작업범위에 대한 사전설계
오거(Auger) 시료채취를 위한 구멍 뚫는 장비
온타리오 주 도로교설계코드(OHBDC) Ontario Highway Bridge Design Code
외측 거더(Fascia Girder) 여러 개의 거더 중에서 바깥쪽에 설치된 거더를 지칭함
웨브(Web) I형강, T형강 또는 박스 거더의 수직 요소
웨브 크리플링(Web Crippling) 집중하중에 의한 큰 압축응력에 기인한 웨브의 국부적인 항복
유지관리(Maintenance) 교량이 정상적인 공용상태를 유지하도록 수행되는 기본적인 보수작업
유효폭(Effective Width) 합성보에서 T형 단면의 상부플랜지처럼 거동하는 콘크리트 슬래브의 폭
융기(Heave) 수분, 굴착 및 말뚝 박기 등에 의해 발생하는 흙의 상향 이동
음극방식(법)(Cathodic Protection) 철근을 음극으로 만들어 부식을 방지하기 위하여 금속 양극을 도입하여 콘크리트 열화를 방지하는 전기화학적인 방법
2차 고정하중(Superimposed Dead Load) 콘크리트가 굳은 뒤에 재하되는 영구적인 하중(예 : 난간, 포장, 보도부 등)
이음(Splice) 연결장치를 사용하여 두 요소를 연결하는 것
이음부(Joint) 콜드 조인트나 바닥판 이음부와 같은 연결부
이형철근(Deformed Bar) 리브가 있는 철근
일반 세굴(General Scour) 수로 유입구의 압축현상 때문에 발생하는 세굴
일체식 교량(Integral Abutment Bridges) 일체형 교대로 구성된 교량
일체형 교대(Integral Abutment) 교대와 바닥판이 일체로 건설되는 교대. 신축이음이 없다.
일평균교통량(ADT) 하루에 통과하는 차량 대수의 평균
일평균트럭교통량(ADTT) 하루에 통과하는 트럭 대수의 평균

ㅈ

잔류솟음(Residual Camber) 프리스트레스 힘에 의한 솟음에서 거더의 고정하중 처짐을 뺀 솟음량
잔류응력(Residual Stress) 형강이 제작된 후에 부재 내에 구속되어 있는 응력

재도포(Resurfacing) 기존의 접속부나 바닥판 덧씌움 위에 마모층 재료를 덧씌우기 하는 작업

재킷(Jacket) 철근콘크리트, 합성재료 또는 다른 재료로 만든 교각 기둥이나 말뚝과 같은 요소를 둘러싼 용기 형태의 구조물

잭아치(Jack Arch) 콘크리트로 피복된 강재보로 만든 아치형태의 교량. 콘크리트는 존치 거푸집을 사용하여 특별히 타설된다.

잭킹(Jacking) 요소나 요소 그룹을 유압잭이나 다른 형식의 잭으로 들어 올리는 작업. 경우에 따라서는 임시지지 시스템으로 사용 가능함

저지 배리어(Jersey Barrier) 처음 개발한 뉴저지교통국의 이름을 딴 콘크리트 방호벽. 중앙분리대 또는 콘크리트 방호벽

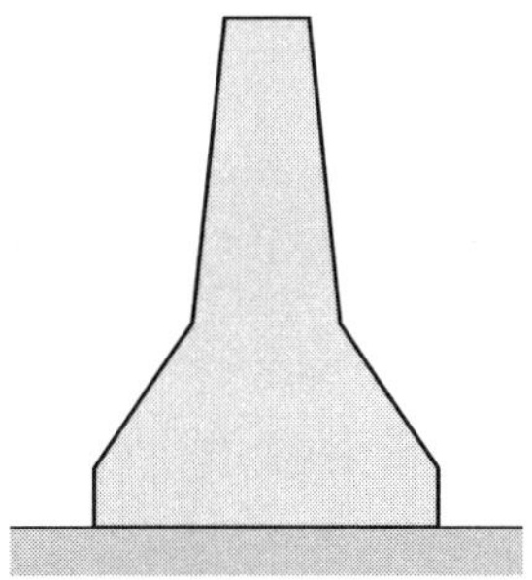
저지 배리어(Jersey Barrier)

저판(안치부)(Masonry Plate) 무수축 콘크리트에 고정된 교량받침의 하부판

전시하중(Military Loading) 교량을 통과하는 군용 중차량

전극봉(Electrode) 모재와 접합재를 용접 접합할 때 용착을 돕는 물질

전단 나선철근(Shear Spiral) 거더의 상부플랜지에 용접하는 코일형상의 전단연결재의 일종

전단스터드(Shear Stud) 가장 많이 사용되는 볼트 형상의 전단연결재의 일종. 거더의 상부플랜지에 자동용접 스터드건으로 부착된다.

전단연결재(Shear Connector) 슬래브와 거더가 일체로 거동하도록 하기 위하여 거더의 상부플랜지에서 연장되어 콘크리트 슬래브에 매입되는 합성 거더에 사용되는 장치

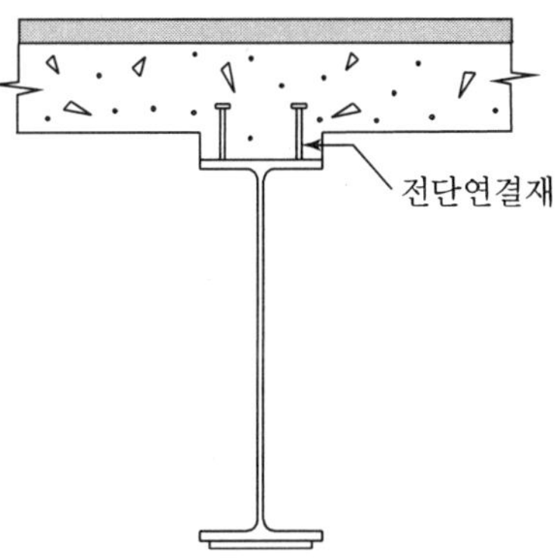

전단스터드(Shear Stud)

전미(全美)고속도로(Interstate) 미국의 주를 연결하는 고속도로 및 군용고속도로

접속부(Approach) 구조물의 전후에 바로 연결된 부분

접속슬래브(Approach Slab) 콘크리트슬래브 접속부. 교대의 접속포장의 침하를 방지하기 위하여 설치된다.

접속포장(Approach Pavement) 고가도로와 같은 또는 약간 넓은 횡단면의 접속부 포장

접착목재(Glued Laminated) 두 개 이상의 각목을 접착제를 사용하여 붙여서 제작한 두께 2 in 이하의 목재 부재

접촉 매질(Couplant) 강재 두께를 측정하는 초

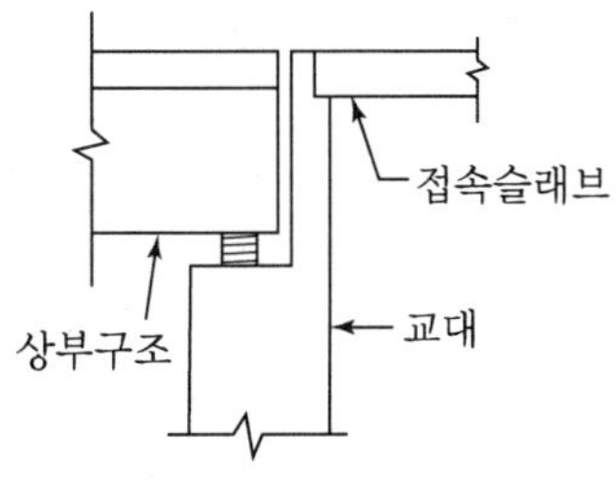

접속슬래브(Approach Slab)

음파 장비와 함께 사용되는 젤리 같은 물질

정격하중(평가)(Inventory Rating) 정상상태 하의 교량의 활하중성능(평가)

정모멘트(Positive Moment) 상연에 압축과 하연에 인장을 발생시키는 휨모멘트

정점(Crown) 도로의 최고 높은 점 또는 아치리브의 최고 높은 점

정착구(Anchorage) 콘크리트, 암반 또는 다른 고정된 물질에 매립된 고정 장치

조립부재(Built-Up Member) 압연형강의 단면상수를 증가시키기 위하여 다양한 형강을 조립하여 구성한 단면

조명장치(Luminaire) 조명주의 상부에 부착된 조명기구

조명주(Lighting Standard) 조명장치를 지지하는 기둥

조합하중(Group Loading) 여러 가지 하중들이 함께 재하되는 것

존치거푸집(Stay-in-Place Forms) 콘크리트가 양생된 후에도 현장에 그대로 남겨두는 거푸집. 보통 바닥판 거푸집으로 영구거푸집(Permanent Forms)이라고도 한다.

종곡선 교점(PVI) 종단곡선의 두 접선의 교차점

종곡선 시점(PVC) 종단곡선 상의 곡선의 시점

종곡선 종점(PVT) 종단곡선 상의 곡선의 종점

좌굴(Buckling) 압축부재에서 횡방향으로 급격하게 변형이 발생하는 현상

종단선형(Vertical Alignment) 수직 평면상에서 도로의 중심선이나 기준선의 수학적인 표현

종방향(Longitudinal) 교대에서 교대를 잇는 교량의 축방향

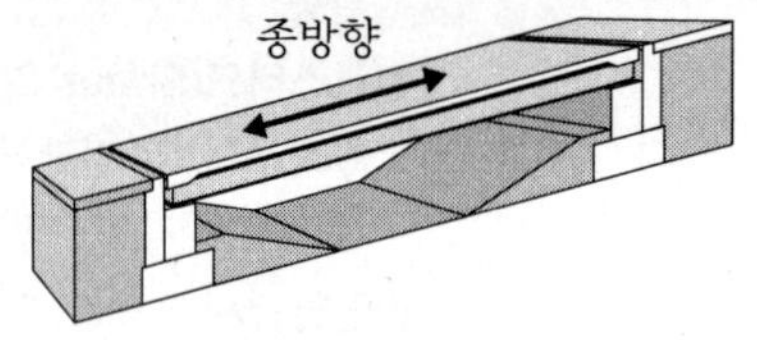

종방향(Longitudinal)

주부재(Primary Member) 하중을 종방향으로 분배하고 주로 휨에 저항하는 내력 부재

주추(Plinth) 벽체의 돌출된 기초

준공계획(As-Built Plans) 최종 설계계획에 대한 현장 여건에 따른 또는 기타 모든 변경사항을 고려하여 건설한 계획

중공슬래브(Voided Slab) 상부구조의 중량을 감소시킬 목적으로 내부에 길이 방향의 공간을 만든 슬래브

중로아치교(Half-Through Arch) 바닥판이 아치리브의 중간을 통과하는 아치교

중분대(Berm) 상하행선이 분리된 도로의 중앙분리대

지물도(Planimetry) 초목, 울타리 및 배수조 등과 같은 비지형적 물체의 위치나 고도의 상세 지형정보

지압보강재(Bearing Stiffener) 지압력과 웨브의 국부좌굴에 대한 보강을 목적으로 교량받침 바로 위의 웨브에 직접 용접 접합된 강재판

지압판(Bearing Plate) 하중을 상부구조로부터 하부구조로 전달하는 강재판

지주(Shore) 거푸집과 내부 콘크리트를 지지하는 경사진 부재

지진의(Seismic) 지진에 관한[예 : 지진하중(Seismic Force)]

지하배수로(Culvert) 빗물이 통과하여 흐르는 구조물

지형(Topography) 릴리프나 면적측정으로 구성된 교량 현장의 표현

직교이방성 바닥판(Orthotropic Deck) 개단면 또는 폐단면 종리브, 횡리브 및 가로보로 보강된 강바닥판

집중하중(Concentrated Load) 특정한 위치에 작용하는 절점하중

ㅊ

차륜하중(Wheel Load) 설계차량하중에서 바퀴 하나에 작용하는 하중. 두 개의 차륜하중(윤하중)이 한 개의 차축하중이 된다.

처짐(Sag) 아래로 오목한 수직곡선 형상을 표현하는 용어

처짐(Deflection) 하중을 받는 부재의 수직 변위

철근(Rebar) 철근콘크리트의 인장 보강철근

초음파게이지(Ultrasonic Gage) 강재요소의 두께를 측정하기 위하여 사용하는 장치. 강재 요소의 표면에 스며든 접촉매질 속에 탐침을 넣어 사용함

최저 높이(Invert Elevation) 배수조, 낙차식 유입구, 암거 및 하상의 최저점의 높이

축하중(Axle Load) 트럭 축에 걸리는 총 하중. 윤하중의 두 배

충격계수(Impact Factor) 교량을 통과하는 차량의 동적효과를 고려하기 위한 계수

충진재(Grout) 시멘트나 에폭시를 소재로 만들어진 콘크리트 요소의 균열, 공극, 동공 및 PS케이블 덕트 등을 채우는 물질

취성파괴(Brittle Fracture) 소성변형 이전에 발생하는 갑작스러운 강재 요소의 파괴. 단면의 급격한 변화부에서 발생하거나 피로 균열에 의해 발생하기 쉽다.

측경사(Side Slope) 성토부 측면의 기울기

측면(Fascia) 바닥판의 옆면

측면도(Profile) 도로의 종단선형을 나타내는 도면

침식 보호공(Apron) 침식을 막기 위하여 암거의 기반부에 설치한 콘크리트슬래브

침하(Settlement) 지반 성분의 변화나 변형에 의하여 발생하는 기초나 기초구조물의 이동

ㅋ

커튼 월(Cheekwall, Curtain Wall) 콘크리트 벽체. 기초 받침부(무수축 콘크리트)를 보호하기 위하여 교대의 날개벽에 연결된다.

커튼 월(Curtain Wall) 고리에 매다는 방법으로 시공되는 조립 벽체

케이슨(Caisson) 지하나 수중의 교대나 교각의 기초를 건설하기 위하여 사용되는 속이 빈 방수박스. 케이슨은 파일캡을 지지할 수도 있고, 교대의 일부가 될 수도 있다.

코벨(Corbel) 보나 접속슬래브를 지지하기 위하여 기둥이나 벽체로부터 돌출된 부분

코어(Core) 콘크리트로부터 채취한 원형 시료

코즈웨이(Causeway) 넓은 수면, 습지, 수렁위에 고가로 설치된 길

코퍼댐(Cofferdam) 가물막이. 설치되는 지반이 지하수위보다 낮은 기초 시공을 위하여 방수가 되도록 널말뚝으로 만든 피트

콘크리트 세그멘트 거더(Segmental Concrete Girder) 콘크리트 단위 부재로 구성되는 거더로, 프리캐스트로 제작되며 포스트텐션에 의해서 완성된 거더가 된다.

콘크리트 I-거더(Concrete I-Girder) 거더 단면이 I형인 거더(예, AASHTO-PCI Type I, II, III, IV 프리스트레스트 거더)

콜드 조인트(Cold Joint) 신구콘크리트의 이음부

크리프(Creep) 영구적인 하중 하에서 장기간에 걸쳐서 발생하는 콘크리트의 변형

키(Key) 시공이음부의 다른 한 면의 홈에 꼭 맞게 끼워지도록 시공이음부의 한 면에 돌출되게 만든 콘크리트

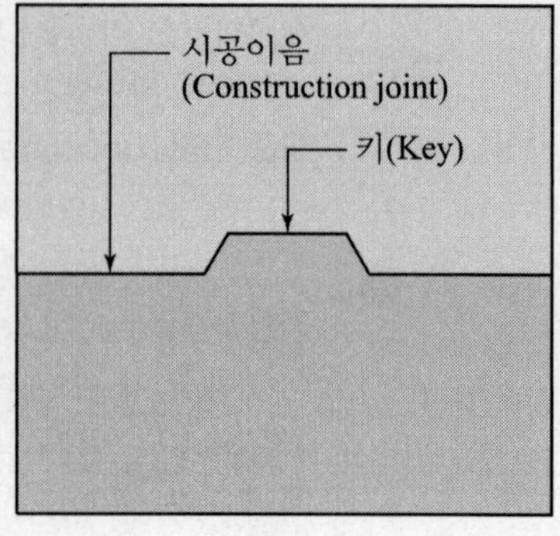

키(Key)

타이드아치(Tied Arch) 수평반력이 타이(보통 행어에 의해 지지되는 거더)에 의해서 평형을 이루는 아치교

탄성 변형(Elastic Deformation) 응력이 변형에 비례하는 범위 내에서 발생하는 변형으로, 하중 제거 시에는 원래 상태로 복원됨

탄성설계(Working Stress Design) 항복응력과 안전계수에 의해 결정되는 최대허용응력에 근거를 둔 설계법으로 허용응력설계라고도 한다.

탄성패드(Elastomeric Pad) 합성고무 제품 교량받침

탈락(Spalling) 요소로부터 표면 콘크리트가 깨져 분리되는 현상

탐측(Sounding) 망치로 타격하고 속이 빈 곳의 소리를 들음으로써 콘크리트나 목재 부재의 공동이나 층간 박리를 조사하는 방법

택 코트(Tack Coat) 다른 층을 포장하기 전에 기존의 포장이나 새로운 포장 위에 뿌리는 얇은 액체 역청물질 층

퇴적(매적)작용(Aggradation) 수로에서 장기간에 걸쳐서 제거되는 양보다 퇴적되는 양이 많은 상태

트러스(Truss) 내력 구조부재를 구성하기 위하여 부재를 삼각형 형태로 수직으로 배치한 구조

트레미(Tremie) 수중에 콘크리트를 타설하기 위하여 사용하는 관이나 깔때기

트레슬(가대)(Trestle) 말뚝식 교각 또는 기둥식 교각 위에 설치되는 스트링거를 구성하는 목재 구조물의 기준으로 사용됨

파괴(Fracture) 항복 및 파단 등에 의하여 구조물의 수명이 다하는 것

파형(Corrugated) 파형강판이나 강재 방호벽과 같이 골과 마루가 교대로 배열된 재료(주로 강재)

판재 피트(Sheeted Pit) 굴착 시에 흙을 지지하는 토류구조로 사용되는 상하부가 없는 임시 박스구조

평면도(Plan) 요소, 부재 또는 현장의 바로 위에서 내려다 본 도면

평면도 및 측면도(Plan and Profile) 도로의 평면과 입면을 같은 지면에 같은 축척으로

나타낸 도면

평면선형(Horizontal Alignment) 수평면(평면도)상에서 정해진 도로중심선이나 기준선의 수학적인 표현

포스트텐션 교량(Posttensioned Bridge) 콘크리트 타설 후에 긴장재에 프리스트레스 힘을 가하는 프리스트레스트 콘크리트교량

폭넓은 연석(Brush Curb) 교량바닥판의 차선폭을 확보하기 위하여 보도부 대신에 설치하는 넓은 연석

표면의(Facial) 요소의 표면에 관한

표지판(Signing) 현장과 현장 가까운 지점에 설치된 교통 또는 건설 표지판과 그것들을 지지하는 구조물

표준차로하중(Lane Loading) 교량을 통과하는 경량 트럭을 모사하여 만든 가상의 설계하중

표준트럭하중(Truck Loading) 교량의 트럭을 모사한 가상의 설계하중

표지판(Signing)

프리스트레스트 거더(Prestressed Girder) 인장력을 가하는 강재 긴장재를 사용하는 방법으로 일단 하중이 가해지면 내부의 압축응력은 증가시키고 인장력은 감소 또는 제거시키는 콘크리트 거더

프리캐스트(Precast) 현장에 설치하기 전에 타설하고 양생하는 콘크리트 부재

프리캐스트 콘크리트협회(PCI) Precast/Prestressed Concrete Institute

프리텐션드 거더(Pretensioned Girder) 콘크리트 타설 전에 긴장재에 프리스트레스 힘을 가하는 프리스트레스트 콘크리트교량

플레이트 거더(Plate Girder)

플랜지(Flange) I형강의 상부와 하부의 수평 요소 또는 T형강의 상부 요소

플레이트 거더(Plate Girder) 강재 판재요소를 용접이나 볼트로 접합하여 만든 I형 단면

피로균열(Fatigue Cracking) 하중의 반복적인 재하에 의해서 발생 성장하는 국부적인 균열

피복두께(Cover) 콘크리트 표면과 철근의 표면에서 가장 가까운 면과의 거리

피치(Pitch) 적절한 배수를 위한 표면 경사 또는 전단연결재나 스타이럽 철근의 열간 간격

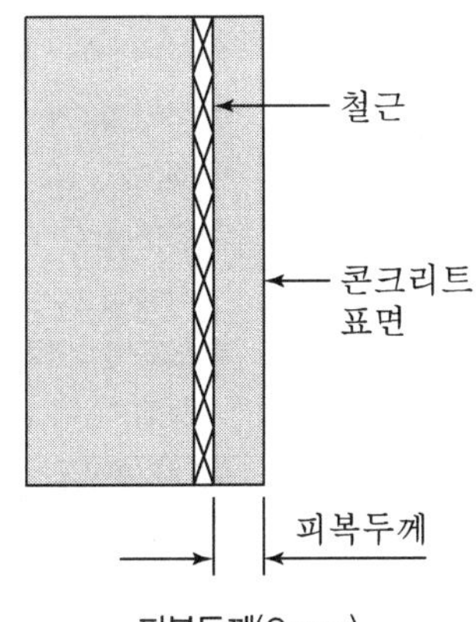

피복두께(Cover)

ㅎ

하면(Soffit) 교량바닥판이나 거더의 아래면

하로아치(Through Arch) 바닥판이 아치리브의 하단부를 통과하는 아치교

하부구조(Substructure) 상부구조를 지지하는 구조적인 부재 및 구성요소

하부도로(Underpass) 교량이 횡단하는 차도

하이브리드 거더(Hybrid Girder) 다른 종류의 강재를 사용하여 만든 거더(즉, 플랜지는 고강도 웨브는 저강도 강재로 제작한 거더)

하중계수설계(Load Factor Design) AASHTO에 의해서 사용된 일종의 한계상태설계법

하중저항설계(Load and Resistance Factor Design) AASHTO, AISC 및 ACI에 의해서 사용된 일종의 한계상태설계법

하중평가(Load Rating) 교량의 활하중 성능을 표시하는 수치

한계상태설계(Limit State Design) 기능을 하기 위한 구조물의 성능에 근거를 둔 설계방법. 한계상태는 강도한계상태와 사용한계상태로 구분된다.

합성단면(Composite Section) 교량바닥판이 주부재(거더)와 일체로 하중에 저항하는 단면

합판(Laminate) 접착제나 못으로 두 개 이상의 목재를 접합하여 만든 판재

항복점(Yield Point) 재료가 항복을 시작하는 응력

행거(Hanger) 하중을 바닥판으로부터 현수케이블 또는 아치에 전달하는 인장부재

허용응력설계(Allowable Stress Design) 최대사용하중에 대한 응력이 공칭강도에 안전율을 적용하여 구한 허용응력보다 크지 않도록 단면을 산정하는 설계법. 일명 탄성설계법(Working Stress Design)

헌치(Haunch) 상부구조 부재와 바닥판 사이의 콘크리트 층

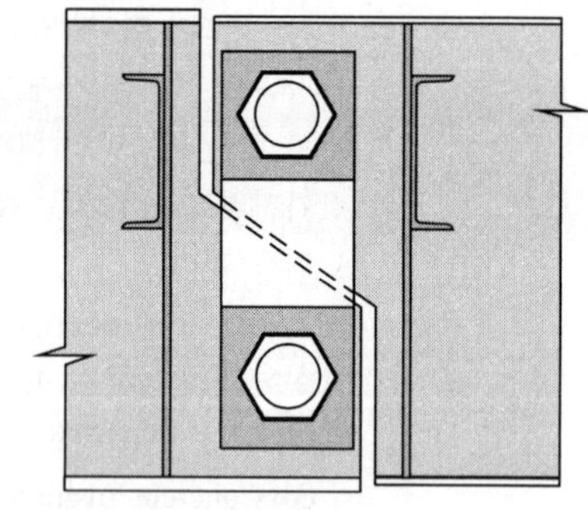
행거(Hanger)

현수교(Suspension Bridge) 교량의 도로가 주탑에 걸려있는 현수 케이블에 달려 있는 형식의 교량

현장(Site) 교량에 영향을 미치거나 교량이 영향을 받는 교량과 구조물 주위 지역

현장타설(Cast-In-Place) 현장에서 콘크리트를 타설하여 양생하는 작업

현재(Chord) 트러스 상하부의 수평 부재

형틀(Form) 콘크리트가 굳어서 강도를 확보하기까지 콘크리트 요소에 대한 거푸집으로 사용되는 임시구조물

혼합물(첨가물)(Admixture) 콘크리트 배합에 들어가는 포틀란드 시멘트, 골재, 물 이외의 물질

확대기초(Spread Footing) 여러 개의 기둥을 지지하는 기초

활하중(Live Load) 자동차와 같은 움직이는 하중이거나 움직일 수 있는 하중

횡골조(Cross Frame) 다이어프램과 같은 목적으로 ㄱ형강이 X, K형으로 교차되게 만들어진 골조

횡단면(Cross Section) 중앙선에 직각으로 횡방향으로 취한 단면

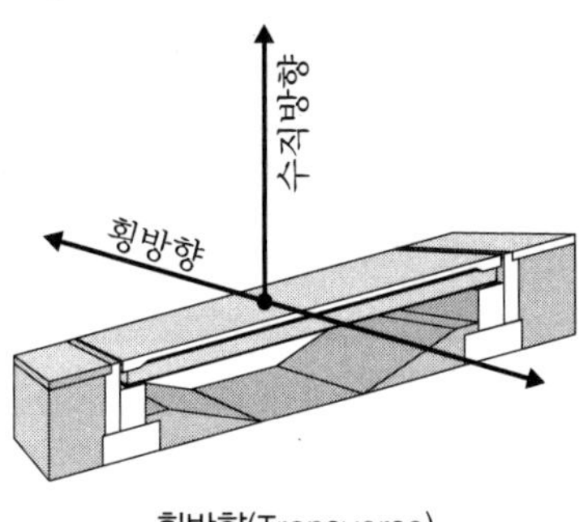

횡방향(Transverse)

횡방향(Transverse) 구조물 중심선에 직각이나 방사상의 방향을 의미함

횡방향 부재(Lateral Member) 주부재에 거의 직각으로 부착된 부재

횡보(Cap Beam) 벤트의 상부 보. 지지 기둥이나 말뚝을 연결해서 기둥식 교대 구조를 만든다.

횡보(Pier Cap) 교각의 구체 상부를 연결하는 가로보. 흔히 코핑이라고도 한다.

휨강성(Flexural Rigidity) 휨에 저항하는 성능

흙막이(Sheeting) 굴착을 하기 위하여 임시 옹벽으로 사용되는 흙속에 삽입된 수직 판재

흡수(Absorption) 고체의 침투 가능한 공극으로 유체가 들어가는 현상(젖은 콘크리트가 젖는 것처럼), 흡수작용은 다공질 고체의 무게를 증가시킨다.

기타

H-하중(H Loading) AASHTO가 개발한 가상적인 트럭하중. H20-44 및 H15-44의 두 종류가 있다.

H형강(Wide Flange Shape) 플랜지 폭이 넓은 I형 압연형강

HL-하중(HL Loading) AASHTO가 개발한 가상의 트럭하중과 등분포 활하중

HS-하중(HS Loading) AASHTO가 개발한 가상의 트럭하중. HS20-44 및 HS15-44의 두 종류가 있다.

I형 거더(I-Girder) I의 형상을 가진 거더

MSE벽체(Mechanically Stabilized Earth(MSE) retaining wall) 기계적으로 안정화 시킨 옹벽

P-하중(P Loading) 캘리포니아 주에서 개발한 특수한 가상의 하중

T형 거더(T-Girder) T형 형상을 가진 거더

T형 교각(Hammerhead) 기둥이 하나인 기둥식 교각

참고문헌

1.1 *National Transportation Statistics* 2008, Bureau of Transportation Statistics, U.S. Department of Transportation, Table 1-27 and Table 3-27a, Washington, D.C., 2008.

1.2 Steinman, D. B., and Watson, S. R., *Bridges and Their Builders*, 2d ed., Dover Publications Inc., New York, 1957.

1.3 *A Policy on Geometric Design of Highways and Streets*, 5th ed., American Association of State Highway and Transportation Officials, Washington, D.C., 2004.

1.4 *Manual for Bridge Evaluation*, 1st ed. with 2010 Interim Revisions, American Association of State Highway and Transportation Officials, Washington, D.C., 2010.

1.5 Kavanagh, Thomas C., and Young, Robert C. Y., "Arches and Rigid Frames," pp. 17-1 to 17-2, *Structural Engineering Handbook*, edited by Gaylord, Edwin H., Jr., and Gaylord, Charles N., McGraw-Hill, New York, 1990.

1.6 *Bill Cosby : Himself*, Jemmin, Inc., released by 20th Century Fox, 1982.

1.7 Heinen, Richard, "Who Should Build Bridges?" *Civil Engineering*, American Society of Civil Engineers, vol. 55, no. 7, pp. 63-66, July 1985.

Chapter 02

프로젝트 개시

개요

본 장에서는 설계 개시 전에 교량기술자가 알아야 하는 중요한 사안들에 대하여 살펴보고자 한다. 우리는 도로 프로젝트가 예산을 어떻게 확보하게 되는가에 대한 토론으로부터 시작하고자 한다. 이것은 설계자가 참조해야 하는 몇 가지 중요한 참고자료를 살펴보는 것이 될 것이다. 마지막으로 교량 검사의 중요한 사안들과 그것이 신설 교량의 설계 및 기존 교량의 개선에 관한 설계에 어떤 영향을 미쳤나에 대한 상세한 기술로 이 장을 마감할 것이다.

설계를 시작하기 전에 교량설계자가 관심을 가져야 하는 몇 가지 중요한 사안들이 있다. 먼저, 어떤 설계든지 시작하기 전에 어떻게 프로젝트가 채택되었고 또 예산이 확보되었나 하는 점을 아는 것은 대단히 중요하다. 다음으로 설계과정에 어떤 설계기준과 참고문헌을 적용하여야 하는가 하는 문제이다. 마지막으로 본격적으로 설계가 시작되었을 때, 어떤 현장자료와 기존구조물의 개선 프로젝트의 경우 어떤 기록 자료가 작업을 시작하여 마치는데 필요한가 하는 사안이다.

이 장에서는 도로교설계의 개시 단계의 개요를 독자들에게 제공하고자 한다. 대부분의 기술자들이 실제 설계의 구체적인 부분, 즉 볼트와 너트 등에 의도적으로 초점을 맞추려고 하지만, 위에 열거한 사안들의 중요성과 그것들이 교량설계 프로젝트의 근간에 어떻게 영향을 미치는가를 인식하는 것이 중요하다. 적절한 현장자료를 수집하는데 있어서의 실패나 발주처의 의도에 대한 오해 또는 참고자료의 부적절한 사용 때문에 설계프로젝트가 불합리하게 되는 경우가 자주 발생할 수도 있다.

2.1 프로젝트 기금(조성)

도로교의 설계 및 개선은 대단히 많은 예산이 필요한 사업이다. 중간 정도 크기의 고가도로 구조물을 개선하는 공사에도 백만 달러 이상이 필요하다. 막대한 숫자의 교량에 대한 개선작업이 필요하다는 것을 생각해보면 왜 국가기간산업 프로그램이 수십억 달러짜리 막대한 예산을 내놓아야만 하는지를 쉽게 알 수 있다. 이러한 예산의 예는 미국 연방정부 및 지방정부의 FY2011[2.1] 예산에서 찾아볼 수 있다. 미연방정부는 2010년 교통사업 분야에만 1189억 달러를 사용했다. 주정부와 지방정부까지 포함한다면 비용은 3270억 달러를 넘을 것이다.

교통프로젝트와 관련된 막대한 예산에 대한 분명한 질문은 "이 많은 자금이 도대체 어디서 마련될까?"이다. 일반적인 도로프로젝트와 특별한 교량프로젝트의 재정은 지역마다 다른 다양한 출처에서 지원받게 된다. 그러나 자금의 출처는 다섯 개의 원칙적인 범주로 분류할 수 있다. 그것은 수익자 부담금, 비수익자 부담금, 특별수혜자부담금, 사금융, 채권금융[2.2]으로서 다음에서 이러한 재원에 대한 간단한 설명을 하고자 한다.

2.1.1 수익자 부담금

수익자 부담금(즉, 도로시스템을 이용하는 사람들에게 부과되는 세금)은 자동차 등록비, 유류세 그리고 교역 수수료와 같은 전통적인 도로관련 수수료를 포함한다. 이중에서 유류세는 도로 프로그램의 가장 큰 재원이 된다. 그러나 유류세는 납세자들에게 직접적으로, 그리고 때로는 매일 충격을 주기 때문에 일반 대중의 환영을 받은 적이 없다. 이런 이유로 유류세율은 인플레이션의 관점에서 상대적으로 서서히 증가해왔기 때문에, 이 세입 출처로부터의 기금은 1960년대 후반 이후 실질적으로 감소했다.[2.2] 최근에 유류세는 사회기반시설 프로그램의 자금 조성 방법으로 다시 한 번 중요한 쟁점이 되고 있다.

전미고속도로 프로젝트에서 연방정부는 통상 재정의 90%를 지원하고, 주정부가 나머지 10%를 마련하고 있다.

또 다른 하나의 수익자 부담금의 형태는 유료도로이다. 미국에서는 북동부에 유료도로가 많이 있다. 2009년 보고서에 따르면 유료도로는 전미고속도로 4820 km를 포함하여 8000 km에 이른다.[2.3] 도로세 사업당국은 상대적으로 명확한 형태의 재원인 수익자 부담금을 징수할 수 있는 장점을 가지고 있기 때문에 다른 도로부처와 비교하여 상당히 신속하고 높은 수준의 유지관리를 할 수 있다. 그러나 유료도로는 일반적으로 고속도로와 접속도로에 국한되기 때문에 수익자의 이용이 제한된다는 단점이 있다. 또한 전자통행료징수시스템이 비용을 줄이기는 했지만 여전히 높은 통행료 수집비가 문제가 되기도 한다. 미국자동차협회(Automobile Association of America)와 같은 기관에서는 이용자들이 이미 유류세의 형태로 도로 이용료를 지불하기 때문에 통행료를 중복과세의 형태로 본다. 또 다른 단점은 연방정부의 자금은 유료고속도로를 건설하는 데는 사용할 수가 없다는 것이다. 연방법에는 기존의 시설을 유료도로로 전용하게 되면 건설비의 연방정부 몫을 반납하도록 요구하고 있다. 비록 대부분의 유료도로가 그들 자신에게 혜택이 돌아가지만, 이 법과 전용에 대한 대중의 반대가 유료도로의 해법을 어렵게 만들고 있다. 최근에 대중적인 기금의 부족과 전자통행료징수시스템의 도입 덕분에 유료도로에 대하여 대중들이 관대하게 수용하는 경향이 증가하였다.

중국과 말레이시아 같은 대부분의 개발도상 국가들은 통행료 시스템을 통해서 전국적인 고속도로망을 구축하였다.

알아두기

통행료 개념의 기원은 2000년 전으로 거슬러 올라간다. 1281년에 런던교(London Bridge)는 새롭고 창의적인 재원조성 방법을 필요로 하였다. 교량 위를 통과하는 차량뿐만 아니라 교량 아래를 통과하는 배와 보트들에게서도 통행료를 징수하였다.

그림 2.1 유료도로

유료도로의 한 가지 단점은 통행료징수시스템의 설치 및 운영비이다. 그러나 전자통행료징수시스템은 통행료징수설비의 운영비를 획기적으로 감소시켰다. 더욱이 차량이 정지할 필요를 배제하였기 때문에 최근에는 통행료 징수에 대한 대중의 수용이 상승하였다. 많은 주에서 이러한 기금 조성 방법을 고려하고 있다.

2.1.2 비수익자 부담금

판매세, 소득세 및 기타 세원으로부터 조성된 기금을 비수익자 부담금이라고 한다. 많은 기술자들이 도로 기금이 일반기금에 포함되도록 원하는 반면에 돈은 다른 방향으로도 흐를 수 있다. 이것이 많은 도로담당 부처들이 비수익자 부담금을 꺼리는 이유이다. 도로담당 부처가 한 번 일반기금을 도로 프로그램에 사용하기를 수락하면, 도로 부처가 아닌 다른 부처가 도로 예산을 사용하고자 하는 동기를 몇 배나 크게 부여하게 된다. 이렇게 되면 주정부 부처 사이에 세금을 서로 차지하기 위한, 기술자들이 종종 이길 수 없는 경쟁이 벌어지게 된다.

한편 불경기에는 미국회복재투자법(American Recovery and Re-investment Act 2009)과 같이 경제를 회복시키기 위하여 정부가 도로 프로젝트에 추가적인 돈을 투자할 수도 있다. 역사적으로 이러한 투자는 경제회복을 돕고 장기적으로는 지역경제를 개선하는 것으로 나타났다.

2.1.3 특별수혜자 부담금

특별수혜자 부담금은 신설 또는 개선 도로시스템으로 수혜를 받는 사람들에게 부과되는 세금이다. 특별수혜자 부담금은 성장하는 지역사회의 수요를 충족시키기 위하여 시설을 개선 또는 확충하기 위한 세입 재원을 제공하게 된다. 때로는 이것은 새로운 개발의 도로관련 수요를 만족시키기 위하여, 개발자에게 도로확장의 일부분에 대한 비용을 지불하게 하거나 직접 현금을 기부하도록 한다. 그러나 이러한 종류의 모든 세금은 역진세이며, 지역사회 경제가 어려운 경우에는 개발을 지연시킬 수도 있다.

특별수혜자 부담금같이 기금 재원에 손상을 초래하는 또 다른 한 가지는 전체적인 도로계획의 맥락에서 벗어난 다른 목적에서 교통프로젝트가 추진되는 것이다. 그러한 상황은 장래 유지관리에 어려운 문제를 초래할 수도 있다.[2.2]

2.1.4 사금융

민자사업은 정부나 지자체의 예산이 부족한 경우에 적절하게 시행될 수 있는 기금조성 방법이다. 준공 이후에 운용방법과 소유권의 이전 시기 등에 따라서 BTL(Build Transfer Lease), BTO(Build Transfer Operate) 등의 몇 가지 방법으로 구분하기도 한다. 에 미국의 경우 사금융 또는 사적인 분야의 기금은 캘리포니아, 텍사스 그리고 뉴욕 같은 대형 주에서는 하나의 아주 괜찮은 수익제원이 된다.[2.2]

개발자가 도시계획의 지역제 변경, 건축기준(building code)의 변경 등의 대가로 교통부처에 기부를 하는데, 사적인 기부의 약점은 그것이 보통 일회성 활동이 되므로 총괄적인 교통계획에 포함하기는 어렵다는 것이다.

민영화가 답인가?

개인 개발자가 교량신설 및 기존 교량 및 건물의 개선에 참여하도록 하는 것은 매우 흥미로운 가능성을 보여준다. 가장 분명한 이익은 이미 부채를 짊어지고 있는, 경제적으로 파산한 공공기관을 구제할 수 있다는 점이다. 민영화 지지자들이 주장하는 것처럼, 사적 기금조성과 도로 및 교량의 개발은 교량설계 등의 분야에서 크게 혁신적인 사업을 증가시킬 것이다. 교량설계를 시장에 내놓음으로써 시장경쟁의 영향을 통하여 설계와 시공의 수준이 한층 높아질 것이다.

그러나 동전의 이면처럼 민영화의 많은 장점에 대한 단점이 나타난다. 사적인 자금이 공공부처가 사회기반시설의 건설과 유지관리에 투자해야 하는 자금의 양을 확실히 감소시키기는 하겠지만, 누군가는 여전히 그 시설에 대한 비용을 지불할 것이다. 개인그룹은 그들의 시설에 지불한 비용을 가장 직접적인 수혜자기금인 통행료를 통하여 회수할 것이다. 교량설계기준에 미치는 사적인 영향이 확실히 실무에 새바람을 불러일으킬 것이고, 교량의 관리, 조사 및 설계의 표준화에 관한 보다 중요한 사항들이 마찬가지로 역할을 시작할 것이다.

그렇지만 미국에는 민영화에 대한 관심이 확실히 높다. 2010년 5월 뉴욕과 뉴저지주의 항만청(Port Authority)은 뉴욕의 고설스교(Goethals Bridge)의 교체 프로젝트에 대한 제안서를 요구한다고 발표했다.[2.5] 이러한 민관합동 형식이 국제적으로 통용되게 되었다.

얼마 전 캐나다에서는 뉴 브런즈윅(New Brunswick)과 프린스 에드워드 아일랜드(Prince Edward Island)를 연결하는 길이 13 km의 노섬벌랜드 해협(Northumberland Strait) 횡단 교량 프로젝트를 추진하면서 민간 개발사업자에게 프로젝트 기금을 투자하도록 하고, 공용개시이후 35년간 소유권을 인정하여 통행료를 통해 그 투자금을 회수하도록 제안한 적이 있었다. 그러나 이러한 경우라도 캐나다 정부는 보조금 지급 등을 통해 내연적 파트너로서의 역할을 담당하였다.

민영화는 만병통치약이 아닐 수도 있지만 기금조성 프로젝트에 대한 또 다른 선택방법을 제공하게 된다. 개인적인 동업자는 교량의 건설과 관리에 있어서 효율성을 개선할 것이다.

민영화는 사적인 기금의 조성만이 아니라 건설된 시설의 운영도 책임지는 또 다른 사금융의 형태이다. 민영화의 개념이 새로운 것은 아니지만, 경제적으로 어려운 때에는 이 개념은 더 큰 주목을 받게 된다. 민영화는 민간인 기관이 전적으로 책임을 지고 교통프로젝트처럼 공공의 시설에 대한 기금을 조성하고 건설하고 관리하도록 한다. 그러나 교통프로젝트에서는 공공기관이 훨씬 적절하게 다룰 수 있는 선행권 획득, 환경평가 등과 같은 활동을 수행하여야만 하기도 한다. 이러한 사안 때문에 민간그룹으로 하여금 공공기관과 협력하여 일하도록 하는 민영화 계획은 상당한 유연성과 성공할 기회를 제공한다.[2.7] 이것은 PPP라고도 하는 민관합동(Private-Public Partnership)의 개념으로 대단한 잠재력을 보여주었으며, 뉴욕주를 포함한 세계 도처에서 더욱더 많은 공공기관에 의해서 채택되고 있다.[2.5]

멕시코, 인디아 그리고 파키스탄 같은 나라들은 공격적으로 교통프로젝트의 기금조성에 민영화사업을 추구하고 있다. 멕시코는 민간그룹이 공공유료도로의 기금을 조성하고 건설하도록 하고 있는데, 20년간 민간 그룹이 소유권을 유지한 후에 정부에 소유권을 돌려주게 된다. 공공의 이익을 위하여 멕시코 정부는 통행료를 정하고 있다.[2.8]

2.1.5 채권 기금

채권 기금은 항상 수입본드를 통해서 현금을 지불하는 방식으로 도로프로젝트의 기금을 조성하도록 하고 있다. 이 방법은 도로당국이 주요 프로젝트에 시의 적절한 방법으로 기금을 직접 모을 수 있는 방법을 제공하는 장점이 있다. 가장 큰 위험은 시행사의 과도한 대출이며, 이는 교통국이 유지관리의 수요에 적절히 대처하지 못하도록 할 수도 있다. 이러한 위험성 때문에 채권 기금은 진행 중인 관리나 건설의 필요에 따른 자금 재원은 피해야 한다. 채권 기금은 고정(증가하는) 세금의 기조가 있는 지역에서는 소규모 지역에서 보다 더욱 쉽게 선택할 수 있는 기금조성 방법이 된다.

2.1.6 결론

많은 기술자들에게 프로젝트의 기금을 조성하는 과정은 계획담당자들, 도로부처 및 관리자들의 몫이라고 여겨진다. 그러나 이 기금이 교량기술자들의 생계와 직접 연계되어 있을 뿐만 아니라, 설계의 범위와 규모가 도로부처에서 어떻게 자금을 조성하고 할당하느냐에 의해서 매우 자주 직접적으로 결정된다. 이것을 이해하기 위해서는 어떻게 유료도로의 교량이 설계되고 또 개선되는지와 지방도로 상에 있는 교량의 그것을 비교하기만 하면 된다. 미국에서 고속도로에 사용되는 자금은 매년 1000억 달러에 이른다. 교량기술자들은 교량설계프로젝트를 추진하게 하는 기금조성 메커니즘을 이해할 필요가 있을 뿐만 아니라 이 방대한 자금을 효율적으로 집행하는 데 일조를 하여야 한다.

2.2 설계기준의 종류

도로교의 설계는 다른 모든 토목프로젝트와 마찬가지로 특정한 설계기준과 표준시방서를 따라야 한다. 당연히 근대 수송망에 있어서 도로교의 결정적인 중요성 때문에, 준공된 프로젝트의 안전과 품질을 보증하기 위하여 일련의 엄격한 설계기준이 당연히 마련되어야 한다. 그러나 그림 2.2에서 알 수 있듯이, 교량기술자가 주어진 구조물의 설계과정 중에 참조해야 하는 정보의 양은 다소 놀랄 정도다.

그림 2.2 교량기술자의 서재에 있는 몇 가지 참고문헌

그러나 방대한 설계정보를 한 독립체로 볼 것이 아니라, 다양한 참고문헌들을 어떤 한정된 범주에서 생각하는 것이 더 용이하다. 더구나 처음부터 끝까지 다 알아야 하는 참고문헌의 수는 그리 많지 않다. 이와 같은 참고문헌들은 첫 쪽부터 마지막 쪽까지 다 읽지는 않고 필요한 부분만 참고하게 된다. 이 책에서 사용하는 중요한 기본적인 설계참고문헌들을 다음에서 제시하고자 한다.

Charles G. Salmon과 John E. Johnson

일련의 규칙을 포함하고 있는 기준은 안전을 확보하고자 하는 의도로 제정되었다. 그러나 설계자들은 그 규칙이 적용되는 거동을 이해해야만 한다. 그렇지 않으면 터무니없고 너무 보수적인 그리고 때로는 불안전한 설계를 할 수도 있다. ■

2.2.1 범용 설계기준

범용 설계기준은 주어진 교통시스템의 대부분의 구조물에 적용되는 일반적인 설계규준을 의미한다. 우리나라에서는 국토해양부에 의해 제정된 교량설계기준을 모든 도로교의 설계에 의무적으로 적용한다. 미국에서는 교량기술자들은 교량의 설계년도와 교량이 위치하고 있는 주에 따라서 AASHTO 도로교설계기준(AASHTO Standard Specifications for Highway Bridge)[2.9]과 AASHTO 하중저항계수 교량설계기준(AASHTO LRFD Bridge Design Specifications)[2.10]을 사용하고 있다. 같은 방법으로, 캐나다의 교량기술자들은 CSA(Canadian Standard Association) 또는 온타리오(Ontario)의 교량설계규준(Bridge Design Code)을 사용하고 있으며, 영국 설계자들은 BS(British Standard) 5400을 사용한다. 일반적으로 캐나다나 영국같이 수많은 교량을 건설하고 유지관리 해오고 있는 나라는 그 나라 또는 지방의 자체 교량설계기준을 보유하고 있다. BS5400처럼 AASHTO 교량설계기준은 세계 여러 나라에서 교량설계기준의 범용기준으로 사용되고 있다.

범용설계기준의 필요성은 앞에서 얘기한 것처럼 아주 크다. 범용기준 없이는 수송망의 설계에 있어서 공통의 기준이 없는 것이다. 설계기준에서 벗어난 것이 인정될 수도 있지만, 이것은 지역적인 제한에 따라서 바람직한 경우이다. 그러나 통합교통망에서는 AASHTO에서 제시한 일관적인 기준이 요구된다.

미국은 2007년까지는 AASHTO 도로교설계기준(AASHTO Standard Specifica-tions for Highway Bridge)과 AASHTO 하중저항계수 교량설계기준(AASHTO LRFD Bridge Design Specifications)이 미국의 주에 따라서 같이 사용되었다. 20

08년부터 연방정부의 재정지원을 받는 모든 교량은 AASHTO LRFD에 의해서 설계되어야 한다. 실제로 막대한 수의 교량들이 연방정부에 의해서 어느 정도 지원을 받기 때문에, AASHTO LRFD가 전국을 통틀어 유일한 설계기준이 되는 결과를 낳았다.

우리나라의 경우는 2012년까지는 허용응력설계법 및 강도설계법에 근거한 도로교설계기준이 사용되어 왔다. 그러나 2012년 한계상태설계법이 채택된 이후 병행되어 오다가 2015년부터는 도로교설계기준 - 한계상태설계가 모든 도로교설계기준으로 사용되고 있으며, 시공과 관련된 사항은 도로교표준시방서를 사용하고 있다. 2016년 건설기준표준화에 따라서 도로교설계기준은 교량설계기준으로 바뀌었고 부재설계는 설계기준의 공통편을 적용하기에 이르렀다.

알아두기

우리나라 도로교는 교량설계기준 그리고 철도교는 철도설계기준에 의해서 설계되어야 한다. 2008년부터 미국의 모든 교량은 연방정부 예산을 신청 및 지원받기 위해 AASHTO LRFD Specifications를 사용하여 설계하는 것이 의무화 되었다.

2.2.2 재료관련 기준

재료설계기준은 강재, 콘크리트, 프리스트레스트 콘크리트, 목재 등과 같은 다양한 건설재료로 제작되는 교량의 요소들에 관한 기준이다. 범용재료기준은 한국공업규격인 KS(Korean Standard)에 의해서 그리고 미국은 ASTM(American Society for Testing and Materials)에 의해서 제시되었는데, 이 기준들은 광범위하게 재료를 다루고 있으며, 여러 권의 책으로 편집되어 있다. 교량설계에서 특정한 재료를 사용할 수 있도록 하기 위해서 관련 기관들이 제시한 재료관련 정보는 다음과 같다.

1. 강재

한국강구조학회(Korean Society of Steel Construction)와 미국강구조협회(American Institute of Steel Construction, AISC)는 구조용 강재와 관련된 설계와 상세 지침을 제시한다. 국토해양부의 위탁을 받아 강구조학회는 강구조설계기준-하중저항설계법(2009)을 제공하고 있다. 이 기준은 구조설계기준의 근간이 되고, 이 책의 중요한 참고문헌이 된다. 그리고 이 책에서 사용할 중요한 AISC 참고문헌은 강구조건설지침서(Steel Construction Manual)[2.12]이다. AISC는 허용응력설계법(Allowable Stress Design, ASD)[2.13]에 근거한 설계정보도 함께 제공하고 있으나, 대부분의 기술자들이 LRFD가 ASD에 비하여 장점이 많다는 것을 인지하고 있기 때문에 이 방법은 점점 적용이 감소하고 있다. 이 단체는 1921년에 창설되었고, 다음에 열거하는 다른 조직들과 마찬가지로 그들이 다루고 있는 재료(강재)가 건설프로젝트에서 더 많이 사용되도록 노력하고 있다.

2. 콘크리트

한국콘크리트학회(Korean Concrete Institute, KCI)와 미국콘크리트협회(American Concrete Institute, ACI)는 철근콘크리트 구조물의 구조해석과 설계에 관한 일련의 기준을 제시한다. 이 책에서 사용할 주요한 설계지침은 구조용 콘크리트 기준 및 해설서(Building Code Requirements for Structural Concrete and Commentary)[2.14]이다. AISC 및 AASHTO 설계기준과 마찬가지로, KCI기준은 교량 기술자가 콘크리트 요소를 설계할 때에 필요로 하는 모든 중요한 정보를 제공하고 있다. KCI 상세지침서(ACI Detailing Manual)[2.15]는 설계자에게 콘크리트 구조물과 요소의 상세설계에 대한 지침을 제공하는 또 하나의 중요한 참고문헌이다. 이 책의 후반부에서 보게 되겠지만, 최종적인 계약도서의 초안과 상세작성은 가볍게 다뤄서는 안 될 상당한 노력을 요구하는 중요한 주제이다(5.2절 참조). 이러한 책들과 연계해서 KCI는 설계자가 필요한 때에 참고할 수 있는 여러 종류의 재료기준과 설계기준을 다루는 다양한 종류의 참고문헌을 제공한다.

ACI가 다루기는 하지만, 프리스트레스트 콘크리트와 프리캐스트 콘크리트는 프리스트레스트 콘크리트협회(Prestressed Concrete Institute, PCI)가 주로 다루고 있으며, PCI 설계핸드북(PCI Design Handbook)을 제공하고 있다.[2.16]

3. 목재

목재로 제작되는 교량구조물과 구조요소에 관하여 설계자들은 미국목재건설협회(American Institute of Timber Construction, AITC)가 제공하는 목재건설지침서(Timber Construction Manual)[2.17]와 미국목재협회(American Wood Council)가 제공하는 국가목구조설계기준(National Design Specifications for Wood Construction)[2.18]을 참고할 수 있다. 우리나라의 경우는 목교가 활성화되지 않았지만,

목교와 관련하여 한국목재공학회에 문의하여 관련지침서를 구할 수 있다.

이러한 설계지침서들이 다양한 설계자료에 대해서 고유한 정보를 제공하고 있기는 하지만, 도로교설계기준 및 AASHTO 설계기준은 도로구조물용 재료의 사용에 대해서 자체적인 별도의 해석과 지침서를 제공하고 있다는 것도 알아야 한다. 예를 들어, 도로교설계기준과 AASHTO 설계기준은 한 장 전체에 걸쳐서 도로교의 목재 사용에 대해서 다루고 있다. 이것은 교량설계자들이 단지 도로교설계기준만 참조하면 된다는 것을 의미하는 것이 아니라, 독자들이 가까운 장래에 모든 이용 가능한 기준들을 검토하고 그 중에서 가장 합리적인 기준을 적용하라는 것을 일깨워 주는 것이다. 도로교설계기준은 그러한 지침서들과 같은 설계철학을 채택하고 있지만, 더 보수적인 방법을 택하고 있어서 반드시 다른 재료기준과 꼭 같은 공식을 사용할 필요가 없도록 하고 있다.

이러한 재료와 관련된 기준들은 대부분 건물구조설계를 다루고 있다는 사실을 염두에 두고 있어야 한다. 그러므로 그것들은 단지 참고자료와 보존적인 정보로만 사용되어야 하며, 교량기술자들은 항상 도로교설계기준을 도로교설계에 적용해야 한다.

2.2.3 설계기준의 적용

앞에 열거한 설계기준과 같은 일련의 설계기준에서는 사용이 보류된 사항들을 쉽게 찾아보게 된다. 가끔 이렇게 보류된 사항은 서문에서도 찾아볼 수 있는데, “이러한 데이터는 확인된 기술원칙에 준하여 만들어졌고 가장 정확하고 신뢰할 만한 유용한 데이터에 근거하고 있지만, 이것들은 사용해서는 안 되고, 어떠한 일반적인 또는 특별한 적용에 대해서도 철저히 만족할 만한 실험과 검증 없이 신뢰해서는 아니 된다 … ”는 식으로 써 있는 것을 볼 수 있다.[2.17]

이것은 어떤 의미에서는 기술자들이 참고문헌에서 해법을 찾는 것에 좌절하도록 만들기도 하지만, 어떤 설계에서든 기술자가 책임을 져야 한다는 것을 암시하기도 한다. 본 장의 서두에서 인용한 살몬과 존슨(Salmon and Johnson)의 표현은 이 점을 확실하게 예시하고 있다. 설계기준은 교량기술자가 설계를 꿰어 맞추는 데 있어서 사용해야 하는 필수적인 도구이기는 하지만, 최종적인 계약 도서를 찍어내는 획일적인 형판은 결코 아니다.

이 책에서는 설계과정을 통해서 탁월한 안내서로서의 역할을 할 몇 개의 기본적인 설계예제를 살펴볼 것이다. 그러나 이 예제들이 기술자들이 직면하는 설계의 모든 측면을 모두 다룰 수는 없다. 어떤 의미에서 이것은 교량공학을 도전의식을 북돋우는 것으로 만들 수도 있다. 동일한 계약도서에 있는 일련의 구조물에 대해서조차도 각각의 교량에 대해서 전혀 다른 설계문제를 다루게 될 수도 있다.

어떤 교량은 암반 위에 기초가 설치되는 반면에, 또 다른 교량은 말뚝기초를 필요로 하기도 한다. 직선선형 구간에 설치되는 구조물과 곧 이어지거나, 겨우 수백 피트 정도 떨어진 수평곡선 구간에 설치되는, 겉보기에는 꼭 같은 구조물들이 전혀 다른 세계를 만들기도 한다. 설계는 경계조건을 결정해야 하고, 설계기준은 그러한 구속조건을 반영해야만 한다. 그 반대가 아니라.

교량기술자들은 가능하다면 언제든지 참고 설계자료에 의문을 가지고 또 개선할 방법을 생각해야만 한다. 이것은 kL-510 설계하중과 같은 사항에 대해서 의문을 가지라는 의미는 아니다. 그러나 표준상세나 설계기준의 적용과 같은 항목에 대해서는 토론하고 검토하여야 한다. 우리가 성경처럼 설계기준을 맹목적으로 신뢰할 수 없다면 특별한 설계에 맞도록 개선하는 것은 당연한 것으로 생각된다. 많은 기술자들은 이 점을 잊어버리는 경향이 있다. 부분적으로는 많은 사람들은 현재의 상황을 유지하고 싶어 하고, 또 한편으로는 다른 기술자들의 반대 때문에 개선을 포기하는 것이 추구하는 것보다 쉽다.

그림 2.3 교량의 설계에는 개선할 여지가 많다.

이러한 점에서 현재의 도로교의 설계는 비록 수십 년의 역사를 가지고 있기는 하지만 개선의 여지가 아직도 많이 있다(그림 2.3의 증거를 보라). 교량 아래에 서서 차량의 통행과 기후가 교량에 미친 영향을 관찰해 본 사람은 누구라도 조인트, 하부구조 요소 그리고 많은 상부구조 요소와 교량부속물의 개선이 필요하다는 것을 목격할 수 있다. 이러한 것들은 교량설계기준이나 그 문제와 관련된 어떤 문헌으로도 해결할 수 없는 문제이다. 해답은 오늘 또 내일의 교량기술자들의 마음에 있으며, 먼저 “내가 어떻게 이것을 개선하지?”라는 물음을 가진다면 문제는 해결될 수 있다.

2.3 현장 조사

특히 교량설계에서 사용하는 조사라는 용어는 많은 것들을 의미하게 된다. 이 책의 범위 내에서 다음에 관련된 조사에 대하여 논의할 것이다.

- 신설 교량 현장의 조사
- 현황을 파악하고 결정하며, 국가교량조사기준(National Bridge Inspection Standards, NBIS)을 만족하도록 하기 위한 기존 교량 및 현장의 조사
- 개선할 기존 교량 및 현장의 조사

다양한 형태의 조사 사이에는 겹치는 부분이 상당히 많으며, 위에서 두세 번째로 언급한 두 가지 형태의 조사 사이에 존재하는 공통점이 가장 많다. 그러나 조사에 있어서 수행하는 상세함의 정도는 목적이 무엇인가에 달려 있음을 알아야 한다. 신설 교량과 관련해서는 많은 시간과 노력이 지형적인 조건, 도로선형, 방향 그리고 교량하부의 지장물에 초점이 맞추어질 것이다. 개선설계에서는 조사기술자가 관리를 단순하게 하고, 또 광범위한 개량 또는 교체를 필요로 하는 것이 무엇인지를 결정하기 위한 노력으로 기존 구조물 요소에 초점을 맞추어 시간을 소비할 것이다. 교량 구조물을 평가하고 성능을 판정하기 위하여 수행하는 유지관리조사는 다른 두 조사보다 훨씬 더 신속하게 수행될 것이다. 특별한 조사에는 특수한 작업을 수행하기 위한 특별한 조사방법과 특별한 자격을 소지한 사람이 필요하다. 이러한 형태의 조사의 주요한 목적은 NBIS의 요구조건을 만족시키고, 구조물의 상태를 문서화하며, 교량유지관리시스템(Bridge Management System,

BMS)을 위한 자료를 제공하고, 유지관리 또는 개선이 필요한 지를 결정하는데 도움을 주기 위한 것이다. NBIS 조사는 다음과 같은 사항들을 포함한다.

- 정기조사 : 보통 2년마다 수행. 2년 주기 검사
- 수중조사 : 보통 5년마다 수행
- 단일재하부재 조사 : 보통 2년마다 수행
- 정밀조사 : 담당 관리자에 의해서 조사 시기 결정
- 특별조사 : 이미 알고 있는 구조적인 문제 조사. 담당 관리자에 의해서 조사 시기 결정
- 초기조사 : 신설교량 준공 후 또는 다른 기관으로 이첩된 후

이 장을 현장 조사라고 제목을 정한 것은 도로교가 정해진 환경 하에서 유지되는 것이 중요하기 때문이다. 이러한 환경은 교량 구조물 외에 다른 여러 가지 특정물로 구성되어 있다. 조사원이 배수로, 습지, 성토체, 송전선 등과 같은 중요한 특정물과 그것들이 교량현장 범위 내에서 어떤 기능을 하는지를 조사에서 고려하지 않았다면 교량조사는 제대로 수행된 것이라고 할 수 없다.

2.3.1 조사원의 자격

신설 교량을 설계하거나 낡은 교량을 개선하기 위한 현장 조사를 수행할 때에는 설계팀의 책임자와 다른 중요한 설계자는 소위 관찰 조사에 참여하여야 한다. 유지관리조사에서 조사 프로그램관리자와 책임자는 연방도로국(Federal Highway Administration, FHWA)이 정한 다음과 같은 최소한의 요구조건을 충족하여야 한다.

조사 프로그램관리자는 최소한 다음 요구조건을 만족하여야 한다.

- 등록 기술사이거나 교량조사 경력 10년 이상인 자
- FHWA가 인정하는 포괄적인 교량조사 훈련과정을 수료한 자

조사팀 책임자의 요구조건은 기술사가 아니어도 되며, 교량조사 또는 교육, 훈련 등과 같은 다른 경력과 합하여 경력 5년 이상인 사람이어야 한다는 것을 제외하면 프로그램 관리자와 비슷하다.[2.19]

프로그램 관리자의 임무는 조사가 NBIS 요구사항을 만족하도록 독려하고, 정격하중평가를 포함한 조사보고서의 내용과 정확성을 관리하고, 팀원들의 어떤

조사가 얼마나 자주 수행되어야 하고 얼마나 정밀하여야 하는지에 대한 전문적인 판단 능력을 향상시키는 일이다. 프로그램 관리자는 조사가 수행될 때 모든 교량에 상주해야 하는 것은 아니다. 팀 책임자의 일은 조사, 품질관리 및 스케줄을 관리하고 수행하는 것이다. 팀 책임자는 모든 교량조사에 실제로 참여할 필요는 없다.

2.3.2 설계 조사

신설 또는 개선설계의 경우 설계를 시작하기에 앞서서 설계팀의 주요 구성원에 의해 충분한 현장 조사가 수행되어야 한다. 이 경우에는 두 단계의 조사가 수행되어야 한다. 먼저, 현장의 자연적인 또는 인위적인 제약조건이 있는지를 파악하기 위하여 피상적인 조사 또는 관찰조사가 수행되어야 한다. 설계팀프로젝트 관리자, 책임 설계자, (가능하면) 발주처의 대표자가 이 조사에 참가하여야 한다. 현장방문에 앞서서 사전에 현장이나 기존 구조물에 관한 기록문서는 모두 검토되어야 한다. 이러한 문서는 기초적인 도면, 사전조사보고서 또는 기존 구조물의 준공도면의 형태가 될 수 있다.

기술자들이 프로젝트의 경계조건들을 만드는 작업을 시작할 수 있도록 다양한 현장의 특성들이 조사되어야 한다. 조사해야 하는 중요한 현장 특성들 중의 몇 가지는 다음과 같다.

- 배수 상태 및 잠재적인 습지 효과
- 교하 공간
- 지반 상태
- 수평 및 수직 선형 제한조건
- 하부도로 또는 수로 제한조건
- 잠재적인 공공설비의 영향

관찰조사를 한 후에는 더욱 세분화 된 후속 조사가 수행되어야 한다. 정밀현장조사에서는 실제적인 측정자료를 기록하고, 사진을 찍고 그리고, 보고서를 작성하여야 한다.

그러나 개선프로젝트를 다루거나 유지관리조사를 수행할 때 설계자는 기존 구조물의 평가를 수행하게 된다. 다음 장에서는 개선설계프로젝트를 위한 몇 가지 중요한 사항들에 대하여 기술하고자 한다.

2.3.3 조사 기록

기존 구조물의 조사는 구조물의 요소별로 세분화 된다. 1.1.1절에서 거더교의 중요한 구조요소의 개요를 살펴보았다. 조사 과정은 이 구조요소와 부속요소에 초점이 맞추어져 있다. 1.1.1절을 요약하면, 구조요소(structural components)의 한 예는 교대이며 교대의 교량받침이 놓이는 받침대는 요소(elements)이다. 각각의 요소는 평가등급이 부여되고, 그에 의해서 구조요소의 등급이 주어진다. 이러한 과정이 교각, 바닥판, 상부구조 등과 같은 모든 주요 구조요소에 대하여 반복되고, 최종적으로 전체구조물에 대한 종합적인 등급이 결정된다.

FHWA 평가시스템은 0에서 9까지 10등급으로 나누어져 있다. 조사지침서(inspection manual)는 교량 조사원들이 얼마나 다양한 요소를 평가해야 하고, 열화 정도에 따라 어느 등급이 주어져야 하는지에 대한 지침을 제공하고 있다.

등급 0~1 : 잠재적인 위험한 상태
등급 2~4 : 열악한 상태
등급 5~6 : 정상 상태
등급 7~9 : 양호~아주 양호한 상태
등급 N : 조사 수행되지 않았음 또는 모름

FHWA은 0에서 9까지의 10등급에 근거한 엄밀한 조사시스템을 사용하고 있다.[2.19] 조사팀은 미리 정해진 조사양식을 사용하여 구조요소의 등급을 평가하고, 중요한 요소의 사진을 찍고, 발주처에 제출할 조사자료를 문서화한다. 등급 4 이하를 받은 모든 구조요소는 주석, 스케치 및 사진과 함께 아주 정밀하게 문서화하여야 한다.

발주처 입장을 위해서 조사보고서에서는 수송망에 포함된 교량구조물의 상태를 추적하고 또 유지관리나 개선을 필요로 하는 교량을 결정하는데 있어서 일관적인 방법을 견지하여야 한다. 개선프로젝트의 설계자 입장에서 보면, 조사보고서는 설계과정에서 참고문헌처럼 사용되어야 한다. 경험법칙으로 볼 때, 어떤 경우에는 비용을 절감하기 위해서 기술자가 프로젝트 현장을 방문할 수 도 있다. 그러므로 기록할 목적뿐만이 아니라 설계목적으로도 구조물의 조사를 잘 정리하는 것이 필요하다.

설계목적으로 조사가 진행되는 중에, 조사팀은 다양한 요소의 성능과 기능을 평가하는데 관심을 가져야 할 뿐만 아니라, 요소의 열화 상태의 정도를 명확하게 알 수 있도록 하는 특수한 현장 측정을 수행하여야 한다. 이러한 측정은 궁극적으로 다음과 같은 목적으로 사용될 것이다.

- 프로젝트의 예비설계와 작업범위 준비
- 잔존, 보수 또는 교체할 구조요소의 적정성 분석
- 개선 대체안의 개발
- 정확한 가치 평가를 위한 기초 제공

프로젝트의 현실적인 작업범위를 결정하여야 한다면, 세분화된 현장측정은 필수적이다. 교각 구체가 3등급 또는 4등급으로 평가된다고 말하는 것과 교각 구체 표면의 20~30%가 철근 하부 깊이까지 열화된 것이 기술자에게 패치보강을 할 것인가 또는 교체할 것인가를 결정하는 능력을 제공한다는 것을 아는 것은 다른 일이다. 강재 주부재가 부식의 증거를 나타내고 도장의 탈락이 교량을 보수하도록 결정하는데 도움이 된다는 것을 아는 것과 거더가 단면특성의 20%의 손실을 입은 것이 엄격한 하중평가를 수행하도록 허용한다는 것을 아는 것도 마찬가지이다. 최종비용이 문서화된 현장측정에 의해서 뒷받침될 때 항상 더욱 현실적이다. 이것은 패치 보강이나 표면의 보수가 어떤 요소에 시행될 때 확실하게 적용된다.

2.3.4 하부구조 요소의 평가

중요한 구조요소를 조사할 때, 기술자는 그 요소의 상태를 조사할 뿐만 아니라 어떠한 열화에 대해서도 원인이 무엇인지를 결정하여야 한다. 열화의 성질을 적절하게 확인하지 않는 한 보수방법에 대하여 옳지 않은 기준이 적용될 가능성이 있다. 그림 2.4에는 일반적인 교대 형태가 도시되어 있다. 그림 내부에는 요소를 평가할 때 조사원이 초점을 맞출 세 가지 중요한 부분이 표시되어 있다.

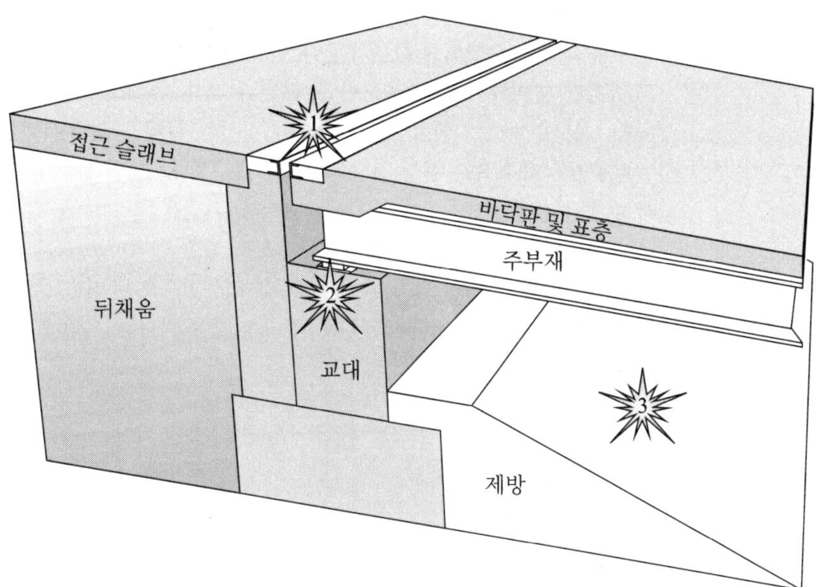

그림 2.4 조사과정에서 조사원은 이 교대와 같은 구조요소의 위험한 부분을 조사해야 한다.

누가 무엇을 언제 조사해야 하나?

교량조사의 성질과 어떻게 수행하여야 하는가에 대하여서는 많은 이견이 있다. 미국 연방도로국에서 요구하는 최소한의 요건은 등록된 교량조사팀의 책임자에 의해서 격년제로 조사를 실시하는 것이다. 책임자는 허가받은 기술사이거나 그렇지 않을 수도 있다. 그러나 구조물의 조사원, 조사의 범위와 정밀 수준에 대해서는 상당한 논란이 있다.

교량기술자가 조사과정에서 보다 중요한 역할을 담당해야 한다는 의견이 있다. 그 의견은 교량기술자는 피로, 균열 그리고 기타 구조적으로 불리한 상황과 같은 설계적인 오류를 찾아내는데 더 적합하다는 것이다. 논란은 있겠지만, 설계 검토 작업에 설계기술자를 참여시켜서 조사팀에 올바른 방향을 제시함으로써 많은 잠재적인 위험한 상황을 예방할 수도 있다.[2.21]

또 다른 사람들은 교량조사는 구조물의 설계와는 전혀 다른 성질의 시각지향적인 프로젝트라고 주장한다. 구조물이 현재의 상황에서 어떻게 거동하느냐를 판단하는 것은 조사원의 몫이고, 이 시점에서는 설계 시에 고려한 어떠한 사항도 제고할 가치가 없으므로 설계검토에 비용을 이용하기보다는 진단 도구와 조사원의 교육에 투자하는 것이 더 낫다는 것이다.[2.22]

누가 조사를 수행해야 하는가에 대하여, 어떤 사람들은 허가받은 기술사가 조사팀의 책임을 맡아야 한다고 주장한다. 그러나 2년마다 조사해야 할 대상 교량이 수천 개가 넘는 주에서는 인적자원의 수요가 심각한 문제가 된다.

타협적인 해결책은 현행 2년마다 수행하는 정기조사를 4~5년마다 기술사에 의해서 수행되는 정밀조사로 대체하자는 것이다. 격년제 조사는 심각한 상태의 교량을 구별하고 구조요소와 기타 요소의 평가 용도로 계속 실시하도록 하고, 정밀조사는 잠재적인 보강방법 및 구조요소의 성능검토를 집중적으로 추진하는 것을 허용하도록 하자는 것이다. 그러나 어떠한 주장도 이미 한계에 다다른 자원에 대한 해결점을 제시하지는 못한다는 사실이다.

1. 조인트(이음부)

바닥판의 조인트는 교각 위의 교량 바닥판 사이나 교량 바닥판과 교대 배벽 사이에 위치한다. 조인트 요소는 다음의 이유 때문에 특히 중요하다.

- 조인트는 우수와 제설제의 누수를 방지하여 바닥판 하부의 하부구조와 상부구조 요소의 부식과 침식을 막는다.
- 접속부에서 바닥판으로의 매끄러운 이행(移行)을 제공한다.
- 신축이음부에서 구조물의 교축방향 이동을 허용한다.

바닥판 조인트는 미리 제작된 탄성재료나 탄성재료와 금속기구의 조합의 형태를 가지고 있다.

조인트를 조사할 때에는 기술자는 구조물의 이동을 방해하는 찌꺼기가 끼어 있지 않은지를 우선적으로 살펴야 한다. 휘거나 변형된 손가락 모양 또는 미끄러짐판으로 구성된 기계적인 조인트는 이동을 방해하고 승차감을 나쁘게 한다. 위에서 기술한 바와 같이 누수가 발생하는 조인트는 교량받침, 받침대(무수축 콘크리트) 그리고 다른 하부구조 요소의 심각한 열화를 초래한다. 기타 잠재적인 위해는 공용 중에 포장에 덮이는 경우이거나 막히는 경우이다. 조인트에서 이동을 방해하는 어떠한 장애물도 온도변화나 다른 하중과 조합되면 이음부나 다른 부분에 과도한 응력을 발생시킬 수 있다.

2. 교량받침, 교좌, 받침대(무수축 콘크리트)

누수가 발생하는 조인트로 인하여 가장 심각한 피해를 입는 하부구조 요소는 교량받침, 교좌 그리고 받침콘크리트이다. 교량받침은 조인트처럼 지점에서 자유로운 이동이 가능하도록 찌꺼기가 없어야 된다.

교량받침에서 발생하는 이동의 형태는 지점의 종류에 달려 있다(이 책에서는 조금 상이한 용어를 사용). 신축지점(롤러)의 경우에는 회전과 종방향 이동이 가능하며, 반면에 힌지지점에서는 회전만이 가능하다. 몇 개의 롤러지점에서는 온도 팽창이나 수축을 수용하기 위하여 횡방향 이동이 허용되어야 한다. 온도 변화의 영향이 매우 중요하기는 하지만, 콘크리트의 크리프나 건조수축에 의한 변형도 수용할 수 있도록 설계되어야 한다. 특히 프리스트레스트 콘크리트 구조물에서는 이것이 더욱 세심하게 고려되어야 한다. 그림 2.5에 도시된 것과 같은 로커(rockers)는 관리하기가 어렵기 때문에 신설 교량에는 거의 사용되지 않는다.

강재받침은 방향 정렬이 제대로 되어 있는지, 과도한 녹이 발생하지는 않았는지를 조사하여야 하며, 모든 볼트와 너트는 양호하여야 한다. 과도한 부식과 축적된 찌꺼기는 교량받침이 설계된 대로의 기능을 불가능하게 한다. 탄성교량받침(elastomeric-type bearings)은 패드에 과도한 변형이 발생하였는지를 검사하여야

그림 2.5 양호한 상태의 교량받침과 무수축 콘크리트 받침대

콘크리트 하부구조 위에 설치된 교량받침은 보통 4가지 요소로 구성된다.

1. 소울 플레이트(sole plate) : 받침과 내하부재를 연결
2. 받침장치 : 특정한 이동이 허용됨. 받침장치의 종류는 포트 받침(pot bearings), 로커/롤러 받침(rocker/roller bearings) 그리고 탄성 받침(elastomeric bearing)
3. 석판(masonry plate) : 받침과 콘크리트 하부구조 사이의 경계면처럼 작용
4. 앵커볼트 : 석판과 하부구조를 연결

한다. 받침 높이의 25%를 초과하는 탄성 받침의 어떠한 뒤틀림도 과도한 것으로 간주되어야 한다. 또 다른 관심사는 오랜 시간에 걸쳐서 발생하는 탄성소재의 경화이다. 균열과 변색에 의해서 알 수 있는 소재의 경화는 구조적인 이동을 수용할 수 있는 능력을 저해하게 된다.

교좌에 대한 중요한 사항은 교량받침 표면의 파손 여부이다. 교좌나 받침대의 지압면적의 손실은 균열 및 탈락 그리고 심한 경우에는 받침대 주변 콘크리트의 파손으로 나타난다. 이것은 무수축 콘크리트 받침대에서 부적절한 철근 때문에 발생할 수 있는 상황이다. 언제든지 조사원이 콘크리트 지압표면과 교좌 석판(masonry plate)과의 사이에 공간이 있는 것을 발견하면 즉시 보수하여야 한다.

아마도 교량받침이나 받침대의 열화를 초래하는 가장 흔한 원인은 바닥판 이음부의 누수이다. 일단 이음부의 일체성이 느슨해지고 나면 제설용 화학물질, 물 그리고 기타 잠재적인 부식을 유발하는 물질의 유입이 교량받침의 성능에 영향을 미치기 시작한다. 다시 말하건대, 조사원은 발생한 열화가 교량받침의 원래 설계된 이동을 방해하는 지의 여부를 반드시 주의하여 조사하여야 한다.

교량받침이 설치된 곳의 또 다른 위험성은 접속부와 교대 경계면의 종방향 이동의 영향이다. 자동차 충격, 온도 팽창 그리고 수축에 의한 누적된 효과가 교량받침의 과도한 변형을 초래하거나 지간의 파괴를 발생시킬 수도 있다. 교량바닥판 이음부의 이동은 대단히 중요하기 때문에 받침의 이동을 방해하는 부식과 과도한 지간의 이동의 조합은 교량받침 설치부에서 지간이 최종적으로 파괴되는 요인이 될 수도 있다. 1988년에 주간고속도로 678 상의 50 ft 지간이, 문자 그대로 교량받침으로부터 떨어져 내린(낙교) 것이 한 예이다. 교량받침은 부식 때문에 한 점에 고착되었고, 온도 팽창이 발생하여 받침 위의 브래킷 용접부가 파괴되면서, 이 때문에 전체 지간이 4 in 가량 낙하하였다.[2.20]

3. 콘크리트 요소

다른 모든 콘크리트 요소와 마찬가지로 콘크리트 하부구조 요소도 그림 2.6에 도시된 것처럼 균열, 탈락, 층간박리 또는 철근 노출에 대해서 조사하여야 한다. 교각 횡보는 수분의 축적과 과도한 탈락에 대하여 조사되어야 한다. 만약 가능하기만 하다면, 조사 기술자는 하부구조 요소의 열화의 원인을 규명하여야 한다. 열악한 건설방법, 자동차 충돌 또는 설계 오류 외에도, 콘크리트 하부구조 요소의 열화가 조기에 교량의 다른 요소에 의해서 초래되기도 한다. 계속적으로 언급한 이음부의 누수 외에도 침하나 하부구조의 과도한 이동 또는 하천을 횡단하는 경우에는 세굴이 있을 수 있다.

조사 기술자는 그들은 사무실에 근무하는 관리자나 설계자의 눈이라는 사실을 마음에 명심하여야 한다. 유지관리 조사의 경우에는 조사 기술자의 주의사항이나 평가는 구조물을 개선해야 할지의 여부를 결정하는데 중요한 요소가 된다. 개선 설계프로젝트에서는 조사원의 메모가 후속적인 완벽한 설계의 뼈대(framework)를 만들게 된다.

그림 한 장이 천 마디 말과 같은 가치이므로 늘 실제로 가능한 만큼 사진을 찍어라. 디지털카메라 때문에 사진을 찍는 것은 더 이상 별다른 문제가 되지 않는다.

그림 2.6 보수할 필요가 있는 철근 노출

표면 콘크리트가 구조요소로부터 깨져서 떨어질 때 파쇄(spalling)는 발생한다. 파쇄에 이르게 할 수도 있는 몇 가지 상황은 콘크리트의 빈배합, 콘크리트에 접하게 되는 화학물질과의 반응, 철근의 부식에 의한 팽창 그리고 균열에 스며드는 염분 등이다. 설계기술자는 철근에 대한 적절한 피복두께의 확보, 적절한 배수설계 그리고 에폭시피막철근의 사용 등을 통하여 파쇄를 제한할 수도 있다. 파쇄는 구조물 위로 지속적으로 통행하는 자동차에 의하여 폭이 커지므로 아주 작은 균열에 의해서도 발생될 수 있다. 균열 폭이 성장함에 따라서 제설제와 같은 화학물질이 균열에 침투하여 철근에 영향을 미치게 된다. 그림 2.6에 도시된 교각의 구체와 같은 구조요소가 열화가 시작되는 단계에 이르면 그 요소를 보수해야 할지 또는 교체해야 할지를 결정하여야 한다.

4. 강재 요소

강재 구조요소는 단면의 손실, 피로 균열 또는 기둥의 좌굴에 대하여 면밀하게 조사해야 한다. 모든 접합부도 역시 느슨해졌는지의 여부를 조사해야 한다. 조사원은 조사보고서에서 주부재(primary load-bearing members)와 부부재 또는 가새부재(bracing members)를 구분하여야 한다. 강재 요소 조사에 관한 더 많은 정보를 원하면 2.3.5절을 참고하라.

5. 목재 요소

목교가 거의 건설되지 않는 우리나라와는 달리, 신설 교량의 건설에서 자재로 사용하는 것은 어느 정도 제한적이기는 하지만, 목구조는 미국 전역에서는 상당히 흔하며, 가끔 조사의 대상이 된다. 목재 교량을 조사하게 되면 주된 관심사는 전적으로 부패를 밝혀내는 것이다. 조사 기술자는 습기, 이끼, 균류, 마른나무 및 곤충의 피해의 징후를 조사해야 한다. 그림 2.7은 미국대륙의 흰개미와 나무마름병충의 피해를 입은 지역을 보여주고 있다.[2.17] 목재의 부식을 조사하는 실험과정은

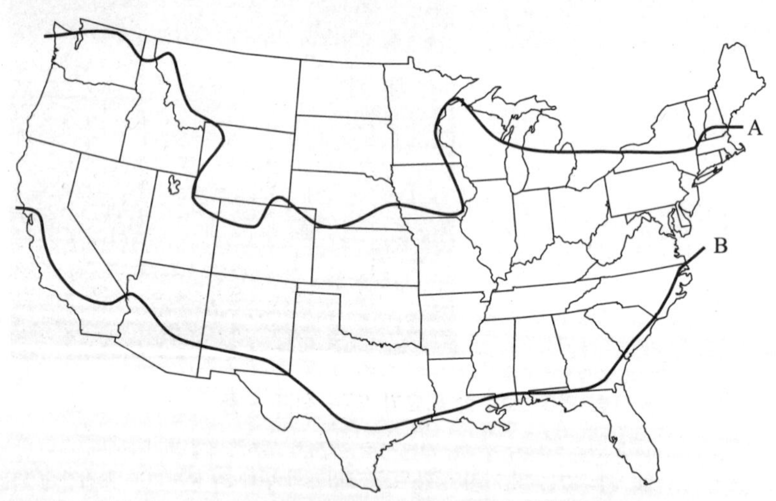

그림 2.7 흰개미와 나무마름병충 해를 입은 지역(목재 건설지침서[2.17]에서 발췌)

지하 흰개미는 지하에 살고 있으며, 그림 2.7의 지도의 선분 A 아래 지역에서 발견된다. 선분 B는 흰개미와 나무마름병충의 해가 없는 북쪽 경계선을 나타낸다. 지하의 흰개미는 지하나 터널에 살고 그들이 먹이로 삼는 목재에 붙어산다. 이러한 흰개미는 날개가 있어서 그들이 무리를 지어서, 먹이가 되는 나무로 군락을 만들기를 시작하기 전에는 날아다닐 수 있다. 조사원은 소위 나르는 개미라는 사실을 숨길 수 없는 증거와 지하 흰개미가 구조물의 근처에 있다는 것을 결정할 수 있는 떨어진 날개들을 발견하게 될 것이다.

콘크리트의 층상박리에 대한 실험방법과 비슷하다. 속이 빈 공간에 울려 퍼지는 소리를 만들고(즉, 망치로 목재 요소를 타격하는 것) 그 소리를 듣는 것이 표면 밑의 부패를 발견하는 최고의 방법이다. 작은 구멍 뚫기(hole drilling) 실험과 코어를 뜨는 것은 부패의 범위를 찾아내고 결정하는 또 다른 유용한 방법이다.

그러나 강재나 콘크리트와 달리 목재 요소는 목재를 먹이로 삼는 균류나 곤충의 피해를 받기가 쉽다. 조사 기술자는 요소가 크레오소트나 수성 및 유성처리제와 같은 방부처리가 되어 있는지의 여부를 판단해야 한다.[2.17]

6. 성토(체)

열화된 성토체의 경사 보호는 구조물 자체보다는 외관적인 효과가 더 있는 것처럼 보인다. 그러나 도로 교차로에서는 성토 재료의 파괴는 넓은 현장의 배수문제가 있다는 것을 가르쳐 주기도 한다. 하천 교차에서는 성토재료의 침식이나 세굴이 기초를 약화시켜서 구조물 전체의 안전성을 위협할 수도 있다. 이러한 상황에 처하기가 쉬운 구조물은 확대기초로 건설된 교대와 교각이다.

그러나 말뚝기초 역시 과도한 세굴에 의해 영향을 받을 수도 있다. 조사 기술자는 노출된 기초면이나 말뚝에 세심한 주의를 기울여 살펴보아야 한다. 수로를 횡단하는 도로교는 새로운 요구사항으로서 수중조사를 실시하여야 한다. 이 새로운 요구사항의 결과로 주당국에서는 수중기초를 조사하여 교량기초의 안전성을 확보하기 위하여 잠수부를 고용하거나 계약을 하고 있다, 세굴에 대한 조사사항은 2.3.7절에서 광범위하게 다루고 있다.

2.3.5 상부구조 요소 평가

1장에서 교량 상부구조는 수로나 도로 위에 설치되는 도로의 역할을 하는 바닥판과 바닥판을 지지하고 하중을 하부구조로 전달하는 바닥틀로 구성되어 있다고 기술하였다.

1. 바닥판과 마모층

모든 교량의 요소 중에서 실질적으로 가장 빈번하게 남용되는 것은 바닥판이다. 바닥판 표면의 통행에 의한 지속적인 마모, 위험에 완전히 노출됨 그리고 제설재의 사용 등이 종합적으로 바닥판에 악 영향을 미친다. 강재 바닥판 그리고 더 적게는 목재와 FRP 바닥판이 사용되기는 하지만, 교량 바닥판의 건설에 가장 많이 사용되는 재료는 콘크리트이다.

콘크리트 바닥판을 조사할 때 조사 기술자는 있을지 모를 균열과 파쇄에 집중적으로 주의를 기울여야 한다. 열화는 기본적으로 바닥판의 상부에서 슬래브 바닥 아래로 진행해간다. 콘크리트가 젖어 있거나 층간박리(바닥판 표면 하부의 균열 또는 공동) 그리고 바닥판 하면의 균열과 백화가 슬래브 내부에 더 심각한 피해가 있는 것을 나타내기도 한다.

그러나 콘크리트 바닥판의 상황을 판단하고자 하는 기술자는 마모층과 존치거푸집에 의해서 방해를 받기도 하는데, 이 두 가지는 내부에 있는 피해를 감추는 역할을 한다(그림 2.8 참조). 투과레이더(ground-penetration radar)와 같은 방법으로 바닥판의 층간박리를 조사할 수는 있지만, 그러한 장비는 보통의 조사원은 사용할 수 없는 경우가 많다.

그림 2.8 하부의 열화를 관측할 수 없게 하는 존치거푸집

존치거푸집은 스트링거의 상부플랜지 위에 직접 얹혀있는 것이 아니라 플랜지에 연결된 지지대에 고정되어 있다. 신설 콘크리트가 타설될 때 현장 기술자는 몇 년 후에 조사기술자가 하는 질문과 꼭 같은 질문을 하곤 한다 : 하부 콘크리트는 건전한 것인가? 예를 들면, 뉴욕 주(New York State)는 현장 기술자들로 하여금 건설계약자들에게 강재 거푸집의 일부를 제거하여 콘크리트가 건전한지를 눈으로 조사하는 방식으로 교량의 모든 지간을 조사하도록 요구하고 있다. 추가적으로, 그 상태는 후에 존치거푸집을 망치로 타격하거나, 공동이나 벌집 부위의 소리를 들음으로써 조사한다.[2.24]

열화의 가시적인 증거와는 별도로 조사기술자는 주의를 기울여서 과도한 처짐을 관찰하거나 구조물로부터 나는 이상한 소음을 들어야 한다. 이러한 관찰은 극히 주관적이기는 하지만, 이상한 소음이나 구조물의 특별한 거동을 통해서 가끔 다른 방법으로는 찾을 수 없는 문제를 발견하게 되기도 한다. 이러한 일반적인 경험법은 바닥판뿐만 아니라 모든 구조요소에 적용될 수도 있다.

가장 흔하고 효율적인 바닥판의 층상박리를 발견하는 방법은 바닥판 위에서 체인을 끄는 방법이다. 공허하게 울리는 소리는 바닥판 내부에 부실한 콘크리트가 존재하는 것을 나타낸다. 다른 효율적인 콘크리트 바닥판 조사 방법은 반전지전위부식 실험(half-cell corrosion potential test), 콘크리트저항실험(resistivity) 그리고 투과레이더영상(ground-penetration radar imaging)이다.

마모층은 포장 손상의 일반적인 형태인 아스팔트 표면의 균열 및 패임으로부터 콘크리트의 균열 및 파쇄까지 조사해야 한다. 아스팔트 표면에 대해서는 교량의 마모층 위에 재포장을 했는지의 여부를 기록하여야 한다. 재포장은 구조물의 정격하중평가가 달라지게 할 수도 있는 추가적인 하중을 구조물에 부과하기 때문이다.

2. 주부재 및 부부재

교량 주부재와 부부재로 대표되는 내하구조부재는 부재 단면의 감소를 초래하는 열화에 대하여 일반적으로 조사해야 한다. 좀 더 심각한 열화는 부재가 설계하중을 지지할 수 없도록 만들 수도 있다. 주부재나 부부재는 구조물 아래를 통과하는 차량에 의한 충격을 받을 수도 있다.

덮개판의 단부나 용접연결부 등 단면의 형상이 급격하게 변하는 부위는 집중응력에 의해서 야기되는 피로응력의 영향을 받기가 매우 쉬우므로 더욱 세심한 주의가 필요하다. 조사원들이 현상을 확인할 수 있도록 덮개판 단부에 축적되는 찌꺼기들은 솔질로 깨끗이 제거해야 한다. 피로균열은 과도한 진동, 국부적인 변형 그리고 주부재의 응력변동에 의해서도 발생한다. 책 후반부에서 살펴보겠지만, 이것이 구조물의 차량하중이 교량의 피로해석에서 가장 중요한 인자가 되는 이유이다.

강재 트러스 교량에서는 접합부와 연결판의 리벳과 볼트의 망실 및 피로균열을 조사해야 한다. 정격하중평가가 수행될 때, 이러한 접합부와 연결판은 구조해석에 포함되어야 한다.

구조물이 개선을 위해서 설계된다면 기술자는 이러한 부재를 주의 깊게 관찰하여야 하고, 이 장에서 언급할 다른 부재와 같이 모든 결과를 측정치 및 사진과 함께 문서화하여야 한다. H형강 거더를 예로 들면, 부재 횡단면의 특성을 기술하는 현장 측정값(즉 웨브나 플랜지의 두께, 덮개판 폭과 두께)을 기록하여야 한다(2.5.4절 참조). 이러한 제원은 현재 상태에 근거한 구조물의 정확한 정격하중평가 해석을 수행하는데 반드시 사용되어야 한다.

교량의 준공도면에 기록되지 않았거나 또는 준공도면을 이용할 수가 없는 경우에는 현장에 있는 강재의 종류를 판정할 필요가 있다. 이러한 경우 설계자는 두 가지 선택을 할 수가 있다. 하나는 구조 부재를 해석하는데 필요한 항복응력표를 제공하는 AASHTO 교량평가지침서(Manual for Bridge Evaluation)[2.23]를 신뢰하는 것이다. 이 표는 다양한 생산년도에 따른 강재의 최소인장강도와 항복강도를 알려준다. 이 연도별 강재 그룹은 다음과 같다.

- 1905년 이전
- 1905~1936년
- 1936~1963년
- 1963년 이후

또 다른 선택은 강재의 시편인장강도시험을 수행하는 것이다. 이 경우에는 현장에서 강재 단면의 일부분을 절취하고 그 특성을 파악하기 위하여 실험실에서 인장시험을 수행하는 것이다. 이 경우에는 적어도 3개 이상의 시편을 절취하여야 한다.

콘크리트 주부재나 부부재의 경우 콘크리트 바닥판에 대하여 수행된 것과 비슷한 조사를 수행해야 한다. 즉, 콘크리트 보에 대해서는 균열, 백화 그리고 층상박리를 조사해야 한다. 강재처럼 콘크리트 보도 역시 차량 충격에 노출되어 있으므로 어떠한 충돌도 조사되어야 한다. 프리스트레스트 콘크리트 교량은 프리스트레스 긴장재의 부식에 대하여 특별한 주의를 기울여야 한다. 부식은 특히 정착구(anchorage)에서 시작하여 긴장재(tendon)를 따라서 퍼져가거나 또는 적절하게 충전되지 않은 덕트(duct)의 공동에서 발생한다. 콘크리트의 구조적인 적합성은 콘크리트 부재로부터 채취한 코어(core) 샘플을 시험하여 검사한다. 코어 채취에 대한 더 많은 정보는 2.5절을 참조하면 된다.

2.3.6 교량 부속물과 현장 관련 요소 평가

다양한 형태의 구조물이 사용되기 때문에 고려해야 할 매우 다양한 교량 부속물 요소들이 있다. 아래에 기술하는 것들은 교량 현장의 중요한 요소로서 반드시 조사되어야 하는 것들이다.

1. 교량 난간

40년, 50년 또는 그 이상 오래된 대단히 많은 교량에서 건설 당시에 설치된 난간이 아직도 사용되고 있다. 조사에 관하여 AASHTO는 조사원들이 난간이 애초에 설계된 대로 작동하는지를 조사하라고 요구하고 있다.[2.23] 그러나 이것이 많은 오래된 교량들에서 현재의 표준을 만족하지 못할 것은 자명하다. 교량 난간과 관련하여 가장 위험한 사항은 차량 사고에 의한 충격을 받는 것이다. 그러한 충격은 난간 자체를 파괴하거나 정착장치를 느슨하게 만든다. 만약 이러한 일이 발생하면 난간의 파손을 막기 위하여 당장 관리당국(발주처)에게 알려야 한다.

난간에 반복적인 충격의 흔적이 있으면 기술자는 이러한 상황에 이르게 한 현장 특성을 알리고, 그것을 수정하기 위하여 필요한 수단을 강구하여야 한다. 접속부의 불리한 가시 삼각형, 접속부와 교량의 좁은 전이부, 과도하게 경사진 고가도로 곡선부, 그리고 피할 수 없는 동서간(east-west) 선형 등은 구조물 주변에서 사고를 일으키는 현장의 상황이다. 어떤 경우에는 반복적인 충격의 원인을 제거할 수도 있으나(예를 들면, 장애가 되는 나뭇잎을 전지하는 것), 다른 경우에는 더욱 엄격한 난간/방호벽이 필요할 수도 있다. 그러나 설계자는 현재의 최외측 거더는 새로운 방호벽의 설치를 수용하지 못할 수도 있다는 사실을 알고 있어야 한다. 그러나 합성구조물에서는 모든 추가적인 고정하중은 모든 거더에 의해서 균등하게 분배해서 지지된다고 가정한다.

2. 배수시스템

도로교의 배수시스템은 다양한 요소들로 구성된다. 바닥판 채널(deck swales), 물구멍관(weep tubes), 물받이(scuppers) 등은 바닥판의 물을 배수시키는데 사용되는 반면에, 홈통(gutters)과 흙채널(earth swale)은 현장과 구조물의 배수를 위하여 사용된다. 뒤채움재의 성분은 구조물과 현장의 배수에 매우 중요한 역할을 한다.

모든 배수시스템의 가장 공통적인 문제는 파이프나 채널에 쌓이는 찌꺼기의 축적이다. 또 다른 문제는 상부도로나 지하통로 표면의 변화이다. 계속적인 재포장은 도로의 정점부를 편평하게 하는 효과가 있고, 이것은 물고임 현상을 초래하기도 한다. 최근에 강우가 있었다면, 조사 기술자는 물고임이나 표면수의 흐름에 대한 흔적을 주의해서 조사해야 한다. 그러나 그러한 상황을 찾을 수 없다면 배수요소의 막힘을 조사하여야 한다.

3. 공공설비

도로교 구조물에는 매우 종종 하부차도를 가로지르는 공공설비가 설치되어 있다. 이러한 공익사업설비는 전기, 가스, 수도, 전선 또는 전화선과 같은 공공서비스용 설비 형태로 구성된다. 도로나 수로를 횡단하여 공익사업설비가 실제로 이송되는 외에, 매달리거나 매설되는 형태로 존재하는 공익사업설비들은 교량과 현장의 특성에 영향을 미친다.

교량에 의해서 이송되는 전력선에 관하여 조사 기술자는 도관과 지지시스템의 상태를 파악하여야 한다. 유출, 균열 그리고 지지연결부의 파손 같은 확실한 파괴는 반드시 조사하여야 한다. 전기선은 교하공간에 부정적인 영향을 미치지 않는지에 대한 조사를 실시하여야 한다. 현장 부근의 전선에 접촉되는 나뭇가지들은 화재의 예방을 위하여 깨끗이 제거되어야 한다. 전선에 근접해 있는 나뭇가지들은 강한 바람 또는 우박을 동반한 폭풍에 의하여 전선을 처지게 할 수도 있다.

대부분의 경우, 조사 기술자들이 교량현장에서 발견하는 공공설비들은 관련당국에 의하여 특별허가를 취득하여 설치된다. 그러나 교량 또는 현장에 불법 공공설비가 몰래 설치되는 경우가 있다. 그러므로 관리당국은 불법 설치물을 조사하고 제거하기 위해 모든 공공설비의 설치 여부를 파악하는 것이 중요하다.

4. 조명 및 교통표지판

난간처럼, 조명과 표지판도 교량 상하부의 차량을 보호하기 위한 안전과 관련된 부속장치로서 어느 정도 구조물 자체를 보호하기도 한다. 조명장치와 표지판 구조물은 보통 강재나 알루미늄 제품이다. 차도 부근에 설치될 때, 정착부나 다른 부재에 충돌에 의한 손상을 입기가 쉽다. 조명과 표지판 구조물이 계속적인 차량의 충돌에 의한 손상을 입는 경우에는 적절한 형태의 방호벽이나 방충(충격방지) 시스템의 설치를 관리당국이 검토하여야 한다.

조명주의 상부는 조명장치가 부착된다. 조명장치는 램프, 램프케이스 그리고 렌즈로 구성되어 있다. 보통의 수준으로, 램프 또는 전등은 제대로 작동하고 있는지에 대한 조사를 하여야 한다. 먼지나 다른 찌꺼기들은 램프가 비추는 도로 면적을 제한할 수도 있다. 좀 더 심각한 수준으로 손상을 입은 조명케이스나 노출된 전기연결부는 쇼크나 화재의 위험성을 항상 가지고 있다. 교량에는 표지판 위에 조명장치, 항공기 경고등 및 유도등이 설치된 것도 있다. 그것들도 도로 조명장치와 같은 방법으로 조사하여야 한다.

표지판의 흔한 손상 중의 하나는 표지판의 인식이 불가능하거나 또는 어떤 경우에는 표지 해독이 불가능하게 만드는 낙서에 의한 기물 파손이다. 조사 기술자는 표지판의 인식을 제한하는 나뭇가지가 표지판을 가리는 것을 파악해야 한다.

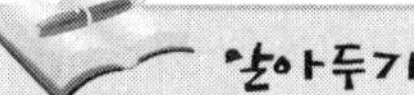

주간고속도로표지판의 붉은색, 흰색 그리고 푸른색 보호막은 AASHTO의 등록상표이다. 도로에 근접하여 주간도로표지판과 비슷한 표지판이 설치되는 것을 막기 위하여, AASHTO는 1967년에 등록상표를 획득했다.[2,26] 우리나라의 경우 색은 미국과 유사하며 도로종류에 따른 관리 주체는 다음과 같다.

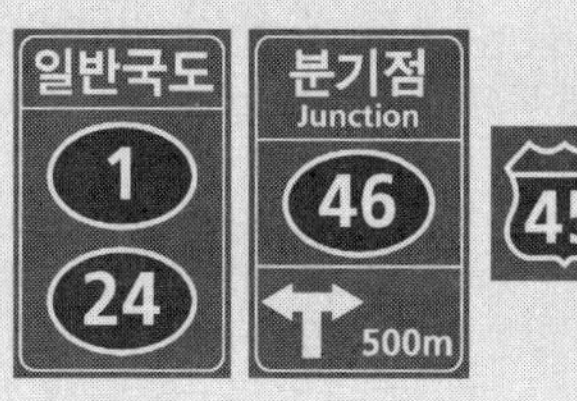

- 고속도로 : 한국도로공사
- 일반국도 : 국토관리사무소
- 지방도 : 해당 지자체 도로관리사업소

2.3.7 세굴 조사

수로를 횡단하는 교량에 대해서는 수로 특성과 수로의 구조요소의 상태를 세심하게 조사해야 한다. 세분되고 심도 있는 세굴 조사 프로그램의 필요성은 과도한 세굴에 의해서 초래될 수도 있는 심각한 영향 때문이다.

세굴을 적절하게 조사하기 위하여, 최초에 세굴을 발생시킨 원인에 대한 근본적인 이해를 하는 것이 필수적이다. 세굴이란 수로의 유수가 하상의 물질을 씻어 내리는 것을 말한다. 세굴은 보통 수로가 좁아지거나 제한될 때 발생한다. 기초유체동역학에 의해서 통수단면이 작을수록 속도는 빨라진다($Q = Av$). 수로의 수축이 심하면 기초나 말뚝의 기반이 약해질 정도로 유수의 속도가 빨라진다. 수로의 급한 굴곡부나 곡선부도 유속을 증가시켜 역류나 난류를 발생시킨다. 세굴은 특정한 하부구조 요소에 국한해서 발생하거나(국부 세굴) 수로를 횡단하는 전체구조물에 걸쳐서 발생한다(전체 세굴). 수로와 수로에 설치된 교량 요소의 조사와 관련한 중요한 사항들에 대하여 논하고자 한다.

1. 수로(Channel)

세굴의 영향을 예측하는데 있어서 근본적인 어려움은 수로의 무정형(일정한 형체가 없는) 특성에 있다. 다른 말로 하면, 수로의 형태가 수평적 및 수직적으로 주기적으로 변한다는 것이다. 주어진 시간에 수로 폭이 늘어나거나 줄어들 수 있고, 깊이가 깊어지거나 얕아질 수도 있다. 세굴보호 방법을 적절히 계획하기 위하여 교량현장에서 수로의 횡단면과 종단선(profile) 기록을 관리해야 한다.

수로의 횡단면은 외측 거더를 따르는 각점에서 교량 바닥판으로부터 수면의 거리를 측정함으로써 작도할 수 있다. 위로부터 늘어뜨린 수선(drop line)이 사용되고,

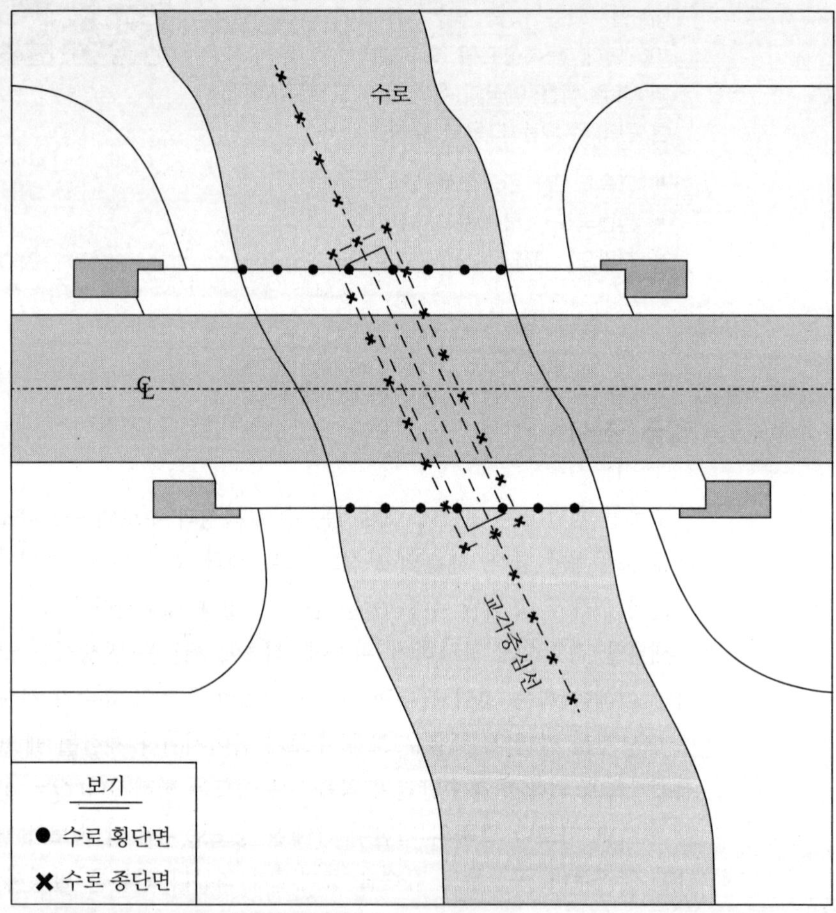

그림 2.9 수로 횡단면과 종단면의 측점(뉴욕주교통당국의 교량조사지침서에서 발췌)

수선은 바닥판의 고정점으로부터 연장되는데, 보통은 교량의 난간이 선택된다. 조사원은 난간의 높이가 도시된 것과 같이 기록해야 한다. 뉴욕주교통당국은 모든 높이의 기준을 기초의 상면을 사용하도록 추천하고 있다. 그러나 교대의 상부, 교좌 또는 주추 상부(plinth)를 기준으로 한 측정치도 허용된다.[2.25]

측정자료는 조사 보고서에 기록된다. 뉴욕주교통당국(New York State Department of Transportation)은 수로의 첫 번째 하부구조(교각 또는 교대)로부터 시작하여 3 m 간격으로 측정하도록 요구하고 있다. 중앙의 교각들의 양쪽 면에서 추가적인 측정이 요구된다.[2.25]

비슷한 방법으로 하부구조 요소에서 수로의 종단선이 구해진다. 종단선은 하부구조 요소의 양쪽 면에서 상류 및 하류방향으로 측정을 실시하여 구한다. 뉴욕주당국은 9.0 m 간격으로 측정할 것을 요구하고 있다.[2.25] 그림 2.9에 횡단면과 종단선의 측점이 도시되어 있다.

2.3.4절 6항에서 기술했던 것처럼, 하부구조 요소 주변의 성토체는 수로 변경에 의한 모든 영향에 대해서 조사해야 한다. 세굴 방지 재료의 손실은 반드시 기록해야 하고, 심한 경우에는 관리당국에 보고해야 한다. 또 다른 어려움은 하부구조가 위치한 곳에 축적되는 나뭇가지와 같은 찌꺼기이다. 이것들은 유수를 저해할 뿐만 아니라 브러시형태(brush-type)의 찌꺼기들은 화재의 위험도 있다. 물의 흐름을 변경시킬 수 있는 수로 내부의 모래나 자갈 같은 어떠한 장애물도 모두 기록하여야 한다.

2. 하부구조

수로에서 물에 잠겨있는 교대나 교각의 조사도 특별히 필요한 경우에는 포함된다. 미연방도로국(FHWA)은 수중조사를 적어도 5년 이내 간격으로 실시하도록 요구하고 있다.[2.19] 모든 포함된 조사를 용이하게 수행하기 위해서 이러한 요소들의 조사는 수심이 연중 최저치가 되었을 때 동시에 수행되어야 한다. 수중조사는 교량에 대해서 훈련된 등록된 잠수부들에 의하여 수행된다. 잠수부 조사의 초점은 주로 기초부의 세굴과 수중 하부구조의 모든 결함에 맞추어져야 한다.

교대나 교각이 단단한 기반암에 설치된 확대기초 위에 놓인 경우가 아니라면, 조사팀은 항상 발생 가능한 위해에 대해서 세심한 주의를 기울여야 한다. 말뚝기초는 확대기초보다 항상 안정성이 더 뛰어나지만, 기반이 약해질 수도 있다. 모든 노출된 말뚝에는 특별히 주의를 기울여야 한다. 염분이 녹아있는 물의 경우에는 부식이 더 심각한 문제가 되기 때문에 이러한 위험성이 더욱 증가한다. 조사프로그램 관리자는 이러한 환경에서 조사의 빈도를 증가시켜야 할지 결정해야 한다.

세굴의 흔적으로 기초 주변의 공동의 존재 여부를 조사하는 것 외에, 수중 조사원은 그 요소가 수중에 있지 않은 경우와 마찬가지로 하부구조 요소에 발생한 눈에 띄는 모든 열화를 기록하여야 한다. 콘크리트의 모든 파쇄, 강재 부재의 부식,

목재 말뚝의 부식 등은 향후 유지관리나 개선을 위해서 조사 보고서에 반드시 기록해 두어야 하며, 모든 손상에 대해서는 사진을 찍어서 서류상에 보관해야 한다.

세굴에 의한 손상은 기초하부의 공도에 그라우팅 재료를 채워 넣는 방법으로도 보수가 가능하며, 보수 후에는 그라우팅 백(grouting bags), 사석 그리고 널말뚝과 같은 세굴 보호공이 고려될 수도 있다.

2.3.8 결론

책의 앞부분에서 예시하였듯이 도로교 구조물의 조사는 아주 복잡한 일이다. 그러나 그것의 필요성은 교량의 파괴와 도로망에서 교량이 제공할 수 있는 최고 수준의 안전성의 확보에 대한 공공의 요구로부터 야기되었다.

뉴욕주교통국의 칼만(Bill Kallman)은 "조사원은 거의 아무런 도움 없이 그가 조사해야 하는 교량에서 발생하고 있는 일에 매우 민감해야 하기 때문에, 어떤 교량이 다른 교량보다 더 잘 건설되었다거나 또는 본래 안전하거나 또는 덜 위험하다[2.22]고 조사원에게 얘기하지 않을 것"이라고 썼다. 이 말에는 대단한 진실이 내포되어 있으며, 조사 기술자는 각각의 교량이 개별적인 프로젝트라는 사실을 이해해야만 한다.

최종 설계안을 조립라인에 설치하기 전에 수많은 모형들을 만들어 볼 수 있는 기계기술자와는 달리, 토목기술자는 올바르게 이해할 수 있는 단 한 번의 기회 밖에는 가질 수 없다. 현장에 투입된 조사원은 설계자의 작품뿐만 아니라 수많은 인부, 제도사, 책임 감리자와 또 다른 사람들의 노력의 최정점의 작품을 보게 되는 것이다. 그 모든 과정에서 잘못된 콘크리트 혼합, 적절하지 못한 철근배근 또는 측량 오차 등의 기회는 항상 있다. 사무실에서 수행되는 해석으로는 조사원의 보고서가 제공하는 정확성과 특수성의 수준을 제공할 수가 없다.

더욱 거시적인 관점에서 최소한으로 얘기하더라도, 프로젝트 선택에 있어서 관리당국을 돕는 유지관리 조사원의 역할은 매우 중요하다. 대행사는 구조물에 대한 조사 등급에 근거하여 성능을 평가한다. 이러한 평가가 도로망의 교량에 대한 전반적인 품질에 대한 정확한 지표가 된다면, 조사 보고서는 각 교량에 대한 가능한 한 완전하고 정확한 묘사를 제공해야 한다.

이러한 중요성의 결과로서, 조사원의 최후 보고서의 품질은 다른 무엇보다 중요하다. 독자들은 많은 조사원들이 극단적으로 가속된 속도로 작업을 수행한다는 사실을 이해해야 한다. 격년조사에서 조사원에게 주어지는 요구는 엄청나다. 개선

설계 프로젝트에서 조사원이 세부사항과 측정치를 기록하는데 충분한 시간을 소비하는데 반해서, 유지관리 조사는 속히 그리고 지저분한 형태로 끝나야 한다. 전체적으로 산업체는 각각의 조사형태가 교량설계과정에서 담당하는 역할을 인식하고 적절한 수준의 존경과 재물로 받아들여야 한다.

2.4 현장 측량(Site Survey)

실제적인 설계과정이 본격적으로 시작되기 전에 세심한 현장 조사를 수행해야 할 필요가 있다. 경험 많은 토지 측량기사에 의해서 수행되는 측량은 다음과 같은 모델을 만들기 위하여 사용된다.

- 주변 현장뿐만 아니라 고가도로 및 지하도로를 상세하게 나타내는 지형
- 교량현장 주변에 있는 습지와 완충 지대의 경계
- 암거, 공공설비, 난간, 도로 포장선의 모서리, 채소밭, 배수 인입구 등과 같은 상세한 인공 또는 천연 지물
- 수로 횡단 교량의 수로 횡단면
- 개선설계의 경우 교좌, 벽체 상부 및 주탑과 같은 교량 구조물의 중요 요소들의 위치와 고도를 나타내는 구조적 세부 특징

이러한 사항과 현장에서 얻어야 하는 중요한 자료에 대하여 논의하고자 한다. 교량 조사의 경우와 마찬가지로, 프로젝트 현장을 반복해서 방문하는 것을 피하기 위해서는 현장에 있을 때 얻을 수 있는 정보를 최대한으로 얻는 것이 중요하다.

2.4.1 지형도

신설 교량의 설계의 경우, 현장의 철저한 측량에는 제안된 구조요소의 설치 위치를 정확하게 포함해야 한다(예 : 교대 및 교각). 교대나 교각 기초(필요한 경우 말뚝)의 최종적인 위치는 종종 지형적인 또는 수리적인 상태에 따라서 달라질 수도 있기 때문에, 측량팀은 전체적인 구조물의 위치를 최대로 확보하기 위해 철저한 주의를 기울여야 한다.

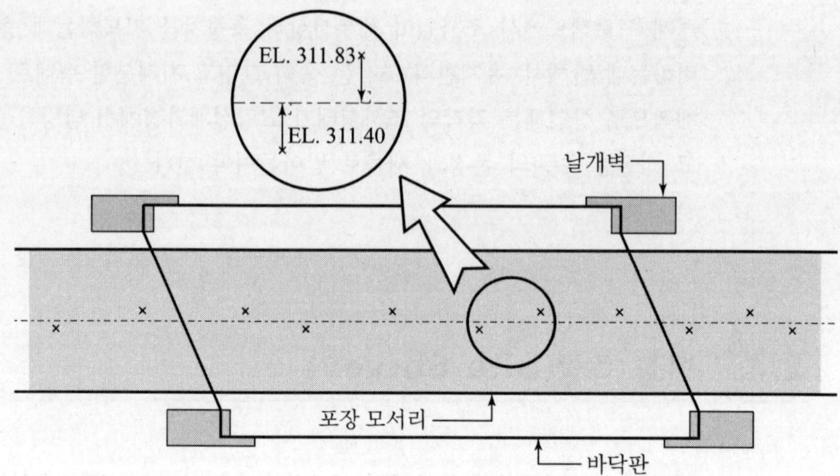

그림 2.10 종단을 그리기 위해서 현장측량결과를 평면도에 투영한다.

컴퓨터 소프트웨어는 종단을 그리는 것과 같은 작업에서 교량기술자에게 큰 도움이 된다. 그렇지만, 어떤 경우에는 소프트웨어를 주의해서 사용하여야 한다. 그림 2.10에 도시된 것과 같이, 현장에서 선택된 중심선의 점들은 수학적인 중심선 위에 올 수도 또는 오지 않을 수도 있다. 점을 그대로 종단으로 그리기 보다는, 먼저 평면선형 위에 투영하고 그리는 것이 좋다. 어떤 소프트웨어는 사용자의 개입이 필요한 반면에 어떤 소프트웨어는 이러한 작업을 자동으로 수행하기도 한다. 개선설계에 있어서는, 현장에서 구한 종단면선과 준공도면을 비교하여 지반의 높이가 변경되었는지를 검토할 수도 있다. 또 두 종단을 참고하여 설계자는 구조물의 재포장 양을 산정할 수도 있다.

개선설계가 수행 중인 경우에는 상부도로와 하부도로의 정확한 종단을 완성하는 것이 아주 중요하다. 구조물의 길이를 충분히 수용할 수 있도록 촘촘하게 횡단면도를 작성하여야 하며, 특히 교량이 종단곡선 상에 위치한다면 정확한 중심선의 종단면을 파악하는 것이 중요하다.

최근 개발된 선진 CAD프로그램을 이용하여 기술자가 쉽게 상부 고가도로 및 하부도로의 3차원 그래픽모델을 그릴 수 있으며, 설계자가 프로젝트 현장을 사무실에서 재현할 수 있다. 그러나 현장의 원지반선을 작도하는 데는 주의를 기울여야 한다. 종단은 삼각망(TIN) 또는 관련된 등고선도를 분해하여 그릴 수 있다. 그러나 고도는 TIN을 내삽하여(interpolation) 계산해내기 때문에, 그러한 방법은 부정확한 결과를 산출할 수도 있다. 더 나은 방법은 중심선의 윤곽을 그리기 위하여 중심선측량결과(hard centerline shot)를 활용하는 것이다. 현장에서 수행된 측점의 위치는 수학적인 중심선과는 어느 정도 다를 수 있기 때문에, 현장 측량은 도로의 평면 선형에 투영하는 것이 필요할 수도 있다. 이것은 곡선의 접선방향 또는 방사상방향에 직각인 점을 투영함으로써 구할 수도 있다. 기존 교량의 교대나 날개벽의 모서리, 교량받침 받침대(무수축 콘크리트패드)의 모서리, 받침의 중심 등과 같은 중요한 점들의 좌표와 고도를 확보하는 것은 아주 중요하다.

정확한 원지반선은 구조물의 교하공간, 교좌 높이, 기존 노면의 재포장, 스트링거의 헌치 높이, 그리고 기타 중요한 기하학적 특징을 결정하는데 기초가 된다. 설계를 시작하기 전에 기술자는 종단선의 정확성에 대해서 확신을 가져야 한다. 종단선의 오차가 모든 교량받침의 설치, 벽체 상부의 높이 등에 영향을 미치는 것을 고려할 때, 그러한 실수가 프로젝트에 초래하는 시간과 비용이 어느 정도인지를 알기는 쉬운 일이다. 부정확한 종단 자료 때문에 모든 철근 계산을 폐기함으로써 교각의 세부설계와 제도를 다시 해야 할 수도 있다. 만약 설계자가 운이 좋다면 사무실에서 실수를 찾아낼 수도 있으나 그런 정도의 운이 아니라면 실수는 현장에서 시공 중에 발견될 것이다.

2.4.2 지물도(Planimetry)

상세한 지물도는 현장에 교량을 배치하는데 아주 중요한 역할을 한다. 측량팀원은 그들의 글씨나 스케치 메모를 광범위하게 문서화하는데 주의를 기울여야 한다. 지물 데이터가 설계과정에서 어떤 역할을 하는지에 대한 예는 교대의 배수를 현장에 있는 기존의 우수수집설비에 연결하고자 할 때 찾아볼 수 있다. 측량팀은 실제로 다양한 배수조를 설치할 뿐만 아니라 그것들의 가장자리 및 바닥 최저 높이와 함께 규격과 형태를 알아야 한다(2.7.1절 참조). 현장 조사와 측량을 수행하기에 앞서서, 양쪽 팀의 책임자를 만나서 어느 지물 특성들이 조사팀의 관할이고, 어떤 사항이 측량팀의 의무인지를 분명히 하여야 한다.

CAM(Computer-Aided Method)은 지물도의 정보를 보관하고, 최종 계약도면에 주석을 달고 기호 표기를 삽입하기 위하여 사용될 수 있다. 최종 도면의 준비에 대하여는 5.2절에서 상세하게 기술하고자 한다.

2.4.3 구조물의 특징

개선설계 프로젝트에는 기존 교량 요소에 대한 상세한 현장 문서화가 필요하다. 이것은 설계팀이 주로 기존 교량의 기록이나 준공도를 신뢰하도록 하는 수단이 될 수도 있다. 계획이 구조물의 새로운 설계에는 아주 중요하지만, 정확한 현장 측정치를 대신할 수는 없다(2.7절 참조).

주변 현장과 관련하여 교량의 모델을 만들기 위하여 중요 구조요소의 높이가 결정되어야 한다. 작업을 시작하기 전에 측량팀은 설계팀과 협력하여 측량할 점들을 결정하여야 한다. 측량해야 할 중요한 특정물들은 다음과 같다.

- 교좌
- 날개벽의 시점 및 종점
- 교각 횡보 상부 및 교대 교량받침 하단
- 교대 성토체의 턱
- 바닥판 높이

현장 교하공간의 측량도 역시 필요하다. 처음 생각했던 것과는 반대로, 교하공간은 정적인 측량이라기보다는 동적인 측량이 된다. 하부도로의 재포장은 교량의 교하공간을 심각하게 변경시킨다. 수많은 교하공간의 한계에 도달하는 트럭이 통행하기 때문에, 주부재가 트럭과 충돌할 지의 여부를 판단할 수 있는 기존 구조물의 교하공간을 정확히 측정하기는 쉽지 않다. 가능하면 교하공간은 모든 거더가 설치된 위치의 하부통로의 정점이나 다른 최고점에서 측정하여야 한다. 그러한 노력은 현장에서는 좀 더 긴 시간을 요구할지는 모르지만, 모든 이례적인 재포장이나 하부도로 종단의 변경은 문서화되어야 한다.

구적 데이터와 같이, 측량팀은 모든 구조물 데이터를 주석, 스케치 그리고 사진과 함께 철저히 문서화하여야 하며, 모든 스케치는 북향을 정확하게 표시해야 한다. 측량에 여러 개의 교량이 포함되어 있으면, 사무실에 돌아와서 기억들이 희미해질 때에 혼동을 방지하기 위하여 측량자료와 함께 구조물의 인식번호가 표기되어야 한다. 만약 준공도면이 가용하다면, 그것은 모든 구조물 측량값을 측량기록부에 준공도면에 있는 인식기호를 사용하여 주석을 달 수 있기 때문에 아주 유용하다. 그래서 만약 준공도면에서 S7이라고 적힌 스트링거가 있다면 S7 인식기호가 표시된 스트링거의 교하공간 측정치를 참고하여야 한다. 만약 측량팀은 스트링거를 북쪽에서 남쪽 방향으로 번호를 붙이고 준공도면에는 그와는 반대 방향으로 되어 있다면, 사무실에 돌아와서 발생하는 혼동을 쉽게 상상할 수 있을 것이다.

2.5 물리실험

대부분의 격년제 유지관리조사에서 외관검사가 상당한 양의 정보를 제공하기는 하지만, 개선 조사에서는 교량 건설에 사용되는 재료의 적합성에 관한 필요한 정보를 제공하기 위하여 여러 종류의 물리실험이 수행되어야 한다. 다음에서 몇 가지 실험방법에 대하여 기술하고자 한다.

2.5.1 코어

포장이나 구조물의 코어 형태의 물리실험은 교량의 요소가 잔존하여 신설 구조물의 일부가 되는 개선설계에서는 반드시 수행되어야 한다. 포장의 경우 코어를 통해서 다음을 알 수 있다.

- 접속부 포장과 바닥판의 재료 성분
- 구조물상의 재포장 정도

구조물의 코어는 교각이나 교대와 같은 콘크리트 요소의 중요한 부분에서 채취되어야 한다. 보통 채취하는 위치는 바닥판, 교각 횡보 그리고 구체와 함께 교대의 구체가 된다. 그 다음으로는 시료의 강도를 파악하기 위하여 실험실에서 압축실험이 수행된다. 실험을 통하여 공극의 크기와 비중을 알 수도 있다. 만약 기존의 요소가 그 자리에 존치되어야 한다면, 잔존하는 콘크리트의 적합성을 확인하기 위한 코어 시험은 필수적이다. 반대로 요소가 완전히 제거되고 교체된다면 그 위치의 코어 시험은 불필요하다.

실험이 완료되면 실험실은 모든 코어의 실험결과와 컬러사진을 포함한 보고서를 제출하여야 한다. 이 보고서는 기술자의 최종설계보고서의 일부가 될 수도 있다. 어떤 경우에는 최종 계약서류에 코어 결과를 표로 만들어 포함하는 것이 필요할 수도 있다.

목구조의 경우에는 코어는 요소 내부의 함수량과 부식 정도를 판정하기 위하여 필요하다.

2.5.2 층상박리 실험

이미 서술한 것처럼 층상박리는 콘크리트 표면 밑, 특히 상부철근의 위치에 발생하는 균열이다. 기본적인 실험방법은 망치를 사용하여 속이 빈 곳의 소리를 듣는 것이지만, 이 실험은 시간을 많이 소요하는 방법이고, 바닥판처럼 면적이 아주 넓은 면에서는 비실용적일 수도 있다. 대체법으로 넓은 면적의 바닥판을 따라서 체인을 끌 수도 있으나 주변의 소음 때문에 빈 곳이 울리는 소리를 듣기가 어려울 수도 있다.

이러한 문제점 때문에 층상박리를 쉽게 찾기 위하여 초음파법에 기초한 장비를 사용할 수도 있다. 그것은 보통 조사원에 의해서 잔디 깎는 기계처럼 교량 바닥판 위를 끌고 다니며 다니는 곳의 박리를 기록한다. 공동을 찾기 위하여 적외선 서모그라피(infrared thermography)를 이용하며, 공동에 존재하는 수분에 의한 온도 차이를 측정하여 표면 밑의 공동을 찾아낸다. 지표투과레이더(ground-penetrating radar)도 콘크리트 바닥판 조사에 사용된다.

2.5.3 피복두께 측정

콘크리트 표면과 철근 사이의 피복두께가 충분하지 않으면 박리의 가능성은 상당히 커진다. 요소의 피복두께를 측정하기 위하여 파코미터(pachometer)와 같은 장치가 사용된다. 파코미터는 자기장을 통하여 철근의 위치를 확인하는 반면에, 철근의 위치를 확인하고 피복두께를 결정하기 위하여 초음파를 활용하는 다른 방법들도 있다.

2.5.4 강재두께 측정

강재 주부재가 존치되는 개선 구조물의 정격하중을 계산하는데 있어서는, 강재의 현재 상태를 정확하게 반영하는 주부재 횡단면의 특성에 근거하여 해석을 수행하는 것이 절대적으로 필요하다. 부재 단부의 플랜지나 웨브의 두께를 측정하기 위하여 마이크로미터(micrometers)나 버니어캘리퍼(vernier calipers)를 사용할 수 있는 반면에, 스트링거를 따라가며 웨브 두께를 측정하는 데는 다른 방법이 필요하다.

한 가지 방법은 초음파게이지를 사용하는 것이다. 초음파게이지는 그것에 연결된 탐침이 있어서, 강재에 설치하여 그 강재를 통하여 초음파를 보내는 방법으로 두께를 측정하는 장치이다. 이 장치는 정확한 결과를 얻기 위하여 비교적 매끄러운 표면이 필요하다. 녹이나, 먼지 또는 강재 표면에 축적된 찌꺼기들을 제거하기 위하여 조사원은 와이어 브러시(wire brush)를 현장에 가지고 가야 한다.

또 하나의 선택사항은 와이어 브러시를 부착하여 사용하는 배터리로 작동되는 드릴이다. 일단 표면을 깨끗하게 한 후, 탐침의 적절한 접촉을 보장하기 위하여 젤리(jelly)나 코플란트(couplant)를 강재에 스며들게 한다. 그 다음에 초음파게이지가 측정치를 화면에 나타내게 된다.

초음파게이지를 사용하는 경우, 조사원은 측정치가 어느 정도 변동적일 것을 예상하여야 한다. 교량현장에 나가기 전에 현재의 강재 부재의 형상과 적절한 횡단면의 제원을 알려주는 주부재의 위치가 표시된 프레임 조직도를 준비하고, 가능하면 두 사람이 한 팀으로 측정 작업을 수행하여 한 조사원이 게이지를 사용하는 동안에 다른 사람은 측정치를 기록하고, 그 값이 일정한 지 여부를 검토할 수 있다. 현장에서 강재를 측정하며 하루를 보내고, 사무실에 돌아와서 플랜지 두께가 감소한 사실을 발견하는 것은 꽤나 실망스러운 일이다.

어떤 초음파장치는 장치에 측정치를 보관하고 후에 컴퓨터에 옮겨 담아서 스프레드시트 프로그램을 사용하여 표로 만들 수도 있다. 이러한 기능이 있다하더라도 첫 번째 조사원은 측정 작업에 몰두하고 동반자는 측정치의 유용성을 검토하고 측정 위치를 청소하는 것을 도와서, 기록 작업을 더욱 신속히 진행할 수 있도록 두 번째 조사원은 여전히 필요하다.

2.5.5 피로균열 조사

대부분의 구조적인 파괴메커니즘(structural failure mechanism)과 달리 피로균열은 경고가 없다. 피로균열은 생애의 95%를 겨우 눈에 띌까 말까 하는 미세균열로 잠복기를 보낸다. 따라서 조기발견은 파멸적인 구조물의 파괴를 방지하는데 있어서 매우 중요하다. 일단 잠복기를 지내고 나면 빠르게 성장하기 때문에 교량조사원이 발견할 수 있는 기회가 거의 없다.

응력의 집중이나 용접접합이 있는 곳에서는 피로균열을 조사해야 한다. 대부분의 피로균열은 발견하기 어렵기 때문에 외관 조사를 위하여 특수한 염료투과법이 사용될 수도 있다. 만약 피로균열이 의심되면 강재의 불연속을 탐지하여 육안으로 볼 수 없는 피로균열을 발견하기 위하여 X-선, 자분탐상법과 초음파테스트와 같은 새로운 고급의 탐사방법이 사용될 수도 있다.

2.6 조사팀

위의 어떻게 강재 측정을 수행하여야 하는가에 대한 논의는 일반적으로 조사가 어떻게 수행되어야 하는가에 대한 이해를 돕는다. 두 동반자로 하여금 한 조사를 수행하도록 하는 것은 좋은 방법이고, NBIS도 그렇게 요구하고 있다.[2.19] 뒤에서 기술하겠지만 한 조사원은 기록원으로 지정하고, 또 한 조사원은 측정을 수행하여 사진을 찍고 현장을 오르내리도록 한다. 두 조사원은 사무실의 설계팀이 두 개의 정보제공원과 교량의 상태에 대한 두 개의 관점을 가지고 있다는 의미도 된다. "강재 S 단면 난간 또는 사각형 난간이 있었던가?"와 같이, 조사기록(준공도면에서도 정확하게 알지 못할 수도 있는)에 문서화되지 않았을지도 모르는 질문들이 항상 있을 수 있게 마련이다. 만약 조사원이 한 사람이었다면 그 한 사람이 모든 질문에 답해야만 할 것이다. 두 조사원이 설계팀의 모든 질문에 대한 신속하고 정확한 답변을 줄 수 있다는 것을 의미하는 것은 아니지만 모든 일을 보다 순조롭게 되도록 만들 수는 있다.

적어도 둘 중 한 사람은 면허가 있는 기술사 또는 적어도 교량구조를 이해할 수 있는 조사팀 책임자 자격이 있는 사람이어야 한다는 것은 모든 조사의 요구조건이다(2.3.1절 참조). 만약 인적자원이 허락한다면 조사를 수행한 사람이 개선설계에 참여하도록 계획하는 것이 가장 바람직한 일이다. 현장 조사에서 최종 설계까지 연속성을 유지하는 것은 아주 중요한 사안이다. 교량기술자는 조사과정의 일원이 됨으로써 구조물과 현장을 보다 잘 이해하게 된다. 외과의사가 수술하기 전에 자기 환자와 함께 시간을 보내듯이, 교량기술자는 설계를 수행하기 전에 교량이 있는 현장에서 시간을 보내야 한다.

팀이 외부 현장에 있을 때에, 몇 가지 중요한 사항이 필요할 수도 있다. 이러한 사항의 몇 가지 검사항목은 다음과 같다.

- 교량 관할 당국 및 경찰서에 고지한다(특히 특수 장비를 사용하거나 교통통제가 필요한 경우).
- 안전모, 안전조끼, 회전경광등
- 박리된 콘크리트의 타진 및 제거를 위한 석공의 망치
- 사다리, 어떤 경우에는 작업자용 크레인이나 스누프형(굴절사다리) 차량
- 디지털 카메라, 배터리
- 줄자, 자, 마이크로미터, (필요한 경우) 초음파게이지와 같은 측정 기구
- 피로균열의 육안검사를 위한 침투용 염료

- 영역 표시용 주황색 스프레이 페인트
- 원뿔형 도로표지
- 클립보드, 조사양식, 연필, 손전등, 계산기, 종이
- 날씨에 대비한 적절한 옷과 신발

팀은 항상 안전제일을 명심해야 한다. 교량현장을 지나가는 자동차들은 현장에 조사원이 있는 지에 관심이 없다. 뒤에서 교통통제에 관한 논의에서 알게 되겠지만(5.1.2절), 수많은 경고 표지판이 서있는 완전히 재건설하는 교량 현장에서 자동차와 트럭의 속도를 낮추도록 하는 것은 아주 어려우며, 조사를 하는 동안에는 훨씬 덜 어렵다. 안전모, 안전조끼 그리고 경광등이 조사원을 보호하는 완벽한 방패막이가 될 수는 없으며, 그것들은 안전에 대한 최소한의 요구사항일 뿐이다. 안전은 현장에 두 조사원이 있어야 하는 타당한 이유가 된다. 예를 들어, 한 조사원이 사다리에 오를 때, 다른 조사원은 사다리를 지지하고 있어야 하기 때문이다.

높이 때문에 보통의 사다리로는 접근할 수 없는 교량요소에 미치기 위하여 구조물의 아래로부터 버킷 안에 사람을 태워서 올리는 작업자용 크레인 같은 기계의 도움을 받기도 한다. 작업자용 크레인으로도 도달할 수 없을 정도로 구조물의 높이가 너무 높거나 또는 수로를 횡단하기 때문에 구조물의 밑으로부터 상부구조에 접근이 불가능한 경우에는 교량 상부로부터 바닥판 밑으로 연장되는 굴절사다리차(스누프)와 같은 접근장비가 사용되기도 한다(그림 3.62 참조).

기록할 때 기록원으로 지명된 조사자는 덮개가 있는 클립보드를 좋아할 수도 있다. 이것은 조사원이 교량의 교대 위, 교각 횡보 위 그리고 기타 먼지가 잔뜩 앉은 구역을 기어서 오를 수도 있기 때문에 현장에서 기록된 메모들의 품질을 보존하는데 도움이 된다. 조사기록은 조사원이 관측을 반영하는 합법적인 문서이기 때문에 매우 중요하다.

2.7 준공도면과 기타 기록 자료

준공도면은 건설 중에 현장에서 행해진 모든 변경 사항을 반영하여 최종본으로 발행된 프로젝트의 설계도면이다. 개선 교량설계에서 준공도면은 설계자의 최초의 의도와 완공 시의 구조물의 상태를 함께 고려한다. 개선설계 프로젝트를 시작하기 전에 설계팀은 관리당국으로부터 완전한 일체의 준공도면 세트를 제공받아

야 한다. 이는 조사보고서와 함께 기존 구조물에 관한 아주 중요한 정보자료 중의 하나가 되기 때문에, 설계과정에서 이러한 도면들은 아주 중요한 자료로 사용된다. 다음에서 다른 기록 자료와 마찬가지로 준공도면의 사용과 관련한 몇 가지 중요한 사항에 대하여 기술하고자 한다.

2.7.1 준공도면 보완

공통의 문제는 준공도면을 모든 설계의 기초로 삼는 것이다. 그러나 준공도면은 현재의 상태와 같은 교량의 묘사는 절대로 아니다. 구조물을 개선할 필요가 있을 때까지는, 상당한 분량의 유지관리 작업이 수행되었을 것이다. 구조물의 제원이 변경되었을 수도 있다. 예를 들면, 교각의 경우 박리가 심하기 때문에 덧씌우기(jacketed) 보강을 했다면 교각의 직경이 변경되었을 수도 있다. 이와 같은 상황 때문에 조사팀과 측량팀은 준공도면의 정보를 확인하거나 부인하기 위하여 가능한 한 많이 측정을 시도해야 한다. 이것은 모든 최종적인 상세가 다 기록되었어야 한다는 것을 뜻하지는 않는다. 그러나 현장 조사 이전에 중요한 요소를 확인하여 반드시 기록하여야 한다. 적어도 조사팀을 조사 중에 돕기 위하여 준공도면의 절반 크기로 축소한 도면을 현장에 가져와야 한다. 다음은 현장에서 확인해야 하는 몇 가지 요소이다.

1. 가드레일

조사팀이나 측량팀이 교량 주변의 여러 지점에서 현재의 레일 형식을 기록하는 것은 중요하다. 여기에 더하여 지주의 형식과 레일 세그먼트의 길이와 같은 항목도 기록해야 한다. 그 이유는 현장의 난간이 새로운 설계기준에는 맞지 않아 교체해야 할 수도 있기 때문이다. 교량 바닥판 위의 오래된 난간이 교체되어야 한다면, 접속부의 기존 난간에 연결해야 할 수도 있고, 그 길이를 개선 계획에 포함시켜야 한다. 난간의 측정치가 사용되지 않는 경우도 있겠지만, 필요한 경우 현장 왕복과 관련된 비용이 그것들을 기록하는데 소요되는 추가적인 시간비용을 초과할 수도 있다.

2. 배수 설비

낙차식 유입구(drop inlets)나 얕은 채널(swales)과 같은 배수 관련 부속장치를 측정하고, 배수 요소의 제원과 형식을 기록하여야 한다. 조사팀이 정보가 기재되어 있는 준공도면을 신뢰하지 않도록 다시 한 번 강조하는 것은 아주 중요하다. 낙차식 유입구는 아주 새 것일 수도 있고, 교량이 건설된 후에 보수를 했을 수도 있다. 측량팀은 주의해서 입구와 최저(점의)높이를 기록해야 한다. 이것은 설계팀이 현장의 배수 해석을 수행하고, 필요한 경우 기존 배수시스템에 연결하는데 도움이 된다.

3. 차량방호벽

저지(Jersey)형 방호벽는 각 세그먼트의 횡단면과 길이를 측정하여야 한다. 그리고 세그먼트에 적용된 경사도도 측정하여야 한다. 방호벽에 난간이 부착되어 있으며 또한 교체가 필요하다면 새로운 난간을 설치하기 위하여 측정이 필요하다. 만약 방호벽이 현재의 기준에 맞지 않는다면 교량 담당자에게 고지하여야 하고, 담당자는 방호벽을 개선할 것인지 또는 교체할 것인지를 결정하여야 한다.

4. 기타 요소

강재 주부재의 횡단면 특성의 기록 필요성에 대하여는 이미 기술하였다. 이러한 측정에 더하여 전체적인 기하구조를 약식으로 간단하게 측정해야 한다. 전체적인 기하구조라 함은 기둥 둘레, 교량받침용 받침대(무수축 콘크리트 패드)의 높이·폭·깊이, 받침대 모서리 간격과 받침용 석판 모서리 간격, 연석 폭 등을 포함한다. 경험법칙에 의하여 요소의 보수, 교체 및 그의 기록을 결정할 수 있다.

조사보고서에 6 in 브러시 연석(brush curve)이라고 기록하는 것은 별로 시간이 걸리는 일이 아니다. 그러나 이렇게 기록되지 않았고 기록도면에 3 ft−6 in 보도라고 적혀 있으면 중대한 문제가 발생할 수도 있다. 준공도면만을 신뢰하도록 충고하는 것은 중요하다. 그 도면은 언제나 설계자가 보관하고 있고, 쉽게 접근할 수 있다. 그러므로 가능한 한 완벽하게 현재 교량 현장에 있는 것을 설계자에게 확실하게 제공하는 것이 조사팀의 임무가 된다. 그러한 이유로 사진은 언제나 유용하다.

2.7.2 기타 자료(출처)

준공도면 외에 설계팀은 교량과 관련된 모든 정보자료를 요구해야 한다. 대부분의 관리당국(대행기관)은 구조물에 수행된 작업의 유지관리 기록 일지를 보유하고 있다. 만약 초기의 설계 기록이 가용하다면 그것들도 제공하여야 한다. 간과된 잠재적인 중요한 사항을 조사하기 위하여 교량의 개선이 결정되기 전의 모든 최근 조사 기록들을 입수해야 한다. 현장의 공공설비 설치 위치를 지정하는 「공공설비 설치에 대한 허가」는 공공설비의 교통량 통제로부터 운영의 개시에 이르는 사항에 미칠지도 모르는 공공설비의 영향을 결정하기 위하여 설계팀에 의해서 요구된다. 이것은 교량현장에 지중 공공설비가 있는 경우에 특별한 관심사가 된다.

대부분의 대행기관이 모든 정보를 설계팀에 제공하기 위해 노력하기 때문에, 소유주에게서 초기에 제공받지 못했다면 위에 열거한 항목들을 요구하는 것은 기분 상하게 하는 일이 아니다. 설계자는 관리당국이 다루는 것은 많은 프로젝트 중의 하나이고 때로는 일이 잘 풀리지 않을 수도 있다는 것을 이해해야 한다. 그러나 점잖게 상기시키는 것으로 필요한 정보를 확보하는 것은 시간이 오래 걸릴 수도 있다.

역으로 관리당국의 설계팀은 설계자에 의해서 대충 꿰맞춰진 다양한 정보자료에 근거하여 개선설계를 수행하려고 노력한다는 사실을 인식하고 있어야 한다. 대행기관이 설계팀에 제공하는 모든 정보는 설계과정을 빠르게 진행되게 할 뿐만 아니라, 더 좋은 설계 결과물을 만들 수 있도록 한다. 대행기관 직원들은 가끔 방을 가로 질러서 서류보관함에 갈 수도 있고, 또 다른 부서의 직원에게 어떤 사항에 대해서 물어 볼 수도 있는 것을 당연한 것으로 여긴다. 모든 정보를 다 모아서 설계팀에게 전달하는 박스에 집어넣을 수는 없으므로, 설계를 수행하기 전에 양자는 중요한 정보자료를 확인하고 확보하기 위하여 진지한 노력을 기울여야 한다.

2.8 결론

앞에서 기술한 바와 같이, 교량기술자가 알고 있어야 하는 중요한 인자들은 많다. 만약 교량공학이 토목기술자로서의 우리에게 어떤 것을 가르칠 수 있다면 과도한 전문화의 위험성일 것이다. 전문가가 고도의 전문화만을 추구하는 것에 대한 논쟁이 있는 반면에, 일반적으로 기술자, 특히 교량기술자가 설계와 유지관리 과정에 정통해야만 하는 불가피한 이유가 있다.

종종 기술자는 그 자신과 의학계의 전문 상대자를 비교하는 자리에 있는 것을 발견하곤 한다. 전문화 지지자는 기술자는 개인적인 분야에 숙련되어 있어야 한다고 제안한다. 내과의사는 심장으로부터 발까지 질병에 대한 모든 것의 진단과 치료에 전문가가 있듯이, 토목기술자도 마찬가지로 구조, 지반, 수공 및 모든 다른 분야에 전문가가 있어야 한다.

그러나 전문가는 도로교 설계와 같은 기술 프로젝트에서는 보기 어려운 다른 안목과 다양한 기대로 대상을 본다. 수공전문가가 교량 개선 현장에 가서 빈약한 지표수의 처리를 지적할 수도 있고, 지반전문가는 같은 현장에 가서 지반의 변동을 지적할 수도 있다. 그러나 두 분야에 정통한 전문가는 부적절한 배수시설 때문에 지반의 변동이 발생했다는 사실을 인식할 것이다. 이것을 만화 같은 예일 뿐이라고 인정하더라도, 그것은 이 장에서 논의한 넓은 기술분야와 상호관계를 암시하는 것이다.

프로젝트 기금조성으로부터 세굴의 조사까지 전문가일 필요는 없지만, 교량기술자는 그가 맡은 프로젝트를 성공적으로 완수하기 위하여 현장의 다양한 국면에 대한 지식을 가져야 한다. 교량은 많은 요소로 구성되어 있지만 그것은 일체로 거동하고, 한 개체로서 환경과 교류하고 영향을 미치며, 한 개체로 파괴될 때 최고로 심각한 손상을 미친다는 사실은 다시 한 번 강조되어야 한다. 기술자가 설계의 어떤 국면을 간과하고 이 또는 저 사항은 다른 전문가의 책임이라고 말하는 것은 아주 쉬운 일이다. 교량공학은 다른 토목기술 프로젝트와 마찬가지로 분리가 아니라 통합이 필요하기 때문에 매우 흥미롭다.

본 장에서는 교량설계를 처음 시작하는 기술자는 설계를 시작하기 전에 서둘지 말아야 한다는 경고를 주고자 하였다. 프로젝트의 시작 단계는 좋은 표현으로 정보를 수집하는 기간이다. 이 단계의 끝에서 신설 또는 개선 구조물의 건전하고 전문적인 설계를 창조하기 위하여, 설계팀은 전부는 아니더라도 최대한 많은 필요한 정보를 보유해야 한다. 더하여, 발주처의 의도와 기대 그리고 그것들이 어떻게 최종 설계에 영향을 미칠까를 이해해야 한다. 뒤에서 이해하게 되겠지만 프로젝트 시작 단계에서의 실수는 후에 설계과정에서 가장 심각한 문제를 야기할 수도 있다.

참고문헌

2.1 Chantrill, Christopher, *Highlights of U.S. Federal Budget for FY11*, usgovernmentspend-ing.com, June 2010.

2.2 *Understanding the Highway Finance Evolution/Revolution*, American Association of State Highway and Transportation Officials, pp. 7-.23, Washington, D.C., 1987.

2.3 *Toll Facilities in the United States, Bridges—.Roads—.Tunnels—.Ferries*, Office of Highway Policy Information(web only publication), U.S. Department of Transportation, Washington, D.C., August 2009.

2.4 *The American Recovery and Reinvestment Act of 2009*, U.S. Government, Washington, D.C., recovery.gov, 2009.

2.5 RFI #21273, *To Design, Build, Finance, & Maintain the Goethals Bridge Replacement Project*, The Port Authority of New York and New Jersey, May 2010.

2.6 Wuestefeld, Norman H., "Toll Roads," *Understanding the Highway Finance Evolution/Revolution,* American Association of State Highway and Transportation Officials, p. 63, Washington, D.C., 1987.

2.7 Tarricone, Paul, "What Do You Mean by That?" *Civil Engineering*, American Society of Civil Engineers, vol. 63, p. 62, April 1993.

2.8 Forbes, Jr., Malcom, "Alien Idea," *Forbes*, p. 26, March 2, 1992.

2.9 *Standard Specifications for Highway Bridges,* 17th ed., American Association of State Highway and Transportation Officials, Washington, D.C., 2002.

2.10 *AASHTO LRFD Bridge Design Specifications,* 5th ed., American Association of State Highway and Transportation Officials, Washington, D.C., 2010.

2.11 Salmon, Charles G., and Johnson, John E., *Steel Structures : Design and Behavior,* 2d ed., p. 22, Harper & Row, New York, 1980.

2.12 *Steel Construction Manual,* 13th ed., American Institute of Steel Construction, Chicago, 2006.

2.13 *Manual of Steel Construction, Allowable Stress Design,* 9th ed., American Institute of Steel Construction, Chicago, 1989.

2.14 *Building Code Requirements for Structural Concrete(ACI 318-08) and Commentary,* American Concrete Institute, Detroit, 2008.

2.15 *ACI Detailing Manual,* SP-66(04), American Concrete Institute, Detroit, 2004.

2.16 *PCI Design Handbook—recast and Prestressed Concrete,* 6th ed., Precast/ Prestressed Concrete Institute, Chicago, 2004.

2.17 *Timber Construction Manual,* 5th ed., American Institute of Timber Construction, Wiley, New York, October 2004.

2.18 *2005 NDS and Wood Design Package,* American Forest & Paper Association, American Wood Council, Washington, D.C., 2005.

2.19 *National Bridge Inspection Standards,* U.S. Federal Highway Administration, Washington, D.C., 2004.

2.20 Harris-Stewart, Charmaine, "Deck Fails a Month after Inspection," *Engineering News Record*, vol. 220, p. 15, March 1988.

2.21 Fox, Gerald, "Bridge Inspections : The Role of the Design Engineer and Benefits of Research," *Civil Engineering,* American Society of Civil Engineers, vol. 54, p. 6, December 1983.

2.22 Kallman, Bill, "Bridge Inspection Proposals," *Civil Engineering,* American Society of Civil Engineers, vol. 55, pp. 22-4, April 1984.

2.23 *Manual for Bridge Evaluation,* American Association of State Highway and Transportation Officials, Washington, D.C., 2008.

2.24 *Standard Specifications for Highway Bridges,* New York State Department of Transportation, Albany, 2003.

2.25 *Bridge Inspection Manual,* New York State Department of Transportation, Albany, 1997.

2.26 *The States and the Interstates,* American Association of State Highway and Transportation Officials, p. 104, Washington, D.C., 1991.

2.27 도로교설계기준 - 한계상태설계, 국토해양부, 2012.

2.28 강구조설계기준 - 하중저항설계, 국토해양부, 2009.

2.29 철근콘크리트설계기준, 국토해양부, 2012.

Chapter 03

상부구조

· **개요**

본 장에서는 도로 교량 구조물을 구성하는 요소에 대하여 자세하게 살펴보고자 한다. 여러 종류의 상부구조를 구조에 영향을 주는 다른 많은 설계, 유지관리 그리고 개선 사항과 함께 논의하고자 한다. 또한 독자들이 중요한 상부구조 설계의 기본을 이해할 수 있도록 흔히 사용되는 상부구조 요소의 설계예제를 제공하고자 한다.

상부구조는 교차로 위로 도로를 통과시키는 전달자라고 할 수 있다. 교량의 다른 구조와 같이 상부구조도 많은 요소로 구성되어 있다. 교량건설에 적용되는 다양한 형식의 요소와 관련해서 상부구조 설계단계에서 가장 많은 토론사항이 발생된다. 상부구조 요소의 구조적인 그리고 기하적인 복잡성 때문에 상부구조 요소가 교량공학 프로젝트에서 가장 도전할 가치가 있는 설계 중의 하나가 된다.

이 장에서 우리는 다양한 종류의 상부구조와 그것을 구성하는 서로 다른 요소들을 살펴볼 것이다. 사용되고 있는 모든 상부구조 형식을 세세하게 전부 다룰 수는 없지만, 본 장은 독자들에게 세계 도처의 도로망에서 현재 사용되고 있는 몇 가지 일반적인 상부구조 형태의 기본적인 사항을 제공하게 될 것이다.

3.1 상부구조 종류

교량에서 상부구조 형식은 유지관리의 고려사항으로부터 개인적인 취향에 이르기까지 다양한 요인에 근거를 두고 선택된다. 특별히, 상부구조 형식의 선정 시에 흔히 적용되는 몇 가지 범주는 다음과 같다.

- 재료의 기능과 사용의 용이성
- 건설비용
- 건설 속도 및 시공성
- 설계의 복잡성
- 유지관리 비용 및 기대 수명
- 환경 문제
- 미관

위에 열거한 요인 중에서 어느 요인이 다른 요인보다 더 중요한가에 대한 확고한 규칙은 없지만, 한 가지 확실한 것은 상부구조 형식의 사용은 지리적 관점에 따라 달라진다는 것이다. 지리학적으로 어떤 지역에서 특별한 상부구조 형식이 승인되면 그것은 다른 형식으로 변경하기가 어려울 정도로 상당히 많은 양을 개발하게 만든다. 비록 모든 도로시스템이 똑같지는 않지만, 하나의 상부구조 시스템의 선점은 확실히 있을 수 있는 일이다.

상부구조 형식은 교량의 지간길이(span)에 따라 달라진다. 각 상부구조 형식은 그 길이를 초과하면 비경제적으로 되는 지간한계(span limitations)를 가지고 있다.

상부구조는 일반적으로 지지형식(단순 또는 연속), 설계형식(거더교, 아치 또는 트러스), 그리고 재료의 종류(콘크리트, 목재 등)에 따라서 다르다. 물론 위의 열거한 것들의 다양한 조합이 있을 수 있다. 예를 들면, 설계자가 강재나 콘크리트 거더교를 선택할 수 있다. 이 상부구조는 단순교가 되거나 연속교로 할 수 있으며, 비슷한 방법의 조합이 가능하다. 상부구조의 형식과 설계, 시공 그리고 유지관리에 영향을 미치는 각 형식의 중요한 장단점에 대해서 아래에서 논의하고자 한다.

3.1.1 강재 상부구조

상부구조에 사용되는 두 가지 중요한 재료는 강재와 콘크리트이다. 목재나 알루미늄 같은 재료는 사용빈도가 조금 낮다. 콘크리트와 비교하여 강재는 경량이며 시공속도가 빠른 장점이 있다. 강재는 볼트접합 및 용접 등과 같은 현장작업의 양을 감소시킬 수 있도록 공장 조립이 가능하다. 최근 조립방법의 발전과 특히 내후성강과 같은 재료의 개발을 통하여 콘크리트에 대한 강재의 경쟁력은 크게 향상되었다. 부재 조립 및 용접의 자동화와 존치거푸집의 사용은 콘크리트 교량의 도전을 감당하기 위하여 강재분야에서 채택한 개선된 제작 및 시공법의 두 가지 예이다.

1.1절에서 논의된 바와 같이 상부구조 골조는 주부재와 부부재로 구성되어 있다. 강재 주부재는 다양한 형태가 있으며, 몇 가지를 아래에 열거하고자 한다.

H형강(W shape)은 표준 I형강(S shape)과 몇 가지 점에서 다르다. 그림에 도시된 것처럼, H형강 플랜지는 상면과 하면이 평행이고 웨브에 직각인 반면에, I형강은 플랜지 두께가 점점 가늘어진다. H형강의 플랜지가 I형강보다 더 넓으나 일반적으로 I형강의 웨브가 더 두껍다. 단면의 비경제성 때문에 설계자는 I형강을 선호하지 않는다. AISC 설계기준에서는 H형강은 W, I형강은 S로 표기된다.

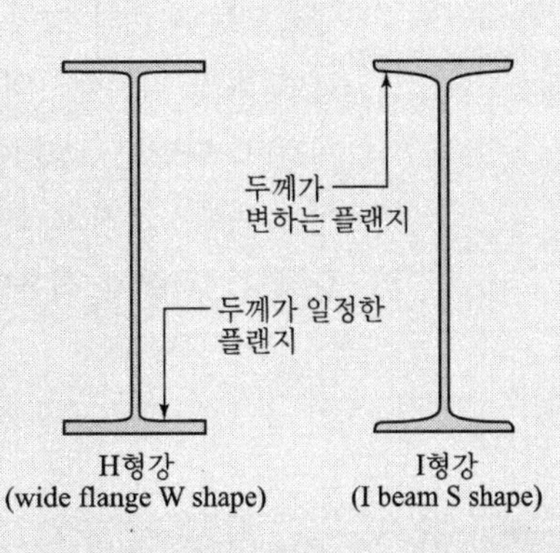

1. 압연보(Rolled Beam)

압연보는 열간압연(hot-rolling)에 의해서 만들어진 강재 거더용 단면이다. 도로교에서 주부재로 사용되는 가장 흔한 압연보 종류는 H형강이다. H형강은 플랜지가 테이퍼드(점점 가늘어지는 것)가 아니라 평행이라는 점에서 I형강과 다르다. 앞으로 이 책에서 사용되는 압연 I형강이라는 용어는 압연 I형강을 지칭하는 것이 아니라 I형상의 단면을 갖는 플레이트 거더를 의미한다.

2. 덮개판이 부착된 압연보(Rolled Beam with Cover Plate)

재료를 경제적으로 사용하기 위하여 압연보는 가끔 사각형 판재, 즉 덮개판을 하부플랜지에 부착한다. 대형 보나 플레이트 거더를 사용하는 대신에 덮개판을 사용하여 거더가 휨에 저항하는 성능을 증가시킨다. 나중에 알게 되겠지만 덮개판을 사용하면 판재 단부 용접부의 응력 집중에 의한 피로균열의 발생 가능성이 증가한다. 따라서 대부분의 발주처(관계 당국)는 덮개판의 사용을 더 이상 허용하지 않는다.

3. 플레이트 거더(Plate Girder)

플레이트 거더는 압연보와 마찬가지로 I형상 단면을 가지고 있다. 그러나 플레이트 거더는 한 덩어리로 압연하여 만들지 않고, 강판 요소를 용접, 볼트 또는 리벳으로 접합하여 만든다. 최근의 도로교에서는 공장용접이 가장 많이 사용된다. 설계자가 거더의 단면 특성(즉 플랜지의 폭과 두께, 웨브의 깊이 등)을 규정할 수 있으므로 재료의 경제적인 사용이 가능하게 된다. 사용 강재의 양을 더 줄이기 위하여 여러 위치에서의 휨모멘트 크기에 따라 거더의 플랜지 두께를 적절히 변화시킨다. 다양한 모멘트나 전단력을 수용하기 위하여 때로는 플레이트 거더의 높이를 변화시키기도 한다(그림 3.1 참조). 플레이트 거더는 압연보에 비하여 지간장이 긴 교량에 적용이 가능하다는 장점이 있다.

그림 3.1 **변단면 플레이트 거더는 장지간 교량에 사용되는 강재량을 줄인다.**

변단면 플레이트 거더는 사용 강재의 양을 줄이기 위하여 거더 단면의 깊이를 변화시킨다. 어느 정도의 지간장이 변단면 거더의 사용을 매력적인 것으로 만들까? 최근의 연구결과를 살펴보면 지간장 55 m에서 130 m 사이에 대해서 변단면 거더보다 전통적인 일정단면 거더가 선호된다는 보고가 있다. 변단면 거더가 아예 대안으로도 채택되지도 않은 경우도 있다. 변단면 거더를 사용하는 목적이 비용을 줄이기 위한 것인데 120 m 이하의 지간장에 대해서는 증가되는 제작비가 감소되는 재료비를 보상하지 못하는 것으로 보는 것이다.[Ref 3.1]

4. 박스 거더(Box Girder)

박스 거더는 1.1.2절에 간략하게 기술되어 있다. 박스 거더는 두 개의 플레이트 거더를 한 개의 단면으로 조합시킨 플레이트 거더의 한 형태이다. 박스 거더는 사면이 용접 연결된 박스 거더(폐단면 거더)나 상대적으로 좁은 상부플랜지가 각 웨브에 용접된 개단면 박스 거더로 설계된다. 폐단면 박스 거더는 탁월한 비틂강성을 가지고 있기 때문에 보통 가새용 부부재를 필요로 하지 않는다. 개단면 박스 거더가 폐단면 박스 거더보다 경제적이기 때문에 미국에서는 더 많이 사용된다. 반면에 한국이나 일본에서는 일반적인 중지간 교량의 경우 폐단면 박스 거더가 더 많이 사용된다. 박스 거더는 미관이 뛰어난 구조물이지만 특히 폐단면인 경우 강재 사용량이 플레이트 거더보다 많다. 일반적으로 박스 거더의 제작비가 플레이트 거더보다 비싸다.

박스 거더는 두 가지 다른 형태가 있다. 하나는 폐단면 박스 그리고 다른 하나는 그림과 같은 개단면 박스이다. 개단면 박스는 폭이 좁은 상부플랜지가 웨브에 용접되어 있는 형태이다. 상부플랜지와 콘크리트 바닥판은 공용중 하중에 함께 저항하며 합성단면을 이루고 폐합단면으로 거동하게 된다. 교량은 주로 단일 박스 거더 또는 다중 박스 거더 형태를 채택한다.

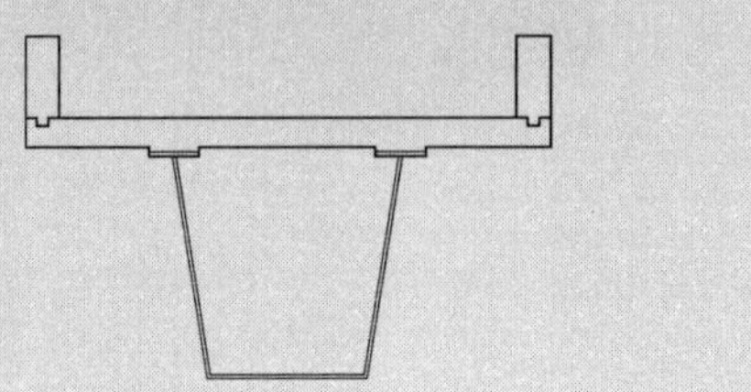

5. 강재 강절 골조(Steel Rigid Strut Frame)

상부구조 일체형 강재 하부구조를 갖는 교량은 강재를 주요소로 사용하는 구조물의 또 다른 형태이다. 그러한 형태에서는 교량의 상하부구조가 모두 강재로 제작된다.

6. 장대 구조(Large Structures)

지간장이 특별히 긴 장대 구조물에서도 강재는 좋은 건설재료로 채택된다. 1장에서 기술한 바와 같이 아치교, 트러스교, 사장교 그리고 현수교 형태가 장대 교량의 해법이다. 그러나 이러한 교량의 설계와 개선은 이 책의 범주를 넘어 선다.

3.1.2 콘크리트 상부구조

프리스트레스트 콘크리트가 설계분야에서 받아들여지기 전에는 대부분의 도로교 상부구조는 3.1.1절에서 기술한 형태의 강재 요소로 건설되었다. 콘크리트 교량은 일반적으로 단지간 - 단순(short single span) 교량에 적용되는 것으로 간주되었다. 그러나 지난 세기 중반에 프리스트레스트 콘크리트가 사용되기 시작하면서부터, 콘크리트 상부구조로 건설된 도로교의 숫자는 획기적으로 증가하였다. 2010년 미국에서 건설된 교량의 약 절반이 프리스트레스트 콘크리트 교량이었다.

강재와 마찬가지로 콘크리트 상부구조의 형태도 매우 다양하며 다음에서 상세히 기술하고자 한다.

설계기준(KDS 24 14 21) 

3.3 프리스트레싱 강재

일반적으로 긴장재는 비피복 저릴랙세이션(uncoated low-relaxation) 또는 응력제거 7연선(stress relieved 7 wire strand)이나 비피복 원형 또는 이형 고강도 강봉(uncoated plain or deformed high strength steel bar)이 사용된다. KS D 7002에 규정된 저릴랙세이션 강연선이 표준 긴장재로 간주되며, 1860 MPa 등급이 일반적으로 사용된다. 고강도의 경우 2160 MPa 등급과 2400 MPa 등급이 있다.

1. 프리스트레스트 콘크리트 거더(Prestressed Concrete Girder)

콘크리트는 압축에는 잘 견디지만 인장에는 약한 특징이 있고, 강봉(steel bars)은 그 반대이다. 강재와 콘크리트의 조합인 철근콘크리트의 기본 원리는 한 재료의 약점을 다른 재료가 보강하는 것이다.

프리스트레스트 콘크리트는 이러한 특성을 한 단계 더 발전시켜, 긴장재에 인장력을 도입하는 방법을 적용한다. 이것은 콘크리트 보에서 하중에 의해 인장응력이 발생할 것으로 예상되는 부분의 내부 압축응력을 증가시키는 효과를 가지므로, 보에 하중이 가해질 때 인장응력을 감소시키거나 또는 제거된다. 프리스트레스 힘은 현장에서 콘크리트가 타설된 후 또는 보가 미리 성형(프리캐스트)되기 전에 미리 도입된다.

콘크리트가 타설되기 전에 긴장재에 힘이 도입되는 거더를 프리텐션 거더, 힘이 콘크리트 양생 후에 도입되면 포스트텐션 거더라고 칭한다. 포스트텐션 방법에 있어서 주변 콘크리트와의 부착을 방지하기 위하여 긴장재를 덕트에 삽입한다. 콘크리트 양생 후에 인장력을 도입하기 위하여 잭킹(jacking) 장치가 사용된다. 포스트텐션 보에서 긴장재가 부식되는 것을 방지하기 위하여, 긴장재가 삽입된 덕트의 내부 공간은 거더에 활하중이 작용하기 이전에 그라우팅을 실시하여야 한다. 프리스트레스트 콘크리트 거더의 단면 형상은 다양하고(그림 3.2와 3.3 참조), 지간장과 재하 되는 하중의 종류에 따라서 결정된다.

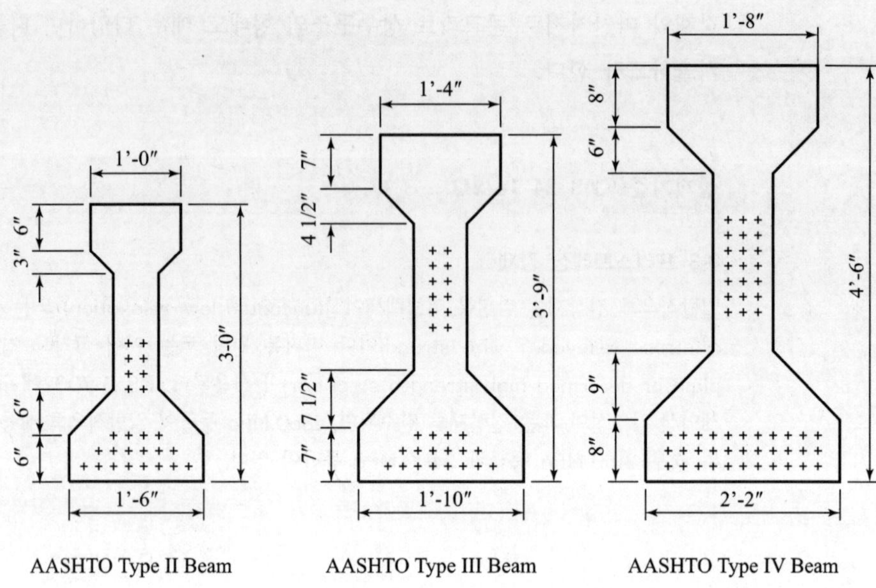

그림 3.2 3개의 AASHTO 표준 프리스트레스트 I거더(FHWA[3.2]에서 발췌)

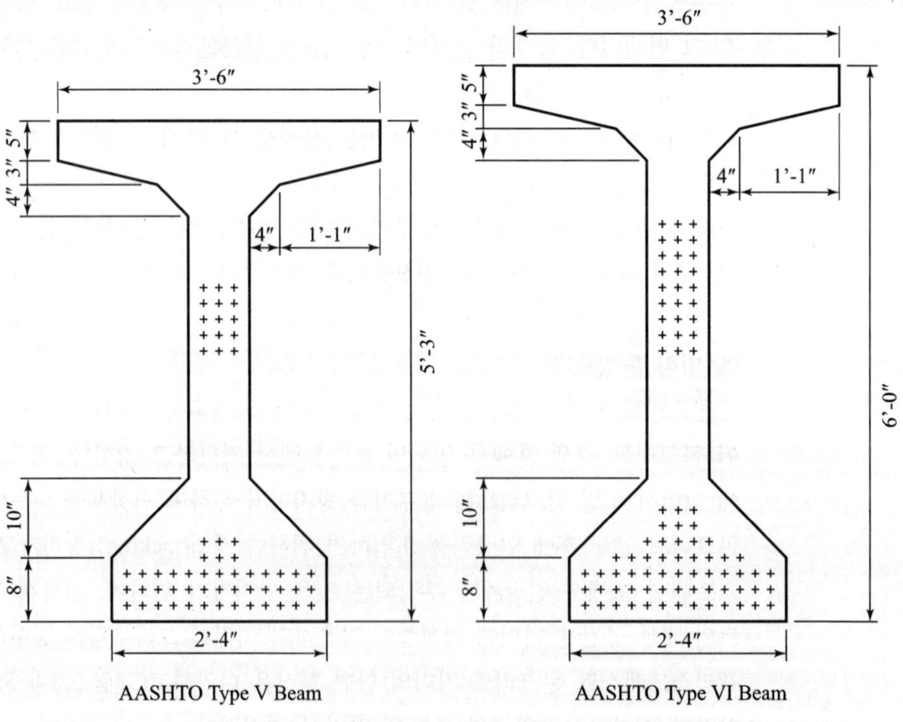

그림 3.3 2개의 AASHTO 표준 프리스트레스트 구근형 T거더(FHWA[3.2]에서 발췌)

프리스트레스트 거더는 그림 3.2와 3.3에 도시된 I거더(I-girder)와 구근형 T-거더(bulb T-girder) 외에 박스 거더(본 절 2항 참조), 전통적인 T거더 그리고 중공 슬래브 형식으로 사용된다. 개략적인 지간장에 따라, AASHTO HL-93 하중에 대한 프리스트레스트 거더의 다양한 종류를 아래에 정리하였다. 더 큰 활하중이 설계에 적용되면 지간장의 범위는 감소되어야 한다.

- AASHTO Type I 거더 : 11 ~ 15 m
- AASHTO Type II 거더 : 12 ~ 21 m
- AASHTO Type III 거더 : 17 ~ 26 m
- AASHTO Type IV 거더 : 23 ~ 34 m
- AASHTO Type V 거더 : 29 ~ 40 m
- AASHTO Type VI 거더 : 34 ~ 44 m
- 슬래브가 타설되는 소형 박스 거더 : 18 ~ 30 m
- 중공 슬래브 : 6 ~ 30 m
- 슬래브 : 0 ~ 18 m

각각의 기하 형상은 나름대로 장점을 가지고 있으며, 강재와 마찬가지로 설계의 완성도를 저해함이 없는 범위에서 가능한 한 재료의 경제적 사용을 추구하는 것이 목적이다. 다른 설계와 마찬가지로 다양한 인자가 형상 선택에 영향을 미친다. 미적인 관점에서 보면 모든 거더가 같은 높이를 갖도록 하는 것이 훨씬 더 낫다고 여겨진다. 유지관리의 관점에서는 바닥판과 하부구조 요소를 보호하기 위하여 가능한 한 조인트의 숫자를 줄이는 것이 유리하다. 그러므로 재료의 사용량을 줄이고 교각 위의 신축이음을 제거하기 위하여 대부분의 교량은 연속지간을 적용하여 설계된다. 다양한 선택사항들을 하나의 응축된 설계에 통합하는 것은 교량 기술자에게 달려 있다.

그림 3.4에 도시된 국내의 프리스트레스트 거더의 표준 단면은 초창기 표준단면인 AASHTO Type IV 단면을 수정하여 만든 단면으로서 응력 거동 효율이 좋지 않은 단면이다. 국내에서 많은 건설 실적이 있었음에도 장기간동안 단면 개선을 위한 연구가 없었던 것은 표준 거더가 주는 편리함과 경제적 이점 및 표준 거더의 성공적 활용에 주된 이유가 있었던 것으로 평가된다. 미국에서의 역사적 과정에서도 유사한 상황을 볼 수 있다.

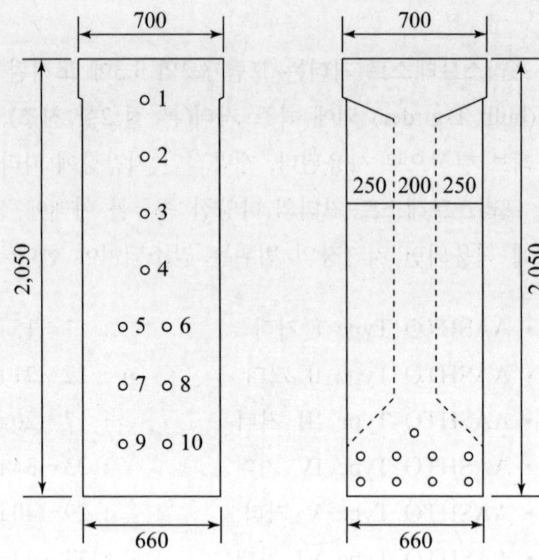

(a) 건설교통부 표준단면

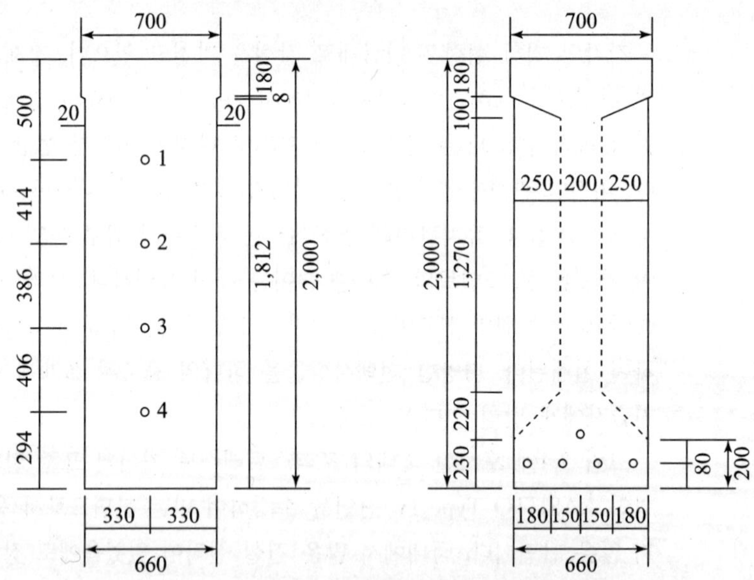

(b) 한국도로공사 표준단면(30 m)

그림 3.4 국내의 프리스트레스트 거더 표준단면

2. 콘크리트 박스 거더(Concrete Box Girder)

프리스트레스트 콘크리트 거더에서 서술했듯이, 콘크리트 박스 거더는 프리스트레스트 콘크리트 거더의 한 형식이다. 강재 박스 거더 형식과 마찬가지로, 박스 거더는 비틂에 저항하는 강성이 크기 때문에 보통 가새 부재를 사용하지 않는다. 박스 거더는 세그먼트 단위로 제작될 수도 있고, 프리캐스트나 현장타설로 제작될 수 있으며, 변단면으로 만들 수도 있다. 이러한 특성 때문에 콘크리트 박스 거더는 장지간 교량에 적합하다. 일본 동경(Tokyo) 부근에 있는 콘크리트 박스 거더 교량의 주경간장은 240 m나 된다.[3.3]

일정한 높이의 등단면을 사용할 것인지 또는 변단면을 사용할 것인지, 프리캐스트 방법으로 할 것인지 또는 현장타설 방법으로 할 것인지, 시공 중에 가교각을 사용할 것인지 아닌지 등의 박스 거더 교량의 건설방법은 교량의 지간장에 달려 있다. 아래에 콘크리트 박스 거더 교량의 일반적인 시공방법을 기술하고자 한다.

경간별 가설공법(Bay by Bay Method)

중지간 교량의 경우, 교량은 구획 단위로 한 번에 한 지간씩 또는 여러 구획 단위로 건설할 수 있다. 포스트텐션 힘이 도입되기 전에 상부구조 콘크리트는 동바리(scaffoldings), 이동가설보(movable erecting beams), 런칭보(movable launching beam), 이동중심시스템(movable centering system) 같은 임시지지 시스템으로 지지된다. 콘크리트의 강도가 발현되고 포스트텐션 힘을 도입한 후에 임시지지 시스템은 제거될 수 있고 다른 구획에 재사용이 가능하다.

캔틸레버법(Cantilever Method)

임시지지 시스템이 실현 불가능한 장지간 교량의 경우에는 콘크리트 박스 거더 교량은 균형캔틸레버법(balanced cantilever method)을 적용하여 건설된다. 캔틸레버 세그먼트는 교각 상부(주두부)에서 시작하여 양측 교각으로부터 캔틸레버가 만나는 지간 중앙으로 옮겨간다. 콘크리트 세그먼트는 프리캐스트나 현장타설 방법으로 제작될 수 있다. 포스트텐션 강재는 시공 중의 가설하중과 완성 후의 교량하중의 조합 하에서의 캔틸레버 작용에 저항하도록 설계되어야 한다. 설계 효율성을 개선하기 위하여 상부구조 완성 후에는 제거되는 가설하중을 지지하기 위해서 임시 외부 포스트텐션 강재가 사용되기도 한다.

연속압출공법(Incremental Launching Method)

이 방법에서는 교각이 먼저 시공된다. 상부구조는 현장에서 타설되고, 한 교각에서 다음 교각으로 점진적으로 압출된다. 추진 코(launching nose)나, 교각 사이에 가벤트 또는 가교각(temporary pier)이 사용될 수도 있다. 캔틸레버법과 마찬가지로 포스트텐션 강재는 압출 단계마다의 캔틸레버 시공하중과 압출이 완료된 후의 최종 설계하중을 지지하도록 설계되어야 한다.

전체적인 도로시스템이라는 점에서는 장지간의 프리스트레스트 박스 거더는 비교적 새로운 구조 형태이기 때문에 유지관리 문제가 최근에 대두되었다. 콘크리트 박스 거더의 열화는 콘크리트의 크리프와 건조수축에 의하여 포스트텐션 힘이 이완되면서 시작된다. 만약 긴장재의 인장력이 감소하면 콘크리트의 압축응력도 감소하기 시작하여 기존의 균열 폭이 커지거나 새로운 균열이 발생하게 된다. 포스트텐션 강재의 부식은 콘크리트 박스 거더 교량에 영향을 미치는 또 다른 중요한 문제이다. 그러나 이러한 형식의 상부구조의 개발이 진행되면서 부식, 긴장재의 릴랙세이션, 건조수축, 크리프 그리고 기타 문제점들에 관한 필요한 범주를 고려하는 새로운 설계기준과 시공규준이 제정되기 시작했다.

3. 콘크리트 슬래브(Concrete Slab)

슬래브 교량은 바닥판 슬래브가 상부구조가 되는(즉, 하중을 지지하는 다른 주부재나 부부재가 없는) 교량 형식이다. 일반적으로 철근콘크리트 슬래브 교량은 12 m까지의 단지간 교량에 적용된다.

더 긴 지간과 더 큰 두께의 슬래브가 필요한 경우, 상부구조의 무게를 줄이기 위하여 중공 방식이 개발되었다. 중공은 판지로부터 플라스틱 관까지의 다양한 재료를 사용하여 제작된다. 대부분의 중공 슬래브 교량은 포스트텐션 방식을 적용한다. 슬래브 교량은 사각 교차(skew crossing)를 수용할 수 있는 장점을 가지고 있다. 전체 프리캐스트 모듈 슬래브 유닛의 개발과 더불어, 프리스트레스트 콘크리트 상부구조 요소의 발전 때문에, 이러한 형식의 교량은 더 이상 현대의 교량 기술자에게는 매력이 없는 교량이 되었다.

4. 다중보 바닥판의 프리스트레스트 슬래브(Adjacent Prestressed Slab)

다중보에 의해 지지되는 프리스트레스트 콘크리트 슬래브는 20 m까지의 단지간에 적용할 수 있다. 보통 75 mm에서 100 mm 두께의 철근콘크리트 덧씌움이 단위 슬래브 위에 타설된다. 하나의 바닥판으로 만들기 위한 덧씌움 콘크리트가 타설되기 전에 단위 슬래브에는 횡방향으로 포스트텐션이 도입된다. 단위 슬래브 사이에는 활하중 하에서 일체로 거동하도록 종방향 전단키가 설치된다. 이 형식의 교량의 장점은 단지간 교량에서 중요한 선택요소인 신속한 건설속도, 낮은 초기비용 그리고 낮은 유지관리비 등이다.

5. 콘크리트 강절 골조(Concrete Rigid Frame)

콘크리트 강절 골조는 강재 강절 골조와 마찬가지로 상부구조와 하부구조를 한 개의 통합 단위로 결합시킨다. 전통적인 강절 골조는 벽식 교대와 바닥판 슬래브가 일체로 된 형식이다. 이러한 형식의 교량은 매우 짧은 지간에 적용된다. 통로박스 구조는 콘크리트 강절 골조 형식으로 간주된다.

6. 콘크리트 스트럿 골조(Concrete Strut Frame)

스트럿 골조 형태는 상부구조로부터 연장된 다리나 스트럿을 각지게 연결한 구조를 가진다. 이러한 구조물은 하부도로의 폭이 중요한 관심사일 경우와 하부도로의 중간에 하부구조 요소를 설치할 수 없는 경우에 아주 유용하다.

7. 콘크리트 아치(Concrete Arch)

아치의 종류에 대해서는 1.1.2절에서 이미 기술하였다. 아치는 대부분의 하중을 압축력으로 변환시키므로 콘크리트는 탁월한 압축강도 덕분에 이러한 구조에 아주 이상적인 재료가 된다. 콘크리트 아치는 단지간에서부터 장지간 교량에 이르기까지 적용이 가능하다.

알아두기

1960년대에 구조용 집성재(glulam) 목재의 프리스트레싱에 관한 연구가 수행되었다. 연구결과에 의하면 포스트텐션 강재로 집성재 보를 보강함으로써 휨강도는 약 30%, 파괴강도는 약 25% 정도는 증가시킬 수 있다고 보고되었다.

3.1.3 목재 상부구조

목재 구조물은 공용되는 교량의 숫자에 관하여는 어디에서도 강이나 콘크리트에 비교할 바가 아니지만, 그것들은 아직도 도로교 분야에서 사용되고 있다. 집성재(glulam, glued laminated) 부재의 사용과 선진 방부피복재의 사용은 목재가 많이 생산되는 지역에서는 현대적인 도로교의 중요 구조물에 목재의 사용을 가능하게 만들었다. 그러나 일반적으로 목재는 그림 3.5에 도시된 예와 같이 공원 등의 보도교용으로 사용되는 교량에 적용된다.

목구조물에 대한 일반적인 논쟁은 그것들이 요소로부터 과도하게 열화되기 쉽다는 것이다(2.3.4절의 5항 참조). 그러나 100년 이상 오래된 지붕이 있는 교량구조물은 오늘날에도 여전히 사용되고 있다. 콘크리트와 같은 전통적인 교량 재료들은 곤충이나 곰팡이의 공격을 받지는 않겠지만, 이러한 용인된 재료조차도 그것들이 염화물과 접촉하게 될 때에는 그렇게 좋은 방향으로 반응하지 못할 것이다. 목재는 높은 강도 - 중량비의 장점이 있으며, 보충이 가능한 재료이다.[3.4] 집성재 목재의 개요와 목구조의 다양한 형태는 아래에서 논의하고자 한다.

1. 집성재 목재

집성재 목재 부재는 두께 50 mm 이하의 목재를 두 개 이상 접착제로 일체로 붙여서 제작된다. 오래된 목구조물에서는 교량 바닥판 같은 요소는 못으로 접합한 목재와 유사한 방법을 활용한다. 그러나 큰 하중이 이러한 교량에 재하되면 못으로 접합한 목재는 느슨해지기 시작한다. 집성재 목재를 사용하기 전에는

그림 3.5 교량(보도교)

양질의 목재가 생산되지 않는 우리나라에서는 목재 교량은 일반적으로 단경간 보도교에 적용된다.

규격이 대형인 목재가 흔하지 않았기 때문에 부재의 크기도 어느 정도 한계가 있었다.[3.5]

2. 압착합판 목재 바닥판

압착합판 목재 바닥판 교량은 두께 50 mm, 높이 200～350 mm의 띠판(strip)으로 구성된다. 이 띠판에는 프리스트레스 강봉을 사용하며, 횡방향으로 응력이 도입된다. 이 형식의 교량은 바닥판이 하중을 지지하는 주부재라는 점에서 콘크리트 슬래브 교량과 비슷하다. 목재 바닥판은 보통 방수포(waterproofing membrane)로 덮고 마모층으로는 아스팔트 포장을 한다.

3. 가대(Trestle)

가대는 일습의 말뚝이나 기둥식 교각(frame bent)과 목재 스트링거가 결합된 구조이다. 집성재 I형상의 목재가 사용되기도 하지만, 스트링거는 보통 직사각형 단면이다. 이전에는 못으로 접합한 합판 바닥판이 사용되기도 하였다. 최근에 주부재에 직각방향으로 설치하는 프리패브 집성목재 바닥 패널이 상용화 되었다.[3.4]

4. 트러스(Truss)

목재 트러스교는 목재 트러스와 목재 바닥판으로 건설할 수 있다. 목재 바닥판과 강재 트러스 요소를 조합하는 것도 가능하다. 목구조에 흔히 사용되는 트러스교의 한 형태는 포니트러스(pony truss)이다. 포니트러스교는 상부에 가새가 없는 하로트러스이다(즉, 바닥판이 트러스를 통과하는 구조). 이와 같은 하로트러스의 단점은 차량의 충격에 의한 손상을 받기가 쉽다는 것이다.[3.6]

AASHTO 기준

8.4.3 방부처리

AASHTO는 직접 보행자의 접촉을 받는 목재 난간과 비내하구조 요소는 표면의 손상을 방지하기 위하여, 약한 석유용매 속에서 수용성 방부제나 유용성 방부제 처리를 하도록 요구하고 있다. 직접 보행자의 접촉을 받지 않는 모든 내하구조 요소는 유용 방부제 처리를 하여야 한다.

3.1.4 부부재(Secondary Member) 또는 2차 부재

부부재는 주부재의 가새 역할을 한다. 일반적으로 부부재는 내하(하중을 지지하는) 요소가 아니고 상부구조 골조의 변형을 방지하기 위하여 설계된다. 추가적으로, 부부재는 상부구조가 일체로 작용하도록 함으로써 스트링거들 사이에 수직하중의 분배를 담당한다.

부부재의 종방향 간격은 주부재의 종류나 지간 길이에 따라 달라진다. 다양한 다이어프램형 부부재에 따른 정해진 간격을 아래에 정리하였다. 구조 형식과 설계자의 취향에 따라 부부재의 형식은 달라진다.

부부재는 일반적으로 다이어프램(diaphragm), 수평가새(lateral bracing), 교문/수직가새(portal/sway bracing) 세 가지 부류로 나눌 수 있다. 그것들의 형식 및 기능에 대해서 아래에 서술하였다. 모든 다이어프램, 수평가새 그리고 수직가새가 다 부부재는 아니라는 사실을 인지하는 것이 중요하다. 만약 이들 중의 어떤 부재가 구조해석에 포함되었다면(즉, 설계하중을 지지한다면), 그것은 주부재로 간주되고 모든 한계상태 요구조건을 만족하도록 설계되어야 한다.

1. 다이어프램(Diaphragms)

다이어프램은 스트링거 사이의 수직 평면 상에 부착된 부부재이다. 이것은 주부재를 보강하는 작용을 하고 그리고 수직하중의 분배를 돕는다. 압연보나 플레이트 거더 주부재로 구성된 강재 상부구조에서는 압연보 다이어프램이 사용될 수 있다. 압연보 중에서 ㄷ형강 또는 H형강 단면이 주로 선택된다. 압연ㄷ형강은 AISC 강구조지침서(Steel Construction Manual)에서는 C(American Standard Channel) 또는 MC(Miscellaneous Channel)로 표기된다. 다이어프램은 최소 압연보 주부재인 경우 거더 깊이의 절반 그리고 플레이트 거더 주부재의 경우에는 거더 깊이의 3/4은 되어야 한다.

강재 상부구조에서 주부재가 과도하게 깊은(대략 1.2 m 이상) 경우 또는 곡선거더가 사용되는 경우에는 가로보 다이어프램이 바람직하다. 가로보는 보통 X형식 또는 V형식의 ㄱ형강으로 구성된다. 강재 박스 거더 구조물의 경우에는 이러한 형식의 가새가 부재의 강성을 증가시키기 위하여 박스 거더 내부에 부착된다.

다이어프램은 일반적으로 스트링거에 연결판을 통하여 접합된다. 연결판은 볼트 또는 용접으로 주부재와 다이어프램에 연결된다. 연결판은 거더 웨브와 상하부플랜지에 용접으로 연결되어야 한다.

사각(skew angle)이 20도 이하인 사교에서는 중간다이어프램이 경사진 교량받침선과 평행하게 설치되어야 한다. 그러나 사각이 20도 이상이면 중간다이어프램은 거더 사이에 직각으로 설치되어야 하며, 연속 직선상에 설치하거나 또는 엇배치(지그재그)형식(staggered pattern)으로 설치한다.

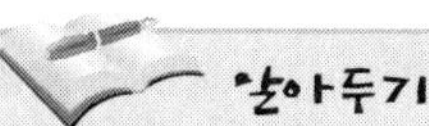

사교에서는 사각이 20도(어떤 주에선 30도) 이하인 경우에는 다이어프램 또는 가로보는 받침선에 평행으로 설계할 수 있다. 사각이 이 한계를 넘으면, 항상 받침선에 평행하게 설치되는 받침선 위치를 제외하고는 다이어프램 또는 가로보는 거더에 직각으로 설치되어야 한다.

프리스트레스트 콘크리트 주부재로 구성된 구조물은 강재 ㄷ형강 프리캐스트 직사각형 단면 다이어프램을 사용한다. 이 다이어프램은 볼트나 봉(rod)으로 프리스트레스트 거더에 연결된다. 다른 방법은 다이어프램을 일체가 되도록 콘크리트 거더에 연결된 철근과 함께 콘크리트를 현장에서 타설하는 것이다.

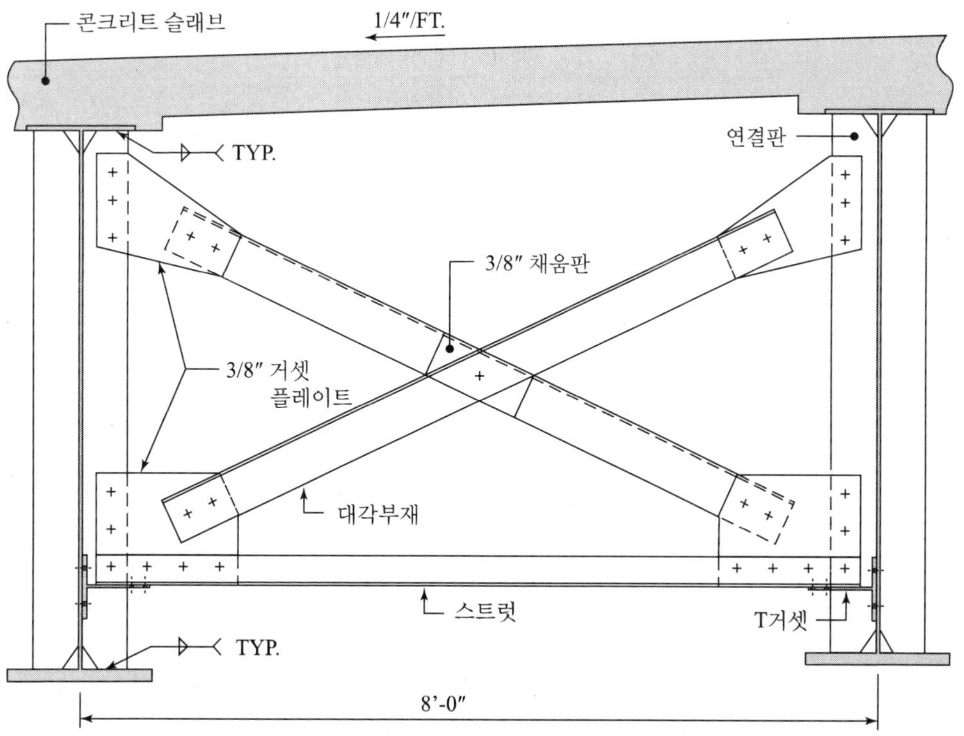

그림 3.6 플레이트 거더 상부구조의 가새형 가로보(FHWA[3.7]에서 발췌)

● 표 3.1 상부구조 형식에 따른 다이어프램 요구조건

지간 형식	지간 기하구조	다이어프램	설계기준
압연보 또는 플레이트 거더	모든 지간	해석상 필요한 양단 지지점과 중간점	AASHTO 6.7.4.2
단일 강박스 거더	모든 지간	박스 거더 내부 지지점, 해석상 필요에 따라 중간점, 간격 30 ft 이내	AASHTO 6.7.4.3
다중 강박스 거더	모든 지간	박스 거더 내부 및 사이 지지점, 해석상 필요에 따라 중간점, 간격 30 ft 이내	AASHTO 6.7.4.3
강재 트러스 및 아치	모든 지간	가로보 접합점, 다른 접합점	AASHTO 6.7.4.4
프리스트레스트 콘크리트 I, T형보	모든 지간	모든 지점, 곡선교의 경우 거더의 각진점	AASHTO 5.13.2.2
프리스트레스트 스프레드 박스 보	모든 지간	지간 단부 및 중앙점	AASHTO 5.13.2.2
프리스트레스트 콘크리트 박스 다중 보	모든 지간	교대, 교각, 힌지점	AASHTO 5.13.2.2
프리스트레스트 콘크리트 박스 거더	내부 내측곡률 800 ft(243.8 m) 이상	교대, 교각, 힌지점	AASHTO 5.13.2.2
프리스트레스트 콘크리트 박스 거더	내부 내측곡률 800 ft(243.8 m) 미만	교대, 교각, 필요한 중간점	AASHTO 5.13.2.2
강바닥판	모든 지간	지점, 해석상 필요에 따른 중간점	AASHTO 6.14.3.5

AASHTO 기준

6.7.4 곡선 거더교의 가로보

AASHTO는, 수평 곡선 구조물에서는 가로보 형식의 부부재는 스트링거 플랜지로부터 횡하중을 전달할 수 있도록 주부재로 설계되어야 한다고 요구하고 있다. 수평 곡선 거더의 기하구조 특성상, 지간 중앙점의 위치는 지점에 대하여 편심을 가지게 된다. 이 편심은 정상적인 수직 처짐 이외에 비틂 효과를 유발시킨다. 그러므로 하중에 저항하는데 있어서 가로보의 역할은 지배적이며, 따라서 주부재로 간주된다. 유한요소법(finite element method)을 사용함에 있어서 하중조건에 대한 곡선 거더와 가로보의 반응을 모델링하기 위하여, 상부구조는 한 시스템으로 해석된다. 곡선 교량 또는 다이어프램이 규정하중에 저항하도록 설계된 교량에서는 이러한 다이어프램은 주부재로 간주되어야 한다.

다양한 강 및 콘크리트 구조의 다이어프램의 종방향(즉, 지점에서 지점까지 주부재의 길이 방향) 간격을 표 3.1에 정리하여 보았다. 기본적으로 다이어프램 형식은 지간 재료와 주부재 형식에 달려 있으며, 간격은 시공조건을 고려한 구조해석에 근거하여 계산된다. 더 상세한 정보는 표 3.1에서 참조한 AASHTO 설계기준을 찾아보면 된다. 그림 3.6에는 강재 플레이트 거더 상부구조의 일반적인 가로보 형식 부부재가 도시되어 있다.

2. 수평가새(Lateral Bracing)

횡방향 변형을 방지하기 위하여 상, 하부플랜지에 설치된 가새를 수평가새라고 한다. 가새는 가로보와 유사한 형태(X, K 형태)이지만, 스트링거를 따라서 깊이 방향이 아니라 수평면 상에 배치된다. 수평가새는 스트링거가 바닥판이나 박스거더 사이와 같은 강체요소에 연결되어 있는 경우에는 설치할 필요가 없다. 일반적으로 지간장이 38.1 m 이하인 경우, 다이어프램이나 가로보가 설치되어 있다면 수평가새는 설치할 필요가 없다. 그러나 시공 중에 상부구조의 안정성을 증가시키므로 이러한 관점에서 장지간인 경우에는 수평가새를 설치하는 것이 좋을 수도 있다. 수평가새의 필요성은 시공 중과 최종단계에 대해서 검토되어야 한다. 시공단계에서만 사용되는 수평가새는 제거해도 무방하다.

횡하중에 저항하도록 설계된 영구적인 수평가새는 주부재로 간주되어야 한다.

3. 교문가새 및 수직가새(Portal and Sway Bracing)

교문가새나 수직가새는 트러스교에서 사용하는 횡가새 요소이다. 교문가새나 수직가새 모두 상현재라고 불리는 상부 트러스 부재에 위치하고 있다. 교문가새는 하로트러스의 교문(즉, 입구)에 위치하고 있다는 점에서 수직가새와는 다르다. 교문가새는 트러스의 상현재에 위치한 직각시스템의 반력을 수용하고 그것을 하부구조에 적용할 수 있도록 설계된다. 수직가새는 트러스 상현재에 횡지지를 제공하기 위하여 횡가새 또는 무릎가새(knee brace) 형식으로 상현재의 중간 패널에 위치하고 있다. 바닥판 트러스는 시공 중에 트러스의 안정성을 확보하기 위하여 트러스 단부와 중간 기둥에 수직가새가 필요하다.

다른 형식의 가새부재와 마찬가지로, 교문가새와 수직가새가 최종 하중에 저항하도록 설계되었다면 그것들은 주부재로 간주되어야 하고, 모든 적절한 한계상태에 대한 설계하중에 대하여 저항하도록 설계되어야 한다.

3.2 바닥판 종류

1장에서, 바닥판은 교차점을 통과하는 도로의 물리적인 연장이라고 언급하였다. 3.1절에서 보았듯이, 바닥판은 또한 어떤 의미에서 교량의 중요 상부구조로 작용할 수 있다. 상부구조의 지지 시스템과 같이, 교량 바닥판은 재료와 구성에 따라 변할 수 있다. 다음에서는 교량 바닥판이 상부구조의 하중저항시스템으로 함께 작동하는 지 혹은 시스템에 지지되는 지에 관해 논의한다.

3.2.1 비합성과 합성 바닥판

교량 바닥판이 물리적으로 연결되어 있고 외력에 대해 상부구조의 하중지지 부재와 함께 작용할 때, 이것을 합성이라고 부른다. 만약 교량 바닥판이 단순히 상부구조 위에 놓여있고 교축방향 전단력을 주부재에서 바닥판으로 전달시키는 수단이 아니라면, 그것은 차량 하중에 의해 발생하는 휨모멘트의 저항에 도움이 될 수 없으며, 이것을 비합성이라고 부른다.

위에서 보았듯이 1950년대 이후부터 왜 합성구조가 콘크리트-강교량의 건설에 표준이 되었는지가 명백하다. 합성구조물은 다음과 같은 것들을 제시한다.

- 하중을 받는 단면의 특성에서 바닥판의 합성으로 인해 강부재의 크기가 현저하게 감소되기 때문에 재료의 효율적인 사용
- 거더 높이의 감소에 의한 더 큰 교하공간
- 더 큰 차량 하중을 견딜 수 있는 능력과 활하중에 의한 처짐을 감소시킬 수 있는 능력

이러한 중요한 장점들 때문에 합성구조는 다른 재료들뿐만 아니라 다른 구조요소들에서도 사용이 가능하고, 성능이 향상되는 성과가 기대되면 언제든지 사용된다.

3.2.2 현장타설 콘크리트 슬래브

오래전부터 주로 사용된 바닥판의 형식은 현장타설 철근콘크리트 슬래브이다. 종래의 슬래브는 강재나 콘크리트 상부구조물과 함께 구성될 수 있다. 만약 적절

히 설계되고 관리된다면, 콘크리트 슬래브는 비록 교량의 어떤 구성 요소에 큰 결함이 있을지라도 오랫동안 사용할 수 있을 것이다. 위에서 언급했듯이 합성작용이 일어날 때, 슬래브는 근본적으로 상부구조의 구성요소 중에서 하나의 하중저항 요소가 된다. 콘크리트 슬래브를 보호하기 위해 바닥판 덧씌우기 혹은 바닥판의 일부가 차량하중에 의한 마모와 균열 방지에 사용될 수 있다.

3.2.3 프리캐스트, 프리스트레스트 콘크리트 패널

바닥판은 설치 후에 종방향으로 포스트텐션을 줄 수 있는 프리캐스트, 프리스트레스트 콘크리트 패널로 만들 수 있다. 폭 4~6 ft(1.2~1.8 m)인 패널은 거더에 직각 방향으로 서로 나란히 설치된다. 에폭시 모르타르로 채워진 요철형상의 블록은 패널들을 연결시키는데 사용된다. 만약 패널들이 강재 거더와 함께 사용되면, 패널이 주부재에 부착된 스터드 전단연결재가 패널의 포켓에 위치하도록 한다. 스터드가 위치한 후, 열쇠구멍 같은 포켓은 에폭시 모르타르로 채워진다.[3.7] 바닥판 패널은 일반적으로 방수막과 아스팔트 포장뿐 아니라 철근 콘크리트 바닥판 덧씌우기의 사용으로 보호된다. 프리캐스트 패널은 빠른 설치가 가능하고 단계별 시공에서 문제가 될 수 있는 차량하중에 의한 진동에 민감하지 않기 때문에 복원사업에 유용한 대안이다. 그러나 곡선 구조물에 쉽게 사용할 수 없고, 전통적인 현장타설 바닥판보다 높은 비용이 소요되는 단점이 있다.

3.2.4 강재 직교이방성 판

직교이방성 바닥판(orthotropic plate)은 판 아래에 보강재가 부착되어 있는 강재 판이다. 이 판은 종방향과 횡방향 방향으로 보강된다. 교축방향으로 개방형 또는 폐합형 리브가 바닥판을 보강하기 위해 사용된다. 가로보는 가로 방향의 강성을 제공하는데 사용된다. 리브의 강성은 가로보의 강성에 따라 변하기 때문에 시스템은 이방성이라고 알려진다. 직교이방성이라는 용어는 보강재의 직교 배치와 이방성 거동에서 유래됐다.

직교이방성 바닥판은 주부재의 상부플랜지로서 역할을 하고, 콘크리트 바닥판과 비교하여 상부구조에 작은 고정하중이 주어진다. 자중의 감소 때문에 직교이방성 바닥판을 갖춘 교량은 큰 활하중을 부담할 수 있다. 고정하중이 전체 중량의 주된 부분이기 때문에 이것은 장지간 교량에서 큰 장점이 된다. 고정하중의 감소로 인한 이익이 제작비의 증가에 의해서 상쇄되지 않기 때문에 지간길이 60 m 미만의 교량은 거의 이러한 바닥판을 택하지 않는다.

강재 직교이방성 바닥판을 설계할 때, 바닥판과 아스팔트 포장 사이의 접합에 특별한 주의를 요한다. 만일 접합이 완전하지 못하면 포장이 갈라지고 바닥판이 부식될 수 있다.

그림 3.7은 전형적인 직교이방성 바닥판이 부착된 상부구조 단면과 대표적인 요소를 보여준다. 그림에서 묘사한 것은 폐합형 종리브이다.

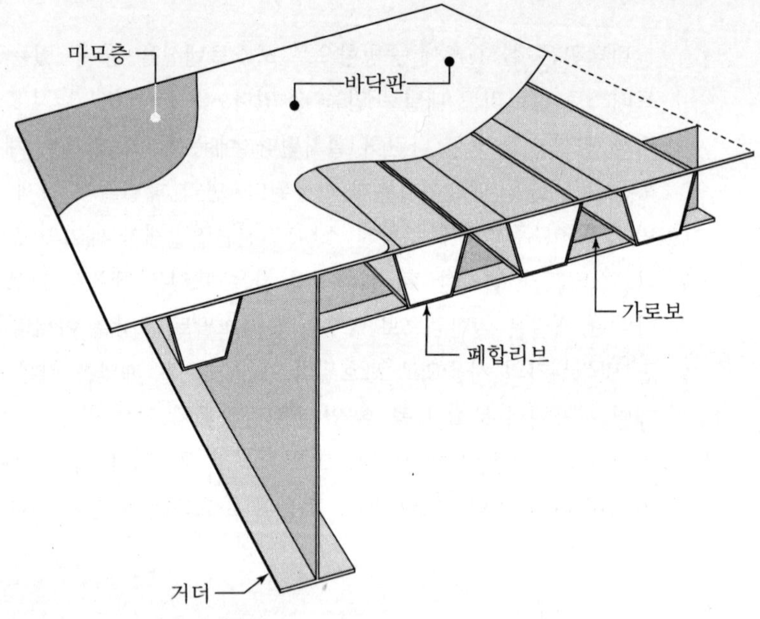

그림 3.7 직교이방성 강바닥판의 단면도

개방형 리브는 통과높이 같은 사안들이 중요할 때 사용된다. 그러나 폐합형이 경제적이고 하중 분배에 유리하기 때문에 일반적으로 폐합형 리브들이 더 많이 사용된다. 폐합형 리브를 사용할 때 수분이 보강재에 침투하는 것을 방지하기 위해 연속용접으로 바닥판에 부착해야 한다. 또한 부재들의 이음이나 가로보들의 연결에도 용접이 가능하다(AASHTO 9.8.3.7).

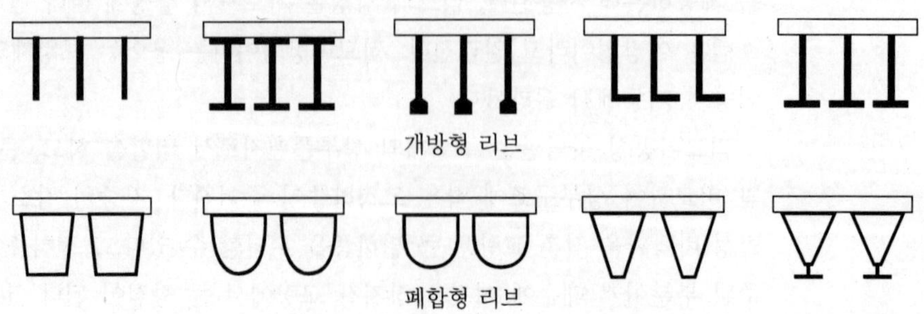

3.2.5 강재 그리드

이름이 암시하는 것처럼, 강재 그리드 바닥판은 개방되어 있거나 콘크리트로 채워진 강재 그리드를 이용한다. 이 종류의 바닥판은 특히 가벼운 바닥판이 요구될 때 유용하다. 강재 그리드 바닥틀은 지지하는 상부구조에 용접된 패널이다. 개방형 강 그리드가 콘크리트로 채워진 것보다 작은 고정하중을 가지고 있는 반면에, 이것은 좋은 승차감을 제공하지 않고 마찰 저항이 작아지는 경향이 있다. 다른 노출된 강재 요소와 마찬가지로, 개방형 강재 그리드 바닥판 시스템은 빗물과 화학제품으로부터 부식의 영향을 받기 쉽다. 강재 그리드는 가동교에서 널리 이용된다.

3.2.6 목재

3.1.3절에서 언급한 것처럼, 집성재 또는 응력적층 목재판은 교량 바닥판으로 사용될 수 있다. 이 바닥판은 마모층과 함께 또는 따로 사용될 수 있다. 마모층이 없을 때, 개방형 강 그리드에서처럼 목재 바닥판은 마찰 저항이 작다. 집성목 판자는 프리캐스트 프리스트레스트 콘크리트 패널처럼, 거더에 횡방향으로 설치된다. 응력적층 패널은 종방향으로 설치되며, 세로보는 사용하지 않는다.

목재 바닥판을 보호하기 위해, 바닥판과 아스팔트 사이 또는 두 아스팔트 포장층 사이에 설치된 방수층이 일반적으로 사용된다.

3.2.7 파형강판

지방도에 위치한 교량의 경우, 콘크리트나 아스팔트로 채워진 파형강판 거푸집이 사용될 수 있다. 이러한 시스템은 고정하중을 줄이는 반면에 주부재들의 간격이 좁아야 하며 부식에 약할 수도 있다.

3.2.8 섬유 보강 폴리머(FRP)

더 많은 비용으로 널리 사용되지는 않지만, 섬유 보강 폴리머 바닥판은 세계적으로 관심을 끌고 있다. 이 바닥판들의 두께는 거더의 간격에 따라 일반적으로

125~200 mm이다. FRP 바닥판 사용의 주요 장점은 가벼운 무게, 빠른 공사기간 및 부식에 대한 저항력(유지관리 필요 없음)이다. 그러나 높은 비용 때문에, FRP 바닥판들은 현재 주로 가벼운 무게와 빠른 공기가 핵심인 보수사업에 사용된다.

3.3 마모층의 종류

구조물에서 마모층(포장층 또는 바닥판 표층이라고도 부름)은 정기적인 유지관리로 차량에 의한 마모에 저항하고 부드러운 승차감을 제공하기 위해 설계된다. 마모층은 교통량으로부터 적절히 바닥판을 보호하고 열화로부터 상부구조와 하부구조를 보호하는 기능을 제공한다. 마모층이 부족하면 콘크리트 바닥판에는 특히 더 빠른 층분리 현상이 발생하고, 교량에서 열화가 위로부터 아래로 진행될 것이다(2장에서 논의된). 이러한 면에서 마모층은 교량의 열화에 대한 첫 번째 방어선으로 생각될 수 있다. 마모층은 다음 형식에서 하나를 택할 수 있다.

3.3.1 아스팔트 콘크리트

아스팔트 콘크리트 포장은 바닥판의 위에 놓여 있다. 교량 바닥판이 콘크리트인 경우, 아스팔트 콘크리트 덧씌우기를 하기 전에 그것의 표면을 거칠게 하기 위하여 비질(brooming) 혹은 다른 방법으로 결을 내야 한다. 수분과 화학 약품으로부터 바닥판을 보호하기 위해 아스팔트 마모층과 바닥판 사이에 방수층이 설치되어야 한다. 택 코트(tack coat)는 콘크리트 바닥판과 방수층 사이의 더 좋은 부착을 위해 사용될 수 있다. 새로운 구조물의 경우, 뉴욕 주 교통국은 65 mm(2.5 in)의 두께[3.8]를, 반면에 온타리오 주 교통부는 90 mm(3.5 in)의 아스팔트 포장을 권장한다. 몇 번의 덧씌우기가 행해진 기존 구조물의 아스팔트 포장은 100 mm(4 in) 정도가 될 수 있다.

3.3.2 폴리머 콘크리트

아스팔트 콘크리트 포장 방법과 비슷하게 폴리머 콘크리트로 구성된 마모층도 사용될 수 있다. 폴리머 콘크리트는 배합에 시멘트, 골재 및 시멘트의 10~15%(무게에 의해)를 대체한 합성유기고분자로 구성된다. 이것은 시멘트계 콘크리트 배합에 모노머, 프리폴리머 모노머 혼합물 또는 분산된 폴리머(라텍스)의 혼합으로 만들어진다. 대부분의 경우, 특수 화학약품(촉매)은 원하는 역학적 성질을 갖게 하기 위해 추가된다. 폴리머 콘크리트의 압축강도는 140 MPa 정도까지 도달할 수 있다.[3.9] 라텍스를 사용할 때의 콘크리트를 라텍스개질콘크리트(latex modified concrete)라고 한다.

마모층과 관련하여 폴리머 콘크리트는 적은 다공성으로 물과 염화물의 침투를 제한하는 표면을 갖는다. 또한 폴리머 콘크리트 마모층의 덧씌우기는 기존 콘크리트 슬래브에 부착능력을 향상시키고 온도변화 등으로 발생하는 온도하중에 저항한다(3.5.4절 5항 참조). 이것의 내구성 때문에 폴리머 콘크리트 덧씌우기는

서구세계가 고무를 처음 접한 것은 남아메리카 원주민들이 스페인 탐험가들과 만났을 때인 1500년대이다. 스페인 사람들은 이 원주민들이 고무나무에서 채취한 고무 유액을 신발로 사용하여온 것을 알았다.

폴리머 종류들	
폴리머 콘크리트에서 시멘트 개질제로 사용되는 다양한 라텍스 종류가 있다(3.3.2절). 몇몇 일반적인 유형과 그 약자가 아래에 표시되어 있다.[3.11]	
Elastomeric(탄성중합체)	
Natural rubber(천연고무)	NR
Styrene-butadiene(스티렌 부타디엔)	SB
Styrene-butadiene rubber(스티렌 부타디엔 고무)	SBR
Polychloroprene (neoprene)(폴리클로로프렌)(네오프렌)	CR
Acrylonitrile-butadiene rubber(아크릴로나이트릴 부타디엔 고무)	NBR
Thermoplastic(열가소성)	
Polyacrylic ester(폴리아크릴산 에스테르)	PAE
Styrene-acrylic(스티렌 아크릴)	SA
Ethylene vinyl acetate(에틸렌 비닐 아세테이트)	EVA
Vinyl acetate-ethylene(비닐 아세테이트 에틸렌)	VAE
Polyvinyl acetate(초산 비닐 수지)	PVAC
Polyvinylidene chloride(폴리 염화 비닐리덴)	PVDC
Vinyl acetate-acrylic copolymer(아크릴 공중합체)	VAC
Polyvinyl propionate(프로피온산 폴리비닐)	
Polypropylene(폴리프로필렌)	
Pure acrylics(순수 아크릴)	

일반적으로 아스팔트 콘크리트 표층 40 mm(1.5 in)보다 적은 두께로 규정된다.[3.10] 폴리머 콘크리트를 시공하기 전에 콘크리트 바닥판의 표면을 분사 세척하여 젖어 있도록 한다.

폴리머 콘크리트 덧씌우기는 기존 교량 바닥판의 마모층을 대체하는데 일상적으로 사용된다. 기존의 마모층을 제거하는데 일반적으로 고압 물분사기가 사용된다.

3.3.3 고성능 콘크리트

아이오와 주 교통국에서 개발한 다른 포장층 재료는 고밀도, 저슬럼프 콘크리트이다. 고성능 콘크리트(HPC)는 슬럼프치가 25.0 mm 이하이고 물/시멘트비가 0.32보다 작아야 한다. 뉴욕 주는 일반 콘크리트 바닥판 위에 40 mm의 콘크리트 마모층 두께를 규정했다. 폴리머 콘크리트와 마찬가지로 시공 전에 바닥판 표면은 충분히 세척되고 젖어 있어야 한다. 고성능 콘크리트 포장의 성능을 향상시키기 위해서, 종종 비금속 섬유가 콘크리트 포장에 혼합되었다.

3.3.4 일체형 마모층

일체형 마모층은 바닥판 자체의 일부이다. 일체형 콘크리트 바닥판의 경우, 콘크리트 슬래브의 상단 부분이 마모층이 된다. 설계 관점에서 보면 슬래브의 상단 부분은 하중에 저항하는 단면 특성에서 제외된다는 뜻이다. 그러나 콘크리트 자체는 구조물에 고정하중으로 포함된다. 미국의 메릴랜드 주에서는 슬래브 상단 13 mm(0.5 in)의 콘크리트는 바닥판 특성을 계산할 때 무시된다. 일체형 마모층이 사용될 때, 비가 오는 동안 물보라현상이 발생되지 않도록 표면에 홈을 파야 한다. 대부분 이러한 바닥판의 종류들은 고성능 콘크리트로 만들어진다.

3.4 바닥판 이음부의 종류

2장에서 본 것처럼, 바닥판 이음부는 구조물의 전체 거동에서 중요한 역할을 할 수 있다. 구조물에 채택되는 신축이음의 종류는 주로 이음 장치가 수용할 수 있는 이동의 종류와 크기에 따른다. 바닥판 연결부는 열팽창과 수축, 건조수축과 크리프 및 다른 하중 조건에 의해서 발생되는 회전뿐만 아니라 종방향과 횡방향으로 이동이 가능해야 한다. 또한, 바닥판이음은 제설제와 과도한 수분으로부터 하부구조 요소를 보호하기 위해 봉합재처럼 작용한다.

Arthur L. Elliot[3.12]

"완벽히 만족하는 신축이음은 아직 설계되지 않았다고 말해도 괜찮다." ■

3.4.1 개방된 이음부와 봉합된 이음부

바닥판이음부는 개방과 봉합 2가지 종류로 나뉜다. 개방형 이음부는 콘크리트 바닥판과 인접구조요소 사이(예를 들어 바닥판/바닥판, 바닥판/교대 흉벽)가 개방된 것에 지나지 않는다. 때때로 개방형 이음부는 바닥판 단부의 보강을 위해 강재 ㄱ형강이 부착된다. 보강된 이음부는 오물이 이음부로 들어가는 것을 방지하고, 콘크리트 구조요소의 가장자리를 보호한다.

그러나 대부분 개방형 이음부의 분명한 결함은 누수 방지와 열화에 대한 내구성의 부족이다. 덧붙여 개방형 이음부는 종방향으로 작은 신축만 가능하다. 이러한 단점 때문에 개방형 이음부는 새로운 구조물에는 거의 쓰이지 않고, 오래되고 단경간 교량에서 많이 발견된다.

핑거 조인트같이 조립강판으로 이루어진 이음부도 개방형 이음부로 고려될 수 있다. 이러한 이음의 종류는 위에서 언급한 개방형 이음보다 더 정교하고 상부구조 요소의 더 큰 종방향 신축을 제공한다. 플레이트 조인트의 구체적인 종류는 다음 절에서 더 자세히 설명된다.

봉합된 이음부는 바닥판과 연결된 구조요소 사이의 틈새를 감싼다. 봉합된 이음부는 일반적으로 봉합재와 조인트에서 이동을 가능하게 하는 기계장치(필요한 경우)로 구성된다. 봉합된 이음은 다양한 제조업체부터 광범위한 형식이 가능하다. 판형 이음뿐 아니라 봉합된 이음의 몇몇 일반적인 것들은 아래에 자세히 설명된다.

3.4.2 충진 이음부

작은 신축량을 필요로 하는 단지간 교량에서는 폐합형 이음부가 위에서 설명한 개방형 이음부의 대안으로 사용될 수 있다. 충진 이음부(filled joints)는 현장에서 형성되어 이음부에 주입된다. 지지막대는 보통 이음부 충진재(일반적으로 실리콘)를 주입하기 전에 이음부 틈새에 삽입된다.

이 종류의 이음은 개방형 이음의 개선 또는 손상된 이음의 수리가 필요한 보수 공사에 가장 흔하게 사용된다. 이러한 이음 종류의 장점은 빠르고 쉬운 설치와 저비용이며, 관리자의 자체 유지 보수 팀에 의해 수행될 수 있는 것이다. 이러한 이음 종류의 수명은 보통 5~10년이다.

3.4.3 봉함재형 이음부

봉함재(compression seal)는 접착성 윤활제를 도포한 이음부 틈새에 밀어 넣는 탄성재질로 구성되어 있다. 봉함재로 가장 널리 사용되는 물질은 횡단면에 여러 개의 셀을 갖는 네오프렌(폴리클로로프렌)을 압출시킨 것이다. 단면 형상은 봉함재가 압축을 유지하고 바닥판의 신축을 가능하게 하도록 한다. 내구성을 높이기 위해서, 봉함재는 바닥판 선단이 보강되도록 강재 ㄱ형강을 부착할 수 있다(그림 3.8 참조). 비록 봉함재형 이음은 고정지점에 가장 적합하지만, 일반적으로 10~65 mm 범위의 신축량을 갖는 바닥판에 사용된다.

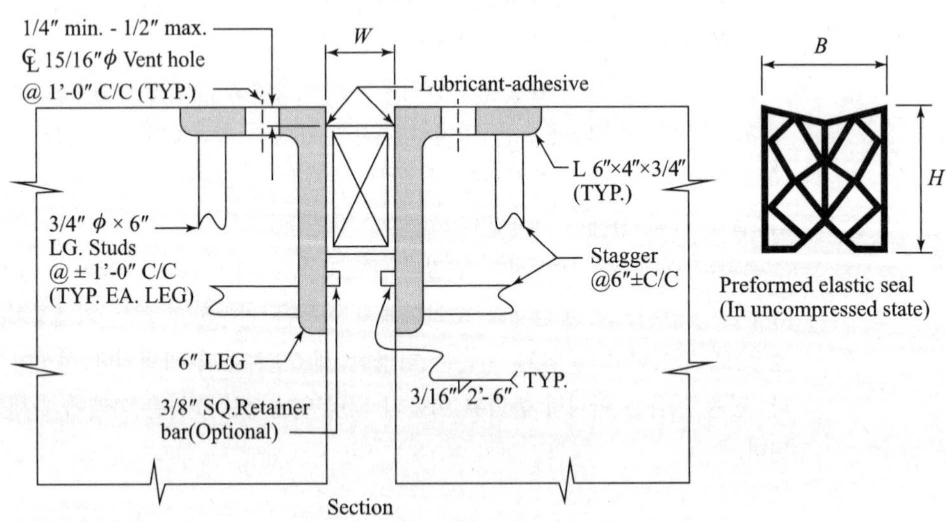

그림 3.8 봉함재형 이음부 사례(FHWA[3.2]에서 발췌)

바닥판의 이동을 고려할 때, 사교에는 종방향과 횡방향 이동 모두가 발생한다는 것을 기억해야 한다. 교량 바닥판이 도로 선형의 중심선에서 기울어져 있다면 바닥판 이음부의 종류를 선택할 때 이음부에서의 변위는 두 방향으로 고려되어야 한다.

모든 이음과 마찬가지로, 봉함재형 신축이음은 교통량에 의한 일정한 마모와 이물질이 적체되어 손상될 수 있다. 일반적인 문제는 봉함재와 콘크리트 표면 또는 강재 형강 사이의 접착이 약해지는 것이다. 압축력의 손실과 연결된 접착력 저하는 봉함재가 신축이음 장치 밖으로 밀려 나올 수가 있다. 또 다른 문제는 봉함재에 소성이 발생할 수 있는 과다한 이음부 압축이거나, 또는 바닥판 표면 위의 봉함재가 교통량에 의해 손상을 입을 수 있는 하중이 작용되는 것이다.

봉함재형 신축이음의 수명은 보통 10~15년이다.

3.4.4 봉함재형 띠 이음부

봉함재형 띠 이음부(strip seal joints)는 이음부의 표면에 정착되어 있는 두 개의 강재 레일 사이에 위치한 탄성 물질의 정형된 띠를 사용한다. 대부분 이런 형식의 이음들은 봉함재로 네오프렌을 사용한다. 압착해서 설치되는 봉함재와 달리,

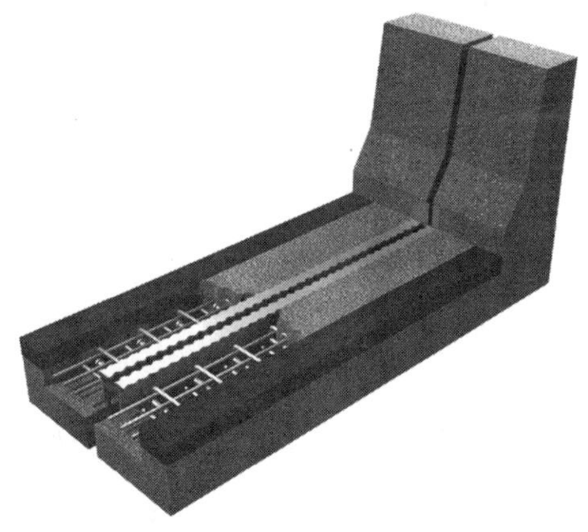

그림 3.9 신축이음 장치의 레일과 앵커(대봉 비엠텍)

봉함재형 띠 이음부에 사용되는 이음 레일은 일반적으로 봉함재형 띠 단면에 적합하도록 압연되거나 압출된다. 레일은 봉함재를 구속해서 바닥판 이음의 압축과 신장 모두를 수용할 수 있도록 한다. 봉함재형 이음을 보호해 주는 ㄱ형강과 같이 띠 이음부의 금속 레일은 오물과 교량을 통과하는 차량들의 충격으로부터 콘크리트 바닥판 모서리를 보호한다. 그림 3.9에 한 쌍의 레일이 있다. 또한 콘크리트 바닥판에 레일 장치를 고정하기 위한 스터드가 보인다.

봉함재형 띠는 강재 레일 장치에 기계적으로 설치된다(그림 3.9 참조). 또한 이동 가능범위가 100 mm 이상인 봉함재형 띠 이음부는 봉함재보다 큰 신축이 가능하다.

봉함재형 띠의 경우 사용되는 덮개는 내구성 재질로 만들어져야 한다는 것이 중요하다. 예를 들어, 아스팔트계 물질로 만들어진 봉함재는 교량 주변에 쌓이는 이물질의 부식에 약하고, 지점과 바닥판에 심각한 기능상 문제를 일으킬 수 있다.

봉함재형 띠 이음부의 수명은 일반적으로 10~20년까지이다.

3.4.5 모듈형 이음부

모듈형 이음(modular joints)은 조인트의 매우 큰 이동량을 확보하기 위해 여러 개(2개 또는 이상)의 봉함재 또는 봉함재형 띠를 이용한다. 봉함재는 조인트 길이 방향으로 설치된 압연보 사이에 맞게 된다. 봉함재/보는 조인트의 길이를 따라 일정한 간격의 지지보 위에 놓여 있다. 이러한 지지보는 조인트가 설치되는 각 경간에 있는 받침 장치에 놓여 있다(그림 3.10 참조).

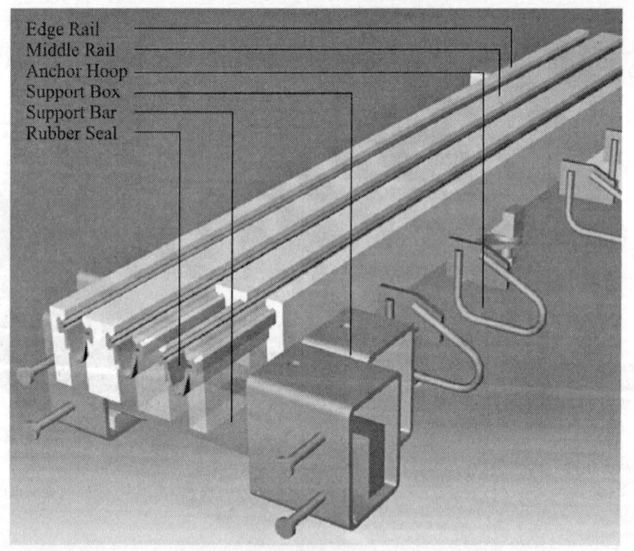

그림 3.10 모듈형 이음 장치(대봉 비엠텍)

모듈형 이음부는 크고 복잡한 바닥판의 이동을 수용할 수 있는 조인트가 필요한 대형 구조물에 사용된다. 그림 3.10에 보인 것과 같은 모듈형 이음은 본질적으로 함께 설치된 여러 개의 봉함재형 이음으로 구성되며, 규정된 간격[4 ft(1.2 m)]의 지지대 위에 놓여진다. 지지대는 봉함재의 변형이 일관되고 균일한 형식으로 발생하도록 유도한다. 모듈형 이음은 또한 바닥판의 이동에 따라 변하는 것이 가능한 이음부가 요구되는 수평 곡선교에 적합한 해결책으로 보인다.

두 종류의 모듈형 이음이 시장에서 가능하다. 하나는 그림 3.10에 보여지는 것 같이, 각 조인트의 형강이 개개의 지지보에 지지된 다중지지 시스템이라고 불린다. 이 종류의 모듈형 이음은 상대적으로 작은 간격의 조인트를 위한 것이다(봉합재형 띠 4개까지 가능). 다른 모듈형 이음은 모든 조인트 형강이 동일한 지지보에 의해 지지되는 단일 지지보 시스템이라 불린다. 단일 지지보 설계는 신축이음의 이동능력을 크게 증가시켰다.

큰 모듈형 이음 시스템은 0.9 m 이상 그리고 심지어 1.2 m의 범위에서 이동을 수용할 수 있다. 모듈형 이음 시스템은 또한 사교나 곡선교에 적합할 수 있다.

많은 초기의 모듈형 이음부들은 미흡한 상세와 하중의 동적 특성 때문에 피로 균열이 발생했었으나 새로운 설계들은 기능이 크게 향상되었다. 모듈형 이음부의 수명은 보통 현재 15～25년까지이다.

3.4.6 핑거 플레이트 이음

핑거 플레이트 이음부(finger plate joints)는 손가락 형상의 강판을 마주보고 길게 설치한 것이다. 핑거 플레이트 이음부는 600 mm까지 신축이 가능하다. 앞에서 언급했듯이, 핑거 플레이트 이음부는 개방형 이음부로 간주될 수 있으므로 누수로부터 하부구조 요소를 보호하는 것이 필요하다. 이것은 핑거 플레이트 아래 조인트의 중심선을 따라 설치된 탄성 물질로 만들어진 배수관의 사용에 의해서 해결된다. 이 배수관은 교량의 배수시스템까지 멀리 운반하기 위해 충분한 경사를 갖도록 해야 한다. 이런 종류의 배수시스템에서 어려운 점은, 만일 이것이 적절히 관리되지 않는다면 배수관은 쉽게 오물로 막히고 기능을 잃는 것이다.

만약 입구가 포장되거나 하부구조가 침하되면 조인트 핑거가 고착되고, 적절한 이음부의 기능이 불가능해질 수 있다. 핑거 플레이트 이음부의 다른 문제점은, 만약 조인트 양쪽 면 사이에 회전 또는 부등 침하가 발생하면 조인트의 표면이 오토바이 또는 자전거가 교량을 지나갈 때 문제를 야기할 수 있다는 것이다. 제설기에 의해 굽어진 핑거는 승용차와 트럭에 더욱 위험을 발생시킬 수 있다.

3.4.7 활동판 이음부

활동판 이음부(sliding plate joints)는 맞물리는 핑거 대신에 조인트의 한쪽 면에만 부착되는 하나의 판을 제외하고 핑거 플레이트 이음과 유사하다. 이 판은

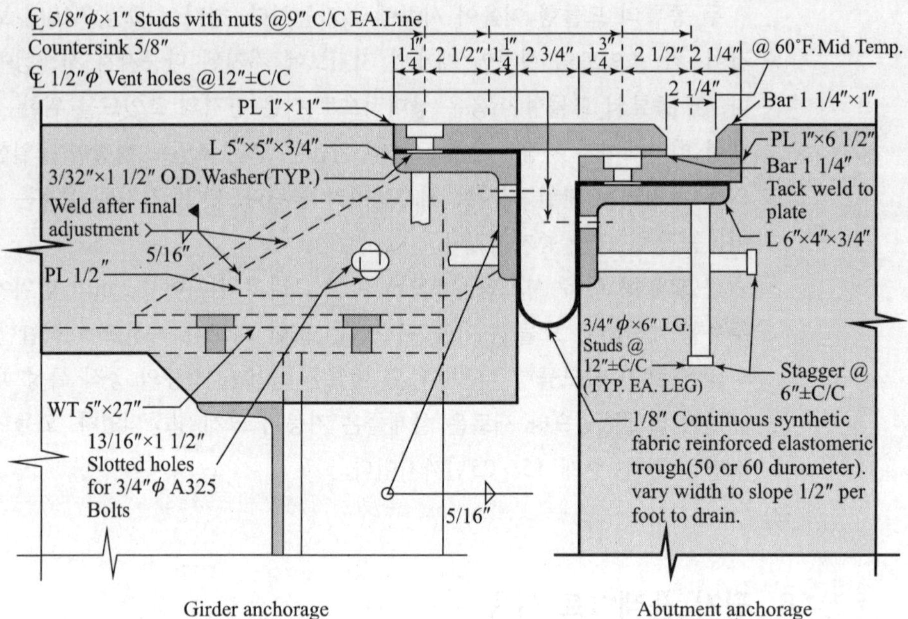

그림 3.11 활동판 이음 사례(FHWA[3.7]에서 발췌)

100 mm까지 신축이 허용되고 다른 경간과 간격이 유지되는 이음부 틈에 놓여진다. 유지보수 관점에서 조인트의 움직임을 방해할 수 있는 오물로부터 간격을 유지하는 것이 중요하다. 또한, 비록 플레이트가 3.4.6절의 핑거 플레이트 이음부에서 설명한 것과 같이 배수관과 조인트 틈새를 덮지만, 여전히 빗물을 배수하고 하부구조 요소들을 보호하는 것이 요구된다. 그림 3.11은 전형적인 활동판 이음과 그 대표적인 구성요소를 보여준다.

3.4.8 결론

조인트 자체의 종류만큼 바닥판 이음부에 관한 의견은 매우 다양하다. 도로교에서 다른 많은 상세와 마찬가지로, 어떠한 종류의 이음을 쓰는지에 관한 결정은 대부분 기능적 문제보다는 주관을 기반으로 한다. 예를 들면, 몇몇의 기술 문헌들은 봉함재형 이음부를 매우 칭찬하는 반면에, 다른 문헌들은 유지관리가 매우 어렵다고 비난한다.

여전히 모두가 신축이음의 손상은 대부분 아래 사항들에 의해 발생한다고 생각한다.

- 시스템 수용력을 초과하는 신축량
- 가솔린, 오일 그리고 염화나트륨으로부터의 화학적 작용
- 제설기에 의한 손상
- 차량하중의 충격
- 이음부를 가로지르는 구조물의 처짐
- 설계와 시공 불량

그러나 결국 어떠한 이음부가 개개의 작업에 가장 적합한지는 관리자와 설계기술자가 결정해야 한다. 비록 그것들이 종종 최종 도면의 일부로 대수롭지 않게 취급되지만, 바닥판 이음부는 교량의 전체 기능에 중요한 역할을 한다. 이 결정에서 설계자들은 선택된 이음부들의 내구성과 유지보수 및 그와 관련된 비용에 큰 무게를 둘 필요가 있다.

가능하면, 신축이음장치는 구조물의 모든 이동(종방향, 횡방향 및 회전)을 수용해야 하고, 작용하는 모든 하중을 견뎌야 하고, 도로 이용자에게 불편이나 위험을 일으키지 않고 좋은 승차감을 가져야 하고, 부식에 침식되지 않고 오물과 화학물질의 확산에 견뎌야 하고, 적은 유지보수를 필요로 하며, 그리고 쉬운 점검, 보수 그리고 교체를 허용해야 한다. 최근에 신축이음장치 산업에서 제공할 수 있는 것들은 이러한 요구들을 초과한 것처럼 보인다.

교량 엔지니어는 항상 교량의 신축이음의 수를 최소화해야 한다. 이 목표를 달성하기 위한 한 가지 방법으로 연속보를 설계하면, 교각에 있는 대부분의 신축이음이 제거될 수 있다. 단경간 교량의 경우, 일체식 교대(교량 상부구조와 교대가 하나로 설계된다)가 신축이음을 제거하기 위해 고려된다.

알아두기

미국의 교량 개수는 다른 나라의 교량에 비해 매우 많다. 아래 표는 여러 나라들의 교량 개수이다.[3.13] 참고로 우리나라의 경우 국토교통부가 발표한 2016년 기준으로 전국의 교량은 32,325개소로 조사되었다.

국가	개수	국가	개수	국가	개수
오스트레일리아	30,000	이탈리아	30,000	스위스	8,500
벨기에	5,300	일본	36,223	터키	4,682
덴마크	10,000	네덜란드	4,000	영국	155,000
핀란드	11,000	노르웨이	19,400	미국	575,000
프랑스	110,000	스페인	30,000		
독일	64,000	스웨덴	12,000		

3.5 설계하중

교량 상부구조(또는 구조부재)는 이를 구성하는 구조부재 또는 요소들이 지지하여야 하는 일련의 하중 조건들에 기초하여 설계된다. 교량기술자들은 설계 시에 다음 사항들에 근거하여 하중의 다양한 조합을 고려해야 한다.

- 지속기간 (영구적 또는 일시적)
- 방향 (수직, 수평 - 종, 횡방향 등)
- 변형 (콘크리트 크리프, 열팽창 등)
- 효과 (전단, 휨, 비틀림 등)

설계의 일관된 근거를 마련하기 위해, 미국도로교통협회(AASHTO)와 같은 조직은 구조물 설계에 적용되는 표준 하중조건을 개발하여 왔다. 2장에서 언급한 바와 같이, 여러 나라들은 그 나라 특유의 일련의 설계하중을 유지한다. 예를 들면, 우리나라의 경우 도로교의 설계하중은 도로교설계기준(2012), 중국에서는 도로교와 암거 설계에 사용되는 하중을 위해서 중국일반기준(Chinese General Code for Design Highway Bridges and Culverts)을 사용하고, 캐나다에서는 도로교 하중을 위해 캐나다도로교설계기준(Canadian Highway Bridge Design Code)을 사용한다.[3.14]

아래의 하중에 대한 상세한 설명은 2012년에 개정된 도로교설계기준 - 한계상태설계법(국토해양부)을 근거로 건설기준표준화에 의하여 제정된 설계기준 - 시설물편[24 12 00]의 교량설계하중[24 12 10], 교량설계하중조합(한계상태설계)[24 12 21]의 내용을 바탕으로 한다. 하중의 크기가 나라마다 다를 수 있지만, 근간이 되는 역학의 법칙은 다르지 않다. 설계자들에 의해 사용되는 주요 설계 방법의 개요가 또한 제공된다.

3.5.1 배경 및 연혁

일반적으로, 도로 교량이 견디도록 설계되어야 할 주요한 하중조건은 트럭하중이다. 다양한 트럭들의 사용을 고려해 볼 때, 트럭 교통량에 의한 설계하중의 표준집단 개발이 필요하다. 이러한 필요에 의해, 교량기술자들이 설계의 적절성을 나타내는데 사용하기 위한 표준설계트럭의 개발을 미국도로교통협회(AASHTO)

가 이끌었다. 20세기 초, 설계자들은 교량을 위한 설계하중으로써 트럭의 행렬을 이용하였다. 트럭하중과 더불어 도로 트럭운송 사업의 규모가 커짐에 따라 많은 교량들의 구조요소에서 과부하가 발견되기 시작했다. 1944년 H와 HS급 트럭으로 지명된 가상의 트럭 분류군이 AASHTO에 의해 개발되었다.[3.15] 이 설계 차량들은 규정된 간격을 가지고 각각 2축과 3축으로 만들어졌다.

우리나라에서는 1960년 대 초반에 도로교표준시방서 - 설계편에서 AASHTO의 2축, 3축 트럭 및 차로하중을 기본으로 D-18, DB-18(총중량: 324 kN) 및 DL-18을 1등교 하중으로 규정하였다. 그 후에 트럭 중량의 증가에 따라서 1979년 개정판에서 DB-24(총중량: 432 kN)를 1등교 하중으로 정하고 25%씩 감소시킨 하중을 각각 2, 3등교 하중으로 규정하였다. 1992년 개정판에서 내진설계규정을 추가로 제정하였으며, 2005년 도로교설계기준과 도로교표준시방서를 분리하였다. 그 후 2010년 설계기준이 다시 개정되는 과정에서도 차량하중은 변화가 없었으며, 설계방법도 강교는 허용응력설계법 그리고 콘크리트교량은 강도설계법을 각각 적용하도록 하였다. 2012년에 들어 도로교설계기준에서 기존에 적용해 오던 허용응력설계법과 강도설계법에서 탈피하여 보다 합리적인 성능기반 설계개념을 적용하기 위하여 한계상태설계법을 처음으로 채택하였다. 2012년에 제정된 도로교설계기준(한계상태설계법)에서는 기존의 DB-24를 대신하여 KL-510 차량하중을 적용하였다. KL-510은 이전의 설계기준의 트럭하중이 3축인데 반하여 4축이고, 12.7 kN/m의 차로하중을 규정하였다. 특히 지간 길이가 긴 교량에서 KL-510하중은 이전의 1등교 하중인 DB-24 하중보다 합리적인 설계를 가능하게 한다. 별도로 기술하지 않는 한 설계기준(KDS)의 [24 12 10] 교량설계하중조합 및 [24 12 21] 교량설계하중(한계상태설계(2016)) 기준은 이 책 전체에 걸쳐 적용된다.

3.5.2 지속하는 하중

이름이 암시하는 것처럼, 지속하중(permanent loads)은 교량의 공용기간 동안 항상 유지되고 작용하는 하중이다. 영구하중과 동의어로 쓰이기도 한다. 하중의 형태에 따라서 고정하중, 프리스트레스힘, 시공 중에 발생한 구속응력, 콘크리트 크리프 및 건조수축의 영향 그리고 토압 등의 여섯 가지 범주로 분류된다.

1. 고정하중(DC, DW)

상부구조물의 고정하중은 모든 상부구조 요소(교량받침 위에 설치된 요소)들의 무게의 합계이다. 여기에 바닥판, 포장, 존치거푸집, 보도와 난간, 주부재, 부부재(브레이싱, 연결플레이트 등), 보강재, 표지판 그리고 기타 시설물들이 포함되지만, 이것들에 국한되지는 않는다. 나중에 알 수 있듯이, 상부구조 설계의 첫 번째 단계 중 하나는 고정하중에 기여하는 모든 요소들의 목록을 집계하는 것이다. 상부구조의 전체 무게를 계산하는데 사용되는 몇몇 고정하중의 단위 중량 목록이 아래 표(도로교설계기준 3.5.1)에 나와 있다. 도로교설계기준에서는 모든 고정하중이 구조부재와 비구조적 부착물의 중량(DC)과 포장과 설비의 중량(DW) 두 개의 그룹으로 구분된다. 포장, 인도, 난간, 표지판, 기타 시설물설비 그룹은 다른 고정하중보다 더 큰 불확실성을 가지고 있기 때문에 더 큰 하중계수를 갖는다. 하중계수의 목적은 기본적인 하중들의 불확실성을 합리적으로 고려하기 위한 것이다.

KDS [24 12 21] 교량설계하중(한계상태설계법)

표 4.2-1 재료의 단위 체적 질량

재 료		단위 질량(MN/mm³)
강재, 주강, 단강		77.0
주철, 주물강재		77.0
알루미늄 합금		27.5
철근콘크리트		24.5
프리스트레스트 콘크리트		24.5
콘크리트		23.0
시멘트 모르타르		21.0
역청재(방수용)		11.0
아스팔트 포장재		22.6
목재	단단한 것	9.4
	무른 것	7.8
용수	담수	9.8
	해수	10.2

합성구조물에서(3.2.1절 참조), 포장 및 설비 고정하중은 바닥판이 양생되어 주부재와 함께 하중에 대하여 저항을 시작한 후 상부구조물에 작용하는 고정하중이다. 포장과 기타 시설물에 관해서는 향후 하중이 구조물에 앞으로 더 추가될 수 있다는 것을 예측하는 것이 중요하다. 그것은 DC 고정하중이 주거더에 의해 저항되는 반면에 DW 고정하중은 합성단면으로 저항되고, 구조부재 고정하중보다 작

은 처짐과 응력들을 거더에 발생시키며 하중계수가 다르기 때문에 계산상의 편의를 위하여 분리하였다.

2. 프리스트레스힘(PS)

프리스트레스트 콘크리트 구조물에 프리스트레스힘을 도입하는 경우에는 설계에 이를 고려하여야 한다. 설계에서 고려해야 하는 프리스트레스힘은 프리스트레싱 직후의 프리스트레스힘과 유효프리스트레스힘이다. 또 프리스트레스힘에 의하여 부정정력이 일어나는 경우에는 이들도 고려하여야 한다. 프리스트레싱 직후의 프리스트레스힘의 감소는 프리텐션 방식에서는 콘크리트의 탄성변형만을 고려하여야 하고, 포스트텐션 방식에서는 콘크리트의 탄성변형, PS강재와 쉬스의 마찰, 정착장치 및 정착부 내부의 마찰, 정착장치에서의 활동량을 고려하여야 한다. 유효프리스트레스힘은 프리스트레싱 직후의 프리스트레스힘에 콘크리트의 크리프, 건조수축 및 PS강재의 릴랙세이션에 의한 영향을 고려하여 산출한다. 일반적으로 연속구조물의 경우에 프리스트레스힘에 의해 보의 변형이 구속되어 이로 인하여 부정정력이 발생하게 되는데 단면의 응력을 검사할 경우에 이 부정정력을 고려하여야 한다. 유효프리스트레스힘에 의한 부정정력은 PS강재 인장력의 유효계수를 부재 전체에 걸쳐 평균한 값을 프리스트레싱 직후의 부정정력에 곱하여 산출할 수 있다.

3. 시공 중 발생하는 구속응력(EL)

시공 중에 발생하는 잔류응력을 의미하며 별도의 방법으로 이를 제거하지 않는 한 교량에 지속적으로 작용한다.

4. 콘크리트의 크리프의 영향(CR)

콘크리트의 건조수축, 크리프는 단면의 변형에 의해 발생하는 일종의 변형하중이다. 변형하중은 재료 특성 또는 부재 형상이 내적 또는 외적으로 변함에 따라 발생하는 하중이다. 현존하는 대부분의 교량은 구조적 여용력을 가지고 있기 때문에 일반적인 고정하중과 활하중이 아닌 콘크리트의 크리프와 건조수축 및 지점침하와 같은 변형의 영향이 부재에 응력을 유발한다.

비록 크리프가 건조수축과 연관되어 있지만, 두 종류의 변형은 별도의 현상이다. 크리프는 일정기간 동안 지속된 하중에 의한 콘크리트의 변형이다. 콘크리트

부재가 초기에 하중을 받으면 부재에는 순간적인 변형이 발생한다. 만약 하중이 일정기간동안 지속된다면(콘크리트 거더에 바닥판이 놓여있는 것처럼) 대략 순간 탄성 변형률의 1.5～3배의 크리프 변형률이 발생한다. 그림 3.12 응력 - 변형률 선도에서 순간 변형률과 크리프 변형률을 비교하였다. 콘크리트 부재를 시공하고 있을 때 하중이 부재에 즉각적으로 작용하기보다 점차적으로 작용하게 된다. 이러한 하중이 주어지면 크리프와 순간 변형은 함께 발생한다.

크리프에 영향을 미치는 주된 요인은 하중이 작용되었을 때의 콘크리트의 성숙도이다. 콘크리트에 영구하중이 초기에 작용되면 크리프도 크다. 그러므로 콘크리트가 일정한 강도에 도달할 때까지 하중의 재하를 지연시키는 것이 바람직하다. 공기의 습도, 콘크리트의 물/시멘트 비, 부재의 크기와 같은 다른 요인들도 크리프의 크기에 영향을 미친다.

도로교에서 크리프는 콘크리트 부재의 길이가 변하는 원인이 될 수 있다. 이 변화는 지지점의 선형과 상부구조의 안정성에 문제를 일으킬 수 있다. 콘크리트구조설계 및 ACI기준은 설계자에게 크리프 효과에 대한 "사실적 평가(realistic assessment)"를 하도록 하고 있다.[3.22] 이 평가는 콘크리트 구조의 극한 변형을 계산할 때 고려된다.

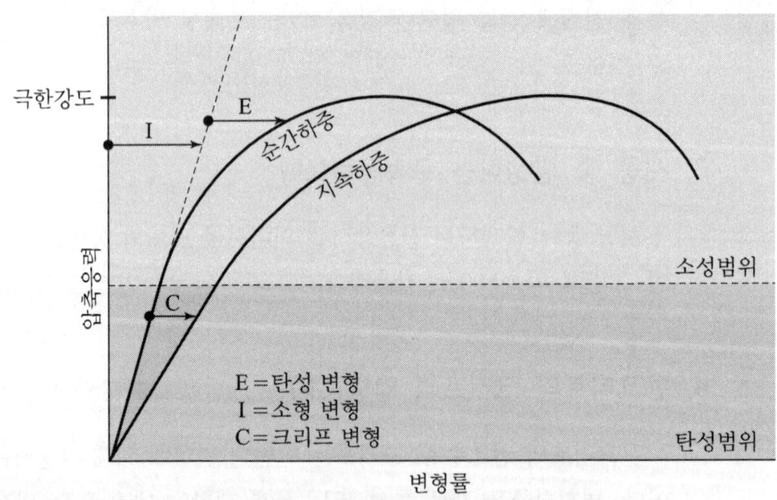

그림 3.12 크리프에 의한 콘크리트의 변형을 보여주는 응력 – 변형률 선도

탄성범위 내에서 발생하는 크리프 변형은 대략 작용하는 응력에 비례한다. 일단 어느 부재든지 하중이 재하되면 탄성적 변형을 한다. 그러나 만일 하중이 계속 유지되면 콘크리트는 지속시간 동안 변형이 계속 발생한다. 크리프의 영향에 대응하는 한 가지 방법은 낮은 물/시멘트 비를 갖는 고강도 콘크리트를 사용하는 것이다. 하중의 재하시간을 지연시키는 것 또한 크리프를 감소시킬 수 있다.

교량설계기준은 콘크리트의 재령, 공기 습도, 하중 재하 시 콘크리트 강도 및 부재의 형상을 고려하여 크리프를 계산할 수 있는 공식을 제시하였다. 또한 콘크리트 크리프 예측을 위해서 CEB-FIP 모델 기준 또는 ACI 기준도 사용할 수 있다.

5. 콘크리트 건조수축의 영향(SH)

건조수축은 콘크리트 체적의 자연적인 변화로, 부재에 작용되는 하중과 관계되어 있지 않은 변화를 의미한다. 건조수축이 일어날 때 콘크리트 체적은 일반적으로 줄어든다(수축). 이것은 보통 건조되는 동안 수분의 손실 때문에 발생한다. 그러므로 건조수축은 콘크리트의 물/시멘트 비, 부재의 크기 및 공기의 습도 조건에 민감하다.

건조수축과 크리프는 같은 시간에 독립적으로 발생한다. 이것들은 구조물에 비슷한 결과를 갖는다. 건조수축에 의해 발생되는 인장 응력을 제어하기 위한 보강은 주철근에 직각 방향으로 한다. 건조수축의 영향을 제한하는 다른 방법은 콘크리트가 적절히 양생되는지 현장에서 도급자가 확인하는 것이다. 양생기간 동안 건조수축을 최소화하기 위해서 먼저 콘크리트 워커빌리티와 강도에 필요한 최소량의 물을 사용해야 한다. 이때 수축이 최소화 되도록 양생을 천천히 하면서 콘크리트는 양생기간 동안 수분이 유지되어야 한다. 건조수축을 완전히 없애는 방법은 없으나, 적절한 관리를 통하여 발생량을 줄일 수 있다.

만일 적절히 관리되지 못한다면 건조수축은 보통 콘크리트 요소에 균열을 유도할 것이다. 프리스트레스트 콘크리트의 경우, 건조수축은 일반적으로 부재에서 프리스트레스트힘의 손실을 유발시킨다.

건조수축의 크기에 영향을 미치는 많은 요인들이 있지만 어떠한 예측도 정확한 것은 없다. 설계기준에서는 보통 콘크리트의 경우 건조수축률을 재령 28일에 0.0002가 되고, 재령 1년 뒤에 0.0005가 된다고 가정한다. 건조수축의 예측을 위해 CEB-FIP 기준[3.21] 또는 ACI 기준[3.22]이 사용될 수 있다. 만약 더 정확한 계산이 필요하다면, 특정 콘크리트 배합에 대한 물리적 실험을 할 수 있다.

6. 토압(EH, ES, EV, DD)

토압은 구조물과 지반의 상대적인 변위와 관계하여 정지토압, 주동토압 및 수동토압으로 구분된다. 토압과 토압분포는 구조물과 지반과의 상대적인 변위, 구조물의 형태, 토질종류, 토층상태, 배면지형, 상재하중조건 등을 고려하여 산정한다.

토압은 다음과 같은 요인에 의하여 영향을 받는다.

- 지반의 종류와 밀도
- 함수비
- 흙의 크리프특성
- 다짐도
- 지하수위
- 지반 - 구조물 상호작용
- 상재하중
- 지진효과
- 후면경사각
- 벽체 경사

3.5.3 변동하는 하중

변동하중 또는 임시하중(temporary loads)은 짧은 시간동안 교량에 작용하는 하중이다. 고정하중이 주된 영구하중 상태이듯이, 활하중은 주된 변동하중상태를 나타낸다. 그러나 설계자들이 필히 고려해야 하는 다양한 종류의 변동하중들은 다음과 같다.

1. 차량활하중(LL)

활하중이란 용어는 경간을 따라 움직이는 하중을 의미한다. 그러므로 교량을 따라 걷는 사람도 활하중으로 간주될 수 있다. 물론 도로교는 보행자 하중보다 큰 하중을 받을 수 있도록 설계되어야 한다. 설계자가 구조물 위의 활하중을 정확히 모델링할 수 있도록 트럭하중을 기반으로 가상의 설계 차량이 개발되었다. 이미 3.5.1절에서 하중시스템의 기원에 대해 논의했다. 2012년에 개정된 도로교설계기준 - 하중저항설계 이전의 표준트럭하중인 DB하중은 아래 그림과 같이 세 개의 축으로 구성되고, 차로하중인 DL하중은 등분포선하중과 한 개 또는 두 개의 집중하중으로 구성되어 있다.

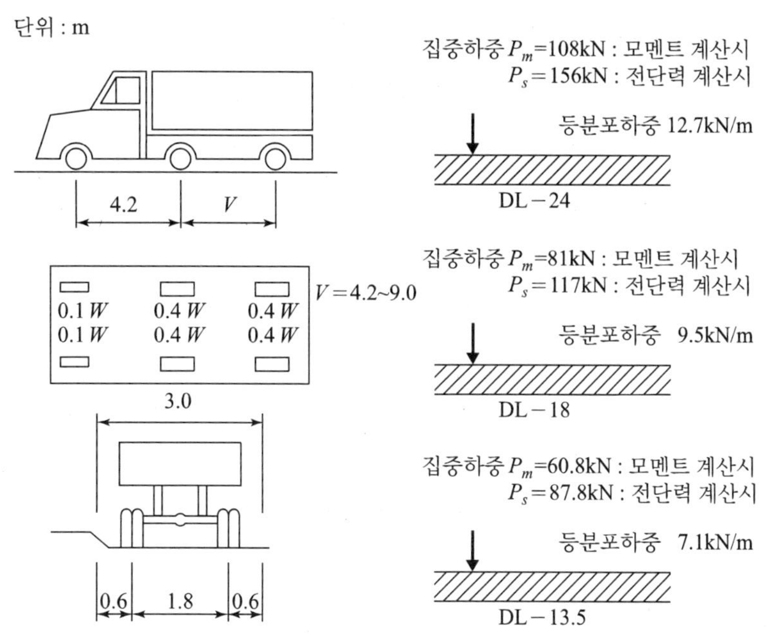

교량등급	하중등급	총중량 1.8W (kN)	전륜하중 0.1W (kN)	후륜하중 0.4W (kN)
1등교	DB24(240 kN)	432	24	96
2등교	DB18(180 kN)	324	18	72
3등교	DB13.5(135 kN)	243	13.5	54

그림 3.13 표준트럭하중(DB) 및 차로하중(DL)

도로교설계기준에서 2011년까지 사용하던 차량하중은 표준트럭하중(DB-24, DB-18, DB-13.5)과 차로하중(DL-24, DL-18, DL-13.5)으로 구성되었다. 표준트럭하중은 세 개의 축하중, 차로하중은 등분포하중과 한 개 또는 두 개의 집중하중으로 구성되었다.

2012년에 제정된 도로교설계기준 - 한계상태설계와 표준화된 교량설계하중(한계상태설계법)에서는 이전과는 달리 다차로 재하계수를 도입하고 네 개의 차축하중으로 구성되어 있다. 아래에서 자세하게 설명하고자 한다.

재하차로의 수

차량활하중의 재하를 위한 재하차로의 수 N은 식 (3.1)과 같다.

$$N = \frac{W_C}{W_P} \text{의 정수부} \qquad \text{식 (3.1)}$$

여기서, W_C : 연석, 방호울타리(중앙분리대 포함)간의 교폭, m

W_P : 발주자에 의해 정해진 계획차로의 폭, m

다만, 식 (3.1)에 의한 N이 1이며 W_C가 6.0 m 이상인 경우에는 재하차로의 수(N)를 2로 한다.

재하차로의 폭 W는 식 (3.2)와 같다.

$$W = \frac{W_C}{N} \leq 3.6\ \text{m} \quad \text{식 (3.2)}$$

교량 바닥판상의 차도가 중앙분리대 등에 의해 물리적으로 두 부분으로 나누어져 있는 경우 두 부분이 영구적인 시설로 분리되어 있는 경우에는 두 부분의 폭을 각각 고려하여 재하차로의 수와 폭을 정하고, 두 부분이 임시적인 시설로 분리되어 있는 경우에는 전체 차도의 폭을 고려하여 재하차로의 수와 폭을 정하여야 한다.

활하중의 동시재하

이 조항은 재하차로 수에 관계없이 한대의 피로설계트럭하중이 재하 되는 피로설계에는 적용되지 않는다. 특별한 언급이 없는 한, 활하중의 최대 영향은 아래 표[교량설계하중(한계상태설계법) 표 4.3-1]의 다차로재하계수를 곱한 재하차로의 모든 가능한 조합에 의한 영향을 비교하여 결정되어야 한다. 3.6.4절에 규정된 보도하중과 1차로 이상의 차량하중을 포함하는 하중조건의 경우에 보도하중을 하나의 재하차로로 취할 수 있다.

KDS [24 12 21] 교량설계하중(한계상태설계법) 

표 4.3-1 다차로재하계수

재하차로의 수	다차로재하계수, 'm'
1	1.0
2	0.9
3	0.8
4	0.7
5 이상	0.65

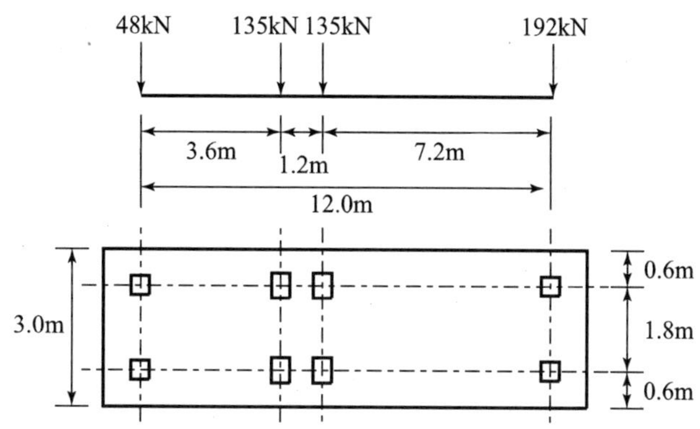

그림 3.14 표준트럭하중, KL-510

KL-510 표준트럭하중은 이전의 전통적으로 사용해 오던 DB하중과 다르게 네 개의 축하중으로 구성되었다.

설계 차량활하중

교량이나 이에 부수되는 일반구조물의 노면에 작용하는 차량활하중(KL-510)은 표준트럭하중과 표준차로하중으로 이루어져 있다.

표준트럭하중의 중량과 축간거리는 그림 3.14와 같다. 이 하중은 재하차로 내에서 횡방향으로 3,000 mm의 폭을 점유하는 것으로 가정한다. 이 하중의 충격하중은 추가로 뒤에서 규정된 대로 함께 적용되어야 한다.

표준차로하중은 종방향으로 균등하게 분포된 하중으로 아래 표(교량설계하중 표 4.3-2)의 값을 적용한다. 횡방향으로는 3,000 mm의 폭으로 균등하게 분포되어 있으며, 표준차로하중의 영향에는 충격하중을 적용하지 않는다.

KDS [24 12 21] 교량설계하중(한계상태설계법)

표 4.3-2 표준차로하중

$L \leq 60$ m	$\omega = 12.7$ kN/m
$L > 60$ m	$\omega = 12.7 \times \left(\frac{60}{L}\right)^{0.10}$ [kN/m]

L : 표준차로하중이 재하되는 부분의 지간

바닥판과 바닥틀을 설계하는 경우의 설계차량활하중

바닥판과 바닥틀을 설계하는 경우에는 차도부분에 표준트럭하중을 재하 한다. 표준트럭하중은 종방향으로는 차로당 1대를 원칙으로 하고, 횡방향으로는 재하 가능한 대수를 재하하되 동시재하계수를 고려하여 설계부재에 최대응력이 일어나도록 재하한다. 교축직각방향으로 볼 때, 표준트럭하중의 최외측 차륜중심의 재하 위치는 차도부분의 단부로부터 300 mm로 한다.

차륜의 접지면은 표준트럭하중의 각 차륜에 대해 면적이 $\frac{12,500}{9}P\,(\mathrm{mm}^2)$인 하나의 직사각형으로 간주하며 이 직사각형의 폭과 길이의 비는 2.5 : 1로 한다. 여기서, P는 차륜의 중량(kN)이다. 접지면이 연속적인 표면인 경우에 접지압은 규정된 접지면에 균일하게 분포하는 것으로 가정한다. 접지면이 단속적인 경우에는 접지압은 바퀴자국이 있는 실제의 접촉면에 균등하게 분포되어 있으며 규정된 접지면과 실제 접지면의 비만큼 압력을 증가시킨다.

주거더를 설계하는 경우의 설계차량활하중

만약 다른 특별한 규정이 없다면 최대 하중영향은 아래의 경우 중 큰 값을 사용하며 최대 하중효과에 영향을 주지 않는 바퀴는 무시해도 된다.

- 표준트럭하중의 영향(교량설계하중 4.3.1.3.1에 정의된)
- 표준트럭하중 영향의 75%와 표준차로하중(교량설계하중 4.3.1.3.2)의 영향의 합

최대 하중효과에 영향을 주지 않는 바퀴는 무시해도 되며, 재하차로와 각 차로에 재하되는 3,000 mm 폭은 최대 하중영향을 갖도록 배치되어야 한다. 또한 표준트럭하중 최외측 차륜중심의 횡방향 재하위치는 차도부분의 단부로부터 600 mm로 한다.

흙 채움에 의한 윤하중의 분배

채움의 깊이가 600 mm 보다 작은 경우 활하중 분배에 대한 채움의 영향을 무시할 수 있다. 암거상부의 활하중 분배는 차량방향과 평행한 바닥판의 규정을 근거로 한다[KDS 24 10 11(4.6.2.1)과 (4.6.3.2) 참조]. 채움의 깊이가 600 mm을 초과할 때는 정밀해석 대신에 윤하중이 규정된 타이어 접촉면적(4.3.1.4(2) 참조)과 크기가 같은 직사각형에 균등하게 작용하는 분포하중으로 간주하며 양질의 입상 채움에서는 깊이의 1.15배, 다른 채움에서는 그 깊이만큼 증가시킨다. 몇 개의

바퀴하중이 중복되어 받는 경우에 전체하중은 전 면적에 균일하게 분포시킬 수 있다.

단경간 암거에서 채움의 깊이가 2,400 mm 이상이며 경간 길이보다 큰 경우에는 활하중 효과를 무시할 수 있다. 다경간 암거의 경우에는 채움의 깊이가 벽 사이 거리보다 크면 활하중효과를 무시할 수 있다. 흙 채움을 통한 하중 분배에 기초한 콘크리트 바닥판의 활하중과 충격하중에 의한 모멘트가 계산된 활하중이나 충격하중[KDS 24 10 11(4.6.2.1)과 (4.6.3.2) 참조]의 모멘트보다 크면 후자의 모멘트를 사용한다.

KDS [24 12 21] 교량설계하중(한계상태설계법) 

4.3.1.1(2) 활하중이 재하되는 차로 폭

교량설계기준 및 AASHTO의 표준트럭하중 혹은 차로하중은 3.0 m의 폭을 점유한다. 그리고 이 하중들은 교량의 연석과 연석 사이의 간격에서 3.6 m의 표준차로 폭 내에서 재하된다.

2. 피로하중

피로의 영향을 검토하는 경우의 활하중은 규정된 표준트럭하중 KL-510의 80%를 적용한다. 이때 적용하는 충격계수는 뒤에서 설명하는 충격하중을 적용한다(교량설계하중 4.4 참조).

빈도

피로하중의 빈도는 단일차로 일평균트럭교통량($ADTT_{SL}$)을 사용한다. 이 빈도는 교량의 모든 부재에 적용하며 통행차량수가 적은 차로에도 적용한다.

단일차로의 일평균트럭교통량에 대한 확실한 정보가 없을 때는 식 (3.3)의 차로당 통행비율을 적용하여 산정할 수 있다. 즉,

$$ADTT_{SL} = p \times ADTT \qquad \text{식 (3.3)}$$

여기서, ADTT : 한 방향 일일트럭교통량의 설계수명기간동안 평균값

$ADTT_{SL}$: 한 방향 한 차로의 일일트럭교통량의 설계수명기간동안 평균값

p : 아래 표(교량설계하중 표 4.3-3)의 값

KDS [24 12 21] 교량설계하중(한계상태설계법)

표 4.3-3 한 차로에서의 트럭교통량 비율, p

트럭이 통행 가능한 차로 수	p
1차로	1.00
2차로	0.85
3차로 이상	0.80

피로설계에서의 하중 분배

정밀한 방법으로 교량을 해석하는 경우 고려하는 상세부위에 최대응력이 발생하도록 바닥판의 통행위치나 재하차로의 위치에 관계없이 횡방향, 종방향으로 하나의 설계트럭을 배치한다. 교량을 근사적 하중 분배로 해석하는 경우 한 차선의 분배계수를 사용해야 한다.

3. 궤도차량하중

교량에 궤도차량하중이 있는 경우 궤도차량하중과 일반차량하중 중에서 더 큰 영향을 주는 하중을 기준으로 설계하여야 한다.

4. 보도하중(PL)

바닥판과 바닥틀을 설계하는 경우에는 차량활하중과 동시에 0.005 MPa의 보도하중이 보도에 적용된다. 주거더를 설계하는 경우에는 아래 표(KDS [24 12 21] 교량설계하중 표 4.3-4)와 같은 보도하중을 재하한다. 보도교에 유지관리용 또는 이에 부수되는 차량의 통행이 예상되는 경우 이 하중을 고려하여야 한다. 보도에 차량하중이 재하되는 것으로 설계되었을 때는 보행자하중을 동시에 고려할 필요는 없다. 이 차량에 대해 충격하중은 고려하지 않는다.

KDS [24 12 21] 교량설계하중(한계상태설계법)

표 4.3-4 보도 등에 재하하는 등분포하중

지간장 L(m)	$L \leq 80$	$80 < L \leq 130$	$L > 130$
등분포하중의 크기(MPa)	3.5×10^{-3}	$(4.3 - 0.01L) \times 10^{-3}$	3.0×10^{-3}

5. 충격하중(IM)

트럭하중은 동적인 하중이므로 동적효과를 고려한 등가정적하중에 적용시켜야 할 충격하중은 KL-510 × (1 + IM/100)이다. 충격하중은 보도하중이나 표준차로하중에는 적용되지 않는다. 여기서 충격계수 IM은 아래 표(교량설계하중 표 4.4-1)와 같다.

KDS [24 12 21] 교량설계하중(한계상태설계법)

표 4.4-1 충격하중계수, IM

성 분		IM
바닥판 신축이음장치를 제외한 모든 다른 부재	피로한계상태를 제외한 모든 한계상태	25%
	피로한계상태	15%

상부구조물로부터 수직반력을 받지 않는 옹벽이나 전체가 지표면이하인 기초부재의 경우에는 충격하중을 적용할 필요가 없다. 또한 규정에 따라 충분한 증거에 의해 검증될 수 있다면 연결부를 제외한 다른 부재에 대하여는 크기를 감소시킬 수 있다.

암거나 매설된 구조물에 대한 충격하중은 백분율로 표기하여 식 (3.4)와 같다.

$$\mathrm{IM} = 40(1.0 - 4.1 \times 10^{-4} D_E) \geq 0\% \qquad \text{식 (3.4)}$$

여기서, D_E : 구조물을 덮고 있는 최소깊이, mm

6. 지진하중(EQ)

지진하중은 교량의 지리적 위치 등에 따라 다르며, 신이 창조한 자연의 힘에 의해서 발생된다. 일반적으로 교량기술자가 고려해야 할 4가지 중요한 자연의 힘이 있다.

- 지진력
- 풍력
- 수압
- 온도하중

위에서 언급한 차량활하중과 같이 지진력, 풍력 및 수압은 짧은 기간 동안 구조물에 작용하는 일시적인 하중이다. 온도하중은 위의 다른 하중들과는 달리 온도

변화에 의한 구조물의 변형으로 인한 힘으로 세 가지 힘과는 다른 그룹으로 분리된다. 지진하중은 주로 교량 하부구조 요소에 영향을 미치며, 4장에서 자세하게 다룰 것이다. 그렇지만, 상부구조 요소는 여러 가지 방법으로 지진하중에 의한 영향을 받는다. 그러므로 교량기술자는 지진하중에 관한 일반적인 개요 및 특성을 명확하게 이해하고 있어야 한다.

도로교의 지진해석은 오랫동안에 걸쳐서 지속적으로 수행된 과제이다. 미국의 경우 1971년 산 페르난도(San Fernando) 지진을 시작으로 제정된 내진설계기준은 광범위한 개정 및 확장을 거쳐 현재까지 왔다. 우리나라의 경우 1992년 도로교의 설계에 내진설계기준이 처음으로 도입되어 여러 번 개정을 거치며 현재에 이르렀다. 지진활동의 복잡한 자연현상 때문에(그리고 미흡한 구체적인 방법론 때문에), AASHTO Standard나 도로교설계기준들에서 제시한 설계규정들은 지진에 의한 실제적인 물리적 효과의 단순화는 그런대로 합리적이지만 지진에 의한 결과를 예측하기에는 매우 미흡하다. 차량하중의 경우와 같이 지진 활동에 의한 하중들은 실제로 가해지는 것을 이상적으로 묘사한 것이다.

교량에 작용하는 지진력은 아래 요소들의 함수이다.

- 구조물의 자중
- 구조물의 진동 주기
- 지반운동(가속도)
- 지반종류

이러한 요소들은 등분포로 가정된 지진하중에 대한 교량의 응답을 구하는데 사용된다. 이 응답은 교량 요소들의 변위와 부재력을 결정하기 위해 구조물에 적용하는 등가정적 지진하중의 형태를 취한다.

가속도계수, A

교량의 가설 위치에 대한 지반운동의 가속도계수는 아래 표와 같다(교량내진설계기준 참조). 우리나라의 경우 지진재해도 해석결과에 근거하여 전국을 2개의 지진구역(seismic zone)으로 나누었다(교량내진설계기준 표 2.1-1 참조). 평균재현주기 500년 지진지반운동에 해당하는 지진구역계수는 아래 표(교량내진설계기준 표 2.1-2)와 같이 1구역에서 0.11, 2구역에서 0.07이다. 또한 평균재현주기별 최대 유효지반가속도 비를 의미하는 위험도계수는 아래 표(교량내진설계기준 표 2.1-3)와 같으며, 교량의 중요도에 따라 구분된 내진I등급과 내진II등급 교량의 평균재현주기는 아래 표(교량내진설계기준 표 2.1-4)와 같다. 지반운동의 가속도계수는 지진구역계수와 위험도계수를 곱하여 구한다(자세한 것은 교량내진설계기준 참조). 지진 구역에 관계없이 단경간 교량의 경우, 상부구조물과 고정지점이 있는 교대 사이의 연결부는 상부구조물 자중(고정하중반력)과 지반 종류에 따른 지반계수와 가속도계수를 곱한 수평하중에 견딜 수 있도록 설계되어야 한다(교량내진설계기준 2.2.5).

교량내진설계기준(한계상태설계법)

표 2.1-1 지진구역 구분

지진구역	행정구역[5]	
I	시	서울특별시, 인천광역시, 대전광역시, 부산광역시, 대구광역시, 울산광역시, 광주광역시
	도	경기도, 강원도 남부[1], 충청북도, 충청남도, 경상북도, 경상남도, 전라북도, 전라남도 북동부[2]
II	도	강원도 북부[3], 전라남도 남서부[4], 제주도

주 1) 강원도 남부(군, 시) : 영월, 정선, 삼척시, 강릉시, 동해시, 원주시, 태백시
2) 전라남도 북동부 (군, 시) : 장성, 담양, 곡성, 구례, 장흥, 보성, 화순, 광양시, 나주시, 여수시, 순천시
3) 강원도 북부(군, 시) : 홍천, 철원, 화천, 횡성, 평창, 양구, 인제, 고성, 양양, 춘천시, 속초시
4) 전라남도 남서부(군, 시) : 무안, 신안, 완도, 영광, 진도, 해남, 영암, 강진, 고흥, 함평, 목포시
5) 행정구역의 경계를 통과하는 교량의 경우에는 구역계수가 큰 값을 적용한다.

표 2.1-2 지진구역계수 (재현주기 500년에 해당)

지진구역	I	II
구역계수	0.11	0.07

표 2.1-3 위험도계수

재현주기(년)	500	1000
위험도계수, I	1	1.4

표 2.1-4 도로교의 내진등급과 설계지진

내진등급	교 량	설계지진의 평균재현주기
내진I등급교	- 고속도로, 자동차전용도로, 특별시도, 광역시도 또는 일반국도상의 교량 - 지방도, 시도 및 군도 중 지역의 방재계획상 필요한 도로에 건설된 교량, 해당도로의 일일계획교통량을 기준으로 판단했을 때 중요한 교량 - 내진I등급교가 건설되는 도로 위를 넘어가는 고가교량	1000년
내진II등급교	내진I등급교에 속하지 않는 교량	500년

지반계수, S

지반의 영향은 교량의 지진하중을 결정하는데 고려되어야 한다. 지반계수와 관련된 지반의 분류표(교량내진설계기준 표 2.1-5와 표 2.1-6)는 아래 표와 같다.

교량내진설계기준(한계상태설계법)

표 2.1-5 지반계수

지반계수	지반종류			
	I	II	III	IV
S	1.0	1.2	1.5	2.0

표 2.1-6 지반의 분류

지반종류	지반종류의 호칭	지표면 아래 30 m 토층에 대한 평균값		
		전단파속도 (m/s)	표준관입시험 (N치[1)])	비배수전단강도 (kPa)
I	경암지반 보통암지반	760 이상	-	-
II	매우 조밀한 토사지반 또는 연암지반	360에서 760	>50	>100
III	단단한 토사지반	180에서 360	15에서 50	50에서 100
IV	연약한 토사지반	180 미만	<15	<50
V	부지 고유의 특성평가가 요구되는 지반			

주 1) 비점착성 토층만을 고려한 평균 N치

지반종류 V는 다음 경우에 속하는 지반으로 전문가에 의한 설계스펙트럼 작성이 요구된다.

- 액상화가 일어날 수 있는 흙, 퀵클레이와 매우 민감한 점토, 붕괴될 정도로 결합력이 약한 붕괴성 흙과 같이 지진하중 작용 시 잠재적인 파괴나 붕괴에 취약한 지반
- 이탄 또는 유기성이 매우 높은 점토지반
- 매우 높은 소성을 갖은 점토지반
- 층이 매우 두꺼우며 연약하거나 중간 정도로 단단한 점토

지진해석법

현재 세계 각국에서 사용하는 지진해석방법으로는 지진구역, 경간의 수, 구조물의 복잡성 및 구조물의 중요성을 기준으로 아래의 네 가지 해석방법이 있다.

- 탄성하중해석법
- 단일모드 스펙트럼해석법
- 다중모드 스펙트럼해석법
- 시간이력해석법

일반적으로 지진활동이 적은 지역의 통상적인 교량은 단순한 단일모드해석법이 이용된다. 반면, 지진위험이 높은 지역의 불규칙한 교량은 다중모드 스펙트럼해석법 또는 시간이력해석법이 요구된다. 전자는 종래의 수계산을 사용하여 수행되지만, 후자는 보다 정밀한 컴퓨터를 이용한 해석법을 요구한다. 도로교설계기준에서는 교량의 지진해석방법으로 단일모드 스펙트럼해석법을 사용하는 것을 기본으로 한다. 정밀해석이 요구되는 교량에 대해서는 다중모드 스펙트럼해석법 또는 시간이력해석법을 사용할 수 있다. 다만, 단경간교 및 지진구역 2에 위치한 내진II 등급교는 내진해석을 할 필요가 없다.

어떤 지진해석방법이든지, 지진하중은 종방향과 횡방향으로 각각 계산되어야 하고, 다음의 조합효과에 따라 더 위험한 지진력 조합에 대하여 안전하게 설계되어야 한다.

- 교축방향 지지력 100%와 교축직각방향 지지력 30%의 합
- 교축직각방향 지지력 100%와 교축방향 지지력 30%의 합

탄성하중해석법(Uniform Load Elastic Method)

이 방법은 교축방향 또는 교축직각방향의 진동 기본모드를 바탕으로 한다. 진동의 주기는 등가의 단일 질량-강성(mass-spring)시스템의 진동으로 계산된다. 질량은 구조물 전체의 무게를 중력가속도로 나눈 값이며, 등가강성 K는 임의의 균일한 횡하중 P_o가 교량 길이 L에 작용되는 경우에 발생하는 변위 v_s를 사용하여 아래와 같이 계산될 수 있다.

$$K = \frac{P_o L}{v_s} \qquad \text{식 (3.5)}$$

교량의 진동주기 T_m은 다음으로 계산될 수 있다.

$$T_m = 2\pi\sqrt{\frac{W}{gK}}$$ 식 (3.6)

여기서, W : 교량의 총 무게

g : 중력가속도(거리/시간^2)

가정한 변위의 방향으로 작용하는 등가정적 지진하중은 다음과 같다.

$$P_e = \frac{C_{sm}W}{L}$$ 식 (3.7)

여기서, C_{sm}은 탄성 지진 응답계수로서 아래의 식으로부터 계산될 수 있다.

$$C_{sm} = \frac{1.2AS}{T_m^{\ 2/3}} \leq 2.5A$$ 식 (3.8)

여기서, A : 가속도계수(교량내진설계기준 2.1.1.2 참조)

S : 지반계수(교량내진설계기준 2.1.3 참조)

T_m : m번째 모드의 진동주기, 초(second)

만일 $T_m > 4.0$초이면,

$$C_{sm} = \frac{3AS}{T_m^{\ 4/3}}$$ 식 (3.9)

지반종류 III 또는 IV 그리고 A가 3.0 이상 지역의 교량인 경우, C_{sm}은 $2.5A$를 초과할 필요가 없다.

단일모드 스펙트럼해석법(Single Mode Spectral Analysis Method)

단일모드 스펙트럼해석법은 그림 3.15에 보이는 것같이 기본적으로 교축방향과 교축직각방향으로 작용하는 하중을 가정한다. 일반적인 다경간 교량의 경우 등가정적 지진하중을 계산하기 위한 단일모드 스펙트럼해석법은 다음의 절차에 따른다.

탄성하중법과 마찬가지로 단일모드 스펙트럼해석법은 교축방향과 교축직각방향의 지진하중을 계산하기 위해서 동일한 방법을 사용한다. 이 방법은 교량의 모드형상 모델을 결정하기 위해 가상변위의 원리를 이용한다. 초기 변위 v_s를 발생하기 위해서, 임의의 균일한 정적 하중 P_o가 구조물의 전 길이에 작용된다. 이 변위와 함께 상부구조물(그리고 하부구조물의 일부)의 고정하중 무게가 지진하중을 결정하는데 사용된다.

첫 번째 단계는 구조물 모델의 초기 변위를 계산하는 것이다. 그림 3.15는 구조물에 작용하는 교축방향과 교축직각방향 하중을 보여준다. 초기 변위 v_s는 교각들과 측경간의 끝에서 분명히 나타난다. 이 값은 교각의 종류(예를 들어, 다주식 교각 또는 벽식 교각 등)에 따라 다르다. 변위는 임의의 단위 하중으로 인한 것이라는 가정으로 계산된다.

다음 단계는 단위 길이당 고정하중 값 $w(x)$를 계산하는 것이다. 이것은 상부구조물과 종속되는 하부구조 요소의 일부(예를 들어, 교각의 상부)로 인한 고정하중을 나타낸다. 또한 지진 발생 중에 구조물에 재하될 수도 있는 활하중의 일부가 포함된다(정확한 데이터를 사용할 수 없을 경우 50%로 가정한다).

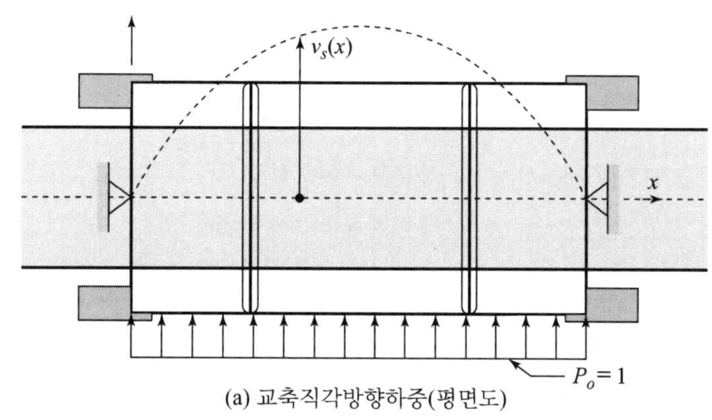

(a) 교축직각방향하중(평면도)

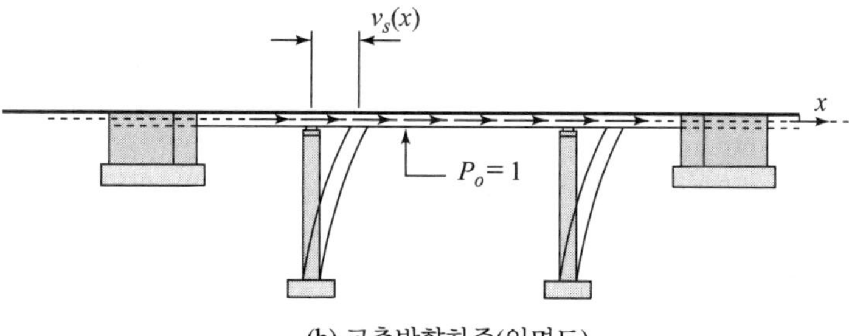

(b) 교축방향하중(입면도)

그림 3.15 단일모드 스펙트럼해석을 위해서 가정한 하중

초기변위는 단위 하중을 기본으로 계산한다. 상부구조물과 상부구조와 함께 일체가 되는 하부구조 요소들로 인한 고정하중을 계산한다. 그리고 초기변위와 고정하중의 값을 기초로 세 개의 계수 α, β 및 γ를 계산한다. 이 계수들은 교량의 기본 진동주기와 등가정적 지진하중을 계산하는데 사용된다[도로교설계기준 8.5.3].

일단 v_s와 $w(x)$의 값이 구해지면, 다음의 세 가지 계수들을 계산할 수 있다.

$$\alpha = \int_0^L v_s(x)dx \qquad \text{식 (3.10)}$$

$$\beta = \int_0^L w(x)v_s(x)dx \qquad \text{식 (3.11)}$$

$$\gamma = \int_0^L w(x)v_s^2(x)dx \qquad \text{식 (3.12)}$$

여기서, L : 교량의 총 길이

이 계수들이 구해지면 교량의 기본 주기를 아래와 같이 계산할 수 있다.

$$T = 2\pi\sqrt{\frac{\gamma}{P_o g\alpha}} \qquad \text{식 (3.13)}$$

여기서, P_o : 등분포 단위 하중

g : 중력가속도($=9.81$ m/s^2)

$w(x)$: 교량 상부구조와 동적거동에 영향을 주는 하부구조 일부의 단위 길이당 고정하중

$v_s(x)$: 균일한 등분포하중 P_o에 의한 정적 처짐(그림 3.15)

구조물에 작용하는 수평지진하중의 합력을 계산하기 위한 준비가 거의 다 되었다. 이 하중은 아래의 요소들을 사용하여 함수로 나타낼 수 있다.

- 구조물의 질량
- 가속도계수
- 지반종류
- 기본 주기

도로교설계기준은 이 요소들을 무차원의 값으로 정량화하는 탄성지진응답계수를 제시한다. 설계자에게 전체 구조물의 주기 계산을 요구하지 않기 때문에 해석을 크게 간소화 했다. 계수는 탄성하중법과 동일하다[식 (3.8)과 (3.9)].

식 (3.10)에서 식 (3.13)까지 구해진 값들로부터 지진하중의 크기를 계산할 수 있다. 이 하중은 구조물의 동적 처짐으로부터 발생하는 관성효과와 비슷한 것으로 아래와 같이 정의된다.

$$P_e(x) = \frac{\beta C_{sm}}{\gamma} w(x) v_s(x) \qquad \text{식 (3.14)}$$

여기서, $P_e(x)$: 등가정적 지진하중이며 단위 길이당 하중강도(그림 3.15)

C_{sm} : 식 (3.8)로 주어지는 탄성지진 응답계수

이 하중은 설계과정의 초기단계에서 초기 단위 하중 $P_o = 1$이 적용된 것과 비슷한 방법으로 구조물에 작용될 수 있다. 지진하중에 의한 변위, 전단력 및 모멘트는 $P_e(x)$의 값을 사용하여 결정한다.

다중모드 스펙트럼해석방법(Multi-mode Spectral Analysis Method)

만일 교량이 구조적으로 중요하거나 형상이 불규칙적일 때 위에서 논의했던 단일모드 스펙트럼해석법은 구조물의 지진응답을 예측하는데 충분하지 못하다. 다중모드 스펙트럼해석에서는 각 진동모드에서 3개의 좌표방향으로 작용하는 진동모드 중에서 한 개 이상의 복합 효과를 고려한다. 교량은 3차원 탄성구조로 모델링 되어야 하고, 해석에 포함되는 모드의 수는 구조 모델 지간 수의 최소한 3배는 되어야 한다. 이때, 잔여모드를 모두 포함하여 해석하더라도 응답이 10% 이상 증가하지 않는 충분한 개수의 모드를 고려하여야 한다.

각각의 진동모드에서 지진에 의한 부재력과 변위는 단일모드 스펙트럼해석과 유사한 방법으로 계산된다. 최종 단면력과 변위는 각각의 모드로부터 CQC방법(complete quadratic combination method)[3.19]을 사용하여 계산될 수 있다.

시간이력해석법(Time History Analysis Method)

구조적으로 중요하거나 기하학적으로 불규칙적인 교량이 지진 활성 구역에 있는 경우 구조물의 내진 해석에 정밀한 방법이 요구된다. 시간이력방법은 지반 운동과 가속도의 시간이력데이터를 구조해석 모델에 입력하는 것을 포함한다. 데이터들은 교량 발주자와 협의하여 선정되어야 하고, 현장 특유의 입력 스펙트럼(가능한 경우)을 사용하는 것이 좋다. 교량은 탄성적으로 설계되거나 또는 소성힌지의 발생을 허용하도록 설계될 것이다. 만일 탄성설계법이 사용되었다면, 설계자는 교각 기둥에 소성힌지가 발생할 수 있는지를 검토해야 한다. 만일 교각 기둥의 휨강도를 초과하는 강도가 발생하면 그것이 지진력을 지배할 것이다. 이러한 경우 교각은 소성힌지가 발생할 수 있게 충분한 연성을 갖도록 설계되어야 한다.

시간이력해석법은 구조물 손상의 원인이 되는 중요한 요인인 지진의 지속시간을 고려하는 유일한 방법이다. 지반운동 시간이력데이터를 입력할 때, 시간 간격

은 해석 모델의 구조물이 유사한 지진이 발생했을 때 실제 교량과 비슷한 거동이 되도록 충분히 작아야 한다.

설계변위

단경간교와 지진구역 II에 있는 내진II등급교의 신축이음부에서 교좌장치는 최소 받침지지길이(N)를 확보해야 한다(교량내진설계기준 2.2.8 참조).

$$N = (200 + 1.67L + 6.66H)(1 + 0.000125\theta^2) \text{ [mm]} \quad \text{식 (3.15)}$$

여기서, N : 교좌장치 중심선과 직각방향으로의 최소 받침지지길이, mm

L : 인접 신축이음까지 교량 단부까지 거리, m.

다만, 지간 내에 힌지가 있는 경우 $L = L_1 + L_2$(그림 3.16 참조)

H : 교각의 평균 높이, m(단경간 교량의 경우 $H = 0$)

θ : 받침선과 교축 직각방향의 사잇각, 도(°)

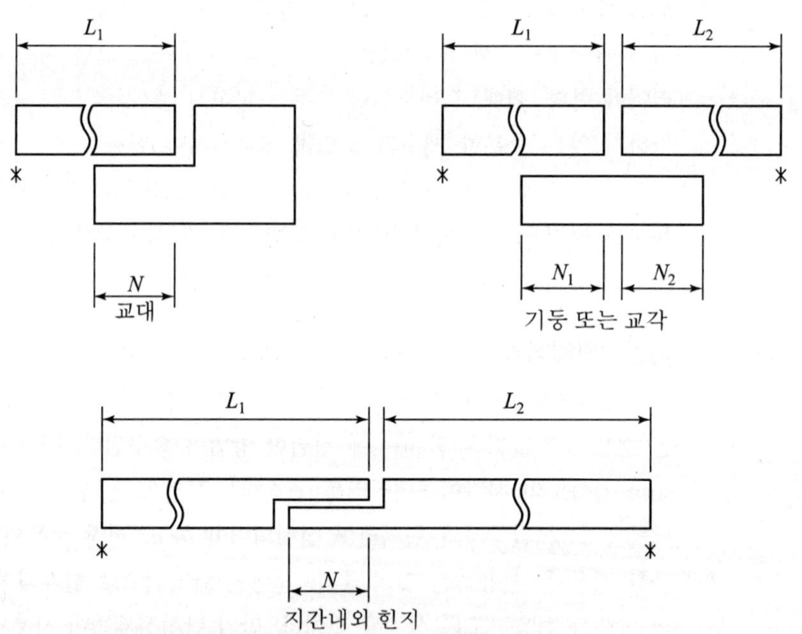

그림 3.16 최소 받침지지길이 규정에 관한 치수

* 신축이음 또는 교량 상판의 단부

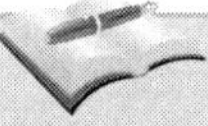

1989년 10월 18일 발생한 규모 6.9의 로마 피에타 지진은 62명의 사망자와 12,000명 이상의 무주택자를 남겼다. 이 모든 것은 오직 10초의 강한 지진으로 발생했다.[3.18] AASHTO 내진 시방서에 채택된 응답스펙트럼방법의 결점은 진동의 지속시간이 직접적으로 고려되지 않고 스펙트럼으로 설명된다는 것이다. 현재의 기준에서 취급되는 지속시간은 대략 20~30초 사이가 된다.

응답수정계수

중규모 지진 발생 시 허용되는 교량 하부구조의 소성거동을 고려하기 위하여 교량의 각 부재와 연결부분에 작용하는 지진하중은 탄성지진력을 아래 표(교량내진설계기준 표 2.1-7)의 응답수정계수(R)로 나눈 값으로 한다. 그러나 하부구조의 경우 축방향력과 전단력은 응답수정계수로 나누지 않는다. 응답수정계수는 하부구조의 양 직교축방향에 적용한다. 기초의 설계지진력은 탄성지진력을 응답수정계수의 반으로 나누어 계산하도록 권장하고 있다. 다만, $R/2$는 1.0보다는 작아서는 안 된다.

교량내진설계기준(한계상태설계법)

표 2.1-7 응답수정계수, R

하부구조	R	연결부분[1)]	R
벽식 교각	2	상부구조와 교대	0.8
철근콘크리트 말뚝 가구(Bent) 1. 수직말뚝만 사용한 경우 2. 한 개 이상의 경사말뚝을 사용한 경우	 3 2	상부구조의 한 지간내의 신축이음부	0.8
단일 기둥	3	기둥, 교각 또는 말뚝 가구와 캡빔 또는 상부구조	1.0
강재 또는 합성강재와 콘크리트 말뚝 가구 1. 수직말뚝만 사용한 경우 2. 한 개 이상의 경사말뚝을 사용한 경우	 5 3	기둥 또는 교각과 기초	1.0
다주 가구	5		

주 1) 연결부분은 부재간에 전단력과 압축력을 전달하는 기구를 의미하며, 교량받침과 전단키 등이 이에 포함된다. 이 때, 응답수정계수는 구속된 방향으로 작용하는 탄성지진력에 대해서만 적용된다.

7. 풍하중(WS, WL)

지진하중과 마찬가지로, 풍하중(wind loading)도 설계를 위해 이상화된 하중 조건들의 복잡한 수식을 제시한다. 비록 풍하중을 모델링하는 문제는 주어진 시간 동안에 작용하는 바람으로 인한 동적인 문제이지만, 이 힘들은 교량의 노출된 부분에 걸쳐 균일하게 분포되는 정하중으로 이상화 될 수 있다.

기본풍속

기본풍속(V_{10})이란 재현기간 100년에 해당하는 개활지의 지상 10 m에서의 10분 평균 풍속을 말한다. 기본풍속은 대상지역 인근 기상관측소의 장기풍속기록(태풍 또는 계절풍)과 지역적 위치를 동시에 고려하여 극치분포로부터 추정하거나 태풍자료의 시뮬레이션 등의 합리적인 방법으로 추정한다. 단 대상지역의 풍속자료가 가용치 못한 경우에는 아래 표(교량설계하중 표 4.10-1)에 주어진 지역별 기본풍속을 사용할 수 있다.

교량설계하중(한계상태설계법)

표 4.10-1 지역별 기본풍속 V_{10}

구분	지역	지명	기본풍속(m/s)
I	내륙	서울, 대구, 대전, 춘천, 청주, 수원, 추풍령, 전주, 익산, 진주, 광주	30
II	서해안	서산, 인천	35
III	서남해안 남해안 동남해안	군산 여수, 충무, 부산 포항, 울산	40
IV	동해안 제주지역 특수지역	속초, 강릉 제주, 서귀포 목포	45
V		울릉도	50

설계기준풍속

도로교설계기준에서는 일반 중소지간 교량의 설계기준풍속(V_D)은 40 m/s로 규정한다. 태풍이나 돌풍에 취약한 지역에 위치한 중대지간 교량의 설계기준풍속(V_D)은 대상지역의 풍속기록과 구조물 주변의 지형 및 환경 그리고 교량상부구조의 지상 높이 등을 고려하여 합리적으로 결정한 10분 평균 풍속이다. 그러나 대상지역의 풍속자료가 가용치 못한 경우에는 고도보정을 위하여 식 (3.16)을 사용할 수 있다.

$$V_D = 1.723\left(\frac{z_D}{z_G}\right)^{\alpha} V_{10} \qquad \text{식 (3.16)}$$

여기서, α : 아래 표(교량설계하중 표 4.10-2)의 지표조도지수

z : 지상 또는 수면으로부터의 구조물의 대표 높이(m)로 교량 주거더와 같은 수평 구조물의 경우에는 평균 높이를, 교각과 같은 수직 구조물의 경우에는 총 높이의 65%를 사용한다.

V_D : 설계고도 z에서의 10분 평균 설계기준풍속, m/s

z_D : z와 아래 표의 z_b 중에서 큰 값

도로교설계기준 

표 4.10-2 지표조도구분에 의한 각종 계수들

지표조도 구분	지표상황	α	α_2	β	C	ϵ	l (m)	z_b (m)	z_G (m)
I	• 해상, 해안	0.12	0.174	1.25	0.15	0.125	200	2	200
II	• 개활지, 농지, 전원 수목과 저층건축물이 산재하여 있는 지역	0.16	0.210	1.54	0.20	0.200	150	5	300
III	• 수목과 저층건축물이 밀집하여 있는 지역 • 중, 고층 건물이 산재하여 있는 지역 • 완만한 구릉지	0.22	0.286	2.22	0.30	0.333	100	10	400
IV	• 중, 고층 건물이 밀집하여 있는 지역 • 기복이 심한 구릉지	0.29	0.400	3.33	0.45	0.500	50	20	500

시공기준풍속

시공기준풍속은 태풍에 취약한 지역에 위치한 중장대 지간 교량의 시공 중 검토를 위한 풍속으로, 공사기간 동안의 최대풍속의 비초과확률 80 %에 해당하는

10분 평균 풍속이다. 이때 재현기간 R, 비초과확률 P_{NE}, 공사기간 N의 관계는 식 (3.17)을 사용하여 구할 수 있다.

$$R = \frac{1}{1-(P_{NE})^{1/N}} \quad \text{식 (3.17)}$$

설계풍압

일반 중소지간 박스 거더교, 플레이트 거더교, 슬래브교에 작용하는 설계풍압은 아래 표(교량설계하중 표 4.10-3)에 나타낸 값으로 한다. 풍상측 트러스에는 활하중 비재하시 유효연직투영면적당 $2.4/\sqrt{\phi}$ 의 풍압이 작용하고, 풍하측 트러스에는 그 절반이 작용한다. 이때 ϕ는 트러스의 충실률로 트러스 외곽 면적에 대한 트러스 투영면적의 비율이다.

교량설계하중(한계상태설계법)

표 4.10-3 거더교의 풍압

단면형상	풍압(kPa)
$1 \le B/D < 8$	$\left(4.0-0.2\dfrac{B}{D}\right)$
$8 \le B/D$	2.4

여기서, B : 교량 총폭(m) (아래 그림 참조)
D : 교량 총높이(m) (아래 그림 참조)

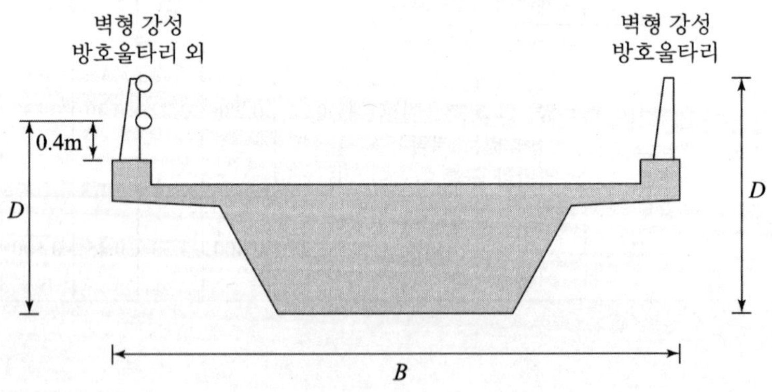

그림 4.10.1 교량 총폭 B와 총높이 D

기타 형식 교량의 주거더 부분에 작용하는 풍하중은 주거더의 형상에 따라 위에 기술한 두 가지 하중 중에서 적절한 하중을 적용한다. 위의 규정을 적용하기 어려운 부재에 작용하는 활하중 비재하시 풍압은 단면형상에 따라 아래 표(교량설계하중 표 4.10-4)에 나타낸 값을 사용한다. 거더교가 병렬로 놓여있는 경우에는 이 영향을 고려하여 풍하중을 적절히 보정하여야 한다. 활하중 재하 시에는 풍압을 절반만 재하할 수 있다. 활하중이 재하될 때에는 교면상 1.5 m의 높이에서 1.5 kN/m의 풍하중이 활하중에 작용하여 상부구조로 전달되는 것으로 본다.

교량설계하중(한계상태설계법)

표 4.10-4 기타 교량 부재에 작용하는 풍압(kPa)

단면형상	풍상측 부재	풍하측 부재
원형	1.5	1.5
각형	3.0	1.5

태풍이나 돌풍에 취약한 지역에 위치한 중대지간 교량의 설계풍압

구조물의 정적설계를 위한 단위 면적당 작용하는 풍압 p(Pa)는 설계기준풍속 V_D(m/s), 공기밀도 $\rho(=1.25\ \mathrm{kg/m^3})$, 항력계수 C_D 및 거스트계수 G를 사용하여 식 (3.18)에 의하여 구한다.

$$p = \frac{1}{2}\rho {V_D}^2 C_D G_r \qquad f_1 > 1\ \mathrm{Hz}$$

$$p = \frac{1}{2}\rho {V_D}^2 C_D G_f \qquad f_1 \leq 1\ \mathrm{Hz} \qquad \text{식 (3.18)}$$

여기서, f_1은 구조물의 바람방향 1차 모드 고유진동수이고, 항력계수 C_D는 기존 문헌, 실험, 해석 등의 합리적인 방법으로 산정한다. 거스트계수 G는 풍속의 순간적인 변동의 영향을 보정하기 위한 계수이며, 강체 및 유연 구조물에 따라 구분하며 교량설계하중(한계상태설계법) 4.10.3의 방법에 따라 구한다.

하부구조에 작용하는 풍압

하부구조에 직접 작용하는 풍압은 교축직각방향 및 교축방향에 작용하는 수평하중으로 한다. 그러나 동시에 2방향으로 작용하지 않는 것으로 한다. 풍압의 크기는 도로교설계기준 표 3.13.4의 값을 사용하거나, 유효연직투영면적에 대하여 식 (3.18)을 사용하여 구한다. 식 (3.18)을 적용할 경우에 항력계수로 원형 및 트랙형 단면의 경우에 0.6, 각형 단면의 경우에 1.2를 사용할 수 있다.

공기역학적 안정성

위에 기술한 일반교량과는 달리 주경간 길이가 200 m 이상인 장대 특수교량이나 주경간 길이와 폭(또는 높이)의 비율이 30을 넘는 교량이나 부재는 바람에 의한 진동이 발생하기 쉽다. 장대 특수교량이나 세장 구조부재는 전항의 정적설계 결과에 대하여, 동적해석과 풍동실험을 통하여 풍하중의 동적효과에 대한 제반 공기역학적 안정성을 검토하여야 한다. 또한 가설단계에서의 내풍안정성에 대해서도 충분히 검토하여야 한다.

8. 수압(WA)

수압(channel forces)은 물과 관련된 것에 의해 구조물이 받는 하중들이다. 이 하중들은 유수, 유빙 및 부력 등을 포함한다. 이 하중은 지진하중과 유사하게 주로 하부구조 요소들에 영향을 미친다. 일반적인 설계 하중과 상부구조와의 연관성에 대해서 다음에 논의하였다.

정수압(Static Pressure)

정수압은 수압을 지지하고 있는 구조물의 벽면에 직각으로 작용한다. 압력은 작용점으로부터 연직상방 수면까지 거리에 물의 밀도와 중력가속도를 곱하여 계산한다.

유수압(Stream Pressure)

수로 내에 지지점이 있는 구조물들은 기초가 유수압에 의해 활동이나 전도가 발생할 위험이 있다. 2.3.7절에서 언급한 것처럼, 높은 유속은 기초 하부를 침식시키는 등의 구조의 안전성을 위협하는 나쁜 조건을 초래할 수 있다. 일반적으로 유수압은 물이 교각에 부딪히고 흘러가는 것으로서 물의 운동량의 변화에 의한 결과이다.[3.20] 평균 속도는 유량을 유역면적으로 나누어 계산된다. 유동값은 최대유속을 발생시키는 조건을 위해 철저한 수문학 및 수리학적 연구로부터 얻어져야 한다. 이러한 연구는 교량설계의 계획과 동시에 또는 독립된 연구의 일부로 수행되어야 한다. 최대 유수압 $p_{\max}$ 는 평균 유수압의 2배이다. 수위가 가장 높은 곳에서 p_{max}와 유선에서 영으로 나타나는 삼각형 분포가 사용된다.

하부구조에 종방향으로 작용하는 유수압은 다음과 같다.

$$p = 5.14 \times 10^{-4} C_D V^2 \quad \text{식 (3.19)}$$

여기서, p : 유수압, MPa
V : 유속, m/s
C_D : 교각의 항력계수(교량설계하중 표 4.9-1 참조)

유수와 교각이 사각을 가질 때, 횡방향의 수압은 다음과 같다.

$$p = 5.14 \times 10^{-4} C_L V^2 \quad \text{식 (3.20)}$$

여기서, p : 측면에 작용하는 유수압, MPa
V : 유속, m/s
C_L : 교각의 횡방향 항력계수(교량설계하중 표 4.9-2 참조)

교각에 작용하는 횡방향 항력은 횡방향의 유수압과 노출되는 표면적의 곱이다.

교량설계하중(한계상태설계법)

표 4.9-1 항력계수 C_D

교각의 단면 형상	C_D
반원형(트랙형) 교각	0.7
사각형 교각	1.4
부유물질이 부착, 점착된 교각	1.4
쐐기형 교각 (선단각 90° 이하)	0.8

표 4.9-2 횡방향 항력계수 C_L

흐름과 교각의 종축이 이루는 각도, θ	C_L
0도	0.0
5도	0.5
10도	0.7
20도	0.9
30도 혹은 이상	1.0

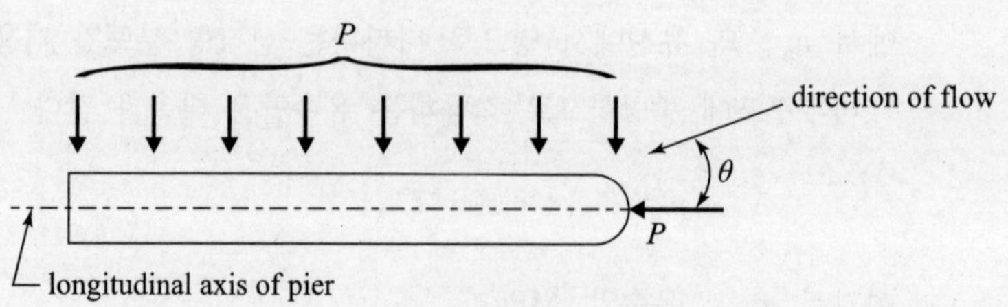

그림 4.9.1 동수압을 보여 주는 교각의 평면도

설하중 및 빙하중

도로교설계기준에서는 교량의 가설지점의 실제 상황에 따라 빙하중을 고려할 필요가 있는 지방에서는 적당한 값을 정하도록 한다고 규정하고 있다. 동절기에 도로교는 하부구조에 충격을 주는 빙편(ice sheets)과 유빙(ice floes) 그리고 빙편의 온도변화에 따른 정적 압력으로부터 심각한 손상을 입을 수 있다. 낮은 형하고가 낮은 경우, 상부구조 요소들에 빙하중이 작용될 수 있다. 이 하중의 크기는 얼음 질량과 얼음과 교각의 접촉면의 특성에 따른다.

AASHTO는 유빙 때문에 발생하는 수평력 F를 아래와 같이 규정한다(AASHTO 3.9.2.2 참조).

$$F = F_c\text{와 } F_b\text{의 작은 값 : } \frac{w}{t} \leq 6.0 \qquad \text{식 (3.21)}$$

$$F = F_c \ : \ \frac{w}{t} > 6.0 \qquad \text{식 (3.22)}$$

여기서, F : 교각에 작용하는 수평방향 빙하중, N

$$F_c = C_a ptw \qquad \text{식 (3.23)}$$

$$F_b = C_n pt^2 \qquad \text{식 (3.24)}$$

$$C_a = \left(5\frac{t}{w} + 1\right)^{0.5} \qquad \text{식 (3.25)}$$

$$C_n = \frac{0.5}{\tan(\alpha - 15)} \qquad \text{식 (3.26)}$$

여기서, p : 유효얼음분쇄강도, MPa(AASHTO 3.9.2.1 참조)

t : 얼음의 두께, mm

α : 수직으로부터 전면(nose)의 경사각, 도(°)

w : 빙하중을 받는 높이에서 교각의 폭, mm

F_c : 교각의 전폭에 걸친 충돌로 분쇄된 유빙에 의한 수평력, N

F_b : 경사진 교각 전면(pier nose)에 걸침으로 휨에 의해 분쇄된 유빙에 의한 수평력, N

C_a : 분쇄된 얼음덩어리가 있는 높이에서 얼음두께에 대한 교각 폭의 비율을 고려한 계수

C_n : 수직으로부터 교각 노즈의 경사를 고려한 계수

만약 $\alpha \leq 15°$이면 휨에 의한 얼음의 파괴는 가능하지 않다. 따라서 $F = F_c$

AASHTO 기준

3.9.2.1 빙강도(Ice Strength)

유효 빙강도는 이동할 때 얼음 자체의 온도와 이동하는 유빙의 크기가 포함된 다양한 계수에 따른다. 아래의 강도는 AASHTO의 일반 지침에서 선정한 유효 빙강도이다. 일반적으로 더 낮은 온도의 유빙이 교각 혹은 부딪히는 다른 교량 요소에 더 큰 손상을 줄 수 있다.

- P = 0.38 MPa
  얼음은 용해점에서 깨어진다. 얼음 조각들은 분해되어서 작은 조각으로 움직인다.
- P = 0.77 MPa
  얼음은 용해점에서 깨어진다. 얼음 조각들은 단단하고 큰 조각으로 움직인다.
- P = 1.15 MPa
  용해점에서 깨어질 때, 얼음은 교각에 충격을 줄 수 있는 크고 단단한 판으로 움직인다.
- P = 1.53 MPa
  얼음은 용해점 아래 온도에서 깨어지거나 움직인다.

교각과 부딪치는 얼음의 두께는 수로가 있는 지역의 기록으로부터 결정되어야 한다. 예상 밖으로 작은 수로에 큰 유빙이 있을 수 있으며, 힘 F_b와 F_c에 대해 50%까지 감소가 고려될 수 있다(AASHTO 3.9.2.3).

교각은 물의 흐름과 평행하게 설계되어야 한다. 다음 두 가지 경우에 대한 설계 수평력이 검토되어야 한다.

- 종방향의 힘은 F와 횡방향의 힘 $0.15F$의 합
- $0.50F$의 종방향 힘과 아래 식에서 계산되는 횡방향의 힘 F_t의 합

$$F_t = \frac{F}{2\tan(\beta/2 + \theta_f)} \qquad \text{식 (3.27)}$$

여기서, β : 수평면에서 노즈의 각(둥근 전면=100°)

θ_f : 얼음과 교각 노즈 사이의 마찰각도

누적된 결빙에 의한 얼음보(hanging dam)는 교각에 0.010~0.096 MPa의 압력을 발생시킬 수 있다. 빙집(ice jam)은 교각에 0.0096~0.096 MPa의 압력을 발생시킬 수 있다(AASHTO 3.9.4 참조).

급속한 수위의 변동으로 인한 빙부착(ice adhesion)에 의한 수직력은 다음과 같다.

원형교각의 경우 $F_v = 1.25t^2\left(1.05 + \frac{0.023R}{t^{0.75}}\right)$ 식 (3.28)

직사각형 교각의 경우

$$F_v = (2.5\times10^{-3})t^{1.25}L + 1.25t^2\left(1.05 + \frac{0.023R}{t^{0.75}}\right) \qquad \text{식 (3.29)}$$

여기서, F_v : 빙부착에 의한 수직력, N

R : 원형 또는 직사각형 교각의 원형 끝에서 반경, mm

L : 직사각형 교각 끝의 반원을 제외한 교각의 주변길이, mm

부력(Buoyancy) (BP)

물속에 잠기는 구성요소(예 : 교각)를 갖는 교량은 때때로 부력의 영향으로 손상될 수 있다. 이것은 일반적으로 속이 비어있는 큰 구조물에서만 문제가 된다. 부력은 교각 기초 및 파일에서 상향으로 작용하는 힘을 발생할 수 있다.

9. 제동하중(BR)

제동하중(braking force)은 교축방향으로 작용하는 하중이다. 트럭이 정차함에 따라 차량하중은 교축방향으로 트럭의 바퀴에서 교량의 바닥판으로 전달된다. 도로교설계기준은 제동하중을 표준트럭하중의 10%로 하고, 궤도상의 제동하중은 윤하중 전체의 10%로 명시하고 있다. 이 힘은 교면 또는 레일면 상 1.8 m에 작용된다. 모든 차로에 같은 진행방향으로 작용되는 것으로 가정한다. 일반 교량의 상부구조에서 제동하중의 효과는 중요하지 않다. 그러나 하부구조 요소들은 다소

심각한 영향을 받는다. 교축방향의 지진력처럼 제동하중은 고정지점이 있는 교각 또는 교대에 의해 저항된다. 제동하중은 극단적으로 가벼운 교량 및 궤도가 있는 교량 등의 특별한 경우에 고려한다.

10. 원심하중(CF)

수평 곡선교의 경우, 원심하중(centrifugal forces)의 영향이 설계에 고려되어야 한다. 제동하중(BR)처럼 원심하중은 교량의 곡선경로를 따라 이동하는 차량으로 가정한다. 원심하중은 표준트럭하중의 축중량에 계수 C를 곱한 값이며, 교면 상 1.8 m에 작용한다. 계수 C는 아래와 같이 정의된다(도로교설계기준 3.18).

$$C = \frac{4}{3}\frac{v^2}{gR} \qquad \text{식 (3.30)}$$

여기서, v : 설계속도, m/s

g : 중력가속도, m/s^2

R : 차로의 곡선 반경, m

상부구조의 주부재와 결합된 바닥판(예를 들면, 전단연결재를 사용하여 강 거더와 합성된 콘크리트 바닥판)의 경우, 제동하중은 바닥판의 부부재와 교각과 교대의 받침을 통하여 하부구조요소에 전달된다.

11. 가설하중(ER)

구조물의 가설기간 동안, 여러 부재들은 시공 장비 또는 다른 종류의 하중에 의해 발생되는 하중(construction loads)을 받을 가능성이 있다. 설계 과정(단계별 건설 또는 분할 시공)에서 예측될 수 있는 상황이면 설계자는 그러한 추가적인 하중을 고려해야 하고, 필요한 브레이싱 혹은 지지 구조물을 도면에 표시해야 한다. 다른 경우로서 도급자가 선호하는 시공방법에 따라 하중이 발생하기도 한다. 이러한 경우, 도급자는 부재 또는 지지 구조물의 필요한 강성을 제공해야 하고, 이러한 조치는 구조기술사에 의해 제출되어야 하며, 발주자에 의해 최종 검토와 승인을 받아야 한다.

12. 침하(GD, SD)

기초지반 또는 파일의 변동 때문에 기초, 접속 슬래브 및 구조물이 아래로 이동하는 것은 침하라고 알려져 있다. 침하는 아래와 같은 여러 요인에 의해 발생할 수 있으나, 이것에 국한되지는 않는다.

- 기초지반 또는 파일에 과다한 하중
- 확대기초 또는 마찰파일에서 지하수위의 저하
- 활하중 또는 지진하중으로부터의 진동
- 제방하중
- 토질 특성의 변화

위의 마지막 항목에 관련하여, 수분의 계절적 변화 때문에 발생하는 지반의 수축과 팽창이 침하문제를 유발할 수 있으므로 이러한 변동에 영향을 받지 않는 깊이에 기초를 위치하는 것이 중요하다.

교량기술자들이 특별히 고려해야 하는 것은 기초가 불균일하게 아래로 움직이는 부등침하이다. 이러한 침하는 하부구조 요소의 균열과 상부구조 연결부 및 지지점에 불안정을 가져올 수 있다. 부등침하의 극단적인 경우, 교대와 같이 전체 구성요소가 기울어질 수 있다. 침하가 일정하거나 균일방법으로 발생하면 효과는 덜 심각해진다.

집단적인 기초의 침하뿐만 아니라 몇 개의 기초가 침하할 가능성도 고려하여 교량설계에서 가장 위험한 상태가 만들어지도록 다양한 하중조합이 고려되어야 한다.

구조물이 안정되기까지는 오랜 시간이 걸리기 때문에, 구조물의 침하는 미지의 현상 혹은 이상한 자연현상으로 취급되었다. 침하를 규명하기 위한 첫 번째 성공적인 시도는 현대 토질역학의 아버지라 인식되는 칼 테르차기(1883~1963)에 의해서 1919년에 이루어졌다.[3.23]

13. 부상(Uplift)

연속보의 경우, 어떤 하중조합은 상부구조물을 지지점으로부터 위로 부상시키는 결과를 발생시킬 수 있다. 이러한 현상을 부상이라고 한다. AASHTO에서는 부상이 예상될 때 적절한 상부구조물의 억제 수단(인장타이)을 요구하고 있다. 부상은 일반적으로 인접한 지간에서 길이 변화의 폭이 큰 연속보에 발생한다(예를 들면, 장지간 옆에 단지간). 교량의 지간 배분을 적절히 설계하면 위와 같은 하는 부상을 피할 수 있다.

14. 차량충돌하중(CT)

구조물이 제방, 방호울타리 등에 의해 충돌로부터 보호된 경우에는 차량충돌하중을 적용할 필요가 없다. 그러나 구조물이 도로의 가장자리로부터 9 m 내에 위치하거나, 궤도의 중심선으로부터 15 m 거리 내에 위치한 교대나 교각은 1800 kN 크기의 등가정적하중을 고려하여야 한다. 이 하중은 노면상 1.2 m 높이에서 임의의 수평방향으로 작용한다고 가정한다.

15. 온도 변화(TU, TG)

구조물에서 온도하중의 효과는 중요하며 설계자에 의해 과소평가 되어서는 안 된다. 일반적으로 온도하중은 온도의 변화(즉 뜨거운 것에서 차가운 것, 차가운 것에서 뜨거운 것) 및 온도경사에 의해서 발생하며, 구조적 여용력 또는 받침의 손상(그래서 상부구조가 움직임에 자유롭지 못함)에 의해서 발생된다. 도로교설계기준에서는 강재, 콘크리트 및 합성구조의 설계를 위한 권장 온도 범위를 제시했다. 온도 범위의 값을 보여주는 표(도로교설계기준 표 3.14.1)가 아래에 있다. 온도 변화는 상부구조의 재료뿐만 아니라 교량의 위치에 따라 달라진다. 일단 시공온도가 가정되면 설계자는 최대 온도의 상승과 하강을 결정할 수 있다.

교량설계하중(한계상태설계법)

표 4.11-1 온도의 범위

기후	강교(강바닥판)	합성교(강 거더와 콘크리트 바닥판)	콘크리트교
보통	−10℃에서 50℃	−10℃에서 40℃	−5℃에서 35℃
한랭	−30℃에서 50℃	−20℃에서 40℃	−15℃에서 35℃

부등침하에 의한 악영향과 같이 고르지 않은 온도 분포에 의해서 구조물은 손

상을 입을 수 있다. 이것은 구조물의 한쪽 측면이 계속적으로 태양에 노출되는 동안 다른 측면이 그늘질 경우, 온도의 차이는 높은 온도 구배 응력을 야기할 수 있다. 온도 구배 응력은 지점반력이 재분배되는 원인이 될 수 있고, 일반적으로 받침, 하부구조 및 바닥판 이음부에 큰 영향을 줄 수 있다.

교량기술자들은 사교에서 온도 변화에 의한 이동의 영향을 주목해야 한다. 3.4.3절에서 언급했듯이 사교는 종방향과 횡방향 모두의 거동을 고려해야 한다. 온도 변화에 의한 과도한 변위는 모든 바닥판 이음부의 설계에 고려되어야 한다. 세그멘탈 상자형 거더와 같이 큰 콘크리트 구조를 위한 설계의 고려사항은 외부 표면과 폐쇄된 빈 내부 표면간의 온도 차이이다.

온도의 변화는 건조수축과 비슷한 방법으로 콘크리트에 영향을 줄 수 있다. 콘크리트 타설 시의 온도와 비교하여 기온이 내려갔다면, 변형은 건조수축(앞의 1항에서 언급)이 발생했을 때와 유사하다. 콘크리트가 수축하였을 때, 만일 온도 신축이 억제된다면(구조적 여용력 또는 지지점의 손상으로 인하여) 온도응력은 부재 내에 발생한다.

온도 응력은 온도의 감소 또는 증가에 따라 인장 또는 압축 응력이 될 수 있다. 콘크리트는 인장을 억제하기에 부족하기 때문에 인장 응력은 부재에 균열을 일으킬 가능성이 있다. 이 점을 고려하여 콘크리트 부재에 추가적인 보강이 제공되어야 한다. 온도 철근으로 알려진 이 철근은 주철근에 직각으로 놓인다. 온도의 급격한 하강은 강구조물에도 영향을 미칠 수 있다. 극도로 낮은 기온으로 급격히 변할 경우 취성파괴라고 알려진 현상이 발생하기도 한다. 취성파괴는 소성변형이 발생하기 전에 강재들의 갑작스러운 파괴가 일어나는 현상이다. 피로와 같은 다른 요인들이 취성파괴를 일으키지만, 갑작스런 온도 변화의 영향도 무시될 수 없다.

콘크리트 바닥판을 갖는 강재나 콘크리트 상부구조에서 수직온도경사는 아래 그림 3.17과 같이 가정한다. 그림에서 A의 값은 두께가 400 mm 이상인 콘크리트 상부구조물의 경우 300 mm, 400 mm 이하의 콘크리트 단면의 경우 두께에서 100 mm를 뺀 값, 그리고 강재 상부구조물의 경우 300 mm로 한다. 상부의 온도가 높을 때의 온도값은 다음 표 3.2와 같다. 하부의 온도가 높을 때의 값은 표에 의해 정해진 값에 콘크리트포장에는 −0.3, 아스팔트포장에는 −0.2를 곱하여 구한다.

표 3.2 온도경사 기본값

T_1(℃)	T_2(℃)
23	6

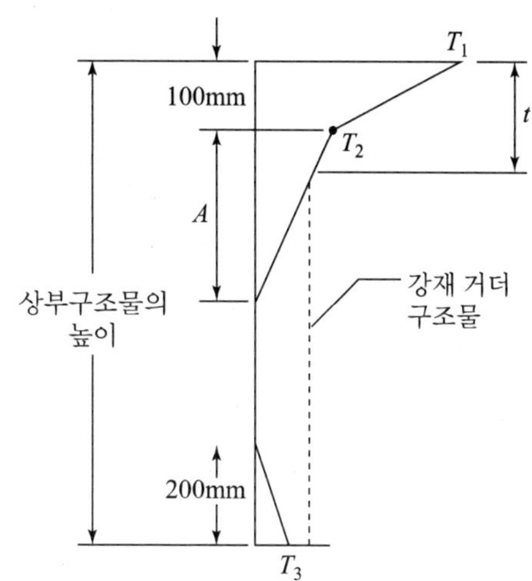

그림 3.17 콘크리트와 강재 상부구조물에 발생하는 온도의 수직변화곡선

상부의 온도가 높을 때의 수직온도경사의 기본 값

3.5.4 하중조합

악당들이 차례로 주인공을 알맞게 공격하는 액션 영화와 달리, 하중은 개별적으로 알맞게 작용하는 것이 아니라 다양한 조합으로 작용한다. 이것은 풍하중이나 유수압이 작용되는 동시에 차량활하중이 교량에 작용할 수 있다는 것이다. 교량기술자는 동시에 작용하는 하중들의 조합을 고려하여 교량을 설계해야 한다. 반면에 구조물에 모든 최악의 하중이 동시에 작용할 가능성은 매우 적으므로, 기술자는 교량을 설계하는데 모든 최악의 하중조건을 단순히 합산하지 말아야 한다.

이것을 고려하여 도로교설계기준은 다양한 그룹으로 나누어진 하중조합 집단을 개발하였다. 이러한 그룹들은 구조물에 발생할 가능성이 있는 하중들의 조합을 나타낸다. 모든 구조적 요소들은 모든 하중조합을 견딜 수 있게 설계되어야 한다.

도로교설계기준 및 AASHTO 기준은 규정을 통하여 거의 비슷한 다양한 하중조합을 언급하였다. 설계기준은 구조물이 모든 하중조합에 견딜 수 있도록 요구하지만, 물리적으로 모든 하중조합을 계산할 필요가 없다는 것을 독자들은 알게 된다. 대부분의 구조물에서 몇몇의 하중조합이 지배적일 것이고, 이러한 하중의 계산과 조합은 최종 설계 보고서에서 기술되어야 한다.

주의할 항목은 구조 부재요소에 따라 지배적인 하중조합이 다르다는 것이다. 이러한 관점에서 몇몇 부재들은 지배적인 하중조합 외에 다른 하중조합에 의하여 상세한 검토가 필요하다.

교량설계기준(한계상태설계법)은 확률기반설계법이다. 개념은 설계 수명 동안 구조물의 형식, 형상, 재료 또는 시공 방법에 관계없이 모든 구조물과 요소들이 상대적으로 일정한 파괴 확률을 갖도록 하는 것이다. 모든 구조 부재의 안정성의 정도는 다양한 하중과 저항의 함수이다. 하중의 불확실성이 커지면 하중계수도 커질 것이다(즉, 활하중의 하중계수는 고정하중의 계수보다 더 커야 한다). 또한 재료의 하중저항력에 대한 불확실성이 커지면 저항계수가 더 작아져서 모든 재료는 비슷한 안전율을 가질 것이다.

이러한 설계 목적을 달성하기 위하여 강도한계상태, 사용한계상태 및 피로한계상태가 모든 구조 부재에 대해 검토된다. 강도한계상태는 구조물이 다양한 하중조건에서 충분한 강도와 안정성을 보장하기 위한 것이다. 사용한계상태는 구조물의 설계 수명 동안 사용성을 보장하기 위해서 처짐, 균열 폭, 응력 수준 및 보통의 사용조건 하에서의 안정성을 제어하는데 사용된다. 피로한계상태에서는 교량의 설계 수명 동안 피로하중의 작용으로 인한 파괴를 막기 위해서 피로가 발생하기 쉬운 곳의 응력 범위에 제한을 두고 있다.

각각의 하중조합 아래에서, 전체 계수화 된 하중효과는 다음과 같다.

$$Q = \sum \eta_i \gamma_i Q_i \qquad \text{식 (3.31)}$$

여기서, η_i : 하중수정계수, 구조물의 연성, 여용성 및 운영의 중요성에 관계되는 계수. 대부분 교량의 경우 $\eta_i = 1.0$(교량설계일반사항 KDS 24 10 11(1.3.2) 참조)

γ_i : 하중계수, 특정한 하중조합에서 특정한 하중효과를 위해 통계적으로 산출된 승수(교량설계하중조합 표 4.1-1, 4.1-2 참조)

Q_i : 특정 하중으로부터의 하중효과

교량 구조물에서 각각의 부재와 연결부는 다음의 각 한계상태에서 규정된 극한 하중효과의 조합들에 대하여 검토하여야 한다.

극한한계상태 하중조합 I

이것은 풍하중이나 지진과 같은 극한상태의 하중을 제외하고 구조물을 통행하는 통상적인 차량에 관련된 기본 하중조합이다. 대부분의 상부구조물은 이 하중조합에 의해 지배된다.

극한한계상태 하중조합 II

발주자가 규정하는 특수 설계 차량이나 통행 허가 차량을 고려하는 하중조합이다. 극한한계상태 하중조합 I의 하중조합과 같이 풍하중 또는 어떠한 극한적인 하중도 고려할 필요가 없다. 대부분의 교량들은 KL-510 활하중으로 설계되기 때문에 이 하중조합은 보통 사용되지 않는다. 만일 발주자가 요구하는 하중이 중차량이고, 교량이 평상시에는 그러한 하중을 받지 않는다면, 이 특수하중은 호위되어야 하고 교량은 통제되어야 한다. 이를 위해 이 교량에서 다른 차선은 비우고 오직 특수 차량 하나만 교량에 재하되도록 한다. 그러면 교량은 그 하중을 지탱할 수 있다. 충격하중의 감소도 허용될 수 있다.

극한한계상태 하중조합 III

이 하중조합은 90 km/h(25 m/sec)를 초과하는 풍하중에 노출되는 교량과 관련이 있다. 그러한 상황에서는 교량에 활하중이 없는 것으로 간주된다.

극한한계상태 하중조합 IV

활하중에 비하여 고정하중이 매우 큰 경우에 적용하는 하중조합이다. 이것은 만일 구조물이 장지간 또는 큰 고정하중을 갖거나 혹은 가설중인 교량이라면, 어떤 구조적 요소를 위한 지배적 하중조합이 될 것이다. 이 하중조합의 목적은 다양한 종류의 교량이 비슷한 파괴확률을 갖는다는 것을 확인하는 것이다.

극한한계상태 하중조합 V

90 km/h(25 m/sec)의 풍속과 일상적인 차량통행에 의한 하중효과를 고려한다. 활하중과 풍하중이 조합되면 두 값은 감소된다. 왜냐하면 구조물에 매우 무거운 활하중과 극도로 높은 풍하중이 동시에 작용하는 확률이 낮아지기 때문이다.

극단상황한계상태 하중조합 I

지진하중을 고려하는 하중조합이다. 활하중은 교량의 일일 교통량을 바탕으로 고려된다. 보통 교량의 경우 활하중 계수 0.5가 사용될 수 있는데, 이것은 큰 지진이 일어났을 때 최대 활하중이 발생할 확률이 낮은 것을 의미한다.

극단상황한계상태 하중조합 II

이 하중조합은 빙하중과 선박 및 차량에 의한 충돌과 같은 극한 상황을 위해서 사용된다. 이러한 사건들은 한 번에 하나만 고려되어야 한다. 지진이 일어나는 경우에서와 같이 감소된 활화중이 고려된다.

사용한계상태 하중조합 I

교량의 정상 운용 상태에서 발생 가능한 모든 하중의 표준값과 90 km/h의 풍하중을 조합한 하중조합이며, 교량의 설계 수명 동안 발생 확률이 매우 작다. 이 하중조합은 처짐, 철근콘크리트 구조물의 사용성 즉, 균열 폭, 프리스트레스트 콘크리트 부재의 압축응력 및 사면의 안정성을 검증하기 위해 사용된다. 또한 매설된 금속구조물, 터널라이닝판과 열가소성 파이프에서의 변형 제어에도 적용할 수 있다.

사용한계상태 하중조합 II

이 하중조합은 차량활하중에 의한 강구조물의 항복과 마찰이음부의 미끄러짐을 방지하기 위한 것이다. 이 하중조합에서 사용되는 활하중은 대략 사용성 I과 극한한계상태 I 사이의 절반정도이다.

사용한계상태 하중조합 III

이 하중조합은 프리스트레스트 콘크리트 상부구조의 균열폭과 인장응력 크기에 관계가 있다. 설계수명 동안 종종 발생 가능한 하중조합이다. 공칭설계 활하중이 사용된다면 상부구조는 콘크리트의 인장응력에 대해서 과다설계가 될 것이므로, 이 하중조합에서는 0.8의 활하중계수가 사용된다.

사용한계상태 하중조합 IV

이 하중조합은 균열 제어를 목적으로 프리스트레스트 콘크리트 하부구조의 인장에만 관계가 있다. 설계수명 동안 종종 발생 가능한 하중조합으로 교량하부구조는 연직하중보다 수평하중에 노출될 때 더 위험하기 때문에 연직 활하중 대신에 수평하중을 고려한 하중조합이다. 풍하중계수 0.70은 풍속 135 km/h를 나타내며, 이것은 프리스트레스트 콘크리트 하부구조에 10년에 한번 인장응력이 발생할 수 있는 확률을 반영한 것이다.

사용한계상태 하중조합 V

이 하중조합은 설계수명 동안 작용하는 고정하중과 수명의 약 50% 기간 동안 지속하여 작용하는 하중을 고려한 하중조합이다.

피로한계상태 하중조합

반복적인 차량활하중과 동적응답에 의한 피로파괴를 검토하기 위한 하중조합이다. 교량교설계하중(한계상태설계법) 4.3.2에 규정되어 있는 피로설계트럭이 이

하중조합에 적용되어야 한다.

표 3.3과 3.4에 하중조합과 하중계수를 정리하였다. 하중조합에 사용된 하중기호를 일목요연하게 알 수 있도록 교량설계기준(한계상태설계법)[KDS 24 12 21]의 하중을 아래에 포함하였다.

교량설계하중(한계상태설계법)

4.1 하중의 종류

- 지속하는 하중
  - (1) 고정하중
    - 구조부재와 비구조적 부착물의 중량(DC)
    - 포장과 설비의 고정하중(DW)
  - (2) 프리스트레스힘(PS)
    - 포스트텐션에 의한 2차 하중효과를 포함한 누적 하중효과
  - (3) 시공 중 발생하는 구속응력(EL)
  - (4) 콘크리트 크리프의 영향(CR)
  - (5) 콘크리트 건조수축의 영향(SH)
  - (6) 토압
    - 수평토압(EH)
    - 상재토하중(ES)
    - 수직토압(EV)
    - 말뚝부마찰력(DD)
- 변동하는 하중
  - (1) 활하중
    - 차량활하중(LL)
    - 상재활하중(LS)
    - 보도하중(PL)
  - (2) 충격(IM)
  - (3) 풍하중
    - 차량에 작용하는 풍하중(WL)
    - 구조물에 작용하는 풍하중(WS)
  - (4) 온도 변화의 영향
    - 단면 평균 온도(TU)
    - 온도 경사(TG)
  - (5) 지진의 영향(EQ)
  - (6) 정수압과 유수압(WA)
  - (7) 부력 또는 양압력(BP)
  - (8) 설하중 및 빙하중(IC)
  - (9) 지반변동의 영향(GD)
  - (10) 지점이동의 영향(SD)
  - (11) 파압(WP)

(12) 원심하중(CF)
(13) 제동하중(BR)
(14) 가설 시 하중(ER)
(15) 충돌하중
- 차량충돌하중(CT) - 선박충돌하중(CV)
(16) 마찰력(FR)

표 3.3 하중조합과 하중계수[교량설계하중조합(한계상태설계법)]

하중 / 한계상태 하중조합	DC DD DW EH EV ES EL PS CR SH	LL IM BR PL LS CF	WA BP WP	WS	WL	FR	TU	TG	GD SD	이 하중들은 한 번에 한 가지만 고려			
										EQ	IC	CT	CV
극한I	γ_p	1.80	1.00	-	-	1.00	0.50/ 1.20	γ_{TG}	γ_{SD}	-	-	-	-
극한II	γ_p	1.40	1.00	-	-	1.00	0.50/ 1.20	γ_{TG}	γ_{SD}	-	-	-	-
극한III	γ_p	-	1.00	1.40	-	1.00	0.50/ 1.20	γ_{TG}	γ_{SD}	-	-	-	-
극한IV - EH, EV, ES, DW, DC만 고려	γ_p	-	1.00	-	-	1.00	0.50/ 1.20	-	-	-	-	-	-
극한V	γ_p	1.40	1.00	0.40	1.0	1.00	0.50/ 1.20	γ_{TG}	γ_{SD}	-	-	-	-
극단상황I	γ_p	γ_{EQ}	1.00	-	-	1.00	-	-	-	1.00	-	-	-
극단상황II	γ_p	0.50	1.00	-	-	1.00	-	-	-	-	1.00	1.00	1.00
사용I	1.00	1.00	1.00	0.30	1.0	1.00	1.00/ 1.20	γ_{TG}	γ_{SD}	-	-	-	-
사용II	1.00	1.30	1.00	-	-	1.00	1.00/ 1.20	-	-	-	-	-	-
사용III	1.00	0.80	1.00	-	-	1.00	1.00/ 1.20	γ_{TG}	γ_{SD}	-	-	-	-
사용IV	1.00	-	1.00	0.70	-	1.00	1.00/ 1.20	-	1.0	-	-	-	-
사용V	1.00	-	-	-	-	-	0.50	-	-	-	-	-	-
피로 - LL, IM & CF만 고려	-	0.75	-	-	-	-	-	-	-	-	-	-	-

표 3.4 γ_p에 관한 하중계수[교량설계하중조합(한계상태설계법)]

하중의 종류	하중계수	
	최대	최소
DC : 구조부재와 비구조적 부착물	1.25 1.50(극한한계상태 조합IV에서만)	0.90
DD : 말뚝부마찰력	1.80	0.45
DW : 포장과 시설물	1.50	0.65
EH : 수평토압 • 주동 • 정지	 1.50 1.35	 0.90 0.90
EV : 연직토압 • 전체 안정성 • 옹벽 및 교대 • 강성 암거 (예, 콘크리트 박스) • 뼈대형 강성구조물 (예, 라멘형) • 연성 암거 (예, 파형강관) • 박스형 연성 강재암거	 1.00 1.35 1.30 1.35 1.95 1.50	 - 1.00 0.90 0.90 0.90 0.90
ES : 상재토하중	1.50	0.75
EL : 시공중 발생하는 구속응력	1.0	1.0
PS : 프리스트레스힘 • 세그멘탈콘크리트교량의 상부, 하부구조 • 비세그멘탈콘크리트교량 상부구조 • 비세그멘탈콘크리트교량 하부구조 - I_g를 사용하는 경우 - $I_{effective}$를 사용하는 경우 • 강재 하부구조	 1.0 1.0 0.5 1.0 1.0	
CR, SH : 크리프, 건조수축 • 세그멘탈콘크리트교량의 상부, 하부구조 • 비세그멘탈콘크리트교량 상부구조 • 비세그멘탈콘크리트교량 하부구조 - I_g를 사용하는 경우 - $I_{effective}$를 사용하는 경우 • 강재 하부구조	 DC에 대한 γ_p 사용 1.0 0.5 1.0 1.0	

3.6 설계법

교량공학에서 두 가지 주요 설계방법이 사용되어 왔다. 설계방법들을 정의하는데 이용된 이름들은 사용한 구조물의 재료, 참고된 설계기준 혹은 발표된 시기에 따라 달라진다. 이 책의 목적을 위해서 다음과 같이 두 가지 설계방법을 구분한다.

- 탄성설계
- 한계상태설계

지난 세기의 대부분에서 탄성설계방법은 교량과 여러 구조물 설계의 표준이었다. 그러나 1970년대에는 한계상태설계가 일반 기술자 사회에서 인정을 받기 시작했다. 미국의 도로교설계 분야에서 2007년에 AASHTO LRFD가 채택되기 시작하면서 탄성설계법은 역사가 되었다. 그 보다 조금 늦게 우리나라의 경우 2012년 도로교설계기준 - 한계상태설계법을 채택한 이래 3년의 경과 기간을 거쳐 2015년부터는 탄성설계는 더 이상 사용될 수가 없게 되었다. 두 가지 설계방법은 무엇이며, 어떻게 다른가? 하나가 다른 것보다 좋은가? 이러한 질문에 답을 하자면 먼저 각각의 접근방법에 대한 기본개념을 이해하는 것이 필요하다. 다음에서 두 설계방법의 배경과 개요를 알려주고, 일반적인 구조물과 특별히 교량의 설계에 어떻게 적용되는지 알아본다.

3.6.1 탄성설계

탄성설계는 구조물의 부재들을 설계하는 방법이며, 각 응력들은 사전에 정해진 허용응력을 초과하지 않아야 한다. 허용응력은 한계응력을 안전계수로 나누어 정의되며, 일반적으로 사용응력은 아래와 같이 나타낸다.

$$f_{\mathrm{actual}} \leq f_{\mathrm{allowable}} \qquad \text{식 (3.32)}$$

휨을 받는 보의 경우, 실제 응력은 아래와 같이 정의된다.

$$f_{\mathrm{actual}} = \frac{MC}{I} \qquad \text{식 (3.33)}$$

여기서, M : 최대모멘트

C : 연단으로부터 중립축까지의 거리
I : 보 단면의 관성모멘트

그리고 허용응력은 아래와 같이 주어진다.

$$f_{\text{allowable}} = \frac{f_y}{FS} \qquad \text{식 (3.34)}$$

여기서, f_y : 최저 항복응력
FS : 안전계수

허용응력은 강재의 좌굴응력, 콘크리트의 압축강도 등과 같이 어떤 다른 관리 기준에 의해 정의될 수도 있다. 그러므로 허용응력은 강재 또는 콘크리트와 같이 주어진 재료를 위한 어떤 파괴응력의 비율로 간주될 수 있다.

탄성설계방법에서 실제 응력은 구조물이 지지해야 하는 사용하중 또는 작업하중에 의한 응력을 나타낸다. 전체 구조물은 요소 또는 부재의 구성재료가 탄성범위 내에 안전히 들도록 설계된다. 재료의 변형률 또는 변형이 작용응력에 비례할 때 재료는 탄성적 거동이라고 한다. 그림 3.18과 그림 3.19는 각각 강재와 콘크리트의 응력 - 변형률선도를 보여준다. 재료의 탄성적 거동이 끝나는 점은 비례한도라고 정의된다(즉, 응력과 변형률이 더 이상 비례하지 않고, 응력 - 변형률 곡선이 더 이상 직선이 아니다). 일단 응력과 변형률이 비례하지 않게 되면 재료는 소성범위에 들어가게 된다.

강재와 같은 탄성재료(즉, 항복응력까지 탄성적으로 거동하는 재료)에서는 탄성설계방법이 충분히 이해가 될 것이다. 만일 재료가 항복점을 넘어서는 하중을 받으면 영구변형 또는 소성변형이 발생하기 때문에, 탄성범위는 기술자가 자신있게 구조물을 설계할 수 있는 안전한 지역으로 보인다. 또한, 부재가 파괴하기까지 부담할 수 있는 하중은 쉽게 측정된다. 콘크리트와 같은 재료는 어떤가? 그림 3.19에서 압축상태의 콘크리트는 응력이 대략 압축강도의 절반 또는 40%까지 탄성적으로 거동한다고 본다. 압축강도가 40 MPa인 콘크리트의 경우 탄성범위는 약 16~20 MPa까지이다. 이것은 탄성설계방법에서 콘크리트 요소가 매우 낮은 파괴 수준에서 설계되었다는 것을 의미한다.

탄성설계방법에 대한 다른 의문은 안전율의 결합이다. 허용응력은 모든 의도와 목적에 따라 정해진 안전율을 갖지만 그것은 고정되어 있다. 이것은 하중의 크기나 발생 빈도에 상관없이 안전율은 항상 동일하다는 것을 의미한다. 이러한 결함은 재료의 한계상태에 기초를 둔 탄성설계방법의 대안을 이끌었다.

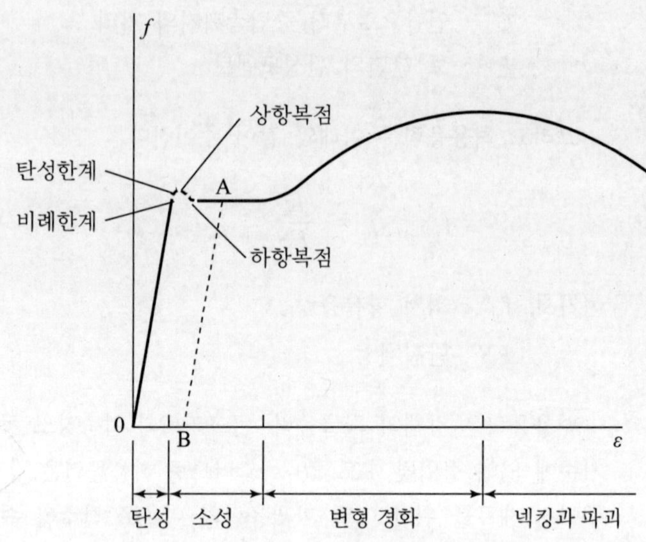

그림 3.18 인장을 받는 연강의 응력 – 변형률 선도

강재는 탄성재료로 알려져 있다. 즉, 응력은 항복점까지 변형률에 비례한다. 이것은 탄성범위 내에서는 영구(소성) 변형이 없다는 의미이다. 응력(즉, 하중)이 항복점 아래에 있는 한 하중을 제거하면 변형률은 0으로 돌아온다. 만일 변형률이 0으로 돌아오지 않으면 소성 변형이 발생했음을 의미한다. 소성 변형은 작용하는 응력의 크기뿐 아니라 하중이 작용하는 시간의 함수이다. 전자의 효과는 미끄러짐(slip)으로, 후자는 크리프로 알려져 있다. 콘크리트에서 크리프의 영향은 3.5.4절 2항에서 논의한다.

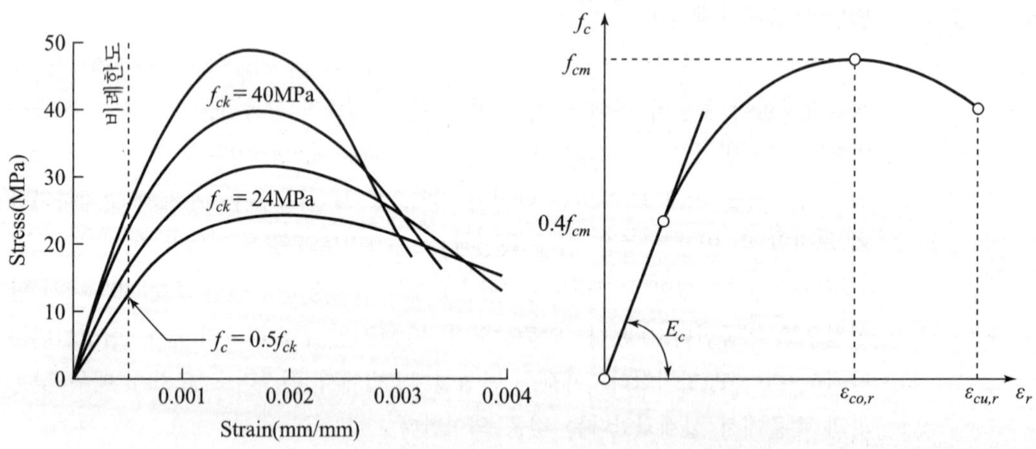

그림 3.19 콘크리트 강도에 따른 압축 응력 – 변형률 선도

콘크리트는 탄성재료가 아니다. 콘크리트의 응력 - 변형률은 심지어 작은 하중에서도 비선형이다. 대략 극한강도의 절반 아래에서, 소성변형은 무시해도 될 정도이고 탄성으로 고려될 수 있다. 만약 콘크리트가 오직 탄성응력 수준의 아래에서 설계된다면 하중저항 강도가 매우 낭비된다.

AISC LRFD 설계기준[3.24]

"한계상태는 구조적 사용 가능성의 한계를 나타내는 조건이다." ■

3.6.2 한계상태설계

한계상태설계법은 위에서 언급한 탄성설계방법의 단점을 해결하기 위해 개발되었다. 이 방법은 구조 부재의 설계에 소성범위를 이용하고, 하중조건의 가변성을 고려하기 위해서 하중계수를 결합한다.

AISC 강구조 설계편람에서는 한계상태를 "구조적 여유도"의 한계를 나타내는 규정으로 정의한다. 이전에도 말했듯이, 탄성설계법은 하중조건의 가변성에 충분히 대응하기 위한 안전율의 기능이 부족하다. 한계상태방법의 한 가지 장점은 강도와 사용성 한계상태를 규정하여 이 가변성을 고려할 수 있다는 것이다. 교량설계자는 다음과 같은 방법으로 이 항목들을 생각할 수 있다.

- 강도 한계상태는 구조물의 안전한 기능과 타당성을 규정하는 한계상태이다. 이것을 규정하는데 사용되는 기준은 일반 하중조건 또는 극단적인 상태에서 항복, 극한강도, 좌굴, 전도 등이다.
- 사용성 한계상태는 공칭 사용하중 하에서 구조의 성능과 거동을 규정하는 한계상태이다. 몇몇 사용성의 범주에는 응력, 피로, 처짐, 진동, 균열 폭 등이 있다.

위에서 보듯이 교량설계기준(한계상태설계법)과 AASHTO에 의하면 한계상태설계의 기준은 "인류의 생명과 재산을 위한 공공의 안전"[3.24]이 고려되는 것이기 때문에, 이것이 왜 강도한계상태에서 매우 중요한 위치에 있는지 알 수 있고, 한계상태설계법이 종종 강도설계법이라고 지칭되는 이유이다. 물론 강도의 한계상태는 설계되는 부재, 재료의 특성 그리고 주어진 하중조건의 종류에 따라 달라진다.

그러므로 탄성설계와 같이 한계상태설계법도 사용되는 재료와 관련 설계 규정에 따라 다르다. 그렇지만 일반적으로 한계상태식은 다음과 같이 정의될 수 있다.

$$\text{설계강도} \geq \text{소요강도} \qquad \text{식 (3.35)}$$

설계강도는 부재의 설계에 적용할 수 있는 지침에 의해 결정된다(예를 들면 교량설계기준, AASHTO). 소요강도는 적절한 하중계수와 함께 적용 가능한 하중조합을 사용하여 산출된다. 이것은 아래와 같이 기호로 표시된 식으로 표현될 수 있다.

$$\phi S_n \geq \sum \Psi_i L_i \qquad 식\ (3.36)$$

여기서, ϕ : S_n의 불확실성에 관한 강도감소계수

S_n : 공칭강도

L_i : 부재에 작용하는 사용하중

Ψ_i : L_i의 불확실성에 관한 하중계수

따라서, 식 (3.35)의 우측 항은 각각의 특정 하중계수를 곱한 개별하중의 합을 나타낸다. 도로교설계기준에 사용되는 다양한 유형의 하중에 대한 하중조합과 각각의 하중계수는 표 3.3와 3.4(교량설계하중조합 표 4.1-1과 4.1-2)를 참조하라.

한계상태설계

우리나라는 1986년 도로교표준시방서의 부록편으로 하중저항설계를 처음 도입한 바 있으며, 2012년 신뢰도 기반 설계기준의 적용을 의무화하고 있는 국제사회의 흐름에 따라 도로교설계기준 - 한계상태설계를 제정하고 2015년 이후 한계상태설계기준의 적용을 법제화하였다.

미국의 경우를 보면, ACI가 1971판 콘크리트 설계기준을 출판한 이후, 결국에는 한계상태방법은 모든 콘크리트구조물에서 사실상의 표준이 되었다. 사실 콘크리트 한계상태방법의 개발과 보급은 1956년 초반에 시작되었다. 그렇지만 강구조물은 한계상태 부대에 비교직 신참이었다. 강구조물에 대한 한계상태방법이 널리 인정되지 않은 것은 많은 수의 계수 때문이었다. 1986년이 되어서야 AISC는 강구조물 설계편람에서 하중저항설계를 처음 소개했다. 심지어 그 책에서도 발표 기준은 건축구조의 설계를 위한 것이었다.

많은 기술자들이 극복해야 할 또 다른 장애물은 콘크리트 설계가 1970년대 한계상태로 전환되었을 때 문제가 되지 않았다는 것이다. 강구조설계를 위한 컴퓨터 소프트웨어는 이미 탄성설계법에 맞추어져 있었고, 비록 LRFD 버전이 이미 가능했지만 많은 설계자들은 업그레이드시키는 것에 못마땅한 것처럼 보였다. 그들은 "부서지지 않으면 고치지 말라"[3.25]라고 생각하는 것 같다.

어쨌든 시간은 흘러서, 1990년대 강교에서 한계상태의 사용 승인이 증가하였다. 하중계수설계법과 LRFD 같은 한계상태설계법의 출현에 더해서, 한계상태설계의 의미에 대한 설계자들의 친숙도 증가가 강도로교설계에서 이 방법의 사용을 증가시켰다.

아마도 한계상태설계의 채택과 사용이 증가하게 된 가장 큰 요인은 미국 토목공학의 교육과정에 이것이 포함되었기 때문이다. 연방 예산을 위한 자격을 얻는데 LRFD를 사용하도록 한 미국 연방도로관리자의 권한으로, 건설에 사용된 재료가 무엇이든지 LRFD가 미국에서 유일한 교량설계기준이 되었다. 미국 국민들은 LRFD 설계법의 사용으로 교량의 더 나은 성능과 재료의 절약에서 다른 국가들과 협력하고 있다.

3.6.3 배경과 역사

설계 방법론의 개발, 적용 그리고 승인은 사소한 고려사항이 아니다. 구조기술자들은 대학에서 4년 동안 일반전공과 특정 분야에 관하여 교육을 받는다. 또 일부는 다시 2년 동안 대학원에서 경험을 쌓고, 일부는 현업 분야에서 전문가로서 경험을 쌓게 된다. 종종 이 모든 교육의 노력은 대체로 중요한 설계 과정에서 이루어진다. 상당한 정도의 고생과 노력 없이 경험의 축적은 이루어질 수 없다.

그런데 설계자는 관례적으로 하던 것들이 갑자기 혁신적인 새로운 방법에 직면될 수 있다. 이것은 1971년에 콘크리트 구조물을 설계하는 대부분의 구조기술자들에게 발생한 사건이다. 탄성설계법은 건축 구조물에서 증명된 방법이고 승인되었다. 그렇지만 과학자는 가만히 있지 않았다. 1930년대 초부터 시작된 연구와 개발은 콘크리트 보의 극한강도를 연구하기 시작하였다. 1963년 ACI Building Code(ACI 318-63)의 새로운 개정판에는 전통적인 탄성설계방법과 함께 발표된 한계상태방법이 있었다.[3.3] 교체는 1971년에 완료되었다. 그 이후로 콘크리트 구조물에 대한 탄성설계는 일반적인 방법이라기보다 대체되는 방안이 되었다. 탄성설계법은 1992년에 부록으로 옮겨졌다. 2002년 이래로 ACI Building Code(ACI 318-02)는 그들의 간행물에서 탄성설계법을 완전히 삭제하였다.

여전히 새로운 방법을 향한 진척은 쉬운 문제가 아니다. 비록 콘크리트 설계는 탄성 설계로부터 멀어졌지만, 강 구조물 설계는 매우 오랜 시간 동안 두 개의 표준방법을 유지하였다(설계관점을 보라). 그러나 한계상태 쪽을 선택한 AISC의 방향은 ACI의 것과는 약간 달랐다.

형식적으로 보았을 때, 한계상태로 움직이는데 ACI가 AISC보다 더 진보적이라고 말하기는 쉽다. 그러나 3.6.1절에서 논의한 바와 같이, 강재의 탄성특성은 콘크리트의 그것과는 확연히 다르다. 압축강도의 절반에서 비례한계에 도달하는 콘크리트와 달리, 강재는 항복점까지 거의 직선적으로 변화한다. 이것은 탄성설계가 콘크리트보다 강재에 더 적합하게 한다. 그림 3.18과 그림 3.19에서의 비교는 왜 콘크리트 전문가들이 탄성설계방법의 수정에 큰 노력을 취하였는지 보여준다. 반대로, 이것은 강재 전문가들이 왜 서두르지 않았는지도 보여준다.

또한 최초의 종합적인 한계상태설계기준을 AISC가 1986년까지 발표하지 않았더라도 탄성설계의 방법론은 1978년 한계상태에서 강재의 성능을 고려함으로써 수정되었다는 것을 알아야 한다.[3.26] 이제는 AISC와 AASHTO Standard 기준에 규정된 한계상태방법에 대해서 강구조물 설계자들이 깨달은 중요한 장점은 "정확성을 갖고 다양한 하중과 저항이 결정될 수 있도록 적절한 가중치를 준다."[3.24]는 능력이 있다는 것이다. 비록 이론적으로 AISC가 여전히 두 세트의 시방서를 가지고 있지만, 탄성설계시방서는 1986년 이래로 갱신되지 않았다. 이것은 점점 더 소수의 구조 기술자가 탄성설계법을 사용한다는 것을 보여준다.

2007년까지 미국에서 사용된 두 가지의 도로교설계시방서가 있었다. 하나는 AASHTO Standard 기준이라고 하고, 다른 것 하나는 AASHTO LRFD 기준이라고 한다. AASHTO Standard 기준에는 탄성설계와 하중계수설계(LFD)가 사용되었다. LFD는 사용한계상태가 배제된 강도설계라고도 불린다.

교량기술자들은 일반적으로 건축기술자들보다 설계법의 선택에 더 자유롭지 못하다. 각각의 주는 교량이 특정 설계기준과 설계방법으로 설계되어야 한다고 요구한다. 2000년 이전의 미국 대부분 교량들은 탄성설계법을 사용하여 설계되었고, 그리고 2007년 이후 대부분의 새로운 교량은 LRFD방법을 사용하여 설계되었다.

알아두기

1979년 캐나다 오타리오 주 교통국은 AASHTO시방서를 사용하였으나, 차량 하중이 100 kip(445 kN)에서 140 kip(623 kN)으로 상향될 때 자체적인 기준을 개발하기로 결정하였다. 그들의 지역 내에 위치한 기존의 교량들에 대한 조사 후 교통국 기술자들은 구조물이 차량하중을 충분히 수용할 능력이 있다고 결정하였다. 그들은 또한 교량들이 한계상태기준을 충족할 수 있는 것을 발견했다. 그 이후 새로운 기준은 한계상태를 중심으로 개발되었다.

3.6.4 탄성설계와 한계상태설계의 다양한 이름

3.6절의 처음에 탄성설계와 한계상태설계는 "사용된 구조 재료, 참고된 설계기

준 또는 심지어 발표된 시대에 따라" 다양하다고 언급되었다. 현장에서 이를 처음으로 접하는 사람에게는 이 사항이 조금 혼란스러울 수 있다. 그러나 아래에서 볼 수 있듯이, 설계시방서를 발표하는 기관에 따라 설계의 두 가지 방법에 대한 다양한 이름들이 존재한다. 지금까지 이 절에서는 다른 이름을 배제하고 탄성설계와 한계상태라는 용어를 의도적으로 사용하였다. 탄성설계와 한계상태는 일반적인 것(설계방법)을 설명하는 반면 다음의 용어는 특별한 것(설계기준)을 의미한다.

아래에 명시된 것은 탄성설계와 한계상태설계의 주요한 명칭들이며, 독자들은 교량설계와 관련된 다양한 시방서, 발표 및 문헌에서 찾을 수 있을 것이다.

1. 허용응력설계(Allowable Stress Design)

탄성설계의 경우 AISC는 허용응력설계로 호칭하여 사용하였다. 독자들은 또한 약자인 ASD로 표시되는 것을 볼 것이다. 강부재를 위한 설계시방서는 강구조 편람 허용응력설계라는 제목으로 별도로 출판되었다. 1986년에 9판이 출판되었고, 이것은 없어지기 전까지 개정되지 않은 마지막 판이다. 이 명칭은 부재의 응력이 허용응력을 넘지 않도록 설계하는 접근방법으로부터 유래되었다.

2. 사용하중설계(Service Load Design)

AASHTO Standard 기준은 탄성설계를 허용응력설계와 더불어 사용하중설계라고 불렀다. 이 용어는 설계기준 내에서 콘크리트와 강재 모두 동일하다. 그러나 해설서 또한 탄성응력이라는 용어를 사용하는 것을 독자들은 알게 된다. 사용하중이라는 명칭은 일단의 응력들이 작용하는 또는 허용응력을 초과하지 않는 사용하중으로부터 계산된다는 의미이다.

3. 하중계수설계(Load Factor Design)

AASHTO Standard 기준에서는 강도설계(아래를 보라)라는 표현과 함께 이 용어를 사용한다. 부재에 요구되는 강도와 비교되는 하중에 적용되는 계수로부터 이 명칭이 정해졌다는 것을 알 수 있다. AASHTO Standard 기준은 탄성설계법과 하중계수법 둘 다를 제공하였다. 일반적으로 탄성설계의 기준이 먼저 나타나고, 그 다음에 LFD라고 알려진 하중계수설계법이 뒤 따른다.

4. 강도설계(Strength Design)

ACI와 AASHTO는 하중계수설계법을 강도설계법으로 호칭했다. ACI 기준의 이전 판은 극한강도라는 용어를 사용하였다. ACI 기준의 대부분은 대체로 이 용어들로 구성되었다. 이 명칭은 제공되는 설계강도가 소요강도보다 더 크거나 같아야 하는 것을 설명하는 일반 한계상태식으로부터 유래되었다. 강도설계라는 용어는 하중조건 아래에서 부재가 실제적으로 항복되거나 파괴되는 것을 의미하는 것은 아니다.

5. 극한강도설계(Ultimate Strength Design)

ACI 기준의 옛 판은 설계강도를 극한강도로 보고 한계상태방법을 극한강도법이라고 언급했다. 극한이라는 용어는 도달할 수 없는 값을 나타내고 다소 오해의 소지가 있을 수도 있기 때문에, ACI는 극한이라는 단어를 배제하기로 결정하였다.

6. 하중저항계수설계(Load and Resistance Factor Design)

AISC와 AASHTO에 사용된 한계상태설계의 명칭은 하중저항계수설계이다. 이것은 종종 LRFD라는 약자로 언급된다. 한계상태설계에서 구조요소들은 강도와 사용 한계상태 모두의 요구를 맞추어서 설계된다.

3.7 부재력

3.5절에서 설명된 것과 같이 교량이 하중을 받을 때, 교량의 구성요소들에는 그 하중에 저항하는 부재력이 발생된다. 이 부재력의 종류는 다음과 같다.

- 휨모멘트(bending moment)
- 전단력(shear force)
- 비틀림모멘트(torsional moment)
- 축방향력(axial force)

독자들은 정역학과 재료역학에 관한 기본적인 이해력을 가지고 있다고 가정한다. 그래서 이러한 부재력이 어떻게 교량 요소들에 영향을 미치는지에 대한 개념을 설명하고 재인식하도록 다음에서 간략하게 논의한다.

3.7.1 휨모멘트

그림 3.20과 같이 하중이 구조 부재에 작용하면 부재는 휨변형을 일으킨다. 이 휨변형은 단면 내에 휨모멘트를 발생시킨다. 이 모멘트는 동일한 평면에 작용하는 크기는 같고 방향이 반대인 한 쌍의 모멘트로 구성된다. 정역학으로부터 우리는 모멘트가 힘과 거리의 곱으로 크기가 결정된다는 것을 알고 있다. 교량에 작용하는 하중이 비교적 크기 때문에 일반적으로 사용되는 단위는 kN-m이다. 휨거동으로부터 발생하는 부재의 응력은 휨응력이라 부른다.

교량설계에 있어 주부재 대부분은 휨응력에 의해 가장 많은 영향을 받는다. 그림 3.20은 휨을 받는 단순 지지된 거더를 보여준다. 하중이 아래로 작용하므로 거더는 휨으로 저항하게 되며, 이것의 결과로 보의 상부에서 압축변형, 하부에서 인장변형을 일으킨다. 거더의 상연과 하연에서 응력이 가장 커지며, 거더의 중립면에 접근하면 0으로 감소된다.

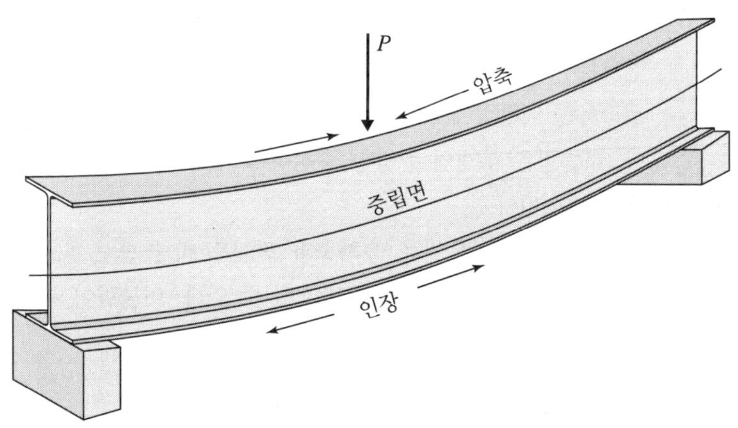

그림 3.20 단순보의 휨

그림 3.20에서 보는 것과 같이 단순보는 휨의 결과로서 종방향 인장과 압축을 받는다. 응력은 상연과 하연에서 최대이다. 이와 같은 응력을 발생시키는 모멘트를 정모멘트라고 한다. 단순보의 경우, 최대모멘트는 지간의 중앙점 부근에서 발생한다(하중의 종류에 따른다). 연속교에서는 거더의 상연에서 압축이 하연에서 인장이 발생하는 경우가 발생하고, 이것은 부모멘트에 의한 것이다.

3.7.2 전단력

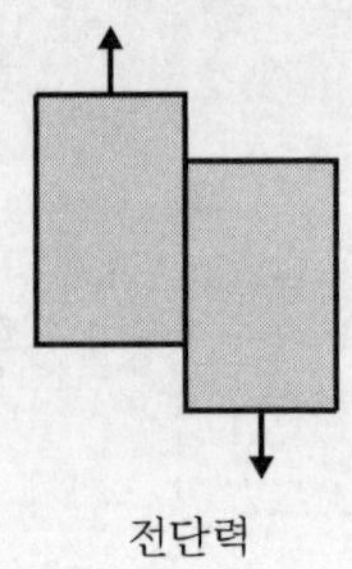

전단력은 부재의 단면을 따라 작용하는 내력이다. 예를 들어, H형 거더에서 보에 수직으로 하중이 작용하면 수직 전단이 보의 횡단면에 발생한다. 만일 부재가 종방향으로 하중을 받으면 수평 전단이 거더의 길이에 따라 작용한다. 횡단면의 한 면이 한쪽 방향으로 움직이고 인접한 다른 횡단면이 반대방향으로 움직이는 것으로 전단응력의 효과를 시각적으로 나타낼 수 있다.

내부 전단력은 반대방향으로 작용하는 하중에 의해 발생된다. 교량구조에서 가장 위험한 전단력은 보의 반력으로 인하여 큰 전단응력이 나타나는 지점부에서 발생한다. 재료역학에서 평균 전단응력은 하중을 저항 단면적으로 나누는 것으로 정의된다. 한 번 더 H형 거더를 예로 들면, 수직 전단응력은 작용 전단력을 보의 웨브 면적으로 나누어 계산한다(플랜지가 전단력에 저항하는 기여도는 매우 낮아서, 통상 이것의 영향은 무시할 수 있다).

3.7.3 비틀림모멘트

강과 콘크리트 박스 거더에 관하여 이 절의 앞에서 설명한 바와 같이, 비틀림모멘트는 부재의 종방향축에 대하여 비틀림 변형을 유발시킨다. 비틀림의 영향이 심각하면 비틀림에 저항하는 능력이 탁월하기 때문에 박스 거더 구조물이 사용된다. 비틀림은 부재의 종방향 중심축에 대하여 편심을 가지고 작용하는 하중에 의해서 발생된다.

도로교에서 비틀림은 풍하중과 편심축 하중 또는 다른 전도를 일으키는 하중(특히 수평 곡선교)으로부터 발생될 수 있다. 비틀림이 부재에 작용이 될 때, 최대 응력은 요소의 바깥쪽 면에서 발생한다.

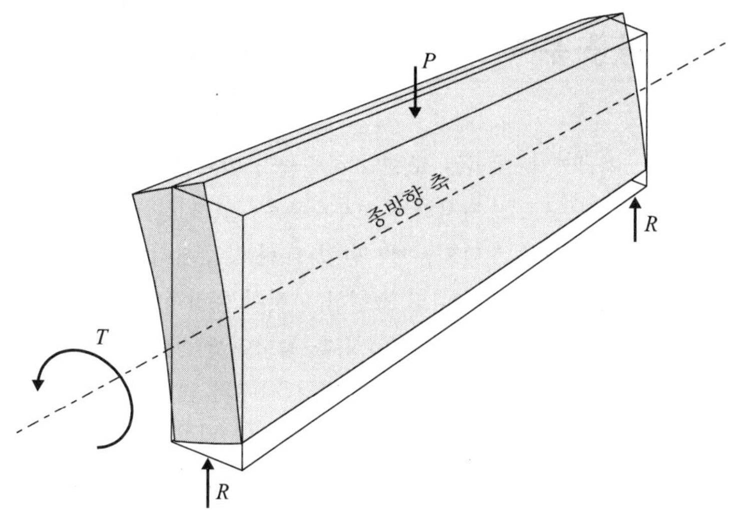

그림 3.21 단순보의 비틀림

전형적으로 비틀림은 보의 종축에 대해서 큰 영향을 갖는다. 그림 3.21에 보인 것과 같이 비틀림력은 횡비틀림 좌굴의 원인된다. 횡비틀림 좌굴은 일반적으로 지점이나 집중하중 작용점에서 발생하고 비틀림과 휨 모두의 영향이다. 이러한 비틀림력 때문에 가로보 혹은 브레이싱 같은 횡방향 부재가 주부재의 버팀대로서 거더 사이에 설치된다. 비틀림은 풍하중 때문이나 차륜하중이 보의 중심선에서 편심(특히 수평 곡선교의 경우)되었을 때 발생할 수 있다.

3.7.4 축력

축력은 부재의 종방향으로 작용하는 힘이다. 힘의 방향에 따라, 축력은 압축 또는 인장을 일으킨다. 만약 하중이 부재를 향해서 작용하면 압축이고, 부재로부터 멀어지면 인장이다. 압축력이 작용하는 부재의 예는 교각의 기둥이고, 인장력의 예는 현수교의 케이블이다.

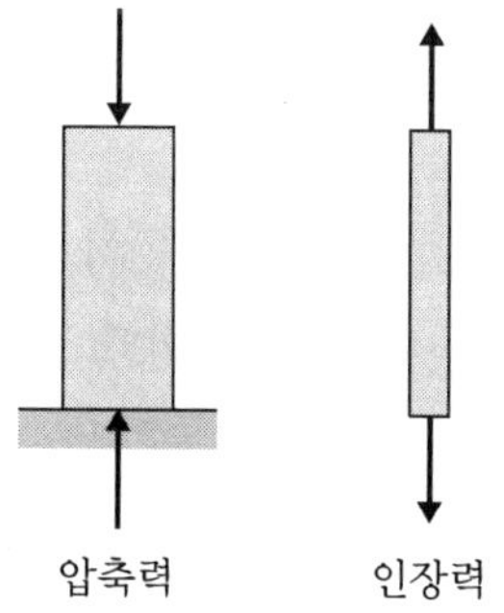

3.8 하중 분배

지금까지, 우리는 교량의 하중들이 바닥판에서 상부구조로 전달되고, 최종적으로 상부구조를 지지하는 하부구조로 전달되는 것을 배웠다. 정확하게 이러한 하중이 어떻게 전달되는가? 만일 트럭이 주거더의 위로 이동하면 이 특정 거더가 트럭하중을 저항한다고 표현하는 것이 논리적이다. 그렇지만 이 거더는 부부재(예를 들면, 가로보 및 브레이싱)를 통하여 인접한 주부재와 연결되어있다. 덧붙여서, 교량 바닥판 자체가 종방향 거더 사이의 연결부 역할을 한다. 이것은 여러 개의 주거더들이 함께 작용하여 외부하중에 저항한다는 것을 의미한다.

트럭이 특정 주거더 위로 이동하는 예로 돌아가 보면, 특정 거더가 하중의 대부분을 부담한다고 가정하는 것이 합리적이다. 그러나 종방향 거더들은 바닥판 슬래브를 통하여 연결되어 있으므로 인접한 부재는 하중의 일부를 부담하는데 도움이 된다. 부재들이 정확하게 얼마나 하중을 부담하는지는 하중이 전달되는 횡분배 구조의 함수이다. 하중의 횡방향 분배는 몇 가지 방법으로 구할 수 있다. 먼저 가장 합리적인 방법으로 거더가 바닥판을 통하여 연결된 구조를 거더를 지점으로 단위 폭의 바닥판을 보요소로 하는 연속보로 모델링하고 구조해석 프로그램을 사용하여 각각의 지점(거더)에 대하여 가능한 모든 하중 경우에 대하여 반복적으로 해석을 수행하여 각 거더에 분배되는 최대 하중을 구하는 방법이다. 이 방법은 전체 상부구조에 그리드해석을 적용하는 경우에 적합한 방법이다. 다음으로는 바닥판이 거더를 지점으로 단순지지 되어 있는 단순보로 가정하여 지점에 최대 반력이 발생하도록 차량하중을 재하하여 분배하중을 구하는 방법이 있으며, 보다 단순한 방법으로 하중이 작용된 부재가 부담하는 하중과 다른 부재에 분배된 나머지 하중의 비율을 결정하는 방법이다. 도로교설계기준에서는 하중 분배계수에 대하여 자세하게 규정하고 있다.

3.8.1 하중 분배계수

이전에 언급되었듯이, 도로교는 각각 특정한 기능을 수행하는 개개 요소들의 집합이 아니라 오히려 통합된 구조체이다. 하중이 실제로 바닥판으로부터 하부구조로 어떻게 전달되는지를 모델링 하는 것은 쉬운 일이 아니다. 구조형태의 기하학에서부터 요소의 재료 특성까지 다양한 매개변수들이 하중전달에 영향을 미친다.

하중들이 구조물에 어떠한 작용을 미치는지에 대한 거동특성을 정확한 수치적 모델로 정의하는 것은 복잡하지만, 분배에 영향을 미치는 변수를 조사하는 것은 가능하다. 본질적으로 영향을 미치는 변수는 교량 상부구조의 단면 특성에 대한 함수이다. 아래는 하중이 어떻게 교량의 상부구조에 분배되는지를 결정하는 주요 변수들을 나열한 것이다. 그러나 이것은 일반적인 목록이고, 또 다른 변수들도 하중의 분배에 잠재적으로 영향을 미칠 수 있다는 것을 명심해야 한다. 하중 분배에 영향을 미치는 변수들은 아래와 같다.

- 바닥판의 종류와 깊이
- 거더 사이의 간격
- 주부재의 강성
- 사용된 브레이싱의 종류
- 수평곡선교 여부
- 지간 길이
- 부부재의 간격
- 부부재의 강성
- 하중의 크기와 위치

AASHTO 하중 분배(Load Distribution): 너무 보수적인가?

만약 누군가가 AASHTO Standard 기준이 너무 보수적이라고 주장하기를 원한다면, 횡방향 하중 분배를 위해 사용된 방법을 먼저 살펴보는 것이 필요하다. 지난 몇 해 동안 설계자들은 AASHTO 방법의 보수성을 알리고 그들의 새로운 방법을 제시하는 것을 생각해 왔다.

보단 쿠즈마노비치(Bodan Kuzmanovic)와 마뉴엘 산체스(Manuel Sanchez)는 플로리다 주 템파에 있는 Sunshin Skyway교 설계에서 경비를 절감해야 할 필요성에 직면했다. AASHTO Standard 기준에서는 거더 간격이 23 ft(7 m)인 2거더 형식의 교량인 경우 차로하중계수가 1.70에 이르렀다. 설계자들은 이 값이 하부플랜지에 횡가새뿐 아니라 수직가새가 있는 구조물에 대해서 너무 높다고 느꼈다.

AASHTO Standard 기준 방법은 오직 거더 간격과 교량 바닥틀의 형상만 고려한 것을 알았다. 쿠즈마노비치와 산체스는 부부재의 강성과 간격을 추가한 구조물의 비틀림 특성을 고려하기 위한 새로운 방법을 조사하였다. 그들은 또한 전체 교량의 형상(유한요소모델의 경우와 같이)에 대한 결정을 요구하지 않아서 교량설계의 초기과정을 쉽게 하는 새로운 방법을 원했다.

4가지의 대체 방법이 검토되었으며, 각각은 상부구조의 거더와 가로보의 강화된 비틀림 특성을 고려하였다. 차로하중계수의 결과는 평균 1.493이며 1.42~1.60의 범위였다(AASHTO Standard 기준의 1.70과 비교하자). 설계에 실제 사용된 값은 설계자들의 대체안 중 하나인 1.53이었다.

Sunshin Skyway교에 대해서 AISC 위원회가 수행한 유한요소해석에서 1.49의 차로하중계수가 계산되었다.[3.27]

AASHTO Standard 기준 방법이 하중 분배의 문제에 대해서 간략히 보수적으로 설명한 이래, 이와 같은 연구는 오랫동안 계속되었다. 그러나 어떤 설계자는 보수적인 것을 요청하고 또 다른 설계자는 안전한 것을 요청할 수 있다는 것을 잊지 말아야 한다. 최소한 AASHTO Standard 기준은 지난 수십 년 동안 안전과 내구성 모두가 있는 설계를 하여 왔다.

그러나 언제나 개선과 향상의 요청은 있다. 쿠즈마노비치와 산체스가 그들의 해석에서 바르게 지적했기 때문에, 도로교에서 하중의 횡분배는 AASHTO Standard 기준이 단순히 고려하지 않은 많은 계수들에 영향을 주었다.

AASHTO LRFD 기준은 거더 간격과 강성, 바닥판의 형식과 깊이 및 지간 길이와 부부재의 강성을 고려하였으므로, 하중 분배계수의 예측에 정확성을 높였다.

앞에서 차량의 충격에 의한 동적 효과를 이상화하는 문제에서 보았듯이, 하중 분배의 계산을 단순화하기 위하여 이전에 사용된 도로교설계기준(2005)과 AASHTO Standard 기준은 위의 기준에서 두 항(바닥판의 종류와 거더의 간격)만을 기반으로 한 분배계수를 사용하였다. 그러나 도로교설계기준 - 한계상태설계와 AASHTO LRFD 기준은 바닥판의 두께, 지간 길이 그리고 거더의 강성을 고려하였다. 하중 분배의 효과를 고려하기 위해 하중 분배계수가 계산되고, 활하중의 휨모멘트와 전단력의 계산에 적용되었다.

알아두기

플로리다의 탬파만을 지나는 Sunshine Skyway교는 그 전의 교량이 교각에 화물선이 충돌하여 붕괴된 후 건설되었다. 새 교량은 형하 공간이 53.4 m이고, 주경간장 366 m이다. 새 교량은 풍속 384 km/hr의 태풍과 60,000 kN의 선박 충돌에도 견딜 수 있게 설계되었다. 이 교량의 설계에서 하중 분배가 어떻게 개선되었는가에 대한 논의는 첨부된 설계관점[3.27]을 보라.

일반적인 거더교(보 - 슬래브 교량)의 근사적 해석방법은 [KDS 24 10 11] 교량설계일반사항 4.6.3에 상세히 기술되어 있다. 아래는 도로교설계기준에서 콘크리트 바닥판을 지지하는 강재 거더 또는 콘크리트 T형 거더(그림 3.22 (a), (e), (k) 그리고 일체로 연결된 (i), (j) 참조)로 구성된 거더교의 활하중 분배계수를 계산하기 위한 식이다(교량설계일반사항 표 4.6-3 참조).

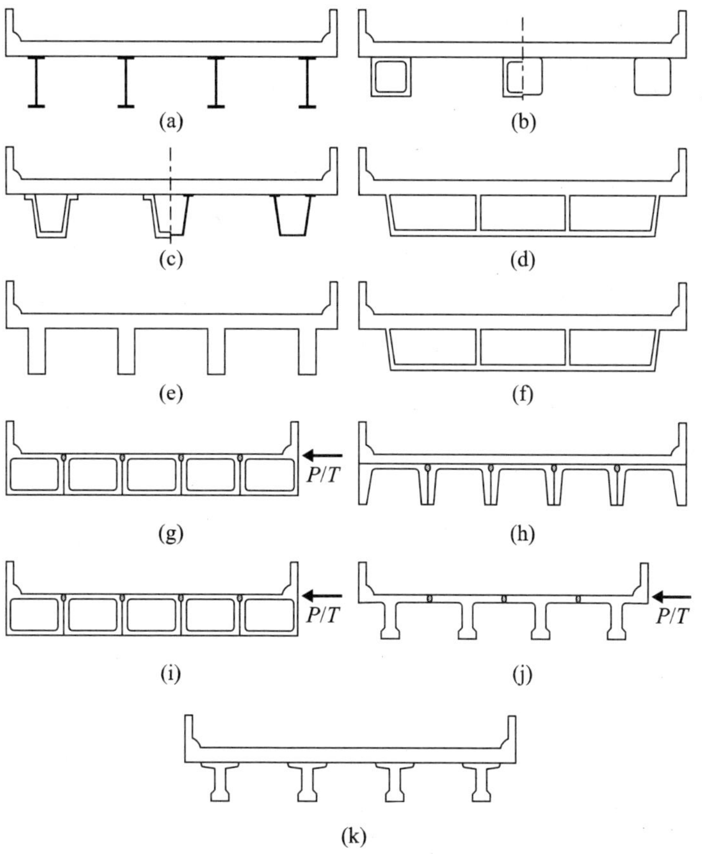

그림 3.22 거더교의 상부구조 단면 형상(교량설계일반사항 표 4.6-3에서 발췌)

활하중 분배계수를 구하기 위한 상부구조 형식

콘크리트 바닥판을 지지하는 내측 거더의 휨모멘트를 구하기 위한 분배계수는 다음과 같다(교량설계일반사항 표 4.6-5 참조).

하나의 설계 차선에 하중이 작용하는 경우

$$0.83\left[0.06+\left(\frac{S}{4300}\right)^{0.4}\left(\frac{S}{L}\right)^{0.3}\left(\frac{K_g}{Lt_s{}^3}\right)^{0.1}\right] \qquad \text{식 (3.37)}$$

둘 또는 그 이상의 설계 차선에 하중이 작용하는 경우

$$0.9\left[0.075+\left(\frac{S}{2900}\right)^{0.6}\left(\frac{S}{L}\right)^{0.2}\left(\frac{K_g}{Lt_s{}^3}\right)^{0.1}\right] \qquad \text{식 (3.38)}$$

내측 거더의 전단력을 구하기 위한 활하중 분배계수는 아래와 같다(교량설계일반사항 표 4.6-8 참조).

하나의 설계 차선에 하중이 작용하는 경우

$$0.83\left(0.36+\frac{S}{7600}\right) \quad \text{식 (3.39)}$$

둘 또는 그 이상의 설계 차선에 하중이 작용하는 경우

$$0.9\left[0.2+\frac{S}{3600}-\left(\frac{S}{10700}\right)^{2.0}\right] \quad \text{식 (3.40)}$$

이 식들을 적용하기 위해서는 바닥판의 폭은 일정하고, 거더의 개수는 4개 이상이며 차도의 내민 부분은 910 mm를 초과하지 않아야 한다. 그리고 아래와 같은 조건을 만족하여야 한다(도로교설계기준 4.6.3.2 및 4.6.3.3 참조).

$$1,100 \leq S \leq 4,900$$
$$110 \leq t_s \leq 300$$
$$6,000 \leq L \leq 73,000$$
$$N_b \geq 4$$
$$4\times10^9 \leq K_g \leq 3\times10^{12}$$

여기서, S : 거더의 간격, mm
L : 지간 길이, mm
K_g : 거더의 종방향 강성계수, mm^4
t_s : 콘크리트 슬래브의 두께, mm

$$K_g = n(I+Ae_g^2) \quad \text{식 (3.41)}$$

여기서, n : 거더의 재료와 콘크리트 바닥판의 탄성계수 비율
I : 거더의 관성모멘트, mm^4
A : 거더의 단면적, mm^2
e_g : 거더와 바닥판의 무게중심 사이의 거리, mm

위의 조건을 만족하지 못하는 교량의 경우에는, 바닥판을 거더를 지점으로 하는 단위 폭의 단순 지지된 보로 가정하여 지렛대 법칙을 적용하여 구하거나, 또는 단위 폭의 바닥판을 연속보로 가정하여 유한요소해석과 같은 정밀한 구조해석을 사용하여야 한다. 이 경우는 이 절의 후반부에서 상세히 설명한다.

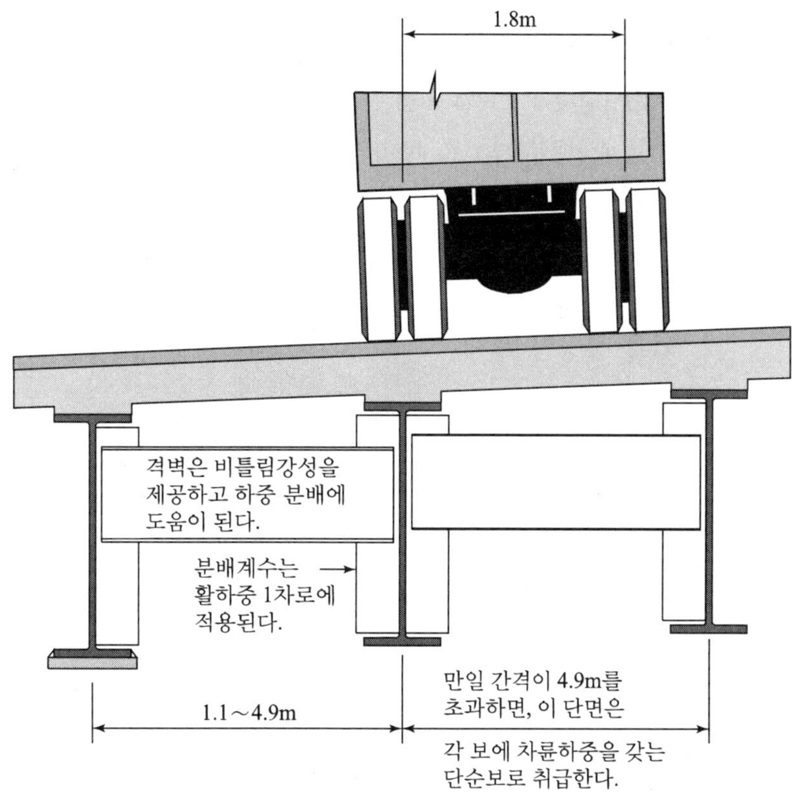

그림 3.23 거더교의 차륜하중 분배

트럭하중은 많은 거더에 의해 지지되지만, 하중은 거더에 균등하게 분배되지 않는다. 활하중 분배계수라고 불리는, 하나의 거더가 부담하는 트럭하중의 백분율은 거더 간격, 지간 길이, 바닥판 두께 및 거더 단면 특성 등과 같은 많은 요인들의 함수이다. 휨모멘트와 전단력을 위한 활하중 분배계수는 약간 상이하다.

위에 서술한 외에, 상부구조의 형식이 다른 경우의 하중 분배계수는 교량설계일반사항(한계상태설계법) 표 4.6-6 및 표 4.6-9에서 얻을 수 있다.

3.8.2 하중 분배의 다른 종류

바닥판의 종류와 거더 간격 등에 더하여 하중 분배를 지배하는 기준은 해석될 부재의 방향(종방향 또는 횡방향)과 위치(내측 또는 외측)에 따라 변한다. 다음은 중요한 몇몇 바닥판의 종류와 하중 분배에 연관된 교량설계일반사항(한계상태설계법) 4.6.3의 요구사항에 대한 일반적인 개요이다.

1. 내측 종방향 부재

3.8.1절에서 설명한 바와 같이, 내측 거더의 활하중 분배계수는 교량설계일반사항(한계상태설계법) 표 4.6-6 및 표 4.6-9로부터 결정된다. 그것은 오직 활하중의 횡방향 분배만 고려되고, 차륜하중의 종방향 분배는 고려되지 않았다. 활하중에 의한 휨모멘트나 전단력은 KL-510 하중에 분배계수를 곱하여 계산할 수 있다.

2. 외측 종방향 부재

거더의 배치에 따라 외측 거더는 종종 내측 거더보다 더 무거운 하중을 받게 된다. 바닥판이 양생된 후 외측 거더에 설치되는 연석, 보도, 난간, 분리대 등과 같이 2차 고정하중은 계산상 편의를 위하여 모든 주부재에 동등하게 분배된다고 가정할 수 있다.

격벽이나 수직 브레이싱이 있는 보-슬래브 교량 단면에 대한 외측 거더의 분배계수(교량설계일반사항 표 4.6-6에 의한)는 단면을 강체로 가정하여 유도된 식 (3.42)의 값과 비교하여 큰 값을 취한다.

$$R = \frac{N_L}{N_b} + \frac{X_{ext}\sum^{N_L} e}{\sum^{N_b} x^2} \qquad \text{식 (3.42)}$$

여기서, R : 차로 수에 따른 외측 거더의 휨모멘트에 대한 분배계수

N_L : 재하차로 수

e : 각 거더의 무게중심으로부터 설계트럭과 설계차선하중의 편심거리, mm

X_{ext} : 거더들의 무게중심으로부터 외측 거더에 이르는 수평거리, mm

N_b : 거더의 개수

4개 또는 그 이상의 거더가 있는 거더교의 경우 아래에서 설명하는 활하중 분배계수가 교량설계일반사항(한계상태설계법)에서 사용된다(교량설계일반사항 표 4.6-6 및 표 4.6-9 참조). 만일 한 차선에만 하중이 작용하면, 모멘트와 전단을 위한 하중 분배계수는 차륜하중을 연석으로부터 0.6 m 떨어져 재하시키고 외측 거더로부터 반력을 계산하여 얻을 수 있다. 이 때 바닥판은 횡방향으로 거더에 의해 단순 지지된다고 가정한다(지렛대 법칙). 2차로 또는 그 이상의 차로에 하중이 작용하면 모멘트를 위한 활하중 분배계수는 식 (3.38)로부터 구한 분배계수에 다음

의 계수를 곱하여 구할 수 있다.

$$e = 0.77 + \frac{d_e}{2,800}$$ 식 (3.43)

2차로 또는 그 이상의 차로에 하중이 작용하면, 전단력을 위한 활하중 분배계수는 식 (3.40)으로부터 구할 수 있으며, 다음의 계수로 수정될 수 있다.

$$e = 0.6 + \frac{d_e}{3,000}$$ 식 (3.44)

여기서, d_e : 외측 거더의 중심선과 교통방호벽 또는 연석의 내측단부까지의 거리, mm ($-300 \leq d_e \leq 1,700$)

만일, 외측 거더에 보도가 있으면 거더는 보도 위에 위치한 트럭하중을 위해 설계되어야 한다. 그리고 어떠한 경우에도 외측 거더는 내부 거더보다 작게 설계되어서는 안 되고, 장래 교량이 확장될 수 있다는 것이 고려되어야 한다.

3. 횡방향 부재

횡방향 부재(예를 들면, 가로보)의 경우, KL-510 하중은 최대 휨모멘트 또는 전단력을 발생하기 위해서 횡방향으로 각각의 차로에 재하되어야 한다. 다차로 재하계수(3.5.3절 1항 참조)는 최악의 경우의 하중을 계산할 때 고려되어야 한다. 종방향으로 설계 축하중이 바닥판을 가로보를 지점으로 한 단순보로 가정하여 가로보(지점)에 최대 반력이 발생하도록 분포되어야 한다.

교량설계일반사항(한계상태설계법)에는 규정하지 않았지만, AASHTO에는 콘크리트 슬래브교에서 모멘트와 전단력의 분배계수는 모두 $S/1.8$이며, 여기서 S는 m 단위로 가로보의 간격이다. 만일 S가 1.8 m를 초과한다면 분배계수는 가로보에서 최대 반력을 얻기 위해 트럭하중을 재하하여 계산할 수 있다. 여기서 바닥판은 가로보에 의해 단순 지지되는 것으로 가정한다.

4. 다중 보 바닥판의 콘크리트 거더(그림 3.22 (f), (g) 참조)

프리캐스트 콘크리트 슬래브 또는 박스 거더는 관례적으로 철근으로 보강 또는 프리스트레스 될 수 있으나, 대부분은 프리스트레스 된다. 프리캐스트 프리스트레스트 콘크리트 패널 바닥판은 3.2.1절 4항에서 간략하게 논의되었다. 이 종류의 바닥판들은 종방향으로 서로 나란히 놓인 콘크리트 패널로 구성되어 있다. 패널들은 대부분 종방향 전단키와 횡방향 포스트텐션 부재로 연결되어 있다. 철근콘크리트 덧씌우기는 프리캐스트 슬래브와 일체가 되어 하나의 구성단위가 되도록 일반적으로 콘크리트 패널 위에 설치된다.

전단키가 부착된 프리캐스트 콘크리트 박스 거더교 또는 다중 박스 거더교인 경우, 이러한 프리캐스트 구성단위가 현장타설 콘크리트 덧씌우기 또는 횡방향 포스트텐션 또는 두 방법과 함께 적용된다면, 내측 거더를 위한 활하중 분배계수는 아래와 같이 계산될 수 있다(교량설계일반사항 표 4.6-5, 표 4.6-8 참조).

$$\text{1차로 교량의 모멘트 : } 0.83k\left(\frac{b}{2.8L}\right)^{0.5}\left(\frac{I}{J}\right)^{0.25} \qquad \text{식 (3.45)}$$

$$\text{1차로 교량의 전단 : } 0.58\left(\frac{b}{L}\right)^{0.15}\left(\frac{I}{J}\right)^{0.05} \qquad \text{식 (3.46)}$$

$$\text{다차로 교량의 모멘트 : } 0.9k\left(\frac{b}{7600}\right)^{0.6}\left(\frac{b}{L}\right)^{0.2}\left(\frac{I}{J}\right)^{0.06} \qquad \text{식 (3.47)}$$

$$\text{다차로 교량의 전단 : } 0.9\left(\frac{b}{4000}\right)^{0.4}\left(\frac{b}{L}\right)^{0.1}\left(\frac{I}{J}\right)^{0.05}\left(\frac{b}{1200}\right) \qquad \text{식 (3.48)}$$

여기서, b : 슬래브 폭, mm
L : 지간 길이, mm
I : 관성모멘트, mm^4
J : 비틀림관성, mm^4
N_b : 슬래브의 수

$$k = 2.5(N_b)^{-0.2} \geq 1.5$$

식 (3.48)에서 b/1,200는 1.0보다 작게 취할 필요는 없으며, 적용 가능한 범위는 아래와 같다.

$$900 \leq b \leq 1,500$$
$$6,000 \leq L \leq 37,000$$
$$5 \leq N_b \leq 20$$
$$1.0 \times 10^{10} \leq J \leq 2.5 \times 10^{11}$$
$$1.7 \times 10^{10} \leq I \leq 2.5 \times 10^{11}$$

외측 슬래브의 경우 모멘트와 전단을 위한 활하중 분배계수는 계수 $e(e \geq 1.0)$를 사용하여 내측 슬래브[식 (3.44)부터 (3.47)까지 계산되는]로부터 수정되어야 한다(교량설계일반사항 표 4.6-6, 표 4.6-9 참조).

- 1차로 교량의 모멘트 : $e = 1.125 + \dfrac{d_e}{9{,}100} \geq 1.0$ 식 (3.49)
- 1차로 교량의 전단 : $e = 1.25 + \dfrac{d_e}{6{,}100} \geq 1.0$ 식 (3.50)
- 다차로 교량의 모멘트 : $e = 1.04 + \dfrac{d_e}{7{,}600} \geq 1.0$ 식 (3.51)
- 다차로 교량의 전단 : $e = \left[1 + \left(\dfrac{d_e + b - 610}{12{,}200}\right)^{0.5}\right]\left(\dfrac{1{,}200}{b}\right) \geq 1.0$ 식 (3.52)

여기서, 1,200/b은 1.0을 넘지 않아야 한다.

5. 기타 다중 보 바닥판(그림 3.22 (h), (i), (j) 참조)

4항에서 논의하였던 인접한 슬래브 또는 상자형 보에 더하여 교량 바닥판은 프리캐스트 콘크리트 T형 또는 더블-T형 단면으로 형성될 수 있다. 이 종류의 바닥판은 종방향 전단키가 있으며, 바닥판은 현장타설 콘크리트 덧씌우기 또는 횡방향 포스트텐션, 또는 둘 다를 갖고 있을 수 있다. 이러한 교량의 종류들에서는 비록 전단키가 슬래브의 상대적인 수직 변위를 방지할 수 있지만, 보는 박스형 보의 슬래브 거동만큼 하나의 구성요소로 작동하지 않는다. 내측 T형보 바닥판의 모멘트를 위한 활하중 분배계수는 아래와 같이 계산될 수 있다.

$$\text{하중 분배계수} = 0.9S/D \qquad \text{식 (3.53)}$$

바닥판의 강성계수 C는 아래와 같이 주어진다.

$$C = K(W/L) \leq K \qquad \text{식 (3.54)}$$

여기서,

$$K = \sqrt{\frac{(1+\mu)I}{J}} \qquad \text{식 (3.55)}$$

$$C \leq 5\text{일 때 } D = 300[11.5 - N_L + 1.4N_L(1-0.2C)^2] \qquad \text{식 (3.56)}$$

$$C > 5일\ 때\ \ D = 300(11.5 - N_L) \qquad 식\ (3.57)$$

S : 프리캐스트 보의 폭, mm

W : 보에 직각으로 교량 전체의 폭, mm

μ : 콘크리트의 푸아송 비, 0.2로 간주

K : 강성계수

N_L : 차로 수

만약 차로 수 N_L이 6보다 더 크거나 사각이 45°보다 더 크다면, 위의 식들은 적용할 수 없으며 정밀한 해석(유한요소해석 혹은 격자해석과 같은)이 요구된다.

외측 보의 모멘트, 내측 보의 전단 및 외측 보의 전단의 경우 활하중 분배계수는 도로교설계기준에서 "한 점을 중심으로 모멘트를 취하여 다른 점에서의 반력을 계산하는 방법"(도로교설계기준 4.2 참조)으로 도로교설계기준에서 정의한 지렛대 법칙(level rule)을 이용하여 구할 수 있다. 다시 말하면, 활하중이 차로에 재하될 때 교량 바닥판은 인접 보에 단순 지지되어 있다고 가정할 수 있으며, 그리고 그 보의 반력은 활하중 분배계수가 된다.

분배계수의 값은 프리캐스트 패널 단면의 기하구조에 크게 의존하는 것으로 판단된다. 관성모멘트와 비틀림 상수 모두는 사용된 패널/보 형식의 함수이다(예를 들면, 중공 단면 및 보 등). 도로교설계기준은 보가 많은 교량의 예비설계에 사용될 수 있도록 일반적인 상수 값의 목록을 제시하고 있다. 아래의 목록은 이러한 예비설계를 위한 값이다.

교량설계일반사항(한계상태설계법)

• **강성 K**

식 (3.54)의 강성계수는 다음과 같다.

$$K = \sqrt{\frac{I}{J}(1+\mu)}$$

아래의 표는 여러 가지 보의 종류에 따라 설계자들이 예비설계 시에 사용할 수 있는 값들이다[교량설계일반사항(한계상태설계법) 표 4.6-5 참조].

보의 종류	K
중실 직사각형 보	0.7
중공 직사각형 보	0.8
박스 거더	1.0
ㄷ형보	2.2
T형 또는 이중 T형보	2.0

- **비틀림 강성**

정확한 방법 대신에 비틀림 강성 J는 다음의 식 중에서 하나를 사용하여 산정될 수 있다.

두께가 얇은 판요소로 구성된 개단면

$$J = \frac{1}{3}\sum bt^3$$

여기서, b : 단면 내 각 판요소의 길이
t : 단면 내 각 판요소의 두께

I형보, T형보 및 속이 찬 단면

$$J = \frac{A^4}{40I_p}$$

여기서, A : 단면적(mm^2)
I_p : 극관성모멘트(mm^4)

두께가 얇은 판요소로 구성된 폐단면

$$J = \frac{4A_o^2}{\sum \frac{s}{t}}$$

여기서, A_o : 두께 중심선으로 이루어진 면적(mm^2)
s : 측면 요소의 길이(mm)
t : 측면 요소의 두께(mm)

6. 슬래브교

종방향 거더가 없는 현장타설 슬래브교의 경우 각각의 차로에 있는 활하중은 종방향 슬래브에서 등가 스트립으로 지지하는 것으로 고려될 수 있다. 이 개념은 현장타설 중공슬래브교량에도 적용할 수 있다. 스트립 폭은 아래와 같이 결정될 수 있다(교량설계일반사항 4.6.4 참조).

1차로 교량의 경우 $E = 1.2\left(250 + 0.42\sqrt{L_I W_I}\right)$ 식 (3.58)

다차로 교량의 경우 $E = 1.1\left(2{,}100 + 0.12\sqrt{L_I W_I}\right) \le \dfrac{W}{N_L}$ 식 (3.59)

여기서, E : 등가 스트립의 폭, mm

L_I : 실제 지간 길이 또는 18,000 mm 중 작은 값, mm

W_I : 실제 교량 폭, 1차로에는 9,000 mm, 다차로 교량에는 18,000 mm 보다 작은 값, mm

W : 교량 폭, mm

N_L : 설계차로 수

이전에 논의한 모든 활하중 분배계수와 마찬가지로, 다차로 재하계수는 이미 이 식에 포함되어 있다. 일단 등가의 스트립 폭이 계산되면 슬래브의 휨모멘트와 전단력을 계산하기 위해서 1차로의 활하중이 등가 스트립에 등분포하중으로 재하되는 것으로 간주한다. 사교의 경우 종방향 하중영향을 계수 r에 의해 감소시킬 수 있다.

$$r = 1.05 - 0.25\tan\theta \le 1.0 \qquad \text{식 (3.60)}$$

여기서, θ : 사각(도)

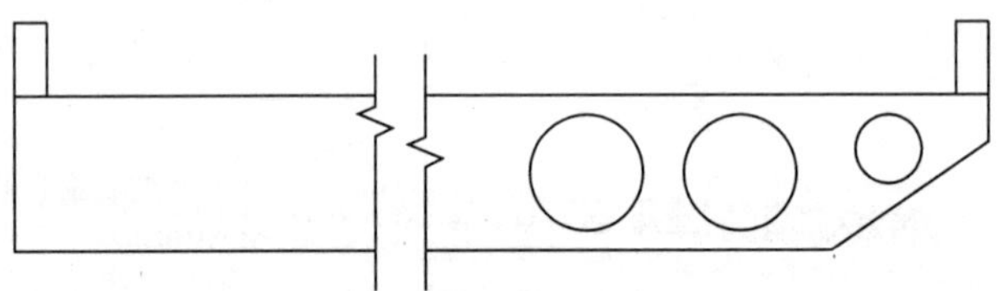

그림 3.24 슬래브교 단면 유형

등가 스트립 개념이 적용되는 현장타설 슬래브교 및 중공 슬래브교 단면 유형

3.8.3 바닥판을 단순보로 가정하는 방법

교량설계일반사항(한계상태설계법)에 규정된 분배계수를 적용할 수 있는 조건

이 아닌 경우에는 바닥판이 종방향 거더에 의해 단순지지 되어 있는 보로 가정하여 임의의 거더에 최대 반력이 발생하는 차량하중의 배치를 통하여 거더에 분배되는 최대 하중을 구할 수 있다(그림 3.23 참조). 거더에 분배되는 최대 하중을 구하기 위하여 지점반력의 영향선을 이용하여 최대 반력(거더에 작용하는 분배하중)을 구하는 방법이 그림 3.25에 나타나 있다. 그림(a)에서 단위 하중에 대한 지점반력은 $1.0 \times (0.52 + 1.0 + 0.28) = 1.8$이 된다. 이 값에 전륜인 경우 24 kN, 중륜은 67.5 kN 그리고 후륜인 경우 96 kN을 곱하면 각 차륜하중에 대한 분배하중을 구할 수 있다. 그림(b)에서 차로하중 12.7 kN/m에 대한 분배하중은 $12.7/3\ \text{kN/m}^2 \times (1/2 \times 5.0 \times 1.0)\ \text{m} = 10.58\ \text{kN/m}$이 된다. 이렇게 구한 하중을 거더에 재하하여 설계 휨모멘트와 전단력을 구할 수 있다.

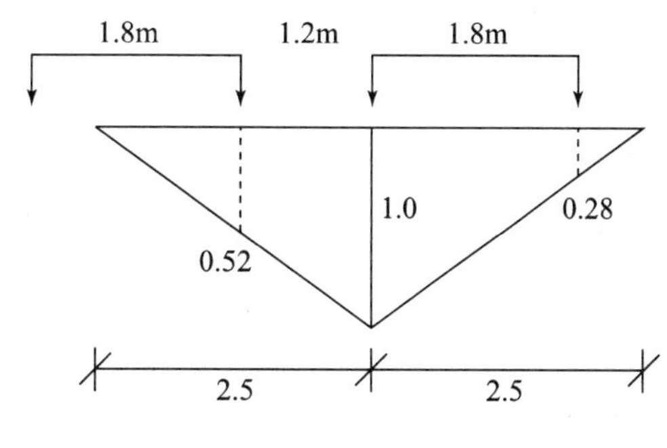

(a) 표준트럭하중

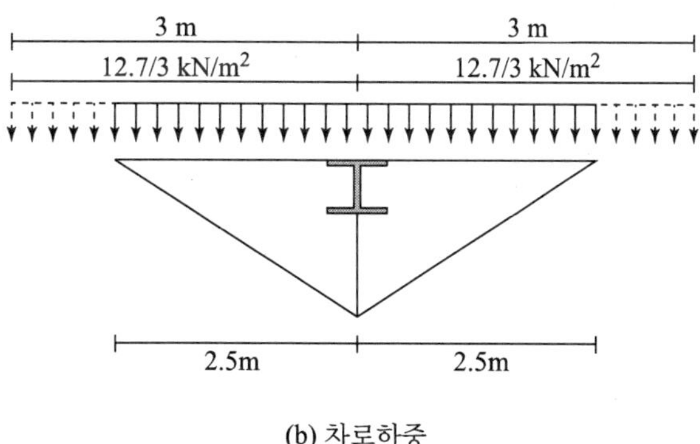

(b) 차로하중

그림 3.25 거더교(간격 2.5 m)의 차량하중 분배(예) – 단순보로 가정

바닥판을 단순보로 가정하여 반력의 영향선을 이용한 표준트럭하중 및 차로하중 배치에 의한 최대 분배하중 산정법

3.8.4 바닥판을 연속보로 가정하는 방법

교량설계일반사항(한계상태설계법)에 규정된 분배계수를 적용할 수 있는 조건이 아닌 경우 3.8.3절에서 기술한 바닥판을 단순보로 가정하는 방법은 너무 보수적인 결과를 산출한다. 보다 합리적인 방법으로 바닥판을 종방향 거더들로 지지된 연속보로 가정하여 임의의 거더에 최대 반력이 발생하도록 차량하중을 배치하여 분배하중을 구할 수 있다. 이 경우에는 거더를 지점으로 단위 폭의 바닥판을 보요소로 모델링하고 단위 하중을 재하하여 각각의 거더에 최대 반력이 발생하도록 차량하중을 배치하여 각 거더에 분배되는 하중을 산정할 수 있다. 이 경우에 발생하는 각 거더의 반력의 분포를 교량 상부구조의 전체 그리드 모델에 재하하여 최대 하중을 받는 거더의 설계 휨모멘트와 전단력을 구할 수 있다. 그림 3.26은 여섯 개의 거더로 구성된 교량에서 네 번째 거더에 최대 하중이 분배되도록 차량하중을 재하한 연속보 모델을 보여주고 있다. 여러 가지 하중 경우를 고려하여 최대 반력이 산출되는 경우를 선택할 수 있다.

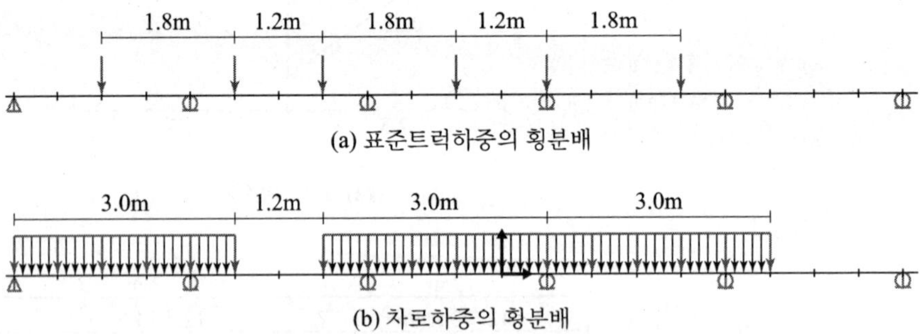

그림 3.26 거더교의 차량하중 분배(예) – 연속보로 가정

연속보 모델링을 이용한 표준트럭하중 및 차로하중에 대한 최대 분배하중 산정을 위한 재하방법을 보여주고 있다.

3.8.5 결론

이 절의 설계 관점에서 볼 수 있듯이 하중의 분배에 대한 이전의 도로교설계기준의 접근 방법이 너무 보수적인 것인지에 관해 몇몇 논쟁이 있었다. 이러한 논쟁의 시비와 관계없이, 교량설계기준(한계상태설계법) 및 AASHTO LRFD는 하중 - 지지 부재들 간의 활하중 분배에 영향을 미치는 더 많은 요인을 고려하여 어느 정도 이 문제를 해결하고 있다. 교량설계일반사항(한계상태설계법)에서 제시한 하중 분배계수를 사용하는 외에 바닥판을 단순보로 가정하여 분배 하중을 구하는 방법을 사용할 수 있으며 만일 더 정확한 결과가 필요한 경우 바닥판을 연속보로 가정하여 유한요소해석프로그램을 사용하는 정밀한 방법을 사용할 수 있다. 각 방법에 대한 적용 예는 다음 장에서 상세히 설명하고자 한다.

대부분의 콘크리트 바닥판은 종방향으로 휘어지기 때문에 콘크리트 슬래브의 하중 분배는 교량의 다른 주요부재와 차이가 있다. 이것을 고려하여 콘크리트 슬래브의 하중 분배 범위에 대한 설명은 다음 절에서 주어진다.

3.9 콘크리트 바닥판

이 절에서 우리는 도로교의 구조요소들에 대한 실제 예제와 관련된 주제들로 시작한다. 설계예제들은 교량설계기준(한계상태설계법)을 포함하는 내용과 여러 관련 사항들이 나란히 서술될 것이다. 따라서 이 책은 교량설계 기술자들을 위한 참고 서적으로 사용될 수 있다.

일반적인 설계 과정은 하향 접근방법을 따르기 때문에 바닥판으로부터 시작한다. 교량설계가 순차적 작업이라는 의미는 아니지만, 새로운 설계자가 요소의 설계 전에 구조물 정보를 알 수 있게 해야 한다. 만약 바닥판에 의한 고정하중의 크기를 모르고 주부재를 설계한다거나 상부구조물로부터 발생하는 지점반력을 모르고 교각을 설계한다는 것은 어려울 것이다. 도로교의 각 요소들은 다른 요소들로 하중을 전달한다. 이는 교량설계에서 모든 설계조건이 완전히 결정되기 위해서는 각각의 설계단계를 반복하는 과정이 필요하다는 의미이다.

관습적으로 콘크리트 바닥판은 차륜하중을 지지하는 단위 폭 스트립의 보로 설계되어서, 바닥판의 두께와 보강철근은 가정한 바닥판 스트립의 휨모멘트를 기초로 설계된다. 이 스트립 방법은 또한 해석적 방법이라고 불린다. 왜냐하면 바닥판의 최대 휨모멘트를 해석하고 그에 따라 바닥판을 설계하기 위한 어떤 계산과정이 요구되기 때문이다.

또 다른 방법은 경험적 설계라고 불린다. 이것은 온타리오 주 도로교설계기준에서 처음으로 소개되었고, AASHTO LRFD 기준에서 채택되었으며, 우리나라 도로교설계기준에 반영되었다. 이 방법에서는 바닥판이 주어진 요구조건을 만족하면, 규정된 표준 보강방법에 따라 보강철근을 배근할 수 있으므로 바닥판의 구조계산이 필요가 없다.

두 방법 모두 이 절에서 논의될 것이다. 스트립 방법은 더 많은 계산이 필요하기 때문에 경험적 방법보다 더 자세하게 검토될 것이다.

3.9.1 바닥판의 지간

철근콘크리트 바닥판의 보강 철근량의 산정을 위한 단면력은 지간길이에 따라 결정되며 스트립법을 적용하여 산정한다. 단순지지의 경우 지지보의 중심 간격으로 바닥판의 지간을 설정한다(그림 3.27 참조). 이 때 지간은 바닥판의 순지간에 바닥판의 두께를 더한 길이를 초과할 필요는 없다. 세 개 이상의 지지보 위에 연속으로 설치된 바닥판의 경우 하중 분배와 휨모멘트의 계산에 사용되는 유효지간의 길이는 아래와 같이 산정한다.

- 헌치가 없이 보 또는 벽체와 일체이며 두께가 일정한 바닥판의 경우, 순지간으로 바닥판의 지간을 산정한다.
- 위의 경우에서 헌치가 있는 경우, 헌치를 고려한 두께가 바닥판의 두께의 1.5배가 되는 위치로부터 유효지간을 산정한다.

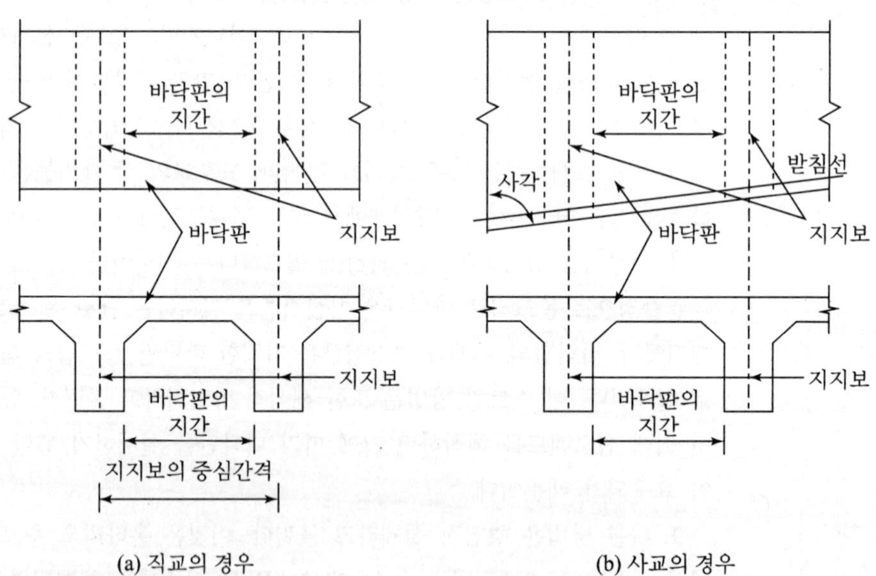

그림 3.27 단순판 및 연속판의 지간(교량설계일반사항 그림 4.6.3에서 발췌)

단순판 및 연속판의 단면력을 산정하기 위한 바닥판의 지간은 직교와 사교의 경우에 따라 다르다. 또한 헌치의 설치 여부에 따라 유효지간이 달라진다.

- 프리스트레스트 콘크리트 보의 두꺼운 상부플랜지 위에 지지되고 바닥판 두께에 대한 상부플랜지 폭 비가 4보다 작은 경우, 바닥판에 인접한 상부플랜지 끝단 사이의 순지간으로 유효지간을 산정한다.
- 프리스트레스트 콘크리트 보의 얇은 상부플랜지 위에 지지되고 바닥판의 두께에 대한 상부플랜지 폭 비가 4 이상인 경우, 바닥판에 인접한 상부플랜지 돌출폭 중앙점 사이의 거리로 유효지간을 산정한다.

외측주형으로부터 직각으로 돌출된 캔틸레버 바닥판의 경우, 하중 분배와 휨모멘트의 계산에 사용되는 유효지간은 아래와 같이 산정한다. 사교의 지간은 주철근 방향으로 재는 것으로 한다.

- 보 또는 벽체와 일체이며 바닥판의 두께가 일정한 바닥판의 경우, 보 또는 벽체의 외측단에서 캔틸레버 끝단까지의 거리로 바닥판의 지간을 산정한다.
- 위의 경우에서 헌치가 있을 때는 바닥판과 헌치를 함께 고려한 두께가 바닥판의 두께의 1.5배가 되는 위치로부터 캔틸레버 끝단까지의 거리를 유효지간으로 산정한다.
- 프리스트레스트 콘크리트 보의 두꺼운 상부플랜지 위에 지지되고 바닥판 두께에 대한 상부플랜지 폭 비가 4보다 작은 경우, 유효지간은 상부플랜지 끝단에서 캔틸레버 끝단까지의 순지간으로 정의된다.

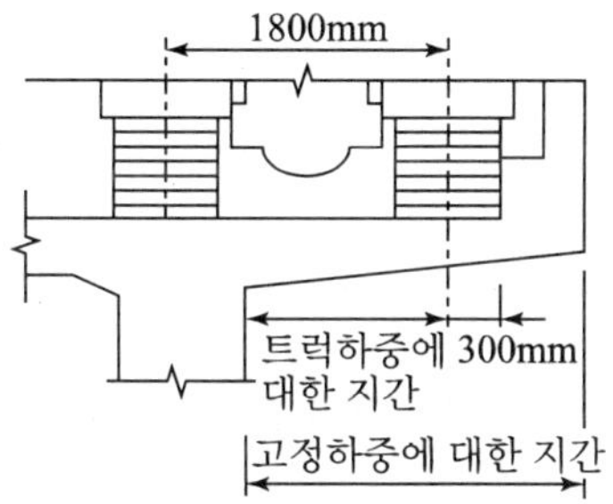

(a) 차량진행방향에 직각으로 캔틸레버판이 있는 경우

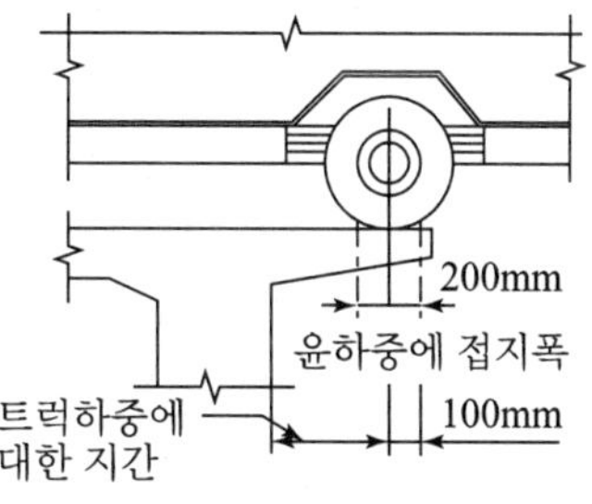

(b) 차량진행방향에 캔틸레버판이 있는 경우

그림 3.28 캔틸레버판의 지간(교량설계일반사항 그림 4.6.4에서 발췌)

캔틸레버판의 지간은 판의 방향이 차량진행 방향에 직각과 평행인 경우에 따라 다르게 정의된다.

- 프리스트레스트 콘크리트 보의 얇은 상부플랜지 위에 지지되고 바닥판 두께에 대한 상부플랜지 폭 비가 4 이상인 경우, 유효지간은 상부플랜지 돌출된 폭의 중앙점에서 캔틸레버 단부까지의 거리로 정의된다.
- 차량진행방향에 직각으로 캔틸레버판이 있을 때에 트럭하중의 교축방향에 대한 외측 차륜 중심의 재하위치를 차도 끝에서 300 mm 떨어진 곳으로 한다. 차량진행방향과 평행으로 캔틸레버판이 있을 때의 트럭하중에 대한 지간은 윤하중의 접지폭을 고려하여 캔틸레버 끝단에서 100 mm 떨어진 곳으로 한다(그림 3.28 참조).

3.9.2 바닥판 휨모멘트

1. 단순판과 연속판

바닥판의 단위 폭(1 m)에 대한 활하중 휨모멘트의 크기를 산정하기 위하여 주철근의 방향과 차량의 진행방향에 따라 두 가지의 방법으로 간략식을 적용할 수 있다(교량설계일반사항 4.6.2.4 참조). 단 차량바퀴의 접지면적을 고려한 정밀해석 방법으로 산정한 경우는 예외로 한다. 아래의 설명은 1등교를 기준으로 한 설명이다. 2등교는 1등교 활하중효과의 75%를 적용하며, 3등교는 2등교 활하중효과의 75%를 적용한다. 규정된 간략식에 사용된 기호는 다음과 같다.

L : 바닥판의 지간, m
E : 1차륜이 분포되는 바닥판의 폭, m
P : 표준트럭하중의 1후륜하중으로 96 kN 적용

주철근의 방향이 차량진행방향에 직각인 경우(지간 : m)

지간 길이가 0.6~6.0 m인 단순판의 단위 폭(1 m)에 대한 활하중 휨모멘트를 다음 식으로 계산한다(충격은 별도로 생각한다).

$$M_t = \frac{L+0.6}{9.6}P \qquad \text{식 (3.61)}$$

바닥판이 3개 이상의 지점을 가진 연속슬래브인 경우의 정·부의 휨모멘트의 크기는 위의 값의 0.8배를 취한다.

주철근의 방향이 차량진행방향에 평행한 경우

바닥판의 유효폭 내에 트럭의 후륜하중이 등분포로 작용하는 것에 대하여 설계해야 한다. 윤하중이 분포되는 바닥판의 유효폭 E를 다음 식으로 산출한다. 그러나 그 값이 2.1 m 이하이어야 한다.

$$E = 1.2 + 0.06L \qquad \text{식 (3.62)}$$

단순판의 단위 폭 스트립에 발생하는 휨모멘트의 값(충격은 별도로 고려)은 6.0 m 이하의 지간에 대하여 다음과 같이 산정할 수 있다.

$$M_l = 18L \ [\text{kN} \cdot \text{m}] \qquad \text{식 (3.63)}$$

지간의 길이가 6 m를 초과하는 연속바닥판인 경우

트럭하중 또는 차로하중을 고려한 정밀해석방법을 통해 휨모멘트를 산정한다. 바닥판 스트립을 모델링할 때, 지점들(교량의 거더들)은 무한 강성(즉, 수직처짐은 없다고 가정)을 갖는다고 가정한다. 만약 바닥판이 지지하는 부재와 일체식(콘크리트 상자형 거더와 같이)이라면, 부모멘트와 전단력에 대한 설계단면은 지지하는 요소의 면이 된다. 강재 거더와 목재 보의 경우, 설계단면은 지지점의 중앙에서 플랜지 폭의 1/4인 곳이다. 프리캐스트 콘크리트 거더의 경우, 설계단면은 지점의 중앙에서 플랜지 폭의 1/3이지만 380 mm를 초과할 수 없다. 설계 지간 길이는 지지점의 중앙에서 중앙까지의 거리를 택한다.

2. 캔틸레버 바닥판

캔틸레버 바닥판에 작용하는 윤하중의 분포를 고려해서 바닥판에 작용하는 휨모멘트의 크기를 주철근의 방향과 차량의 진행방향에 따라 두 가지의 방법으로 간략식을 이용하여 산정할 수 있다.

주철근이 차량진행방향에 직각인 경우

캔틸레버 바닥판에 작용하는 윤하중은 다음과 같은 유효폭에 분포한다고 가정한다.

$$E = 0.8X + 1.14 \qquad \text{식 (3.64)}$$

이 때 단위 폭 1 m당의 휨모멘트를 아래의 식을 이용하여 구한다.

$$M = \frac{P}{E}X \text{ [kN} \cdot \text{m]} \qquad \text{식 (3.65)}$$

여기서, X는 하중점에서 지지점까지의 거리(m)이다.

주철근방향이 차량진행방향에 평행한 경우

캔틸레버 바닥판 위에 작용하는 트럭 윤하중은 다음과 같은 유효폭에 분포한다고 가정한다.

$$E = 0.35X + 0.98 < 2.1 \text{ [m]} \qquad \text{식 (3.66)}$$

이 때 폭 1 m당의 휨모멘트를 아래의 식을 이용하여 구한다.

$$M = \frac{P}{E}X \text{ [kN} \cdot \text{m]} \qquad \text{식 (3.67)}$$

사변이 지지된 바닥판

사변이 지지되어 양방향으로 철근을 보강하는 교량바닥판의 경우, 짧은 지간 방향으로 전달되는 하중비율은 다음과 같은 식으로 표현된다.

등분포하중의 경우, $p = b^4/(a^4 + b^4)$

중앙에 집중하중이 작용하는 경우, $p = b^3/(a^3 + b^3)$ 　　식 (3.68)

여기서, p : 짧은 지간 방향으로 전달되는 하중의 비율
a : 짧은 지간의 길이
b : 긴 지간의 길이

바닥판의 길이가 바닥판의 폭의 1.5배 이상일 경우에는 전체 하중을 횡방향 철근이 받는다고 산정할 수 있다. 또한 어느 한 방향에 대해 구한 하중 분포폭을 다른 방향의 하중 분포폭으로 사용할 수 있다. 해석을 통해 얻어진 휨모멘트를 설계 시 바닥판 지간의 중앙부 1/2구간에 적용하고, 나머지 구간에 대해서는 중앙부에 소요되는 철근량의 50% 이상을 배근하면 된다. 지지보의 설계 시 지지보에 전달되는 하중의 크기가 지지보를 따라서 일정하지 않다는 사실을 고려할 수 있다.

3. 등분포 고정하중 휨모멘트

등분포 고정하중에 의한 바닥판의 단위 폭(1 m)당의 설계휨모멘트는 표 3.5(교량설계일반사항 표 4.6-2)에 의해 계산한다.

◎ **표 3.5 등분포 고정하중에 의한 바닥판의 단위 폭당 설계휨모멘트(kN·m)**

판의 구분	휨모멘트의 종류	바닥판 지간방향의 휨모멘트
단순판	지간 휨모멘트	$+wl_d^2/8$
캔틸레버판	지점 휨모멘트	$-wl_d^2/2$
연속판	지간 휨모멘트	$+wl_d^2/10$
	지점 휨모멘트	$-wl_d^2/10$

w : 등분포 고정하중(kN/m^2)
l_d : 고정하중에 대한 바닥판의 지간(m)

4. 종방향 단부보

주철근의 방향이 차량진행방향에 평행할 때에는 바닥판의 단부를 보강하기 위하여 종방향으로 단부보가 있어야 한다. 단부보는 바닥판과 함께 거동하는 다양한 형식을 사용할 수 있는데, 바닥판의 두께나 철근의 배근량을 늘리거나 또는 바닥판과 방호벽이 일체로 함께 거동하는 형식 등으로 구성될 수 있다.

단부보의 설계에 사용되는 단위 폭당 활하중 휨모멘트의 크기는 다음과 같다(교량설계일반사항 4.6.2.9).

단순판 : $0.10PL$ [kN·m] 식 (3.69)

연속판 : $0.08PL$ [kN·m] 식 (3.70)

여기서, P : 후륜하중, kN
L : 종방향 단부보의 지간, m

연속지간의 경우, 연속판 모델링을 이용한 더 정확한 해석을 통하여 활하중에 의한 휨모멘트의 크기를 감소시킬 수 있다.

교량설계하중(한계상태설계법)

4.3.1.4 바닥판 슬래브 위의 차륜하중 위치

바닥판 슬래브를 설계할 때, 차륜하중의 중심선은 연석의 전면 혹은 교량 난간의 전면에서 0.3 m 떨어진 곳에 위치된다.
거더 등 다른 요소를 설계할 때는, 차륜하중의 중심선은 연석의 전면 혹은 난간의 전면에서 0.6 m 떨어진 곳에 위치된다.

3.9.3 배력철근

주철근이 교통 진행방향에 평행하거나 직각인 경우에 상관없이, 배력철근(distri-bution reinforcement)은 필요하다. 배력철근은 활하중의 횡방향 분배를 고려하기 위해 사용된다. 횡방향이란 주철근에 직각방향을 의미한다. 배력철근은 바닥판의 아래에 위치된다. 슬래브 위로 0.6 m 깊이 이상의 채움이 있는 암거는 이 요구조건에 포함되지 않는다.

배력철근의 양은 요구되는 주철근 양에 규정된 백분율로 곱해서 결정된다. 이 백분율은 주철근이 교통 진행방향에 평행인지 직각인지에 따라서 다르다.

차량 진행방향에 직각인 주철근의 경우, 백분율은 다음과 같다.

$$\text{백분율} = \frac{220}{\sqrt{S}} \leq 67 \qquad \text{식 (3.71)}$$

주철근이 차량 진행방향에 평행할 때 다음 식을 사용한다.

$$\text{백분율} = \frac{100}{\sqrt{S}} \leq 50 \qquad \text{식 (3.72)}$$

여기서, S : 유효지간길이, m

일체형 보의 경우 이것은 보의 양쪽 표면 사이의 거리이며, 거더교의 경우 상부플랜지의 순간격에 플랜지 돌출부 길이를 더한 것이다. 식 (3.71)과 식 (3.72)에서 각각 규정된 67%와 50%의 한계값은 초과할 수 없는 한계, 즉 최대값이다. 바닥판의 하면에 배력철근이 위치하는 이유는 주철근에 대한 가로방향 모멘트가 슬래브의 하부에 발생시킬 수 있는 인장 때문이다.

3.9.4 최소 바닥판 두께

콘크리트 바닥판의 두께는 슬래브의 전체 수명에 큰 영향을 미친다. 거더 사이의 활하중 분배와 상부구조의 처짐 제한도 슬래브 두께의 영향을 받는다. 콘크리트교 설계기준(한계상태설계법)에서는 철근콘크리트 바닥판의 최소두께를 220 mm 그리고 프리스트레스콘크리트 바닥판의 최소두께를 200 mm로 규정하고 있다.

3.9.5 경험적 설계방법

지금까지 예제 3.1(229쪽)에 적용방법이 포함되어 있는 등가 스트립에 재하된 하중에 대한 구조해석 방법을 사용한 콘크리트 슬래브 설계만 논의되어 왔다. 교량설계기준과 AASHTO LRFD는 설계자가 콘크리트 바닥판 설계에 경험적 설계방법을 사용하도록 허용하고 있다. 바닥판 단면내부의 면내 압축력을 고려한 경험적 설계법은 콘크리트교 설계기준(한계상태설계법) 4.6.5.2의 규정을 따른다.

콘크리트 바닥판의 경험적인 설계방법은 차량의 윤하중을 지지하는 교량 바닥판의 주요한 구조적 거동이 휨이 아닌 아치 작용이라는 사실에 근거한 설계법이다. 이 설계법을 적용하여 바닥판을 설계하는 경우 별도의 구조 해석을 수행하지 않는다. 이 설계법은 바닥판이 3개 이상의 지지 거더와 합성으로 거동하고, 바닥판의 지간방향이 차량 진행방향에 직각인 경우의 콘크리트 바닥판에만 적용할 수 있다. 이 방법은 캔틸레버 바닥판에 는 적용할 수 없으며, 캔틸레버 바닥판에 대한 설계는 일반 슬래브 설계방법을 따른다.

콘크리트교 설계기준(한계상태설계법) 4.6.5.2에서 규정되었듯이 경험적 설계방법을 사용하여 바닥판을 설계할 때, 바닥슬래브의 유효 지간은 다음과 같게 취하여야 한다.

- 바닥판이 벽체 또는 보와 일체로 되어 있는 경우, 받침부 내면 사이 순거리
- 강재 거더 또는 콘크리트 거더로 지지된 바닥판인 경우, 플랜지 끝까지의 거리에다 복부 내면에서 플랜지 맨 끝단까지 거리를 합한 값

교량 바닥슬래브의 두께는 바닥판의 홈집, 마모, 철근 피복두께를 제외한 수치로 하며, 경험적 설계법을 적용하기 위해서는 몇 가지 조건을 만족시켜야 한다. 바닥판이 콘크리트 거더 또는 강재 거더에 합성 지지되어 있어야 하며, 가로보 또는 격벽이 교각 선상에 설치되어 있고, 거더 플랜지부의 헌치와 같이 국부적으로 두껍게 한 곳을 제외하고 전체적으로 바닥판의 두께가 균일해야 한다. 또한 바닥판의 두께에 대한 유효지간의 비가 6 이상 15 이하이고, 바닥판의 상·하부 철근의 외측면 사이의 두께가 150 mm 이상 그리고 유효지간이 3.6 m를 초과하지 않아야 한다. 바닥판의 홈집, 마모면, 그리고 보호피복두께 층을 제외한 바닥판의 최소두께가 240 mm 이상이어야 하고, 캔틸레버부의 길이가 내측 바닥판 두께의 5배 이상이거나 캔틸레버부의 길이가 내측 바닥판 두께에 3배 이상이고 연속인 콘크리트 방호책과 구조적으로 합성이 되어야 한다. 콘크리트는 현장타설되어 습윤양생되어야 하며, 기준압축강도가 27 MPa 이상이어야 하고, 콘크리트 바닥판은

바닥판을 지지하는 구조부재들과 완전합성거동을 하여야 한다. 따라서 콘크리트 또는 강 거더교인 경우, 바닥판과 콘크리트 주거더를 합성시키는 전단연결재가 충분히 배치되어야 한다.

콘크리트 바닥판에는 4개 층의 철근을 배치한다. 철근은 콘크리트 피복두께 요구 조건에 의해 허용되는 한도에서 바깥 표면에 가까이 배치하며, 유효 경간방향으로 배치되는 철근을 가장 바깥쪽 층에 배치하여야 한다. 이 때 배치해야 되는 4개 층의 철근량은 아래에서 정한 최소값 이상이어야 한다.

- 경간방향 : 하부 철근량 = 콘크리트 바닥판 단면의 0.3% 이상
  상부 철근량 = 콘크리트 바닥판 단면의 0.3% 이상
- 경간방향에 직각방향 : 하부 철근량 = 콘크리트 바닥판 단면의 0.3% 이상
  상부 철근량 = 콘크리트 바닥판 단면의 0.3% 이상

배치되는 철근은 SD400 이상이어야 하고, 모든 철근은 직선으로 배치하며 겹침이음만 사용할 수 있다. 철근의 중심 간격은 100 mm 이상 또한 300 mm 이하로 되어야 하고, 바닥판 지간방향의 하부 인장 주철근의 중심 간격은 바닥판의 두께를 넘어서는 안 된다. 사교의 경사각이 20°를 넘는 경우, 단부 바닥판의 철근은 단부 끝단에서 바닥판의 유효지간에 해당하는 위치까지 위에서 규정한 철근량의 2배를 배치한다.

그림 3.29 콘크리트 타설 전 슬래브 배근 현황

부식을 방지하기 위해서 교량 바닥판에 사용되는 에폭시코팅철근의 사용은 교량 바닥판의 기능과 수명에 대한 기대로 크게 증가하고 있다. 이것은 동절기에 제설제가 사용되는 지역에서 표준 관행으로 되고 있다.

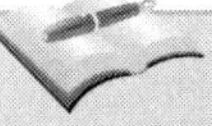

1950년대와 1960년대에 만들어진 콘크리트 바닥판 슬래브는 심각한 균열과 성능저하가 발생했다. 왜냐하면 이 시기의 교량은 높은 보와 넓은 간격을 사용하기 시작했기 때문에, 교량들(그리고 바닥판)은 더 오래된 비슷한 교량들보다 더 많은 진동과 휨모멘트를 받았다. 그러나 콘크리트 바닥판은 150~180 mm 두께를 사용하고 있었다. 1970년대에 이 문제를 바로잡기 위해 여러 조치를 취하였다. 즉, 피복두께를 50 mm 증가시켜서 최소 바닥판 두께가 200 mm가 되도록 높이거나, 고강도 콘크리트를 사용하였다.[3.28] 현재 우리나라 교량설계기준(2012)에서는 철근콘크리트 바닥판은 220 mm, 프리스트레스콘크리트 바닥판은 200 mm를 최소두께로 규정하고 있다.

3.9.6 바닥판 슬래브 설계 상세

1. 배근 상세

충분한 철근을 배치하는 것 외에 설계자는 슬래브에 대한 적절한 상세를 고려해야 한다. 고려해야 할 몇몇 주요 상세는 다음과 같으며 여기에 한정되지는 않는다.

- 피복두께
- 철근의 방향
- 철근 간격
- 철근 이음

상세를 결정하는 기준은 콘크리트교 설계기준(한계상태설계법) 및 콘크리트구조설계(강도설계법)의 규정에 따라야 한다. 등가 슬래브 스트립 방법을 사용할 때 슬래브는 거더에 의해서 견고히 지지되어 있다고 가정하지만, 사실 거더 또한 차량 하중들의 작용에 의해 처짐이 발생한다는 사실을 알아두자. 그러므로 스트립 방법은 너무 보수적이다. 만약 경험적 방법이 사용되면 모든 종방향 철근은 간격 300 mm에 D16 철근이 사용될 수 있을 것이다.

콘크리트교 설계기준(한계상태설계법)은 부착에 대한 사항과 내구성을 고려한 최소피복두께 규정을 제시하고 있다. 도면에 명시하는 공칭피복두께는 최소피복두께와 설계편차허용량의 합으로 구한다. 철근의 최소간격에 관하여는 현장타설 콘크리트에서 철근의 수평 순간격은 다음 값 이상으로 하여야 한다고 규정하고 있다.

• 철근 공칭지름의 1.5배
• 굵은 골재 최대치수의 1.5배
• 40 mm

또한 공장 또는 공장과 같은 관리조건 하에 제작된 프리캐스트 콘크리트에서 철근의 수평 순간격은 다음 값 이상으로 하여야 한다.

• 철근의 공칭지름
• 굵은 골재 최대치수의 1.33배
• 25 mm

2. 설계 강도

콘크리트의 설계압축강도는 식 (3.73)(콘크리트교 설계기준 3.1.2.6)과 같이 기준압축강도에 재료계수와 유효계수를 곱하여 구한다.

$$f_{cd} = \phi_c \alpha_{cc} f_{ck} \quad \text{식 (3.73)}$$

여기서, f_{ck}는 기준압축강도이고, ϕ_c는 아래 표(콘크리트교 설계기준 표 1.4-1)에 주어진 콘크리트의 재료계수이며. α_{cc}는 유효계수로 0.85다.

철근의 설계항복강도는 다음과 같이 계산할 수 있다(콘크리트교 설계기준 3.2.3(1)).

$$f_{yd} = \phi_s f_y \quad \text{식 (3.74)}$$

여기서, f_y는 기준항복강도이고, ϕ_s는 아래 표에 주어진 강재의 재료계수이다.

콘크리트교 설계기준(한계상태설계법) 

표 1.4-1 재료계수

하중조합	콘크리트 ϕ_c	철근 또는 프리스트레싱 강재 ϕ_s
극한하중조합-I, -II, -III, -IV, -V	0.65	0.90
극단상황하중조합-I, -II	1.0	1.0
사용하중조합-I, -III, -IV, -V	1.0	1.0
피로하중조합	1.0	1.0

3. 극한한계상태 검토

극한한계상태에서는 설계모멘트가 계수모멘트를 초과하도록($M_d > M_u$) 설계해야 한다. 설계모멘트 결정을 위한 단면 해석 방법은 $p-r$곡선을 도입한 소성해석에 근거한다. 압축부에 대해 간략화된 사각블록을 설정하여 계산하며, 콘크리트 인장응력은 무시하고 철근은 항복상태라고 가정한다. 사각블록과 관련된 두 계수 α와 β는 다음과 같이 결정한다.

$$\text{압축합력 크기계수 : } \alpha = 1 - \frac{1}{n+1}\left(\frac{\varepsilon_{co}}{\varepsilon_{cu}}\right) \qquad \text{식 (3.75)}$$

$$\text{작용점 위치계수 : } \beta = 1 - \frac{0.5 - \dfrac{1}{(1+n)(2+n)}\left(\dfrac{\varepsilon_{co}}{\varepsilon_{cu}}\right)^2}{\alpha} \qquad \text{식 (3.76)}$$

식 (3.75)와 식 (3.76)의 상수값 n과 ε_{co}, ε_{cu}는 콘크리트교 설계기준(한계상태설계법) 표 1.5-3에 나와 있고 다음과 같다.

콘크리트교 설계기준(한계상태설계법)

표 1.5-3 콘크리트 강도 변화에 따른 상수값

f_{ck}(MPa)	18	21	24	27	30	35	40	50	60	70	80	90
n				2.0				1.92	1.50	1.29	1.22	1.20
ε_{co}(‰)				2.0				2.1	2.2	2.3	2.4	2.5
ε_{cu}(‰)				3.3				3.2	3.1	3.0	2.9	2.8

위 표에서 ε_{co}는 최대 응력에 처음 도달할 때의 변형률로서 40 MPa 이하의 보통강도 콘크리트에서는 0.002로 취한다. ε_{cu}는 극한한계변형률이며 보통강도 콘크리트에서 0.0033이고 강도가 10 MPa 증가하면 0.001씩 작아진다. n은 상승 곡선부의 형상을 나타내는 지수로 표에 주어진 값이다.

따라서, 중립축의 위치는 인장력 및 압축력의 평형조건으로부터 계산할 수 있다.

$$c = \frac{A_s \phi_s f_y}{\alpha \phi_c 0.85 f_{ck} b} \qquad \text{식 (3.77)}$$

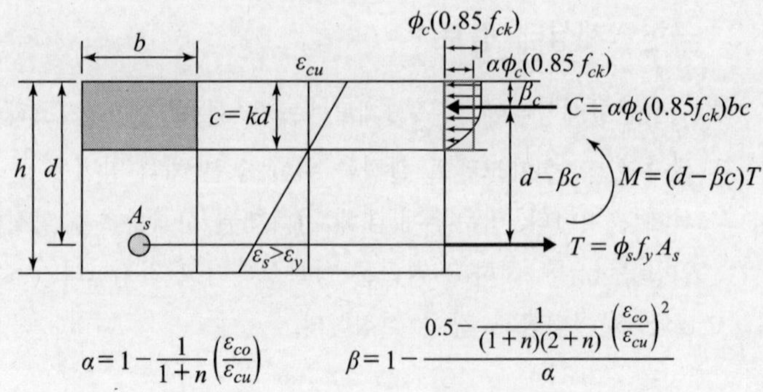

그림 3.30 극한상태 단면응력 해석

극한상태의 단면응력 분포는 인장철근의 항복과 콘크리트 압축부의 두 가지 응력분포 형태를 가정할 수 있다.

설계모멘트는 다음과 같다.

$$M_d = (d - \beta c)\phi_s f_y A_s \qquad \text{식 (3.78)}$$

이 단면해석법은 다음과 같이 철근이 항복할 때 유효하다.

$$\varepsilon_s = \frac{d-c}{c}\varepsilon_{cu} > \varepsilon_y \qquad \text{식 (3.79)}$$

철근량을 결정하거나 배력철근량을 결정하기 위해서는 계수모멘트에 대응하는 소요철근량을 결정할 필요가 있다. 소요철근량은 다음 수식에서 $A_{s,req}$를 변수로 풀어서 결정할 수 있다.

$$M_u = \phi_s f_y A_{s,req}(d - \beta c) \qquad \text{식 (3.80)}$$

여기서, $c = \dfrac{A_{s,req}\phi_s f_y}{\alpha\phi_c 0.85 f_{ck} b}$

예제 3.1 바닥판 슬래브 설계

문제 아래의 내외측 슬래브의 그림을 참고하여 바닥판을 설계하라.

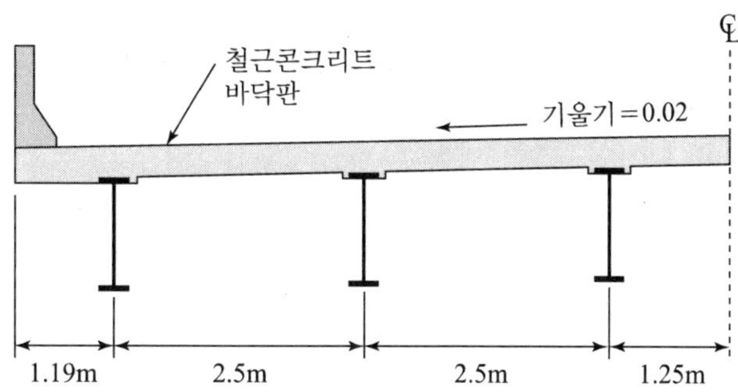

조건

2차로 교량
콘크리트강도 f_{ck}=27.0 MPa
철근 등급 SD400 f_y=400 MPa
바닥판 두께=250 mm
아스팔트포장 두께=80 mm
플레이트 거더 상부플랜지 폭=480 mm
아스팔트 단위 중량 : 23.0 kN/m³
콘크리트 단위 중량 : 25.0 kN/m³

STEP 1 바닥판의 형상

1) 내측슬래브

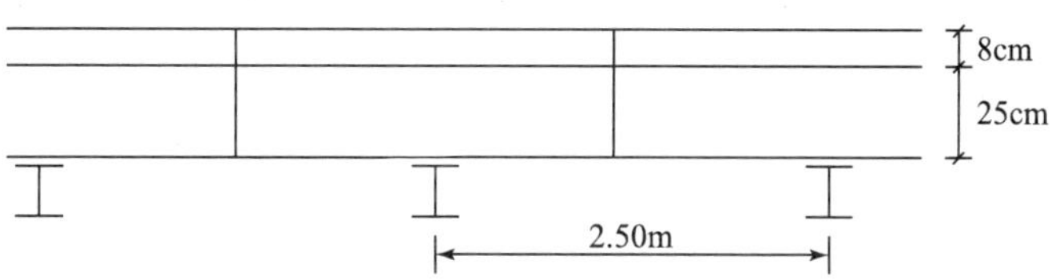

2) 외측슬래브

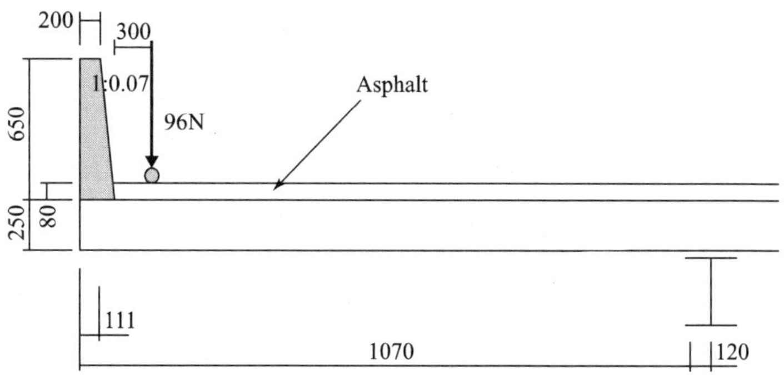

STEP 2 고정하중에 의한 모멘트 계산

1) 내측슬래브

고정하중(단위 폭)

$DW = 0.08(m) \times 23.0(kN/m^3) \times 1.0(m) = 1.84\ kN/m$ (아스팔트 포장)

$DC_1 = 0.25(m) \times 25.0(kN/m^3) \times 1.0(m) = 6.25\ kN/m$ (콘크리트 바닥판)

휨모멘트

$$M_{DW} = \frac{1.84 \times 2.5^2}{10} = 1.15\ kN \cdot m$$

$$M_{DC_1} = \frac{6.25 \times 2.5^2}{10} = 3.91\ kN \cdot m$$

2) 외측슬래브(콘크리트 방호벽)

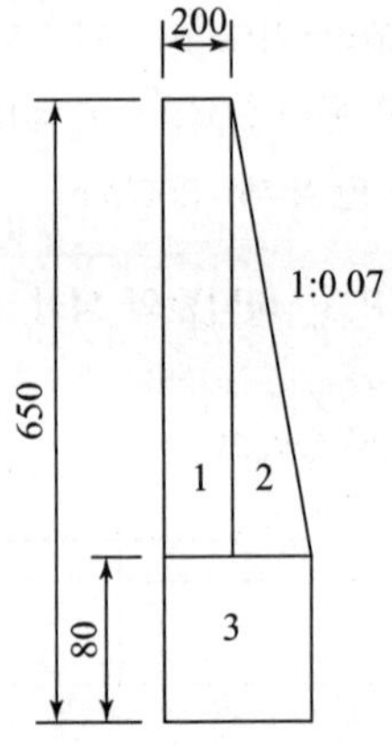

$$w_1 = 25\ kN/m^3 \times 0.2\ m \times 0.57\ m \times 1.0\ m = 2.85\ kN$$

$$y_1 = \frac{0.2\ m}{2} = 0.1\ m$$

$$w_2 = 25\ kN/m^3 \times 0.57\ m \times (0.57\ m \times 0.07) \times \frac{1}{2} \times 1.0\ m = 0.28\ kN$$

$$y_2 = 0.2\ m + \frac{0.57\ m \times 0.07}{3} = 0.2133\ m$$

$$w_3 = 25\ kN/m^3 \times 0.08\ m \times (0.2\ m + 0.57\ m \times 0.07) \times 1.0\ m = 0.48\ kN$$

$$y_3 = \frac{0.2\ m + 0.57\ m \times 0.07}{2} = 0.12\ m$$

$$DC_2 = \sum w_n = 2.85\ kN + 0.28\ kN + 0.48\ kN = 3.61\ kN$$

$$y = \frac{\sum w_n y}{\sum w_n}$$

$$= \frac{(2.85\text{ kN} \times 0.1\text{ m}) + (0.28\text{ kN} \times 0.2133\text{ m}) + (0.48\text{ kN} \times 0.12\text{ m})}{3.61\text{ kN}}$$

$$= 0.111\text{ m}$$

$\text{DW} = 0.08\text{ m} \times 23\text{ kN/m}^3 \times 1.0\text{ m} = 1.84\text{ kN/m}$ (아스팔트 포장)

$\text{DC}_1 = 0.25\text{ m} \times 25\text{ kN/m}^3 \times 1.0\text{ m} = 6.25\text{ kN/m}$ (콘크리트 슬래브)

$$M_{\text{DW}} = \frac{1.84\text{ kN/m} \times [1.190\text{ m} - (0.2\text{ m} + 0.57 \times 0.07) - 0.12\text{ m}]^2}{2}$$

$$= 0.634\text{ kN} \cdot \text{m}$$

$$M_{\text{DC}_2} = 3.61\text{ kN} \times [1.190\text{ m} - 0.12\text{ m} - 0.111\text{ m}] = 3.462\text{ kN} \cdot \text{m}$$

$$M_{\text{DC}_1} = \frac{\text{DC}_1 l^2}{2} = \frac{6.25\text{ kN/m} \times (1.190\text{ m} - 0.12\text{ m})^2}{2} = 3.578\text{ kN} \cdot \text{m}$$

$$M_{\text{DC}} = M_{\text{DC}_1} + M_{\text{DC}_2} = 3.578 + 3.462 = 7.04\text{ kN} \cdot \text{m}$$

해설 바닥판 단위 폭의 콘크리트 슬래브와 아스팔트 포장에 의한 휨모멘트를 계산한다. 고정하중은 슬래브의 폭 1 m에 작용하는 분포하중으로 산정된다. 바닥판 자중과 아스팔트 포장은 하중계수가 다르기 때문에 분리해서 계산하여야 한다. 거더가 3개 이상인 연속판의 등분포하중에 대한 정부모멘트는 연속판의 휨모멘트공식(교량설계일반사항 - 한계상태설계법 표 4.6-2)을 적용하여 구할 수 있다.

방호벽 그림에서 1, 2, 3 부분의 무게와 좌측 측면을 기준점으로 한 거리를 각각 구하여 콘크리트 방호벽의 무게중심을 구한다. 외측슬래브에서는 외측 거더를 지점으로 하여 지렛대 법칙을 적용하여 휨모멘트를 구한다. 강재 거더의 경우 상부플랜지의 중앙점으로부터 1/4점을 지점으로 하였다.

STEP 3 활하중에 의한 모멘트 계산

1) 내측슬래브

$$M_{\text{LL}} = \frac{l + 0.6}{9.6} P_r = \frac{2.5 + 0.6}{9.6} \times 96.0 = 31.0\text{ kN} \cdot \text{m}$$

거더가 3개 이상인 연속판인 경우 단순판의 80%를 취한다. 따라서

$$M_{\text{LL}+i} = 31.0 \times 0.8 = 24.8\text{ kN} \cdot \text{m}$$

도로교설계기준에 따라 충격계수는 $i = 0.25$이다.

$$M_{\text{LL}+i} = 24.8 \times (1 + 0.25) = 31\text{ kN} \cdot \text{m}$$

2) 외측슬래브

$X=(1.190\text{ m}-0.12\text{ m}-0.2\text{ m}-0.57\text{ m}\times 0.07-0.3\text{ m})=0.5301\text{ m}$

$E=0.8X+1.14=0.8\times 0.5301\text{ m}+1.14=1.564\text{ m}$

$$M_{\text{LL}}=\frac{P}{E}X=\frac{96\text{ kN}}{1.564\text{ m}}\times 0.5301\text{ m}=32.54\text{ kN}\cdot\text{m}$$

$M_{\text{LL}+i}=1.25\times 32.54\text{ kN}\cdot\text{m}=40.68\text{ kN}\cdot\text{m}$

해설 지간과 차량 진행방향이 직각이고 지간 길이가 0.6 m 이상 6.0 m 미만의 바닥판 단위 폭당 활하중 휨모멘트는 간략식 (3.61) (교량설계일반사항 - 한계상태설계법 4.6.2.4 참조)을 적용하여 구할 수 있다. 윤하중의 분포폭 E는 식 (3.64)에 의거 계산한다.

STEP 4 계수모멘트 계산

1) 내측슬래브

$M_u=1.25(3.91)+1.5(1.15)+1.8(31.0)=62.41\text{ kN}\cdot\text{m}$

2) 외측슬래브

$M_u=1.25(7.04)+1.5(0.634)+1.8(40.68)=82.98\text{ kN}\cdot\text{m}$

해설 하중계수를 적용하여 극한모멘트를 구한다. 극한한계상태 하중조합 I의 경우에 하중계수는 다음과 같다. DC: 1.25, DW: 1.50, LL: 1.80
외측슬래브의 계수모멘트가 내측슬래브의 계수모멘트보다 크다. 그러나 전체 단면을 외측슬래브의 계수모멘트를 사용하여 설계한다.

STEP 5 강도 검토 : p-r 응력 분포를 이용하는 방법

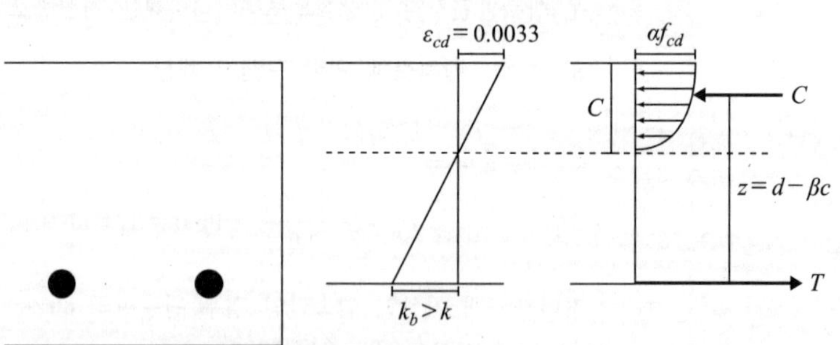

$f_{cd}=0.85\phi_c f_{ck}=0.85\times 0.65\times 27\text{ MPa}=14.92\text{ MPa}$

$f_{yd}=\phi_s f_y=0.9\times 400\text{ MPa}=380\text{ MPa}$

평균응력계수 : $\alpha=0.8$ 작용점 위치계수 : $\beta=0.41$

$C=\alpha f_{cd}bc=0.8\times 14.92\text{ MPa}\times 1{,}000\text{ mm}\times c=11{,}936c\ [\text{N/mm}]$

$T = f_{yd}A_s = 380\ \text{MPa} \times 1{,}433\ \text{mm}^2 = 544{,}540\ \text{N}$

$C = T \ \rightarrow \ c = \dfrac{544{,}540\ \text{N}}{11{,}936\ (\text{N/mm})} = 45.62\ \text{mm}$

$z = d - \beta c = 205.45\ \text{mm} - 0.41 \times 45.62\ \text{mm} = 186.75\ \text{mm}$

$M_n = Tz = 544{,}540\ \text{N} \times 186.75\ \text{mm} \times 10^{-6} = 101.7\ \text{kN} \cdot \text{m}$

$\phi M_n = (0.9)(101.7) = 91.53\ \text{kN} \cdot \text{m} > M_u = 82.98\ \text{kN} \cdot \text{m}$ OK

[별해] 등가사각형 응력 블록을 이용하는 방법

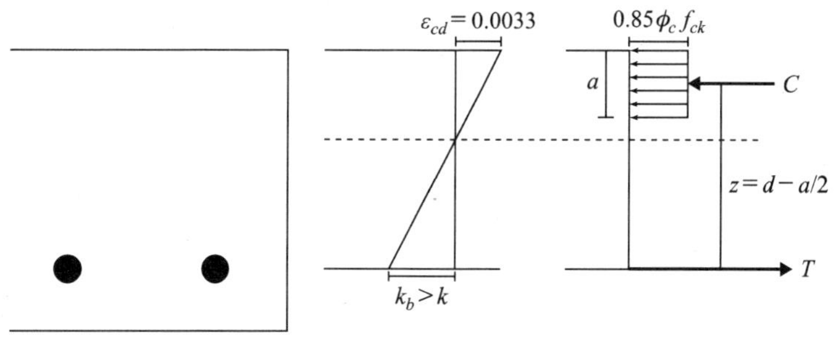

$f_{cd} = 0.85\phi_c f_{ck} = 0.85 \times 0.65 \times 27\ \text{MPa} = 14.92\ \text{MPa}$

$f_{yd} = \phi_s f_y = 0.9 \times 400\ \text{MPa} = 380\ \text{MPa}$

$C = f_{cd}ab = 14.92\ \text{MPa} \times 1{,}000\ \text{mm} \times a = 14{,}920a\ (\text{N/mm})$

$T = f_{yd}A_s = 380\ \text{MPa} \times 1{,}433\ \text{mm}^2 = 544{,}540\ \text{N}$

$C = T \ \rightarrow \ a = \dfrac{544{,}540\ \text{N}}{14{,}920\ (\text{N/mm})} = 36.50\ \text{mm}$

$z = d - \dfrac{a}{2} = 205.45\ \text{mm} - \dfrac{36.50\ \text{mm}}{2} = 187.2\ \text{mm}$

$M_n = Tz = 544{,}540\ \text{N} \times 187.2\ \text{mm} \times 10^{-6} = 101.94\ \text{kN} \cdot \text{m}$

$\phi M_n = (0.9)(101.94) = 91.75\ \text{kN} \cdot \text{m} > M_u = 82.98\ \text{kN} \cdot \text{m}$ OK

해설 먼저, 식 (3.73)과 식 (3.74)를 이용하여 콘크리트의 설계압축강도 f_{cd}와 철근의 설계항복강도 f_{yd}를 구한다. 두 계수 α와 β는 식 (3.75)와 식 (3.76)을 이용하여 구한다. 중립축의 위치는 인장력 및 압축력의 평형조건으로부터 계산할 수 있다.

STEP 6 단면설계 : 주철근 산정

$f_{cd} = 0.85\phi_c f_{ck} = 0.85 \times 0.65 \times 27\ \text{MPa} = 14.92\ \text{MPa}$

$f_{yd} = \phi_s f_y = 0.9 \times 400\ \text{MPa} = 380\ \text{MPa}$

평균응력계수 : $\alpha = 0.8$ 작용점 위치계수 : $\beta = 0.41$

$$m_u = \frac{M_u}{bd^2 f_{cd}} = \frac{85.55 \times 10^6\ \mathrm{N \cdot mm}}{1{,}000\ \mathrm{mm} \times (250\ \mathrm{mm})^2 \times 14.92\ \mathrm{MPa}} = 0.092$$

$$k = \frac{c}{d} = \frac{1 - \sqrt{1 - 4m_u\beta/\alpha}}{2\beta} = \frac{1 - \sqrt{1 - 4 \times 0.092 \times 0.41/0.8}}{2 \times 0.41} = 0.121$$

$$k_b = \frac{\varepsilon_{cd}}{\varepsilon_{yb} + \varepsilon_{cd}} = \frac{0.0033}{0.9 \times 0.002 + 0.0033} = 0.647 \geq 0.114 \ \text{(휨인장철근 항복)}$$

$c = kd = 0.121 \times (250\ \mathrm{mm} - 35\ \mathrm{mm} - 19.1\ \mathrm{mm}/2)$

$= 24.86\ \mathrm{mm}$ (D19철근 사용)

$z = d - \beta c = 205.45\ \mathrm{mm} - 0.41(24.86\ \mathrm{mm}) = 195.26\ \mathrm{mm}$

피복두께 : $t_{c,nom} = t_{c,\min} + \Delta t_{c,dev} = 25\ \mathrm{mm} + 10\ \mathrm{mm} = 35\ \mathrm{mm}$

$$\text{소요 } A_s \geq \frac{M_u}{f_{yd} z} = \frac{85.55 \times 10^6\ \mathrm{N \cdot m}}{0.9 \times 400\ \mathrm{MPa} \times 195.26\ \mathrm{mm}} = 1{,}217.04\ \mathrm{mm^2/m}$$

Try D19($A_s = 286.5\ \mathrm{mm^2}$)

$$s = \frac{1{,}000 \times 286.5}{1{,}217.04} = 235.4\ \mathrm{mm} \rightarrow 200\ \mathrm{mm} \ \text{적용}$$

해설 철근 최대간격에 관한 규정 중 집중하중 또는 최대 휨모멘트가 작용하는 영역의 주철근 및 배력철근 그리고 건조수축 및 온도철근의 최대간격 규정은 다음과 같다(콘크리트 설계기준 - 강도설계법 참조).

- 주철근 : $2h \leq 250\ \mathrm{mm}$

  $2h = 2 \times 250\ \mathrm{mm} = 500\ \mathrm{mm} < 250\ \mathrm{mm}$

- 배력철근 : $3h \leq 400\ \mathrm{mm}$

  $3h = 3 \times 250\ \mathrm{mm} = 750\ \mathrm{mm} < 400\ \mathrm{mm}$

- 건조수축 및 온도철근 : $3h \leq 450\ \mathrm{mm}$

  $3h = 3 \times 250\ \mathrm{mm} = 750\ \mathrm{mm} < 450\ \mathrm{mm}$

STEP 7 단면설계 : 배력철근, 건조수축 및 온도철근 산정

1) 배력철근

$$\frac{120}{\sqrt{L}} \rightarrow \text{중심부 : } \frac{120}{\sqrt{2.5}} = 75.89\% \leq 67\%$$

$$\text{외단부 : } \frac{120}{\sqrt{1.19}} = 110.0\% \leq 67\%$$

소요 $A_s = 0.67A_s = 0.67 \times 1{,}217.04\ \mathrm{mm^2} = 815.41\ \mathrm{mm^2}$

Try D16($A_s = 198.6\ \mathrm{mm^2}$)

$$s = \frac{1{,}000 \times 198.6}{815.41} = 243.6\ \mathrm{mm} \rightarrow 200\ \mathrm{mm} \ \text{적용}$$

2) 건조수축 및 온도철근

소요 철근량 $A_s \geq 0.75\dfrac{A_g}{f_{yd}} = 0.75 \times \dfrac{1{,}000\,\text{mm} \times 250\,\text{mm}}{0.9 \times 400\,\text{MPa}} = 520.8\,\text{mm}^2$

Try D13($A_s = 126.7\,\text{mm}^2$)

$s = \dfrac{1{,}000 \times 126.7}{520.8} = 243.3\,\text{mm} \;\rightarrow\; 200\,\text{mm}$ 적용

해설 외측슬래브의 모멘트가 내측슬래브의 모멘트보다 크므로 외측슬래브 모멘트에 대하여 철근량을 산정하여 편의상 내측슬래브의 정·부모멘트 구간에도 그대로 적용한다. 실제 설계에서는 내·외측 바닥판의 철근량을 각각 다르게 산출할 수도 있다.

철근콘크리트 바닥판의 상세도는 다음과 같다.

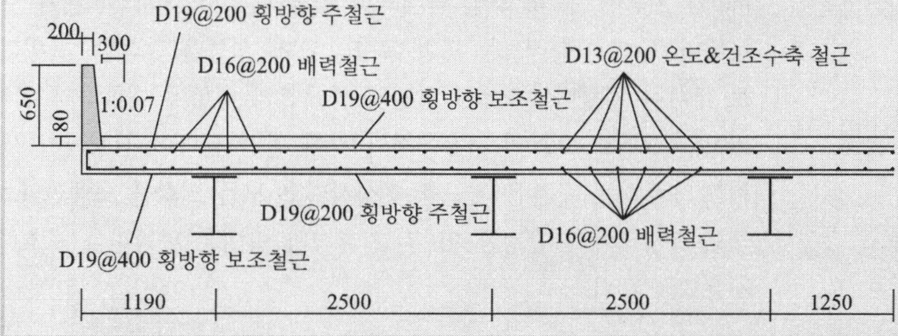

3.9.7 시공, 보수 그리고 유지관리

종종 보수, 보강과 유지관리의 문제는 설계과정에서 제외되고 부수적이거나 서로 간에 관련이 없는 것으로 취급된다. 종합적인 설계 - 유지관리 - 보수 방법의 이유에 대한 많은 훌륭한 단어들이 있다. 그러나 이론은 현실과 매우 드물게 부합된다. 앞에서 논의되었듯이, 콘크리트 바닥판은 모든 교량요소 중에서 가장 심한 피해를 연속적으로 입는다. 트럭하중의 증가, 경량부재의 사용, 연성 설계 및 여러 가지 환경적 영향들 모두가 콘크리트 바닥판이 쉽게 열화 되도록 만든다.

보수와 유지관리에 관련된 것은 교량의 시공 상세에서 고려되는 문제들이다. 도로교의 설계는 설계하중을 견디는 구조물의 능력뿐 아니라, 최소한의 유지관리와 보수 작업으로 오랫동안 기능을 다할 수 있는 능력에 초점을 모아야 한다.

콘크리트 교량 바닥판의 유용한 사용기한을 증가시키기 위해 사용되는 여러 가

지 시공, 보수 및 유지관리 방법들이 있다. 몇몇 방법들은 초기 설계와 바닥판의 시공에서 채택될 수 있는 반면에, 다른 방법들은 열화가 발생한 후에 취해지는 개선 조치이다. 다음은 콘크리트 교량 바닥판의 수명을 연장하기 위한 몇몇 일반적인 방법을 설명했다.

1. 슬래브두께와 피복두께의 증가

교량 바닥판의 보호를 위한 간단한 절차, 즉 슬래브 두께와 철근 피복두께의 증가는 이 절에서 이미 다루었다. 특별히 마모층이 없을 때 충분한 피복두께는 과도한 마모로부터 바닥판을 보호하는데 절대적이다. 일반적으로 콘크리트 바닥판 위에는 아스팔트 마모층이 시공된다. 마모층이 있을 때, 최소 피복두께 40 mm가 사용될 수 있으며, 슬래브의 하면에는 일반적으로 피복두께 25 mm가 사용된다. 두꺼운 슬래브는 또한 교량의 전체 성능을 강화할 수 있다. 더 많은 슬래브 두께는 경량바닥판에서 발견되는 균열의 영향에 대항하기 위해 사용된다. 어떠한 콘크리트 요소의 경우에서와 같이 일단 균열이 진행되기 시작하면, 균열사이로 침투하는 수분은 철근을 부식시키고 모든 열화를 초래한다. 1970년대에 미국의 교통국에서 규정한 이 두 기본적인 방법은 바닥판을 보호하는데 오랫동안 사용되어 왔다.

2. 철근 도막

미국에서 1980년대 초반부터 교량 바닥판에 사용된 대부분의 철근은 수분과 염화물의 영향을 차단하여 부식을 방지하고자 에폭시로 코팅되어 왔다. 에폭시코팅철근은 분사 세정하여 가열하고, 분말이 전기분무로 코팅되는 표준 이형철근이다. 초기에는 에폭시코팅철근은 콘크리트 교량 바닥판에서 상부철근 망을 위해서 제시되었다. 그러나 추세는 바닥판전체에 걸쳐서 에폭시코팅철근을 사용하는 것으로 발전되어 왔다.

최근에는 부식의 규모를 제한하기 위해서 아연도금 철근이나 스테인리스스틸 철근이 겨울철에 제빙제가 광범위하게 사용되는 미국의 북동부에서 콘크리트 교량 바닥판에 널리 사용되어 왔다.

그림 3.31 설계예제 3.1과 비슷하게 배근된 교량 바닥판

그림 3.31에는 설명할 것이 여러 개 있다. 먼저, 바닥판과 일체된 난간을 위한 철근을 볼 수 있다. 또한 볼 수 있는 것이 철근 지지대 혹은 철근망을 지지하는데 사용되는 간격재(bolster)이다. 사진에서 보는 간격재는 철사로 형상이 구성된 대표적인 것이다. 그것들은 콘크리트 타설 후에도 그곳에 존치되며 최소한 약간의 부식 방지에 도움이 된다. 사진은 또한 종방향 주철근이 갈고리 철근에 싸여있는 위치를 보여준다. 180° 갈고리는 캔디 케인(candy cane)으로 알려져 있다.

3. 방수재

아스팔트 포장 마모층이 있는 교량은 종종 아스팔트 마모층과 콘크리트 슬래브 사이에 방수재를 설치한다. 방수재는 콘크리트 표면에 부착하여 수분과 제빙제에 의한 부식을 보호하는 프라임 코트와 결합하여 방수재질의 정형된 층으로 이루진다. 프라이머는 일반적으로 역청, 네오프렌, 수지 혹은 용제가 있고 바닥판에 분무 혹은 압착하여 사용한다. 방수시트는 일반적으로 고무화 아스팔트 혹은 개량 아스팔트 시트가 있고, 배수방향으로 하나처럼(즉, 겹쳐있다) 설치된다. 방수층이 슬래브의 상면에 부착된 후 마모층은 그 위에 설치된다. 초기의 방수재는 역청재질과 보강재같이 작용하는 유리섬유 직물로 구성되었다. 최근 몇몇 종류에는 콘크리트 바닥판과 마모층 사이에 사용되는 에폭시, 메타크릴산메틸 혹은 폴리우레탄 수지계가 포함된다.

그러나 방수재의 어떤 한계와 불리함이 있기 때문에 어떤 기관들은 그것의 사용을 피하고자 한다. 방수재와 콘크리트 슬래브의 경계면에서 미끄러짐은 발생할 수 있는 문제이기 때문에, 방수재는 4% 이상의 수직경사를 갖는 교량에 설치할 수 없다.[3.29] 점검의 관점에서 보면 슬래브 아래의 존치거푸집처럼 방수재는 방수층 아래에 발생한 열화를 감출 수 있다(2.3.5절 1항 참조). 대부분의 기관들은 부식방지에 더 효과적인 에폭시코팅철근과 함께 방수재를 사용한다. 관리자가 구조물 바닥판의 품질과 건전성을 요구하는 것은 매우 중요하다.

4. 배수

불완전한 배수시설은 바닥판의 수명을 극히 제한할 수 있다. 2.3.6절 2항에서 바닥판 배수시스템의 몇몇 중요한 특성을 다루었다. 교량바닥판의 배수를 위한 몇몇 주된 방법은 다음과 같다.

- 바닥판 배수로
- 배수관
- 배수구
- 배수조
- 낙하식 유입관

바닥판 배수로는 바닥판의 횡단면에서 서로 다른 단면 경사로 인해 형성된 V자 모양의 수로이다. 배수관은 PVC 혹은 어떤 다른 재질로 만들어진 배관의 일부이고, 포장층의 아래로부터 바닥판을 관통하여 연장된다. 빗물은 배수 유입관으로 흘러서 아래로 배수된다. 배수구는 일반적으로 주철로 만들어진 배수 유입관이며 빗물을 교량 바닥판으로부터 바닥판의 측면을 지나 흘려보낸다. 그림 3.32에는 덮개가 없는 배수구를 보였다. 배수조와 낙하식 유입관은 오물을 모으고, 상류와 하류측 관의 높이를 낮추어 폭우를 저장하는 시설의 중심점이다.

불충분한 바닥판 배수시설에 의한 불리한 영향은 교통안전의 위험에서부터 바닥판 표면의 성능저하까지 미칠 수 있다. 먼저 바닥판에 과도한 물의 고임은 이미 균열되었거나 부서진 바닥판 지역에 수분의 침투로 열화의 위험을 진행시킨다. 교량 바닥판에 물이 한 곳으로 모인 물웅덩이에는 제빙제가 한 곳으로 집중되어 축적될 수 있다. 교통의 관점에서 보면 교량 바닥판의 과도한 물은 따뜻한 계절에는 자동차에 물보라 현상과 추운 계절에는 얼음 조각을 남길 수 있다.

구조물을 위한 배수시설을 설계 할 때 명심해야 할 두 가지 중요한 기준이 다음과 같다.

- 배수시설은 내부식성 재료로 설치되어야 한다.
- 배수시설은 다른 교량요소나 구조물 아래로 지나가는 차량에 물을 유출시켜서는 안 된다.

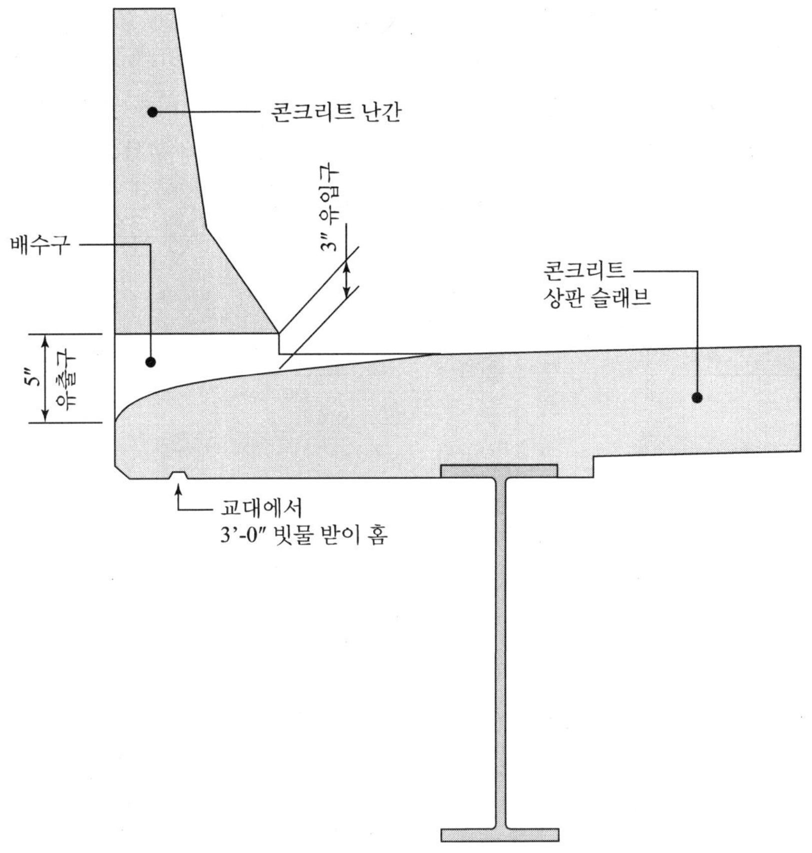

그림 3.32 교량 바닥판으로부터 우수를 배수하는데 사용된 개방형 배수구

배수와 관련되는 문제점은 오물의 축적이다. 그림에 보이는 아래로 흐르도록 된 개방형 배수구는 유수와 함께 많은 버력과 쓰레기를 가져온다. 일반적으로 교량에는 바닥판을 관통해서 아래로 내려가는 주철배수구가 사용된다. 만일 오물이 많아지면 그것이 쌓여 배수구가 막힐 수 있다. 배수구가 오물로 막히면 역류되어 물고임을 일으키고, 그것과 관련된 좋지 않은 효과들을 일으킨다. 철저한 유지관리 프로그램이 모든 배수구들을 오물 없이 적절한 기능을 보장해준다.

그림 3.32에서 측면 거더의 바닥판 아래에 있는 빗물받이 홈은 교대의 정면으로부터 약 0.9 m 정도에서 멈추어진다는 것을 알 수 있다. 이것은 평범한 상식으로 보이겠지만, 설계자는 이러한 상식적인 상세도 빠뜨리지 않도록 계약서에 적절한 내용을 명시하도록 더 많은 주의를 하여야 한다.

구조물 보수 설계에서 기술자는 기존 구조물이 적절한 배수 시설이 갖추어져 있는지 추측하기 어렵다. 만약 배수시설의 신설, 추가 혹은 확장이 요구된다면 철저한 배수시설의 분석이 실시되어야 한다. 특히 배수가 어려운 곳은 상대적으로 평탄한 거더이거나 혹은 종방향으로 경사진 곳에 위치한 교량들이다.

가장 자주 이용되는 배수시설의 분석방법은 합리식[영국에서 로이드 - 데이비스 방법(Lloyd-Davies method)으로 알려진]이다. 대부분의 설계자들은 유출과 강우 강도가 관련된 합리식(rational method)의 기본 형식을 잘 알고 있으며, 하천설계 기준·해설(2005)(한국수자원학회)에서 제시한 식은 다음과 같다.

$$Q = kCiA \qquad \text{식 (3.81)}$$

여기서, Q : 첨두 유출량, m^3/s

C : 유출계수

i : 평균 강우강도, mm/hr

A : 배수면적, km^2

k : 0.2778

식 (3.75)는 영국 단위계에서 좌우변의 단위가 서로 일치하도록 하여 $C=1$, $i=1$ 그리고 $A=1$이면 Q는 대략 1이 되도록(즉, 1 in/h의 강우는 1에이커당 1 ft^3/s이다) 한 합리적인 원리에 근거를 두고 있기 때문에 합리식이라고 불린다. 유출계수는 분석되는 표면의 대략적인 투수성을 나타낸다. 여러 가지 유출계수가 아래에 주어져 있다.[3.30] 표에서 볼 수 있듯이 더 큰 투수성 표면(즉, 물이 재료로 침투하는 능력)은 더 작은 계수를 갖는다. 각 지역에 따라 변하는 강우강도는 지역 지자체의 기록으로 결정한다. 이 강도는 폭풍의 빈도와 지속기간에 따라 변할 것이다. 교량설계의 경우 5분의 지속기간과 10년 빈도의 폭풍이 가장 자주 사용된다. 합리식의 유출계수는 표 3.6에 나와 있다.

일단 유출량 Q가 결정되면 교량 바닥판은 상면의 흐름을 위해 분석된다. 빗물이 흐르는 바닥판의 폭은 때때로 다음과 같이 정의된다.

$$W = \text{길 어깨의 폭} + \frac{1}{3}(\text{차로}) \qquad \text{식 (3.82)}$$

표 3.6 합리식의 유출계수

표면	유출계수	표면	유출계수	표면	유출계수
포장		잔디밭(사질토)		잔디밭(중점토)	
아스팔트	0.70～0.95	평탄(2%)	0.05～0.10	평탄(2%)	0.13～0.17
콘크리트	0.80～0.95	보통(2～7%)	0.10～0.15	보통(2～7%)	0.18～0.22
벽돌	0.70～0.85	급경사(7% 이상)	0.125～0.20	급경사(7%)	0.25～0.35

앞에서 언급했듯이 바닥판 배수로와 홈통은 바닥판과 도로 표면으로부터 우수를 배수하기 위하여 설치될 수 있다. 홈통이 모든 우수의 유출을 제어할 수 있다고 기대해서는 안 된다. 따라서 약간의 우수가 차로로 흘러가는 것을 예상할 수 있다.[3.31]

주변조건에 따라 기존의 배수시설을 연결시키는 것이 바람직할 수 있다. 그러한 시설은 흙으로 된 배수로와 물길에서 암거 유입구 등으로 구성된 큰 집수시스템까지 크기가 다양하다. 만약 이 경우 교량 현장으로부터 흘러나오는 우수의 영향을 확인하기 위하여 배수시스템에서 교량을 하나의 요소로서 분석할 필요가 있다.

5. 제설과 제빙

추운지방의 구조물의 유지관리에는 신중하고 효율적인 제설계획은 절대적으로 필요한 것이다. 바닥판 이음부들은 제설작업 동안 제설기에 의한 공통적인 문제점을 보인다. 인접한 경간들의 높이가 다소 차이가 있을 경우, 바닥판 이음부는 제설기 날의 충격에 매우 취약하다. 이것은 교량뿐만 아니라 제설기 또한 손상을 입는 원인이 될 수 있다.

교량의 사각이 제설기 날의 각과 일치할 때 문제는 더 커진다. 이 문제는 날의 각도가 조절이 가능한 제설기를 사용하거나 교량 이음부에 접근할 때 날을 들어 올림으로써 해결할 수 있다. 바닥판 이음부에 반복적인 충격은 이음부와 인접바닥판 표면 모두에 명확하게 손상의 원인이 될 수 있다.

제설작업 요원들은 교량의 연석을 따라 눈이 쌓여있지 않도록 교육되어야 한다. 특히 교량이 남북방향으로 위치했을 때, 낮 동안에 구조물의 서쪽에 쌓여있던 눈이 녹아서 차로에 흘러들게 될 수 있다. 낮이 지나고 해가 서쪽으로 지기 시작하면 차로의 눈 녹은 물이 다시 얼어서 위험한 상태가 될 것이다.

구조물 아래로 지나가는 제설기는 가끔 과실이나 부주의로 날을 들어 올리고 통행하여 문제점을 야기할 수 있다. 만약 교량의 수직 공간이 빠듯하다면 날은 주부재나 콘크리트 슬래브 교량의 경우 바닥판 그 자체에 충격을 줄 수 있다.

겨울철의 또 다른 문제점은 바닥판 측면에 고드름이 발생하는 것이다. 이 고드름은 종종 매우 커지고 구조물의 아래로 지나가는 차량에 잠재적 위험이 될 수 있다. 고드름을 제거하는 동안 구조물 아래에서 교통의 적절한 통제가 동반되어야 한다.

6. 패칭(Patching)

바닥판의 기능에 문제가 발생하여 성능이 저하되었을 때 관리자는 부분보수, 재포장 혹은 교량 바닥판의 교체를 결정해야 한다. 만약 열화가 부분적이고 바닥판의 건전성이 위태롭지 않다면 전체적인 바닥판 교체에 대한 대체방법으로 패칭(patching)이 승인될 수 있다.

패칭 작업을 시작하기 전에 여러 불량한 구역의 위치와 부분보수인지 전면보수인지를 결정하기 위한 정확한 현장 조사가 필요하다. 전자는 상면철근 망 위의 깊이까지 불량 콘크리트를 제거하는 것을 의미하고, 후자는 첫 번째 철근 망 아래까지 제거하는 것을 의미하는데, 어느 쪽이든 목표는 건전한 콘크리트에 도달하는 것이다. 이 이유로 전면 보수가 포괄적인 표준이 되는 것이다. 그림 3.33은 콘크리트 바닥판의 열화된 단면을 부분적으로 보수하는 대표적인 상세를 보인다.

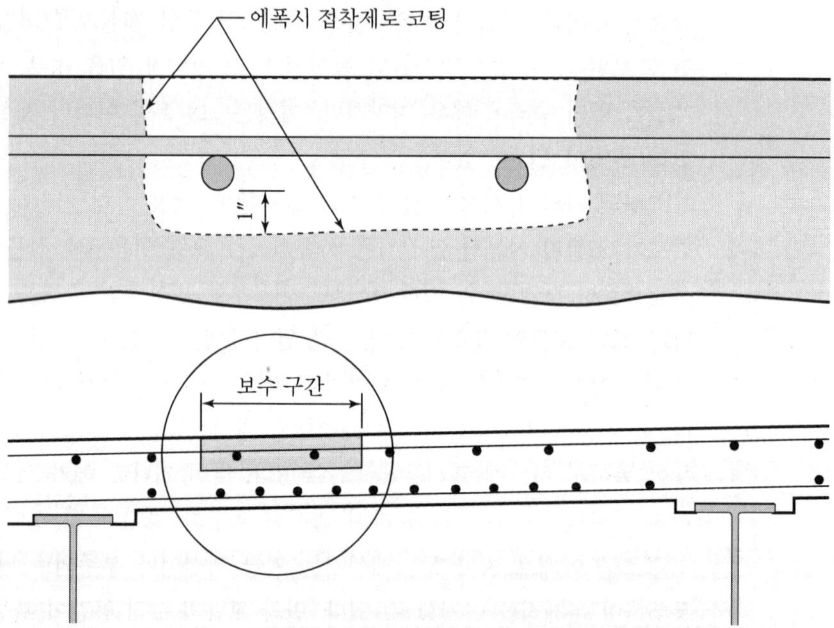

그림 3.33 콘크리트 바닥판 슬래브의 부분보수를 위한 콘크리트 제거

콘크리트 제거는 휴대용 착암기 혹은 고압물분사기를 사용해서 이루어진다. 제거되는 부분의 둘레는 절단기를 사용한다. 콘크리트 바닥판에 대한 매칭이 계획되면 평가자들은 앞으로 콘크리트 바닥판에 발생할 열화도 고려해야 한다. 열화의 정도에 따라 품질은 바닥판의 초기 조건에 10~25% 정도까지 증가시킬 수 있다. 만일 새 철근이 기존 철근의 보충으로 필요하면 철근 직경의 약 30배를 겹이음 길이로 요구하는 철근콘크리트설계기준을 만족해야 한다. 만일 겹이음이 만족될 수 없으면 기존 콘크리트에 굴착이 요구될 것이다.

일반적으로는 콘크리트의 약 12～25 mm를 톱으로 자르고 착암기로써 콘크리트를 제거하지만, 최근에는 고압 물 분사기(수력 파쇄기)가 일반화 되었다. 기존의 철근이 손상을 입지 않도록 조심해야 한다. 일단 콘크리트가 제거되면 기존 철근의 단면 손실이 각각의 철근에 발생했는지를 확인하기 위해서 점검해야 한다. 만약 손실이 발생했다면 추가적인 철근이 설치되어야 한다. 그런 다음에 기존 철근과 노출된 콘크리트를 분사세정하고 노출된 콘크리트와 철근을 에폭시 접착제로 코팅한다. 에폭시 접착제를 바르기 전에 표면을 건조시키는 것이 중요하다. 그 후에 새로운 콘크리트와 보수재를 충전하고 양생시킨다. 만약 패치가 특별히 얇고 빨리 건조된다면, 콘크리트의 습기를 유지하기 위해 패치 위에 일반적으로 젖은 마대를 덮는다.

타설되는 새로운 콘크리트는 가능하면 기존 콘크리트의 특성과 일치하도록 한다. 대표적으로 포틀랜드 시멘트가 패칭 작업에 사용된다. 폴리머계열과 속경콘크리트뿐만 아니라 폴리머 콘크리트(3.3.2절 참조) 또한 사용된다. 이 종류의 재료들은 종종 위에서 설명한 과정과 약간 다른 엄격한 적용 순서를 요구한다. 건조수축의 효과를 억제하기 위하여(3.5.4절 1항 참조) 계약자는 워커빌리티와 강도를 위해서 필요로 하는 최소한의 수분을 사용한다.

보수의 관점에서 패칭은 일반적으로 영구적인 조치보다는 일시적인 조치로 고려된다. 콘크리트 바닥판의 층분리는 앞서 패칭한 부위 바로 옆에서 종종 발생한다고 알려져 왔다.[3.29] 이것은 패칭이 불충분한 해결방법이라고 의미하는 것은 아니다. 그보다 패칭은 대규모 보수가 필요할 때까지(혹은 가능하면) 적용할 수 있는 과도기적 방법을 뜻한다. 만약 바닥판 표면의 10% 이상에서 패칭이 필요하지만 바닥판은 튼튼하다면 새 바닥판 덧씌우기와 함께 패칭이 고려될 것이다. 폴리머 콘크리트는 일반적으로 바닥판 덧씌우기 재료로 사용된다.

7. 봉함재

콘크리트 요소와 콘크리트 바닥판의 수명을 연장하는데 사용되는 또 다른 중요한 조치는 방수 봉함재(sealer)의 사용이다. 콘크리트 바닥판의 경우 봉함재는 일반적으로 콘크리트 표면에 부착된다. 봉함재는 여러 가지가 있고 몇몇 많이 사용되는 종류는 다음과 같다.

- 고무와 실리콘 수지
- 에폭시계열 봉함재
- 아마인유(더 이상 일반적이지 않음)

대부분의 봉함재는 콘크리트의 외측 표면에 도포되고 실리콘 수지 같은 몇몇은 침투식 봉함재 같이 작용한다. 이 종류의 봉함재는 방수 표면이 실제적으로 형성되도록 콘크리트 요소의 표면을 침투한다. 아마인유는 일반적으로 다른 재료물질(등유 같은)과 혼합하여 콘크리트 표면에 사용한다. 일반적으로 방어적 봉함재는 새 콘크리트 부재에 사용되고, 이미 심각한 열화로 손상을 입은 표면에는 제한적인 효능을 갖는다.

8. 음극방식

콘크리트 요소에 대한 염화물의 불리한 영향은 이미 논의되었다. 제빙제나 해수로부터 전해진 염화물은 콘크리트 바닥판에 발생할 수 있는 몇몇 가장 심각한 열화의 원인이 된다. 염화물에 의한 부식을 방지하기 위하여 음극방식(cathodic protection)으로 알려진 전기 화학적 시스템이 교량 바닥판(또한 다른 콘크리트 요소)을 보호하기 위하여 사용된다.

염화물이 균열이나 공극을 따라 철근에 전해지면 전해질과 그에 따른 전위차가 형성된다. 철근은 이온이 방전되고 철근의 한 점에서 다른 점으로 흘러가는 양극과 음극같이 작용한다. 이 과정은 철근의 부식과 콘크리트 열화의 원인이 된다. 음극 방식은 양극같이 작용하는 별개의 금속을 설치하여 철근이 순수한 음극으로 되면 부식과정이 느려지거나 멈추는 원인이 된다. 오늘날 사용되는 두 개의 일반적인 음극방식 시스템이 있다.

- 유전양극(전기방식) 방법(galvanic anode system)
- 외부전원 방법(impressed current system)

전자는 철근을 보호하는데 희생되는 마그네슘, 아연 혹은 알루미늄으로 만든 양극을 사용한다. 전위차는 양극을 보호하는 것으로 추정되는 금속과 양극 사이에서 발생된다.

외부전원 방식은 교량 바닥판에 더 일반적인 방법이다. 대표적인 시스템을 그림 3.34에 나타냈다. 외부전원 방식은 근본적으로 정류기나 배터리로부터 나오는 직류의 이동을 통하여 전해액의 전류를 역류시킨다. 사용되는 금속 양극은 외부전원 방식의 종류에 따라 약간 달라진다.

전기 전도성 아스팔트 시스템은 흑연이나 고순도 실리콘 철로 만들어지고, 판형의 양극을 사용한다. 양극은 바닥판(종방향과 횡방향 모두) 전체에 분포되고, 직류에 의해서 충전된다. 전류가 통하면 철근의 전위차는 낮아지고, 부식 과정은 늦어지거나 멈춘다. 양극 망은 유사한 방법을 사용한다. 구리나 티타늄으로 만들어진 판형의 양극에는 바닥판 전 면적에 걸쳐있는 스트립의 인접 망과 연결된다. 이 시스템의 다른 변형은 새로운 교량 바닥판의 건설이나 기존 바닥판의 보수공사에 사용되어 왔다.

그림 3.34에서 마모층과 콘크리트 바닥판 사이에 일반적으로 2~3 in(51~76 mm) 두께의 전도성 혼합물 층이 있는 것을 볼 수 있다. 콘크리트는 전기 전도성이 매우 낮기 때문에 교량 바닥판에 걸친 전류의 균등한 분배를 위하여 전도성 혼합물을 준비한다. 전도성 혼합물은 일반적으로 코크스분탄, 골재, 모래 및 아스팔트 시멘트로 이루어진 역청 콘크리트계 혼합물이다. 코크스분탄 성분은 굵은 골재처럼 작용하고 전기 전도성을 제공한다.

직류 전류기는 구조물 아래에 위치한 제어패널에 의해서 조절되는 교류전압을 사용한다. 시스템은 편극전하가 규정된 범위 내에 유지되는 것을 확인하기 위해서 항상 모니터 되어야 한다. 만약 전압이 너무 낮게 떨어지면 시스템은 바닥판을 충분히 보호할 수 없을 것이다. 그리고 만약 너무 높으면 덧씌우기의 이탈작용이 발생할 수 있다.

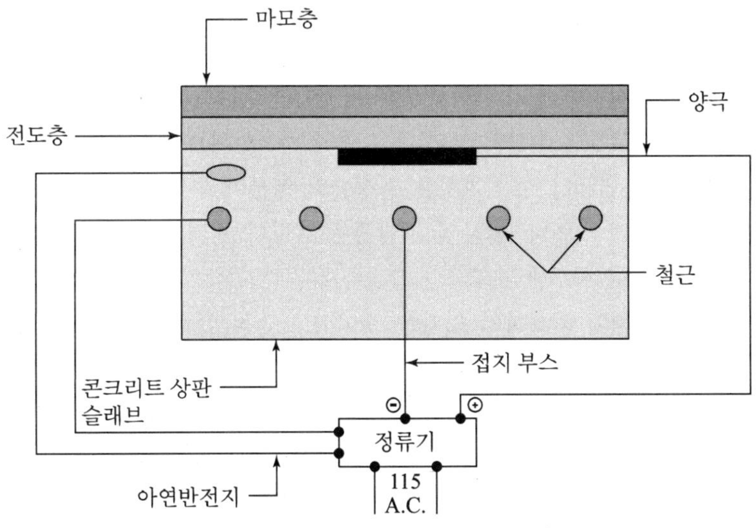

그림 3.34 철근콘크리트 바닥판의 외부전원 음극방식 시스템

전도성 아스팔트시스템에서 양극의 위치는 구조물의 형상에 따라 변한다. 교량 바닥판의 폭이 10 m 이하이면 일반적으로 바닥판의 중심선을 따라 하나의 양극선이 설치된다. 교량 바닥판의 폭이 10~20 m이면 2줄의 양극을 사용하고, 폭 20 m 이상의 교량에서는 3줄이 사용된다. 양극의 끝은 경간 끝에서 3 m 이내이며, 양극선의 최대 간격은 매 7.5 m 보다 작어야 한다. 양극 자신은 내식성이고, 두께가 38 mm이고, 직경이 300 mm까지 되는 판형이다.[3.13]

외부전원 방법에 대한 몇몇 문제점이 있다. 일정한 전원과 전류의 계속적인 모니터링의 필요가 구조물을 위한 유지관리 작업에 추가된다(비록 바닥판의 교체나 부분보수 할 만큼 심각한 것은 아니지만). 전도층의 필요에 의해서 구조물에 추가되는 고정하중의 문제는 구조물 높이의 증가로 해결된다. 그것은 도로교 형상의 제한에 불리한 영향을 줄 수 있다. 사소한 것은 아니지만 마지막은 그 시스템의 설치와 유지관리에 관계되는 추가적인 비용이다.

그러나 음극방식은 새로운 고안이나 실험적 기술이 아니다. 캘리포니아 같은 주에서 이미 그 시스템은 사용되어 왔고, 그것이 성공적이었다고 입증했다. 기술의 발전과 개발로 인하여 관련 비용이 감소되고, 설치와 유지관리가 단순화된 음극방식 시스템의 설치가 신축 이음의 설치같이 표준이 되는 것도 충분히 생각할 수 있다.

9. 염분 추출

염분에 의한 부식의 활동을 완화시키기 위해서 콘크리트 바닥판의 염분 함유량을 감소시킴으로써 근본원인을 설명할 수 있다. 전기화학적 염분 추출은 오염된 교량 바닥판에서 철근의 부동태(Passivity)를 회복시키도록 염소이온을 추출하는 처리방법이다. 과정은 콘크리트 바닥판의 철근과 외부에 설치한 양극망 사이에 일시적인 전기장을 발생하는 것이다. 진행되는 동안 염소이온은 콘크리트 바닥판으로부터 추출되고, 철근 표면의 전기분해는 높은 pH가 높은 환경인 수동적 상태로 만든다. 부식과정은 일정량의 염분이 콘크리트 바닥판에 다시 전해질 때까지 멈출 것이다. 염분의 재발생은 교량이 관리되는 환경에 따라 여러 해가 걸린다.

이 시스템의 확실한 장점은 유지관리를 위한 영구적인 시스템과 기존 구조물의 변경이 필요하지 않다는 것이다.

10. 재알칼리화

재알칼리화(realkalization)는 탄산염콘크리트의 알칼리성을 회복시키고 철근의 부동태를 돌려주는 것이다. 재알칼리화는 외부에 설치된 양극 망과 콘크리트의 철근 사이에 전기장을 일시적으로 발생시켜 수행한다. 과정이 완료되면 콘크리트의 pH는 10 이상으로 되며, 그것은 철근의 영구적인 보호를 제공하는데 충분하다.

사용된 알칼리 전해액은 일반적으로 1 M 나트륨 혹은 탄산칼륨용액이다. 한시적인 전극은 100 mm × 100 mm의 크기와 6개의 게이지를 갖춘 강재망일 것이다. 이 방법의 장점은 염분 추출의 장점과 유사하다.

3.9.8 결론

아마도 기술적으로 가장 도전할만한 활동은 아니지만 콘크리트 바닥판 설계는 구조물의 전체 성능에 중요하다. 유지보수 관점에서 관리자는 종종 바닥판의 상태를 기초로 표면의 유지관리 혹은 전면 보수의 실시를 결정할 것이다. 보기에 따라서 바닥판은 교량의 성능을 알려주는 지표로 생각될 수 있다.

이러한 이유 때문에 슬래브의 세부 사항은 매우 중요하고, 열화를 방지하는 기능들에 대해 오랫동안 논의해 왔다. 바닥판 측면에 있는 빗물받이 홈의 사용이나 에폭시코팅철근을 사용한다. 바닥판의 보호는 교량기술자들이 지난 반세기 동안 작업해 온 중요한 문제이다. 3.9.7절에서 알아본 항목들은 수십 년 동안 연구하고, 실시하고 그리고 분석해 본 결과이다. 방수재는 개발된 후 수년간 초기 모델의 성능을 연구하고 시스템을 개선하면서 발달되어 왔다. 음극방식 시스템도 마찬가지이다. 몇몇 기술자들은 직업이 적은 수리적 능력과 많은 경험인 것 같아 보일 때 다소 실망한다. 그러나 토목공학에서 즐거움의 절반은 어떻게 새로운 생각을 만들어내는가를 보는 것이다. 새로운 생각은 어떤 것의 작동하는 방법에 대한 원리까지 수식으로 증명될 필요가 없다. 종종 더 단순한 해결방법이 그것을 실행하는데 더 효과적이다. 역학과 수학이 구조기술자가 도로교 설계에 사용하는 중요한 수단이지만, 관찰과 분석도 동일하게 중요하다.

단순한 빗물받이 홈으로 돌아가 보자. 설계자가 표준 상세를 도면에 그대로 사용하는 것은 쉽다. 그러나 도로교표준시방서에 수록된 상세는 유지관리 요원과 설계자들에 의해 여러 해 동안 관찰된 결과라는 것을 인식하자. 홈은 인접요소의 정면으로부터 정해진 거리에서 중단되어야 한다는 것은 이미 언급하였다. 예를 들면, 이 기준은 현장에서 점검요원이 교대벽체에 수분의 퇴적을 보고했기 때문에 만들어졌다. 그들은 빗물받이 홈에 바닥판측면으로부터 배수되는 동안, 물이 다른 곳으로 튀어나가는 것을 확인했다.

조금씩 그리고 서서히 세부 사항들이 모여져서 바닥판의 기능은 향상되었다. 이 모든 것은 철저한 관찰과 연구에서 시작되고 끝난다. 사설 컨설턴트는 공공기관 특히 유지관리 담당 관계자와 대화의 시간을 보내야 한다. 오직 상호협력과 대화를 통해서 성공적인 설계 - 유지관리 - 보수의 관계가 달성될 수 있다.

3.10 강합성 부재

오늘날 도로교에 사용되는 가장 일반적인 형식의 하나는 강합성 거더교이다. 3.2.1절에서 합성구조물의 기본 개념과 그에 따른 장점이 논의되었다. 그 절을 되풀이 해보면 합성보 교량은 작용하는 하중을 저항하는데 강 거더와 함께 콘크리트 슬래브바닥판을 활용한다. 이 절에서 강합성 거더를 사용한 설계예제를 보여줄 뿐만 아니라 합성구조물의 기본에 대해 논의한다. 앞의 절에서와 같이 시공, 유지관리 및 합성 거더교에 관련된 보수를 논의한다.

하나의 부재를 만들기 위해 성질이 다른 두 개의 재료를 사용하는 합성구조 혹은 혼합형(hybrid)구조라고 알려진 것은 19세기 중반에 발생되었다. 오늘날 대부분의 기술자들은 콘크리트와 강재의 맥락에서 합성구조를 생각하는 경향이 있다. 그러나 1840년대 트러스교를 위한 주철과 연철 또는 목재와 연철의 사용은 교량설계에서 합성구조를 실무적으로 처음 사용한 몇몇에 해당한다. 그러나 AASHTO는 도로교를 위한 합성구조의 사용에 대한 시방서를 1997년에서야 처음으로 발간했다.[3.32]

3.10.1 합성작용

논의된 것과 같이 하나의 구조부재를 형성하기 위해 두 개의 다른 재료를 사용하는 것은 새로운 기술이 아니다. 그러나 교량설계에서 합성구조의 거더는 1940년대 중반까지는 영향을 미치지 못했다. 역사적인 관점으로부터 초기 개발은 미국전역에서 거의 동시에 발생했기 때문에 합성구조물의 승인 시기를 결정하는 것은 어렵다. 1940년대와 1950년대에 새롭게 발견된 합성구조물의 경제성은 미국에서만 수천 개의 강합성 거더교를 건설했다. 합성구조물이 무엇인가? 그리고 어떻게 재료의 경제성을 제공했는가? 기초적인 재료역학으로부터 순수 휨을 받는 보의 최대 응력은 다음과 같이 정의된다.

$$f = \frac{Mc}{I} \qquad \text{식 (3.83)}$$

여기서, f : 보의 응력

M : 휨모멘트
c : 중립축으로부터 연단까지 거리
I : 단면의 관성모멘트

단면 형상에만 관계되는 탄성 단면계수를 사용하여 다시 쓰면 다음과 같이 간단히 주어진다.

$$f = \frac{M}{S} \quad \text{식 (3.84)}$$

여기서, S : 탄성 단면계수$(= I/c)$

검토해보면, S가 커지면 응력이 작아진다. 따라서 단면계수를 가능한 한 증가시키는 것이 설계자에게 최고의 관심사이다. 이것이 합성작용을 하는 주된 장점이다.

만약 콘크리트 슬래브가 강재보 위에 단순히 놓여 있다면 수평전단 미끄러짐으로 알려진 현상이 발생한다. 하중이 슬래브의 상면에 작용하므로 슬래브와 보

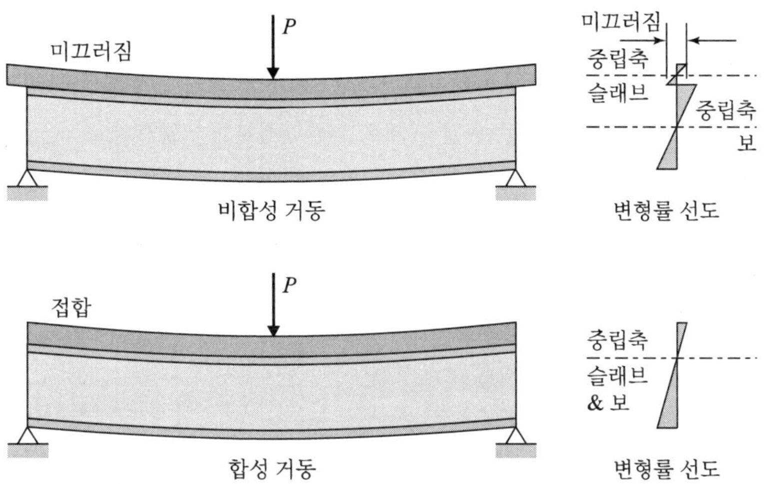

그림 3.35 미끄러짐은 비합성보에서 슬래브와 보의 접촉면에서 발생한다.

미끄러짐은 콘크리트 슬래브와 지지하는 보 사이에 연결재가 없으면 발생한다. 슬래브와 보 사이의 자연적인 접착은 바닥판과 보의 상부플랜지 사이의 수평전단응력에 저항하기에는 충분하지 않다. 그림 3.35의 변형률선도가 비합성작용으로 슬래브와 보가 두 개의 분리된 중립축을 갖고 독립적으로 작용하는 것을 보였다. 결과는 슬래브 하부에 인장변형률과 보의 상부에 압축변형률로 설명될 수 있다. 전단연결재가 설치되면, 하나의 중립축을 갖는 합성단면을 구성하기 위해 슬래브와 보 사이의 경계면에 발생하는 수평전단력의 저항에 연결재가 도움이 된다. 완전한 합성작용은 수평전단 미끄러짐이 없을 때 성취된다.

각각의 상부에 압축이 발생하고 슬래브와 보의 하부에는 인장이 발생한다. 본질적으로 두 요소는 독립적이지만 보처럼 굽어진다. 슬래브의 하부에 인장이 발생하고(즉, 보의 끝으로 끌어당긴다) 보의 상부에는 압축이 발생하기 때문에(즉, 보의 중앙으로 밀어 넣는다), 결과적으로 슬래브는 보의 끝을 넘어서 연장된다(그림 3.35 참조). 그러한 단면의 해석에서 슬래브와 보는 단면이 각각의 중립축과 관성모멘트를 갖는 요소로 독립적으로 취급된다. 거더와 비교하여 콘크리트 슬래브만으로는 휨강도가 적기 때문에 비합성구조물의 경우 바닥판의 강도에 대한 기여도는 일반적으로 제외된다.

그러나 만약 슬래브와 보가 어떠한 방법으로 통합이 된다면, 그들은 하나의 구성단위로써 하중에 저항한다. 이 배열에서 중립축은 슬래브의 위와 보의 아래로 주어지는 단면의 중간 어딘가에 위치된다. 적절한 결합으로 슬래브 - 보는 슬래브 상부에 압축, 보 하부에 인장, 그리고 둘 사이의 미끄러짐이 없는 하나의 구성단위로 작용한다. 이 결합은 슬래브와 보 사이에 전단연결재를 통하여 이루어진다.

전단연결재는 일반적으로 지지하는 보의 상부플랜지에서 수직방향으로 뻗은 금속요소이고 슬래브에 묻혀 있다. 이 연결재들은 슬래브 - 보 경계면에서 수평전단응력에 의하여 발생하는 미끄러짐을 방지하기 위하여 보의 길이 방향으로 설치된다. 그림 3.36은 강판형에 부착된 일단의 전단스터드를 보였다. 전단스터드들은 오늘날 강합성 거더교에 사용된 가장 보편적 전단연결재의 형상이다. 전단연결재의 설치는 자동 용접 기계로 이루어진다. 이 설치의 편리성과 스터드 연결재의 비교적 낮은 비용은 합성구조물의 유행을 이끌었다.

콘크리트 거더의 경우 합성작용은 바닥판과 거더 사이의 수평 전단응력에 저항하도록 거더의 횡방향 스터럽을 콘크리트 바닥판까지 연장함으로써 이루어진다.

무게중심에서 X축에 대한 관성모멘트

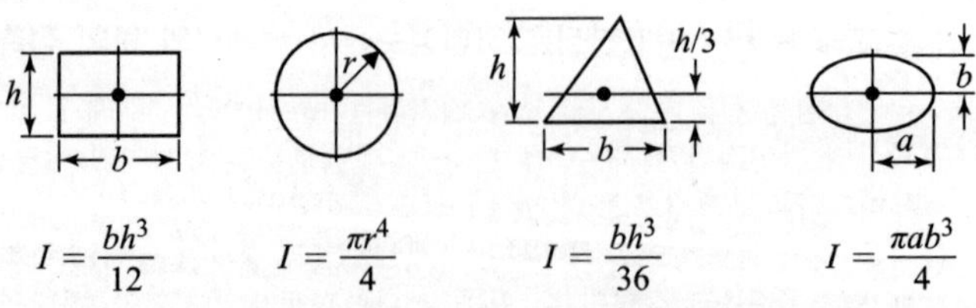

$I = \frac{bh^3}{12}$ $I = \frac{\pi r^4}{4}$ $I = \frac{bh^3}{36}$ $I = \frac{\pi ab^3}{4}$

그림 3.36 전단연결재인 스터드가 플레이트 거더의 상부플랜지에 설치되어 있다. 전단연결재는 미끄러짐을 방지하고 합성작용을 발생시키는 중요 구성요소이다.

전단스터드는 전단연결재에서 가장 일반적인 형식이 되었다. 초기의 도로교는 강 거더의 상부플랜지에 금속의 고리형식으로 용접되어 있는 나선형 전단연결재를 사용하였다. 나선형 연결재의 설치는 일반적으로 계약자에게 호감을 받지 못하는 공정이었다. 자동용접기계는 스터드 바닥면에서 재료를 강재 보에 녹이는 전기 아아크의 사용으로 상부플랜지에 스터드를 용접한다(효과는 중앙의 스터드에서 확실하게 보인다). 전단스터드의 두부는 줄기 직경의 약 1/2배 크고, 스터드는 슬래브에 앵커로 사용된다. 대표적으로 스터드 줄기의 직경은 19, 22 또는 25 mm이고 길이는 75~100 mm이다. 스터드 전단연결재의 항복강도는 235 MPa 이상, 인장강도는 400 MPa 이상으로 한다.

전단연결재가 설치되면 슬래브와 보는 지금부터 하나의 구성요소로서 해석될 수 있다. 식 (3.84)로 돌아가서 이것은 합성보가 무거운 하중에 저항할 수 있도록 단면계수를 증가시킨다. 본질적으로 I형보는 슬래브와 거더로 이루어진 T형 단면으로 대체되고, 장점은 다음과 같다.

- 거더 크기(그리고 무게)의 감소
- 장경간의 가능성
- 단면 강성의 증가
- 활하중에 의한 응력, 처짐, 진동의 감소
- 하중 부담능력의 증가
- 횡방향 하중에 대한 높은 저항

강합성 거더의 휨강도를 계산하는 방법은 철근콘크리트 T형보의 방법과 비슷하다. 바닥판의 일부는 압축 상태에 있고, 강재 거더는 철근으로써 작용한다. 상세한 계산을 위해서 설계예제 3.2를 보라.

합성구조물에 의해서 인식하게 된 재료의 경제성은 도로교 설계에서 중요한 요인으로서 합성구조물의 증가를 급속히 이끌었다. 표준 압연 H형강은 이제 더욱 긴 경간장에 사용될 수 있다. 또한 거더 크기의 감소는 보가 전보다 낮아질 수 있다는 것을 뜻한다. 또 다른 추가적인 장점은 슬래브와 거더 사이의 연결부가 횡방향 변형에 저항하는 인접 거더 사이에 격벽으로써 작용하는 것이다.

우리가 강 거더 위의 콘크리트 슬래브를 뜻하는데 합성보라는 표현을 사용하는 반면, 합성보의 다른 형식들이 있다는 것을 알아야 한다. 3.1.2절 1항에서는 대부분 콘크리트 슬래브와 합성으로 설계되는 프리스트레스트 콘크리트 거더에 대하여 논의하였다. 그렇지만 이 절에서는 논의하는 목적을 위해서 합성보, 합성작용 및 합성구조물이라는 표현은 강 거더 위의 콘크리트 슬래브 형식의 교량을 설명하는데 사용될 것이다.

3.10.2 지주식(동바리공법)과 비지주식 시공

거더교의 고정하중들은 주로 슬래브와 보 자체 무게이다. 콘크리트는 최대강도에 도달하기 전에 28일 동안 양생되어야 하기 때문에 시공방법에 따라서 고정하중들을 저항하는데 합성 또는 비합성 단면으로 작용한다. 이것은 콘크리트가 충분한 강도에 도달하도록 경화될 때까지 강재 거더가 콘크리트 바닥판 무게와 강재 거더 자중으로 구성된 거의 모든 고정하중에 저항해야 한다는 것을 뜻한다.

지주식 시공방법(일명 동바리공법, shored construction)은 경간 길이 방향으로 중간을 가설지주(동바리)로 지지하여 콘크리트 바닥판이 경화되기까지 거더가 부담해야 할 고정하중의 크기를 최소화 한다. 일단 콘크리트가 충분한 강도에 도달하면 동바리는 제거되고 콘크리트 바닥판 고정하중은 바닥판과 거더의 합성단면에 의해서 부담된다. 따라서 지주식 공법을 사용하면 고정하중에 의한 처짐과 응력이 작게 발생될 수 있다. 반대로 비지주식 시공(unshored construction)은 콘크리트 바닥판을 타설하는 동안 지주가 없고 거더가 자중과 콘크리트 바닥판 무게를 모두 부담하게 된다. 콘크리트가 경화하여 합성단면이 된 이후에 설치하는 포장, 난간 및 부속물 등의 고정하중은 합성단면이 지지하게 된다. 그러므로 비지주식의 경우 비합성단면 거동 단계 때문에 구조계산이 한 단계 더 복잡해지게 된다.

일반적으로 보를 지지하기 위한 지주를 건설하는데 드는 비용은 비지주식 시공에 비하여 강재의 절약으로 얻어지는 것보다 크다. 또한 지주식 시공의 경우 일정한 기간 동안 교량 하부의 모든 통행을 차단해야 하지만, 비지주식의 경우 통행에 제한이 없다. 이러한 이유로 비지주식 시공이 우리나라에서는 일상적이 되고 있다.

3.10.3 유효폭

거더는 응력들을 전단연결재를 통하여 콘크리트 바닥판에 전달하기 때문에, 전단지연 현상에 의해서 콘크리트 바닥판의 종방향 응력은 균등하지 않다. 거더 위의 응력은 크고, 거더들 사이 중앙점에서의 응력은 작다. 해석을 단순화하기 위해서 모든 설계기준에서는 유효폭이라는 용어를 제시하여서 등가의 균등한 응력을 사용할 수 있다. 그러므로 바닥판이 지지하는 거더를 연속적으로 가로질러 있더라도 오직 슬래브의 일부만이 거더와 합성으로 작용한다고 가정한다. 슬래브의 이 일부(유효폭)가 T형 거더의 상부플랜지처럼 작용한다(그림 3.37 참조).

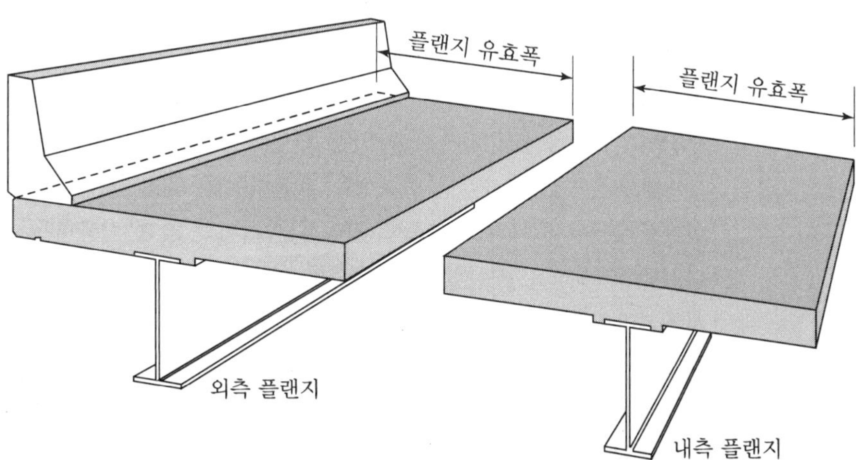

그림 3.37 거더의 플랜지로서 작용하는 슬래브의 플랜지 유효폭

그림 3.37에 있는 외측 거더는 도로교설계기준의 플랜지 유효폭 기준에 대해 보수적인 해석을 보인다. 바닥판이 완전히 보강되어 있고, 슬래브의 나머지 구간과 하나로 양생된 돌출부의 경우, 외측 슬래브-거더의 형태는 대칭 T형보 단면으로 해석될 수 있다.

플레이트 거더 등의 일반적인 교량의 경우 경간 길이에 더하여 거더 웨브 두께와 상부플랜지의 폭은 콘크리트 바닥판의 유효폭을 결정하는데 고려된다. 내측 거더의 경우, 유효폭은 다음 중 가장 작은 값(교량설계 일반사항 4.6.7.1 및 강구조부재설계기준 4.3.3.1.1.1)으로 정의된다.

- 등가지간장의 1/4
- 인접한 거더 사이의 평균 간격
- 12배의 슬래브 평균 두께에 웨브 두께 또는 거더 상부플랜지 폭의 절반 중 큰 값을 합한다.

외측 경간의 경우, 인접 내측 거더의 유효폭 1/2과 다음 중 작은 값을 더한 것을 유효폭으로 정의하였다.

- 등가지간장의 1/8
- 외측 거더로부터 돌출된 폭
- 6배의 슬래브 평균 두께에 웨브 두께 1/2 또는 거더 상부플랜지 폭의 1/4 중 큰 값을 합한다.

여기서, 등가지간장은 단순지지 된 지간에서는 실제 지간장을 사용하고, 연속 지지의 경우에는 고정하중에 의하여 발생하는 정모멘트 구간의 거리 혹은 부모멘트 구간의 거리 중에서 고려하고 있는 단면이 속한 구간의 거리를 사용한다.

유효폭은 합성단면의 단면특성을 계산하는데 사용된다. 그리고 유효폭은 모든 한계상태에서 주어지는 하중에 저항하는 거더와 함께 작용하는 바닥판의 부분을 나타낸다. 처짐을 계산할 때는 유효폭 대신에 콘크리트 바닥판 단면의 전체폭이 사용된다.

3.10.4 환산단면

사용하중에 의한 구조물의 처짐과 응력을 계산할 때, 구조물은 보통 탄성적으로 거동한다고 가정한다. 합성단면에서 단면 특성의 계산을 단순화하기 위하여 콘크리트 슬래브가 탄성계수비를 사용하여 강재와 등가의 면적이 되도록 수정된 단면으로 환산한다. 탄성계수비는 다음으로 정의된다.

$$n = \frac{E_s}{E_c} \qquad \text{식 (3.85)}$$

여기서, E_s : 강재의 탄성계수

E_c : 콘크리트의 탄성계수

다음 그림은 환산단면이 무엇처럼 보이는지를 시각적으로 보여준다. 보통 강재의 탄성계수는 200 GPa이다. 보통 콘크리트의 탄성계수 E_c($0.4f_{cm}$ 점에서 구한 할선 탄성계수)의 탄성계수는 다음으로 주어진다.

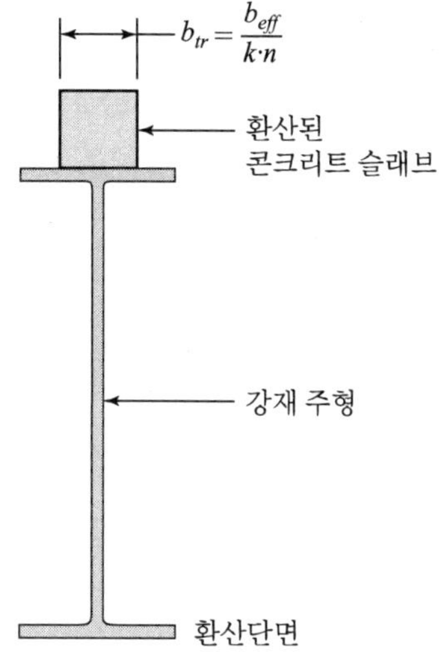

$$E_c = 0.077 m_c^{1.5} \sqrt[3]{f_{cm}} \ [\mathrm{MPa}] \qquad \text{식 (3.86)}$$

여기서, m_c는 콘크리트의 단위 질량(kg/m^3)이며, 충분한 통계 자료가 없다면 평균압축강도 f_{cm}은 다음과 같이 평가할 수 있다.

$$f_{cm} = f_{ck} + \Delta f \qquad \text{식 (3.87)}$$

여기서, f_{ck}는 28일 콘크리트 공시체의 기준압축강도(MPa), Δf는 평균압축강도와 기준압축강도의 차이로 기준압축강도 40 MPa 이하의 콘크리트에 대해서는 4 MPa, 기준압축강도 60 MPa 이상의 콘크리트에 대해서는 6 MPa이며, 기준압축강도 40 MPa과 60 MPa 사이의 콘크리트에 대해서는 두 값에 대한 직선보간으로 결정한다.

일단 탄성계수비가 결정되면, 콘크리트 슬래브의 환산폭은 단순히 슬래브의 유효폭을 탄성계수비로 나눔으로써 계산될 수 있다.

$$b_{tr} = \frac{b_{eff}}{kn} \qquad \text{식 (3.88)}$$

여기서, b_{tr} : 콘크리트 슬래브의 환산폭

k : 크리프를 고려한 승수(3.10.5절 참조)

이것이 합성단면의 단면특성을 계산할 때 사용되는 폭이다. 그렇지만 거더 사이의 중심간 간격은 거더에 작용하는 고정하중을 계산할 때 사용될 것이다.

3.10.5 크리프의 영향

3.5.4절 2항에서 크리프는 장기간에 걸쳐 지속되는 하중에 의한 콘크리트의 변형으로 정의되었다. 합성부재를 고려할 때 크리프는 마모층, 연석, 난간, 방호벽 등과 같은 2차 고정하중에 영향을 받는다. 이러한 하중들은 바닥판이 양생된 후 작용을 하고, 구조물의 공용 기간 동안 유지된다(즉, 합성단면에 작용하는 고정하중).

크리프의 영향을 설명하기 위해 강구조부재설계기준 - 하중저항계수설계법은 환산된 슬래브의 폭을 계산할 때 탄성계수비에 적용될 수 있는 승수를 규정하였다(강구조부재설계기준 - 하중저항계수설계법 4.3.3.1.1.1). 승수 $k=1$은 활하중의 경우 사용된다. 합성단면에 작용하는 2차 고정하중(영구하중)의 경우 승수 $k=3$이 사용된다.

만약 활하중에 의한 합성단면의 응력을 계산하기 위하여 탄성계수비 $n=10$이 사용된다면, 2차 고정하중을 위한 탄성계수비는 $3n=30$의 값이 사용될 수 있다. 이것은 환산된 슬래브의 폭을 감소시키고, 그것에 의하여 합성단면의 단면계수 크기를 감소시키는 효과를 가진다. 그것은 2차 고정하중에 의해서 강재 거더에 발생하는 응력을 증가시킬 것이다.

3.10.6 거더 단면의 선택

거더의 단면형상을 선택하는 것은 시행착오 과정을 거쳐서 이루어진다. 단면은 간단한 다섯 단계를 실행함으로써 선택된다.

1. 지간 길이를 기초로 강재 단면을 가정한다.
2. 계수화 된 총 휨모멘트와 총 전단력을 계산한다.
3. 가정한 단면으로 휨강도와 전단강도를 계산한다.
4. 만약 필요하다면 요구 강도를 근거로 가정한 단면을 수정한다.
5. 연성, 피로, 처짐 및 거더의 사용응력을 검토한다. 만약 필요하다면 재계산과 단면을 수정한다.

여러 가지 방법들이 합성 거더의 강재 거더를 선택하는데 사용될 수 있다. 거더의 단면을 선택하는 방법은 압연단면 혹은 플레이트 거더의 사용여부에 따라 달라질 것이다. 압연단면은 일반적으로 단경간 교량에 사용되고 플레이트 거더는 중장경간 교량에 사용된다.

교량설계는 시행착오의 과정이므로, 먼저 우리는 경간 길이를 근거로 적합한 거더 단면을 가정하고, 단면이 모든 도로교설계기준의 요구사항을 만족하는지를 검토한다. 만약 필요하다면 만족할만한 단면이 선택될 때까지 단면을 수정한다.

1. 설계모멘트와 전단력 계산

최대 설계모멘트(임계모멘트)와 전단력

설계모멘트와 전단력은 다음 사항들에 의해서 계산되어야 한다.

- 고정하중
- 2차 고정하중
- 활하중과 충격하중의 합

활하중에 의한 모멘트와 전단력을 계산할 때, 설계자는 3.8절의 개요와 같이 차륜하중의 분포를 고려해야 한다. 교축방향으로 연속보의 경우(즉, 하나 혹은 그 이상의 교각을 연속적으로 넘어가는 보), 모멘트의 계산은 단순보에 비해서 매우 복잡해진다. 연속보에서 모멘트와 전단의 계산 방법은 다음 3.12절에서 논의된다.

단순보의 경우, 임의의 점에서 고정하중과 2차 고정하중에 의한 모멘트와 전단력은 등분포하중을 받는 보를 위한 다음의 표준식으로부터 계산될 수 있다.

$$M_x = \frac{wx}{2}(L-x) \quad \text{식 (3.89)}$$

$$V_x = w\left(\frac{L}{2} - x\right) \quad \text{식 (3.90)}$$

여기서, M_x : 선단 지지점으로부터 거리 x 떨어진 점에서의 모멘트
V_x : 선단 지지점으로부터 거리 x 떨어진 점에서의 전단력
w : 단위 길이당 등분포하중
x : 선단 지지점으로부터 거리

등분포하중을 받는 단순보의 최대 휨모멘트는 지간의 중앙에서 발생하고, 다음과 같이 주어진다.

$$M_{\max} = \frac{wL^2}{8} \quad \text{식 (3.91)}$$

등분포하중을 받는 단순보의 최대전단력은 지간의 지점에서 발생하고, 다음과

같이 주어진다.

$$V_{\max} = \frac{wL}{2} \qquad \text{식 (3.92)}$$

여기서, L : 지간 길이(교량받침의 중심간 거리)

고정하중(DC)과 2차 고정하중(DW)을 두 개의 분리된 모멘트로 계산하는 것은 설계자에게 중요하다. 왜냐하면 하나는 비합성단면에 의해서 저항되고, 다른 하나는 합성단면에 의해서 저항되므로 응력의 계산결과가 달라지기 때문이다. 또한 마모층과 설비 등의 공용하중은 다른 고정하중보다 높은 하중계수를 가지기 때문에 분리되어 계산되어야 한다.

예비설계 단계에서 격벽이나 보강재 등과 같이 강재 부부재의 총 무게는 미지수이므로, 설계자는 이 부부재들을 고려해서 강재 거더 무게의 약 15% 정도로 가정할 수 있다. 일단 설계가 완료되면 실제 무게는 최종 검토에서 사용될 수 있다.

활하중에 의한 모멘트의 계산은 약간 더 복잡하다. 차량활하중을 다룬 절에서 논의했듯이(3.5.3절 1항), 교량설계하중기준[KDS 24 12 00]에는 두 가지 형식의 차량활하중이 있다. 표준트럭하중이 보통 설계를 지배하지만, 짧은 지간 교량에서는 차로하중이 지배할 수도 있다. 트럭과 차로하중에 의한 하중 효과를 계산하여야 하고, 표준트럭하중과 표준트럭하중의 75%와 차로하중의 조합에 의한 효과 중에서 더 위험한 경우를 선택해야 한다. 충격하중은 차로하중이 아닌 오직 표준트럭하중에만 적용한다는 것을 유의하자.

트럭하중에 의해서 발생되는 최대 활하중 모멘트는 절대최대 휨모멘트를 발생시키기 위하여 교축방향으로 트럭하중을 이동함으로써 계산된다. 단순보에서 이동하중의 경우, 절대최대모멘트는 "지간의 중앙점이 하중의 합력의 작용점과 인접한 집중하중의 중앙에 있을 때" 발생한다.[3.33] KL-510 트럭을 이용해서 그림 3.38에 절대최대모멘트를 발생시키는 트럭하중의 재하 위치를 나타내 보였다. 합력의 작용점과 지간 중앙점 사이의 거리는 0.97 m이다. 하중의 무게중심은 통상적인 자료로부터 각 하중의 간격을 참고하여 구할 수 있다. 각각의 하중과 그 거리의 곱을 합한 값을 모든 하중의 합으로 나누면, 합력의 작용점은 기준점으로부터 5.26 m가 나오므로, 중앙점에서의 거리는 0.74 m가 된다. 이것은 구조물에서 무게중심의 위치를 구하는 방법과 비슷하다. 그림에서 임의의 지간길이는 L이다. 그룹하중이 작용하여 지간의 중앙점이 전륜으로부터 3번째 하중 135 kN과 하중의 무게중심(합력의 작용점) 사이에 오도록 한다(중앙으로부터 0.97 m). 이 편심거리는 이제 단순 지간의 KL-510 트럭하중에 사용될 수 있다.

하중들이 재하된 후, 지간 위의 주어진 점에서 활하중 모멘트는 보의 한쪽 선단에서 그 점까지 보를 해석하여 결정될 수 있다. 단순보의 경우, 보의 중앙점으로부터 0.97 m 떨어진 135 kN 하중이 작용하는 곳이 KL-510 트럭하중에 의한 절대최대모멘트의 발생 위치를 나타낸다.

등분포의 차로하중에 의한 최대모멘트는 단순지지된 구조물에서 지간의 중앙에서 발생하므로, 실제 활하중에 의한 최대모멘트는 트럭하중과 차로하중을 동시에 재하하는 경우 표준트럭하중에 의한 최대모멘트와 차로하중에 의한 최대모멘트의 합보다 약간 작을 것이다. 그러나 실무에서 대부분의 교량기술자는 각각의 최대모멘트를 단순히 더하는 계산을 따른다.

활하중에 의한 절대최대전단력은 지점 위에 차륜하중 192 kN이 위치할 때의 표준트럭하중의 영향과 등분포 차로하중에 의한 영향을 더한 값이 된다.

일단 활하중에 의한 절대최대모멘트와 전단력이 결정되면 설계자는 트럭하중(3.8.1절 참조)과 차량의 충격에 의한 동적 효과(3.5.3절 8항 참조)의 횡분배를 고려한 윤하중 분배계수 또한 적용해야 한다. 이러한 계수는 활하중과 충격하중의 합을 산출하기 위하여 활하중에 의한 모멘트와 전단력에 직접적으로 적용된다. 충격하중은 백분율임을 명심해야 한다. 따라서 1+IM의 값은 활하중 중에서 축하중의 부분에 작용된다.

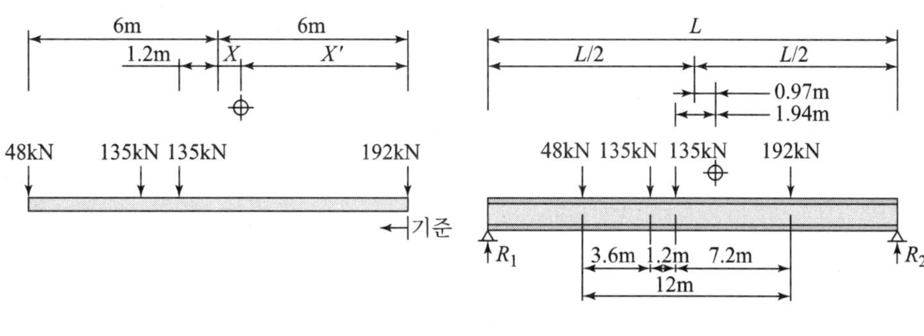

하중의 작용점		
P	X	PX
48 kN	12 m	576 kN · m
135 kN	8.4 m	1,134 kN · m
135 kN	7.2 m	972 kN · m
192 kN	0 m	0
$\sum =$ 510 kN		2,682 kN · m

$$X' = \frac{2{,}682 \text{ kN} \cdot \text{m}}{510 \text{ kN}} = 5.26 \text{ m}$$

$$X = 6 \text{ m} - X' = 6 \text{ m} - 5.26 \text{ m} = 0.74 \text{ m}$$

그림 3.38 단순보에서 최대모멘트를 발생시키기 위한 KL-510 표준트럭의 위치 인접한 135 kN 하중점에서 최대모멘트가 발생한다.

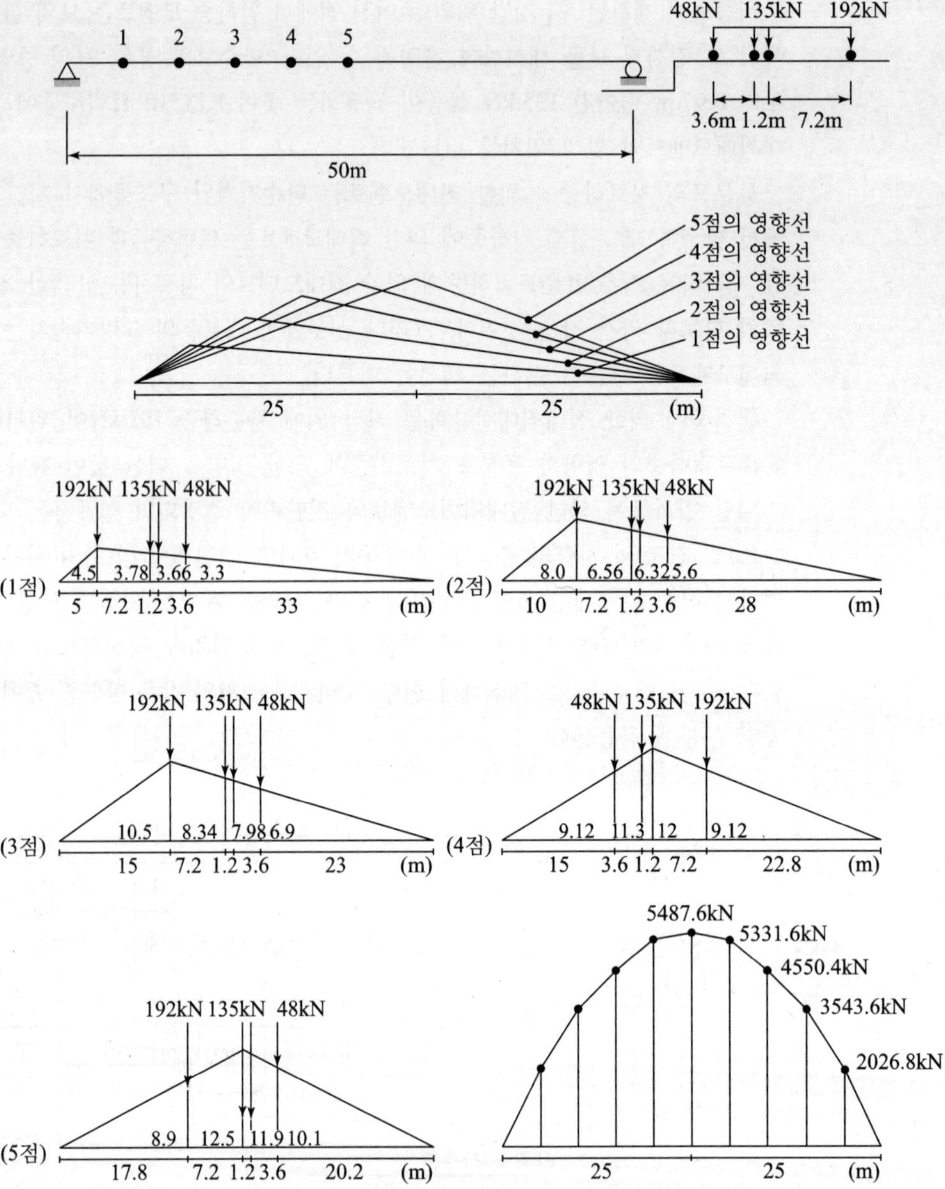

그림 3.39 설계모멘트 포락선(예시)

거더의 전체 길이를 5 m 간격으로 나누고, 모멘트 영향선을 이용하여 표준트럭하중에 대한 각 점의 최대모멘트를 구하여 모멘트 포락선을 작성할 수 있다.

설계모멘트 포락선

교량의 지간이 20 m 안팎의 소교량인 경우 압연형강이나 콘크리트 거더의 단면의 변화를 주지 않고 절대최대모멘트를 구하여 그에 대한 단면설계를 할 수도 있다. 그러나 일반적으로 거더의 설계과정에서는 단면을 적당한 간격으로 나누어 모멘트의 크기에 따라서 설계하므로, 절대최대모멘트를 구하는 대신에 지간을 필요한 크기의 구간으로 나누고 각 절점에서 발생하는 최대모멘트를 구하여 그 구간의 설계모멘트로 이용한다. 그림 3.38에서는 지간 50 m 단순교의 모멘트 포락선을 모멘트의 영향선을 사용하여 구하는 방법을 보여주고 있다.

그림 3.39에 있는 지간이 50 m인 단순교의 절대최대모멘트는 5496.9 kN이며, 거더 중앙점의 최대모멘트는 5487.6 kN이므로 그 두 모멘트간의 차이가 약 0.2% 정도로 근소하므로 거더 중앙부의 단면 설계 시에 절대최대모멘트 대신에 거더 중앙점의 최대모멘트를 사용할 수 있다. 실제로 교량의 설계에서는 특별한 경우가 아니면 절대최대모멘트를 구하지는 않는다.

2. 계수모멘트와 전단력의 합

거더의 모멘트와 전단력 계산이 완료된 후에는 다음 단계는 하중계수를 적용하여 계수 단면력의 합을 산정하는 것이다. 설계자는 여러 가지 하중조합에 대하여 교량설계기준 등에서 규정한 적절한 하중계수를 사용해야 한다.

교량설계하중조합(한계상태설계법) 기준의 경우, 극한한계상태 하중조합 I이 일반적인 단면의 설계에 고려된다. 이 경우의 거더와 바닥판 고정하중(DC), 마모층과 설비(DW) 및 활하중(LL)의 하중계수는 각각 1.25, 1.50 및 1.80이다. 매우 큰 고정하중 혹은 시공 중의 교량의 경우, 극한한계상태 하중조합 IV가 검토되어야 하며, 그 경우에 고정하중과 마모층에 대한 하중계수는 모두 1.50이며 활하중은 고려되지 않는다.

3. 단면 선택

위에서 논의된 바와 같이 모든 설계조건을 만족하는 강재 거더의 단면 선택은 시행착오의 과정이다. 단순교에 대한 연구는 거더의 높이가 경간 길이의 1/27에서 1/20의 범위에 있다고 하였다. 물론 최종 단면 설계는 거더의 간격, 강재의 강도 및 다른 하중조건에 따를 것이다.

미국의 AISC 강구조 편람(LRFD)은 예비단면을 선택하는 젊은 기술자들을 위하여 매우 유용한 도구를 제시했다. 총 계수 휨모멘트를 이미 구했기 때문에 거더 크기의 선택에 도움이 되는 합성단면의 휨모멘트 강도표를 이용할 수 있다. 우리나라에서는 지간이 짧은 소교량의 경우 압연형강단면 상세표를 이용하여 설계강도를 산정하여 계수화된 부재력과 비교하는 방법을 사용하여야 한다. 만약 플레이트 거더가 설계에서 선택되었다면, 설계자는 예비 거더 단면을 선택하는데 설계한 경험을 사용해야 할 것이다.

어떠한 경우에도 우리는 가정한 단면을 선택하였다는 것을 항상 명심하고, 정밀계산이 실행되면 약간의 수정을 예상해야 할 것이다.

4. 정모멘트 구간에서 합성단면

예비단면이 경간장, 계수 휨모멘트 및 이전의 경험을 바탕으로 선택되면, 선택된 단면은 계수 휨모멘트와 계수 전단력을 저항하는 합성보의 적합성에 대한 결정이 검토되어야 한다.

정모멘트 구간에서 합성단면의 경우, 휨모멘트강도는 강재 거더의 단면 조건에 따라 다르다. 강재와 콘크리트의 합성단면은 다음의 조건을 만족하여야 한다(강구조부재설계기준 - 하중저항계수설계법).

- 단면비 제한조건 : 4.3.3.1.2
- 시공성 요구조건 : 4.3.3.1.3
- 사용한계상태 요구조건 : 4.3.3.1.4
- 피로 및 파괴한계상태 요구조건 : 4.3.3.1.5
- 강도한계상태 요구조건 : 4.3.3.1.6

웨브는 다음의 세장비조건을 만족해야 한다.

수평보강재가 없는 경우 : $\frac{D}{t_w} \le 150$ 식 (3.93)

수평보강재가 있는 경우 : $\frac{D}{t_w} \le 300$ 식 (3.94)

여기서, D : 웨브의 높이, mm

t_w : 웨브의 두께, mm

압축플랜지와 인장플랜지의 세장비는 다음을 만족해야 한다.

$$\frac{b_t}{2t_t} \le 12.0 \qquad \text{식 (3.95)}$$

$$b_f \ge D/6 \qquad \text{식 (3.96)}$$

$$t_f \ge 1.1t_w \qquad \text{식 (3.97)}$$

$$0.1 \le \frac{I_{yc}}{I_{yt}} \le 10.0 \qquad \text{식 (3.98)}$$

여기서, b_f : 압축플랜지의 폭, mm

t_f : 압축플랜지의 두께, mm

I_{yc} : 웨브 중심선의 수직축에 관한 압축플랜지의 단면 2차 모멘트, mm^4

I_{yt} : 웨브 중심선의 수직축에 관한 인장플랜지의 단면 2차 모멘트, mm^4

D : 웨브 깊이

조밀단면(compact section)이 되기 위해서 플랜지의 최소항복강도가 455 MPa를 초과하지 않고 조밀단면 조건을 만족하며, 웨브가 식 (3.93) 및 (3.94)를 만족하고 웨브의 세장한계는 다음 조건을 만족하여야 한다(강구조부재설계기준 - 하중저항계수설계법 4.3.3.1.6.2 참조).

$$\frac{2D_{cp}}{t_w} \le 3.76\sqrt{\frac{E}{F_{yc}}} \qquad \text{식 (3.99)}$$

여기서, D_{cp} : 강재 빔이 완전히 항복되었다고 가정한 단면의 압축 측의 웨브 깊이

t_w : 웨브 두께, mm

E : 강재 거더의 탄성계수, MPa

F_{yc} : 강재 압축플랜지의 항복응력, MPa

정모멘트 구간에서 조밀단면의 경우 다음 식을 만족해야 한다(강구조부재설계기준 - 하중저항계수설계법 4.3.3.1.7.1).

$$M_u + \frac{1}{3} f_l S_{xt} \le \phi_f M_n \qquad \text{식 (3.100)}$$

여기서, ϕ_f : 휨에 대한 강도저항계수

f_l : 강구조부재설계기준(하중저항계수설계법) 4.3.3.1.1.6에 규정된 플랜지 횡방향 휨응력(MPa). 연속적으로 교축직각방향 브레이스가

된 플랜지의 경우 이 항은 영이다. 불연속적으로 횡지지된 플랜지의 횡방향 휨응력은 구조해석으로 구해야 하고, 그 경우 f_l은 0.6 F_{yt}를 초과할 수 없다.

M_n : 강구조부재설계기준(하중저항계수설계법) 4.3.3.1.7.1(2)에 규정된 공칭휨강도, N·m

M_u : 강구조부재설계기준(하중저항계수설계법) 6.3.1.1.6에 규정된 단면의 주축에 대한 휨모멘트, N·mm

S_{xt} : M_{yt}/F_{yt}로 구하는 인장플랜지의 주축에 대한 탄성단면계수, mm^3

M_{yt} : 인장플랜지의 항복모멘트, N·mm

공칭항복강도가 455 MPa 이하인 강재로 설계된 균질 합성단면 또는 상부 및 하부플랜지의 공칭항복강도가 455 MPa 이하이며, 강구조부재설계기준(하중저항계수설계법) 4.3.3.1.1.3의 규정을 만족하는 하이브리드 합성단면의 공칭휨강도는 다음과 같다. 정모멘트 구간에서 조밀단면의 경우, 최대 휨모멘트강도는 소성모멘트강도로 취급하며 다음과 같이 구한다.

$D_p \leq 0.1D_t$이면,

$$M_n = M_p \qquad \text{식 (3.101)}$$

그 밖의 경우이면,

$$M_n = M_p\left(1.07 - 0.7\frac{D_p}{D_t}\right) \qquad \text{식 (3.102)}$$

여기서, D_p : 슬래브의 상단에서 소성모멘트의 중립축까지의 거리, mm

D_t : 합성단면의 전체 높이, N·mm

M_p : 합성단면의 소성모멘트, N·mm

철근콘크리트 보와 같이 콘크리트 슬래브에서 압축응력 블록의 깊이는 다음과 같다.

$$a = \frac{AF_y}{0.85f_c{}'b} \qquad \text{식 (3.103)}$$

압축응력 블록이 콘크리트 슬래브 안에 있을 때(a가 콘크리트 바닥판 두께보다 작다), 소성모멘트는 다음과 같이 계산될 수 있다.

$$M_p = AF_y\left(d - \frac{a}{2}\right) \qquad \text{식 (3.104)}$$

여기서, A : 강재 거더의 면적, mm^2

F_y : 강재 거더의 항복강도, MPa

d : 강재 거더의 무게중심과 콘크리트 바닥판의 상면 사이의 거리, mm

만약 압축응력 블록이 바닥판 두께 이상이면 소성중립축의 위치를 계산해야 하고, 모든 소성 힘들을 각각의 분력(즉 슬래브, 플랜지, 웨브)에 대한 연직거리로 곱한 것을 더하여 소성모멘트를 계산한다. 소성중립축은 위의 압축력과 아래의 인장력이 같아지는 곳에 위치한다. 모든 연직거리는 소성중립축을 기준으로 구한다.

연속보의 경우, 강재 보의 항복은 정의 휨단면의 유효강성을 감소시키고 휨모멘트가 정의 구역에서 부의 구역으로 재분배되는 원인이 된다. 부의 휨단면이 강구조부재설계기준(하중저항계수설계법) 부록 B.2에서 규정된 것과 같이 여분의 능력과 강성이 없다면, 공칭 휨강도는 다음을 초과할 수 없다.

$$M_n \leq 1.3 R_h M_y \qquad \text{식 (3.105)}$$

여기서, M_y : 강구조부재설계기준(하중저항계수설계법) 부록 B.2에 규정된 항복모멘트

압연, 균질 조립단면과 웨브 강도가 양측 플랜지 강도보다 큰 경우 응력감소계수 $R_h = 1.0$이다. 그렇지 않으면 다른 합리적인 해석 대신 하이브리드 단면의 플랜지 응력감소계수는 다음 규정을 따른다.

강구조부재설계기준(하중저항계수설계법) 

4.3.3.1.1.10(1) 하이브리드 단면의 플랜지 응력감소계수 R_h

웨브보다 플랜지에 고강도 강재가 사용된 하이브리드 단면의 플랜지 응력감소계수는 다음 식으로 구한다.

$$R_h = \frac{12 + \beta(3p - p^3)}{12 + 2\beta} \qquad (4.3\text{-}118)$$

여기서, $\beta = \dfrac{2D_n t_w}{A_{fn}}$

p : f_{yw}/f_n과 1.0의 작은 값

A_{fn} : 플랜지 단면적과 각방향에 위치한 플랜지 덮개판 면적의 합(mm^2). 부모멘트를 받는 합성단면인 경우 상부플랜지에 대한 A_{fn}값은 종방향 철근단면적을 포함시킨다.

D_n : 단면의 탄성중립축으로부터 양 플랜지의 안쪽 면까지의 거리 중 큰 값(mm). 중립축의 위치가 웨브중앙에 위치하는 경우에는 중립축으로부터 먼저 항복이 발생하는 중립축 측 플랜지 안쪽 면까지의 거리

f_n : D_n방향에 위치한 플랜지, 덮개판 또는 종방향 철근에서 처음으로 항복이 발생하는 단면의 경우에는 A_{fn} 산정 시 포함된 각 요소의 최소항복강도(MPa). 그 밖의 경우에는 D_n과 반대방향에서 최초 항복 발생 시 D_n방향에 위치한 플랜지, 덮개판 또는 종방향 철근의 탄성응력 중 가장 큰 값.

정모멘트를 받는 합성단면의 항복모멘트 M_y는 다음의 단계를 통하여 결정될 것이다.

- 고정하중에 의한 계수 휨모멘트를 계산하고, 비합성단면계수를 사용하여 거더 플랜지 응력을 계산한다.
- 2차 고정하중에 의한 계수 휨모멘트를 계산하고, 장기 합성단면계수를 사용하여 거더 플랜지 응력을 계산한다.
- 항복응력에 도달하기 전의 플랜지의 잔류 응력을 계산하고, 단기 합성단면계수를 사용하여 합성단면이 항복에 도달하게 되는 계수 활하중모멘트를 계산한다.
- 항복모멘트 M_y는 위에서 계산된 전체 모멘트의 합이다.

일단 휨강도가 계산되면, 그 단면이 강도한계의 요건 식 (3.100)을 만족하는지를 아래와 같이 검토할 수 있다. 비록 대부분의 합성단면이 조밀단면이지만, 불연속으로 횡지지 된 압축플랜지는 다음을 만족해야 한다.

$$f_{bu} + \frac{1}{3} f_l \le \phi_f F_{nc} \qquad \text{식 (3.106)}$$

그리고 인장플랜지도 다음을 만족해야 한다.

$$f_{bu} + f_l \le \phi_f R_h F_{yt} \qquad \text{식 (3.107)}$$

압축과 인장플랜지의 공칭 휨저항은 다음 식으로 계산한다.

$$F_{nc} = R_b R_h F_{yc} \qquad \text{식 (3.108)}$$

$$F_{nt} = R_h F_{yt}$$ 식 (3.109)

여기서, f_l : 플랜지의 횡방향 휨응력

R_b : 세장한 웨브의 과도한 압축응력이 플랜지로 분배되어 발생하는 단면 휨저항의 감소를 고려한 웨브 하중쉐딩계수(load-shedding factor)

R_h : 하이브리드 계수(hybrid factor)

강구조부재설계기준(하중저항계수설계법)

4.3.3.1.1.10(1) 하이브리드 단면의 플랜지 응력감소계수 R_h

(2) 웨브의 국부좌굴을 고려한 플랜지 응력감소계수 R_b

다음의 조건을 만족하면 R_b는 1.0을 사용한다.

- 시공성을 검토할 때
- 정모멘트 구간에서 합성단면이며 다음 조건일 때

  $D/t_w \le 150$ (수평보강재가 없는 웨브)

  $D/t_w \le 300$ (수평보강재가 있는 웨브)
- 종방향 보강이 있으며 다음 조건일 때

$$\frac{D}{t_w} \le 0.95\sqrt{\frac{Ek}{F_{yc}}} \qquad (4.3\text{-}120)$$

- 웨브가 다음 조건일 때

$$\frac{2D_c}{t_w} \le \lambda_{rw} \qquad (4.3\text{-}121)$$

여기서, D : 웨브 높이

D_c : 탄성 범위에서 압축측 웨브 높이

t_w : 웨브 두께

k : 웨브 휨좌굴계수

그 밖의 경우에는 아래와 같이 구한다.

$$R_b = 1 - \left(\frac{a_{wc}}{1200 + 300a_{wc}}\right)\left(\frac{2D_c}{t_w} - \lambda_{rw}\right) \le 1.0 \qquad (4.3\text{-}122)$$

$$\lambda_{rw} = 5.7\sqrt{\frac{E}{F_{yc}}} \qquad (4.3\text{-}123)$$

여기서, λ_{rw} : 비조밀 웨브의 세장비 한계

$$a_{wc} = \frac{2D_c t_w}{A_c(=b_{fc}t_{fc})} \tag{4.3-124}$$

여기서, a_{wc} : 압축을 받는 웨브의 2배 면적과 압축플랜지의 면적 비

정모멘트를 받는 수평보강재가 있는 경우

$$a_{wc} = \frac{2D_c t_w}{b_{fc}t_{fc} + b_s t_s (1 - f_{\mathrm{DC_1}}/F_{yc})/3n} \tag{4.3-125}$$

여기서, b_s : 콘크리트 바닥판의 유효폭(mm)

$f_{\mathrm{DC_1}}$: 콘크리트 바닥판이 합성되기 전에 작용하는 설계영구하중에 대한 압축플랜지 응력(MPa)

동바리 공법의 경우(즉, 콘크리트 바닥판이 타설되고 경화되기 전까지 콘크리트의 무게를 거더와 동바리가 지지하는 시공), 콘크리트 바닥판의 최대 계수압축응력은 $0.6f_{ck}$를 초과할 수 없다.

인장플랜지에 구멍이 있는 단면의 경우, 횡방향 휨응력은 제외하고 전 단면적을 사용한 인장플랜지에서 계수응력은 다음의 조건을 만족해야 한다.

$$f_t \le 0.84\left(\frac{A_n}{A_g}\right)F_u \le F_{yt} \qquad \text{식 (3.110)}$$

여기서, A_n : 인장플랜지의 순단면적

A_g : 인장플랜지의 전단면적

F_u : 인장플랜지에서 규정된 최소인장강도

정의 휨에서 조밀단면과 비조밀단면 둘 다 다음의 연성 조건을 만족해야 한다(강구조부재설계기준 - 하중저항계수설계법 4.3.3.1.7.3).

공칭항복강도가 690 MPa인 강재로 설계된 균질 합성단면 또는 상부 및 하부플랜지의 공칭항복강도가 690 MPa이며 강구조부재설계기준(하중저항계수설계법) 4.3.3.1.1.3 규정을 만족하는 하이브리드 합성단면인 경우

$$D_p \le 0.3D_t \qquad \text{식 (3.111)}$$

그 밖의 단면인 경우

$$D_p \leq 0.42D_t \qquad \text{식 (3.112)}$$

여기서, D_p : 소성모멘트 상태에서 콘크리트 바닥판의 상단에서 중립축까지의 거리(mm)

D_t : 합성단면의 전체높이(mm)

대부분의 단면은 이 요구조건을 만족할 것이고, 인장플랜지의 항복은 콘크리트 바닥판 상면이 파괴변형률에 이르기 전에 발생할 것이다. 만약 연성 요구조건을 만족하지 않았다면, 설계자는 D_p를 감소시키기 위해서 상부플랜지에 크기를 증가시키거나 또는 거더의 크기를 증가시키는 것을 고려해도 좋다.

5. 부모멘트 구간에서 합성단면과 비합성단면

부모멘트를 받는 합성단면 혹은 비합성단면의 경우, 인장플랜지는 교축직각방향 휨이 더해진 인장에 대하여 설계되어야 하고, 강도한계상태에서 다음의 조건을 만족해야 한다(강구조부재설계기준 - 하중저항계수설계법 4.3.3.1.8.1).

$$f_{bu} + \frac{1}{3}f_l \leq \phi_b R_h F_{yt} \qquad \text{식 (3.113)}$$

그리고 연속적으로 횡지지된 플랜지의 횡방향 휨응력은 0으로 한다. 불연속적으로 횡지지된 플랜지의 횡방향 휨응력은 구조해석으로 구해야 하고 다음을 만족해야 한다(강구조부재설계기준 - 하중저항설계법 4.3.3.1.1.6). 경간장 105 m 이내인 단일 박스 거더 또는 다중 박스 거더를 갖는 직선 또는 곡선 단순교 또는 연속교의 경우, 이 규정은 U형단면의 상부플랜지에만 적용해야 한다(강구조부재설계기준 - 하중저항계수설계법 4.3.3.2.1).

$$f_l \leq 0.6F_{yt} \qquad \text{식 (3.114)}$$

압축플랜지는 등가의 보 - 기둥(교축직각방향 휨을 받는 압축부재)부재로 설계되고 강도한계상태에서 다음의 조건을 만족해야 한다.

$$f_{bu} + \frac{1}{3}f_l \leq \phi_b F_{nc} \qquad \text{식 (3.115)}$$

그리고

$$f_l \leq 0.6F_{yc} \qquad \text{식 (3.116)}$$

압축플랜지는 국부적인 좌굴이나 교축직각방향 비틀림 좌굴에 의해서 파괴될 수 있으므로, 두 조건에 대해서 검토되어야 한다. 국부좌굴 저항과 교축직각방향 비틀림좌굴 저항 모두를 계산하고, 강도한계상태에서 설계할 때 둘 중 작은 값을 사용한다.

압축플랜지의 국부좌굴 저항을 계산하기 위하여 다음과 같이 압축플랜지의 조밀단면 여부를 결정할 필요가 있다(강구조부재설계기준 - 하중저항계수설계법 4.3.3.1.8.2).

$\lambda_l \leq \lambda_{pt}$ 인 경우

$$F_{nc} = R_b R_h F_{yc} \qquad \text{식 (3.117)}$$

그 밖의 경우,

$$F_{nc} = \left[1 - \left(1 - \frac{F_{yr}}{R_h F_{yc}}\right)\left(\frac{\lambda_f - \lambda_{pf}}{\lambda_{rf} - \lambda_{pf}}\right)\right] R_b R_h F_{yc} \qquad \text{식 (3.118)}$$

여기서, λ_f : 압축플랜지의 세장비, $\lambda_f = \dfrac{b_{fc}}{2t_{fc}}$ 식 (3.119)

λ_{pf} : 조밀플랜지의 한계 세장비, $\lambda_{pf} = 0.38\sqrt{\dfrac{E}{F_{yc}}}$ 식 (3.120)

λ_{rf} : 비조밀플랜지의 한계 세장비, $\lambda_{rf} = 0.56\sqrt{\dfrac{E}{F_{yr}}}$ 식 (3.121)

F_{yr} : 잔류응력의 영향을 포함한 공칭항복강도에 도달할 때 압축플랜지 응력. 압축플랜횡방향 휨을 고려치 않으며 $0.7F_{yc}$와 F_{yw} 중 작은 값이지만 $0.5F_{yc}$ 이상이어야 한다.

R_b : 웨브의 국부좌굴에 의한 플랜지 응력감소계수(강구조부재설계기준 - 하중저항계수설계법 4.3.3.1.1.10).

R_h : 하이브리드 단면의 플랜지 응력감소계수(강구조부재설계기준 - 하중저항계수설계법 4.3.3.1.1.10).

브레이싱이 불연속적으로 지지된 압축플랜지의 횡비틀림좌굴강도는 주로 압축플랜지의 단면특성과 비지지 길이에 의해서 영향을 받는다. 비지지길이 내에서 균일 단면을 갖는 압축플랜지의 횡비틀림좌굴강도는 다음과 같이 계산한다(강구조부재설계기준 - 하중저항계수설계법 4.3.3.1.8.2).

$L_b \le L_p$ 이면

$$F_{nc} = R_b R_h F_{yc} \qquad \text{식 (3.122)}$$

$L_p \le L_b \le L_r$ 이면

$$F_{nc} = C_b \left[1 - \left(1 - \frac{F_{yr}}{R_h F_{yc}}\right)\left(\frac{L_b - L_p}{L_r - L_p}\right)\right] R_b R_h R_{yc} \le R_b R_h R_{yc} \qquad \text{식 (3.123)}$$

$L_b > L_r$ 이면

$$F_{nc} = F_{cr} \le R_b R_h F_{yc} \qquad \text{식 (3.124)}$$

여기서, L_b : 비지지의 길이, mm

L_p : 좌굴없이 소성거동을 보장하는 비지지 길이의 한계, mm

$$L_p = 1.0 r_t \sqrt{\frac{E}{F_{yc}}} \qquad \text{식 (3.125)}$$

L_r : 비탄성 횡비틀림좌굴을 보장하는 비지지 길이의 한계, mm
(즉, 압축플랜지의 잔류 응력 효과가 고려된 등분포 휨에 의해서 플랜지 어느 쪽이든 공칭 항복이 발생)

$$L_r = \pi r_t \sqrt{\frac{E}{F_{yr}}} \qquad \text{식 (3.126)}$$

C_b : 모멘트 보정정계수

- 브레이싱이 없는 캔틸레버나 $f_{\mathrm{mid}}/f_2 > 1$ 또는 $f_2 = 0$인 부재

$$C_b = 1.0 \qquad \text{식 (3.127)}$$

- 그 밖의 모든 경우

$$C_b = 1.75 - 1.05\left(\frac{f_1}{f_2}\right) + 0.3\left(\frac{f_1}{f_2}\right)^2 \le 2.3 \qquad \text{식 (3.128)}$$

F_{cr} : 탄성 횡비틀림 좌굴응력, MPa

$$F_{cr} = \frac{C_b R_b \pi^2 E}{(L_b/r_t)^2} \qquad \text{식 (3.129)}$$

r_t : 압축플랜지와 압축을 받는 웨브 높이의 1/3을 합한 면적의 연직축에 대한 유효회전반경, mm

$$r_t = \frac{b_{fc}}{\sqrt{12(1 + D_c t_w / 3b_{fc} t_{fc})}} \quad \text{식 (3.130)}$$

F_{yr} : 잔류응력의 영향을 포함한 공칭항복강도에 도달할 때 압축플랜지 응력. 압축플랜지 횡방향 휨을 고려치 않으며 $0.7F_{yc}$와 F_{yw} 중 작은 값이지만 $0.5F_{yc}$ 이상이어야 한다.

D_c : 탄성 범위에서 웨브의 압축측 높이, mm

f_{mid} : 고려 중인 플랜지의 비지지길이 구간 중앙점에서의 횡방향 휨을 고려하지 않은 휨응력으로 최대 압축응력을 발생시키거나 압축이 전혀 작용하지 않는 경우에는 최소 인장응력을 발생시키는 설계모멘트로 산정한다. 이 응력은 계수하중에 의한 응력이며 압축일 경우가 양의 값이며 인장인 경우는 음의 값이다, MPa

f_2 : 고려하는 플랜지의 비지지된 길이에서 어느 끝에서나 큰 압축응력, MPa

f_0 : f_2에 대응하는 반대지점의 횡방향 휨을 고려하지 않은 휨응력으로 최대 압축응력을 발생시키거나 압축이 전혀 작용하지 않는 경우에는 최소 인장응력을 발생시키는 설계모멘트로 산정한다. 이 응력은 계수하중에 의한 응력이며 압축일 경우가 양의 값이며 인장인 경우는 음의 값이다, MPa

f_1 : f_2에 대응하는 반대쪽 브레이싱 지점의 횡방향 휨을 고려하지 않은 휨응력으로, C_b값을 가장 작게 발생시키는 f_2와 f_0(또는 f_{mid}) 간 선형 보간하여 구한 응력

브레이싱 양단 지점 간의 거리에 따라 모멘트의 변화가 오목한 형상이면, $f_1 = f_0$이고, 그 외의 경우 $f_1 = 2f_{\text{mid}} - f_2 > f_0$이다.

강도한계상태의 이러한 응력을 계산할 때는 계수하중을 사용하고 횡비틀림에 의한 응력은 포함되지 않는다는 것에 유의하자. 압축측 응력은 정이고 인장측 응력은 부이다.

현장타설 콘크리트 바닥판을 갖는 강재 거더의 경우, 심지어 전단연결재를 사용하지 않더라도(비합성단면) 거더는 바닥판에 의해서 연속적으로 교축직각방향으로 지지가 되어있다고 고려한다. 앞에서 논의한 바와 같이, 대부분의 새로운 강

재 거더 교량은 합성이다.

인장과 압축에서 연속적으로 브레이싱이 있는 플랜지의 경우, 횡비틀림이 없고 ($f_l = 0$) 플랜지 좌굴은 발생하지 않는다. 따라서 강도한계상태에서 설계 요구조건은 다음과 같이 단순화될 수 있다.

$$f_{bu} \le \phi_f R_h F_{yf} \qquad \text{식 (3.131)}$$

인장플랜지에 구멍을 가진 거더의 경우, 전체면적을 사용하고 교축직각방향 휨응력이 제외된 인장플랜지의 계수응력은 식 (3.110)의 조건을 만족해야 한다.

6. I형 단면의 전단저항

플레이트 거더는 어떠한 보강재도 사용하지 않거나, 종방향 보강재만 사용하거나, 혹은 종방향과 횡방향 보강재 둘 다를 사용해서 설계될 수 있다. 3.11절에서 설명하겠지만, 특정 교량을 위해서 선정되는 거더 형식은 주로 비용과 미래의 유지관리를 고려해서 결정된다. 일반적으로 두꺼운 웨브와 종방향 보강재를 사용하지 않거나 적은 수의 종방향 보강재를 사용하는 것이 제작 및 인건비를 고려할 때 얇은 웨브에 종횡방향 보강재를 사용하는 것보다 경제적일 수도 있다. 그러나 매우 높이가 큰 거더의 경우, 비록 실무적으로나 경제적으로 종방향 보강재의 제거가 가능하다 하더라도, 시공성이나 가설현장의 특성을 고려하여 횡방향과 종방향 보강재 둘 다 고려될 수도 있을 것이다.

보나 거더에 대한 설계전단강도 V_r은 다음과 같이 구한다.

$$V_r = \phi_v V_n \qquad \text{식 (3.132)}$$

여기서, V_n : 비보강 또는 보강된 웨브에 대한 공칭전단강도, N

ϕ_v : 저항계수

비보강 웨브의 공칭전단강도

웨브에 보강재가 없는 거더의 경우, 공칭전단강도는 다음과 같다(강구조부재설계기준 - 하중저항계수설계법 4.3.3.1.9.2 참조).

$$V_n = V_{cr} = CV_p \qquad \text{식 (3.133)}$$

여기서, V_p는 소성 전단강도라고 불리고 다음과 같이 계산된다.

$$V_p = 0.58 F_y D t_w \qquad \text{식 (3.134)}$$

상수 C는 전단 항복강도에 대한 전단좌굴응력의 비로서 다음과 같다.

① $\dfrac{D}{t_w} \le 1.12\sqrt{\dfrac{Ek}{F_y}}$ 인 경우, $C=1.0$ 식 (3.135)

② $1.12\sqrt{\dfrac{Ek}{F_y}} < \dfrac{D}{t_w} \le 1.40\sqrt{\dfrac{Ek}{F_y}}$ 인 경우, $C=\dfrac{1.12}{(D/t_w)^2}\sqrt{\dfrac{Ek}{F_y}}$ 식 (3.136)

③ $\dfrac{D}{t_w} > 1.40\sqrt{\dfrac{Ek}{F_y}}$ 인 경우, $C=\dfrac{1.57}{(D/t_w)^2}\sqrt{\dfrac{Ek}{F_y}}$ 식 (3.137)

여기서, $k=5+[5/(d_o/D)^2]$는 전단좌굴계수(비보강된 보의 경우 $k=5$)

D : 플랜지 사이의 순 간격

d_o : 수직보강재 사이의 거리

보강 웨브의 공칭전단강도

- 내측 패널

수직보강재가 제공되었거나 수직과 수평 보강재 둘 다가 제공되었을 때, 내측 웨브의 공칭전단강도는 다음과 같이 계산된다(강구조부재설계기준 - 하중저항계수설계법 4.3.3.1.9.3 참조).

① $\dfrac{2D_{tw}}{d_{fc}t_{fc}+b_{ft}t_{ft}} \le 2.5$이면, $V_n = V_p\left[C+\dfrac{0.87(1-C)}{\sqrt{1+(d_o/D)^2}}\right]$ 식 (3.138)

② 그 밖의 경우, $V_n = V_p\left[C+\dfrac{0.87(1-C)}{\sqrt{1+(d_o/D)^2+d_o/D}}\right]$ 식 (3.139)

- 단부 패널

단부 패널의 공칭전단강도는 보강된 경우에도 비보강 웨브의 강도식을 적용하며, 수직보강재간격은 $1.5D$ 이하가 되어야 한다.

7. 웨브의 휨 좌굴

교량설계기준에는 반복적인 활하중하에서 웨브의 면외 휨을 제한하기 위하여 수평보강재가 없는 경우 다음 조건을 만족하도록 요구한다(강구조부재설계기준 - 하중저항계수설계법 4.3.3.1.1.9 참조).

$$F_{crw} = \frac{0.9Ek}{(D/t_w)^2} \quad \text{식 (3.140)}$$

그러나 $R_h F_{yc}$와 $F_{yw}/0.7$ 중의 작은 값을 초과할 수 없고, 여기에 휨좌굴계수는 다음과 같다.

$$k = \frac{9}{(D_c/D)^2} \quad \text{식 (3.141)}$$

여기서, D_c : 탄성범위에서 웨브의 압축측 깊이, 합성단면의 경우에는 강구조부재설계기준(하중저항계수설계법) 부록 B.3.1을 적용하여 계산될 것이다.

R_h : 하이브리드 계수

웨브의 양쪽 단이 압축을 받는 경우에는 k는 7.2를 사용한다.

수평보강재가 있는 웨브의 경우, 식 (3.140)은 여전히 사용될 수 있으나, 휨좌굴계수는 다음으로 계산한다.

$\frac{d_s}{D_c} \geq 0.4$인 경우

$$k = \frac{5.17}{(d_s/D)^2} \geq \frac{9}{(D_c/D)^2} \quad \text{식 (3.142)}$$

$\frac{d_s}{D_c} < 0.4$인 경우

$$k = \frac{11.64}{[(D-d_s)/D]^2} \quad \text{식 (3.143)}$$

여기서, d_s : 수평보강재의 중심선과 압축플랜지 안쪽면 사이의 거리, mm

거더의 압축플랜지에 연속적인 브레이싱이 없을 때 그 웨브는 좌굴을 일으킬 수 있는 휨을 받는다. 거더의 웨브 휨-좌굴 저항은 웨브의 높이와 두께, 그리고 압축측에서 웨브의 높이와 두께의 비에 따른다. 웨브의 휨-좌굴 강도를 검토할 때, 어떠한 횡방향 휨응력도 제외하고 단순히 압축플랜지의 휨응력을 사용한다. 웨브와 플랜지의 경계면에서 휨응력을 계산하는 것은 필요 없다.

정의 휨을 받는 합성단면의 경우, 일단 콘크리트가 타설되면 압축플랜지는 바

닥판에 의해서 연속적으로 횡방향 지지를 받는다. 그래서 웨브 휨-좌굴은 오직 시공하중에 대해서 검토될 필요가 있다. 그러나 부의 휨을 받는 합성단면이거나, 혹은 거더의 압축플랜지에 연속적인 브레이싱이 없을 경우 웨브의 휨-좌굴은 모든 하중 종류에 대해서 검토되어야 한다(강도한계상태).

8. 결론

만약 합성단면의 모멘트강도와 전단강도가 전체 계수 부재력을 초과한다면 예비단면이 최종 단면으로 사용될 수 있다. 계수 부재력이 단면의 설계강도보다 크면, 단면의 수정 작업이 수행되어야 한다. 거더가 압연단면인 경우, 설계자는 더 무거운 또는 규격이 더 큰 압연단면을 선택할 수 있다. 플레이트 거더 단면의 경우, 예비설계에서 단면 강도 결함의 원인에 따라서 설계자는 플랜지 및/또는 웨브의 크기를 증가시키거나, 웨브에 보강재를 추가할 수 있다.

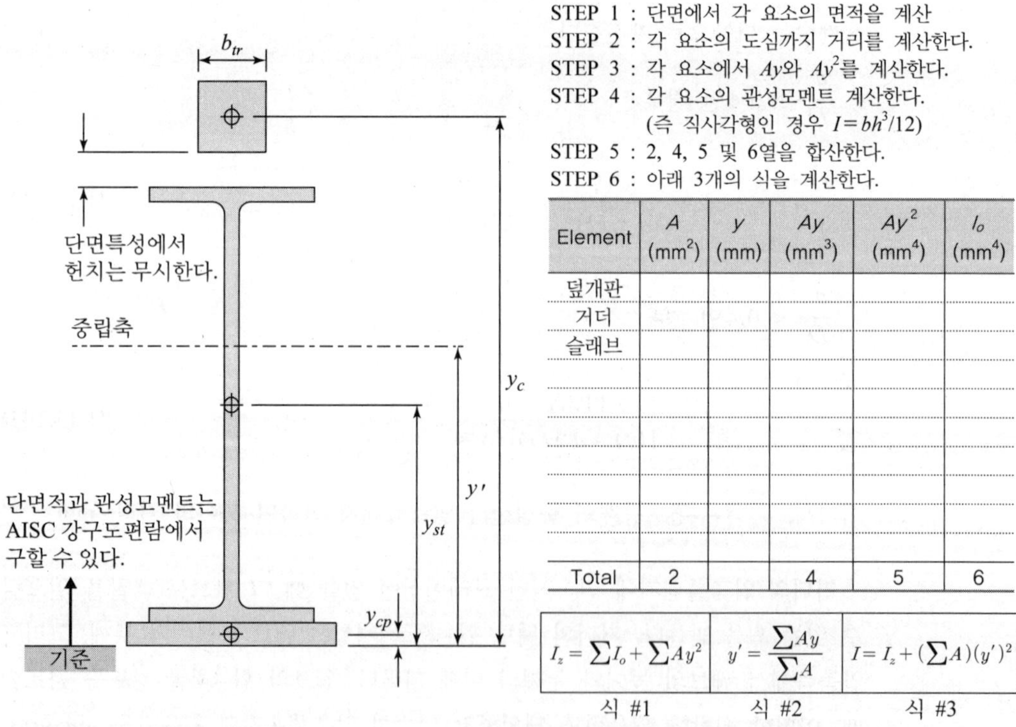

Element	A (mm²)	y (mm)	Ay (mm³)	Ay^2 (mm⁴)	I_o (mm⁴)
덮개판					
거더					
슬래브					
Total	2		4	5	6

$I_z=\sum I_o+\sum Ay^2$	$y'=\dfrac{\sum Ay}{\sum A}$	$I=I_z+(\sum A)(y')^2$
식 #1	식 #2	식 #3

그림 3.40 합성단면의 관성모멘트를 계산하는 방법

설계 목적은 명백하게 안전한 설계를 유지하면서 거더의 무게나 크기를 최소화한 단면을 선택하는 것이다. 큰 단면은 수직 여유고에 대한 제약(보 높이의 증가에 따라), 구조물의 전체 중량 및 관련된 비용에 영향을 받을 가능성을 가지고 있다. 만약 특별한 경간의 배치를 위해 적당한 압연단면을 선택할 수 없다면, 플레이트 거더 단면이 당연히 검토될 수 있다.

3.10.7 전단연결재의 설계

합성작용이 강재 거더의 상부플랜지에 있는 전단연결재의 결합에 의해서 가능하다는 것은 이미 논의되었다. 전단연결재의 설계에서, 슬래브와 거더 사이의 미끄러짐을 방지하는 수평전단력을 전달하는 연결재의 주요 기능을 명심하는 것이 중요하다. 따라서 강재 거더와 콘크리트 바닥판은 하나의 합성단면으로서 작용할 것이다.

이 절에서는 스터드형식의 연결재 설계를 논의한다. 위에서 언급했듯이 오래된 많은 교량들은 나선형 전단연결재를 사용하였다. 보수설계에서 바닥판 교체가 수행될 때 기존의 나선형 연결재를 제거하고 전단스터드로 대체하는 것이 바람직하다. 바닥판 제거 공사 중 나선형 연결재를 유지하는 것은 현실적으로 어렵다.

교량설계기준의 강구조부재설계기준(하중저항계수설계법)은 전단연결재가 피로를 고려하여 설계되고 극한강도에서 검토되기를 요구한다. 아래에서 논의되는 것은 전단스터드 연결재의 설치를 위한 여러 가지 기하학적 제약들뿐만 아니라 피로와 극한강도의 기준을 결정하는 요소들이다.

1. 피로

초기의 합성구조물에서 전단연결재는 완전한 탄성으로 설계되었다. 수평전단력의 크기는 거더의 종방향으로 달라지기 때문에 전단연결재는 그것에 맞추어 설치하였다. 강합성보는 슬래브-보 경계면에서 미끄러짐을 방지하면서 극한강도에 이르기까지 하나의 구성단위로서 작용될 것이다.[3.34] 이 방법은 지나치게 많은 수의 전단연결재가 규정되도록 하였다.

현재 실무에서 전단연결재의 설계는 합성보의 극한강도를 기준으로 한다. 그러한 설계방법에서는 피로가 지배적인 기준이 될 수 있다. 피로는 구조 부재에 반복적인 하중의 작용과 제거가 원인이 된다. 피로 효과를 해석하기 위한 탄성해석에서 고려되는 것은 전단력의 전체 크기보다 연결재에 작용하는 전단력의 범위이다.

전단력의 범위는 최대와 최소 전단력 사이의 차이를 의미한다.

거더와 콘크리트 바닥판 사이 경계면에서 전단응력의 범위는 다음과 같다.

$$S_r = \frac{V_r Q}{I} \quad \text{식 (3.144)}$$

여기서, S_r : 슬래브 - 보의 경계면에서 수평전단력의 범위, N/mm

V_r : 활하중과 충격하중에 의한 전단력의 범위, N

Q : 중립축에서 단면 1차 모멘트, mm^3

I : 단기간의 합성 거더에서의 관성모멘트, mm^4

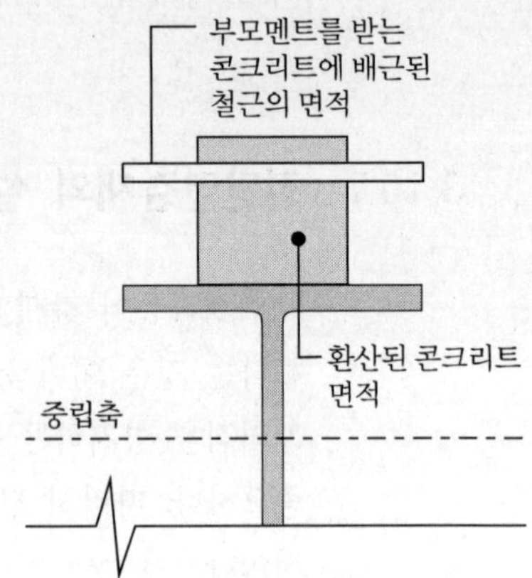

Q는 합성단면의 중립축에 대한 환산된 콘크리트 면적 혹은 부모멘트를 받는 콘크리트 내부 철근 면적의 단면 1차 모멘트이다.

스터드 전단연결재의 경우, 피로강도는 식 (3.144)에 의한 전단응역범위보다 작아서는 아니 된다. 스터드 전단연결재의 피로강도 허용범위는 다음과 같이 주어진다(강구조부재설계기준 - 하중저항계수설계법 4.3.3.1.10.2 참조).

$$Z_r = \alpha d^2 \quad \text{식 (3.145)}$$

$$\alpha = 238 - 29.5 \log N \quad \text{식 (3.146)}$$

여기서, d : 스터드의 직경, mm

N : 트럭하중의 반복횟수(강구조 피로 및 파단 설계기준 - 하중저항계수 설계법 4.1.2.5 참조)

$$N = (365)(100)n(\mathrm{ADTT})_{\mathrm{SL}} \quad \text{식 (3.147)}$$

여기서, n : 통행하는 트럭의 반복횟수. 단순보 혹은 연속보 외측 경간의 경우, 지간이 12000 mm보다 작으면 $n=2$, 지간이 12000 mm보다 크면 $n=1$이다. 연속보 내측 경간의 경우, 지간이 12000mm보다 작으면 $n=2$, 그 외의 경우 $n=1.5$이다.

$(\mathrm{ADTT})_{\mathrm{SL}}$: 설계수명 동안 1방향으로 평균 1일 트럭 교통량

따라서 합성보의 전단스터드 연결재 설계에서 수행되는 강도 검토는 다음에 따른다.

$$S_r \leq Z_r \qquad \text{식 (3.148)}$$

3.10.1절에서 논의했듯이, 교량 건설에 일반적으로 사용되는 전단스터드 연결재의 3가지 표준 치수가 있다(직경 19 mm, 22 mm, 25 mm). 이 직경은 스터드 줄기의 직경을 나타낸다(즉, 머리가 아님). 이 값들은 보통 치수의 연결재를 위한 스터드당 수평전단력의 허용범위를 결정하는 식 (3.145)에 대입하여 구할 수 있으며 다음 표 3.7과 같다.

표 3.7 스터드 한 개당 수평전단력의 허용범위(Z_r)

스터드 직경	100,000Cycles	500,000Cycles	2,000,000Cycles	5,000,000Cycles
19 mm	32,671	25,227	18,815	14,577
22 mm	43,802	33,822	25,226	19,544
25 mm	56,563	43,675	32,575	25,238

응력의 허용범위를 결정하는데 사용되는 반복횟수는 교량이 부담하는 하중의 종류에 따라 변한다. 반복횟수는 주로 교량을 지나가는 트럭 통행량과 교량의 통행 차로의 수에 영향을 받는다. ADTT는 교량의 공용기간 동안 한쪽방향으로 평균 1일 트럭 교통량을 나타낸다. 교통량 조사와 트럭 교통량 궤적 연구는 트럭 하중의 총 반복횟수를 예측하기 위하여 요구된다.

전단스터드 연결재는 하나의 열을 형성하도록 강재 거더의 상부플랜지를 따라 횡방향으로 나란히 설치한다. 그러고 나서 연결재의 열들은 거더의 길이를 따라 종방향으로 교대로 설치된다. 전단스터드의 열과 열사이의 간격을 피치(pitch)라고 한다. 식 (3.145)에서 규정된 피로강도기준은 전단연결재의 피치를 결정하는데 사용된다.

전단연결재에 사용되는 피치를 계산하기 위하여 다음의 비율을 사용한다.

$$p = \frac{nZ_r}{S_r} \qquad \text{식 (3.149)}$$

여기서, p : 전단연결재들의 피치(종방향 간격), mm

n : 횡방향 1열에서 전단연결재의 개수

Z_r : 전단연결재 한 개의 전단피로저항강도, N

S_r : 계산하는 지점에서 수평전단력의 범위, N/mm

전단스터드 형식 연결재의 피치에 관해서 다음은 일반적인 경험에 따른 방법이다. 전단스터드의 직경이 클수록 간격도 더 커진다. 종방향으로 연속 거더의 내측 지점에 해당하는 규정을 제외하고, 일반적인 전단연결재의 종방향 간격은 600 mm를 초과할 수 없고, 스터드 직경의 6배보다 작을 수 없다. 구조물에서 거더의 상부플랜지에 발생하는 높은 인장영역을 피하기 위하여 넓은 간격으로 연결재를 배치하는 것이 바람직할 수 있다. 이 상황은 부모멘트 지역에서 발생한다. 이와 같은 부모멘트 구역의 경우, 도로교설계기준에서는 어떠한 전단연결재도 요구하지 않으며 콘크리트 바닥판의 철근은 전체 합성단면의 일부로 취급되지 않는다고 규정하였다. 만약에 부모멘트 지역의 철근이 합성단면의 일부로서 고려된다면, 전단연결재는 설치되어야 할 것이다.

전단스터드는 지지점에서 전단 범위를 근거로 거더의 전체 길이에 등간격으로 설치할 수 있다. 그러나 더 큰 경제성은 거더의 길이에 따라 변하는 수평 전단력을 근거로 변화하는 간격을 사용함으로써 실현될 수 있다. 단경간 교량의 경우, 이것은 경간의 중앙에서보다 보의 끝에서 더 많은 수의 전단연결재(즉, 전단연결재의 열 사이가 더 가까운 간격)가 있다는 것을 뜻한다.

교량설계기준

6.4.4 스터드 전단연결재

교량도로교설계기준은 다음의 최소 조건을 기초로 용접된 스터드 전단연결재의 인장 특성을 제시하였다[KS B 1062(머리붙이 스터드)].

재 질	KS B 1062(머리붙이 스터드)
인장강도	400 MPa
항복강도	235 MPa
연신률	50 mm에 20%
단면 감소	50%

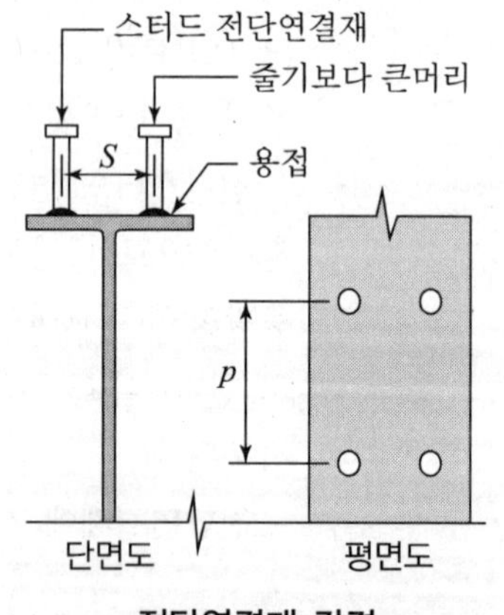

전단연결재 간격

2. 추가적인 기하학적 제한

전단연결재의 종방향 간격뿐 아니라 다른 기하학적 요인들도 전단스터드 연결재의 크기와 위치에 영향을 준다. 종방향으로 1열의 전단스터드는 거더 플랜지의 끝에서 전단연결재의 끝까지 25 mm보다 적어서는 안 된다. 전단연결재들 간의 최소간격은 스터드 직경의 4배보다 적어서는 안 된다.

전단연결재 위의 콘크리트 덮개는 최소 50 mm이어야 한다. 전단스터드는 콘크리트 바닥판의 바닥 위로 최소 50 mm가 올라와야 한다. 또 다른 기하학적 제약은 연결재 직경에 대한 길이의 비가 4보다 적어서는 안 된다는 것이다.

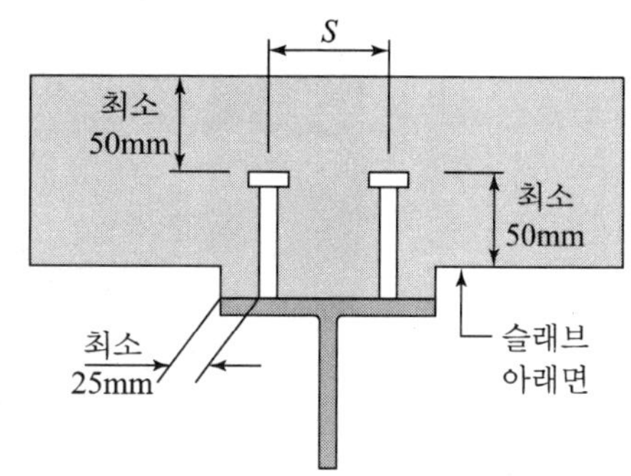

헌치가 거더의 상부플랜지 위에 사용되어 있다면, 이것은 사용하는 스터드의 길이에 명확히 영향을 준다. 도로교설계기준에는 별도의 규정은 없지만 미국 뉴욕주 교통국은 위의 규정을 고려하여 50 mm나 그 이하의 헌치 높이의 경우 100 mm 길이의 스터드를 사용하는 것을 추천한다.

3. 존치거푸집의 영향

전단연결재의 설치에 영향을 줄 수 있는 또 다른 요인은 강재 데크폼(deck form)의 존재이다(2.3.5절 1항 참조). 콘크리트가 경화된 후에도 존치되는 이러한 폼들(존치거푸집)은 교량에서 그들이 위치하는 방향에 따라 다르게 거동한다. 만약 그림 3.41에 보이는 것처럼 폼의 리브가 주부재에 평행하게 설치되면 근본적으로 바닥판은 헌치가 있는 슬래브로 거동한다. 그렇지만 만약 리브가 거더에 직각으로 위치되면(일반적인 경우이다), 불충분한 전단스터드의 삽입으로 전단 파괴가 발생할 수 있다.

이 영향에 대응하기 위하여 전단스터드는 강재 데크플레이트 리브 위로 최소 38 mm 연장되어야 한다. 치수가 38 mm까지의 강재 데크플레이트 리브는 일반적으로 합성 보의 강성이나 혹은 다른 단면 특성에 영향을 미치지 않는다. 38 mm 깊이를 초과하는 리브를 갖는 데크플레이트 폼은 하부플랜지에서 보의 단면계수에 영향을 미치지 않는 반면, 슬래브의 단면계수에는 불리한(즉, 감소) 효과를 갖는다.[3.35]

그림 3.41 강재 데크폼은 합성구조물에 영향을 미친다.

그림은 강재 데크플레이트 거푸집이 교량공사 작업장에서 조립을 대기하고 있는 것이다. 이전에 강재 데크플레이트는 주로 건축 구조물에서 많이 사용되었다. 그렇지만 교량에서 데크플레이트 거푸집은 지난 20년 동안 사용되어 왔다. 이 데크플레이트 거푸집은 영구적이며, 또한 존치거푸집으로 알려졌다(그림 2.8 참조). 그림에 보인 데크플레이트들이 교량에 설치될 때, 그것들은 주부재에 직각으로 배치될 것이다. 교량이 가설되는 동안, 거푸집들은 콘크리트 타설 시 모르타르의 손실 가능성을 피하고, 강한 결합을 위해 인접 데크플레이트와 겹쳐서 지지 구조물에 고정된다.

4. 강도한계상태

일단 연결재의 피로 설계가 되었다면 그것들은 강도한계상태에서 검토되어야 한다. 이 논의의 시작에서 전단연결재의 초기 설계(1957년 경)는 슬래브와 보의 경계면에서 전단응력의 한계와 관련이 있다고 하였다. 그러나 각 연결재의 극한강도 합계가 전체 수평전단력(0에서부터 최대모멘트까지)과 최소한 같기만 해도 합성보가 완전한 휨강도를 발생한다는 연구가 발표되어서 이 한계규정은 부적절하다는 것이 입증되었다.[3.35]

1960년대 후반과 1970년대 초반에 극한강도 이론의 출현은 전단연결재 설계에 극한강도 방법의 사용을 이끌었다. 강도한계상태방법을 사용하여, 합성단면이 완전한 휨강도를 발생하기 위해서 필요한 최소의 전단연결재 수를 결정하는 것이 가능하여졌다.

교량설계기준의 최근 판에서, 모든 전단연결재의 극한강도는 압축측의 콘크리트 슬래브 혹은 인장측 강재 거더의 극한강도와 같거나 커야 한다고 규정하였다. 설계기준은 다음의 위치에서 경간의 단면들을 구분했다(강구조부재설계기준 - 하중저항계수설계법 4.3.3.1.10.4 참조).

- 최대 정모멘트
- 최대 부모멘트
- 변곡점

첫 번째 경우는 단순보에서 발생하고, 마지막 두 경우는 종방향 연속교에서 발견된다.

공칭전단력 V_h는 다음의 세 값 중 최소값으로 결정된다.

- 최대 정모멘트가 발생하는 점에서 강재 거더의 극한 인장강도는 다음으로 주어진다.

$$V_h = F_{yw} D\, t_w + F_{yt} b_t\, t_t + F_{yc} b_f\, t_f \qquad \text{식 (3.150)}$$

여기서, b_f : 압축플랜지 폭, mm
b_t : 인장플랜지 폭, mm
F_{yw} : 웨브 항복강도, MPa
F_{yt} : 인장플랜지 항복강도, MPa
F_{yc} : 압축플랜지 항복강도, MPa
D : 웨브 높이, mm
t_f : 압축플랜지의 두께, mm
t_t : 인장플랜지의 두께, mm
t_w : 웨브 두께, mm

- 콘크리트 슬래브의 극한 압축강도는 다음으로 주어진다.

$$V_h = 0.85 f_{ck}\, b\, t_s \qquad \text{식 (3.151)}$$

여기서, f_{ck} : 콘크리트 28일 압축강도, MPa
b : 바닥판 유효폭, mm
t_s : 바닥판 두께, mm

- 연속경간의 합성단면에서 양쪽으로 인접한 각각의 모멘트가 0인 위치와 내부

지점 중심간의 총수평전단력은 다음과 같다.

$$V_h = A_r F_{yr} \quad \text{식 (3.152)}$$

여기서, A_r : 바닥판 유효폭 내 내부지점 위의 축방향철근의 총단면적, mm^2

F_{yr} : 축방향철근의 항복강도, MPa

전단연결재의 설계강도는 다음과 같다.

$$Q_r = \phi_{se} Q_n \quad \text{식 (3.153)}$$

여기서, ϕ_{se} : 전단연결재에 대한 저항계수(=0.85)

Q_n : 공칭전단강도

연결재 한 개의 공칭전단강도는 스터드 전단연결재의 경우 식 (3.154)와 같고, 콘크리트에 매립된 ㄷ형강 전단연결재의 경우 식 (3.155)와 같다.

$$Q_n = 0.27d^2\sqrt{f_{ck}E_c} \le 0.8AF_u \quad \text{식 (3.154)}$$

$$Q_n = 0.3(t_f + 0.5t_w)L_c\sqrt{f_{ck}E_c} \quad \text{식 (3.155)}$$

여기서, d : 스터드 전단연결재의 직경, mm

f_{ck} : 콘크리트 28일 압축강도, MPa

E_c : 콘크리트의 탄성계수, MPa

F_u : 스터드 전단연결재의 최소인장강도, MPa

t_f : ㄷ형강 전단연결재의 플랜지 두께, mm

t_w : ㄷ형강 전단연결재의 웨브 두께, mm

L_c : ㄷ형강 전단연결재의 길이, mm

일단 모든 극한강도 값이 계산되면 필요한 전단연결재의 최소 개수를 계산하는 것은 가능하다. 강도한계상태 방법을 사용하여 계산한 전단연결재의 수는 피로설계를 사용하여 결정한 개수를 검증하는데 쓰인다는 점에 주의하자. 최종 설계에서 결정된 전단연결재의 수는 이러한 규정 둘 다를 만족해야 한다(즉, 강도한계상태 방법은 대체 설계가 아니지만 검증이 요구된다). 이 규정으로 전단연결재의 최소 개수는 다음과 같이 주어진다.

$$n = \frac{V_h}{Q_r} \qquad \text{식 (3.156)}$$

여기서, V_h : 공칭수평전단력, N

Q_r : 전단연결재 한 개에 대한 설계전단강도, N

식 (3.156)에서 정의된 전단연결재의 수는 최대 정모멘트 지점과 인접 끝 지점 사이에 요구되는 전단연결재의 최소 개수이다.

전단연결재의 극한강도에 관한 많은 연구가 펜실베이니아에 있는 리하이대학교에서 수행되었다. 1971년 J. Ollgaard, R. Slutter 및 J. Fisher는 다음 식으로 전단스터드 1개의 극한강도를 정의하는 논문을 발표하였다.

$$Q_u = 0.5A_s\sqrt{f_c' E_c}$$

여기서 모든 의미와 목적은 오늘날 도로교설계기준 및 AASHTO 기준에서 사용하는 것이다.[3.36]

지금까지는 오직 정모멘트 구간 내에 위치한 점에서 요구되는 전단연결재의 수를 결정하는데 관련되는 요소들을 논의해왔다. 최대 정모멘트와 인접한 최대 부모멘트 사이의 구간에서 요구되는 전단연결재의 최소 개수는 다음과 같다.

$$N_2 = \frac{P + P_3}{Q_r} \qquad \text{식 (3.157)}$$

여기서, N_2 : 전단연결재의 개수

P : 최소 V_h값

P_3 : 최대 부모멘트의 위치에서 슬래브의 부재력

최대 부모멘트가 발생하는 곳에서 슬래브 부재력은 콘크리트 슬래브의 상면에 위치한 철근이 부모멘트에 저항하는 합성단면의 단면 특성 계산에 사용되지 않을 때 영으로 취급한다. 그 외의 경우 P_3는 다음 중 작은 값으로 결정된다.

$$P_3 = F_{yw}Dt_w + F_{yt}b_{ft}t_{ft} + F_{yc}b_{fc}t_{fc} \qquad \text{식 (3.158)}$$

$$P_3 = 0.45 f_c{}' b_{\mathrm{eff}} t$$ 식 (3.159)

여기서, b_{eff} : 플랜지 유효폭

t : 콘크리트 슬래브 두께

F_y : 거더의 항복응력

강구조부재설계기준은 인장을 받는 콘크리트 슬래브를 다루는데 있어서 이전의 강구조설계기준보다 더 보수적인 방법을 택했다. 바닥판 압축강도의 45%는 바닥판 철근의 기여와 콘크리트 인장강도의 결합에 해당한다. 이전의 강구조설계기준은 오직 바닥판의 철근이 인장에 저항하는 것으로 고려되어, 부모멘트 지역에서 수평전단력에 저항하기 위해서 더 적은 전단스터드가 요구되었다.

정모멘트 구역에서 교축방향 철근의 영향은 사소한 것이기 때문에, 철근은 일반적으로 무시된다. 정모멘트 구간에서 압축력은 슬래브가 부담하고 인장력은 강재 거더가 부담한다.

부모멘트 영역에서는 축방향 철근이 합성단면의 일부분으로 고려되는 구간에 전단연결재를 설치한다. 그렇지 않을 경우, 전단연결재는 부모멘트 영역에 설치할 필요는 없지만, 영구하중에 의하여 휨의 부호가 서로 상반되는 변곡점 구간에는 추가적인 연결재를 설치해야 한다. 변곡점에 추가적으로 요구되는 전단연결재의 개수는 다음과 같이 주어진다.

$$n_{ac} = \frac{A_c f_{st}}{Z_r}$$ 식 (3.160)

여기서, A_c : 플랜지 유효폭 내의 철근의 총단면적, mm^2

f_{st} : 축방향철근의 응력범위, MPa

Z_r : 전단연결재 한 개의 전단피로강도, N

추가적인 전단연결재는 영구적인 하중에 의한 휨의 변곡점에서 양쪽으로 유효바닥판 폭의 1/3거리 이내에 설치해야 한다. 현장 이음판들은 전단연결재와 간섭하지 않도록 배치해야 한다. 또한 현장이음 부위에서 전단연결재 간격은 연결재 볼트와 간섭이 되지 않도록 조절되어야 한다. 전단연결재의 총 개수는 이음으로 영향을 받아서는 안 된다.

예제 3.2 강합성 거더의 설계

문제 주어진 교량 단면을 위한 내측 거더를 설계하라.

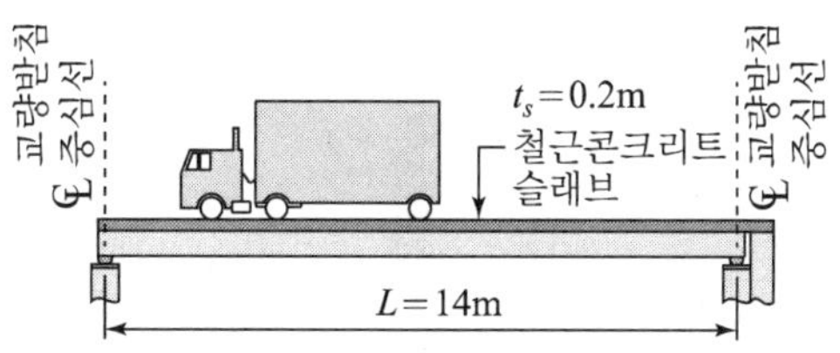

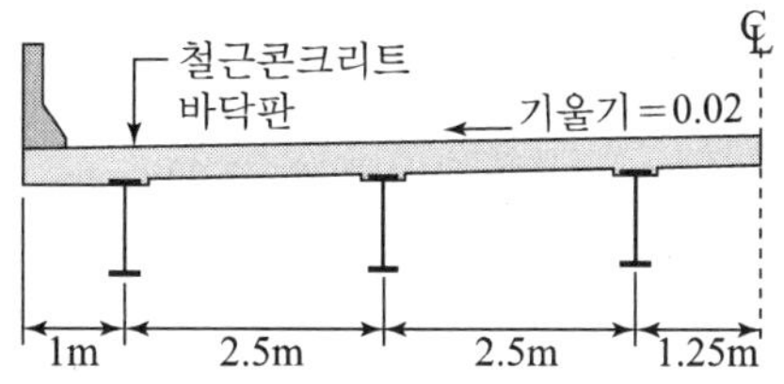

설계 조건

- 경간장 : 14 m
- 슬래브 두께 : 200 mm
- 거더 간격 : 2.5 m
- 거더 단부 간격 : 1.0 m
- 헌치 폭 : 300 mm
- 헌치 두께 : 50 mm
- 일일평균교통량 3000대의 주요 도로교
- 콘크리트 단위 중량 : 24520 N/m^3
- 강재 단위 중량 : 76980 N/m^3
- 콘크리트 탄성계수 : 2.5978×10^7 kN/m^2
- 강재 탄성계수 : 2.0594×10^8 kN/m^2
- 마모층 : 1200 N/m^2
- 비지지식 시공
- 강재 : F_y = 450 MPa, F_u = 600 MPa
- 콘크리트 : f_{ck} = 30 MPa

거더 단면 가정

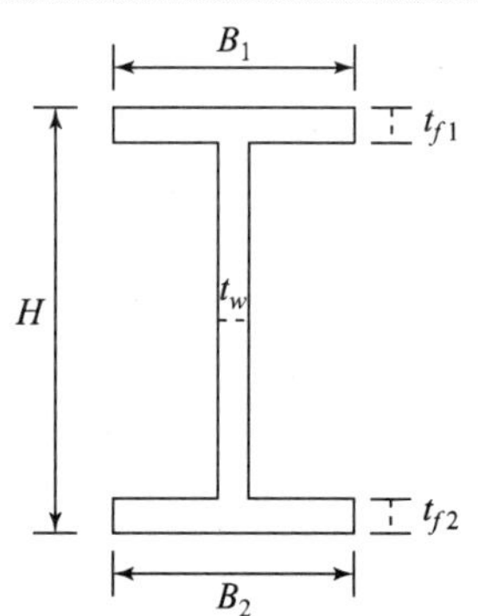

단면높이 : H = 600 mm
상부플랜지 두께 : t_{f_1} = 18 mm
하부플랜지 두께 : t_{f_2} = 18 mm
복부두께 : t_w = 11 mm
상부플랜지 폭 : B_1 = 230 mm
하부플랜지 폭 : B_2 = 230 mm
단면적 : 14484 mm^2
단면 2차 모멘트 : 8.6584×10^8 mm^4
단면계수 : 0.0029 m^3

스터드 정보

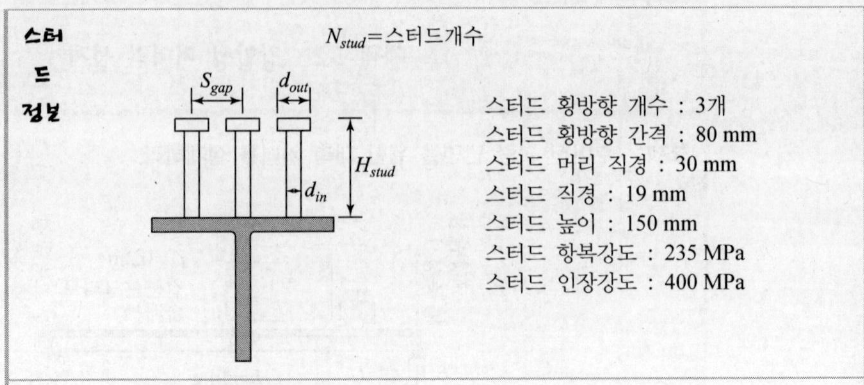

스터드 횡방향 개수 : 3개
스터드 횡방향 간격 : 80 mm
스터드 머리 직경 : 30 mm
스터드 직경 : 19 mm
스터드 높이 : 150 mm
스터드 항복강도 : 235 MPa
스터드 인장강도 : 400 MPa

STEP 1 플랜지 유효폭 계산

플랜지 유효폭은 다음 중에서 작은 값으로 결정

1. 1/4 × 지간 길이 = (0.25)(14,000) = 3,500 mm
2. 거더의 중심 간격 = 2,500 mm
3. 12 × 슬래브 평균두께 + Max[(1/2)(주거더 상부플랜지 폭), (복부판 두께)]
   ↳ Max[(0.5)(230), (11)] = 115 mm

= 12 × 200 + 115 = 2515 mm

따라서, 플랜지 유효폭 = 2500 mm

콘크리트 단면적 = (2.5)(0.2) = 0.5 m^2

해설 강구조부재설계기준(하중저항계수설계법) 4.3.3.1.1.1을 적용하여 콘크리트 바닥판의 유효폭 계산한다. 이 경우 최소값으로 결정된다. 여기서 강재 거더의 상부플랜지 폭은 230 mm로 가정한다.

STEP 2 비합성단면의 고정하중 계산

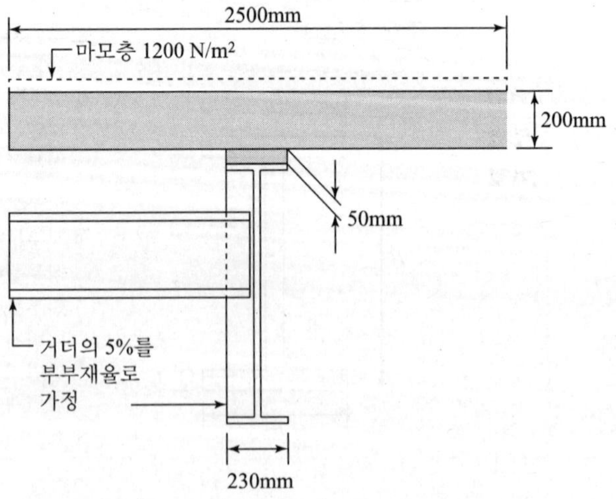

$DC_{slab} = (2.5\text{ m})(0.2\text{ m})(24520\text{ N/m}^3) = 12260\text{ N/m}$

$DC_{haunch} = (0.3\text{ m})(0.05\text{ m})(24520\text{ N/m}^3) = 367.8\text{ N/m}$

$DC_{steel} = (14484 \times 10^{-6}\text{ m}^2)(1.05)(76980\text{ N/m}^3) = 1170.7\text{ N/m}$

$DC_1 = DC_{slab} + DC_{haunch} + DC_{steel} = 13.8\text{ kN/m}$

고정하중에 의한 최대모멘트와 최대전단력(단순보)

$$M_{DC_1} = \frac{wL^2}{8} = 338.1\text{ kN m}$$

$$V_{DC_1} = \frac{wL}{2} = 96.6\text{ kN}$$

해설 비합성단면의 고정하중은 콘크리트 바닥판이 경화되어 설계강도에 도달하기 전에 작용하는 모든 하중이다. 이 경우는 거더에 작용하는 거더 자중, 슬래브와 헌치의 무게이다. 또한 이음판과 다이어프램은 거더 자중의 5%로 가정한다. 만일 존치거푸집이 사용되면, 이것 또한 고정하중으로 포함된다. 마모층과 방호벽 등은 STEP 3과 STEP 4에서 고려된다.

STEP 3 합성단면의 고정하중 계산

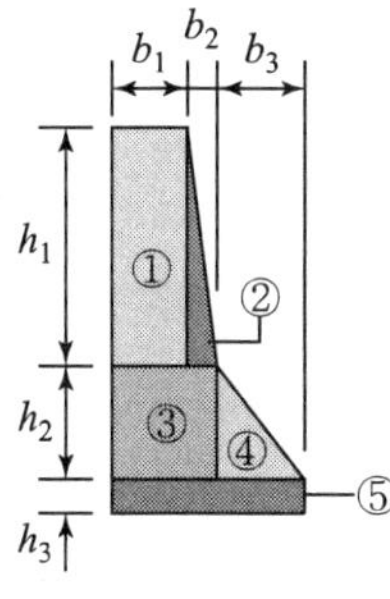

$b_1 = 180\text{ mm},\quad b_2 = 60\text{ mm},\quad b_3 = 150\text{ mm}$

$h_1 = 500\text{ mm},\quad h_2 = 250\text{ mm},\quad h_3 = 100\text{ mm}$

$A_1 = 0.09\text{ m}^2,\quad A_2 = 0.015\text{ m}^2,\quad A_3 = 0.06\text{ m}^2$

$A_4 = 0.0188\text{ m}^2,\quad A_5 = 0.039\text{ m}^2$

$A = A_1 + A_2 + A_3 + A_4 + A_5 = 0.2228\text{ m}^2$

거더 1개가 부담하는 방호벽의 중량
= (단위 중량)(방호벽 단면적)(방호벽 개수) / (거더수)
= $(24520\text{ N/m}^3)(0.2228\text{ m}^2)$(2개) / (6개)
= 1.821 kN/m

방호벽에 의한 최대모멘트와 최대전단력

$$M_{DC_2} = \frac{wL^2}{8} = 44.6\text{ kN m}$$

$$V_{DC_2} = \frac{wL}{2} = 12.7\text{ kN}$$

해설 2차 고정하중은 바닥판이 양생된 후 교량에 작용하는 하중들이고 합성단면에 의해 저항된다. 교량설계하중조합(한계상태설계법)에서 마모층과 공공시설물은 그 외의 고정하중보다 큰 하중계수를 갖기 때문에 따로 분리하여야 한다. 2차 고정하중은 모든 거더에 균등하게 분배된다.

STEP 4 합성단면에서 마모층 계산

DW = (차로 폭)(장래 마모층) / (주형개수)

$= (14.5\ \text{m})(1200\ \text{N/m}^2)\ /\ (6개)\ =\ 2.9\ \text{kN/m}$

마모층에 의한 최대모멘트와 최대전단력

$$M_{\text{DW}} = \frac{\text{DW}L^2}{8} = 71.1\ \text{kN m}$$

$$V_{\text{DW}} = \frac{\text{DW}L}{2} = 20.3\ \text{kN}$$

해설 장래의 마모층은 모두 6개의 거더에 균등하게 분배된다. 마모층은 다른 하중계수를 갖기 때문에 그 외의 2차 고정에서 분리되어야 한다.

STEP 5 활하중 분배계수 계산

거더의 무게중심과 바닥판 무게중심 사이의 간격

e_g = 슬래브 두께/2 + 헌치 높이 + 거더의 중립축 높이

$$= \frac{200}{2} + 50 + 300 = 450\ \text{mm}$$

종방향 강성계수

$$n = \frac{E_s}{E_c} = \frac{2.0594 \times 10^8}{2.5978 \times 10^7} = 7.93$$

$$K_g = n(I_{\text{girder}} + A \cdot e_g^2)$$

$$= 8(8.6584 \times 10^8 + 14484 \times 450^2) = 3.039 \times 10^{10}\ \text{mm}^4$$

1) 내측 거더 모멘트 횡분배계수

분배계수	적용 범위
한 개 재하차로 : $0.83\left[0.06 + \left(\frac{S}{4300}\right)^{0.4}\left(\frac{S}{L}\right)^{0.3}\left(\frac{K_g}{Lt_s^{\ 3}}\right)^{0.1}\right]$	$1100 \le S \le 4900$ $110 \le t_s \le 300$ $6000 \le L \le 73000$
두 개 이상 재하차로 : $0.9\left[0.075 + \left(\frac{S}{2900}\right)^{0.6}\left(\frac{S}{L}\right)^{0.2}\left(\frac{K_g}{Lt_s^{\ 3}}\right)^{0.1}\right]$	$N_b \ge 4$ $4 \times 10^9 \le K_g \le 3 \times 10^{12}$

1차로 재하시 $\quad 0.83\left[0.06 + \left(\frac{S}{4300}\right)^{0.4}\left(\frac{S}{L}\right)^{0.3}\left(\frac{K_g}{Lt_s^{\ 3}}\right)^{0.1}\right]$

$$= 0.83\left[0.06 + \left(\frac{2500}{4300}\right)^{0.4}\left(\frac{2500}{14000}\right)^{0.3}\left(\frac{3.039 \times 10^{10}}{14000 \times 200^3}\right)^{0.1}\right] = 0.3996$$

2차로 재하시 $\quad 0.9\left[0.075 + \left(\frac{S}{2900}\right)^{0.6}\left(\frac{S}{L}\right)^{0.2}\left(\frac{K_g}{Lt_s^{\ 3}}\right)^{0.1}\right]$

$$= 0.9\left[0.075+\left(\frac{2500}{2900}\right)^{0.6}\left(\frac{2500}{14000}\right)^{0.2}\left(\frac{3.039\times10^{10}}{14000\times200^3}\right)^{0.1}\right] = 0.5787$$

2) 내측 거더 전단력 횡분배계수

한 개 재하차로	두 개 이상 재하차로	적용 범위
$0.83\left(0.36+\frac{S}{7600}\right)$	$0.9\left(0.2+\frac{S}{3600}-\left(\frac{S}{10700}\right)^{2.0}\right)$	$1100 \le S \le 4900$ $6000 \le L \le 73000$ $110 \le t_s \le 300$ $N_b \ge 4$

1차로 재하시

$$0.83\left(0.36+\frac{S}{7600}\right) = 0.83\left(0.36+\frac{2500}{7600}\right) = 0.5718$$

2차로 재하시

$$0.9\left[0.2+\frac{S}{3600}-\left(\frac{S}{10700}\right)^{2}\right] = 0.9\left[0.2+\frac{2500}{3600}-\left(\frac{2500}{10700}\right)^{2}\right] = 0.7530$$

해설 실제의 활하중 모멘트와 전단력을 계산하기 전에, 모멘트와 전단력에 대한 활하중 분배계수의 산정이 필요하다. 모멘트에 대한 활하중 분배계수는 식 (3.37)과 식 (3.38)에 주어져 있고, 전단력에 대한 활하중 분배계수는 식 (3.39)와 식 (3.40)에 주어져 있다(교량설계일반사항 표 4.6-5 참조).
활하중 분배계수는 거더 단면 값의 함수이므로 분배계수 산정을 시작하기 전에 단면값이 가정되어 있어야 한다.
전단력에 대한 분배계수와 모멘트에 대한 분배계수는 다르고, 외측 거더의 분배계수는 내측 거더의 계수와 다르다.

STEP 6 활하중 모멘트와 전단력 계산

1) 표준트럭하중에 의한 최대모멘트 및 최대전단력

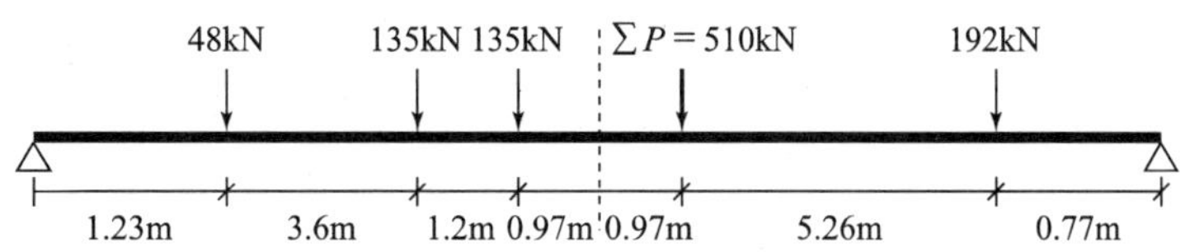

① 최대모멘트 : 먼저 그림과 같이 표준트럭하중을 재하시켜 세 번째 집중하중 위치에서의 휨모멘트를 계산한다.

[방법 1]

반력 : $\sum M_B = 0 \qquad R_A = \dfrac{510\times6.03}{14} = 219.66\ \text{kN}$

최대 휨모멘트 :

$$M_{max} = 219.66 \times 6.03 - 48 \times 4.8 - 135 \times 1.2 = 932.15 \text{ kN} \cdot \text{m}$$

[방법 2]

세 번째 집중하중 작용점에서의 휨모멘트 영향선을 이용하여 최대 휨모멘트를 계산한다.

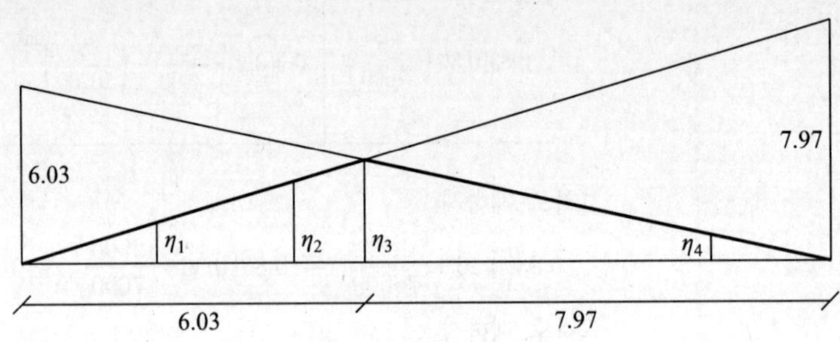

$$\eta_1 = 7.97 \times \frac{1.23}{14} = 0.70 \qquad \eta_2 = 7.97 \times \frac{4.83}{14} = 2.75$$

$$\eta_3 = 7.97 \times \frac{6.03}{14} = 3.43 \qquad \eta_4 = 6.03 \times \frac{0.77}{14} = 0.33$$

$$M_{max} = 48 \times 0.7 + 135 \times 2.75 + 135 \times 3.43 + 192 \times 0.33 = 931.26 \text{ kN} \cdot \text{m}$$

② 최대전단력 : 지점에서 발생하며 그림과 같이 영향선을 이용하여 간단히 구할 수 있다.

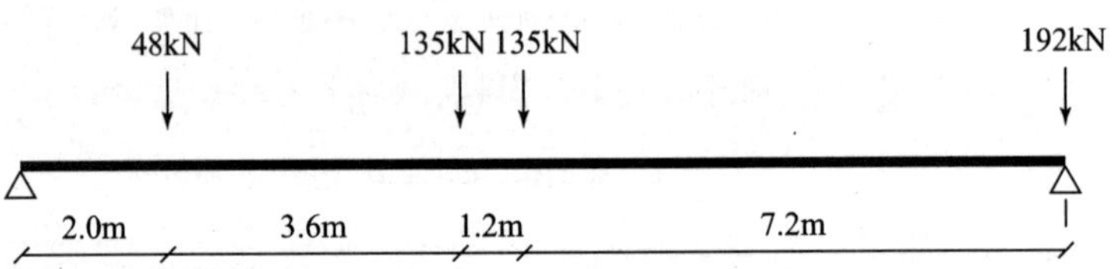

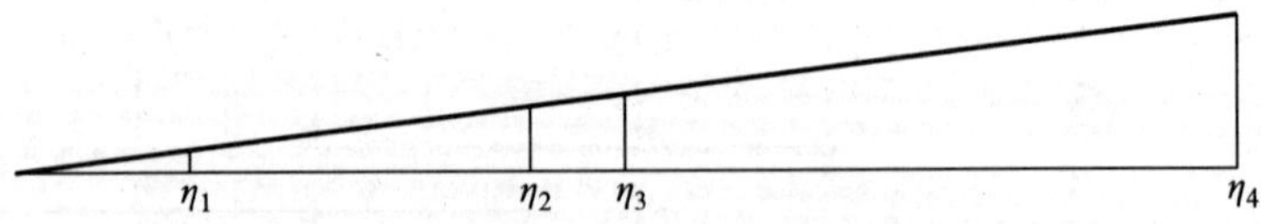

$$\eta_1 = 1.0 \times \frac{2.0}{14} = \frac{1}{7} \quad \eta_2 = 1.0 \times \frac{5.6}{14} = 0.4 \quad \eta_3 = 1.0 \times \frac{6.8}{14} = \frac{17}{35} \quad \eta_4 = 1.0$$

$$V_B = R_B = 48(1/7) + 135(0.4) + 135(17/35) + 192(1.0) = 318.4 \text{ kN}$$

2) 표준트럭하중에 의한 최대모멘트 및 최대전단력

$M_{Lmax1} = 931.3$ kN m $\qquad V_{Lmax1} = 318.4$ kN

3) 표준차로하중(w_{lane} = 12.7 kN/m)에 의한 최대모멘트 및 최대전단력

$$M_{\text{Lmax2}} = \frac{w_{\text{lane}} \cdot L^2}{8} = 311.2 \text{ kN m} \qquad V_{\text{Lmax2}} = \frac{w_{\text{lane}} \cdot L}{2} = 88.9 \text{ kN}$$

최대값은 표준트럭하중의 영향과 표준트럭하중의 75%와 표준차로하중의 영향 중에서 큰 값이 된다.

$M_{\text{Lmax}} = 0.75 \times M_{\text{Lmax1}} + M_{\text{Lmax2}} = 0.75 \times 931.3 + 311.2 = 1009.7 > M_{\text{Lmax1}}$

$V_{\text{Lmax}} = 0.75 \times V_{\text{Lmax1}} + V_{\text{Lmax2}} = 0.75 \times 318.4 + 88.9 = 327.7 > V_{\text{Lmax1}}$

4) 충격하중 25% 고려한 내측활하중모멘트 및 전단력

$M_{\text{LI}} = \text{DFM}_{\text{IN}} \times (1.25 \times 0.75 \times M_{\text{Lmax1}} + M_{\text{Lmax2}})$

$= 0.5787 \times (1.25 \times 0.75 \times 931.3 + 311.15) = 685.3 \text{ kN m}$

$V_{\text{LI}} = \text{DFV}_{\text{IN}} \times (1.25 \times 0.75 \times V_{\text{Lmax1}} + V_{\text{Lmax2}})$

$= 0.7530 \times (1.25 \times 0.75 \times 318.4 + 88.9) = 291.7 \text{ kN}$

해설 표준트럭하중에 의한 최대모멘트 및 최대전단력 : 최대모멘트의 경우 그림 3.38을 참조하여 절대최대모멘트를 구하거나, 그림 3.39를 참조하여 중앙점의 최대모멘트를 구할 수도 있다. 절대최대전단력은 지점에서 발생하며 영향선을 이용하여 간단히 구할 수 있다.

STEP 7 **계수모멘트와 전단력 계산**

$Q = \sum \eta_i \gamma_i q_i$

교량중요도에 따른 계수값

$\eta_i = 1.0$(일반교량)

$M_u = 1.25 \times M_{\text{DC}} + 1.5 M_{\text{DW}} + 1.8 M_{\text{LI}}$

$= 1.25 \times (338.1 + 44.6) + 1.5 \times 71.1 + 1.8 \times 685.3 = 1818.6 \text{ kN m}$

$V_u = 1.25 \times V_{\text{DC}} + 1.5 V_{\text{DW}} + 1.8 V_{\text{LI}}$

$= 1.25 \times (96.6 + 12.7) + 1.5 \times 20.3 + 1.8 \times 291.7 = 692.1 \text{ kN}$

해설 표 3.3과 표 3.4 하중조합과 하중계수(교량설계하중조합 - 한계상태설계법)를 참조하여 내측 거더 설계를 위한 총 계수모멘트와 계수전단력을 구한다. 이 때 극한한계상태 하중조합 I의 경우 하중계수는 DC에 대하여 1.25, DW에 대하여 1.5 그리고 LI에 대하여 1.8이다.

STEP 8 **예비 단면의 선정**

강재는 HSB600(F_y = 450 MPa)으로 가정한다.

단면은 앞에서 가정한 단면으로 하고, 콘크리트 바닥판의 철근은 무시한다.

1) 휨강도 검토

압축영역의 높이와 합성단면의 소성모멘트 강도를 계산한다.

$$a = \frac{AF_y}{0.85 f_{ck} b_{\text{eff}}} = \frac{14484 \times 450}{0.85 \times 30 \times 2500} = 102.24\ \text{mm}$$

$$M_p = AF_y\left(h_n + h_t + t - \frac{a}{2}\right) = 14484 \times 450\left(300 + 50 + 200 - \frac{102.24}{2}\right)$$
$$= 3251.6 \times 10^6\ \text{N mm} = 3251.6\ \text{kN m}$$

2) 단면의 조밀성 검토

강재의 항복응력은 $F_y = 450\ \text{MPa} < 455\ \text{MPa}$

웨브 $\dfrac{D}{t_w} = \dfrac{600 - 18 - 18}{11} = 51.3 < 150$

소성중립축은 콘크리트 슬래브 내에 있다. 따라서 웨브의 세장한계인 식 (3.99)를 자동적으로 만족하므로 단면은 조밀단면이다.

$D_p = a = 102.24\ \text{mm}$

$D_t = 200 + 50 + 600 = 850\ \text{mm}$

$D_p > 0.1 D_t$이므로,

$$M_n = M_p\left(1.07 - 0.7\frac{D_p}{D_t}\right) = 3251.6 \times \left(1.07 - 0.7 \times \frac{102.24}{850}\right) = 3205.4$$

거더에 횡방향모멘트나 비틀림이 작용하지 않으므로

$M_u + \dfrac{1}{3} f_l \cdot S_{xt} = 1818.6 \le \phi_f M_n = 1.0 \times 3205.4$ OK

3) 전단강도 검토

$\phi_v = 1.0$

$k = 5.0$ (비보강된 보의 경우)

$\dfrac{D}{t_w} = \dfrac{600 - 18 - 18}{11} = 51.2 \le 1.1\sqrt{\dfrac{E_s k}{F_y}} = 52.5 \quad \rightarrow \quad C = 1.0$

$$V_n = C V_p = 1.0(0.58 F_{yw} A_w) = 0.58 \times 450 \times (600 - 2 \times 18) \times 11$$
$$= 1.61924 \times 10^6\ \text{N} = 1619.2\ \text{kN}$$

$V_u = 692.1 \le \phi_v V_n = 1619.2$ OK

해설 단순교의 경우, 지간 길이의 1/20에서 1/27까지의 범위가 일반적으로 거더의 높이로 사용되며, HSB600 강재가 교량 건설에 사용된다.

첫 단계는 압축측 소성영역의 높이와 소성모멘트 강도를 구하는 것이다. 만약 압축영역이 콘크리트 슬래브 내에 위치하면, 소성모멘트 강도는 철근 콘크리트 보와 같이 계산될 수 있다(강재 거더는 콘크리트 보에서 철근으로 취급된다). 강구조부재설계기준 - 하중저항계수설계법 4.3.3.1.6.2에 의하면, 만일 합성보가 직선이고 강의 항복강도가 455 MPa를 초과하지 않고 강재 웨브의 압축측 높이(만약 있다면)가 식 (3.99)의 조건을 만족한다면, 단면은 조밀단면으로 간주될 수 있다. 이 예제의 경우 조밀단면 조건을 만족한다.

정모멘트 구간에서 조밀단면의 경우, 소성중립축이 전체 조밀단면 높이의 1/10 이상에 있으면, 공칭 휨강도는 소성 휨강도와 같고[식 (3.101)], 그 외의 경우 식 (3.102)를 이용하여 공칭 휨강도를 구한다. 일단 모멘트강도가 구해지면, 요구강도를 검토하기 위해 식 (3.100)을 이용한다. 전단강도는 식 (3.133), 식 (3.134) 그리고 식 (3.135)를 이용해서 구한다. 거더는 비보강 웨브를 갖고 있다. 모멘트강도와 전단강도 모두 계수 부재력보다 크고 따라서 예비단면은 요구강도를 만족한다.

STEP 9 합성단면의 관성모멘트 계산

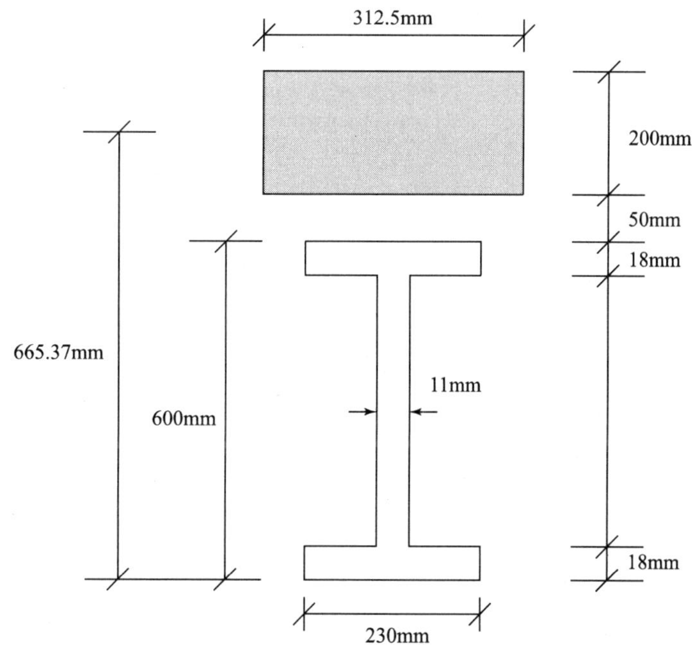

1) 단기합성단면 $n = 8$

$$b_{tr} = \frac{b_{\text{eff}}}{n} = \frac{2500}{8} = 312.5\ \text{mm}$$

$$I_{\text{slab}} = \frac{0.3125 \times 0.2^3}{12} = 0.00021\ \text{m}^4$$

요소	$A(\mathrm{m}^2)$	$y(\mathrm{m})$	$Ay(\mathrm{m}^3)$	$Ay^2(\mathrm{m}^4)$	$I_o(\mathrm{m}^4)$
강재	0.01448	0.3	0.00434	0.0013	0.00087
슬래브	0.0625	0.75	0.04688	0.03516	0.00021
합	0.07698		0.05122	0.03646	0.00108

$$I_z = \sum I_o + \sum Ay^2 = 0.00108 + 0.03646 = 0.03754\ \mathrm{m}^4$$

$$y' = \frac{\sum Ay}{\sum A} = \frac{0.05122}{0.07698} = 0.66537\ \mathrm{m}$$

$$I = I_z - \sum A(y')^2 = 0.03754 - 0.07698 \times 0.66537^2 = 0.00346\ \mathrm{m}^4$$

$$S_{xn} = \frac{I}{y'} = \frac{0.00346}{0.66537} = 0.00541\ \mathrm{m}^3$$

2) 장기합성단면 $3n = 24$

$$b_{tr} = \frac{b_{\mathrm{eff}}}{3n} = \frac{2500}{24} = 104.2\ \mathrm{mm}$$

$$I_{\mathrm{slab}} = \frac{0.1042 \times 0.2^3}{12} = 0.00007\ \mathrm{m}^4$$

요소	$A(\mathrm{m}^2)$	$y(\mathrm{m})$	$Ay(\mathrm{m}^3)$	$Ay^2(\mathrm{m}^4)$	$I_o(\mathrm{m}^4)$
강재	0.01448	0.3	0.00434	0.0013	0.00087
슬래브	0.02084	0.75	0.01563	0.01172	0.00007
합	0.03532		0.01997	0.01302	0.00094

$$I_z = \sum I_o + \sum Ay^2 = 0.00094 + 0.01302 = 0.01396\ \mathrm{m}^4$$

$$y' = \frac{\sum Ay}{\sum A} = \frac{0.01997}{0.03532} = 0.56540\ \mathrm{m}$$

$$I = I_z - \sum A(y')^2 = 0.01396 - 0.03532 \times 0.56540^2 = 0.00267\ \mathrm{m}^4$$

$$S_{x3n} = \frac{I}{y'} = \frac{0.00267}{0.5654} = 0.00473\ \mathrm{m}^3$$

해설 사용한계상태의 검토와 전단스터드를 설계하기 전에, 고정하중과 2차 고정하중에 의한 응력을 계산하기 위하여 합성단면의 관성모멘트를 계산하여야 한다. 합성단면은 강재단면과 콘크리트 바닥판 유효폭의 환산단면으로 구성된다. 일시적인 하중(활하중)은 단기합성단면에 작용하고 영구적인 고정하중은 장기합성단면에 작용한다, 단기합성단면의 경우 탄성계수비 n 그리고 장기합성단면은 $3n$을 적용한다.

거더의 하부플랜지 하면이 기준선으로 사용되었다. 이 점으로부터 단면의 중립축까지의 모든 치수가 주어진다. 합성단면의 관성모멘트는 그림 3.40에 보인 단계를 따라서 계산된다. 강재 거더는 사용성한계상태 II 하중조합 하에서 최대 인장응력이 검토된다. 따라서 합성단면 하연 단면계수가 여기서 계산되었다.

STEP 10 사용한계상태 검토

사용성한계상태 II 하중조합은 사용하중 하에서 강재의 응력을 검토하는데 사용된다.

$$f_{\mathrm{DL}}=\frac{M_{\mathrm{DC}_1}}{S_{xun}}=\frac{338.1}{0.0029}=116586\ \mathrm{kN/m^2}=116.6\ \mathrm{MPa}$$

$$f_{\mathrm{SDL}}=\frac{M_{\mathrm{DC}_2}+M_{\mathrm{DW}}}{S_{x3n}}=\frac{44.6+71.1}{0.00473}=24461\ \mathrm{kN/m^2}=24.6\ \mathrm{MPa}$$

$$f_{\mathrm{LL+I}}=\frac{M_{\mathrm{LL+I}}}{S_{xn}}=\frac{685.3}{0.00541}=126672\ \mathrm{kN/m^2}=126.7\ \mathrm{MPa}$$

사용성한계상태 II 하중조합에서 하부플랜지의 총 계수응력 :

$$f_{bot}=1.0\times(116.6+24.6)+1.3\times126.7=305.91\ \mathrm{MPa}<F_y=450\ \mathrm{MPa}$$

∴ OK

해설 총 응력은 고정하중응력, 2차 고정하중응력 및 활하중(충격하중 포함)응력으로 구성된다. 순수 강재 단면은 고정하중응력을 계산하는데 사용된다. 2차 고정하중응력을 계산하기 위해서는 장기합성단면을 사용하였고, 활하중응력을 계산하기 위해서는 단기합성단면을 사용하였다.
사용성한계상태 II 하중조합에서 사용된 하중계수는 표 3.3에 나와 있고, 고정하중과 2차 고정하중에 대해서는 1.0이고, 활하중에 대해서는 1.3이다.
강재의 최대 계수응력은 강재 항복응력을 초과할 수 없고, 이 경우는 450 MPa이다.

STEP 11 거더에서 전단력 범위 계산

피로한계상태의 경우, 오직 1대의 트럭이 재하되고, 전단력에 대한 활하중 분배계수는 다음과 같다.

$$\mathrm{DF}=0.83\left(0.36+\frac{S}{7600}\right)=0.83\left(0.36+\frac{2500}{7600}\right)=0.5718$$

피로에 대한 활하중 충격계수 $\mathrm{IM}=0.15$

피로한계상태에서 활하중계수 $\mathrm{LF}=0.75$

$[x=0]$ 정의 전단력

$$+V_{x=0}=\mathrm{LF}\cdot\mathrm{DF}(1+\mathrm{IM})\left(192+135\frac{6.8}{14}+135\frac{5.6}{14}+48\frac{2}{14}\right)$$
$$=0.75(0.5718)(1.15)(318.4286)=157.04\ \mathrm{kN}$$

$[x=0]$ 부의 전단력

$$-V_{x=0}=0$$

[$x=0$] 총 전단력 범위

$$V_{x=0} = +V_{x=0} - (-V_{x=0}) = 157.04 - 0 = 157.04\text{ kN}$$

[$x=1.4$ m] 정의 전단력

$$+V_{x=1.4} = \text{LF}\cdot\text{DF}(1+\text{IM})\left(192\frac{12.6}{14} + 135\frac{5.4}{14} + 135\frac{4.2}{14} + 48\frac{0.6}{14}\right)$$
$$= 0.75(0.5718)(1.15)(267.4286) = 131.89\text{ kN}$$

[$x=1.4$ m] 부의 전단력

$$-V_{x=1.4} = \text{LF}\cdot\text{DF}(1+\text{IM})\left(48\frac{-1.4}{14}\right)$$
$$= 0.75(0.5718)(1.15)(-4.8) = -2.37\text{ kN}$$

[$x=1.4$ m] 총 전단력 범위

$$V_{x=1.4} = +V_{x=1.4} - (-V_{x=1.4}) = 131.89 - (-2.37) = 134.26\text{ kN}$$

[$x=2.8$ m] 정의 전단력

$$+V_{x=2.8} = \text{LF}\cdot\text{DF}(1+\text{IM})\left(192\frac{11.2}{14} + 135\frac{4.0}{14} + 135\frac{2.8}{14}\right)$$
$$= 0.75(0.5718)(1.15)(219.17) = 108.09\text{ kN}$$

[$x=2.8$ m] 부의 전단력

$$-V_{x=2.8} = \text{LF}\cdot\text{DF}(1+\text{IM})\left(135\frac{-1.6}{14} + 135\frac{-2.8}{14} + 48\frac{7.6}{14}\right)$$
$$= 0.75(0.5718)(1.15)(-16.37) = -8.07\text{ kN}$$

[$x=2.8$ m] 총 전단력 범위

$$V_{x=2.8} = +V_{x=2.8} - (-V_{x=2.8}) = 108.09 - (-8.07) = 116.16\text{ kN}$$

[$x=7.0$ m] 정의 전단력

$$+V_{x=7.0} = \text{LF}\cdot\text{DF}(1+\text{IM})\left(135\frac{7.0}{14} + 135\frac{5.8}{14} + 48\frac{2.2}{14}\right)$$
$$= 0.75(0.5718)(1.15)(130.97) = 64.59\text{ kN}$$

[$x=7.0$ m] 부의 전단력

$$-V_{x=7.0} = \text{LF}\cdot\text{DF}(1+\text{IM})\left(135\frac{-7.0}{14} + 48\frac{3.4}{14}\right)$$
$$= 0.75(0.5718)(1.15)(-55.84) = -27.54\text{ kN}$$

[$x=7.0$ m] 총 전단력 범위

$$V_{x=7.0} = +V_{x=7.0} - (-V_{x=7.0}) = 64.59 - (-27.54) = 92.13\text{ kN}$$

해설 지간 길이를 따라 여러 위치에서 최대 정의 전단력과 부의 전단력을 계산하여 필요한 전단연결재의 수를 계산한다. 지간의 끝($x=0$)에서 시작한다.

피로한계상태의 경우, 오직 하나의 트럭이 교량에 작용한다. 따라서 활하중에 의한 전단력의 분배계수를 위한 식 (3.39)를 사용한다. 피로한계상태에서 하중계수는 0.75이다(표 3.3).

활하중의 피로를 위한 충격계수는 0.15(강도한계상태에서 사용하는 0.33이 아님)이다. 피로한계상태의 경우 평균트럭의 무게(최대의 75%)가 사용되는 반면, 강도한계상태에서는 최대값이 사용된다.

단면에서 최대 전단력은 차량하중의 작용으로 발생하기 때문에 차량의 뒤축이 그 단면에 위치하게 된다. 단면에서 부의 전단력은 그 단면의 바로 앞에 차량의 한 축을 위치시켜서 계산되고, 나머지 축들은 교량 밖에 놓인다.

전단력 범위를 계산하는 과정을 계속한다. 보를 지간 중앙점을 향하여 십등분한다. 대칭이기 때문에 더 이상 상세히 할 필요는 없다. 첫 십등분 점은 좌측지점에서 1.4 m에 있다.

최대 정 전단력은 문제에서 1.4 m되는 점에 트럭의 뒤축이 위치함으로 계산된다. 최대 부 전단력은 최대 부 하중 조건이 되는 오직 48 kN의 차륜하중만으로 계산된다. 총 전단력은 $+V-(-V)$이며 134.26 kN이 된다.

다음 십등분 점은 좌측지점에서 2.8 m되는 곳이다. 이제 지점으로부터 멀어질수록 정 전단력은 감소하고 부 전단력은 증가하는 것이 명백해진다. 그러나 총 전단력 범위는 감소하고 있다. 이 경우에 지점으로부터 2.8 m인 점에서 부 전단력은 앞축 하중과 중간축 하중(2개)으로 계산된다. 중간축 하중은 부 전단력 성분에 기여한다. 인접(좌측)지점까지의 거리는 135 kN 하중의 재하위치이고, 우측지점까지의 거리는 48 kN 하중의 재하위치이다.

이 예제에서는 나머지 십등분 점에 대한 계산은 생략한다. 대부분이 앞의 계산과 마찬가지이기 때문이다. 보의 중앙점($x=7.0$ m)에서의 전단력 범위 계산으로 마친다. 여기에서는, 보의 중앙점에 중간축 하중을 재하시킨다. 보의 길이가 오직 14 m이므로 압축 하중과 중간축 하중만 남고 192 kN의 뒤축 하중은 지간을 벗어난다. 최대 부 전단력은 지간 중앙점에 트럭의 중간축 하중이 놓일 때 발생한다. 중앙점에서는 부의 전단력이 가장 크고, 정의 전단력은 가장 작다. 결과적으로 92.13 kN의 전단력 범위는 2.8 m의 위치에서 계산된 116.16 kN보다 크게 작은 것은 아니다.

STEP 12 피로규정에 기준한 전단연결재 설계

일정한 크기의 단면을 사용하기 때문에, 모든 단면에서 I와 Q는 동일하다.

STEP 9에서 $I=0.00346\ \mathrm{m}^4$

$Q=$ 강재 거더 단면적×중립축에서 거더의 무게중심까지 거리

$\quad = 0.01448\times(0.66537-0.3)=0.00529\ \mathrm{m}^3$

$S_r=\dfrac{V_rQ}{I}$이고, $p=\dfrac{(\#\mathrm{studs})(Z_r)}{S_r}$

직경 19 mm 스터드 사용

$s \geq (4)(d) = (4)(19\text{ mm}) = 76\text{ mm}$

$b_f = 230\text{ mm}$ (플랜지 폭)

$$s = \frac{b_f - (2 \times \text{연단거리})}{2} = \frac{230 - (2 \times 25)}{2}$$

$= 90\text{ mm} > 76\text{ mm}$ OK

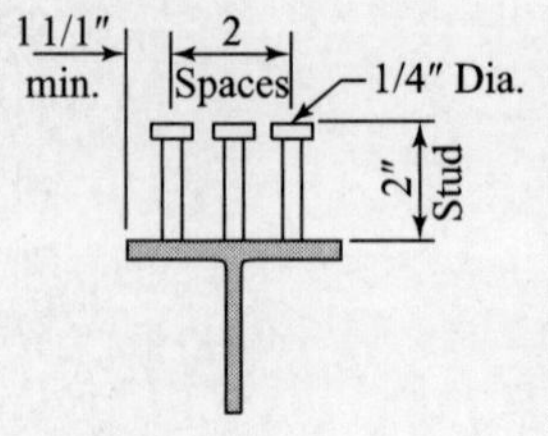

전단연결재의 피로강도 Z_r :

일일교통량 3000대, 2차로이므로,

$ADTT_{SL} = p \times ADTT = 0.85(3000) = 2550$

$N = (365)(100)n(ADTT)_{SL} = 365 \times 100 \times 1 \times 2550 = 93.08 \times 10^6$

$\alpha = 238 - 29.5\log N = 2.92$

$$Z_r = \text{Max}\left(\alpha d^2,\ \frac{38d^2}{2}\right) = \text{Max}(1054.12,\ 6859) = 6859\text{ N}$$

전단연결재의 피치 $p = \dfrac{3Z_r}{S_r}$

Point(m)	V_r(kN)	Q(m^3)	I(m^4)	S_r(kN/m)	p(mm)
$x=0.0$	157.04	0.00529	0.00346	230.76	89.2
$x=1.4$	134.26	0.00529	0.00346	205.27	100.24
$x=2.8$	116.16	0.00529	0.00346	177.60	115.86
$x=7.0$	92.13	0.00529	0.00346	141.12	145.81

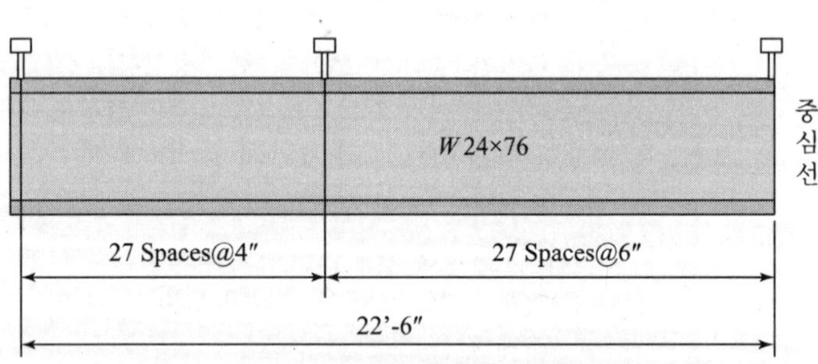

전단 스터드 간격

해설 전단스터드 설계는 일반적으로 피로한계상태에서 결정된다. 활하중(STEP 9에서 계산했듯이)을 위한 합성단면은 스터드 설계에서 활하중으로 발생한 전단력을 위해서 사용된다.

요구되는 간격은 피로한계상태 전단력 발생 범위와 각 스터드의 허용응력의 함수이다. 전자는 활하중과 STEP 11에서 구해진 전단력 범위의 합으로 계산된다. 후자는 스터드의 직경과 추정 일일교통량의 함수로 구해지는 응력의 반복횟수를 기본으로 식 (3.145)로써 계산된다(3.10.7절 1항의 식 (3.147) 참조).

설계자는 3.10.7절 2항의 기하학적 제한들에 대한 상세 검토를 확인해야 한다. 횡방향 간격뿐 아니라 스터드의 직경에 대한 스터드 길이의 비(L/d)가 4보다 커야 한다. 스터드의 길이가 150 mm이므로 비율 $L/d = 150/19 = 7.9$이고, 4보다 크다.

위의 표에서 간격의 값을 알 수 있다. 이것들은 현장에서 합리적인 치수를 구하기 위해서 절삭될 수 있도록 계산된 결과들이다. 직경 19 mm가 가장 일반적인 전단스터드이다. 3열의 스터드를 사용하기 위해서 다소 폭이 큰 플랜지를 갖는 거더의 선택을 원할 수 있다.

STEP 13 강도 한계상태에서의 전단연결재 검토

스터드의 공칭강도(강구조부재설계기준 - 하중저항설계 4.3.3.1.10.4 참조) :

$$Q_r = \phi_{sc} Q_n$$

$$Q_n = 0.27d^2 \sqrt{f_c{}' E_c} = 0.27 \times 19^2 \times \sqrt{30 \times 2.5978 \times 10^4} = 86046.7 \text{ N}$$

$$\le 0.8 A_{sc} F_u = 0.8 \times \frac{\pi \times 19^2}{4} \times 600 = 136024.8 \text{ N}$$

강재와 콘크리트의 수평전단강도 계산 수평강도 산정 :

$$V_{h_1} = A_s F_y = 0.01448 \times 450 = 6.516 \text{ MN}$$

$$V_{h_2} = 0.85 f_{ck} b_{\text{eff}} t_s = 0.85 \times 30 \times 2500 \times 200 = 12750000 \text{ N} = 12.75 \text{ MN}$$

$$V_h = \text{Min}(V_{h_1},\ V_{h_2}) = 6.516 \text{ MN}$$

필요한 스터드 수

$$= 2 \times \frac{V_h}{Q_r} = 2 \times \frac{V_h}{\phi_{sc} Q_n} = 2 \times \frac{6.516 \times 10^6}{0.85 \times 86046.7} = 2 \times 90 = 180\text{개}$$

이 개수는 STEP 12에서 구한 피로에 의한 개수보다 적다.

해설 강도한계상태에서 요구되는 연결재의 수를 계산하는 첫 단계는 콘크리트 슬래브와 거더의 강도를 비교하는 것이다. 이 경우에 강재 거더의 강도는 두 값 중에서 작은 것이다. 따라서 강재 거더로부터 6.516 MN 값을 사용한다.

각 연결재의 극한강도는 식 (3.153)과 (3.154)에서 구할 수 있다. 전단스터드의 극한강도는 직경, 극한인장강도, 슬래브에 사용된 콘크리트의 압축강도 및 그것과 관련된 탄성계수들의 함수이다. 또한 극한강도는 표 3.7에서 구할 수 있다. 필요한 스터드의 수는 이 두 힘의 비를 저항계수 0.85로 나누어 계산된다. 설계자는 식 (3.156)으로 구해진 수가 "최대 정모멘트의 위치와 인접 지점 사이"(즉, 지간 길이의 절반)에 필요한 연결재임을 명심해야 한다. 결과적으로 수는 2배가 되고, 피로에 의해 계산된 것보다 적다.

3.10.8 교량피로(Bridge Fatigue)

피로문제는 오늘날 교량설계에서 고려해야 할 중요사항 중의 하나가 되었다. 미국에서 1960년대와 1970년대 초에 걸쳐 많은 교량에서 피로문제가 지적되면서 미국도로교통협회(AASHTO)에서는 피로에 대한 기준을 도입하기 시작했다. 최초의 피로 설계기준은 1965년 발행되었고, 이후 1971년과 1974년에 실험결과에 근거한 개정판이 출판되었다. 도로교설계기준에서도 AASHTO설계기준을 근간으로 하고 국내의 실험결과를 반영하여 피로설계기준을 제정하여 사용해오고 있다. 피로현상은 배우 광범위하고 전단연결재 등에서 보았듯이 다양한 구조요소에 연관되어 있지만, 여기서는 교량에 대한 피로의 배경과 피로설계 문제에 초점을 맞추도록 한다.

1. 선형탄성 파괴역학

다양한 교량 구조 상세에 대한 피로수명을 평가하는 데는 몇 가지 접근방법이 있다. 우선 1920년대 초반 그리피스(Griffith)가 도입한 선형탄성 파괴역학(LEFM) 이론을 들 수 있다.[3.38] 그는 이론적으로 시스템의 총에너지가 전파과정을 통해 소진될 때 균열은 취성재료를 통해 전파된다고 규정하였다. 이 이론은 1940년대와 1950년대에 들어 강재처럼 연성이 강한 재료에도 적용되었는데, 미국 리하이대학교(Lehigh University)의 어윈(Irwin)교수는 소성변형에 사용되는 에너지의 일부는 표면에 새로운 균열을 일으키는 표면에너지로 전환된다는 결론에 도달했다.[3.39] LEFM 이론은 1980년대 바잔트(Bazant)에 의해 재료파괴에 대한 크기효과(size effect)가 고려되어 한층 더 진보되었다.[3.40]

피로해석을 수행하기 위해서는 임계위치에서 초기균열이 가정되어야 하는데, 가정된 초기균열의 크기와 모양에 따라 구조물의 피로수명은 매우 다양하게 예측될 수 있다. 이러한 이유로 이 접근방법은 교량설계전문가들로부터 많은 관심을 끌지는 못하였다.

2. 응력 - 수명법

피로문제를 다루는 또 다른 하나의 접근법으로 응력 - 수명법(stress-life method)로 불리는 이 방법에서는 피로파괴까지의 하중재하 반복수를 예측하기 위해 재하되는 응력의 크기를 사용한다. 즉, 활하중으로부터 발생하는 응력의 크기를 기본값으로 하여 S-N곡선으로 불리는 응력 대응 피로수명 다이어그램에서 피로

수명을 예측한다. S-N곡선은 실험 자료에 근거하여 경험적으로 제시된다. 응력-수명법은 주로 고주기 피로(high cycle fatigue) 현상에 적용되는데, 소성변형이 동반되는 저주기 피로(low cycle fatigue) 현상에서는 응력-변형률 관계가 비선형이 되기 때문이다. 교량 부재는 사용사중상태에서 탄성영역에 있도록 설계되기 때문에 교량에 발생하는 모든 피로균열은 고주기 피로에 기인한다고 할 수 있다.

여타의 금속재료를 포함하여 강재에는 무한 피로 수명을 보장하는 응력범위가 존재한다. 응력범위가 그 임계값(threshold value) 이하일 경우 피로문제는 전혀 발생되지 않는다. 이 임계값은 내구한계(endurance limit)라고도 불린다. 실험에 의하면 강재의 인내한계는 극한인장강도와 밀접한 관계를 가지는 것으로 밝혀졌는데, 일반 강교량에 사용되는 구조용 강재의 내구한계는 극한인장강도의 절반 정도의 값을 가진다. 재료의 이상적인 내구한계는 세밀하게 조정되는 시험조건에서 정해진다. 이러게 얻어진 이상적인 내구한계는 표면처리, 부재크기, 온도, 하중 및 기타 환경요소를 고려하여 실제 인내한계를 예측하는데 이용된다.

일단 이러한 인자들이 실험 등으로 설정된 후에는 피로파괴에 도달하는 활하중 주기수(number of cycle)는 다음 식으로 계산될 수 있다.[3.41]

$$N = 10^{-c/b} S^{1/b} \quad \text{식 (3.161)}$$

$$b = \frac{1}{3}\log\left(0.9\frac{S_u}{S_e}\right) \quad \text{식 (3.162)}$$

$$c = \frac{1}{3}\log\left[\frac{(0.9S_u)^2}{S_e}\right] \quad \text{식 (3.163)}$$

여기서, N : 트럭하중을 받는 주기수

S : 활하중 응력범위, MPa

S_e : 응력크기 임계값(응력 내구한계, MPa)

S_u : 극한인장강도, MPa

피로수명을 평가하기 위해서는 피로가 염려되는 특정위치에서의 응력범위를 알아야 한다. 응력-수명법을 적용하기 위해서는 특정 구조상세에 의해 야기될 수 있는 응력집중이 면밀히 고려되어야 한다. 주어진 하중조건에서 발생할 수 있는 최대 응력범위를 결정하기 위해서는 3차원 유한요소해석 등의 정밀해석이 필요하다. 다양한 크기의 활하중 조합을 다루기 위해서 각각의 하중크기를 세제곱하여 평균값을 구한 다음에 다시 세제곱근을 취하는 방법이 사용된다. 이 방법으로 구한 유효응력범위는 단순 산술평균으로 구한 값보다 큰 값을 가진다. 이러한 설계방식은 이론적으로 단순하지만 3차원 유한요소해석을 통해 응력집중을 계산하고 구조물에 직접적으로 작용하는 활하중의 크기를 산정해야 하는 등 그 설계과정은 간단하지 않다. AASHTO와 우리나라 교량설계기준에서 채택하고 있는 교량피로 설계방식은 응력 - 수명법을 단순화시킨 버전이라 할 수 있다.

3. 교량설계기준 및 AASHTO법

교량설계기준 및 미국도로교통협회(AASHTO)에서는 피로의 범주를 하중유발(load-induced) 피로와 뒤틀림유발(distortion-induced) 피로의 두 가지로 구분한다. 하중유발 피로에 취약한 상세는 응력집중보다는 수직응력범위에 근거하여 설계를 수행한다. 수직응력범위는 용접, 단면변화, 부착 위치에서 응력집중을 유발하는 초기균열현상이 배재된 상태에서 휨, 전단, 축력에 대한 설계응력으로 계산된다. 응력집중과 뒤틀림유발 효과를 반영하기 위해서 모든 교량 상세는 A, B, B′, C, C′, D, E, E′의 8개 구조상세 범주로 구분한다. 도로교설계기준에서는 추가로 고장력볼트 F8T, F10T 및 F13T를 구조상세 범주로 구분하고 있다. 각각의 상세범주는 그림 3.37에 보인 것처럼 해당되는 *S-N*곡선으로 대표된다. *S-N*곡선은 97.5% 확률신뢰도의 실험결과에 근거하여 제안되었으므로 이 과정으로 설계된 교량구조는 설계수명기간(75년) 동안 2.5% 균열발생 확률을 가진다고 볼 수 있다. 물론 전체 교량구조가 여러 위치에서 유사한 피로취약 상세를 가진다면 균열의 확률은 증가할 것이다.

앞서 전단연결재의 설계에서 다루었듯이, 축방향하중 저항부재의 응력주기수는 일평균트럭교통량(averaged daily truck traffic, ADTT)에 근거하고 식 (3.147)로 계산된다. 응력범위는 최대응력 및 최소응력의 대수적 차이로 정의된다. 인장과 압축은 각각 서로 다른 부호를 가진다. 피로응력범위를 산정하기 위해서 기존 AASHTO Standard에서는 계수를 고려하지 않은 활하중을 사용하였으나 최근의 도로교설계기준 및 AASHTO LRFD에서는 단 한 대의 트럭하중에 대한 활하중에 계수 0.75를 취한 피로한계상태 하중조합을 사용한다(표 3.3 참조). 합성단면의 경우, 정 및 부의 휨에 대해 콘크리트 바닥판이 유효하다고 가정하고 피로응력을 계산할 때 단기 합성단면 특성이 고려된다.

영구하중에 의한 압축응력이 피로하중에 의해 발생되는 최대인장응력보다 큰 경우 피로는 고려될 필요가 없다. 각각의 상세범주에는 소위 일정한 크기의 피로임계값이 존재하는데, 이는 최대 활하중에 의한 응력범위가 임계값을 넘지 않는다면, 그 상세는 무한의 피로수명을 가진다는 것을 의미한다.

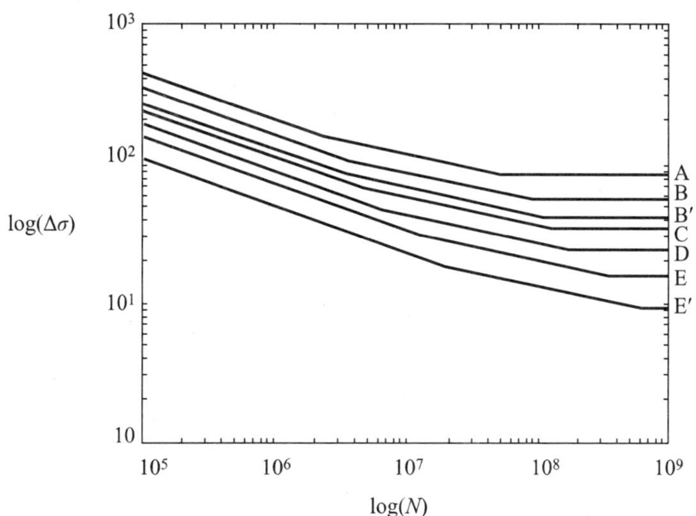

그림 3.42 강구조 피로 및 파단 설계기준 피로강도 곡선

교량설계기준 및 AASHTO가 채택하고 있는 응력 - 수명법은 다양한 상세범주에 대한 각각의 *S-N*곡선을 제시해주는 단순한 방법이다. 피로수명과 응력범위는 각각 로그 스케일상의 그래프에서 직선의 상관관계를 갖는다. 수평선은 응력범위가 특정 한계(내구한계, endurance limit) 이하일 경우 피로수명은 무한대가 된다는 것을 의미한다. 국부응력집중이 *S-N*곡선에 반영되는데 강구조 피로 및 파단 설계기준 및 AASHTO에서는 수직응력범위로 고려된다. 그림 3.42는 또한 피로유발성이 낮은 상세에 대해서는 내구한계가 설계를 지배하여 활하중재하횟수는 설계에 영향을 주지 못한다는 것을 보여준다.

피로 임계값을 초과하는 최대 활하중 응력을 받는 구조물에는 트럭하중이 어떤 주기수에 도달하였을 때는 균열이 발생하게 된다. 특정한 상세범주에 있어 피로균열이 발생되기 전에까지의 응력주기수는 응력범위의 3승에 반비례한다. 그러므로 응력범위가 50% 증가한다면 피로수명은 1.53만큼 감소한다. 응력범위와 응력주기수의 관계가 바로 *S-N*곡선으로 표현되며 그림 3.42에 그래프로 표시되었다. 교량설계에 적용하는 강구조 피로 및 파단 설계기준(하중저항계수설계) 및 AASHTO에서는 변수가 다르기는 하지만 다음과 같이 동일한 식으로 표현된다.

$$(\Delta F)_n = \left(\frac{N_{TH}}{N}\right)^{1/3} (\Delta F)_{TH} \qquad N \le N_{TH} \qquad \text{식 (3.164)}$$

$$= \left(\frac{N_{TH}}{N}\right)^{1/5} (\Delta F)_{TH} \qquad N_{TH} \le N \le N_{CL} \qquad \text{식 (3.165)}$$

여기서, N : 구조물이 트럭하중을 받는 주기수 [식 (3.147)]

$(\Delta F)_{TH}$: 일정진폭 피로한계값, MPa (표 3.8 참조)

N_{TH} : $(\Delta F)_{TH}$에 해당하는 응력범위 반복횟수 (표 3.8)

N_{CL} : $(\Delta F)_{CL}$에 해당하는 응력범위 반복횟수 (표 3.9)

N이 N_{CL}을 초과하거나 트럭교통량을 명확히 규정할 수 없는 경우는 표 3.9에 규정된 무한수명에 해당하는 공칭피로강도 $(\Delta F)_{CL}$을 적용할 수 있다.

표 3.8 일정진폭 피로한계값 $(\Delta F)_{TH}$ 및 반복횟수 $N_{TH}(\times 10^6)$

상세범주	$(\Delta F)_{TH}$ [MPa]	$N_{TH}(\times 10^6)$
A	165.0	1.83
B	110.0	2.95
B′	82.7	3.54
C	69.0	4.38
C′	82.7	2.55
D	48.3	6.40
E	31.0	12.12
E′	17.9	22.32
축방향 인장을 받는 F8T 볼트	100	0.84
축방향 인장을 받는 F10T 볼트	110	0.77
축방향 인장을 받는 F13T 볼트	80	0.84

표 3.9 무한수명 공칭피로강도 $(\Delta F)_{CL}$ 및 반복횟수 N_{CL}

상세범주	$(\Delta F)_{CL}$ [MPa]	$N_{CL}(\times 10^6)$
A	82.5	58.41
B	55.0	94.49
B′	41.4	113.11
C	34.5	140.27
C′	41.4	81.47
D	24.2	204.76
E	15.5	387.77
E′	9.0	714.17
축방향 인장을 받는 F8T 볼트	50.0	6.75
축방향 인장을 받는 F10T 볼트	55.0	6.13
축방향 인장을 받는 F13T 볼트	40.0	6.75

교량이 일반적인 100년 이상의 수명으로 설계되어야 한다면 해당되는 년 수가 식 (3.147)의 100 대신에 대입되어야 한다. 식 (3.164)에서 만약 피로하중조합에 의한 활하중 응력범위가 일정진폭 피로임계응력의 절반보다 작다면, 고려되는 상세는 이론적으로 무한의 수명을 가진다고 볼 수 있다. 피로하중조합에서 하중계수 0.75가 적용되고 오직 한 대의 트럭만이 재하되므로 피로하중조합에 의한 활하중 응력범위는 최대 사용하중 응력범위의 대략 절반수준이 된다.

불연속된 판에 의해 하중을 받고 응력방향과 수직한 방향으로 필릿용접 또는 부분용입그루브용접 연결된 상세부 모재에 대한 공칭피로강도는 다음과 같이 결정된다.

$$(\Delta F)_n = (\Delta F)_n^c \left[\frac{1.12 - \left(\dfrac{2a}{t_p} \right) + 1.24 \left(\dfrac{w}{t_p} \right)}{t_p^{0.167}} \right] \le (\Delta F)_n^c \qquad \text{식 (3.166)}$$

여기서, $(\Delta F)_n^c$: 상세범주 C에 대한 공칭피로강도, MPa

$2a$: 하중 전달판 두께 방향으로의 용접루트 사이 간격, mm

t_p : 하중을 받는 부착판의 두께, mm

w : 하중 전달판 두께 방향의 필릿용접의 다리길이, mm

각각의 상세에서 피로한계상태 하중조합에 의해 계산된 응력은 위 식에서 표현된 허용피로응력을 초과해서는 안 된다. 즉,

$$\gamma(\Delta f) \le (\Delta F)_n \qquad \text{식 (3.167)}$$

여기서, γ : 피로하중조합을 위한 하중계수(=0.75)

(Δf) : 피로하중조합에 의한 활하중 응력범위

$(\Delta F)_n$: 식 (3.164) 또는 식 (3.165)로부터 구한 특정 상세범주에 해당하는 공칭피로강도

이미 언급되었지만 강구조 피로 및 파단 설계기준이나 AASHTO 설계에서는 오직 공칭응력만이 계산된다. 다양한 상세에서의 응력집중은 *S-N*곡선으로 구분되는 개별화된 상세범주에서 반영된다. 다시 말하면 상세범주 E에서처럼 큰 응력집중을 가지는 상세에서는 허용피로강도는 현저히 줄어든다.

지금까지 실험에 의해 상대적으로 쉽게 정량화할 수 있는 응력-유발 피로에 대하여 살펴보았다. 주응력의 크기가 미미한 위치에서도 상당히 많은 균열이 포착되었는데 구조적 진동 또는 국부 뒤틀림이 주요원인으로 밝혀졌다. 진동-유발

피로는 현수교 및 아치교 등에 사용되는 사장케이블 또는 행어 같은 긴 인장부재에서 나타난다. 이러한 부재는 인장에만 저항할 수 있을 뿐 휨 저항능력은 없는 것으로 간주된다. 그러나 양단 연결부에서 회전자유도가 구속된 상태에서 바람이나 활하중에 의한 진동이 발생하면 연결부에서 휨을 받게 되고 이로 인해 피로균열이 발생하게 된다.

뒤틀림 - 유발 피로는 웨브뒤틀림이 발생하기 쉬운 횡골조(cross frame), 다이어프램(diaphragm) 또는 가로보(floor beam) 등의 횡방향 부재와 용접 연결되는 웨브에서 발생된다. 풍하중 및 활하중뿐 아니라 사교 및 곡선교 효과에 의해서도 횡하중은 발생될 수 있는데, 가로보와 다이어프램의 연결부에서 부재의 회전자유도가 구속됨으로 인해 연결부에서는 모멘트가 발생한다. 이러한 연결부에서의 2차 응력은 거더의 웨브 또는 횡방향 부재에 피로균열을 유발하는 중요인자가 된다. 국부적 뒤틀림을 방지하기 위해 강구조부재설계기준 및 AASHTO에서는 모든 횡방향 부재의 연결판은 압축 및 인장플랜지 양쪽 모두에 용접 또는 볼트로 이음처리할 것을 규정하고 있다. 만약 횡방향보강재가 설치되었다면 이들 또한 용접 또는 볼트로 상·하플랜지에 이음 처리할 것을 규정하고 있다. 용접 또는 볼트연결은 사교가 아닌 직선교량의 경우 90.0 kN의 횡방향 힘에 저항할 수 있도록 설계되어야 한다. 곡선교 또는 사교의 경우 작용하는 횡방향 힘의 크기는 해석을 통해 결정된다.

횡방향 연결판이 인장플랜지에 용접 연결되었다면 언급된 뒤틀림 - 유발 피로를 방지하기 위해서 이러한 연결은 상세범주 C′으로 분류되며, 인장플랜지에서 응력범위가 피로하중조합에서 검토되어야 한다(설계예제 3.3 참조). 대부분의 경우 피로하중 응력범위는 피로임계 응력크기의 절반에 해당하는 값, 예를 들어 상세범주 C′의 경우 41.4 MPa을 초과하여서는 안 된다.

횡방향으로 연결된 (수평)판은 가능하다면 플랜지에 직접 연결되어야 한다. 만약 웨브에 연결되어야 한다면 거더의 중립축부근에 연결부가 위치되도록 한다. 강구조부재설계기준 및 AASHTO에서는 횡방향 연결판은 상·하부플랜지로부터 최소 플랜지 폭의 절반 이상 떨어진 곳에 위치해야 한다고 규정하고 있다. 보강재가 없는 웨브의 경우 횡방향 연결판은 상·하부플랜지로부터 최소 100 mm 이상 떨어진 곳에 위치해야 한다. 수직보강재가 설치된 거더의 경우 연결판은 보강재의 두께 중심에 맞추어 부착되어야 한다. 횡방향 연결재가 보강재가 설치된 같은 웨브에서 연결된다면 보강재에 직접 부착되어야 한다. 이때 보강재는 상·하부플랜지와도 부착되어야 한다. 이러한 방식으로 웨브의 뒤틀림은 상당히 완화시킬 수 있고, 그 결과 웨브에서의 뒤틀림 - 유발 피로균열 가능성을 낮출 수 있다.

4. 피로취약 상세

앞서 교량피로균열은 응력 - 유발피로, 진동 - 유발피로 또는 뒤틀림 - 유발피로에 기인한다는 사실을 언급하였다. 어떤 피로균열은 용접 작업 중 발생한 초기균열(initial cracks)에 의해 발생되기도 한다. 강구조 피로 및 파단 설계기준 및 AASHTO는 허용피로응력과 피로수명에 대한 다양한 상세의 영향을 단순화하고 정량화시키기 위해 상세범주를 제안한 바 있으나 가능하다면 상세범주 D, E 그리고 E′은 피해야 한다. 다음은 피로취약 상세의 종류 및 이러한 피로취약 상세가 교량피로수명에 어떻게 영향을 미치는지에 대한 간략한 토론이다.

갑작스런 단면의 변화는 피로균열의 가장 흔한 원인이 된다. 덮개판의 끝 또는 거더높이가 갑자기 변하는 변단면부에서 균열은 항상 발견된다. 이러한 위치에서 활하중 응력은 응력집중효과에 의해 일반 보이론으로 계산된 응력 값보다 훨씬 크다. 덮개판의 사용은 가급적 피하고 꼭 사용해야 한다면 거더길이와 같은 판을 사용한다. 또한 거더높이를 변화시켜야 한다면 변화부위에 충분한 보강이 고려되어야 한다.

가로보가 거더의 웨브에 연결되는 경우 일반적으로 가로보는 지지점에서 단순지지로 가정된다. 하지만 가로보가 용접 또는 다중볼트이음으로 웨브에 연결되었다면 지지점에서 회전자유도가 구속된 효과를 가져와 부모멘트가 발생된다. 이 부모멘트는 거더의 웨브를 면외(out-of-plane) 방향으로 휘게 만든다. 이 때 웨브가 충분히 보강되지 않으면 웨브, 가로보 단부 또는 연결요소 등에서 뒤틀림 - 유발 피로균열이 발생하게 된다. 이러한 연결부가 불가피하다면 용접연결을 피하고 지지점에 브라켓을 설치한 후 회전 강성을 최소화하기 위해 가능한 한 최소의 볼트만 고려된 볼트이음이 추천된다.

가로보 또는 다이어프램이 플랜지와 연결되지 않은 채 웨브에만 연결되었고 웨브 또한 충분히 보강되지 않았다면 가로보 또는 다이어프램으로부터 전해오는 수평력은 거더 웨브에 심각한 뒤틀림을 유발할 수 있다. 이 경우, 수평판(horizontal plates)을 웨브에 바로 부착시키는 것을 피하고 수직판(vertical plates)의 양단을 상·하부플랜지에 부착시키는 방식을 채택하도록 한다. 연결판이 인장플랜지에 용접 부착되는 설계가 진행될 때, 해당 인장플랜지는 피로상태한계에 대한 검토가 필수적으로 수행되어야 한다는 사실을 명심해야 한다.

특별한 경우를 제외하고 횡방향 하중을 받는 곳에는 부분용입그루브용접이 사용되어서는 안 된다. 또한 횡방향 필릿용접만으로 거더 플랜지 표면에 거셋판을 부착해서도 안 된다.

예제 3.3 강합성 거더교 피로검토

문제 인장플랜지에 용접부착된 다이어프램 연결판에서 피로응력을 검토하라. 대상 단면은 다음 그림과 같다.

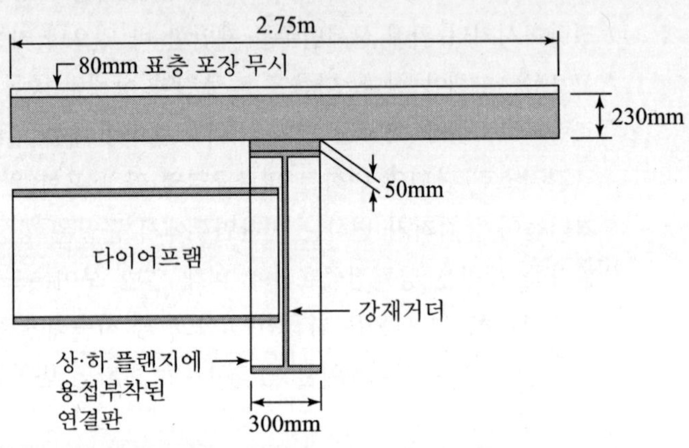

설계 조건

- 왕복 2차선 교량
- 유효경간장 : 16 m
- 슬래브 두께 : 230 mm
- 거더 간격 : 2.75 m
- 표층 두께 : 10 mm
- 헌치 두께 : 50 mm
- 일일평균교통량 1800대의 주요 도로교
- 콘크리트 탄성계수 : 2.5978×10^7 kN/m^2
- 강재 탄성계수 : 2.0×10^8 kN/m^2
- 연결판 위치에서 피로하중조합에 의한 최대휨모멘트 : $M_{max} = 415$ kN m
- 연결판 위치에서 피로하중조합에 의한 최소휨모멘트 : $M_{min} = -35$ kN m

거더 단면 가정

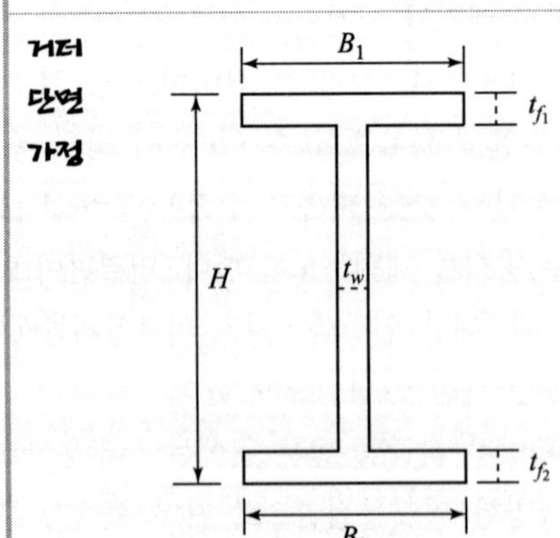

단면높이 : $H = 900$ mm
상부플랜지 두께 : $t_{f_1} = 26$ mm
하부플랜지 두께 : $t_{f_2} = 26$ mm
복부두께 : $t_w = 16$ mm
상부플랜지 폭 : $B_1 = 300$ mm
하부플랜지 폭 : $B_2 = 300$ mm
단면적 : 29168 mm^2
단면 2차 모멘트 : 3.7931×10^9 mm^4

STEP 1 플랜지 유효폭 계산

강구조부재설계기준(하중저항계수설계법) 4.3.3.1.1.1을 적용하여 콘크리트 바닥판의 유효폭 계산한다.

1) 1/4 × 지간 길이

$$b_{e_1} = \frac{L}{4} = \frac{18000}{4} = 4500\,\text{mm}$$

2) 12 × 슬래브두께 + max(거더 상부플랜지 폭의 1/2, 복부두께)

$$b_{e_2} = 12 \times 2300 + \max\left(16,\ \frac{300}{2}\right) = 2750\,\text{mm}$$

3) 거더 중심간격

$$b_{e_3} = 2750\,\text{mm}$$

플랜지 유효폭 $b_e = \min(b_{e_1},\ b_{e_2},\ b_{e_3}) = 2750\,\text{mm}$

유효단면적 $A_e = b_e \cdot t_s = 2750 \times 230 = 632500\,\text{mm}^2 = 0.6325\,\text{m}^2$

해설 합성 거더의 플랜지 유효폭을 결정하는 기준은 강구조부재설계기준(하중저항계수설계법) 4.3.3.1.1.1에 규정되어 있다. 본 예제에서 두 번째 및 세 번째 값은 동일한 값으로 계산되어 최종 채택되었다. 채택된 유효폭은 강합성 거더에서 콘크리트 바닥판이 합성단면에 기여하는 면적이 결정하는데 사용된다.

STEP 2 합성단면의 단면 2차 모멘트 계산

합성단면은 강재단면과 콘크리트 바닥판 유효폭의 환산단면으로 구성된다. 활하중은 단기합성단면에 작용하고, 단기합성단면의 경우 탄성계수비 $n=8$을 적용한다.

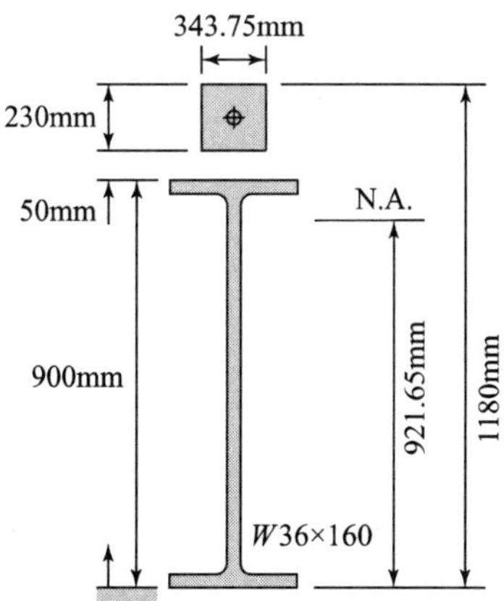

$$b_f = \frac{b_{\text{eff}}}{n} = \frac{2750}{8} = 343.75 \text{ mm}$$

$$I_{\text{slab}} = \frac{0.3438 \times 0.23^3}{12} = 0.00035 \text{ m}^4$$

요소	$A(\text{m}^2)$	$y(\text{m})$	$Ay(\text{m}^3)$	$Ay^2(\text{m}^4)$	$I_o(\text{m}^4)$
강재	0.02917	0.45	0.01313	0.00591	0.00379
슬래브	0.07907	1.065	0.08421	0.08968	0.00035
합	0.1082		0.09734	0.09559	0.00414

$$I_z = \sum I_o + \sum Ay^2 = 0.00414 + 0.09559 = 0.09973 \text{ m}^4$$

$$y' = \frac{\sum Ay}{\sum A} = \frac{0.09734}{0.1082} = 0.8996 \text{ m}$$

$$I = I_z - \sum A(y')^2 = 0.09973 - 0.1082 \times 0.8996^2 = 0.01217 \text{ m}^4$$

$$S = \frac{I}{y'} = \frac{0.01217}{0.8996} = 0.01353 \text{ m}^3$$

해설 피로한계상태를 검토하기 전에 피로하중에 의한 응력계산에 필요한 합성단면에 대한 단면 2차 모멘트를 먼저 계산해야 한다. 합성단면에 대해서는 앞서 STEP 1에서 계산한 플랜지 유효폭을 이용한다. 콘크리트 바닥판에 유효폭이 적용된 환산단면적과 그 단면적에 단면 2차 모멘트가 계산된다. 피로하중에 대한 합성단면 계산 시, 탄성계수비 $n = 8$이 사용된다.
거더의 하부플랜지의 바닥을 기준으로 중립축 위치 등 단면에 대한 참조 자료가 제공된다.

STEP 3 피로하중에 대한 응력범위 계산

최대모멘트범위(충격 포함) :

$$\Delta M = M_{\max} - M_{\min} = 415 - (-35) = 450 \text{ kN m}$$

최대피로응력범위 :

$$\Delta f = \frac{\Delta M}{S} = \frac{450}{0.01353} = 33259 \text{ kPa} = 33.26 \text{ MPa}$$

해설 피로하중에 대한 응력범위를 계산할 때 합성단면이 고려되어야 한다. 본 예제에서 계산된 최대 및 최소 모멘트는 활하중분포계수, 하중계수(피로하중조합에 대해서는 0.75), 그리고 활하중 충격계수(0.15)를 포함하고 있다.

STEP 4 허용피로응력 계산

경간장 18 m, 경간 중앙 연결부에 대해 트럭통과당 응력 반복횟수 : $n = 1$
한 차로에 대한 트럭교통량 비율 : $p = 1.0$
한 차로의 일일트럭교통량 평균값 :

$ADTT_{SL} = p \times ADTT = 1.0 \times 1800 = 1800$

하중재하횟수 :

$N = 365 \times 100 \times n \times ADTT_{SL} = 365 \times 100 \times 1 \times 1800 = 65.7 \times 10^6$

상세범주 C′에 대한 일정진폭 피로한계값 및 응력범위 반복횟수(강구조 피로 및 파단 설계기준 - 하중저항계수설계 참조)

$N_{TH} = 2.55 \times 10^6$

$N_{CL} = 81.47 \times 10^6$

$\Delta F_{TH} = 82.7\ \text{MPa}$

$N_{TH} \leq N \leq N_{CL}$이므로

$\Delta F_n = \left(\dfrac{N_{TH}}{N}\right)^{1/5} (\Delta F)_{TH} = \left(\dfrac{2.55}{65.7}\right)^{1/5} \times 82.7 = 43.2\ \text{MPa}$

$\gamma \Delta f = 0.75 \times 53.07 = 39.8\ \text{MPa}\ \leq (\Delta F)_{TH} = 43.2\ \text{MPa}$ OK

해설 상세범주 상수와 피로임계응력값은 표 3.8로부터 얻는다.
허용피로응력범위는 식 (3.167)을 이용하여 계산하고, 피로임계응력값의 절반보다 작아서는 안 된다. 본 예제에서는 피로하중에 의한 응력범위가 피로임계응력값의 절반보다 작기 때문에 본 피로 상세는 이론적으로 무한의 피로수명을 가진다고 볼 수 있다.

3.10.9 처짐

활하중과 충격에 의해 유발되는 거더의 처짐이 과도하지 않은지 설계 시 검토가 수행되어야 한다. 기존의 교량설계기준에서는 일반도로교 기준 최대 허용활하중 처짐량은 다음과 같이 규정하고 있다.

$$\Delta_{LL+IM} \leq \frac{L}{800} \qquad \text{식 (3.168)}$$

여기서, Δ_{LL+IM} : 활하중 및 충격에 의한 처짐량

L : 경간장

그러나 구조물이 보도교로도 같이 활용되는 도회지에 위치한 교량이라면 보도자의 안락함을 저해하지 않도록 처짐 제한량은 더 줄어든다.

$$\Delta_{LL+IM} \leq \frac{L}{1000} \qquad \text{식 (3.169)}$$

거더에 사용된 단면이 일정하지 않고 변화한다면 활하중 처짐량의 정확한 계산은 다소 복잡할 수 있다. 컴퓨터를 이용하여 전산해석을 수행한다면 크게 어려울 것이 없다. 수계산으로 간략검토가 수행되는 경우에는 변단면 거더를 좀 더 단순화하여 계산하는 방법이 있다. 즉, 최대모멘트가 발생되는 위치에서의 단면 2차 모멘트값을 전 경간에 적용하여 처짐을 계산하는 방법이 그것이다. 이 방법은 일정 수준의 오차를 분명히 내포하고 있지만 그 오차는 20% 이하 수준으로 알려져 있다.

많은 경우 실제 활하중 처짐량은 설계 시 계산된 값보다 15~20% 정도 크게 발생되는 것으로 파악되었다.[3.32] 그 이유는 다양한 요소에 기인한다고 할 수 있는데, 대표적으로 합성 거더의 전단처짐과 부모멘트구간에서의 콘크리트 균열 등이 설계 시 고려되지 않았기 때문이다.

검토해야 할 처짐을 계산할 때 고정하중, 2차 고정하중(superimposed dead load), 충격이 고려된 활하중 등 이 세 하중조건 모두에 대해 수행하여야 한다. 분포하중을 받는 균일한 단면을 가지는 보의 처짐은 다음 식으로 계산된다.

$$\Delta_{\mathrm{DL}} = \frac{5wL^4}{384EI} \qquad \text{식 (3.170)}$$

여기서, Δ_{DL} : 고정하중 또는 2차 고정하중에 의한 처짐량

w : 보 길이에 따른 균일한 분포하중

L : 보의 경간장

E : 보의 탄성계수

I : 보 단면의 단면 2차 모멘트

단면 2차 모멘트에 대해서도 동일한 부호규약이 적용된다. 즉, 강재단면은 고정하중만을 받는 것으로 계산되고, $k=3$으로 한 합성단면은 2차 고정하중을 받는 것으로 계산된다.

고정하중에 의한 처짐량의 최대값뿐 아니라 경간의 위치에 따른 처짐량의 분포 또한 계산될 수 있어야 한다. 보의 길이 방향으로 어떤 임의의 점에서 균일한 크기의 고정하중 또는 2차 고정하중에 의한 처짐량은 다음과 같이 주어진다.

$$\Delta_x = \frac{wx}{24EI}(L^3 - 2Lx^2 + x^3) \qquad \text{식 (3.171)}$$

여기서, Δ_x : 보의 임의의 위치 x에서 처짐량

x : 지지점에서부터 거리

고정하중에 의한 처짐분포가 파악되어야 하는 이유는 다양하지만 다음과 같은

계산과정에서 주요하게 이용된다.

- 종방향 교하공간의 계산
- 일정하지 않은 바닥판 헌치(haunch)의 높이 계산
- 솟음(camber)량의 계산

활하중 처짐량의 정확한 계산을 위해서는 (그림 3.14에 보인 바와 같이) 최대모멘트를 발생시키는 하나의 트럭하중을 재하하여야 한다. 그러나 간략계산을 위해 하나의 집중하중을 경간중간에 재하하고, 그 때 발생하는 최대처짐을 다음 식으로 계산한다.

$$\Delta_{\mathrm{LL+IM}} = \frac{PL^3}{48EI} \qquad \text{식 (3.172)}$$

여기서, $\Delta_{\mathrm{LL+IM}}$: 충격이 고려된 활하중
P : 집중하중

집중하중 P는 다음과 같이 취한다.

$$P = \text{트럭하중} \times \mathrm{DF} \qquad \text{식 (3.173)}$$

여기서, DF : 윤하중 분포계수

트럭하중에는 충격이 고려되어야 하는데, 단경간 교량의 경우 집중하중을 고려하여 계산된 활하중 처짐량은 실제보다 상당히 과대평가된다. 실제 교량설계에서는 이러한 수계산은 간략검토를 위해 진행되고, 정식으로는 교량설계 프로그램에서 KL-510 트럭하중을 사용하여 처짐량을 계산한다.

콘크리트 바닥판이 설계강도 대비 75%에 도달하기 전 합성단면에 재하된 모든 고정하중은 (현장에 비계가 설치되지 않았다면) 강재단면에 의해 저항된다. 그러므로 이 상태에서 고정하중의 증가는 합성단면의 장점을 살리지 못한 채 저항단면인 강재단면의 부담을 키워주는 결과를 초래하게 된다. 단계별 시공으로 진행된다면 고정하중 처짐량 계산은 시공순서 및 그에 따른 영구하중의 변화를 고려하여 한다. 이 과정은 응력계산에서도 마찬가지로 적용된다.

활하중 처짐량에 대해 제한을 두는 이유는 구조물에 대한 진동에 의한 영향을 최소화하고, 교통량에 의한 잠재적 충격 및 구조물의 피로파괴의 위험을 완화시키고자 함이다. 교량설계에 처음 임하는 설계자라면 중량의 교통하중과 더불어 실제 교량 위를 걸어보고 교량진동을 직접적으로 체험해 본다면 유용한 실무 감각을 터득하게 될 것이다.

3.10.10 솟음(Camber)

구조물의 자중에 의해 발생하는 고정하중이 교량의 주요 부재의 하향(downward) 처짐에 어떻게 영향을 주는지에 대해 살펴보았다. 이 하향 처짐은 그 정도가 심하면 교량의 수평을 맞추기 위해 바닥판과 거더 사이의 층(layer)인 헌치의 높이변화가 과도하게 될 수밖에 없다.

이러한 문제를 제거하거나 최소화하기 위해 강재 거더는 고정하중 처짐량과 수직곡률 요구사항, 그리고 기타 종단면 결정요소들을 서로 상쇄시키기 위해 솟음 처리를 한다. 솟음이란 종방향으로 수직면내 곡선으로 표현되는 처짐곡선을 의미하고 부방향 솟음(negative camber)은 하향 처짐곡선, 정방향 솟음(positive camber)은 상향 처짐곡선을 의미한다. 그러나 일반적으로 솟음이란 예상되는 하향 처짐을 상쇄시키기 위한 상향의 휨처짐 곡선을 의미한다.

그림 3.43은 부 및 정의 솟음을 보여준다. 작업선(working line)은 종방향 부재의 양단으로부터 웨브 상단레벨에서 설정된다. 구조물의 최종형상 중 어떤 부분이 이 작업선 아래에 위치하게 된다면 이 거더는 부방향 솟음을 가진다고 표현된다. 명백히 이러한 현상은 바람직하지 않으므로 상향으로 거더 솟음이 요구된다.

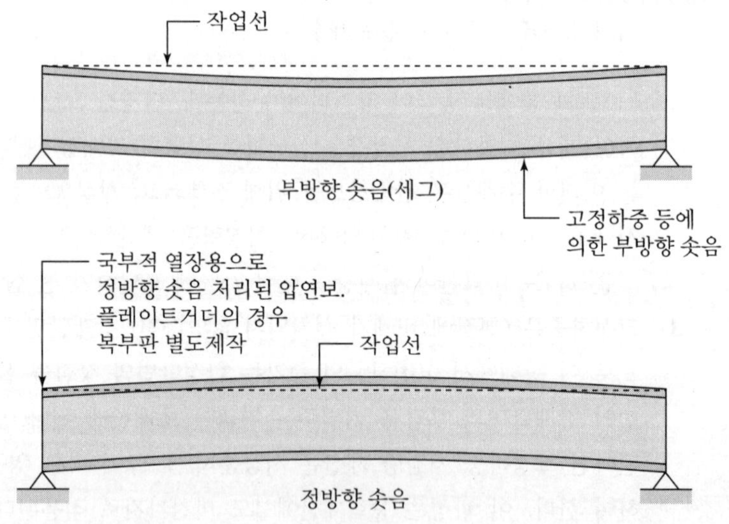

그림 3.43 압연보의 정 및 부방향 솟음

부방향 솟음에 대한 가장 큰 문제는 구조적인 문제라기보다는 미적인 측면에 있다. 부방향 솟음이 발생한 교량 아래를 지나는 운전자에게 그 교량은 붕괴 과정에 있는 것으로 보일 수 있다. 부방향 솟음이 허용되는 유일한 경우는 수로의 기능이 고려될 때이다. 부방향 솟음이라는 용어는 세그솟음(seg camber)으로도 불린다. 고정하중 및 2차 고정하중에 의한 처짐 외에도 수직면내 곡률효과(vertical curve)도 솟음에 영향을 줄 수 있다.

그렇다면 거더의 솟음은 언제 필요한가? 라는 질문이 제기될 수 있을 것이다. 일반적으로 종방향 부재의 하향 처짐량이 19 mm 이상으로 예상될 때 솟음이 요구된다. 압연보(rolled beam)와 플레이트 거더는 약간 다른 방식으로 솟음 처리된다.

압연보는 국부적으로 열을 가하는 방식으로 솟음 처리하고, 플레이트 거더는 솟음량에 부합하게 웨브를 절단함으로써 솟음 처리를 한다. 추가적인 종단면 조정은 바닥판 헌치를 통해 수행된다. 솟음계산이 간략화과정을 통해 계산되었고 실제 고정하중에 의한 처짐과는 차이가 발생하게 되는데, 이 차이를 거더와 바닥판사이에 위치하는 헌치의 높이를 조정하여 해소하여야 한다.

실제 설계에서는 고정하중재하 후의 처짐보다 조금 큰 상향의 솟음량을 결정한다. 그 첫째 이유는 완전한 수평레벨은 약간의 처짐이 발생한 것처럼 보이는 착시현상 때문이다. 다음으로 콘크리트 바닥판의 건조수축과 크리프현상이 장기적으로 하향의 처짐을 유발시키기 때문이다. 이러한 경우를 대비하여 AASHTO는 초기 고정하중에 의한 처짐을 높게 확보하기 위해 콘크리트 탄성계수에 감소계수 1/3을 사용한다. 그 결과 실제 고정하중에 의한 처짐보다 약간 큰 솟음량이 결정되는 것이다. 수직 곡선교량의 경우 수직곡률을 유지하기 위한 추가적인 솟음이 제공되어야 한다. 고정하중에 의한 처짐량 등은 거더 제작에 고려되어야 하므로 제출되는 구조계산서에 표로 제시되어야 한다. 열처리로 하는 솟음은 시간이 흐름에 따라 강재가 이완되는 성질이 있으므로 설계자는 솟음량을 결정할 때 이를 고려하여야 한다.

3.11 플레이트 거더 설계

다양한 규격으로 제공되는 압연보는 시공에서 유용하게 사용된다. 설계모멘트와 전단력이 결정되기만 하면 미국의 경우 AISC 매뉴얼로부터 적절한 단면의 보가 선택될 수 있다. 우리나라는 이와 유사한 매뉴얼을 제공하고 있지 않다. 장경간 교량이나 연속교의 경우에는 미리 결정된 압연보를 사용하는 것보다 플레이트 거더를 사용하는 것이 매우 경제적이다.

플레이트 거더는 강재 판요소가 용접, 볼트, 리벳 등으로 연결되어 I형 단면으로 구성된 휨부재이다. 초기의 플레이트 거더 요소는 리벳이음으로 제작되었지만 이후 고강도 볼트이음으로 대체되었고, 현재는 대부분 용접이음으로 제작된다. I

형 단면은 그림 3.39에서 보인 바와 같이 두 개의 플랜지판과 하나의 웨브로 구성된다.

압연보 교량은 시공시간 단축, 단순 조립, 설계과정의 용이함 등의 장점이 있다. 플레이트 거더 교량은 설계에서 요구되는 구체적인 크기의 모멘트와 전단력 저항능력을 갖춘 주부재 맞춤제작을 가능하게 하는 장점이 있다. 이러한 맞춤제작은 상부구조의 전반적인 재료비 절감을 가능하게 하였다. 경간장이 18 m를 초과하면 플레이트 거더를 고려해보아야 한다. 경간장 30 m에 이르면 더욱 높은 경제성이 확보된다.

용접 연결된 플레이트 거더는 주로 연속교로 설계에 적용된다. 연속교의 설계 일반사항으로 들어가기 전에 플레이트 거더에 관한 기본 설계 사항에 대해 먼저 살펴보고자 한다.

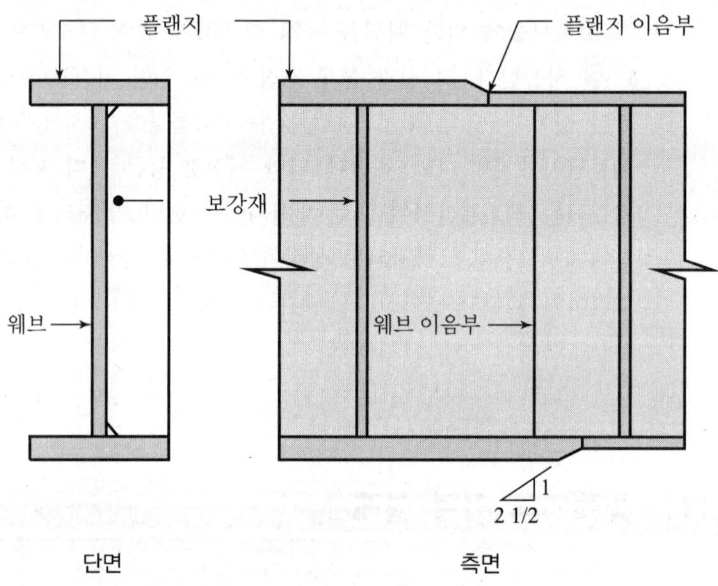

그림 3.44 용접제작 플레이트 거더의 주요 구성부재

변단면을 적용한 거더는 무게를 최소화할 수는 있지만 가장 경제적인 거더가 된다는 것을 의미하지는 않는다. 플레이트 거더 요소를 구성할 때 변단면의 빈번한 적용은 제작비용의 증가를 초래한다. 재료와 관련된 경제성에 영향을 미치는 인자는 매우 다양하므로 여러 비교설계안에 대해 검토해야 한다. 두꺼운 웨브와 보강재를 채택한 얇은 웨브 중 어떤 것을 선택할 것인가? 변단면 플랜지와 단일두께 플랜지 중 어떤 것을 선택할 것인가? 헌치 적용으로 높이를 변화시킨 변단면 거더와 일정한 높이의 단면 거더 중 어떤 것을 선택할 것인가? 구체적 설계안이 결정되기 전까지 설계자가 고민하고 검토해야 할 사항들이다.

플레이트 거더가 처음으로 널리 사용되기 시작한 때는 1800년대 후반이고 주로 철도교에 적용되었다. 강판은 앵글과 리벳으로 연결되었다. 1950년대에 이르러서야 플레이트 거더는 리벳과 볼트이음을 대신하여 용접으로 제작되었다. 이러한 변화는 공장용접의 질적 향상과 관련 산업의 부흥에 의해 가능하였다.[3.43]

3.11.1 하이브리드 거더(Hybrid Girders)

하이브리드 거더는 여러 가지 강종이 조합되어 구성된 플레이트 거더이다. 대표적인 예로 상·하플랜지는 고강도 강재를 채택하고 웨브는 일반강재로 구성된 플레이트 거더를 들 수 있다. 이에 반해 전 단면에 동일한 강재를 적용한 플레이트 거더는 균질 거더(homogeneous girder)라고 불린다. 하이브리드 거더는 조립부재(built-up member)와 혼돈되는 경우가 있는데, 조립부재는 단면성질을 향상시키기 위해 AISC에서 표준화된 여러 압연 단면을 활용한다는 개념이다.

하이브리드 거더의 일반적인 설계에서 웨브는 항복강도 235 MPa 또는 315 MPa의 강재가 적용되고, 플랜지에는 이보다 높은 항복강도(315 MPa 또는 450 MPa)를 가지는 강재가 적용된다. 하이브리드 단면을 채택함으로써 얻을 수 있는 주요 장점은 플랜지 판요소의 단면크기를 줄일 수 있다는 것이다. 하이브리드단면의 채택여부는 이러한 경제성 평가의 결과에 좌우된다. 연구에 의하면 하이브리드 거더의 장점은 그리 크지 않은 것으로 알려져 있다. 균질한 거더와 비교하였을 때 항복강도 315～450 MPa의 강재를 적용한 하이브리드 거더가 가져오는 절감효과는 최종 도장이 완료된 때를 기준으로 1～2% 수준으로 파악된다. 나중에 확인할 수 있겠지만 무도장 내후성강(weathering steel)의 적용이 경제성 향상에 기여도가 크다 할 수 있다.

하이브리드 거더 웨브의 항복강도는 플랜지 항복강도의 65～70%보다 작아서는 안 된다. 휨강도나 전단강도를 구할 때, 한 쪽 혹은 양 쪽 플랜지보다 웨브의 항복강도가 큰 경우 웨브의 항복강도는 항복강도가 작은 플랜지 최소항복강도의 120% 이하여야 한다. 정모멘트를 받는 합성단면에서는, 웨브의 항복강도가 압축플랜지의 항복강도보다 높은 경우 웨브의 항복강도를 그대로 적용할 수 있다.

3.11.2 플레이트 거더의 요소

그림 3.44에서 용접 제작된 플레이트 거더의 구성요소를 확인할 수 있다. 본 절에서 플레이트 거더는 용접 제작된 플레이트 거더를 의미한다. 리벳 또는 볼트이음으로 제작된 거더와 관련해서는 AASHTO 또는 AISC에서 발행된 여타 설계기준에서 참조될 수 있다. 플레이트 거더의 구체적인 구성요소의 설계를 지배하는 일반 기준은 다음과 같다.

휨부재를 구성하는 요소들은 다음을 만족해야 한다(강구조부재설계기준 - 하중저항계수설계법 4.3.3.1.2.2 참조).

$$0.1 \leq \frac{I_{yc}}{I_{yt}} \leq 10 \qquad \text{식 (3.174)}$$

여기서, I_{yc} : 수직축에 대한 압축플랜지 단면 2차 모멘트

I_{yt} : 수직축에 대한 인장플랜지 단면 2차 모멘트

1. 플랜지 판 두께

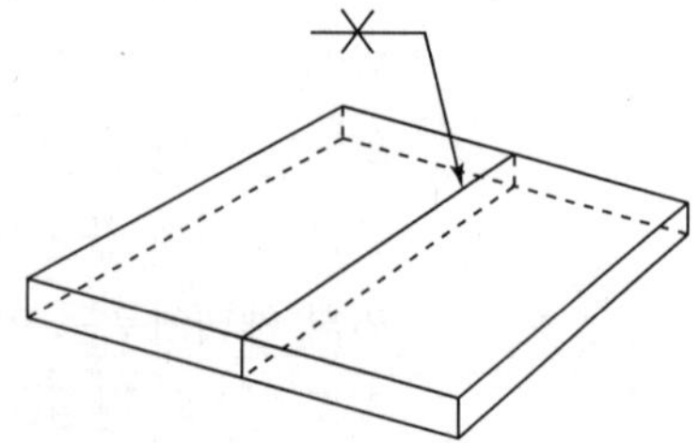

맞대기이음에서 그루브용접

용접 플레이트 거더의 플랜지는 양단에서 완전용입 맞대기이음으로 연결된 판의 연속으로 볼 수 있다. 완전용입 맞대기이음은 말 그대로 이어지는 두 개의 판의 단부가 수직한 면에서 맞대어져 용접 처리됨을 의미한다. 이러한 용접은 완전용입그루브용접으로도 불리는데 이음부에서는 전체하중을 완전히 전달할 수 있으며, 플랜지판 자체보다 강한 강성을 가진다. 그루브용접은 교량피로(3.10.8절)에서 언급하였던 필릿용접에 비해 작업성은 다소 떨어지지만 훨씬 더 강한 이음을 제공한다.

판 두께에 대한 압축플랜지 돌출부 폭의 비율은 국부좌굴이 발생하지 않도록 설계되어야 한다. 강구조부재설계기준에서는 압축 및 인장플랜지에 대한 다음 규정을 제시하고 있다.

$$\frac{b_t}{2t_t} \leq 12.0 \qquad \text{식 (3.175)}$$

$$b_t > \frac{D}{6}$$ 식 (3.176)

여기서, b_t : 인장플랜지의 폭, mm

t_t : 인장플랜지의 두께, mm

D : 웨브의 높이, mm

또한 교량설계기준은 강재의 최소두께는 8 mm로 규정하고 있다. 플랜지 최소 두께 규정에 대해서는 AASHTO에서 최소 19 mm보다 작지 않도록 규정하고 있다. 이는 조립과정에서 플랜지의 뒤틀림을 방지하기 위한 규정이다.

2. 플랜지판 경제성

강재중량의 최소화라는 목적만으로 설계를 진행한다면 판 두께를 구간에 따라 다양하게 변화시킨 단면을 채택하게 될 것이다. 그러나 이러한 접근방식은 플랜지판의 이음을 과도하게 유발시킬 수 있다. 베들레헴제철사(Bethlehem Steel Corporation)의 연구에서는 길이 40 m까지의 거더에서 플랜지판의 전체 개수는 3개를 초과해서는 안 된다고 규정하였는데 이는 2개소까지의 이음이 허용된다는 의미이다. 용접이음 개소당 추가되는 평균 비용이 강재 454 kg의 가격과 같은 수준이라면, 플랜지판 두께를 변화시킴으로써 얻을 수 있는 평균적인 이득은 대략 318 kg과 같은 수준으로 알려져 있다.[3.10] 플랜지 폭을 변화시키는 것은 조립 및 제작비용이 상승되므로 실무설계에서 추천되지 않는다. 플랜지 폭을 꼭 변화시켜야 할 상황이라면 용접이음부 주변에서의 변화는 피해야 한다.

일반적인 강판의 크기는 1.8～2.4 m 범위에 있다. 만약 5개의 거더를 제작해야 한다면 경제적인 플랜지의 폭은 350～450 mm 사이가 됨을 알 수 있다. 한번 절단할 때마다 25 mm 정도의 손실이 발생한다는 점도 고려되어야 한다.

3. 웨브 두께

웨브는 일정한 높이 또는 높이가 변하는 단면으로 구성될 수 있다. 높이가 변하는 단면을 채택한 플레이트 거더는 변단면 거더(haunched girder)라 불린다. 앞서 120 m 이하 경간의 거더에서 변단면을 가지는 경우 경제성이 감소될 수 있음을 보인 바 있다.[3.1] 본 절에서는 일정한 높이를 가지는 플레이트 거더에 초점을 맞추고자 한다.

웨브 설계에서 최대모멘트에 따라 웨브의 높이를, 최대전단력에 따라 판 두께를 결정한다. 설계하중 재하 시 웨브의 국부좌굴을 방지하기 위하여 웨브 높이에 대한 두께 비를 다음과 같이 제한하고 있다(강구조부재설계기준 - 하중저항계수설계법 4.3.3.1.2.1 참조).

• 수평보강재가 없는 경우

$$\frac{D}{t_w} \leq 150 \qquad \text{식 (3.177)}$$

• 수평보강재가 있는 경우

$$\frac{D}{t_w} \leq 300 \qquad \text{식 (3.178)}$$

여기서, t_w : 웨브 두께, mm
D : 웨브의 높이, mm

4. 웨브 경제성

웨브 두께를 결정할 때 고려해야 하는 경험적 법칙은 웨브 높이가 커지면 두께 또한 같이 증가시켜야 한다는 것이다. 그러나 플랜지의 단면적은 웨브 높이가 커질수록 감소하는 경향이 있다. 최적의 경제적인 단면은 여러 단면에 대한 비교검토를 통해 결정된다.

앞서(3항) 거더가 종방향으로 보강되었을 경우 복판의 두께는 감소될 수 있음을 설명하였다. 변단면을 가지는 플랜지의 경우에서 보았듯이 웨브 두께를 감소시킨다고 해서 항상 경제적인 설계를 유도하는 것은 아니다. 미국 Bethlehem Steel사의 연구에서 경간장이 60 m 이하인 경우 종방향 보강재를 설치하는 것은 비경제적이고 지적하였다. 웨브 두께 감소를 통해 1~12% 수준의 자중 감소 효과가 있을 수 있지만, 종방향 보강재의 설치 때문에 전체 제작비는 1~3% 증가한다. 하이브리드 거더의 경우는 4~7%까지 증가한다. 종방향 보강재의 설치는 교량유지관리 측면에서도 문제를 일으킬 수 있다. 이러한 이유로 경간장이 90 m를 초과하지 않는다면 종방향 보강재의 설치는 고려되지 않는다.

5. 중간 수직보강재

웨브에는 전단에 대해서 저항하기 위해 수직보강재가 설치된다. 일반적으로 수직보강재에는 다음 두 가지 형식이 있다.

- 지점부에 설치되는 지압보강재(bearing stiffeners)
- 경간중간에 설치되는 중간 수직보강재(intermediate transverse stiffeners)

그림 3.44에 거더에 부착된 지압보강재를 보였다. 중간 수직보강재는 지점사이에 일정간격으로 설치된다. 중간 수직보강재 설계 시 고려사항은 다음과 같다.

보강재가 요구되는 상황

중간 수직보강재가 필요할 것인가를 결정하는 몇 가지 경계조건이 있는데, 기본적으로 얇고 웨브는 좌굴에 취약하기 때문에 수직보강재가 웨브의 좌굴(buckling)을 방지하기 위해 설치된다. 어떤 특정 위치에 중간 수직보강재가 필요한가를 결정하기 위해서는 그 위치에서 웨브에 작용하는 계수전단력(factored shear force)의 크기가 먼저 결정되어야 한다. 만약 웨브 자체만으로 전단에 충분히 저항할 수 있다면 보강재를 설치할 필요는 없다. 만약 전단저항강도가 계수전단력보다 작다면 웨브의 두께를 키우던가, 높이를 증가시키던가, 아니면 전단수직보강재를 설치하여야 한다.

보강재의 간격

중간 수직보강재가 필요한 것으로 판단되면 그 설치간격이 결정되어야 한다. 설치간격은 지점부로부터 최초 설치되는 간격과 보강재사이의 간격 두 가지가 고려되어야 한다. 설치간격을 결정하는 첫 단계는 웨브 좌굴계수 C를 계산하는 것인데, 이 값은 다음 식으로 주어지는 좌굴상수 k에 의존한다.

$$k = 5 + \frac{5}{(d_o/D)^2} \qquad \text{식 (3.179)}$$

여기서, d_o : 중간 수평보강재의 간격, mm

D : 플랜지판 사이 웨브 높이, mm

지점부로부터 최초 설치되는 수직보강재의 간격은 다음 식을 만족하여야 한다.

$$d_o < 1.5D \qquad \text{식 (3.180)}$$

그리고 나머지 수직보강재는 다음의 식을 만족하여야 한다.

$$d_o < 3.0D \qquad \text{식 (3.181)}$$

식 (3.180)은 중간 수직보강재가 있는 경우만 적용될 수 있다. 전단저항강도가 계수전단력을 초과하는 위치에서 수직보강재는 설치될 필요는 없다. 계수전단력을 계산할 때는 고려되는 위치에 최대 전단력이 발생되도록 활하중이 재하되어야 한다. 이는 설계예제 3.2에서 보인 전단연결재를 설계할 때와 유사한 방식이다.

웨브에 중간 수직보강재가 설치되었다면 웨브에 대한 피로검토가 수행되어야 한다. 종방향 보강재 유무에 상관없이 웨브에 작용하는 전단력은 전단좌굴강도를 초과하여서는 안 된다(강구조부재설계기준 - 하중저항계수설계법 4.3.3.1.9 참조).

$$V_u \le \phi_v V_n \qquad \text{식 (3.182)}$$

$$V_n = V_{cr} = CV_p = 0.58F_{yw}Dt_w \qquad \text{식 (3.183)}$$

여기서, V_u : 하중계수를 곱하지 않은 고정하중과 피로활하중의 2배수에 의해 웨브에 발생하는 전단력. 하중계수 1.5는 100년 설계수명 교량의 가장 무거운 트럭하중을 의미하고, 충격하중계수는 0.15이다.

V_{cr} : 전단좌굴강도

V_n : 공칭전단강도

웨브 좌굴계수 C는 식 (3.184)~(3.186)으로부터 구한다. 이렇게 특별한 전단 규정은 비보강 웨브 또는 보강된 웨브의 연단 패널(지압보강재와 중간 수직보강재사이)에 적용되어서는 안 된다.

$\dfrac{D}{t_w} \le 1.12\sqrt{\dfrac{Ek}{F_y}}$ 이면

$$C = 1.0 \qquad \text{식 (3.184)}$$

$1.12\sqrt{\dfrac{Ek}{F_y}} < \dfrac{D}{t_w} \le 1.40\sqrt{\dfrac{Ek}{F_y}}$ 이면

$$C = \frac{1.12}{(D/t_w)}\sqrt{\frac{Ek}{F_y}} \qquad \text{식 (3.185)}$$

$\dfrac{D}{t_w} > 1.40\sqrt{\dfrac{Ek}{F_y}}$ 이면

$$C = \frac{1.57}{(D/t_w)^2}\sqrt{\frac{Ek}{F_y}} \qquad \text{식 (3.186)}$$

여기서, $k = 5 + [5/(d_o/D)^2]$는 전단 좌굴계수(비보강된 웨브의 경우 $k=5$)

D : 플랜지 사이의 순 간격

d_o : 횡방향 보강재 사이의 거리

단면보강재와 양면보강재

강구조부재설계기준에 의하면 수직보강재는 거더 웨브의 단면 또는 양면에 부착될 수 있다. 어떠한 경우라도 보강재는 거더 웨브 및 플랜지판에 보강재의 양면에 필릿용접으로 부착시켜야 한다. 수직보강재는 플랜지에 밀착시키는 것이 원칙이나 인장플랜지에는 밀착시키지 않아도 된다. 보강재가 다이어프램 또는 크로스 프레임 등과 같은 다른 2차 부재에 연결되었을 경우 수직보강재는 상·하부플랜지에 용접 또는 볼트로 고정시켜야 한다. 수직보강재가 인장플랜지에 용적 연결되었을 때는 피로검토를 수행해야 한다. 설계예제 3.5 STEP 10에서 자세한 사항을 확인할 수 있다.

곡선교량에서 웨브 단면에만 수직보강재가 사용되었다면 거더 비틀림에 의한 웨브의 수평방향 휨을 피하기 위하여 수직보강재는 상·하부플랜지에 부착되어야 한다. 양면보강재가 사용되었다면 같은 이유로 양면보강재는 인장플랜지에 밀착시켜야 한다.

기하학적 조건

수직보강재가 유효하게 작용하기 위해서는 기하학적 조건을 만족해야 한다(강구조부재설계기준 - 하중저항계수설계법 4.3.3.1.11.1). 중간 수직보강재의 폭 b_t는 다음을 만족하여야 한다.

$$b_t \geq 50 + \frac{D}{30} \quad \text{그리고} \quad 16t_p > b_t \geq \frac{b_f}{4} \qquad \text{식 (3.187)}$$

여기서, D : 웨브 높이

b_f : 압축플랜지 폭

t_p : 수직보강재 두께

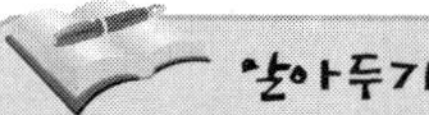

도로교로서 강교를 주장하였던 설계자는 강재의 주요장점으로 재활용성을 강조하였다. 압연보 및 플레이트 거더 제작용으로 사용된 재료는 고철을 재활용한 경우가 많았다. 1990년 시카고의 코미스키파크(Comiskey Park) 구장이 재건축을 위해 철거되었을 때 발생된 모든 폐강재는 바로 녹여 재활용되었다.[3.44]

보강재 관성모멘트

기하학적 조건을 만족함과 동시에 단면 2차 모멘트 또한 그 기준을 만족하여야 한다. 단면 2차 모멘트는 보강재와 웨브가 만나는 면을 기준으로 계산한다. 만약 양면에 보강재가 있다면 웨브의 두께중심선을 기준으로 계산한다(강구조부재설계기준 - 하중저항계수설계법 4.3.3.1.11.1).

주어진 보강재의 관성모멘트 I_t가 계산되면 다음 제한을 만족하는지 검토한다.

$$I_t > b t_w^3 J \qquad \text{식 (3.188)}$$

$$I_t > \frac{D^4 P_t^{1.3}}{40}\left(\frac{F_{yw}}{E}\right)^{1.5} \qquad \text{식 (3.189)}$$

$$\text{여기서, } J = \frac{2.5}{(d_o/D)^2} - 2.0 \geq 0.5 \qquad \text{식 (3.190)}$$

여기서, I_t : 한쪽 면만 보강된 경우는 웨브의 접합면에 대하여, 양면 보강된 경우에는 웨브의 중심축에 대한 수직보강재의 단면 2차 모멘트, mm^4

t_w : 웨브의 두께, mm

d_o : 수직보강재의 간격, mm

D : 웨브의 높이, mm

b : d_o와 D 중 작은 값, mm

P_t : F_{yw}/F_{crs}와 1.0 중 큰 값

F_{yw} : 보강재의 항복강도, MPa

F_{crs} : 다음 식으로 계산되는 보강재의 국부좌굴응력, MPa

$$F_{crs} = \frac{0.31E}{(b_t/t_p)^2} \leq F_{ys} \qquad \text{식 (3.191)}$$

수평보강재 있는 웨브의 경우 수직보강재는 다음을 만족해야 한다.

$$I_t \geq \left(\frac{b_t}{b_l}\right)\left(\frac{D}{3.0d_o}\right)I_l \qquad \text{식 (3.192)}$$

여기서, b_t : 수직보강재의 돌출폭(mm)

b_l : 수평보강재의 돌출폭(mm)

I_l : 수평보강재의 단면 2차 모멘트(mm^4)

D : 웨브 높이(mm)

일반적으로 대부분의 보강재는 관성모멘트 규정을 만족시키는 경우가 많지만 설계기준에 의한 검토의 과정을 생략해서는 안 된다.

수직보강재의 용접

수직보강재가 다이어프램에 직접 연결되지 않았다면 인장플랜지에 부착될 필요는 없다. 부착을 피하는 이유는 인장플랜지의 피로문제를 더욱 심각하게 만들 수 있기 때문이다. 수직보강재를 인장플랜지에 단순히 밀착시키거나 수직보강재를 조금 잘라내어 서로 붙지 않게 배치한다. 웨브 - 보강재 용접이 끝나는 위치에서 플랜지 - 웨브 필릿용접 단부와의 거리 d_{weld}는 다음의 요구조건을 만족하여야 한다.

$$4t_w \le d_{\text{weld}} \le 6t_w \quad \text{그리고} \quad d_{\text{weld}} \le 100\ \text{mm} \qquad \text{식 (3.193)}$$

여기서, t_w : 웨브 두께

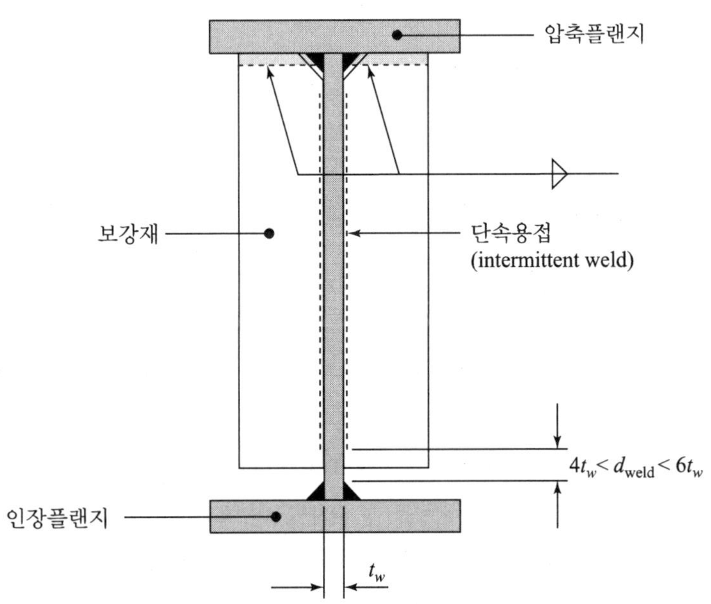

그림 3.45 플레이트 거더에 중간보강재의 연결

수직보강재는 웨브에 부착시키되 단부는 압축플랜지에 밀착되고 인장플랜지에는 떨어지게 배치한다. 이 규정에 대한 예외로는 이차부재로서 연결판으로도 작용하는 보강재를 들 수 있다 (3.11.2절 5항 참조). 그림 3.45에서 보강재는 웨브의 양면에 설치되었는데, 웨브 및 압축플랜지에는 필릿용접으로 부착되었고 인장플랜지에는 미치지 못하게 짧게 배치되었다. 보강재의 기본 기능은 웨브로부터 전달되는 압축력에 저항하여 웨브가 좌굴되지 않도록 보강하는 것이다. 그림은 문헌 3.43에서 참조되었다.

그림 3.45는 웨브와 압축플랜지에서 전형적인 보강재 연결상세를 보여준다. 식 (3.193)에 의한 조건은 인장플랜지 부위에서 그림으로 확인된다. 이 조건은 인장플랜지에 밀착되는 수직보강재의 경우에도 적용된다.

6. 수직보강재 경제성

수직보강재는 가능하다면 거더 웨브의 한쪽 면에만 설치하는 것이 경제적이라 할 수 있다.[3.1] 다이어프램과의 연결 등으로 집중하중이 발생하는 위치에서는 예외적일 수 있다.

수직보강재가 인장플랜지에 부착되어야 한다면 용접연결이 볼트이음보다는 더 경제적인 방식이다. 용접이음 대비 볼트이음은 연결부 1개소당 대략 200달러(2010년 기준)의 추가비용이 발생한다. 만약 용접연결부가 피로한계상태 설계검토에서 통과되지 못했다면, 다이어프램의 위치를 변경하거나 인장플랜지의 두께를 좀 더 키워 피로응력범위를 줄일 수 있는 방법을 고려해 볼 수 있다.

원활한 용접작업을 방해하지 않기 위해 수직보강재의 순간격은 200 mm 또는 보강재폭의 1.5배보다 작아서는 안 된다. 또한 수직보강재의 최소두께는 13 mm로 규정된다.

7. 지압보강재(Bearing Stiffeners)

지압보강재는 그림 3.45에서 보였고 5항에서 언급하였다. 플레이트 거더의 단부와 연속구조물의 경우 내부 지지점에는 지압보강재가 설치된다. 이러한 위치에서 지지점으로부터 전달되는 반력을 지압보강재가 적절히 저항할 수 있도록 설계되어야 한다. 그림 3.45에서 보였듯이 지압보강재는 조금의 여유도 없이 상·하부 플랜지와 완전히 밀착시켜야 한다.

강구조부재설계기준 및 AASHTO에서는 일면이 아닌 양면에 보강재를 설치할 것을 권하고 있다. 거더 높이가 상당할 경우 양면에 걸쳐 두 쌍으로 설치될 수도 있다. 이 경우 6항에서 규정된 용접 연결에 대한 사항을 충분히 고려하여야 한다.

지압보강재는 양단 반력에 저항하는 기둥부재로 설계된다. 지압보강재의 돌출부 폭은 다음을 만족하여야 한다(강구조부재설계기준 - 하중저항계수설계법 4.3.3.1.11.2).

$$b_f \leq 0.48 t_p \sqrt{\frac{E}{F_y}} \qquad \text{식 (3.194)}$$

여기서, b_f : 보강재의 폭, mm

F_y : 보강재의 항복응력, MPa

t_p : 지압보강재의 두께, mm

한 쌍으로 지압보강재가 사용되는 경우 기둥부재로 환산되는 단면적은 두 개의 지압보강재의 단면적과 두 지압보강재 사이의 거더 웨브의 일부 단면적의 합이 된다. 고려되는 웨브의 폭은 보강재 위치에서 양 방향으로 웨브 두께의 9배로 제한된다. 한 쌍 초과하는 보강재가 사용되었다면 고려되는 기둥단면적은 모든 보강재 단면적과 최외측 보강재 바깥방향으로 웨브 두께의 9배까지의 웨브 단면적이 합산된다. 이러한 등가 기둥의 유효 길이는 지압보강재 길이의 0.75배를 취한다.

지압보강재는 계수지압력에 충분히 저항할 수 있도록 설계되어야 한다. 계수지압강도는 다음과 같이 계산된다.

$$(R_{sb})_r = \phi_b (R_{sb})_n \qquad \text{식 (3.195)}$$

여기서, $(R_{sb})_r$: 계수지압강도

ϕ_b : 지압에 대한 저항계수

$(R_{sb})_n$: 공칭지압강도$(=1.4A_{pn}F_y)$

A_{pn} : 플랜지에 직접 지압저항하는 지압보강재의 면적, mm^2

F_y : 지압보강재의 항복강도, MPa

웨브와 플랜지 필릿용접부를 피하기 위해 잘려진 보강재면적과 플랜지를 벗어나는 면적은 지압강도계산 시 고려되어서는 안 된다.

보강재와 플랜지 사이 인터페이스를 고려할 때 보강재는 다음 두 가지 중 한 방식으로 처리되었다고 가정한다.

- 플랜지로부터 단부 반력을 완전히 전달받을 수 있도록 제작된다.
- 완전용입그루브용접으로 플랜지와 연결된다.

웨브에만 공장 용접된 지압보강재에 다이어프램 또는 크로스프레임이 연결되었다면 지압보강재는 상·하부플랜지에 필릿용접으로 연결되어야 한다.

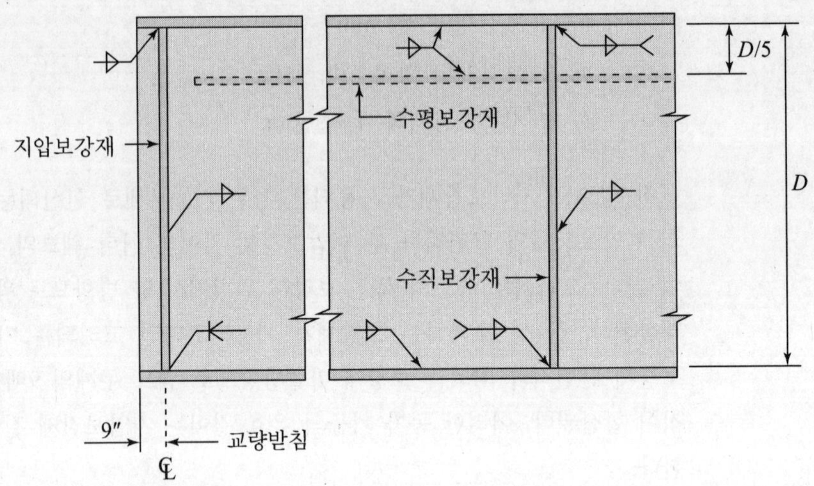

그림 3.46 플레이트 거더 상세(참고문헌 3.7에서 인용)

수평보강재의 중심선은 일반적으로 압축플랜지 하면으로부터 $D/5$만큼 떨어진 위치에 설치된다. 수평보강재는 종방향으로 연속 설치되는데 수직보강재와 교차되는 경우 수직보강재를 잘라 수평보강재에 부착한다. 보강재의 위치는 사용한계상태 및 강도한계상태 모두에 대한 요구조건이 만족될 수 있도록 결정해야 한다. 그림 3.46에서 수평보강재는 한 면에만 설치되었고 반대편 면에는 수직보강재가 설치되었다. 지압보강재는 웨브의 양 면에 설치되었다.

8. 수평보강재

수직보강재와 마찬가지로 수평보강재도 플레이트 거더의 웨브에 용접 부착된다. 과거에는 일부 볼트이음으로 부착되는 경우도 있었으나 현재는 대부분 용접이음으로 부착된다. 수평보강재는 이름에서 알 수 있듯이 거더의 종방향으로 이어지는 보강재이다. 그림 3.46에 보였듯이 수평보강재는 수직보강재와는 달리 보통 웨브의 한쪽 면에만 설치된다. 두 가지 보강재가 한 면에 설치되어야 한다면 수직보강재를 끊어서 수평보강재에 이어 붙어야 한다.

수평보강재의 도입은 웨브의 두께를 절반정도까지 줄일 수 있음을 3항에서 확인할 수 있었다. 제작 및 설치비용이 증가분을 잘 고려하여 수평보강재의 도입 여부를 결정하여야 한다(9항 참조).

수평보강재 단면특성

수직보강재와 경우와 유사하게 수평보강재의 단면특성이 웨브의 좌굴에 충분히 저항할 수 있는가를 설계에서 검토하여야 한다. 3.10.6절의 7항에서 언급하였듯이 웨브의 휨좌굴을 방지하기 위해서 수평보강재는 인접한 웨브 스트립과 더불어 웨브 횡방향 변형을 억제하는 최소한의 강성을 가져야 한다(강구조부재설계기준 - 하중저항계수설계법 4.3.3.1.11.3).

$$I_l \geq Dt_w^3\left(2.4\frac{d_o^2}{D^2} - 0.13\right)\beta \qquad \text{식 (3.196)}$$

$$r \geq \frac{0.16d_o\sqrt{F_{ys}/E}}{\sqrt{1-0.6(F_{yc}/R_hF_{ys})}} \qquad \text{식 (3.197)}$$

여기서, I_l : 웨브와 만나는 끝단에서 웨브 유효폭 $18t_w$와 수평보강재의 단면 2차 모멘트, mm^4

r : 수평보강재와 웨브 유효폭 $18t_w$를 포함한 조합단면의 회전반경, mm

D : 웨브의 높이, mm

d_o : 수평보강재 간격, mm

t_w : 웨브의 두께, mm

F_{ys} : 수평보강재의 항복강도, MPa

β : 곡률보정계수, mm

수직면내 곡률을 가지는 곡선교량에 대한 곡률보정계수(curvature correction factor) β는 다음과 같다.

- 곡률 중심의 반대편에 수평보강재가 설치된 경우

$$\beta = \frac{Z}{6} + 1 \qquad \text{식 (3.198)}$$

- 곡률 중심쪽에 수평보강재가 있는 경우

$$\beta = \frac{Z}{12} + 1 \qquad \text{식 (3199)}$$

곡률인자 Z는 다음과 같이 정의된다.

$$Z = \frac{0.95d_o^2}{Rt_w} \leq 10 \qquad \text{식 (3.200)}$$

여기서, R : 거더 반경, mm

하이브리드 거더 F_{yw}가 F_{ys}보다 작은 경우 F_{yw}/F_{ys}비로 식 (3.196)을 감소시

켜야 한다.

강도 조건

수평보강재는 식 (3.141)이 만족될 수 있는 수직위치에 설치되어야 하는데, 설계과정 중에 많은 시행착오가 있을 수 있다. 합선단면의 부모멘트부 및 비합성단면에서는 압축플랜지로부터 $2D_c/5$만큼 떨어진 위치에 최초 시도해보는 것이 추천된다. 여기서, D_c는 탄성영역에서 계산된 웨브단면에서 압축측 높이이다.

수평보강재의 설치위치가 결정되면 강도한계상태 및 시공성 설계검토에서 수평보강재는 다음을 만족하여야 한다.

$$f_s \leq \phi_f R_h F_{ys} \qquad \text{식 (3.201)}$$

기하학적 조건

단면특성과 강조 조건 검토를 만족하여도 수평보강재는 다음 식에서 제시하는 폭보다 커서는 안 된다.

$$b_l \leq 0.48 t_s \sqrt{\frac{E}{F_{ys}}} \qquad \text{식 (3.202)}$$

이 조건은 수평보강재의 국부좌굴을 방지하기 위한 조항이다. AASHTO에는 보강재의 최소두께는 11 mm이지만 자동기계용접을 고려하여 13 mm로 지켜지는 것이 좋다고 추천하고 있다.

9. 수평보강재 경제성

앞서 수평보강재는 웨브 양면보다는 일면에 설치된다고 언급하였다. 조립·제작되는 플레이트 거더의 특성상 수평보강재는 수직보강재가 설치된 면의 반대편면에 설치하는 것이 전반적인 경제성 향상에 도움이 된다. 수직보강재와 수평보강재가 교차되는 것을 방지하여 제작비용을 상당히 줄일 수 있기 때문이다. 베들레헴제철사(Bethlehem Steel)의 분석에 의하면 지간장 60 m 이하일 경우 수평보강된 플레이트 거더는 경제적인 측면에서 불리한 것으로 파악되었다. 또한 수직보강재와 수평보강재가 동시에 적용된 플레이트 거더는 수직보강재만이 적용된 경우에 비해 지간장 92 m까지는 더 불리한 것으로 알려졌다. 유지관리비까지 고려되면 수평보강재의 적용은 더욱 불리해진다. 수평보강재를 적용하기 보다는 웨브의 두께를 키우는 쪽이 더 경제적이다.

10. 기타 경제성

플레이트 거더의 주요 장점은 하중조건에 맞는 적절한 크기의 웨브와 플랜지를 구성함으로써 설계에 최대한 유연성을 부여할 수 있다는 것이다. 운반을 고려해 공장제작된 구조물은 현장에서 볼트이음으로 조립되는데, 한 구조물의 플랜지에서 2개소를 초과하는 맞대기 이음은 피해야 한다. 구매 및 조립 등이 어려우므로 너무 다양한 두께의 판을 적용한 것을 피해야 한다. 판의 두께가 변하는 변단면 플랜지의 경우 판 두께 증가량은 최소 6 mm로 한다. 어떤 이음이라도 두꺼운 판 두께는 얇은 판 두께의 2배를 초과하여서는 안 된다.

최소 450 kg의 강재량 절감효과가 있을 경우에만 공장이음(shop-splice)이 추가될 수 있다. 일반적으로 설계전문가라 할지라도 최신의 조립·제작비용을 모두 파악하기 어려우므로, 두꺼운 쪽의 판을 연장하여 공장용접이음의 위치를 변경하는 것이 가능하다는 것을 설계도면 등에 밝혀두도록 한다. 만약 제작 또는 시공사가 두꺼운 쪽의 판을 연장하는 것으로 결정하였다면 그에 따른 거더 처짐곡선도 조정되어야 한다.

지금까지 각 거더에 대한 기하학적 형상에 대한 경제성을 살펴보았다. 그러나 상부구조에 채택되는 전체 거더 수를 줄임으로써 상당한 수준의 경제성 향상을 확보할 수 있다. 거더 수를 줄이면 거더의 높이가 커지고 두께가 두꺼워지는 결과를 초래하지만 교량받침, 2차 부재, 연결판 등의 개수를 또한 줄일 수 있으므로 이로 인한 경제성 향상 또한 상당하다고 할 수 있다. 연구에 의하면 거더 사이의 최소 배치간격은 3.0 m로 제안되었다.[3.1]

거더 수를 감소시킬 수 있는 또 다른 방법은 플레이트 거더와 더불어 프리캐스트, 프리스트레스트 콘크리트 바닥판을 함께 적용하는 것이다. 프리캐스트 바닥판 패널을 사용하면 거더의 간격을 넓힐 수 있어 결과적으로 거더 수를 줄일 수 있다. 이러한 바닥판시스템은 주로 교량보수에 많이 적용되었는데, 바닥판 공사비의 증가로 거더 수 감소로 인한 이득이 상쇄될 수도 있다. 교량의 거더 수를 줄이는 것은 경제적인 것은 분명하지만 바닥판의 순차적인 교체를 고려한다면 4개의 거더보다 더 적은 수의 적용은 설계에서 고려되기 어려운 면이 있다. 새로운 교량을 설계할 때 항상 완공 후 유지관리 및 보수까지 같이 고려되어야 한다.

3.11.3 플레이트 거더 횡브레이싱(Lateral Bracing)

횡브레이싱은 앞서 3.1.4절 2항에서 토론되었다. 요약하자면 횡브레이싱은 횡방향 변형을 방지하기 위해 거더의 플랜지 레벨에서 수평한 평면 내 설치되는 크로스프레임 시스템이다. 횡방향 변형은 주부재 중심선에 수직인 방향으로 작용하는 하중에 의해 발생된다. 횡브레이싱의 설치여부를 결정하는 주요 지배하중은 풍하중이다.

플레이트 거더는 압연부재에 비해 상당한 높이를 가지므로 풍하중에 대해 취약할 수밖에 없고 그 결과 횡브레이싱에 대한 필요성은 주요 관심사가 되었다. 다음은 횡브레이싱 설계와 관련된 일반 사항이다.

1. 설치 위치

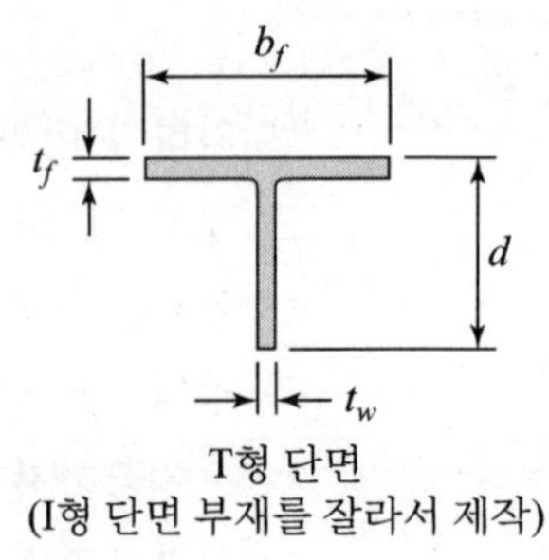

T형 단면
(I형 단면 부재를 잘라서 제작)

횡브레이싱의 필요여부는 최종 완성계뿐만 아니라 시공단계에서도 검토되어야 한다. 완공단계에서는 상부플랜지에 연결된 콘크리트 바닥판이 굳어 강도를 구현하기 때문에 이 위치에서 횡브레이싱은 필요 없으므로 일반교량에서는 하부플랜지에만 설치된다. 완전한 부착이 보장되지 않는 프리캐스트, 프리스트레스트 콘크리트 패널 바닥판이 사용되거나 시공하중이 상당한 경우에는 상부플랜지에 횡브레이싱 설치를 검토하여야 한다. 콘크리트 타설 등 시공하중에 대한 변형을 막고 안정성 확보를 위해 시공 중에만 필요한 가시설로 횡브레이싱을 설치하여야 하는 경우도 있다. 시공하중에 대한 안정성 검토 때문에 설치된 상부플랜지 횡브레이싱은 완공 후에 제거하지 않아도 된다.

2. 경간장에 따른 설치여부

이전 AASHTO 규정에서는 경간장 38.0 m 이상의 모든 교량에 대해 횡브레이싱 설치를 의무화하였으나 최근 판에서는 경간장에 따른 확고한 규정으로 내세우지 않는다. 하부플랜지에 설치되는 횡브레이싱의 필요여부는 풍하중에 의해 발생되는 응력에 따라 결정된다. 일반적으로 횡브레이싱은 횡방향 하중에 저항하는 횡골조 또는 다이어프램과 연계하여 같이 설계된다.

3. 설치 및 횡브레이싱 형식

횡브레이싱은 최외측 거더와 내측 거더 사이로 정의되는 외측 만(exterior bay)

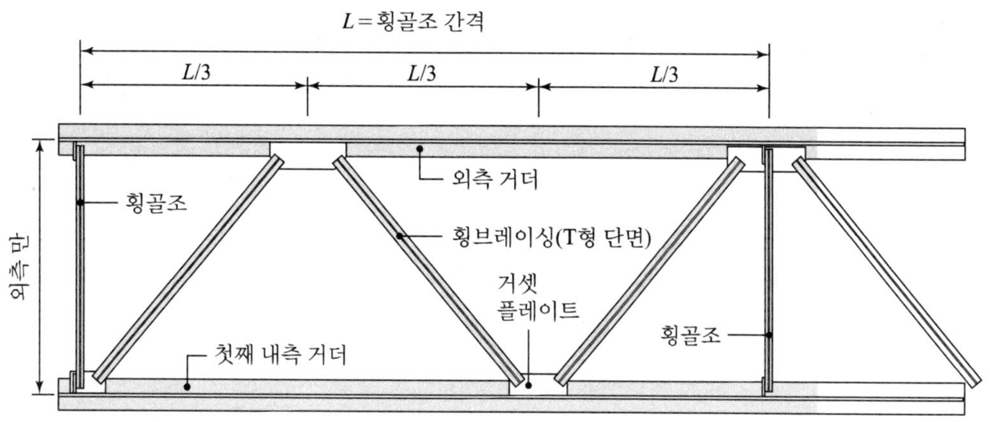

그림 3.47 횡브레이싱 배치에 대한 평면도(단면도는 그림 3.6 참조)

에서 다이어프램 또는 횡골조 사이에 수평으로 설치된다. 일반적으로 횡브레이싱은 L형강 또는 T형강으로 구성되고, L형강의 경우 최소 단면 크기는 대략 76.0 mm × 63.5 mm이다. 부재의 양단에서 최소 두 군데 용접 또는 리벳/볼팅으로 연결되어야 한다.

그림 3.47은 플레이트 거더 상부구조에서 전형적인 횡브레이싱의 배치를 보여준다. 사용된 브레이싱은 WT 단면의 T형강으로 구성되었다. 브레이싱의 단부는 웨브에 용접 연결된 T-거셋플레이트에 볼트이음으로 연결된다. 그림 3.47에 보인 단일 대각부재 대신에 X 모양의 이중 대각부재가 사용되기도 한다.

4. 횡브레이싱의 제거

특정 형식의 횡브레이싱의 설치가 불가피하지만, 발주자가 횡브레이싱의 설치를 원하지 않을 경우 횡브레이싱을 제거할 수 있는 설계방법이 있다. 먼저 횡골조의 간격을 줄이는 방법이 있고, 다음으로 플랜지의 두께를 키우는 방법이 있다. 풍하중은 하부플랜지 두께가 변하는 위치에서 가혹해지는 경향이 있다. 덮개판의 경우에서 살펴보았듯이, 이러한 불연속위치에서는 응력집중현상이 심각하므로 횡브레이싱 제거를 시도할 경우 매우 조심해야 한다.

설계자 및 발주자는 시공적인 측면에서 횡브레이싱의 설치가 바람직한 면이 있다는 것을 인지해야 한다. 3.1.4절 2항에서 언급하였듯이 횡브레이싱은 시공 중뿐만 아니라 시공 후까지 상부구조물의 안정성을 유지하는데 도움이 된다.

5. 횡브레이싱의 경제성

플레이트 거더에서 어떤 기하학적 형식이 경제적일지를 결정하는 데는 매우 다양한 요소가 영향을 준다고 앞서 언급하였다. 횡브레이싱 시스템을 결정하는 데에도 앞의 경우와 같다.

플랜지 두께를 키우고 횡골조 간격을 줄인다면 횡브레이싱의 필요성이 없을 수도 있다. 하지만 이러한 과정을 따르다 보면 전체 제작비의 상승을 초래할 수 있다. 두꺼운 판을 쓰면 그만큼 재료비가 증가되고, 횡골조 간격을 줄인다는 것은 더 많은 수의 횡골조를 제작해야 한다는 것을 의미하므로 결과적으로 재료비 및 가공비의 증가를 초래하게 된다. 이러한 경제성과 시공안정성 등 여려가지를 면밀히 검토하여 횡브레이싱의 도입여부를 결정하여야 한다.

3.11.4 플레이트 거더 횡골조(Cross-Frame)

3.1.4절 1항에서 보였듯이 횡골조는 형강으로 구성되며 X 또는 V모양으로 배치된다. 횡골조의 주요 기능은 다음과 같다.

- 횡방향 하중을 하부플랜지로부터 상부플랜지를 거쳐 콘크리트 바닥판으로 전달한다.
- 압축플랜지의 안전성을 제공한다.
- 수직방향 하중을 거더로 재분배한다.
- 곡선 거더의 비틀림을 완화시킨다.

횡골조는 교량받침 위치와 경간 내 필요한 어느 위치라도 설치가 가능하다. 중간 횡골조의 필요성은 횡방향 풍하중, 플랜지 강성, 횡브레이싱의 사용여부 등을 고려하여 평가되어야 한다. 만약 20° 이상의 사각이 있는 사교라면 중간 횡골조는 거더와 수직한 방향으로 설치되어야 한다.

횡골조의 간격은 횡골조 자체의 제작 및 설치비용과 횡하중효과에 의한 하부플랜지 단면 증가에 따른 추가경비를 비교하여 결정되어야 한다. 횡골조는 외측 거더의 하부 절반에 작용하는 풍하중에 저항할 수 있도록 설계되어야 한다. 횡하중은 콘크리트 바닥판에 연결된 상부플랜지까지 전달되어야 한다.

곡선교량의 경우 횡골조는 구조해석 수행 시 주부재로 고려되고 비틀림에 저항하는 주요 구조요소가 된다.

3.12 연속교

이전까지 도로교 구조물로서 단경간 교량에 대해 살펴보았다. 지금까지의 플레이트 거더 설계 및 시공에 대한 지식을 바탕으로 연속교의 장점과 설계에 대해 토론해보고자 한다. 프리스트레스트 콘크리트교량 또한 연속교로 적용되지만 여기서는 강플레이트 거더 형식을 다루도록 한다. 프리스트레스트 콘크리트 교량구조는 3.15절에서 다룰 것이다. 연속교라는 용어는 종방향으로 교각(지점)을 통과하여 연속되는 주부재가 여려 경간에 걸쳐 있다는 의미로 사용된다.

3.12.1 연속교의 장점

교량 건설에서 연속교 형식이 가지는 장점은 다양한데, 단순경간 교량에 대비하면 다음과 같은 장점을 가진다.

- 바닥판 신축이음의 수가 적다.
- 교량받침의 수가 적다.
- 경간장을 늘일 수 있다.
- 구조강성이 향상된다.
- 구조재료가 절약된다.

나열된 장점 중 가장 중요한 것은 첫 번째 항목인 신축이음 수를 줄일 수 있다는 것이다. 2장에서 보였듯이 바닥판 신축이음에서는 누수 등 심각한 문제가 많이 발생된다. 장기적인 관점에서 교량 신축이음위치에서 누수문제는 교량전체의 수명을 단축시킬 뿐 아니라 전반적인 유지관리 비용의 상승을 초래한다. 또한, 신축이음에서의 악화된 상황은 상부구조뿐 아니라 하부구조에도 상당한 영향을 미친다. 교각 상에 신축이음의 가능성을 원천적으로 제거할 수 있는 연속교는 유지관리비용을 최소화하면서 교량의 기대수명을 증가시킬 수 있는 장점을 가진다고 할 수 있다.

단순교의 경우 한 지점에서 시작되어 다음 지점에서 끝나기 때문에 교각 상에서 한쪽이 끝나는 거더 위치 및 새로 시작되는 거더 위치 등 2개소에 교량받침이 필요하다. 그러나 연속교의 경우 교각 상에서 거더가 끊어지지 않고 연속하여 지나가기 때문에 단 1개소에만 교량받침이 필요하므로 단순교에 비해 교량받침의 개수를 절반으로 줄일 수 있다. 교량받침의 개수를 줄일 수 있다 것은 초기 비용 측면뿐 아니라 관리측면에서도 교량 수명을 연장할 수 있는 장점을 가진다(그림 3.48 참조). 교각 상에서 교량받침 설치 수가 줄어들면 교각 상단(pier cap)의 폭을 그만큼 줄일 수 있다.

그러나 연속교는 비교안으로 제시되는 단순교에 비해 제작비용은 더 높아진다. 단순교는 비교적 간단히 설계되고 빠른 시기에 가설될 수 있지만, 연속교의 설계 및 가설은 단순교에 비해 다소 복잡하고 고려해야 할 요소가 많다. 또한 연속교는 단순교에 비해 지반침하의 문제에 취약한 경우가 있다. 일반적으로 단순교는 경간이 짧고 급속시공이 요구될 때 유리하고, 지지력이 높은 지역에 장경간이 요구된다면 연속교가 선호된다고 할 수 있다. 최근의 신규교량은 대부분 연속교 형식으로 채택된다.

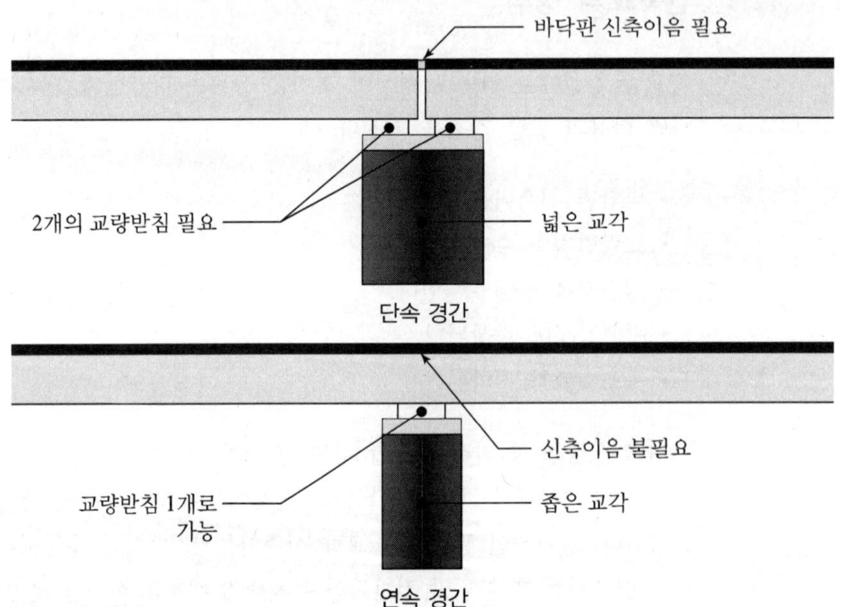

그림 3.48 단순교 및 연속교에서 교량받침의 수 비교

연속경간 합성교는 설계자에게 추가적인 고려사항을 제시한다. 부모멘트부에서 바닥판은 인장력에 의해 균열이 필연적으로 발생한다. 그러나 연속합성교의 전단연결재 설계(3.10.7절 4항)에 보았듯이 콘크리트 바닥판 내 배근된 철근 또한 합성단면의 일부로 고려된다. 이 철근은 합성단면의 상부플랜지와 더불어 인장력에 저항한다는 것을 의미한다. 이러한 거동은 연속교에서 고려되어야 할 여러 도전적인 요소 중의 하나이다.

3.12.2 연속교에서 압연보

경간이 짧은 교량이라면 연속교에서도 압연보가 사용될 수 있다. 그림 3.20에서 확인되듯이 단경간 교량에는 정모멘트구간만이 존재한다. 이 때, 상부플랜지는 압축상태이고 하부플랜지는 인장상태가 된다. 그러나 연속교에서는 부모멘트구간이 존재하며 여기서는 상부플랜지가 인장상태이고 하부플랜지가 압축상태가 된다. 이렇듯 부모멘트구간에는 상부구조 및 하부구조에 미치는 영향을 고려하여 수행해야 하는 추가적인 설계조건이 있다.

압연보, 플레이트 거더 또는 프리스트레스트 콘크리트 거더에 상관없이 연속교는 종방향으로 일정한 단면으로 구성되는 것이 아니라 위치에 따라 단면이 변화한다.

단순교와 마찬가지로 연속교도 단면의 합성을 통해 이득을 얻을 수 있다(3.10.1절 참조). 형고 감소 및 단면강성 증가라는 두 가지 이유만으로도 연속교에서도 단면합성을 통해 많은 이득을 얻을 수 있다. 그러나 연속교는 단순교에서는 나타나지 않는 기술적인 도전이 있다. 부모멘트구간 상부플랜지에서 나타나는 바닥판 인장에 대한 처리가 그 중 하나인데 이에 대한 설계 대응 방안은 다음과 같다.

- 부모멘트구간에서 합성작용을 완전히 무시한다.
- 콘크리트 바닥판 철근의 영향을 강도계산에 고려한다.

정모멘트구간에서 거더와 바닥판의 합성작용은 앞서 토론했던 단순교에서의 경우와 같다. 경간 중간에서 나타나는 정모멘트보다 내부 지점부에서 발생하는 부모멘트의 크기가 일반적으로 더 크기 때문에 연속교의 설계는 부모멘트구간이 지배하는 경우가 많다.

3.12.3 모멘트분배

연속보의 해석은 지점부에서의 연속성과 다양한 단면 구성 등으로 다소 까다로운 점이 있다. 이러한 어려움 때문에 1960대와 1970년대에 걸쳐 연속보 해석을 위한 많은 전산해석 프로그램이 출현했다. 오늘날 대부분의 연속보 해석은 거의 예외없이 전산해석 프로그램을 통해 진행되지만 교량엔지니어라면 필요한 경우 수계산으로 검토할 수 있는 능력이 필수적이다. 수계산으로 연속보를 계산하는 대표적인 방법이 Hardy Cross교수가 개발한 모멘트분배법이다.[3.45, 3.46] 다음은 연속보 해석에 이용되는 모멘트분배법에 대한 요약이다.

모멘트분배법은 일리노이대학교 하디 크로스(Hardy Cross) 교수에 의해 1924년 처음 개발되어 강의되었다. 그러나 본 주제에 대한 그의 논문은 1929년에서야 ACI 저널에 처음으로 발표되었다. 1935년 그는 "왜 연속 골조인가?"라는 논문으로 ACI로부터 왓슨 메달(Wason Medal)을 수상하였다. 컴퓨터를 이용한 설계기법이 도입되기 전까지 모멘트분배법은 연속보 및 연속골조를 해석하는 독보적인 방법이었다.[2.45, 3.46]

1. 개요

모멘트분배법은 다양하고 복잡한 보 구조물을 반복계산으로 풀어가는 방식으로 다음에 서술한 특성으로 수계산으로 선호되는 해석법이다.

- 빠르게 수렴하는 수치 해석적 방법이다.
- 모멘트, 전단력, 반력 등에 대한 직접적인 계산과정을 거친다.
- 계산 과정이 간결하다.

이 방법의 또 다른 특징은 하중조건에 제한받지 않는다는 것이다. 일반적인 법칙이 먼저 정립되고 모멘트, 전단력 등의 부재력을 결정하는 과정으로 진행된다. 제한사항으로는 먼저 절점에서 횡방향 자유도가 고려되지 않는다는 것이다. 또한, 지점에서의 침하현상을 고려할 수도 없다. 이러한 한계는 추가적인 계산과정을 통해 고려될 수 있다.

다른 구조해석 교과서에서 소개되었던 전통적인 방법과는 약간 다르게 여기서는 더욱 빠른 수렴속도를 보이도록 수정된 강성계수(stiffness factor)와 전달계수(carryover factor)를 사용한다. 최종적인 단계에서 계산되는 고정단모멘트의 크기는 어떠한 방법을 사용하더라도 동일하다.[3.47] 모멘트분배에 대해서는 여타의 다양한 방법이 이용될 수도 있다.

2. 고정단모멘트(FEM)

모멘트분배법의 핵심은 고정단모멘트를 계산하는 과정에 있다. 고정단모멘트(fixed end moment, FEM)란 양단 회전이 고정된 보에 수직하중에 의해 양단에 발생하는 반력모멘트를 의미하고 양단에서 회전변위를 방지하기 위해 재하되는

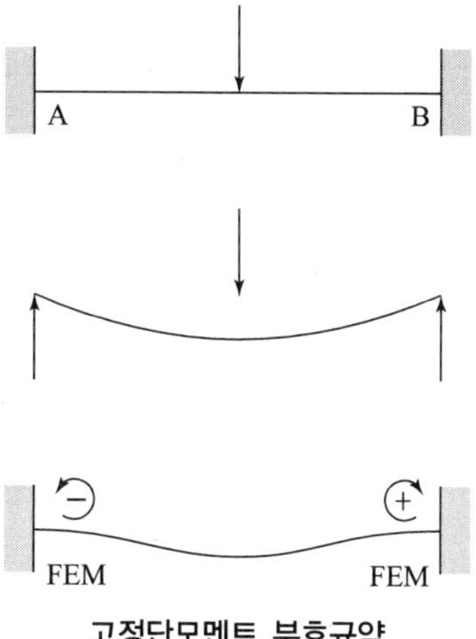

고정단모멘트 부호규약

모멘트의 크기와 동일하다.

전체 구조물이 고정된 상태에서 고정단모멘트의 계산으로부터 이 방법은 시작한다. 그리고 한 절점에서 회전자유도를 풀어주고 인접한 절점에 모멘트 및 전단력을 전달하면서 재분배시킨다. 자유도가 해제된 절점에서 평형을 통한 모멘트 및 전단력의 크기가 결정되면 이 절점에 대한 회전자유도는 구속하고 인접한 절점으로 옮겨 자유도를 풀어주는 과정을 다시 시작한다. 각 절점에 대하여 이 과정을 순차적으로 옮겨가며 계산이 완료될 때까지 해석을 진행한다.[3.48]

고정단모멘트를 표시하는 기호규약 때문에 혼란스러워 하는 경우가 있는데 고정단모멘트의 부호는 지금까지 교과서에서 익혔던 정과 부의 모멘트 표기방식과는 차이가 있다. 앞서 언급하였듯이 고정단모멘트는 부재의 양단에서 회전이 발생되지 않도록 유지하기 위한 모멘트로서 저항모멘트가 시계방향이면 양, 반시계방향이면 음의 값을 가진다.

고정단모멘트

고정단모멘트는 이중의 아래첨자를 가진다. 첫째 첨자는 모멘트가 발생하는 절점을 의미한다. 첫째 및 둘째 첨자는 조합으로 재하되는 경간을 나타낸다. 예를 들어 모멘트 M_{BC}는 경간 BC에 대한 절점 B에서의 모멘트를 의미한다. 이러한 규약은 강성, 분배, 전달 계수 등에서도 동일하게 적용된다.

3. 보의 상대강성

구조물에서 각각의 부재는 상대강성(relative stiffness)을 가지는데 이 강성값은 구조재료, 단면특성 및 길이에 의해 정의된다. 상대강성을 정량화하여 수식으로 나타내면 다음과 같다.

$$R = \frac{EI}{L}$$ 식 (3.203)

여기서, E : 탄성계수

I : 관성모멘트

L : 부재 길이

식 (3.203)에서 EI는 보의 강성이다.

4. 고정계수

구조물에서 각각의 절점에는 단순지지 또는 고정지지 등의 경계조건에 따른 고정계수(fixity factor)가 할당된다. 고정계수는 다음과 같이 정의된다.

- $F=0$ 단순(힌지)지지의 경우
- $F=1$ 고정지지의 경우

여기서, 단순 또는 고정지지라 함은 회전자유도에만 해당된다.

5. 강성계수

회전스프링상수(angular spring constant)로도 알려져 있는 강성계수(stiffness factor)는 앞서 정의된 상대강성과 고려되는 절점의 반대편에 있는 절점의 고정계수의 함수로서 다음과 같이 정의된다.

$$K = (3 + F_{\text{opposite}})R$$ 식 (3.204)

여기서, F_{opposite} : 반대편 고정계수

R : 상대강성

일반적으로 강성계수 $K = 4R$을 사용한다.

6. 분배계수

어떤 절점에서 발생한 모멘트라 할지라도 이 모멘트는 인접한 부재로 분배가 발생된다. 분배되는 모멘트의 양은 고려되는 부재 절점에서의 강성과 그 절점에 속해 있는 모든 부재의 강성의 비에 의존하는데, 분배계수(distribution factor) D

는 다음과 같이 정의된다.

$$D = \frac{K_n}{\sum K} \qquad \text{식 (3.205)}$$

여기서, K_n : 고려되는 절점에서 강성계수

$\sum K$: 모든 부재에 대한 강성계수의 합

식 (3.190)에 적용되지 않는 다음과 같은 두 가지 예외가 되는 절점이 있다.

- 고정지지점에서 $D=0$인 절점
- 단순지지이면서 $D=1$인 절점

7. 전달계수

단순지지단에서 모멘트는 부분적으로 인근의 고정단으로 전달된다고 앞서 언급하였다. 고정단으로 전달되는 모멘트를 전달모멘트(carryover moment)라 하고 전달되는 비율은 전달계수(carryover factor)에 의해 정해진다. 강성계수처럼 전달계수 또한 고려되는 절점의 반대편에 있는 절점 고정계수에 의존한다. 전달계수 C는 다음과 같이 정의된다.

$$C = \frac{2F_{\text{opposite}}}{3+F_{\text{opposite}}} \qquad \text{식 (3.206)}$$

여기서, F_{opposite} : 반대편 절점에서 고정계수

8. 요약

표 3.10은 참고문헌[3.47]으로부터 취한 모멘트분배법의 단계별 요약을 보여준다. 2~7항에서 계산에 필요한 구성요소에 대해 설명하였고, 본 예제에서는 2경간 구조물을 다루고 있다. 고정단모멘트 계산에 편리하게 사용될 수 있도록 표 3.10에 다양한 하중조건에 대한 고정단모멘트 값을 보였다.

● 표 3.10 모멘트분배법 요약 및 예제

단계	요 약	예 제
0	우측 그림에 보인 연속보에서 지점 A, B, C에서 모멘트를 구하시오. 각 지점에서의 재료는 동일한 것으로 간주되나 지간 AB와 BC의 단면특성은 그림에 보인 단면 2차 모멘트처럼 서로 다른 단면특성을 가진다.	2 kN/m, 6 m, 9 m, 14 kN, $I=0.60\ \text{m}^4$, $I=0.30\ \text{m}^4$, A, B, C, 20 m, 15 m
1	독립적인 지간으로 분리하고 각 단부는 고정으로 가정한다.	2 kN/m, A, B, 14 kN, B, C
2	1단계에서 정의된 각 지간의 상대강성을 계산한다. 만약 탄성계수 E와 모멘트 I가 관성 구조물 전지간을 통해 동일할 경우 1로 산정한다.	$R_{AB}=\dfrac{EI}{L}=\dfrac{1\times0.60\ \text{m}^4}{20\ \text{m}}=0.03$ $R_{BC}=\dfrac{EI}{L}=\dfrac{1\times0.30\ \text{m}^4}{15\ \text{m}}=0.02$
3	방향별로 각 지점에서 고정계수(fixity factor)를 계산한다. 지점에서 회전이 허용되면 $F=0$이 된다. 지점이 고정이거나 연속지점일 경우 $F=1$이 된다.	$F_{AB}=0$ 회전허용 $F_{BA}=1$ 연속지점 $F_{BC}=1$ 연속지점 $F_{CB}=1$ 고정단
4	방향별로 각 지점에서 강성계수(stiffness factor)를 계산한다. 고정계수 F는 고려되는 지점이 아닌 맞은편(opposite) 지점으로부터 결정된다는 것을 상기하라.	$K_{AB}=(3+F_{\text{opposite}})R=(3+1)(0.03)=0.12$ $K_{BA}=(3+F_{\text{opposite}})R=(3+0)(0.03)=0.09$ $K_{BC}=(3+F_{\text{opposite}})R=(3+1)(0.02)=0.08$ $K_{CB}=(3+F_{\text{opposite}})R=(3+1)(0.02)=0.08$
5	4단계에서 계산된 강성계수에 근거하여 분배계수를 계산한다. 분모($\sum K$)는 고려되는 지점이 포함되는 모든 지간에 대한 합을 의미한다. 고정단에서는 $D=0$이 되고 단순지지단에서는 $D=1$이 된다.	$D_{AB}=1$ (단순지지단) $D_{BA}=\dfrac{K_n}{\sum K}=\dfrac{K_{BA}}{K_{BA}+K_{BC}}=\dfrac{0.09}{0.09+0.08}=0.53$ $D_{BC}=\dfrac{K_n}{\sum K}=\dfrac{K_{BC}}{K_{BA}+K_{BC}}=\dfrac{0.08}{0.09+0.08}=0.47$ $D_{CB}=0$ (고정단)
6	방향별로 각 지점에서 전달계수(carryover factor)를 계산한다. 고정계수 F는 고려되는 지점이 아닌 맞은편(opposite) 지점으로부터 결정된다는 것을 상기하라.	$C_{AB}=\dfrac{2F_{\text{opposite}}}{3+F_{\text{opposite}}}=\dfrac{2F_{BA}}{3+F_{BA}}=\dfrac{2\times1}{3+1}=0.50$ $C_{BA}=\dfrac{2F_{\text{opposite}}}{3+F_{\text{opposite}}}=\dfrac{2F_{AB}}{3+F_{AB}}=\dfrac{2\times0}{3+0}=0$ $C_{BC}=\dfrac{2F_{\text{opposite}}}{3+F_{\text{opposite}}}=\dfrac{2F_{CB}}{3+F_{CB}}=\dfrac{2\times1}{3+1}=0.50$ $C_{CB}=\dfrac{2F_{\text{opposite}}}{3+F_{\text{opposite}}}=\dfrac{2F_{BC}}{3+F_{BC}}=\dfrac{2\times1}{3+1}=0.50$

표 3.10 (계속)

<table>
<tr><th>단계</th><th>요 약</th><th>예 제</th></tr>
<tr><td>7</td><td>표 3.10을 이용하여 방향별로 각 지점에서 고정단모멘트를 계산한다.
부호규약(시계방향이 양, 반시계방향이 음)에 주의하여 일관성을 유지한다.
하중조건은 1단계에서 설정된 독립적인 지간을 근간으로 하고 모든 단부는 고정이다.</td><td>W = 2 kN/m
A B
L = 20 m
a = 6 m b = 9 m
14 kN
B C
L = 15 m
$M_{AB} = \frac{WL^2}{12} = -\frac{(2\ \text{kN/m})(20\ \text{m})^2}{12} = -66.67\ \text{kN}\cdot\text{m}$
$M_{BA} = \frac{WL^2}{12} = -\frac{(2\ \text{kN/m})(20\ \text{m})^2}{12} = -66.67\ \text{kN}\cdot\text{m}$
$M_{BC} = \frac{pb^2a}{L^2} = -\frac{(14\ \text{kN})(9\ \text{m})^2(6\ \text{m})}{(15\ \text{m})^2} = -30.24\ \text{kN}\cdot\text{m}$
$M_{CB} = \frac{pb^2b}{L^2} = -\frac{(14\ \text{kN})(6\ \text{m})^2(9\ \text{m})}{(15\ \text{m})^2} = -20.16\ \text{kN}\cdot\text{m}$</td></tr>
<tr><td>8</td><td>불균형모멘트에 대해서는 적절한 지점분배계수에 의해 산정된 반작용모멘트(countermoment)를 이용하여 균형을 맞춘다. 반작용모멘트 값은 다음과 같다.
• 고정단 : 0
• 내측 지점 : −(불균형량)
• 힌지 지점 : −(불균형량)
• 반고정단 : −(1 − F)(불균형량)
내측 지점에서 불균형량은 균형을 맞추기 위해 각 지점에 추가되어야 할 양을 의미한다. 지점 B에서는 다음과 같다.
불균형량 = $-(M_{BA} + M_{BC})$
불균형량에 음의 부호를 취하고 고려되는 지점의 분배계수에 곱해진다는 것에 주의한다.
외측 힌지 지점에서 모멘트는 0이 되어야 하므로 고정단모멘트(FEM)는 부호에 따라 동일한 값을 더하거나 빼서 균형을 맞춘다.</td><td>모멘트분배표
<table>
<tr><td>지간장</td><td colspan="2">20.0</td><td colspan="2">15.0</td></tr>
<tr><td>EL</td><td colspan="2">0.60</td><td colspan="2">0.30</td></tr>
<tr><td>R</td><td colspan="2">0.03</td><td colspan="2">0.02</td></tr>
<tr><td>지점</td><td>AB</td><td>BA</td><td>BC</td><td>CB</td></tr>
<tr><td>F</td><td>0.00</td><td>1.00</td><td>1.00</td><td>1.00</td></tr>
<tr><td>K</td><td>0.12</td><td>0.09</td><td>0.08</td><td>0.08</td></tr>
<tr><td>D</td><td>1.00</td><td>0.53</td><td>0.47</td><td>0.00</td></tr>
<tr><td>C</td><td>0.50</td><td>0.00</td><td>0.50</td><td>0.50</td></tr>
<tr><td>FEM</td><td>−66.67</td><td>+66.67</td><td>−30.24</td><td>+20.16</td></tr>
<tr><td>균형</td><td>+66.67</td><td>−19.31</td><td>−17.12</td><td>0.00</td></tr>
<tr><td>전달</td><td>0.00</td><td>−33.33</td><td>0.00</td><td>−8.56</td></tr>
<tr><td>균형</td><td>0.00</td><td>−17.66</td><td>−15.66</td><td>0.00</td></tr>
<tr><td>전달</td><td>0.00</td><td>0.00</td><td>0.00</td><td>−7.83</td></tr>
<tr><td>합</td><td>0.00</td><td>+63.03</td><td>−63.02</td><td>+3.77</td></tr>
</table></td></tr>
<tr><td>9</td><td>동일한 부호규약 하에 분배균형모멘트를 지간의 맞은편 지점으로 전달시킨다. 지간 AB에서 AB열 전달모멘트는 M_{BA}에 C_{BA}를 곱하고, BA열 전달모멘트는 M_{AB}에 C_{AB}를 곱하여 산정한다.</td><td>예로서 첫 번째 계산만 보이도록 한다. 첫 번째 균형 :
AB = +66.67 힌지에서 모멘트가 0이므로
$BA = -(M_{BA} + M_{BC})D_{BA} = -(66.67 - 30.24)0.53 = -19.31$
$BC = -(M_{BA} + M_{BC})D_{BC} = -(66.67 - 30.24)0.47 = -17.12$
CB = 0 (고정단)</td></tr>
<tr><td>10</td><td>8단계 및 9단계를 힌지 지점에서 값이 0이 될 때까지 반복한다(고정단에서는 0이 될 수 없음에 유의). 각 열에서 모든 행의 값을 더하여 최종모멘트값을 얻는다.</td><td>첫 번째 전달 :
$AB = (M_{BA})(C_{BA}) = (-19.31)(0) = 0$
$BA = (M_{AB})(C_{AB}) = (-66.67)(0.50) = -33.33$
$BC = (M_{CB})(C_{CB}) = (0.00)(0.50) = 0.00$
$CB = (M_{BC})(C_{BC}) = (-17.12)(0.50) = -8.56$</td></tr>
</table>

표 3.11 다양한 하중 및 경계조건에 대한 고정단모멘트[3.45, 3.47]

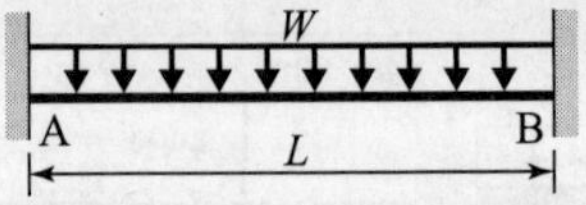 W, A, B, L $-\frac{WL^2}{12}$ $+\frac{WL^2}{12}$	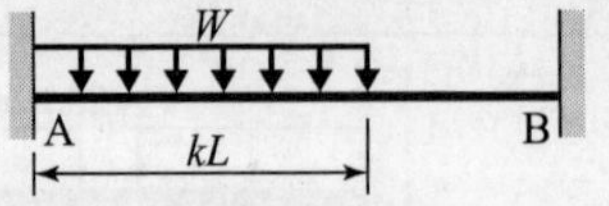 W, A, B, kL $-\frac{WL^2}{12}k^2(6-8k+3k^2)$ $+\frac{WL^2}{12}k^3(4-3k)$	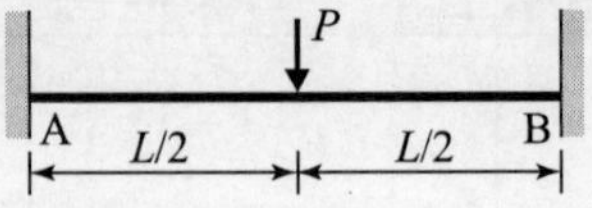 P, A, B, L/2, L/2 $-\frac{PL}{8}$ $+\frac{PL}{8}$
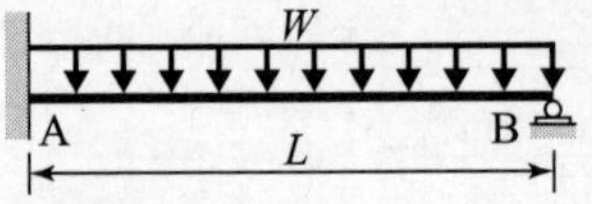 W, A, B, L $-\frac{WL^2}{8}$	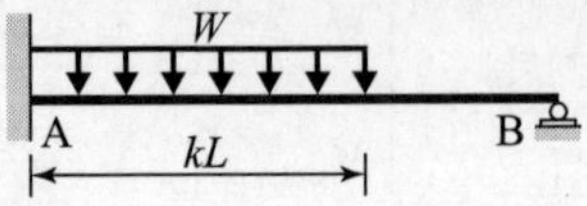 W, A, B, kL $-\frac{WL^2}{8}k^2(4-4k+k^2)$	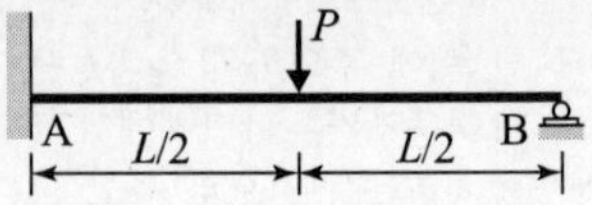 P, A, B, L/2, L/2 $-\frac{3PL}{16}$
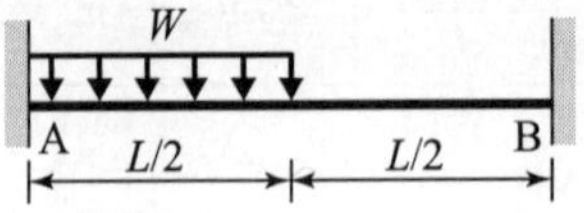 W, A, B, L/2, L/2 $-\frac{11WL^2}{192}$ $+\frac{5WL^2}{192}$	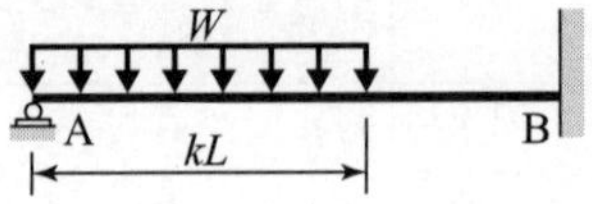 W, A, B, kL $-\frac{WL^2}{8}k^2(2-k^2)$	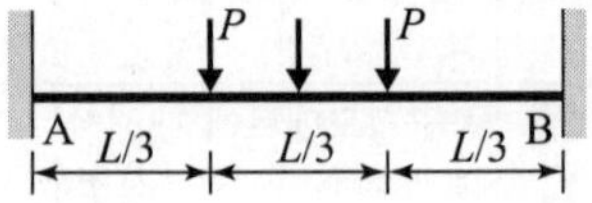 P, P, A, B, L/3, L/3, L/3 $-\frac{2PL}{9}$ $+\frac{2PL}{9}$
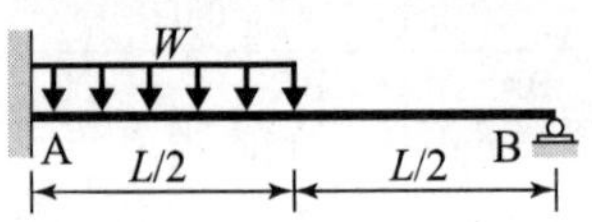 W, A, B, L/2, L/2 $-\frac{9WL^2}{128}$	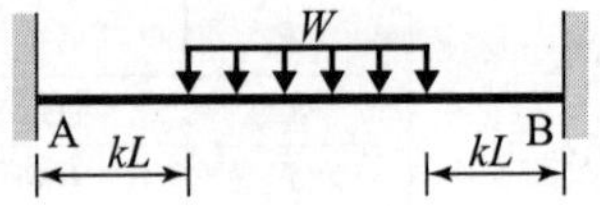 W, A, B, kL, kL $-\frac{WL^2}{12}(1-6k^2+4k^3)$ $+\frac{WL^2}{12}(1-6k^2+4k^3)$	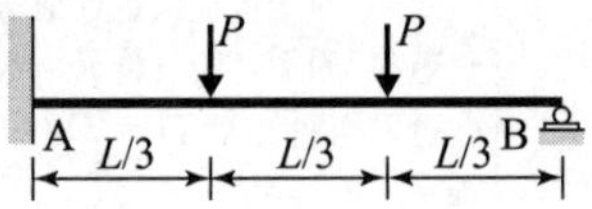 P, P, A, B, L/3, L/3, L/3 $-\frac{PL}{3}$
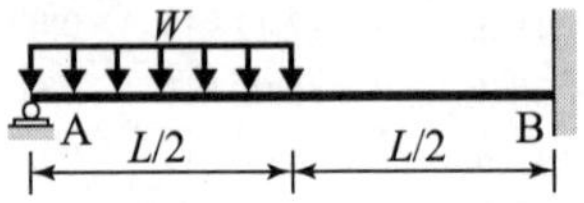 W, A, B, L/2, L/2 $+\frac{7WL^2}{128}$	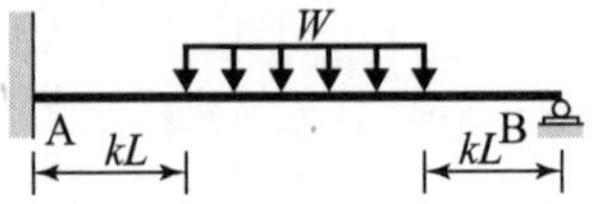 W, A, B, kL, kL $-\frac{WL^2}{8}(1-6k^2+4k^3)$	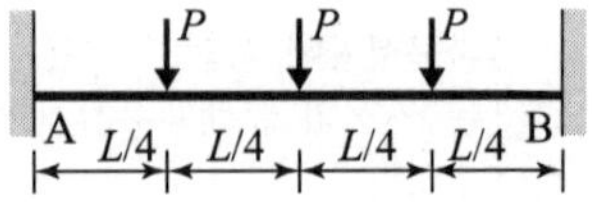 P, P, P, A, B, L/4, L/4, L/4, L/4 $-\frac{15PL}{48}$ $+\frac{15PL}{48}$
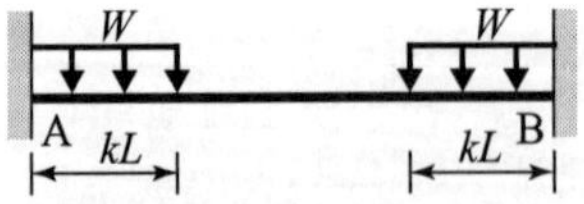 W, W, A, B, kL, kL $-\frac{WL^2}{6}k^2(3-2k)$ $+\frac{WL^2}{6}k^2(3-2k)$	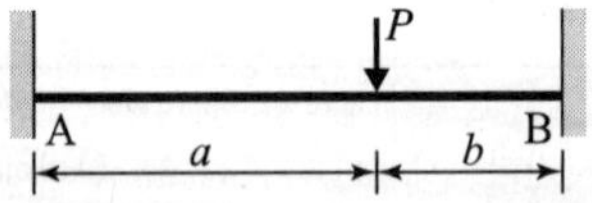 P, A, B, a, b $-\frac{Pb^2a}{L^2}$ $+\frac{Pa^2b}{L^2}$	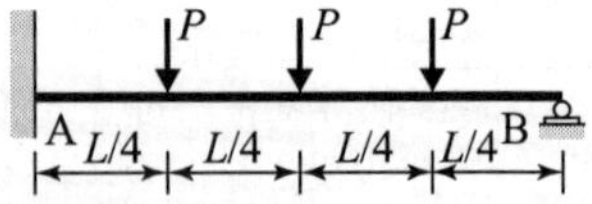 P, P, P, A, B, L/4, L/4, L/4, L/4 $-\frac{45PL}{96}$
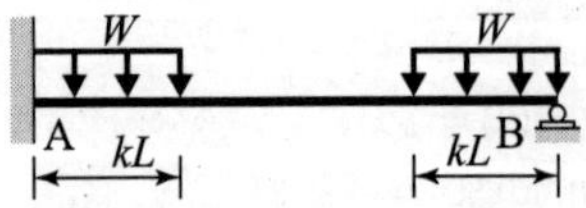 W, W, A, B, kL, kL $-\frac{WL^2}{4}k^2(3-2k)$	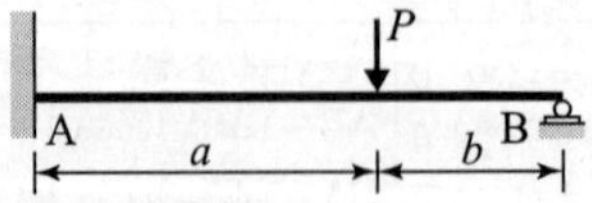 P, A, B, a, b $-\frac{P}{L^2}\left(b^2a+\frac{a^2b}{2}\right)$	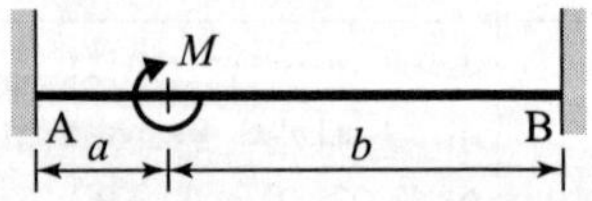 M, A, B, a, b $+\frac{Mb}{L}\left(\frac{3a}{L}-1\right)$ $+\frac{Ma}{L}\left(\frac{3b}{L}-1\right)$

표 3.11 (계속)

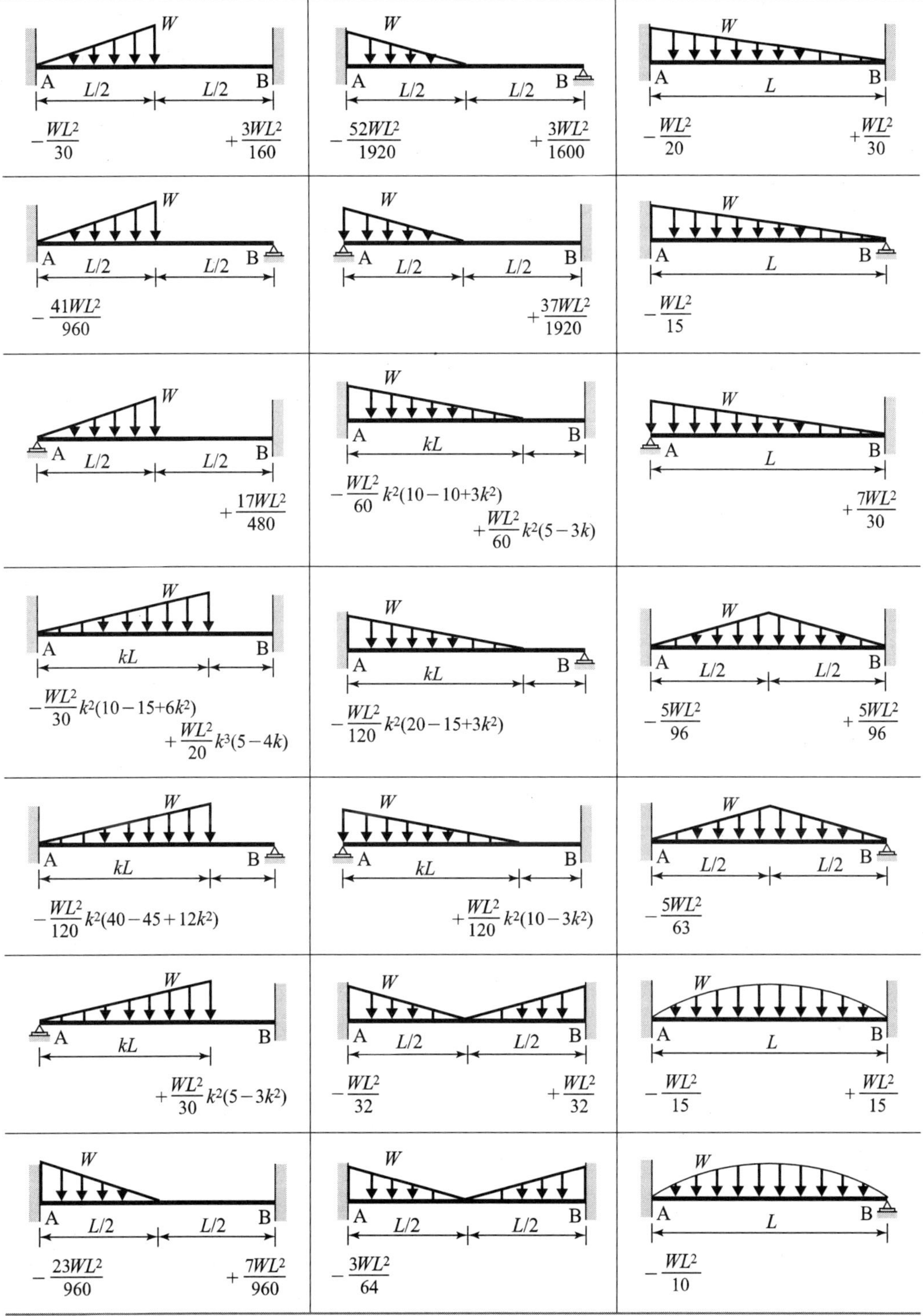
W A L/2 L/2 B
$-\frac{WL^2}{30}$ $+\frac{3WL^2}{160}$
W A L/2 L/2 B
$-\frac{52WL^2}{1920}$ $+\frac{3WL^2}{1600}$
W A L B
$-\frac{WL^2}{20}$ $+\frac{WL^2}{30}$
W A L/2 L/2 B
$-\frac{41WL^2}{960}$
W A L/2 L/2 B
$+\frac{37WL^2}{1920}$
W A L B
$-\frac{WL^2}{15}$
W A L/2 L/2 B
$+\frac{17WL^2}{480}$
W A kL B
$-\frac{WL^2}{60}k^2(10-10+3k^2)$
$+\frac{WL^2}{60}k^2(5-3k)$
W A L B
$+\frac{7WL^2}{30}$
W A kL B
$-\frac{WL^2}{30}k^2(10-15+6k^2)$
$+\frac{WL^2}{20}k^3(5-4k)$
W A kL B
$-\frac{WL^2}{120}k^2(20-15+3k^2)$
W A L/2 L/2 B
$-\frac{5WL^2}{96}$ $+\frac{5WL^2}{96}$
W A kL B
$-\frac{WL^2}{120}k^2(40-45+12k^2)$
W A kL B
$+\frac{WL^2}{120}k^2(10-3k^2)$
W A L/2 L/2 B
$-\frac{5WL^2}{63}$
W A kL B
$+\frac{WL^2}{30}k^2(5-3k^2)$
W A L/2 L/2 B
$-\frac{WL^2}{32}$ $+\frac{WL^2}{32}$
W A L B
$-\frac{WL^2}{15}$ $+\frac{WL^2}{15}$
W A L/2 L/2 B
$-\frac{23WL^2}{960}$ $+\frac{7WL^2}{960}$
W A L/2 L/2 B
$-\frac{3WL^2}{64}$
W A L B
$-\frac{WL^2}{10}$

3.12.4 영향선

연속교 해석을 수행하기 위해서는 구조물에 대한 이동하중을 고려해야 한다. 영향선은 이동하중에 따른 최대 모멘트와 전단력을 결정해주는 유용한 도구가 된다. 영향선 그래프에서 가로축은 구조물의 길이방향을 나타내고, 세로축은 고려되는 위치에서 전단력 또는 모멘트의 크기를 나타낸다.

그림 3.49는 3경간 연속교의 영향선 예를 보이고 있는데, 그래프는 단위 하중이 구조물 길이방향으로 이동할 때 3번 점에서의 휨모멘트의 크기를 나타낸다. 그림 3.49에서 3번 점에서 최대모멘트는 단위 하중이 바로 그 위치에 있을 발생한다는 것을 알 수 있다.

영향선으로부터 실제 모멘트 및 전단력을 계산하는 방식은 하중의 재하방식에 따라 다르다. 만약 집중하중이 재하된다면 영향선 종거값이 바로 사용될 수 있지만, 분포하중이 재하된다면 재하 길이에 해당하는 면적이 사용되어야 한다.

영향선은 그래프법, 가상변위법(method of virtual displacement), 모멘트분배법 등 다양한 방법을 이용하여 작성될 수 있다. 최대 모멘트 또는 전단력의 크기를 결정하기 위해서는 모든 절점에 대한 영향선이 작성되어야 하므로 상당한 반복 작업이 요구된다.

영향선을 작성하는 가장 단순한 방법은 미리 작성된 표를 활용하는 것인데, 다양한 다경간 구조물에 대한 영향선 종거값을 제공하는 기본적인 표가 활용된다. 여기서는 모멘트분배법을 이용한 휨모멘트 영향선 작성 방법에 대해 알아보도록 한다. 이 방법은 3단계로 진행되며 어떤 형식의 연속교에도 적용이 가능하다. 설계예제 3.4와 더불어 그 과정을 보였다.

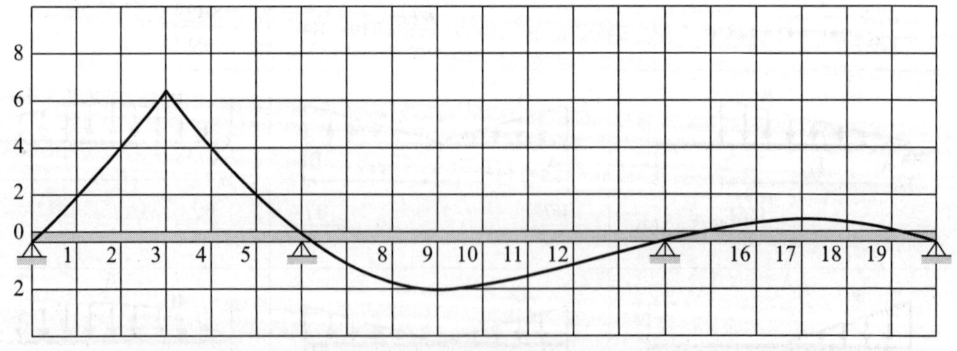

그림 3.49 3경간 연속교 3번 패널점에 휨모멘트 영향선 예

1. 지점모멘트 일반식

첫 단계는 하중이 구조물 어떤 위치에 있을 때 내부 지점부에 대한 모멘트를 산정하는 모멘트지점 일반식을 정립하는 것인데 3.12.3절에 기술된 모멘트분배법이 이용된다.

가정된 크기의 고정단모멘트($M_{\mathrm{BA}}=100$ kN-m)를 첫째 내부지점의 좌측에 재하하고 다른 모든 절점은 회전자유도를 풀어준다($M_{mn}=0$ 여기서, mn은 지점부 위치를 나타낸다). 모멘트분배법에 의한 분배와 전달을 시스템이 평형에 이를 때까지 반복한다. 각 지점에서 분배되거나 전달된 모든 값의 합을 취하는데, 이 값이 이후 모멘트지점 일반식의 계수로 이용된다.

이러한 과정은 첫째 내부지점의 우측에서도 반복된다($M_{\mathrm{BC}}=100$ kN-m). 이 단계가 완성되면 첫째 지점에 대한 필요한 정보가 구축된다. 같은 방법으로 다음 경간에서도 이 과정이 반복된다.

만약 대칭성이 있는 구조물이라면 대칭선 기준 한쪽에 있는 지점에 대해서만 계산하면 된다. 설계예제 3.4에서 동일한 경간장으로 구성된 3경간 교량의 경우 대칭적이기 때문에, 첫째 내부지점에 걸쳐있는 두 경간만 해석하면 된다.

단위 모멘트하중이 재하된 첫째 경간(AB)에 대한 모멘트지점 일반식은 다음과 같다.

$$M_{\mathrm{BA}}=\left(M_{\mathrm{AB}}^{unit}\cdot M_{\mathrm{AB}}^{\mathrm{FEM}}\right)+\left(M_{\mathrm{BA}}^{unit}\cdot M_{\mathrm{BA}}^{\mathrm{FEM}}\right) \qquad \text{식 (3.207)}$$

여기서, M_{BA} : 첫째 내부지점 좌측에 내부지점모멘트

M_{BA}^{unit} : 단위 모멘트 분배에 의한 모멘트

$M_{\mathrm{BA}}^{\mathrm{FEM}}$: 단위 하중 $P=1$을 경간의 한 점에 재하하여 계산된 단부지점 모멘트

첫째 내부지점의 우측 및 나머지 내부지점의 양측에 대해서도 유사한 식이 유도될 수 있다. 식 (3.207)에서 이용되는 단위 모멘트는 첫째 내부지점에서 경간 좌측에 100 kN-m의 모멘트하중을 재하하여 얻어진 모멘트를 의미한다. 첫째 내부지점의 우측 모멘트(M_{BC})에 대한 일반식에서는 단위 모멘트는 지점 B의 우측에 재하된 100 kN-m(모든 다른 지점은 0)로부터 얻어진 모멘트가 된다. 이와 같은 방법이 다른 모든 지점에 대해 반복 수행한다.

2. 단위 하중

지점모멘트식이 완성되면 다음으로 모든 지점에서의 영향선을 작성한다. 영향선은 경간별로 10등분하고, 각 분점에 단위 하중을 재하하며 작성하는데 고정단 모멘트 계산 시 표 3.11을 활용한다.

영향선의 종거값은 표로 작성하는데 표 3.12와 같은 모양을 가진다. 이렇게 작성된 표에는 각 구간별 하중재하 위치에 따른 모든 지점에 대한 영향선 자료가 정리된다. 그러나 표에는 지점에서의 자료만 제공되므로 지간중간에 해당하는 위치에 대한 영향선 자료는 추가적으로 계산되어야 한다.

표 3.12 지점모멘트 일반식에 대한 3등경간 연속교 모멘트 영향선 종거표

단위 하중 위치		경간 1											경간 2									
		A	.1	.2	.3	.4	.5	.6	.7	.8	.9	B	.1	.2	.3	.4	.5	.6	.7	.8	.9	C
경간 1	A	0										0										0
	.1	0										−.026										.007
	.2	0										−.051										.013
	.3	0										−.073										.018
	.4	0										−.090										.022
	.5	0										−.100										.025
	.6	0										−.102										.026
	.7	0										−.095										.024
	.8	0										−.077										.019
	.9	0										−.046										.011
경간 2	B	0										0										0
	.1	0										−.039										−.015
	.2	0										−.064										−.032
	.3	0										−.077										−.049
	.4	0										−.080										−.064
	.5	0										−.075										−.075
	.6	0										−.064										−.080
	.7	0										−.049										−.077
	.8	0										−.032										−.064
	.9	0										−.015										−.039
경간 3	C	0										0										0
	.1	0										.011										−.046
	.2	0										.019										−.077
	.3	0										.024										−.095
	.4	0										.026										−.102
	.5	0										.025										−.100
	.6	0										.022										−.090
	.7	0										.018										−.073
	.8	0										.013										−.051
	.9	0										.007										−.026
	D	0										0										0

3. 경간중간에서의 영향선 자료

경간중간 위치에서 영향선 자료를 구축하기 위한 과정은 다음과 같다.

- 각각의 경간을 단순경간으로 간주하고 각 10등분점에서 휨모멘트를 산정한다.
- 2항에서 산정된 부모멘트를 전경간에 걸쳐 배분시킨 후 단순경간보의 휨모멘트와 합산한다.

설계예제 3.4의 3경간 연속교와 표 3.11을 예로 살펴보도록 하겠다. 단위 하중 “1”이 경간 1의 첫째 10등분점에 재하된다. 경간 1이 단순경간으로 거동한다고 가정하고, 각 10등분점에서 휨모멘트를 계산한다.

경간 AB의 절점 B에서 부모멘트는 전경간에 걸쳐 배분되는데, 표 3.11에 의하면 그 값은 -0.026이 된다. 이 값을 배분하기 위해 이 값의 10분의 1에 해당하는 -0.0026을 취하여 10등분점의 첫째 점에 할당한다. 둘째 점에는(-0.0026×2)만큼을 할당한다.

- $0.1L$ 분점 $= 1\times -0.0026$
- $0.2L$ 분점 $= 2\times -0.0026$
- $0.3L$ 분점 $= 3\times -0.0026$

  ⋮
- $0.9L$ 분점 $= 9\times -0.0026$

각 분점에 할당된 양은 단순경간으로 가정되고, 계산된 모멘트값과 합산되어 표의 가로축 빈칸에 채워져 경간중간의 영향선 자료를 구축하게 된다.

4. 미리 정의된 표

앞서 보았듯이 연속교에 대한 모든 연향선 자료를 구축한다는 것은 매우 반복적이고 지루한 작업이다. 앞서 언급하였듯이 설계자가 참고할 만한 영향선 구축에 대한 다양한 자료가 미리 정의된 표 형식으로 제공되고 있다. AISC에서는 “연속교에 대한 모멘트, 전단력 그리고 반력”을 출판하였는데, 그 초판은 1959년에 발간되었고 이후 1983년에 개정판이 나왔다.[3.49] 이 문헌은 다양한 연속교 형식에 대한 영향선 작성에 대한 정보를 제공한다.

일반적인 연속교 영향선 작성뿐만 아니라 AISC에서는 AASHTO HS-20-44하중에 대한 최대 반력, 전단력 그리고 모멘트를 결정할 수 있는 자료를 표를 통해 제공하고 있다. 이 표는 다양한 연속교 형식에 적용이 가능하여 설계자가 AASHTO 하중에 대한 영향선을 작성하는데 많은 도움을 준다.

AISC의 표를 이용하고자 할 때, 설계자는 축하중(axle load) 또는 윤하중(wheel load) 중에서 어느 하중이 활용되는지 확인하여야 한다. AASHTO LRFD에서 축하중이 활용되지만 그 이전의 AASHTO Standard에서는 윤하중이 활용된다.

어떠한 문헌자료라 하더라도 모든 가능한 경간에 대한 모든 자료를 제공한다는 것은 불가능하므로 설계자의 노력에 의해 직접 영향선 작성되는 경우가 많다. 컴퓨터 프로그램을 이용하면 단순 수계산의 단점을 극복할 수 있지만 설계자는 이러한 유용한 표를 항상 잘 활용하여 검토를 수행할 수 있도록 해야 한다. 본 문헌에서 일관성 있게 언급하고 있듯이, 모든 컴퓨터 프로그램에 의한 결과는 수계산에 의해 검토되어야 한다. 미리 작성된 표를 통해 컴퓨터 프로그램으로 얻은 결과를 간단하게 검토해볼 수 있다.

5. 영향선 활용

영향선 자체는 전단력도나 모멘트도를 직접적으로 제공하지 않는다. 영향선은 전단력도 또는 모멘트도를 작성할 때 필요한 종거값을 제공해줄 뿐이다. 예로 표 3.13에 주어진 모멘트 영향선 정보에서 각 행은 휨모멘트도 작성을 위한 종거값을 제공한다. 즉, 첫 행에 보인 값들은 첫 경간 지점 A에서 경간 길이의 10분의 1만큼 떨어져 있는 거리에 단위 하중이 재하되었을 때 휨모멘트도의 종거값을 의미한다. 대칭성을 고려하여 셋째 경간에 대한 열은 표에 제공되지 않았다.

진하게 표시된 대각 항은 주어진 단위 집중하중에 의해 발생 가능한 최대 종거값을 나타낸다. 예를 들어, 단위 하중이 첫 경간 0.3 위치에 있다면 최대 종거값은 0.188이 된다.

영향선으로부터 전단력도 또는 모멘트도를 작성하는 방법은 보가 집중하중을 받는지 또는 분포하중을 받는지에 따라 달라진다. 영향선으로부터 전단력도 또는 모멘트도를 작성하기 위해서는 다음의 규칙을 고려해야 한다.[3.49]

표 3.13 작성 완료된 3등경간 연속교 모멘트 영향선 종거표

단위 하중 위치		경간 1											경간 2									
		A	.1	.2	.3	.4	.5	.6	.7	.8	.9	B	.1	.2	.3	.4	.5	.6	.7	.8	.9	C
경간 1	A	0	0	0	0	0	0	0	0	0	0	0	0	0	0	0	0	0	0	0	0	0
	.1	0	.087	.075	.062	.049	.037	.024	.012	−.001	−.014	−.026	−.023	−.020	−.017	−.013	−.010	−.007	−.003	.000	.003	.007
	.2	0	.075	.150	.125	.100	.074	.049	.024	−.001	−.026	−.051	−.045	−.038	−.032	−.026	−.019	−.013	−.006	.000	.006	.013
	.3	0	.063	.125	.188	.151	.114	.076	.039	.002	−.036	−.073	−.064	−.055	−.046	−.036	−.027	−.018	−.009	.000	.009	.018
	.4	0	.051	.102	.153	.204	.155	.106	.057	.008	−.041	−.090	−.078	−.067	−.056	−.045	−.034	−.022	−.011	.000	.011	.022
	.5	0	.040	.080	.120	.160	.200	.140	.080	.020	−.040	−.100	−.088	−.075	−.063	−.050	−.038	−.025	−.013	.000	.013	.025
	.6	0	.030	.060	.089	.119	.149	.179	.108	.038	−.032	−.102	−.090	−.077	−.064	−.051	−.038	−.026	−.013	.000	.013	.026
	.7	0	.021	.041	.061	.082	.102	.123	.143	.064	−.016	−.095	−.083	−.071	−.060	−.048	−.036	−.024	−.012	.000	.012	.024
	.8	0	.012	.025	.037	.049	.062	.074	.086	.099	.011	−.077	−.067	−.058	−.048	−.038	−.029	−.019	−.010	.000	.010	.019
	.9	0	.003	.006	.009	.022	.027	.033	.038	.044	.049	−.046	−.040	−.034	−.029	−.023	−.017	−.011	−.006	.000	.006	.011
경간 2	B	0	0	0	0	0	0	0	0	0	0	0	0	0	0	0	0	0	0	0	0	0
	.1	0	−.004	−.008	−.012	−.016	−.020	−.023	−.027	−.031	−.035	−.039	.053	.046	.038	.031	.023	.015	.007	.000	−.007	−.015
	.2	0	−.006	−.013	−.019	−.026	−.032	−.038	−.045	−.051	−.058	−.064	.019	.102	.086	.069	.052	.035	.018	.002	−.015	−.032
	.3	0	−.008	−.015	−.023	−.031	−.039	−.046	−.054	−.062	−.064	−.077	−.004	.069	.141	.114	.087	.060	.033	.005	−.022	−.049
	.4	0	−.008	−.016	−.024	−.032	−.040	−.048	−.056	−.064	−.072	−.080	−.018	.043	.105	.166	.128	.090	.051	.013	−.026	−.064
	.5	0	−.008	−.015	−.023	−.030	−.038	−.045	−.053	−.060	−.068	−.075	−.025	.025	.075	.125	.175	.125	.075	.025	−.025	−.075
	.6	0	−.006	−.013	−.019	−.026	−.032	−.038	−.045	−.051	−.058	−.064	−.026	.013	.051	.090	.128	.166	.105	.043	−.018	−.080
	.7	0	−.005	−.010	−.015	−.020	−.025	−.029	−.034	−.039	−.044	−.049	−.022	.005	.033	.060	.087	.114	.141	.069	−.004	−.077
	.8	0	−.003	−.006	−.010	−.013	−.016	−.019	−.022	−.026	−.029	−.032	−.015	.002	.018	.035	.052	.069	.086	.102	.019	−.064
	.9	0	−.002	−.003	−.005	−.006	−.008	−.009	−.011	−.012	−.014	−.015	−.007	.000	.008	.015	.023	.031	.038	.046	.053	−.039
경간 3	C	0	0	0	0	0	0	0	0	0	0	0	0	0	0	0	0	0	0	0	0	0
	.1	0	.001	.002	.003	.005	.006	.007	.008	.009	.010	.011	.006	.000	−.006	−.011	−.017	−.023	−.029	−.034	−.040	−.046
	.2	0	.002	.004	.006	.008	.010	.012	.013	.015	.017	.019	.010	.000	−.010	−.019	−.029	−.038	−.048	−.058	−.067	−.077
	.3	0	.002	.005	.007	.010	.012	.014	.017	.019	.021	.024	.012	.000	−.012	−.024	−.036	−.048	−.060	−.071	−.083	−.095
	.4	0	.003	.005	.008	.010	.013	.015	.018	.021	.023	.026	.013	.000	−.013	−.026	−.038	−.051	−.064	−.077	−.090	−.102
	.5	0	.003	.005	.008	.010	.013	.015	.018	.020	.023	.025	.013	.000	−.013	−.025	−.038	−.050	−.063	−.075	−.088	−.100
	.6	0	.002	.005	.007	.009	.011	.013	.016	.018	.020	.022	.011	.000	−.011	−.022	−.034	−.045	−.056	−.067	−.078	−.090
	.7	0	.002	.004	.006	.007	.009	.011	.013	.015	.016	.018	.009	.000	−.010	−.018	−.027	−.036	−.046	−.055	−.064	−.073
	.8	0	.001	.003	.004	.005	.006	.008	.009	.010	.012	.013	.006	.000	−.006	−.013	−.019	−.026	−.032	−.038	−.045	−.051
	.9	0	.001	.001	.002	.003	.003	.004	.005	.005	.006	.007	.003	.000	−.003	−.007	−.010	−.013	−.017	−.020	−.023	−.026
	D	0	0	0	0	0	0	0	0	0	0	0	0	0	0	0	0	0	0	0	0	0

표 3.14 설계예제 3.4에서 지점 B 영향선 종거값에 대한 스프레드시트

위치		a	b	Equation 1	Equation 2	FEM 1	FEM 2	COEFF 1	COEFF 2	M
경간 1	A	1.0	0.0	0	0	0	0	0	0	0
	1	0.9	0.1	0	$b^2a+0.50a^2b$	0	0.0495	0	−0.532	−0.0263
	2	0.8	0.2	0	$b^2a+0.50a^2b$	0	0.0960	0	−0.532	−0.0511
	3	0.7	0.3	0	$b^2a+0.50a^2b$	0	0.1365	0	−0.532	−0.0726
	4	0.6	0.4	0	$b^2a+0.50a^2b$	0	0.1680	0	−0.532	−0.0894
	5	0.5	0.5	0	$b^2a+0.50a^2b$	0	0.1875	0	−0.532	−0.0998
	6	0.4	0.6	0	$b^2a+0.50a^2b$	0	0.1920	0	−0.532	−0.1021
	7	0.3	0.7	0	$b^2a+0.50a^2b$	0	0.1785	0	−0.532	−0.0950
	8	0.2	0.8	0	$b^2a+0.50a^2b$	0	0.1440	0	−0.532	−0.0766
	9	0.1	0.9	0	$b^2a+0.50a^2b$	0	0.0855	0	−0.532	−0.0455
경간 2	B	0.0	1.0	0	0	0	0	0	0	0
	11	0.1	0.9	$-b^2a$	$+a^2b$	−0.0810	0.0090	0.468	−0.133	−0.0391
	12	0.2	0.8	$-b^2a$	$+a^2b$	−0.1280	0.0320	0.468	−0.133	−0.0642
	13	0.3	0.7	$-b^2a$	$+a^2b$	−0.1470	0.0630	0.468	−0.133	−0.0772
	14	0.4	0.6	$-b^2a$	$+a^2b$	−0.1440	0.0960	0.468	−0.133	−0.0802
	15	0.5	0.5	$-b^2a$	$+a^2b$	−0.1250	0.1250	0.468	−0.133	−0.0751
	16	0.6	0.4	$-b^2a$	$+a^2b$	−0.0960	0.1440	0.468	−0.133	−0.0641
	17	0.7	0.3	$-b^2a$	$+a^2b$	−0.0630	0.1470	0.468	−0.133	−0.0490
	18	0.8	0.2	$-b^2a$	$+a^2b$	−0.0320	0.1280	0.468	−0.133	−0.0320
	19	0.9	0.1	$-b^2a$	$+a^2b$	−0.0090	0.0810	0.468	−0.133	−0.0150
경간 3	C	0.0	1.0	0	0	0	0	0	0	0
	21	0.1	0.9	$-(b^2a+0.50a^2b)$	0	−0.0855	0	−0.133	0	0.0114
	22	0.2	0.8	$-(b^2a+0.50a^2b)$	0	−0.1440	0	−0.133	0	0.0192
	23	0.3	0.7	$-(b^2a+0.50a^2b)$	0	−0.1785	0	−0.133	0	0.0237
	24	0.4	0.6	$-(b^2a+0.50a^2b)$	0	−0.1920	0	−0.133	0	0.0255
	25	0.5	0.5	$-(b^2a+0.50a^2b)$	0	−0.1875	0	−0.133	0	0.0249
	26	0.6	0.4	$-(b^2a+0.50a^2b)$	0	−0.1680	0	−0.133	0	0.0223
	27	0.7	0.3	$-(b^2a+0.50a^2b)$	0	−0.1365	0	−0.133	0	0.0182
	28	0.8	0.2	$-(b^2a+0.50a^2b)$	0	−0.0960	0	−0.133	0	0.0128
	29	0.9	0.1	$-(b^2a+0.50a^2b)$	0	−0.0495	0	−0.133	0	0.0066
	D	0.0	1.0	0	0	0	0	0	0	0

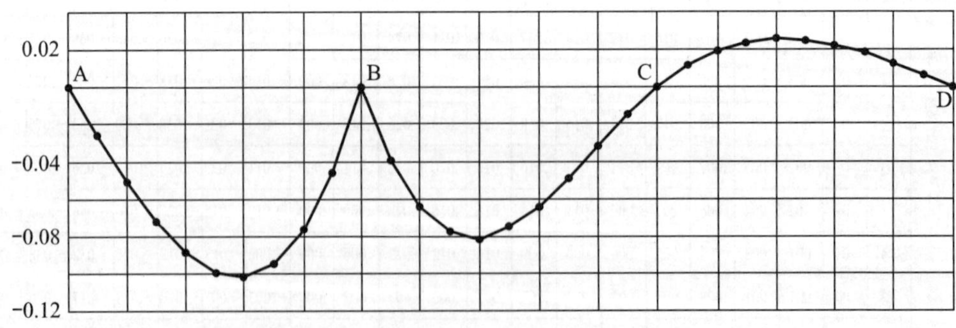

그림 3.50 설계예제 3.4에서 지점 B 영향선 종거값에 대한 그래프

집중하중에 의한 반력 및 전단력

집중하중에 의한 반력 또는 전단력을 산정하기 위해서는 집중하중의 크기에 해당 종거값을 곱한다. 경간장이 동일한 3경간 연속구조에 대한 반력 및 전단력의 종거값은 표 3.15에 보였다.

표 3.15 3등경간교에 대한 반력 및 전단력 영향선 종거

단위 하중 위치		반력				전단력					
		R_A	R_B	R_C	R_D	V_{AB}	V_{BA}	V_{BC}	V_{CB}	V_{CD}	V_{DC}
경간 1	A	1.0	0	0	0	1.0	0	0	0	0	0
	.1	.8736	.1594	−.0396	.0066	.8736	−.1264	.0330	.0330	−.0066	−.0066
	.2	.7488	.3152	−.0768	.0128	.7488	−.2512	.0640	.0640	−.0128	−.0128
	.3	.6272	.4638	−.1092	.0182	.6272	−.3728	.0910	.0910	−.0182	−.0182
	.4	.5104	.6016	−.1344	.0224	.5104	−.4896	.1120	.1120	−.0224	−.0224
	.5	.4000	.7250	−.1500	.0250	.4000	−.6000	.1250	.1250	−.0250	−.0250
	.6	.2976	.8304	−.1536	.0256	.2976	−.7024	.1280	.1280	−.0256	−.0256
	.7	.2048	.9142	−.1428	.0238	.2048	−.7952	.1190	.1190	−.0238	−.0238
	.8	.1232	.9728	−.1152	.0192	.1232	−.8768	.0960	.0960	−.0192	−.0192
	.9	.0544	1.0026	−.0684	.0114	.0544	−.9456	.0570	.0570	−.0114	−.0114
경간 2	B	0	1.0	0	0	0	−1.0/0	0/1.0	0	0	0
	.1	−.0390	.9630	.0910	−.0150	−.0390	−.0390	.9240	−.0760	.0150	.0150
	.2	−.0640	.8960	.2000	−.0320	−.0640	−.0640	.8320	−.1680	.0320	.0320
	.3	−.0770	.8050	.3210	−.0490	−.0770	−.0770	.7280	−.2720	.0490	.0490
	.4	−.0800	.6960	.4480	−.0640	−.0800	−.0800	.6160	−.3840	.0640	.0640
	.5	−.0750	.5750	.5750	−.0750	−.0750	−.0750	.5000	−.5000	.0750	.0750
	.6	−.0640	.4480	.6960	−.0800	−.0640	−.0640	.3840	−.6160	.0800	.0800
	.7	−.0490	.3210	.8050	−.0770	−.0490	−.0490	.2720	−.7280	.0770	.0770
	.8	−.0320	.2000	.8960	−.0640	−.0320	−.0320	.1680	−.8320	.0640	.0640
	.9	−.0150	.0910	.9630	−.0390	−.0150	−.0150	.0760	−.9240	.0390	.0390
경간 3	C	0	0	1.0	0	0	0	0	−1.0/0	0/1.0	0
	.1	.0114	−.0684	1.0026	.0544	.0114	.0114	−.0570	−.0570	.9456	−.0544
	.2	.0192	−.1152	.9728	.1232	.0192	.0192	−.0960	−.0960	.8763	−.1232
	.3	.0238	−.1428	.9142	.2048	.0238	.0238	−.1190	−.1190	.7952	−.2048
	.4	.0256	−.1536	.8304	.2976	.0256	.0256	−.1280	−.1280	.7024	−.2976
	.5	.0250	−.1500	.7250	.4000	.0250	.0250	−.1250	−.1250	.6000	−.4000
	.6	.0224	−.1344	.6016	.5104	.0224	.0224	−.1120	−.1120	.4896	−.5104
	.7	.0182	−.1092	.4638	.6272	.0182	.0182	−.0910	−.0910	.3728	−.6272
	.8	.0128	−.0768	.3152	.7488	.0126	.0126	−.0640	−.0640	.2512	−.7488
	.9	.0066	−.0396	.1594	.8736	.0066	.0066	−.0330	−.0330	.1264	−.8736
	D	0	0	0	1.0	0	0	0	0	0	−1.0

분포하중에 의한 반력 및 전단력

일정크기 분포하중에 의한 반력 또는 전단력을 산정하기 위해서는 분포하중(단위 길이당 하중)의 크기와 짧은 쪽 경간장을 곱한 값에 영향선 아래 면적을 다시

곱한다. 3등경간 교량에 대한 반력 및 전단력 영향선 아래 면적을 다시 곱한다. 3등경간 교량에 대한 반력 및 전단력 영향선 아래면적은 표 3.16에 보였다.

표 3.16 3등경간교에 대한 반력 및 전단력 영향선 면적

면적	반력				전단력					
	R_A	R_B	R_C	R_D	V_{AB}	V_{BA}	V_{BC}	V_{CB}	V_{CD}	V_{DC}
+면적	.4500	1.2000	1.2000	.4500	.4500	.0167	.5833	.0833	.6167	.0500
−면적	−.0500	−.1000	−.1000	−.0500	−.0500	−.6167	−.0833	−.5833	−.0167	−.4500
합계	.4000	1.1000	1.1000	.4000	.4000	−.6000	.5000	−.5000	.6000	−.4000

집중하중에 의한 모멘트

집중하중에 의한 모멘트를 산정하기 위해서 집중하중의 크기와 짧은 쪽 경간장을 곱한 후 해당 종거값을 다시 곱한다.

분포하중에 의한 모멘트

분포하중에 의한 모멘트를 산정하기 위해서는 분포하중(단위 길이당 하중)의 크기와 짧은 쪽 경간장 제곱을 곱한 후에 해당되는 영향선 면적값을 다시 곱한다. 등경간 3연속구조에 대한 모멘트 영향선 면적을 표 3.17에 보였다.

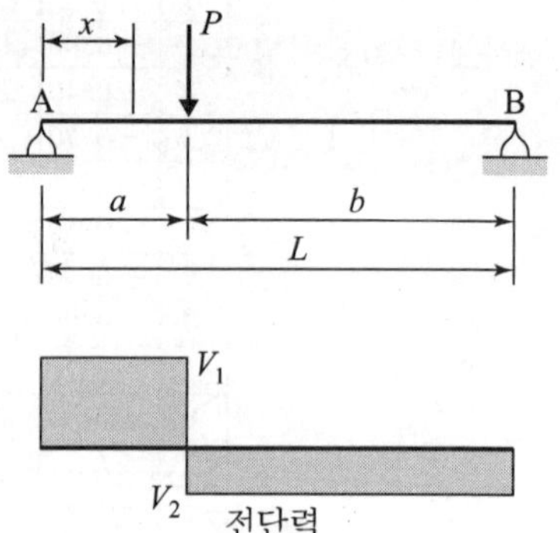

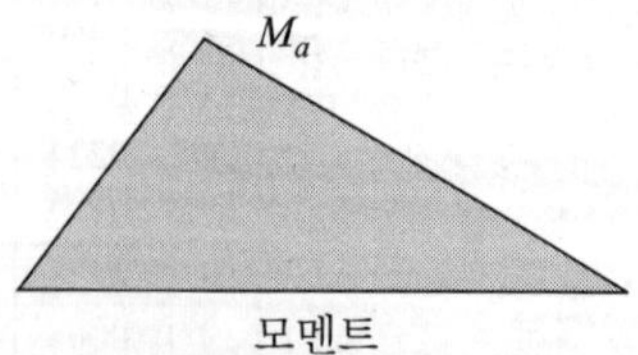

$V_1 = R_A = \dfrac{P \cdot b}{L}$ $\qquad V_2 = R_B = \dfrac{P \cdot a}{L}$

$M_x = \dfrac{P \cdot b \cdot x}{L}$ $\qquad x > a$일 경우

단순보의 전단력과 모멘트

구체적인 패널점에 대해 취해진 면적은 영향선 종거의 열에 의해 정의된다. 예를 들어, 표 3.12에서 종거값의 첫 열(즉, 0, .087, .075, .063, ⋯, .002, .001, .001, 0)에 의해 정의된 곡선이 해당 면적을 위해 계산된다. 이와 같은 방식으로 분포하중에 의한 모멘트 계산에 활용될 수 있는 표들이 다수 제공되고 있다.

일단의 점들로 정의된 곡선 하의 면적을 계산하는 다양한 방법이 있다. 가장 기본적인 방법은 곡선으로 둘러싸인 면을 사각형과 삼각형으로 분해한 다음 각

표 3.17 3등경간교에 대한 모멘트 영향선 면적

면적	경간 1											경간 2									
	A	.1	.2	.3	.4	.5	.6	.7	.8	.9	B	.1	.2	.3	.4	.5	.6	.7	.8	.9	C
+면적	0	.040	.070	.090	.100	.100	.090	.070	.040	.020	.017	.015	.030	.055	.070	.075	.070	.055	.030	.015	.017
−면적	0	−.005	−.010	−.015	−.020	−.025	−.030	−.035	−.040	−.065	−.117	−.070	−.050	−.050	−.050	−.050	−.050	−.050	−.050	−.070	−.117
합계	0	.035	.060	.075	.080	.075	.060	.035	.000	−.045	−.100	−.055	−.020	.005	.020	.025	.020	.005	−.020	−.055	−.100

도형의 면적을 합산하는 것이다. 또 다른 방법으로 영향선 종거값을 입력한 후 스프레드시트 프로그램 또는 수학 패키지 프로그램을 활용하는 방법이 있다. 컴퓨터 프로그램의 사용이 어려울 경우, 다음에 소개되는 수계산 방법을 사용한다. 이 방법은 단순하면서도 빠른 결과를 제공한다.

6. 영향선 아래 면적계산

종거법(method of coordinate)은 주어진 영향선 하의 면적을 계산하는 간결하고 효과적인 방법으로서 일반 측량 등에 다양하게 이용되고 있다. 이름에서 유추할 수 있듯이 이 방법에서 영향선 면적은 x, y 좌표값을 이용하여 계산된다.

좌표값에서 x축은 경간방향의 길이(예를 들면 0.1, 0.2, 0.3, …)를 의미하고 y축은 해당위치에서 영향선의 종거값을 나타낸다.[3.47] 일반화된 식으로 표현하면 다음과 같다.

$$A = \left| \frac{1}{2} \left[\sum_{i=1}^{n} y_i (x_{i-1} - x_{i+1}) \right] \right| \qquad \text{식 (3.208)}$$

각 좌표값을 다음과 같이 배열하여 계산하는 것이 더욱 간편하다.

x_1 x_2 x_3 x_4 x_1
y_1 y_2 y_3 y_4 y_1

여기서, 보인 예는 4개의 점으로 구성된 곡선이다. 이 방식을 식으로 표현하면 다음과 같다.

$$A = \left| \frac{1}{2} \left(\sum \text{Full line products} - \sum \text{Dotted line products} \right) \right| \qquad \text{식 (3.209)}$$

식 (3.194)에서 4개 점을 취하고, 절대값으로 표현하면 다음과 같다.

$$0.50|(x_1y_2 + x_2y_3 + x_3y_4 + x_4y_1) - (x_2y_1 + x_3y_2 + x_4y_3 + x_1y_4)|$$

위에서 보였듯이 종거법은 상대적으로 간결하게 영향선 면적을 계산할 수 있는 방법이다. 정모멘트구간에서 모든 면적을 계산하고, 부모멘트구간에서 모든 면적을 계산한 후 두 면적을 합산하면 전 경간에 대한 총면적을 산출할 수 있다.

산출된 총면적은 절대값으로 표현되지 않는다는 것에 주의해야 한다. 정모멘트구간에서의 면적은 양의 값을, 부모멘트구간에서의 면적은 음의 값을 가진다. 그러므로 부모멘트구간에서의 면적이 더 크다면 총면적은 음의 값을 가질 수 있다.

앞서 언급하였듯이 다양한 다른 방법을 사용하더라도 같은 결과를 얻을 수 있다. 직선으로 연결된 다이어그램일 경우 사다리꼴 공식(trapezoidal rule)이 이용될 수 있고, 경계가 곡선으로 구성된 경우 심슨 공식(Simpson's rule)이 많이 이용된다. 더 상세한 사항에 대해서는 참고문헌[3.47]에 소개한 토목공학 일반 문헌을 참조하기 바란다.

7. 결론

영향선 작성과 관련하여 지금까지 단순반복적인 작업이라는 말이 자주 언급되었다. 컴퓨터프로그램 등을 활용하는 설계사의 경우 크게 문제되지 않겠지만, 학생 또는 프로그램 경험이 없는 초보 엔지니어에게 있어 제한된 시간 안에 설계를 완료하기 위해서는 영향선작성 능력을 갖추는 것은 매우 중요하다고 할 수 있다.

"훌륭한 목수는 자기연장을 자유자재로 다룬다"라는 말은 설계엔지니어의 경우에도 적용된다. 오늘날 컴퓨터를 사용하지 않는 설계엔지니어는 없다고 할 수 있다. 훌륭한 목수처럼 교량설계자는 교량설계 전용이 아닐지라도 컴퓨터 프로그램을 최대한 활용할 수 있어야 한다.

표 3.14를 통해 알 수 있듯이, 영향선 작성은 스프레드시트 프로그램 등을 활용하면 간단하게 이루어질 수 있다. 대형 설계사에서 진행되는 설계 중에서도 구조계산이 완전히 수계산으로만 수행되는 경우도 있다. 교량전용 설계프로그램이 없다고 한탄하면서 기존 수계산 방식을 고집하기보다는 훌륭한 목수처럼 가장 단순한 도구라 할지라도 최대한 활용하도록 노력해야 한다. 스프레드시트 또는 매스캐드(MathCAD) 같은 프로그램이 이러한 도구에 해당된다. 강력한 그래프 및 자동화 기능을 제공하는 윈도우 스프레드시트 프로그램은 최대한 활용되어야 하겠지만 수계산 수행방법 또한 교량설계자가 가져야 할 기본적인 기량이라 할 수 있다. 이러한 기본적인 기량이 없이 교량설계를 위한 프로그램을 단순히 수행하는 것은 위험할 수 있다.

예제 3.4 3경간 연속교 영향선

문제 3경간연속교 휨모멘트에 대한 영향선 종거표를 작성하라. 단, 세 경간장은 모두 동일하다.

조건 구조물은 다음 그림과 같다.

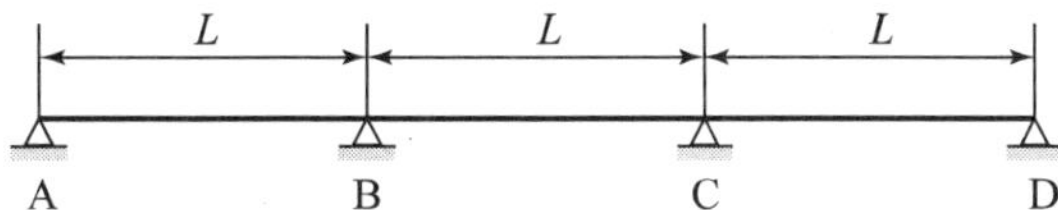

STEP 1 각 보를 독립적인 경간으로 분리하고, 단위 모멘트 100을 경간 AB의 단부에 재하한다.

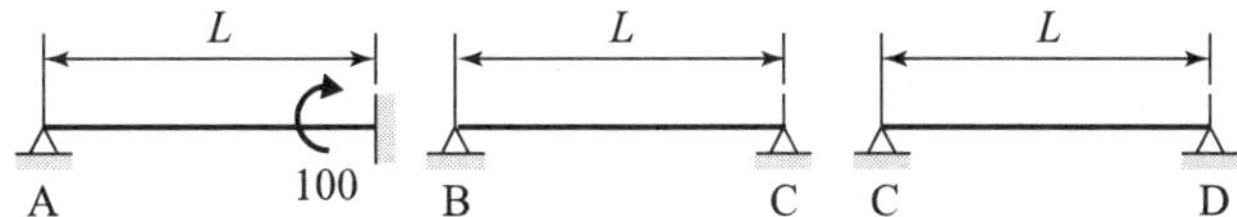

해설 3경간 구조물은 세 개의 독립적인 경간 AB, BC, CD로 분리된다. 단위 모멘트 100이 AB경간의 오른쪽 지점 B에 재하한다. 다른 모든 지점은 회전이 가능하여 고정단모멘트는 0(zero)이 된다. 시계방향을 양의 모멘트로 정의한 부호규약을 상기하라.

STEP 2 각 경간의 상대강성을 계산한다.

$$R_{AB} = \frac{EI}{L} = \frac{(1)(1)}{L} = \frac{1}{L} = R_{BA} = R_{BC} = R_{CB} = R_{CD} = R_{DC} = R$$

해설 영향선 종거 자료를 작성함에 있어 단면과 재료특성은 길이에 따라 변하지 않고 일정하다고 가정하고 탄성계수 E와 단면 2차 모멘트 I에는 각각 단위값을 부여하였다. 본 예제에서는 경간장이 동일하므로 모든 상대강성 또한 같은 값을 가진다. 식 (3.172)에 정의되었듯이 상대강성은 R값으로 표현된다.

STEP 3 각 경간에 대한 고정계수를 계산한다.

$F_{AB}=0$	$F_{BA}=1$	$F_{BC}=1$	$F_{CB}=1$	$F_{CD}=1$	$F_{DC}=0$
단순지지	연속지지	연속지지	연속지지	연속지지	단순지지

해설 모든 연속지지에 대해서는 1을 부여하고 회전이 자유로운 단순지지에는 0을 부여한다.

STEP 4 각 경간에 대한 강성계수를 계산한다.

$K_{AB}=(3+F_{opposite})R=(3+1)R$ $\quad K_{AB}=4R$

$K_{BA}=(3+F_{opposite})R=(3+0)R$ $\quad K_{BA}=3R$

$K_{BC}=(3+F_{opposite})R=(3+1)R$ $\quad K_{BC}=4R$

$K_{CB}=(3+F_{opposite})R=(3+1)R$ $\quad K_{CB}=4R$

$K_{CD}=(3+F_{opposite})R=(3+0)R$ $\quad K_{CD}=3R$

$K_{DC}=(3+F_{opposite})R=(3+1)R$ $\quad K_{DC}=4R$

해설 현재 고려되는 절점과 반대 위치에 있는 절점에 대한 고정계수를 사용하여 계산한다.

STEP 5 각 경간에 대한 분배계수를 계산한다.

$D_{AB}=1$ (단순지지단)

$$D_{BA}=\frac{K_n}{\sum K}=\frac{K_{BA}}{K_{BA}+K_{BC}}=\frac{3R}{3R+4R}=\frac{3}{7}=0.43$$

$$D_{BC}=\frac{K_n}{\sum K}=\frac{K_{BC}}{K_{BA}+K_{BC}}=\frac{4R}{3R+4R}=\frac{4}{7}=0.57$$

$$D_{CB}=\frac{K_n}{\sum K}=\frac{K_{CB}}{K_{CB}+K_{CD}}=\frac{4R}{4R+3R}=\frac{4}{7}=0.57$$

$$D_{CD}=\frac{K_n}{\sum K}=\frac{K_{CD}}{K_{CB}+K_{CD}}=\frac{3R}{4R+3R}=\frac{3}{7}=0.43$$

$D_{DC}=1$ (단순지지단)

해설 분배계수는 STEP 4에서 결정된 강성계수를 이용하여 계산한다. 분배계수 분모는 고려되는 절점에 직접 연결된 모든 경간의 강성계수 합이다. 단순지지의 경우 분배계수는 1을 가진다. 만약 양단 중 하나라도 고정지지라면 분배계수는 0이 된다[식 (3.174)].

STEP 6 각 경간에 대한 전달계수를 계산한다.

$$C_{AB}=\frac{2F_{opposite}}{3+F_{opposite}}=\frac{2F_{BA}}{3+F_{BA}}=\frac{(2)(1)}{3+1}=\frac{2}{4}=0.50$$

$$C_{BA}=\frac{2F_{opposite}}{3+F_{opposite}}=\frac{2F_{AB}}{3+F_{AB}}=\frac{(2)(0)}{3+0}=\frac{0}{3}=0$$

$$C_{BC}=\frac{2F_{opposite}}{3+F_{opposite}}=\frac{2F_{CB}}{3+F_{CB}}=\frac{(2)(1)}{3+1}=\frac{2}{4}=0.50$$

$$C_{\mathrm{CB}} = \frac{2F_{\mathrm{opposite}}}{3+F_{\mathrm{opposite}}} = \frac{2F_{\mathrm{BC}}}{3+F_{\mathrm{BC}}} = \frac{(2)(1)}{3+1} = \frac{2}{4} = 0.50$$

$$C_{\mathrm{CD}} = \frac{2F_{\mathrm{opposite}}}{3+F_{\mathrm{opposite}}} = \frac{2F_{\mathrm{DC}}}{3+F_{\mathrm{DC}}} = \frac{(2)(0)}{3+0} = \frac{0}{3} = 0$$

$$C_{\mathrm{DC}} = \frac{2F_{\mathrm{opposite}}}{3+F_{\mathrm{opposite}}} = \frac{2F_{\mathrm{CD}}}{3+F_{\mathrm{CD}}} = \frac{(2)(1)}{3+1} = \frac{2}{4} = 0.50$$

해설 전달계수는 STEP 3에서 결정된 고정계수를 이용하여 계산한다. 고려되는 절점의 반대편 고정계수가 이용된다는 것에 주의해야 한다. 구조물의 외측 양단에서는 회전이 자유롭기 때문에 고정계수는 0이 되고, 이는 외측 경간의 내부 지점에서 외측 지점으로의 전달계수는 0이 된다는 것을 의미한다. 그 외의 경우 모든 전달계수는 0.5가 된다[식 (3.175)].

STEP 7 모멘트지점계수를 얻기 위해 모멘트분배를 실시한다.

모멘트분배 – 절점 BA에 모멘트 단위 모멘트 100 재하

경간장	L 1 R		L 1 R		L 1 R	
지점	AB	BA	BC	CB	CD	DC
F	0.00	1.00	1.00	1.00	1.00	1.00
K	$4R$	$3R$	$4R$	$4R$	$3R$	$4R$
D	1.00	0.43	0.57	0.57	0.43	1.00
C	0.50	0.00	0.50	0.50	0.00	0.50
FEM	0.00	100.00	0.00	0.00	0.00	0.00
균형	0.00	−43.00	−57.00	0.00	0.00	0.00
전달	0.00	0.00	0.00	−28.50	0.00	0.00
균형	0.00	0.00	0.00	16.24	12.25	0.00
전달	0.00	0.00	8.12	0.00	0.00	0.00
균형	0.00	−3.49	−4.63	0.00	0.00	0.00
전달	0.00	0.00	0.00	−2.31	0.00	0.00
균형	0.00	0.00	0.00	1.32	0.99	0.00
전달	0.00	0.00	0.66	0.00	0.00	0.00
균형	0.00	−0.28	−0.38	0.00	0.00	0.00
전달	0.00	0.00	0.00	−0.19	0.00	0.00
균형	0.00	0.00	0.00	0.11	0.08	0.00
전달	0.00	0.00	0.05	0.00	0.00	0.00
균형	0.00	−0.02	−0.03	0.00	0.00	0.00
전달	0.00	0.00	0.00	−0.01	0.00	0.00
합계	0.00	+53.21	−53.21	−13.34	+13.32	0.00

해설 크기 100의 단위 모멘트를 경간 AB의 지점 B에 재하한다(그 다음 똑같은 단위 모멘트를 경간 BC의 지점 B에 재하한다). 다른 지점에서는 회전이 자유로

우므로 고정단모멘트는 모두 0이 된다.
모멘트분배 시 구조물의 외측 지점 및 내측 지점(경간 BA 및 BC의 공통지점 B 그리고 경간 CB 및 CD의 공통지점 C)에서 균형이 맞춰져야 한다. 모멘트전달은 각각의 경간에서 수행되어야 한다. 예를 들어 경간 AB에서 지점 A에서 B로, 그리고 지점 B에서 A로 전달시킨다. 수평방향 화살표는 균형과정을, 대각선 화살표는 전달과정을 각각 의미한다. 계수 *EI*, *R*, *F*, *K*, *D* 그리고 *C*는 STEP 2에서 6의 과정의 과정을 통해 결정된다. 모멘트분배에 대한 보다 상세한 사항은 3.12.3절 및 표 3.9를 참조한다.
모멘트분배는 7회에 걸친 균형과 전단의 과정을 통해 수렴된다. 다음의 계산과정을 의해 편의상 53.2와 13.3으로 반올림 처리한다. 연속보의 양 단부에서는 모멘트가 0이 되므로 본 예제 구조물의 양단 A 및 D지점에서도 그 값은 0이 됨을 확인할 수 있다.

STEP 8 모멘트지점계수를 얻기 위해 모멘트분배를 실시한다.

모멘트분배 – 절점 BC에 모멘트 단위 모멘트 100 재하

경간장	$\frac{L}{1}$ R		$\frac{L}{1}$ R		$\frac{L}{1}$ R	
지점	AB	BA	BC	CB	CD	DC
F	0.00	1.00	1.00	1.00	1.00	1.00
K	4*R*	3*R*	4*R*	4*R*	3*R*	4*R*
D	1.00	0.43	0.57	0.57	0.43	1.00
C	0.50	0.00	0.50	0.50	0.00	0.50
FEM	0.00	0.00	−100.00	0.00	0.00	0.00
균형	0.00	43.00	57.00	0.00	0.00	0.00
전달	0.00	0.00	0.00	28.50	0.00	0.00
균형	0.00	0.00	0.00	−16.24	−12.25	0.00
전달	0.00	0.00	−8.12	0.00	0.00	0.00
균형	0.00	3.49	4.63	0.00	0.00	0.00
전달	0.00	0.00	0.00	2.31	0.00	0.00
균형	0.00	0.00	0.00	−1.32	−0.99	0.00
전달	0.00	0.00	−0.66	0.00	0.00	0.00
균형	0.00	0.28	0.38	0.00	0.00	0.00
전달	0.00	0.00	0.00	0.19	0.00	0.00
균형	0.00	0.00	0.00	−0.11	−0.08	0.00
전달	0.00	0.00	−0.05	0.00	0.00	0.00
균형	0.00	0.02	0.03	0.00	0.00	0.00
전달	0.00	0.00	0.00	0.01	0.00	0.00
합계	0.00	+46.79	−46.79	+13.34	−13.32	0.00

해설 STEP 7에서 소개된 프로세스가 본 단계에서도 반복 실시된다. 그러나 이번에

는 단위 모멘트 100이 지점 B의 반대편 경간에 재하된다. 부호규약에 의해 재하되는 단위 모멘트의 부호가 바뀐다는 것에 주의해야 한다.

합계를 제외한 각 열에 보인 값의 크기는 STEP 7의 경우와 같고, 각각의 값에 대한 부호만 다르다. 합계의 경우는 절점 CB 및 CD에서는 부호만 반대일 뿐 크기는 동일하지만 절점 BA 및 BC에서의 부호도 반대이고 크기도 서로 다른 값을 보인다. 전과 동일하게 반올림된 값 46.8과 13.3을 취한다.

구조물의 대칭성에 기인하여 절점 CB 및 CD에서 추가적인 모멘트분배는 수행할 필요가 없다. STEP 7 및 8에서 구한 값들이 구조물 내 대칭되는 곳에서는 동일한 계수가 사용된다. 다음 STEP에서는 모멘트지점방정식이 정의될 것이다.

STEP 9 모멘트지점방정식을 정의한다.

STEP 7 및 8에서 구한 다음 모멘트값을 활용한다.

절점 BA에서 100 재하	0.0	+53.2	−53.2	−13.3	+13.3	0.0
절점 BC에서 100 재하	0.0	+46.8	−46.8	+13.3	−13.3	0.0

지점 B에서 영향선 종거를 결정하기 위해 다음 공식을 이용한다.

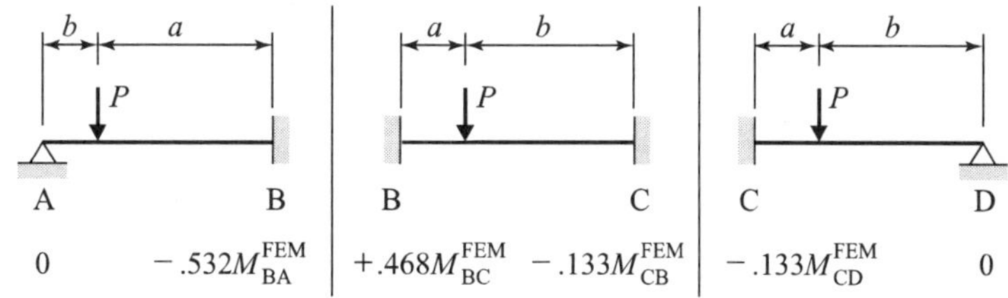

표 3.10으로부터 모정단 모멘트는 다음과 같은 식으로 표현된다.

$$M_{BA}^{FEM} = +\frac{P}{L^2}\left(b^2a + \frac{a^2b}{2}\right)$$

$$M_{BC}^{FEM} = -\frac{Pb^2a}{L^2}$$

$$M_{CB}^{FEM} = +\frac{Pa^2b}{L^2}$$

$$M_{CD}^{FEM} = -\frac{P}{L^2}\left(b^2a + \frac{a^2b}{2}\right)$$

Note :
구조물의 가하특성상, a 및 b는 $0.1/L$ 또는 $0.9/L$처럼 L에 대한 상대적인 값을 사용하고 $P=1$의 단위 하중을 사용하므로 P/L^2항의 생략이 가능하다.
위에 열거된 식에 근거한 지점 B에 대한 영향성 종거값은 표 3.13에 보였고, 그림 3.44에서 그래프로 나타내었다.

해설 모멘트지점방정식을 전개하기 위해서 단위 모멘트 하중 100을 재하한 모멘트 분배 결과를 활용한다. 지점방정식에서 이러한 값들은 단위 모멘트 1을 상정하기 위해 100으로 나눈 값이 사용되는데, 표 3.13 및 그림 3.44에 적용결과를 보였다. 표는 단위 하중 $P=1$이 일정간격으로 전 구조물을 지나가게 하여 얻는 값들로 구성된다. 해당점에 대한 모멘트종거는 고정단모멘트에 해당계수를 곱한 값으로 얻어진다. 하중이 중앙경간에 재하될 때 모멘트종거는 양측으로부터 전달되는 모멘트 및 그에 해당하는 계수와의 곱을 각각 구하여 더하여 계산한다. 대칭성을 활용하여 절점 C에서의 값은 별도로 수행하지 않는다. 표 3.11 및 3.12를 참조한다.

STEP 10 0.1L 지점에서 경간중간 영향성 종거를 계산한다.

먼저 경간중간 0.1/L 지점에서 단순보로서 경간에 대한 모멘트를 계산한다.

$$M_{x=0}=0$$

$$M_{\max}=\frac{Pab}{L}=\frac{(1)(0.1L)(0.9L)}{L}=0.09L$$

$$M_{x=L}=0$$

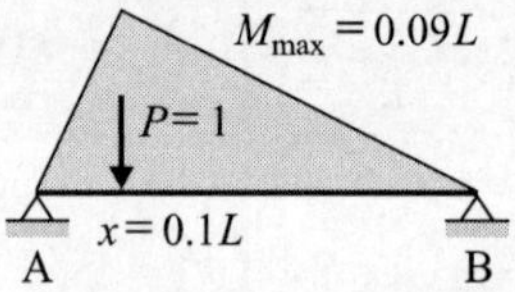

x	0.0	0.1	0.2	0.3	0.4	0.5	0.6	0.7	0.8	0.9	1.0	x
M_x	0.0	0.09	0.08	0.07	0.06	0.05	0.04	0.03	0.02	0.01	0.0	M_x

STEP 9 및 표 3.13으로부터 연속보의 $a=0.1/L$ 지점에서 지점 B에 대한 모멘트 영향선 종거값은 −0.0263이다. 이 값은 다음과 같이 전경간에 배분된다.

$$p=\frac{-0.0263}{10\text{ points}}=-0.00263$$

$M_x=M_{\text{simple}}+np$ 여기서, $n=$경간 내 절점으로 $n=1\sim9$

$$M_{x=0.0}=0.00+(0)(-0.00263)=0.0000$$
$$M_{x=0.1}=0.09+(1)(-0.00263)=0.0874$$
$$M_{x=0.2}=0.08+(2)(-0.00263)=0.0747$$
$$M_{x=0.3}=0.07+(3)(-0.00263)=0.0621$$
$$M_{x=0.4}=0.06+(4)(-0.00263)=0.0494$$
$$M_{x=0.5}=0.05+(5)(-0.00263)=0.0368$$
$$M_{x=0.6}=0.04+(6)(-0.00263)=0.0242$$
$$M_{x=0.7}=0.03+(7)(-0.00263)=0.0116$$
$$M_{x=0.8}=0.02+(8)(-0.00263)=-0.0010$$
$$M_{x=0.9}=0.01+(9)(-0.00263)=-0.0137$$
$$M_{x=1.0}=0.09+(10)(-0.00263)=-0.0263$$

해설 모멘트지점방정식을 전개하기 위해서 단위 모멘트 하중 100을 재하한 모멘트 분배 결과를 활용한다. 지점방정식에서 이러한 값들은 단위 모멘트 1을 상정하기 위해 100으로 나눈 값이 사용되는데, 표 3.13 및 그림 3.44에 적용결과를 보였다. 표는 단위 하중 $P=1$이 일정간격으로 전 구조물을 지나가게 하여 얻는 값들로 구성된다. 해당점에 대한 모멘트종거는 고정단모멘트에 해당계수를 곱한 값으로 얻어진다. 하중이 중앙경간에 재하될 때 모멘트종거는 양측으로부터 전달되는 모멘트와 그에 해당하는 계수와의 곱을 각각 더하여 계산한다. 대칭성을 활용하여 절점 C에서의 값은 별도로 수행하지 않는다. 표 3.11 및 3.12를 참조한다.

3.12.5 연속보 해석을 위한 대안법

다양한 하중조건에 대한 전단력 및 모멘트를 산정하기 위해 모멘트분배 및 영향선을 이용하여 연속보가 어떻게 해석되는지에 대해 알아보았다. 또한 연속보 해석에는 수계산 뿐만 아니라 영향선작성, 매트릭스법, 유한요소법을 수행하기 위한 컴퓨터프로그램이 활용될 수 있다.

연속보를 해석하는 또 다른 방법이 주라스키(Zuraski)[3.50]에 의해 제안되었다. 주라스키법에 따르면 일반 폐쇄형(general closed-form) 방식으로 연속교 내측 경간 단부모멘트 계산이 가능하다. 이 일반화 방식이 적용되기 위해서는 다음의 기준이 만족되어야 한다.

- 보는 일정한 크기의 휨강성 EI을 가진다.
- 외측 경간장은 동일하다.
- 모든 내측 경간은 등경간이다.

간결하고 명쾌하게 정의된 주라스키법은 컴퓨터 프로그램화에 적합하다. 수식의 자세한 유도과정은 참고문헌[3.50]을 참고하기 바란다.

내측 경간의 좌측 단부모멘트에 대한 일반식은 다음과 같이 정의된다.

$$M_x = \frac{6kM_oF_x}{(q_xc_{nx}+c_{nx-1})+c_{ny}(c_x^*/c_y^*)} \qquad \text{식 (3.210)}$$

그리고 우측 단부모멘트는 다음과 같다.

$$M_y = \frac{6kM_oF_y}{(q_yc_{ny}+c_{ny-1})+c_{nx}(c_y^*/c_x^*)} \qquad \text{식 (3.211)}$$

식 (3.210)과 (3.211)을 구성하는 변수는 기하학적 형상 및 인접 경간 공액보

(conjugate beam) 모멘트의 함수로 표현된다. 우측 두 번째 그림은 그림 3.51에서 표현된 경간에 대한 공액보를 보여준다. 이 그림으로부터 변수 k는 다음과 같이 주어진다.

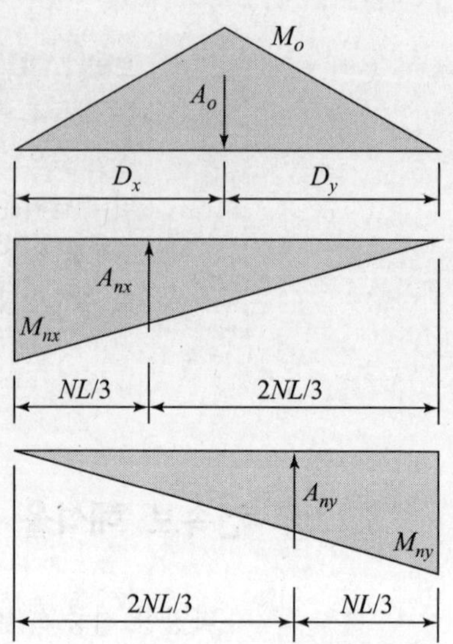

$$k = \frac{\text{모멘트도 면적}}{(\text{경간장})(M_o)} \qquad \text{식 (3.212)}$$

여기서, M_o는 단순보 모멘트도에서 최대값이다. 일반적으로 k값은 단순교 모멘트도 형태에 따라 결정되는데, 집중하중에 대해서는 1/2, 분포하중에 대해서는 2/3가 된다. 집중하중을 받는 경간에 대하서 식 (3.181)에서 참조되는 최대모멘트는 다음과 같이 정의된다.

$$M_o = \frac{Pab}{NL} \qquad \text{식 (3.213)}$$

여기서, P : 집중하중

a : 좌측 지점에서 집중하중까지 거리

b : 우측 지점에서 집중하중까지 거리

NL : 내측 경간장

NL항에서 변수 N은 외측 경간장에 대한 내측 경간장의 비율을 의미한다. 예로, 내측 경간장이 100 m이고 외측 경간장이 80 m라면 N은 1.25가 된다.

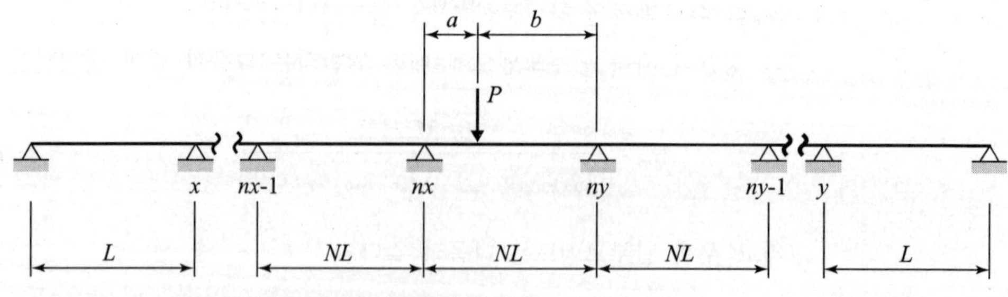

그림 3.51 내부 경간에 하중을 받는 연속교 표기방식

알아두기

공액보법의 장점으로 변단면 및 일정하지 않은 재료상수를 가지는 보에 대해서도 적용이 가능하다는 것을 들 수 있다. 단점은 양단 고정인 보를 다룰 때 다소 까다롭다는 것이다.[3.47] 3.12.5절에 기술된 방법론은 공액보이론에 근거하고 있지만 일정한 크기의 휨강성을 가지는 보에 대해서만 적용이 가능하다.

식 (3.212) 앞의 그림 첫째 모멘트도에서 좌측 및 우측 지점에서 모멘트도 도심까지의 거리는 다음과 같이 정의된다.

$$D_x = \frac{NL + a}{3} \quad \text{그리고} \quad D_y = \frac{NL + b}{3} \qquad \text{식 (3.214, 3.215)}$$

이 거리는 각 지점으로 전달되는 모멘트도 면적을 계산하는데 사용된다.

$$F_x = \frac{D_y}{NL} \quad \text{그리고} \quad F_y = \frac{D_x}{NL} \qquad \text{식 (3.216, 3.217)}$$

식 (3.211) 및 (3.212)에서 계수 q가 각 분모에서 사용되었는데, 재하된 경간장 대비 인접 경간장 비의 함수로서 다음과 같이 정의된다.

$$q = 2\left(\frac{\text{인접 경간장}}{\text{재하 경간장}} + 1\right) \qquad \text{식 (3.218)}$$

표 3.18 첫째 내측 모멘트에 대한 고려되는 절점 모멘트에 대한 비

내부 모멘트 위치	$\dfrac{\text{고려되는 위치에서 지점모멘트}}{\text{첫 내부 지점모멘트}}$
첫째	1
둘째	$-\dfrac{2N+2}{N}$
셋째	$\dfrac{7N+8}{N}$
넷째	$-\dfrac{26N+30}{N}$
다섯째	$\dfrac{97N+112}{N}$
여섯째	$-\dfrac{362N+418}{N}$

단부모멘트 계산을 완결하기 위해서는 첫 내측 경간에서 지점모멘트 대비 하중이 재하된 경간에서 지점모멘트의 비율 c_i가 결정되어야 하는데 그 값을 표 3.18에 보였다. 경간 접합성을 정의하며 식 (3.211) 및 (3.212)에 사용되는 계수는 다음과 같다.

$$c_x^* = \frac{q_x c_{nx} + c_{nx-1}}{F_x} - \frac{c_{nx}}{F_y} \qquad \text{식 (3.219)}$$

$$c_y^* = \frac{q_y c_{ny} + c_{ny-1}}{F_y} - \frac{c_{ny}}{F_x} \qquad \text{식 (3.220)}$$

식 (3.219) 및 (3.220)을 구성하는 각 계수는 식 (3.212)~(3.218) 및 표 3.18에서 정의되었다. 다양한 비율 c를 정의하기 위해 표 3.18에 사용된 N값은 다음 식으로 주어진다.

$$N = \frac{\text{내부 경간장}}{\text{외부 경간장}} \qquad \text{식 (3.221)}$$

위에 정의된 식에서 아래첨자 x는 고려되는 내측 경간에서 좌측방향을, 아래첨자 y는 우측방향을 각각 의미한다. 아래첨자 nx는 하중이 재하된 경간의 좌측으로 내측 지점수를, ny는 우측으로의 내측 지점수를 의미한다.

지점모멘트 해석 시 주라스키법을 사용할 때 규호부약이 이전의 방식과는 반대로 사용된다는 것에 주의해야 한다. 이 방법에서는 곡률이 아래로 오목할 때의 모멘트를 양의 값으로 한다.

표 3.19는 주라스키법의 적용 예를 보여준다. 영향선법과의 비교를 위해 동일한 3등경간 연속보가 선택되었다. 내측 경간에는 18 kN의 집중하중이 B지점으로부터 12 m 떨어진 위치(패널점 0.2 L)에 재하되었다. 앞서 표 3.13에서 작성된 영향선 자료 중 경간 2의 $0.2L$ 지점에 재하된 단위 하중에 대한 행을 참조하여 지점 B에서 모멘트를 계산하면 다음과 같다.

$$M_{\mathrm{B}} = (18\ \mathrm{kN})(60\ \mathrm{m})(-0.064) = -69.12\ \mathrm{kN} \cdot \mathrm{m}$$

그리고 지점 C에서 모멘트는

$$M_{\mathrm{C}} = (18\ \mathrm{kN})(60\ \mathrm{m})(-0.032) = -34.56\ \mathrm{kN} \cdot \mathrm{m}$$

가 된다. 위의 결과를 표 3.19의 예제결과와 비교하면 자주 잘 일치하고 있음을 확인할 수 있다. 계산 시 부호규약에 대한 주의가 다시 강조된다.

표 3.19 연속보에서 지점모멘트 계산을 위한 주라스키법의 요약 및 예제

단계	요 약	예 제
0	우측 그림에 보인 연속보에서 중앙경간에 지점 B에서 12 m 떨어진 위치에 18 kN의 하중이 재하될 때 지점 B 및 C에서의 모멘트를 구하라. 연속보는 지점 A에서 D까지 동일한 재료 및 단면 특성을 가지는 것으로 가정한다.	18 kN A B C D 12 m 48 m 60 m 60 m 60 m
1	다음의 기하학적 변수를 결정한다. a=좌측 지점으로부터 거리 b=우측 지점으로부터 거리 nx=좌측으로 내부 지점의 개수 ny=우측으로 내부 지점의 개수 NL=내측 경간장 $N=\dfrac{\text{내측 경간장}}{\text{외측 경간장}}$	$a=12\text{ m}$ $b=48\text{ m}$ $nx=1 \quad nx-1=0$ $ny=1 \quad ny-1=0$ $NL=60\text{ m}$ $N=\dfrac{60\text{ m}}{60\text{ m}}=1$
2	첫째 내측 모멘트에 대해 고려되는 절점 모멘트의 비를 계산한다. 고려되는 내측 단부모멘트(nx, ny, $nx-1$, 또는 $ny-1$)와 단계1에서 계산된 N값을 표 3.16에 채워 넣는다. 만약 예제가 5경간이고 하중이 두 번째 경간에 재하되었다면 $nx=1$이 되는 방식이다.	$c_{nx}=c_1=1$ $c_{nx-1}=c_0=0$ $c_{ny}=c_1=1$ $c_{ny-1}=c_0=0$
3	각각의 지점으로 전달되는 모멘트 다이어그램 해당 면적을 계산한다. 오른쪽에 보인 바와 같이 식 (3.37)~(3.38)이 이용된다.	$F_x=\dfrac{D_y}{NL}=\dfrac{NL}{3NL}=\dfrac{60\text{ m}+48\text{ m}}{(3)(60\text{ m})}=0.60$ $F_y=\dfrac{D_x}{NL}=\dfrac{NL}{3NL}=\dfrac{60\text{ m}+12\text{ m}}{(3)(60\text{ m})}=0.40$
4	식 (3.39)에 정의된 대로 재하 경간장에 대한 인접 경간장의 비를 계산한다. 본 예제는 등경간이므로 좌측(x) 및 우측(y)에 대한 값이 모두 4가 된다.	$q_x=2\left(\dfrac{\text{인접 경간장}}{\text{재하 경간장}}+1\right)=2\left(\dfrac{60\text{ ft}}{60\text{ ft}}+1\right)=4$ $q_y=2\left(\dfrac{\text{인접 경간장}}{\text{재하 경간장}}+1\right)=2\left(\dfrac{60\text{ ft}}{60\text{ ft}}+1\right)=4$
5	집중하중의 크기와 위치에 근거하여 모멘트도의 최대종거값을 계산한다.	$M_o=\dfrac{Pab}{NL}$ $M_o=\dfrac{(18\text{ m})(12\text{ m})(48\text{ m})}{60\text{ m}}=172.8\text{ kN}\cdot\text{m}$
6	식 (3.40)에 따라 첫 내측 지점의 좌측에 대한 경간교차 적합관계를 정의하는 계수를 사용한다.	$c_x^*=\dfrac{q_x c_{nx}+c_{nx-1}}{F_x}-\dfrac{c_{nx}}{F_y}$ $c_x^*=\dfrac{(4)(1)+0}{0.6}-\dfrac{1}{0.4}=4.167$
7	식 (3.41)에 따라 첫 내측 지점의 좌측에 대한 경간교차 적합관계를 정의하는 계수를 계산한다.	$c_y^*=\dfrac{q_y c_{ny}+c_{ny-1}}{F_y}-\dfrac{c_{ny}}{F_x}$ $c_y^*=\dfrac{(4)(1)+0}{0.4}-\dfrac{1}{0.6}=8.333$

표 3.19 (계속)

단계	요 약	예 제
8	경간장과 최대 단순보 모멘트 종거의 곱에 대한 모멘트도 면적의 비를 정의한다[식 (3.33)]. 삼각형 모양의 단순보 모멘트 다이어그램에서 이 값은 1/2이 된다.	$K=1/2$
9	식 (3.43)을 이용하여 지점 B에서 연속보 모멘트를 계산한다.	$M_B=M_x=\dfrac{6kM_0F_x}{(q_x c_{nx}+c_{nx-1})+c_{ny}(c_x^*/c_y^*)}$ $M_B=M_x=\dfrac{(6)(1/2)(172.8)(0.4)}{(4)(1)+(1)(4.167/8.333)}$ $\rightarrow\ M_B=69.12\ \text{ft}-k$
10	식 (3.44)를 이용하여 지점 C에서 연속보 모멘트를 계산한다.	$M_c=M_y=\dfrac{6kM_0F_y}{(q_y c_{ny}+c_{ny-1})+c_{nx}(c_y^*/c_x^*)}$ $M_c=M_y=\dfrac{(6)(1/2)(172.8)(0.4)}{(4)(1)+(1)(8.333/4.167)}$ $\rightarrow\ M_c=34.56\ \text{kN}\cdot\text{m}$
NOTES	다음의 기호규약이 적용된다. - 정모멘트는 곡률이 아래로 오목한 경우이다. - 부모멘트는 곡률이 위로 오목한 경우이다. 양 외측 경간장이 동일하고, 모든 내측 경간장은 등경간이어야 한다. 휨강성 *EI*는 일정해야 한다. 본 예제에 대한 3경간 연속보 영향선을 이용하여도 동일한 결과를 얻는다.	

3.12.6 연속교에 재하되는 활하중

3.5.3절 1항에서 교량설계 시 표준트럭하중의 영향 또는 표준차로하중의 영향과 표준트럭하중 영향의 75%의 합 중에서 더 큰 부재력을 발생시키는 하중을 고려하여 설계에 반영한다고 배웠다.

동일한 교량을 설계할 때도 어떤 과정에서는 트럭하중이 지배하고 또 다른 과정에서는 설계 축하중이 지배하는 경우가 발생될 수 있다. 연속교 설계 시 트럭하중은 최대의 활하중 효과를 발생시킬 수 있도록 배치해야 하고, 차선하중의 기여가 없을 시에는 제외시키도록 한다. 예를 들어, 최대정모멘트를 계산할 때 인접경간에는 활하중을 재하해서는 안 되는데, 이는 인접 경간에 재하된 하중은 고려되는 지점에서 정모멘트를 증가시키지 못하고 오히려 감소시키기 때문이다.

부모멘트 및 내부지점에 대한 반력을 계산할 때는 차로하중과 두 대의 트럭하중 75% 조합과 트럭하중 한 대의 하중 중 더 큰 부재력을 발생시키는 조합하중이 고려되어야 한다. 하중효과를 유발하는 영역에 있는 하중만이 고려된다. 다음은 연속교 구조에 하중을 재하할 때 고려되어야 할 사항들이다.

1. 영향선을 이용한 모멘트 계산

최대모멘트를 유발하는 위치를 찾아 하중을 재하한다는 것은 초보자뿐만 아니라 경력자에게도 말처럼 간단한 작업은 아니다. 다행히도 영향선을 활용하면 최대 모멘트를 유발하는 하중재하 위치를 찾는데 상당히 도움이 된다.

예를 들어, 표 3.13에 제공된 영향선표를 이용하여 지점부 최대 부모멘트를 찾고자 한다면 표의 B지점 열에 보인 영향선 값을 참조하여 경간 1의 $0.6L$ 위치가 최대모멘트를 발생시킨다는 것을 알 수 있다. 집중하중의 크기에 영향선 종거값을 곱하면 모멘트 값이 계산된다.

그림 3.50에 의하면 첫째 및 둘째 경간에 걸쳐 부모멘트가 발생되며 셋째 경간에서는 정모멘트가 발생된다는 것을 확인할 수 있다. 분포하중에 대한 지점부 부모멘트를 계산하기 위해서는 처음 2경간에 걸쳐 하중이 재하되어야 한다. 만약 3경간 전 경간에 걸쳐 분포하중을 재하한다면 그 부모멘트 값은 앞서 두 경간에 재하한 경우보다 작은 값으로 계산된다. 앞서 분포하중에 대한 영향선 활용은 그 면적이 고려된다고 언급하였다.

지점부 최대 부모멘트를 유발하는 트럭의 위치를 결정하기 위해서 시산법(trial-and-error method)이 이용된다. 첫 단계로 경간의 중앙에 트럭하중을 재하한 후 지점부 부모멘트를 계산한다. 그리고 트럭하중을 경간장의 1/10만큼 좌우로 옮기며 모멘트를 계산한다. 새로운 위치에서 계산된 모멘트값이 기존 값보다 작으면 트럭하중을 반대방향으로 옮기는데, 지점부 모멘트가 최대값을 얻을 때까지 트럭하중을 움직인다.

분포하중과 더불어 같이 재하되는 축하중이 하중효과를 전혀 발휘하지 못한다면 이 하중은 고려되어서는 안 된다. 설계하중을 다룰 때 설계자는 하중이 정확히 어느 위치에 재하되는 가를 항상 인지하여야 한다. KL-510 등과 같은 설계하중은 실제차량하중이 아닌 추상적인 개념이므로 최대 하중효과를 발현하기 위해서 설계하중의 일부가 제거되는 경우도 있다.

2. 특별한 하중위치

영향선의 최대 종거값이 각 경간의 10등분점 중 한 점에 위치한다고 설정하였으나 실제는 10등분점 중 어떤 두 점 사이에 위치한다는 것을 알아야 한다. 실제의 최대 종거값에 해당하는 특별한 하중위치는 정모멘트 또는 부모멘트에 따라 달라지는 차선하중 재하방식 및 단경간 또는 장경간으로 구분되는 구조물의 기하학적 형상에 의해 결정된다.

AISC에서는 이러한 특별한 하중위치를 표 형식으로 제공한다.[3.49] 이 표에서는 하중의 위치뿐만 아니라 그 크기 또한 같이 제공된다. 예로, 이 특별한 하중위치는 단경간 교량의 경우 외측 지점에서 $0.5774L$만큼 떨어진 곳이 된다. 이 위치에 하중을 재하하면 지점부에서 최대 부모멘트값을 얻을 수 있다.[3.49]

본 예제에서 첫째 경간에서 최대 종거값은 실제로 −0.102가 아니라 −0.1026이고, 둘째 경간에서는 −0.080이 아니라 −0.0801이지만 그 차이는 무시할 만하다고 볼 수 있다.

컴퓨터 프로그램을 이용할 때는 프로그램 결과가 타당한지 수계산으로 검토해보아야 한다. 지점부 부모멘트 계산 시 한 대의 트럭하중만이 입력되는 등의 프로그램상 에러를 범하는 경우가 흔히 있을 수 있다.

3. 전단력

연속보에서 전단력은 모멘트 계산 때와 마찬가지로 영향선을 이용하여 계산한다. 집중하중에 의해 특정 위치에서의 발생하는 전단력은 해당위치에서 영향선 종거값과 재하된 집중하중의 크기를 곱하여 얻는다.

최대 전단력은 보통의 경우 내부 지점에서 발생한다. 내부 지점부마다 전단력 크기는 같지 않으므로 거더설계를 위해서는 각 지점부에서 전단력을 계산한다. 모멘트 다이어그램 작성 때와 마찬가지로 전단력도 모든 지점부를 포함하여 각 경간의 10등분점에서 계산한다.

3.12.7 부모멘트부 합성단면

부모멘트부 합성단면에서는 콘크리트 바닥판은 인장상태에 있어 단면계수 및 휨강도 산정 시 콘크리트는 무시되어야 한다. 바닥판 종방향 철근에 대한 고려여부는 부모멘트 구간에 충분한 전단연결재가 설치된 합성단면으로 설계되었는가에 따라 결정된다(3.10.7절 4항 참조).

바닥판 유효폭에 들어 있는 인장철근이 고려되는 것을 제외하고는 부모멘트부 합성단면의 설계는 비합성단면 설계와 유사하다고 할 수 있다.

부모멘트 합성단면 설계에 대해서 강구조부재설계기준 및 AASHTO는 상당히 보수적인 관점을 보이는데, 압축플랜지는 축력과 휨을 동시에 받는 압축부재 또는 축력과 비틀림을 동시에 받는 압축부재로 다루고 있다. 즉, 설계의 주요관점은 강도한계상태에서 규정된 다양한 하중조합에 대해 압축플랜지가 좌굴로부터 안전한가를 검토대상으로 보고, 응력형태로 강도산정방법을 제시하고 있다. 설계강도는 거더 단면 특성, 압축플랜지에 설치된 횡브레이싱의 간격의 함수로 표현된다. 부모멘트 합성단면 설계에 대한 상세를 3.10.6절의 5항과 설계예제 3.5에 보였다.

부모멘트 영역이 합성으로 설계될 것인지와 무관하게 인장상태에 있는 콘크리트 바닥판의 균열을 방지하기 위해 충분한 배근이 이루어져야 한다.

3.12.8 거더이음(Girder Splices)

이음은 구조형식에 상관없이 이용되지만 특히 연속구조형식에서 널리 이용된다. 연속교에서 이음이 필요한 이유는 다양한데, 주로 다음 조건에서 이음이 고려된다.

- 필요한 거더의 길이가 제작 상 가능하지 않을 경우
- 하나의 큰 구조물로 만드는 것보다 이음을 이용하면 더 경제적인 경우
- 이음을 통해 솟음을 조절할 경우
- 변단면이 요구되는 경우
- 운반 및 시공 상 이음이 요구되는 경우

이음의 형식은 공장에서 이루어지느냐 또는 현장에서 이루어지느냐에 따라 달라진다. 현장에서는 용접작업이 번잡하므로 이음방식으로는 볼트이음이 일반적이다. 용접이음은 작업의 편의성과 경제성을 이유로 주로 공장 내에서 이루어진다. 다음은 이음방식과 관련된 주요 이슈사항이다.

1. 필요강도(Required Strength)

이음은 그 이음이 존재하는 위치에서 발생하는 모멘트와 전단력에 대해 저항할 수 있도록 설계되어야 한다. 그림 3.52에 전형적인 이음의 요소에 대해 도시하였다. 이음의 핵심은 두 개의 서로 다른 요소를 (마치 이음이 없을 때와 마찬가지로) 하나의 단위로 기능할 수 있도록 설계해야 한다는 것이다.

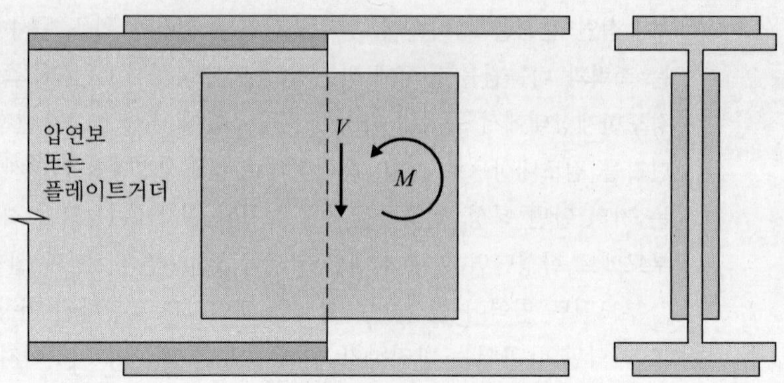

그림 3.52 4개의 판으로 구성된 전형적인 거더이음

그림 3.52에 보인 것처럼 이음부를 설계할 때 이음부는 통상 300 mm에서 900 mm까지 길이를 가지도록 한다. 길이방향으로 모멘트 및 전단력의 크기는 변하므로 이음부의 위치선정이 중요하다. 연속교에서 이음부의 위치는 고정하중에 의한 변곡점에 두는 것이 유리하다. 일반적으로 전단력과 모멘트 값이 적은 위치에 두도록 한다.

전통적으로 이음은 필요강도보다 작지 않게 그리고 약한 쪽 부재강도의 70%보다 작지 않게 설계된다. 이어져야 할 양측 부재의 단면 크기가 다를 경우 필요강도를 결정할 때 작은 단면이 고려되어야 한다. 최근 AASHTO LRFD에서는 너무 보수적인 이음이 되지 않도록 소폭 개정된 바 있는데, 4항과 5항에서 자세한 사항을 확인할 수 있다.

연결점(point of connection)이라는 용어에 주의해야 하는데, 그림 3.52에 보였듯이 이음(splice)이란 한 점에서 발생되는 것이 아니라 300~900 mm의 이음 길이를 가진다. 이 길이에 따라 모멘트 및 전단력의 크기는 일정하지 않고 변한다는 것을 설계 시 고려해야 한다. 볼트연결 시 이음에 작용하는 하중은 볼트그룹의 무게중심에 작용하는 것으로 간주한다.[3.43]

이음은 주로 모멘트나 전단력이 작게 작용하는 곳에 위치하도록 하지만 조립 및 제작 공정도 고려되어야 한다.

2. 용접이음

위에서 언급하였듯이 용접이음은 현장보다는 공장에서 주로 이루어진다. 용접이음 시에는 이음판(splice plates)없이 완전용입그루브 맞대기용접방식으로 한다. 현장용접에 대한 품질관리문제 및 피로문제 등의 이유로 이음판을 사용하여 용접연결하는 방식은 피해야 한다.

연속 플레이트 거더교에서 용접이음은 두께 변화를 처리하기 위해 플랜지판에 주로 적용되는데 이러한 이음방식에 대해서 3.11.2절 1항과 2항에서 다루었다.

용접이음의 설계나 세부사항은 AWS D1.1과 KCS [24 22 22]과 AWS Bridge Welding Code D1.5의 최신판이나 여기에 명시된 사항을 따른다. 용접이음은 설계모멘트, 설계전단력 혹은 설계축방향력에 저항하도록 설계해야 한다. 인장과 압축부재는 완전용입맞대기용접으로 이어질 수 있는데, 이때 이음판을 사용하지 않아도 된다. 서로 다른 폭을 갖는 부재에 대한 그루브용접이음은 아래 그림 3.53과 같이 대칭인 변화부를 가져야 한다.

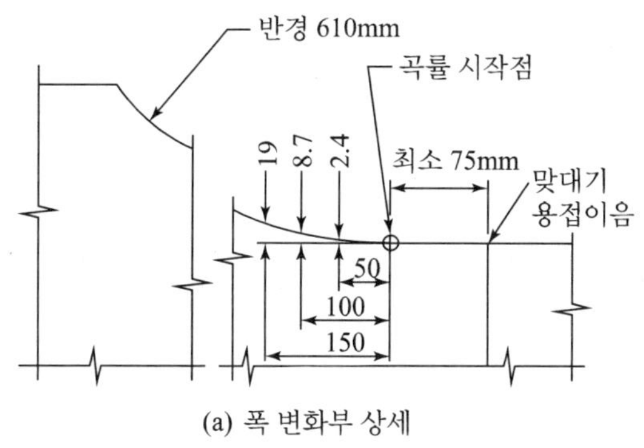

(a) 폭 변화부 상세

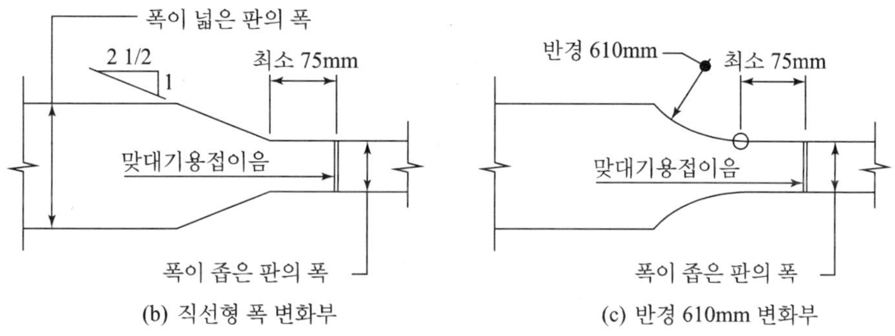

(b) 직선형 폭 변화부 (c) 반경 610mm 변화부

그림 3.53 용접이음부 상세(강구조 연결 설계기준(하중저항계수설계법) 그림 4.2-1)

그림 3.53에 보인 것처럼 서로 다른 폭을 갖는 부재에 대한 맞대기용접이음은 대칭인 변화부를 가져야 한다. 또한 서로 다른 두께의 맞대기 용접이음부의 오프셋 표면 기울기가 1/2.5 이하가 되도록 규정해야 한다.

3. 볼트이음

현장에서 이루어지는 이음은 볼트이음으로 진행할 수밖에 없다. 웨브 또는 플랜지에서의 볼트이음은 연결점 기준 대칭으로 양쪽에 걸쳐 이음판을 대고 고장력

볼트로 거더와 결합하는 방식이다.

연속경간에서 이음은 휨모멘트가 작게 나타나는 변곡점 또는 그 주변에 위치할 수 있도록 배치한다.

교량용으로 사용되는 일반적인 볼트크기는 16 mm, 20 mm, 22 mm, 24 mm, 27 mm, 30 mm 등이 있는데, 이 중 가장 많이 사용되는 것은 지름 20 mm, 22 mm, 24 mm 고장력볼트이다. 표준 볼트구멍지름은 볼트지름보다 2 mm(볼트직경 22 mm 이하인 경우) 또는 3 mm(볼트지름 27 mm 이상인 경우)만큼 큰 값으로 취한다(강구조 연결 설계기준 - 하중저항계수설계법 표 4.1-2). 볼트중심간 최소간격은 볼트지름의 2.5배로 하고, 3배를 표준거리로 한다. 볼트구멍중심에서 가장 가까운 판의 연단까지 최소거리는 다음 표에 보인 바와 같다. 최대 연단거리는 판 두께의 12배 및 150 mm 이하이어야 한다.

강구조 연결 설계기준(하중저항계수설계법)

표 4.1-2 볼트중심에서 연단까지 최소거리(mm)

볼트의 공칭 직경	전단 절단, 수동가스 절단	압연형강, 자동가스 절단, 기계가공마감
16	28	22
20	34	26
22	38	28
24	42	30
27	48	34
30	52	38
30 초과	1.75*d*	1.25*d*

대부분의 교량용 강판은 유압 전단기를 이용해 절단한다. 산소융합된 프로판가스 절단기가 이용되기도 한다. 가스절단방식은 1500℃의 고온의 열을 아주 좁은 폭의 밴드에 집중시켜 강판을 녹이는 방식이다.

웨브 볼트이음 설계 시 이음판은 웨브에 작용하는 전단력과 모멘트뿐 아니라, 이음부에서 발생하는 전단력의 편심효과에 의한 모멘트도 고려해야 한다. 이음판의 볼트군에 발생되는 전단력은 연결점 기준 편심모멘트를 유발하므로 이 모멘트가 고려되어야 한다는 의미이다.

웨브이음의 가하학적 형상과 관련하여 AASHTO에서는 이음판은 플랜지 볼트 설치를 방해하지 않는 한도 내에서 최대한 웨브의 상·하단으로 길게 연장하도록 규정하고 있다. 또한 양측으로 최소 2열의 볼트를 배치할 것도 규정하고 있다.

플랜지 이음에서는 웨브에 의해 저항되지 않는 설계모멘트만을 감당하도록 설계한다. 플랜지 이음재로 형강 종류가 사용된다면 웨브 좌우 양측으로 두 개의 형강이 설치되어야 한다.

마찰 또는 지압 형식 이음이 요구되는 경우 고장력볼트로 설계될 수 있다. 교량 거더이음부와 같이 동적 하중을 받는 구조물의 경우 마찰연결(slip-critical connections)로 설계되어야 한다[강구조 연결 설계기준(하중저항계수설계법) 4.1.1.9].

마찰연결은 사용한계상태 II에 대한 미끄러짐을 방지하도록 설계되어야 하며, 공칭마찰강도는 다음과 같이 계산된다.

$$R_r = R_n = \mu h_f T_o N_s \qquad \text{식 (3.222)}$$

여기서, μ : 볼트연결부에서 미끄러짐계수
=0.5 (무도장 블라스트 처리한 표면)
=0.45 (무기질 아연분말 프라이머 도장한 표면)

N_s : 볼트당 미끄러짐면의 수

T_o : 볼트의 설계볼트장력, kN
(강구조 연결 설계기준 - 하중저항계수설계법 표 4.1-7)

강구조 연결 설계기준(하중저항계수설계법) 

표 4.1-7 볼트의 설계볼트장력(발췌)

볼트 직경 (mm)	볼트축력 T_o(kN)		
	F8T	F10T	F13T
16	84	105	136
20	131	164	213
22	163	203	264
24	189	236	307
27	-[1]	307	-[1]
30	-[1]	376	-[1]

주 1) 현재 사용 가능하지 않음

h_f : 끼움재 계수
=1.0 (끼움재를 사용하지 않는 경우와 끼움재 내 하중의 분산을 위하여 볼트를 추가한 경우 또는 끼움재 내 하중의 분산을 위해

볼트를 추가하지 않은 경우로서 접합되는 재료 사이에 1개의 끼움재가 있는 경우)
=0.85 (끼움재 내 하중의 분산을 위해 볼트를 추가하지 않은 경우로서 접합되는 재료 사이에 2개 이상의 끼움재가 있는 경우)

강도한계상태에서 볼트이음 하나의 설계인장강도 및 설계전단강도는 다음과 같다(강구조 연결 설계기준 - 하중저항계수설계법 4.1.3.37).

$$R_r = \phi R_n \qquad \text{식 (3.223)}$$

$$R_n = A_b F_n \qquad \text{식 (3.224)}$$

여기서, ϕ : 볼트의 저항계수(=0.75)
A_b : 볼트 공칭단면적, mm^2
F_n : 규정된 볼트 강도(강구조 연결 설계기준 - 하중저항계수설계법 표 4.1-6), MPa

소요인장강도는 접합부의 변형에 의한 지레작용을 고려한 인장력으로 한다.

전단강도검토에 이어 볼트구멍 내 지압저항강도에 대해서도 검토되어야 한다. 볼트의 유효 지압면적은 볼트지름과 연결되는 판의 두께를 곱한 값으로 하며, 접합부의 지압강도는 각각 볼트의 지압강도의 합으로 산정한다. 지압접합과 마찰접합 모두에 대하여 볼트구멍의 지압강도를 검토해야 한다.

볼트당 공칭지압강도는 다음과 같이 계산한다.

- 표준구멍, 과대구멍, 단슬롯의 모든 방향에 대한 지압력 또는 장슬롯이 지압력 방향에 평행일 경우

  가. 사용하중상태에서 볼트구멍의 변형을 설계에 고려할 필요가 있는 경우

$$R_n = 1.2 L_c t F_u \leq 2.4 d t F_u \qquad \text{식 (3.225)}$$

  나. 사용하중상태에서 볼트구멍의 변형을 설계에 고려할 필요가 없는 경우

$$R_n = 1.5 L_c t F_u \leq 3.0 d t F_u \qquad \text{식 (3.226)}$$

- 장슬롯에 구멍의 방향에 직각방향으로 지압력을 받을 경우

$$R_n = 1.0 L_c t F_u \leq 2.0 d t F_u \qquad \text{식 (3.227)}$$

여기서, d : 볼트 공칭직경, mm

F_u : 피접합재의 공칭인장강도, MPa

L_c : 하중방향 순간격, 구멍의 끝과 피접합재의 끝 또는 인접구멍의 끝까지의 거리, mm

t : 피접합재의 두께, mm

강구조 연결 설계기준(하중저항계수설계법)

표 4.1-6 볼트의 공칭강도(MPa)

강도 \ 강종		고장력볼트			일반볼트
		F8T	F10T	F13T	SS400 SM400
공칭인장강도, F_{nt} 1)		600	750	975	300
지압접합의 공칭전단강도, F_{nv} 2)	나사부가 전단면에 포함될 경우3)	320	400	520	160
	나사부가 전단면에 포함되지 않을 경우4)	400	500	650	200

주 1) 인장강도의 0.75배

주 2) 힘 작용 방향으로 볼트접합부의 첫 번째 볼트와 맨 끝 볼트의 중심 거리가 800 mm 이하인 경우에 대한 것임. 이를 초과하는 경우에는 주어진 값의 85%를 적용함.

주 3) 인장강도의 0.4배

주 4) 인장강도의 0.5배

강도한계상태에서 전단저항에 의한 볼트연결을 설계할 때, 마찰력이 볼트지압에 작용하는 전단력을 줄이는데 기여할 것으로 고려해서는 안 된다. 볼트 마찰력은 미끄러짐 연결설계에서 사용하중조합 II 검토 시에만 고려된다. 대부분의 교량설계에서 거더이음은 사용하중 하에서 미끄러짐은 허용하지 않는다.

4. 웨브 볼트이음

웨브 이음판과 연결 상태는 전단력, 이음위치에 대한 전단력 편심작용에 의한 편심모멘트 및 웨브가 담당하는 휨모멘트분에 대해 적절히 검토되어야 한다(강구조 연결 설계기준 - 하중저항계수설계법 4.2.1(2)).

설계전단력 V_{uw}는 다음과 같이 계산한다.

$$V_{uw} = 1.5\,V_u \quad (V_u < 0.5\phi_v V_n \text{인 경우}) \qquad \text{식 (3.228)}$$

$$V_{uw} = \frac{V_u + \phi_v V_n}{2} \quad (V_u \geq 0.5\phi_v V_n \text{인 경우}) \qquad \text{식 (3.229)}$$

여기서, ϕ_v : 전단 저항계수(=1.0)

V_u : 이음점에서 설계하중에 의한 전단력, N

V_n : KDS 14 31 10(4.3.3.1.9.2) 또는 KDS 14 31 10(4.3.3.1.9.3)에 규정된 웨브의 공칭전단강도, N

강도한계상태에서의 설계전단력은 4.1.4.3에 규정된 웨브 이음판의 설계강도와 4.1.4.2에 규정된 웨브 이음판의 설계강도 중 작은 값을 초과해서는 안 된다. 웨브 이음판의 전단저항강도는 다음과 같다.

$$R_r = \phi_v 0.58 A_g F_y \qquad \text{식 (3.230)}$$

여기서, A_g : 연결판의 전면적, mm^2

F_y : 연결판의 최소항복강도, MPa

초기의 AASHTO에서는 이음에서 전단력은 이음부에서 계수전단력 또는 웨브 전단강도의 75% 중에서 위험한 경우를 기준으로 설계할 것을 규정하였다. 이러한 규정은 계수전단력이 상대적으로 작을 경우 지나치게 보수적인 설계를 유도하는 경향이 있다.

설계전단력의 편심은 이음위치를 기준으로 고려되는 볼트그룹의 무게중심까지의 거리를 말한다. 웨브 내 휨응력은 강도한계상태에서 명시된 최소 항복강도를 초과하여서는 안 된다. 웨브가 담당하는 휨모멘트분을 계산할 때는 이음이 없는 단면을 가정한 후, 웨브에 의해 저항되는 양의 휨모멘트를 산정하고 웨브의 중간에 재하한다.

웨브연결에서 연결판은 이음위치가 가운데가 되도록 배치하고, 가능한 웨브의 상하 연단까지 연장되어야 한다. 이 때 플랜지의 볼트이음이 방해되어서는 안 된다. 최소 2열의 볼트가 이음의 양쪽에 사용되어야 한다. 볼트그룹은 다음 작용으로부터 전단력에 저항할 수 있도록 설계되어야 한다.

- 이음위치에서 설계수직전단력
- 설계수직전단력의 편심에 의해 발생되는 모멘트
- 웨브가 담당하는 휨모멘트

교량의 현장이음은 대부분 마찰연결로 설계되므로 볼트군은 사용하중조합 II에서 미끄러짐이 발생하지 않고, 강도한계상태에서 전단력에 저항할 수 있도록 설계하여야 한다.

전단력과 모멘트를 받는 볼트군에 작용하는 최대전단력을 계산할 때 전통적인 탄성설계법에 근거하고, 수직전단력 및 모멘트에 의해 볼트합력을 계산할 때 벡터해석법을 이용한다. 만약 웨브이음 볼트군이 웨브중간에 중심이 맞지 않으면 볼트군의 힘 및 극관성모멘트는 웨브의 중간위치를 기준으로 계산한다.

웨브 이음판의 볼트구멍에서 지압저항강도를 검토할 때 순연단거리는 볼트에 작용하는 전단력의 방향과 무관하게 볼트구멍에서 판의 연단까지 거리를 취한다.

5. 플랜지 볼트이음

플랜지 이음판과 연결 상태는 강도한계상태에서 힘 $F_{ef}A_e$에 대해서 검토한다. 여기서, A_e는 이음판으로 연결된 작은 쪽 플랜지의 유효면적이다. 압축플랜지에 대해서는 플랜지의 전면적을 사용하고, 인장플랜지에 대해서는 다음 식으로 계산한다(강구조 연결 설계기준 - 하중저항계수설계법 4.2.1(3)).

$$A_e = \frac{\phi_u F_u}{\phi_y F_y} A_n \leq A_g \qquad \text{식 (3.231)}$$

여기서, ϕ_u : 강교 설계기준(한계상태설계법) 4.1.4.2에 규정된 인장부재의 파단에 대한 저항계수(=0.80), 순단면 적용

ϕ_y : 인장부재의 항복에 대한 저항계수(=0.95), 전단면 적용

F_u : 인장플랜지의 최소인장강도, MPa

F_y : 이음판의 항복강도, MPa

A_n : 플랜지 순단면적, mm^2

A_g : 플랜지 전단면적, mm^2

F_{cf}는 설계응력으로 다음과 같다.

$$F_{cf} = \frac{\left(\dfrac{f_{cf}}{R_h} + \alpha \phi_f F_{yf}\right)}{2} \geq 0.75 \phi_f F_{yf} \qquad \text{식 (3.232)}$$

여기서, f_{cf} : 이음위치에서 지배플랜지 두께중심에서 최대계수휨응력, MPa

R_h : KDS 14 31 10(4.3.3.1.1.10(1))에 규정된 응력감소계수, F_{cf}값이 웨브의 항복강도를 초과하지 않는 서로 다른 종류의 강재로 구성

된 단면의 경우 응력감소계수는 1.0을 사용한다.

α : 1.0 (단 F_n이 F_{yf}보다 작은 비조밀단면의 플랜지에 대해 1.0보다 작은 값을 사용할 수 있다.)

F_n : 플랜지의 공칭휨강도, MPa

F_{yf} : 플랜지의 공칭항복강도, MPa

ϕ_f : 휨에 대한 저항계수(=1.0)

인장플랜지에 대한 계수강도는 다음 중 작은 값으로 한다(강교 설계기준 4.1.4.2).

$$P_r = \phi_y F_y A_g \quad \text{식 (3.233)}$$

$$P_r = \phi_u F_u A_n \quad \text{식 (3.234)}$$

압축플랜지에 대한 계수강도는 다음과 같다.

$$R_r = \phi_c F_y A_s \quad \text{식 (3.235)}$$

여기서, ϕ_u : 순단면에서 파괴에 대한 저항계수(=0.80)

ϕ_y : 전단면에서 항복에 대한 저항계수(=0.95)

ϕ_c : 압축에 대한 저항계수(=0.90)

F_u : 인장플랜지의 최소인장강도, MPa

F_y : 항복응력, MPa

A_n : 플랜지 순단면적, mm^2

A_g : 플랜지 전단면적, mm^2

A_s : 이음판의 전단면적, mm^2

웨브연결처럼 플랜지연결도 사용하중조합 II에서 미끄러짐으로 설계된다. 또한 강도한계상태에 대해서도 설계되어야 한다. 플랜지 볼트이음부의 미끄러짐에 대한 검토를 위한 플랜지의 설계단면력은 사용하중조합 II에 의한 설계응력, F_s에 이음 양측의 플랜지 전 단면적 중 작은 값을 곱하여 구한 값 이상이어야 한다. 여기서, F_s는 다음과 같다.

$$F_s = \frac{f_s}{R_h} \quad \text{식 (3.236)}$$

여기서, f_s : 사용하중조합에 의한 이음점에서 작은 쪽 단면의 검토대상 플랜지

두께에서의 휨응력

R_h : KDS 14 31 10(4.3.3.1.1.10(1))에 규정된 플랜지 응력감소계수

두께 6 mm 이상 19 mm 이하의 채움판(filler plate)이 사용된다면 강도한계상태에서 계수저항강도는 다음 계수만큼 줄여야 한다(강구조 연결 설계기준 - 하중저항계수설계법 4.1.5).

$$R = 1 - 0.0154(t-6) \qquad \text{식 (3.237)}$$

여기서, t : 끼움재의 두께

위의 감소계수는 사용하중조합 II에서 미끄러짐에 저항하는 볼트전단력에 적용되어서는 안 된다. 두께 6 mm 이상의 채움판이 사용될 때 대안으로 채움판의 길이를 이음판보다 길게 하여 채움판과 플랜지를 추가적으로 볼트 연결할 수도 있다. 이 때 채움판의 항복응력에다 전단면적을 곱한 값과 같은 힘에 저항할 수 있도록 추가되는 볼트의 수를 설계한다. 일단 채움판이 플랜지에 부착되면 식 (3.236)에 보인 감소계수는 고려되지 않는다.

3.12.9 핀 - 행어 연결방식

오래된 연속교 형식 중에 양쪽 경간에서 외팔보로 돌출된 경간에 매달려 있는 중간경간을 가지는 교량형식이 있다. 매달린 경간의 양단은 내부지점에서 연장된 외팔보 경간에 힌지로 연결되어 있고 그 위치에서 움직임은 허용된다.

단경간일 경우 매달린 경간 양단 연결부를 고정으로 할 수도 있으나 장경간일 경우 연결부에서 요구되는 이동 및 회전을 보장할 수 있어야 한다. 이러한 요구조건을 만족할 수 있는 연결방식 중 하나가 신축행어(expansion hanger) 또는 핀 - 행어 연결방식(pin and hanger assembly)라고 불리는 연결방식이다(그림 3.54).

신축행어는 이동 및 회전 자유도를 확보하고 수직 및 수평력을 전달하는 교량받침의 역할과 유사한 기능을 수행한다. 교량받침과 마찬가지로 신축행어는 유지관리가 동반되는 기계시스템으로 이해될 수 있다.

이동자유도는 상하 핀의 회전자유도를 통해 구현될 수 있다. 그림 3.54에 보였듯이 외팔보 거더 웨브는 매달린 거더 웨브 위로 연장되고, 두 개의 웨브는 행어판의 상하에서 각각 핀으로 연결된다. 거더의 반대편에는 회전자유도만을 허용하는 고정교량받침이 제공된다.

앞서 언급하였지만 이러한 핀 - 행어 연결방식은 결코 가볍게 다루어져서는 안되므로 엄격한 유지관리가 요구된다. 핀 - 행어 연결방식을 채택했던 유명한 교량으로 Silver Bridge와 Mianus River Bridge를 들 수 있는데, 전자는 1967년, 후자는 1983년 핀 - 행어 연결부가 파괴되었다. 이 두 교량의 붕괴는 대참사로 이어졌고, 이후 이러한 교량형식에 대한 유지관리의 어려움이 널리 알려지는 계기가 되었다.

이동자유도를 보장하기 위해서는 행어연결부에 바닥판 신축이음이 설치되어야 하는데 이는 추가적인 유지관리의 부담이 된다. 이러한 이유로 행어연결은 신규 교량에서 잘 채택되지 않는다.

부식 등에 의해 이동이 자유롭지 못한 경우가 발생될 수도 있기 때문에 행어연결부는 이동자유도가 유지될 수 있도록 세심한 검사가 수행되어야 한다. 차량하중에 의한 충격 또한 손상의 원인이 될 수 있다. 또한 덮개판처럼 행어연결부는 피로에 의해 악영향을 받을 수 있다.

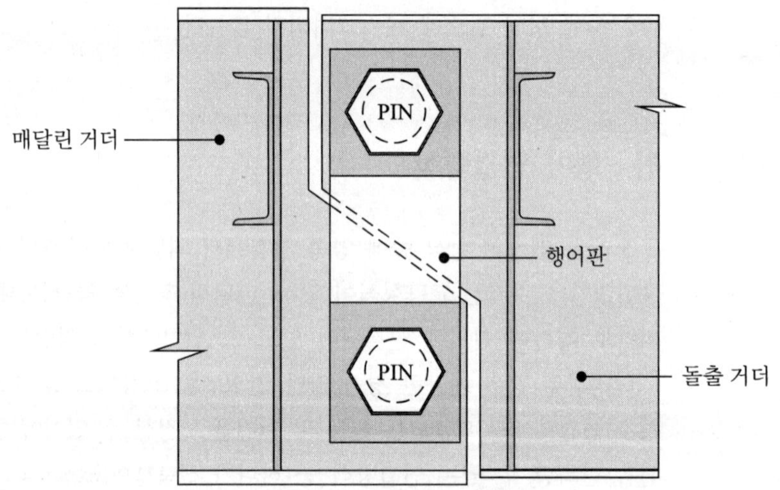

그림 3.54 용접 플레이트 거더의 핀 – 행어 연결방식

핀 - 행어 장치는 수평이동과 회전을 허용하는 교량받침과 유사한 기능을 수행한다. 그러나 주요 차이는 교량받침은 교각상에 위치하여 하중을 하부구조로 전달하는 기능을 수행하지만 핀 - 행어 장치는 교각과 교각사이에 위치한다는 것이다. 교량받침처럼 핀 - 행어 장치도 설계에서 의도된 대로 이동이 이루어지는지, 과도한 부식이 기능을 방해하지는 않는지 등에 대한 엄격한 검사를 주기적으로 수행해야 한다.

예제 3.5 2경간 연속 플레이트 거더교의 설계

문제 한계상태설계법을 이용하여 다음과 같은 2경간 연속교의 내측 플레이트 거더를 설계하라.

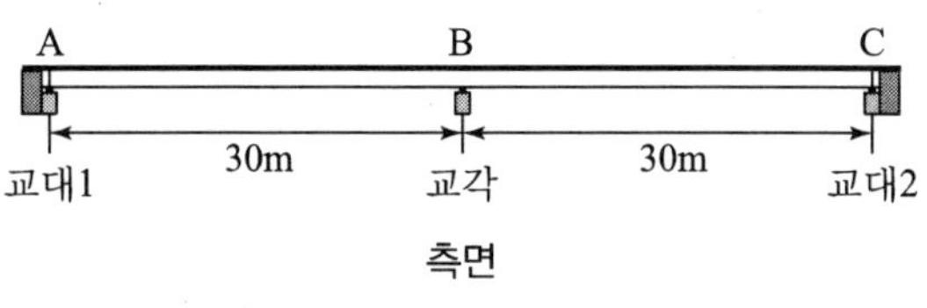

측면

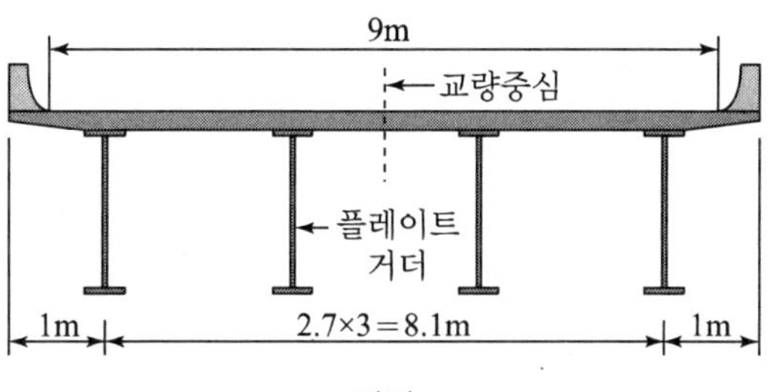

단면

설계 조건

2경간 연속구조, ADTT = 500	콘크리트 단위 중량 = 24520 N/m^3
경간장 = 30 m, 일방향 2차선	강재 단위 중량 = 76980 N/m^3
슬래브 두께 = 220 mm	콘크리트 탄성계수
차로 폭 = 9 m, 거더 간격 = 2.7 m	= 2.5978×10^7 kN/m^2
거더 단부 사이 간격 = 1 m	강재 탄성계수
헌치 폭 = 40 mm, 헌치 두께 = 40 mm	= 2.0594×10^8 kN/m^2
거더의 부부재율 = 5%	콘크리트 강도 f_{ck} = 31 MPa
거더 개수 = 4개	강재 강도 F_y = 345 MPa
교량의 중요도 = 1	포장 단위 중량 = 1200 N/m^2
(높으면 1.05, 보통이면 1)	거푸집 단위 중량 = 700 N/m^2

방호벽 단면 정보

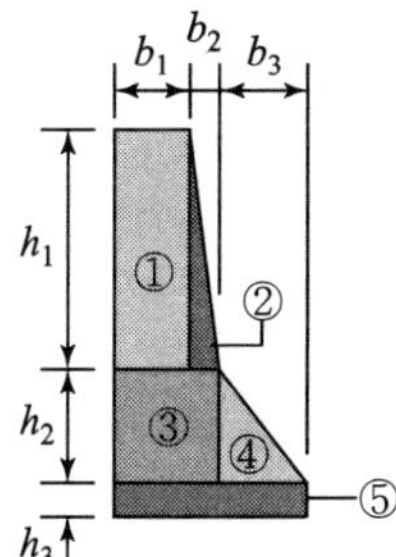

$A_1 = 0.09\ \text{m}^2$	$h_1 = 500$ mm
$A_2 = 0.015\ \text{m}^2$	$h_2 = 250$ mm
$A_3 = 0.06\ \text{m}^2$	$h_3 = 7.5$ mm
$A_4 = 0.0188\ \text{m}^2$	$b_1 = 180$ mm
$A_5 = 0.029\ \text{m}^2$	$b_2 = 60$ mm
$A = 0.1867\ \text{m}^2$	$b_3 = 150$ mm

거더 단면 가정

단면 1 : 최대 정모멘트 위치(0.4L)

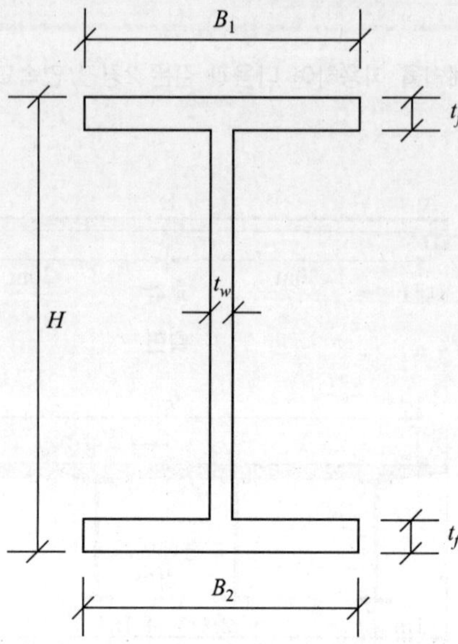

단면높이 $H = 1050$ mm
상부플랜지 두께 $t_{f_1} = 25$ mm
하부플랜지 두께 $t_{f_2} = 25$ mm
복부 두께 $t_w = 13$ mm
상부플랜지 폭 $B_1 = 300$ mm
하부플랜지 폭 $B_2 = 400$ mm
단면적 $= 30500$ mm^2
중립축 높이 $= 482.9918$ mm
단면 2차 모멘트 $= 5.6269 \times 10^9$ mm^4
단면계수 $S_{top} = 0.009924$ m^3
$S_{bot} = 0.01165$ m^3

단면 2 : 최대 부모멘트 위치(지점부)

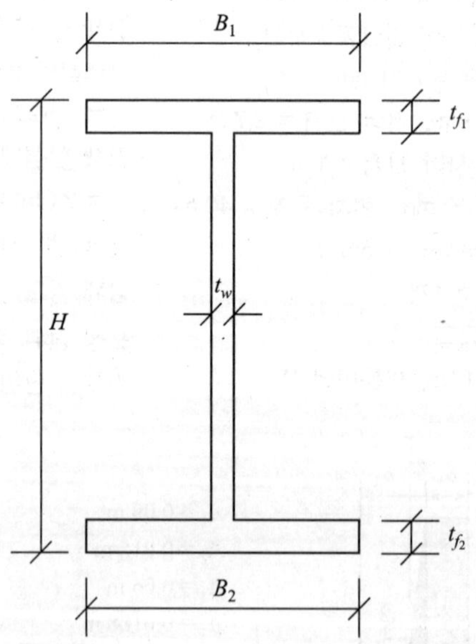

단면높이 $H = 1075$ mm
상부플랜지 두께 $t_{f_1} = 30$ mm
하부플랜지 두께 $t_{f_2} = 45$ mm
복부 두께 $t_w = 13$ mm
상부플랜지 폭 $B_1 = 450$ mm
하부플랜지 폭 $B_2 = 500$ mm
단면적 $= 49000$ mm^2
중립축 높이 $= 446.9643$ mm
단면 2차 모멘트 $= 1.034 \times 10^{10}$ mm^4
단면계수 $S_{top} = 0.01646$ m^3
$S_{bot} = 0.02313$ m^3

설계 자료

단면검토는 편의상 최대 정모멘트(0.4L) 및 최대 부모멘트(중간지점)에 대해서만 수행한다.
전단에 대해서는 지점부(교각 및 교대)에서 검토한다.

부모멘트부 휨설계를 위하여 브레이싱 지점(교각에서 6 m)의 모멘트를 계산해 둔다.
1 N/m가 전구간에 걸쳐 작용할 때 발생하는 부재력 및 반력

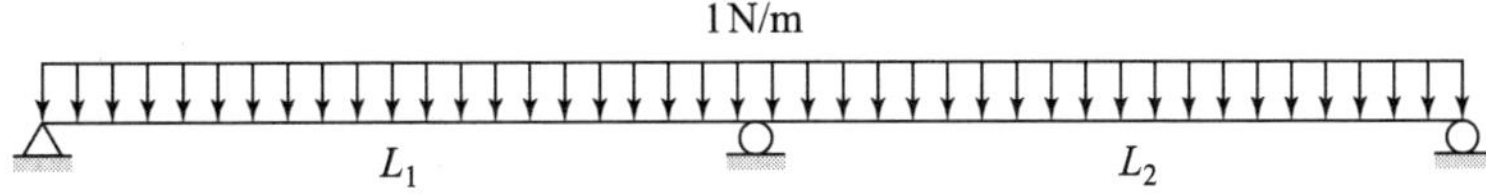

$L_1 = L_2 = 30$ m
최대 정모멘트 = 63.0 N/m
최대 부모멘트 = 112.5 N/m
브레이싱 지점의 휨모멘트 = − 18.0 N/m
교대에서의 최대 반력 = 11.25 N
교각에서의 최대 반력 = 37.50 N
교대에서의 최대 전단력 = 11.25 N
교각에서의 최대 전단력 = 18.75 N

해설 본 예제에서는 3.11절 및 3.12절에서 요약된 설계기준에 근거하여 연속 플레이트 거더교의 설계를 수행한다. 한계상태설계법 설계기준에 근거하여 본 예제에서는 내측 거더에 대한 설계만 보인다. 고정하중 및 활하중 분배계수를 제외하면 외측 거더의 경우도 크게 다르지 않다.
지면의 한계 상 활하중과 고정하중에 의한 모든 모멘트, 전단력 및 반력 등은 최소한의 계산과정만 보이도록 한다. 실제 설계과정에서는 이러한 제반 하중은 구조해석 프로그램을 이용하여 결정되거나 참고문헌 3.49의 표 등을 이용하여 얻는다. 설계자가 이러한 프로그램이나 문헌의 사용이 제한되어 있다면 설계예제 3.4에서 보인 과정을 통해 수계산으로 설계에 필요한 부재력 및 반력 등을 얻을 수 있다.

STEP 1 고정하중 계산

1) 비합성단면에 작용하는 고정하중(DC_1)

슬래브 : $DC_{slab} = (2.7)(0.22)(24520) = 14564.88$ N/m

헌치 : $DC_{haunch} = (0.04)(0.04)(24520) = 39.232$ N/m

강재 : $DC_{steel1} = (30500 \times 10^{-6})(1.05)(76980) = 2465.2845$ N/m

$DC_{steel2} = (49000 \times 10^{-6})(1.05)(76980) = 3960.621$ N/m

거푸집 : $DC_{cast} = (700)(2.7) = 1890$ N/m

정모멘트 부분 :

$$DC_1 = DC_{slab} + DC_{haunch} + DC_{steel1} + DC_{cast} = 18.9594 \text{ kN/m}$$

부모멘트 부분 :

$$DC_1 = DC_{slab} + DC_{haunch} + DC_{steel2} + DC_{cast} = 20.4547 \text{ kN/m}$$

2) 합성단면에 작용하는 고정하중(DC_2)

$DC_2 = (24520)(0.1867)(2)/(4) = 2.2889\ \text{kN/m}$

3) 교면 포장하중(DW)

$DW = DC_{pave} = (1200)(9)/(4) = 2700\ \text{N/m} = 2.7\ \text{kN/m}$

해설 일반적인 교량설계에서 첫 단계는 항상 고정하중의 계산이다. 한계상태설계법 설계기준에서 고정하중은 합성여부와 하중계수에 따라 다음 세 가지 범주로 구분된다.

DC_1 - 비합성단면에 작용하는 고정하중
콘크리트 바닥판과 헌치, 스틸 거더, 기타 2차 부재 및 설치되는 거푸집의 자중이 포함된다.

DC_2 - 합성단면에 작용하는 고정하중
여기서는 방호벽의 무게가 포함된다.

DW - 표면 포장층 및 유틸리티 장치
합성단면에 작용하지만 하중크기의 불확실성이 높아 DC_2에 비해 높은 하중계수가 적용된다.

STEP 2 활하중 분배계수 계산

거더의 무게중심과 바닥판의 무게중심 사이 간격 :

e_g = 슬래브 두께 / 2 + 헌치 높이 + 거더의 중립축 높이

= 220/2 + 40 + (1050 − 482.9918) = 717.0082 (단면 1)

= 220/2 + 40 + (1075 − 446.9643) = 778.0357 (단면 2)

종방향 강성계수 :

탄성계수비 $n = 2.0594 \times 10^8\ \text{kN/m}^2 / 2.5978 \times 10^7\ \text{kN/m}^2 = 7.92 = 8$

$K_g = n(I_{\text{girder}} + A \cdot e_g^2)$

$= 8(5.6269 \times 10^9 + 30500 \times 717.0082^2) = 1.7046 \times 10^{11}\ \text{mm}^4$ (단면 1)

$= 8(1.034 \times 10^{10} + 49000 \times 778.0357^2) = 3.2001 \times 10^{11}\ \text{mm}^4$ (단면 2)

1) 내측 거더 모멘트 횡분배계수 (단면 1)

1차로 재하 시 $0.83\left[0.06 + \left(\dfrac{S}{4300}\right)^{0.4}\left(\dfrac{S}{L}\right)^{0.3}\left(\dfrac{K_g}{Lt_s^{\ 3}}\right)^{0.1}\right]$

$$= 0.83\left[0.06 + \left(\frac{2700}{4300}\right)^{0.4}\left(\frac{2700}{30000}\right)^{0.3}\left(\frac{1.7046 \times 10^{11}}{30000 \times 220^3}\right)^{0.1}\right] = 0.3640$$

2차로 재하 시 $0.9\left[0.075+\left(\frac{S}{2900}\right)^{0.6}\left(\frac{S}{L}\right)^{0.2}\left(\frac{K_g}{Lt_s{}^3}\right)^{0.1}\right]$

$$=0.9\left[0.075+\left(\frac{2700}{2900}\right)^{0.6}\left(\frac{2700}{30000}\right)^{0.2}\left(\frac{1.7046\times10^{11}}{30000\times220^3}\right)^{0.1}\right]=0.5678$$

2) 내측 거더 모멘트 횡분배계수 (단면 2)

1차로 재하 시 $0.83\left[0.06+\left(\frac{S}{4300}\right)^{0.4}\left(\frac{S}{L}\right)^{0.3}\left(\frac{K_g}{Lt_s{}^3}\right)^{0.1}\right]$

$$=0.83\left[0.06+\left(\frac{2700}{4300}\right)^{0.4}\left(\frac{2700}{30000}\right)^{0.3}\left(\frac{3.2001\times10^{11}}{30000\times220^3}\right)^{0.1}\right]=0.3844$$

2차로 재하 시 $0.9\left[0.075+\left(\frac{S}{2900}\right)^{0.6}\left(\frac{S}{L}\right)^{0.2}\left(\frac{K_g}{Lt_s{}^3}\right)^{0.1}\right]$

$$=0.9\left[0.075+\left(\frac{2700}{2900}\right)^{0.6}\left(\frac{2700}{30000}\right)^{0.2}\left(\frac{3.2001\times10^{11}}{30000\times220^3}\right)^{0.1}\right]=0.6003$$

3) 내측 거더 전단력 횡분배계수

1차로 재하 시

$$0.83\left(0.36+\frac{S}{7600}\right)=0.83\left(0.36+\frac{2700}{7600}\right)=0.5937$$

2차로 재하 시

$$0.9\left[0.2+\frac{S}{3600}-\left(\frac{S}{10700}\right)^2\right]=0.9\left[(0.2+\frac{2700}{3600}-\left(\frac{2700}{10700}\right)^2\right]=0.7977$$

해설 [단면 1]

3.8.1절에서 어떤 방식으로 활하중이 거더 사이에 분배되는지를 보였다. 활하중 분배는 거더 간격, 경간장, 바닥판 두께, 거더 단면특성 등에 의해 결정된다. 활하중 분배계수를 계산하기 위해서는 먼저 거더 단면을 적절히 가정하여야 한다. 이러한 작업은 광범위한 지식과 경험을 필요로 하지만, 초보설계자의 경우 거더 높이를 거더 길이의 1/30~1/25 정도로 취하도록 한다. 본 예제에서는 정모멘트 구간에서 거더 단면을 상부플랜지 25 mm×300 mm, 웨브 13 mm×1000 mm, 하부플랜지 25 mm×400 mm로 가정하였다.

활하중 분배계수를 결정하기 위해 강재의 단면 특성이 계산되었다.

수차례 언급되었지만, 교량설계는 시행착오의 과정(trial-and-error process)이 반복된다. 수차례의 반복된 시행착오의 과정을 통해 부재가 최적화되고 최종 설계단면이 결정된다.

3.8.1절에서 모멘트와 전단력에 대한 활하중 분배계수 계산방법을 보였다. 한계상태설계법에서는 내측 및 외측 거더에 대한 분배계수가 서로 다르게 규정하고 있다. 또한 단일차선 교량에 대한 활하중 분배계수도 다차선 교량과 구별

된다.
본 예제교량은 2차선 교량구조이므로 2개 차선 재하 및 단일차선 재하에 대한 분배계수를 계산한다. 강도한계상태 및 사용한계상태 검토에서는 두 가지 차선 하중 재하 방식 모두 고려되어야 한다. 그러나 피로한계상태 검토에서는 단일 차선 하중만 재하한다.
내측 거더 휨에 대한 활하중 분배계수를 계산할 때는 식 (3.37) 및 (3.38)을 사용한다. 식 (3.39) 및 (3.40)은 내측 거더 전단에 대한 활하중 분포계수 계산에 사용한다.
정 및 부모멘트 각 영역에서 거더 단면 특성이 서로 다르므로 활하중 분배계수 또한 달라진다는 사실에 주의해야 한다.

[단면 2]
정모멘트부에 대한 활하중 분포계수는 앞서 계산되었고, 본 단계에서는 부모멘트부에 대한 활하중 분포계수를 계산한다.
앞서 정모멘트부에서 진행된 방식과 유사하게 강재 단면을 가정하는 것으로부터 시작한다. 일반적으로 교각 위 지점부에서 단면은 정모멘트부에 비해 큰 단면을 가진다. 여기서는 상부플랜지 30 mm × 450 mm, 웨브 13 mm × 1000 mm, 하부플랜지 45 mm × 500 mm의 단면을 가정한다. 활하중 분배계수를 결정하기 위해 강재의 단면 특성이 계산되었다.
만약 가정된 단면이 너무 작거나 커서 변경되어야 한다면, 변경된 단면에 대한 분배계수를 다시 계산해야 한다. 이러한 이유로 본 예제에서 보인 수계산은 설계검토를 위한 예비단계에서만 사용된다. 대부분의 설계는 컴퓨터에 의해 수행된다. 그렇지만 수계산에 의한 설계검토 능력은 설계자에게 있어 필수적임을 기억해야 한다.
3.8.1절에서 모멘트와 전단력에 대한 활하중 분배계수 계산방법을 보였다. 한계상태설계법에서는 내측 및 외측 거더에 대한 분배계수가 서로 다르게 규정하고 있다. 또한 단일차선 교량에 대한 활하중 분포계수도 다차선 교량과 구별된다.
강도 및 사용한계상태 검토에서는 두 가지 차선 하중 재하 방식 모두 고려되어야 한다. 그러나 피로한계상태 검토에서는 단일차선 하중만 재하하여 분포계수를 구한다.
내측 거더 휨에 대한 활하중 분배계수를 계산할 때는 식 (3.37) 및 (3.38)을 사용한다. 식 (3.39) 및 (3.40)은 내측 거더 전단에 대한 활하중 분포계수 계산에 사용한다.
교각부의 부모멘트를 계산할 때 두 인접 경간에 대한 평균 경간장을 사용한다.
정 및 부모멘트부에 대한 활하중 분배계수 계산결과를 요약하였다. 앞서 언급되었지만 식 (3.37) 및 (3.39)는 피로한계상태에 사용된다. 강도한계상태 및 사용한계상태에는 식 (3.38) 및 (3.40)이 사용되어야 한다.

STEP 3 플랜지 유효폭 계산

플랜지 유효폭은 다음 중에서 작은 값으로 결정 :

1. 1/4 × 지간 길이 = (0.25)(30000) = 7500 mm
2. 거더의 중심 간격 = 2700 mm
3. 12×슬래브 평균두께 + Max[(1/2)(주거더 상부플랜지 폭), (복부판 두께)]
   ↳ Max[(0.5)(300), (12.7)] = 150 mm
   = 12×220+150 = 2790 mm(정모멘트 부분)
   12×슬래브 평균두께 + Max[(1/2)(주거더 상부플랜지 폭), (복부판 두께)]
   ↳ Max[(0.5)(450), (12.7)] = 225 mm
   = 12×220+225 = 2865 mm(부모멘트 부분)

따라서, 플랜지 유효폭 = 2700 mm

콘크리트 단면적 = (2.7)(0.22) = 0.594 m^2

해설 합성단면의 플랜지 유효폭 계산은 3.10.3절에 보였다. 바닥판 두께로 220 mm가 적용되었다.

STEP 4 합성단면의 관성모멘트 계산

1) 정모멘트 부분

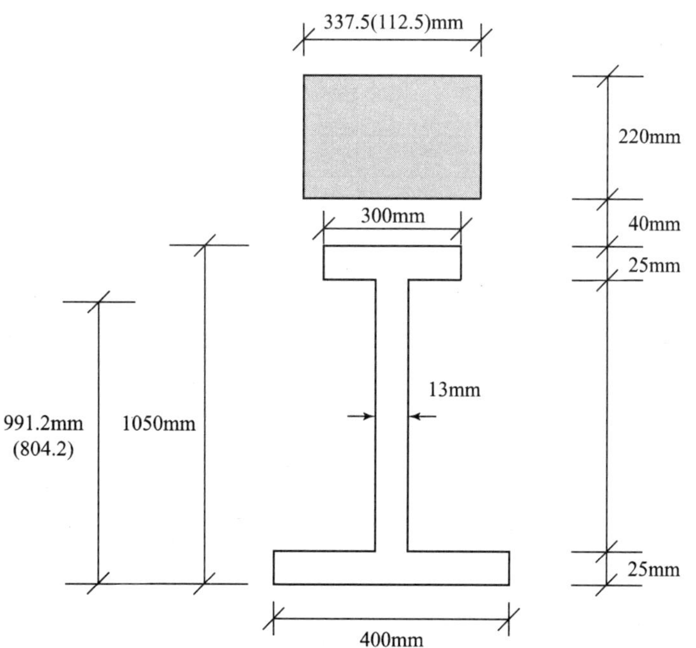

단기합성단면 $n=8$

$$b_{tr}=\frac{b_{\text{eff}}}{n}=\frac{2700}{8}=337.5\ \text{mm}$$

$$I_{\text{slab}}=\frac{0.3375\times 0.22^3}{12}=0.0002995\ \text{m}^4$$

요소	$A(\text{m}^2)$	$y(\text{m})$	$Ay(\text{m}^3)$	$Ay^2(\text{m}^4)$	$I_o(\text{m}^4)$
강재	0.0305	0.483	0.01473	0.007115	0.005627
슬래브	0.07425	1.2	0.0891	0.1069	0.000299
합	0.1048		0.1038	0.1140	0.005926

$$I_z=\sum I_o+\sum Ay^2=0.005926+0.1140=0.12\ \text{m}^4$$

$$y'=\frac{\sum Ay}{\sum A}=\frac{0.1038}{0.1048}=0.9912\ \text{m}$$

$$I=I_z-\sum A(y')^2=0.12-0.1048\times 0.9912^2=0.01704\ \text{m}^4$$

$$S_n=\frac{I}{y'}=\frac{0.01704}{0.9912}=0.01719\ \text{m}^3$$

장기합성단면 $3n=24$

$$b_{tr}=\frac{b_{\text{eff}}}{3n}=\frac{2700}{24}=112.5\ \text{mm}$$

$$I_{\text{slab}}=\frac{0.1125\times 0.22^3}{12}=0.00009983\ \text{m}^4$$

요소	$A(\text{m}^2)$	$y(\text{m})$	$Ay(\text{m}^3)$	$Ay^2(\text{m}^4)$	$I_o(\text{m}^4)$
강재	0.0305	0.483	0.01473	0.007115	0.005627
슬래브	0.02475	1.2	0.0297	0.03564	0.00009983
합	0.05525		0.04443	0.04276	0.005727

$$I_z=\sum I_o+\sum Ay^2=0.005727+0.04276=0.04848\ \text{m}^4$$

$$y'=\frac{\sum Ay}{\sum A}=\frac{0.04443}{0.05525}=0.8042\ \text{m}$$

$$I=I_z-\sum A(y')^2=0.04848-0.05525\times 0.8042^2=0.01275\ \text{m}^4$$

$$S_{3n}=\frac{I}{y'}=\frac{0.01275}{0.8042}=0.01586\ \text{m}^3$$

2) 부모멘트 부분

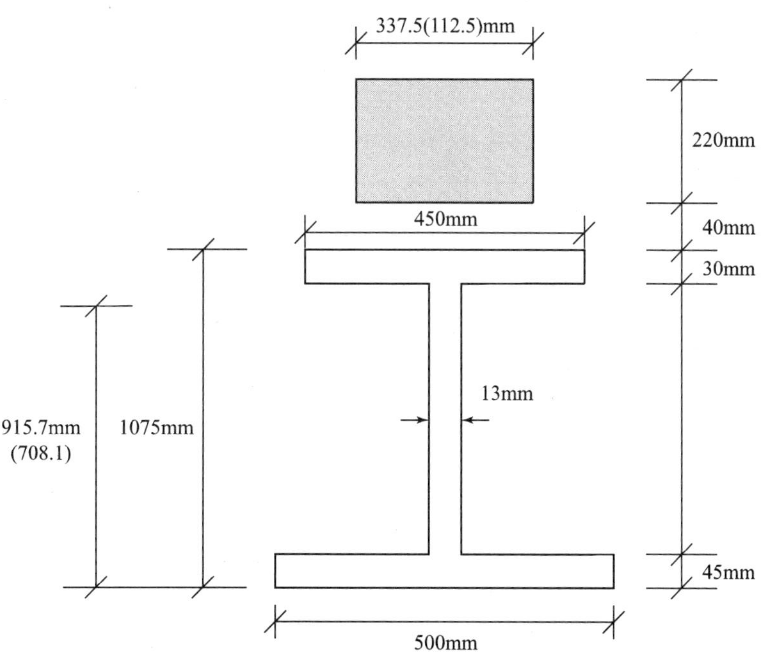

단기합성단면 $n=8$

$$b_{tr}=\frac{b_{\text{eff}}}{n}=\frac{2700}{8}=337.5\ \text{mm}$$

$$I_{\text{slab}}=\frac{0.3375\times0.22^3}{12}=0.0002995\ \text{m}^4$$

요소	A(m²)	y(m)	Ay(m³)	Ay^2(m⁴)	I_o(m⁴)
강재	0.049	0.447	0.0219	0.009791	0.01034
슬래브	0.07425	1.225	0.09096	0.1114	0.0002995
합	0.1233		0.1129	0.1212	0.01064

$$I_z=\sum I_o+\sum Ay^2=0.01064+0.1212=0.1319\ \text{m}^4$$

$$y'=\frac{\sum Ay}{\sum A}=\frac{0.1129}{0.1233}=0.9157\ \text{m}$$

$$I=I_z-\sum A(y')^2=0.1319-0.1233\times0.9157^2=0.02851\ \text{m}^4$$

$$S_n=\frac{I}{y'}=\frac{0.02851}{0.9157}=0.03113\ \text{m}^3$$

장기합성단면 $3n=24$

$$b_{tr}=\frac{b_{\text{eff}}}{3n}=\frac{2700}{24}=112.5\ \text{mm}$$

$$I_{\text{slab}}=\frac{0.1125\times 0.22^3}{12}=0.00009983\ \text{m}^4$$

요소	A(m²)	y(m)	Ay(m³)	Ay^2(m⁴)	I_o(m⁴)
강재	0.049	0.447	0.0219	0.009791	0.01034
슬래브	0.02475	1.225	0.03032	0.03714	0.00009983
합	0.07375		0.05222	0.04693	0.01044

$$I_z=\sum I_o+\sum Ay^2=0.01044+0.04693=0.05737\ \text{m}^4$$

$$y'=\frac{\sum Ay}{\sum A}=\frac{0.05222}{0.07375}=0.7081\ \text{m}$$

$$I=I_z-\sum A(y')^2=0.05737-0.07375\times 0.7081^2=0.02039\ \text{m}^4$$

$$S_{3n}=\frac{I}{y'}=\frac{0.02039}{0.7081}=0.0288\ \text{m}^3$$

해설 활하중 응력산정에서 합성단면에서 $n=8$(강재와 콘크리트 탄성계수비)이 사용된다. 2차 고정하중에 대한 합성단면 계산 시 $3n=24$가 사용된다. 고정하중 응력계산에는 강재 순단면이 고려된다. 탄성 합성단면특성은 그림 3.40에 보인 단계를 통해 계산된다. 합성단면에 대한 단면 2차 모멘트가 계산되면 거더 하단에서 합성단면 중심까지의 거리를 나누어 하부플랜지 하단에 대한 탄성단면계수를 얻는다.

STEP 5 비계수모멘트 및 전단력

DC_1의 경우 자중이 더 큰 부모멘트 자중으로 계산한다. (안전측)

1) DC_1(20.4547 kN/m)에 의한 경우

최대 정모멘트 = 1288.6461 kNm

최대 부모멘트 = 2301.1538 kNm

교대에서의 최대 반력 = 230.1154 kN

교각에서의 최대 반력 = 767.0513 kN

교대에서의 최대 전단력 = 230.1154 kN

교각에서의 최대 전단력 = 383.5256 kN

2) DC_2(2.2889 kN/m)에 의한 경우

최대 정모멘트 = 144.2007 kNm

최대 부모멘트 = 257.5013 kNm

교대에서의 최대 반력 = 25.7501 kN
교각에서의 최대 반력 = 85.8338 kN
교대에서의 최대 전단력 = 25.7501 kN
교각에서의 최대 전단력 = 42.9169 kN

3) DW(2.7 kN/m)에 의한 경우
최대 정모멘트 = 170.1 kNm
최대 부모멘트 = 303.75 kNm
교대에서의 최대 반력 = 30.375 kN
교각에서의 최대 반력 = 101.25 kN
교대에서의 최대 전단력 = 30.375 kN
교각에서의 최대 전단력 = 50.625 kN

4) 표준트럭하중에 의한 경우
최대 정모멘트 = 2369.96 kNm
최대 부모멘트 = 1338.16 kNm (트럭 한 대)
최대 부모멘트 = 0.9(2599.99) = 2339.99 kNm (트럭 두 대)
(트럭 두 대가 재하된 경우 하중감소계수 0.9를 곱한다.)
교대에서의 최대 반력 = 400.31 kN
교각에서의 최대 반력 = 492.67 kN (트럭 한 대)
교각에서의 최대 반력 = 0.9(902.61) = 812.35 kN (트럭 두 대)
(트럭 두 대가 재하된 경우 하중감소계수 0.9를 곱한다.)
교대에서의 최대 전단력 = 400.31 kN
교각에서의 최대 전단력 = 447.32 kN

5) 표준차로하중(12.7 kN/m)에 의한 경우
최대 정모멘트 = 1085.85 kNm
(양쪽 경간에 만재한 경우보다 한쪽 경간에만 재하된 경우가 더 커진다.)
최대 부모멘트 = 1428.75 kNm
교대에서의 최대 반력 = 166.6875 kN
(양쪽 경간에 만재한 경우보다 한쪽 경간에만 재하된 경우가 더 커진다.)
교각에서의 최대 반력 = 476.25 kN
교대에서의 최대 전단력 = 166.6875 kN
교각에서의 최대 전단력 = 238.125 kN

해설 앞서 언급하였듯이 구조부재에 재하되는 하중은 컴퓨터를 이용한 해석을 통해 얻는 것이 일반적이다. 수계산을 해야 한다면 설계자는 연속보 영향선을 구하여야 한다(설계예제 3.4 참조). 만약 모멘트도 또는 전단력도와 같은 다이어그램을 얻고자 한다면 컴퓨터를 이용하거나 영향선을 사용할 수밖에 없다. 비합성단면에 대한 고정하중(DC_1)과 합성 고정하중(DC_2)은 STEP 1에서 계산되었다. 각각의 하중에 대해 교대 및 교각 위치에서 최대 정 및 부모멘트, 최대 전단력 그리고 최대 반력을 구하였다.
한계상태법 설계기준에서 활하중은 표준트럭하중과 표준차로하중으로 구성되고 만약 다른 특별한 규정이 없다면 최대 하중 영향은 표준트럭하중의 영향과 표준트럭하중 영향의 75%와 표준차로하중 영향의 합중에서 큰 값을 사용한다. 충격의 영향은 표준트럭하중에만 적용하고 표준차로하중에는 적용하지 않는다는 것을 상기해야 한다. 차선하중은 부재력을 증가시키는 방법으로 재하되어야 하는데, 본 예제에서는 최대 정모멘트와 교대에서의 최대 반력 계산 시 양쪽 경간에 만재한 경우보다 한쪽 경간에만 재하된 경우가 더 커진다.
교각부의 최대 부모멘트 및 반력 계산 시 트럭 두 대가 재하된 경우가 검토되어야 한다. 트럭 두 대가 재하된 경우 하중감소계수 0.9를 곱한다. 교대부에서 최대 정모멘트 및 전단력을 산정하기 위해 한 경간에만 차선하중을 재하였다. 대부분의 교량설계 프로그램은 설계 활하중 KL-510에 대해서 발생하는 최대 부재력을 자동으로 계산해준다.

STEP 6 정모멘트부 휨설계

고정하중 모멘트 :

$M_{\mathrm{DC}} = M_{\mathrm{DC}_1} + M_{\mathrm{DC}_2} = 1288.6461 + 144.2007 = 1432.8468$ kN m

$M_{\mathrm{DW}} = 170.1$ kN m

활하중 모멘트 : 활하중의 최대값은 표준트럭하중의 영향과 표준트럭하중의 75%와 표준차로하중의 영향 중에서 큰 값이 된다.

표준트럭하중에 의한 최대 정모멘트 : $M_{\mathrm{LL}_1} = 2369.96$ kN m

표준차로하중에 의한 최대 정모멘트 : $M_{\mathrm{LL}_2} = 1085.85$ kN m

$$M_{\mathrm{LL}} = \mathrm{Max}(M_{\mathrm{LL}_1},\ 0.75 \times M_{\mathrm{LL}_1} + M_{\mathrm{LL}_2})$$
$$= \mathrm{Max}(2369.96,\ 0.752369.96 + 1085.85) = 2863.32 \text{ kN m}$$

충격과 활하중 분배를 고려한 활하중 모멘트

$$M_{\mathrm{LI}} = (0.5678)[(1.25)(0.75)(2369.96) + 1085.85] = 1878.105 \text{ kN m}$$

극한한계상태조합 1 :

$$M_u = 1.25M_{\mathrm{DC}} + 1.5M_{\mathrm{DW}} + 1.8M_{\mathrm{LI}}$$
$$= 1.25(1432.8468) + 1.5(170.1) + 1.8(1878.105) = 5426.7975 \text{ kN m}$$

합성단면(콘크리트 바닥판의 철근은 무시)에서 압축응력블럭 계산 :

$$a = \frac{AF_y}{0.85 f_{ck} b_{\text{eff}}} = \frac{30500 \times 345}{0.85 \times 31 \times 2700} = 147.9022\ \text{mm}$$

바닥판 상면에서 강재 중심까지의 거리

$d = 220 + 40 + 1050 - 482.9918 = 827.0082\ \text{mm}$

소성강도 : $M_p = AF_y\left(d - \frac{a}{2}\right) = 30500 \times 345\left(827.0082 - \frac{147.9022}{2}\right)$

$$= 7924.0433 \times 10^6\ \text{N mm} = 7924.0433\ \text{kN m}$$

단면의 조밀성 검토

강재의 항복응력은 $F_y = 345\ \text{MPa} < 455\ \text{MPa}$

웨브 $\frac{D}{t_w} = \frac{1000}{13} = 76.9 < 150$

소성중립축은 콘크리트 슬래브 내에 있다. 따라서 웨브의 세장한계인 식 (3.99)를 자동적으로 만족하므로 단면은 조밀단면이다.

$D_p = a = 147.9022\ \text{mm} > 0.1 D_t = 0.1(220 + 40 + 1050) = 131\ \text{mm}$ 이므로

$$M_n = M_p\left(1.07 - 0.7\frac{D_p}{D_t}\right)$$

$$= 7924.0433\left(1.07 - 0.7 \times \frac{147.9022}{1310}\right) = 7852.4756\ \text{kN m}$$

연속교에서 정모멘트 휨강도는 계수항복모멘트의 1.3배를 초과해서는 안 된다.

비합성단면 저항계수 고정하중모멘트 :

$1.25 M_{\text{DC}_1} = 1.25(1288.6461) = 1610.8076\ \text{kN m}$

장기합성단면 저항계수 고정하중모멘트 :

$1.25 M_{\text{DC}_2} + 1.5 M_{\text{DW}} = 1.25(144.2007) + 1.5(170.1) = 180.2509 + 255.15$

$$= 435.4009\ \text{kN m}$$

단면 항복 전 추가적인 활하중모멘트 :

$$\frac{1.25 M_{\text{DC}_1}}{S_{bot}} + \frac{1.25 M_{\text{DC}_2} + 1.5 M_{\text{DW}}}{S_{3n}} + \frac{M_{\text{AD}}}{S_n} = F_y$$

$$\frac{1610.8076}{0.01165} + \frac{435.4009}{0.01586} + \frac{M_{\text{AD}}}{0.01719} = 345 \times 10^3$$

$M_{\text{AD}} = 3081.8315$ kN m

$M_y = 1610.8076 + 435.4009 + 3081.8315 = 5128.04$

공칭휨모멘트강도(지배강도)

$M_n = 1.3R_hM_y = 1.3(1.0)(5128.04) = 6666.452$ kN m

$> M_u = 5426.7975$ kN m OK

따라서 강도한계상태 요구조건을 만족한다.

연성요구조건 검토

$$\frac{D_p}{D_t} = \frac{147.9022}{1310} = 0.11 < 0.42$$ OK

사용성한계하중조합 II는 사용하중 하에서 강재의 응력을 검토하는데 사용된다.

고정하중 응력 :

$$f_{\text{DL}} = \frac{M_{\text{DC}_1}}{S_{bot}} = \frac{1288.6461}{0.01165} = 110613.4 \text{ kN/m}^2 = 110.6134 \text{ MPa}$$

2차 고정하중 응력 :

$$f_{\text{SDL}} = \frac{M_{\text{DC}_2} + M_{\text{DW}}}{S_{3n}} = \frac{144.2007 + 170.1}{0.01586} = 19817.2 \text{ kN/m}^2 = 19.8172 \text{ MPa}$$

활하중 응력 :

$$f_{\text{LI}} = \frac{M_{\text{LI}}}{S_n} = \frac{1878.105}{0.01719} = 109255.7 \text{ kN/m}^2 = 109.2557 \text{ MPa}$$

사용성한계하중조합 II에서 하부플랜지의 총 계수응력 :

$f_t = 1.0 \times (110.6134 + 19.8172) + 1.3 \times 109.2557 = 272.463$ MPa

$< F_y = 345$ MPa OK

해설 가정된 단면에 대해 극한한계상태 I과 사용성한계상태 II에 대한 검토가 수행된다. 이때의 하중계수는 표 3.2 및 3.3을 통해 결정된다. 강재단면은 식 (3.93) 및 (3.99)의 조건을 만족하므로 조밀단면이다. 조밀 합성단면의 소성휨강도 계산방법은 사각 또는 T형 단면 콘크리트보의 경우와 유사하다. 여기서는 인장철근 대신에 인장을 받고 있는 거더 단면이 고려된다. 우선 소성중립축이 콘크리트 바닥판 단면 내에 있다고 가정한다. $a = 148$ mm인데 이 값은 바닥판 두께 220 mm보다 작으므로 이 가정은 옳다고 할 수 있다. 만약 a값이 220 mm보다 크다면 소성중립축의 위치를 재산정해야 한다. 이 경우 다소 복잡한 과정을 거쳐 소성모멘트 강도를 계산해야 하는데 강구조부재설계기준 - 하중저항계수설계법 부록 A와 B를 참조하도록 한다.

계산서에서 d는 강 거더 무게중심에서 콘크리트 바닥판 상단까지의 거리이다.

소성중립축의 위치가 전단면의 10분의 1을 초과하므로 공칭휨강도를 계산하기 위해 식 (3.102)를 사용한다. 연속교에서 정모멘트부에서 소성변형이 심해지면 모멘트는 부모멘트부로 재분배되는데, 이는 추가적인 모멘트에 대한 저항을 불가능하게 한다. 그러므로 AASHTO에서는 최대소성모멘트를 계수 항복모멘트의 1.3배로 제한하고 있다. 계수 항복모멘트를 계산하기 위해서는 계수 고정하중에 의한 거더 응력을 산정한 후 단면이 항복에 이르게 하는 계수 활하중모멘트를 계산한다. 이러한 계수모멘트의 합이 단면의 항복모멘트가 된다. 정모멘트부에서 계수 휨강도는 계수모멘트하중보다 크므로 단면은 강도조건을 만족한다. 연성조건은 강재단면이 완전히 항복에 이르기 전에 콘크리트 바닥판이 파괴되지 않도록 보장하기 위한 조건이다.

강재 거더는 사용한계상태에서 정상 사용하중 하에서 항복하지 않는지 검토되어야 한다. 강부재에 대해서는 사용II 하중조합이 이용된다. 사용하중 응력산정을 위해 합성 및 비합성 단면 특성을 먼저 계산하여야 한다. 사용한계상태 검토에서 모든 합성 및 비합성 단면에 대해 탄성 단면특성이 이용된다. 강교에서 사용한계상태 검토의 목적은 강재가 정상 하중조건에서 항복이 발생하지 않도록 하여 영구 소성변형을 방지하는 것이다. 사용II 하중조합하의 하부플랜지 총응력은 고정하중 응력, 2차 고정하중 응력, 활하중 응력의 합으로 계산된다. 고정하중과 2차 고정하중의 하중계수는 1.0이고, 활하중에 대한 계수는 1.3이다. 자세한 계수는 표 3.2를 참조한다.

활하중 및 2차 고정하중이 합성단면에 재하 되지만 응력계산에 사용되는 단면계수값은 다르다는 것을 알아야 한다. 활하중은 단기하중이기 때문에 콘크리트의 크리프는 응력에 영향을 주지 않는다. 2차 고정하중은 장기하중이기 때문에 콘크리트의 크리프를 고려해야 한다. 그러므로 콘크리트 바닥판을 등가의 강재단면으로 환산할 때 $3n$이 사용되어야 한다. 활하중에 대해서는 n을 사용한다. 계수하중(사용II 하중조합) 하의 총응력은 272.463 MPa로 허용응력 345 MPa보다 작으므로 가정된 단면은 사용한계상태 요구조건을 만족시킨다.

STEP 7 부모멘트부 휨설계

고정하중 모멘트 :

$$M_{DC} = M_{DC_1} + M_{DC_2} = 2301.1538 + 257.5013 = 2558.6551 \text{ kN m}$$

$$M_{DW} = 303.75 \text{ kN m}$$

활하중 모멘트 :

표준트럭하중에 의한 최대 부모멘트 : $M_{LL_1} = 2339.99 \text{ kN m}$

표준차로하중에 의한 최대 부모멘트 : $M_{LL_2} = 1428.75 \text{ kN m}$

$$M_{LL} = \text{Max}(M_{LL_1},\ 0.75 \times M_{LL_1} + M_{LL_2})$$

$$= \text{Max}(2339.99,\ 0.752339.99 + 1428.75) = 3183.74 \text{ kN m}$$

충격과 활하중 분배를 고려한 활하중 모멘트

$M_{\mathrm{LI}} = (0.6003)[(1.25)(0.75)(2339.99) + 1428.75] = 2174.5811\ \mathrm{kN\ m}$

극한한계상태조합 1 :

$$M_u = 1.25M_{\mathrm{DC}} + 1.5M_{\mathrm{DW}} + 1.8M_{\mathrm{LI}}$$
$$= 1.25(2558.6551) + 1.5(303.75) + 1.8(2174.5811) = 7568.1899\ \mathrm{kN\ m}$$

탄성 합성단면 특성 :

슬래브 유효폭 내의 철근 단면적은 $A_s = 8000\ \mathrm{mm}^2$이고 강재단면 상단으로부터 158 mm 위치에 있다고 가정한다.

요소	$A(\mathrm{m}^2)$	$y(\mathrm{m})$	$Ay(\mathrm{m}^3)$	$Ay^2(\mathrm{m}^4)$	$I_o(\mathrm{m}^4)$
강재 거더	0.049	0.447	0.0219	0.009791	0.01034
철근	0.008	1.233	0.009864	0.01216	0
합	0.057		0.03177	0.02195	0.01034

$$I_z = \sum I_o + \sum Ay^2 = 0.01034 + 0.02195 = 0.03229\ \mathrm{m}^4$$

$$y' = \frac{\sum Ay}{\sum A} = \frac{0.03177}{0.057} = 0.5573$$

$$I = I_z - \sum A(y')^2 = 0.03229 - (0.057)(0.5573)^2 = 0.01459\ \mathrm{m}^4$$

$$S_c = \frac{I}{y'} = \frac{0.01459}{0.5573} = 0.02618\ \mathrm{m}^3$$

$$S_t = \frac{I}{h - y'} = \frac{0.01459}{1.075 - 0.5573} = 0.02818\ \mathrm{m}^3$$

압축플랜지 설계

웨브 국부좌굴검토 :

$$\frac{2D_c}{t_w} = \frac{2(557.3 - 45)}{13} = 78.82 \le 5.7\sqrt{\frac{E}{F_y}} = 5.7\sqrt{\frac{205940}{345}} = 139.26$$

웨브는 조밀단면이고 웨브의 국부좌굴에 의한 플랜지 응력감소계수 $R_b = 1.0$이다.

플랜지 국부좌굴 검토 :

$$\frac{b_{fc}}{2t_{fc}} = \frac{500}{2(45)} = 5.56 < 0.38\sqrt{\frac{E}{F_y}} = 0.38\sqrt{\frac{205940}{345}} = 9.28$$

압축플랜지는 조밀단면이다.

횡비틀림좌굴 검토 :

$D_c = 557.3 - 45 = 512.3\ \text{mm}$

$$r_t = \frac{b_{fc}}{\sqrt{12(1 + D_c t_w / 3b_{fc} t_{fc})}} = \frac{500}{\sqrt{12(1 + 512.3 \times 13/(3 \times 500 \times 45))}}$$

$= 137.7\ \text{mm}$

$$L_p = 1.0 r_t \sqrt{\frac{E}{F_{yc}}} = 1.0(137.7)\sqrt{\frac{205940}{345}} = 3364.3\ \text{mm}$$

$$L_r = \pi r_t \sqrt{\frac{E}{F_{yr}}} = \pi(137.7)\sqrt{\frac{205940}{0.7 \times 345}} = 12632.68\ \text{mm}$$

압축플랜지 비지지길이 $L_b = 6.0\ \text{m}$로 가정

$L_p < L_b < L_r$이므로,

$$F_{nc} = C_b\left[1 - \left(1 - \frac{F_{yr}}{R_h F_{yc}}\right)\left(\frac{L_b - L_p}{L_r - L_p}\right)\right] R_b R_h R_{yc} \le R_b R_h R_{yc}$$

여기서, 모멘트 보정계수 $C_b = 1.75 - 1.05\left(\frac{f_1}{f_2}\right) + 0.3\left(\frac{f_1}{f_2}\right)^2$

$$f_2 = \frac{1.25 \times M_{\text{DC}_1}}{S_{bot}} + \frac{1.25 \times M_{\text{DC}_2} + 1.5 \times M_{\text{DW}} + 1.8 \times M_{\text{LI}}}{S_c}$$

$$= \frac{1.25 \times 2301.1538}{0.02313} + \frac{7568.1899 - 1.25 \times 2301.1538}{0.02618}$$

$= 303570\ \text{kPa} = 303.57\ \text{MPa}$

브레이싱 지점(교각에서 6 m)에서의 휨모멘트 :

$M_{\text{DC}_1} = 20.4547(18) = 368.1846\ \text{kN m}$

$M_{\text{DC}_2} = 2.2889(18) = 41.20\ \text{kN m}$

$M_{\text{DW}} = 2.7(18) = 48.60\ \text{kN m}$

표준트럭하중에 의한 모멘트 : $M_{\text{LL}_1} = 1070.64\ \text{kN m}$

표준차로하중에 의한 모멘트 : $M_{\text{LL}_2} = 228.6\ \text{kN m}$

$M_{\text{LL}} = \text{Max}(M_{\text{LL}_1},\ 0.75 \times M_{\text{LL}_1} + M_{\text{LL}_2})$

$= \text{Max}(1070.64,\ 0.751070.64 + 228.6) = 1070.64\ \text{kN m}$

충격과 활하중 분배를 고려한 활하중 모멘트

$M_{\text{LI}} = (0.6003)(1.25)(1070.64) = 803.3815\ \text{kN m}$

$$f_1 = \frac{1.25 \times M_{\text{DC}_1}}{S_{bot}} + \frac{1.25 \times M_{\text{DC}_2} + 1.5 \times M_{\text{DW}} + 1.8 \times M_{\text{LI}}}{S_c}$$

$$= \frac{1.25 \times 368.1846}{0.02313} + \frac{1.25 \times 41.2 + 1.5 \times 48.6 + 1.8 \times 803.3815}{0.02618}$$

$= 79885.6 \text{ kPa} = 79.89 \text{ MPa}$

$$C_b = 1.75 - 1.05\left(\frac{f_1}{f_2}\right) + 0.3\left(\frac{f_1}{f_2}\right)^2 = 1.75 - 1.05\left(\frac{79.89}{303.57}\right) + 0.3\left(\frac{79.89}{303.57}\right)^2$$

$= 1.494 < 2.3$

$$F_{nc} = C_b\left[1 - \left(1 - \frac{F_{yr}}{R_h F_{yc}}\right)\left(\frac{L_b - L_p}{L_r - L_p}\right)\right] R_b R_h F_{yc} \le R_b R_h F_{yc}$$

$$F_{nc} = 1.494\left[1 - \left(1 - \frac{0.7 \times 345}{1.0 \times 345}\right)\left(\frac{6 - 3.3643}{12.6327 - 3.3643}\right)\right] 1.0 \times 1.0 \times 345$$

$= 471 \text{ MPa} > R_b R_h F_{yc} = 345 \text{ MPa}$

따라서, 압축플랜지의 계수 압축응력 $f_2 = 303.57 \text{ MPa} < F_{nc} = 345 \text{ MPa}$ OK

인장플랜지 설계

$$f_t = \frac{1.25 \times M_{\mathrm{DC_1}}}{S_{top}} + \frac{1.25 \times M_{\mathrm{DC_2}} + 1.5 \times M_{\mathrm{DW}} + 1.8 \times M_{\mathrm{LI}}}{S_t}$$

$$= \frac{1.25 \times 2301.1538}{0.01646} + \frac{7568.1899 - 1.25 \times 2301.1538}{0.02818}$$

$= 341246 \text{ kPa} = 341.246 \text{ MPa} < F_{nt} = R_h F_y = 345 \text{ MPa}$ OK

해설 교각부 부모멘트 휨설계에는 다음 두 가지 하중조합을 고려한다.

1. 트럭 한 대와 각 차선당 표준차로하중
2. 차선당 트럭 두 대와 0.9의 하중감소계수를 적용한 트럭 및 표준차로하중

연속교에서 부모멘트부는 합성단면 또는 비합성단면으로 설계될 수 있다. 인장상태에 있는 콘크리트 바닥판은 무시된다. 비합성단면으로 설계될 경우, 바닥판의 철근은 무시된다. 합성단면으로 설계될 경우, 철근은 합성단면의 일부로 고려될 수 있다. 3.10.7절에서 토론하였듯이, 부모멘트부에서 합성단면의 장점을 활용하기 위해 충분한 전단연결재를 설치하여야 한다.

본 설계예제에서 부모멘트부는 합성단면으로 설계된다. 총 8000 mm^2의 철근이 플랜지 유효폭 안에 설치된다. 종방향 철근이 상·하단 2층으로 배치되고 강재단면 상단으로부터 158 mm 위치에 있다고 가정한다.

한계상태법 설계기준에서는 강도한계상태의 하중조합으로부터 최대 압축응력을 구하여 허용응력과 비교하도록 되어있다. 허용응력은 압축플랜지의 국부좌굴 및 횡비틀림좌굴에 의한 감소계수를 항복응력에 곱하여 결정된다. 자세한 사항은 3.10.6절 5항을 참조한다.

식 (3.117)과 식 (3.118)에 따라 가정된 압축플랜지는 조밀단면이 판명되어 국부좌굴은 발생되지 않는다. 횡비틀림좌굴(또는 전체좌굴) 강도는 압축플랜지에 대한 비지지길이의 함수로 표현되는데, 본 예제에서는 6 m이다. 전체좌굴에 대한 허용응력을 결정하는 데는 식 (3.123)이 사용된다.

브레이싱지점에서 최대응력을 산정할 때는 고정하중에 대해서는 순단면을, 2차

고정하중과 활하중에는 합성단면이 사용된다. 휨모멘트는 본 단계 앞부분에서 계산되었다.

두 번째 브레이싱지점(교각에서 6 m)에서 최대응력을 산정하기 위해서는 그 지점에서 발생하는 최대휨모멘트를 구해야 한다. 고정하중 및 활하중에 의한 모멘트는 영향선 또는 교량해석 프로그램을 통해 얻을 수 있다.

각 지점에서 계수모멘트를 얻기 위해 강도 I에 대한 하중조합이 사용되었다. 계수최대압축응력은 모멘트를 각각의 단면계수로 나누어 계산된다. 브레이싱지점에서 단면특성은 교각부에서 동일한 것으로 간주되었다.

양 브레이싱지점에서 최대 계수응력이 정해지면 모멘트확대계수 C_b가 식 (3.128)로부터 계산된다. C_b값을 식 (3.123)에 대입하여 횡비틀림좌굴에 대한 허용압축응력을 얻는다.

본 예제에서는 최종 허용압축응력은 345 MPa로서 강재의 허용응력값과 동일하다. 이는 대상 거더가 국부좌굴 및 전체좌굴에 의해 지배되지 않는다는 것을 의미한다.

다이어프램의 비용을 줄이기 위해서는 횡지지점의 간격을 늘이는 것이 더 경제적이다. 그러나 그렇게 하면 허용 압축응력값은 줄어든다. 직선교에서 일반적인 다이어프램 간격은 6~9 m 수준이다. 곡선교에서는 비틀림효과 때문에 그보다는 작아야 한다. 본 예제에서는 허용압축응력에 대해 영향을 미치지 않으면서 다이어프램 간격을 늘일 수 있다.

허용압축응력은 최대 계수응력보다 크므로 교각부 압축플랜지에 대한 단면검토는 OK가 된다.

다음으로 최대인장을 계산한다. 허용인장응력은 강재의 항복응력과 동일한데, 이는 계수하중 하에서 최대인장응력보다 큰 값이다. 그러므로 가정된 거더 단면은 인장에 대한 요구조건도 만족한다.

STEP 8 교대에서의 전단검토

고정하중 전단력 :

$$V_{DC} = V_{DC_1} + V_{DC_2} = 230.1154 + 25.7501 = 255.8655 \text{ kN}$$

$$V_{DW} = 30.375 \text{ kN}$$

활하중 전단력 :

표준트럭하중에 의한 최대 전단력 : $V_{LL_1} = 400.31 \text{ kN}$

표준차로하중에 의한 최대 전단력 : $V_{LL_2} = 166.6875 \text{ kN}$

$$V_{LL} = \text{Max}(V_{LL_1},\ 0.75 \times V_{LL_1} + V_{LL_2})$$

$$= \text{Max}(400.31,\ 0.75 \times 400.31 + 166.6875) = 466.92 \text{ kN}$$

충격과 활하중 분배를 고려한 활하중 전단력

$V_{\mathrm{LI}} = (0.7977)[(1.25)(0.75)(400.31) + 166.6875] = 432.336\ \mathrm{kN}$

극한한계상태조합 1 :

$$V_u = 1.25\,V_{\mathrm{DC}} + 1.5\,V_{\mathrm{DW}} + 1.8\,V_{\mathrm{LI}}$$
$$= 1.25(255.8655) + 1.5(30.375) + 1.8(432.336) = 1143.5992\ \mathrm{kN}$$

수직보강재가 없다고 가정하고 전단강도를 검토하여 수직보강재의 필요성을 검토한다.

$$\frac{D}{t_w} = \frac{1000}{13} = 76.9231 > 1.4\sqrt{\frac{Ek}{F_y}} = 1.4\sqrt{\frac{205940 \times 5}{345}} = 76.5$$

$$C = \frac{1.57}{(D/t_w)^2}\sqrt{\frac{Ek}{F_y}} = \frac{1.57}{(76.9231)^2}\sqrt{\frac{205940 \times 5}{345}} = 0.0145$$

$$\phi_v V_n = \phi_v C V_p = \phi_v C(0.58 F_y D t_w) = 1.0(0.0145)(0.58)(345)(1000)(13)$$
$$= 37719\ \mathrm{N} = 37.719\ \mathrm{kN} < V_u = 1143.5992\ \mathrm{kN} \qquad \text{NG}$$

수직보강재의 간격 $d_o = 3000\ \mathrm{mm}$로 가정한다.

$$k = 5 + \frac{5}{(d_o/D)^2} = 5 + \frac{5}{(3000/1000)^2} = 5.56$$

$$1.4\sqrt{\frac{Ek}{F_y}} = 1.4\sqrt{\frac{205940 \times 5.56}{345}} = 80.654$$

$$1.12\sqrt{\frac{Ek}{F_y}} = 1.12\sqrt{\frac{205940 \times 5.56}{345}} = 64.523$$

$1.12\sqrt{\dfrac{Ek}{F_y}} < \dfrac{D}{t_w} < 1.4\sqrt{\dfrac{Ek}{F_y}}$ 이므로,

$$C = \frac{1.12}{(D/t_w)}\sqrt{\frac{Ek}{F_y}} = 64.523/76.9231 = 0.8388$$

$$\phi_v V_n = \phi_v V_p\left[C + \frac{0.87(1-C)}{\sqrt{1+(d_o/D)^2}}\right]$$
$$= 1.0(0.58)(345)(1000)(13)\left[0.8388 + \frac{0.87(1-0.8388)}{\sqrt{1+(3000/1000)^2}}\right]$$
$$= 2297336\ \mathrm{N} = 2297.336\ \mathrm{kN} > V_u = 1144.74\ \mathrm{kN} \qquad \text{OK}$$

해설 가정된 단면이 휨강도 및 사용한계 요구조건을 만족시킨다는 것을 확인하였으므로 이제는 전단강도 요구조건에 대해 검토해야 한다. 강도 I 하중조합에서 계수전단력은 STEP 5에서 구한 하중을 사용하여 계산한다. 본 예제에서는 수평보강재가 적용되지 않았다. 설치비용 때문에 대부분의 교량에서 종방향 수평보강재는 잘 채택되지 않는다.

이제는 가정된 단면에 대한 전단강도를 계산한다. 플레이트 거더는 상·하부플랜지는 완전히 무시되고 오직 웨브만이 전단에 저항한다고 가정한다. 수직보강재의 적용여부는 전단강도 요구조건 만족여부에 따른다. 본 예제에서는 수직보강재가 없는 경우인 $k=5$로 가정하고 수직보강재의 추가적인 필요성에 대해 검토하기로 한다. 식 (3.132)~(3.137)을 이용하여 전단보강재 없이 계수전단강도를 계산하였다. 계산된 강도가 교대에서 계수전단력보다 작기 때문에 가정된 웨브 단면은 전단강도 요구조건을 만족하지 못한다. 따라서 교대에서 추가적인 전단보강재가 필요하다.
수직보강재의 간격 $d_o=3000$ mm로 가정하여 k값을 다시 계산하여 계수전단강도를 계산한다. 이 경우 계수전단강도는 요구조건을 만족한다.

STEP 9 교각에서의 전단검토

고정하중 전단력 :

$$V_{\mathrm{DC}}=V_{\mathrm{DC}_1}+V_{\mathrm{DC}_2}=383.5256+42.9169=426.4425\ \mathrm{kN}$$

$$V_{\mathrm{DW}}=50.625\ \mathrm{kN}$$

활하중 전단력 :

표준트럭하중에 의한 최대 전단력 : $V_{\mathrm{LL}_1}=447.32\ \mathrm{kN}$

표준차로하중에 의한 최대 전단력 : $V_{\mathrm{LL}_2}=238.125\ \mathrm{kN}$

$$V_{\mathrm{LL}}=\mathrm{Max}(V_{\mathrm{LL}_1},\ 0.75\times V_{\mathrm{LL}_1}+V_{\mathrm{LL}_2})$$

$$=\mathrm{Max}(447.32,\ 0.75447.32+238.125)=573.74\ \mathrm{kN}$$

충격과 활하중 분배를 고려한 활하중 전단력

$$V_{\mathrm{LI}}=(0.7977)[(1.25)(0.75)(447.32)+238.125]=524.5775\ \mathrm{kN}$$

극한한계상태조합 1 :

$$V_u=1.25\,V_{\mathrm{DC}}+1.5\,V_{\mathrm{DW}}+1.8\,V_{\mathrm{LI}}$$

$$=1.25(426.4425)+1.5(50.625)+1.8(524.5775)=1553.23\ \mathrm{kN}$$

수직보강재가 없다고 가정하고 전단강도를 검토하여 수직보강재의 필요성을 검토한다.

$$\frac{D}{t_w}=\frac{1000}{13}=76.9231>1.4\sqrt{\frac{Ek}{F_y}}=1.4\sqrt{\frac{205940\times 5}{345}}=76.5$$

$$C=\frac{1.57}{(D/t_w)^2}\sqrt{\frac{Ek}{F_y}}=\frac{1.57}{(76.9231)^2}\sqrt{\frac{205940\times 5}{345}}=0.0145$$

$$\phi_v V_n=\phi_v CV_p=\phi_v C(0.58F_yDt_w)=1.0(0.0145)(0.58)(345)(1000)(13)$$

$$=37719\ \mathrm{N}=37.719\ \mathrm{kN}<V_u=1553.23\ \mathrm{kN}$$ NG

수직보강재의 간격 $d_o = 3000$ mm로 가정한다.

$$k = 5 + \frac{5}{(d_o/D)^2} = 5 + \frac{5}{(3000/1000)^2} = 5.56$$

$$1.4\sqrt{\frac{Ek}{F_y}} = 1.4\sqrt{\frac{205940 \times 5.56}{345}} = 80.654$$

$$1.12\sqrt{\frac{Ek}{F_y}} = 1.12\sqrt{\frac{205940 \times 5.56}{345}} = 64.523$$

$1.12\sqrt{\dfrac{Ek}{F_y}} < \dfrac{D}{t_w} < 1.4\sqrt{\dfrac{Ek}{F_y}}$ 이므로,

$$C = \frac{1.12}{(D/t_w)}\sqrt{\frac{Ek}{F_y}} = 64.523/76.9231 = 0.8388$$

$$\phi_v V_n = \phi_v V_p \left[C + \frac{0.87(1-C)}{\sqrt{1+(d_o/D)^2}} \right]$$

$$= 1.0(0.58)(345)(1000)(13)\left[0.8388 + \frac{0.87(1-0.8388)}{\sqrt{1+(3000/1000)^2}} \right]$$

$$= 2297336 \text{ N} = 2297.336 \text{ kN} > V_u = 1553.23 \text{ kN}$$ OK

해설 교각에서의 웨브도 교대에서의 웨브와 단면이 일치하므로 전단보강재가 사용되고 동일한 간격이라면 같은 전단강도를 가진다. 계수전단력이 웨브의 계수전단강도보다 작으므로 가정단면은 전단강도 요구조건을 만족한다. 또한 중간 수직보강재뿐만 아니라 교량받침 위에는 받침보강재(bearing stiffeners)를 설치해야 한다. 자세한 사항은 3.11.2절 7항 및 그림 3.48을 참조한다.

3.13 상부구조 강재 보호

지금까지는 강교설계의 해석적 측면에 초점을 맞추어 토론하였다. 그러나 같은 중요도로 상부구조 완공 후 강재를 보호하기 위한 설계도 다루어져야 한다. 어떤 도장시스템을 채택할 것인지, 내후성강재를 적용할 것인지를 포함하여 구조물의 내구성 향상을 위한 설계는 오늘날 중요 사항 중 하나가 되었다.

상부구조 강재보호를 위한 도장은 나중에 생각해도 되는 하찮은 문제로 인식하고 있는 교량설계자가 실제도 많다. 자연적 또는 인공적 요소에 의한 부식작용을 방지해야 하는 것은 명백한 사안이다. 도장시스템은 단순하고 표준화된 사안으로

보일 수도 있지만 많은 환경요소로부터 강재의 상태가 악화되지 않도록 보호하는 것은 관리책임의 주요한 이슈사항이 되었다.

상부구조 강재를 보호하기 위한 다음 두 가지 방식에 초점을 맞추어 서술하고자 한다.

- 보호 도장시스템
- 내후성강(weathering steel)

페인트의 제거에 대한 중요 사항과 기존구조물의 재활용에 미치는 영향 등에 대해서도 알아볼 것이다.

3.13.1 표면보호 도장시스템

콘크리트교량 지지자들의 주요논쟁 중 하나는 강교량은 부식에 취약하다는 것이다. 그러나 고품질 보호 도장시스템을 적용하면 유지관리비용을 줄이면서 강구조물의 수명을 충분히 연장할 수 있다. 도장의 문제는 하루아침에 나온 사안이 아니라 오랜 기간에 걸쳐 진화해왔다. 오늘날 사용되는 주요 도장시스템에 대한 토론에 앞서 이러한 시스템의 기원에 대한 고찰도 유용할 것이다.

1. 배경 및 역사

표면보호 도장시스템의 기원은 19세기 중엽으로 거슬러 올라간다.[3.53] 표면보호 도장시스템이 어떻게 발전해왔는가에 대한 예는 스코틀랜드 Forth Bridge에서 찾을 수 있다. Forth Bridge는 1889년 완공되어 100년 이상 경과되었는데, 본 교량에 적용된 페인트시스템은 오늘날 사용되는 시스템과 놀라울 정도로 유사하다.

구조물을 보호하기 위해 공장에서 적연(red lead)과 아마인유(linseed oil) 성분의 기본 표면층(primer) 형성 후 현장에서 2차 도장이 이루어졌다. 강재에는 두 차례에 걸쳐 레드옥사이드(red oxide)로 도장처리를 하였고, 튜브면에는 추가적으로 백연(white lead)과 오일로 두 차례 처리하였다.[3.53]

적연과 아마인유 기본표면층, 적연과 산화철(iron oxide) 중간층, 백연과 오일에 의한 마감층은 20세기 전반기 미국에서 사용된 것과 매우 유사하다.

적연과 아마인유 기본표면층은 별도의 표면처리 없이 작업이 가능하므로 선호되는 편리한 도장방식이다. 마감층에 첨가되는 크롬그린옥사이드(chromium green oxide) 색소는 흔히 보이는 일반 강교량의 친숙한 색상을 구현한다.

적연 및 백연 시스템은 소위 BLSC(basic lead silica chromate) 시스템을 구현하는데 다양한 색상처리가 가능하면서도 안정성이 매우 우수하다. BLSC 시스템은 몇 차례 수정을 거쳐 1950년대 AASHTO M 229 표준으로 정착되었다.

사용수명을 살펴보면 1950년대 및 1960대에 교량에 적용된 BLSC 시스템은 5~6년 정도의 수명을 보였고, 드물게 12년의 수명을 보인 적도 있었다. 폴리머화학의 발전과 더불어 현재는 15~30년 동안 성능유지가 가능하다.

1980년까지 고농축 아연규산염(zinc silicate)이 고성능 표면층 처리제로 인기가 있었으나 MIO(micaceous iron oxide)가 그 뒤를 이었다. 유럽에서 오래전부터 사용된 MIO 도장방식은 미국 교량유지관리 시장에도 진출하였다. MIO 방식은 비록 전통적인 방식에 비해 고가이지만 내구성과 성능 면에서 우수함이 입증되어 미국시장 점유율이 높아갔다. 엄격한 환경규제와 다양한 도장방식 및 재료의 개발로 강재에 대한 표면보호용 도장시스템은 여러 산업영역에 영향을 미치는 중요사안이 되었다.

알아두기

강교에 사용되는 고기능성 도장은 1970년대 NASA에 의해 수행된 연구에 근거하고 있다. 고비율 아연규산염 혼합물의 사용은 1942년 처음으로 개발되었으나 NASA연구원들은 아연비율을 더욱 높여 건조되어도 경화되지 않고 방식 성능이 더욱 향상된 도장시스템으로 발전시켰다.[3.56]

2. 강재 부식 과정

철근콘크리트 구조물의 부식과 마찬가지로 강재의 부식 또한 전기화학적 과정에 기인한다. 서로 다른 두 개의 금속이 전해질 안에 있으면 두 금속 사이에 전류가 발생한다. 전해질의 대표적 예로 소금물을 들 수 있는데 한 금속은 양극, 다른 한 금속은 음극으로 작용하여 부식이 진행된다. 이러한 과정으로 금속상태가 악화되는 현상을 전식(galvanic corrosion)이라 한다.

어떤 특정 강구조물에 대한 부식의 정도를 결정하는 요소는 매우 다양하다. 제설/제빙제 또는 해양환경 등의 이유로 소금물 같은 전해질의 출현은 강구조물의 부식을 가속화시킬 수 있다. 극도의 고온이나 이산화탄소와 황화수소 등도 부식을 촉진시키는 요소이다.

강재부식을 제한하기 위한 일반적인 방법의 하나로 금속표면을 도금 처리하는 방법이 있다. 최근에는 고무나 페인트 등의 다른 재료로 표면을 공기층과 분리하는 방법이 사용된다.

페인트 등과 같은 보호층은 강재를 외부의 접촉을 막아주면서 표면을 보호하는 역할을 한다. 그러나 표면을 보호하던 도장이 벗겨져 외부에 노출되면서 강교량은 부식이 시작된다. 이러한 부식작용은 주요구조부재의 단면손실로 유발해 교량 전체의 건전성에 치명적인 타격을 줄 수 있다.

표면보호 도장시스템에서 강재의 부식은 다음 메커니즘 중 하나에 의해 제어된다.

- 억제 프라이머(inhibitive primer)
- 희생 프라이머(sacrificial primer)
- 장벽 도장(barrier coating)

도장은 다양한 방식으로 구성될 수 있는데 주요 방식으로 금속방식, 유기방식, 무기방식이 있다. 대부분의 강교량 부재에는 공통적으로 제작공장에서 한 층의 프라이머를 도포하고 현장에서 두 층에 해당하는 장벽도장이 추가된다. 현장에서 작업되는 중간층과 마감층은 동일한 재료일 수도 있고, 그렇지 않을 수도 있다. 설계자는 어떤 도장방식이 적용될 것인가에 대해 잘 알아야 할 뿐만 아니라 수십 년 경과한 기존 도장층에 대한 제거방법에 대해서도 다룰 수 있어야 한다. 이러한 요소들을 종합적으로 고려하여 도장시스템을 결정한다.

3. 억제 프라이머

프라이머는 강재의 나표면에 최초로 가해지는 기본 보호층으로서 그 질은 강재 표면에 부착되는 능력으로 평가된다. 억제 프라이머는 화학적 또는 기계적 억제 과정으로 부식을 막는 유기도장방식으로 기능한다. 이러한 억제(inhibition)는 습기와 산소에 의한 부식을 방지하도록 설계된다.

억제 프라이머의 안료가 도장의 억제 기능을 수행한다. 안료는 정의에 의하면 페인트 액체에 첨가된 미세하고 물에 녹지 않는 분말을 의미하는데 색깔, 경도, 부식방지 등의 기능을 부여하고 유기 또는 무기 방식 모두 가능하게 한다. 억제 프라이머에 사용되는 안료의 기본 형식은 다음과 같다.

- 부분 용해성 6가크롬(hexavalent chromium) 소금
- 기본적인 납 화합물

- 칼슘 붕규산염 또는 합성 산화철
- 에폭시 - 폴리아미드(epoxy-polyamide)

1980년대 이전 억제 프라이머의 대표적 두 가지 형식은 적연(red lead)과 BLSC이었다. 적연 페인트는 프라이머로만 사용이 가능했지만, BLSC 시스템은 중간도장 또는 마감도장으로도 사용되었다. 그러나 이 두 가지 형식 모두 독성이 있기 때문에 1980년대 이후 이에 대한 염려로 미국에서는 안전건강 및 환경보호를 담당하는 기관이 새로운 규정을 법제화하였다. 제정된 규정의 핵심은 대기로 표출되는 납성분을 최소화하는 것이었고, 그 결과 납성분을 가지는 페인트는 1980년대 미국에서 완전히 퇴출되었다.

연구 개발을 통해 독성이 적거나 없는 다양한 안료가 개발되었으나 새로운 생산품의 억제 기능은 여전히 외면되었다. 독성이 없는 억제 프라이머가 받아들일 수 없는 수준은 아니었지만 개선의 여지는 남아 있었다.

칼슘 붕규산염과 합성 산화철안료는 아마인유와 알키드 수지에 이용된다. 이러한 종류의 프라이머는 납과 크롬산염을 대체할 수 있고, 비독성이지만 보통의 부식 환경에만 적용이 가능하다.

에폭시 - 폴리아미드는 용제로 지방족 화합물과 탄화수소를 취하는데 강재표면에 부착성이 매우 좋고 대기, 습기, 산, 알칼리 등을 잘 차단하여 표면 보호 성능이 우수하다. 성능향상을 위해 소량의 티타늄 이산화물, 마그네슘 규산염, 알루미늄 규산염 등이 프라이머에 첨가된다.

4. 희생 프라이머

음극보호시스템에서 양극처럼 희생 또는 도금 프라이머는 전기적으로 음극인 표면을 생성하여 강재표면을 보호하는 방식인데 희생 프라이머가 도포되면 강재도 완전히 음극이 되어 부식이 방지된다. 아연은 프라이머가 음극으로 작용하게 만드는 가장 일반적인 재료로서 페인트에 포함되어 강재표면에 직접 도포된다.[3.53]

아연계열의 희생 프라이머의 장점은 크롬산염 또는 납계열의 억제 프라이머 대비 아연이 비독성이라는 것이다. 아연은 규산염 같은 무기물질 또는 에폭시 같은 유기물질과 혼합되어 사용된다. 유기성 희생 프라이머는 도포되기 전에 준 나표면블라스트(near white blast cleaning)로 표면처리를 수행해야 한다. 미국에서는 아연 규산염이 신규 교량의 프라이머로 널리 사용된다. 표면에 도포되면 규산염 성분은 아연입자 및 강재표면의 철성분과 함께 반응한다.

유럽에서는 아연 에폭시 프라이머가 널리 사용된다. 아연 규산염처럼 풍부한 아연성분을 가진 에폭시는 음극 보호체계를 제공한다. 에폭시 혼합물은 전도성이 없으므로 아연입자는 강재를 도금보호하기 위해서는 밀도가 매우 높아야 한다. 안료의 밀도가 낮으면 전도성과 음극보호성질은 낮아진다. NASA[3.55]의 연구에 의하면 제대로 형성된 아연 규산염 도장은 아년 에폭시 도장의 성능을 능가한다고 알려졌다.

5. 장벽 도장(Barrier Coating)

장벽 도장은 수준, 산소, 이온물질 등이 표면에 침투하지 못하도록 고안된 방식이다. 장벽 시스템은 동일한 물질을 가지는 여러 층으로 구성된다.[3.53] 장벽 도장의 종류는 다음과 같다.

- 운모 산화철(micaceous iron oxide)
- 아크릴(acrylic)
- 에폭시 폴리아미드(epoxy polyamide)
- 에폭시와 지방성 우레탄(epoxy and aliphatic urethanes)
- 석탄타르 에폭시(coal tar epoxies)
- 석탄타르 에나멜(coal tar enamels)
- 비닐 레커(low-build vinyl lacquers)

장벽 도장은 도장두께가 충분하지 않더라도 강재 상부구조를 보호하는 데는 신뢰할 만한 방식이라 할 수 있는데, 그 이유는 장벽이 가지는 이온 불투과성 때문이다. 이러한 장점을 잘 활용하기 위해서는 수분이 적고 산소투과율이 장벽기능에 문제가 없을 정도의 수지를 선택해야 한다. 이러한 기능을 제공하는 수지의 예는 비닐, 염화고무, 석탄타르, 에폭시 등을 들 수 있다.

6. 도장 응용

부식으로부터 강재를 유효하게 보호하려면 강재 표면에 세 층의 도장이 이루어져야 한다. 미국에서는 아연 규산염이 가장 널리 쓰이는 프라이머이고 주로 공장에서 도포된다. 중간 도장과 최종 도장은 현장에서 작업되는데 발주자에 따라 중간 도장도 공장에서 수행할 것을 요구하는 경우도 있다. 현장에서 수행되는 두 가지 도장 조합은 다음과 같다.

• 에폭시 폴리아미드 중간 도장 및 아크릴 최종 도장
• 아크릴 중간 도장 및 아크릴 최종 도장

각 도장의 층은 작업의 혼란을 피하기 위해 서로 다른 색상을 가지도록 하는데, 최종 마감 도장의 색상은 발주자에 의해 결정된다. 도장의 각 층은 건조필름 도장 두께 규정을 만족하여야 한다.

알아두기

주 도로국에 의해 관리되는 대략 10만 개소 강교량의 80%가 납성분 페인트로 도장되었다.[3.56]

7. 표면처리

프라이머의 주요기능은 강재표면에 떨어지지 않게 완전 부착되는 것이라고 앞서 언급하였다. 이러한 부착은 습기와 산소의 침입을 완전히 차단할 수 있는 것이 최상이고, 최악의 경우라도 침입을 최소화할 수 있어야 한다. 부착기능이 제대로 유지되지 못하고 음극반응이 유발되면 부식으로 인한 모재의 손상이 발생한다. 보호 도장 시스템 작업의 첫 단계는 프라이머 및 도장단계를 위해 적절한 표면상태를 준비하는 단계이다.

강재표면을 처리하는 방법은 채택되는 도장방식에 따라 다양하다. 납성분이 있는 억제 프라이머는 희생 프라이머나 장벽 시스템에 비해 상대적으로 표면처리가 간단하다. 새로운 보호 도장방식이 개발되면서 그에 따라 진보된 표면 준비 기술도 함께 개발되었다. 20세기 전반부에 선호되었던 억제 프라이머는 납성분이 있어도 엄격한 표면처리가 필요하지 않아 수작업만으로 충분하였다. 그러나 납이 없는 비독성 시스템은 엄격하고 세심한 표면준비를 요구하였고, 이는 강재 표면상태를 가능한 순수하고 깨끗하게 만들기 위한 연마가공(abrasive blasting)기법을 도입하는 계기가 되었다. 페인트 자체도 고가이지만 표면 처리 등 준비 작업에 드는 비용은 재료비보다 몇 배나 더 들 수 있다. 재도장의 경우 더욱 그렇다.

표면을 적절하게 처리하고 준비하는 과정의 중요도를 결코 과소평가해서는 안된다. 적절한 표면 처리는 프라이머와 모재의 부착성을 향상시킬 뿐만 아니라 이후 도장작업을 위한 표면상태를 유지함으로써 음극반응을 가속화시키는 외부입자를 막을 수 있다. 강재표면처리를 위한 주요 기법은 다음과 같다.

- 수동도구 표면처리
- 블라스트 표면처리
- 용제 표면처리
- 전동도구 표면처리

위에 열거된 각 기법은 질적으로 다양한 수준을 제공하고, 적합한 보호 도장 시스템이 따로 있다. 또한 표면 처리는 신규 강재인지 또는 재도장 강재인지에 따라 다르게 수행해야 한다. 질적으로 철저하게 강재의 표면을 처리하기 위해서는 다음의 근본적인 두 가지 사항이 고려되어야 한다.

- 강재의 물리적인 외관
- 표면의 화학적 청결도

화학적 청결은 표면이 음극반응을 유발하는 무기재료로부터 자유로울 때 쓰는 표현이다. 표 3.20은 표면 준비 기법에 따른 요구사항에 대한 만족 정도를 보이고 있다.

- 표면의 정상화
- 강재 실제표면의 증가
- 반응 강재의 노출
- 모든 무기재료의 제거

표 3.20 다양한 표면처리법에 대한 유효성[3.53]

표면처리법	표면정상화	불순물 제거	표면적 증가	가용성 염류 제거
수동도구처리 (hand tool cleaning)	빈약	빈약- 보통	빈약- 보통	빈약
전동도구처리 (power tool cleaning)	보통	보통	보통	빈약- 보통
브러시 블라스트 (brush blast cleaning)	보통	보통	좋음	빈약- 보통
상업적 블라스트 (commercial blast cleaning)	좋음	좋음	탁월	좋음
준 나표면 블라스트 (near-white blast cleaning)	매우 좋음	매우 좋음	탁월	매우 좋음
완전 나표면 블라스트 (white blast cleaning)	탁월	탁월	탁월	매우 좋음
수압블라스트 (water blasting)	좋음	좋음	빈약	보통
고수압블라스트 (high-pressure water blast)	매우 좋음	좋음- 매우 좋음	빈약	좋음
습식 연마가공 (wet abrasive blasting)	매우 좋음- 탁월	매우 좋음- 탁월	탁월	탁월

유럽에서 화학적 불순물의 제거는 미국에 비해 훨씬 중요한 사항으로 인식되었다.[3.53] 그러나 모든 면에서 탁월한 표면처리 방법은 없다는 것을 표 3.20으로부터 확인할 수 있다. 간단한 도구를 이용한 표면처리냐 또는 복잡한 습식 연마가공(wet abrasive blasting)이냐에 상관없이, 현장에서 독성물질을 다룰 때에는 매우 조심해야 한다. 특히 기존의 오래된 구조물에 대해 표면처리를 수행할 때, 당시에 많이 사용된 납성분이 포함된 프라이머를 접하게 될 수 있기 때문에 독성물질에 대해 신중하게 접근하도록 해야 한다.

많이 사용되는 기본적인 표면처리기법에 대한 소개와 각 기법의 장·단점을 다음에 기술하였다.

수동 및 전동 도구를 이용한 처리

표면을 깨끗하게 처리하기 위한 방법으로 단순한 수동 및 도구 세척만으로는 앞서 언급한 표면처리에 필수적인 요구사항을 만족시킬 수 없다. 도구를 이용한 방법은 표면에서 벌어진 녹층이나 페인트 조각 등을 제거하는 수준으로 실제 강재 면에 대한 처리를 기대하기는 힘들다. 면처리 후 강재 표면의 부식상태를 악화시킬 수 있는 역효과를 낼 수도 있으므로 표면이 손상되지 않도록 주의한다.

도구를 이용한 표면처리는 일반적으로 연마가공을 위한 사전단계로 수행되는데, 이 단계에서 기름과 그리스 등 불순물이 완전히 제거되어야 하고 뾰족한 모서리, 절단 흔적, 용접 불순물 등이 처리되어야 한다.

건식 연마가공(Dry Abrasive Blasting)

물 없이 작업하는 건식 연마가공은 강재표면에 연마입자를 블라스팅하여 표면에서 페인트, 녹 등을 제거하는 방식이다. 건식 연마가공은 다음 두 가지 방식으로 분류된다.

- 원심 블라스팅
- 공기 블라스팅

원심 블라스팅은 연마제를 강재표면에 고속분사하기 위해 여러 재의 회전 블레이드를 이용하는데 이러한 방식의 장점은 연마제가 재활용 가능하여 경비를 절약할 수 있다는 것이다. 그러나 연마제를 재사용할 때는 기름 등에 오염되지 않았는지 세심한 확인이 필요하다. 공기 블라스팅의 경우 원심 블라스팅과 유사하지만 회전 블레이드 대신에 압축공기가 사용된다는 차이가 있다. 연마제로는 실리카, 모래, 분쇄 부싯돌 등이 이용된다.

연마제로 음극반응을 방지하는 장점을 가지는 아연성분을 포함한 입자를 이용할 수도 있다. 같은 원리로 음극반응을 촉진시키는 구리성분을 포함한 입자는 연마제로 적합하지 않다. 또한 표 3.20에서 보듯이 건식 연마가공 방식이 가지는 문제는 화학성분을 제거하는 데는 취약하다는 것이다. 이러한 한계는 공장에서보다 현장에서 진행되는 작업에서 확연히 드러난다.

수압환기(Water Blasting)

수압환기 방식은 그 이름에서 의미하듯이, 매우 높은 압력으로 물을 강재표면에 분사하여 표면의 불순물을 제거하는 방식이다. 교량에서 작업은 주로 5 ksi(34 MPa) 수준의 압력이지만, 20 ksi(138 MPa)까지 가능한 고압은 작업자에게 잠재적 위협인자가 될 수 있다. 이 수압환기 방식의 장점은 강재표면의 염소화합물을 제거하는데 우수하다는 것과 기계적 처리방식에서 자주 발생하는 표면손상이 없다는 것을 들 수 있다.

수압환기 작업 후 강재표면은 완전히 건조시켜야 하는데, 그렇지 않을 경우 습한 표면에서 새로운 녹이 발생된다.

습식 연마가공(Water Abrasive Blasting)

습식 연마가공 방식은 앞서 소개한 두 가지 방식의 종합이라 할 수 있는데, 물과 연마제를 동시에 강재표면에 공기분사시켜 표면에서 녹과 페인트, 이온물질 등을 제거하는 방식이다. 표 3.20에서 확인할 수 있듯이 습식 연마가공 방식이 최적의 해법으로 보일 수 있으나 단점도 있다.

먼저 작업 중 발생되는 슬러지 부산물의 처리문제가 있는데, 교량 아래 교통흐름이 있는 경우 이 문제는 더욱 심각해진다. 또 다른 문제는 이 방식의 표면처리가 끝나고 난 후부터 프라이머가 도포되기 전까지 과정에서 강재의 부식가능성이 높다는 것이다.

아연 연마제의 경우와 유사하게, 습식 연마가공 방식에서도 블라스팅에 사용되는 물에 부식억제제를 첨가하여 사용할 수 있다. 크롬산염 또는 인산염과 부식억제제를 사용하면 표면처리작업과 프라이머 도포작업사이에 발생할 수 있는 잠재적 부식을 최소화할 수 있다.

표면처리 후 부식이 염려되면 블라스팅 작업이 추가적으로 수행되어야 하는데, 이는 추가적인 비용이 발생함을 의미한다. 표면처리 후 위험을 최소화하기 위해서는 표면을 완전히 건조시키는 것이 좋다.

습식 연마가공 방식은 이러한 단점을 가짐에도 불구하고 공기오염 문제를 포함하여 표 3.20에서 보인 주요 요구사항을 가장 많이 만족하는 방식이라 할 수 있다.

볼트

미끄러짐 방지 설계상의 접합면이 도장되는 경우, 프라이머 처리된 표면은 충분한 마찰을 확보하여야 한다. 도금볼트가 선호되지만 현장이음에 사용되는 볼트는 도금볼트 또는 흑피볼트 모두 사용될 수 있다. 강판의 표면처리와 유사하게, 볼트와 너트도 프라이머 도포 전에 기름기 등을 제거하는 블라스팅 과정을 거쳐야 한다. 연마가공 도중 발생한 도금볼트의 손상은 후속 도장작업이 진행되므로 보수되지 않아도 된다.

국부영역처리(Spot Cleaning)

실내실험실 또는 현장실험에서 어느 방식이 표면처리기능 및 부착성능 등이 우수한 지를 실제작업을 통해 확인해 볼 수 있다. 다양한 교량에 다양한 방식을 모두 시도하기에는 너무나 많은 예산을 필요로 한다. 유지관리 방식을 적은 예산으로 확인해 볼 수 있는 방법이 국부영역처리 방식이다. 국부영역처리란, 상태가 악화된 국부영역에 대해 표면처리를 한 후 중간 도장 및 마감 도장을 수행하는 것을 의미한다.

8. 재도장(Overcoating)

국부영역처리 방식을 활용하여 기존 교량 전체에 보호 도장을 재수행하는 작업을 재도장이라 한다. 우선 부식이 발생한 영역에는 장비를 이용한 세척으로 벗겨진 페인트, 느슨한 녹 등을 제거한다. 다음으로 교량 전체를 깨끗하게 고압 물분사로 세척하여 표면에 묻어 있던 먼지 또는 염화물 등의 오염물질을 제거한다.

표면이 위와 같이 처리된 후에 다음과 같이 3단계 도장 공정을 실시한다.

- 노출된 강재 부위는 습기처리 알루미늄 에폭시 프라이머로 도포한다.
- 에폭시 폴리아미드로 중간 도장을 전체 교량 표면에 실시한다.
- 지방성 우레탄으로 전체 구조물에 마감 도장 실시한다.

전체 구조물에 모두 처음과 같은 표면처리를 수행하는 것에 비해 재도장은 비용이 절감될 뿐만 아니라 유해성 폐기물을 발생시키지 않는 장점도 가진다. 재도장 작업 전 손상된 국부영역 세척 후 발생되는 찌꺼기는 독성물질이 포함되어 있을 수 있으므로 따로 모아 처리해야 한다.

구조물의 전체 표면이 납성분이 있는 코팅으로 처리된 경우는 벗겨낸 페인트를 취합하고 폐기처리하는데 상당히 높은 비용이 소모된다. 예산상의 이유로도 교량 전체의 도장을 모두 벗겨내는 방법은 피하는 것이 좋다.

모든 구조물이 재도장의 대상이 될 수는 없는데 재도장을 수행할 수 있는가에 대한 판단에 영향을 주는 요소는 다음과 같다.

- 표면에 발생한 부식 영역의 크기
- 부식의 정도
- 기존 도장의 부착 정도
- 현재 사용하고자 하는 페인트의 형식

부식이 광범위하게 진행되었거나 기존 도장상태로 인해 새로운 도장이 제 기능을 발휘하기 어려운 경우 재도장은 고려될 수 없다.

9. MIO(Micaceous Iron Oxide) 도장

MIO 도장은 유럽에서 가장 잘 지켜진 비밀로 알려져 있다.[3.56] MIO 도장은 유럽에서 에펠탑, 로얄 알버트교 그리고 호주 시드니의 하버교 등에 적용되어 호평을 받으면서 전 세계 교량 도장의 표준으로 자리 잡았다. 그러나 미국에서는 캘리포니아, 메릴랜드, 버지니아 등 몇 개 주 내에서만 MIO 도장이 적용되었다.

MIO 도장의 어떤 면이 이렇듯 성공적인 도장 방식으로 만들었으며, 미국에서는 왜 실적이 저조한 것일까? 첫 번째 질문에 대한 답변으로 MIO 도장의 탁월한 구조를 들 수 있다. MIO 도장은 장벽 도장의 한 형식으로 불투명 박편(opaque flakes)을 이용하여 표면에 보호층을 형성한다. 이는 지붕의 기왓장 하나하나가 지붕면을 덮어 보호하는 원리와 유사하다. 이러한 배치방식은 습기가 도장층 안으로 통과하지 못하도록 장벽으로 작용하면서, 동시에 도장층 안에 있는 습기는 빠져나갈 수 있는 길을 제공하여 부풀어 오르는 블리스터링(blistering)이나 층간 분리(delamination)를 방지할 수 있다.[3.52] MIO 도장방식의 구조는 도장층 내의 습기를 배출하는 밸브를 가졌다고 할 수는 있지만 투수성능은 그리 높지 않다.[3.56]

MIO 도장의 내부식성은 해수 환경에서도 증명되었고, 습기 많고 기름진 표면에도 적용이 가능하다. 또한 MIO 도장은 부착성이 탁월하여 기존 도장 층에 추가로 후속 도장이 가능하다. 이러한 장점에도 불구하고 미국에서는 성공적이지 못한 이유는 무엇일까?

최근 미국 내 애리조나지역에서 다량의 MIO가 발견되었음에도 불구하고 호주가 MIO의 주요생산국이라는 사실이 미국시장에서의 장애로 작용한다고 MIO 지지자들은 지적한다. MIO의 수입으로 인한 가격부담 때문에 사용을 꺼리고 있다는 것이다. 다른 안료로 색상을 조정할 수 있지만, MIO 도장의 천연 색상이 진회색 또는 적색이라는 사실 또한 미국 내 도로국에서 주저하고 있는 이유이기도 한다.

그러나 MIO 도장이 미국 교량에서 완전히 배제된 것으로 인식하는 것은 곤란하다. 금문교(Golden Gate Bridge)와 샌프란시스코만교(San Francisco Bay Bridge) 등에 MIO 도장이 채택되었고, 이후 빠르지는 않지만 적용범위를 넓혀 가고 있다.

MIO 도장을 적용하는 몇 가지 다른 방식이 있지만, 미국에서는 알루미늄 성분이 포함된 습식양생 우레탄 MIO 프라이머를 도포한 후, 습식양생 우레탄 및 지방성 우레탄으로 중간 및 마감 도장을 각각 수행한다.

알아두기

MIO 도장시스템으로 보호되는 유명한 강구조물의 하나가 바로 프랑스 파리에 위치한 에펠탑이다. 1919년 처음 적용되었는데 적납과 아미인유로 표면처리 후 MIO 아미인유로 마감처리 되었다.

10. 결론

지금까지 보호 도장시스템의 종류 및 강재표면에 대한 처리기법 등에 대해 토론하였다. 두 가지 이상의 방식으로 조합된 합성방식도 있다. 각 방식의 장·단점을 잘 확인하고, 상투적인 과정이 아닌 교량의 현장조건에서부터 유용가능한 예산상황에 이르기까지 다양한 요소를 고려하여 최종 방식을 결정해야 한다. 성능 자체만 평가한다면 납성분 방식이 가장 우수하지만, 환경문제를 고려하면 낙후되고 진부한 방식이라 할 수 있다.

유럽의 국가와 미국의 차이에 대해서도 잘 비교해 보아야 한다. 미국은 지역적으로 광대하여 지역별로 차별화된 방식이 적용되어야 한다. 애리조나 주의 건조한 사막을 지나는 교량에 고려되어야 할 사항이 플로리다 주의 염분성분 높은 해상교량에 똑같이 적용될 수는 없다. 친숙함은 무시를 낳는다는 말이 있지만, 교량 프로젝트의 세계에서 친숙함은 규정을 발생시킨다. 어떤 형식이던 보호 도장시스템에 대한 상세한 시방서를 작성한다는 것은 간단한 작업이 아니며, 일단 작성된 시방규정을 변경하는 것도 쉽지 않다. 그러나 새로 개발된 시스템이 경비절감 등을 제공하는 것이 검증되었다면 발주자는 그 새로운 해법을 당연히 고려할 것이다. 최근 환경 관련 규제가 강화되면서 교량 유지관리 담당자들의 눈과 귀는 그 이전 어느 때보다 환경문제에 쏠려 있다.

3.13.2 도장폐기물 보관과 처리

앞서 독성이 있는 부산질의 제거, 보관, 처리에 관한 새로운 규정이 도장 작업에 적용된다고 언급하였다. 제한적인 수준이지만 강재표면으로부터 페인트 및 찌꺼기를 처리하는 방법도 다루었다. 도장페인트의 폐기와 관련하여 다음과 같은 두 가지 문제가 있다.

- 폐기물을 어떻게 수집할 것인가? (취합)
- 수집된 폐기물은 어디로 보내져야 하는가? (처리)

이러한 문제는 강구조물의 유지관리에 대한 급격한 비용 상승으로 이어졌다. 그 결과, 오늘날 기존 부재에 재도장을 수행하는 것보다 차라리 새로운 강재를 사용하는 것을 고려하고 있다. 다음 논의는 이러한 규정이 유래된 배경과 유해폐기물과 교량보호라는 관점에서 공공의 안전에 미치는 파급효과를 보여준다.

1. 배경 및 역사

미국에서 전후 베이비붐이 일고 있을 때만 해도 대부분의 주 도로국에서 환경문제에 대한 인식은 거의 없었다. 1.2절에서 언급하였지만 당시 수천 마일의 고속도로와 수천 개의 교량이 설계되고 시공되어 자고나면 새로운 교량이 생겨나던 시기였다. 외람된 얘기지만 당시의 설계자들은 납성분이 포함된 도장을 새로 짓는 교량에 대규모로 적용하면서도 그것의 폐기에 대해서는 전혀 신경을 쓰지 않았다. 당시의 설계자는 자신의 결정에 거의 아무런 제약을 받지 않았는데, 그들의 직업적 전문성에 이견을 제시하는 일반인은 없었기 때문이다.

1960년대 및 1970년대 들어 사회에 큰 변화가 있었다. 환경운동이 큰 반향을 일으키게 되면서 설계자들도 변화된 분위기를 받아들여야만 했다. 이것은 환경문제에 있어 도로국은 주도권을 가질 수 없었다는 의미이다. 1960년대 초 루이지애나 주와 캘리포니아 주 등에서는 납성분 및 크롬산염이 포함된 페인트에 대한 문제점을 제기하기 시작했다. 납성분의 위험성이 널리 인식되면서 각 주정부는 심각하게 드러나기 시작한 문제에 대한 해법을 찾고자 노력했다. 특별히 각 주정부는 납입자가 다음과 같은 지역에 유입되는 현상이 문제가 될 수 있음을 지적했다.

- 하천
- 인근 농토
- 지하수 공급지

이러한 염려는 현장에 독성 부산물을 방치하는 것을 막기 위한 폐기물 보관방법 개발로 이어졌다. 초기의 이러한 노력은 일부 성공적이기는 했지만 곧 봉쇄의 기능에 국한된 보관의 문제는 전체 퍼즐의 한 부분임을 인식하는 계기가 되었다. 오염된 폐기물을 수집했다하더라도 그것을 어떻게 처리할 것인가는 또 다른 어려운 문제였다.

새로운 규정이 자리를 잡아가던 1980년대 초까지도 보관과 처리 문제를 다루었던 도로국은 몇몇에 불과했다.[3.56] 그러나 1980년대 중반 들어 이 문제에 대한 엄격한 법령시행이 발효되면서 도로국은 교량성능유지와 환경보호 두 가지를 동시에 확보하기 위한 해법과 지침을 본격적으로 개발하기 시작했다.

새로운 규정은 공공을 보호한다는 명목이 있었지만 유지관리부서가 어떤 방식으로 구조물을 보호해야 하는가에 대한 구체성이 결여된 체 형식적 입법화가 진행된 경향이 있었다. 미국의 각 도로국의 엔지니어는 연방정부로부터 독성에 대한 제거, 보관, 처리 기법을 개발할 것을 요구받았는데 무관심하게 때에 따라 대충 넘기는 분위기가 있었다.

펜실베이니아 주를 포함한 일단의 주에서는 독립적인 연구자를 고용하여 환경관련 규정의 전체 틀에서 지침을 전담하여 개발하고 있다.[3.56] 1980년대 후반까지 제조업분야에서도 보관, 재활용, 처리 등 폐기물 공정에 대한 새로운 시스템 개발을 위한 연구개발에 많은 투자가 이루어졌다.

2. 봉쇄장치(Containment Device)

봉쇄장치는 페인트제거 작업 시 발생하는 폐기물을 봉쇄하여 수집을 용이하게 하는 기능을 한다. 봉쇄장치는 공간분리 또는 벽 등의 방식으로 분류되는데 교량 상부구조 하부에 설치되거나 구조물에 부착된다. 분리장치의 유형은 다음을 포함하여 다양한 요소에 영향을 받는다.

- 표면처리 작업방식
- 필요한 장치 규모
- 비용

모든 경우에 사용되는 봉쇄장치의 유형에 관한 확고한 규칙이나 기준은 없지만, 페인트 및 기타 폐기물을 봉쇄하여 처리하는 기법으로 다음과 같은 방식이 고려된다.

걸이식 분리(Free-Hanging Enclosure)

걸이식은 두 꼭짓점이 매달려 있는 방수막 또는 플라스틱 시트(sheet)로 구성된다. 이 방식의 예로는 콘크리트 교량바닥판의 측면 상부에 연결되어 교량하부공간으로 늘어뜨린 방수막을 들 수 있다.

이러한 방식의 명백한 한계는 막 또는 시트의 흔들림으로 바람의 영향에 치명적이란 것이다. 바람이 심각할 경우 걸이는 즉시 철거해야 한다. 바람에 나부끼는 효과는 교량에서 작업하는 인부들에도 위험할 뿐 아니라 교량하부 및 주변의 교통에 위협요소가 된다. 이러한 위험요소로 인해 특별히 높은 교량에 대해서는 추천될 수 없다.

바람 문제에 대한 한 해법으로 방수막 대신에 시트(sheet) 재질을 사용하면 통풍성이 확보되어 흔들림을 완화할 수 있다. 이 때 사용되는 시트 재질은 기능을 충분히 수행할 수 있을 정도의 강도가 확보되어야 한다.

방수막 또는 플라스틱 시트가 선호되는 이유는 상대적으로 저렴한 가격 때문이다. 연마부산물 등을 근원적으로 수집하기 보다는 단순히 확산을 차단하는 것이 주된 기능이라는 것이 걸이식의 한계라고 할 수 있다.

구조물 완전 분리(Complete Structure Enclosure)

걸이식 공간분리 방식에 대한 대안으로 구조물 전체를 감싸서 외부공간과 완전히 분리하는 방식이 있다. 이러한 완전 분리를 위해서는 목재 골조, 케이블 구조물, 기성 패널 등이 활용된다. 이 방식은 작업 중 미세한 파편 등이 외부로 누출될 가능성이 거의 없고 작업 후 폐기물 수집도 용이한 편이다.

교량이 외부와 분리된 상태에서 표면처리 및 연마가공 작업이 진행될 때 많은 먼지와 파편 등이 발생되므로 작업환경이 열악하다는 것이 문제점으로 지적된다. 적절한 조명과 보호장구는 작업자들에게 필수적이다. 작업장 내부 공기순환이 잘 되도록 유지하고 내부의 먼지가 밖으로 나가지 못하도록 관리한다.

안전관리의 관점에서 분리된 공간을 지지하는 구조물은 내부 작업에서 발생되는 하중부터 외부 풍하중까지 다양한 하중에 대해 저항할 수 있도록 설계되어야 한다.

지지 구조물 내부에는 작업자의 교량 접근성이 잘 확보되어야 한다. 많은 경우 교량에 접근하기 위해 플랫폼이 세워지는데 이 때 안전에 각별히 유의하여야 한다.

이 방식의 또 하나의 장점은 한 번 사용된 지지구조물은 이후 다른 교량작업에 재설치가 가능하다는 것이다. 단점으로는 자재구매, 설계, 설치 등과 관련된 비용이 상대적으로 많이 든다는 것이다.

부압 봉쇄(Negative Pressure Containment)

앞서 언급한 공간을 분리하는 방식에서 위험요소는 분리된 공간 내에서 먼지입자가 밖으로 누출될 가능성이 얼마든지 있다는 것이다. 이러한 불안요소를 제거하기 위한 방법으로 공기를 외부로부터 내부로 불어넣어 내부를 부압 상태를 만든다. 불어 넣어진 공기는 작업장소를 지나 필터를 통해 외부로 빠져나가도록 한다.

블라스팅 같은 작업이 진행될 때 내부 공기가 적절히 순환할 수 있도록 충분한 압력을 유지한다. 이 방식의 핵심은 먼지입자를 특정 경로로 유도하는 데 있다. 부압 봉쇄 방식은 공기를 넣어주고 먼지를 걸러주는 기능을 수행하는 특화된 장비를 필요로 한다. 또한 공기주입장치 및 배출장치도 설계되어야 한다. 이론적으로 이 시스템은 입자 누출을 허용하지 않지만 실제는 부압상태를 완벽하게 유지하기는 쉽지 않다. 또한 부압상태에서 작업자들은 오염된 공기를 호흡함으로써 건강안전의 위험에 노출된다. 부압 시스템은 납성분을 차단하는 데는 탁월한 효과가 있어 납성분 페인트 제거 작업의 표준이 되었다.

전동도구 잔해물 봉쇄

전동도구에 의해 발생하는 잔해물은 연마가공 방식에 비해 쉽게 봉쇄될 수 있지만 양은 다른 방식에 비해 적지 않은 납성분 폐기물을 발생시킨다. 전동도구에 의해 발생하는 납성분은 보다 농축되어 있으므로 환경문제가 민감한 영역에 유입되지 않도록 주의하여야 한다. 진공청소는 작업 중 발생되는 폐기물을 모을 수 있는 좋은 방식이다.

3.13.1절 7항에서 언급하였듯이 작업 시 강재의 표면이 드러날 때까지 수행해서는 안 되고, 납성분이 포함된 페인트 층을 제거하는 수준까지만 진행한다. 전동도구를 이용한 작업은 블라스팅 작업과 연계되어 진행될 수 있는데, 이러한 2단계 표면처리방식은 국부적인 봉쇄를 가능하게 하는 장점이 있다. 전동도구는 유해한 납성분을 따로 모으기 위해 부착된 진공청소장비와 같이 사용한다. 개방된 상태에서 연마법을 사용할 때는 먼지의 확산을 방지하기 위해 부분적 봉쇄 방식을 적용한다.

연마제와 잔해물 취합

진공청소장비에도 불구하고 잔해물은 땅위로 흩어져 내린다. 연마가공 작업이 완료되었을 때 작업장주변에 흩어져 있던 연마제는 취합되어야 한다. 비와 삽으로 쓸어 담는 간단한 방식부터 진공청소 또는 기계적 전달장치를 이용하는 복잡한 방식에 이르기까지 폐기물을 취합하는 방식은 다양하다.

특히 연마제를 이용할 때는 잔해물 및 폐기물에 대한 하루 1회 정도의 정기적 취합 계획이 수립되어야 한다. 연마제 취합을 위해 매달린 트랩 또는 스크린을 사용할 때 붕괴의 위험을 피하기 위해 과도한 양이 축척되지 않도록 조심한다. 취합된 폐기물은 드럼통 또는 대형 쓰레기 상자(dumpster)에 보관하되 유독성 폐기물은 알아보기 쉽게 표시해 놓아야 한다.

폐기물 취합을 위한 또 다른 방법으로 튜브 같은 관을 설치하여 그 안으로 폐기물이 아래에 있는 취합장소까지 바로 흘러가도록 하는 시스템을 고려해 볼 수 있다. 캘리포니아 도로국은 교량에 설치된 비계에 차단막을 설치하고, 내부에서 작업 중 발생되는 폐기물을 스노클장비처럼 관을 통해 지상으로 내려 보내지 방법을 사용한다.[3.56]

물위를 지나가는 교량의 경우 폐기물 취합은 조금 더 복잡해지는데, 구조물 바로 아래 바지선에서 일단 폐기물을 취합한 후 다음 과정으로 넘어간다.

3. 연마제 재활용

표면처리작업으로부터 폐기물을 최소화할 수 있는 하나의 방법은 연마가공방식에서 한 번 사용된 연마제를 재활용하는 것이다. 연마제 재활용은 다음의 두 단계로 진행된다.

- 연마제 취합
- 재사용가능한 연마제 분리

재활용을 위한 연마제의 취합은 단순폐기를 목적으로 하는 취합보다는 다소 복잡한데 불순물 및 기타 잔해물을 분리해야 하는 작업을 거쳐야 하기 때문이다. 연마제는 노즐에서 바로 또는 블라스팅 이후 취합될 수 있다.

취합된 연마제는 재사용 가능한 연마제를 분리하기 위한 리클레이머(reclaimer) 속으로 보내진다. 여기서, 먼지, 페인트, 기타 불순물 등이 걸러지고 재사용 가능한 연마제만 남게 된다.

불순물 제거에 적용되는 주요 시스템은 다음과 같다.

- 공기분사 분리기
- 사이클론 분리기
- 회전진동 분리기

이러한 분리 시스템은 적정 수준의 분리를 수행하지만 처음과 같은 순순한 상태의 연마제로 되돌려놓을 수는 없다. 재활용된 연마제 중에는 너무 더러워져 사용이 힘든 경우가 종종 있는데 이런 경우에는 작업상태가 현저히 떨어질 뿐 아니라 작업자의 건상상의 문제를 야기할 수 있다.[3.56]

4. 처리 기법

현장에서 발생된 페인트와 연마제 등의 폐기물의 처리는 옛날에는 상당히 간단한 일이었다. 사용된 연마제는 매립장에 보내거나 강에 보관되었다.[3.56] 최근의 강력한 환경규제와 국민 의식에 의하면 이러한 처리방식은 더 이상 가능하지 않다.

페인트 폐기물의 처리는 교량 상부구조 유지관리에 대한 비용 삼각형의 셋째 축에 해당한다. 첫째 축은 표면처리 비용이고 둘째 축은 현장에서 밀폐작업 및 폐기물의 취합에 드는 비용이며 마지막 셋째가 바로 폐기물 처리에 드는 비용이다. 폐기되는 대상이 유독성일 경우에는 비용은 기하급수적으로 늘어난다.

1990년 미국 환경보호국은 유독성 폐기물의 지상 처분을 금지하는 법안을 제정하였는데, 이는 유독성 폐기물은 우선 독성제거처리가 우선되어야 한다는 의미이다. 독성이 적절히 처리된 폐기물만이 지상 처분이 가능하도록 한 이 규정은 지상금지법(Land Ban)으로 알려져 있다.

유독성 폐기물 처리 공정은 다음 경우로 분류하여 수행된다.

- 유독성 물질이 비유독성 폐기물로부터 분리될 수 있는 경우
- 유독성이 비유독성으로 전환이 가능한 경우

취급, 포장, 보관, 운반, 시험 등의 과정으로 인하여 유독성 폐기물의 처리 공정은 다소 복잡하고 비용이 든다. 특히 물리적 또는 화학적 처리 공정은 전반적으로 높은 비용을 요구한다.

다음의 논의에서는 폐기물의 물리적 및 화학적 처리공정에 관한 다양한 방법을 다루고 있다. 이러한 처리공정의 일반적인 목적은 여과가능한 납성분을 미국 환경보호국에서 허용하는 최소치인 5 ppm 이하로 관리하는 것이다.

물리적 방법

이름이 의미하듯이 물리적 방법은 전체 폐기물에서 독성물질을 물리적으로 분리하는 것을 목적으로 한다. 독성물질을 분리하는 주요 방법은 다음과 같다.

- 걸러내기(screening)
- 파쇄 및 분쇄
- 공기 세척
- 부양(flotation)
- 자석 이용

독성물질을 분리하는 물리적 방법은 표면처리에 사용된 연마제의 특성에 의존한다. 금속성 연마제는 비금속성 연마제에 비하여 공기 세척 여과공정에 잘 반응하는 편이다.

화학적 방법

페인트 폐기물에서 독성을 제거하는 화학적 공정은 다음 두 가지 방식으로 설계된다.

- 폐기물에서 납성분을 증발시킨다.
- 납성분을 불용성으로 만든다.

전자는 고온 소각 공정을, 후자는 포틀랜드 시멘트 투입을 수반한다. 제한적이기는 하지만 때로는 폐기물을 현장에서 처리하기도 한다.

5. 결론

지금까지 교량구조에 적용되는 보호 도장시스템과 후속 유지관리에 직면한 문제점을 살펴보았다. 단순한 페인트칠 정도로 보일 수 있지만 납성분 페인트의 제거 및 처리가 오늘날 도로국에 미친 영향은 참으로 대단한 것이었다.

새로운 규정의 시의성과 엄격성은 유지관리 담당부서로 하여금 여타의 안전규정과 더불어 환경 문제를 심각하게 고민해야 하는 상황을 만들었다. 일반인들에게 환경 규제는 공공사회가 보호되어야 한다는 당연한 의미로 이해되겠지만, 습지 보호와 교량 도장사이 직접적인 유사를 이끌어내기는 쉽지 않다.

유지관리 엔지니어가 추구하는 방향과 배치되는 규제 사항도 많이 있다. 환경보호국(EPA)의 입장은 모든 납부산물을 완전히 통제하여 지하수 유입 등에 의한 환경오염을 막겠다는 것이다. 그러나 직업안전위생국(OSHA)이 정확히 지적하였듯이 밀폐된 공간에서 납을 포함하는 유독성 물질에 노출된 작업자는 훨씬 더 위험한 처지에 놓인 셈이 된다.

추가적으로 이러한 규정 모두를 만족하기 위해서는 비용문제가 심각하다. 도로국에서 사용가능한 예산은 제한적일 수밖에 없다. 예산이 확보되지 못하면 교량 도장 자체가 무산될 수 있고, 그렇게 되면 교량 부식에 따른 심각한 단면 손실이 발생하고, 이는 공공교통 안전에 심각한 위협요소가 될 것이다.

요약하자면 유지관리 엔지니어는 법률규정에 의해 상충될 수 있는 다음의 세 가지 요구사항을 고려해야만 한다.

- 환경 안전
- 작업자 안전
- 교통 안전

이 세 가지 사항을 모두 만족시키는 것은 연속보 해석이나 기초 설계보다 더 어려운 문제일 수 있다.

앞서 납성분 폐기물에 대한 제거, 취합, 처리를 위한 주요방법에 대해서도 알아보았다. 여기에서 다룬 방법이 사용가능한 유일한 방법이라는 의미는 아니다. 문제의 심각성 때문에 밀폐공간 환기에서부터 폐기물 화학적 처리까지 다양한 분야에서 연구개발이 진행 중이다.

공공 및 민간 연구기관에서 이러한 문제 해결을 위해 노력하고 있지만 (최소한 미국의 경우) 결국 주요 책임은 구조물의 발주자에게 있다. 소위 '요람에서 무덤까지' 정책은 도장과 관련된 폐기물 처리에 대한 무한 책임을 도로국이 지도록 강요했다. 도로국에 부담이 지워졌지만 한 기관이 풀기에는 문제가 너무 커졌다. 그러나 복잡한 문제이기는 하지만 경험과 인내를 통해 성공적인 해법이 도출될 것이다.

납성분 교량페인트는 해로운가?

납페인트를 처음 떠올리면 아마도 환경이나 건강에 해로울 것으로 생각할 수 있다. 그렇다면 납성분 교량페인트는 정말로 위험한 것일까? 미국 국립도로연구프로그램(NCHRP)의 한 보고서는 아마도 아닐 것이라고 답하고 있다.

환경보호국(Environmental Protection Agency)에서는 유해성을 지역 쓰레기매립 환경에 노출되는 페인트에 근거하여 정의한다. 납페인트는 지역폐기물의 부산물인 아세트산(acetic acid)에 노출될 수 있다. 납이 아세트산과 결합하면 용해성이 극도로 높은 복합납초산염(compound lead acetate)을 형성하여 잔류 납성분이 EPA 허용치인 5 ppm을 초과할 가능성이 매우 높아진다.

그러나 납페인트 잔여물을 지역 매립지에 바로 버리는 일은 거의 있을 수 없는 일이다. 보통 폐기되는 납페인트는 여타의 다른 건설폐기물과 같이 처리된다. 이러한 작업환경에서 납초산염이 발생되기보다는 산화납(lead oxide)과 크로뮴산납(lead chromate) 같은 용해성이 떨어지는 화합물이 형성된다. 이러한 화합물은 우수, 지하수 또는 담수호와 하천 등에서는 불용성이다. 이러한 시나리오에 근거하여 NNCHRP 보고서는 언급된 방식으로 처리되어 매립된 납성분은 지하수로 유입될 위협은 거의 없다고 주장한다.

다른 한 축의 안전 사항으로 납성분 페인트 제거 작업시의 작업안전을 들 수 있다. 작업자 관점에서 단순 호흡 또는 식용 등의 방식으로도 작업자의 체내에 축적될 수 있으므로 납은 매우 위험하다.

따라서 작업자에 대한 납의 부작용을 최소화하 위해서는 가장 단순한 작업이라 할지라도 안전모에서 인공호흡기에 이르는 다양한 안전 및 보호장구를 갖추어야 한다. 보건안전국(OSHA)을 비롯한 여러 기관에서 건설현장에서의 건강상 위험요소를 줄이기 위해 다양한 장비 및 제거기술을 개발 중에 있다.

3.13.3 내후성강

방식코팅 시스템의 여러 가지 문제점에 대하여 논의하였으므로 이제는 ASTM A709 등급 50 W, HPS 50 W, HPS 70 W 그리고 100 W로 표기되는 내후성강에 대해서 관심을 집중한다. 표면적으로는 재래식 방식코팅 시스템과 관련된 여러 문제점과 비용에 대해서 내후성강이 해결책처럼 보인다. 나중에 알게 되겠지만 실제로는 처음에 보이듯이 좋지도 않지만, 도장하는 것만큼 나쁘지도 않다. 다음은 내후성강의 기본 성질과 장점 그리고 관련된 난제들에 대한 논의이다.

1. 배경과 역사

내후성강은 녹에 의하여 강에 방식 산소막을 제공하는 독특한 재료성격을 가지고 있다. 내후성강은 산화됨에 따라 치밀하면서 부착력이 강하고 비교적 불침투성인 보호막을 형성하여 실제로는 이것이 연속적으로 대기와 결합하여 생기는 녹을 방지한다. 내후성강은 도장이 필요 없고, 따라서 이것의 강 성분에 대한 유지관리가 거의 필요 없다. 교량설계에 있어서 내후성강을 생산된 형태 그대로 사용하는 것을 권장하였지만, 이 강재에 대한 사용 경험이 늘어남에 따라, 여러 문제점들이 노출되었다.

내후성강은 원래 도장을 하지 않는 석탄 운반용 화차용으로 개발되었으며[3.58] 1960년대에 들어서서야 비로소 도로교 분야에 처음으로 도입되었다. 밝은 전망과 초기의 긍정적인 피드백으로 인해 내후성강은 많은 주의 도로교통국의 설계기준으로 급속히 혼입되었다.

그 한 예가 미시간 주 도로교통국이다. 이 주의 첫 번째 내후성강 교량이 1963년에 디트로이트에 건설되었다. 강재 성능에 대한 긍정적인 피드백으로 인해 내후성강은 1969년까지 이 주의 전역에서 채택되었다. 미시간 주에서는 1970년대까지 600여 도로교 교량이 내후성강으로 시공되었다.[3.59] 내후성강 교량에 대한 광범위한 수행평가를 거친 후 미시간 주는 1980년에 무도장 내후성강의 사용을 금지시켰다. 그러나 도장 비용이 계속 증가하고 내후성강에 대한 이해가 증진됨에 따라, 이것의 사용중지를 해제하고 적절한 장소에서의 신설교량에 대해서 내후성강을 사용하기 시작하였다. 2010년의 조사에 의하면 내후성강 교량은 초기 건설비용이 2~5% 절약되고 생애주기 비용은 20에서 25% 절약됨을 알 수 있다. 2010년에는 신설교량의 약 절반이 내후성강을 사용하여 건설되었다. 이러한 긍정적인 반응은 교량기술자가 이 신소재의 장점과 단점을 보다 더 파악함에 따라 내후성강이 미래의 물결이라는 것을 지적하는 것처럼 보인다.

2. 내후성강의 재료성격

내후성강은 탄소강을 기반으로 약 2%의 구리, 니켈, 크롬, 실리콘을 합금한 것으로 항복강도가 50~100 ksi(345에서 690 MPa)이다. 교량 구조물은 보통 ASTM A709(혹은 AASHTO M270)를 사용한다. 본 논의를 위해 앞으로는 내후성강을 ASTM A709로 부르겠다.

내후성강이 견고한 보호막을 형성하기 위해서는 습기와 대기 중의 오염물질이 필요하다. 빗물이 여러 번의 습윤/건조 주기로 구조물을 씻어내어 강 표면에 보호막이 형성된다.[3.58] 습기는 보호막을 형성하기 위해서 필수적이지만, 연속적인 습기는 내후성강의 성능에 악영향을 끼친다. 연속적인 습기의 원인을 열거해보면 다음과 같다.

- 야간의 응축

- 바닥판의 냉각으로 인해서 웨브 아래로 흐르는 수분
- 모세관 수분
- 부식물에 의한 흡수
- 이음부에서의 누출
- 차량에 의한 분무

높은 상대 습도, 밤안개, 인근의 물로부터 증발하는 습기 등이 표면의 습기를 촉발한다.[3.60] 나중에 알게 되듯이, 이러한 환경적인 조건이 내후성강의 성능에 중요한 역할을 한다.

3. 환경적인 고려사항

앞에서 내후성강이 처한 환경이 이것의 성능에 중요한 역할을 하고 있음이 명백해졌다(뒤쪽의 설계관점에서도 알 수 있음). 너무 건조한 환경은 방식 산소코팅 혹은 녹을 생성하기 위해서 필요한 습윤/건조 주기를 갖지 못한다. 마찬가지로, 너무 습하거나(즉, 너무 높은 습도를 통하여) 연속적으로 습기를 받기 쉬운 환경도 건전한 녹 생성을 방해하는 역할을 한다. 습윤 - 건조에 대한 노출도는 내후 과정에 심각한 영향을 미친다. 비, 햇빛, 바람으로부터 보호되는 곳에 위치한 강보다 노출된 강이 방식 산소막을 더 빨리 형성하고 그 품질도 더 좋다. 비 - 바람으로부터 보호되는 표면의 산소막은 덜 치밀하고 균질도가 떨어진다.

해안지역의 염분이 포함된 공기는 내후성강에 악영향을 끼친다. 연구보고서에 의하면, 일당 0.5 mg/100 cm^2 이하의 염기에서는 안전하게 사용할 수 있다. 대기 중 염분 함유율이 과다한 경우에는 내후성강의 사용에 대해서 주의를 기울여야 한다.

이것들은 모두 무엇을 의미하는가? 무엇보다도 내후성강은 자체의 재료성격과 장점에 도움이 되는 환경에서 사용되어야 한다는 것을 의미한다. 이것이 성공적으로 이루어진 실례가 메인 주에서의 예이다. 이 주의 건설교통부 기술자들은 내후성강 구조물의 적극적인 시행을 떠맡았으나 내후성강의 사용에 있어서 어느 정도는 신중하지 못하였다. 해수 연무에 접하기 쉬운 연안 지역은 의도적으로 피하고, 내륙의 호수나 하천 그리고 수로 등이 목표 부지였다.[3.61]

메인 주의 경우와는 반대로 미시간 주는 내후성강과 관련하여 최악의 품질열화를 경험하였다. 잘못된 상세설계와 제빙용 염분으로 인한 연속된 오염, 그리고 부식성의 산업용 혹은 화학용 가스가 포함된 습기와 대기에 노출되어 다수의 구조물들에 과다한 부식이 일어나게 되었다.[3.58]

4. 내후성강의 유지관리

앞에서 상세히 설명한 두 극단적인 예와 더불어, 과연 내후성강이 방식코팅의 유력한 대안이 될 수 있는가라는 의문이 떠오른다. 이로운 주위환경이고, 교량 상세설계가 잘 되어 있고, 강이 적절하게 유지관리 되어 있다면 위 질문에 대한 답은 "그렇다"이다.

마지막 사항은 교량설계 초보자에게는 놀라움으로 다가올 것이다. 무엇보다도, 내후성강의 주된 장점은 반복해서 도장하지 않더라도 홀로 견딜 수 있는 능력을 가진다는 점이다. 공학 구조물은 그것이 교량이건 하수설비이건 간에 유지관리로부터 자유로운 것은 없다. 내후성강에 관련된 여러 가지 문제점들은 그것이 자기 역할을 적절하게 수행할 수 없는 지역에서 그 역할을 이행하여야 하기 때문에 야기된다. 내후성강이 올바른 환경여건에 처해 있다면 그 역할을 제대로 수행할 것이지만, 이때에도 제한된 범위의 유지관리는 필요하다.

내후성강에 적합한 환경 : 바로 그곳이야!

Goldilocks는 건설교통국에 고용되었다면 특정 현장에서의 내후성강 사용 여부를 결정하여야만 했을 것이다.

Goldilocks는 어떤 현장에서 "이곳은 너무 건조해"라고 말하였다. 충분한 습윤/건조 주기를 가지고 있지 않다면, 내후성강은 적절한 방식 산소막을 형성하지 못한다. 또 다른 위험성은 내후성강이 공장 연기나 제빙액 등의 오염물질에 연속적으로 노출될 때 일어난다.[3.58]

다음 현장으로 이동하여 Goldilocks는, "… 이곳은 너무 비가 많이 와"라고 중얼거리는 것을 우연히 듣게 된다. 내후성강 표면의 과도한 습기는 심한 녹을 생성한다. 습기가 내후성강 표면에 오랫동안 부착되어 있으면 강은 적절한 방식 산소막을 형성하지 못한다(3.13.3절 2항 참조).

마침내 Goldilocks는 내후성강에 이상적인 현장에 도착하였다. "바로 이곳이야!" 라고 그녀는 소리쳤다. 정상적인 습윤/건조 주기를 갖고 있고 해안환경의 악영향에 노출되지 않는 기후가 내후성강이 방식 코팅을 형성하기 적절하다는 것이 입증되었다.

교량 현장의 지형도 내후성강의 성능에 영향을 미치는 요인이다. 교량의 한 면은 그늘이 지고 또 다른 면은 햇볕에 노출된다면, 방식 코팅이 일정하게 형성되지 못한다. 심지어 잡초가 있어도 대기 순환이 방해되고 내후성강의 성능에 지장을 준다.[3.58]

내후성강의 성능에 영향을 주는 또 다른 명백한 요인은 연결부의 존재이고 적절히 봉합되지 않은 경우 그 부분에서의 누출이다. 내후성강 반대자들은 이 강재를 사용하지 않는 이유로 이러한 점에 주목하고, 지지자들은 제빙액이나 연결부 누출의 문제는 다른 강재에도 악영향을 미친다고 되받아친다.

그러나 다른 강재와 마찬가지로 내후성강은, 조심스럽게 시행되고 방식코팅에 관련되서 만병통치라고 생각하지만 않는다면 유력한 대안이 될 수 있다.

앞에서 상세히 설명한 메인 주의 예를 들면, 이 주는 내후성강 구조물마다 1년에 한 번씩 바닥판의 염기성 모래를 제거하기 위한 세척을 받는 유지관리 프로그램을 가지고 있다. 이 때 연석과 물받이와 배수구도 씻어낸다. 구조물의 하부도 고압의 분무기로 세척하고 받침부와 내측 거더도 씻어낸다. 교량을 세척하는 과정에서 유지관리인은 외관조사만으로 염분이 내후성강 속으로 침투할 수 있는 균열을 탐지하게 되는 일석이조의 효과를 누릴 수 있다.[3.61]

내후성강 구조물을 관찰하는 사람은 누구나 연회색인 콘크리트 하부구조 표면을 더럽히는 다소 불쾌감을 주는 쇳녹의 줄무늬를 틀림없이 보게 된다. 이러한 쇠녹이 그렇지 않았더라면 수려했을 교량의 외관을 망친다. 그러나 하부구조물의 오염은 폴리에틸렌 시트로 교각과 교대를 감싸서 시공함으로써 일시적으로는 방지할 수 있다.[3.58] 이러한 방법 이외에 액체 실리콘이나 에폭시 계통의 피복을 입히는 것도 하부구조를 보호하기 위하여 적용된다.

그러나 연결부가 존재한다면 이곳에서 누출이 결국은 일어나게 되고, 지점부에서 감추려고 해도 감춰지지 않는 더럽혀진 줄무늬가 만들어진다. 이러한 녹 줄무늬가 만들어지는 또 다른 원인은 거더로부터 교각이나 교대로 흐르게 되는 물방울이다. 이러한 상황에서 유지관리부서에서 할 수 있는 것이라고는 줄무늬를 그대로 내버려두거나, 에폭시 콘크리트 피복으로 녹을 덮거나, 강재 거더의 일부를 도장하는 정도이다.

5. 내후성강의 검사

도장된 강교량을 검사할 때, 조사원은 보호피복이 떨어져 나갔는지 탐지하기 위하여 녹슨 부분을 찾는다. 그러나 설계 때부터 자신을 보호하기 위한 녹으로 덮인 구조물을 어떻게 검사할 것인가? 정답은 "매우 면밀하게"이다.

방식 산소막이 강재 표면에 충분히 형성되었나를 탐지하기 위해서는 면밀한 조사가 필요하다. 정규적인 격년제 점검에서는 내후성강 산소막의 색상과 질감을 조사한다. 이때 강재 표면의 녹이 하부의 강재에 잘 접착되어 있는지 혹은 떨어져 있는지를 확인하기 위하여 망치 혹은 와이어브러시를 사용한다. 망치나 와이어브러시로 소리 나게 두드렸을 때 녹이 파편으로 떨어지는지 혹은 얇게 벗겨지는지에 의해서 녹의 탈부착을 확인할 수 있다.

방식 산소막이 제대로 작동하지 않는다면, 품질열화의 심각성과 강 부식의 원인을 결정하기 위한 노력의 일환으로 함몰된 곳의 크기와 깊이를 기록으로 남겨야 한다.

강 부식에 대하여 조사원은 이것의 원인이 될 가능성이 있는 모든 배수문제와 현장여건을 적어두는 것이 중요하다. 연결부의 오작동, 단부 지점 주위의 초목의 성장, 강 표면의 과다한 먼지나 이물질의 존재 등은 내후성강의 품질열화를 촉진하는 단지 몇 가지 상황이다.

내후성강 구조물의 검사와 관련된 또 하나의 난제는 피로균열의 파악이다. 구조물이 도장되어 있을 때 균열로부터의 녹은 배경색에 대조되어 쉽게 눈에 뜨인다. 그러나 내후성강으로 시공된 교량에서는 균열이 녹과 같은 색인 배경과 뒤섞여 있을 뿐만 아니라 새롭게 형성된 녹으로 채워져 있다. 육안으로 균열을 탐지할 때의 이와 같은 어려움으로 인해, 내후성강 구조물에서의 피로균열은 보통 부재가 파괴되고 나서야 비로소 탐지된다.[3.66] 따라서 검사용 피로균열 탐지도구가 일반적으로 사용된다. 육안검사를 위해서는 보통 염료 침투제가 사용되며, 균열 탐지용으로는 자기장, 초음파 또는 X-선이 사용된다.

6. 내후성강의 재활

내후성강이 위의 5항에서 상세히 설명한 것과 같은 마멸의 징후를 보이기 시작할 때에는, 강재 상부구조의 본래의 상태를 보존하기 위한 몇 가지 형태의 재활과정을 거쳐야 한다. 이때 채택할 수 있는 가장 기본적인 방법은 강재를 도장하는 것이다. 이것은 3.13.2절에서 논의한 많은 골칫거리뿐만 아니라 몇 가지 부가적인 관심거리를 포함하고 있다. 내후성강의 표면은 태생적으로 매우 거칠다. 따라서 보호 코팅제는 과도한 건조막(dry film) 두께 변화를 견딜 수 있어야 한다. 내후성강의 거친 표면으로 인한 또 하나의 악영향은 오목한 면으로 모이는 먼지와 오염물질이다. 이것은 도장공이 백색의 분사세척(blast-cleaned) 정도의 품질을 요구하는 주정부 설계기준에 맞추고자 할 때의 어려움이다.[3.60] 그러한 상태를 이루는 것은 불가능하지는 않지만 어렵기 때문에 하부의 강이 내후성강인 경우에는 관련 설계기준을 개정하는 것이 바람직하다.

예방용 유지관리의 한 형태는 연결부의 양면으로부터 5 ~ 10 ft(1.5 ~ 3.0 m)만큼 거더의 양단을 도장하는 것이다.[3.58] 내후성강의 색상과 부합하는 안료를 갖는 무기아연도금이 사용될 수도 있다. 배수문제로 인해 물이 끊임없이 강 표면에 침적된다면 물이 강 표면에서 멀어지도록 설계변경을 강구하여야 한다.

7. 결론

만일 어느 한 재료(혹은 그 물질로 만들어진 제품)가 만병통치의 전망을 내놓았을 때, 기대대로 이행되지 못한다면 혹독한 비평을 받아야 마땅하다. 내후성강이 바로 이 부류에 속한다. 앞에서 메인 주와 미시간 주에 관해서 상세히 설명한 예들이 이것을 실증하는데 도움이 된다. 또한 내후성강에 관한 이 두 주의 건설교통부의 경험들이 교량공학 일반에 관련된 장기적인 문제점들을 설명하는데 도움이 된다.

내후성강의 성과에 관한 미시간 DOT의 초기 피드백은 일반적으로 긍정적이어서 이 주에서는 널리 사용되게 되었고, 몇 년 뒤에 가서야 비로소 앞에서 언급한 문제점들이 수면 위로 부상하였다. 일단 기술자가 이 재료의 메커니즘, 장점 그리고 제한점을 완전히 파악하면, 내후성강의 사용에 대한 자신감이 증가하고, 그 결과 더 잘된 설계로 발전한다. 교량기술자는 가혹한 환경에서도 수십 년 지속가능한 구조물을 설계하려고 하므로 실험실에서 아무리 많은 양의 연구 혹은 해석을 수행하여도 어떤 재료 혹은 설계가 어떠한 교량 부지에서도 설득력을 잃지 않는가를 올바르게 예견할 수 없다. 그들은 끊임없이 교량의 수행능력을 모니터링하고, 그 교량의 수행능력으로부터의 피드백에 근거해서 설계를 개선하여야 한다.

"맨 앞에 서야 모든 화살을 맞는다."는 말이 있다. 이 경우 미시간 주는 신기술의 첨단에 섰기 때문에 응당 맞아야 몫의 화살을 맞았다. 그러나 일단 내후성강이 만병통치약이라는 생각을 떨쳐버리고 이것이 적절하게 수행되면 교량건설에서 아주 유용한 또 하나의 재료로 간주될 수 있다. 메인 주의 경험이 이것을 실증해 보이고 있는데, 이것만이 유일한 예는 아니다. 뉴욕 주의 고속도로 당국은 붕괴된 Schoharie 강의 교량을 대체하는 교량에 내후성강을 채택하기로 결정하였다. 뉴저지 주 고속도로에서는 내후성강 구조물들이 적극적으로 사용되기도 하였다.[3.58] 1990년대 초반부터 미국에서 사용된 내후성강의 점유율은 대폭으로 증가하였다. 2010년에 이르러서는 미국에서 시공된 강교량의 약 절반이 내후성강을 사용하였다.

내후성강 구조물이 여러 곳에서 성공을 거두었으므로 이 재료가 필요 없다고 폐기하는 것은 옳지 않다. 반면에, 내후성강 구조물은 수명연장을 확보하기 위하여 이것 특유의 유지관리가 필요하다는 사실을 인지하여야 한다(4항 참조). 교량구조물에 관한 많은 설계세목들이 그러하듯이 내후성강은 현장에서 얻은 경험과 사용 중의 개선노력으로부터 많은 도움을 받을 것이다. 내후성강에 대한 특수 코팅 시스템에 대한 연구와 개발이 계속되는 한 내후성강의 장점은 더 고양될 것이고, 따라서 업계에서의 채택율도 더 높아질 것이다.

3.13.4 아연도금

강구조물을 보호하는 또 하나의 방법은 강 부재를 아연도금하는 것이다. 아연도금이 금속을 보호하기 위해서 다양하게 응용되는 인기 있는 방법이지만, 도로교와 토목공학 프로젝트에서는 그 사용이 어느 정도 제한되어 있다. 교량설계에서 아연도금을 응용한 가장 유명한 예는 Brooklyn교의 현수 케이블일 것이다(다음의 "알아두기" 참조[3.62]). 물론 Brooklyn교는 유명한 예이지만, 현재의 설계환경에서 아연도금은 주부재에서보다는 교량난간에서 더 쉽게 발견된다.

다른 방식법과 마찬가지로 아연도금도 단점을 가지고 있다. 최근에는 새로운 환경규정으로 인해 몇몇 기술자들은 강 부재에 대한 방식법으로 이것을 재고하게 되었다. 다음의 토론은 아연도금의 배경이 되는 기본원리에 대한 개요와 그 장점 그리고 내제해 있는 단점을 제공한다.

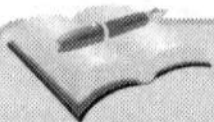

알아두기

1883년 봄에 완공된 Brooklyn교는 중앙경간이 1595.5 ft(486.3 m), 측경간이 각각 930 ft(283.5 m)이고 접속교량을 포함하여 총 길이는 5989 ft(1825.4 m)이다. 교량의 폭원은 85 ft(25.9 m)이다. 4개의 케이블은 각각 5434 가닥의 병렬, 아연도금, 오일코팅 강선을 직경 15.75 in(40 cm)의 실린더가 감싸고 있다.[3.54]

1. 개요

강의 아연도금은 용융된 아연 도금조에 강부재를 담금에 의해서 방식 코팅이 입혀지는 공정이다.[3.62] 이 공정은 용융도금으로도 알려져 있다. 코팅이 산소에 대한 장벽 역할을 해서 모재와의 접촉을 금지시키고, 동시에 음극방식법(cathodic protection)에서의 음극을 제공한다. 아연이 대기 중의 산소, 습기 그리고 이산화탄소와 반응하면 아연피막이라고 불리는 딱딱한 박막을 형성하고 이것이 아연 코팅 장벽 역할을 한다.

연결재와 같은 소부재들은 기계적으로 도금한다. 기계도금법은 아연분말을 갖는 커다란 회전통에 소재를 담그는 공정이다. 아연분말이 녹아서 금속 표면에 아연 코팅층을 형성하도록 가열한다.

대부분의 경우, 아연도금은 신설부재에만 적용되는 선택사항이다. 대부분의 강은 쉽게 도금된다. 그러나 0.15～0.75 %의 실리콘 함유량의 내후성강은 도금되지 않는다.

2. 장점과 단점

내후성강과 마찬가지로, 아연도금강의 주요 장점은 부식에 저항하는 능력이다. 아연도금강의 역할수행에 있어서 도장의 방법으로 유지관리할 필요가 거의 없다. 그러나 아연도금강은 두 가지 중요한 단점을 가지고 있다.

첫째로, 아연도금은 일반적인 도장보다도 용융도금의 비용이 더 들어가므로 비싼 공정이다. 둘째로, 아마도 더 심각한 문제로, 강부재가 담겨지는 아연도금조가 크기에 제한을 받는다. 아연도금조의 크기는 변하지만 길이 75 ft(22.9 m)까지의 보만 취급된다. 이것은 장경간장을 갖는 연속교량에서 심각한 제한사항을 부여한다.

도로교에서는 아연도금이 제한적으로 사용되기 때문에, 도로교에서 큰 치수를 수용할 만한 시설을 갖춘 도금업자를 발견하기가 거의 힘들고 이것이 아연도금 가격상승의 원인이 된다. 지지자들은 초기비용을 절약되는 유지관리 비용으로 상쇄된다고 주장한다. 이 주장이 일리는 있지만 설득력은 부족하다.

거대 부재의 아연도금 문제에 관해서, 한 가지 가능한 해법은 보의 양단을 용융도금하고, 보의 중앙부는 금속화하는 것이다.[3.62] 금속을 아연도금조에 담글 때, 금속화 공정에서는 화염분사에 의하여 방식 코팅이 입혀진다. 그러나 금속화 공정에서는 준백색 블라스트 세정이 필요하고 이것은 앞에서 방식 코팅에서 논의되었던 어려움이 초래된다.

미국에는 오랫동안 기능을 잘 발휘하는 아연도금 교량의 예가 많이 있다. 이러한 교량의 대부분이 중소 규모이지만, 그렇다고 해서 방식 기능이 축소되는 것은 아니다. 단지 작은 치수의 강 부재만을 용융 아연도금 할 수 있는 것이 사실이지만, 건설되고 있는 중소 규모의 교량들도 많이 있는 것 또한 사실이다. 따라서 길이 500 ft(152.4 m)의 구조물은 쉽게 아연도금 될 수 없지만, 이것이 소규모 교량 혹은 암거에 대한 아연도금의 장점에 대한 연구를 배제시키지는 못한다.

미국에서는, 아연도금강의 힘은 대부분 러스트벨트(Rust Belt)로 불리는 지역의 수많은 아연도금 시설물로 인해 중서부에서 발견된다.[3.62] 앞에서 그리고 본 절에서 언급했듯이, 기술자들은 까다로운 새 환경규제로 인해 그렇지 않다면 간과되었을 방식용 강에 대한 연구로 내몰리고 있다.

3.13.5 결론

독자들에게 앞에서의 토론은 다소 소모적인 것으로 보인다. 본 절의 시작부에서, 많은 기술자들이 강 상부구조의 방식이라는 주제를 등한시하는 경향이 있다고 언급하였다. 본 절은 미국 내의 그리고 전 세계에 걸쳐서의 대다수 교량이 직면하고 있는 문제들이 얼마나 심각하고 실제적인가를 지적하는 지표로서의 역할을 한다.

그러나 이 문제에 대한 유일한 해법은 없다. 운모상 산화철(MIO)도 아니요, 내후성강도 아니요, 아연도금도 아니다. 이들 코팅 혹은 재료 중 어느 하나도 그 자체가 강 상부구조의 방식문제에 대한 딜레마의 해결책이 될 수 없다. 도로교 구조물의 유지관리에 있어서 해법은 발견되는 것이 아니고 서서히 발전되는 것이다. 일찍이 Artur Elliot이 이르기를, “완벽하게 안전한 바닥판 연결부는 아직 설계되지 않았다라고 말하는 것이 아마도 안전할 것이다”라고 했다.[3.12] 방식 코팅을 바닥판 연결부의 대용품으로 쓸 수도 있다고 말해도 아주 틀린 말은 아니다.

3.14 내하력 평가

건설교통부의 유지관리 부서에게 올바른 검사 자료가 얼마나 중요한지는 이미 논의하였다. 이 자료들의 주요한 기능 가운데 하나는 정부기관에게 현장에서 교량이 얼마나 정확히 작동하고 있는가에 대한 피드백을 제공하는 것이다. 그러나 유지관리 부서는 올바른 검사자료뿐만 아니라 각각의 교량이 하중에 대해서 어떻게 저항하고 있는가에 대한 보다 정량적인 정보도 요구한다. 안전성과 사용성에 기초한 교량의 수행능력에 대한 이 정량적인 벤치마크가 내하력 평가라고 알려져 있다.

Michel Ghosn과 Fred Moses[3.64]

도로교는 역사적으로 매우 높은 수준의 신뢰성을 갖고 있다. 다른 대량생산되는 구조요소들과 견주어 봐도 …

내하력 평가는 AASHTO 일반설계기준에 기술된 지침을 근거로 하고 있지만, 도로교 내하력 값을 이끌어내는 가이드라인은 AASHTO 출판물인 "교량평가편람(The Manual for Bridge Evaluation)"에 기술되어 있다.[3.63] 독자들은 계산된 교량의 내하력 값이 마법의 숫자가 아님을 인식하는 것이 중요하다. 검사자료와 마찬가지로 내하력 평가는 단지 교량성능의 평가척도이고 교량의 전체윤곽의 한 요소일 뿐이다.

내하력 값의 사용은 특정된 대상교량에 따라 달라진다. 사용 스펙트럼의 일단에서는, 구조물이 현재의 표준까지 끌어올리기 위하여 받아야 할 재활과정의 종류와 범주를 결정하기 위하여 내하력 평가가 사용된다. 내하력 값은 구조물을 통과하는 차량의 종류와 중량의 제한을 알리는 교량 공지에 사용되기도 한다. 내하력 평가는 적법한 중량한계를 초과하는 과중의 차량 통과를 허가하기 위해서 사용되기도 한다.

교량설계와 마찬가지로 허용응력법, 하중계수법 그리고 하중-저항계수법이 미국에서의 내하력 평가에 사용된다. 비록 허용응력설계와 하중계수설계가 신설교량의 설계에서는 시대에 뒤떨어진 것이지만 내하력 평가에 있어서는 아직도 인기리에 적용되고 있는 이유는 미국에서의 대부분의 교량이 허용응력법이나 하중계수법으로 설계되었고, 또한 이 두 방법이 오랫동안 기존교량의 내하력 평가에 사용되어 왔기 때문이다. 비록 하중저항계수 평가법이 명백한 장점을 가지고 있지만, 많은 교량 발주자들은 더 복잡한 내하력 평가로 인한 추가비용과 새로운 평가법을 통과하지 못하는 경우의 교량 보강 비용 등으로 인한 평가결과의 불확실성 때문에 이 방법을 별로 선호하지 않는다. 사실, AASHTO는 이러한 현실을 인식하고, 교량평가편람에 "교량 평가법 가운데 어느 것을 더 선호하지 않는다."라고 언급하였다.[3.63]

교량은 상시하중 상태에 대해서 평가되고, 낮은 빈도의 지진, 바람, 충돌하중 등은 내하력 평가에서 고려하지 않는다. 외관상 초과응력이 관찰되지 않는다면 콘크리트 바닥판이나 하부구조는 평가할 필요 없다.

내하력 평가는 단순히 교량설계의 역과정이다. 교량을 설계할 때에는 설계하중에 기초해서 교량부재 치수를 선택한다. 그러나 교량을 평가할 때에는 교량부재의 치수를 알고 있으므로 얼마나 큰 활하중을 지지할 수 있는가를 결정할 필요가 있다. 다음의 토론은 초보 기술자에게 도로교 내하력 평가의 배경이 되는 일반적인 개념의 개요를 제공함에 그 의의가 있다. 내하력 평가의 기술적인 면에 대한 더 많은 정보를 위해서는 교량평가편람을 참고하기 바란다.[3.63]

1979년에 온타리오 건설교통부는 확률-기반 도로교설계기준 초판을 발행하였다. 온타리오 도로교설계기준(OHBDC)에서는 구조 신뢰성지수 3.5가 사용된다.[3.42]

3.14.1 정격하중 평가(Inventory Rating)와 공용하중 평가(Operating Rating)

신설 교량에 대해서, 우리는 설계하중이 구조물 저항을 초과할 수 있는 어느 정도의 확률은 허용할 수 있다는 생각에 기본을 두고 설계한다. AASHTO에서 구조물 신뢰성지수 β는 3.5이고, 이것은 채택한 설계활하중과 하중계수 그리고 저항계수에 반영된다. 신뢰성지수 3.5는 구조물의 역량이 초과되는 확률이 0.000233 (1/4292)임을 나타낸다. 그러나 많은 기존교량들은 현재 사용되는 하중보다 작은 크기의 하중에 대해서 설계되었고, 몇몇 교량들의 구조물 강도는 열화현상과 피로균열에 의해서 저하되었다. 현존하는 모든 교량이 현재의 설계기준을 만족하도록 만드는 것은 경제적 관점에서 불가능하다. 이러한 문제점에 적극적으로 대처하기 위해서 AASHTO는 신뢰성지수 2.5(구조물 부재의 저항이 초과될 확률이 0.00621)인 두 번째 평가수준을 도입하였다. 안전에 대한 기대수준이 낮아지면 대부분의 기존교량들은 이러한 요구에 부응할 수 있고, 통과하중 게시 혹은 교량 보수보강이 불필요하게 된다.

AASHTO는 교량의 수행수준을 두 단계로 구분한다. 첫 번째 수행수준은 매일같이 도로교를 안전하게 사용할 수 있는 것을 의미한다. 이 평가수준은 정격하중 평가(inventory rating)라고 부르는데, 이것은 "신설 구조물의 역량과 견줄 만하고, … 무한히 긴 시간 동안 안전하게 기존 구조물을 이용할 수 있는" 정도의 수준을 나타낸다.[3.63] 다시 말하면, 정격하중 수준 평가는 신설 구조물을 신뢰성지수 $\beta=$

3.5로 설계할 때의 수준에 해당된다. 적절하게 설계된 모든 신설교량은 정격하중 평가를 통과할 수 있어야 한다.

두 번째 평가수준은 공용하중 평가(operating rating)라고 부르고, 이것은 "일반적으로 구조물이 받을 수 있는 최대 허용활하중을 기술한다."[3.63] 이 수준의 교량은 무제한의 차량이 이 교량을 이용하면 초과응력 상태에 이르기 때문에, 수명이 단축될 수 있다.

한편, 비정상적으로 큰 하중(법정하중 초과)의 차량(보통은 트럭)이 구조물을 통과해야 하는 경우가 있다. 구조물이 특별한 경우에는 이 하중을 견딜 수도 있지만, 반복해서 구조물을 통과하도록 하는 것은 바람직하지 못하다. 이러한 내하력을 갖는 교량의 평가수준은 교량의 하중지지 역량을 최대화하기 위하여 더 작은 안전계수를 사용하고 허가하중 평가(permit load rating) 내하력 수준으로 알려져 있다. 허가증은 일회용, 복수용 그리고 1년간 유효한 것으로 교부된다. 이처럼 큰 하중의 교통량은 매우 작으므로 하중계수는 1.10만큼 작게 감소된다.[3.63] 이 트럭이 호위되고 또 다른 트럭이 교량 위에 없다면, 1.15의 활하중계수가 보통 사용된다. 충격계수도 0.10만큼 작게 감소된다. 허가하중 평가는 세 번째 평가수준으로 간주되고 관련된 안전계수가 가장 작다.

교량의 내하력 평가에 임하는 검사자의 정신자세(2.3.3절 참조)는 별도로 하고, 정격하중 평가와 공용하중 평가는 주관적 방법보다는 해석적 방법으로 계산된다. 사용되는 활하중은 표준 AASHTO 설계하중 혹은 AASHTO 법정하중이다. 내하력 평가의 결과 수치는 허용응력법, 하중계수법 혹은 하중 - 저항계수법으로 계산되는데, 일반적으로 허용응력법이 더 보수적인 결과를 제공한다.

기존교량에 대한 내하력 평가 수행 시 시공도면(2.7절 참조)이 있으면 이것은 내하력 값을 계산하는데 커다란 도움이 된다. 시공도면이 없다면 철저한 현장 조사를 수행하여 상세한 현장계측을 완성해서 도면과 현장 사이의 차이를 보충한다.

3.14.2 현장계측과 조사

앞의 2장에서 현장계측의 중요성을 언급하였다. 시공도면의 유무에 상관없이, 구조물의 오늘날 상태를 묘사하는 현장계측은 절대로 필수적이다. 강재 상부구조에 대해서는, 주부재(예로, 플랜지와 웨브)의 계측은 교량이 어느 정도의 하중을 지지할 수 있는지에 대한 정확한 예측에 도움이 된다.

교량의 단면값이 20% 감소하였다면 이것은 내하력 값을 크게 감소시킬 수 있다(열화현상이 일어난 위치에 따라 달라짐). 이와 같은 원리는 콘크리트와 목재 상부구조에도 똑같이 적용된다. 단면값 감소와 더불어 균열과 같은 결함, 정렬선 오차(misalignment), 휨, 편심 혹은 압축재의 비틀림 등도 기록해야만 한다. 일반적으로 점검 기술자는 구조물의 내하력에 영향을 줄 수 있는 어떠한 물리적 상태에도 신경을 써야 한다.

3.14.3 하중재하

교량의 내하력 평가는 고정하중과 활하중을 동시에 저항할 수 있는 구조물의 능력에 기초를 둔다. 고정하중은 재료의 단위 중량을 사용하여 계산되는 비교적 정직한 값이다. 활하중은 어느 내하력 평가방법을 사용하는가에 따라 표준 AASHTO HL 하중, HS 하중, 국가 법정하중 혹은 국가 평가하중을 사용하여 보통 계산된다. 때로는 서로 다른 관계기관에서 특별한 형상의 트럭하중을 사용하기도 한다. 대부분의 이러한 평가하중들은 교량평가편람(부록 C6A와 D6A 참조)에 나와 있다.[3.63] 설계자는 평가 계산을 시작하기에 앞서 관계기관이 원하는 평가방법과 하중형상을 교량 발주자와 함께 확인하여야 한다.

교량 위의 하중의 재하위치는 AASHTO 설계기준에 따른다(3.5절 참조). 그러나 설계자가 구조물 상의 현재 교통량과 동선이 차선 수의 감소를 보증한다고 믿는다면, 교량에 표시된 실제의 차선 수를 사용하여 설계기준의 차선 수보다 감소시킬 수 있도록 AASHTO는 허락한다.

충격계수를 활하중에 적용하여야하는 것이 당연하지만, AASHTO는 하중선 정렬상태, 강제된 속도제한 표지 등으로 인해 충격계수의 감소가 보증된다면 충격계수의 감소를 허락한다. 이러한 상태가 충격계수의 감소에 이용되려면 구조물을 통과하는 차량의 속도가 현저히 감소되는 것처럼 보여야 된다.

상부구조의 하중 횡분배 역시 AASHTO 설계기준에 따른다(3.8절 참조). 특수한 하중 상태가 이용되는 경우 그에 따르는 분배계수가 적용된다. 설계자가 AASHTO 활하중 분배계수가 너무 보수적이라고 믿는다면, 활하중 분배계수를 정확하게 결정하기 위해서 3차원 유한요소해석과 같은 상세해석을 이용할 수도 있고 하중재하시험을 수행할 수도 있다.

앞에서 언급하였듯이, 구조물의 내하력 평가를 계산하기 위해서 허용응력법, 하중계수법 혹은 하중-저항계수법을 이용할 수 있다. 이러한 평가 방법의 일반적인 개념이 다음 절에서 논의된다.

3.14.4 허용응력법

이미 논의하였듯이 허용응력법은 규정된 허용응력보다 작은 값을 갖는 부재의 작용응력의 개념을 바탕으로 정립된다. AASHTO 교량평가편람은 다음과 같은 다양한 재료로 만들어진 구조물의 내하력을 계산할 때, 허용응력법을 적용하는 지침을 제공한다.

- 강과 연철
- 철근콘크리트와 PS콘크리트
- 벽돌
- 목재

내하력에 대한 일반식은 다음과 같다.

$$\mathrm{RF} = \frac{C-D}{L(I+1)} \qquad \text{식 (3.238)}$$

여기서, RF : 평가계수

C : 허용응력

D : 고정하중으로 인한 응력

$L(I+1)$: 충격과 활하중으로 인한 응력

허용응력 C는 교량의 평가수준이 정격하중 수준인가, 공용하중 수준인가에 따라 달라진다. 정격하중 평가인 경우 재료의 허용응력은 허용응력법을 사용하여 신설교량을 설계할 때 사용하는 값과 같다. 공용하중 평가인 경우 더 큰 허용응력이 사용된다. 보다 상세한 것은 3.14.1절을 참조하라.

식 (3.238)로부터, 내하력 평가는 특정된 부재가 저항할 수 있는 활하중의 크기를 계산하는 것임을 알 수 있다. 평가계수가 1보다 크다면 이 부재가 평가된 활하중보다 더 큰 활하중을 지지할 수 있음을 의미한다. 상부구조의 각 부재들의 부재력(모멘트, 전단력 등)에 대해서 평가된다. 모든 부재의 모든 부재력에 대한 평가계수 가운데 가장 작은 값이 전체 구조물의 평가계수이다.

HS-20 하중을 받는 교량의 평가계수가 정격하중 수준에서 0.90이고 공용하중 수준에서 1.15라면, 이 교량은 정격하중 수준에서 HS-20 하중의 90%(HS-18)를 지지할 수 있고 공용하중 수준에서 HS-20 하중의 115%(HS-23)를 지지할 수 있다.

다음은 여러 건설재료에 대한 기본적인 판단기준의 개요를 제공한다.

1. 강과 연철

기존 강구조물을 평가함에 있어서, 허용응력은 다음에 따라 달라진다.

- 정격하중 평가 혹은 공용하중 평가
- 강의 종류

두 번째 항목에 대해서, 오래된 구조물의 경우 사용된 강의 종류를 모를 가능성이 많다. 이러한 상황은 시공도면이 없는 경우 일어난다. 그러나 시공도면 혹은 그 외의 도면이 있더라도, 강의 종류가 우선해서 도면에 표시되어 있지 않을 가능성이 많다.

이와 같은 이유로 AASHTO는 여러 연도에 시공된 강의 최소인장강도와 항복강도 값을 제공한다(2.3.5절 2항 참조). 이 값들은 특정 시대의 시공에서 사용되었을 가능성이 큰 강의 종류에 근거를 둔다(예를 들어, ASTM A7 강이 1950대에는 아주 인기가 많았다).

또한 AASHTO는 부재가 받는 하중상태에 따르는 여러 가지 허용응력도 제공한다. 이러한 하중상태에 대한 몇 가지 예는 다음과 같다.

- 축인장과 휨인장
- 보의 연단 압축
- 중심하중을 받는 기둥의 압축
- 거더의 웨브 전단

강구조물에서, 정격하중과 공용하중 평가수준의 주요한 차이는 최소항복강도에 적용되는 감소계수이다. 정격하중 평가에서는 다음과 같은 허용응력이 사용된다.

- 휨, 인장, 압축에 대해서 $0.55F_y$
- 웨브 전단에 대해서 $0.35F_y$

공용하중 평가에서 허용응력은 다음과 같다.

- 휨, 인장, 압축에 대해서 $0.75F_y$
- 웨브 전단에 대해서 $0.45F_y$

그러나 하중과 역학적 상태에 따라서 이러한 판단기준의 예외가 존재한다(예를 들어, 지압보강재). 중간 수직보강재를 갖는 거더를 조사할 때, 웨브가 심하게 열화되어 있지 않거나 보강재 간격이 웨브 깊이를 초과하지 않는다면 보강재 간격에 대한 검토는 필요 없다.

연철 구조물에서 최대 인장응력과 휨응력은 다음으로 정의된다.

- 정격하중 = 14,600 psi
- 공용하중 = 20,000 psi

2. 철근콘크리트와 PS콘크리트

철근콘크리트의 경우, AASHO 표준설계기준[3.15]은 서로 다른 콘크리트강도에 대해서 여러 탄성계수비를 사용한다. 여러 등급의 인장철근에 대한 허용응력은 표 3.21에 나와 있다.

압축큰크리트의 허용응력은 다음과 같다.

- 정격하중 = $0.4f_c'$
- 공용하중 = $0.6f_c'$

콘크리트강도를 모르고, 콘크리트가 만족스러운 상태라면 콘크리트강도는 다음 값을 취한다.

- 1959년 이전 : 2500 psi
- 1959년 이후 : 3000 psi

PS콘크리트 구조물은 허용응력과 허용강도 모두에 대해서 평가하여야 한다. 정격하중 수준에서는, 콘크리트 허용강도는 인장에서 $6\sqrt{f_c'}$ 이고 압축에서 $0.6f_c'$ 이다(여기서, 응력의 단위는 psi이다). 공용하중 수준에서는 단지 강도(PS강재의 모멘트, 전단, 인장)만이 평가된다. 강도 평가에 대해서는 3.14.5절을 참조하라.

표 3.21 AASHTO 철근의 허용응력

허용응력(psi)	정격평가	공용평가
구조등급 혹은 1954 이전	18,000	25,000
구조등급	20,000	27,000
등급 40	20,000	28,000
등급 50	20,000	32,500
등급 60	24,000	36,000

3. 벽돌

석재, 콘크리트, 벽돌 구조물에 대해서는 허용응력법이 AASHTO에 규정된 유일한 방법이다. 벽돌 구조물에 대해서는 정격하중 평가만이 유용하다. 여러 가지 종류의 벽돌과 시멘트 절점부에 대한 정격하중 수준에서의 허용압축응력이 교량평가편람에 열거되어 있다.[3.63]

벽돌 구조물에 대한 더 정확한 평가를 요구된다면 기술자들은 엄밀한 해석을 위해 ACI 530-08을 참고할 수 있다.

4. 목재

목재 구조물의 내하력 평가에 있어서 AASHTO는 점검기술자의 판단에 전적으로 의지한다.[3.63] 다른 건설재료와 달리 목재의 품질은 주위환경에 따라 시간이 흐르면서 나빠지므로 허용응력은 현장 조사와 필요하다면 재료실험실에서의 시험에 근거하여 결정되어야만 한다. 그러나 목재 구조물의 내하력 평가를 좌우하는 일반적인 판단기준은 최대작용응력이 AASHTO 표준설계기준에 설명되어 있는 응력 등급별 목재 허용응력의 1.33배를 초과할 수 없다는 것이다.[3.15] 목재 보와 기둥의 내하력 평가를 좌우하는 판단기준은 교량평가편람에 제공되어 있다.

3.14.5 하중계수법

지금까지는 허용응력법을 사용하여 교량의 내하력 평가에 대한 교량평가편람에 설명되어있는 지침을 언급하였다. 아직도 미국의 많은 주에서는 허용응력법을 사용하여 같은 방법으로 설계된 오래된 교량의 내하력 평가를 수행하고 있지만, 대부분의 교량은 하중계수법으로 평가된다. 하중계수 평가법은 강도평가에 기반하고, 부재의 저항을 결정하는 방법은 AASHTO 표준설계기준에 상세하게 나와 있다.[3.15]

허용응력법과 비교하여 하중계수법은 내하력 평가의 결과를 개선하였고(구조물 신뢰성의 일관성이 증가), 다음과 같은 고려사항에 관심을 기울였다.

- 앞에서 언급하였듯이 구조물 부재들 사이의 평가 편차를 줄인다.
- 하중계수법을 통해서 더 현실적인 평가를 제공한다(AASHTO 하중계수 설계와 유사).

교량공학 커뮤니티에는 허용응력법은 일반적으로, 그리고 허용응력 내하력 평가는 특별히 교량의 해석에 있어서 너무 보수적이라는 믿음이 널리 퍼져 있다. 강도 평가법의 주요한 초점은 구조물의 진정한 능력에 대한 보다 현실적인 영상을 제공하는 것이다. 하중계수(혹은 강도) 평가법은 1980년대 초반에서 2000년대 후반까지 미국에서 주류를 이룬 설계법인 AASHTO 하중계수설계를 사용하는 설계법에 기반을 둔다.

구조물을 평가할 때, 기술자가 검토하고자 하는 기본사항은 구조물의 능력이 그것이 받게 되는 하중보다 더 큰지 여부이다. 평가 계산식은 다음으로 표현된다.

$$\mathrm{RF} = \frac{C - A_1 D}{A_2 L(I+1)} \quad \text{식 (3.239)}$$

여기서, RF : 평가계수

C : 부재의 능력(모멘트, 전단, 비틂 등)

D : 고정하중 영향

$L(I+1)$: 활하중과 충격의 영향

A_1 : 고정하중 하중계수

A_2 : 활하중 하중계수

고정하중계수(A_1)는 1.3이다. 활하중계수(A_2)는 구조물 평가가 정격하중 수준인가 혹은 공용하중 수준인가에 따라 달라진다. 정격하중 수준에서, 활하중계수는 2.16(AASHTO ASD 설계와 유사)이 사용된다. 공용하중 수준에서는 감소된 활하중계수 1.3이 사용된다. 앞에서 논의하였듯이 정격하중 수준은 신설구조물에 대한 설계에서의 강도 요구사항을 나타내고, 공용하중 수준은 교량이 규정된 활하중은 지지하리라 예상되는 최소한의 안전수준을 나타낸다.

능력(C)은 AASHTO 표준설계기준의 하중계수설계법을 사용하여 구한다. 다른 내하력평가 계산에서와 마찬가지로 각각의 구조물 부재가 여러 가지 하중조건(즉, 모멘트, 전단 등)에 대해서 평가되고, 모든 부재와 모든 하중영향에 대해서 가장 작은 평가계수를 구조물에 대한 전체 평가계수로 취한다.

내하력평가를 위해 하중계수법을 사용할 때, 기술자는 단지 정격하중 평가로만 계산하면 된다는 사실은 주목할 만하다. 공용하중 수준의 평가계수는 2.17/1.3 = 1.67의 비율로 정격하중 수준의 평가계수에 항상 비례한다. 따라서 정격하중 수준에서 HS-20 하중에 대한 교량의 평가계수가 1.10이라면, 같은 하중에 대한 공용하중 수준에서의 평가계수는 1.84이어야 한다.

3.14.6 하중 - 저항계수법

허용응력법이나 하중계수법에서는 내하력 평가 계산에서 교량의 구조적 상태나 교통 여건은 고려하지 않았다. 이에 관심을 기울이기 위하여 AASHTO는 1989년 "기존의 강교량과 철근콘크리트교량의 강도평가에 대한 설계기준 안내서"에서 하중-저항계수 평가법(LRFR)에 근거를 둔 방법을 도입하였다.[3.65] 2008년에 출판물 "교량평가편람"에서 LRFR은 과거의 허용응력 평가법과 하중계수 평가법과 함께 사용되었다.

현재 대부분의 기존교량이 허용응력법이나 하중계수법으로 설계되었기 때문에 LRFR은 아직 미국에서 널리 사용되지 않는다. 앞에서 논의하였듯이 2007년 이후에는 AASHTO LRFD가 허용응력설계와 하중계수설계를 완전히 대치하였다. 따라서 독자들은 가까운 미래에 LRFR이 내하력 평가법으로 주로 사용되는 도전에 응할 준비를 하여야 한다.

교량구조물 평가를 위한 하중-저항계수법의 완벽한 검토를 제공하는 것은 이 책의 범주를 넘어선다. 그러나 다음은 이 방법 근저의 기본개념에 대한 개요와 이 방법을 이용함에 있어 기술자가 가져야할 주요한 관심사의 일부이다.

1. 개요

허용응력법은 안전계수로 불확실성을 상쇄하지만, 한계상태법(LRFD와 어느 정도는 하중계수법도 해당됨)은 하중계수와 저항계수를 사용하여 안전성에 대하여 "확률론적인 접근"을 취한다. 이 결과 내하력 평가는 주요단면의 계수하중과 계수저항을 비교하여 수행한다.

하중-저항계수 평가법이 다음을 제공하기 때문에 허용응력법이나 하중계수법보다 더 현실적이고 장점이 많다는 믿음이 널리 퍼져 있다.

- 교량에 대한 더 균일하고 일관성이 있는 평가
- 평가 방법에 있어서의 유연성
- 하중의 종류와 재료수행에 따른 신뢰성의 일정한 수준
- 교통량과 응답 자료의 편입
- 평가에 부지-고유 자료의 사용

2. 평가절차

전통적인 허용응력 평가법과 하중계수 평가법과 마찬가지로, AASHTO에서 사용하는 하중 - 저항계수 평가법 또한 공공의 안전과 경제성 사이의 균형을 인식하여야만 한다. 그러나 LRFR과 전통적인 방법 사이의 기본적인 차이점은 LRFR이 확률기반 방법이고 다음과 같은 교량수행에 영향을 미치는 주요 인자를 고려한다는 사실이다.

- 현재의 구조상태
- 재료성격
- 연성과 여력
- 하중
- 교통 상태

LRFR은 3단계 과정이다. 각 단계는 특정의 목적을 가지고 있고, 이후의 평가단계 필요성에 대한 안내 역할을 한다. 이 단계는 다음과 같다.

- 설계하중(design load) 평가
- 법정하중(legal load) 평가
- 허가하중(permit load) 평가

설계하중 평가는 HL-93 설계하중과 구조물 능력을 계산하기 위한 AASHTO 설계기준에 기반을 둔 첫 번째 수준의 교량평가이다. 내하력 평가에 대한 일반식은 다음으로 표현된다.

$$\mathrm{RF} = \frac{C - (\gamma_{\mathrm{DC}})(\mathrm{DC}) - (\gamma_{\mathrm{DW}})(\mathrm{DW}) \pm (\gamma_P)(P)}{\gamma_{\mathrm{LL}}(\mathrm{LL} + \mathrm{IM})} \qquad \text{식 (3.240)}$$

강도한계상태에 대해서,

$$C = \phi_c \phi_s \phi R_n \geq 0.85 \phi R_n \qquad \text{식 (3.241)}$$

사용한계상태에 대해서,

$$C = f_R \qquad \text{식 (3.242)}$$

여기서, RF : 평가계수

C : 식 (3.241) 또는 (3.242)로부터 계산된 능력

DC : 구조물 요소와 부속물로 인한 고정하중 효과
DW : 포장과 유틸리티로 인한 고정하중 효과
P : 고정하중 이외의 영구하중 효과(예를 들어, 프리스트레스로 인한 2차 모멘트)
LL : 활하중 효과
IM : 충격계수
R_n : 공칭저항
f_R : 사용한계상태에서의 허용응력
γ_{DC} : DC 하중계수(강도한계상태에 대하여 1.25)
γ_{DW} : DW 하중계수(강도한계상태에 대하여 1.5, 그러나 현장관측에 의해서 두께가 확인된 경우 1.25도 가능함)
γ_P : P 하중계수(=1.0)
γ_{LL} : LL 하중계수(표 3.22 참조)
ϕ_c : 상태계수(표 B 참조)
ϕ_s : 시스템계수(연성과 여력을 고려함, 표 A 참조)
ϕ : 설계기준에 규정된 저항계수

표 3.22 여러 한계상태에서의 교량 내하력 평가를 위한 활하중계수[6.63]

한계상태	설계하중		법정하중	허가하중
	정격하중	공용하중		
강도 I	1.75	1.35	표 C 참조	-
강도 II	-	-	-	표 3.23 참조
사용 I	-	-	-	1.00
사용 II	1.30	1.00	1.30	1.00
사용 III	0.80	-	1.00	-
피로	0.75	-	-	-

첫 단계인 설계하중(HL-93) 평가는 정격하중 수준의 내하력 평가계수를 계산하는 것이다. 다른 평가수준의 다른 평가법과 마찬가지로 교량의 평가계수(RF)는 모든 하중조합 하에서 모든 구조부재와 연결부의 평가계수 중 가장 작은 값으로 결정된다. 만일 정격하중 수준의 평가계수가 1.0보다 크거나 같다면, 이 교량은 현재의 설계 요구사항을 만족시키는 것이고, 더 이상의 평가는 불필요하다. 정격하중 수준의 RF가 1보다 작다면, 이 교량은 공용하중 수준으로 평가되어야 한다.

표 A 시스템계수 ϕ_s

상부구조 형태	ϕ_s
2거더 교량/트러스/아치의 용접부재	0.85
2거더 교량/트러스/아치의 리벳연결 부재	0.90
3거더 교량	0.90
4거더 교량	0.95
이외의 거더교과 슬래브교	1.00

표 B 상태계수 ϕ_c

상태	ϕ_c
탁월	1.00
우량	0.95
불량	0.85

표 C 강도 한계상태의 법정하중계수 γ_L (선형 보간이 필요함)

교통량(편도)	하중계수
모름	1.80
ADTT $\geq$ 5000	1.80
ADTT = 1000	1.65
ADTT $\leq$ 100	1.40

만일 공용하중 수준의 설계하중 평가가 1보다 크거나 같다면, 이 교량은 AASHTO 법정하중에 대해서 적절한 능력을 가지고 있는 것이다. 그러나 이 교량이 주정부 법정하중에 대해서는 충분할 수도 있고 그렇지 못할 수도 있다(만일 주정부 법정하중이 AASHTO 법정하중보다 상당히 무겁다면). AASHTO 법정하중은 그림 3.55에 나와 있다. 만일 공용하중 수준에서의 설계하중 평가계수가 1보다 작다면, AASHTO 법정하중과 주정부 법정하중(필요하다면)에 대해서 이 교량이 하중제한 공지를 해야 하는지 혹은 재활과정이 필요한지에 대해서 평가되어야 한다.

법정하중에 대한 내하력 평가 시에, 강도한계상태 I에 대한 활하중 계수는 교량의 트럭 교통량(표 C 기준 참조)을 바탕으로 구해진다. 충격계수는 AASHTO 설계기준(=33%)으로부터 구하지만, 이 교량이 40 ft(12.2 m)보다 긴 경우 이는 경미한 도로면 결함의 교량인 경우 20%로, 교량 바닥판과 신축이음부에서 매끄러운 도로면을 갖는 교량인 경우에는 10%로 감소시킨다. 모든 AASHTO와 주정부 법정하중에 대한 평가계수가 1보다 크거나 같으면 즉각적인 액션을 취할 필요가 없지만, 그렇지 않다면 이 교량은 하중제한 공지를 해야 하고 보수보강 되어야 한다. 그러나 기술자와 교량 발주자가 상세해석이나 재하실험을 수행하여 이 교량이 이러한 법정하중을 안전하게 지지할 수 있다는 믿음에 대한 합당한 이유를 가지고 있다면 이러한 상황에서 행사할 수 있는 선택권이 있다.

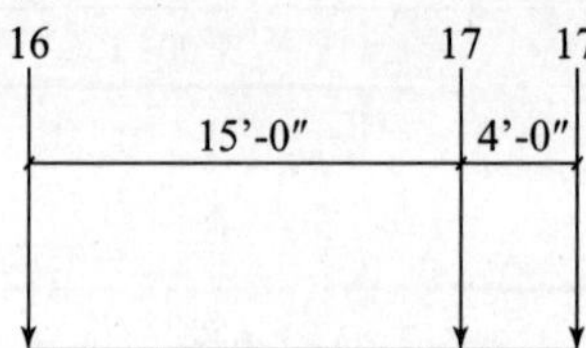

Type 3 트럭, 중량 = 50kips

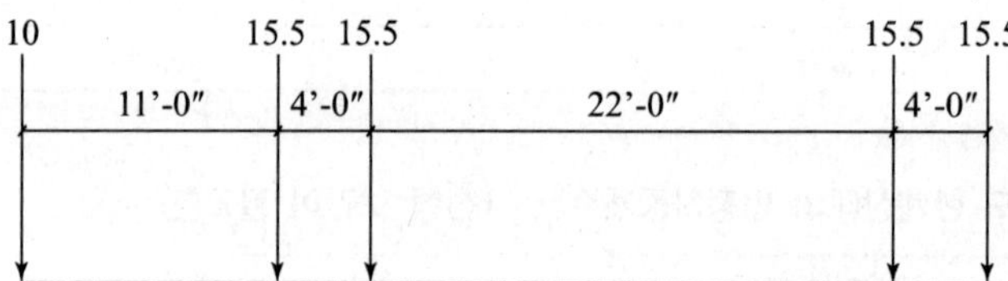

Type 352 트럭, 중량 = 72kips

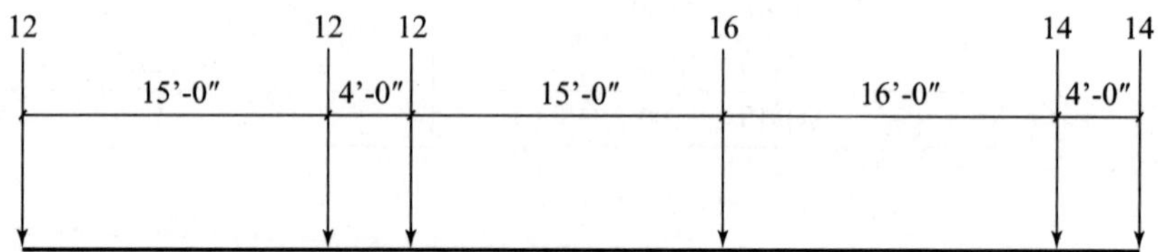

Type 3-3 트럭, 중량 = 80kips

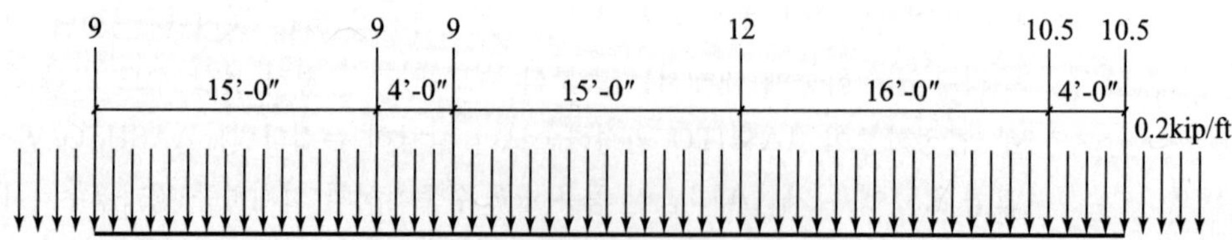

200ft 이상 경간에 재하되는 차선하중(차선하중비 = 0.20kip/ft)
부모멘트부 및 내부지점부에서는(차선하중과 함께) 30ft 간격으로 두 대의 트럭을 재하

그림 3.55 AASHTO 법정하중[6.63]

각각의 법정하중에 대해서 계산한 평가계수 RF가 0.3에서 1.0 사이라면 그 종류의 법정하중에 대해서 다음 방정식을 사용하여 공지할 제한하중을 결정한다(재활과정이 수행되지 않았다면).

$$\text{안전 공지 하중} = \frac{W}{0.7}(\text{RF} - 0.3) \qquad \text{식 (3.243)}$$

여기서, W : 평가용 법정하중의 중량

어떤 종류의 차량에 대한 평가계수가 0.3 이하일 때, 그 종류의 차량은 그 교량의 통과가 금지되어야 한다. 모든 세 가지 AASHTO 법정트럭에 대한 평가계수가 0.3 이하일 때, 이 교량은 공중에게 폐쇄되어야 한다.

평가가 차선하중에 의해 좌우된다면 식 (3.243)에서 중량 W는 40 kips(356 kN)으로 취한다. 주정부 법정하중에 대해서도 식 (3.243)을 사용할 수 있고, 공지해야 할 제한하중 결정 과정도 AASHTO 법정하중의 경우와 같다.

만일 법정하중에 대한 평가계수가 1보다 작지만 초과응력 상태의 징후가 보이지 않는다면, 교량 발주자는 내하력 평가 계산에 영향을 미치는 교량의 실제 역학적 특성을 결정하기 위한 재하실험을 이용할 선택권을 가질 수 있다. 이러한 특성은 다음을 포함하지만 이것으로 끝나지는 않는다.

- 활하중 횡분배
- 충격계수
- 열화되거나 손상된 부재의 구조 강도
- 2차 부재의 기여도

일단 이러한 특성들이 재하실험을 통하여 결정되면 보다 정확한 내하력 평가 계산이 수행될 수 있다.

만일 활하중이 HL-93과 법정하중보다 무겁다면 허가증을 얻기 위한 허가하중 평가가 필요하다. 허가하중 평가해석에서 실제의 하중형상이 사용되어야 한다. 허가하중 평가에서의 활하중계수는 표 3.23에서와 같이 허가증의 종류, 일평균 트럭 교통량(ADTT) 그리고 차량의 중량에 따라 달라진다. 특별한 허가증(일회용, 혹은 복수 허가증)에 대해서는 1차선 차선하중 분배계수가 사용될 수 있지만, 연간 허가증에 대해서는 다차선 차선하중 분배계수가 사용되어야 한다(3.8절 참조). 법정하중 평가에 사용되는 충격계수가 허가하중 평가에서도 사용된다. 그러나 10 mph(16 km/h) 이하의 속도로 천천히 움직이는 차량에 대해서는 충격계수는 배제된다.

하중제한이 공지된 교량에 대해서는 허가하중 평가가 허용되지 않는다는 것을 명심하자.

● 표 3.23 허가하중 평가의 활하중계수[3.63]

허가증 종류	ADTT(편도)	하중계수	
		100 kips 이하	150 kips 초과
연간	> 5000	1.80	1.30
	= 1000	1.60	1.20
	< 100	1.40	1.10
1회용	> 5000	1.50	
	= 1000	1.40	
	< 100	1.35	
복수	> 5000	1.85	
	= 1000	1.75	
	< 100	1.55	

주 1) 1회용 허가하중 평가에서, 교량 위에 다른 교통물이 없고 이 트럭이 호위되는 경우 활하중계수=1.15

2) 선형 보간이 필요

3. 피로수명 평가

3.10.8절에서 논의하였듯이 피로 균열은 응력 - 유발 균열과 변형 - 유발 균열로 구분된다. 피로 평가 해석은 단지 교량 부재와 연결부의 평면응력에 대해서만 수행되고, 변형 - 유발 피로는 본 절에서 고려하지 않는다.

AASHTO는 응력 - 유발 피로를 평가하기 위해 무한 피로수명 검토와 유한수명 계산이라는 두 가지 수준의 방법을 사용한다.

만일 피로취약 상세에서의 최대응력범주가 일정진폭 피로역보다 작다면 이 상세는 무한 피로수명을 갖고 있고, 더 이상의 평가는 필요 없다. 이것은 다음의 수식으로 표현된다.

$$(\Delta f)_{\max} \le (\Delta f)_{TH} \quad \text{식 (3.244)}$$

그리고

$$(\Delta f)_{\max} = 2.0(\Delta f)_{\text{eff}} = 2.0R_s(\Delta f) \quad \text{식 (3.245)}$$

여기서, $(\Delta f)_{\max}$: 피로취약 상세에서의 최대응력범주

$(\Delta f)_{TH}$: 일정진폭 피로역(표 3.8 참조)

Δf : 유효응력범주(계측값 혹은 AASHTO 피로트럭으로부터 계산한 응력범주의 75%)

R_s : 응력범주 산출 부분하중 계수(아래 표 참조)

응력범주 산출 부분하중계수

부분하중계수는 활하중 산출의 정확도와 해석방법에 따라 달라진다.

교통량(편도)	하중계수
AASHTO 트럭 중량, 간이해석	$R_s = 1.0$
WIM 트럭 중량, 간이해석	$R_s = 0.95$
AASHTO 트럭 중량, 상세해석	$R_s = 0.95$
WIM 트럭 중량, 상세해석	$R_s = 0.90$
현장계측에 의한 응력범주	$R_s = 0.85$

식 (3.244)가 만족되지 않으면 유한 피로수명 평가를 수행하여야 한다. 교량의 유한 피로수명의 세 수준이 산출된다.

- 예상되는 최소 피로수명(교량설계기준에서와 같음)
- 평가 피로수명(피로수명의 보수적 산출)
- 평균 피로수명(참값에 가장 가까운 피로수명)

피로취약 상세의 유한 피로수명은 다음으로 산출된다.

$$Y = \frac{R_R A}{365n(\mathrm{ADTT})_{\mathrm{SL}}(\Delta f)^3_{\mathrm{eff}}} \qquad \text{식 (3.246)}$$

여기서, Y : 산출된 피로수명, 년

R_R : 최소 피로수명, 평가 피로수명, 평균 피로수명에 대한 저항계수(표 3.24 참조)

$(\Delta f)_{\mathrm{eff}}$: 유효응력 범주[식 (3.245) 참조]

나머지 기호는 식 (3.120), 식 (3.135)와 같다.

표 3.24 최소, 평가, 평균 피로수명의 저항계수[3.63]

상세 범주	R_R		
	최소수명	R_R 평가수명	평균수명
A	1.0	1.7	2.8
B	1.0	1.4	2.0
B′	1.0	1.5	2.4
C	1.0	1.2	1.3
C′	1.0	1.2	1.3
D	1.0	1.3	1.6
E	1.0	1.3	1.6
E′	1.0	1.6	2.5

잔류 피로수명은 식 (3.246)으로 계산한 전체 피로수명에서 현재의 교량수명을 뺀 값이다. 일반적으로, 예상되는 최소 피로수명에 근거해서 내린 결정은 비경제적이다. 따라서 교량의 잔류 피로수명을 산출하기 위해서 평가 피로수명이 보통 사용된다. 기술자가 다음의 조건에 만족한다면 평균 피로수명을 사용하는 것은 그의 판단에 따른다.

- 만족스러운 피로수명 장기이력을 갖는 상세
- 높은 부정정 차수
- 피로취약상세에 대한 모니터링에 제공되는 특수 점검
- 위 사항들의 조합

계산된 피로수명을 만족하지 못하면 이 교량은 피로수명을 연장하기 위하여 개보수 되어야 한다. 피로 개보수는 비싼 작업이므로 물리적인 피로균열이 탐지되지 않는다면 기술자는 상세해석의 수행을 고려하고 개보수를 피하기 위해 특별점검을 착수한다.

4. 안전성 평가의 개념

하중-저항계수법은 안전성 평가의 개념에 근거를 두고 있다. 안전성 평가는 구조물의 상태, 연성과 여력 그리고 내하력 평가를 위한 부지고유의 교통량 및 하중과 같은 구조물 특성을 고려하는 방법을 의미한다. 이것은 어느 점으로 보나 정연한 해석법인 전통적으로 사용된 방법과 대비된다(유사한 안정성 평가가 수년에 걸친 개선에 의해 허용응력에도 심어져 있다고 주장할 수 있으나).

언뜻 보기에는, 독자들에게 LRFR 평가법이 전통적인 허용응력법이나 하중계수법보다 높은 평가 수치를 끊임없이 산출한다는 인상을 줄 수 있다. 그러나 이것은 항상 그렇지는 않다. 다중의 하중경로를 가지고, 잘 유지관리 되어 있으며, 잘 집행되는 교통법규를 갖는 교량은 아마도 과거의 계산법으로 산출된 것보다 더 큰 평가수치를 제공할 것이다. 그러나 심하게 열화되어 있고, 다중의 하중경로가 아닌 부재들을 가지고 있고, 교통량이 많은 교량은 과거의 평가법보다 낮은 정격하중 평가수치를 만들어낸다.

다른 한계상태법과 마찬가지로, 교량의 내하력 평가를 위한 LRFR 평가법도 사용된 하중계수와 저항계수의 품질에 의해서 죽기도 하고 살기도 한다. 만일 누군가가 하중계수와 파스타 소스 사이의 유사점을 이끌어 내고자 한다면, "그것은 저안에 있군."이라고 대답하는 기술자는 현명한 것이다. 의심이 많은 자가 "활발한 유지관리 작업은 어떻고?"라고 묻는다면 "그것은 저안에 있군.", "고정하중, 활하중, 거친 도로면, 심한 훼손은?" 대답은 역시 "그래, 그것은 저안에 있군."이라고 대답한다.

그러나 타당한 한계상태 방법은 단지 이러한 하중과 저항계수의 존재 이상의 것이다. 그것의 크기는 반드시 정확하고 교량 발주자의 관행과 욕구를 반영하여야만 한다. 이 정확성은 구조적 관점에서 그리고 경제적 관점에서 이루어져야 한다. 당연히, 설계기술자나 발주청이 평가방법이나 평가수치에 확신이 들기까지는 시간이 약간 걸린다.

현재는 허용응력 평가법, 하중계수 평가법 그리고 LRFR 모두를 여러 기술자와 교량 발주자가 사용한다. 그러나 서로 다른 방법의 하중과 하중계수를 혼합하지 말아야 한다. 하중, 하중계수, 평가방법은 한꺼번에 사정되기 때문에 예를 들어, AASHTO 설계기준의 HS-20 활하중과 하중계수를 사용한다면 우리가 계산하는 내하력 평가계수는 아무런 실제적인 의미가 없다. 이것은 구조물의 안정성 지수에 아무런 의미도 부여할 수 없기 때문이다.

5. 결론

앞에서, 교량평가를 위한 한계상태 평가방법은 개인으로서의 기술자뿐만 아니라 집단으로서의 발주청에도 커다란 책무를 부여함이 명백하다. 이것은 한 편에서는 "어럽쇼, 이 도로는 그렇게 많은 트럭 교통량이 아닌데"라고 말하면서 다른 한 편에서는 그 사실을 최종평가에 집어넣는 것과 같다. 한계상태 방법은 유연성을 제공하지만 유연성과 함께 책임감도 따른다고 말하는 것이 훨씬 정확하다.

이러한 주관성은 설계자와 유지관리자 사이의 충돌을 일으킬 수도 있다. 어떤 기술자도 같은 상황을 조사함에 있어 동료 기술자와 의견 불일치를 일으킨 적이 없다고 말할 수 없다. 예를 들어, 별개의 두 교통조사가 서로 다른 결과를 산출하는 것은 정상이다. 새로 시작할 때에는 불안한 마음이 드는 것이 당연하지만, 앞에서 설명한 것과 같은 한계상태 방법이 더 많이 사용될수록 더 많은 기술자들이 이 방법과 자신의 판단을 신뢰하기 시작한다. 이제 우리는 한계상태 설계와 내하력 평가가 대부분의 교량기술자에 의해서 채택되고 실무표준이 되는 시점에 도달해 있다.

3.15 프리스트레스트 콘크리트

지금까지 우리는 교량설계에서 강 주부재의 사용에 대해서 논의하였다. 본 절에서는 교량 상부구조에 PS콘크리트를 사용하는 것을 연구한다. 교량시공에서 PS콘크리트의 사용은 비교적 새로운 현상이다(1950년대 이후). PS콘크리트의 채택과 사용에 대한 주요 기여 인자 가운데 하나는 제2차 세계대전 이후의 강재 부족이다.

3.1.2절의 1항에서 PS콘크리트의 배경이 되는 기본원리를 논의하였다. 본 절에서는 이러한 기본개념을 확장하고 도로교 상부구조에서의 PS콘크리트의 사용에 관련된 주요 설계와 유지관리 사항을 논의한다. 또한 PS콘크리트 거더로 시공된 단경간 교량의 설계예제가 제공된다.

PS콘크리트의 기본개념은 각각 1885년과 1890년에 독일과 미국에서 C. F. W. Doehring과 P. H. Jackson에 의해서 처음으로 정식화되었다. 그러나 1955년에 와서야 비로소 프리스트레스트 교량의 설계에 대한 설계기준이 Bureau of Public Road에 의해서 처음으로 출판되었다.[3.66, 3.67]

그림 3.56 싱가포르의 번잡한 하부도로 위의 양방향 PS콘크리트 교량

미국을 벗어나서는 도로교의 프리스트레스트 콘크리트의 사용이 다소 다른 방식으로 개발되었다. 제2차 세계대전 후의 미국에서는 재료 대비 임금 비용이 다소 높았다. 이로 인해 대량생산이 가능한 표준화된 프리캐스트 부재의 개발이 촉진되었다. 미국외의 다른 나라에서는 이와는 반대로 임금 대비 재료비용이 압도적이었다. 이것은 장경간 교량과 비교적 복잡한 구조물의 개발을 촉진하였다. 오늘날에는 미국 내에서와 바깥에서의 교량들은 그림 3.56에서와 같이 비슷해져서, 각각의 설계집단은 서로 상대방에게서 배운다.[3.49]

3.15.1 PS콘크리트의 개요

3.1.2절을 되풀이하면, PS콘크리트는 콘크리트 보 내부 압축력을 증가시키는 작용력을 이용하여 보가 하중을 받았을 때 인장응력을 감소시키거나 제거한다. 콘크리트 부재에 프리스트레스 힘을 작용시키는 방법은 여러 가지가 있다. 등분포 활하중을 받는 직사각형 보의 단순한 예를 그림 3.57에서 설명하자면, 이 보는 중심에서 프리스트레스 되고, 그 결과의 응력분포가 보 밑에 그려져 있다.

그림 3.57에서와 같은 프리스트레스 힘을 가하기 위해서는 보의 단부에 잭을 설치하여 구조물의 영구적인 일부분이 되게 한다. 그러나 이러한 형상은 지점에서 이동의 여지가 아주 많아서 프리스트레스 힘의 감소를 초래한다.

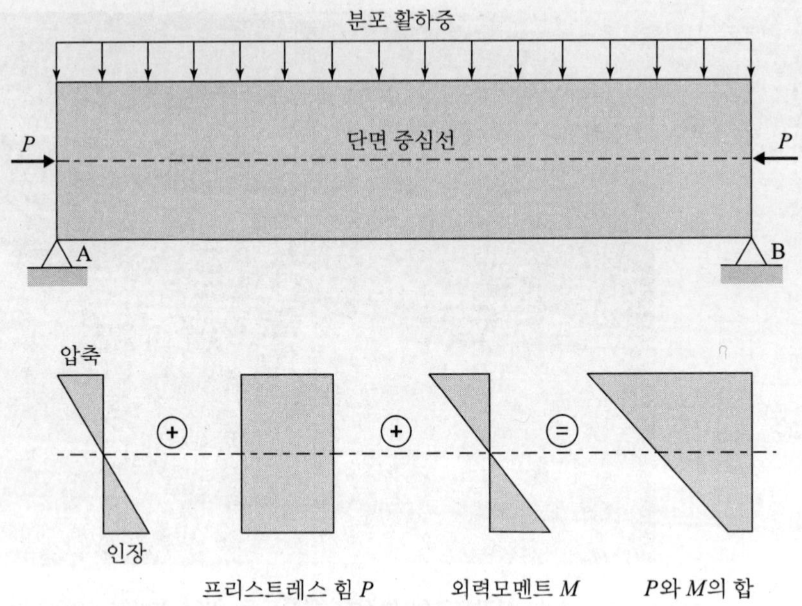

그림 3.57 단면 중심에서 프리스트레스된 직사각형 단순보의 경간중앙부에서의 응력분포

고정하중과 활하중에 의한 그림 3.57의 보 하연에서의 응력은 프리스트레스 힘 P에 의한 압축응력이 작용력에 의한 인장응력과 크기가 같다면 제거될 수 있다.

철근콘크리트와 마찬가지로 PS콘크리트에서도 건조수축과 크리프를 고려하여야 한다. 보에서 모든 인장응력을 제거하고자 한다면, 작용된 프리스트레스 힘은 추가적인 변형하중을 고려하기 위해서 인장응력만이 존재할 때보다 더 커야 한다(3.5.4절 1항과 2항 참조).

이 과정에서의 한 가지 결점은 보의 상연이 작용력과 프리스트레스 힘 모두에 의한 압축력에 저항하여야 한다는 것이다.[3.67]

보다 실용적인 해결책은 콘크리트 보에 묻혀있고 부재의 양단에서 정착된 강재 케이블, 즉 긴장재를 이용하는 것이다. 콘크리트가 타설되기 전에 긴장재에 프리스트레스 힘을 가하면 이 보는 프리텐션보라고 불린다. 콘크리트가 굳은 후 이 힘을 가하면 이 보는 포스트텐션보라고 불린다. 다음은 각 방법의 기본성격과 장점 그리고 단점을 설명한다.

1. 프리텐션보

프리텐션보에서는 철근을 배근하기 전에 긴장재에 인장력을 도입한다(보통 유압잭 사용). 프리스트레스 힘의 크기는 보 자체와 작용하중에 따라 변한다(그림 3.57 참조). 일단 긴장재 주위의 콘크리트가 굳어 그 힘을 제거하면 긴장재는 즉시 원래의 길이로 되돌아가려 한다. 이 반응으로 압축력이 도입되고, 이것은 사용하중 하에서 보의 연단에서의 인장을 제거한다.

프리텐션보는 가끔 야적장에서 제작되고, 여기서 긴장재는 150 m 정도 떨어져 있을 수 있는 프리텐셔닝 베드라고 알려져 있는 커다란 반력대 사이에서 정착된다. 이 방법에 대한 대안은 정착부를 보 자체에 묻는 것이다.

프리텐션 방법의 한 가지 장점은 보의 대량 생산이 용이하다는 것이다. PS교량이 대중화되고, 표준화된 보의 크기가 채택됨에 따라 PS프리텐션 콘크리트보는 H형강 보를 찍어내는 것과 같은 방식으로 제작되었다.

선형 프리스트레스 시스템

프리텐션과 포스트텐션에 관해서는 여러 가지 특허 시스템이 있다. 아래는 긴장재의 긴장과 정착에 관해서 인기 있는 방법들 몇 가지이다.

프리텐션	포스트텐션
긴장법	긴장법
• 지지대 혹은 긴장판 • 중앙 강관 • 거더 연속긴장 • 전류 가열	• 콘크리트 대 강 • 콘크리트 대 콘크리트 • 팽창 시멘트 • 전기 프리스트레스 • 강재보의 휨
정착법	정착법
• 긴장 도입 시 : 강선과 강연선 • 긴장 도입 후 : 부착(강연선 혹은 작은 강선인 경우) 클립(큰 강선)	• 강선, 마찰 그립 • 강선, 지압 • 강선, 루프 등 • 봉, 지압과 그립 • 강연선, 지압 • 강연선, 마찰 그립

프리텐션보의 성능을 높이는 한 가지 방법은 프리스트레스 긴장재에 보의 길이를 따라 위로 혹은 아래로 처짐을 주는 것이다. 이 과정은 드레이핑(draping) 혹은 하핑(harping)으로 알려져 있다. 지점부 부근에서 긴장재를 위로 드레이핑하면 지점부 부근에서의 상연 인장응력을 감소시킬 수 있다. 이것은 또한 경사진 프리스트레스 강재로 인해 전단강도를 증가시킬 수 있다.

2. 포스트텐션보

포스트텐션보에서는 강재 긴장재가 콘크리트가 굳은 후에 응력을 받는다. 긴장

재는 다음의 두 방법 가운데 어느 하나로 콘크리트와 합해진다,

- 부착
- 비부착

부착 긴장재는 콘크리트 부재에 미리 뚫은 구멍 내에 설치한다. 이 구멍은 함석관이나 폴리에틸렌 튜브로 만든다. 저밀도 플라스틱 튜브는 균열이 갈 수 있어 PS강재의 잠재적 부식의 원인이 되므로 교량시공에서는 사용하지 말아야 한다. 콘크리트가 굳고 난 후 포스트텐션 응력이 도입되면, 튜브 내의 긴장재는 튜브와 부착되도록 튜브 내부를 그라우트로 채운다.

비부착 긴장재는 단순히 긴장재에 그리스를 바르고 종이로 감싸준다. 포스트텐션 힘이 도입된 후 긴장재는 주위의 콘크리트와 부착되지 않은 상태로 존재한다. 그리스에는 내식성분이 포함되어 있으며, 긴장재 보호용 방수종이가 잠재적 부식 방지용으로 사용되기도 한다.[3.67] 교량설계에서는 부착 긴장재가 표준이고, 건물 시공에서는 비부착 긴장재가 표준이다. 두 방법 모두 포스트텐션 부재의 양단에서 정착부의 설치를 필요로 한다.

프리텐션 방식은 대량 생산에 적당하다는 장점을 가지고 있고, 포스트텐션 방식은 현장으로 수송할 수 없는 커다란 부재를 제작할 때 유리하다. 포스트텐션 부재는 프리캐스트로 제작할 수도 있고, 현장타설로 제작할 수도 있는 유연성을 가질 수 있는 것이 또 하나의 장점이다. 프리텐션 보는 전형적으로 표준크기와 형상으로 제작되는데 반하여, 포스트텐션 거더는 부지 고유의 상황에 맞게끔 주문형으로 제작될 수 있다. 또한 프리텐션 강재는 하나 또는 여러 개의 직선으로만 배치할 수 있다. 그러나 포스트텐션 강재는 임의의 형상을 가질 수 있으므로 거더의 휨모멘트도를 고려하여 효율적으로 배치할 수 있다.

3. 프리텐션과 포스트텐션 콘크리트의 적용

대체로 프리텐션 보는 단경간인 경우에 이용되고, 포스트텐션 보는 장경간이고 더 복잡한 경간 구성을 갖는 경우에 이용된다. 단순한 선형과 교하공간을 갖는 단경간에 대해서는 프리텐션 보가 명확하고 경제적인 해결책이다. 그러나 현장타설이나 부지 부근 타설이 가능한 장경간인 경우, 포스트텐션이 더 적절하다.

포스트텐션 방식의 또 다른 장점은 긴장재가 비선형 경로로 설치될 수 있다는 것이다(프리텐션보에서는 고난도이다). 따라서 복잡한 형상의 기하선형을 갖는 교량이라면 포스트텐션이 더 선호되는 방법이다.

4. PS강재

초창기 PS콘크리트 보의 제작자들이 겪어야 했던 주요 난제는 프리스트레스 부족이었고, 이것이 결국은 크리프와 건조수축으로 인한 프리스트레스 손실을 초래하였다.[3.3] 이것은 구조용 보통강의 사용이 직접적인 원인이다. 크리프와 건조수축의 영향을 상쇄하기 위해서는 큰 프리스트레스를 허용할 수 있는 고강도강을 사용하여야 한다.

예를 들어, 전형적인 프리스트레스 손실은 (사용된 강종에 상관없이) 103~345 MPa(15~50 ksi)이다. 만일 항복점이 276 MPa(40 ksi)인 긴장재에 초기 긴장력으로 207 MPa(30 ksi)을 가한다면, 구조물의 사용수명 동안 크리프와 건조수축의 영향으로 초기 긴장력이 모두 손실될 가능성이 있다.[3.67] 이러한 이유로 PS콘크리트에는 고강도강 긴장재가 채택된다.

명시적으로 PS강재의 종류는 다음과 같다.

- 저릴랙세이션 7연선 강연선
- 응력제거 7연선 강연선
- 고강도 원형 혹은 이형 강봉

여러 종류의 PS강재의 성질은 KS D 7002에 나와 있다. 저릴랙세이션 7연선 강연선은 현재 표준적으로 사용되는 PS강재로, 강재의 특성 콘크리트교 설계기준(한계상태설계법) 3.3을 참고하면 된다.

5. 프리스트레싱 콘크리트

우리는 앞에서 일반적인 철근콘크리트 구조물에서는 보통 20~30 MPa(3.0~4.5 ksi) 사이의 압축강도를 갖는 콘크리트가 사용되고 있음을 보았다. 콘크리트 바닥판과 같은 구조요소에 대해서 고강도 콘크리트를 사용하는 것은 장점이 별로 없다.

그러나 PS콘크리트용으로는 35~50 MPa(5.0~8.0 ksi) 사이의 압축강도를 갖는 고강도 콘크리트가 표준이다. 주요한 이유는 다음과 같다.

- 큰 허용압축응력과 허용인장응력을 제공한다.
- 중량이 감소하고 따라서 비용이 절감된다.
- 고강도 콘크리트는 체적변화가 작다.

마지막 항목과 관련해서, 사용되는 콘크리트는 건조수축과 크리프를 억제하는 성질을 갖고 있는 것이 중요하다(3.5.4절 1항과 2항 참조). 앞에서 논의하였듯이 콘크리트의 현저한 체적변화는 상당한 양의 프리스트레스 손실을 초래한다.

그러나 PS콘크리트에서 건조수축의 영향은 일반적인 철근콘크리트에서의 영향과 사뭇 다르다. 정상적인 철근콘크리트에서는 건조수축으로 인한 콘크리트의 체적변화는 콘크리트 속의 철근이 부담한다. 그러나 PS콘크리트에서는 강재는 모든 부분이 인장상태에 있으므로 콘크리트의 건조수축을 줄이는데 도움이 안 된다. 오히려 건조수축으로 인한 변형을 증가시키는데 영향을 끼친다.

프리스트레스 힘 또한 콘크리트의 영구압축응력을 증가시키므로 크리프로 인한 콘크리트 체적변화의 원인이 된다.

건조수축과 크리프로 인한 체적변화와 더불어 설계자는 온도변화에 의한 변형의 영향도 고려하여야 한다.

3.15.2 합성 거더

중간 규모의 도로교에 대해서, 프리캐스트 보(표 3.25에서와 같은)와 현장타설 바닥판을 사용하는 합성 PS콘크리트 구조가 효과적이다. 합성 PS콘크리트 구조와 3.10절의 강-콘크리트 합성구조는 많은 유사점이 있다. 아래에서 논의하는 것은 합성 PS보의 설계에 관한 중요한 주제 중 몇 가지이다.

표 3.25 도로공사 표준 PSC빔의 단면 성격

단면의 종류	단면적 (mm^2)	관성모멘트 (mm^4)	Y' (mm)	적용경간 (m)	
I	671,400	330,502,150,000	959	30	
II	806,700	479,496,240,000	1,057	35	

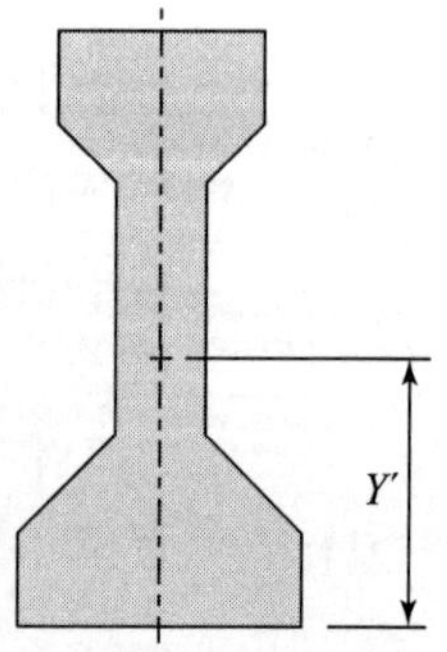

거더 단면 무게중심의 위치 (Y')

1. 장점

PS콘크리트를 취급할 때 합성보를 사용하는 주요한 장점 가운데 하나는 여건이 훨씬 더 좋은, 현장을 벗어난 장소에서의 거더 제작이 허용된다는 것이다. 강재 H형강 보와 마찬가지로, 프리캐스트 PS거더도 고정하중과 장래의 활하중 모두를 받도록 크기가 정해지고 설계되어 보통은 동바리가 필요 없다. 이러한 특징이, 주부재가 쉽게 준비될 수 있는 것과 더불어, 비교적 빠른 제작과 시공을 가능하게 한다.

그림 3.58에 전형적인 바닥판 - PS합성형의 형상이 그려져 있다. 강 - 콘크리트 합성형과 마찬가지로 PS합성보는 두 요소 사이의 수평전단력을 전달하는 장치를 필요로 한다. 전단력이 작다면 거더와 바닥판 사이의 부착력이 이 역할을 하기에 충분하다.

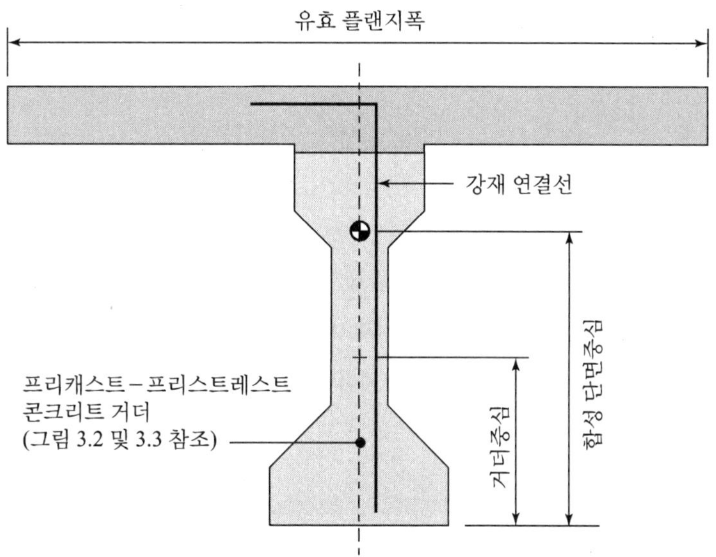

그림 3.58 전형적인 PS콘크리트 합성보 요소

강 - 콘크리트 합성 거더의 장점은 합성 프리스트레스트 거더에서도 마찬가지다. 합성 거더는 두 부재가 따로 작용할 때 보다 더 큰 휨강도를 제공한다. 합성작용은 스터드 전단연결재와 같은 기능을 하는, 바닥판과 거더를 묶어주는 강이음재를 통해서 일어난다. 합성 프리스트레스트 보의 설계 역시 강 - 콘크리트 보에서와 마찬가지로 단면 관성모멘트와 중립축의 위치를 계산하여야 한다. I-거더의 경우가 그림 3.58이지만, 앞의 그림 3.3에서 보인 T-거더의 경우도 유사하다.

그러나 큰 전단력이 존재한다면 두 요소를 함께 묶어주는 철근이 필요하다(그림 3.58 참조). 다른 콘크리트 요소와는 달리 이 기능을 달성하기 위해서 전단키는 보통 사용되지 않는다. 용접된 스터드 전단연결재를 이용하는 콘크리트 - 강 합성보와 마찬가지로 콘크리트 - 콘크리트 합성시공에서 이용하는 강이음재(steel tie)가 두 요소가 일체로 하중에 저항하도록 하여 상부구조의 휨강도를 증가시킨다.

2. 플랜지 유효폭

강 - 콘크리트 합성 거더와 마찬가지로 PS합성 거더는 바닥판과 일체된 거더를 이용하여 T형보 형상을 형성한다. T형 거더 단면의 상부플랜지 역할을 하는 바닥판의 일부는 플랜지 유효폭으로 알려져 있고, 3.10.3절의 내용을 바탕으로 결정된다.

강 - 콘크리트 보에서와 같이, 플랜지 유효폭은 T형 거더 단면의 단면값을 결정하기 위하여 사용된다. 보에 작용하는 고정하중을 계산하기 위해서는 실제의 플랜지 폭을 사용하여야 한다.

3.15.3 소요 긴장력

설계응력은 보의 단면값 혹은 합성인 경우 보와 바닥판의 단면값을 사용하여 저항단면의 상연과 하연에서 계산된다. 일단 이 설계응력을 알고 나면 소요 긴장력을 결정하는 것이 가능하다.

중심하중을 받는 그림 3.57의 직사각형 보에 대해서, 조합응력에 대한 일반식은 다음과 같다.

$$f = \frac{F}{A} \pm \frac{My}{I} \qquad \text{식 (3.247)}$$

여기서, f : 보응력

F : 프리스트레스 힘(긴장력)

A : 단면적

M : 휨모멘트

y : 단면의 도심으로부터의 거리

I : 단면의 관성모멘트

Bruce Noel[3.58]

사람들이 설계와 설계상세를 바꾸게 하기는 참으로 어렵다. 관계기관이 설계기준에만 집착한다면 그들은 그대로만 진행할 뿐이다. ■

강 대 콘크리트 : 어느 것이 교량에 더 적합한가?

3장 서두에서, 상부구조 요소의 선택에 관해서, "다른 어떤 것보다 시공에 이용할 구조요소의 유형만큼 많은 논의(심지어 논쟁)을 이끌어낸 것이 없다"고 앞에서 언급하였다. 이것의 본질은 "강이냐 콘크리트냐"로 돌아간다.

누군가가 "어느 것이 더 좋은가?"에 답하는 것은 어리석지만, 우리는 추세를 조사하고 각각의 장점과 단점을 논의할 수는 있다.

먼저 콘크리트에 관해서이다. 1990년 FHWA의 연구에 의하면 시공예정인 723개의 신설교량 가운데 414개, 즉 약 57%가 PS콘크리트로 시공될 예정이다.

콘크리트 지지자들은 콘크리트 구조물은 도장할 필요가 없고 따라서 생애-주기 비용이 강보다 저렴하다는 예를 든다(3.13절 참조). 또한 그들은 강과 비교하여 시공속도와 우수한 처짐 제어 그리고 초과하중 저항능력에서의 장점에 주목한다. 가장 심한 주장은 PS콘크리트 구조물이 상대방인 강보다 훨씬 내구성이 좋다고 말하는 것이다.[3.69]

아주 당연하게도, 강의 사용을 옹호하는 사람들은 위의 주장들 모두는 아니지만 많은 점에서 생각이 다르다. 유지관리에 관해서 강의 지지자들은 강이 콘크리트보다 빨리 녹이 슬지만, 열화가 눈에 보기기 때문에 유지관리가 더 쉽다고 주장한다. 콘크리트는 박리가 일어나기 전까지는 열화를 숨긴다고 그들은 주장한다. PS긴장재가 파괴되면 유지관리와 재활이 극히 어렵다고 주장한다.

초과하중 저항능력에 대해서 강 지지자들은 PS거더가 강교량과 마찬가지로 하중수용방식이 같다고 맞받아친다.

사실, 이러한 찬반양론은 가끔 서로 구별이 안 된다. 콘크리트 옹호자들은 그들의 재료가 제작 속도가 더 빠르다고 하는데, 이것은 강 지지자들도 마찬가지다.[3.44]

그러나 설계자들이 수긍할 수 있는 한 가지는 자기가 가장 잘 알고 있는 것으로 추진하고, 만일 그것이 강이라면, 그 타입의 구조물로 끌린다는 점이다. 만일 그가 콘크리트에 더 익숙하다면 아마도 PS콘크리트 구조물을 선택할 것이다. 위의 Bruce Noel의 인용이 이것을 입증한다. 이것은 기술자가 방식코팅 시스템을 채택하는 문제에 국한되지 않고, 다른 설계상세에도 해당된다.

이것이 본질적으로 나쁜 것은 아니다. 단지 인간의 성향일 뿐이다. 강과 콘크리트 모두 좋은 품질의 구조물을 제공한다. 세상에는 꼭 그것이 아니더라도 그것을 대체할 수 있는 것이 너무도 많다. 전문가로서 우리는 각 재료를 적절한 곳에 사용하고, 가능한 편견을 갖지 않고 이것을 적용하여야 한다.

그러나 그림 3.57에서처럼 보가 중심에서 프리스트레스 된다면, 상연은 프리스트레스 힘과 보에 작용하는 고정하중 및 활하중 모두로 인한 압축응력에 저항한다. 이러한 현상 때문에 긴장재는 보통 보 단면의 도심에서 주어진 거리만큼 떨어져 위치한다. 이 거리는 편심으로 알려져 있고, 변수 e로 표기한다. 그림 3.59는 그림 3.57에서 설명한 것과 유사하게, 편심으로 프리스트레스된 콘크리트보를 보여준다.

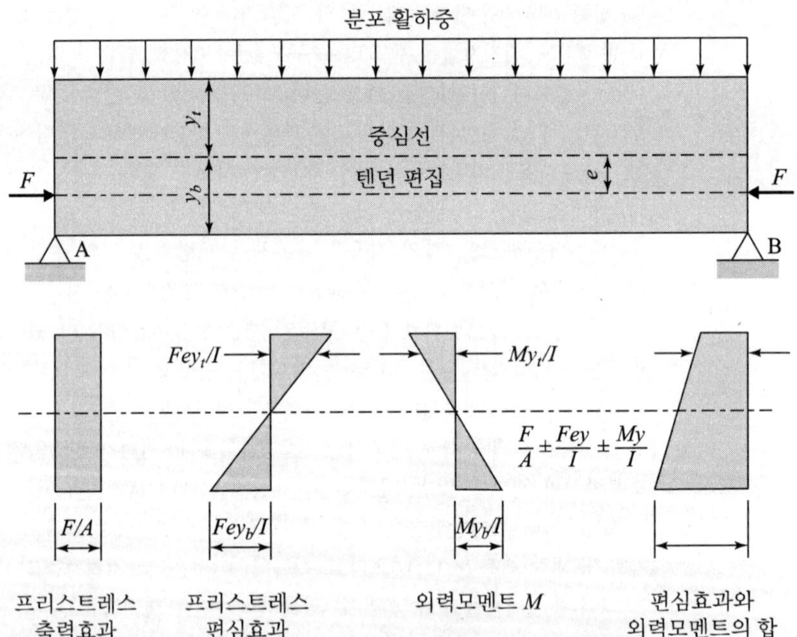

그림 3.59 편심으로 프리스트레스된 직사각형 단순보의 중앙경간 응력분포

편심하중을 받는 보의 응력을 계산할 때, 세 개의 기하변수를 아는 것이 중요하다. 첫 번째는 편심 그 자체이다. 이것은 프리스트레스 힘의 무게중심에서 단면의 도심까지의 거리이다. 거리 y는 대상지점(즉, 상연 혹은 하연)에서 단면의 도심까지의 거리이다. 세 번째 변수는 단면의 회전반경이다. 기본 역학으로부터 회전반경의 제곱(r^2)은 단면의 관성모멘트와 단면적의 비임을 알고 있다. 중심에서 프리스트레스된 보와 비교해서 편심으로 프리스트레스된 보는 경제성이 더 우수하다.

이 경우에, 편심으로 프리스트레스된 보는 중심에서 프리스트레스된 보에서 필요로 하는 프리스트레스의 절반 정도를 필요로 한다. 또 하나의 장점은 편심 프리스트레스의 결과로 상연은 아무런 압축응력에 저항하지 않아도 된다는 것이다. 게다가, PS강재는 압축연에서 멀리 떨어질수록 강도한계상태에서 휨모멘트에 보다 더 잘 저항할 수 있다. 따라서 보를 편심으로 프리스트레스 하는 명백한 장점은 높은 경제성이다. 단면의 경제성을 더 향상시키기 위하여 사용하중상태에서는 단면에 약간의 인장응력이 작용하도록 설계하는 것도 가능하다.

프리스트레스로 인한 모멘트는 프리스트레스 힘과 편심 e의 곱이다. 그림 3.59의 설명에서, 단면의 회전반경이 또한 필요하다는 것에 주목한다. 기본적인 역학을 상기하면 회전반경의 제곱은 다음으로 정의된다.

$$r^2 = \frac{I}{A} \qquad \text{식 (3.248)}$$

여기서, I : 단면의 관성모멘트
A : 단면적

따라서, 식 (3.247)에서 정의된 식은 다음과 같이 다시 적을 수 있다.

$$f = \frac{F}{A}\left(1 \pm \frac{ey}{r^2}\right) \qquad \text{식 (3.249)}$$

여기서, f : 보 응력
F : 프리스트레스 힘
A : 단면적
e : 편심
r : 회전반경[식 (3.248)]

이 일반식은 보 단면의 상연과 하연에서의 응력을 각각 정의하는데 사용될 수 있다. 수식의 일관성을 지키기 위해 일관된 부호규약을 유지하는 것이 중요하다. 본 교재에서는 James Libby가 참고문헌[3.67]에서 제안한 규약을 사용한다. 이 규약에 의하면 다음의 항들을 양으로 고려한다.

- 인장응력
- 인장력
- 인장변형률
- 하연에 인장을 일으키는 휨모멘트

- 응력, 변형률 등의 증가
- 양의 휨모멘트에 대한 응력도의 기울기
- 도심축으로부터 아래쪽의 거리(예를 들어, y와 e)

반대로, 콘크리트의 건조수축은 음이다. 어느 부호규약에서와 마찬가지로 일관성은 반드시 지켜져야 하고, 설계자가 어떤 표준을 따르더라도 그 결과는 같아야 한다.

위에서 기술한 것과 같은 일관성 있는 부호규약을 채택하였을 때, 식 (3.249)은 PC거더의 상연과 하연에서 다음으로 정의된다.

$$f_{top} = \frac{C}{A}\left(1 + \frac{ey_t}{r^2}\right) \quad \text{식 (3.250)}$$

그리고

$$f_{bot} = \frac{C}{A}\left(1 + \frac{ey_b}{r^2}\right) \quad \text{식 (3.251)}$$

여기서, C : 단면에 작용하는 압축력의 합
y_t : 도심에서 상연까지의 거리(음)
y_b : 도심에서 하연까지의 거리(양)
e : 편심(도심에서 프리스트레스 힘의 중심까지의 거리, 도심 아래면 양)

설계자는 C에 대해서 풀어서 소요 프리스트레스 힘을 계산하고, 여러 가지 기하값을 대입하여 단면의 하연에서의 설계응력을 구한다.

프리스트레스트 콘크리트 부재의 설계에 상당한 영향을 미치는 인자는 보 내에 철근의 존재이다. 이러한 철근은 시공의 편의를 위하거나 강도와 사용성 요구사항을 충족시키기 위하여 존재한다.[3.67] 이러한 철근이 보 내에 존재할 때, 이것도 프리스트레스 되고, 따라서 단면의 설계에 영향을 미친다. 많은 사람들은 단면값을 계산할 때 단순히 철근을 무시한다. 이것을 고려하고자 한다면 철근 단면적은 탄성계수비 n을 곱하여 등가의 콘크리트 단면적으로 환산하여야 한다. 이 효과에 대한 더 자세한 사항은 본 교재의 범주를 넘어서고, 이 주제에 대한 더 많은 정보는 참고문헌[3.67]을 참조하라.

그림 3.60 Florida에 있는 PS콘크리트 교량 위를 통과하는 강판형교. 강과 PS콘크리트가 가끔은 같은 환경에 함께 존재한다.

[강 대 콘크리트] 도로교에 어느 재료가 더 좋은가에 관한 오랜 토론은 마치 트럭하중이 그러하듯이 교량공학의 일부이다. 설계자들은 일반적으로 한 가지 유형에 앞서서 다른 유형을 선택하여야 한다고 인식하고 있다. 그러나 그림 3.60에서와 같이, 강과 콘크리트가 같은 환경에서 함께 존재한다. 심지어 같은 구조물에 강 거더와 함께 PS콘크리트 거더가 함께 사용되기도 한다. 물론 한 재료가 다른 것보다 좋은지 여부에 대한 토론은 열려 있다. 다른 설계 주제에서와 마찬가지로 열린 마음의 토론의 여지가 마련되어야 한다. 이러한 방식만이 각 유형의 교량을 결국에는 더 좋게끔 만들 수 있는 것이다.

3.15.4 프리스트레스 손실

궁극적으로 긴장재의 프리스트레스 손실이 있다는 것을 설계자는 고려하여야 한다. 이 프리스트레스 손실은 여러 가지 기여인자에 의해서 시작된다. 프리스트레스의 손실을 일으킬 수 있는 주요 현상은 다음과 같다.

- 콘크리트의 압축에 의한 초기 탄성수축
- 콘크리트의 건조수축
- 콘크리트의 지속적인 압축에 의한 크리프
- 긴장재를 인장하는 과정에서 긴장재와 쉬스 사이의 마찰력

- 인장을 받는 긴장재(강재)의 릴랙세이션
- 긴장재를 정착시키는 과정에서 긴장재의 미끄러짐과 느슨해짐

다음에 논의하는 것은 프리스트레스의 손실을 초래하는 위에서 언급한 기여인자에 대한 개요이다.

1. 탄성수축

보에 프리스트레스 힘이 도입될 때 주위의 콘크리트는 변형을 겪는다. 이 변형은 보통 긴장재 주위의 콘크리트 압축을 유도하여 보가 약간 짧아진다. 짧은 시간에 일어나는 이 작은 수축을 탄성수축이라 부른다. 이로 인해 프리스트레스 손실이 발생한다.

프리텐션 부재의 프리스트레스 손실은 다음 식으로 정의된다.

$$\Delta f_{pES} = \frac{E_p}{E_{ct}} f_{cgp} \qquad \text{식 (3.252)}$$

여기서, Δf_{pES} : 탄성수축으로 인한 강의 프리스트레스 손실

E_p : PS강재의 탄성계수, MPa

E_{ct} : 정착 시의 콘크리트 탄성계수, MPa

f_{cgp} : 정착 시의 프리스트레스 힘과 부재의 자중으로 인한 긴장재 무게중심에서의 콘크리트 응력. 최대모멘트가 일어나는 단면에서 계산됨, MPa

프리텐션 보인 경우 반력대를 이용하여 긴장재를 인장하기 때문에, 탄성수축 측면에서는 모든 긴장재가 동시에 긴장되는 것으로 간주해도 무방하다. 그러나 포스트텐션 보인 경우 보 자체를 반력대로 삼아 긴장재를 인장하기 때문에, 이미 긴장되어 정착된 긴장재는 나중에 긴장되는 긴장재의 영향을 받는다. 이처럼 포스트텐션 부재에서는 긴장재의 긴장 순서를 고려해야 하지만, 설계기준에서는 긴장력의 손실을 평균적인 손실로 가정한다. 가장 많은 손실이 발생하는 첫 번째 긴장재의 손실을 계산하여, 이것의 반을 모든 긴장재의 평균손실로 사용한다. 탄성수축으로 인한 프리스트레스 손실은 예상되는 손실량 만큼 초기의 프리스트레스 힘에 추가하여 상쇄시킬 수 있다.

콘크리트교 설계기준(한계상태설계법)에서는 포스트텐션 보의 탄성수축을 프리텐션의 경우와 유사하게 다음 식으로 정의하고 있다.

$$\Delta P_c = A_p E_p \sum \left[\frac{j \Delta f_c(t)}{E_{cm}(t)} \right] \qquad \text{식 (3.253)}$$

여기서, $\Delta f_c(t)$: 시간 t일 때 도입되는 프리스트레싱 강재의 도심위치에서의 응력 변화량

j : $(n-1)/2n$ 또는 1(프리스트레싱 이후에 가해지는 영구하중에 의한 응력 변화량에 대하여). n의 값이 큰 경우 근사적으로 1/2을 취할 수 있다.

n : 연속적으로 긴장되는 동일한 프리스트레싱 강재의 개수

부착된 긴장재를 갖는 포스트텐션 교량에서, f_c값은 경간 중앙단면에서 계산한다. 부착되지 않은 긴장재에서 f_c는 부재의 길이를 따라서 평균한 값이고 긴장재의 무게중심 위치에서 계산해야 한다.

긴장을 도입하는 방법에 따라 탄성수축으로 인한 손실은 변할 수 있다. 그러나 근본적으로 프리텐션과 포스트텐션의 차이는 0.5를 곱하면 없어진다.

2. 마찰

일반적으로 긴장재의 응력은 긴장단으로부터 멀리 떨어진 점에서는 긴장재와 주위의 콘크리트 혹은 쉬스 사이의 마찰에 의해 더 작아진다.[3.68] 마찰로 인한 손실에 영향을 주는 한 가지 요인은 길이효과라고 알려져 있다. 이 길이효과 혹은 파상효과는 긴장재가 완전히 직선이었을 때 일어나는 마찰량이다. 쉬스를 직선으로 배치하더라도 긴장재는 완벽하게 직선이 아니기 때문에 긴장재와 쉬스 사이에는 상당량의 마찰이 일어난다.

이러한 현상으로 인해 마찰의 크기에 영향을 주는 여러 요인 중 몇 가지는 다음과 같다.

- 긴장재 길이
- 긴장재 응력
- 마찰계수
- 사용된 덕트의 종류

또 하나의 마찰손실의 요인은 곡률효과로 알려져 있다. 이 손실은 내부에 긴장재가 배치되는 덕트의 곡률로부터 일어난다. 곡률효과에 영향을 주는 두 가지 인자는 다음과 같다.

- 긴장재로 인한 주위 콘크리트의 압력
- 마찰계수

마찰계수의 크기에 영향을 주는 윤활제의 종류와 접촉면의 종류에 따라 마찰손실의 변화는 더 복잡해진다. 그러나 일반적으로 마찰손실의 원인이 되는 복잡하고 변화가 많은 물리적 상태는 이상화된 모델을 사용하여 정의한다. 이러한 이상화 과정은 파상마찰계수와 곡률마찰계수로 알려져 있는 계수들을 사용하여 이루어진다. 표 3.26은 사용되는 재료에 대한 실험값이 없는 경우 각 계수들에 대한 설계기준 추천값을 제공한다.

내부 긴장재와 덕트 사이의 임의 점에서의 마찰손실은 다음으로 계산된다.

$$\Delta f_{pF} = f_{pj}\left[1 - e^{-(Kx + \mu\alpha)}\right] \qquad \text{식 (3.254)}$$

그리고 한 개의 관을 따르는 외부긴장재의 마찰손실은 다음으로 취한다.

$$\Delta f_{pF} = f_{pj}\left[1 - e^{-\mu(\alpha + 0.04)}\right] \qquad \text{식 (3.255)}$$

여기서, Δf_{pF} : 마찰로 인한 강재의 프리스트레스 손실

f_{pj} : 긴장시 프리스트레스 강재의 응력, MPa

e : 자연대수의 밑수

K : 파상마찰계수, 1/m(표 3.26 참조)

x : 정착단에서 대상점까지의 긴장재 길이, m

μ : 마찰계수(표 3.26 참조)

α : 정착단에서 대상점까지의 긴장재의 각도변화 절대값의 합, rad

표 3.26 여러 가지 긴장재와 덕트에 대한 파상 및 마찰계수

강종	덕트의 종류	K = 파상계수(/m)	μ = 마찰계수
강선 혹은 강연선	강체 혹은 반강체 아연도금 금속 쉬스	0.00656	0.15 ~ 0.25
	폴리에틸렌	0.00066	0.23
	외부 긴장재용 강체 강 파이프	0.00066	0.25
고강도 봉	아연도금 금속 쉬스	0.00066	0.30

수직과 수평방향 모두에 대해서 곡선인 경우에는 두 방향 각각에 대해 손실량을 계산한 후 더해준다.

부착된 긴장재를 사용할 때 마찰손실의 영향을 감소시키는 한 가지 방법은 긴장 도입 시 긴장재에 윤활제를 바르고 나중에 물로 씻어내는 것이다. 초과해서 긴

장하는 방법과 양단에서 모두 긴장하는 방법이 예견된 마찰손실을 상쇄하기 위해서 사용되는 방법이다.

마찰손실은 비록 정착 전에 일어나지만, 이것은 도급자가 "설계 시 산출하여야 하고 긴장 도입 시 검토하여야 한다."[3.15] 보통은 마찰손실 자료(예를 들어 마찰계수, 최소 긴장력, 긴장재의 인장량 등)가 검토과정의 편의를 위해 계약서에 주석으로 들어가 있어야 한다.

강체 덕트는 콘크리트를 치는 동안 눈에 띄는 흔들거림 없이 의도된 선형을 유지할 수 있도록 충분히 강해야 한다. 이러한 덕트는 용접 혹은 맞물림 연결로 제작된다.

3. 정착장치

정착장치 손실은 긴장재가 쐐기 혹은 정착구속기구에 고정되기 전에 미끄러짐에 의해 일어난다. 쐐기형의 강연선 정착장치에 대해서 보통은 6 mm가 사용된다. 강봉 긴장재 정착장치에 대해서는 1.6 mm만큼 작은 값이 사용된다. 설계기준에서 제한한 자료에 덧붙여 설계자는 특정 설계조건에서 적절한 장치 손실을 선택하기 위해서 정착장치 제작자와 상의하여야 한다.

마찰손실과 마찬가지로, 설계 정착장치 손실에 대한 가정도 계약서에 명시되어야 하고 시공 시 입증되어야 한다.

4. 시간의존 손실

우리는 지금까지 프리스트레스 도입 시의 초기손실에 대해서 논의하였다. 시간에 따라 발생하는 또 다른 손실도 있다. 이러한 손실은 건조수축, 콘크리트의 크리프 그리고 PS강재의 릴랙세이션에 의해 일어난다.

3.5.4절 1항에서 우리는 콘크리트의 건조수축 효과에 대해서 논의하였다. 프리스트레스트 콘크리트에서 습기 손실로 인한 건조수축은 PS강재 응력감소의 원인이 된다. 탄성수축과 달리 건조수축은 장시간에 걸쳐 일어난다. 건조수축으로 인한 총 손실의 95%에 도달하기는 여러 해가 걸리지만, 총 손실의 80%는 대략 첫 해에 일어난다.[3.70] 건조수축으로 인한 프리스트레스 손실은 교량이 시공되는 지역의 연평균 상대습도에 주로 영향을 받는다. 또한 콘크리트 양생방법과 부재의 크기에도 영향을 받는다.

3.5.4절 2항에서 콘크리트에 대한 크리프의 영향을 논의하였다. 건조수축과 마찬가지로 크리프는 시간 의존이고, 거더가 지속하중을 받을 때 주어진 기간의 시

간동안 부재에 작용한다. 크리프의 시작은 프리스트레스 힘이 도입되고 특히 바닥판의 고정하중이 부재에 작용한 후에 일어난다고 가정한다. 따라서 크리프로 인한 프리스트레스 손실은 프리스트레스 힘이 도입되고, 거더 위에 콘크리트 바닥판이 타설된 이후의 거더 연령에 주로 영향을 받는다. 이 손실은 콘크리트 강도, 지속하중 하의 콘크리트의 압축응력, 상대습도 그리고 거더의 모양에도 영향을 받는다.

크리프는 부재가 연속적인 압축응력을 받아서 발생하는 콘크리트 변형률의 변화이지만, 릴랙세이션은 연속적인 인장변형률을 받는 PS강재의 응력손실이다.[3.67] 긴장재가 받는 응력이 클수록 릴랙세이션으로 인한 손실은 더 많아진다. 강재의 릴랙세이션은 주로 사용된 PS강재의 종류와 프리스트레스의 수준에 영향을 받는다. PS강재의 응력수준들은 매우 유사하므로(보통 극한응력의 75%) 릴랙세이션 손실은 재료의 종류에 따라 산출된다. 콘크리트교 설계기준에서는 다음과 같이 재료에 따라 3가지 등급으로 릴랙세이션이 정의되어 있다.

- Class 1 : 강선 또는 강연선 - 보통 릴랙세이션 긴장재
- Class 2 : 강선 또는 강연선 - 저릴랙세이션 긴장재
- Class 3 : 열연(hot-rolled) 강봉

프리스트레싱 강재의 릴랙세이션에 의한 손실량 계산은 평균기온 20℃에서 긴장한 이후 1000시간이 경과하였을 때의 릴랙세이션 손실인 ρ_{1000}(%) 값에 기초하여야 한다. 여기서, ρ_{1000} 값은 초기 응력에 대한 백분율로 표시되며, 초기 응력은 $0.7f_p$와 같게 놓고 얻는다. f_p는 프리스트레싱 강재 시편의 인장강도이다. 설계를 할 때는 기준인장강도(f_{pu})를 사용하여야 한다. ρ_{1000} 값은 생산자가 제공한 시험증명서로부터 구하나, 그렇지 않으면 Class 1에 대하여 8%, Class 2에 대하여 2.5% 및 Class 3에 대하여 4%로 가정할 수 있다. 릴랙세이션 손실은 초기 프리스트레싱 응력에 대한 프리스트레싱 응력 변화의 백분율로 정의된다. 릴렉세이션 손실은 다음 식으로 계산할 수 있다. 식 (3.256) 및 식 (3.257)은 보통 프리스트레싱을 하는 강선 또는 강연선 및 저릴랙세이션 긴장재에 각각 적용되며, 식 (3.258)은 열연강봉에 적용된다.

$$\text{Class 1 : } \frac{\Delta f_{pr}}{f_{pi}} = 5.39\rho_{1000}\, e^{6.7\mu}\left(\frac{t}{1000}\right)^{0.75(1-\mu)} 10^{-3} \qquad \text{식 (3.256)}$$

$$\text{Class 2 : } \frac{\Delta f_{pr}}{f_{pi}} = 0.66\rho_{1000}\, e^{9.1\mu}\left(\frac{t}{1000}\right)^{0.75(1-\mu)} 10^{-3} \qquad \text{식 (3.257)}$$

$$\text{Class 3 : } \frac{\Delta f_{pr}}{f_{pi}} = 1.98\rho_{1000}e^{8\mu}\left(\frac{t}{1000}\right)^{0.75(1-\mu)}10^{-3} \qquad \text{식 (3.258)}$$

여기서, Δf_{pr} : 프리스트레스의 변화량

f_{pi} : 초기 프리스트레스트 응력(도.한 5.6.7.3(1) 참조)

여기서, 프리텐셔닝 부재의 경우 정착장치의 활동에 의한 손실을 초기 프리스트레싱 응력에서 빼도 좋다(도.한 5.4.7.4(1)① 긴장 작업 시의 손실 참조).

t : 긴장 이후 경과 시간(시간)

μ : f_{pr}/f_{pu}. 여기서 f_{pu}는 프리스트레싱 강재의 기준인장장강도

ρ_{1000} : 평균기온 20℃에서 긴장 이후 1000시간이 경과하였을 때의 릴랙세이션 손실(%)

릴랙세이션 손실의 장기(최종)값은 500,000시간(약 57년)에 대하여 산정하여도 좋다.

릴랙세이션 손실은 강재의 온도에 매우 민감하다. 열처리를 하는 경우에는 해당 규정을 적용하여야 하며, 그렇지 않은 경우 강재의 온도가 30℃를 넘을 것으로 예상되면 시험에 의한 특별 검증이 수행되어야 한다.

지속하중 하에서 임의의 위치에서의 장기 손실은 도로교설계기준 5.6.7.4에서 제시하고 있는 다음의 간편식을 사용하여 산정할 수 있다.

$$\Delta f_{p,c+s+r} = \frac{\varepsilon_s(t,t_o)E_p + 0.8\Delta f_{pr} + \alpha\varphi(t,t_o)(f_{c(g+q)} + f_{cpo})}{1+\alpha\dfrac{A_p}{A_c}\left(1+\dfrac{A_c}{I_c}z_{cp}^2\right)[1+0.8\phi(t,\,t_o)]} \qquad \text{식 (3.259)}$$

여기서, $\Delta f_{p,c+s+r}$: 시간 t일 때 크리프, 건조수축, 그리고 릴랙세이션에 의한 x위치에서의 강재의 응력변화량

$\varepsilon_s(t,\,t_o)$: 최종건조수축에 대한 도.한 식 (5.3.30)의 값으로부터 얻는 건조수축 변형률

α : E_p/E_{cm}

E_p : PS강재의 탄성계수

E_{cm} : 콘크리트의 탄성계수

Δf_{pr} : $f_p = f_{p(go+q)}$일 때의 응력

f_{cpo} : 프리스트레스와 반영구적 하중에 의한 강재의 초기 응력

$\varphi(t,\,t_o)$: 시간 t_o일 때 재하된 하중에 의한 시간 t일 때의 크리프

계수

$f_{c(g+q)}$: 고정하중과 기타 반영구적 하중에 의한 강재위치에서의 콘크리트 응력

f_{cpo} : 프리스트레스에 의한 강재 위치에서의 콘크리트 초기 응력

A_p : PS긴장재의 단면적

A_c : 콘크리트의 단면적

I_c : 콘크리트 단면의 단면 2차 모멘트

z_{cp} : 콘크리트 단면의 도심과 긴장재 도심 사이의 거리

식 (3.259)에서 압축응력과 압축변형률은 (−)부호를 사용하여야 한다.

식 (3.259)은 각 위치의 응력을 사용하는 경우에 부착 긴장재에 대하여, 평균적 응력을 사용하는 경우에 비부착 긴장재에 대하여 적용한다. 평균응력은 외부 긴장재의 경우에는 방향변환점으로 구분되는 직선구간에서, 내부 긴장재의 경우에는 전체 길이를 따라서 산정하여야 한다.

3.15.5 사용한계상태 검토

도로교설계기준에서는 각 사용한계상태에 따라 콘크리트와 PS강재의 응력을 제한한다. 교량의 설계수명동안 발생확률이 매우 낮은 사용하중조합 I에 대해서는 콘크리트의 압축응력을 $0.6f_{ck}$로 제한하고 있다. 설계수명 동안 작용하는 고정하중과 수명의 약 50% 기간 동안 지속하여 작용하는 하중에 대한 조합인 사용한계상태 하중조합 V에 대해서 콘크리트의 압축응력은 $0.6f_{ck}$, PS강재의 인장응력은 $0.65f_{pu}$로 제한하고 있다. 콘크리트의 인장응력에 대해서는 노출환경에 따라 요구되는 최소 설계등급을 정하여 이에 따른 해당 사용하중조합에 대해 인장응력의 발생을 제한하고 있다. 예를 들어 고부식성 환경의 포스트텐션 부재의 최소설계등급은 C로 사용한계상태 하중조합 V에 영(0)응력 한계상태를 만족하면 된다(하지만 이 경우 비교적 빈번히 작용하는 활하중이 고려되지 않아 고부식성 환경에 노출된 구조물의 내구성능 확보에 문제가 있을 수 있으므로 설계자는 이에 대한 고민이 필요하다.). 사용하중조합 I에 대한 인장응력 제한 규정은 제시되어 있지 않지만, 균열 및 처짐 검토 시 단면에 균열발생 여부의 판정은 사용하중조합 I로 수행되어야 한다. 이 때 기준응력은 휨인장강도임에 주의하여야 한다.

도로교설계기준

콘크리트의 압축응력 제한(도.한 5.8.2.1)

- 사용하중조합 I : $0.6f_{ck}$
- 사용한계상태 하중조합 V : $0.45f_{ck}$

콘크리트의 인장응력 제한(도.한 5.8.1.2)

- 사용하중조합 I : f_r(비균열단면 검토조건)
- 0(영)응력한계상태(아래 표에 따른 설계등급에 따름) : 0

강재의 인장응력 제한(도.한 5.8.2.1)

- 사용한계상태 하중조합 V : $0.65f_{pu}$

도.한 표 5.8.1 노출 환경에 따라 요구되는 최소 설계 등급

노출 환경	최소 설계 등급			
	포스트 텐션	프리 텐션	비부착 프리스트레싱	철근 콘크리트
건조 또는 영구적 수중 환경(EC1)	D	D	E	E
부식성 환경 (습기 또는 물과 장기간 접촉 환경; EC2, EC3, EC4)	C	C	E	E
고부식성 환경 (염화물 또는 해수에 노출된 환경; ED1, ED2, ED3, ES1, ES2, ES3)	C	B	E	E

도.한 표 5.8.2 설계 등급에 따른 사용 한계값

설계 등급	한계상태 검증을 위한 하중조합		표면 한계균열폭 (mm)
	영(0)응력 한계상태	균열폭 한계상태	
A	사용하중조합 I	-	-
B	사용하중조합 III/IV	사용하중조합 I	0.2
C	사용하중조합 V	사용하중조합 III/IV	0.2
D	-	사용하중조합 III/IV	0.3
E	-	사용하중조합 V	0.3

3.15.6 극한한계상태 검토

사용한계상태 요구조건과 더불어, 프리스트레스트 콘크리트 부재는 극한한계상태 요구조건도 만족시켜야 한다.

프리스트레스트 콘크리트 보의 휨강도를 계산할 때 사용하는 식은 일반 철근콘크리트 보에서와 유사하다. 단면내의 힘의 평형조건과 변형적합조건을 만족시키도록 강도를 산정하여야 한다. 계산을 단순화하기 위해 프리스트레스 되지 않은 철근의 기여를 무시할 경우 프리스트레스 콘크리트보의 휨강도 계산 과정은 다음과 같다.

긴장재의 변형률은 유효긴장력으로 인한 변형률(ε_1), 유효긴장력으로 인한 긴장재 위치의 콘크리트 압축변형률(ε_2), 그리고 콘크리트가 극한변형률(ε_{cu})에 도달하여 파괴상태가 될 때의 긴장재 위치의 변형률(ε_3)의 합으로 구할 수 있다.

$$\varepsilon_p = \varepsilon_1 + \varepsilon_2 + \varepsilon_3 = \frac{P_e}{A_p E_p} + \frac{P_e}{A_c E_c}\left(1 + \frac{e_p^2}{r_c^2}\right) + \varepsilon_{cu}\frac{d_p - c}{c} \quad \text{식 (3.260)}$$

강재의 변형률로부터 발생응력은 다음과 같이 계산할 수 있으며, 단면의 인장측 작용력을 구할 수 있다. 강재의 변형률이 항복변형률보다 크게 발생한다면, 강재의 응력은 항복 후 두 번째 직선식으로부터 구하는 것이 정확하다. 하지만, 도로교설계기준에서는 강재의 응력 - 변형률 곡선을 항복점 이후 변형률 한계가 없는 수평 직선 부분으로 가정하여도 좋다고 명시하였다. 설계에 사용하는 프리스트레싱 강재의 설계응력 - 변형률 관계는 도로교설계기준의 그림 5.5.6을 참조하기 바란다.

$$f_{ps} = E_p \varepsilon_p \quad \text{식 (3.261)}$$

$$T = f_{ps} A_p \quad \text{식 (3.262)}$$

$$C = \phi_c 0.85 f_{ck} \beta c b \quad \text{식 (3.263)}$$

단면에서 평형조건 $T = C$를 적용하면,

$$f_{ps} A_p = \phi_c 0.85 f_{ck} \beta c b \quad \text{식 (3.264)}$$

여기서, c : 중립축에서 압축연단까지의 거리, mm

β : 압축합력의 작용점을 나타내는 계수(도로교설계기준 해설 표 5.5.3 참고)

A_p : PS강재의 단면적, mm^2

f_{ck} : 콘크리트 강도, MPa

식 (3.264)에서 c에 대한 함수로 2차 방정식을 풀면 중립축에서 압축연단까지의 거리 c를 계산할 수 있다. 보 단면이 I형 또는 T형인 경우, 식 (3.263)을 사용하기 위해서는 중립축이 압축플랜지에 있어야 한다는 것에 주의해야 한다. 만일 중립축이 복부판에 있다면(합성교량에서는 일어날 가능성이 적다) T형보로 설계하여야 한다.

압축력의 높이 c가 콘크리트 바닥판 두께보다 작다면 휨강도는 다음으로 계산된다.

$$M_r = A_p f_{ps}(d_p - \beta c) \qquad \text{식 (3.265)}$$

또, 프리스트레스트 콘크리트 구조물은 급작스러운 취성 파괴를 방지하기 위하여 다음의 두 방법 중에서 한 방법을 선택하여 설계하여야 한다.

도로교설계기준

① 사용하중조합 III에 의해 관찰 가능한 휨균열이 발생할 수 있도록, 긴장재 수를 가상으로 감소시켜서 남아 있는 긴장재가 사용하중조합 III에 의해 발생하는 휨모멘트를 저항할 수 있도록 하는 방법이다. 균열휨모멘트를 산정할 때 콘크리트의 인장강도는 평균인장강도 f_{ctm}을 사용하며, 부정정 구조일 때 휨모멘트 재분배를 반영할 수 있다.

② 식 (5.7.1)에 의해 산정된 최소철근량을 배치하는 방법이다.

$$A_{s,\min} = \frac{M_r}{z_s f_y} \qquad (5.7.1)$$

여기서, M_r : 거더의 균열휨모멘트

z_s : 철근만에 의한 단면 내부팔길이

3.16 PS콘크리트의 유지관리

사용 중이거나 시공 중인 프리스트레스트 콘크리트 도로교 구조물의 숫자가 획기적으로 증가하였다. 2010년에는 미국의 신설 도로교의 약 절반이 프리스트레스트 콘크리트 부재를 사용한다. 그러나 앞에서도 언급하였듯이, 프리스트레스트 콘크리트의 범용(특히 미국에서)은 비교적 새로운 현상이고, 특히 강구조와 비교하여 그렇다(알아두기 참조). 다소 부정확한 말이겠지만, 프리스트레스트 콘크리트 교량의 유지관리와 재활방법은 아직 맹아기이고, 그 기술은 기껏해야 개발의 초기단계이다.

프리스트레스트 콘크리트는 교량시공 재료로서 많은 장점을 제공한다(설계관점 : 강 대 콘크리트 참조). 강 혹은 그와 유사한 재료와 마찬가지로, 프리스트레스트 콘크리트도 구조물이 높은 이행수준에서 그 기능을 발휘할 수 있도록 철저하고 주의 깊은 유지관리 프로그램을 필요로 한다.

다음의 논의는 프리스트레스트 콘크리트 교량의 수행에 박차를 가하고 교량 발주자의 점검과 유지관리 프로그램에 영향을 주는 약간의 중요한 주제들을 제공한다.

3.16.1 개요

모든 교량 구조물은 궁극적으로는 품질이 열화된다. 그림 3.61에서와 같은 프리스트레스트 콘크리트 구조물에서, 설계자가 적절하게 설계조건(예를 들어 프리스트레스 손실, 초과하중 조건 등)을 고려하지 못하였거나 도급자가 부적절한 시공 공법을 채택하였다면 품질열화 과정이 가속화된다. 프리스트레스트 콘크리트 교량의 유지관리와 재활과정에 관해서 독자들은 프리스트레스트 콘크리트를 시공재료로서 보다는 시공방법으로 인정하는 것이 중요하다.[3.71] 프리스트레스트 콘크리트의 유지관리와 재활과정은 두 가지 점에서 보통 철근콘크리트의 경우와 다르다. 그 차이는 프리스트레스트 콘크리트는 고강도 콘크리트를 사용한다는 점과 강도구현을 위해 프리스트레스 긴장재를 사용한다는 점이다.

그림 3.61 시공 중인 프리스트레스트 콘크리트 상자형 구조물

그림의 시공 중인 콘크리트 상자형 구조물은 결국은 재활이 필요하다. 그러나 언제? 주먹구구식으로 그림과 같은 콘크리트 구조물은 약 15~20년 사용 후 보수보강이 필요하다. 크리프, 건조수축, 강 릴랙세이션과 같은 시간의존 효과가 PS콘크리트 구조물에서는 중요한 역할을 한다. PS콘크리트 구조물의 열화수준에 영향을 미치는 또 다른 인자는 이것이 위치한 환경이다. 해안환경에 있는 PS콘크리트 구조물은 덜 심각한 주위환경에 있는 구조물보다 훨씬 상황이 좋지 않다.

더 고강도인 콘크리트는 주먹구구식 표현이고, 프리스트레스트 콘크리트의 콘크리트 요소가 일반 철근콘크리트의 콘크리트 요소보다 대체로 성능이 더 좋다. 또한, 프리스트레스트 콘크리트 구조물은 균열이 제거되거나 엄밀히 제한되는 방식으로 설계되므로, 오염물이 구조물 부재 내로 침투할 가능성이 적다. 이와 같은 이유로 PS강재의 성능에 많은 주의를 기울여야 한다.

PS강재가 구조물 성능에 미치는 영향은 긴장재가 파괴되었을 때 일어나는 역효과에 비추어 볼 때 매우 크다. PS구조물의 유지관리가 강구조물의 그것과 다른 점은 숨겨진 요소(예를 들어 PS강재)의 검사에 따른 어려움이다.

이러한 어려움은 연관된 재활과정에서도 마찬가지이다. PS거더는 근본적으로 자체로 완비되어 있고 둘러싸여진 조립품이므로 강재 거더에서처럼 경간의 일부만 재활시키기가 어렵다. 많은 경우 재활보다는 대체가 발주처에게 가능한 유일한 대안이다.

프리스트레스트 콘크리트 교량이라고 해서 파괴의 몫에서 자유로운 것이 아니다. 프리스트레스트 콘크리트 구조물의 붕괴가 미국 내에서 그리고 외국에서 발생하였다. 그러나 이러한 난점에도 불구하고, 프리스트레스트 콘크리트 구조물은 그것의 내구성으로 인해 인기를 얻고 있다. 프리스트레스트 콘크리트 교량 1세대는 나이가 들어가므로 그것의 새로운 유지관리 방법 또한 개발되어야 한다.

3.16.2 PS콘크리트의 품질열화

프리스트레스트 콘크리트는 보통 철근콘크리트와 마찬가지 종류의 품질열화를 겪는다(예를 들어, 균열과 박리). PS강재가 있음으로 인해 생기는 미묘한 차이도 있고 그렇지 않은 경우도 있다.

일반적으로 프리스트레스트 콘크리트의 부식은 여러 가지 메커니즘의 결과로 일어난다.[3.71] 부식의 시작과 진행에 기여하는 주요한 요소는 다음과 같다.

- 구멍부식
- 응력부식
- 수소취화

프리스트레스트 콘크리트 부재의 부식으로 일어나는 가장 심각한 결과는 긴장재의 프리스트레스를 전부 손실하는 것이고, 이것은 궁극적으로 구조물의 파괴를 유발한다. 이러한 심각성으로 인해 품질열화를 초기에 탐지하여 진행 중인 문제 가능구역을 파악할 수 있는 적절하고 철저한 유지관리 프로그램의 개발이 필요하다. 검사를 편리하게 해주는 여러 가지 진보된 도구들이 있지만(예를 들어 방사선, PS강재 드러내기 등) 유지관리 작업의 기본은 외관조사이다. 이러한 이유로 프리스트레스트 콘크리트 부재를 조사할 때 검사원이 직면하게 되는 품질열화의 여러 형태들에 대해서 논의한다.

다음은 프리스트레스트 콘크리트 부재가 받는 품질열화의 여러 형태 중에서 몇 개의 개요이다.

1. 균열

일반적인 철근콘크리트와 마찬가지로 프리스트레스트 콘크리트도 균열이 발생하기 쉽다. 거북등 균열(map crack)과 여러 형태의 균열이 앞에서 철근콘크리트에 대해서 논의하였던 똑같은 조건에서 일어난다. 그러한 균열의 원인 가운데 중요한 것은 해안지역과 한랭기후 환경에서 일어나기 쉬운 염분과 유해물질의 침투이다. 이러한 균열은 비정상적 팽창을 유발하여 부재의 강도손실을 초래한다.[3.71]

소성수축과 건조수축 균열을 포함하는 또 다른 형태의 균열은 콘크리트의 부적절한 건조방법으로부터 일어난다. 시공 중 혹은 구조물 기초의 침하 중에 숙련되지 못한 기능공의 기량으로 침하균열이 일어나기도 한다.

구조적인 균열의 주요 원인은 다음과 같이 나열할 수 있다.[3.71]

- 적절치 못한 모멘트강도와 전단강도
- 건조수축, 크리프, 온도변화로 인한 이동에 대한 허용값의 오류
- 긴장재 곡률로 인한 응력에 대한 허용값의 오류
- 서툰 시공기술
- 서툰 스트랜드 설치 허용기준
- 기준강도 이하의 재료 사용

이러한 균열로 인한 구조물의 타격은 다양하다. 당연히 어떠한 균열은 다른 균열에 비해서 덜 심각하다. 건조수축과 크리프는 자연현상이기 때문에 모든 균열을 완전히 제거하는 것은 불가능하다. 그러나 균열은 위에 열거한 설계와 제작상의 함정을 피하면 어느 정도 억제할 수 있다. 예를 들어, 휨균열은 보 저항단면의 연단에서의 인장으로 인한 응력을 부적당하거나 부적절하게 고려하였음을 보여준다. 크리프와 건조수축은 우리가 3.15절에서 보았듯이 피할 수 없지만, 설계과정 중에 고려할 수 있고 고려해야만 한다.

어떤 구조물에 대해서는 활하중으로 인한 것보다 더 큰 응력을 유발시킬 수 있는 온도변화로 인한 이동에 의해서 발생한 균열에 대해서도 마찬가지이다. 열균열은 중간지점 근처에 위치한 수직균열로 입증된다. 또 하나의 주요 논점은 부적절한 설계와 시공의 결과로 긴장재 정착부에서 균열이 발생할 수 있다는 것이다.

판형에서와 유사하게 약 45° 각도로 경사진 전단균열은 주로 거더의 웨브에 영향을 미친다. 전단균열은 보통 경간의 지점부와 변곡점 사이에 위치한다.

2. 다른 형태의 콘크리트 문제점

균열에 추가하여 구조물의 성능에 영향을 주는 콘크리트 결함과 품질열화의 다른 형태는 다음과 같다.

- 박리
- 벌집터짐(Honeycombing)

- 에어포켓(Air pockets)
- 내압으로 인한 뻥튀기(Popouts)
- 백화
- 교통물에 의한 마모
- 침식
- 화학작용

박리, 벌집터짐 그리고 에어포켓은 보통 잘못된 시공의 결과로 일어난다. 앞에서 언급한 것과 같은 화학작용은 환경요인으로 발생한다. 프리스트레스트 콘크리트는 또한 일찍이 3.9.7절 8항에서 논의한 음극작용(cathodic action)을 겪기도 한다. 이것은 PS강재(아래의 3항 참조)와 주위 콘크리트 모두에 손상을 준다.

3. PS강재의 품질열화

앞에서 언급하였듯이 PS강재는 보통의 철근과 마찬가지로 음극작용을 겪는다. 보통의 철근과 PS강재의 품질열화 사이의 주요한 물리적 차이는 후자가 더 큰 응력을 받아서 비교적 가벼운 응력을 받는 철근보다 부식되기가 더 쉽다는 것이다. 그러나 대부분의 경우 이 차이는 무시할 수 있다. 철근과 PS강재 사이의 더 극단적인 차이는 심하게 품질이 열화된 PS강재로 인한 결과가 재래식 철근의 결과보다 훨씬 심각하다는 것이다.

프리스트레스트 거더의 강재성분의 부식은 위에서 묘사한 균열의 존재로 인해 더 촉진된다. 이러한 균열의 존재로 인해 수분, 염분 그리고 기타 유해물질이 콘크리트의 표면을 관통하여 아래의 강에 도달하는 훌륭한 운반수단이 제공되는 것이다.

품질열화의 또 다른 원천은 신축이음부에서의 누출이다. 이것은 단정착부가 영향을 받을 수 있기 때문에 프리스트레스트 콘크리트 거더에서 특별한 관심사이다. 단부의 정착위치에 물이 침투하면 이것은 긴장재 전 길이를 통하여 흐르고, PS강재와 주위 콘크리트 모두에 손상을 입힌다. 그 다음 이것은 부착을 무효화시키고 품질열화 과정을 크게 가속화한다.

열악한 그라우팅 재료 혹은 시공방법은 또한 포스트텐션 강재의 부식에 기여한다. 포스트텐션 덕트가 충분히 그라우팅 되지 않으면 덕트에 균열이 생긴 후 수분과 유해물질이 공극으로 침투해서 강재의 품질이 열화되는 원인이 된다. 또한 양생되기 전에 그라우팅 재료가 분리되면 덕트 상부에 물이 차고, 이것이 PS강재와 금속 덕트 부식의 원인이 된다.

그림 3.62 바구니 검사장비(bucket snooper)가 수면 위 교량하부를 검사하기 위해 사용된다.

사진과 같은 바구니 검사장비(bucket snooper)가 검사원이 구조물 하부에 접근할 수 있도록 한다. 이것은 교량이 수면 위를 통과하거나 교하공간이 매우 높아서 검사용 크레인으로는 불가능할 때 특히 유리하다. 많은 교통관련 관청은 자체의 검사기준을 가지고 있다. 그러나 모든 기구를 초월하는 한 가지 법칙은 안전우선이다. 모든 점검원은 딱딱한 모자와 반사색조의 조끼를 착용하여야 하고, 필요하다면 적절한 교통관제가 있어야 한다. 사진에서는 검사원을 보호하기 위하여 섬멸 화살표판을 가진 트럭이 뒤에 보인다.

3.16.3 PS콘크리트의 검사

2장에서 상세한 현장 조사와 관련된 일반절차에 대해서 논의하였다. 프리스트레스트 콘크리트 구조물과 관련해서 몇 가지 주요한 주제에 대해서 언급할 필요가 있다. 본 절에서 정확하고 일관성 있는 유지관리 계획을 수립하기 위한 철저한 외관조사의 중요성은 이미 언급하였다. 마찬가지로, 교량의 상태를 보고 어느 수준으로 상세한 검사과정을 거칠 것인가를 단정한다고 말할 수 있다.

품질열화를 가리키는 주요한 항목들은 놀랄만한 것은 아니고 보통의 철근콘크리트 구조물에도 마찬가지로 적용할 수 있는 것들이다.[3.71] 검사원이 확인할 수 있는 기본적인 특징 혹은 상태는 다음으로 정의한다.

- 균열
- 젖은 얼룩
- 파편
- 부재의 과도한 처짐/변형
- 백화
- 박리
- 구조물의 처짐 혹은 솟음

그러나 특별히 관심이 가는 것은 긴장재의 상태이다. 프리스트레스트 구조물의 단점 가운데 하나는 육안만을 사용하여 거더 안에 위치한 PS강재를 적절하게 검사하기가 불가능하지는 않지만 어렵다는 것이다. 그러나 긴장재의 부식이 의심스러우면 PS강재의 상태를 면밀하게 파악할 수 있는 방법들이 있다.

한 가지 방법은 부재를 천공하여 육안으로 강재를 검사하는 것이다. 구멍의 위치는 품질열화의 속사정을 드러내는 다음과 같은 징후에 근거한다.

- 녹
- 젖은 얼룩
- 높은 염분량을 가리키는 실험결과

이러한 방법과 관련된 분명한 위험성은 검사 그 자체가 거더를 손상시킬 수 있고 품질열화를 가속화 시킬 수도 있다는 것이다. 이러한 위험 때문에 천공 공정에 최대한의 주의를 기울이는 것이 중요하다. 콘크리트를 제거하여 안에 있는 스트랜드를 드러내게 하기 위해서 전기 치핑해머(chipping hammer)를 사용할 수 있다.[3.71]

포스트텐션 구조물에서 긴장재 덕트 바로 앞에서 멈출 수 있다면 그 깊이까지의 코어링(coring)은 가능하다. 치핑해머를 사용하여 나머지 콘크리트를 제거한 후 긴장재를 검사한다. 독일에서 개발된 방법은 내부의 긴장재 바로 앞에서 천공을 멈추는 자기 센서를 갖춘 드릴을 이용한다.

이러한 기본적인 방법 이외에도 초음파, 전기 그리고 방사선 기법에 기초한 발전된 방법이 박리현상의 존재유무를 확인하기 위해서 사용된다. 이들 방법 중 몇 개는 앞의 2장에서 언급하였다.

일반적으로 프리스트레스트 콘크리트 구조물의 검사는 교량의 가장 민감한 구역에 초점이 맞추어져야 한다. 지속적으로 검사해야 할 유력한 후보는 정착부와 보의 단부이다. 앞에서 언급하였듯이 이 구역은 연결부위 누출의 가능성이 많고 정착부에서의 수분침투는 모세관 작용으로 습기를 긴장재까지 나르게 되어 품질열화를 가속화시킨다. 습기의 존재에 덧붙여, 정착부는 이 위치에서의 커다란 응력으로 인해 균열이 일어날 가능성이 있다.

강재 거더와 마찬가지로, 프리스트레스트 거더 역시 교하공간이 협소한 하부도로 위에 위치할 때 차량의 충돌이 일어날 수 있다. 이러한 충격으로 인하여 콘크리트가 떨어져 나가서 프리스트레스 스트랜드가 노출되고 심지어 스트랜드 자체가 손상되기도 한다.

3.16.4 PS콘크리트의 재활과정

검사결과 보수가 필요하다면 프리스트레스트 콘크리트 구조물을 보호하고 수선하기 위하여 발주자가 택해야 하는 몇 가지 단계가 있다. 한 가지 기본적인 단계는 교량 바닥판의 적절한 배수를 확실하게 하고 결점이 있는 연결부를 보수 혹은 대체하는 것이다. 이러한 수단은 예방적인 유지관리 차원에서 유지관리 부서에 의해 반드시 일관되게 추진되어야 한다.

불가피하게, 각 구조물들은 하나씩 차례로 재활과정을 필요로 한다. 재활과정은 다음과 같은 그룹의 요인들에 의해서 필요하게 된다.

- 품질열화 관련
- 사고손상 관련

프리스트레스트 콘크리트 구조물을 재활시키는 방법은 문제점이 두 그룹 어디에 속하는가에 따라 달라진다. 초과중량 트럭의 충돌과 같은 사고관련 손상은 보통 국부적이고 별개로 수선된다. 그러나 품질열화 관련 손상은 치료요법이 문제점을 포함하지 않을 가능성에도 대처하여야 한다. 예를 들어, 침투된 염분이 시간이 흐르면서 거더 전체에 퍼져 있을 수 있다. 채택된 방법이 늦어서 품질열화를 잡아주지 못할 위험성이 항상 상주한다.

1. 패칭(patching)

작고 국부적인 구역의 품질열화에 대해서는, 패칭이 유지관리 부서가 종종 의지하는 빠르고 저비용인 처치 방법이다. 보통의 철근콘크리트 부재와 프리스트레스트 콘크리트 부재의 패칭을 비교하면, 프리스트레스트 부재의 경우 광범위한 패칭이 부재강도에 악영향을 줄 수 있다는 점에서 패치의 크기가 매우 중요하다는 것을 주목하여야 한다. 따라서 중요한 성격의 패칭은 부재성능에 대한 보수작업의 영향을 결정하기 위해 구조해석이 수반되어야 한다.

압축 구역에 위치한 패치에 대해서는 특별한 관심을 가져야 한다. 이러한 상황이 일어나면, 구조물에 대한 활하중의 영향을 모사하기 위해 부재에 미리 하중을 재하시켜 봐야 한다.[3.71] 이 하중은 패치가 규정된 강도를 얻을 때까지 지속되어야 한다. 이렇게 하지 않으면, 패치 재료가 모재 콘크리트보다 일반적으로 더 고강도이기 때문에 보통은 접착선을 따라 또는 패치 주위의 기존의 콘크리트에 균열이 발생할 수도 있다.

패칭에 따르는 결점은 품질열화된 구역이 염분 침투로 인한 부식손상을 겪을 때 패칭이 실제로는 품질열화를 촉진할 수 있다는 것이다. 3.9.7절 8항에서 품질열화의 원인이 되는 음극작용의 과정을 설명한 바 있다. 염분으로 오염된 구역을 서로 다른 염화산소량을 갖는 패치 재료를 가지고 패칭한 그 결과 강력한 부식전지(corrosion cell)를 형성하는 원인이 된다. 이 문제에 대한 하나의 해결책은 패칭용으로 절연체(예를 들어, 폴리머 모르타르)를 사용하는 것이지만, 보수작업이 불침투성이 아니라면 부식전지가 계속 생성되기 때문에 이것도 역시 실패할 가능성이 있다.[3.71]

3.9.7절 6항에서 콘크리트 바닥판의 패칭 과정에 대해서 논의하였다. 이 과정은 프리스트레스트 콘크리트에 대해서도 아주 유사하다. 그러나 주요한 차이점은 콘크리트 교량 바닥판의 패칭의 경우 오염이 되었으나 아직 비교적 건전한 인접한 콘크리트 단면을 그대로 내버려 두어도 타당하였지만(그리고 경제성 측면에서 필요하였지만), 같은 원칙이 프리스트레스트 콘크리트에도 그대로 적용되는 것은 아니라는 점이다.

이것에 대한 주된 이유는 일단 패칭을 겪은 프리스트레스트 콘크리트 부재의 미래 성능에 대한 확인이 어렵기 때문이다. 가장 극단적이고 무시무시한 시나리오는 광범위한 부식이 구조물의 구조적 적절성에 심각한 타격을 주는 것이다. 그러나 역으로, 보통은 패칭으로 처리되는 표면결함과 같은 유형을 보수할 수 있는 대체공법이 현재는 거의 없다는 것이다. 그러므로 패칭으로 시공한 후에는 보수성능의 수준을 측정하기 위해 끊임없이 모니터링 할 것을 추천한다. 이 검사는 육안으로 수행될 수도 있고 소리를 통해서도 수행될 수 있다.

2. 영구거푸집

프리스트레스트 콘크리트 거더가 PS강재의 노출을 일으키는 사고손상을 당했을 때, 손상된 구역에 대한 영구거푸집 혹은 둘러싸기 형태가 종종 사용된다. 그림 3.63은 이러한 손상을 보수하기 위해서 사용되는 금속 슬리브 접합을 보여준다. 대체공법으로서 새로운 콘크리트로 손상된 구역을 재킷팅(jacketing)하는 방법도 가끔 사용된다. 이러한 방법으로 시공할 때, 거푸집은 손상부에 대한 추가적인 보호를 위해 보통 그 자리에 내버려둔다. 본질적으로 이 두 보수방법은 패치와 유사하므로 앞에서 상세히 기술한 패치와 관련된 경고도 그대로 적용된다.

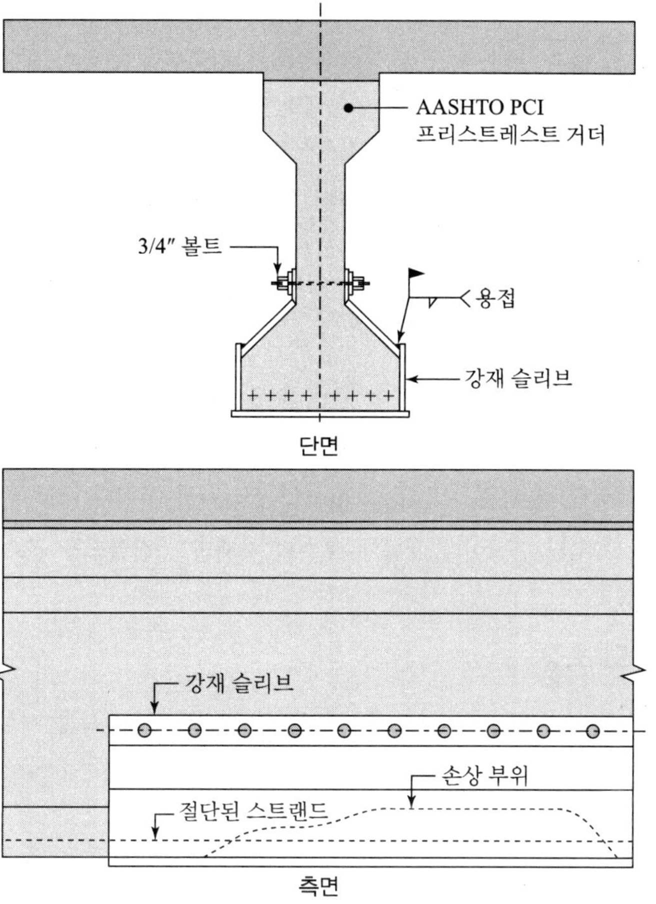

그림 3.63 손상된 프리스트레스트 콘크리트 거더를 보수하기 위한 강재 슬리브 접합(참고문헌 3.71)

그림 3.63에서와 같은 미리 제작된 금속 슬리브가 차량충돌로 발생한 손상이나 유사한 사고손상을 갖는 PS콘크리트 거더를 보수하기 위해 사용된다.

강재 슬리브는 보통 두께 5/16 in 이상의 50 ksi 급으로 제작된다. 이 슬리브는 공장제작일 수도 있고 현장제작일 수도 있지만, 슬리브를 조립하기 위해서 최소 1회 이상 현장용접이 필요하다. 이 슬리브로 인해서 프리스트레스가 복구되지는 않지만, 잘린 스트랜드와 같은 강도로 설계된다.

슬리브를 거더에 부착하기 위해서, 고압분사 에폭시 수지가 사용된다. 에폭시는 연결판 이면에 부착된 금속받침으로 형성된 1/16 in 틈으로 분사된다. 이제 거더 양단을 에폭시 모르타르로 봉합한다. 이 원리는 기둥, 횡보(cap beam) 그리고 호안말뚝(marine pilings)과 같은 구조요소에도 적용된다.

강재 슬리브에 대한 대안은 에폭시 접착제를 사용하여 FRP로 하부플랜지를 감싸는 것이다. FRP는 손상된 긴장재를 보완하기 위한 추가적인 보강재 역할을 할 것이다.

3. 균열 주입

거더가 초과하중을 받으면 균열이 초래되고, 에폭시 수지의 주입이 종종 적절한 보수방법이 된다. 대부분 초과하중은 일회성이므로 균열이 다시 나타날 가능성은 작다. 역으로 일반수준의 활하중이나 변형하중(예를 들어, 열로 인한 이동)에도 균열이 끊임없이 발생하면 균열 주입은 추천되지 않는다. 이 경우 구조물은 균열 주입 전에 보강되어야 한다. 패칭에 대해서 앞에서 언급하였듯이, 주입재가 충분한 강도에 도달할 때까지 활하중을 상사시킨 하중을 부재에 미리 재하시키는 것이 필요하다.

4. 봉합재(Sealers)

3.9.7절 7항에서 논의하였듯이, 콘크리트 봉합재는 습기가 콘크리트로 침투하는 것을 예방하기 위하여 시공된다. 이런 의미에서 봉합재는 직접적인 보수보다는 예방차원의 유지관리에 대해서 가장 적절한 방법이다. 그러나 가끔은 이미 부식된 구역이나 새롭게 보수된 부재의 품질열화를 감속시키고자 할 때 시도된다.

5. 보강

때로는 프리스트레스트 콘크리트 부재의 강도를 개선하는 것이 필요하다. 프리스트레스트 거더의 보강은 여러 방법으로 이루어지는데, 그 중의 일부는 다음을 포함한다.

- 외부 보강재 접착
- 긴장재 교체
- 외부 포스트텐셔닝

외부 보강재 접착은 강판이나 FRP를 균열의 징후를 보이는 보의 하면에 에폭시로 부착한다.[3.71] 두 번째 방법인 긴장재 교체는 도로교에서는 부착공법이 표준이고 긴장재 정착부로의 접근이 제한되기 때문에 그다지 인기가 많지 않다. 마지막 방법인 외부 포스트텐셔닝의 예가 그림 3.64에 설명되어 있다.

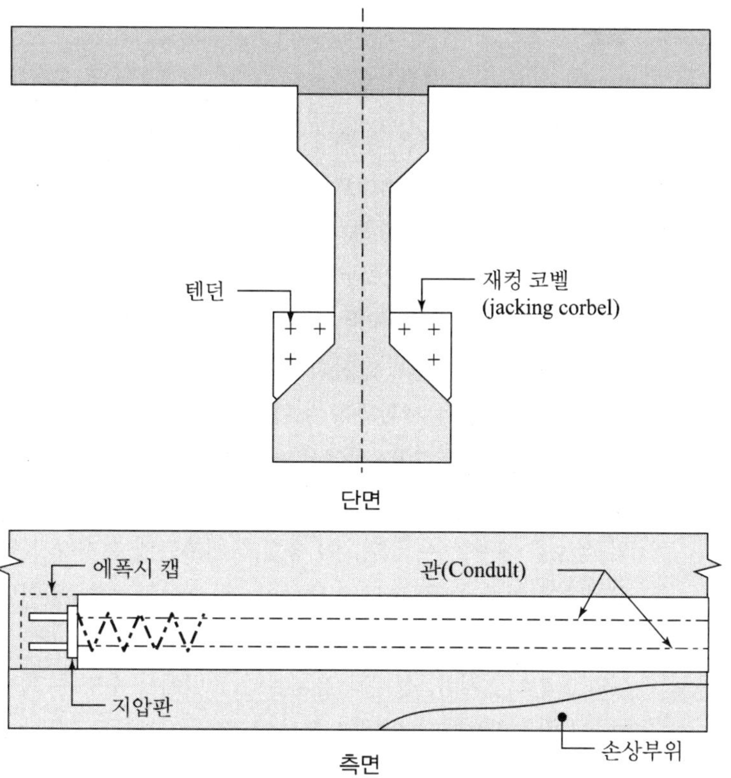

그림 3.64 손상된 프리스트레스트 콘크리트 거더 포스트텐션 접합(참고문헌 3.71)

PS콘크리트 거더의 강도를 증가시키기 위해서 외부 포스트텐셔닝이 종종 사용된다. 이 방법을 이용하기 위해서는 재킹 코벨(jacking corbel)을 PS거더에 부착시키고, 이것이 고강도 봉이나 PS스트랜드를 사용하여 포스트텐션 된다.

그림 3.64에서와 같이, 보통은 팽창볼트나 특별히 제작된 구멍 속으로 삽입된 철근을 사용하여 거더 하부플랜지 경사면과 웨브 하부에 코벨을 부착한다. 코벨을 PS거더에 연결할 때, 연결용 도구가 거더에 존재하는 PS강재와 간섭하지 않도록 하는 것이 중요하다. 또한 코벨과 거더 사이의 접촉력을 증가시키기 위하여 접촉면을 거칠게 만든다. 적절한 강도의 프리스트레스를 사용하도록 보수설계 하지만, 이미 압축을 받고 있는 거더 단면이 초과응력 상태가 되지 않도록 하는 것이 중요하다.

이 방법에서는 재킹 코벨(jacking corbel)이 거더의 하부플랜지 경사면에서 웨브 양쪽에 위치한다. 코벨은 팽창볼트(expansion bolt)나 이와 유사한 도구를 사용하여 거더에 부착된다. 이제 프리스트레스 힘이 코벨 내에 위치한 스트랜드나 고강도봉에 도입되어 거더가 필요로 하는 추가적인 강도를 제공하게 된다. 외부 긴장용 강재는 특수 제작되며, 방식기능을 갖는다.

외부 포스트텐셔닝은 콘크리트 상자형 교량에도 적용된다. 외부 긴장용 스트랜드는 상장형 안에 설치되어 추가적인 강도를 제공한다.

6. 결론

앞에서부터, 프리스트레스트 콘크리트는 특유의 유지관리와 재활과정이 요구됨이 명백해졌다. 이것은 설계자에게 어떠한 재료든, 그것이 주창하는 바가 무엇이던 간에, 구조물이 설계대로의 서비스 수준의 이행을 확보하기 위해서는 세심한 유지관리와 보호가 필요하다는 경고이다.

프리스트레스트 콘크리트에 관해서는 프리스트레스트 콘크리트는 재료이기보다는 하나의 시공방법이라는 앞에서의 서술을 다시 음미해보는 것이 도움이 된다. 이 방법은 수년에 걸쳐 발전되어 왔기 때문에 프리스트레스트 콘크리트의 설계와 시공은 유지관리와 재활과정 노력에서 얻은 지식으로부터 도움을 받아왔다. 다시 한 번 우리는 앞의 3.9.8절에서 언급한 통합된 설계 - 유지관리 - 재활과정의 장점을 인식하여야 한다. 이 세 가지 면의 단단한 통합을 통해서만이 기술자가 도로교의 성능을 개선할 수 있다. 이 통합을 이루는데 설계자가 맞닥뜨리는 어려움은 연구개발이 아주 늦은 속도로 종종 눈에 보이지 않게 일어난다는 것이다. 본 장의 서두에서 프리스트레스트 콘크리트 구조물의 수명에 대한 보증기간은 보통 20년이라고 말하였지만, 설계와 유지관리 측면에서 수명은 20년이 지나면 변할 수 있다. 그러나 기술자는 인내와 불굴의 정신을 가지고 그가 설계한 구조물의 수명을 연장시킬 기회를 기다려야 한다.

예제 3.6

문제 표준 PSC거더를 사용하여 35 m 단경간 교량의 내측 거더를 설계하라.

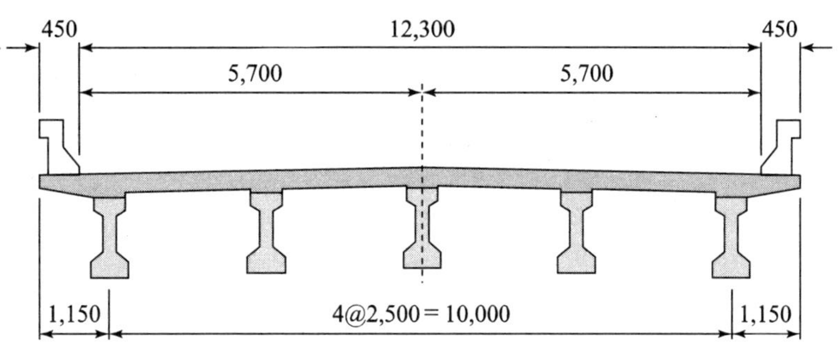

조건
① 단경간
② 설계 경간장 = 34 m
③ 거더형식 : PSC거더
④ K-510 활하중
⑤ 바닥판강도 : f_{ck} = 30 MPa, E_c = 28,417 MPa
⑥ 철근 : f_y = 400 MPa
⑦ 거더강도 : f_{ck} = 40 MPa, E_c = 30,968 MPa
⑧ 포장 : 콘크리트계 포장(50 mm)

STEP 1 플랜지 유효폭 결정

콘크리트 슬래브의 플랜지 유효폭은 다음 중 가장 작은 값 :
① 경간장의 $1/4 = 0.25 \times 34 = 8.5$ m
② 거더 간격 = 2.5 m (지배한다)
③ $12 \times$ 슬래브 두께 + 1/2 거더 플랜지 폭 = $(12 \times 0.24 \text{ m} + 0.5 \times 0.76 \text{ m})$
$= 3.26$ m
→ Use $b_{\text{eff}} = 2.5$ m

해설 본 예제에서는 PSC 내측 거더를 설계하는데 도로교설계기준(한계상태설계법)을 사용한다. 설계 경간장 34 m는 단순지지 되어 있고, K-510 활하중을 받는다. 상부구조의 단면은 다섯 개의 등간격 거더로 구성되어 있고, 외측 거더 위로는 콘크리트 방호벽이 놓여 있다. 두 개의 교통차선을 갖는 교량이다.

STEP 1 : 플랜지 유효폭 결정
강 상부구조에서 보았듯이, 합성단면에 대해 플랜지 유효폭을 계산할 필요가 있다.
플랜지 유효폭은 다음 중 가장 작은 값이다.

- 경간장의 1/4
- 거더 간격
- 슬래브 두께의 12배 더하기 거더 플랜지 폭의 1/2

이 경우 거더 간격이 지배한다.

STEP 2 단면의 관성모멘트 계산

1) 비합성단면(환산단면)

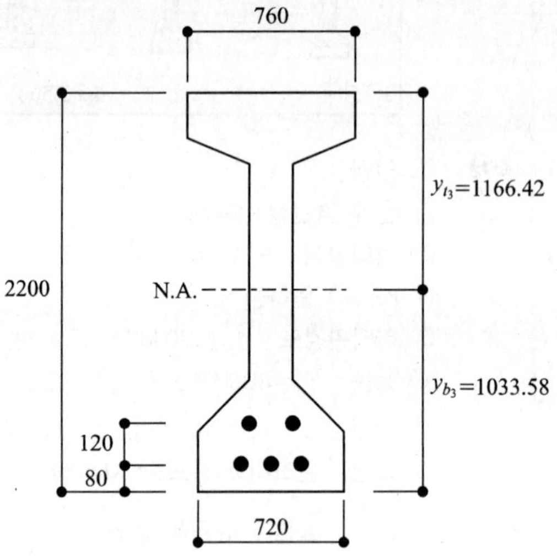

※ 강연선 ϕ 12.7×12 ea $= 98.70 \times 12.00 = 1184.40$ mm^2

$n_p = E_{pss}/E_{pc} = 200000.00/30967.78 = 6.46$

강연선 환산단면적 $= 1184.40 \times 6.46 = 7649.24$ mm^2

(단위: mm)

구분	수량	A	y	$A \cdot y$	y'	$A \cdot y'^2$	I_o
순단면		789594	1123	886360426	44	1519251705	464353043161
강연선	5	38246	2072	79246132	−906	31364997770	
계		827840		965606558		32884249476	464353043161

$$y_{t_3} = \frac{\sum(A \times y)}{\sum A} = \frac{965606558.02}{827840.23} = 1166.417 \text{ mm}$$

$$y_{b_3} = 1166.42 - 2200.00 = -1033.583 \text{ mm}$$

$$I_{x_3} = \sum(I_o + A \times y'^2)$$

$$= 464353043161.34 + 32884249475.81 = 497237292637.155\ \mathrm{mm}^4$$

$$Z_{t_3} = \frac{I_{x_3}}{y_{t_3}} = \frac{497237292637.16}{1166.42} = 426294779.777\ \mathrm{mm}^3$$

$$Z_{b_3} = \frac{I_{x_3}}{y_{b_3}} = \frac{497237292637.16}{1033.58} = 481080942.015\ \mathrm{mm}^3$$

$$e_{p_3} = 1033.58 - 128.00 = 905.583\ \mathrm{mm}$$

$$Z_{p_3} = \frac{I_{x_3}}{e_{p_3}} = \frac{497237292637.16}{905.58} = 549079492.106\mathrm{mm}^3$$

2) 합성단면

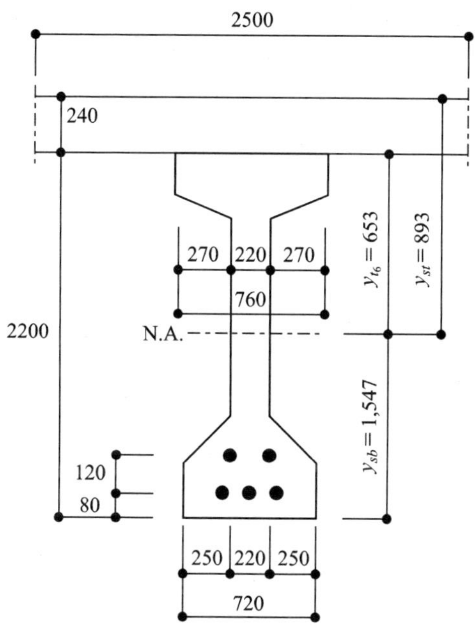

환산계수(n_c) = 28,417/30,968 = 0.92

슬래브의 환산유효폭 = 0.92(2750) = 2530

(단위: mm)

구분	A	y	$A \cdot y$	y'	$A \cdot y'^2$	I_o
PS강선 환산단면	827840	1406	1164288213	−514	218572161685	497237292637
슬래브	550588	120	66070548	773	328635678898	2642821926
계	1378428		1230358762		547207840583	499880114563

$y_{st} = \dfrac{\sum(A \times y)}{\sum A} = \dfrac{1230358761.52}{1378428.13} = 892.581\ \mathrm{mm}$: 바닥판 상단에서 도심축까지의 거리

$y_{t_6} = 892.58 - 240.00 = 652.581\ \mathrm{mm}$: 거더 상단에서 도심까지

$y_{b_6} = 892.58 - 2440.00 = -1547.419\ \mathrm{mm}$: 도심에서 거더 하단까지

$I_{x_6} = \sum(I_o + A \times y'^2)$

$= 499880114563.34 + 547207840583.44 = 1047087955146.790\ \mathrm{mm}^4$

$Z_{st} = \dfrac{I_{x_6}}{y_{st}} = \dfrac{1047087955146.79}{892.58} = 1173101325.470\ \mathrm{mm}^3$

해설 STEP 2 : 관성모멘트 계산(합성단면)

PSC거더용으로 보통 40～60 MPa의 콘크리트가 사용된다. 따라서 탄성계수비를 고려하여 슬래브의 환산유효폭을 구하였다.

STEP 3 고정하중과 휨모멘트의 계산(거더당)

고정하중은 다음과 같은 항목들로 구성된다.

1) DC_1(거더자중)

- 거더 중량 : 811.861 kN
- 단위 m당 하중 : 811.861 kN / 34.9 m = 23.262 kN/m
- $M_{DC_1} = \dfrac{23.262(34)^2}{8} = 3361.36\ \mathrm{kN\ m}$

2) DC_2(슬래브 및 가로보)

- 슬래브 및 가로보 중량
  - 슬래브 중량

    $W_s = 2.500 \times 0.240 \times 25.000 = 15.000\ \mathrm{kN/m}$
  - 가로보 중량

    $P_c = 25.970\ \mathrm{kN}$

    $P_e = 12.377\ \mathrm{kN}$
- $M_{DC_2} = \dfrac{15.0(34)^2}{8} + \dfrac{25.97(34)}{4} = 2388.25\ \mathrm{kN\ m}$

3) DW_1(거푸집 자중)

- 거푸집 중량 (거푸집 중량은 바닥판 중량의 10%로 추정하여 포함)

  $W_s = 15.000 \times 0.100 = 1.500\ \mathrm{kN/m}$

- $M_{DW_1} = \dfrac{1.5(34)^2}{8} = 216.75 \text{ kN m}$

4) DC_3(합성 후; 방호벽)

- 방호벽 중량

  $W_1 = 3.430 \text{ kN/m}$

- $M_{DC_3} = \dfrac{3.43(34)^2}{8} = 495.64 \text{ kN m}$

5) DW_2(합성 후; 포장)

- 포장 중량

  $W_1 = 2.500 \times 0.05 \times 23.5 = 2.938 \text{ kN/m}$

- 슬래브 거푸집 중량

  $W_3 = -1.500 \text{ kN/m}$

- 적용 등분포 하중

  $W = 2.938 + (-1.500) = 1.438 \text{ kN/m}$

- $M_{DW_2} = \dfrac{1.438(34)^2}{8} = 207.79 \text{ kN m}$

해설 STEP 3 : PS거더의 고정하중 계산

플랜지 유효폭에 대해서 여러 요소별 고정하중을 계산한다. 방호벽의 면적은 도로공사 표준도를 따르고 포장은 콘크리트계 포장층을 두께 50 mm로 적용하였다. 방호벽과 포장 두께로 인한 하중은 5개의 거더에 등분포 된다. 포장은 양쪽 방호벽 사이의 11.4 m 폭에 위치한다.

슬래브와 거더 고정하중은 비합성단면에 작용하고, 방호벽과 포장 하중은 합성단면에 작용한다는 점에 주의해야 한다. 거푸집하중은 비합성단면에 재하되지만 합성 후 단면에서 제거되므로 포장하중 재하 시 공제하고 재하하였다.

다음 단계는 활하중 분배율의 계산인데, 이것으로 하나의 내측 거더가 지지하는 한 차선의 K-510 하중에 대한 부담률이 결정된다.

STEP 4 **휨모멘트에 대한 활하중 분배율 계산**

활하중에 의한 휨모멘트는 도.한 4.6.3.2를 적용하여 단일차로하중 재하 시 부재력에 대한 분배율을 구하여 산정할 수 있다. 도.한 4.6.3.2의 분배율 산정식을 적용하기 위해서는 먼저 다음의 조건들을 검토하여 만족하는지 확인하여야 한다.

1) 분배율 산정식 적용조건 검토

- 바닥판 폭은 일정 ▸ 폭 12.3 m로 일정 OK

- 4개 이상의 보 ▸ 보 5개 OK
- 보는 평행하며 거의 동일한 강성을 갖는다. OK
- 차도 내민부분(d_e)은 900 mm를 초과하지 않음

  ▸ 1150 − 450 = 700 mm OK
- 면내 곡률은 한계값 이내 ▸ 직선 거더 OK
- 단면형태가 표 4.6.3에 보이는 단면 중의 하나와 부합된다.

  ▸ k형(I형 프리캐스트 콘크리트) OK
- 적용범위 검토 : 충족 못할 경우 지렛대 법칙 적용

- S(보 간격)	2500 mm	OK
- t_s(슬래브 두께)	240 mm	OK
- L(보 지간)	34900 mm	OK
- N_b(보 개수)	5 ea	OK
- K_g(종방향 강성변수)	$n(I+A \cdot e_g^2) = 1.53\text{E}+12\ \text{mm}^4$	OK

$$n = \frac{E_B}{E_D} = \frac{3.10\text{E}+04}{2.84\text{E}+04} = 1.090$$

I (보의 단면 2차 모멘트 : 비합성상태)$= 4.97\text{E}+11\ \text{mm}^4$

A (보의 단면적)$= 8.28\text{E}+05\ \text{mm}^2$

e_g (보의 중심과 바닥판 중심 사이의 거리)$= 1046\ \text{mm}$

2) 분배율 계산

- 한 개 설계차로 재하 시 분배계수

$$0.83\left[0.06+(S/4300)^{0.4}\times(S/L)^{0.3}\times(K_g/Lt_s^3)^{0.1}\right]$$

$$= 0.83\times\left[0.06+\left(\frac{2500}{4300}\right)^{0.4}\times\left(\frac{2500}{34900}\right)^{0.3}\times\left(\frac{1.53\text{E}+12}{34900\times240^3}\right)^{0.1}\right] = 0.39$$

- 두 개 이상의 설계차로 재하 시 분배계수

$$0.90\left[0.075+(S/2900)^{0.6}\times(S/L)^{0.2}\times(K_g/Lt_s^3)^{0.1}\right]$$

$$= 0.9\times\left[0.075+\left(\frac{2500}{2900}\right)^{0.6}\times\left(\frac{2500}{34900}\right)^{0.2}\times\left(\frac{1.53\text{E}+12}{34900\times240^3}\right)^{0.1}\right] = 0.61$$

해설 STEP 4 : 활하중 분배율 계산

내측 거더에 대한 휨모멘트 활하중 분배율(2차선 이상 재하)은 도.한 표 4.6.4를 이용하여 계산하였다. 본 설계예제에서는 수직 전단력이나 수평 전단력에 대해서는 설계하지 않는다는 점에 주목하라. 따라서 전단력에 대한 활하중 분배율은 여기서 계산하지 않는다.

다음 단계는 최대 활하중 휨모멘트를 계산하는 것이다. K-510 트럭하중과 차선하중의 합한 것을 사용하여 설계 활하중모멘트를 계산한다.

STEP 5 활하중모멘트를 계산한다.

1) 단일차선 하중에 의한 부재력

구조해석프로그램의 영향선기능을 이용한 단일차선 표준트럭 및 0.75표준트럭 하중과 차로하중을 합한 것에 대한 부재력 산출결과를 아래 표에 정리하였다.

활하중 부재력 정리 (사용프로그램 : MIDAS 2012)

절점	표준트럭		충격하중 ($i=0.25$)		차로		0.75(표준트럭+충격)+차로	
	모멘트	전단력	모멘트	전단력	모멘트	전단력	모멘트	전단력
2	0	415	0	104	0	189	0	578
3	1,497	353	374	88	796	140	2,200	471
4	2,568	292	642	73	807	89	3,215	363
5	3,165	231	791	58	1,709	57	4,676	274
6	3,306	169	826	42	1,823	43	4,922	201
7	3,165	231	791	58	1,709	57	4,676	274
8	2,568	292	642	73	807	89	3,215	363
9	1,497	353	374	88	796	140	2,200	471
10	0	415	0	104	0	189	0	578

중앙부의 최대모멘트는 0.75표준트럭+차로하중에서 발생하며 그 크기는 다음과 같다.

$M_{LL} = 4922\ \text{kN}\cdot\text{m}$

활하중 분배율을 적용하여, 내측 거더의 하중계수를 곱하기 전의 활하중 휨모멘트를 구한다.

$M_{LL+IM} = (0.613)[(0.75)(3306)(1.25)+1823] = 3017.42\ \text{kN m}$

해설 STEP 5 : 활하중모멘트의 계산

내측 거더의 활하중 휨모멘트를 계산하기 위해서는 활하중 분배율(STEP 4에서 계산하였음)과 활하중 충격을 포함하여야 한다. 활하중 충격은 총 활하중 중에서 트럭하중 부분에만 적용된다.

STEP 6 거더 상연에서의 응력을 계산한다.

비합성단면	합성단면
$Z_t = 426,294,779\ \text{mm}^4$	$Z_t = 1,604,533,312\ \text{mm}^4$ $Z_{st} = 1,173,101,325\ \text{mm}^4$

하 중			식	상 연
비합성		거더(DC_1)	$\frac{(3,361.36\ kN \cdot m)(10^6)}{426,294,779\ mm^3}$	= 7.885 MPa
		슬래브(DC_2)	$\frac{(2,388.25\ kN \cdot m)(10^6)}{426,294,779\ mm^3}$	= 6.775 MPa
		거푸집(DW_1)	$\frac{(216.75\ kN \cdot m)(10^6)}{426,294,779\ mm^3}$	= 0.508 MPa
합성	거더	방호벽(DC_3)	$\frac{(495.64\ kN \cdot m)(10^6)}{1,604,553,312\ mm^3}$	= 0.309 MPa
		포장(DW_2)	$\frac{(207.79\ kN \cdot m)(10^6)}{1,604,553,312\ mm^3}$	= 0.130 MPa
		활하중(LL + LI)	$\frac{(3,017.42\ kN \cdot m)(10^6)}{1,604,553,312\ mm^3}$	= 1.881 MPa
	바닥판	방호벽(DC_3)	$\frac{(495.64\ kN \cdot m)(10^6)}{1,173,101,325\ mm^3}$	= 0.423 MPa
		포장(DW_2)	$\frac{(207.79\ kN \cdot m)(10^6)}{1,173,101,325\ mm^3}$	= 0.177 MPa
		활하중(LL + LI)	$\frac{(3,017.42\ kN \cdot m)(10^6)}{1,173,101,325\ mm^3}$	= 2.572 MPa
합계		사용한계 I(거더)	17.488 MPa	
		사용한계 III(거더)	17.112 MPa	
		사용한계 V(거더)	15.607 MPa	
		사용한계 I(바닥판)	3.172 MPa	
		사용한계 V(바닥판)	0.600 MPa	

해설 STPE 6 : 거더 상연응력 계산

합성과 비합성 단면의 단면값과 설계하중 모멘트를 알고 있으므로 PS거더의 상연과 하연에서의 응력을 계산한다.

상연에 대해서, 도심에서 거더 상연까지의 거리를 계산해야 한다. 합성단면의 도심까지의 거리는 앞의 STEP 2에서 결정되었다. 슬래브와 거더의 응력은 비합성단면으로 계산하고 활하중(충격 포함), 방호벽, 포장으로 인한 응력은 합성단면으로 계산한다.

PSC 부재의 균열을 제어하기 위해서는 사용하중조합 III을 사용하는 것에 주의하라.

사용하중조합 III의 활하중 충격계수는 0.8이다.

STEP 7 거더 하연에서의 응력을 계산한다.

STEP 2로부터 합성단면과 비합성단면의 도심의 위치와 관성모멘트는

비합성단면	합성단면
$Z_b = 481{,}080{,}942\ \text{mm}^4$	$Z_b = 676{,}667{,}376\ \text{mm}^4$

하 중		식	상 연
비합성	거더(DC_1)	$\dfrac{(3{,}361.36\ \text{kN}\cdot\text{m})(10^6)}{481{,}080{,}942\ \text{mm}^3}$	$= 6.987$ MPa
	슬래브(DC_2)	$\dfrac{(2{,}388.25\ \text{kN}\cdot\text{m})(10^6)}{481{,}080{,}942\ \text{mm}^3}$	$= 4.964$ MPa
	거푸집(DW_1)	$\dfrac{(216.75\ \text{kN}\cdot\text{m})(10^6)}{481{,}080{,}942\ \text{mm}^3}$	$= 0.544$ MPa
합성	방호벽(DC_3)	$\dfrac{(495.64\ \text{kN}\cdot\text{m})(10^6)}{676{,}667{,}376\ \text{mm}^3}$	$= 0.732$ MPa
	포장(DW_2)	$\dfrac{(207.79\ \text{kN}\cdot\text{m})(10^6)}{676{,}667{,}376\ \text{mm}^3}$	$= 0.307$ MPa
	활하중(LL + LI)	$\dfrac{(3{,}017.42\ \text{kN}\cdot\text{m})(10^6)}{676{,}667{,}376\ \text{mm}^3}$	$= 4.459$ MPa
합계	사용한계 I	17.993 MPa	
	사용한계 III	17.081 MPa	
	사용한계 V	13.534 MPa	

해설 STEP 7 : 거더 하연응력 계산

상연에서의 응력을 이미 계산하였으므로 PS거더의 하연에서의 응력도 유사한 방법으로 계산한다.

하연에 대해서, 도심에서 거더 하연까지의 거리를 계산해야 한다. 합성단면의 도심까지의 거리는 앞의 STEP 2에서 결정되었다. 슬래브와 거더의 응력은 비합성단면으로 계산하고 활하중(충격 포함), 방호벽, 포장으로 인한 응력은 합성단면으로 계산한다.

PSC 부재의 균열을 제어하기 위해서는 사용하중조합 III을 사용하는 것에 주의하라.

사용하중조합 III의 활하중 충격계수는 0.8이다.

STEP 8 긴장재 위치에서 지속하중에 의한 응력 계산

STEP 9에서 긴장재의 손실량을 구하기 위해서는 긴장재 위치에서의 지속하중에 의한 응력을 계산할 필요가 있다.

비합성단면	합성단면
$Z_p = 549{,}079{,}492\ \text{mm}^4$	$Z_p = 737{,}687{,}712\ \text{mm}^4$

하 중		식	상 연
비합성	거더(DC_1)	$\dfrac{(3,361.36\ \text{kN}\cdot\text{m})(10^6)}{549,079,492\ \text{mm}^3}$	= 6.122 MPa
	슬래브(DC_2)	$\dfrac{(2,388.25\ \text{kN}\cdot\text{m})(10^6)}{549,079,492\ \text{mm}^3}$	= 4.350 MPa
	거푸집(DW_1)	$\dfrac{(216.75\ \text{kN}\cdot\text{m})(10^6)}{549,079,492\ \text{mm}^3}$	= 0.395 MPa
합성	방호벽(DC_3)	$\dfrac{(495.64\ \text{kN}\cdot\text{m})(10^6)}{737,687,712\ \text{mm}^3}$	= 0.672 MPa
	포장(DW_2)	$\dfrac{(207.79\ \text{kN}\cdot\text{m})(10^6)}{737,687,712\ \text{mm}^3}$	= 0.282 MPa
	합계	= 11.821 MPa	

해설 STEP 8 : 긴장재 위치에서 지속하중에 의한 응력 계산
도심에서 강연선까지의 거리를 고려해 응력을 계산해야 한다. 단면상수는 STEP 2에서 이미 계산되었다. 슬래브와 거더의 응력은 비합성단면으로 계산하고 방호벽, 포장으로 인한 응력은 합성단면으로 계산한다.

STEP 9 프리스트레스에 의한 응력 계산

1) 소요 PS강연선 개수의 약산

프리스트레스에 의한 응력을 계산하기 위해서는 먼저 설계 강연선 수량을 가정하여야 하며 이를 위해 긴장력에 대한 유효계수 가정이 필요하다. 경험을 토대로 유효계수를 0.85로 가정하고 소요 PS강연선의 개수를 약산하도록 한다.

① 유효계수 $\eta = \dfrac{P_e}{P_t} = 0.85$로 가정

$$\therefore\ P_t = \frac{P_e}{0.85}$$

② PS강연선의 소요 인장력(P_t)

$$P_e = \frac{\sum f_t - f_{ct}}{1 + \dfrac{y_{b_2}}{\gamma_c^2} e_{p_2}} A_c$$

여기서, $\sum f_t$: 내측 거더의 하연 휨인장응력(MPa)
f_{ct} : 허용 휨인장응력(MPa)
A_c : 거더의 순단면적(mm^2)
y_{b_2} : 거더 순단면의 도심에서 하연까지의 거리(mm)
γ_c : 거더 순단면의 단면 2차 반경(mm^2)
e_{p_2} : 거더 순단면의 도심과 쉬스관 도심과의 거리(mm)

$$P_e = \frac{19.46 - 0.00}{1 + \frac{1077.45}{588090.88} \times 949.45} \times 789594.03 = 5607.733\ \text{kN}$$

$$\gamma_c = \frac{464353043161.34}{789594.03} = 588090.875\ \text{mm}^2$$

$$P_t = \frac{5607.73}{0.85} = 6597.333\ \text{kN}$$

③ 강연선 1 set의 인장력(P_t')

$$P_t' = 0.85 \times f_{py} \times A_p = 0.85 \times 1600.00 \times 1184.40 = 1610.784\ \text{kN}$$

④ 소요 PS강연선 set 개수(n)

$$n = \frac{P_t}{P_t'} = \frac{6597.33}{1610.78} = 4.096\ \text{ea}$$

∴ PS강연선 5 set 필요

2) 강연선의 배치

강연선 긴장에 의한 긴장력을 계산하기 위해서는 긴장 시와 시간적 흐름에 따른 손실량을 계산해야 하며, 이를 위해 먼저 강연선의 배치형상을 결정해야 한다. 손실량을 최소화하기 위해 곡률의 변화가 최소화 되도록 다음과 같이 포물선형태로 강연선의 배치형상을 결정하였다.

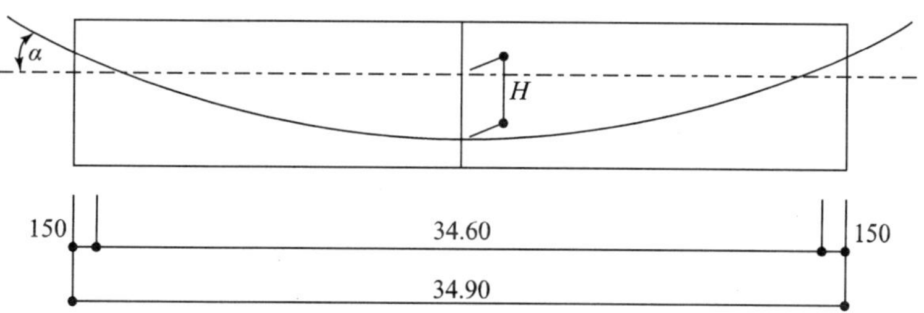

- 강연선 배치 제원

$y = a \cdot x^2 + 0.109$ (강연성 1, 2, 3, 4, 5)

(단위: m)

No.	H_{end}	H_{middle}	H	I	a	α (rad)	L
1	1.900	0.109	1.791	34.600	0.0060	0.2042	34.846
2	1.500	0.109	1.391	34.600	0.0046	0.1594	34.749
3	1.100	0.109	0.991	34.600	0.0033	0.1141	34.676
4	0.700	0.109	0.591	34.600	0.0020	0.0682	34.627
5	0.300	0.109	0.191	34.600	0.0006	0.0221	34.603
계				173.000		0.5680	173.499
평균				34.600		0.1136	34.700

3) 긴장재 긴장력 가정

도로교설계기준(한계상태설계법) 5.6.7.2에 의하면 긴장 시 최대응력은 $0.8f_{pu}$와 $0.9f_{py}$ 중 작은 값을 초과하지 않아야 하므로, 긴장력은 둘 중 작은 값인 $0.9f_{py}$로 가정하였다.

강연선 번호	긴장 순서	강연석 단면적 (mm²)	강연석 가닥수 (Strand)	긴장력 (N)	긴장응력 (MPa)
1	1	98.70	12.00	1705536.0	1440.0
2	2	98.70	12.00	1705536.0	1440.0
3	3	98.70	12.00	1705536.0	1440.0
4	4	98.70	12.00	1705536.0	1440.0
5	5	98.70	12.00	1705536.0	1440.0
평균				1705536.0	1440.0

$f_{pt_1} = (0.90 \times f_{py}) \times 1.00 = 1440.00 \times 1.00 = 1440.00$ MPa 가정치

4) 프리스트레스의 즉시손실 및 긴장재 초기 응력 검토

긴장 초기에는 긴장장치의 슬립, 쉬스관과 강연선의 마찰, 탄성수축으로 인해 긴장력의 손실이 발생하게 되며, 이러한 즉시 손실을 고려한 긴장재의 긴장력은 $0.75f_{pu}$와 $0.85f_{py}$ 중 작은 값을 초과하지 않아야 한다.

① PS강연선과 쉬스 사이의 마찰에 의한 손실량

정착단에서 거더 중심까지의 강연선 평균길이

$x = L/2 = 34.700/2 = 17.350$ m

곡률 마찰계수 $\mu = 0.190$ (1/rad)

파상 마찰계수 $K = 0.005$ (1/m)

$K \times x + \mu \times \alpha = 0.005 \times 17.350 + 0.190 \times 0.114 = 0.1083$

$\therefore\ \Delta f_{pF} = f_{pt_1}[1 - e^{-(Kx+\mu\alpha)}] = 1440.000 \times [1 - e^{-0.1083}] = 147.846$ MPa

긴장재와 쉬스관 사이에 발생하는 손실은 관의 곡률에 의해 발생하는 곡률 마찰손실과 울퉁불퉁한 면에서 발생하는 파상 마찰손실로 나뉜다. 이때 사용한 마찰계수는 도로교설계기준(한계상태설계법)에서 제시하고 있는 값을 사용하였다.

② 정착장치 활동량에 의한 손실량

- PS강연선과 쉬스 사이에 마찰이 있는 경우

$$\Delta l = \frac{A_{EP}}{A_P \times E_P}$$

여기서, Δl : PS강재의 활동량(mm) 6

A_{EP} : 빗금친 부분의 면적

A_P : PS강재의 단면적(mm²) [5,922.000 mm²]

E_P : PS강재의 탄성계수(MPa) 2.00E+05

$\therefore\ A_{EP} = \Delta l \times A_P \times E_P = 6.0 \times 5922.0 \times 200000.0 = 7106.400\ \text{kN} \cdot \text{m}$

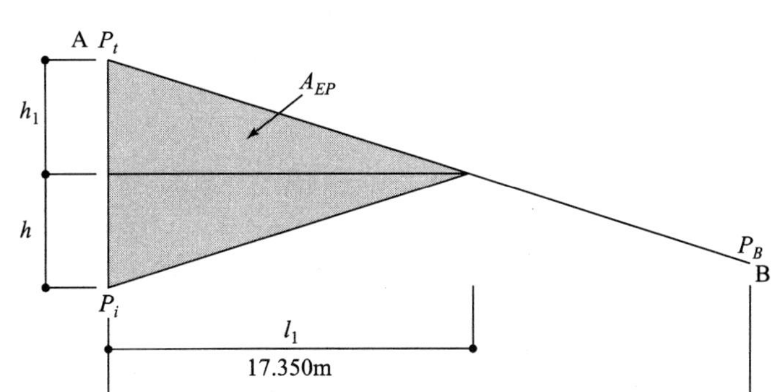

• 마찰에 의한 손실은 직선으로 변한다고 가정한다.

$$P_t = \frac{1440.00 \times 5922.00}{10^3} = 8527.680\ \text{kN}$$

$$P_B = \frac{(1440.00 - 147.85) \times 5922.00}{10^3} = 7652.134\ \text{kN}$$

$$\Delta P_B = P_t - P_B = 8527.68 - 7652.13 = 875.546\ \text{kN}$$

$$l_1 : h_1 = 17.35 : 875.55 \quad \rightarrow \quad h_1 = l_1 \times \frac{875.55}{17.35}$$

$$A_{EP} = \frac{l_1 \times h_1 \times 2\ \text{ea}}{2}$$

$$7106.4 = \frac{875.55}{17.35} \times l_1^2$$

$$\therefore\ l_1 = \sqrt{\frac{7106.40 \times 17.35}{875.55}} = 11.87\ \text{m} \quad < \quad 17.35\ \text{m}$$

∴ 정착장치의 활동에 의한 손실이 중앙단면에는 영향을 미치지 않음.

정착부 근처에서는 긴장장치의 미끄러짐이나 변형의 발생으로 인한 손실이 발생하며 통상적으로 6 mm 정도의 변형을 고려한다. 영향범위를 검토한 결과 중앙단면까지는 영향을 미치지 않는 것으로 나타났다.

③ 콘크리트 탄성수축에 의한 손실량

$$\Delta P_c = A_P E_P \sum \left[\frac{j \Delta f_c(t)}{E_{cm}(t)} \right]$$

여기서, $\Delta f_c(t)$: 시간 t일 때 도입되는 텐던의 도심위치에서의 응력 변화량

j : $(n-1)/2n$ 또는 1(프리스트레싱 이후에 가해지는 영구하중에 의한 응력 변화량)

n : 연속적으로 긴장되는 동일한 텐던의 개수, n의 값이 큰 경우 근사적으로 1/2을 취할 수 있다.

$n = 5\,\text{ea}$

$$j = \frac{n-1}{2n} = \frac{5-1}{2 \times 5} = 0.40$$

$$\Delta f_c = \frac{P_t'}{A_c} + \frac{P_t' e_{p_2}}{Z_{p_2}} - \frac{M_d}{Z_{p_2}}$$

$$= \frac{7.65\text{E}+03}{7.90\text{E}+05} + \frac{7.65\text{E}+06 \times 9.49\text{E}+02}{4.89\text{E}+08} - \frac{3.34\text{E}+03}{4.89\text{E}+08}$$

$$= 14.865\ \text{MPa}$$

$$\Delta P_c = 3.55\text{E}+03 \times 2.00\text{E}+05 \times \frac{0.400 \times 1.49\text{E}+01}{3.10\text{E}+04} = 1.36\text{E}+05\ \text{N}$$

$$\therefore\ f_{pel} = \frac{1.36\text{E}+05}{3.55\text{E}+03} = 38.401\ \text{MPa}$$

긴장순서에 의해 먼저 긴장된 긴장재들은 나중에 긴장되는 긴장력에 의해 콘크리트 단면의 수축이 발생하면서 긴장력의 손실이 발생하게 된다. 이 때 거더의 솟음에 의한 고정하중의 작용은 손실량을 감소시켜주므로 이를 고려해서 손실량을 계산하여야 한다.

④ PS강연선의 초기 긴장응력

$$f_{pt} = f_{pt_1} - f_{pf} - f_{ps} - f_{pel}$$

$$= 1440.00 - 147.85 - 0 - 38.40 = 1253.753\ \text{MPa}$$

⑤ 초기 긴장력 검토

$$f_{pmo} = \min(0.75 f_{pu},\ 0.85 f_{py}) = \min(1{,}425,\ 1{,}360) = 1{,}360\ \text{MPa}$$

$$f_{pt} = 1253.753 \quad < \quad 1{,}360$$

5) 프리스트레스의 장기손실 및 긴장재의 유효응력

긴장재에는 즉시손실 외에 크리프, 건조수축 및 릴랙세이션에 의한 시간의 흐름에 따른 장기손실이 발생하며, 즉시손실과 함께 장기손실을 고려해야 최종적인 유효긴장력을 구할 수 있다. 긴장재의 장기손실량은 도로교설계기준(한계상태설계법)에서 제시하고 있는 다음의 식으로 구한다.

① 장기손실량 산정

$$\Delta f_{p,c+s+r} = \frac{\varepsilon_s(t,t_o)E_p + 0.8\Delta f_{pr} + \alpha\phi(t,t_o)(f_{c(g+q)} + f_{cpo})}{1 + \alpha\frac{A_p}{A_c}\left(1 + \frac{A_c}{I_c} z_{cp}^2\right)[1 + 0.8\phi(t,t_o)]}$$

- $\varepsilon_{sh}(t,t_o) = \varepsilon_{sho} \cdot \beta_s(t - t_s)$(건조수축 변형률) $= -3.81\text{E}-04$

  $\varepsilon_{sho} = \varepsilon_s(f_{cm}) \cdot \beta_{RH}$(개념 건조수축계수) $= -3.97\text{E}-04$

  $\varepsilon_s(f_{cm}) = [160 + 10\beta_{sc}(9 - f_{cm}/10)] \times 10^{-6} = 3.90\text{E}-04$

  $\beta_{sc} = 5$ (1종 시멘트)

  $f_{cm} = 44\ \text{MPa}$

$\beta_{RH} = -1.55[1-(RH/100)^3] = -1.02\text{E}+00$

$RH = 70\%$

$\beta_s(t-t_s) = \sqrt{\dfrac{(t-t_s)}{0.0035h^2+(t-t_s)}} = 9.58\text{E}-01$

$t-t_s = 36500-30 = 36470$일

$t_s = 30$일 (대기 중에 노출되었을 때의 재령)

개념부재치수 $h = \dfrac{2A_c}{u} = 3.04\text{E}+02\ \text{mm}$

$A_c = 7.90\text{E}+05\ \text{mm}^2$

$u = 5.20\text{E}+03\ \text{mm}$

- $\alpha = \dfrac{E_p}{E_{cm}} = \dfrac{2.00\text{E}+05}{3.10\text{E}+04} = 6.46$
- Δf_{pr} : PS강연선의 relaxation에 의한 x위치, t시간 Tendon의 응력 변화량

  Class 2(저릴랙세이션 긴장재)

  $\dfrac{\Delta f_{pr}}{f_{pi}} = 0.66\rho_{1000}e^{9.1\mu}\left(\dfrac{t}{1000}\right)^{0.75(1-\mu)} 10^{-3}$

  $= 0.66\times 2.5\times e^{6.005}\times\left(\dfrac{4.38\text{E}+05}{1.00\text{E}+03}\right)^{0.255}\times 10^{-3} = 3.2\%$

  $\rho_{1000} = 2.5\%$

  $t = 438{,}000\ \text{hr}$

  $\mu = \dfrac{f_{pi}}{f_{pu}} = \dfrac{1.25\text{E}+03}{1{,}900} = 0.660$

  $f_{pi} = f_{pmo} = 1.25\text{E}+03\ \text{MPa}$

  $\Delta f_{pr} = 1.25\text{E}+03\times 0.03 = 3.96\text{E}+01\ \text{MPa}$
- $\phi(t, t') = \phi_o\cdot\beta_c(t-t')$(크리프계수) $= 1.79\times 0.99 = 1.78$

  $\phi_o = \phi_{RH}\cdot\beta(f_{cm})\cdot\beta$(콘크리트 개념 크리프계수) $= 1.79$

  $\phi_{RH} = 1+\dfrac{(1-0.01RH)}{(0.1h^{1/3})} = 1.45$

  $\beta(f_{cm}) = \dfrac{16.8}{\sqrt{f_{cm}}} = \dfrac{16.80}{\sqrt{44}} = 2.53$

  $\beta(t') = \dfrac{1}{[0.1+(t')^{0.2}]} = 0.49t' = 28$일

  $\beta_c(t-t') = \left[\dfrac{(t-t')}{\beta_H+(t-t')}\right]^{0.3} = 0.99$

  $\beta_H = 1.5[1+(0.012RH)^{18}]h+250 = 726$일

t(타설 이후~현재까지 재령) = 36,500일

- $f_{c(g+q)}+f_{cpo}$: 고정하중+반영구적 하중+초기 PS력에 의한 강재위치에서의 콘크리트 응력

$$f_{c(g+q)}+f_{cpo}=\sum\frac{M_d}{Z_p}+\frac{P_i}{A_c}+\frac{P_ie_p}{Z_p}$$

초기 손실 고려된 PS력 $P_i=A_p\cdot f_{pmo}$

$$=5.92\text{E}+03\times1.25\text{E}+03=7.42\text{E}+03\text{ kN}$$

$$f_{c(g+q)}+f_{cpo}=(9.40\text{E}+00)+14.41+(-11.82)+(-4.86)+(-0.67)$$

$$=6.47\text{ MPa}$$

$$f_{p,c+s+r}=\frac{(3.81\text{E}-04)\times(2.00\text{E}+05)+0.8\times(3.96\text{E}+01)+6.46\times1.78\times6.47}{1+6.46\times0.01\times2.53\times2.42}$$

$$=140.394$$

긴장력의 장기손실은 시공계획과 관계된 것으로 본 예제에서는 거더 콘크리트 타설 후 28일이 경과한 시점에서 긴장하는 것으로 가정하였다.

② 장기손실까지 고려한 PS강연선의 유효응력

$$f_{m,t}=f_{pmo}-\Delta f_{p,c+s+r}$$

$$=1253.753-140.394=1113\text{ MPa}$$

유효계수 $\eta=\dfrac{f_{m,t}}{f_{pmo}}=\dfrac{1.11\text{E}+03}{1.25\text{E}+03}=0.89$

6) 긴장력에 의한 단계별 응력

① 프리스트레스 도입 직후의 콘크리트 응력

프리스트레스에 의한 콘크리트 응력

$$P_t=f_{pt}\times A_p\times N=\frac{1253.75\times5922.00}{10^3}=7424.725\text{ kN}$$

상연응력 $f_{ct}=\dfrac{P_t}{A_c}-\dfrac{P_t\times e_{p_2}}{Z_{t_2}}$

$$=\frac{7424.72}{789594}-\frac{7424.72\times949.45}{413658348.23}=-7.638\text{ MPa}$$

하연응력 $f_{cb}=\dfrac{P_t}{A_c}+\dfrac{P_t\times e_{p_2}}{Z_{b_2}}$

$$=\frac{7424.72}{789594}+\frac{7424.72\times949.45}{430974934.98}=25.760\text{ MPa}$$

② 유효 프리스트레스

상연응력 $f_{ct}=\eta\times f_{ct}=0.888\times(-7.638)=-6.783\text{ MPa}$

하연응력 $f_{cb}=\eta\times f_{cb}=0.888\times25.760=22.875\text{ MPa}$

해설 STEP 9 : 프리스트레스에 의한 응력 계산
콘크리트에 발생하는 응력을 검토하기 위하여, STEP 8에서는 외력에 의한 거더 상하연에 발생하는 응력을 계산하였다. STEP 9에서는 유효 프리스트레스력에 의한 응력을 계산한다. 긴장재의 유효 긴장력을 구하기 위해서는 즉시손실과 시간적 손실을 계산하여야 하며, 도로교설계기준(한계상태설계법)에 따라 손실량을 계산하였다.

STEP 10 사용한계상태 검토

1) 응력제한 기준

각 사용한계상태에 대한 콘크리트 인장 및 압축 그리고 강재에 대한 도로교설계기준(한계상태설계법)에서 제시하는 기준은 다음과 같다.

① 콘크리트 압축 응력제한 [도.한 5.8.2.1 (1)]

- 바닥판
  - 사용한계상태하중조합 I : $f_{ca} = 0.6f_{ck} = 0.6 \times 30 = 18$ MPa
  - 사용한계상태하중조합 V : $f_{ca} = 0.45f_{ck} = 0.45 \times 30 = 13.5$ MPa
- 거더
  - 사용한계상태하중조합 I : $f_{ca} = 0.6f_{ck} = 0.6 \times 40 = 24$ MPa
  - 사용한계상태하중조합 V : $f_{ca} = 0.45f_{ck} = 0.45 \times 40 = 18$ MPa

② 콘크리트 인장 응력제한 [도.한 5.8.1.2]

- 거더 : 설계등급 B 적용으로 사용한계상태하중조합 III/IV에 대해 0응력 한계조건 검토
  - 사용한계상태하중조합 I : 3.739 MPa(비균열단면 검토조건)
  - 사용한계상태하중조합 III : 0 MPa(영응력 검토조건)

③ PS강재 응력제한 [도.한 5.8.2.1 (2)]

- 사용한계상태하중조합 V : $f_{pa} = 0.65f_{pu} = 1{,}235$ MPa

콘크리트의 인장에 의한 비균열단면 검토조건은 휨인장강도의 하한값이 평균 인장기준강도를 적용하였다.

2) 바닥판 응력검토

(단위: MPa)

구 분	사용한계상태하중조합 V (압축한계)	사용한계상태하중조합 I (압축한계)
바닥판 응력	0.600	3.172
판정	< 13.5 ∴ OK	< 18 ∴ OK

바닥판 콘크리트의 응력은 합성 후 재하되는 하중에 의해 발생하며 지속하중조합인 사용한계상태하중조합 V에 대해 압축응력이 $0.45f_{ck}$보다 작게 발생하

여야 하며, 사용한계상태하중조합 I에 대해서는 $0.6f_{ck}$보다 작게 발생하여야 한다.

3) 거더 응력검토

거더에 대해서는 사용한계상태하중조합 III에 대한 0(영)응력 한계와 사용한계상태하중조합 V에 대한 압축응력한계를 검토하여야 하며, 압축응력은 $0.45f_{ck}$ 보다 작아야 한다.

사용한계상태하중조합 I로 단면의 균열발생여부를 판단하고, 그에 따른 균열폭을 검토하여야 한다. 이 때 휨인장강도(f_r)는 앞서 구한 3.7 MPa를 적용하면 된다. 본 예제에서는 인장응력이 3.7 MPa보다 작게 발생하여, 균열에 대한 검토는 생략하였다. 또 사용한계상태하중조합 I에 대해 압축응력 한계를 검토하여야 하며, 이 때 기준값은 $0.6f_{ck}$이다.

① 0응력한계상태 및 사용한계상태하중조합 V에 대한 압축응력한계 검토

(단위: MPa)

구 분		사용한계상태하중조합 III (0응력한계)			사용한계상태하중조합 V (압축한계)		
		유효PS	총하중	계	유효PS	총하중	계
거더	상연	−6.783	17.488	10.705	−6.783	15.607	8.824
	하연	22.875	−17.993	4.882	22.875	−13.534	9.341
판 정		계>0 ∴ OK			계<18 ∴ OK		

(−) 인장, (+) 압축

② 균열검토 및 사용한계상태하중조합 I에 대한 압축응력한계 검토

(단위: MPa)

구 분		PS 도입직후			사용한계상태하중조합 I		
		PS	거더자중	계	유효PS	총하중	계
거더	상연	−7.638	8.078	0.440	−6.783	16.280	9.497
	하연	25.760	−7.754	18.006	22.875	−18.364	4.511
거더 응력검토		(인장)−3.7<(계)<(압축)24 ∴ OK			(인장)−3.7<(계)<(압축)24 ∴ OK		

(−) 인장, (+) 압축

4) 강연선 응력검토

긴장재는 사용한계하중조합 V에 대해 발생하는 응력이 $0.65f_{pu}$보다 작아야 한다.

① 유효PS와 사용한계하중조합 V에 의한 PS강재 응력제한 [도.한 5.8.2.1 (2)]

- 응력한계

$f_{pa} = 0.65 f_{pu} = 1{,}235\ \text{MPa}$

- 강재응력

f_{ps} =유효긴장응력+사용한계하중조합 V에 의한 응력

$= 1113.36 + 84.45 = 1{,}198\ \text{MPa}$

$< 1{,}235\ \text{MPa}$ ∴ OK

해설 STEP 10 : 사용한계상태 검토

프리스트레스 도입 시와 설계하중 조건에서 응력을 계산한다.

프리스트레스 도입 시에는 거더 고정하중만을 고려한다. 따라서 STEP 6에서 계산한 거더의 응력과 STEP 7에서 계산한 거더의 응력 그리고 STEP 9에서 계산한 긴장직후의 프리스트레스에 의한 거더의 응력의 합으로 검토되어야 한다. 설계하중 조건에서는 STEP 6과 STEP 7에서 계산된 응력과 STEP 9에서 계산한 유효 긴장력에 의한 응력의 합으로 검토되어야 한다.

사용된 부호규약에 따르면 압축은 양이고 인장은 음임에 주의해야 한다. 설계하중 하에서 PS거더 하연에서의 응력은 근본적으로 0보다 작음을 알 수 있다.

STEP 11 **극한한계상태 검토**

1) 설계조건

단면의 휨저항강도를 계산하기 위해 설계조건을 아래에 정리하였다.

① 재료강도 및 단면형상

$f_{ck} = 40\ \text{MPa}$	$f_y = 400\ \text{MPa}$	$M_u = 13824.59\ \text{kN}\cdot\text{m}$
$d_p = 2360\ \text{mm}$	$f_{py} = 1600\ \text{MPa}$	$f_{pe} = 1113\ \text{MPa}$
$b = 2500\ \text{mm}$	$h = 2440\ \text{mm}$	$d = 2399\ \text{mm}$
$d' = 41.5\ \text{mm}$	$t_f = 240\ \text{mm}$	$e_p = 1419\ \text{mm}$

인장철근 $= 1$단 $- H13 \times 6\ \text{ea} = 760.2\ \text{mm}^2$

PS강재 $= \phi\ 12.7\ \text{mm} - 6\ \text{ea} = 5922.6\ \text{mm}^2$

② 재료저항계수

- 콘크리트 $\phi_c = 0.65$
- 강재 $\phi_s = 0.9$

③ 콘크리트 강도에 따른 응력 - 변형률 곡선 계수 [도.한 5.5.1.6]

- α(압축합력 크기 계수)
- β(작용점 위치 계수)

2) 중립축 산정

시산법을 이용하여 콘크리트 소성 압축력의 높이를 계산한다(중립축의 높이를 가정하여 콘크리트 압축력과 긴장재와 철근의 인장력이 동일해지도록 반복계산). 계산결과 압축력이 바닥판 두께 240 mm 이내이므로 직사각형 보로 해석한다.

시산법을 통해 계산한 최종 중립축 위치 $c = 199\,\mathrm{mm}$ ∴ 직사각형 보 해석

① 콘크리트 압축력

$C = \alpha \times \phi_c \times 0.85 \times f_{ck} \times b \times c = 8802.2\,\mathrm{kN}$

② 인장철근 인장력

- 인장철근 변형률 $\varepsilon_s = \dfrac{(d-c)}{c} \times \varepsilon_{cu} = 0.0364$
- 인장철근 응력 $f_s = 360.0\,\mathrm{MPa}$
- 인장철근 인장력 $T = A_s \times f_s = 273.7\,\mathrm{kN}$

③ PS긴장재 인장력

- 유효스트레스에 의한 변형률 $\varepsilon_1 = \dfrac{f_{pe}}{E_p} = 0.0056$
- 탄성수축변형률 $\varepsilon_2 = \dfrac{\dfrac{P_e}{A_c} + P_e \times \dfrac{e_p^2}{I_c}}{E_c} = 0.0011$
  - 유효스트레스력 $P_e = f_{pe} \times A_p = 6594.0\,\mathrm{kN}$
  - 비균열단면 단면적 $A_c = 1.378\,\mathrm{m}^2$
  - 비균열단면 이차모멘트 $I_c = 0.4644\,\mathrm{m}^4$
  - PS강재 편심 $e_p = 1.419\,\mathrm{m}$
  - 콘크리트 탄성계수 $E_c = 30968\,\mathrm{MPa}$
- 중립축 위치에 의한 변형률 $\varepsilon_3 = \dfrac{(d_p - c)}{c} \times \varepsilon_{cu} = 0.0358$

∴ PS긴장재 총 변형률 $\varepsilon_p = \varepsilon_1 + \varepsilon_2 + \varepsilon_3 = 0.0425$

PS긴장재 응력 $f_{ps} = 1440.0\,\mathrm{MPa}$

PS긴장재 인장력 $T_p = A_p \times f_{ps} = 8528.5\,\mathrm{kN}$

3) 휨강도 계산

① 축력 $P = C - T - T_p = (0.0)\,\mathrm{kN}$ ∴ OK

② 모멘트 $M_r = T \times d + T_p \times d_p - C \times \beta_c = 20082.6\,\mathrm{kN \cdot m}$

$M_r = 20082.599\,\mathrm{kN \cdot m} > M_u = 13824.594\,\mathrm{kN \cdot m}$ ∴ OK

③ 재분배 후 모멘트율 $\delta = 1.00$

$c_{\max} = \left(\delta \times \dfrac{\varepsilon_{cu}}{0.0033} - 0.6\right) \times d = 959.40\,\mathrm{mm}$

$c_{\max} = 959.40\,\mathrm{mm} > c = 199.15\,\mathrm{mm}$ ∴ OK

4) 취성파괴 방지검토

사용하중조합 III에 의해 관찰 가능한 휨균열이 발생할 수 있도록, 긴장재 수를

가상으로 감소시켜 남아 있는 긴장재가 사용하중조합 III에 의해 발생하는 휨 모멘트를 저항할 수 있어야 한다.

① 균열이 발생하기 위해 필요한 유효PS긴장력

$$\frac{P}{A_c}+P\times\frac{e_p}{Z_b}-\frac{M}{Z_b}=-f_{ctm}$$

$$\rightarrow\ P=\frac{\dfrac{M}{Z_b}-f_{ctm}}{\dfrac{1}{A}+\dfrac{e_p}{Z_b}}=3410.19\ \mathrm{kN}$$

- 사용한계 III 계수 휨모멘트 $M_s=9044.60\ \mathrm{kN\cdot m}$
- 평균인장강도 $f_{ctm}=0.3\times\sqrt[3]{(f_{cm})^2}=3.74\ \mathrm{MPa}$
- 인장부 단면 계수(합성단면) $Z_b=0.677\ \mathrm{m^3}$
- 비균열단면 단면적(합성단면) $A_c=1.378\ \mathrm{m^2}$
- PS강재 편심(합성단면) $e_p=1.42\ \mathrm{m}$

② 남아 있는 PS긴장재 단면적

$$A_{p,r}=\frac{P}{f_{pe}}=3062.97\ \mathrm{mm^2}$$

③ 중립축 위치 c (PS긴장재 항복가정)

$$c=A_{p,r}\times\phi_s\times\frac{f_{py}}{(\alpha\times\phi_c\times1.00\times f_{ck}\times b)}=7.21\mathrm{E}+01\ \mathrm{mm}$$

(극단한계상황이므로 $\phi_c=1.00$, $\phi_s=1.00$ 적용)

④ PS긴장재 변형률 확인

- 유효스트레스에 의한 변형률 $\varepsilon_1=\dfrac{f_{pe}}{E_p}=0.0056$
- 탄성수축변형률 $\varepsilon_2=\dfrac{\dfrac{P_e}{A_c}+P_e\times\dfrac{e_p^2}{I_c}}{E_c}=0.0006$
  - 유효스트레스력 $P_e=f_{pe}\times A_{p,r}=3.41\mathrm{E}+03\ \mathrm{kN}$
  - 비균열단면 단면적 $A_c=1.38\mathrm{E}+00\ \mathrm{m^2}$
  - 비균열단면 이차모멘트 $I_c=4.64\mathrm{E}-01\ \mathrm{m^4}$
  - PS강재 편심 $e_p=1.42\mathrm{E}+00\ \mathrm{m}$
  - 콘크리트 탄성계수 $E_c=3.10\mathrm{E}+04\ \mathrm{MPa}$
- 중립축 위치에 의한 변형률 $\varepsilon_3=\dfrac{(d_p-c)}{c}\times\varepsilon_{cu}=0.1048$

∴ PS긴장재 총 변형률 $\varepsilon_p=\varepsilon_1+\varepsilon_2=0.1109\ >\ \varepsilon_{py}=0.0080$

∴ 가정 OK

⑤ 휨강도 계산

- 콘크리트에 의한 압축력 $C=\alpha\times\phi_c\times 0.85\times f_{ck}\times b\times c=4.90\mathrm{E}+03\ \mathrm{kN}$
- 남은 PS긴장재에 의한 인장력 $T=A_{p,r}\times\phi_s\times f_{py}=4.90\mathrm{E}+03\ \mathrm{kN}$

$C-T=0.00\mathrm{E}+00\ \mathrm{kN}$ ∴ OK

$$M_r=A_{p,r}\times\phi_s\times f_{py}\times\left(d_p-\frac{a}{2}\right)=1.14\mathrm{E}+04\ \mathrm{kN\cdot m}$$

$M_r=1.14\mathrm{E}+04\ \mathrm{kN\cdot m}\ >\ M_s=9.04\mathrm{E}+03\ \mathrm{kN\cdot m}$ ∴ 취성파괴방지

해설 STEP 11 : 극한한계상태 검토

먼저 합성단면에서 압축력의 깊이를 계산하여야 한다. 그 결과 값이 199 mm로 슬래브 두께보다 작으므로 이 단면을 직사각형 단면으로 취급한다.

α와 β값은 도로교설계기준(한계상태설계법) 해설 표 5.5.3에서 구한다.

휨모멘트 강도를 계산할 때, 거더의 콘크리트 강도가 아니라 바닥판의 콘크리트 강도를 사용하여야 한다.

만일 소성중립축이 콘크리트 바닥판 아래에 있다면 T형보로 계산하여야 한다. 다음으로 극한하중조합 I에 대한 계수 휨모멘트를 계산한다. 고정하중 모멘트는 STEP 3에서 계산하였고, 활하중 분배율과 충격계수를 포함한 활하중 모멘트는 STPE 5에서 계산하였다. 계수 휨모멘트가 계수모멘트강도보다 작으므로 내측 거더는 휨모멘트에 대한 극한한계상태를 만족한다.

실제의 설계에서는 수직과 수평 전단력에 대해서도 거더를 설계할 필요가 있다.

참고문헌

3.1 Knight, Richard P., "Economical Steel Plate Girder Bridges," *Engineering Journal* /AISC, Second Quarter, 1984.

3.2 *Standard Plans for Highway Bridges,* vol. I, Concrete Superstructures, U.S. Department of Transportation, Federal Highway Administration, Washington, D.C., 1990.

3.3 Winter, George, and Nilson, Arthur H., *Design of Concrete Structures,* 9th ed., McGraw-Hill, New York, 1979.

3.4 Gutkowski, Richard M., and Williamson, Thomas G., "Timber Bridges : State-of-the-Art," *Journal of Structural Engineering*, American Society of Civil Engineers, pp. 2175-191, vol. 109, No. 9, September 1983.

3.5 *Structural Glued Laminated Timber,* American Institute of Timber Construction, Centennial, CO, 2002.

3.6 *Timber Construction Manual,* 5th ed., American Institute of Timber Construction, John Wiley & Sons, New York, 2004.

3.7 *Standard Plans for Highway Bridges,* vol. II, *Structural Steel Superstructures,* U.S. Department of Transportation, Federal Highway Administration, Washington, D.C., 1982.

3.8 *Bridge Manual,* 4th ed., New York State Department of Transportation, Albany, 2008.

3.9 Blaga, A., and Beaudoin, J. J., *Polymer Modified Concrete,* CBD-241, National Research Council Canada, Ottawa, 2005.

3.10 *Rehabilitation and Replacement of Bridges on Secondary Highways and Local Roads,* NCHRP Report 243, Transportation Research Board, pp. 10-2, Washington, D.C., December 1981.

3.11 *Latex-Modified Concretes and Mortars,* NCHRP Synthesis of Highway Practice 179, Transportation Research Board, Washington, D.C., August 1992.

3.12 Elliot, Arthur L., *Steel and Concrete Bridges, Structural Engineering Handbook,* Edited by Gaylord, Edwin H., Jr., and Gaylord, Charles N., McGraw-Hill, New York, 1990.

3.13 *Bridge Rehabilitation and Strengthening,* Organization for Economic Co-Operation and Development, Paris, 1983.

3.14 *Canadian Highway Bridge Design Code,* CAN/CSA-S6-06, Canada, 2006.

3.15 *Standard Specifications for Highway Bridges,* 17th ed., American Association of State Highway and Transportation Officials, Washington, D.C., 2002.

3.16 *AASHTO LRFD Bridge Design Specifications,* 4th ed., American Association of State Highway and Transportation Officials, Washington, D.C., 2007.

3.17 *Bridge Design Practice Manual,* California Department of Transportation, Sacramento, 1993.

3.18 Page, Robert A., Boore, David M., Bucknam, Robert C., and Thatcher, Wayne R., *Goals, Opportunities, and Priorities for the USGS Earthquake Hazards Reduction Program,* U.S. Geological Survey, p. 3, Washington, D.C., 1992.

3.19 Wilson, E. L., Kiureghian, D., and Bayo, E. P., "A Replacement for SRSS Method in Seismic Analysis," *International Journal of Earthquake Engineering and Structural Dynamics,* vol. 9, pp. 187-94.

3.20 Walley, W. J., and Purkiss, J. A., "Bridge Abutments and Piers," pp. 836-37, *The Design and Construction of Engineering Foundations,* Edited by Henry, F. D. C., Chapman and Hall, New York, 1986.

3.21 *CEB-FIP Model Code for Concrete Structures,* Comite Euro-International de Beton, 1990.

3.22 *Prediction of Creep, Shrinkage, and Temperature Effects in Concrete Structures,* ACI 209R-82, 1982.

3.23 Peck, Ralph B., Hanson, Walter E., and Thornburn, Thomas H., *Foundation Engineering,* p. 59, John Wiley & Sons, New York, 1974.

3.24 *Load and Resistance Factor Design Manual of Steel Construction,* American Institute of Steel Construction, Chicago, 1986.

3.25 Brazil, Aine, DeScenza, Robert, and Scarangello, Thomas, "LRFD : Still Waiting," *Civil Engineering,* American Society of Civil Engineers, vol. 61, pp. 47-8, June 1991.

3.26 Salmon, Charles G., and Johnson, John E., *Steel Structures : Design and Behavior,* 2d ed., Harper & Row, New York, 1980.

3.27 Kuzmanovic, Bogdan O., and Sanchez, Manuel R., "Lateral Distribution of Live Loads on Highway Bridge," *Journal of Structural Engineering,* American Society of Civil Engineers, vol. 112, no. 8, pp. 1847-862, August 1986.

3.28 Banks, Ralph K., "Bridge Decks : Their Problems and Solutions," *Public Works,* vol. 117, pp. 26-8, December 1986.

3.29 "Rehabilitation and Replacement of Bridges on Secondary Highways and Local Roads," NCHRP Report 243, Transportation Research Board, pp. 2-7, Washington, D.C., December 1981.

3.30 *Design and Construction of Sanitary and Storm Sewers,* American Society of Civil Engineers and the Water Pollution Control Federation, pp. 42-7, 1969.

3.31 *A Policy on Geometric Design of Highways and Streets,* American Association of State Highway and Transportation Officials, Washington, D.C., 2004.

3.32 Cook, John P., *Composite Construction Methods,* Robert E. Krieger Publishing Co., Malabar, FL, 1985.

3.33 Viest, Ivan M., Fountain, R. S., and Singleton, R. C., *Composite Construction in Steel and Concrete,* McGraw-Hill, New York, 1958.

3.34 Slutter, Roger G., and Driscoll, George C., "Flexural Strength of Steel-Concrete Composite Beams," *Journal of Structural Engineering,* American Society of Civil Engineers, vol. 91, no. ST2, pp. 71-9, April 1965.

3.35 Viest, Ivan M., Chairman, Task Committee on Composite Construction, "Composite Steel Construction," *Journal of Structural Engineering,* American Society of Civil Engineers, vol. 100, no. ST5, pp. 1085-139, May 1974.

3.36 Ollgaard, Jorgen G., Slutter, Roger G., and Fisher, John W., "Shear Strength of Stud Connectors in Lightweight and Normal-Weight Concrete," *Engineering Journal/AISC,* pp. 55-4, April 1971.

3.37 "Rehabilitation and Replacement of Bridges on Secondary Highways and Local Roads," NCHRP Report 243, Transportation Research Board, pp. 17-2, Washington, D.C., December 1981.

3.38 Griffith, A. A., "The Phenomena of Rupture and Flow of Solids," *Phil. Trans. Roy. Soc.,* London, 1920.

3.39 Irwin, G. R., "Analysis of Stresses and Stains near the End of a Crack Transversing a Plate," *Journal of Applied Mechanics,* ASME, New York, 1957.

3.40 Bazant, Z. P., "Aize Effect in Blunt Fracture : Concrete, Rock, Metal," *ASCE Journal of Engineering Mechanics,* vol. 110, 1984.

3.41 Paasch, R. K., and DePiero, A. H., "Fatigue Crack Modelling in Bridge Deck Connection Details," Final Report, SPR-380, Oregon Department of Transportation Research Group, Salem, 1999.

3.42 *OHBDC Bridge Code,* 3d ed., Ontario Ministry of Transportation, Toronto, Canada, 1992.

3.43 Salmon, Charles G., and Johnson, John E., *Steel Structures : Design and Behavior,* 3d ed., Harper Collins, New York, 1990.

3.44 Johnson, Andy, "Steel Weighs In," *Civil Engineering,* American Society of Civil Engineers, vol. 62, pp. 69-1, July 1992.

3.45 *Bridge Design Practice Manual,* 3d ed., California Department of Transportation, Sacramento, 1971.

3.46 Large, George E., *Basic Reinforced Concrete Design : Elastic and Creep,* 2d ed., p. 126, The Ronald Press Company, New York, 1957.

3.47 Lindeburg, Michael R., *Civil Engineering Reference Manual,* 5th ed., Professional Publications, Belmont, CA, 1989.

3.48 Pecknold, David A., "Structural Analysis," pp. 1-9 to 1-1, *Structural Engineering Handbook,* Edited by Gaylord, Edwin H., Jr., and Gaylord, Charles N., McGraw-Hill, New York, 1990.

3.49 *Moments, Shears, and Reactions for Continuous Highway Bridges,* American Institute of Steel Construction, Chicago, 1986.

3.50 Zuraski, Patrick D., "Continuous-Beam Analysis for Highway Bridges," *Journal of Structural Engineering,* American Society of Civil Engineers, vol. 117, no. 1, pp. 80-9, January 1991.

3.51 Wasserman, Edward P., "Jointless Bridge Decks," *Engineering Journal/AISC,* pp. 93-00, Third Quarter, 1987.

3.52 Robison, Rita, "Safeguarding Steel," *Civil Engineering,* American Society of Civil Engineers, vol. 62, pp. 50-3, April 1992.

3.53 Hare, Clive H., "Protective Coatings for Bridge Steel," NCHRP Synthesis of Highway Practice 136, Transportation Research Board, pp. 1-07, Washington, D.C., December 1987.

3.54 Steinman, D. B., and Watson, S. R., *Bridges and Their Builders,* 2d ed., Dover Publications, New York, 1957.

3.55 Patton, W. J., "Performance of zinc rich coatings, applied to carbon steel," NASA Technical Note TN D-7336, July 1973.

3.56 Appleman, Bernard R., "Bridge Paint : Removal, Containment, and Disposal," NCHRP Synthesis of Highway Practice 176, Transportation Research Board, pp. 1-7, Washington, D.C., February 1992.

3.57 "Europe's Best Kept Secret : MIO Bridge Coatings," *Public Works,* vol. 123, pp. 39-0, January 1992.

3.58 Robison, Rita, "Weathering Steel : Industry's Stepchild," *Civil Engineering,* American Society of Civil Engineers, vol. 58, pp. 42-5, October 1988.

3.59 Culp, James D., Reincke, Jon W., and Tinklenberg, Gary L., "Total Shop Painting of Steel Bridges," *Public Works,* vol. 119, pp. 48-0, November 1988.

3.60 "Weathering Steel : Can Rust Be a Friend?" *Public Works,* vol. 121, pp. 168-82, September 1990.

3.61 "Maine Benefits from Weathering Steel Bridges," *Public Works,* vol. 122, p. 74, January, 1991.

3.62 Robison, Rita, "A New Look at Galvanized Bridges," *Civil Engineering,* American Society of Civil Engineers, vol. 61, pp. 52-5, July 1991.

3.63 *The Manual for Bridge Evaluation,* 1st ed., American Association of State Highway and Transportation Officials, Washington, D.C., 2008, and 2010 Interim Revision.

3.64 Ghosn, Michel, and Moses, Fred, "Reliability Calibration of Bridge Design Code," *Journal of Structural Engineering,* American Society of Civil Engineers, vol. 112, no. 4, p. 745, April 1986.

3.65 *Guide Specifications for Strength Evaluation of Existing Steel and Concrete Bridges,* American Association of State Highway and Transportation Officials, Washington, D.C., 1989.

3.66 Wang, Chu-Kia, and Salmon, Charles G., *Reinforced Concrete Design,* 4th ed., Harper & Row Publishers, New York, 1985.

3.67 Libby, James R., *Modern Prestressed Concrete,* 4th ed., Van Nostrand Reinhold, New York, 1990.

3.68 Lin, T. Y., and Zia, Paul, "Design of Prestressed-Concrete Structural Members," p. 13-7, *Structural Engineering Handbook,* Edited by Gaylord, Edwin H., Jr., and Gaylord, Charles N., McGraw-Hill, New York, 1990.

3.69 Freyermuth, Clifford L., "Sizing up Segmentals," Civil Engineering, American Society of Civil Engineers, vol. 62, pp. 66-9, July 1992.

3.70 Gardner, N. J., and Zhao, J., "Creep and Shrinkage Revisited," *ACI Material Journal,* pp. 236-46, May 1993.

3.71 Manning, David G., "Durability of Prestressed Concrete Highway Structures," NCHRP Synthesis of Highway Practice 140, Transportation Research Board, pp. 1-5, Washington, D.C., November 1988.

Chapter 04

하부구조

개요

도로교 하부구조는 상부구조와 상부도로를 지지하도록 설계된 요소들로 구성되어 있다. 본 장에서는 도로교 하부구조의 세 가지 주요소인 교대, 교각 그리고 받침을 취급한다. 본 장에서는 이들 요소설계와 더불어, 이들의 성능에 영향을 미치는 유지관리와 재활에 관한 주요한 사안 중 일부를 다룬다.

그림 4.1 도로교 상부구조가 받침, 교각, 그리고 교대에 지지되어 있다.

도로교를 구성하는 모든 요소 가운데, 하부구조는 눈에 띄는 확연한 특징을 가지고 있다. 타워형의 기둥 혹은 T형 교각은 교량 아래를 지나는 여행객들에게 오래 지속되는 일종의 웅장한 이미지를 준다. 장대교량의 경우, 상부구조물이 위의 느낌을 이끌어낸다. 그러나 대부분의 도로교에 있어 설계에서의 인상적인 면은 하부구조에서 발견된다. 교대의 측면을 따라서 구불거리는 한 줄의 보강토 조립부재(modular unit) 조차도 미적으로 즐거움을 줄 수 있다.

만일 상부구조요소의 설계가 지리적 위치와 교통관련부서의 기호에 따라 크게 변할 수 있다고 말할 수 있다면, 하부구조요소에 대해서도 마찬가지로 해당된다. 본 장에서는 하부구조요소의 설계, 재활과정 그리고 유지관리 등에 관한 배경원리를 다룬다. 특별히 논의되는 세 가지 주요 요소는 교대, 교각 그리고 받침이다(그림 4.1).

3장에서 제공된 상부구조의 프레젠테이션과 마찬가지로, 논의 초점은 지역에 따라 크게 변하는 특별한 형태보다는 일반적인 개념에 맞추어져 있다.

4.1 교대

교대는 교량의 양단에 위치하여 다음과 같은 기본기능을 제공하는 구조물이다.

- 첫 번째와 마지막 경간을 지지
- 접속도로 하부와 측면의 지반을 지지

• 필요하다면, 접속도로와 접속슬래브의 일부를 지지

이러한 기능을 제공하기 위하여 다양한 형태의 교대가 사용된다. 주어진 교량에 대해서 선택된 교대의 유형은 부지의 형태, 구조물의 크기 그리고 발주자의 기호에 따라 달라진다. 단순히 말하면, 교대는 상부구조를 지지하는 옹벽이라고 생각할 수 있다. 다음에는 가장 보편적으로 사용되는 교대의 유형을 논의하고, 전형적인 교대에 대한 설계예제를 제공하며, 일반적인 유지관리와 재활과정을 다룬다.

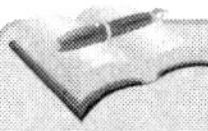

알아두기

1960년대 후반에 "보강토"의 개념을 처음 도입한 사람은 프랑스의 토목기술자 Henry Vidal이었다. 보강토라는 용어는 실은 상품명이다. 포괄적 명칭은 역학적으로 안정화시킨 흙(mechanically stabilized earth, MSE)벽이고, 이것은 흙이 자신의 무게와 작용된 수직하중 모두를 지지하도록 금속이나 고분자 화합물 보강재(띠나 망의 형태)를 이용한다.

그림 4.2 보강토 교대가 강합성교를 지지하기 위해 사용된다.

보강토 옹벽은 과거 20년 이상 기능적이면서도 미적으로 아름다운 교대를 시공하는 방법으로서 인기를 얻어왔다. 사진과 같은 시스템은 그 시작은 1960년대 후반이지만("알아두기" 참조), 많은 교통관련 관청에서는 1970년대 중반까지 이것을 활발하게 설계에 반영하지 않았다. 위에 열거한 장점 이외에도 MSE 시스템은 재래식 콘크리트 형상보다 더 경제적임이 입증되었다. 그러나 신기술이 항상 그러하듯이, 그들의 전반적인 성능을 평가하기 위해서는 유지관리와 장기간 이행성능에 대한 비판적 관점도 고려되어야 한다.

4.1.1 교대의 종류

앞에서 언급하였듯이, 대부분의 교대의 유형은 옹벽의 형상에 따라 변한다. 격자형 조립식 옹벽(crib wall)을 제외하면 대부분의 옹벽은 교좌가 설치되어 있고 도로교 구조물이 받는 혹독한 활하중 조건을 견디도록 설계되어 있을 때, 교대로 사용될 수 있다. 보통의 옹벽 구조물과 교대 사이의 또 다른 차이점은 교대에는 일반적으로 날개벽으로 알려진 나팔모양의 옹벽이 접촉하여 설치되어 있다는 것이다.

날개벽은 교대 뒤의 지반을 구속시켜 교대의 주요 요소인 옹벽을 도와주도록 설계된다. 날개벽의 예가 그림 1.6, 1.8, 4.3에 나와 있다. 위에서 언급한 교대의 주요 요소인 옹벽은 교대의 뒷벽(backwall)과 구체(stem)라고 불린다. 상부구조가 실제로 지지되는 교좌(bridge seat)는 보통은 교대구체(흉벽으로도 불림) 상부의 받침대(pedestals)로 구성된다. 받침대는 받침을 지지하도록 설계되고, 이 받침이

그림 4.3 하천을 횡단하여 시공 중인 단경간 교량

사진 같은 날개벽은 교대 뒤의 흙을 구속하기 위하여 교대 보조로 제공된다. 그림의 예에서는 교대가 전체 구조물과 일체로 구성되어 있고, 이것은 비교적 짧은 하부 통과 교차로인 경우 흔한 일이다. 뒷벽, 날개벽 그리고 기초가 하나의 구조 시스템을 이룰 때, 해석이 매우 복잡해진다. 이 경우 설계자는 두 가지 옵션을 갖게 되는데, 나는 일련의 보수적인 가정과 근사에 의지하는 것이고, 다른 하나는 유한요소법과 같은 컴퓨터 - 보조 해법을 이용하는 것이다. 많은 교량기술자들은 일반적으로 후자를 선택한다.

각각의 주부재를 지지하여 거더 반력을 구체와 기초에 전달한다. 뒷벽은 구체의 상부 그리고 받침대의 후면에 위치한다. 현재 사용되는 교대의 중요한 종류는 다음과 같다.

1. 중력식 교대

중력식 교대는 자중으로 수평토압에 저항한다. 본질적으로 이 때문에 교대가 다소 무겁다. 중력식 교대는 대부분 콘크리트로 시공되지만 벽돌이 가끔 사용되기도 한다. 앞에서 설명하였듯이, 중력식 교대는 기초의 상부에 놓여있는 구체와 뒷벽 그리고 나팔모양의 날개벽으로 구성된다(그림 1.2 참조).

2. 캔틸레버 교대(역T형 교대)

캔틸레버 교대는 커다란 수직하중을 수용하고 교좌장치를 갖춘 것을 제외하면 캔틸레버 옹벽(즉, 기초에서 위로 뻗친 벽체 혹은 구체)과 실질적으로 똑같다.

캔틸레버 교대의 구체는 흉벽 혹은 받침대와 함께 기초에 강결로 부착되어 있어서 캔틸레버 보처럼 작용하고, 여기에서 그 이름이 초래되었다. 구체는 교대의 자중과 기초 배면위에 놓여 있는 지반의 무게를 통하여 안정을 유지하면서 수평토압을 기초로 전달한다. 교대기초의 전면은 앞굽(toe)으로 배면은 뒤축(heel)으로 알려져 있다. 때로는 재료를 경제적으로 이용하기 위해 구체두께에 변화를 주는 것이 바람직하다. 캔틸레버 교대는 높이가 약 6.5 m까지가 적절하다. 만일 요구되는 높이가 이 값을 초과하면 부벽식 교대(7항 참조)와 같은 대안을 검토해야 한다.

3. 직벽식(Full-Height) 교대

직벽식 교대는 하부의 지반선(도로 혹은 수역)으로부터 상부의 도로 면까지 뻗쳐 있는 캔틸레버 교대이다.

4. 몽당 교대(Stub Abutment)

성토부나 경사면 상부에 위치한 비교적 짧은 교대이다. 부지에 충분한 암반이 존재하지 않으면 몽당 교대는 일반적으로 성토부를 관통하는 파일로 지지된다.

그림 4.4 시공 중인 날개벽을 갖는 직벽식 교대

교대의 날개벽이 구체와 뒷벽에 수직일 때, 이 구조물은 U 교대로 알려져 있다. 그러나 많은 날개벽들은 그 크기를 줄이기 위해서 교대구체와 사각을 갖도록 설계된다. 사진에서 시공 중인 교대는 아직도 그 자리에 거푸집을 두고 있다. 거푸집은 틀, 지지대 그리고 관련 요소들이 일체가 되어 콘크리트가 스스로를 지지할 만큼의 강도를 가질 때까지 콘크리트 몰드(mold) 역할을 한다. 때로는 재사용 가능한 기성 거푸집이 사용되기도 한다.

5. 반몽당 교대(Semistub Abutment)

이름이 의미하듯이, 반몽당 교대는 크기가 직벽식 교대와 몽당 교대 사이이다. 반몽당 교대는 성토부의 중간 위치에 세워진다. 이 종류의 교대는 반캔틸레버 교대라고도 불린다.

6. U 교대

중력식 교대의 날개벽이 구체와 직각으로 놓여 있을 때, 이 교대를 U 교대라 한다. U 교대의 명칭은 평면도에서 보았을 때의 모습에서 나왔다. 날개벽은 보통 교대구체와 일체로 타설되고 뒷벽은 기초로부터 수직인 캔틸레버이다. 일부가 수평으로 캔틸레버인 날개벽도 있다. 날개벽이 전도되는 경향이 있으므로 날개벽의 기초는 교대기초와 일체로 타설된다.

7. 부벽식(Counterfort) 교대

부벽식 교대는 부벽식 옹벽과 마찬가지로, 기초의 길이 방향으로 일정한 간격을 갖는 얇은 수직 슬래브(부벽으로 알려져 있음)로 고정시킨 구체와 기초를 이용한다(그림 4.5 참조). 이 얇은 슬래브는 직각으로 구체와 기초에 합쳐진다. 이 부벽으로 인해 교대구체는 수직의 캔틸레버 구체가 아니고 부벽 사이의 수평 휨부재로 설계된다. 일반적으로 부벽식 교대는 매우 높은 벽체가 요구될 때 사용된다.

8. 개복식(Spill-through) 교대

개복식 교대는 상부에 횡보(cap beam)를 가지고 있는 둘 이상의 수직기둥이나 부벽을 이용한다. 횡보는 이 때 상부구조가 놓이게 되는 교좌를 지지한다. 채움재는 횡보의 바닥에서부터 뻗쳐 있고 수직기둥 사이의 열린 공간이 있도록 해서 교대에 의해 성토부의 일부만이 남아 있도록 한다.

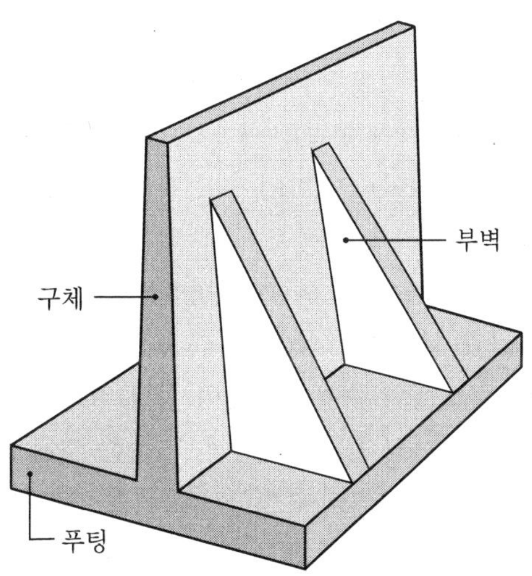

그림 4.5 전형적인 부벽식 옹벽

그림과 같은 부벽식 옹벽은 기초 하면에서 구체 상면까지의 높이가 20~25 ft(6.1~7.6 m)보다 높지 않다면, 경제적으로 바람직하지 않다. 부벽식 옹벽의 경제성은 보통 거푸집, 콘크리트, 철근 그리고 임금의 상대적 비용의 함수이다. 부벽의 간격은 임금을 확실한 제약조건으로 하여 시행착오법으로 결정된다. 일반적으로 간격은 대략 높이의 1/3~1/2이 가장 경제적이다.[4.2] 부벽 사이의 공간은 흙으로 뒤채움 된다.

구조적인 관점에서 지반은 부벽 사이의 연속보로 작용하는 구체에 의하여 지지된다. 한편, 부벽은 캔틸레버로 작용한다. 구체의 하중강도는 깊이에 따라 증가하고, 이것은 구체의 두께를 증가시키거나(그림에서와 같이) 철근량을 증가시켜 조정된다.[4.1]

9. 말뚝(Pile Bent) 교대

말뚝 교대는 특성이 개복식 교대와 비슷하고, 일열 혹은 이열의 말뚝으로 지지되며, 교좌 역할을 하는 횡보로 구성된다. 활동을 방지하기 위하여 경사말뚝이 사용된다.

10. MSE 시스템

본 장의 앞에 있는 "알아두기"에서, 보강토라는 이름은 특정한 옹벽구조의 상표명이라고 언급한 바 있다. 보강토 시스템은 "The Reinforced Earth Company"에서 만들었다. 이 시스템은 일반적으로 금속 또는 합성수지 보강재(띠 혹은 망의 형태)가 뒷면에 부착된 무근 콘크리트로 만들어진 모듈 유닛(modular facing units)을 이용한다. 이 유닛은 서로 맞물려서 일정한 벽체로 합체되는 기하 형상(예를 들어 육각형, 다이아몬드)으로 타설된다. 보강띠 혹은 망은 다짐된 뒤채움재 속에 층상으로 놓여진다. 이러한 띠가 사질토를 자중과 작용된 연직하중을 지지할 수 있는 점성토로 변환시키는 "보강재"로서의 역할을 한다.[4.1]

보강토라는 명칭은 이러한 효과로부터 유래되었다. 기술자들이 표준으로 사용하는 더 포괄적인 명칭은 역학적으로 안정화시킨 지반 시스템(mechanically stabilized earth system, MSE)이다. 독자들은 보강토가 소유권 표기임을 명심하여야 한다.

이 시스템에 대한 두 가지 명백한 관심사는 내구성과 장래의 유지관리 조건이다. 지반을 보강하기 위해 사용된 금속은 보통 도금아연 코팅으로 방식한다. MSE 시스템은 교량의 수명으로 보아 아직 비교적 어리기 때문에, MSE 교대가 재래식 철근콘크리트 교대와 비교하여 더 좋은 지에 대한 판결은, 말하자면 "좀 더 지켜봐야 안다"이다. 그러나 많은 교통관련 관청에서 명백한 경제적인 장점과 조형적인 아름다움으로 인해 교대 재료로서 MSE를 사용하기 시작했다. MSE 벽체는 과거 25년 동안 만족스럽게 기능을 수행하였다. 그러나 앞으로 75년 동안 이 교대가 제대로 기능을 제대로 수행할 지는 두고 보아야 한다.

4.1.2 쿨롱 토압이론

교대기초는 옹벽기초와 마찬가지로 다음에 의해서 일어날 수 있는 파괴에 대해서 안전해야 한다는 두 가지 기본적 설계조건을 만족하도록 설계되어야 한다.

- 전도와 과도한 처짐
- 활동

옹벽에 작용하는 토압의 영향을 기술하는 기본원리는 프랑스 군사 기술자, Charles Augustin Coulomb(1736~1806)에 의하여 개발되었다. 그의 토압이론은 1773년에 처음으로 출판되었다. 그는 이후에 마찰, 전기 및 자기 분야에서 업적을 이루었다.[4.3]

교대에 대해서, 구조물은 토압과 작용된 고정하중과 활하중 모두에 대해 저항하도록 설계되어야 한다. 지반의 종류, 배수, 지진하중을 포함하는 많은 요인들이 설계과정에 영향을 준다. 후자에 대해서는, 더 상세한 내용이 4.1.7절에 제공된다. 그러나 교대의 내진설계에 대한 논의에 앞서 쿨롱 토압이론의 기본적인 배경원리를 복습하는 것이 필요하다. 지진해석은 본 절에서 설명하는 기본원리의 확장이다.

그림 4.6은 교대에 작용하는 기본적인 힘들을 보여준다(나중에 논의할 지진력들도 그림에 포함되어 있음). 교대에 작용하는 주요 힘은 그림 4.6에서 변수 PAE로 표기한 주동토압이다. 기초 혹은 구체의 뒤축에서 뒤채움의 상단까지 진행하는 사선으로 정의되는 삼각형 영역은 파괴쐐기로 알려져 있다. 쿨롱 이론은 다음의 가정에 근거를 둔다.[4.3]

- 흙은 등방이고 균질이다.
- 흙은 내부마찰과 점성을 갖는다.
- 파괴면은 평면이다.
- 마찰력은 파괴면에 균등하게 분포된다.
- 파괴쐐기는 강체이다.
- 파괴쐐기가 벽체를 따라 움직일 때, 마찰력이 발생한다.
- 무한히 긴 벽체에서 단위 길이의 벽체가 고려된다.

쿨롱 토압이론의 주요 단점 가운데 하나는 이상적인 흙으로 가정하고 파괴면을 평면으로 정의한다는 것이다. 그러나 실제로 파괴면은 약간의 곡률을 갖는 면으로 정의하는 것이 더 정확하다. 쿨롱 자신도 파괴면이 곡면이라는 것을 인식하였지만 근사적으로 곡면을 평면으로 대체하기로 결정하였다.

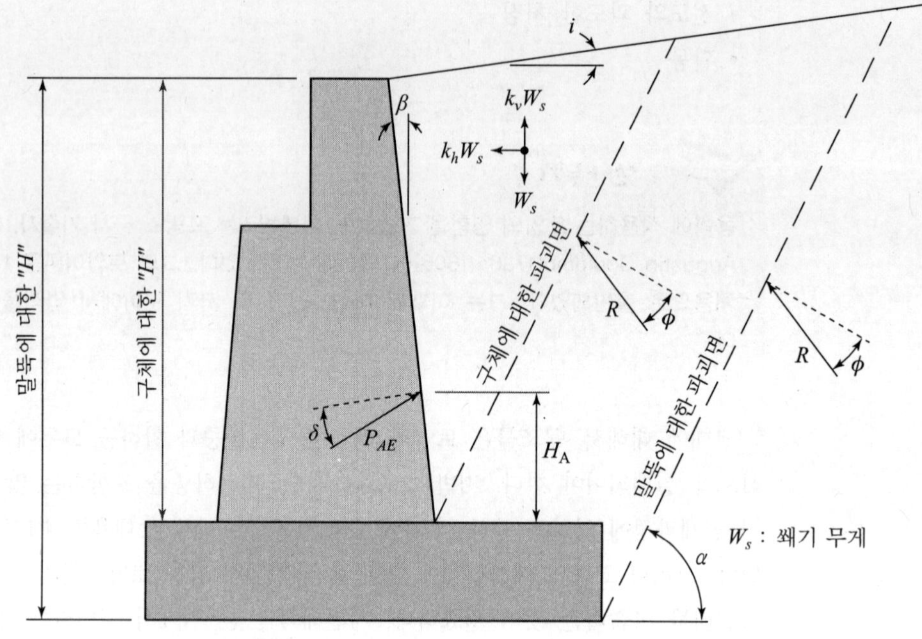

그림 4.6 전형적인 형상의 교대에 작용하는 힘(지진하중으로 인한 힘도 포함 k_h와 k_v)

변수에 대한 정의를 그림 4.6에 주어진 것으로 하면 교대에 작용하는 주동토압은 다음의 일반식으로 정의된다.

$$P_a = \frac{1}{2}\gamma H^2 k_a \qquad \text{식 (4.1)}$$

여기서, γ : 흙의 단위 중량
H : 교대에 대한 흙의 높이
k_a : 주동토압계수

주동토압계수는 이제 다음으로 정의된다.

$$k_a = \frac{\cos^2(\phi - \beta)}{\psi \cdot \cos^2\beta\cos(\delta + \beta)} \qquad \text{식 (4.2)}$$

여기서, ϕ : 흙의 마찰계수
δ : 흙과 교대 사이의 마찰각
β : 지반면의 경사

그리고

$$\psi = \left[1 + \sqrt{\frac{\sin(\phi+\delta)\sin(\phi-i)}{\cos(\delta+\beta)\cos(i-\beta)}}\right]^2 \qquad \text{식 (4.3)}$$

여기서, i : 뒤채움 경사각

$i=0$, $\delta=0$ 그리고 $\beta=0$인 경우, 식 (4.2)는 다음으로 단순화된다.

$$k_a = \tan^2\left(45 - \frac{\phi}{2}\right) \qquad \text{식 (4.4)}$$

식 (4.4)는 랜킨 이론(Rankin theory)으로도 불린다.[4.4] 수동토압은 교대가 뒤채움 속으로 밀리는 압력이다. 이것은 다음 식으로 유사하게 계산된다.

$$P_P = \frac{1}{2}\gamma H^2 k_P \qquad \text{식 (4.5)}$$

여기서, γ : 흙의 단위 중량
H : 교대에 대한 흙의 높이
k_P : 수동토압계수

이제 수동토압계수는 다음으로 정의된다.

$$k_P = \frac{\cos^2(\phi-\beta)}{\Gamma \cdot \cos^2\beta\cos(\delta-\beta)} \qquad \text{식 (4.6)}$$

이 경우 분모 승수는 다음으로 정의된다.

$$\Gamma = \left[1 + \sqrt{\frac{\sin(\phi+\delta)\sin(\phi-i)}{\cos(\delta-\beta)\cos(i-\beta)}}\right]^2 \qquad \text{식 (4.7)}$$

$i=0$, $\delta=0$ 그리고 $\beta=0$인 경우, 식 (4.6)은 다음으로 표현된다(랜킨 이론).

$$k_P = \tan^2\left(45 + \frac{\phi}{2}\right) \qquad \text{식 (4.8)}$$

이 식이 개발되고 쿨롱이 활동하던 시대에 그의 방법은 다분히 해석적인 것이었다. 주동토압과 수동토압은 옹벽이나 교대의 크기를 시행착오법으로 결정하기 위해 사용되는 최대값과 최소값을 제공한다.

잠시 후에 보게 되듯이, 지진해석 방법은 지진운동의 영향을 고려하기 위하여 수평과 수직 가속도계수를 포함시키는 차이점만 제외하면 똑같은 방법을 이용한다.

주동토압은 최소 횡방향 토압을 나타낸다. 대부분의 교대는 강체이고 자유롭게 이동하거나 회전하지 못한다. 따라서, 실제의 토압은 주동토압보다 더 크다. 이러한 구조물에 작용하는 토압은 정지토압을 사용할 것을 추천하는데, 이것은 재키 이론(Jaky's theory)에 바탕을 두고 계산한다.

$$k_a = 1 - \sin\phi \qquad \text{식 (4.9)}$$

여기서, ϕ : 유효 내부마찰각

지반이 과압밀 상태이면 정지토압은 증가하고, 1~2 사이의 수정계수가 식 (4.9)에 적용되어야 한다. 더 상세한 것은 참고문헌 4.6을 참고하라. 그러나 어떤 경우에도 정지토압은 식 (4.6)의 수동토압을 초과할 수 없다.

뒤채움 흙의 자중으로 인한 횡방향 토압의 합력은 하부구조에 선형적으로 분포한다고 가정한다. 따라서 이 힘은 기초를 설계하는 지 혹은 벽체를 설계하는지에 따라 기초 혹은 벽체의 하단에서 $3/H$ 높이에 작용하여야 한다.

교대 뒷벽 뒤로 아무런 접속슬래브도 없다면, 활하중으로 인한 횡방향 토압을 고려하기 위하여 0.6~1.2 m의 등가상재하중을 교대에 작용시켜야 한다. 상재하중은 지반의 윗면에 등분포로 작용한다고 가정한다. 주동 혹은 정지 토압계수는 교대의 움직임에 따라 사용한다. 교대가 토압을 받아 약간 움직이는 것이 허용된다면 주동토압이 사용된다. 경사말뚝으로 지지한 교대에서와 같이 그러한 움직임이 수용되지 않는다면, 정지토압계수가 사용되어야 한다.

4.1.3 교대기초 설계

2010년 도로교설계기준에서는 허용응력설계법을 사용하여 기초를 설계하였다. 전도에 대하여는 안전계수 2.0을, 활동에 대하여는 안전계수 1.5를 사용하여 교대를 설계하였다.[4.2]

도로교설계기준(한계상태설계법)에서는 사용한계상태, 강도한계상태 그리고 적용가능하다면, 극단상황한계상태에 대하여 교량기초를 설계한다.

사용한계상태에서, 기초는 다음에 대하여 설계한다.

- 침하량
- 횡방향 변위량
- 지지력

• 전체 안정성

침하량은 주행성(rideability)과 경제성을 고려하여 결정한다. 토사면(earth slope)의 전체안정성에 대한 평가는 기초의 유무와 관계없이 사용한계상태하중조합 I과 그에 적합한 저항계수에 대해서 검토한다.

교대, 교각 및 옹벽에서의 과도한 변위, 전체 안정성에 대한 검토는 사용한계상태에서 검토한다. 옹벽에 대한 허용 연직/수평 변위 기준은 옹벽의 기능, 형태, 사용기간 그리고 옹벽의 과도한 변위가 옹벽의 벽체 및 인접구조물에 미치는 영향에 근거하여 결정한다. 전체 안정성은 한계평형해석으로써 평가할 수 있다.

극한한계상태에서는 교대와 옹벽을 설계할 때 다음 사항들을 고려한다.

• 지지력
• 횡방향 활동
• 저면 지반의 접지압
• 앵커나 보강재의 인발
• 구조적인 파괴

교량기초는 또한 적용이 가능한 경우, 지진이나 선박충돌하중과 같은 극단상황에 대해서도 설계되어야 한다.

사용한계상태의 저항계수는 1.0으로 취한다. 그러나 예외적으로, 전체 안정성을 계산할 때, 활동에 저항하는 토질정수가 잘 정의되어 있고, 가정된 경사면에 아무런 구조물도 놓여있지 않다면 저항계수 0.75를 사용하고 그렇지 않다면 저항계수 0.65를 사용한다.

확대기초의 경우, 극한한계상태에서 지반의 지지력에 대한 저항계수는 계산방법과 지반상태에 따라 0.45～0.55의 범주이다. 3.14절에서 논의하였듯이, 이 저항계수는 신뢰성지수가 3.5와 같도록 보정된다. 마찬가지로, 지반활동에 대한 저항계수는 기초의 종류와 지반상태에 따라 0.8～0.9 범주로 조정된다. 이들 저항계수를 사용하여 지반기술자는 계수지반강도를 계산하고, 이들이 교량기술자에게 제공하는 설계자료는 보통 계수지반강도이다.

타입말뚝과 현장타설 말뚝에 대해서, 극한한계상태에서의 저항계수는 계산방법과 지반상태에 따라 0.3～0.6의 범주이다. 이 계수들은 지반보고서에 포함되어야 하고 교량설계 전문가에게 사용하도록 추천된다.

충분한 지반정보를 얻기 위해서는 하부구조(예를 들어 교대, 교각)당 한 개 이상의 시추공(보링공)이 필요하다. 30 m보다 넓은 하부구조물에 대해서는 하부구조당 두 개의 시추공이 제공되어야 한다. 확대기초 없이 교각 기둥과 말뚝이 일체로 연결된 단일 현장타설 말뚝의 경우는 각 말뚝 위치마다 조사를 실시해야 한다. 지층 조건이 일반적이지 않을 경우는 추가적인 조사가 필요하다. 지반조사를 수행해야 하는 깊이는 충분한 지지력을 발휘할 수 있는 확실한 지층이 존재하는 깊이까지 또는 기초하중에 의해 증가하는 지중응력이 원지반의 유효상재하중의 10%보다 작도록 충분히 깊은 심도까지 조사하도록 한다. 만약 얕은 깊이에 기반암이 존재할 때는 최소한 기반암 속 3 m 깊이까지 또는 제안된 기초 깊이 중에서 더 깊은 곳까지 시추를 실시한다. 말뚝의 경우 선단 아래로 6 m 이상까지 조사하며, 암반 근입 말뚝은 선단 아래로 3 m 이상 코어를 채취하여야 한다.

다음은 교대설계의 일반절차이다.

1. 하중

교대기초는 전도와 수평방향 활동에 저항하도록 설계한다. 확대기초가 경사면에서 사용된다면 전체 안정성도 검토해야 한다.

수직방향 설계하중은 교대와 기초의 자중, 기초 위 교대구체 뒤의 지반, 그리고 상부구조로부터의 고정하중과 활하중을 포함하여야 한다. 기초의 설계에서는 활하중 충격은 포함시키지 말아야 한다.

수평방향 하중은 교대 뒤의 지반으로부터의 횡토압, 바람으로 인한 상부구조로부터의 하중, 열이동, 제동하중 그리고 접속슬래브를 사용하지 않는다면 상재 활하중으로 인한 토압(4.1.2절 참조)을 포함하여야 한다. 앞에서 논의하였듯이, 약간의 교대 움직임이 허용된다면 횡방향 주동토압계수를 사용하여야 한다. 그렇지 않다면, 횡방향 정지토압계수가 사용되어야 한다. 교대 전면부에 있는 지반으로부터의 토압(이것은 전도와 활동에 대해서 저항한다)은 설계에서 무시한다.

교대를 지진하중에 대하여 설계한다면 지진에 의한 추가적인 횡방향 토압과(4.1.7절 참조) 상부구조로부터 전달된 지진력도 고려하여야 한다.

사용한계상태에 대해서 모든 고정하중과 활하중에 대한 하중계수는 1.0이다. 극한한계상태에 대해서 다음과 같은 최악의 상황을 고려하기 위하여 최대 혹은 최소 하중계수(표 3.3 참조)를 사용하여야 한다.

- 최대 수직력
- 최소 혹은 최대 수직력을 포함한 최대 전도력
- 최소 수직력을 포함한 최대 수평력

위에서 설명한 하중경우를 생성하는 여러 가지 많은 하중조합이 있으므로 최악의 상황을 산출하는 하중계수의 선택을 위해서는 기술자의 경험과 판단이 요구된다.

2. 확대기초

지반이 안정되고 지반강도가 크며, 상부구조로부터의 반력이 적당한 경우, 교대기초로서 확대기초를 선택한다. 교대가 하천과 가까이 있어서 세굴손상을 받을 가능성이 있는 경우, 견고한 기반암에 확대기초를 설치할 수 없다면 깊은 기초가 더 선호된다.

지반 위에 놓인 확대기초에 대해서 지반기술자는 사용한계상태와 극한한계상태에서의 최대 허용지반응력과 지압응력을 제공해야 한다.

사용한계상태 설계에서는 기초가 과도한 처짐이나 수평이동을 하지 못하도록 확인해야 하고, 극한한계상태 계산에서는 최대 지압응력 하에서 기초가 파괴되지 않도록 하고, 계수하중 조건 하에서 기초가 활동하거나 전도하지 않도록 확인해야 한다.

편심하중을 받는 기초에 대해서는 지압응력을 계산하기 위해 기초의 유효단면적을 가정하여야 한다. 기초의 유효단면적은 수직하중의 도심이 기초의 유효단면적의 중심에 위치하도록 선택한다. 직사각형 기초에 대해서, 유효단면적은 다음과 같이 정의된다.

$$B' = B - 2e_B \qquad \text{식 (4.10)}$$

$$L' = L - 2e_L \qquad \text{식 (4.11)}$$

여기서, B' : 기초의 유효폭, ft
L' : 기초의 유효길이, ft
B : 기초의 폭, ft
L : 기초의 길이, ft
e_B : B 방향의 편심, ft
e_L : L 방향의 편심, ft

사용한계상태와 극한한계상태에서 지반의 지압강도를 검토할 때, 지반의 수직방향 지압은 계수 수직하중의 합을 기초의 유효단면적에 작용시켜 계산한다.

편심하중을 받는 암반 위의 기초에 대해서 기초 하부의 응력은 선형적으로 분포한다고 가정한다. 최대응력과 최소응력은 다음과 같다.

$$\sigma_{v\max} = \frac{\sum V}{B}\left(1 + \frac{6e}{B}\right) \qquad \text{식 (4.12)}$$

$$\sigma_{v\min} = \frac{\sum V}{B}\left(1 - \frac{6e}{B}\right) \qquad \text{식 (4.13)}$$

수직하중의 도심이 기초폭의 중심에서 1/3을 벗어난 경우,

$$\sigma_{v\max} = \frac{2\sum V}{3[(B/2) - e]} \qquad \text{식 (4.14)}$$

$$\sigma_{v\min} = 0 \qquad \text{식 (4.15)}$$

여기서, $\sum V$는 계수 수직하중의 합이다.

확대기초는 보통 사용한계상태에서의 침하에 의하여 설계를 한 후, 강도한계상태에서 적절성을 검토한다. 바람과 열 등을 포함한 여러 가지 강도한계상태를 고려할 필요가 있다.

확대기초는 또한 구조적 성능에 대해서도 설계되어야 한다. 콘크리트 확대기초의 전단력과 휨모멘트를 계산할 때, 모든 지반과 암반 조건에 대해서 기초 아래의 응력은 선형으로 분포하다고 가정한다. 보통의 철근콘크리트 구조물과 마찬가지로, 캔틸레버 기초의 휨모멘트와 전단력을 설계할 때 사다리꼴 혹은 삼각형 응력이 이용된다.

기초가 전도하는 것을 방지하기 위하여, 지반 위의 확대기초에 작용하는 수직하중의 합력은 기초 폭의 중심 1/2 이내에 작용하여야 한다. 암반 위의 기초에 대해서는 합력이 기초 폭의 중심 3/4 이내에 작용하여야 한다. 지진하중(극한상황 I)을 받는 지반 혹은 암반 위의 기초에 대해서는 수직하중의 합력이 활하중이 작용하지 않을 때는 기초 폭의 중심 2/3 이내에, 활하중계수 1.0이 적용될 때는 기초 폭의 중심 8/10 이내에 작용하여야 한다(도로교설계기준 - 한계상태설계법 7.6.3.2).

확대기초는 활동에 의한 파괴에 대해서 검토해야 한다. 활동에 대한 저항은 다음으로 계산된다(도로교설계기준 - 한계상태설계법 7.6.3.3).

$$R_R = \phi R_n = \phi_\tau R_\tau + \phi_{ep} R_{ep} \qquad \text{식 (4.16)}$$

여기서, R_n : 활동에 대한 공칭저항, N

R_τ : 기초와 지반 사이의 공칭 활동저항, N

R_{ep} : 공칭 수동저항, N

ϕ_τ : 기초와 지반 사이의 전단에 대한 저항계수

ϕ_{ep} : 지반의 수동저항에 대한 저항계수

도로교설계기준 – 한계상태설계법

얕은 기초에 대한 강도한계상태 활동 저항계수

ϕ_τ	사질토 상의 프리캐스트 콘크리트	0.90
	사질토 상의 CIP 콘크리트	0.80
	점성토 상의 콘크리트	0.85
	흙 위의 흙	0.90
ϕ_{ep}		0.50

비점성토 위의 기초에 대해,

$$R_\tau = V \tan\delta \qquad \text{식 (4.17)}$$

여기서, $\tan\delta$: $\tan\phi$ 현장타설 콘크리트 기초의 경우

$\tan\delta$: $0.8\tan\phi$ 프리캐스트 콘크리트 기초의 경우

여기서, ϕ : 배수된 지반의 내부마찰각

점성토 위의 기초에 대해 활동저항은 다음 중에서 작은 값을 취한다.

- 지반의 점착력
- 기초 아래의 수직응력의 반

3. 말뚝기초

앞에서 논의하였듯이, 지반조건이 불량하거나 과대하중이거나 쇄굴손상의 가능성이 있을 때 얕은 기초는 실용적이지 못하고, 타입말뚝이나 현장타설 말뚝을 사용하는 깊은 기초를 고려해야 한다.

도로교설계기준 - 한계상태설계법

말뚝 상세

최소 간격	750 mm 혹은 2.5D
최소 연단거리	225 mm

확대기초와 마찬가지로, 깊은 기초는 사용한계상태에서 처짐과 수평이동을 제한하도록 설계하여야 하고, 극한과 극단상황 한계상태에서 인발저항을 포함한 말뚝의 축하중 저항에 대해 설계하여야 한다.

본 절의 1항에서 수직방향의 최대 말뚝반력은 최대 수직하중과 최대 전도모멘트에 대해서 계산하여야 하고, 최소 말뚝반력은(인발의 가능성 때문) 최소 수직하중과 최대 전도모멘트를 사용해서 계산하여야 한다고 하였다. 경사말뚝의 수평하중 저항은 최대 수평하중과 최소 수직하중을 사용하여 계산한다.

인장을 받는 마찰말뚝에 대한 축하중 강도는 지반기술자가 결정한다. 견고한 암반 위에 놓여 있고 지반으로 충분히 근입된 말뚝에 대해서는 말뚝의 구조성능이 설계를 좌우하고 강재말뚝 개당 공칭압축강도는 다음으로 계산된다.

$$P_n = 0.66 F_y A_s \qquad \text{식 (4.18)}$$

여기서, F_y : 강의 항복응력, MPa

A_s : 강 단면적, mm^2

견고한 기반암 위에 놓여 있고 지반으로 충분히 근입된 철근콘크리트 말뚝에 대해서 계수 축방향 강도는 축방향 압축을 받는 기둥과 같이 다음으로 결정된다.

$$P_r = \phi P_n \qquad \text{식 (4.19)}$$

따라서

$$P_n = \phi_k \left[0.85 f_c{}' (A_g - A_{st}) + f_y A_{st} \right] \qquad \text{식 (4.20)}$$

여기서, ϕ : 축방향 압축을 받는 부재의 저항계수(=0.75)

ϕ_k : 의도되지 않은 편심을 고려하기 위한 계수(나선형 철근을 갖는 부재에 대해서 0.85, 타이를 갖는 부재에 대해서 0.8)

P_n : 공칭압축강도, N

f_c' : 규정된 콘크리트 강도, MPa
f_y : 규정된 철근의 항복강도, MPa
A_g : 전단면적, mm^2
A_{st} : 종방향 철근의 총단면적, mm^2

마찰말뚝을 사용한다면 군말뚝 저항을 산출해야 한다. 군말뚝의 공칭 축방향 강도는 다음 중 작은 값을 취한다.

- 그룹 내의 모든 말뚝의 공칭저항의 합
- 말뚝과 말뚝에 부착된 지반으로 구성된 등가기초의 공칭저항

말뚝 캡(pile cap)이 아래쪽의 지반과 견고히 접촉되어 있지 않거나 지반이 연약한 경우, 군말뚝 저항은 유효계수(efficiency factor)를 곱해서 계산하여야 한다(도로교설계기준 - 한계상태설계법 참조). 말뚝 캡이 견고히 접촉되어 있거나, 지반이 단단한 경우, 유효계수로 감소시킬 필요가 없다.

도로교설계기준 – 한계상태설계법 

군말뚝 효과계수 η

말뚝 간격	η
점성토	0.85
사질토	0.75

선단지지말뚝이거나 비점성토 내의 말뚝인 경우, 군말뚝의 지압강도는 그룹 내의 모든 말뚝강도의 합이다. 군말뚝 효과 혹은 유효계수로 인한 감소는 필요 없다.

4. 현장타설 말뚝

기반암이 너무 깊지는 않으나 얕은 기초는 적절하지 않은 경우, 현장타설 말뚝이 확대기초나 말뚝기초에 대한 매력적인 대안이 될 수 있다. 타입말뚝에서와 마찬가지로, 주로 측면 마찰에 의해서 하중에 저항하면 마찰형 현장타설 말뚝으로 부르고, 주로 선단 지압에 의해서 하중에 저항하면 지압형 현장타설 말뚝으로 한다.

도로교설계기준 - 한계상태설계법

현장타설 말뚝에서 선호되는 기하형상

최소 직경	750 mm
최소 연단거리	300 mm
수직철근은 말뚝 두부 속으로 연장되어야 한다.	

사용한계상태에서 침하와 수평이동은 허용한계 내에서 조절되어야 한다. 그리고 현장타설 말뚝의 축방향 하중은 지반기술자가 추천한 설계강도를 초과하지 말아야 한다.

강도한계상태에서, 한 개의 현장타설 말뚝의 계수 축방향 압축강도는 선단부 저항과 측면부 저항의 합이고 다음으로 표현된다.

$$R_R = \phi R_n = \phi_{qp} R_p + \phi_{qs} R_s \quad \text{식 (4.21)}$$

여기서,

$$R_p = q_p A_p \quad \text{식 (4.22)}$$

$$R_s = q_s A_s \quad \text{식 (4.23)}$$

여기서, R_p : 말뚝의 공칭 선단부 저항, N

R_s : 말뚝의 공칭 측면부 저항, N

q_p : 단위 선단부 저항, MPa

q_s : 단위 측면부 저항, MPa

ϕ_{qp} : 말뚝의 선단부 저항계수(도로교설계기준 - 한계상태설계법 참조)

ϕ_{qs} : 말뚝의 측면부 저항계수(도로교설계기준 - 한계상태설계법 참조)

도로교설계기준 - 한계상태설계법

현장타설 말뚝의 선단부 저항계수 ϕ_{qp}

O'Neill의 방법(점성토)	0.40
O'Neill의 방법(사질토)	0.50
모든 방법(암반)	0.50

현장타설 말뚝의 측면부 저항계수 ϕ_{qs}

α-법(점성토)	0.45
β-법(사질토)	0.55
암반	0.55
Carter 방법(암반)	0.50

q_p와 q_s값은 지반기술자에 의해 제공되어야 한다. 지반보고서에, 현장타설 말뚝의 수평방향 측면부 저항이 제공되어야 한다. 경사말뚝이 횡방향 하중에 저항하는 것은 추천되지 않는다.

현장타설 말뚝은 또한 콘크리트 기둥으로서 축방향력과 휨모멘트에 저항하도록 설계된다. 하단부 고정조건을 확보하기 위하여, 현장타설 말뚝은 견고한 지반 밑으로 3 m 혹은 암반 속으로 직경의 두 배 만큼 확장하여야 한다.

횡방향 하중이 무시할 만하다면 현장타설 말뚝은 축방향 하중 만에 대해서 설계할 수 있고, 구조성능을 계산하기 위해서 식 (4.19)와 식 (4.20)이 이용된다.

상당한 크기의 휨에 저항하는 현장타설 말뚝에 대해서, 이것은 축방향 하중과 휨을 받는 콘크리트 기둥으로 설계할 수 있다. 독자들은 설계절차에 대해서 4.2.4절이나 철근콘크리트 설계에 대한 교재를 참고할 수 있다.

4.1.4 교대구체

교대구체는 그림 2.4에서 설명한 바와 같이 교대 뒤의 지반을 잡아주는 역할을 하고, 또한 상부구조로부터 하부구조로 하중을 전달하는 받침을 지지한다.

교대구체에 작용하는 하중은 4.1.3절 1항에서 논의하였다. 교대구체 벽의 크기가 상부구조로부터 전달되는 수직하중과 비교하여 상대적으로 크기 때문에, 이것은 보통 기초로부터 캔틸레버된 휨부재로 설계된다. 휨모멘트는 구체 벽 뒤의 횡방향 토압과 상부구조로부터 교대로 전달된 수직과 수평하중에 의하여 일어난다. 대부분의 받침은 편심을 가지고 구체 벽 위에 놓이기 때문에 상부구조로부터의 수직하중은 구체에 휨을 일으킨다.

교대구체 벽의 크기가 크기 때문에 휨, 건조수축 그리고 온도변화로 인한 균열을 제어하기 위해 최소 철근량을 검토하여야 한다. 독자들은 구체 벽의 구조설계 절차에 대해서는 철근콘크리트 설계 교재를 참고하여야 한다.

구체 벽이 상부구조와 일체로 되어 있는 일체형 교대에 대해서 혹은 반-일체형 교대에 대해서, 수평방향 신축이음을 상부구조로부터 하부구조를 분리하기 위해 교좌 높이에 설치한다. 이러한 교대를 사용하는 주요 장점은 누출로 인한 교량의 품질열화의 원인이 되는 바닥판 신축이음부를 제거하는 것이다. 수분이 수평이음부에서 구조물로 침투하는 것을 방지하기 위하여 구체 뒷벽과 상부구조에 방수막을 설치한다.

일체형 교대는 주로 단경간에서 중경간 교량에 사용되고, 온도변화와 건조수축 그리고 크리프로 인한 상부구조의 이동을 수용할 수 있도록 설계된다. 일체형 교대의 상세와 제한사항에 대해서 미국 연방도로국(Federal Highway Administration) 기술보고서를 참고하는 것을 추천한다.[4.8]

4.1.5 날개벽

그림 1.6과 같은 날개벽이 교대 뒤의 지반을 보존하기 위하여 사용된다. 대부분의 날개벽은 구체와 뒷벽과 일체이지만, 몇몇 오래된 교량은 날개벽을 교대구체 벽으로부터 분리하기 위한 신축이음부를 가지고 있다. 이러한 신축이음부를 사용하든지 혹은 안하든지 간에, 날개벽이 매우 길지 않다면 이들 모두는 공통의 기초를 가지고 있다. 이 경우에 날개벽은 독립된 보통의 옹벽으로 간주된다.

대부분의 날개벽은 교대구체 벽과 연결되어 있지만, 이들은 보통 수직방향의 주철근을 갖는 캔틸레버 옹벽으로 보수적으로 설계된다. 그러나 이들의 기초는 교대기초와 일체로 되어 있기 때문에 전도에 대한 검토는 필요 없다.

날개벽은 수직하중을 직접적으로 지지하지는 않는다는 점을 제외하면 설계하중은 교대구체 벽과 유사하다. 횡방향 토압과 더불어, 날개벽이 교통차선과 가깝다면 상재 활하중을 고려하여야 한다. 교통차선과 나란하고 차선 가장자리에서 적어도 300 mm 떨어져 있는 날개벽은 600 mm의 등가 지반중량을 상재 활하중으로 간주하여 설계한다.

구체 벽과 마찬가지로, 날개벽은 밑면의 휨모멘트와 수평방향 전단력에 대해서 설계한다. 균열을 제어하기 위해 수평방향 최소철근량을 검토하여야 한다.

4.1.6 기초에 관한 기타사항들

지금까지는 옹벽과 교대의 설계를 좌우하는 기본적인 원리에 대한 피상적인 논의만을 제공하였고, 그 주제에 관해서 가장 간단히 소개하여 본 절에서의 논의에 대한 공통적인 기초를 제공하고자 하였다. 앞에서 충분히 논의되지 않은 랜킨 토압이나 말뚝의 설계, 그리고 기타 관련주제뿐만 아니라 앞에서 언급한 쿨롱 토압 이론과 교대 안정성에 대한 더 깊은 논의에 대해서 독자들은 관련주제들을 철저하고 완벽하게 논의하는 참고문헌 4.1～4.6을 참고하기 바란다.

4.1.7 모노노베 - 오카베 해석

교량설계 전문가 집단에서 특별한 관심사가 되고 있는 주제는 내진설계이다. 특히 1994년 남부 캘리포니아 지진과 2011년 일본을 강타한 지진과 같은 최근의 지진에 비추어, 하부구조에 대한 재래식 설계는 더 이상 채택되지 않는다. 교량기술자가 듣는 가장 빈번한 질문은 "도로 교량들이 지진에 대해서 충분히 안전한가?"이다.

지진하중에 관해서 교량기술자가 직면하는 두 가지 기본적인 주제는 다음과 같다.

- 기존 구조물의 내진보강
- 지진하중을 수용하는 신설 구조물의 설계

교량의 내진설계에서 여러 요소설계에 대한 새로운 상세를 요구하는 곳에서는 또한 다른 종류의 해석도 요구한다. 3.5.3절의 3항에서, 지진하중의 적용이 교량구조물에 부과하는 독특한 하중조건에 대해서 논의하였다. 교대에 대해서 지진하중을 고려하기 위해서 사용되는 해석법 중의 하나가 모노노베 - 오카베 해석법이다.

수평방향으로 "상당한 구속" 없이 변위할 수 있는 독립교대 혹은 옹벽에 대해서, 도로교설계기준에서는 지진 시의 횡방향 주동토압의 영향을 결정하기 위해서 의사 - 정적 모노노베 - 오카베 해석법을 사용할 것을 권장한다(도로교설계기준 - 한계상태설계법 8.8.3.2). "상당한 구속"의 예는 교대구체의 수평 혹은 회전운동을 방지하는 타이백(tieback)이나 경사말뚝일 것이다.

다음의 논의는 모노노베 - 오카베 해석법의 기본개념에 대한 배경과 개요이다. 본 절에서 사용하는 용어와 변수 표기는 그림 4.6과 4.1.2절의 표기와 일치한다.

1. 배경

모노노베 - 오카베 방법은 1920년대에 개발되었고, 지진 시 교대에 작용하는 토압의 영향을 계산하는데 종종 사용된다.[4.7] 이 방법은 근본적으로 쿨롱의 활동쐐기이론의 확장이고, 여기서는 지반의 수평과 수직 관성력을 고려한다. 이것은 부분적으로는 그림 4.6의 주동쐐기 하중도에서 $k_h W_s$와 $k_v W_s$로 표기되는 힘(W_s는 쐐기 내의 지반중량)으로 설명된다.

교대설계에 있어서 "지진으로 초래된 횡방향 토압으로 인한 힘, 벽체의 관성효과로 인한 추가적인 힘, 그리고 자유롭게 움직이지 못하는 지점을 통해 교량바닥판으로부터 전달되는 지진력"을 고려하여야 한다. "자유롭게 움직이지 못하는 지점"의 예는 고정지점이다.

교대 자체의 질량으로 인한 관성력은 보통 현재의 지진설계 절차에서는 무시한다. 이것은 안전측의 가정이 아니어서 많은 기술자들은 이 하중이 설계에 포함되어야 한다고 믿고 있다(본 절의 6항 참조).

일반적으로 지진이 일어나는 동안의 교대의 파괴나 변위로 인한 교량의 파괴는 잘 알려져 있다. 손상의 원인은 다음 요인들 중 하나와 관련이 있다.

- 뒤채움재의 침하 혹은 슬럼프
- 지진활동으로 생기는 큰 횡방향 토압으로 인한 변위
- 교량 상부구조로부터 전달된 큰 종방향 혹은 횡방향 관성력

위에 열거한 요인들로 인해 교대 뒤채움재의 침하, 교대의 손상 그리고 교량바닥판의 손상이 발생할 수 있고, 이로 인해 교량이 폐쇄될 가능성이 있다. 이처럼 교대의 내진설계는 지진 시에 지진력에 저항하는 교량 전체의 능력에서 중요한 역할을 한다.

지진하중에 저항하는 교대의 설계에서 어려운 점은 지진운동의 복잡한 특성뿐만 아니라 사용 중인 교대의 다양한 기하형상에도 기인한다. 4.1.1절에서 우리는 교대만으로 10개의 기본 형태를 열거하였는데 이것이 기본형태의 모든 조합은 아니다. 교대에 대한 지진의 영향을 모델링하기 위해서는 "많은 단순화시키는 가정"이 필요하다.[4.7]

2. 수평과 수직 지진계수

모노노베 - 오카베 방법은 수평과 수직 지진계수를 이용한다. 수평 지진계수는,

$$k_h = \frac{A}{2} \qquad \text{식 (4.24)}$$

여기서, A : 가속도계수

가속도계수 A는 교량부지의 위치를 참고하여 결정한다. 3.5.3절 3항에서 언급하였듯이, 가속도계수는 지반운동을 묘사하기 위해 사용하는 무차원 상수이다. 가속도계수가 0.19보다 크면 이 교량은 높은 지진활동구역에 놓여있다고 말한다.

식 (4.24)는 수평방향으로 상당한 구속이 없이 변위할 수 있는 독립교대 혹은 옹벽에 적용된다. 그러나 앵커나 경사말뚝을 통해서 수평방향 변위가 구속된 독립교대라면, 도로교설계기준 - 한계상태설계법에서는 횡방향 최대토압의 계산을 위해 식 (4.24) 대신 첫 번째 근사식으로서 다음 식을 추천한다.

$$k_h = 1.5A \qquad \text{식 (4.25)}$$

수직 지진계수 k_v에 관해서, 수직방향 가속도의 영향은 생략할 수 있다. 그러나 설계자가 수직방향 가속도의 영향이 설계에 포함되어야 한다고 생각한다면, 이 계수에 대해서 일반적으로 채택하는 범위는

$$0.30k_h < k_v < 0.50k_h \qquad \text{식 (4.26)}$$

이고

$$k_h \le (1-k_v)\tan(\phi - i) \qquad \text{식 (4.27)}$$

여기서, ϕ와 i는 식 (4.3)에서와 같다.

수직 지진계수는 지진 시 구조물의 상향 및 하향 운동을 결정하기 위해 사용된다.

3. 기본가정

모노노베 - 오카베 방법은 약간의 기본적인 가정을 포함하고 있으며 이것은 다음과 같다.

- 교대는 충분한 지반강도 혹은 주동토압 상태가 발휘될 수 있도록 자유롭게 항복할 수 있다.
- 뒤채움 흙은 점착성이 없다.
- 뒤채움 흙은 액상화 문제가 일어나지 않도록 포화되어 있지 않다.

위에 기술한 가정과 더불어, 교대 뒤의 흙쐐기 평형을 고려하여 교대가 지반에 미치는 주동토압과 그 반대인 수동토압을 결정한다.[4.7]

만일 교대가 강체이고 움직일 수 없다면, 지진토압은 모노노베 - 오카베 방법이

예측한 값보다 훨씬 클 것이다[식 (4.24) 대신 식 (4.25)가 사용된다].

4. 주동토압

지진에 의해서 유발된 주동토압은 재래식 쿨롱 토압이론에서 정의한 것과 매우 유사하게 보인다[식 (4.1)~(4.3)]. 이 경우 주동토압은 다음 식으로 주어진다.

$$P_{AE} = \frac{1}{2}\gamma H^2(1-k_v)K_{AE} \qquad \text{식 (4.28)}$$

여기서, γ : 흙의 단위 중량
k_v : 수직 지진계수
H : 교대에 대한 흙의 높이
K_{AE} : 횡방향 주동토압계수

$$K_{AE} = \frac{\cos^2(\phi-\theta-\beta)}{\psi \cdot \cos\theta \cdot \cos^2\beta \cdot \cos(\delta+\beta+\theta)} \qquad \text{식 (4.29)}$$

여기서, ϕ : 흙의 마찰계수
δ : 흙과 교대 사이의 마찰각
β : 지반면의 경사
θ : 지진 시 내부각

지진 시 내부각 θ는 지진 시의 주동토압계수를 앞의 식 (4.2)에서의 정적인 값과 구별하기 위한 변수이다. 이 각은 다음으로 정의된다.

$$\theta = \arctan\left(\frac{k_h}{1-k_v}\right) \qquad \text{식 (4.30)}$$

앞에서와 마찬가지로 분모에 있는 항 ψ는 다음과 같다.

$$\psi = \left[1+\sqrt{\frac{\sin(\phi+\delta)\sin(\phi-\theta-i)}{\cos(\delta+\beta+\theta)\cos(i-\beta)}}\right]^2 \qquad \text{식 (4.31)}$$

여기서, i : 뒤채움 경사각

수동토압도 주동토압과 마찬가지로 지진 시 내부각과 가속도계수를 포함시켜 수정한다. 이 경우 앞의 식 (4.5)에서 제공한 수동토압에 대한 식은 수정되어 다음과 같다.

$$P_{PE} = \frac{1}{2}\gamma H^2(1-k_v)K_{PE} \qquad \text{식 (4.32)}$$

여기서 K_{PE}는 횡방향 수동토압계수이고 다음 식으로 정의된다.

$$K_{PE} = \frac{\cos^2(\phi-\theta-\beta)}{\Gamma\cos\theta\cos^2\beta\cos(\delta-\beta+\theta)} \qquad \text{식 (4.33)}$$

여기서 지진으로 인한 수동토압에 대해서 분모에 사용하는 승수는 다음으로 정의된다.

$$\Gamma = \left[1+\sqrt{\frac{\sin(\phi+\delta)\sin(\phi-\theta-i)}{\cos(\delta-\beta+\theta)\cos(i-\beta)}}\right]^2 \qquad \text{식 (4.34)}$$

위에서 지진 시 내부각 θ가 증가함에 따라 지진 시 주동과 수동토압계수 K_{AE}와 K_{PE}는 가까워진다. 또한, 수직의 뒤채움에 대해, 두 계수는 $\theta=\phi$일 때 같아진다.

5. 주동토압의 적용

재래식 해석법을 사용할 때(즉, 지진이 일어나지 않을 때) 주동토압은 이러한 정적인 상황에서는 보통 교대 밑면으로부터 다음의 위치에 작용한다.

$$h = \frac{H}{3} \qquad \text{식 (4.35)}$$

그러나 동적인 지진토압은 교대 밑면에서 더 먼 거리에 작용한다는 것이 실험을 통하여 지적되었다. 지진하중 조건에서 이 거리는 다음으로 취한다.

$$h = 0.60H \qquad \text{식 (4.36)}$$

따라서 교대의 해석에 있어서 두 개의 주동토압이 계산되는데, 하나는 정적인 상황에 대한 것이고 또 하나는 동적인 상황에 대한 것이다. 각각의 토압은 식 (4.35)와 식 (4.36)으로 정의되는 상응하는 부수적인 식에 의하여 적용된다.

지진 영향을 보다 쉽게 계산하기 위하여, 두 개의 토압을 상관시켜 하나의 등가토압으로 사용하도록 해주는 추력계수(thrust factor) F_T를 사용하여 정규토압(normalized pressure)이 계산된다. 이 추력계수는 다음으로 정의되고 정적 그리고 동적 주동토압계수에 근거를 둔다.

$$F_T = \frac{K_{AE}}{k_a} \qquad \text{식 (4.37)}$$

계산을 간단하게 하기 위하여 AASHTO는 정적토압과 지진토압을 합하여 그 합력이 *H*/2 지점에 작용하는 것으로 한다. 이 합력은 등분포로 작용하는 토압이다.

6. 주의사항

모노노베 - 오카베 해석법은 교대의 관성효과를 고려하지 않는다.[4.7] 많은 해석법들이 또한 지진거동을 고려하거나 설계할 때 관성효과를 무시하지만, 이 가정은 안전측의 가정이 아니다.

도로교설계기준 - 한계상태설계법에서는 “질량을 가지고 안정성을 유지하는 교대에 대해서, 질량을 무시하는 것은 그것의 거동의 중요한 일면을 무시하는 것이라는 점에서 이것은 또한 불합리한 가정이다”라고 지적한다. 이것은 중력식 옹벽과 같은 하부구조 요소에 대해서, 벽체의 관성력은 무시하지 말아야 한다는 것을 의미한다.

7. 상부구조 하중

토압과 더불어 설계자는 상부구조로부터의 지진하중을 고려하여야 한다. 종방향과 횡방향 지진운동으로부터 초래되는 이 하중은 하부구조로 전달되고 하부구조가 이 하중을 수용하여야 한다.

이 하중을 계산하기 위해서, 3.5.3절 3항에서 개략적으로 살펴본 등가정적 지진하중 $P_e(x)$를 결정하는 절차가 이용된다. 직면한 구조물의 종류에 따라 이것은 단일모드 스펙트럼 해석법이나 다중모드 스펙트럼 해석법을 사용하여 구할 수 있다. 작용력의 크기에 영향을 주는 인자는 대상 지반의 종류, 현장부지의 가속도계수, 교대에서의 경간장 그리고 교량바닥판의 단위 중량이다. 교통량이 많은 교량의 경우 활하중의 일부(보통 50%) 또한 포함된다.

위에서 논의한 상부구조 하중 및 토압과 더불어 이 하중조건이 교대의 설계에 영향을 주는 세 가지 주요한 하중조건이다.

4.1.8 개선 및 유지관리

도로교의 다른 구조요소와 마찬가지로 교대도 성능저하의 위험에 매우 취약하다. 특히 교대 지지점 위에 위치한 바닥판 연결부 구조물에서는 교량의 교대가 도로교에서 유해한 요소들에게 노출되는 이유로 대부분 심각한 손상을 입고 있다.

교대에서 주로 발생되는 성능저하와 유지보수의 문제점은 대부분 다음과 같다.[4.9]

- 침하 또는 활동
- 표면 저하
- 교좌장치 받침판의 탈락
- 목재 부재의 부식(있는 경우)
- 수직 균열
- 수위에서의 저하
- 뒷벽의 침식

다음의 토론들은 일부 교량 교대의 성능저하의 주 형태일 뿐만 아니라, 그들을 해결하는 데 사용될 보충적인 방법 중 일부를 다루고 있다. 주의할 점은 교대 침식으로 이끌어질 수 있는 상황이 주어질 때 그것을 바로잡기 위한 잠재적인 관리 예방조치가 취해져야 한다는 것이다.

1. 균열

교대에서 균열은 매우 다양한 상황의 결과로 발전할 수 있다. 교대 줄기에서의 수직균열은 차이가 있는(즉, 불규칙한) 교대의 침하(부등침하)에 의해 종종 발생할 수 있다. 균열 역시 수축과 같은 변형 하중에 의해 유도될 수 있다.

만약 교대 뒷벽에서 배수가 적절히 이루어지지 않으면, 교대 줄기의 뒷벽 면이 항상 습기 차 있을 수 있고 벽의 노출된 면은 젖었다가 마르게 된다. 이 줄기의 다른 두 면은 수축균열의 변형을 초래하며, 콘크리트는 동결과 융해작용으로 손상이 갈 수 있다.

이 문제에 대한 한 가지 확실한 해결책은 교대에 적절한 배수시설을 제공하는 것이다. 이것은 교대에서 떨어진 배수로와 수로를 모두 취한 암거 시스템의 구축으로 가능하게 된다. 암거관은 보통 PVC 파이프로 구성되어 있으며, 배수를 용이하게 하기 위해 유공관이나 토목섬유로 싸여진다. 사용하는 파이프의 크기는 현장에서 유출량에 따라 달라진다(3.9.7절 4항 참조).

배수관은 교대 내에서 뒤채움 재료를 배수하는데 도움을 주기 위해 일정한 간격으로 교대줄기에 위치하여야 한다. 그러나 이러한 접근으로 인한 문제는 배수관 자체가 열화나 파괴에 의해 손상을 입을 수 있다는 것이다. 이것은 교대면에 직접 모이는 수분을 허용함으로써 문제를 더 악화시킬 수 있다. 뒤채움 재료 자체는 적절한 배수를 가능하게 하는 재료여야 한다. 자갈과 모래는 이에 대해 잘 어울리는 뒤채움 재료이다. 특정 방법의 적용은 프로젝트 현장의 특수성이나 발주자의 선호도에 따라 달려 있다.

특히 오래된 구조물에서 균열의 또 다른 원인은 부실한 콘크리트 또는 부적절한 보강재를 사용하는 것이다. 이러한 상황이 발생하면 오히려 개선보다는 교체가 유일한 해결책일 수도 있다. 그러나 오래된 교대 중 많은 것이 그들의 거대한 크기에 의해 도움을 받는다. 심지어 1950년대 말에 건설된 구조물은 어느 기준이더라도 대규모로 간주되는 날개벽을 갖추고 있다.

균열을 보수하기 위해 선택된 개선의 종류는 현재 균열의 크기와 규모에 따라 분명히 다를 것이다. 예를 들어, 일부 수축 균열은 비교적 가늘어서 에폭시 기반의 콘크리트 코팅으로 밀봉될 수 있는 반면에, 큰 균열에는 에폭시 주입이 사용될지도 모른다.

2. 표면 열화

다른 노출 콘크리트 요소와 마찬가지로, 교대는 다음의 존재로 나타난 표면 열화 문제로 고통 받을 수 있다.

- 파쇄
- 축소
- 돌출
- 모서리부분의 벗겨짐

다양한 요인은 위의 상황 중 어떤 것이라도 발생시킬 수 있다. 위의 원인 중 최고는 당연히 제빙이나 노출된 콘크리트에 뿌려진 다른 부식 물질을 통한 화학적 공격이다. 만약 보강 철근이 부식된다면 그것의 부피는 증가되고, 그로 인해 콘크리트에 균열이 생긴다. 표면 열화에 대한 다른 잠재적인 원인은 부실한 콘크리트의 혼합, 부실한 골재의 사용, 열팽창과 수축 또는 동결과 융해현상이 발생하는 것이다.

표면 열화에 의해 손상된 교대의 보수는 앞서 콘크리트 바닥판에 대해 설명한 것과 매우 유사하다. 먼저, 열화된 콘크리트는 온전한 콘크리트가 있는 깊이까지 제거되어야 한다. 일반적으로 이것은 보강 철근 아래 지점에 있다(그림 3.33 참조). 이 표면은 새로운 콘크리트가 빈 공간으로 결합될 수 있도록, 깨끗하고 부스러기가 없어야 한다. 비록 기계적인 접합이 종종 사용될지라도, 접합은 보통 에폭시 결합 화합물의 형태로 이루어진다. 보수될 지역의 경계는 직선으로 톱으로 잘려지듯 잘려야 된다. 잘리는 깊이는 일반적으로 20～25 mm이며, 콘크리트 피복 두께에 따라 다르다.

3. 안정 문제

본 절의 1항에서 수직균열은 교대의 부등침하에서 비롯되었다. 이와 같은 안정 문제는 토양 특성의 변화에서 미숙한 설계에까지 이르는 상황이 원인이다. 이런 불리한 상황 또는 다른 이유의 결과로 잠재적으로 발생할 수 있는 교대의 주요 안정문제 중 일부는 다음과 같다.

- 부등침하 또는 기타 수직 이동
- 측면 이동(미끄러짐)
- 회전 운동(기울어짐, 전도)

부등침하는 압밀 또는 지내력 파괴와 같은 토양 문제가 원인이다. 교대의 측면 이동이나 미끄러짐은 토양 특성 변화, 압밀, 침투 또는 경사면 파괴에 의해 주로 발생될 수 있다. 회전 운동은 뒤채움 물질이 물로 포화되고 측면경사의 침식으로 발생할 수 있다.

위에 참조된 안정 문제를 접할 수 있는 다른 요인은 세굴이다. 교대가 잠재적인 세굴 손상을 받을 때 넓은 기초가 단단한 암반으로 지지되지 않는다면, 깊은 기초에 의해 지지받아야만 한다(말뚝 또는 드릴한 축). 만약 말뚝이 4.5 m보다 짧다면 말뚝은 암반 안에 있는 드릴 구멍을 통해 바위 안으로 끼워져야 하고, 콘크리트로 암반을 메운다.

교대가 차량 또는 해상의 하부 교통에 완전히 노출된 경우 충격손상에 대한 가능성 또한 존재한다. 일반적으로 이것은 교대보다 교각에 더 문제가 있지만, 몇몇 현장의 기하학은 교통상에 교대 요소의 노출이 필요하게 된다. 이러한 상황이 발생하면, 교대(교각 등)는 교대의 안정성이 돌발적인 충격으로 손상되지 않도록 보호 장벽 시스템을 갖춰야 한다. 이것은 특히 노출된 파일로 지지되는 교대의 문제이다. 이런 구성은 종종 해양 환경에 존재하는 교량에 사용된다. 말뚝이 이런 방식으로 노출된 경우 해상 교통의 충돌은 교대 그 자체에 손상을 입힐 가능성이 있을 뿐 아니라 경간의 파괴까지 이를 수 있다.

교대를 보호하기 위해 펜더나 계선주 시스템이 설치되어야 한다. 계선주는 말뚝의 집합이며, 보호캡으로 되어 있고, 중심을 기준으로 그들의 상단끝이 연결된 원형으로 자리잡고 있다. 계선주는 목재, 강 튜브, 시트 파일로 시공될 수 있다.

펜더는 차량으로부터의 충격을 흡수하여 교량요소가 안전할 수 있도록 설계된 기존 말뚝, 고무, 스프링 요소 또는 유압식 - 공기압 요소로 구성되는 보호 시스템이다. 펜더 시스템은 다양한 크기이며, 매우 작은 것부터 매우 큰 것까지에 이르는 하중을 견뎌내기 위해 특정될 수 있다.

4. 교량받침대 열화

2.3.4절 2항에서 논의된 것처럼, 교량받침대의 극심한 열화는 구조물의 안전함을 매우 위태롭게 할 수 있다. 교량받침대의 손상이 그들의 개별적인 받침대 또는 단일 벤치(즉, 흉벽)의 형태인지는 파쇄, 축소, 돌출 또는 모서리부분의 벗겨짐에 의해 증명된다(일반적으로 표면 열화에 대해 본 것처럼).

교대의 교량받침대에 대한 열화의 잠재적인 원인은 다음과 같다.[4.9]

- 화학적 공격
- 부실한 골재
- 부실한 콘크리트
- 열팽창 및 수축
- 충분하지 않은 보강

다시 한 번 말하지만 주요 원인은 누수 이음이다. 그러므로 교대의 교량받침대를 보호하는데 있어서 유지관리 부서가 가진 방어책의 최우선은 교대 위의 이음이 적절하게 기능하도록 하는 것이다. 구조물을 개량할 때가 된 경우, 심각한 고려사항은 언제 어디서나 가능할 때마다 신축이음을 제거해야 한다. 신축이음을 제거하는 방법 중의 하나는 교각 위로 연속교를 만드는 것이다. 이것은 경제적인 이유 때문만의 필수조건은 아니다. 그러나 그것이 추구되는 경우 이음의 제거는 교량의 수명을 대단히 향상시킬 것이다. 이음을 제거하는 것이 불가능할 경우 교대받침을 보호하기 위한 효과적인 방법은 뒷벽과 상부구조물 사이에 있는 신축이음 아래를 통해 네오프렌을 설치하는 것이다. 예방 정비의 다른 형태는, 습기로 인한 열화를 막기 위해 받침대 주변에 에폭시 보호 코팅을 적용하는 것이다. 새로운 교량설계에서 에폭시 코팅된 보강 철근이 교량받침대 지역에 사용되도록 한다.

손상된 교량받침대의 보수는 문제를 올바르게 해결하기 위해서 상부구조물을 들어 올리는 것이 필요할 수도 있다. 보수의 수준은 당연히 열화의 정도에 따라 다르다. 단순한 보수는 그 범위의 한쪽 끝에서 온전한 콘크리트부분까지 열화부분을 제거하고, 그 지역을 덧씌우는 것으로 구성할 수 있다. 원설계에서 불충분한 보강이라고 명시되었다면 추가적인 보강이 더해져야 한다.

교량받침대의 열화로 이어질 수 있는 또 다른 문제는 교좌장치의 잘못된 위치에 있다. 교좌장치가 제대로 배치되지 않는다면 교량받침대의 바깥 면에 균열을 유발할 수 있는 편심하중이 발생할 수 있다. 이 문제에 대해 가장 경제적인 해결책은 교량받침대를 확대하는 것이다.

그러나 교량받침대가 너무 많이 열화되어 있다면 개선을 위한 덧씌우기로는 적절한 교좌장치의 표면을 만들지 못할 것이며, 따라서 교량받침대의 완전한 제거 및 교체가 요구된다. 기존의 교량받침대가 줄기부분의 온전한 콘크리트까지 파괴되면, 완전히 새로운 것으로 시공되어야 한다. 가능하다면 이 줄기에 대한 기존의 수직철근은 보존하는 것이 바람직하다(적절히 청소되고 좋은 상태로 유지되는 것). 이런 경우, 추가적인 다월바(dowel bar)로 수직철근을 보강하는 것 또한 바람직하다. 이것은 기존의 콘크리트 속으로 새 철근을 드릴하거나 그라우팅하여 수행할 수도 있다. 기존의 철근이 매우 악조건으로 더 이상 구제할 수 없다면 새로운 보강철근이 전적으로 사용되어야 한다.

언제라도 가능하다면, 도로교의 어떤 구성요소의 개선도 교통부서에 의해 사용된 현재의 상세와 관행을 확실하게 하기 위해 만들어져야 한다. 완전하게 교체되어야만 하는 열화된 교량받침대의 예를 사용할 때, 공사대리인에 의해 사용된 현재 세부사항이 독립형 받침대보다는 흉벽을 활용한다면, 이 대안은 조사되어야 한다.

그러나 미학적인 관점에서 부분적으로 수행된 교체작업은 구조물의 다른 구성요소를 잘 반영하도록 해야 한다(즉, 양쪽 교대는 두 개의 혼합이 아닌 독립형의 받침대 또는 흉벽 중 하나를 사용해야 한다).

5. 시트 파일 교대

강재 시트 파일로 건설된 교대는 그림 1.8에서 볼 수 있다. 강판은 종종 해양환경에서 교대용 재료로 사용된다. 이런 환경에 놓일 때, 강판은 만조에서의 열화 및 다양한 건조 - 습기의 주기에 영향을 받기 쉽다. 그림 1.8에서의 강판 교대처럼, 하부 교통에 가까이 배치되면, 돌발적인 교통사고는 또 다른 잠재적인 문제이다.

확실하게 취할 수 있는 해결책은 손상되거나 열화된 판을 제거하고 교체하는 것이다. 또 다른 선택사항은 기존의 교대 주위에 새로운 시트 파일을 설치하고, 둘 사이의 빈 공간을 새로운 뒤채움 재료로 공극을 채우도록 유도하는 것이다. 다른 교대와 마찬가지로, 강재 시트 파일 뒤의 재료는 물이 없는 상태로 유지해야 한다. 이런 유형의 교대 수명을 연장시키기 위해서는 코팅 또는 방수 소재(즉 합성수지, 아마씨 기름 등)를 사용해야 한다. 건조 - 습기 주기에 지속적으로 노출된 시트 파일은 보호 코팅을 받아야 한다.

6. 석축 교대

석축 교대는 특히 모르타르 접합에서 균열이 발전하는 것을 허용하지 않도록 유지하는 것이 필요하다. 석재는 콘크리트만큼 빨리 열화되지 않지만, 인장강도는 일반적으로 철근 콘크리트보다 더 작다. 이것은 문제를 야기할 수 있는데, 특히 부등침하가 발생될 때이다. 석축 교대에서 열화가 급속히 전파될 수 있기 때문에 현재의 발생된 균열에 수분침투를 방지하기 위해 모르타르로 즉시 메우는 것이 중요하다. 손상된 이음은 긁어내지고 새로 이어야만 한다. 이것은 에폭시 압력 분사를 통해 수행할 수 있다. 또한 균열 안에 자라기 시작한 모든 식물은 제거되어야 한다.

7. MSE 시스템

MSE(기계적으로 안정된 지반) 시스템은 이미 4.1.1절 10항에서 논의되었다. 이 시스템은 세 가지 기본 구성으로 이루어진다.

- 단위 또는 표면과 마주한 프리캐스트 콘크리트
- 금속 또는 고분자 보강
- 흙

금속 보강은 일반적으로 열화 방지를 위해 아연이 도금된다. 그러나 극단적인 수분 조건은 잠재적으로 철근의 열화를 이끌 수 있다. 그러므로 고분자 보강은 금속 보강보다 더 일반적이 되었다. 한 가지 잠재적인 어려움은 벽체를 불안정하게 할 수 있는 뒤채움 재료의 부식이다.

이러한 상황이 발생하면 파괴면의 교체가 필요하다. 만약 이러한 문제가 교대의 아래 부분에서 발생한다면 수리하기 위해 보강된 지반의 큰 부분이 제거되어야 할 것이다. 수리될 때 마찰저항이 유지되는 것은 매우 중요하다. 이것은 뒤채움이 한 층마다 15 in(381 mm)보다 작게 위치되어야 하고, 새로운 재료를 놓기 전에 압축되어야 한다.

알아두기

옛날 로마의 기술자들은 구조용 목재에 기름과 송진을 스며들게 하였다. 게다가, 그들은 의도된 사용목적에 따라 목재의 형태를 선택하였다. 교각의 수중 말뚝기초로, 로마인들은 높은 내구성 때문에 오크나무와 재를 사용하였다.

8. 기초

기초(말뚝)를 유지하고 개량하는데 일반적인 어려움은 그들을 검사하는 것에 있다. 기초 또는 파일이 노출되지 않는다면(말뚝에서처럼) 이 요소는 지반 몇 피트 아래에 묻혀있는 것이다. 그러나 지상 위의 교대 부분에서 관련된 문제에 의해 입증될 수 있는 기초 문제에 대한 지표가 있다.

우리는 이미 교대 침하와 관련된 문제를 논의했다. 과도한 수직균열의 존재는 지표면 아래에 묻혀있는 기초의 문제를 나타낼 수 있다. 그러므로 검사자는 교대 줄기에 수직으로 진행하고 있는 균열을 찾아야 한다.

교대가 배면에 작용하는 수평토압에 의해 회전될 경우, 타이백은 토압을 뒤로 밀고 전도를 방지하기 위해서 설치될 수 있다.

기초가 설계미숙이나 부식 또는 세굴에 의해 노출될 경우(즉, 지표면 위에 있는 경우), 콘크리트의 파쇄나 열화의 다른 형태가 조사되어야 한다. 이런 손상을 보수하기 위해 시트 파일이나 모래주머니의 사용을 통해 기초 주변의 가물막이를 구축할 필요가 있다.

9. 말뚝

기초 아래의 지반이 하부구조물에 대해 적절한 지지를 하지 못할 경우에 말뚝이 사용된다(1.1.1절 및 그림 1.7 참조). 말뚝은 부식 및 세굴에 영향을 매우 받기 쉬운 지역에서 자주 발견된다. 이것은 많은 말뚝이 열악하다고 간주되는 환경에 사용된다는 것을 암시한다.

위에서 기초에 대해 언급한 것과 같이, 만약 말뚝이 노출된다면 말뚝이 열화에 단면손실이 일어나지 않도록 하는 것은 중요하다. 콘크리트 말뚝은 다른 콘크리트 요소가 받는(즉 파쇄, 축소 등) 모든 부정적인 열화에 영향을 받기 쉽다. 말뚝의 다른 유형은 썩을 수 있는 나무 말뚝과 부식될 수 있는 금속 말뚝을 포함한다.

전자에 관해서는 나무 말뚝은 묻혀 있는 부분에 굴을 파는 해충에 의해 공격을 받을 수 있다.[4.9] 대부분의 경우, 해충은 은신처나 먹이 또는 두 가지 모두를 위해 나무 말뚝을 이용한다(2.3.4절 5항 참조). 이것은 해충이 물에 의해 번식하고, 진흙 아래에서도 나무 말뚝을 쉽게 손상할 수 있는 해양 환경과 깊은 관계가 있다. 나무 말뚝을 보호하는 한 가지 방법은 나무 말뚝을 목재 방부제로 압력 약품 처리하는 것이다.

기둥과 마찬가지로, 심각하게 열화된 말뚝은 강판을 사용하여 말뚝을 들어 올림으로써 개량할 수 있다. 이 들어 올림은 말뚝의 전체 길이로 연장할 필요가 없다. 권장하는 방법은 열화된 부분에서 대략적으로 위, 아래 0.6 m의 말뚝만을 들어 올리는 것이다.[4.9]

강재 말뚝(즉, H형강 말뚝)이 사용된다면 열화된 부분에 단면을 추가함으로써 열화를 보수하는 것이 가능하다. 이것은 일반적으로 더 작고, 좁은 지역에서 50%까지의 단면 손실로 덜 심각한 열화에 대해 권장된다. 또는 열화된 강재 말뚝을 둘러쌀 수 있다. 강재 말뚝이 수중으로까지 연장될 때, 일반적으로 둘러싸는 방식이 개량 방법으로 선호된다. 강재 말뚝의 열화된 부분이 건조한 지역이나 지상에 위치하게 될 경우, 다른 보수방법은 기존 말뚝에 새로운 단면 조각을 연결하는 것이다. 다른 강재와 마찬가지로 습기에 노출되면, 강재는 부식을 방지하기 위해 보호 코팅을 해야만 한다.

콘크리트 말뚝에서, 열화된 단면의 보수는 다른 콘크리트 요소에 대해서 보수하는 것과 같은 매우 유사한 기술을 사용하여 착수한다. 손상된 콘크리트는 철근 아래의 일정한 거리까지 제거된다. 모든 손상된 철근은 교체되어야 하고, 기존의 강재는 깨끗하게 유지되어야 한다. 패치로 보수된 노출콘크리트 표면은 깨끗해야 하고, 접합 화합물로 코팅되어야 한다. 단면을 패치하는 데 사용된 콘크리트는 균열의 진행이 패치한 위치에서 최소화하기 위해 수축이 없어야 하고 빨리 굳어야 한다.

콘크리트 말뚝의 일부 균열은 균열 그 자체의 결과로 발생할 수 있다. 이러한 균열은 인장력과 관련되어 있고 콘크리트의 파괴계수보다 큰 응력일 때 발생한다. 이것이 발생하면 균열은 실트, 잔해, 수분의 침입을 방지하기 위해 밀봉되어야 한다. 그 이후의 열화는 균열에서 동결 형성에 의해 시작될 수 있다.[4.9]

위의 8항에서 논의한 것과 같이, 말뚝의 보수는 열화된 하나의 말뚝 또는 말뚝군 주위에 가물막이의 구축이 필요할 수도 있다. 가물막이를 만들기 위한 시트 파일의 구축은 상부구조물 위의 교량에서 잠재적인 간섭 때문에 기존 교량 현장에서 다소 복잡하게 될 수도 있다. 몇몇 경우에는, 시트 파일을 할 수 있게 하기 위한 유일한 옵션은 임시로 상부구조물의 세그먼트를 제거하는 것이다.

때로는 새로운 말뚝을 설치하는 것보다 손상된 말뚝을 보수하는 것이 더 비용이 든다. 미리 뚫은 구멍 안에서 콘크리트를 펌핑하려고 만들어진 마이크로파일은 정기적으로 이러한 목적을 위해 사용된다.

파일(또는 그것에 대한 기초)에서 추후의 열화를 방지하기 위해, 적절한 현장 배수와 말뚝을 보호하고, 둘러싸고 있는 지반 부식의 잠재적인 원천을 제거해야 한다. 만약 말뚝이 세굴되기 쉬운 지역에 위치될 경우에는 추가적인 사석 또는 다른 보호 재료를 두어야 한다. 채움 재료가 기초 주변에 놓이고 작업이 완료되면, 채움은 가능한 한 많이 다져져야 한다.

예제 4.1 교대의 내진설계

문제 주어진 교대와 기초가 사용한계상태, 강도한계상태, 그리고 극한상황 1(지진하중) 요구사항을 만족하는지 검토하라.

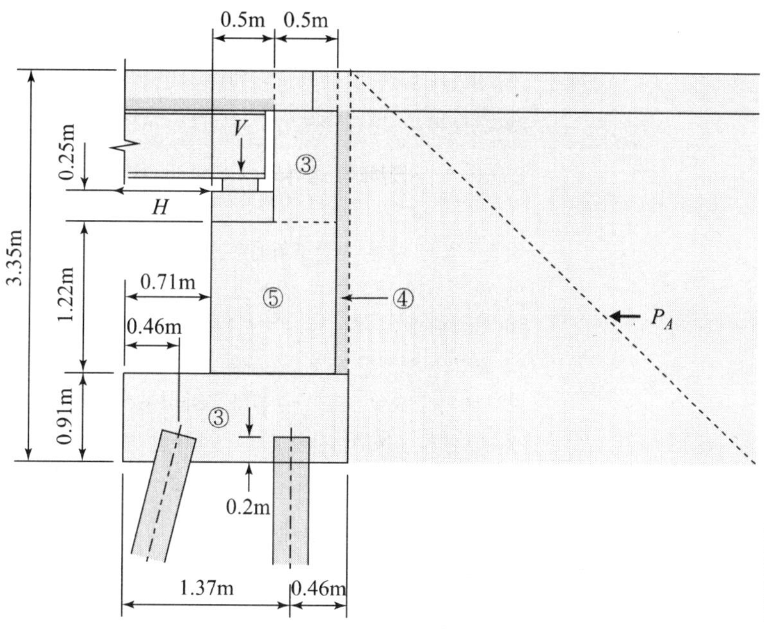

조건
① 도로를 횡단하는 3단경간(9 m–19 m–9 m) 필수교량
② 다음의 계수강도를 갖는 0.3 m 직경의 콘크리트 말뚝
사용한계상태 : 300 kN 압축, 9 kN 인장, 45 kN 횡방향
강도한계상태와 극한상황 : 540 kN 압축, 13.5 kN 인장, 67.5 kN 횡방향
③ 기초의 길이방향으로 중심간격이 2.0 m인 18쌍의 말뚝
④ 모든 주형으로부터의 전체 고정하중 반력 DL = 1430 kN
⑤ 모든 주형으로부터의 전체 활하중 반력(충격 제외) LL = 2100 kN,
제동하중 = 145 kN, 상재활하중은 없음
⑥ 상부구조 중량 = 317.3 kN/m
⑦ 재현주기 1000년(위험도계수 1.4), 지진구역계수(I구역) = 0.11
가속도계수 $A = 0.11 \times 1.4 = 0.154$
⑧ 내부마찰각 $\phi = 30°$ 인 매우 조밀한 토사지반(토질실험 결과)
⑨ 교대 위 고정받침

해설 본 예제에서는 지진하중에 대한 교대의 설계를 검토한다. 교대의 단면형상은 첨부한 계산서에 나와 있다. 평면도를 보면 이 교대는 중심간격이 2 m이고 길이가 12 m, 직경이 0.3 m인 18쌍의 콘크리트 말뚝을 가지고 있다. 모든 전면부

의 말뚝은 1 : 3으로 경사져 있다. 구체면은 매끈하다고 가정한다.
사용한계상태, 강도한계상태, 그리고 극한상황 1에 대해서 설계검토를 수행한다. 지진하중에 의한 횡방향 주동토압 계산을 위해 의사 - 정적 모노노베 - 오카베 방법을 사용한다. 경사말뚝을 갖는 기초에 대해서 횡방향 정지토압계수가 사용된다.
16개의 거더로부터 교대로 전달되는 총 고정하중과 활하중은 각각 1430 kN과 2100 kN으로 주어진다. 지리적으로 이 교량은 1000년 재현주기, 지진 I구역, 가속도 계수가 0.154로 주어지는 지역에 위치하고 있다. 흙의 단위 중량은 18.5 kN/m^3, 콘크리트의 단위 중량은 23.5 kN/m^{3}으로 가정한다.

STEP 1 지진해석 종류와 기타수준 결정

지진구역에 따른 지진구역계수는 I구역에 해당하여 0.11을 사용하며 재현주기에 따른 위험도계수는 1000년 재현주기이므로 1.4에 해당한다. 지진지반운동의 가속도계수 A는 $0.11 \times 1.4 = 0.154$이다.
이 교량은 일정한 단면, 유사한 지점 그리고 균등한 질량과 강성을 가지고 있으므로 정규교량으로 간주된다. 2에서 6까지의 경간수이고 지진구역 I인 정규, 필수교량에 대해서 단일모드 스펙트럼 해석법을 사용한다.

도로교설계기준 8.5.3에 의하면 매우 조밀한 토사지반에 대해 :
지반종류 II : S = 지반계수 = 1.2

필수교량에 대한 응답수정계수(도로교설계기준 8.5.4)
교대구체 : $R = 2.0$ (벽체형 교각으로 취급)
교대기초 : $R = 1.0$을 사용

기초설계에 대한 하중조합 :
경우 I : 최대 전도 + 최대 수직하중
경우 II : 최대 전도 + 최소 수직하중

해설 3.5.3절 3항에서 임시하중의 특성에 대해서 일반적으로, 그리고 지진하중에 대해서 특별히 논의하였다. 설계를 시작하기에 앞서 요구되는 해석의 종류(단순한 단일모드 스펙트럼 해석 혹은 더 복잡한 복합모드 스펙트럼 해석)를 결정하는 지진기준을 살펴볼 필요가 있다.
사용되는 해석의 종류는 구조물의 형상(즉, 단면이 일정한가 아닌가)과 교통망 내에서의 교량의 위치(즉, 가속도계수)에 따라 변한다. 주어진 구조물의 설계조건에 따라 단일모드 스펙트럼 해석법으로 충분하다는 결정을 내린다. 계산하여야 할 또 다른 설계기준은 응답수정계수이고, 이것은 탄성지진력을 R계수로 나누어 각 부재의 설계지진력을 결정하기 위하여 사용된다. 마지막으로 하중경우가 정의된다. 각각의 하중조합에 대하여 수직하중의 최대값과 최소값이 검토된다.

STEP 2 지진 주동토압계산

모노노베 - 오카베 식(도로교설계기준 8.8.3.2)을 사용한다.

$$P_{AE} = \frac{1}{2}\gamma H^2(1-k_v)K_{AE}$$

지진 주동토압계수는 다음으로 정의된다.

$$K_{AE} = \frac{\cos^2(\phi-\theta-\beta)}{\psi\times\cos\theta\times\cos^2\beta\times\cos(\delta+\beta+\theta)}$$

여기서, ϕ : 흙의 마찰계수 = 30°

δ : 흙과 교대 사이의 마찰각 = 0° (매끈한 벽체)

i : 뒤채움 경사각 = 0° (수평 뒤채움)

β : 지반면의 경사 = 0° (수직 구체뒷면)

그리고

$$\theta = \arctan\left(\frac{k_h}{1-k_v}\right) = \arctan\left(\frac{0.231}{1-0.1}\right) = 14.3952° \approx 4.4°$$

여기서, k_h : 수평 가속도계수 = $1.5A = 1.5\times0.154 = 0.231$

k_v : $0.3k_h < k_v < 0.5k_h$

$(0.3)(0.231) < k_v < (0.5)(0.231)$

$0.0693 < k_v < 0.1155$

$k_v = 0.1$로 가정

수평 가속도계수의 검토(식 4.27)

$$k_h \le (1-k_v)\tan(\phi-i)$$

따라서 $0.231 \le (1-0.1)\tan(30-0) \le 0.5196$

$$\psi = \left[1+\sqrt{\frac{\sin(\phi+\delta)\sin(\phi-\theta-i)}{\cos(\delta+\beta+\theta)\cos(i-\beta)}}\right]^2$$

$$= \left[1+\sqrt{\frac{\sin(30+0)\sin(30-14.4-0)}{\cos(0+0+14.4)\cos(0-0)}}\right]^2 = 1.8840$$

지진 주동토압계수는 다음으로 정의됨을 기억한다.

$$K_{AE} = \frac{\cos^2(\phi-\theta-\beta)}{\psi\times\cos\theta\times\cos^2\beta\times\cos(\delta+\beta+\theta)}$$

$$= \frac{\cos^2(30-14.4-0)}{1.8840\times\cos14.4\times\cos^2 0\times\cos(0+0+14.4)} = 0.5249$$

또한, 모노노베 - 오카베 식은 다음으로 정의됨을 기억한다.

$$P_{AE}=\frac{1}{2}\gamma H^2(1-k_v)K_{AE}$$

따라서, 전체 교대에 대해

$$P_{AE}=\frac{1}{2}\times 18.5\ \text{kN/m}^3\times(3.35\ \text{m})^2(1-0.1)\times 0.5249=49.04\ \text{kN/m}$$

이 힘은 기초 저면으로부터 $0.5\times 3.35\ \text{m}=1.675\ \text{m}$에 작용한다.

$$P_{AE}=49.04\ \text{kN/m}\times(\text{말뚝간격}=2\ \text{m})=98.08\ \text{kN/pair}$$

해설 도로교설계기준은 교대에 대해서, 의사-정적 모노노베-오카베 해석법을 사용하도록 규정한다(도로교설계기준 8.8.3.2). 이 방법은 교대에 작용하는 주동토압을 계산하기 위해서 수정된 쿨롱식을 이용한다.

이 방법은 가속도계수(교량의 지리적 위치에 따름)를 이용하는데, 이 계수는 수평성분과 수직성분으로 나뉜다. 독립교대에 대해서 수평가속도계수 k_h는 가속도계수 A의 1/2로 취한다(즉, $A/2$). 그러나 경사말뚝이 존재하면 k_h값은 $1.5A$로 취한다.

주어진 수직가속도계수의 범위는 일반적으로 채택하는 범위이다. 본 설계예제에서, 교대 자중으로 인한 수직 지진하중은 문제를 간단히 하기 위해서 무시한다. 만일 이것이 설계에 포함된다면 하향값은 최대 수직하중을 구하기 위해 사용되고, 상향값은 최소 수직하중을 구하기 위해 사용된다.

지진 주동토압은 하나 이상의 상수의 계산을 필요로 하고, 그 이후에 주동토압계수 K_{AE}와 합력 P_{AE}가 계산된다. 이 압력은 교대에 작용하는 동적압력을 기술하기 위해 사용된다. 교대에 작용하는 정적압력은 다음 STEP에서 횡방향 정지토압계수를 사용하여 계산된다.

힘들이 1.0 m의 수직 띠당 계산된다는 점에 주목하라. 따라서 이 힘은 한 쌍의 말뚝당의 힘으로 환산될 필요가 있다.

교대기초 설계에서, 동적압력은 기초 저면 위로 $0.5H$의 위치에 작용하는 것으로 한다. 정적압력은 기초 저면 위로 $H/3$의 위치에 작용한다. 이와 같은 이유로 이 두 힘은 따로 계산되어야 한다.

교대구체를 설계할 때, $0.5H$와 $H/3$은 기초 상단으로부터 측정되어야 한다.

STEP 3 정적 정지토압 계산

경사말뚝을 갖는 교대에 대해서는 정지토압이 횡방향 정적토압을 계산하기 위해 사용된다.

$$k_o=1-\sin\phi=1-\sin 30°=0.5$$

이 힘은 기초 저면에서 $\frac{1}{3}\times 3.35\ \text{m}=1.12\ \text{m}$에 작용한다.

따라서, 정적 정지토압은 다음으로 정의된다.

$$P_o = \frac{1}{2}\gamma H^2 k_o = \frac{1}{2} \times 18.5\ \mathrm{kN/m^3} \times (3.35\ \mathrm{m})^2 \times 0.5 = 51.904\ \mathrm{kN/m}$$

따라서, 한 쌍의 말뚝당 정적 정지토압은

$$P_o = 51.904\ \mathrm{kN/m} \times 2\ \mathrm{m} = 103.81\ \mathrm{kN/pair}$$

$$\text{높이} = \frac{1}{3} \times 3.35\ \mathrm{m} = 1.12\ \mathrm{m}$$

해설 STEP 2에서 말하였듯이, 정적 정지토압이 자유롭게 움직이거나 회전하지 못하는 이 교대에 대해서 사용된다.
1 m의 교대 띠에 작용하는 최종 정적토압이 이제 계산된다. 이 힘은 한 쌍의 말뚝당의 횡방향 정적토압으로 변환된다.
앞에서 언급하였듯이, 정적토압은 높이의 1/3 지점에 작용한다. 따라서, 전체 교대에 대해 이 힘은 기초 저면에서 1.12 m 지점에 작용한다. 이 팔길이가 정적토압에 의한 휨모멘트를 계산할 때 사용된다.

STEP 4 교대에 작용하는 하중계산

모든 길이에 대해서는 예제 첫 페이지의 그림을 참조하라.

주의 : 모든 하중 W_i와 DL에 대해서 이에 상응하는 상향($k_v > 0$) 혹은 하향($k_v < 0$)으로 작용하는 하중 $k_v W_i$와 k_vDL이 존재한다.

모든 W_i하중은 한 쌍의 말뚝당 작용하는 하중이다. 기초의 길이 방향 말뚝 간격은 2 m인 것을 기억하라.

다음과 같은 단위 중량을 사용하라.

콘크리트 = 23.5 kN/m³

흙 = 18.5 kN/m³

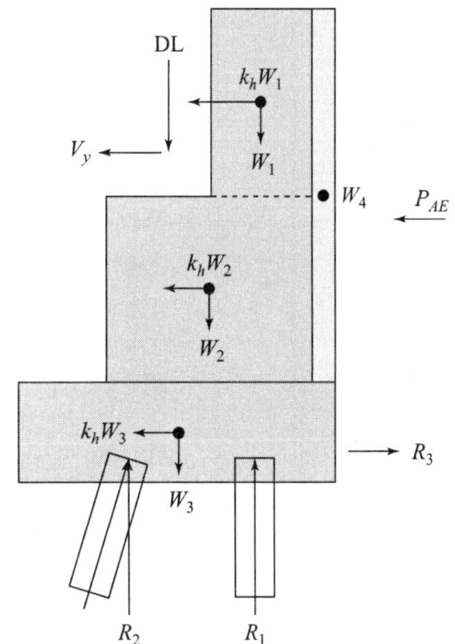

모든 W_i하중을 교대와 흙으로부터 계산하라.

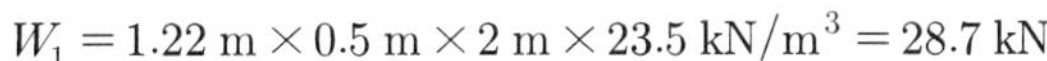

$$W_1 = 1.22\ \mathrm{m} \times 0.5\ \mathrm{m} \times 2\ \mathrm{m} \times 23.5\ \mathrm{kN/m^3} = 28.7\ \mathrm{kN}$$

$$W_2 = 1.22\ \mathrm{m} \times 1\ \mathrm{m} \times 2\ \mathrm{m} \times 23.5\ \mathrm{kN/m^3} = 57.3\ \mathrm{kN}$$

$$W_3 = 0.91\ \mathrm{m} \times 1.93\ \mathrm{m} \times 2\ \mathrm{m} \times 23.5\ \mathrm{kN/m^3} = 78.3\ \mathrm{kN}$$

$$W_4 = 2.44\ \mathrm{m} \times 0.1\ \mathrm{m} \times 2\ \mathrm{m} \times 18.5\ \mathrm{kN/m^3} = 9.0\ \mathrm{kN}$$

상부구조로부터의 하중은 다음으로 주어진다.

DL = 1430 kN/18 pairs = 79.4 kN/pair

LL = 2100 kN/18 pairs = 116.7 kN/pair

V_y = 145 kN/18 pairs = 8.06 kN/pair

해설 우리는 이제 교대와 교대 뒷면 기초 위의 흙으로 인한 하중과 교대에 작용하는 상부구조 고정하중을 계산해야 한다. 평소처럼 수동토압의 영향은 무시할 만하다고 가정한다.

하중그림을 보면, 교대 각 단면의 중량으로 인한 하중(W_i)과 지진하중의 수평성분(k_h)을 알 수 있다. 그러나 독자들은 지진하중의 수직성분 k_v 또한 존재하나 그림에는 나와 있지 않음을 기억해야 한다. 이 하중은 k_v의 부호에 따라 상향 혹은 하향으로 작용한다. 본 설계예제에서 이것은 무시한다.

하중들은 한 쌍의 말뚝당으로 계산한다. 본 예제의 시작부에서 말뚝 사이의 간격이 2 m로 주어졌다. 또한 사용할 콘크리트와 흙의 단위 중량도 주어져 있다. 본 STEP에서 계산하여야 할 마지막 하중은 상부구조 하중이고, 이것은 18쌍의 말뚝에 분포된다.

STEP 5 교대 강성 계산

기하형상 :

다음은 교대와 교량에 관한 기하형상 변수들이다.

구체의 폭 = 35 m

경간 1 = 9 m

경간 2 = 19 m

경간 3 = 9 m

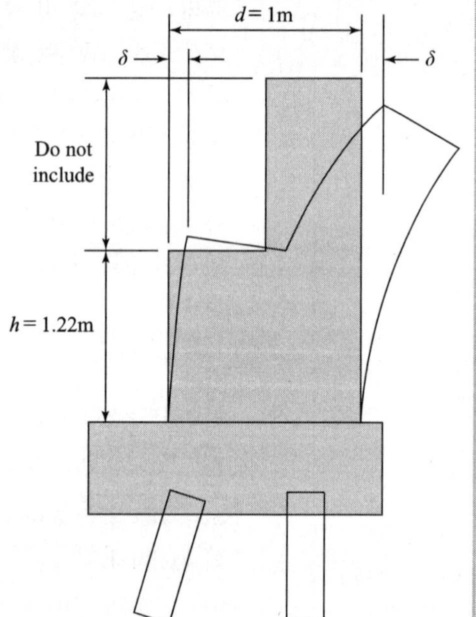

콘크리트의 탄성계수 :

$E_c = 8500\sqrt[3]{20+4}$

$= 24.5$ GPa

$G = 0.4E = 9.8$ GPa

$P = 1$로 인한 전단변형을 고려한 처짐의 계산

$$\delta = \frac{Ph^3}{3EI} + \frac{1.2Ph}{AG} \quad \text{또는}$$

$$\delta = \frac{h^3}{3EI} + \frac{1.2h}{0.4EA} = \frac{12h^3}{3Ebd^3} + \frac{1.2h}{0.4Ebd}$$

여기서, $h = 1.22$ m, $d = 1$ m, $b = 35$ m

$$\delta = \frac{4(h/d)^3 + 3(h/d)}{Eb} = \frac{4(1.22\ \text{m}/1\ \text{m})^3 + 3(1.22\ \text{m}/1\ \text{m})}{24500000\ \text{kN/m}^2 \times 35\ \text{m}}$$

$$= 0.0000000127\ \text{m/kN}$$

$$k = 1/\delta = 78500000\ \text{kN/m}$$

해설 교대에 대한 종방향 지진운동의 영향을 계산하기 위해 먼저 교대의 강성을 결정할 필요가 있다. 강성을 계산하기 위해 교대가 기초에서 고정된 캔틸레버라고 가정하여 단위 하중 $P=1$을 작용시킨다. 이 단위 하중으로 인한 처짐을 계산하면 이 값의 역수가 강성이 된다.

구체의 총폭은 35 m이고, 측경간 길이는 9 m(이것은 나중에 사용함)이다. 높이 대 깊이 비율이 크지 않으므로 전단의 영향을 고려할 필요가 있다. 계산을 간단하게 하기 위해서 처짐을 구하는 일반식을 변수 h/d를 사용하여 다시 적었다.

h값은 1.22 m로 취하고 교대 상부(뒷벽)는 상부구조가 구체에 의하여 지지되기 때문에 무시한다. 따라서 뒷벽의 높이는 종방향 지진운동에 대한 교대의 강성을 계산할 때 포함되지 않는다.

STEP 6 교대에 작용하는 지진하중의 계산

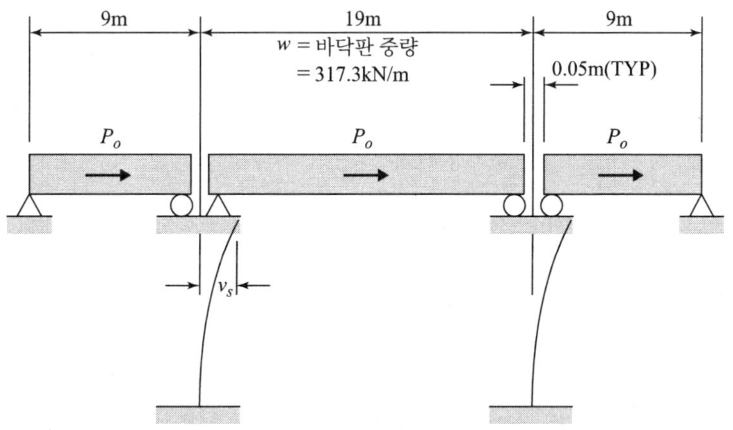

$P_o = 1$ kN/m이 작용할 때 정적변위 v_s를 계산한다.

$$v_s = \frac{P_o L}{k} = \frac{1\ \text{kN/m} \times 9\ \text{m}}{78{,}500{,}000\ \text{kN/m}} = 1.15 \times 10^{-7}\ \text{m}$$

단일모드 계수 α, β, γ를 계산한다.

$$\alpha = \int_0^L v_s(x)dx = v_s L = (1.15 \times 10^{-7}\ \text{m}) \times 9\ \text{m} = 1.04 \times 10^{-6}\ \text{m}^2$$

$$\beta = \int_0^L w(x) v_s(x) dx = \alpha w$$
$$= (1.04 \times 10^{-6}\,\mathrm{m}^2) \times (317.3\,\mathrm{kN/m}) = 3.37 \times 10^{-4}\,\mathrm{m-kN}$$
$$\gamma = \int_0^L w(x) v_s^2(x) dx = \beta v_s$$
$$= (3.37 \times 10^{-4}\,\mathrm{kN-m}) \times (1.15 \times 10^{-7}\,\mathrm{m}) = 3.88 \times 10^{-11}\,\mathrm{m}^2-\mathrm{kN}$$

진동주기의 계산

$$T = 2\pi \sqrt{\frac{\gamma}{P_o g \alpha}} = 2\pi \sqrt{\frac{3.88 \times 10^{-11}\,\mathrm{m}^2-\mathrm{kN}}{1\,\mathrm{kN/m} \times (9.81\,\mathrm{m/s}^2) \times (1.04 \times 10^{-6}\,\mathrm{m}^2)}}$$
$$= 1.225 \times 10^{-2}$$

탄성 지진응답계수의 계산

A = 가속도계수 = 0.154(주어진 값)

S = 지반계수 = 1.2(STEP 1)

$$C_s = \frac{1.2AS}{T^{2/3}} = \frac{1.2 \times 0.154 \times 1.2}{(1.225 \times 10^{-2})^{2/3}} = 4.17$$

도로교설계기준 8.7.2에 의하면 C_s는 $2.5A$를 초과해서는 안 된다.

$C_s = 2.5A = 2.5 \times 0.154 = 0.385 < 4.17$ Use : $C_s = 0.385$

등가정적 지진하중의 계산

$$P_e(x) = \frac{\beta C_s}{\gamma} w(x) v_s(x)$$
$$= \frac{(3.37 \times 10^{-4}\,\mathrm{m-kN}) \times 0.385}{3.88 \times 10^{-11}\,\mathrm{m}^2-\mathrm{kN}} \times (317.3\,\mathrm{kN/m}) \times (1.15 \times 10^{-7}\,\mathrm{m})$$
$$= 122.0\,\mathrm{kN/m}$$

교대에 작용하는 힘의 계산

$$V_y = \frac{P_e(x) L}{R} = \frac{(122.0\,\mathrm{kN/m}) \times (9\,\mathrm{m})}{2.0} = 549\,\mathrm{kN}$$

해설 이전의 STEP 4 하중 그림에서 수평력 V_y가 거더 지지점에 작용하고 있는 것을 기억하자. 이것은 종방향 지진운동으로 인한 힘이다. 우리는 이미 지진기준(STEP 1)과 교대강성(STEP 5)을 결정하였으므로 이 힘을 계산할 준비가 되어 있다.

첫 단계는 단위 하중 $P_o = 1$로 인한 정적변위 v_s를 계산하는 것이다. 측경간의 길이가 9 m이고 상부구조의 단위 길이당 중량이 317.3 kN/m인 것을 기억하자.

이 교량은 세 개의 단경간으로 구성되어 있다. 측경간은 교대에서 고정지점이고 교각에서 가동지점이다. 따라서 교대가 측경간의 종방향 지진력을 모두 부담한다고 가정한다.

일단 정적변위를 알고 나면 앞에서의 3.5.3절 3.[식 (3.7)에서 (3.9)까지]에서 정의한 3개의 단일모드 계수를 계산할 수 있다. 적분은 0에서 측경간의 길이 L까지 계산하고, 여기서, v_s는 정적변위이고 w는 바닥판의 단위 길이당의 무게이다.

다음에, 이전의 식 (3.10)에서 정의하였듯이, 다신 한 번 단위 하중 1.0을 사용하여 진동주기를 계산한다. 이 값을 계산하기 위해서는 교량의 위치에 따라 주어지는 가속도계수와 앞의 STEP 1에서 결정한 지반계수가 필요하다.

그러나 지진응답계수는 $2.5A$를 초과할 수 없고, 여기서 A는 가속도계수이다[식 (3.5) 참조].

이것이 교대에 작용하는 등가정적 지진하중을 계산하기 위해서 필요한 마지막 값이다. 이것은 측경간 전 길이에 걸쳐 작용하는 단위 길이당의 하중이다.

교대에 실제로 작용하는 하중을 구하기 위해서 이 단위 길이당의 하중에 경간의 길이를 곱한다. 이 값은 앞의 STEP 1에서 결정한 응답수정계수 R에 의해 감소된다.

STEP 7 사용한계상태 설계

주의 :
사용한계상태에서 모든 하중계수는 1.0이다.

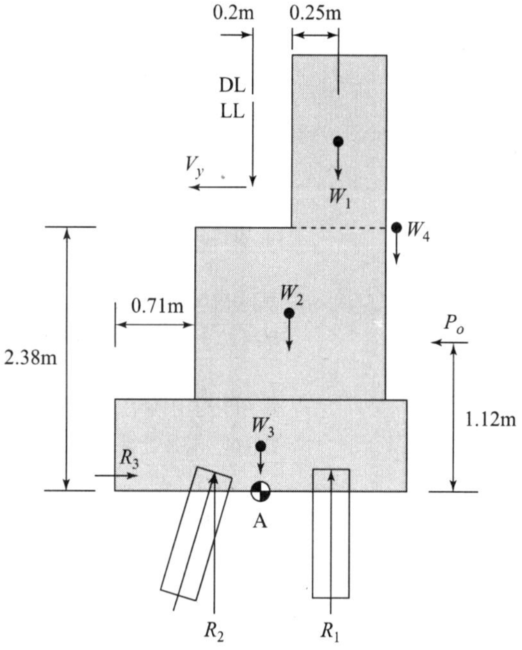

앞에서 결정된 값

$DL = 79.4$ kN

$LL = 116.7$ kN

$W_1 = 28.7$ kN

$W_2 = 57.3$ kN

$W_3 = 78.3$ kN

$W_4 = 9.0$ kN

$V_y = 8.06$ kN

$P_o = 103.81$ kN

총 수직하중

$V = DL + LL + W_1 + W_2 + W_3 + W_4$

$= 79.4\text{ kN} + 116.7\text{ kN} + 28.7\text{ kN} + 57.3\text{ kN} + 78.3\text{ kN} + 9.0\text{ kN} = 369.4\text{ kN}$

총 수직하중의 앞굽에서 편심거리

$$e = [(\text{DL} + \text{LL})(1.01\text{ m}) + W_1(1.46\text{ m}) + W_2(1.21\text{ m}) + W_3(0.92\text{ m}) + W_4(1.77\text{ m})] / V$$
$$= [(79.4 + 116.7)(1.01\text{ m}) + (28.7)(1.46\text{ m}) + (57.3)(1.21\text{ m}) + (78.3)(0.92\text{ m}) + (9)(1.77\text{ m})] / 369.4$$
$$= 1.08\text{ m}$$

한 쌍의 말뚝에 작용하는 총 전도모멘트

$$M_A = P_o(1.12\text{ m}) + V_y(2.38\text{ m}) + V(0.92\text{ m} - e)$$
$$= (103.81\text{ kN})(1.12\text{ m}) + (8.06\text{ kN})(2.38\text{ m}) + (369.4\text{ kN})(0.92\text{ m} - 1.08\text{ m})$$
$$= 76.34\text{ kN} - \text{m}$$
$$\rightarrow\ M_A = 76.34\text{ kN} - \text{m}$$

최대 그리고 최소 말뚝력의 계산

말뚝의 최대 축방향력은 경사말뚝에서 일어난다(기초 앞굽). 이 힘은 수직하중 더하기 전도모멘트로 인한 추가적인 힘이다(압축이면 양).

$$R_2 = \frac{V}{2} + \frac{M}{0.91\text{ m}} = \frac{369.4\text{ kN}}{2} + \frac{76.34\text{ kN} - \text{m}}{0.92\text{ m}}$$
$$= 267.68\text{ kN} \ \leq \ \text{allowable} = 300\text{ kN}$$

말뚝의 최소 축방향력은 수직말뚝에서 일어난다(기초 뒤축). 따라서 이 힘은 수직하중 빼기 전도모멘트로 인한 추가적인 힘이다(압축이면 양, 인장이면 음).

$$R_1 = \frac{V}{2} - \frac{M}{0.91\text{ m}} = \frac{369.4\text{ kN}}{2} - \frac{76.34\text{ kN} - \text{m}}{0.92\text{ m}} = 101.72\text{ kN}$$

이 말뚝은 압축력을 받는다(허용인장 9 kN보다 작다).

총 수평하중의 계산

$$H = P_o + V_y = 103.81\text{ kN} + 8.06\text{ kN} = 111.87\text{ kN}$$

총 횡방향 저항은 경사말뚝의 수평성분 더하기 수직말뚝의 횡방향 저항으로 구성된다. 사용한계상태에서 수직말뚝의 횡방향 저항은 45.0 kN(주어짐)이다.

$$R_3 = \frac{R_2}{3} + 45\text{ kN} = \frac{267.68\text{ kN}}{3} + 45\text{ kN} = 134.23\text{ kN} \ \geq \ 111.87\text{ kN}$$

해설 본 단계에서는 기초가 사용한계상태 설계 요구사항을 만족하는지 검토한다. 사용한계상태 I이 기초설계에 이용되고, 모든 하중계수는 1이다.
우리는 이제 쉽게 수직, 수평방향 힘과 전도모멘트를 쉽게 계산할 수 있다. 본 계산서에서는 교대에 작용하는 하중과 말뚝 반력에 대한 자유물체도가 제공된다.

교대기초는 두 쌍의 말뚝 사이의 거리(2 m)로 정의되는 교대의 "띠" 단위로 설계된다.

그러나 실제로 힘과 모멘트를 계산하기에 앞서 총 수직하중과 기초의 앞굽에서의 편심거리를 계산하여야 한다. 총 전도모멘트는 횡방향 토압으로 인한 힘, 상부구조로부터 교대로 전달된 종방향 하중(제동하중), 그리고 수직하중의 편심에 의하여 일어난다.

총 수직하중과 전도모멘트를 계산하였으므로 이제 최대와 최소 말뚝력을 쉽게 계산할 수 있다. 말뚝의 최대 수직반력은 수직하중으로 인한 반력 더하기 전도모멘트로 인한 군말뚝의 반력이다.

마찬가지로, 말뚝의 최소 수직반력은 수직하중으로 인한 반력 빼기 전도모멘트로 인한 군말뚝의 반력이다. 여기서, 이 값이 양이면 말뚝은 압축이고, 음이면 인장이다.

사용하중 하에서 모든 말뚝은 압축상태이고, 모든 힘은 허용력 이내이다. 따라서 설계 요구사항을 만족한다.

경사말뚝에 대해서, 횡방향 하중에 대한 저항은 축방향력의 수평성분과 같다. 수직말뚝의 횡방향 저항은 주어진다. 총 횡방향 저항이 횡방향 하중보다 크다. 따라서 사용한계상태에서 설계는 OK이다.

STEP 8 강도한계상태, 하중 경우 1

주의 : 이 경우, 최대 수직하중을 사용한다.

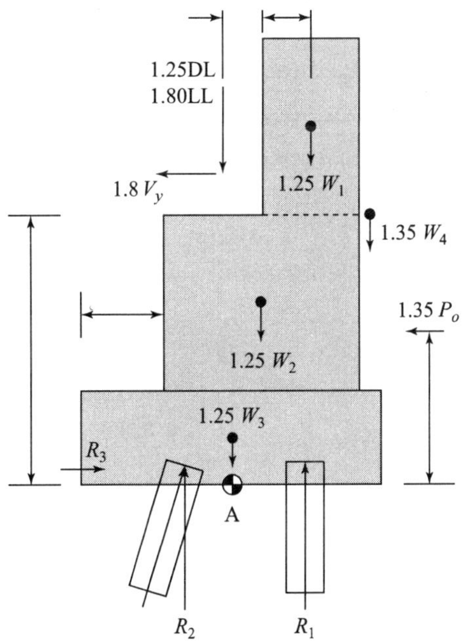

앞에서 결정된 값

$DL = 79.4\ kN$　　　　$LL = 116.7\ kN$

$W_1 = 26.4\ kN$　　　　$W_2 = 57.3\ kN$

$W_3 = 78.3\ kN$　　　　$W_4 = 9\ kN$

$V_y = 8.06\ kN$　　　　$P_o = 103.81\ kN$

총 수직하중

$$V = 1.3DL + 1.75LL + 1.25(W_1 + W_2 + W_3) + 1.35W_4 = 523.96\ kN$$

총 수직하중의 앞굽에서 편심거리

$$\begin{aligned} e &= [(1.25DL + 1.8LL)(1\ m) + 1.25W_1(1.47\ m) + 1.25W_2(1.22\ m) \\ &\quad + 1.25W_3(0.91\ m) + 1.35W_4(1.78\ m)]/V \\ &= [(1.25\times 79.4 + 1.8\times 79.4)(1) + 1.25(26.4)(1.47) + 1.25(57.3)(1.22) \\ &\quad + 1.25(78.3)(0.91) + 1.35(9)(1.78)]/523.96 \\ &= 1.06\ m \end{aligned}$$

한 쌍의 말뚝에 작용하는 총 전도모멘트

$$\begin{aligned} M_A &= 1.35P_o(1.12\ m) + 1.8V_y(2.38\ m) + V(0.91\ m - e) \\ &= 1.35(103.81\ kN)(1.12\ m) + 1.8(8.06\ kN)(2.38\ m) \\ &\quad + (523.96\ kN)(0.91\ m - 1.06\ m) \\ &= 112.9\ kN-m \end{aligned}$$

$\rightarrow\ M_A = 112.9\ kN-m$

최대 그리고 최소 말뚝력의 계산

말뚝의 최대 축방향력은 경사말뚝에서 일어난다(기초 앞굽). 이 힘은 수직하중 더하기 전도모멘트로 인한 추가적인 힘이다(압축이면 양).

$$R_2 = \frac{V}{2} + \frac{M}{0.91\ m} = \frac{523.96\ kN}{2} + \frac{112.9\ kN-m}{0.91\ m}$$

$$= 386.05\ kN \le \text{allowable} = 540\ kN$$

말뚝의 최소 축방향력은 수직말뚝에서 일어난다(기초 뒤축). 따라서 이 힘은 수직하중 빼기 전도모멘트로 인한 추가적인 힘이다(압축이면 양, 인장이면 음).

$$R_1 = \frac{V}{2} - \frac{M}{0.91\ m} = \frac{523.96\ kN}{2} - \frac{112.9\ kN-m}{0.91\ m} = 137.91\ kN$$

이 말뚝은 압축력을 받는다(허용인장 9 kN보다 작다).

총 수평하중의 계산

$$H = 1.35P_o + 1.75V_y = 1.35 \times 103.81\ \text{kN} + 1.75 \times 8.06\ \text{kN} = 154.65\ \text{kN}$$

총 횡방향 저항은 경사말뚝의 수평성분 더하기 수직말뚝의 횡방향 저항으로 구성된다. 사용한계상태에서 수직말뚝의 횡방향 저항은 67.5 kN(주어짐)이다.

$$R_3 = \frac{R_2}{3} + 67.5\ \text{kN} = \frac{386.05\ \text{kN}}{3} + 67.5\ \text{kN} = 196.18\ \text{kN} \geq 154.65\ \text{kN}$$

해설 이 단계에서는 기초가 강도한계상태 요구사항을 만족하는지 검토한다. 여기서는 최대 수직하중과 최대 전도모멘트를 검토한다. 표 3.2의 최대 하중계수를 사용한다.

이제 우리는 계수 수직하중, 수평하중 그리고 전도모멘트를 쉽게 계산할 수 있다. 본 계산서에는 교대에 작용하는 하중과 말뚝반력에 대한 자유물체도가 제공된다.

교대기초는 두 쌍의 말뚝 사이의 거리(2 m)로 정의되는 교대의 "띠" 단위로 설계된다.

그러나 실제로 힘과 모멘트를 계산하기에 앞서, 총 계수 수직하중과 기초의 앞굽에서의 편심거리를 계산하여야 한다. 총 전도모멘트는 횡방향 토압으로 인한 힘, 상부구조로부터 교대로 전달된 종방향 하중(제동하중), 그리고 수직하중의 편심에 의하여 일어난다.

총 수직하중과 전도모멘트를 계산하였으므로 이제 최대와 최소 말뚝력을 쉽게 계산할 수 있다.

말뚝의 최대 수직반력은 수직하중으로 인한 반력 더하기 전도모멘트로 인한 군말뚝의 반력이다. 마찬가지로, 말뚝의 최소 수직반력은 수직하중으로 인한 반력 빼기 전도모멘트로 인한 군말뚝의 반력이다. 여기서, 이 값이 양이면 말뚝은 압축이고 음이면 인장이다.

강도한계상태 하중조합의 경우, 모든 말뚝은 압축상태이고, 모든 힘은 허용력 이내이다. 따라서 설계 요구사항을 만족한다.

경사말뚝에 대해서 횡방향 하중에 대한 저항은 축방향력의 수평성분과 같다. 수직말뚝의 횡방향 저항은 주어진다. 총 횡방향 저항력이 횡방향 하중보다 크다. 따라서 이 하중조합의 경우 설계는 OK이다.

STEP 9 강도한계상태, 하중 경우 2

주의 : 이 경우, 최대 수직하중을 사용한다.

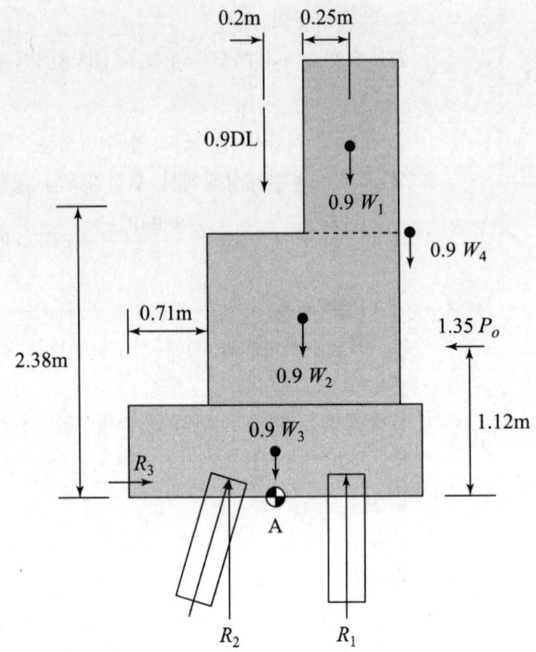

앞에서 결정된 값

DL = 79.4 kN	LL = 0 kN
$W_1 = 26.4$ kN	$W_2 = 57.3$ kN
$W_3 = 78.3$ kN	$W_4 = 9$ kN
$V_y = 0$ kN	$P_o = 103.81$ kN

총 수직하중

$$V = 0.9\text{DL} + 0.9(W_1 + W_2 + W_3 + W_4) = 225.36\ \text{kN}$$

총 수직하중의 앞굽에서 편심거리

$$e = [(0.9\text{DL})(1\ \text{m}) + 0.9W_1(1.47\ \text{m}) + 0.9W_2(1.22\ \text{m}) + 0.9W_3(0.91\ \text{m}) + 0.9W_4(1.78\ \text{m})]\ /\ V$$

$$= [(0.9)(79.4)(1) + 0.9(26.4)(1.47) + 0.9(57.3)(1.22\ \text{m}) + 0.9(78.3)(0.91\ \text{m}) + 0.9(9)(1.78\ \text{m})]\ /\ 225.36$$

$$= 1.1\ \text{m}$$

한 쌍의 말뚝에 작용하는 총 전도모멘트

$$M_A = 1.35P_o(1.12\ \text{m}) + V(0.91\ \text{m} - e)$$

$$= 1.35(103.81\ \text{kN})(1.12\ \text{m}) + (225.36\ \text{kN})(0.91\ \text{m} - 1.1\ \text{m})$$

$$= 114.14\ \text{kN} - \text{m}$$

$\rightarrow\ M_A = 114.14\ \text{kN}-\text{m}$

최대, 최소 말뚝력의 계산
최대 말뚝 축하중은 경사말뚝에서 작용한다(기초 앞부분). 작용력은 수중하중에 전도휨에 의한 추가하중(압축일 경우 +)을 더한 것과 같다.

$$R_2 = \frac{V}{2} + \frac{M}{0.91\ \text{m}} = \frac{225.36\ \text{kN}}{2} + \frac{114.14\ \text{kN}-\text{m}}{0.91\ \text{m}}$$
$$= 238.11\ \text{kN}\ \leq\ \text{allowable} = 540\ \text{kN}$$

최소 말뚝 축하중은 수직말뚝에서 작용한다(기초 뒷부분). 작용력은 수중하중에 전도휨에 의한 추가하중(압축일 경우 +, 인장일 경우 −)을 뺀 것과 같다.

$$R_1 = \frac{V}{2} - \frac{M}{0.91\ \text{m}} = \frac{225.36\ \text{kN}}{2} - \frac{114.14\ \text{kN}-\text{m}}{0.91\ \text{m}} = -12.75\ \text{kN}$$

인장에서의 말뚝력은 허용인장 9 kN보다 작다.

총 수평력을 계산한다.
$H = 1.35P_o = 1.35 \times 103.81\ \text{kN} = 140.14\ \text{kN}$

총 수평저항력은 경사말뚝이 수평요소에 수직말뚝의 수평저항력을 더한 것과 같다. 수직말뚝의 수평저항력은 강도한계상태에서 67.5 kN로 주어진다.

$$R_3 = \frac{R_2}{3} + 67.5\ \text{kN} = \frac{238.11\ \text{kN}}{3} + 67.5\ \text{kN} = 146.87\ \text{kN}\ \geq\ 140.14\ \text{kN}$$

해설 이 단계에서는, 최소 수직하중과 최대 전도모멘트 하에서 기초가 강도한계상태 요구사항을 만족하는지 검토한다. 표 3.2의 최소 하중계수를 사용한다. 활하중은 작용하지 않고 제동하중 또한 포함되지 않는다.
이제 우리는 계수 수직하중, 수평하중, 그리고 전도모멘트를 쉽게 계산할 수 있다. 본 계산서에는, 교대에 작용하는 하중과 말뚝반력에 대한 자유물체도가 제공된다.
교대기초는 두 쌍의 말뚝 사이의 거리(2 m)로 정의되는 교대의 "띠" 단위로 설계된다.
그러나 실제로 힘과 모멘트를 계산하기에 앞서, 총 계수 수직하중과 기초의 앞굽에서의 편심거리를 계산하여야 한다. 총 전도모멘트는 횡방향 토압으로 인한 힘, 그리고 수직하중의 편심에 의하여 일어난다.
총 계수 수직하중과 전도 모멘트를 계산한 후, 말뚝에서의 최대, 최소 힘을 계산한다.
최대 말뚝 수직반력은 수직하중에 의한 반력에 전도모멘트에 의한 말뚝군의 반력을 더한 것과 같다.

마찬가지로, 최소 말뚝 수직반력은 수직하중에 의한 반력에서 전도모멘트에 의한 말뚝군의 반력을 뺀 것과 같다. 값이 플러스이면 말뚝은 압축이고, 마이너스이면 인장이다.

강도한계상태 하중조합의 경우, 압축과 인장의 모든 말뚝력은 허용하중보다 작다. 따라서 설계 요구사항을 만족한다.

경사말뚝에서 횡방향 저항력은 축방향력의 수평성분과 같다. 수직말뚝의 횡방향 저항력은 주어진다. 총 횡방향 저항력이 횡방향 하중보다 크다. 따라서 이 하중조합에서 설계는 OK이다.

STEP 10 극한상태 1(지진하중), 하중 경우 1

주의 :
이 경우에는, 최대수직하중이 사용된다. 수직지진하중은 무시되며, 1.5배의 활하중이 고려된다.

상부구조물로부터의 지진하중은(STEP 6에서)
$V_y = 392.8$ kN/18열 $= 21.82$ kN 말뚝의 각 열마다
$P_{AK} = 85$ kN (STEP 2에서)
$k_h = 0.165$ (STEP 2에서)

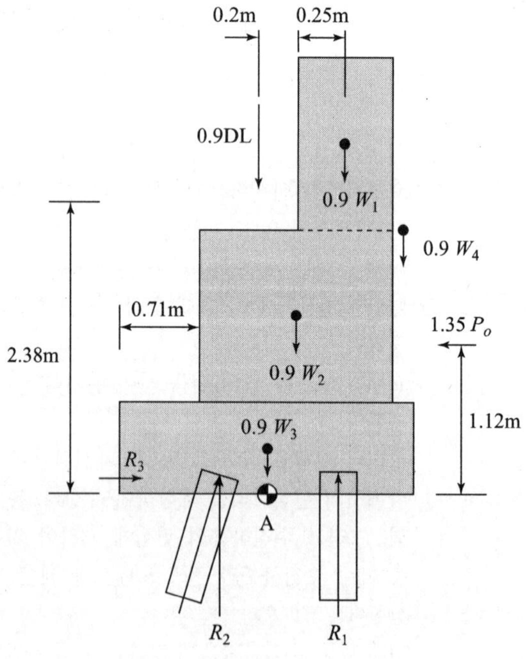

앞에서 결정된 값

$DL = 79.4\ kN$ $LL = 116.7\ kN$

$W_1 = 26.4\ kN$ $W_2 = 57.3\ kN$

$W_3 = 78.3\ kN$ $W_4 = 9\ kN$

$V_y = 8.06\ kN$ $P_o = 103.81\ kN$

총 수직하중

$$V = 1.25DL + 0.5LL + 1.25(W_1 + W_2 + W_3) + 1.35W_4 = 372.25\ kN$$

기초 앞굽으로부터의 총 수직이격거리

$$\begin{aligned} e &= [(1.25DL + 0.5LL)(1\ m) + 1.25W_1(1.47\ m) + 1.25W_2(1.22\ m) \\ &\quad + 1.25W_3(0.91\ m) + 1.35W_4(1.78\ m)] / V \\ &= [(1.25 \times 79.4 + 0.5 \times 116.7)(1) + 1.25(26.4)(1.47) + 1.25(57.3)(1.22) \\ &\quad + 1.25(78.3)(0.91) + 1.35(9)(1.78)] / 372.25 \\ &= 1.09\ m \end{aligned}$$

말뚝열에 작용하는 총 전도모멘트

$$\begin{aligned} M_A &= 1.35P_o(1.12\ m) + P_{AK}(1.68\ m) + k_h[W_1(2.74\ m) + W_2(1.52\ m) \\ &\quad + W_3(0.46\ m) + V_y(2.38\ m) + V(0.91\ m - e)] \\ &= 1.35(103.81)(1.12) + (85)(1.68) + (0.165)[(26.4)(2.74) + (57.3)(1.52) \\ &\quad + (78.3)(0.46) + (8.06)(2.38\ m) + (372.25)(0.91 - 1.09)] \\ &= 316.94\ kN - m \end{aligned}$$

최대말뚝력을 계산한다.

$$\begin{aligned} R_2 &= \frac{V}{2} + \frac{M}{0.91\ m} = \frac{372.25\ kN}{2} + \frac{316.94\ kN - m}{0.91\ m} \\ &= 534.41\ kN < \text{allowable} = 540\ kN \end{aligned}$$

OK

최소말뚝력을 계산한다.

$$R_1 = \frac{V}{2} - \frac{M}{0.91\ m} = \frac{372.25\ kN}{2} - \frac{316.94\ kN - m}{0.91\ m} = -162.16\ kN$$

인장에서의 말뚝력은 허용인장 9 kN보다 크다. 총수평력을 계산한다.

$$\begin{aligned} H &= 1.35P_o + P_{AK} + V_y + k_h(W_1 + W_2 + W_3) \\ &= 1.35(103.81\ kN) + 85\ kN + 8.06\ kN + 0.165(26.4\ kN + 57.3\ kN + 78.3\ kN) \\ &= 273.7\ kN \end{aligned}$$

총 수평저항력은 경사말뚝이 수평요소에 수직말뚝의 수평저항력을 더한 것과 같다. 수직말뚝의 수평저항력은 강도한계상태에서 67.5 kN로 주어진다.

$$R_3 = \frac{R_2}{3} + 67.5\ \text{kN} = \frac{534.41\ \text{kN}}{3} + 67.5\ \text{kN} = 245.6\ \text{kN} < 273.7\ \text{kN}$$ NG

해설 이 단계에서는, 최대 수직하중과 최대 전도모멘트를 받는 기초가 지진설계 요구사항을 만족하는지 확인한다. 표 3.2의 최대 하중계수가 사용되고, 활하중은 고려되지 않는다. 앞에서 언급하였듯이, 수직 지진하중은 무시하고 상부구조로부터의 수직활하중의 반이 고려된다.

우리는 이제 교대에 작용하는 계수 수직력, 수평력, 전도력을 계산하고자 한다. 이 계산서에는 교대에 작용하는 힘과 말뚝반력에 대한 자유물체도가 제공된다. 그러나 실제로 이들 힘과 모멘트를 계산하기 앞서, 총 계수 수직력과 이 힘의 기초의 앞굽으로부터의 거리를 계산해야 한다. 총 전도모멘트는 정지 수평토압, 지진 수평토압, 상부구조물에서 교대로 전달되는 종방향 지진력, 교대자중에 의한 지진력 그리고 수직력의 편심으로 인한 것이다.

총 계수 수직하중과 전도 모멘트를 계산한 후 말뚝에 작용하는 최대, 최소 하중을 계산한다.

최대 말뚝 수직반력은 수직하중에 의한 반력과 전도모멘트에 의한 반력을 더한 것이다. 이 힘이 허용 말뚝저항력보다 크기 때문에 이 설계는 지진하중 하에서 실패이다.

마찬가지로, 최소 말뚝 수직반력은 수직하중에 의한 반력에서 전도모멘트에 의한 반력을 빼준 것이다. 말뚝의 인장력이 허용값보다 크고, 이 설계는 지진하중 하에서 실패이다.

경사말뚝에서 말뚝의 수평저항력은 축방향력의 수평성분이다. 수직말뚝의 수평저항력은 주어져있다. 총 수평저항력이 계수 수평력보다 작으므로, 이 설계는 지진하중하에서 실패이다.

STEP 11 극한상태 1(지진하중), 하중 경우 2

주의 :

이 경우에는, 최소수직하중이 사용된다. 수직 지진하중은 무시되며, 어떤 활하중도 적용되지 않는다.

상부구조물로부터의 지진하중은(STEP 6에서)

$V_y = 392.8\ \text{kN}/18$열 $= 21.82\ \text{kN}$ 말뚝의 각 열마다

$P_{AK} = 85\ \text{kN}$ (STEP 2에서)

$k_h = 0.165$ (STEP 2에서)

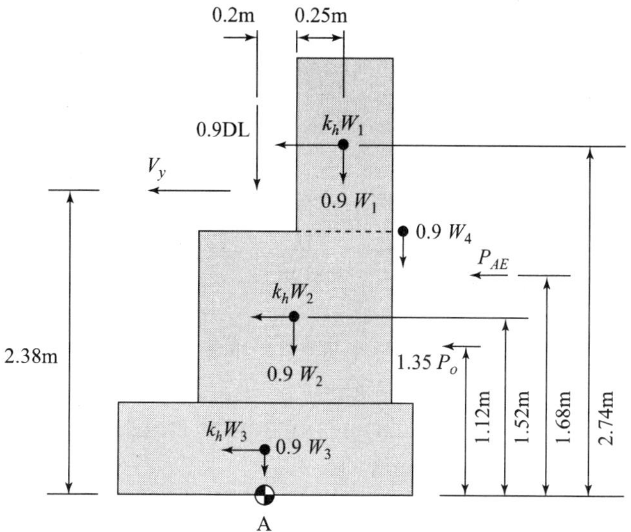

앞에서 결정된 값

DL = 79.4 kN	LL = 116.7 kN
W_1 = 26.4 kN	W_2 = 57.3 kN
W_3 = 78.3 kN	W_4 = 9 kN
V_y = 8.06 kN	P_o = 103.81 kN

총 수직하중

$$V = 0.9(\mathrm{DL} + W_1 + W_2 + W_3 + W_4) = 225.36\ \mathrm{kN}$$

기초 앞굽으로부터의 총 수직이격거리

$$\begin{aligned} e &= [(0.9\mathrm{DL}(1\ \mathrm{m}) + 0.9W_1(1.47\ \mathrm{m}) + 0.9W_2(1.22\ \mathrm{m}) + 0.9W_3(0.91\ \mathrm{m}) \\ &\quad + 0.9W_4(1.78\ \mathrm{m})] / V \\ &= [(0.9(79.4)(1) + 0.9(26.4)(1.47) + 0.9(57.3)(1.22) + 0.9(78.3)(0.91) \\ &\quad + 0.9(9)(1.78)] / 225.36 \\ &= 1.1\ \mathrm{m} \end{aligned}$$

말뚝열에 작용하는 총 전도모멘트

$$\begin{aligned} M_A &= 1.35P_o(1.12\ \mathrm{m}) + P_{AK}(1.68\ \mathrm{m}) + k_h[W_1(2.74\ \mathrm{m}) + W_2(1.52\ \mathrm{m}) \\ &\quad + W_3(0.46\ \mathrm{m}) + V_y(2.38\ \mathrm{m}) + V(0.91\ \mathrm{m} - e)] \\ &= 1.35(103.81)(1.12) + (85)(1.68) + (0.165)[(26.4)(2.74) + (57.3)(1.52) \\ &\quad + (78.3)(0.46) + (8.06)(2.38\ \mathrm{m}) + (372.25)(0.91 - 1.1)] \\ &= 341.12\ \mathrm{kN-m} \end{aligned}$$

최대말뚝력을 계산한다.

$$R_2 = \frac{V}{2} + \frac{M}{0.91\ \mathrm{m}} = \frac{225.36\ \mathrm{kN}}{2} + \frac{341.12\ \mathrm{kN-m}}{0.91\ \mathrm{m}}$$

$$= 487.54\ \mathrm{kN}\ < \mathrm{allowable} = 540\ \mathrm{kN} \qquad \mathrm{OK}$$

최소말뚝력을 계산한다.

$$R_1 = \frac{V}{2} - \frac{M}{0.91\ \mathrm{m}} = \frac{225.36\ \mathrm{kN}}{2} - \frac{341.12\ \mathrm{kN-m}}{0.91\ \mathrm{m}} = -262.18\ \mathrm{kN}$$

인장에서의 말뚝력은 허용인장 9 kN보다 크다. 총수평력을 계산한다.

$$H = 1.35P_o + P_{AK} + V_y + k_h(W_1 + W_2 + W_3)$$

$$= 1.35(103.81\ \mathrm{kN}) + 85\ \mathrm{kN} + 8.06\ \mathrm{kN} + 0.165(26.4\ \mathrm{kN} + 57.3\ \mathrm{kN} + 78.3\ \mathrm{kN})$$

$$= 273.7\ \mathrm{kN}$$

총 수평저항력은 경사말뚝이 수평요소에 수직말뚝의 수평저항력을 더한 것과 같다. 수직말뚝의 수평저항력은 강도한계상태에서 67.5 kN로 주어진다.

$$R_3 = \frac{R_2}{3} + 67.5\ \mathrm{kN} = \frac{487.54\ \mathrm{kN}}{3} + 67.5\ \mathrm{kN} = 230\ \mathrm{kN}\ < 273.7\ \mathrm{kN} \qquad \mathrm{OK}$$

해설 이 단계에서는, 최소 수직하중과 최대 전도모멘트를 받는 기초가 지진설계 요구사항을 만족하는지 확인한다. 표 3.2의 최소 하중계수가 사용되고, 활하중은 고려되지 않는다. 앞에서 언급하였듯이, 수직 지진하중은 이 설계예제에서 무시한다.

우리는 이제 교대에 작용하는 계수 수직력, 수평력, 전도력을 계산하고자 한다. 이 계산서에는 교대에 작용하는 힘과 말뚝반력에 대한 자유물체도가 제공된다. 그러나 실제로 이들 힘과 모멘트를 계산하기 앞서, 총 계수 수직력과 이 힘의 기초의 앞굽으로부터의 거리를 계산해야 한다. 총 전도모멘트는 정지 수평토압, 지진 수평토압, 상부구조물에서 교대로 전달되는 종방향 지진력, 교대자중에 의한 지진력 그리고 수직력의 편심으로 인한 것이다.

총 계수 수직하중과 전도 모멘트를 계산한 후 말뚝에 작용하는 최대, 최소 하중을 계산한다.

최대 말뚝 수직반력은 수직하중에 의한 반력과 전도모멘트에 의한 반력을 더한 것이다. 이 힘이 허용 말뚝저항력보다 크기 때문에 이 설계는 지진하중 하에서 실패이다.

마찬가지로, 최소 말뚝반력(인장)이 허용 인장 저항력보다 크고, 이 설계는 지진하중 하에서 실패이다.

총 수평저항력이 계수 수평력보다 작으므로 이 설계는 지진하중 하에서 실패이다.

지진하중을 저항하려면 교대기초가 재설계되어야 한다. 가능한 설계변경 사항에는 기초폭의 확대, 교대구체 높이의 감소, 말뚝군의 중심선으로부터 교좌장치의 중심선까지의 거리 변화 등이다.

4.2 교각

교량 교각의 발전은 현대적인 고속도로 시스템의 성장과 같이 한다. 이전에는 교각의 사용은 강 또는 철도를 건너는 것에 국한됐으나 대규모 교통 네트워크의 발전과 더불어(1.2절 참조), 등급이 분리된 고속도로의 육상교각에 대한 필요가 극적으로 증가하였다.[4.11] 교각은 교량의 가장 양쪽 끝 두 지지점(교대) 사이의 중간에서 지간을 지지하는 주요 임무를 가진 교량의 부속품이다. 교각은 주로 콘크리트나 강재로 시공되며, 때때로 한 등급 아래인 목재도 사용된다. 일반적으로 철근콘크리트가 사용되지만 특별한 구조물의 경우에는 프리스트레스트 콘크리트도 가끔 사용된다. 도로교 교각의 기본적인 설계기능은 다음의 목록으로 요약될 수 있다.

- 자중을 분담
- 상부구조물의 고정하중, 활하중, 부가하중을 포함
- 모든 하중을 기초구조물로 전달

위에 설명된 구조적 기능들을 수행할 뿐만 아니라, 제대로 설계된 교각은 미학적으로 만족스러워야 하며, 재료학적으로 가능한 한 경제적이어야 한다. 또한 교각은 구조물 아래로 소통되는 교통에 간섭이 없도록 최소한으로 위치하여야 한다.

교대와 마찬가지로 교각도 배열, 형태 그리고 다양한 크기로 만들어진다. 선택된 교각의 형태는 상부구조물의 형식에 따라 달라진다. 그림 4.7은 이런 것의 대표적인 사례를 보여준다. 이 프리스트레스트 콘크리트 상부구조물에 선택된 일주식 교각은 이런 유형의 구조물에는 매우 잘 어울리지만, 여러 종류의 합성구조물과 콘크리트 바닥판으로 구성된 상부구조물에는 전혀 적용할 수 없을 것이다.

아래에 소개되는 몇 가지 교각의 주요 형태들은 현대식 교량 건설에 매우 유용하게 이용된다. 4.1절에서 설명한 교대와 마찬가지로, 공용중인 교각의 일반적 형태는 수많은 순열로 이루어져 있음을 명심하여야 한다.

그림 4.7 프리스트레스트 콘크리트 교량을 지지하는 단주식 교각열

교각은 미관이 좋은 구조물과 매력적이지 않은 구조물의 차이를 보여준다. 단순함은 교각을 설계할 때의 법칙이다. 사진의 교각은 탄성 받침과 그 위의 프리스트레스트 콘크리트 구조물을 잘 결합시키고 있다. 이렇게 상대적으로 얇은 교량받침은 교각에서 상부구조물로 시각적으로 원만한 변환을 나타낸다. 강교와 목교를 포함한 대부분의 구조물에서 콘크리트는 하부구조물 부재의 재료적 선택이다. 그러나 강재 또는 더 낮은 등급의 목재도 교각의 재료로 쓰이고 있다(즉, 강재 프레임 교각 또는 목재 지지용 구조물).

4.2.1 교각의 형태

그림 1.5에서와 같이, 몇 가지 기본적인 교각의 형태가 표시되어 있다. 교대와 마찬가지로 교각도 상부구조물을 지지하는 교량받침대가 있다. 그림 4.8에서와 같이 망치머리 형태의 코핑 위에 개별적인 교량받침대가 배치된다. 교량받침은 받침대 위에 위치하며, 그 위에는 상부구조물이 위치하게 된다. 그림 4.8에 보는 바와 같이 5개의 교량받침이 상부구조물을 지지한다.

교량 구조물은 일주식 기둥, 다주식 기둥, 벽체식 기둥 또는 말뚝군으로 지지된다. 이러한 기둥요소들은 기초, 말뚝 또는 그 혼합형의 기초구조물에 연결된다.

그림 4.8 시공중인 이주식 콘크리트 교각

T형 교각은 많은 도로교에서 쓰이는 대중적인 형태이다. 1절에서 언급한대로 T형 교각은 비교적 높은 교각에 사용된다. 그 이유는 짧은 교각기둥은 매우 무겁게 보이기 때문이다. 몇몇 교통관련 부서에서는 지간장대 교하공간의 비로 T형 교각을 사용할지 여부를 결정하는 표준으로 두고 있다. T형 교각은 위의 사진과 같이 일주식 또는 다주식 기둥과 결합하여 사용되고 있다. 교각 기둥도 사각형 또는 원형단면으로 시공되고 있다. 사진의 교각과 같이 두 개의 기둥이 하나의 수평보와 연결된 교각을 π형 교각이라 부른다.

1. T형 교각

T형 교각이란 코핑 모습이 알파벳 T의 모양과 같고, 일주식이나 다주식 기둥을 사용한다. 그림 1.5, 4.8 및 4.9는 다양한 T 형상의 교각을 나타낸다. 그림 4.9와 같은 T형 교각은 전통적으로 철근콘크리트로 시공된다. 지지기둥은 보통 사각형(또는 다른 다각형 모양) 또는 원형의 단면을 가지며, 기초구조물까지 확장된다.

T형 교각은 그 자체의 미관과 적은 공간 사용성, 하부로 많은 교통량을 소화할 수 있어 주로 도심지역에서 사용된다. 앞에서 설명했듯이, T형 교각은 비교적 큰 교하공간을 확보하는데 매우 매력적인 형태이다.

그림 4.9 코핑부 거푸집을 준비중인 T형 교각

사진에서 보이는 것은 T형 교각의 강재 거푸집이다. T형 교각은 아직도 현장에서 코핑부를 위한 거푸집을 제작하는 경우가 많다. 교대의 경우 그림 4.4와 같이 목재 거푸집을 사용하지만, 이 그림에서의 교각은 강재를 사용한다. 작업자들이 교각에 접근이 용이하도록 비계를 세운다.

콘크리트가 거푸집 안에서 그 기능을 제대로 발휘하고, 만족스러운 형태를 가질 수 있도록 거푸집은 견고하게 제작되어야 한다. 거푸집은 목재든 금속이든 모르타르에 친화적이고, 콘크리트를 타설할 때 뒤틀림이 일어나지 않도록 충분히 강하도록 제작되어야 한다. 거푸집의 조립과 해체는 일반적으로 시공자에 의해 계획된다.[4.12]

T형 교각은 하부의 교통선이 교량구조물과 예각으로 지나갈 때(Skew) 가장 매력적인 해결방법이다. 일자형 교각과 비교하여 일주식 T형 교각(그림 4.9 참조)은 훨씬 개방감이 있으며, 많은 교통량을 소화할 수 있는 구조물을 제공하는 매력적인 해결방법이다.

2. 일자형 교각

일자형 교각이란 이름 자체에서 느낄 수 있듯이, 상부구조물을 기둥이 바로 지지하는 골조 형태의 구조물이다. 일자형 교각은 고속도로 교량의 교각 형식으로 가장 대표적인 것 중의 하나이다.

일자형 교각은 넓거나 깊게 형성된 확대기초 위에 바로 지지되며, 주로 철근콘크리트로 시공된다. T형 교각과 마찬가지로 기둥은 원형이나 사각형 단면을 가지며, 이중 원형단면이 더 많다.

3. 말뚝식 교각

말뚝식 교각은 일자형 교각의 지지기둥과 기초의 개념을 지지말뚝으로 대체하는 것이다. 끝열의 말뚝은 일반적으로 교량의 횡방향으로 경사지게 시공된다. 말뚝은 보통 콘크리트뿐 아니라 나무로도 시공된다. 말뚝식 교각은 일반적으로 해상에서 사용되며, 상대적으로 좁은 수로의 통과용으로 적합하다.

그림 4.10 서로 다른 구조재료로 구성된 거더를 지지하는 교각

사진의 교량 거더에는 약간 독특한 차이점이 있다. 자세히 보면 왼쪽 경간은 강재 거더, 오른쪽 경간은 프리스트레스트 콘크리트 거더로 만들어져 있다. 그림 3.60의 설명에서 같은 구조물에서 강재와 프리스트레스트 콘크리트가 주재료로 쓰일 수 있다는 것이 언급되었다. 이런 특이한 구조물에서 강재 거더는 회색으로 보호 코팅이 되어 있으며, 이는 교량하부를 통과하는 운전자에게 재료상의 미묘한 차이를 보여준다. 재료분야에 대해 더 토론을 하자면, 교량에 강재나 콘크리트 중에 어느 것이 더 나은 것인가에 대한 유일한 대답은 하나일 것이다. 양쪽 모두 가능하다.

이런 종류의 말뚝식 교각은 노출된 부분의 부식, 해상교통에 의한 충돌, 쓰레기 더미 등에 의한 유지보수의 문제점이 있다. 위에 지적한 부분들에 대한 적절한 해결방법이 강구된다면 말뚝식 교각은 많은 교량에서 가장 경제적인 해결방법이다.

4. 벽체식 교각

벽체식 교각이란 이름 자체에서 느낄 수 있듯이, 확대기초나 말뚝으로 이루어진 기초에서 올라온 단단한 벽체식 구조물이다. 벽체의 상단은 상부구조물을 지지하는 교량 받침대가 위치한다. 미학적인 이유로 벽체의 측면을 경사지게 만든다(즉, 벽체는 아래쪽보다 위쪽이 더 넓다).

그러나 지나치게 교폭이 넓은 상부구조물에 벽체식 교각을 사용하는 것은 바람직하지 않다. 그 이유는 교폭이 넓은 상부구조물의 하부는 통과차량에게는 긴 터널과 같은 효과를 주며, 이를 위해 별도의 조명시설이 필요하기 때문이다.

그림 4.11 교체시기가 도래한 하천 내 벽체식 교각

벽체식 교각은 하천을 횡단하는 교량에 잘 어울린다. 얇은 두께의 벽체를 하천의 흐름 방향으로 배치하므로써 유수의 최소저항만을 받게 할 수 있다. 하천에서 벽체식 교각의 또 다른 장점은 다른 다주식 교각에서와 같이 쓰레기가 몰리는 경향이 없다는 것이다. 사진에 보인 벽체식 교각은 명백히 보수가 필요하다. 이런 특수구조물에 연관된 보수작업은 단계적 시공법을 사용하여 실행한다. 이것은 구조물의 반쪽에서 공사가 진행되면서 나머지 반쪽은 교통이 유지되도록 시공하는 것이다. 공사 후에는, 보수된 반쪽으로 교통이 통과되고, 구조물의 나머지 반쪽의 공사가 시작된다.

벽체식 교각은 주로 수로의 횡단에 사용되는데, 그 이유는 얇은 두께의 벽체를 물의 흐름과 같은 방향으로 배치할 수 있기 때문이다.[4.11] 이러한 기능은 홍수에 최소 저항 흐름(그림 4.11 참조)을 제공하는 것으로 알려져 있다.

5. 합성형 교각

합성형 교각은 상부구조물과 강절로 연결되어 있다. 이런 교각 형식은 일반적이지 않고, 매우 특수한 구조물에 적용되며, 특히 교하공간을 확보하지 못했을 경우로 국한된다.

6. 일주식 교각

일주식 교각은 앞의 그림 4.7에 표시했다. 이러한 교각의 명백한 장점은 최소한의 공간사용이다. 벽체식 교각과 마찬가지로 일주식 교각은 단면이 경사지거나, 기초부분보다 상부가 넓은 횃불형 기둥으로 이루어진다. 이런 유형의 교각은 상부구조물 아래의 교통흐름을 개방적이고 자유롭게 흐르는 모양으로 제공하며, 특히 프리스트레스트 콘크리트 박스형 상부구조물과 결합했을 때 매우 매력적이다. 그림 4.7과 같이 일주식 교각은 교량받침을 설치할 수도 있고, 상부구조와 일체식으로 만들 수 있다(즉, 합성형 교각과 같이 상부구조와 강절로 연결될 수 있다).

4.2.2 교각의 거동과 하중

교각은 기초지반에 단단하게 연결된 벽체 또는 기둥으로 구성되어 있다. 이러한 구성으로 교각은 수직, 수평하중 하에서 캔틸레버 기둥으로 거동한다.

교각이 고정식 교량받침을 지지하는 경우에는 전도하는 모멘트에 저항하기 위해 더 넓은 기초의 크기가 요구된다. 교각이 가동식 교량받침을 지지하는 경우에는 축방향 하중이 기초방향으로만 작용하기 때문에 상대적으로 적은 폭의 기초구조물이 가능하며, 상부구조물로부터 전달된 교축방향 하중은 교량받침의 마찰력을 유발한다.

교각을 설계할 때 주로 사용되는 수평력은 상부구조물로부터의 제동력, 풍하중, 유체하중, 지진력 등이다. 풍하중, 활하중에서 발생된 원심력, 지진력, 선박충돌 등은 교각에 미치는 중요한 횡하중이다.

교각에 대한 하중을 계산할 때에는 3.5.5절 표 3.2에서의 하중조합에 유의한다. 여기서 쓰이는 하중조합은 최악의 상황에 대한 것이다.

4.2.3 설계기준

교량의 다른 구조적 구성요소의 경우와 마찬가지로, 교각의 설계는 기본적인 강도와 사용성 기준을 충족하면 된다. 일반적으로 고속도로 교량 교각의 설계는 다음을 따른다.

- 전도에 대한 안전
- 슬라이딩에 대한 안전
- 지반, 말뚝, 기초에 대한 안전
- 과도한 침하 또는 부등침하 대한 안전
- 교각(기둥, 지지대, 기초 등)의 구조적 오류에 대한 안전

교량설계에서 점점 더 인식되고 있는 또 다른 요인은 교각(그리고 교대) 위치에서 세굴의 위험성이다. 구조물을 설계할 때에는 세굴의 가능성이 적절히 고려되어야 하며, 홍수나 급류로 인한 교각기초의 침식을 방지하기 위해 세굴방지공(즉, 사석)이 준비되어야 한다(2.3.7절 참조).

다주식 교각을 해석할 때에는 모멘트분배와 같은 해석기술이 필요하다(3.12.3절 참조). 설계자는 이런 형식의 교각에서 조인트간 거리가 비교적 먼 것에 주의하여야 한다. 이런 이유로 견고한 조인트 골조의 효과를 고려한 수정된 모멘트분배법이 필요하다.

오늘날과 같은 설계환경에서는 일반적인 다주식 교각의 골조해석을 컴퓨터의 도움으로 충분히 계산을 수행할 수 있다. 1960년대에 만들어진 이러한 프로그램들은 약간의 수정에도 불구하고 오늘날에까지 널리 유용되고 있다. 현재 시장에서 통용되는 대부분의 범용 유한 요소 프로그램 패키지는 교각의 이러한 종류의 분석을 수행하는 일을 한다. 이러한 시스템을 사용하여 주교각의 모델은 다양한 하중조합에서도 각 부재와 절점에 작용하는 모멘트와 전단력을 정확하게 산출할 수 있다. 기둥과 코핑의 철근콘크리트 설계도 가능하다.

교각을 설계할 때, 교각에서 최대 반력이 작용하도록 활하중을 교축방향으로 위치시켜야 한다. 그러면 활하중이 다양한 하중조건이 생길 수 있도록 교축직각 방향으로 놓이게 된다. 트럭하중은 폭 1.8 m로 차선 끝 또는 보차도 경계석에서

600 mm 떨어지게 한다. 교각설계에서는 1차선 재하, 2차선 재하, 3차선 전체 재하를 통해 교각, 기둥, 기초에 가장 불리한 단면력이 생성되도록 한다. 3.5.3절 1항에서 논의한 대로 활하중의 다차로재하계수가 포함되어야 한다. 서로 다른 하중조건에 따라 같은 교각에서도 서로 다른 구조요소로 계산될 수 있다. 예를 들면, 1차선만 재하되는 경우에는 코핑부분이 가장 불리하며, 바깥쪽 2차선만 재하되는 경우에는 교각 기둥이, 전차선이 활하중으로 재하되는 경우에는 기초부분이 가장 취약하다. 이때 모든 경우의 하중상태에서 활하중은 표 3.2에서 정의된 풍하중, 온도변화, 지진력 등과 같은 다른 모든 하중과 결합되어야 한다.

이처럼 교각의 설계에서 수 백 가지의 하중조합이 복잡하게 연관되어 있으므로, 각 구조요소의 단면력을 찾아내는 컴퓨터 프로그램을 사용하여 설계된다. 이런 컴퓨터의 도움이 없다면 교량기술자는 구조물에 가장 불리하게 작용하는 하중조합을 찾을 수 없을 것이다.

교각들의 기하학적 구조가 현장의 특수한 사정에 의해 서로 다를지라도, 교각의 설계는 일반적으로 같은 현장표준을 따라야 한다. 예를 들면, 같은 직경의 기둥을 사용하는 것이다. 이것은 같은 크기의 거푸집을 재사용함에 큰 도움이 된다. 앞에서 논의한대로, 동종의 설계는 교량 시스템의 모든 구조물의 유지보수에도 큰 도움이 된다.

여기에는 미적인 요소도 매우 중요한 부분이 된다. 비록 토목기술자들이 건축기술자보다 미학적인 관심을 덜 가지더라도 교량의 미학은 매우 중요하다.

4.2.4 압축부재의 설계

교각설계에서 가장 중요한 요인은 압축부재의 설계이다(즉, 일자식 교각 기둥). 일반적으로 철근콘크리트 요소의 설계는 도로교설계기준 제5장에 규정되어 있다. 이 책의 범위는 교각 구성요소의 설계에 적용하는 설계기준의 모든 상세한 분석 범위를 벗어날 수도 있다.

다음의 논의는 압축부재의 설계를 좌우하는 주요 기준 중에서 일부를 제공한다. 텍스트에서 주어진 대부분의 수식들은 관련된 설계기준으로부터 발췌된 것이다.

그림 4.12 수중에 위치한 이주식 교각

사진에서처럼 교량을 지지하고 수중에 위치하여 교량의 주요소로 작용하는 교각이던지, 작은 도로에 위치한 작은 일체식 교각이던지, 교각을 보호하는 것은 중요한 문제이다. 혼잡한 해상 교통지역에 위치한 교각은 그 지지성능이 약해지지 않도록 충돌방지공 등의 보호장치로 보호되어야 한다.

1. 설계 고려사항

압축부재의 축방향 하중강도는 보강된 철근의 양과 형태(예, 유선형 또는 타이), 부재의 하중형태(예, 순수압축 또는 휨압축), 부재의 강성과 정착에 의해 영향을 받는다. 대부분의 교각구조물은 수평력에 의해 좌우되는데, 이는 횡방향(교직방향) 처짐과 휨모멘트 때문이다. 극한모멘트 M_u는 이런 것의 결과물이다. 교각기둥의 최대 압축강도는 이러한 이유로 감소된다. 압축부재의 축방향 하중강도는 다음의 요소에 좌우된다.

- 사용된 콘크리트 강도
- 철근의 항복강도
- 부재의 단면적
- 종방향 철근량
- 횡방향 보강에 의한 구속

만약 기둥의 휨모멘트가 어떤 특정값 이상이면 이 값은 지배하고, 기둥은 압축력을 받는 휨부재가 될 것이다. 그러나 대부분의 교각기둥은 압축력이 강도를 지배하게 되어 휨모멘트를 받는 압축부재로 거동한다.

2. 세장효과

압축부재의 단면이 부재의 길이에 비해 상당히 작을 경우, 이 부재를 세장하다고 한다. 그 부재의 세장 정도는 세장비(slenderness ratio)의 값에 달려 있다. 압축부재의 세장비는 다음과 같이 정의된다.

$$\frac{kL_u}{r} \qquad \text{식 (4.38)}$$

여기서, k : 압축부재의 유효길이에 대한 계수
L_u : 압축부재의 비지지 길이
r : 회전반경

그림 4.13은 기둥의 각종 단부조건에 대한 유효길이 계수 k의 이론적인 값을 표시 한다. 압축부재가 양단힌지로 지지되었을 경우에는 유효길이 계수 k를 1.0으로 간주한다. 만약 한쪽 단이 지지되어 있지 않는 경우에는 1.0보다 큰 값을 쓰며, 균열 단면적과 부재의 상대 강성에 대한 철근량을 사용하여야 한다.

압축부재의 비지지 길이 L_u는 횡방향 지지를 제공하는 슬래브, 거더 또는 다른 부재들 사이의 순간격으로 정의된다. 만약 헌치가 있다면 비지지길이는 헌치 끝에서 부재 단부까지의 거리를 사용한다.

기둥의 회전반경에 대한 일반적인 식은 앞장의 식 (3.248)에 주어져 있다. 이 식은 부재의 어떤 단면형태에도 적용이 가능하다. 회전반경 r에 대한 식은,

$$r = q l_s \qquad \text{식 (4.39)}$$

여기서, q : 0.30(직사각형 단면의 압축부재)
q : 0.25(원형 단면의 압축부재)
l_s : 안정성이 고려되는 방향에서의 전체 길이

만약 압축부재가 양단지지 되었을 경우에는 세장효과는 다음 조건 하에서 무시될 수 있다(도로교설계기준 - 한계상태설계법 5.6.6.2).

$$\frac{kL_u}{r} < 34 - \frac{12M_{1b}}{M_{2b}} \qquad \text{식 (4.40)}$$

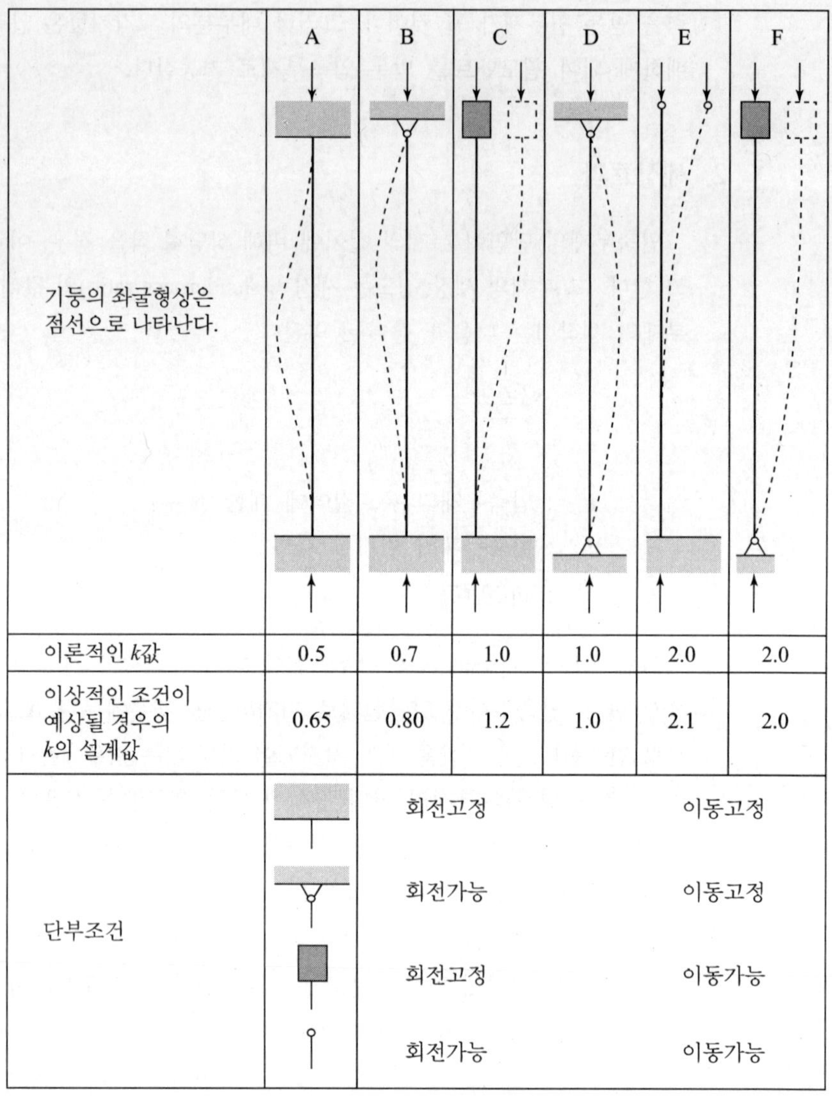

	A	B	C	D	E	F
기둥의 좌굴형상은 점선으로 나타난다.						
이론적인 k값	0.5	0.7	1.0	1.0	2.0	2.0
이상적인 조건이 예상될 경우의 k의 설계값	0.65	0.80	1.2	1.0	2.1	2.0

단부조건		
	회전고정	이동고정
	회전가능	이동고정
	회전고정	이동가능
	회전가능	이동가능

그림 4.13 유효길이 계수 k

기둥의 유효길이는 kL의 곱에 의해 정의되고, 기둥에서 허용압축력을 결정하는데 사용된다. 유효길이 계수 k는 이상적인 핀 연결 기둥의 유효길이 대 각종 단부조건을 가진 실제 기둥길이의 비이다. kL의 곱은 기둥 좌굴형상에서 변곡점 사이의 거리이다. 기둥 끝에서 회전과 이동의 구속은 기둥에서 변곡점의 위치에 영향을 미친다. 유효길이 계수 k의 이론적인 값은 그림 4.13에 나타나 있다. 기둥 단부 조건이 회전과 이동에 대한 이상적인 조건과 완전히 일치하지 않으므로 추천값은 이상적인 값보다 크다. 전단벽의 연결로 적절히 보강되지 않았거나 브레이싱 보강이 없는 기둥의 횡방향 안정성은 강결 연결된 보의 휨강성에 달려 있다. 유효길이 계수 k는 기둥 단부에 연결된 보의 휨강성의 함수이다. 만약, 보의 휨강성이 작다면 k값은 2.0을 넘을 수도 있다. 리벳이나 볼트로 연결된 트러스 부재(부분 구속)의 k 설계값은 0.75이다. 핀 연결된 트러스 부재의 설계값은 0.875이다.[4.13]

여기서, M_{1b} : 압축부재의 단부모멘트 중 작은 값

M_{2b} : 압축부재의 단부모멘트 중 큰 값

M_{1b}/M_{2b}은 부재가 단일 곡률일 경우 양의 값, 이중 곡률일 경우에는 음의 값을 갖는다. 만약 압축부재의 한쪽 단이 지지되지 않을 경우에는 세장효과가 다음의 조건 하에서 무시될 수 있다(도로교설계기준 - 한계상태설계법 5.6.6.1).

$$\frac{kL_u}{r} < 22 \qquad \text{식 (4.41)}$$

만약 세장효과가 식 (4.40), (4.41)의 결과로 지정된 한계를 초과하게 된다면, 그 효과는 모멘트 확장 계수 또는 다른 기준의 사용을 통해 접근할 수 있다. 만약 세장비 kL_u/r가 100을 초과한다면, 더욱 세밀한 분석이 요구된다. 이 세밀한 분석은 "축하중과 부재강성도에 따른 다양한 모멘트와 단부 모멘트 등에 의한 영향, 모멘트와 단면력에 의한 처짐효과, 하중재하 기간의 효과"[4.13]를 포함하여야 한다.

압축부재의 설계는 Euler의 일축좌굴하중 P_e를 사용하는데, 이것은 부재가 임계하중의 재하로 좌굴이 발생하기 시작하는 시점이다. 이 좌굴하중(임계하중)을 계산하는데 사용하는 방법은 세장한 기둥에 일축하중을 재하하는 방식으로 Euler에 의해 처음 개발되었다. 임계하중은 다음과 같다.

$$P_e = \frac{\pi^2 EI}{(kL_u)^2} \qquad \text{식 (4.42)}$$

여기서 가장 간단한 경우는 양단힌지로 지지된 탄성기둥으로, kL_u는 기둥의 유효길이이고, E는 부재의 탄성계수이다. 만약 좌굴응력(임계응력) P_e/A가 탄성한계(또는 항복응력)보다 크다면 표준적인 Young 계수보다 접선계수가 적용된다. 접선계수란 재료의 응력 - 변형률 곡선에서 접선의 기울기에 의해 정의되는 계수이다.

그림 4.13에서 표시된 좌굴의 형상들은 식 (4.42)를 이해하는데 도움이 될 것이다. 만약 압축부재가 그림 4.13 A와 같이 양단고정으로 지지되어 있다면 변곡점까지의 거리는 $kL_u = L_u/2$가 된다. 따라서, 식 (4.42)에 의해 양단고정으로 지지된 기둥은 힌지인 경우보다 4배의 힘을 더 받을 수 있다.

휨강도 EI를 계산하려면 도로교설계기준에서 제공하는 두 개의 방정식 중 더 큰 값을 사용한다.

$$EI = \frac{(E_c I_g / 5) + E_s I_s}{1 + \beta_d} \qquad \text{식 (4.43)}$$

그리고

$$EI = \frac{E_c I_g / 2.5}{1 + \beta_d} \qquad \text{식 (4.44)}$$

여기서, E_c : 콘크리트의 탄성계수, MPa

E_s : 철근의 탄성계수, MPa

I_g : 총 콘크리트 단면의 관성모멘트, mm^4

I_s : 철근의 관성모멘트, mm^4

그리고

$$\beta_d = \frac{\text{최대 계수화된 영구모멘트}}{\text{최대 계수화된 총 하중모멘트}} \qquad \text{식 (4.45)}$$

식 (4.45)에서 정의된 β_d계수는 크리프 효과의 근사치로서, 장기간에 걸쳐서 재하된 하중에 의한 모멘트가 작용할 때, 크리프 변형과 그와 관련된 곡률도 증가한다.

임계 하중이 계산되면 확대된 계수모멘트도 다음을 이용하여 계산할 수 있다.

$$M_c = \delta_b M_{2b} + \delta_s M_{2s} \qquad \text{식 (4.46)}$$

여기서, M_{2b} : 중력에 기인한 큰 단부 모멘트

M_{2s} : 횡변위를 유발하는 횡하중 또는 중력에 기인한 큰 단부 모멘트

첫 번째 모멘트인 M_{2b}는 횡변위가 발생하지 않는 하중이고, 후자인 M_{2s}는 변형 Δ에 의한 횡변위를 유발시킨다. Δ는 다음과 같이 정의된다.

$$\Delta > \frac{L_u}{1500} \qquad \text{식 (4.47)}$$

이런 모멘트는 기존의 탄성 골조해석을 통하여 계산할 수 있으며, 모두가 항상 양의 값이다.

다음 식에 정의된 모멘트 확대계수를 위의 모멘트에 적용한다. 가로흔들이가 없는 부재에서의 이 값은,

$$\delta_b = \frac{C_m}{1-(P_u/\phi_k P_e)} \geq 1.0 \qquad \text{식 (4.48)}$$

그리고 가로흔들이가 있는 부재에서의 값은,

$$\delta_s = \frac{1}{1-\left(\sum P_u / \phi_k \sum P_e\right)} \geq 1.0 \qquad \text{식 (4.49)}$$

여기서, P_u : 주어진 편심을 고려한 축하중, N

P_e : Euler 좌굴하중, N

C_m : 실제의 모멘트도와 등가인 등분포 모멘트도 사이의 관련 계수

ϕ_k : 콘크리트 부재의 저항계수 0.75, 철근부재의 저항계수 1.0

고정지지된 부재에서 δ_s는 1.0이다. 고정지지되지 않은 부재에서 모멘트 확대계수 δ_b는 양단지지 부재력에서, δ_s는 일단지지 부재력에서 계산된다(AASHTO 4.5.3.2.2b).

등가 등분포 모멘트도와 실제의 모멘트도 사이의 관련 계수 C_m은 통상적으로 1.0이다. 그러나 양단지지된 부재에서 횡하중이 없는 경우에는 다음과 같다.

$$C_m = 0.60 + 0.40\left(\frac{M_{1b}}{M_{2b}}\right) \qquad \text{식 (4.50)}$$

여기서, M_{1b}, M_{2b}는 식 (4.40)에서 정의되었다.

3. 상호작용 다이어그램(상관도)

압축과 휨을 동시에 받는 압축부재의 강도결정은 복잡하다. 다음의 하중조건을 가정한다.

$$P = P_{no}, \qquad M = 0 \qquad \text{식 (4.51)}$$

이러한 상황에서 압축부재는 콘크리트가 압착되며 파괴된다. 또한 다음의 하중조건을 가정한다.

$$P = 0, \qquad M = M_{no} \qquad \text{식 (4.52)}$$

이런 경우에는 압축부재가 보에서처럼 철근의 항복강도를 초과할 때 파괴된다.

그림 4.14는 철근콘크리트 기둥에 대한 전형적인 상관도를 보여준다. 상관도에 주어진 곡선에서 Y축의 상관곡선은 식 (4.51)에 의해 정의된 상황이고, X축의

상관곡선은 식 (4.52)에 의해 정의된 상황이다.

상관도는 압축부재의 소요강도를 계산하는데 있어서 매우 유용한 설계 보조도구이다. 상관도에서 얻어진 P와 M의 값은 계수화된 값이 아니다. 따라서 설계자는 적절한 저항계수 ϕ를 이 값에 곱하여야 한다.

그림 4.14와 4.15에 묘사된 상관도는 다음과 같은 압축부재의 성격에 기반을 둔다.

- 단면 형상(즉 원형, 사각형)
- 단면 크기
- 사용된 콘크리트의 강도
- 사용된 철근량과 강도

상관도의 사용은 기둥에서 콘크리트 강도가 최대 4 ksi[4.14]까지 제한된다. 이 제한은 등가 사각 응력 블록을 정의하는 매개변수가 더 이상 일정하지 않으며, 오히려 콘크리트 강도의 증가값으로 감소하는 매개변수이기 때문이다. 상관도는 미국 콘크리트 학회에서 핸드북으로 발행되었다. 컴퓨터 소프트웨어를 사용할 수 없는 경우에는 설계자는 상관도를 절대적으로 신뢰할 수 있다.

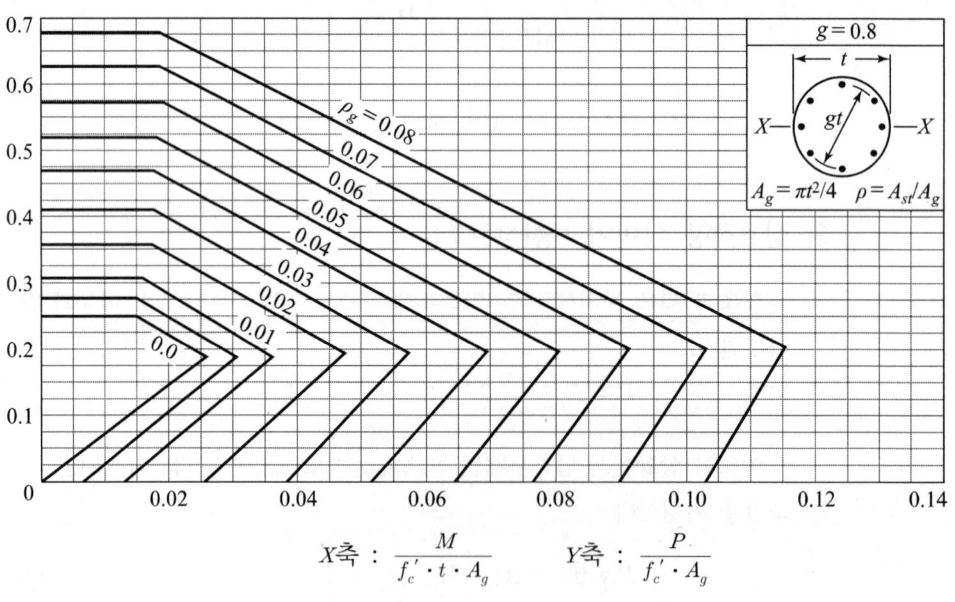

그림 4.14 둥근 나선형 기둥의 상관도 $g = 0.8$, $f_c{}' = 3.0$ ksi, $f_y = 40$ ksi

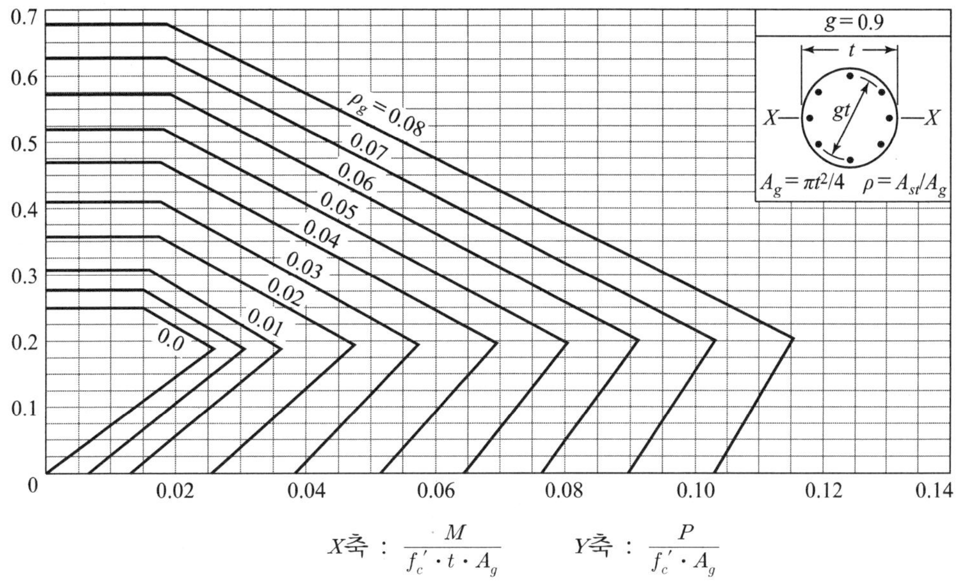

그림 4.15 둥근 나선형 기둥의 상관도 $g = 0.9$, $f_c' = 3.0$ ksi, $f_y = 40$ ksi

4. 철근보강의 한계

철근콘크리트 기둥의 경우, 최대 종방향철근량은 전체 단면적의 8%이어야 한다. 최소 종방향철근량은 다음과 같은 요구사항을 충족해야 한다.

$$\frac{A_s f_y}{A_g f_c'} \geq 0.135 \qquad \text{식 (4.53)}$$

종방향 철근의 최소 크기는 5호(16 mm)이어야 하고, 기둥당 철근의 최소 개수는 원형단면의 경우 6, 사각단면의 경우에는 4이다.

교각기둥의 횡방향 철근으로 쓰이는 나선형 철근의 순간격은 25 mm 또는 최대 골재크기의 1.33배 이상이어야 한다. 철근의 중심 간격은 150 mm 또는 종방향 철근 직경의 6배를 넘으면 안 된다. 콘크리트 코어 전체 체적에 대한 나선형 철근의 비율(나선형 철근의 외측에서 외측까지 측정)는 다음과 같은 요구사항을 충족하여야 한다.

$$\rho_s \geq 0.45\left(\frac{A_g}{A_c} - 1\right)\frac{f_c'}{f_{yh}} \qquad \text{식 (4.54)}$$

여기서, A_g : 콘크리트 단면의 총면적

A_c : 코어부분의 면적

f_{yh} : 나선형 철근의 항복강도

지진영역 3과 4의 교량에서 종방향 철근의 총단면적은 총단면적의 1%보다 작거나 6%보다 크면 안 된다(AASHTO 5.10.11.4). 소성힌지를 생성하기 위하여, 식 (4.54)는 다음과 같이 수정되어야 한다.

$$\rho_s \geq 0.12 \frac{f_c'}{f_y} \quad \text{식 (4.55)}$$

원형기둥의 경우 나선형 철근이 선호되고, 사각형 기둥에 대해서는 띠철근을 사용해야 한다. 띠철근의 경우 최소크기는 4호(13 mm)를 쓰며, 철근 간격은 300 mm 또는 가장 작은 기둥의 크기를 초과할 수 없다. 지진영역 3과 4에서, 기둥의 연성을 강화하기 위해 띠철근간격은 100 mm 또는 최소 기둥크기의 1/4을 초과할 수 없다(AASHTO 5.10.11.4).

4.2.5 보수와 유지관리

교량 교각에 대한 열화의 주요 원인은 교대의 그것과 매우 유사하다. 교각은 교량의 끝쪽에서 그들을 손상하게 하는 많은 문제들로부터 늘 고통을 당하고 있다. 균열, 표면 열화, 부등침하나 세굴과 같은 물리적인 현상에 의한 구조적 안정성 문제 등은 교각이나 교대의 구조적 요소에 대한 변수이다.

교각은, 교량에서 힘 전달의 중간적 위치인 이유로 교대보다는 위에 열거된 문제점에 더 노출되는 경향이 있다. 이것에 대한 예는 다음과 같다.

- 세굴
- 하부 교통하중과의 충돌
- 빙원과의 충돌

교각은 한 스팬만을 지지하는 교대에 비해 두 스팬을 지지하기 때문에 더 부담감이 크다. 하부구조물의 두 요소인 교각과 교대 사이에는 손상의 차이가 있는 반면에, 직면하고 있는 다른 문제들은 대부분 비슷하다.

손상과 보수방법에도 이러한 공통점 때문에 4.1.8절에서 묘사된 바와 같이 개선과 유지보수방법도 유사하다. 어쨌든 두 구조요소의 차이점을 잘 인식하여야 한다. 예를 들면, 교각재료로는 강재도 사용되나 교대에는 거의 쓰이지 않는다. 또 다른 차이는 벤트를 교각과 같이 쓰는 것으로 기둥벤트나 말뚝벤트, 파편더미나 그것에 역행하는 효과들이 교대보다는 교각에 더 관련이 있다.

예제 4.2 교각의 내진설계

문제 그림과 같은 다주식 교각에서 안쪽의 기둥이 지진하중을 수용할 수 있는지 해석하시오.

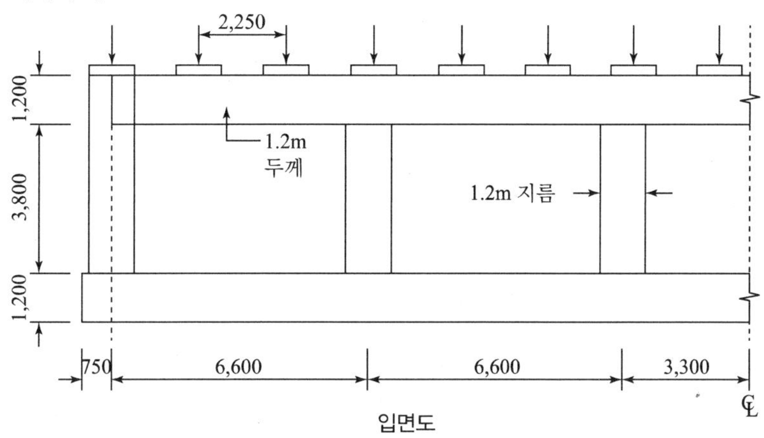

입면도

조건 ① 3경간 교량(9 m–19 m–9 m)이 고속도로를 가로지른다.

② 35쌍의 말뚝이 중심간격 1 m의 간격으로 기초의 길이 방향을 따라 시공된다.

③ 기둥의 간격은 중심간격으로 6.6 m이며, 5열로 되어 있다.

④ 콘크리트의 강도는 f_{ck}=40 MPa이다.

⑤ 철근의 항복강도는 f_y=400 MPa이다.

⑥ 반력은 아래 표와 같다. 활하중은 무시한다.

⑦ 상부구조물의 자중은 400 kN/m이다.

⑧ 지진구역계수(I구역)=0.1, 위험도계수(1000년)=1.4, 가속도계수(A)=0.11 ×1.4=0.154

Span	R_F(Fascia)	R_I(Interior)	R_M(Mall)	$2R_F+12R_I+2R_M$
End	89.35 kN	87.71 kN	85.75 kN	1402.67 kN
Center	197.48 kN	201.84 kN	197.48 kN	3212.06 kN
Total	286.84 kN	289.55 kN	283.23 kN	4614.73 kN

해설 이 예제는 설계예제 4.1의 연장이다. 여기서는 기존의 다주식 교각이 지진하중을 수용할 수 있는지 분석을 수행할 것이다. 한계상태 1(지진하중)만이 여기서 검토된다.

간략한 해석을 위해 교각프레임의 모멘트분배 해석을 생략한다. 예제 4.1에 주어진 현장변수(즉, 가속도 계수)를 교각해석에도 적용한다.

측경간의 총반력 1402.67 kN이 적용된다. 그러나 교각에서 중앙과 측경간 모두 지지되어야 한다. 중앙경간의 총반력은 3212.06 kN으로 주어진다. 스트링거의 파괴는 교각에 하중을 가함으로써 나타난다. 교각에 나타나는 철근량, 하중조건 등 다른 변수들은 계산과 문제에 "주어진" 값으로 나타난다.

설계예제 4.1의 STEP 6에서 보인대로 3경간은 모두 단순교이다. 설계될 교각은 이동받침으로 측경간을 지지하고, 고정받침으로 중앙경간을 지지한다.

STEP 1 지진해석과 기타 기준의 형식을 결정한다.

이 교량은 지진구역에 따른 지진구역계수는 I구역에 해당하여 0.11을 사용하며 재현주기에 따른 위험도계수는 1000년 재현주기이므로 1.4에 해당한다. 지진지반운동의 가속도계수 A는 $0.11 \times 1.4 = 0.154$이다.

이 교량은 일정한 단면, 유사한 지점 그리고 균등한 질량과 강성을 가지고 있으므로 정규교량으로 간주된다. 2에서 6까지의 경간수이고 지진구역 I인 정규, 필수교량에 대해서 단일모드 스펙트럼 해석법을 사용한다.

도로교설계기준 8.5.3에 의하면 매우 조밀한 토사지반에 대해 :
지반종류 II : S = 지반계수 = 1.2

필수교량에 대한 응답수정계수(도로교설계기준 8.5.4)
다주식 교각 : $R = 5.0$

지진력 조합(도로교설계기준 8.6.4)
하중경우 I : 100% 종방향 운동 + 30% 횡방향 운동
하중경우 II : 30% 종방향 운동 + 100% 횡방향 운동

극한상태의 하중그룹 I가 사용되며, 지진동안 낮은 교통량에 의해 활하중은 무시된다.

해설 STEP 1 : 3.5.3절 3항에서 임시하중의 특성에 대해서 일반적으로, 그리고 지진하중에 대해서 특별히 논의하였다. 설계를 시작하기에 앞서 요구되는 해석의 종류(단순한 단일모드 스펙트럼 해석 혹은 더 복잡한 복합모드 스펙트럼 해석)를 결정하는 지진기준을 살펴볼 필요가 있다.

사용되는 해석의 종류는 구조물의 형상(즉, 단면이 일정한가 아닌가)과 교통망 내에서의 교량의 위치(즉, 가속도계수)에 따라 변한다. 주어진 구조물의 설계조건에 따라 단일모드 스펙트럼 해석법으로 충분하다는 결정을 내린다(방법 1, 등분포하중법 또한 사용될 수 있다). 계산하여야 할 또 다른 설계기준은 응답

수정계수이고, 이것은 탄성지진력을 R계수로 나누어 각 부재의 설계지진력을 결정하기 위하여 사용된다. 마지막으로 하중조합과 하중그룹이 정의된다.

STEP 2 교각의 강성 계산

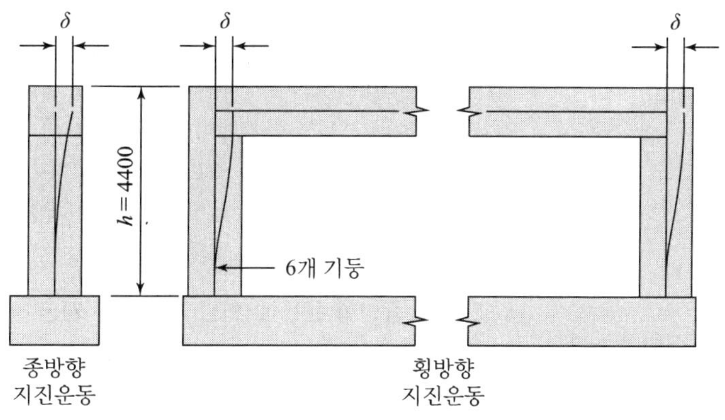

콘크리트 압축강도 $f_{ck} = 40$ MPa, $f_{cm} = 44$ MPa

콘크리트 단위 중량 $w_{con} = 2350\ \text{kg/m}^3$

콘크리트 탄성계수 $E_c = 0.077 w_{con}^{1.5} \sqrt[3]{f_{cm}} = 30967.78$ MPa

종방향 운동	횡방향 운동
$\delta = \dfrac{Ph^3}{3E\sum I} = \dfrac{Ph^3}{18EI}$	$\delta = \dfrac{Ph^3}{12E\sum I} = \dfrac{Ph^3}{72EI}$
$I = \dfrac{\pi d^4}{64} = \dfrac{\pi(1.2\text{ m})^4}{64} = 0.1018\text{ m}^4$	$I = \dfrac{\pi d^4}{64} = \dfrac{\pi(1.2\text{ m})^4}{64} = 0.1018\text{ m}^4$
$E = 30967.78$ MPa	$E = 30967.78$ MPa

$P = 1$에 의한 종방향 처짐을 계산한다.

$$\delta = \frac{(1)(4.4\text{ m})^3}{(18)(30967.78\text{ MPa})(0.1018\text{ m}^4)} = 1.5013 \times 10^{-6}\text{ m/kN}$$

종방향 강성 $k = 1/\delta = 6.661 \times 10^5$ kN/m

$P = 1$에 의한 횡방향 처짐을 계산한다.

$$\delta = \frac{(1)(4.4\text{ m})^3}{(72)(30967.78\text{ MPa})(0.1018\text{ m}^4)} = 3.7534 \times 10^{-7}\text{ m/kN}$$

횡방향 강성 $k = 1/\delta = 2.664 \times 10^6$ kN/m

해설 STEP 2 : 교각의 강성 계산

설계예제 4.1, STEP 5의 교대에서 수행했던 과정과 유사하게 교각의 강성을 계산한다. 이 강성은 종방향, 횡방향 모두의 지진운동을 받는 교각에 대해 계산한다.

독자들이 염두에 두어야 할 것은 종방향 지진운동에 저항하는 것은 교각의 횡방향 단면이고, 횡방향 지진운동에 저항하는 것은 교각의 종방향 단면이다.

교대에서 본 바와 같이, 단위 하중 1 kN이 저항단면의 처짐을 결정하기 위해 적용된다. 이 값의 역이 강성이다. 콘크리트에 쓰여진 탄성계수(40 MPa 강도)의 계산은 설계예제 4.1의 STEP 5에 보였다.

단위 하중으로 인한 처짐이 계산된다면, 이 처짐의 역은 종방향 지진운동에 저항하는 강성이고, 횡방향에 대해서도 마찬가지이다.

STEP 3 종방향 운동에 의한 지진하중 계산

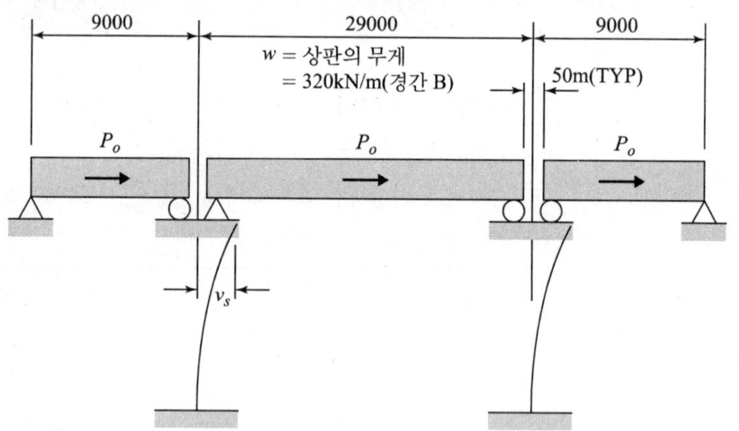

$P_o = 1$에 의한 정적 변위 계산

$$v_s = \frac{P_o L}{k} = \frac{(1\ \mathrm{kN/m})(29.0\ \mathrm{m})}{6.661 \times 10^5\ \mathrm{kN/m}} = 4.354 \times 10^{-5}\ \mathrm{m}$$

단일모드계수 α, β, γ값 계산

$$\alpha = \int_0^L v_s(x)dx = v_s L = (4.354 \times 10^{-5}\ \mathrm{m})(29.0\ \mathrm{m}) = 1.26 \times 10^{-3}\ \mathrm{m}^2$$

$$\beta = \int_0^L w(x)v_s(x)dx = \alpha w = (1.26 \times 10^{-3}\ \mathrm{m}^2)(320\ \mathrm{kN/m}) = 0.404\ \mathrm{kN\ m}$$

$$\gamma = \int_0^L w(x)v_s^2(x)dx = \beta v_s$$

$$= (0.404\ \mathrm{kN\ m})(4.354 \times 10^{-5}\ \mathrm{m}) = 1.7592 \times 10^{-5}\ \mathrm{kN\ m}^2$$

진동주기 계산

$$T = 2\pi\sqrt{\frac{\gamma}{P_o g\alpha}} = 2\pi\sqrt{\frac{1.7592\times10^{-5}\,\mathrm{kN\,m^2}}{1\,\mathrm{kN/m}\times(9.81\,\mathrm{m/s^2})\times(1.26\times10^{-3}\,\mathrm{m^2})}}$$

$$= 0.237\,\mathrm{sec}$$

탄성지진응답계수 계산

A = 가속도계수 = 0.154 (주어진 값)

S = 지반계수 = 1.2 (STEP 1)

$$C_s = \frac{1.2AS}{T^{2/3}} = \frac{1.2\times0.154\times1.2}{(0.237)^{2/3}} = 0.58$$

도로교설계기준 8.7.2에 의하면 C_s는 $2.5A$를 초과해서는 안 된다.

$C_s = 2.5A = 2.5\times0.154 = 0.385 < 0.58$ Use : $C_s = 0.385$

등가정적 지진하중의 계산

$$P_e(x) = \frac{\beta C_s}{\gamma} w(x) v_s(x)$$

$$= \frac{(0.404\,\mathrm{m\,kN})\times0.385}{1.7592\times10^{-5}\,\mathrm{m^2\,kN}}\times(320\,\mathrm{kN/m})\times(4.354\times10^{-5}\,\mathrm{m})$$

$$= 123.2\,\mathrm{kN/m}$$

종방향 운동에 의한 교각에 작용하는 힘의 계산

교각의 응답수정계수 $R = 5.0$

$$V_y = \frac{P_e(x)L}{R} = \frac{(123.2\,\mathrm{kN/m})\times(29\,\mathrm{m})}{5.0} = 714.56\,\mathrm{kN}$$

해설 **STEP 3 : 종방향 운동에 의한 지진하중 계산**

설계예제 4.1, STEP 6에서 수행했던 과정과 유사하게, 종방향 지진운동의 결과로서 교각 위에 작용하는 하중을 계산하고자 한다. 여기서, 교각에 하중이 가해지는 29 m의 경간이 있다(즉, 길이변수 L과 바닥판의 단위 중량 w가 앞의 예제와 다르다).

상부구조물로부터의 지진력이 모두 고정받침으로 전달된다. 이런 경우에는 중앙경간의 하중만이 종방향으로 교각에 전달된다. 횡방향으로는 모든 교량받침이 구속된다.

위의 그림 종방향 지진하중으로 인한 교각의 정적 변위를 나타낸다. 이로부터 단일모드 계수 α값을 결정하고, 끝으로 단일모드 계수 β와 γ가 계산된다.

다음, 앞의 식 (3.10)에서 정의된 대로 단위 하중 1.0 kN을 가하여 진동주기를 계산한다. 이것은 지진응답계수를 계산하는데 사용된다. 이 값을 계산하기 위하여 STEP 1에서 결정한 교량의 위치에 근거한 가속도계수와 지반계수가 필요하다.

지진응답계수는 2.5A를 초과할 수 없고, 이 값이 교량에 작용하는 등가정적 지진하중을 계산하는데 필요한 마지막 값이다. 이것은 중앙경간의 전체길이에 작용하는 단위 길이당 하중이다.

등가정적 지진하중에 대한 식은 3.5.3절, 식 (3.11)이다. 교각에 작용하는 하중을 계산하기 위해서 단위 길이당 하중에 전체 경간 길이를 곱한다. 이 값은 앞의 STEP 1에서 결정된 응답수정계수 R로 감소시킨다.

STEP 4 횡방향 운동에 의한 지진하중 계산

교각에 작용하는 횡방향 운동에 의한 작용력 계산은 간결함을 위해 생략한다.
횡방향 운동에 의한 작용력(응답수정계수 $R=5.0$ 포함).
$V_x=785.56$

해설 STEP 4 : 횡방향 운동 하중 계산
횡방향 운동에 의한 지진하중의 계산은 종방향 해석과 유사하며, 따라서 간결함을 위하여 이 값의 수계산은 생략한다. 측경간과 중앙경간의 질량의 반이 교각에 작용한다(모든 교량받침은 횡방향으로 고정이라고 가정한다).

STEP 5 교각기둥에 작용하는 하중 요약

교각기둥 [하중 경우 I]
하중 경우 I : 100% 종방향 운동 + 30% 횡방향 운동

종방향 : $V_y=(714.56\ \text{kN})(100\%)\ /\ (6\text{개의 기둥})=119.09\ \text{kN/기둥}$

$M_y=(119.09\ \text{kN})(5.5\ \text{m 모멘트 팔})=655.01\ \text{kN m}$

횡방향 : $V_x=(785.56\ \text{kN})(30\%)=235.67\ \text{kN}$

$M_x=444.2\ \text{kN m}$ (컴퓨터 구조해석)

합 력 : $M=\sqrt{M_x^2+M_y^2}=791.43\ \text{kN}$

최대 계수축하중 : $P_u=1260\ \text{kN}$ (해석결과)

고정하중 모멘트 : $M_{\text{DL}}=270.8\ \text{kN m}$ (해석결과)

하중 경우 II에 대한 검토결과 총 모멘트 640.0 kN m로 산출되며, 하중 경우 I이 지배한다.

해설 STEP 5 : 교각기둥에 작용하는 하중 요약
종방향 지진운동에 의해 분포된 기둥에 작용하는 모멘트의 일부분을 알 수 있다. 횡방향 지진운동으로 인한 모멘트와 단일기둥에 작용하는 축하중이 구조해석 프로그램을 이용하여 결정된다. 하중 경우 II의 결과가 더 작은 값이어서, 하중 경우 I이 지배한다.

STEP 6 세장비 효과에 대한 검토

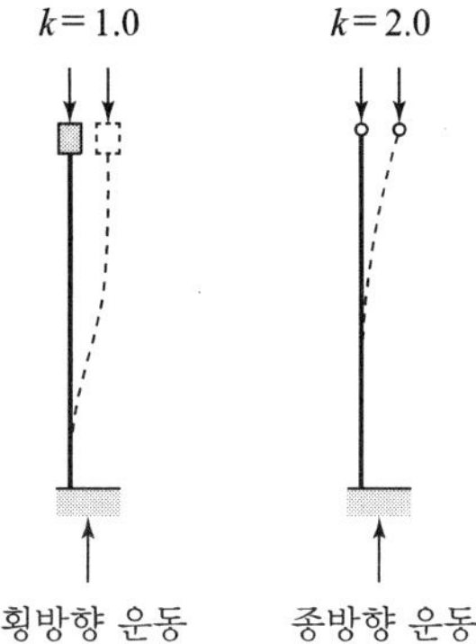

기둥의 비지지 길이(그림 4.13)
$L_u = 5\ \text{m} - 1.2\ \text{m} = 3.8\ \text{m}$
(STEP 1의 그림 참조)

회전반경(식 4.39)
$r = ql_s =$ (0.25 원형 단면의 경우)(1.2 m)
$= 0.3\ \text{m}$

유효길이 계수는 지진운동과 교각의 방향에 따라 바뀐다. 다음을 기억하라.

- 횡방향 지진운동은 교각의 종축방향
- 종방향 지진운동은 교각의 횡축방향

교각의 종축방향은 교량중심선 방향에 수직이다.

세장비 한계 검토

$$\frac{kl_u}{r} = \frac{(1.0)(3.8\ \text{m})}{0.3\ \text{m}} = 12.67 < 22$$

∴ 횡방향 운동에 대해서 이 기둥은 세장하지 않다.

$$\frac{kl_u}{r} = \frac{(2.0)(3.8\ \text{m})}{0.3\ \text{m}} = 25.33 < 22$$

∴ 종방향 운동에 대해서 이 기둥은 세장하다.

해설 STEP 6 : 세장비 효과에 대한 검사
세장비 효과를 교각기둥에 대해서 고려하여야 할 것인지 결정하여야 한다. 횡방향과 종방향 지진운동에 대한 기둥의 거동을 검토할 필요가 있다.
먼저, 기둥의 비지지길이가 결정하고 회전반경이 계산한다. 4.2.4절 2항의 식 (4.39)에서 원형이나 사각단면의 다양한 부재의 회전반경을 보였다.
두 가지 하중조건 아래서 교각의 응답 사이의 차이는 유효길이 계수 k를 사용함으로써 정의된다. 횡방향 지진운동 아래서(종방향 교각방향) 기둥은 이동가능하나 회전에는 고정되어 있다. 종방향 지진운동 아래서(횡방향 교각방향) 기둥 끝은 회전이나 이동에 자유롭다(STEP 2의 그림을 보라). 식 (4.41)에서 횡방향으로 보강되지 않은 압축부재의 세장비 한계는 22이다. 종방향 지진운동 아래서 이 기둥은 세장한 것으로 고려되어야 한다.

STEP 7 모멘트 확대계수 계산

크리프 효과 근사치 계산(식 4.45)

$$\beta_d = \frac{\text{사하중 모멘트}}{\text{총 모멘트}} = \frac{270.8}{270.8+791.43} = 0.2549$$

총 콘크리트 단면의 관성모멘트

$$I_g = \frac{\pi d^4}{64} = \frac{\pi(1.2\ \mathrm{m})^4}{64} = 0.1018\ \mathrm{m}^4$$

휨강성 계산(식 4.44)

$$EI = \frac{E_c I_g/2.5}{1+\beta_d} = \frac{(30967.78\ \mathrm{MPa})(0.1018\ \mathrm{m}^4)/2.5}{1+0.2549} = 8.3783\times 10^5\ \mathrm{kN\ m}^2$$

임계 좌굴하중 계산(식 4.42)

$$P_e = \frac{\pi^2 EI}{(kL_u)^2} = \frac{\pi^2(8.3783\times 10^5\ \mathrm{kN\ m}^2)}{(2.0\times 3.8\ \mathrm{m})^2} = 1.4316\times 10^5\ \mathrm{kN}$$

모멘트 확대계수 계산

$$\delta = \frac{1}{1-(P_u/\phi_k P_e)} = \frac{1}{1-(1260\ \mathrm{kN}/0.75\times 1.4316\times 10^5\ \mathrm{kN})} = 1.0119$$

해설 STEP 7 : 모멘트 확대 계산

모멘트 확대계수를 계산하기 위해 먼저 여러 가지 변수를 계산한다. 먼저 β계수가 크리프 효과를 고려하기 위해 정의된다. 앞의 STEP 5에서 총 고정하중 모멘트가 주어졌다. 그 값은 교각 프레임의 컴퓨터 해석에서 결정되었다.

다음에는 총 콘크리트 단면에 대한 관성모멘트를 결정할 필요가 있다. 이 값은 기둥의 유연도에서 결정된다. 간결성을 위해 식 (4.43)을 이용한 검토는 생략한다.

임계 좌굴하중은 앞의 STEP 6에서 알게 된 유효길이 계수 2.0을 사용하여 계산한다. 이 값은 종방향 지진운동에 기초를 둔 것이다.

마지막으로, 모멘트 확대계수가 도로교설계기준 4.5.3.3[식 (4.49)를 보라]에서 정의된 기준을 사용하여 계산된다. 교각기둥은 종방향의 가로흔들이에 대해서 보강되어 있지 않다.

4.2.6 세굴

우리는 이미 세굴을 유도하는 요인과 2.3.7절에서 세굴에 대한 고속도로 교량을 점검하는 방법에 대해 논의하였다. 이 주제의 중요성 때문에 여기에서는 교각에 가해지는 손실을 방지하는 유지보수 방법과 개선하는 것에 대하여 알아본다.

1. 총괄

2.3.7절에서, 세굴이란 물의 일정한 흐름에 의해 구조적 물질이 씻겨 나가는 것을 의미한다. 교각기초의 아래로부터 물질이 씻겨 나가는 것은 침식 또는 바닥깎기로 알려졌다. 이러한 현상이 발생될 경우, 교각의 안정성은 심각히 훼손된다. 하부구조의 아래로부터 물질이 제거되면 전체적인 구조적 요소가 침하하기 시작한다.

세굴은 보통 강한 태풍이나 홍수기간 동안에 발생하는 매우 이례적으로 빠른 유속과 관련이 있다. 보통 물속에 잠기는 교각의 설계는 물의 흐름과 수로에 대한 수압/수문학적인 세밀한 분석에 의해 이루어지기 때문에, 세굴은 비정상적인 용어로 쓸 수 있다. 이러한 수문학적인 분석은 보통 미육군공병단에서 개발된 HEC-RES 프로그램과 같은 컴퓨터 소프트웨어로 수행된다. 이 분석은 현장에서 수집된 데이터로 이루어졌다.

세굴은 보통 다음과 같은 조건들이 하나 또는 조합으로 이루어질 때 일어난다.

- 수로의 자연 조건
- 수로의 수축
- 교량 그 자체의 수축

세굴이 수로의 특정한 지점, 즉 교각, 교대, 배수구조물 또는 기타 장애물에서 발생한다면 그것은 국부세굴이다. 국부세굴은 교각주위에서 기초 아래로부터 물질을 침식시키는 난류에 의한 것으로 증명되었다. 만약 세굴이 수로의 큰 지역에서 발생하다면 이것은 개괄적인 세굴이다. 개괄적인 세굴은 장시간에 걸쳐 발생하며, 수로 흐름을 선택적으로 시작할 수 있다. 개괄적인 세굴은 인위적인 수축으로 발생되는 것이 아니고, 넓은 지역에 침전물이 공급되면서 변화에 의한 결과물이다. 고속도로 교량이나 배수구조물과 같은 장애물 설치로 인하여 수로의 통수단면 감소에 의한 세굴은 수축세굴이다. 수축에 의해 통수단면이 작아지기 때문에 유속은 더 빠르게 된다. 빠른 유속은 잠재적인 세굴 손실의 증가와 함께 교량에 발생하게 될 것이다.

그림 4.16 노출된 교각 기초에 발생한 침식현상

침식이란 하부구조물의 기초 아래로부터 재료가 손실되는 것을 말한다. 이런 현상은 보통 세굴이 원인이지만, 아래로부터 잘리는 것으로도 알려졌다. 사진에서 보이는 것처럼 교각 기초가 하천 흐름에 노출되었다면 교각뿐만 아니라 전체 구조물이 손상될 수도 있다. 이런 상황은 유지보수 인원에 의한 즉각적인 주의가 요구되며, 교각기초를 보호하기 위해 사석 쌓기나 다른 보호물질로 덮는 등 적절한 조치가 필요하다. 대부분의 경우, 세굴의 증거는 가능한 침식을 검사하려면 물속에서 실시해야만 하거나, 몇 피트 물속 아래 가라앉아 있는 교각기초로 매우 애매하다.

알다시피 1993년 미시시피 강둑을 넘는 큰 홍수는 그 크기와 잠재적인 영향으로 고속도로 교량구조물을 덮쳤다. 이 홍수기간 동안 모든 교량들이 수면 아래로 잠겨 버렸다.

2. 개선과 유지보수

교각이 세굴에 대하여 불리한 조건으로 판명되는 경우, 문제는 다음의 둘 중 하나로 수정할 수 있다.

- 교각의 구조 변경
- 침식된 물질의 교체

첫 번째 해결책은 일반적으로 기초를 변경하는 것이다. 이것은 기초를 확대 또는 강화하거나 말뚝을 추가하거나 교각기초 주위로 시트파일을 보강하는 것이다. 물질의 교체는 보통 사석이나 파쇄된 콘크리트 블록과 같이 부식에 강한 물질들을 교각(또는 교대)의 둘레에 배치하여 세굴로부터 울타리를 만드는 것이다.

해결책의 선택은 문제의 심각성 정도(즉, 세굴)에 달려 있으며, 가용한 자금과 물질에도 달려 있다. 한정된 자원으로는 교각에 임시방편적인 보강만이 가능하다. 이런 경우에는 침식된 물질의 교체가 가장 적합한 해결책이다. 임시방편적인 해결으로는, 사용된 사석채움의 건실함이 아니라 그 크기가 중요할 것이다. 다른 요인으로는 수로의 크기와 그 외의 환경적인 요소가 있다.

아래에 논의되는 방법들은 침식된 물질들의 교체 또는 현재의 수로조건을 위한 구조물의 변경이다. 확실한 것은 교통국이 세굴의 중요성을 인식하고, 여러 가지 다양한 방법으로 접근하는 것이다. 이것이 토론의 목적이며, 교량의 설계에서 개선과 유지보수에 관한 전체적인 개념을 제공하는 것이다.

3. 재료의 교체

위에서 언급한 대로, 침식되어진 물질의 교체는 사석이나 콘크리트로 만들 수 있다. 세굴을 방지하기 위하여 사용되는 돌의 크기는 교량현장의 특성에 달려 있다. 교각을 보호하기 위해 쓰인 돌의 크기를 결정하는 요인은 다음과 같다.

- 교각 또는 교대의 형식 및 방향
- 하천의 크기와 물리적 특성
- 세굴홀의 크기와 위치
- 국부적인(현지의) 기후와 환경
- 하천바닥(하상)과 제방의 재료와 식생

그림 4.11과 같이 하천을 건너는 다리는, 세굴로부터 하부구조물을 보호하기 위하여 쓰인 석재의 종류가 무엇인지 보여준다. 이런 종류의 석재는 규모가 크기 때문에 유지보수를 고려하여 교각 주위로 조심히 설치하여야 한다. 무분별한 사석의 투하는 교각 구조물 자체를 손상시킬 수 있다. 또 다른 유의사항은 고르지 않은 사석의 설치로 구조적인 문제를 야기할 수 있다는 것이다(2.3.7절 참조). 이러한 이유로 사석은 평탄하고 고르게 설치되어야 한다.

만약 콘크리트가 세굴 방지용 재료로 사용되는 경우에는 교각 주변에서 수중으로 설치하거나, 배수한 상태에서 설치하여야 한다. 후자의 방법은 물을 제거한 후

콘크리트가 설치된다는 것이다. 이 방법은 콘크리트의 설치에 건조한 상태를 제공하는 근본적인 장점이 있다.

물의 제거는 시트파일을 사용하여 교각 주위에 가물막이를 설치하는 것이다. 앞의 4.1.8절 9항에서 언급한 대로, 교량 아래에서의 시트파일 작업은 하부구조물과의 상호간섭으로 어려운 공사이다. 교각배수의 또 다른 방법은 임시적인 우회수로 방법이다. 이 방법은 수로를 따라 다른 곳에 불리한 영향을 잠재적으로 미칠 수 있으므로 수로전환에 따른 손상이 발생되지 않도록 조사와 분석이 필요하다. 수로전환은 보통 작은 하천에서 사용된다.

수중에 콘크리트를 설치하는 것에는 다양한 방법들이 있다. 그 대표적인 방법들은 다음과 같다.

- 트레미
- 양수
- 수중 버킷(양동이)
- 자루 콘크리트

트레미는 콘크리트를 수중에 타설하기 위해 중력 흐름을 이용한다. 트레미는 한끝에 배출구를, 다른 한끝에 호퍼를 갖춘 튜브이다. 배출구가 닫힌 상태에서 트레미는 콘크리트를 가득 채운 후, 보수가 필요한 위치로 물밑에 가라앉는다. 호퍼는 지속적으로 콘크리트로 채워지고, 물속에 잠긴 한쪽 끝의 배출구는 계속하여 쏟아 붓기 때문에 트레미는 물로 채워지지 않는다. 양수는 콘크리트가 튜브를 통해서 펌핑되는 것 외에는 기본적으로 같은 이치이다. 이것은 대량의 콘크리트를 타설하는데 사용된다. 만약에 기초 아래로 노출된 말뚝이 3 ft(1 m) 이상이면 말뚝과 새로운 콘크리트가 결합되지 않도록 콘크리트 타설 전에 플라스틱 커버로 말뚝을 감싸야 한다. 그렇지 않으면 새로운 콘크리트가 기존 말뚝에 하중으로 작용할 수 있다.

수중 버킷은 이름에서 알 수 있듯이, 보수가 필요한 위치에 콘크리트 버킷을 내려 보내는 것이다. 버킷은 덮개가 있을 수도 있고, 없을 수도 있다. 만약 덮개가 없다면 교체작업 동안 조심히 다루어야 한다. 보통 삼베로 만들어진 자루에 담긴 콘크리트는 보수가 필요한 곳에 위치한다. 자루 사이의 간격조정에 따라 삼베자루의 미세구멍을 통하여 콘크리트가 노출될 수도 있다.

4. 구조적 변경

보수방법의 또 다른 유형은 물리적으로 교각의 형태와 기능을 변경하는 것이다. 앞의 그림 4.11에서 나타난 것과 같이, 심각하게 침식된 교각은 때때로 콘크리트로 줄지어 덮어씌우기도 한다. 기초 자체가 가라앉은 부분은 보호부분을 덧붙여서 침식된 부위를 고치기도 한다.

또 다른 해결책은 교각 기초의 말뚝을 추가하거나 더 깊이 시공하여 손상된 말뚝을 보수하는 것이다. 두 가지 방법 모두 수중작업을 해야 하는 어려움이 있다. 만약 교량을 전도시킬 수 있는 정도의 높은 홍수위에 교량이 영향을 받는다면(즉, 구조물보다 계획홍수위가 높을 경우), 단단한 형태의 울타리를 설치하여 물길이 돌아갈 수 있도록 조치하여야 한다. 교각 주위로 철제 시트를 두르는 것이 한 예이다.

5. 구조물의 교체

만약 세굴문제가 심각하여 위의 3항, 4항으로 상황이 수정될 수 없다면, 남은 유일한 대안은 구조물을 완전히 교체하는 것이다. 다음과 같은 조건들로 강화된 세굴방지 대책이 수행되어야 한다.

- 수직 교하공간이 최대한 커야 한다.
- 경암 위에 얕은 기초가 놓여 있다면 깊은 말뚝기초를 사용해야 한다.
- 말뚝이 짧다면, 바위로 소켓식 말뚝을 시공한다.
- 교각은 세굴을 최소화할 수 있는 곳에 위치한다.
- 교량 밑에는 가능한 큰 수로 폭을 확보한다(하천중앙에서 교각설치를 가능한 피한다).

수로 위치를 변경하고, 교량 밑을 통과하는 과도한 수량을 최소화하기 위해 보조 배수관의 설치도 가능하다. 가능한 큰 수로 폭을 확보함으로써 통수단면을 크게 하여 구조물 밑을 통과하는 유속을 감속시킬 수 있다. 교량에서의 주요 개선작업은 우선 수로에서의 흐름을 방해하는 부스러기를 제거하는 것이다. 기존의 구조물을 교체하는 일반적인 지침이 제공될 때, 독자들은 새로운 구조물의 설계에 대한 적용을 깊이 간직하여야 한다.

4.3 교량받침

교량받침은 상부구조물에서 하부구조물로 하중을 전달시키는 기계장치이다. 어떤 면에서 교량받침은 상부구조물과 하부구조물의 접점으로 생각할 수 있다. 하부구조물 구성요소(즉, 교각 또는 교대)로 수직하중을 전달하는 것 외에 교량받침은 주요 부재의 휨과 관련된 회전 운동뿐만 아니라 온도 팽창과 수축으로 인한 움직임도 제공한다.

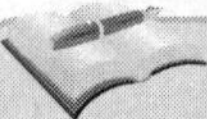
알아두기

상부와 하부구조물을 연결하는 교량받침의 손상은 1971년 San Fernando 지진에서 많은 교량의 붕괴를 일으켰다.

교량받침의 중요성은 간과될 수 없다. 부식 때문에 얼게 되고, 침전물로 막히며 또는 처음에 설계되었던 기능이 상실된 교량받침은 높은 응력을 유발하고, 잠재적으로 한 경간 또는 전체 구조물의 손실로 이어질 수 있다. 교량설계에 있어 대부분의 교량받침은 대량생산으로 이루어지기 때문에 많은 교량기술자들은 교량받침의 중요성에 거의 관심을 갖지 않는다.

그림 4.17 조립중인 포트 받침

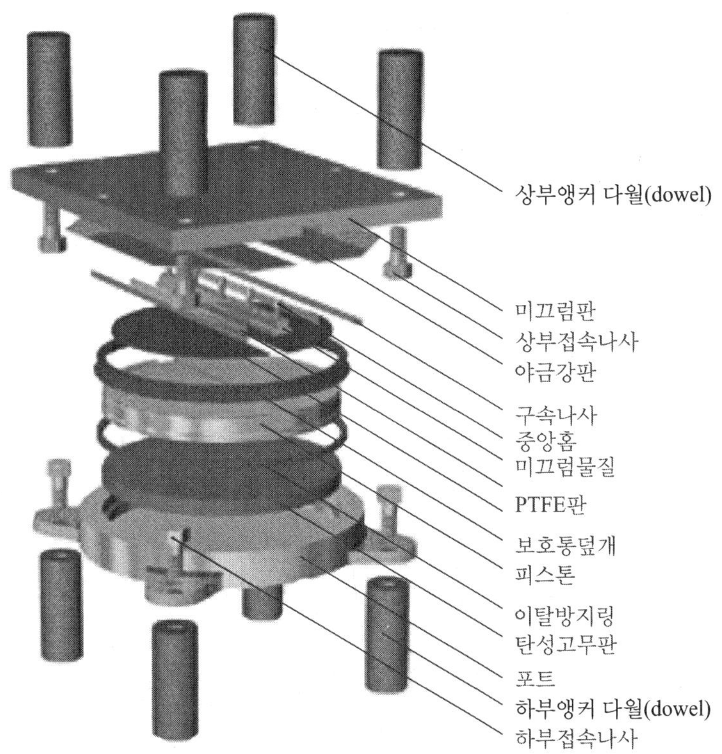

그림 4.18 전형적인 이동형 포트 받침의 부속품

포트 받침은 그림 4.17과 4.18에서와 같이 얇은 강재 실린더나 포트로 구성되어 있는데, 이것은 실린더보다 더 얇은 네오프렌 판이 있는 수직축 위에 위치한다. 강재피스톤은 실린더에 딱 맞게 되어 있으며, 네오프렌을 품고 있다. 평평한 브라스 링(brass rings)은 피스톤과 포트 사이에 있는 고무판을 고정시켜 준다. 고무판이 모든 방향으로 제한되기 때문에(등방성 응력상태에서) 매우 큰 압축응력에 저항할 수 있다. 교량받침은 보통 그라우팅된 곳이나 공장제품인 패드 위에 설치한다. 교량받침 주위로 거푸집을 가설하고, 받침이 상하지 않도록 단위별로 콘크리트를 타설하는 것이 가능하다. 포트 받침은 큰 집중하중을 수용하는 것이 가능하기 때문에 교량받침 주위의 철근이나 콘크리트의 사용에 큰 주의를 기울여야 한다. 콘크리트 사용한계를 높이기 위하여 석판이 필요하다. 매우 큰 국부적인 응력이 발생할 수 있으므로 높이를 조절하기 위해 불필요한 자리에 철재 쐐기나 블록의 사용을 엄중히 금한다.

많은 경우에 교량기술자들은 단지 하중조건과 이동에 대해서만 규정을 지어, 교량받침 자체가 사용한계상태와 강도한계상태에서 적응하는 것과 대량생산에 따른 세밀한 개별적인 설계가 부족하다. 이런 경우는 변화되고 있지만 교량기술자 입장에서 고속도로 교량의 교량받침 설계에 대한 인식은 점차 강화되고 있다.

4.3.1 교량받침에 작용하는 힘

위에서 언급한 바와 같이, 교량받침은 하중의 전달과 구조물의 움직임에 적합하도록 설계된다. 교량받침에 적용되는 하중은 다음과 같다.

- 반력
- 종축방향 힘
- 횡축방향 힘
- 상향힘

그림 4.19 높은 형태의 교량받침

교량받침에 작용하는 수평력은 받침 자체 내에서 모멘트를 일으킨다. 이 모멘트의 크기는 작용하는 수평력과 받침 높이의 곱으로 산정된다. 이 모멘트는 상대적으로 얇은 받침에서는 무시할 수 있다. 사진에서와 같이 본질적으로 큰 높이를 가진 교량받침은 그 자체에 작용하는 큰 모멘트를 가진다. 지간장이 매우 짧은 연속교라면 역시 받침 위로 작용하는 부반력이 관건이 된다. 사진과 같은 받침은 단순한 받침보다는 근본적으로 설계에서 큰 부담을 갖게 되는 장치이다.

교량받침에 작용하는 반력은 교좌장치의 중심에 직접적으로 작용하는 주요부재의 지지반력에서 기인한다. 구조물의 고정하중과 활하중에 의한 반력은 3장에서 논의한 바와 같다. 교량받침에 작용하는 종방향과 횡방향 힘은 4.1절과 4.2절에서와 같이 활하중, 풍하중, 그리고 지진운동에 의해 발생할 수 있다. 여기에 지진하중, 풍하중, 열팽창 및 수축 그리고 다른 기타 하중 조건뿐만 아니라 교량받침에 작용하는 횡방향 또는 종방향의 모든 하중이 포함된다.

횡방향 힘은 일반적으로 교량받침의 앵커볼트 또는 전단키로 저항하고 있는데, 이는 하부구조물을 횡방향으로 움직이는 것을 방지한다. 횡방향 힘은 교량받침 높이의 몇 배의 힘의 크기와 동일한 모멘트가 생성된다. 이것은 매우 높은 교량받침에서는 큰 모멘트를 야기할 수 있다(그림 4.19). 종방향 힘은 구조물의 중심선과 평행한 방향으로 작용한다. 교량받침에 작용하는 종방향 힘의 예는 차량제동에 의해 생기는 힘과 같은 것이다.

4.3.2 교량받침의 움직임

전형적인 고정 및 이동 교량받침에 대한 자세한 내용은 그림 4.20과 같다. 교량받침의 형태와 크기는 교량에서 교량으로 매우 달라질 수 있지만(예를 들어, 강재 흔들 받침 대 탄성 받침), 의도된 기능은 거의 동일하다. 일반적으로 고정 및 이동 받침에 의한 움직임은 다음에 같이 분류될 수 있다.

- 고정받침은 회전만을 허용한다.
- 이동가이드가 있는 일방향 받침은 회전과 종축방향 이동만을 허용한다.
- 다방향 받침은 어떤 방향으로도 회전하고 이동할 수 있다.

고정받침은 상부구조물의 처짐에 의한 회전은 허용하지만, 이동에 대한 구속을 제공한다. 이동받침은 회전과 이동을 모두 허용하지만 횡방향 이동은 구속한다(일방향 받침). 매우 짧은 경간에 한해 끝단에서의 회전은 무시될 수 있다.[4.7]

교량받침의 이동은 3.5.4절에서 논의된 변형 하중조건 중 하나에 의해 시작될 수 있다. 이 하중 상태는 크리프에 의한 운동, 수축, 침하, 융기 그리고 열에 의한 힘이 포함되어 있다. 변형 하중에 의한 움직임뿐만 아니라 3.5.3절에서 논의된 것처럼 몇 가지 임시하중조건은 받침에서의 이동을 초기화할 수 있다. 그 예로는 지진력에 의한 이동 등이 될 것이다.

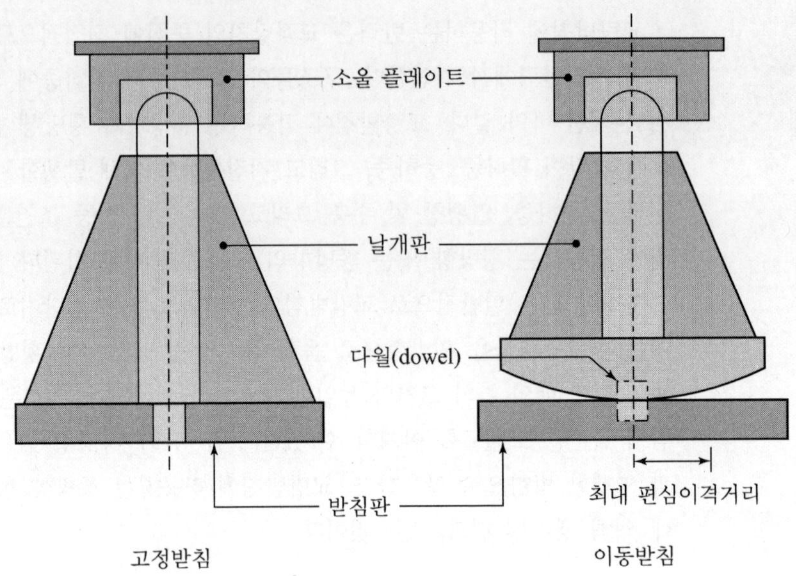

그림 4.20 전형적인 고정형과 이동형 교량받침의 상세[4.13]

그림과 같은 고정받침은 하부구조물로 수직하중을 전달할 뿐만 아니라, 상부구조물의 종축방향으로의 이동을 구속한다(4.3절에 있는 알아두기 참조). 고정받침은 회전은 가능하지만 이동은 구속된다. 그림의 흔들리는 받침과 같이, 이동받침은 회전과 이동이 모두 가능한 다자유도를 가진다. 이동받침의 흔들리는 형식은 큰 수직하중을 지지할 수 있고, 긴 지간장에서 발생하는 하부구조물의 큰 종방향 이동을 가능하게 한다. 흔들리는 받침은 더 이상 새 교량에는 적용하지 않는다.

4.3.3 교량받침의 유형

우리가 지금까지 본문에서 보아온 어느 교량 구성요소와 같이, 받침은 다양한 모양과 크기가 있다. 교량받침의 특정 유형에 대한 적용은, 교량받침을 유지하기 위해 필요한 하중과 움직임에 따라 좌우된다. 원래, 강재로 된 기계식 교량받침의 조립은 대부분 고속도로 교량의 표준이었다. 그러나 지난 반세기동안 합성, 탄성 중합체 소재로 만든 교량받침의 사용은 점점 더 대중화 되었다. 사실, 탄성 받침의 설계에 대한 AASHTO Standard 기준은 1961년까지 나타나지 않았다.[4.15]

아래에 논의된 교량받침들은 현재 공용 중인 교량받침의 몇 가지 주요 유형이다. 독자들은 각기 다른 제조업체가 자신의 회사 표준 및 방법에 따라 교량받침 시스템의 설계 및 제조에서 각 등급별로 다양한 순열이 있다는 것을 염두에 두어야 한다.

1. 흔들리는 받침

흔들리는 받침은 핀받침으로, 큰 활하중에 의한 처짐(큰 수직하중)에 유리하도록 사용된다. 이런 유형의 받침은 보통 50 ft(15.2 m) 정도나 그 이상의 지간장에 사용된다. 일반적으로 강재로 만들어진 받침은 강재 바닥판을 사용하여 하부구조물에 연결되어 있다. 주부재로의 연결은 상부구조물의 하부플랜지 바닥에 용접이나 볼트로 연결된 강재 소울 플레이트를 사용한다.

워킹으로부터 받침의 흔들림을 방지하기 위해 이런 상황을 잠재적으로 발생할 수 있는 횡방향력에 저항하는 연결고리(핀틀)를 사용한다. 연결고리는 벽돌판에서부터 위로 확장하는 사다리꼴 모양의 압출 성형물이다. 움푹 들어간 곳이 차례로 연결고리의 맨 위에 있는 로커에서 만들어진다. 흔들리는 받침의 제조는 매우 엄격한 허용오차의 유지가 필요하다. 고정과 이동받침에서의 회전은 단단한 고체 원형핀을 사용한다. 이 핀은 힌지역할을 하여 이동받침에서는 이동과 회전을, 고정받침에서는 회전만을 허용한다.

흔들리는 받침은 새 교량에서는 피해야 하며, 만약 사용되었다면 그림 4.19의 설명에서와 같이 지진하중에서 전도효과에 많은 연구가 필요하다.

2. 롤러 받침

롤러 받침은 핀받침의 형태이고, 따라서 여러 가지 모양으로 흔들리는 받침과 매우 유사하다(그림 4.24 참조). 이런 받침은 롤러나 롤러그룹에 의해 이동이 가능하다. 회전은 위의 흔들리는 받침과 같이 핀에 의하거나 또는 롤러의 롤링작용으로 가능하다. 롤러 받침은 적절한 길이의 지간장을 위한 것이다.

AASHTO Standard 기준은 신축받침은 "실질적인 AASHTO 기준"이 장착될 수 있으며, 횡방향 이동, 사각, 크리프를 방지하기 위해 기어나 다른 방법을 요구한다. 이런 유형 받침의 일반적인 단점은 먼지와 부스러기 들이 생기는 경향이 있다. 이런 것들은 받침을 얼게 하거나, 초기에 설계된 대로의 작동을 중단시키는 결과가 될 수 있다. 이 때문에 AASHTO Standard 기준은 가능한 물과 쓰레기의 침입을 방지할 수 있는 받침과 받침판을 요구한다. 이런 보호는 유지보수용 청소 및 검사를 위해 쉽게 접근할 수 있어야 하는 롤러의 필요성을 복잡하게 한다.

원통 표면에서의 접촉응력은 사용한계상태에서 확인해야 한다(AASHTO 4.7.1.4). 흔들리는 받침과 마찬가지로 롤러 받침은 높은 유지보수 비용으로 인해 새로운 교량에는 가급적 설치를 피해야 한다.

3. 슬라이딩 판 받침

슬라이딩 받침은 그 이름에서와 같이, 수평이동을 수용하기 위해 한 쪽 판이 다른 판으로 슬라이딩하는 것이다. 이런 유형의 받침에서 회전이 가능한지 여부는 예상되는 회전의 크기에 달려 있다. 지간장이 50 ft(15.2 m) 미만에서는 거더처짐에 의한 회전은 무시될 수 있다. 본 규정은 슬라이딩 받침이 이 범위 내에서 지간장이 작은 구조물에 더 적합하다고 한다. 슬라이딩 받침은 스테인리스 스틸과 구리 등 다른 자료로도 만들어지지만(그림 4.21 참조), PTFE(또는 테플론)으로도 제조될 수 있다.

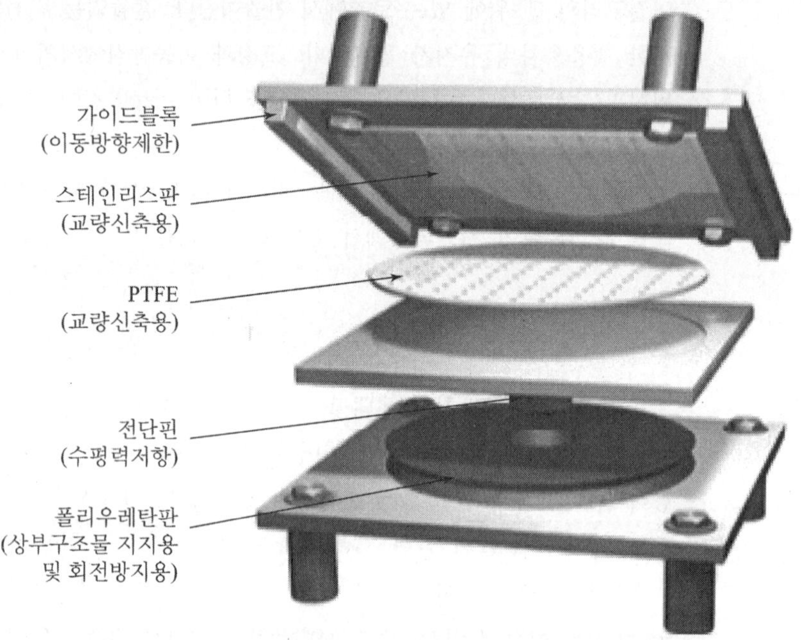

그림 4.21 전형적인 슬라이딩 교량받침의 부속품

슬라이딩 받침은 두 가지 요소로 구성되어 있습니다. 상단 구성요소는 매끄러운 스테인리스 강판과 강재로드 판이 용접으로 연결되어 있다. 상부 판은 주부재인 보에 용접 또는 볼트로 고정되어 있다. 아래 구성요소는 1/16~3/32 in(1.6~2.4 mm) 두께인 테플론 시트로 구성되어 있다. 이 시트는 스테인리스 강재판에 위에 접착되어 있고, 강재판은 아래의 합성고무판에 접착되어있고, 합성고무판은 강재로드 판에 차례로 접착되어 있다. 모든 접합은 성형 과정에서 경화(가황)를 통해 이루어진다. 슬라이딩 받침은 정해진 곳이나 자유로운 방향으로 이동할 수 있고, 재료의 유형 및 성능에 대한 개별적인 프로젝트 요구사항에 맞춤으로 제작할 수 있다(즉, 신축이나 회전).

4. 포트 받침

흔들리는 받침과 마찬가지로 포트 받침도 큰 이동 및 수직 하중을 수용할 수 있다. 그림 4.17은 대용량 포트 받침의 조립모습을 보여주고, 그림 4.18은 포트 받침의 대표 구성요소에 대한 분해도를 보여준다. 포트 받침은 얕은 강재 실린더 또는 포트로 구성되며, 네오프렌 판을 가진 수직축 위에 놓여 있다. 이 네오프렌 판은 실린더보다 얇으며, 안쪽으로 꽉 맞추어 고정되어 있다. 실린더는 합성고무로 채워져 있는데, 이는 등방성 응력 상태, 즉 유체 정역학 상태를 창조한다. 등방성 응력 상태란, 모든 방향으로의 응력이 같으며 전단응력은 0이다. 몇몇 교량받침 제조업자들은 합성고무를 액체상태로 개선한다고 하지만, 이는 사실이 아니다. 합성재료로 채워져 밀폐된 물질은 밀폐되지 않은 것보다 훨씬 많은 양의 하중을 견딜 수 있으며, 밀폐되지 않은 것은 통제되지 않을 경우에는 변형이 일어날 수 있다.

그러나 합성고무는 실린더와 피스톤 사이에서부터 압출되는 것이 가능하다. 이것은 피스톤과 실린더 사이의 과도한 간격에 의해 발생될 수 있다. 이 문제의 또 다른 이유는 실링 링의 소성변형일 수도 있다. 이런 문제를 방지하려면 제조업체는 피스톤과 실린더 사이의 간격과 관련하여 엄격한 허용 오차를 유지해야 한다.

신축 포트 받침은 PTFE(테플론)로 만든 슬라이딩 판, 스테인리스 강 또는 기타 재료로 구성되어 있다. 이 판은 지점에서 이동할 수 있도록 설계되어 있다. 큰 하중을 지지하기 위해 설계된 모든 받침의 중요한 문제는 아래의 하부구조물 지원 요소의 품질이다(즉, 받침대 또는 기타 교량착좌 요소). 교량받침과 마찬가지로, 콘크리트 받침대는 큰 반력을 지지할 수 있는 충분한 강도의 콘크리트와 보강 철근으로 설계되어야 한다. 교량의 최종높이에 맞추기 위하여 철재 쐐기나 다른 물질을 사용하는 것은 피할 것을 권장한다. 이러한 장치는 큰 국부응력을 유도할 수도 있으니, 그것은 피해야 한다. 콘크리트 또는 그라우팅에 의한 받침기초판의 두께는 0.75 in(19 mm) 또는 포트 내경의 6% 이상이어야 한다.

5. 스페리컬(구면) 받침

스페리컬 받침은 받침의 하단 부분에 위치한 곡선형 바닥판의 사용을 통해 회전을 수용한다. 이 곡선형 바닥판은 그 위의 판과 결합되어 있다. 이동은 받침의 상단 부분에 위치한 평면판의 사용을 통해 이루어진다. 회전을 허용할 수 있도록 한 받침의 곡선 표면은 스테인리스 강, 윤활된 청동 또는 기타 재료들로 제조된다. 이동을 위해 설계된 상부 평면판의 표면은 스테인리스 스틸과 PTFE의 층으로 이루어져 있다.

6. 탄성고무 받침

탄성고무 받침은 보강되지 않은 탄성고무 패드 또는 보강된 탄성고무 패드로 구성되어 있다. 보강된 탄성고무 받침은 고무(천연 또는 합성)의 얇은 층과 강철의 얇은 층이 서로 접착제로 접합되어 제조된다. 고무와 강철은 공극이 없는 매우 단단한 고체덩어리로 함께 성형되어 있다. 받침이 하중을 받을 때 탄성고무 물질은 변형되거나 팽창하려는 경향이 있다. 보강되지 않거나, 보강된 탄성고무 받침에 대한 도해는 그림 4.22에 나와 있는데, 탄성고무 받침이 강철보다 섬유로 강화될 수도 있음을 보여주고 있다.

탄성고무 받침에서 얇은 강철판은 큰 압축력이 재하될 때 고무가 팽창하려는 것을 구속한다. 보강되지 않은 패드에서 팽창에 대한 구속은 패드 자체와 받침 표면 사이의 마찰에 의해 제공된다.[4.15] 탄성고무 받침의 이동은 받침 재료의 변형에 의해 수용된다. 이동용 탄성고무 받침(이동받침)은 수평과 수직 모두의 이동이 가능하도록 설계되어 있다. 고정용 탄성고무 받침은 수평이동을 구속하게 되는데, 이는 상부구조물에서 연결된 고정용 핀의 사용으로 가능하며, 하부구조물의 받침대에도 고정되어 있다. 하중판은 받침의 상단부분에 있으며, 그 아래로 하중을 분산시키고 받침을 고정할 수 있도록 설치되어 있다.

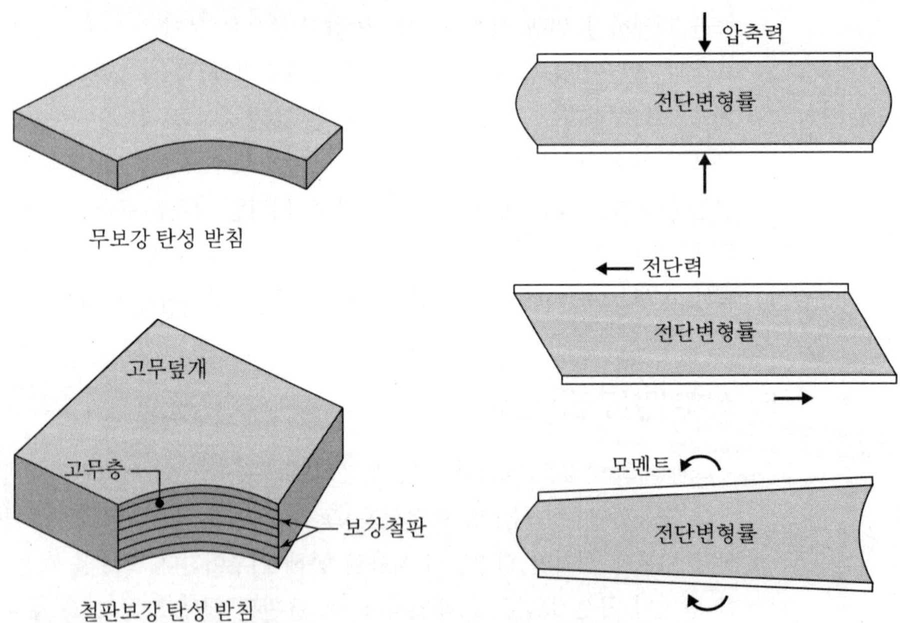

그림 4.22 압축, 전단, 회전에 의해 변형되는 무보강과 철판으로 보강된 탄성 받침
(참고문헌 4.15에서 인용)

앞서 언급한 바와 같이, 고속도로 교량의 관점에서 탄성고무 받침은 비교적 새로운 발명품이다. 탄성고무 받침은 이동하는 부분이 없기 때문에, 그들은 기능과 유지보수 고려 사항의 두 측면에서 전통적인 철강 기계 받침 시스템에 대한 매력적인 대안을 제시한다. 그러나 우리가 이전에 철근과 프리스트레스트 콘크리트의 풍화에서 보았듯이, 어떤 시스템도 유지보수로부터 자유로운 것은 없다. 탄성고무 받침의 재료도 변형되거나, 찢어지거나, 심지어는 금이 갈 수도 있다. 모든 것은 개인적으로 유지보수에 대한 주의가 요구된다.

탄성고무 받침에 대한 성능저하는 다양한 요인들에 의해 기인하며, 다음과 같다.

- 불량한 제조
- 불충분한 보강
- 불충분한 크기
- 탄성고무 재료의 가장자리 라운딩 처리
- 부식성 물질에 대한 노출
- 탄성고무 재료와 하중판 사이의 결합 실패
- 시간이 지남에 따라 재료 특성의 변화
- 과도한 하중 조건

일반적으로 네오프렌과 같은 합성 재료는 천연의 고무보다 적대적 환경조건에서 더 나은 역할을 수행한다.

탄성고무 받침과 철근콘크리트 사이에는 유사점이 있는데, 이는 만약 탄성고무 받침이 충분히 커버되었다면(즉, 얇은 강판을 넘어 충분한 재료의 두께) 그것은 부식으로 저항할 수 있는 것으로, 마치 철근이 적당한 콘크리트 두께가 필요한 것과 같다. 부식을 방지하기 위하여 스테인리스 강판이 보강재로 사용된다.

7. 납 면진 받침

납 면진 교량받침은 기본적으로 탄성고무 받침이며, 중앙의 상하부로 납이 장착된 받침이다. 전형적인 납 면진 받침의 구성요소들이 그림 4.23에 표시되어 있다.

납 면진 받침은 일반적으로 지진활동의 위험성이 높은 등급에 노출되어 있는 구조물에 사용된다. 탄성고무 재료와 강판은 구조물의 무게를 지탱하고, 탄성한계를 지지하며, 납핵은 댐핑에너지를 소멸시키는 역할을 한다.[4.16] 지진 하에서 발생되는 동하중에서 납핵은 항복강도까지 유지하며, 동시에 횡방향 유연성을 수용하면서 하중에 저항하는 탄성고무 재료를 도와준다.

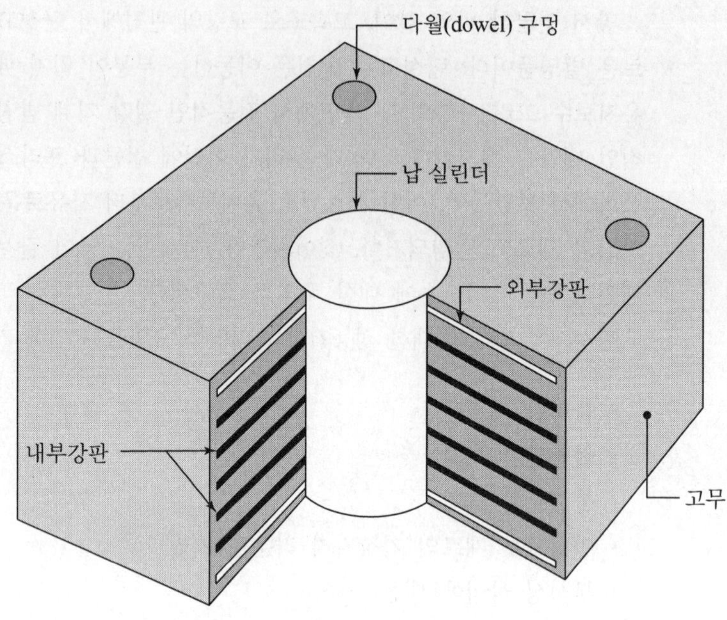

그림 4.23 전형적인 납 면진 받침(LRB)의 부속품(LRB에 의한 교량 지진 설계에서 인용[4.16])

납 면진 받침은 받침의 중심에 납 실린더가 장착된, 얇은 박판의 합성고무로 구성되어 있다. 납 실린더는 받침의 전체 깊이에 걸쳐 상부에서 하부로 뻗어 있다. 받침의 고무 - 강재 박판 부분의 기능은 구조물의 무게를 지탱하고, 탄성의 항복강도 이후를 제공하는 것이다. 납핵은 소성적으로 변형될 수 있도록 설계되었으며, 이를 통해 댐핑 에너지를 분산 소멸시키는 것이다. 이것은 구조물의 강성과 댐핑 속성을 변경할 수 있는 효과가 있다. 납 면진 받침은 지진하중 하에서 작동할 수 있으므로 지진발생이 우려되는 지역에서 주로 사용된다. 지진하중 하에서 납 면진 받침은 최대 응답에서의 변위 응답과 사이클의 수를 줄임으로써 기존의 탄성 받침보다 더 나은 성능을 제공할 수 있다.[4.16]

4.3.4 개선과 유지보수

교량의 신축이음과 마찬가지로, 교량받침도 종류와 상관없이 받침들을 먼지, 파편, 과도한 습기로부터 보호하는 것은 중요하다.

교량받침의 부식은 미작동이나 동해로 이어질 수 있다. 이것은 구조물의 자연스런 움직임을 억제할 뿐만 아니라 지지점에서 비정상적으로 큰 응력을 생성할 수도 있다. 따라서, 교량의 구성요소인 받침에 대해 지속적인 검사 및 청소를 수행하는 유지보수 프로그램은 매우 중요하다. 이전에 보았던 몇몇의 교량받침 유형에서 봤던 것처럼, 이것은 육안검사 및 유지 보수를 방해하는 교량받침 부속품에 의해 복잡하게 될 수도 있다.

교량받침 성능저하의 주된 원인은 결함이 있는 이음 오버헤드이다. 받침에 손상이 있는 경우에는 이음부 누출이나 배수불량 같은 근본적인 원인을 파악하여야 한다. 강재로 만들어진 받침들의 경우, 앵커볼트 부분에 과도한 녹이 발생하지 않도록 특별한 관심을 기울여야 한다.

또 다른 잠재적인 문제점은 받침 표면의 손상이다. 벽돌받침판 또는 콘크리트 하부구조물에 대한 부식은 전체적인 안정성 문제를 제시할 수 있다. 받침의 설계와 조립에 대해 자세히 설명하는 경우, 벽돌받침판 면에서 교량받침을 지지하는 받침대까지의 간격을 적절히 유지시켜 주는 것이 매우 중요하다. 대부분의 주에서는 교량받침 지지받침대의 위치를 정하는 기준이 매우 엄격하거나, 설계자가 교량받침의 셋팅에 많은 주의를 기울여야 한다.

다른 강재 요소와 마찬가지로, 교량받침의 강재부품들도 부식을 제한하기 위한 적절한 보호시스템이 준비되어야 한다. 이것은 도장이나 아연도금의 형태를 취할 수 있다. 지속적인 유지보수 프로그램의 일환으로, 강재 받침은 정기적인 윤활이 필요하다.

4.3.3절 6항에서 언급된 것처럼 탄성 받침은 정기적인 검사와 유지보수가 필요하다. 탄성 받침은 먼지와 부스러기의 축적에 대해서도 검사하여야 한다. 탄성 받침 재료의 보전을 위해서라도 과도한 변형이나 오존 균열을 감지하기 위해 확인하여야 한다. 특정 경우에는 손상된 탄성 받침 재료를 교체하기 위해 상부구조물을 들어 올릴 필요도 있을 수 있다.

흔들리는 받침과 롤러 받침은 그들의 움직이는 부분에서의 부스러기 제거에 특히 민감하며, 이 때문에 그들은 더 이상 새로운 받침에 사용되지 않는다. 그림 4.24에 표시된 것과 같이 롤러부분은 부스러기 제거에 매우 민감하다. 흔들리는 받침의 아랫부분도 이동을 억제하는 부스러기에 대한 잠재적인 수집 지점이다. 먼지와 부스러기는 교량받침의 의도된 움직임을 제한할 뿐만 아니라, 받침요소의 표면을 부식시키고 기능을 방해할 수도 있다.

교량받침 문제에 대한 다른 잠재적인 원인은 다음과 같다.

- 화학물질로부터의 부식
- 하부구조물의 침하
- 과도한 변형하중

교량받침은 차가운 환경의 다른 구성요소와 마찬가지로, 동해를 방지하기 위한 요소들과 접촉의 결과로 성능이 저하될 수 있다. 교대 또는 교각의 침하는 교량받침이 불안정해지고, 설계되지 않은 하중 조건을 만나게 될 수 있다. 이 문제의 또 다른 잠재적인 요소는 크리프 및 수축같이 과도한 변형하중의 존재이다. 위에 나열된 세 가지 중 첫 번째 문제가 제어하기 어렵다면, 나중의 두 문제는 적절하고 철저한 설계에 의해 해결될 수 있다.

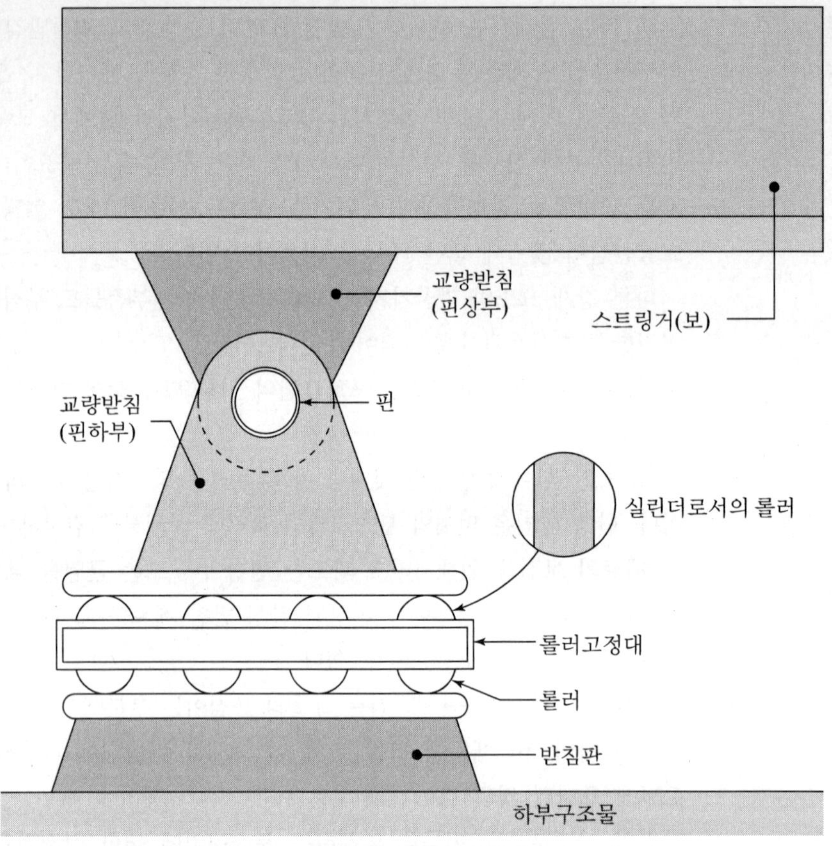

그림 4.24 전형적인 롤러 교량받침의 부속품[4.13]

롤러 받침에 사용되는 롤러는 일반적으로 완전한 원형이 되지 못하는데, 그 이유는 재료의 경제성 때문이다. 왜냐하면 롤러의 상, 하부만이 받침의 표면에 접촉되므로 롤러를 완벽하게 원형으로 만들기 위해 필요한 추가적인 재료는 비효율적이기 때문이다. 따라서, 확장된 원형 모양의 측면에서 추가적인 재료는 그림 4.24에 그려진 대로 잘린 모양을 얻을 수 있도록 제거되었다. 롤러 받침과 관련된 주요 문제는 먼지의 축적, 파편 그리고 롤러에 수분이며, 그로 인해 성능이 방해된다. 진보된 성능저하의 상태에서 롤러 받침은 녹슬게 되고 동해될 수 있다. 이런 종류의 베어링을 사용하는 경우에는 받침 주위로 모든 수분이 제거될 수 있는 배수시설을 확보하는 것이 매우 중요하다. 받침 자체는 보호를 위해 차폐되어야 하며, 검사 및 유지보수 작업을 위해 접근이 용이하여야 한다. 이런 유형의 받침은 더 이상 새로운 교량에 사용되지 않는다.

참고문헌

4.1 Starzewski, K., "Earth Retaining Structures and Culverts," *The Design and Construction of Engineering Foundations,* Edited by Henry, F. D. C., Chapman and Hall, New York, 1986.

4.2 Bowles, Joseph E., *Foundation Analysis and Design,* 2d ed., McGraw-Hill, New York, 1977.

4.3 Peck, Ralph B., Hanson, Walter E., and Thornburn, Thomas H., *Foundation Engineering,* John Wiley & Sons, New York, 1974.

4.4 Rankine, W., "On the Stability of Loose Earth," *Philosophical Transactions of Royal Society of London,* vol. 147, 1857.

4.5 Jaky, J., "Pressure in Soils," 2d ICSMFE, London, vol. 1, pp. 103-07, 1948.

4.6 Holtz, R. D., and Kovacs, W. D., *An introduction to Geotechnical Engineering,* Prentice-Hall, Inc., 1981.

4.7 AASHTO LRFD *Bridge Design Specifications,* 4th ed., American Association of State Highway and Transportation Officials, Washington, D.C., 2007.

4.8 *Integral, No-Joint Structures and Required Provisions for Movements,* T5140.13, FHWA, Washington, D.C., 1980.

4.9 *Manual for Bridge Evaluation,* 1st ed., American Association of State Highway and Transportation Officials, Washington, D.C., 2008.

4.10 Wittfoht, Hans, *Building Bridges : History, Technology, Construction*, p. 16, Beton-Verlag, Dusseldorf, December 1984.

4.11 Walley, W. J., and Purkiss, J. A., "Bridge Abutments and Piers," pp. 821-84, *The Design and Construction of Engineering Foundations,* Edited by Henry, F. D. C., Chapman and Hall, New York, 1986.

4.12 Bordner, Randolph H., Chairman, ACI Committee 347, "Guide to Formwork for Concrete," *ACI Structural Journal,* vol. 85, September-October 1988.

4.13 *Standard Specifications for Highway Bridges,* 17th ed., American Association of State Highway and Transportation Officials, Washington, D.C., 2002.

4.14 Winter, George, and Nilson, Arthur H., *Design of Concrete Structures,* 9th ed., McGraw-Hill, New York, 1979.

4.15 Roeder, Charles W., and Stanton, John F., "State-of-the-Art Elastomeric Bridge Bearing Design," *ACI Structural Journal,* vol. 88, January-February 1991.

4.16 Turkington, D. H., Carr, A. J., Cooke, N., and Moss, P. J., "Seismic Design of Bridges on Lead-Rubber Bearings," *Journal of Structural Engineering,* American Society of Civil Engineers, vol. 115, no. 12, pp. 3000-016, December 1989.

Chapter 05

실행 및 관리

개요

교량공학적인 네트워크에서 교량의 실행과 관리에 대한 토론이다. 본 장에서는 교량과 연관이 있는 도로, 최종 계약문서의 준비, 컴퓨터로 지원되는 교량관리 시스템에 대한 발달과 이행의 중요한 의제를 다룬다.

교량은 설계, 시공된 후 분리되는 개별적인 요소가 아니다. 본문 시작에 "일반적인 도로교 구조물은 모든 교통 네트워크에서 가장 필수적인 구성요소 중 하나"라고 명시되어 있다. 많은 교량기술자가 단절된 개념으로 작업을 하는 것은 매우 위험하다는 생각을 우리 모두는 단원이 끝날 때 갖게 된다. 앞 절에서 살펴본 것처럼 설계, 개량 및 유지관리의 개념은 응집력이 강한 구조를 형성하기 위해 밀접하게 짜여 있다. 독립적인 주제보다 다방면에 영향을 미치는 이런 문제는 도로교 공용기간 전체에 걸친 성능에 영향을 미친다. 이 절에서는 도로교의 최종적인 실행과 관리에 연관이 있는 몇몇 중요한 문제에 대해 언급할 것이다.

이러한 실행과 관리 문제는 교량을 도로 내에 일체화하는 것에 관련이 있다. 또 논의되는 다른 주제는 교량기술자의 노력의 결과로서 역할을 하는 최종 계약문서의 준비이다. 최종적으로 우리는 직업적으로 증가하는 중요성을 갖는 주제에 대해 간략히 언급할 것이다. 즉, 도로 네트워크에서 교량그룹의 관리에 대한 것이다(그림 5.1).

그림 5.1 교량의 크기에 관계없이, 그것은 도로 네트워크의 일부분이다.

5.1 고속도로

도로교는 도로에 있는 장해물을 넘어가는 것이다. 그러므로 교량의 기능과 성능은 교량이 수행하도록 연결된 도로에 의해 정의된다. 어쨌든, 도로는 상부구조물이나 교각, 교대와 같이 구조물의 또 다른 요소로 생각할 수 있다. 그림 5.2에서 보여준 주도로는 지역적으로 연결시켜주는 교량에 의존되어 있다. 주어진 설계프로젝트에 대하여 교량 엔지니어는 고속도로의 전체 연장 수백 또는 수천 마일에 대해서는 전혀 신경을 쓰지 않지만, 구조물 접속부에 접해 있는 도로의 경우에는 수백 피트에도 큰 신경을 기울여야 한다.

다음에서의 논의는 아직 기본개념에 익숙하지 않은 구조기술자를 위하여 기본적인 도로설계 개요를 제공할 예정이다. 또한 도로교의 설계에 지대한 영향을

그림 5.2 교량은 어떤 교통 네트워크에도 꼭 필요한 구성요소이다.

도로교는 도로에 있는 장애물을 넘어가는 것이다. 도로교의 도로와의 통합은 사소한 문제가 아니다. 도로와 구조물의 경계면은 철근콘크리트 접속슬래브의 설계를 요구한다. 교량의 높이는 통과하는 도로의 종단선형에 의해 영향을 받는다. 마찬가지로, 교량의 크기는 통과하는 도로의 평면선형에 의해 영향을 받는다. 등급이 분리된 도로의 실행을 원활히 하기위해 건설된 교량은 통과하는 선형뿐 아니라 하부의 선형도 맞아야 한다. 전에 본 바와 같이, 이것은 교각의 크기와 형태뿐 아니라 교량과 관련된 여러 문제점들에도 영향을 미친다.

주는, 도로와 연관된 문제점에 대한 적절한 논의가 이루어질 것이다. 최종적으로 교통안전과 건설되는 기간 중의 교통 유지에 대한 중요한 문제들의 간략한 개요가 제공된다.

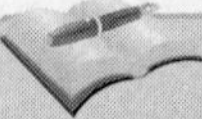

연간 5만 명의 교통사고 사망자와 2백만 명의 부상자가 미국의 고속도로와 간선도로에서 발생한다. 이것은 수십억 달러의 손실과 같다.

5.1.1 고속도로의 설계 요소

도로설계에 대한 완벽한 토론을 제공하는 것이 이 절에서의 의도는 아니지만, 기본적인 명명법과 도로와 관련된 설계요소를 그것에 익숙하지 않을 수도 있는 구조기술자를 위해 제공하는 것은 중요하다. 도로설계에 적극적으로 참여했었던 설계자라면 이 절을 생략해도 좋다. 도로설계에 대한 완벽한 논의가 이루어지려면 독자는 주제에 대한 일반적 목적의 본문을 참조해야만 한다.

1. 평면선형

평면선형은 계획상에서 도로의 위치를 정의하는 경로이다. 이 선형은 다음에 의해 나타난다.

- 직선
- 원형 곡선
- 나선형

확실히 평면선형의 첫 번째 유형은 도로교의 위치와 방향을 설정하는 면에서 가장 간단한 것이다. 선형의 마지막 두 유형 중 하나를 나타낼 때 상황은 좀 더 복잡해진다. 원형 곡선과 그 구성요소는 그림 5.3과 같다. 먼저 이 원형의 기하학적 변수를 논의한다. 나선형 곡선은 반지름이 일정하게 변하는 곡선이다. 나선형 곡선은 곡률의 점진적인 변화에 의해 주로 도로의 선형에 사용된다. 나선형 곡선 형상의 기하학적 정의는 이 책의 범위를 벗어난다. 독자는 이 주제에 대해 더 많은 것을 얻기 위해서는 일반적 목적의 도로설계도서를 참조해야 한다. 이 주제에

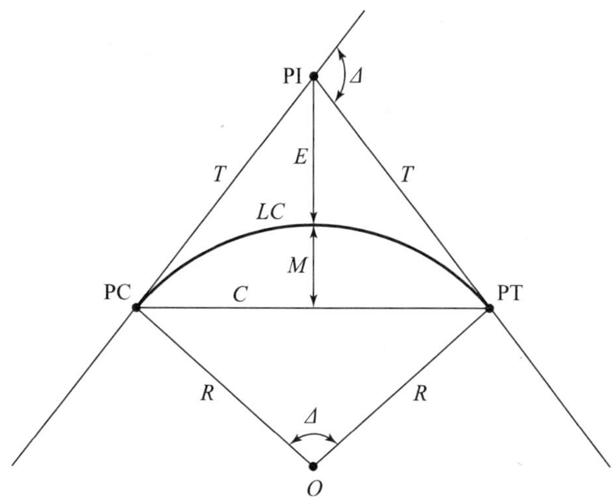

그림 5.3 도로 평면곡선의 구성요소(요소와 명칭)

그림은 도로 평면곡선의 구성요소를 보여준다. 다음은 평면곡선에 쓰인 여러 변수들의 자세한 해설이다.

Δ : 내부각	E : 외부거리
M : 중심거리	C : PC와 PT 사이의 현의 길이
T : 곡선시종점, PC/PT에서 중심점 PI까지의 접선길이	
R : 곡선 반지름	O : 곡선의 중심
LC : PC와 PT의 곡선길이	PC : 곡선의 시점
PT : 곡선의 종점	PI : PC와 PT의 교차점

대한 도로설계의 고전은 Hickerson의 원문이다.[5.1] 이 원문이 비록 오래전에 출판되었지만, 그것은 오늘날에도 밀접한 관련이 있고 유용하다.

어떤 평면선형을 따르는 거리는 스테이션으로 알려진 측정단위에 의해 정의된다. 완전한 스테이션은 100 ft로 정의되고, 그 결과 스테이션의 반은 50 ft와 같다. 평면선형의 시작을 0이라고 하면 시점으로부터 1355.56 ft 떨어진 점은 13+55.56으로 나타낸다[즉, 13스테이션(1300 ft) 더하기 55.56 ft이다]. 이 값은 평면선형의 경로를 따라 시점(0+00)에서 거리를 나타내는 접선, 곡선 또는 그 조합일 수도 있다.

간단한 곡선은 두 접선에 의해 형성되는 원형곡선으로 구성된다. 그림 5.3에서 평면곡선을 이루는 요소가 정의된다. 이 도표로부터 우리는 곡선이 PC 또는 곡률지점의 지정된 점에서 시작하는 것을 볼 수 있다. 이것은 선형의 첫 접점을 나타낸다. 두 번째와 마지막 접점은 PT 또는 접촉지점으로 알려져 있다. 처음과 마지막은 선형을 따라서 스테이션의 방향(즉, 증가 또는 감소)에 의해 결정된다. 두 접선의 교차점에 의해 형성된 각도가 내부각으로 알려져 있다. 이 각은 때때로 교차각으로 불린다.

평면선형의 곡률은 그것의 반지름이나 곡선각에 의해 정의될 수 있다. 곡선각은 다음의 중심각에 의해 정의된다.

- 100 ft 호에 대한 각
- 100 ft 현에 대한 각

전자가 사용될 때 이것은 호 정의라고 알려져 있고, 후자는 현 정의라고 알려져 있다. 도로설계에서는 호 정의가 표준이다. 현 정의의 사용은 주로 철도 선형의 정의에 국한되고 이 책에서는 다루지 않는다. 어쨌든 호 정의와 관련하여 곡선각 D는 다음에 같이 정의된다.

$$D = \frac{5729.58}{R} \qquad \text{식 (5.1)}$$

여기서, D : 곡선각
R : 곡선반경

기본적인 삼각함수를 사용함에 따라, 다음 식에 의해 평면곡선의 구성요소를 정의하는 것이 가능하다.

$$T = R\tan\left(\frac{\Delta}{2}\right) \qquad \text{식 (5.2)}$$

$$E = R\left[\sec\left(\frac{\Delta}{2}\right) - 1\right] \qquad \text{식 (5.3)}$$

$$M = R\left[1 - \cos\left(\frac{\Delta}{2}\right)\right] \qquad \text{식 (5.4)}$$

$$C = 2R\left[\sin\left(\frac{\Delta}{2}\right)\right] = 2T\left[\cos\left(\frac{\Delta}{2}\right)\right] \qquad \text{식 (5.5)}$$

$$LC = 100\frac{\Delta}{D} \qquad \text{식 (5.6)}$$

식 (5.2)에서 식 (5.6)까지 사용된 변수를 설명하기 위해, 그림 5.3의 설명에 있는 해설을 참조하라. 많은 사례에서 평면선형은 도로의 중심선과 일치하지만 어떤 경우에는 중심선과 떨어져 있을 수도 있다.

2. 종단선형

종단선형은 높이로 도로의 위치를 정의하는 경로이다. 종단선형은 주어진 기울기, 종단곡선 또는 그 조합에서의 단일 접선에 의하여 표시될 수 있다. 종단곡선은 원형곡선으로 나타낼 수도 있지만 미국에서는 일반적으로 포물선을 사용한다. 그림 5.4는 전형적인 종단곡선과 그 구성요소를 보여준다. 종단선형은 평면선형과 마찬가지로 일반적인 스테이션으로 각각 연결되어 있다.

그림 5.4와 같이 위로 향하는 곡선은 볼록 종단곡선으로 알려져 있고, 아래로 향하는 곡선은 처짐 종단곡선으로 알려져 있다. 도로교 설계에서 고가도로의 평면선형과 함께 종단선형은 구조물의 주요 지점에서 높이를 정의하는데 사용된다. 한 가지 예를 들면, 교량 상부 또는 교대 날개벽이나 뒷벽 상단의 높이일 것이다.

게다가 종단곡선은 교량의 교하공간에 크게 영향을 미친다(즉, 상부구조물의 하단과 통과차량 사이의 최소거리). 1.1.1절 4항에 기술한 것처럼, AASHTO Standard 기준은 교하공간을 절대적으로 14 ft(4.27 m)의 최소 여유와 16 ft(4.88 m)의 설계 여유를 명시하고 있다. 제동을 위한 시야거리 확보는 일반적으로 도로

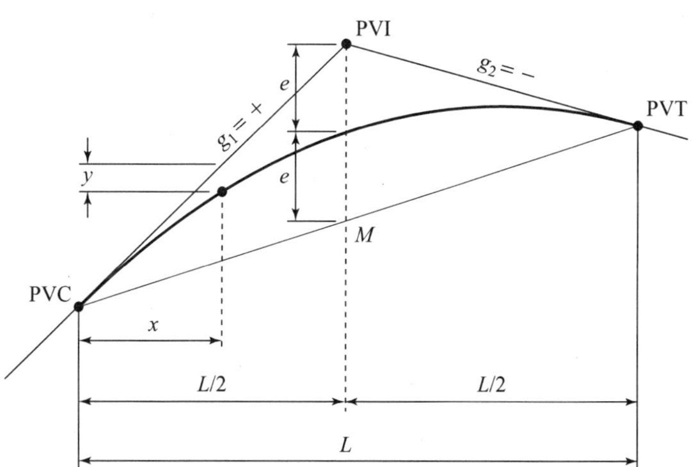

그림 5.4 도로 종단곡선의 구성요소(요소와 명칭)

그림은 도로 종단곡선의 구성요소를 보여준다. 다음은 종단곡선에 쓰인 여러 변수의 자세한 해설이다.

e	: 중심에서의 수직거리(중심 종거거리)	g_1	: 곡선시점의 기울기
g_2	: 곡선종점까지의 기울기	L	: 종단곡선길이
x	: 곡선상의 임의점의 거리	y	: 곡선과 접선까지의 이격거리
PVC	: 종단곡률점(곡선시점)	PVT	: 종단접선점(곡선종점)
PVI	: 종단교차점		

에서, 특히 교량에서는 종단선형에 의해 제어되는 중요한 또 다른 특징이다. 특히 볼록 종단곡선에 위치한 구조물에서는 제동용 시야거리 확보가 구조물을 지나는 교통의 안전을 보장하는 데 매우 중요한 변수가 된다.

포물선 종단곡선의 성질을 결정하는데 중요한 변수는 다음 식으로 정의되는 각 스테이션별 경사 변화율이다.

$$r = \frac{g_2 - g_1}{L} \qquad \text{식 (5.7)}$$

여기서, g_1 : 스테이션 시작으로부터의 경사, %

g_2 : 스테이션 방향으로 향하는 경사, %

L : 종단곡선길이, 스테이션

식 (5.7)에서 종단곡선길이가 700 ft라면 L의 값은 식에서 7로 표현된다. 또한 경사는 퍼센트로 식에 대입하여야 한다. 즉, 경사가 2.25%라면 0.025가 아닌 2.25로 대입하여야 하고, 경사가 아래로 향하면 마이너스(그림 5.4에서의 g_2같이), 경사가 위로 향하면 플러스(그림 5.4에서의 g_1같이)로 한다.

종단곡선에서 또 다른 주요 사항은 반환점이다. 반환점은 종단곡선에서 최소 또는 최대 높이의 위치로 나타낸다. 반환점의 위치를 정하기 위해(즉, 스테이션 값) 다음과 같은 식이 사용된다.

$$x_{\mathrm{TP}} = \frac{-g_1}{r} \qquad \text{식 (5.8)}$$

여기서, g_1 : 스테이션 시작으로부터 경사, %

r : 경사 변화율

그림 5.4에서, 중심 종거거리는 PVI(종단 수직교차점)부터 밑에 있는 종단곡선까지의 수직거리로 정의된다는 것을 볼 수 있다. 이 거리는 다음과 같이 주어진다.

$$e = \frac{(g_1 - g_2)L}{8} \qquad \text{식 (5.9)}$$

기본적인 삼각함수의 사용으로 곡선을 따라 어느 점에서든지 높이를 정하는 것이 가능하다. 스테이션에서 종단곡선 시작점으로부터 임의의 점 x가 주어진다면, 그 점에서의 곡선의 높이는 다음 식으로 주어진다.

$$\mathrm{EL}_x = \frac{r}{2} \cdot x^2 + g_1 x + \mathrm{EL}_{\mathrm{PVC}} \qquad \text{식 (5.10)}$$

여기서, EL_x : 곡선상의 임의의 점 x에서의 높이, ft

g_1 : 스테이션 시작점으로부터 경사, %

$\mathrm{EL}_{\mathrm{PVC}}$: 곡선 시점에서의 높이, ft

r : 경사 변화율

설계예제 5.1은 위에 설명한 원칙 중 일부에 대한 간단한 프레젠테이션을 제공한다. 이 특정한 예에서 새 교량은 새 도로 위에 위치하고 있다. 이 문제는 설계자에게 교량 밑을 통과하는 도로에 대한 적절한 종단곡선을 정의하도록 요구하고 있다.

오늘날의 설계환경에서, 평면 및 종단선형 문제는 일반적으로 컴퓨터지원에 의한 방법으로 해결하는데, 그것은 일괄적으로 처리되는 프로그램이나 서로 작용하는 그래픽 시스템을 사용한다. 이 절에서 계약문서에 대해 논의함으로써 종단선형의 공학적 설계방식과 다른 교량과 관련 있는 설계정보로부터(컴퓨터 환경에서) 최종적인 세부사항 및 도면에 대한 단계를 표시하는 것이 가능하다.

3. 제동용 시거

모든 도로의 안전을 결정하는 주요 변수는 제동용 시거이다. 그림 5.5는 볼록한 종단곡선에서 제동용 시거의 정의에 관련된 변수들을 보여준다. 이름에서 암시하듯이 제동용 시거는 운전자가 장애물에 도달하기 전에 차량을 안전하게 멈출 수 있도록 하는, 차량과 임의의 물체(도로 아래의 어느 지점에서) 사이에 필요한 도로의 길이이다. 이것은 단순히 "운전자가 앞에 보이는 도로의 길이"인 시거와 혼동해서는 안 된다.[5.2]

AASHTO Standard 기준은 최소 제동용 시거가 3.50 ft(1.08 m)의 눈높이(즉, 운전자의 눈높이)와 2.0 ft(600 mm)의 물체 높이(즉, 도로에 있는 장애물)를 이용하여 계산되어야 한다고 명시한다.[5.2] 제동용 시거는 실제로 두 거리의 합이다. 이 두 거리는 다음에 의해 요구되는 이동거리로 정의된다.

- 운전자가 브레이크를 작동하는 거리
- 차량이 브레이크가 작동된 후에 완전히 멈출 때까지 진행하는 거리

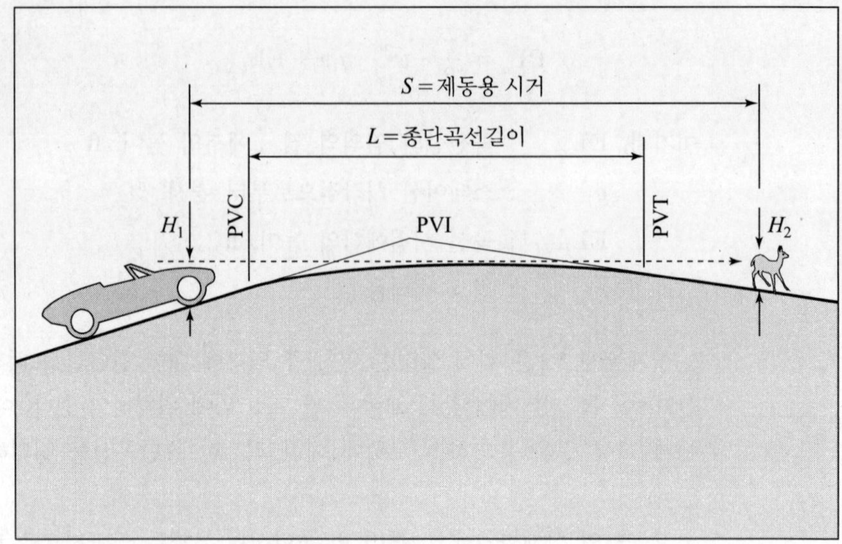

그림 5.5 볼록 종단곡선의 제동용 시거 변수

제동용 시거에 대한 기준은 종단곡선이 볼록인지, 처짐곡선인지에 달려 있다. 그림 5.5에서 표시된 상황은 볼록 곡선이다. 두 가지 중요한 관점은 운전자의 눈높이는 변수 H_1으로 표시되고, 물체의 높이는 변수 H_2로 표시된다는 것이다. 제동용 시거의 크기는 도로에서 설계된 차량속도에 의존한다. 확실한 것은 차량속도가 빠를수록 더 긴 제동용 시거가 필요하다는 것이다. 최근의 AASHTO Standard 기준의 기준은 운전자 눈높이 3.5 ft, 도로 장애물의 높이를 겨우 2.0 ft로 규정하고 있다.

첫 번째 변수는 제동반응시간에 의한 수량화이고, 두 번째는 제동거리에 의한 수량화이다. AASHTO Standard 기준은 이러한 접근에 기초한 제동용 시거의 표를 제공한다. 이 값들은 표 5.1에 제시되어 있다. 표 5.1에서 제동용 시거는 다양한 설계속도와 젖은 포장상태에 대한 것이다. 실질적인 계산값과 개략적인 설계값이 주어진다.

일반적인 경험 법칙은 더 긴 종단 곡선길이가 더 긴 제동용 시거를 생산한다. 너무나 당연하게도 이것은 도로교 설계에 영향을 줄 것이며, 특히 상대적으로 짧은 종단곡선에 위치한 도로교에 영향을 미친다. 변수의 다양성은 최종적으로 자리잡은 교량에 대한 개요에도 영향을 미칠 것이며, 그것은 주부재의 캠버에서 포장 두께에까지 이를 수 있다. 교량이 개선될 때 제동용 시거는 큰 관건이 되는데, 특히 현재의 규정에 따라야 하는 옛날 구조물에 대해서는 중대사가 될 수 있다. 많은 사례에서 볼 때, 설계팀이 구조물의 제동용 시거를 향상시키기 위해 할 수 있는 것은 아주 미미하다. 이런 상황에서는 교량이 지지할 수 있는 허용값에 상응하는 정도의 감속된 속도한계를 표시해야만 한다.

표 5.1 다양한 설계속도에서의 제동용 시거[5.2]

설계속도 (mph)	제동작용		감속률 (ft/s^2)	제동거리 (ft)	제동용 시거	
	시간(s)	거리(ft)			계산값(ft)	설계값(ft)
20	2.5	73.5	11.2	38.4	111.9	115
25	2.5	91.9	11.2	60.0	151.9	155
30	2.5	110.3	11.2	86.4	196.7	200
35	2.5	128.6	11.2	117.6	246.2	250
40	2.5	147.0	11.2	153.6	300.6	305
45	2.5	165.4	11.2	194.4	359.8	360
50	2.5	183.8	11.2	240.0	423.8	425
55	2.5	202.1	11.2	290.3	492.4	495
60	2.5	220.5	11.2	345.5	566.0	570
65	2.5	238.9	11.2	405.5	644.4	645
70	2.5	257.3	11.2	470.3	727.6	730

새로운 교량 프로젝트나 주요한 개선작업에서, 설계자들이 관련 도로의 종단선형을 조절할 수 있는 여유가 있을 때 그 노력은 제동용 시거가 증가하도록 도와주는 종단곡선의 길이를 증가시키는 것이다. 그러나 이 조정은 관련값 없이는 이루어지지 않는다.

자연스럽게 매우 긴 종단곡선을 구축하는 것은 여러 상황에서 비용이 많이 든다는 것을 알 수 있다. 그러므로 안전과 경제를 조합시키는 적절한 균형이 이루어져야 한다. 볼록 종단곡선에서 AASHTO Standard 기준은, 필요한 시거에 대한 볼록 종단곡선의 최소 길이를 결정하기 위해 다음 식을 제공한다.

$$L_{\min} = \frac{AS^2}{100\left(\sqrt{2H_1} + \sqrt{2H_2}\right)^2} \qquad S \le L\text{인 경우} \qquad \text{식 (5.11)}$$

$$L_{\min} = 2S - \frac{200\left(\sqrt{H_1} + \sqrt{H_2}\right)^2}{A} \qquad S > L\text{인 경우} \qquad \text{식 (5.12)}$$

식 (5.11)과 (5.12)에서 변수 A는 종단곡선의 경사에서 퍼센트로 표시된 대수적인 차이이다. 만약 눈높이가 3.5 ft이고 물체의 높이가 2 ft일 때, 제동용 시거를 계산할 때처럼 다음 식이 된다.

$$L_{\min} = \frac{AS^2}{2158} \qquad S < L\text{인 경우} \qquad \text{식 (5.13)}$$

$$L_{\min} = 2S - \frac{2158}{A} \qquad S > L\text{인 경우} \qquad \text{식 (5.14)}$$

그리고 AASHTO Standard 기준은, 제동용 시거에 기초한 종단곡선에 대해 설계 제어를 설정하기 위한 단순하고 쉬운 방법을 제공한다. 표 5.2와 5.3에서 볼록 및 처짐 종단곡선 각각에 대한 값 K를 제시한다. 이 K는 비율로 정의된다.

$$K = \frac{L}{A} \qquad \text{식 (5.15)}$$

여기서, L : 종단곡선길이, ft
A : 경사에서 대수의 차이, %
S : 시거, ft

이 값은 특히 종단곡선의 PVC로부터 변환점(즉, 볼록곡선의 최대점과 처짐곡선의 최소점)까지의 수평거리를 결정하는데 유용하다. 달리 표현하면, 경사도가 0인 점은 PVC로부터 접근기울기의 K배 만큼의 거리에서 발생한다.[5.2]

처짐 종단곡선에서, 그 길이는 전조등의 시거 또는 보행자의 편의에 의해 조절될 수 있다. 그러므로 표 5.2에서 요구된 제동용 시거보다 더 긴 곡선을 요구할 수도 있다. 상세한 것은 표 5.3을 참조하라.

표 5.2 제동용 시거에 바탕을 둔 볼록 및 처짐 종단곡선의 설계값[5.2]

설계속도 (mph)	제동용 시거 (ft)	종단곡선율 K	
		계산값	설계적용값
20	115	6.1	7
25	155	11.1	12
30	200	18.5	19
35	250	29.0	29
40	305	43.1	44
45	360	60.1	61
50	425	83.7	84
55	495	113.5	114
60	570	150.6	151
65	645	192.8	193
70	730	246.9	247

표 5.3 처짐 종단곡선의 설계값[5.2]

설계속도 (mph)	제동용 시거 (ft)	종단곡선율 K	
		계산값	설계적용값
20	115	16.5	17
25	155	25.5	26
30	200	36.4	37
35	250	49.0	49
40	305	63.4	64
45	360	78.1	79
50	425	95.7	96
55	495	114.9	115
60	570	135.7	136
65	645	156.5	157
70	730	180.3	181

알아두기

1970년대 초에 Virginia 주와 Kenturky 주에서 발생한 교량관련 사고율은 매우 높았으며, 그 중 불균형적으로 많은 숫자의 사상자가 발생했다. 이런 사고의 가장 큰 주범은 좁은 폭의 교량이다.[5.4]

4. 도로 폭

도로와 관련된 다른 안전의 우려는 교량이 가지는 도로의 폭이다. 교량에서 사고가 발생하는 주된 위치는 많은 경우에 도로의 폭이 좁은 구조물의 접속부이다. 안전을 높이기 위한 한 가지 확실한 방법은 차량이 교량으로 들어올 때 그 차선폭을 충분히 넓히는 것이다. AASHTO Standard 기준은 교량의 최소 폭을 관리하는 다양한 기준을 제공한다. 이러한 폭은 구조물이 받는 하중의 종류(즉 HS20, HS15)와 구조물을 지나다니는 교통량(즉 ADT, DHV)에 달려 있다.

새 교량과 재건된 교량에 대한 다양한 교통 조건은 표 5.4에 제시되어 있다. 길이가 100 ft가 넘고, 일일 설계 교통량이 2,000대 이상인 교량에 대해서는 양쪽에 3 ft를 더한 차폭이 교량의 최소 폭으로 사용되어야 한다. HS15의 하중제한을 가진 기존교량에 대해서는 AASHTO Standard 기준에 의해 좁은 교량 폭이 허용된다.

당연히, 정확하게 "좁은 교량"을 정의하는 것에 관해 논의가 있을 것이다. 좁은 교량을 정의하기 위해 적용된 기준은 그 교량이 일차선용인지, 이차선용인지로 설계되는지에 따라 달려 있다. 좁은 교량을 정의하기 위해서 다음과 같은 기준이 사용된다(5.4절 참조).

- 일차선에 대한 총 폭 : 18 ft(5.5 m) 또는 그 이하
- 이차선에 대한 합쳐진 총 폭 : 24 ft(7.3 m) 또는 그 이하

이 특정 연구는 "교량은 전체적으로 도로시스템보다 더 위험하고, 좁은 교량은 안전에 큰 문제가 될 수 있다"라는 결론에 도달했다.[5.4] 그러나 교량에서는 사고와 교량 현장에서의 특정한 물리적 특징 사이에는 약한 상관관계가 있다. 개량되는 동안 건설되는 교량을 보강할 때 성능과 비용 사이의 균형이 이루어져야 한다. 구조물의 확대나 접속부 선형의 수정은 결코 저렴한 사업이 아니다. 첫 번째 목표는 적어도 AASHTO Standard 기준과 표 5.4에서 기술된 최소 폭에 대한 요구사항을 만족해야 한다.

표 5.4 교량에서의 최소 도로 폭[5.2]

설계 교통량(차량/일)	교량의 도로 폭(ft)
400 이하	양방향으로 2 ft 추가한 도로 폭
400～2000	양방향으로 3 ft 추가한 도로 폭
2000 이상	접속 도로 폭

교량은 충분한 폭을 제공할 뿐만 아니라, 교량 접속부 접점에서 적절한 교통 방호장치를 갖춰야 한다. 이것은 일반적으로 교량시스템과 접속부 방호시스템을 연결하는 전환부의 사용을 통해 완수된다. 이 방호시스템은 가드레일, 견고한 장벽 또는 그 조합으로 구성할 수 있다. 대부분의 교통관련 부서는 자신들의 기준이 최종설계에 포함되어야 하는데, 사용하는 전환부의 구체적인 형태에 관해 자신들의 기준을 유지한다.

교량 난간 및 난간 끝에서의 충격은 교량 관련사고 중 가장 심각한 유형을 나타내는 것으로 확인되었다.[5.4] 만약 교량 및 접속부의 난간 혹은 방호벽 시스템을 보강하였다면, 접속부부터 교량까지 방호시스템의 원활한 이행을 보장할 수 있도록 다른 구성요소들도 동시에 개선되어야 한다.

예제 5.1 고속도로를 가로질러 통과하는 교량의 교하공간

문제 기존 상부교량의 밑을 통과하는 고속도로에서 필요한 종단곡선의 길이를 결정

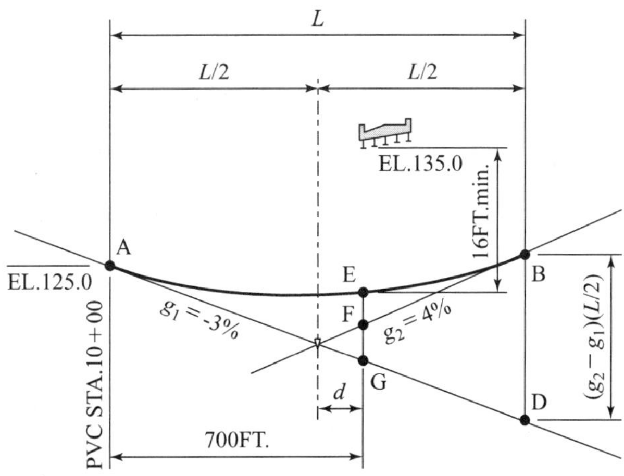

조건 ① $g_1 = -3\%$, $g_2 = +4\%$

② PVC에서 교량까지의 거리 = 700 ft

③ 교량의 거더 최저점은 높이는 135.0

④ PVC의 높이는 125.0

⑤ 최소 설계 교하공간은 16 ft

⑥ PVC의 스테이션은 10+00

하부통과 도로의 종단곡선 길이

해설 이 예제에서 새 도로 위에 놓여진 구조물이 있다고 가정한다. 주어진 최소 교하공간이 16 ft일 경우, 아래로 통과하는 선형에 대한 종단곡선의 필요길이를 구하는 것이다.

종단곡선 PVC의 높이와 스테이션이 주어져 있고, 교량의 최저점은 PVC로부터 700 ft 떨어져 있다. 교량 상부구조물의 최저점 높이도 알려져 있다. 하부통과 선형의 상향, 하향 기울기도 알려져 있고, 변하지 않는다.

이 예제의 핵심은 종단선형의 제원을 컴퓨팅하는데 이용되는 몇 가지 취급기술을 보여주는 것이다. 우리가 본 바와 같이 필요 곡선길이는 삼각법과 유사한 방법으로 계산된다. 이러한 문제들은 오늘날의 설계환경에서는 컴퓨터를 이용하여 쉽게 풀 수 있다. 이러한 문제의 해결방법은 전문적인 공학시험(기술사)에 자주 출제된다.

STEP 1 EG거리 계산

E점의 높이 = 교량높이 − 교하공간 = 135.0 − 16.0 = 119.0

G점의 높이 = PVC 높이 − g_1x = 125.0 + (−3%)(7stations) = 104.0

EG 거리 = E점의 높이 − G점의 높이 = 119.0 − 104.0 = 15.0 ft

해설 STEP 1 : E부터 G까지의 거리 계산

위의 계산용지 하단의 그림에서와 같이, 비슷한 삼각형의 두 수직거리 EG와 BD를 구하여야 한다. 첫 번째를 계산하기 위해 각 점에서의 고저차를 구한다. 첫 번째 E점의 높이는 단순히 설계여유를 뺀 상부구조물 바닥에서의 높이이고, 따라서 이 둘은 주어진다. G점의 높이는 PVC에서 직선으로 −3%의 접선경사를 계산하여 구할 수 있다.

STEP 2 BD거리 계산

BD거리 $= (g_2 - g_1)(L/2) = [4-(-3)](0.50)(L) = 3.5L$

해설 STEP 2 : B부터 D까지의 거리 계산

종단선형의 PVT에서 첫 번째 접선까지의 거리는 1단계 계산용지의 그림에 있는 방정식을 이용하여 쉽게 구할 수 있다. 값을 계산할 때는 단위의 사용에 일관성이 있도록 지켜야 한다. 본문과 이 예제에서는 피트가 아닌 스테이션을 사용한다. 어떤 단위를 사용하든지 일관성 있는 사용만이 잠재적인 실수를 제거하는 열쇠이다.

두 거리가 알려진다면 필요한 종단곡선길이를 결정하는 것은 매우 쉬운 일이다.

STEP 3 종단곡선길이 결정

아래 스케치에 묘사된 삼각형을 이용하여 :

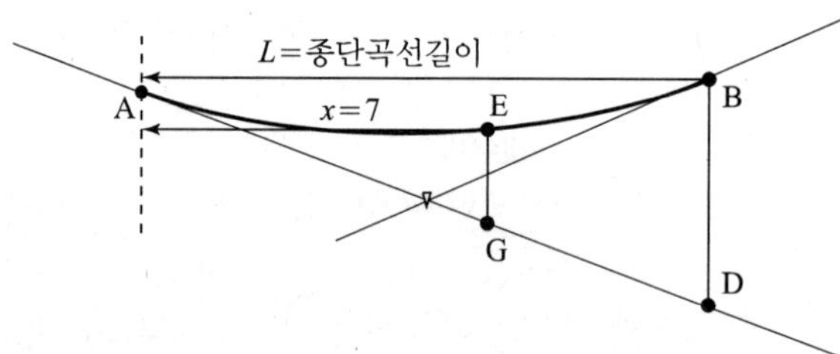

$$\frac{EG}{x^2} = \frac{BD}{L^2} \quad \text{따라서} \quad \frac{15}{(7)^2} = \frac{3.5L}{L^2}$$

또는 $0.3061 = \frac{3.5}{L}$ 따라서 $L = 11.43\text{ stations} = 1143\text{ ft}$

5.1.2 교통 유지

몇몇 기술자들에게는 교통의 유지란 단어가 단순히 일부 표지판과 원뿔형 표지로 유지하는 것을 암시할 지도 모른다. 그러나 교량을 개량하는 이 시대에 교통 유지에 대한 적절한 설계와 계획은 설계 과정의 중대한 측면이다. 교통 유지는 개량 설계에서 가장 중요한 문제 중의 하나일 뿐만 아니라, 더 많은 비용이 드는 것 중의 하나이다. 교통관련 부서가 설계를 위해 두 가지를 번갈아가며 발전하는 것은 흔하지 않은 일이다. 하나는 교통을 완전히 차단하는 것이고, 다른 하나는 점진공법의 사용을 통해 교량 위에 교통을 유지하는 것이다.

점진공법은 교량의 일부분에 교통을 차단하여 작업하고, 다른 곳은 개방하는 공법이다. 일반적으로 점진공법은 다음과 같은 제한사항이 있다.

- 차선이 제한되어야 한다.
- 차량 속도를 줄여야 한다.
- 작업자들을 보호하기 위해서 보호장비가 설치되어야 한다.
- 시공이음은 구조물의 종단 중심선과 평행하게 설치되어야 한다.
- 캔틸레버 구간에는 버팀목이 필요할 수도 있다.
- 설계 및 시공의 비용이 증가한다.

후자의 항목에 대해 점진공법 교량의 설계는 그렇지 않은 것보다 훨씬 더 복잡하다. 점진공법 교량의 설계는 두 교량을 설계하는 것과 비슷하다고 할 수 있다. 콘크리트 데크에서 교대 뒷벽까지 모든 것의 상세는 첫 단계와 다른 두 번째 단계를 위해 설치된 세트형식으로 시행된다. 어떤 경우에는 두 단계보다 더 많이 사용될 수도 있다.

몇몇 경우에는 구조물의 위(혹은 아래)를 지나는 자동차보다 다른 교통을 유지하는 것이 더 필요할지도 모른다. 그림 5.6의 오른쪽에서 인도가 있음을 볼 수 있다. 다른 상황은 철도 또는 해양교통의 유지가 필요할 수도 있다. 이것은 교량개선 작업이 하부통과 교통에도 같은 영향을 주는 것을 알 수 있다. 구조물의 기하학적 형상에 따라, 하부구조물 구성요소의 대규모 공사는 상부에 해당하는 교통 운영의 유지를 요구할 수도 있다.

완벽한 교통 통제계획을 수립할 때, 교량설계팀은 교량현장의 특정 범위에 초점을 맞추는 것이 필요하고, 각 접속부에서는 수백 피트 이상 멀리 봐야 한다. 교량 건설현장에 접근하는 차량은 앞의 작업현장의 존재에 대해 방심하지 않고, 속도를 줄이는 것이 필요하다. 이것은 다가오는 차량이 점진공법 현장에서 조정된

그림 5.6 드럼과 바리케이드를 포함한 교통장치의 유지

신축 중이거나 개량 중인 교량 시공현장에서 교통에 대한 적절한 유지는 설계과정에서 교량기술자들이 가볍게 취급하지 않는 중요한 관점이다. 특히 그림 5.6과 같은 점진공법 현장에서 교량의 한쪽 부분이 작업을 하는 동안 다른 한쪽 부분에서 교통을 유지시키는 것은 시공조인트의 위치, 콘크리트 데크에서 철근의 이음부위, 그리고 다른 사소한 것들의 주요 원인에 영향을 미친다. 점진공법에서 교통을 유지하는 것에 대한 계획은 적절한 차선 폭이 유지되고 모든 가능한 구조적 요구가 충족되었을 때(즉, 캔틸레버 슬래브의 버팀목 등) 실행되어야 한다.

교통차선의 일반적인 선형으로 주의깊게 진입하는 것이다. 이 모든 정보는 고가도로의 각 접속부와 지하차도 위의 교량 양쪽으로부터 적절한 거리에 위치한 적절한 신호와 소통되어야 한다. 신호뿐만 아니라 점멸 화살표 표지판(그림 3.62 참조)과 같은 다른 안전장치가 사용된다. 작업장에서 교통이 차단될 때 신호는 원뿔형 표지와 방벽이 사용된다. 진입금지용 바리케이드와 프리캐스트 된 장애물과 같이 훨씬 튼튼하고 더 강력한 방호장치가 제공된다. 프리캐스트 된 콘크리트 장애물은 통행하는 운전자의 안전을 보장하기 위해 콘크리트 데크로 연결되어야 한다.

명백히 이 모든 것에서 대부분의 제한인자는 공간이다. 때때로 단순히 다른 특별한 공간이 없기 때문에 교통의 정지를 초래하고 구조물 위를 지나는 교통을 한 차선만 허용하는 것이 필요할 수도 있다. 지방의 작은 도로에서는 이것이 보통 큰 어려움 없이 이루어질 수 있다. 그러나 운전자가 55 mph(혹은 그 이상)로 운행하는 주요 도로에서는 작업자의 안전을 위해 충분한 표지판과 보호장비를 갖추는 것을 최우선으로 해야 한다. 대부분의 교통 관련부서는 교통 통제계획에 대한 그들 고유의 내부 기준을 제공한다. 이 계획은 일반적으로 다음을 명시한다.

- 적절한 신호
- 작업장과 떨어진 도로의 거리
- 설계속도에 따른 적절한 차선 폭

많은 사례에서 설계팀은 비록 일시적일지라도 구조물의 일부분으로 교통이 개방될 수 있도록 새로운 평면선형의 개발이 요구될 것이다. 그렇게 함으로써 적절한 AASHTO Standard 기준의 기준은 프로젝트가 이루어지는 현장에서 감속을 위해 활용되어야 한다. 중요한 변화가 구조물의 종단선형에서 이루어지고 있다면 고저의 변화는 접속부에서부터 순조롭게 변화되어야 한다. 위에서 기술한 평면선형의 변화와 마찬가지로 이 조정은 본질적으로 대개 일시적이다. 차선에 여유 폭을 주기 위해 노견의 일부분을 활용할 필요가 있다(만약 존재한다면). 이러한 경우에 설계자는 노견이 교통을 지지할 정도로 충분히 안정되도록 해야 한다. 제대로 설계될 때 교통 통제계획은 작업자와 운전자 모두의 안전을 위해 준비될 것이다. 그러나 적절한 주의를 기울이지 않는 경우에는 교통의 유지관리는 몇몇으로는 감당할 수 없는 두통거리가 될 수 있다.

5.2 계약문서

모든 공학적 프로젝트의 계약문서는 설계팀의 작업을 자세히 설명하는 원고로 되어야 한다. 아무리 좋은 설계라 할지라도, 정확하고 효율적으로 설계를 전달하지 못하는 최종 계획은 잠재적으로 저조하게 건설되는 프로젝트로 이끌 수 있다. 새로운 구조물이나 또는 개선 중에 있는 기존의 교량에서 최종 계약문서에 대한 준비는 시간이 걸리는 일이다. PS＆E는 계약문서에 사용되는 일반적인 약어이며, 다음의 세 가지를 의미한다.

- 계획
- 시방서
- 견적

공학적인 설계를 마친 후 개별적으로 진행되는 작업보다는 계약문서에 대한 준비가 설계일과 동시에 실행되는 것이 유리하다. 만약 이런 준비를 제대로 관리하지 않는다면 교량설계 프로젝트는 무질서해지고 단가가 높은 일이 빠르게 진행될 것이다.

비록 교량설계 프로젝트의 최종 목표가 계약문서를 제출하는 것일지라도, 그것은 결국 건설기술자의 디자인에 대한 시공과 실행으로 이어질 것이며, 최종적인 PS&E 서류를 제출하는 것이 그 자체의 끝으로는 올바르지 않다. 계약문서는 설계와 같이 중간제출의 결과로서 설계의 전 과정을 통해 단계적으로 성장한다. 다음의 논의에서는 계약문서 제출의 다양한 과정을 서술하고, 대부분 컴퓨터와 관련되어 계약문서를 생산하는데 유용한 최신 경향과 기술에 대한 전반적인 개요를 제공한다.

5.2.1 설계 제출

분명히 중요한 크기의 프로젝트에 대해, 설계팀은 작업이 완료된 한 편의 계획을 단순히 뒤집으려고 하지는 않는다. 때로는, 특히 교과서에서, 단순히 몇 가지 추상적인 문제를 해결하는 연습이 아닌 설계가 "누군가 다른 사람"에 의해 수행된다는 것을 잊기 쉽다. 교량설계 분야에서 "누군가 다른 사람"이란 대부분 교통 관련 부서(발주자)이다. 프로젝트가 시작될 때 거기에는 프로젝트 범위와 자연적으로 해야 될 일에 대한 일반적인 합의가 있다(희망적으로). 그러나 이 합의는 공학적인 설계로부터 발생되는 무엇에 대한 마지막 단어가 되지 않는다.

공학적 설계란 반복적인 과정이며, 따라서 설계 시작부터 최종적인 결론까지 섬세한 과정이 필요하다. 따라서, 설계과정 그 자체는 많은 점검 포인트가 필요한데, 이는 발주자와 설계자가 작업의 진행 상황을 논의하고, 추가 수정하여 설계를 결정하는 것이다. 어쩌면, 발주자가 초기에 특정 형태의 교각을 활용하려고 의도하였는데 설계자가 후에 교각의 형태를 다르게 결정할 수도 있다. 어쨌든, 이 범위 내에서의 변경은 서로 의논이 되어야 하며, 설계자의 의도를 전달할 수 있는 수단으로 중간제출이 있다.

물론, 이러한 제출은 설계과정에서 논리적인 시점에 예약할 수 있다. 많은 교통 관련 부서들이 설계제출에 대한 시기와 방법을 자신들의 기준에 따라 유지하고 있기 때문에, 일반적으로 다음과 같은 4가지 분리된 형식을 인정한다.

- 대안 연구

- 예비
- 진보된 상세
- 최종 설계

다음에 논의되는 것은 각 제출 단계에 대한 상세설명이며, 설계팀이 어떤 생산적인 것들을 설계과정의 각 단계에서 창출해야 하는 것이다.

1. 대안 연구

어떤 설계를 시작하기 전에, 설계팀은 일반적으로 먼저 제안된 구조물에 대한 최상의 조건을 선택하는데 초점을 맞춘 공학적인 연구를 한다. 일반적으로 세 가지 대안들이 연구된다.

각각의 상황에 따라서, 서로 다른 물질(즉 철근, 콘크리트), 서로 다른 구조물의 형태(즉 거더 위의 슬래브, 박스형 거더, 인접한 슬래브), 서로 다른 경간 배열(즉 단경간 교량, 3경간 연속 교량), 또는 이런 것들의 조합이 대안으로 선택될 수 있다. 기술자의 판단과 발주자의 선호도에 따라 세 가지 최상 조건들은 세부 연구로 선택된다.

예비 구조해석은 각 대안에 대해 수행된다. 만약 교량이 하천을 횡단한다면 수문학적과 수력학적 연구가 수행되어야 하는데, 이는 제안된 교량이 상류에 홍수를 일으키지 않도록 충분한 통수단면을 확보하기 위함이다. 구조적 해석은 예비 부재의 크기와 같은 충분한 정보를 제공해야 한다. 일반적으로 각 교량의 대안에 대한 전형적인 단면은 보고서에서 제공되어야 하며, 각 대안에 대한 예비비용의 견적도 제공되어야 한다. 비용 견적은 전에 수행했던 프로젝트에서 같은 재료에 대한 비용, 비슷한 구조 형식과 크기에 대한 비용을 바탕으로 산출한다.

연구의 가장 중요한 부분은 최종 설계에 채택될 가장 좋은 대안을 추천하는 것이다. 이것은 보통 결정 매트릭스를 사용함으로써 수행되는데, 이 결정 매트릭스에는 프로젝트에 중요한 영향을 미치는 주요 요인들을 고려하는 것이다. 이러한 요인은 다음과 같다.

- 초기 건설비용
- 유지관리
- 시공성
- 환경에 미치는 영향
- 미학

이러한 요인의 가중치를 어떻게 두는가는 교량의 위치와 중요성에 따라 달려 있다. 주요 도로교의 대다수에서 초기 건설비용은 50% 이상으로, 그 다음으로 유지관리에 무게를 두어야 한다. 가장 비용 - 효율적인 조건은 일반적으로 유리하다. 주요 교량에서, 특히 도시에서 시공된 교량에서 설계자는 미학과 시공성에 더 큰 무게를 줄 수 있다.

연구의 최종 결과물(제품)은 공학적 보고서이다. 일단 발주자가 추천을 승인한다면 추천된 조건은 설계과정의 두 번째 단계로 진행될 것이다.

2. 예비제출

예비설계는 화가의 그림에서 작업선을 그리는 것과 같은 기능을 해야 한다. 예비제출은 설계과정을 풍족하게 해주는 것으로서 발주자에게 어떻게 기술자가 설계와 연관된 문제점을 파악하고 있는지, 설계를 완성하기 위해 취해야 할 양은 어느 정도인지를 대략적으로 스케치하는 것이다. 이런 모든 것들은 편하게 보이지만, 사실 모든 공학적 프로젝트의 예비제출은 가장 힘든 것 중의 하나이다.

신임 기술자에게는 이것이 다소 이상해 보일 수 있다. “예비제출이 단지 스케치라면 초기단계에서 문제가 얼마나 심각하게 될 수 있는가?”하는 질문에 대한 대답은 예비제출에서 발생되는 그 문제들로, 그것 자체를 검토하는 것이 매우 어렵기 때문이다.

교량설계 프로젝트의 전형적인 예비제출은 다음과 같은 성과품으로 구성된다.

- 짧은 일련의 계획(보통 4 또는 5장 이내)
- 프로젝트 비용에 대한 기술자의 예비 견적

최종 계획의 한 세트를 지켜보는 것과 계획된 일대로 실행되는 것은 상대적으로 올바른 일이다. 그러나 예비계획은 최종 계획이 보여지는 것 같은 밑그림이다. 이것은 아직도 많은 것들이 남아 있음을 의미한다. 재료의 결핍은 그 자체로서 의문을 남긴다.

예비계획을 검토하는 위치에 놓인 기술자에게는 아직도 많은 진정한 설계작업이 남아 있고, 예비제출이 설계물량의 모든 것이 포함되어 아무것도 남지 않도록 하는 작업의 범위에 집중해야 한다는 것을 인식하는 것이 중요하다. 따라서 프로젝트의 예비단계에서는 교각의 보강과 같은 것은 중요하지 않고, 오히려 어떤 교각의 형태가 첫 번째 단계에서 쓰여질지 의논한다. 이것은 기술자에게 오히려 명백해 보이는데, 그들이 검토하는 모든 면을 이해하는 완벽한 형태와 같다. 그러나 이런 것을 준비하는데 관련된 비용은 설계자에게는 무거운 짐이 된다.

예비제출에서 정보의 과잉은 교량이나 교통 프로젝트에서만의 기능이 아니다. 많은 지방자치단체에서 현장개발 프로젝트를 위한 예비제출 검사목록은 예비보다는 최종 설계 제출에 더 가깝다. 그러나 발주자나 설계자는 일반적인 도로의 설계과정을 정립하는 기회로 예비제출을 보아야 한다. 만약 이런 것이 예비제출 단계의 마지막에도 이루어지지 않는다면 심각한 문제들이 발생할 것이다.

거의 모든 예비계획이 전산화된 설계와 도면(CADD)기술의 사용으로 준비되기 때문에 예비계획을 "일회용"으로 볼 필요는 없다. 신중하고 사려깊은 CADD 접근법을 사용하여 예비계획은 다가올 최종 계획에 대한 기초를 다질 수 있다. TS&L 계획(구조물의 형태, 크기, 위치에 대한 표준)이라고도 불리는 예비계획은 다음을 포함해야 한다.

- 교량 계획, 높이 그리고 대표적 단면
- 일반 사항
- 도로의 종평면도
- 기초의 형태
- 교대와 교각의 형태

계획과 같이 예비 견적은 교량과 관련된 최종 비용의 대략적인 추정치이다. 만약에 특정한 시공 단가가 최종 견적을 위해 사용되었다면, 예비 견적은 전체 규모에서 이전 프로젝트에서 사용되었던 단가를 최우선으로 개발한 것이다. 견적을 실시할 때 빠졌거나 무시된 항목을 보전하기 위하여 우발적 사고에 대한 일정 금액을 확보하는 것은 매우 좋은 생각이다.

지질학적 보고서와 수문학, 수력학적 보고서 또한 이 제출서류에 포함되어야 한다.

3. 진보된 상세제출

만약 예비제출이 발주처에게 승인되었다면, 작업은 진보된 세부제출의 준비로 시작된다. 진보된 상세단계에서는, 계획은 거의 현장에서 사용할 준비가 되는 수준이어야 한다. 구조물의 주요 부분에 대한 설계와 상세는 완성되고, 이 단계의 마지막에는 도면으로 변환된다. 보강용 봉의 스케치와 교통통제 계획과 같은 부수적인(비록 필수적이라도) 정보가 이 제출서류에 포함될 수도 또는 미포함될 수도 있다.

우리는 발주자의 요구를 최종 계획이 아니라, 예비로서 예비계획에서 광범위하게 검토하여야 한다. 마찬가지로, 설계기술자에게 과정을 존중하는 것은 매우 중요한 일이다. 설계자는 예비보다 더 진보된 상세 계획 같은 계획을 제출하는 것이고, 변경이 생겼을 때는 도면의 주된 재작업에 직면하게 되는 것이다.

진보된 상세제출의 기능은 발주자에게 최종 제품이 어떤 모양으로 형성되고 있는지를 보여 주는 것이다. 이 단계에서는 상세하게 연관된 문제들이 표출되는데, 예를 들어 배수 부속품의 교정이나 다른 연결부 밀폐용 재료의 선택 등이다. 이 단계에서 일어나는 많은 명백한 문제들은 비정상적이 아니며, 설계자는 스케줄과 예산상에서 이러한 변화들을 수용하여야 한다. 일반적으로 계획의 진보된 상세 부분은 그 모양과 형식에서 최종 계획과 매우 유사하다. 상세 견적이 이 단계에서 진보된 상세 계획을 따라 제출되었을 지라도 계약 명세는 포함될 수도 또는 미포함될 수도 있다.

4. 최종 제출

그것의 이름이 암시하듯이, 최종 제출이란 일반적으로 마지막이다. 계획의 제출은 일반적으로 영구 매체(즉, Mylar)의 형태로 이루어지며, 관련된 작업용지와 상세한 계약 시방서를 동반한 최종 견적을 동반한다. 설계 계산용지도 제출하도록 요구될 수도 있고, 없을 수도 있다. 하지만, 설계자는 항상 영구기록과 장래 설계에 대한 참고자료로 사본을 보관하여야 한다. 설계 계산에 관련하여 컴퓨터 소프트웨어로 설계가 수행되었다면 사용된 입력자료와 관련된 출력물이 포함되어야 한다. 계획을 준비하는데 CADD가 널리 사용되기 때문에 많은 기관들이 최종 계획에 관련된 컴퓨터 버전의 CD 또는 DVD를 요구한다.

최종 제출은 보통 PS&E라고 불리며, 계획, 시방서 및 견적을 의미한다.

5.2.2 전산화된 설계와 도면

이전 텍스트를 검토하다 보면, 전문적인 것을 돕는 컴퓨터 기술의 "최신 첨단"이라고 묘사된 부분을 읽는 재미난 경우가 종종 있다. 컴퓨터 기술의 세계에서는 워낙 빠르게 변화하여 출시된 후 몇 달 지나지 않아 폐물이 되는 경우가 있다. 그러나 두 가지 경우는 거의 변하지 않는데, 상식과 조직 기술이다. 이 두 가지는 성공적인 CADD 작업을 실행하기 위한 가장 중요한 구성요소이다.

몇 년 동안 설계자들은 도로교의 큰 변수 여건상 교량설계에서 CADD의 사용을 감춰왔다.[5.5] 지역적인 자치주 교통망이 비록 상대적으로 동질성을 갖더라도 똑같은 교량은 없다. CADD의 주된 장점 중 하나가 반복작용을 통한 속도인데, 두 교량이 똑같지 않은 것은 설계사무소에서 수작업보다는 컴퓨터를 사용하기 때문이다.

1980년대 후반 이후, 이 쟁점은 토론의 여지가 되었다. 오늘날 컴퓨터 하드웨어의 속도는 세련된 CADD 기술을 수작업보다 몇 배 빠르게 만든다. 고작 30년 전만 해도 이렇게 쉽게 만들 수 없었다. 지금은 CADD용 워크스테이션 1대 값이 상대적으로 적은 돈이지만, 1985년도만 해도 그것은 하나의 설계회사를 좌지우지할 수 있는 정도의 매우 큰 금액이었다.

빠른 하드웨어와 매끈한 소프트웨어는 성공적인 CADD의 실행으로만 기인하지 않는다. 교량설계 프로젝트는 상식과 조직의 사용을 통해서만 해결할 수 있는 특정한 도전들이 있다.

아래에 논의되는 것들은 전산화된 방법의 사용으로 좀 더 효율적으로 교량 프로젝트를 관리하기 위한 기본적인 기술이다. 컴퓨터 시스템을 사용하는 목적은 언제 어디서든 가능한 반복을 통해 속도의 고유 혜택을 극대화하는 것이다.

1. 파일 구성체계

전산화 작업 중에 만나게 되는 가장 근본적인 문제점 중의 하나는 컴퓨터의 대용량 저장장치(예를 들어, 하드 드라이브)에 체계적이지 못한 방법으로 데이터 파일을 저장하는 것이다. 많은 기술자들은 그들이 가지고 있는 모든 도면들을 단 하나의 평면 파일에 던져 놓고 파일명으로 "도면"이라고 표시해 둔다고 생각하면 웃음이 절로 나올 것이다. 그러나 전산 데이터를 저장할 일이 생기면 똑같이 그런 방식으로 저장한다.

그러나 이제 설계 사무실의 네트워크로 모든 컴퓨터를 사용하는 것은 관행이다. 모든 CADD 파일은 각 개인용 PC보다는 서버에 저장되어 그 프로젝트에서 일하는 모두가 파일에 접근할 수 있어야 한다. 이것은 사람들이 접근한 파일이 항상 최신 버전임을 확신시켜 준다. CADD 파일 관리자에게 일어날 수 있는 가장 최악의 일은, 각기 다른 사람들이 다른 컴퓨터에서 같은 파일을 수정하고 저장하여, 같은 이름으로 저장된 다른 버전의 "최신 파일"이 존재하는 것이다.

최종 도면을 완성하기 위해 CADD를 성공적으로 사용하려면 일관되고 질서있는 명명 규칙을 실행해야 한다. 가장 간단한 접근법은 모든 세부 정보에 순차적인 번호 매기기 시스템을 도입하는 것이다(즉 det-001, det-002 등). 별도의 색인이 각각의 도면 파일과 연관되도록 구별되어 유지되어야 한다. 신축이음장치, 부속품 등과 같은 잡다한 세부 정보에도 접근할 수 있어야 한다.

교대, 바닥판, 교각 등과 같은 주요 구조부재는 약간 다르게 저장할 수 있다. 교량 계획의 한 세트에서 이런 요소들은 다양한 위치에서 표시된다. 예를 들어, 교대의 단면보기는 교대 뒷벽의 배근상세, 터파기상세, 전 구조물의 종방향 단면, 그리고 계획을 통해 여러 곳에서 쓰인다. 게다가, 상세가 축척에 맞게 그려졌고 CADD 소프트웨어가 사용된 시설들이 있다면, CADD로 발생된 상세의 위치에서 그 크기를 재생하는 것이 가능하다(즉 뒷벽의 면적, 받침대의 면적). 어떤 프로그램들은 요소의 그래픽 이미지부터(즉, 교각 높이) 설계에 관련된 해석 모듈(격자해석 프로그램)까지 할 수 있는 능력이 있다.

그러므로 이러한 주요 구성요소가 여러 가지 다른 기능을 제공할 수 있으므로, 그들은 쉽게 식별할 수 있고 논리적인 요소로 저장될 수 있으며 어떻게 상세가 정의되는 것이, 그것이 무엇으로 불리는 것만큼 중요하다. 교량 요소를 깨트리는 합리적인 방법은 관점에 달려 있다. 관점에 의해, 다음의 하나로 구별되는 상세의 방향이 있다.

- 계획
- 높이
- 단면

교량 프로젝트에서 도면은 본질적으로 3차원 구조물을 2차원으로 묘사하기 위해 사용된다. 이것은 위에 기술한 세 가지 관점 중 하나에서 구조물의 다양한 요소와 부재들을 나타내는데 사용된다. 그러므로 주요 부재를 묘사할 때는 세 가지 나열된 방향 중 하나로 표현해야 한다. 이런 접근법은 전통적인 2차원 CADD 시스템에서 설계되는 것이고, 좀 더 진보된 3차원 모델링 시스템에는 부적합하다는 것을 잘 알아야 한다.

요소를 설명하는데 사용하는 다음 항목은 요소에서 파생된 부재의 이름이다. 교대나 바닥판 또는 교각과 같이 주요 구조물을 부재라고 설명하는 것을 기억하라. 이 목록은 위에 나열된 세 가지 관점 중 하나에서 전형적으로 표시된 부재에서 주요 요소를 포함하여 확장할 수 있다. 이런 것들은 날개벽, 뒷벽, 접속슬래브 등 몇 가지 이름만이 포함된다. 도면과 그에 관련된 의미에서의 이름을 그 예로 표 5.5에 표시하였다.

표 5.5 대표적인 단지간 거더교와 대표적인 요소

줄임말	본말	의미
abut_pln	abutment_plan	뒷벽과 받침대의 평면
abut_elv	abutment_elev	뒷벽과 받침대의 높이
abut_xsc	abutment_xscn	뒷벽과 기초의 단면
brig_pln	bridge_plan	전교량의 평면
brig_elv	bridge_elev	전교량의 높이
brig_xsc	bridge_xscn	전교량의 단면
pier_pln	pier_plan	교각의 평면
pier_elv	pier_elev	교각의 높이
pier_xsc	pier_xscn	교각의 단면
wing_pln	wingwall_plan	교대날개벽의 평면
wing_elv	wingwall_elev	교대날개벽의 높이
wing_xsc	wingwall_xscn	교대날개벽의 단면

CADD 파일의 명명은 처음보기에는 다소 흥미 없어 보인다. 그러나 도면파일의 적절한 분류는 성공적인 CADD 실행과 실패한 그것과의 큰 차이를 보인다. 만약 모든 사람이 자기 생각의 왼쪽에서 있다면 명명에 대한 협정과 저장 방법의 과잉이 쓰이고, 이것에 대한 영향은 시간이 지날 때까지 적절하게 절대 쓰이지 않는다. 음향에 대한 파일 조직은 CADD의 주요 장점에 대한 적절한 사용을 의미한다(반복에 대한 속도). 모든 CADD의 목적은 상세 부분에 대한 적절한 서류를 준비하는 것인데, 이 상세는 설계에 있어 양적인 작업량에서부터 최종 도면의 준비까지 모든 것을 사용하는 것이다. 표 5.5에 보인 명명 협정은 이러한 시도의 하나이다. 짧은 파일명 줄은 파일이름에서 특정번호에 위치한 작동 시스템이다.

2. 기하학적 소스파일

교량에서 주요 요소를 설명하기 위해 우리는 관점과 묘사된 특정 요소를 설명하는 두 부분의 이름을 사용한다. 그러나 무엇이 이 도면 파일에서 정확한 것인가? 위에서 언급한 바와 같이 각기 주요 부재는 축척에 맞게 그려져 있고, 그 상세는 1 : 1의 축척으로 나타낸다. 이런 것은 거리, 면적 그리고 축척인자(즉, 1/4 in = 1 ft)를 사용할 필요 없이 쓰이는 다른 기하학적 값에 적용된다. 요소의 기하학적 정확도를 증가시키기 위하여 이중 정밀도의 정확성이 가능한 CADD 소프트웨어가 높이 추천된다.

이러한 실질적인 축척 소스파일은 주석(즉 노트, 치수 등)으로부터 자유로워야 한다. 주요 요소들이 많은 다른 장소에서 언급되기 때문에, 소스파일(우리는 그렇게 명명함)이 우리가 최종으로 주석된 상에 바탕을 둔 템플릿처럼 행동한다. 우리가 1 : 1의 축척을 사용하기 때문에 소스파일의 상세는 다른 원하는 축척으로 변환될 수 있다. 교대 단면의 예를 다시 든다면, 종방향으로 사용된 축척은 뒷벽의 보강상세에 사용된 그것과 많은 차이가 있다. 하나의 실질적인 축척 소스파일을 유지하기 위해 "시간과 노력을 낭비함" 없이 두 개의 분리된 곳에서 같은 템플릿을 사용할 수 있다.

이 과정을 크게 용이하게 하는 많은 CADD 패키지는 "매개변수적 모델링"이라고도 한다. 이런 접근을 사용하여 요소의 일반적 모델은 그 크기가 변하도록 생성된다. 즉, 잘려진 교대의 포괄적인 변수 모델이 다시 재생산됨을 의미한다. 각각의 프로젝트에서, 기술자는 단순히 뒷벽의 높이와 깊이, 기초의 깊이 등을 입력하지만 포괄적인 단면은 적절한 차원으로 그려진다. 이러한 특색은 자연스럽게 요소의 기본적인 기하학을 창조하는 과정에 큰 속도를 낼 수 있다.

3. CADD에서 잊혀진 D

공학적 조직이 할 수 있는 가장 최악의 것들 중 하나는 CADD를 영광 이상의 기술적인 펜으로 활용하는 것인데, 이는 우리가 CADD라는 시스템을 순수하게 컴퓨터 억지기법을 통해서 도면을 작성하는 과정을 일컫는다. 각 시트 매뉴얼 방법에 유사한 과정에서 한 번에 하나씩 만들어진다. 이러한 접근 방식은 CADD 고유의 장점을 활용하는데 실패한다.

위의 토론에서 우리는 최종 도면에 들어가는 기하학적 정보의 자연스러운 확장에 대한 몇 가지만을 취급했다. 필요한 봉인량을 결정하기 위해 복잡한 교대 형상의 면적을 계산하려고 컴퓨터 앞에 앉아야 하는 사람은 과정의 지루한 성질을 증명할 수 있다. 설계자와 기술자 모두는 그들이 다루고 있는 CADD 시스템에서 최대의 이익을 얻기 위해 노력해야 하는 정보의 잠재적인 사용을 인식할 필요가 있다.

우리는 보통 "CADD에서 잊혀진 D"라고 불리는 CADD의 디자인 측면만을 간략하게 언급했다. 많은 사람들에게 CADD는 도면만을 의미하는 것으로 잘못 명명되었다. 그러나 진정한 CADD는 전체 과정에서 본질적인 측면으로 설계를 채택하고 있다. 진정한 CADD 접근 아래에서 설계용 소프트웨어는 대부분의 도면을 자동으로 생성할 수 있어야 한다. 만약, 구조해석 시스템이 교각에 필요한 기둥의 크기, 높이, 필요 철근량 등을 결정하기 위해 사용된다면 그것은 정보로부터 그래픽으로 표현될 수 있어야 한다. 이 세부사항은 좀 더 세련되게 편집이 필요하며, 설계용 소프트웨어는 대부분의 작업을 수행해야 한다. 비록 도면용 소프트웨어가 공학적 세계의 맨 앞으로 자동화를 가져오기 위해 많은 일을 했을지라도, 그것 역시 도면 준비 과정에서 설계용 소프트웨어의 중요성을 거꾸로 감소시키는 영향을 주었다.

4. 그래픽 표준과 품질관리

세부사항과 도면의 조직과 마찬가지로, 최종 도면을 준비하는데 쓰이는 표준은 규격화 되어야 하고, 엄격하게 적용되어야 한다. 표준화를 필요로 하는 항목은 다음과 같다.

- 선 두께
- 문장 크기
- 치수 측정 조건(화살표 크기, 본문 옵셋 등)
- 주석달기

적당한 크기를 가진 대부분의 교량 프로젝트에서 몇 가지 개별적인 사항들이 최종 도면의 준비작업에 포함된다. 큰 화살표나 작은 화살표 또는 다른 것들이다. 만약 그것들이 자기 생각에만 남아 있다면 개인적인 기호나 취향이 각각의 상세에 반영되어, 최종 도면을 완성하는데 비슷하지도 않고 매력적이지 않으며, 따라하기 어려워질 것이다.

프로젝트를 시작하기 전에 표준은 문서화되어야 하고, 모든 기술적 작업에 반영되어야 한다. 작업의 정기적인 검사는 표준에 대한 일치를 확인하기 위해 실시되어야 한다. 이러한 검사는 프로젝트 초기에는 자주 실시하고, 중간으로 갈수록 줄일 수 있다. 설립된 CADD 부서에서 새롭게 합류하는 직원은 더 밀접하게 관찰되어야 한다.

이것은 표준이 돌로 둘러싸여 절대 수정되지 않는다는 것이 아니다. 오히려 반대로 계약문서를 준비하는데 개선과 향상에 대한 여유가 있다는 것이다. 그러나 이것이 프로젝트의 핵심은 아니다. 표준을 확실히 하는 열쇠는 서면형태로 문서화하는 것이다. 각각의 기술자는 의심에 대한 여지가 거의 없도록 적절한 그래픽 표준을 묘사하는 열쇠를 준비하여야 한다. 수시로 업데이트해야 하므로 처음으로 키를 개발하는 경우에는 가능한 모든 순열을 계획하는 것은 어려울 것이다.

CADD와 관련된 문제는 도면 세트 전체를 통해서 오류가 전달되는 능력이다. 우리는 이미 반복을 통한 속도의 장점을 언급했다. 그러나 CADD 부서는 항상 반복을 통한 오류를 막는 경비가 되어야 한다. 교대 뒷벽 단면을 다시 예로 들어, 만약 소스파일의 기하학적 값이 오류라면 그것과 관련된 도면의 모든 것이 틀리게 된다. 그러므로 잠재적으로 광범위한 오류를 발견하기 위해 개선된 품질관리 절차는 프로젝트의 마지막보다는 초기에 실행되는 것이 필수적이다.

모든 주요한 기하학적 부재의 점검 구성은 정확도를 보장하기 위하여 손으로 축척된 치수로 만들어져야 한다. 프로젝트 진행에서 점검 구성은 일어날 수 있는 잠재적인 문제를 발견하는데 유리하다. 이 정기검사인 "고통 확산"은, 말하자면 준비 과정을 그리는 더 많은 과정을 준비하는 것이다. 이런 수준의 품질 관리를 달성하기 위해 사용할 수 있는 유용한 도구는 각자에게 회의날짜를 마지막으로 정해주면서 발주자에게 내부 제출일자를 알려주는 것이다. 이것은 설계팀 멤버 스스로가 작업의 품질에 만족함을 보장할 것이다.

5.2.3 결론

계약문서의 준비는 사소한 일이 아닌 것이 분명하다. 실제로 이 과정에서만 전체적인 양이 쓰여진다. 그러나 위에서는 교량설계 프로젝트의 중요한 부분 동안 일어날 수 있는 잠재적 함정에 대한 안내자로서 제공하였다. 기술자로서 우리는 작업의 설계 측면에만 너무 관점을 두는 경향이 있어 관리부분을 잃을 수도 있다. 우리는 설계 안에서 훈련받기 때문에 우리의 자연적인 충동은 설계 안에서 곤경에 빠지게 되고, 불가피하게 전체적인 그림을 보는 눈을 잃게 될 것이다. 기술자는 프로젝트를 궁극적인 건설로 이끄는 한 세트의 문서가 필요하다. 기둥은 일정한 양의 하중을 지탱하지만, 만약 기둥이 세워지지 않는다면 해석할 것이 아무것도 없다는 것을 알아두는 것은 중요하다.

설계 환경에서 CADD 시스템의 출현 및 확산과 더불어 계약문서를 생산하는 전통적인 방법은 일부 지역에서 상당히 변경되었고, 나머지 부분에서는 별로 변하지 않았다. 예를 들어, 그래픽 표준 유지관리는 새로운 생각이 아니다. 도면작업을 손으로 하든 또는 컴퓨터로 하든 그 일관성은 유지되어야 한다. 이 절의 시작 부분에서 설명했듯이, 위에 제공한 대부분의 정보는 다른 것보다 더 상식적이다. 그러나 이 상식적이란 의미는 도로교 설계를 수행할 때 매우 가치 있는 필수품이다.

구조적인 설계도 지난 30년 동안 광범위한 변화를 겪고 있다. 그것은 텍스트의 앞부분에서 언급했듯이, 많은 설계자는 해석상의 복잡성 때문에 연속보 구조를 피하고 있었다. 오늘날의 기술자에게는 기계식 계산기가 고가품이던 시절을 이해하는 것이 어렵다. 사실, 사회간접시설물인 많은 교량을 설계했던 기술자들에 의해 계산기라는 단어가 사용될 때는, 기술자란 수작업과 로그 테이블을 사용하는 설계자에 대한 언급이었던 것이다.

오늘날 직장에서 설계 소프트웨어의 사용은 사실일 뿐만 아니라 필수품이다.

계약문서를 준비하는데 있어, 그것은 모든 컴퓨터로 파생된 솔루션과 최종 문서의 일부를 만드는데 유지되는 본질인 것이다. 정당화에 대한 아무런 요구 없이, "대답"으로서 컴퓨터 생성 분석을 받아들이는 것은 매우 쉬운 일이다. 수작업으로 컴퓨터 계산에 대한 검토를 하는 보강의 중요성에 대해 이미 완료하였다. 이것은 전체 설계가 두 번 완료해야 한다는 것을 의미하지는 않는다. 그러나 이것은 설계의 어떤 주요 변수가 제대로 들어맞는 대답인지 검사하는 것은 중요하다. 이런 수작업 검사는 최종 분석 문서에 통합되어야 한다. 이것이 완료되면 당당히 문서를 만들 수 있다. 하지만 그것은 설계 과정의 마지막 기록의 모든 부분이다.

참고로 많은 교통부서가 이 절에서 설명하는 모든 문제에 대해 자신들만의 기본 설정을 유지하고 있음을 명시하라. 치수에서 글자체의 크기가 얼마이던지 또는 최종 설계 제출에 포함될 정보가 무엇이던지, 각 발주자는 설계자가 따를 수 있도록 각자의 표준이 있어야 한다. 우리 모두 함께 적절한 조직과 상식으로 출발한 것처럼, 계약문서에 대한 준비가 지속적인 프로젝트의 건설로 이어질 것이다.

5.3 교량 관리 시스템

이 텍스트의 과정을 통해 우리는 도로교의 본질, 건설을 위한 자금의 할당, 주요 부재의 설계, 그리고 건설로 이어질 최종 계약문서의 준비에 대해 논의했다. 이러한 항목 외에도 우리는 전체 교량 및 특정한 요소와 관련된 교량 유지보수 및 개선의 중요한 이슈를 커버하고 있다. 그러나 초점은 항상 개별적인 교량에 놓여 있다. 또한, 우리는 도로교는 전체 광대한 교통 네트워크에서 하나의 구성요소라고 일관되게 언급했다. 하지만, 다루는 수백 및 수천 개의 도로교에 대한 작업은 지난 10년간 현저한 증가와 중요성을 얻고 있다.

본질적으로 불충분한 교량의 코핑에 대한 문제점은 관리의 하나이다. 어떻게 발주자가 재정 및 자원의 제한된 능력 안에서 현존하는 네트워크의 구조물을 중점적으로 관리하는가? 그것은 특정 교량의 교각이 하나는 나쁜 형태이고 다른 하나는 빈약한 덮개를 가진 경우, 만약 재정지원이 하나만 보수가 가능하다면 어떤 것이 먼저 개선되어야 하는가? 만약 특정 교량의 그룹이 모두 악화된 상태의 교량받침을 가졌다면 왜 이런 악화가 발생한 것인가? 이것은 교량받침의 자재 불량인가? 혹시 교량받침 위의 신축이음장치가 손실의 영향인가? 이런 모든 것이 교통부서의 유지관리 요원이 던지는 의문이다. 이런 것들은 교량 관리 시스템(BMS)에 의해 대답해야 하는 질문 종류에 대한 한 예이다.

현재의 환경에서 BMS는 고속도로 네트워크에서 교량그룹의 상태를 추적하는 데 쓰이는 전산화된 관리 시스템을 의미하는 것으로, 취해지는 치료 방법의 결정에도 도움을 준다. 그러나 BMS는 컴퓨터로 기반된 시스템을 가질 필요는 반드시 없다. 확실한 것은, 하나가 수천의 교량을 취급할 때 엄청난 양의 데이터의 실제적인 관리는 컴퓨터로 지원된 방법을 요구한다. 그러나 이것은 교통부서가 지난 수 년 동안에 교량 관리 시스템을 가졌다는 사실과 비록 그들이 그렇게 불리지는 않았을 지라도 일치하지는 않는다. BMS는 조직적이고 의사결정을 지원하는 시스템 이상도 아닌 것이다. 그 시스템은 3 × 5 in 색인카드든지, 월간 회의 또는 관계되는 데이터베이스 시스템의 사용에 기반을 뒀든지 간에, 지금도 BMS는 여전하다. 최근에 50년에 도달하는 미국 고속도로 시스템의 개발과 더불어 태어난 교량에서, 고속도로 교량의 유지관리와 개선에 대한 신속하고 효율적인 관리가 극적으로 증가하고 있다.

비록 개발에 있어 작업이 수행되었지만, 전산화된 BMS는 이런 시스템의 잠재적인 이용을 극대화하기 위해 아직도 큰일들이 남아 있다. 이 절에서 우리는 BMS가 필요한 일, 작업과 정확한 시스템의 개발에 연관된 몇몇 주요 문제, 교량 프로젝트의 설계 단계에 이러한 시스템의 잠재적인 연결 등을 정의하는데 필요한 기본적인 매개변수에 대한 짧은 배경을 제공하고자 한다. BMS의 초점이 일반적으로 유지관리에 있기 때문에, 이 마지막 중요한 BMS의 응용이 자주 잊힌다.

5.3.1 배경 및 역사

미국에서 교량 관리와 관련된 어려움은 미국 고속도로의 개발로 돌아가 추적할 수 있다. 빠른 속도로 고속도로의 주요 부분을 건설한 결과는 대략 동일한 시대에 건설된 도로교의 대부분에도 영향을 미쳤다. 그러나 이것은 한쪽 해변에서 다른 쪽 해변으로 갈 수 있도록 (즉, 대륙횡단과 같이) 접근하기 쉬운 교통의 경제적 붐을 일으키는데 효과가 있었지만, 동시대의 많은 교량들이 노화하거나 불완전하게 되었다. 광범위한 교량 건설의 또 다른 기간은, 비록 작은 정도이지만 1930년대의 불황기간 동안에 발생했다. 이 확장의 결과는 1950년대부터 1970년대까지 차지했던 고속도로 개발의 결과와 비슷한 효과를 가졌다. "동시에 노화되는" 효과는 문제의 크기와 이러한 불완전성을 해결해야 하는 교통부서에 놓인 짐을 모두 증가시켰다.

앞 절에서 도로교와 관련된 좀 더 고질적인 문제의 몇 가지 예를 보았다. 이러한 문제는 주로 바닥판 연결부의 누수로부터 강재 주부재의 피로 손상, 하부구조물 기초의 세굴까지이다. 그것은 유지보수 부서에서 준비하고 결정해야 할 BMS의 목표이다.

- 네트워크에서 모든 교량의 전반적인 상태
- 특정 교량의 특정 부재의 상태

구조물 또는 구조물 그룹의 기본적인 상태평가에 더해서, BMS는 사용자에게 다음을 결정하도록 도와주어야 할 분석적이고 통계적인 방법으로 보강되어야 한다.

- 잠재적인 유지관리와 개선 계획
- 이러한 계획의 관련 비용

이러한 4개의 목표를 충족시키는 것은 작은 작업이 아니다. BMS 개발을 복잡하게 하는 두 가지 요소는 구조물의 상태를 묘사하는데 필요한 데이터베이스의 확장(아래 참조)과 다양한 형태의 도로교 그 자신이다. 이 책에서 우리는 수없이 다른 교량형태와, 구조물의 각각 형태를 이루는 수많은 부재의 유형과, 각기 부재와 요소 클래스 내에서 요소 유형의 많은 순열 등을 얘기하였다. 이 변수 성질은 단순히 강교량인지, 콘크리트 교량인지를 정하는 것보다 훨씬 더 많은 것이다. 만약 그것이 강교량이라면, 어떤 종류의 바닥판이 사용되는지, 콘크리트인지 또는 강바닥판인지? 거기에 분리형 아스팔트 웨어링인지 아니면 통합형인지? 교각은 일자형인지, 망치머리형인지 또는 강교각인지? 이런 모든 정보는 위에 나열된 4개의 목표를 위해서라도 알려지고 또 정확히 규명되어야 한다.

이러한 질문을 해결하기 위해 교통부서에서는 예전에 그들의 네트워크에서 교량을 유지, 보수하기 위해 수작업에 의존하였다. 도로교의 우수한 내구성에 기반을 두고, 더 높은 등급으로 가는 이러한 방법은 우수한 성공을 거두었다. 그러나 사회간접시설의 노화, 특히 동시간대에 개선이 요구되는 많은 교량들은 수작업 방법으로는 유지관리 부서가 직면한 과제를 해결하는 것이 불가능하다는 것을 알았다. 도로교 유지관리와 개선에 대한 관리의 해결은 전산화된 방법이 많은 양의 정보를 취급할 수 있는 유일하고 합리적인 방법임을 나타낸다.

5.3.2 목록 데이터베이스

모든 BMS의 기초는 목록 데이터베이스이다. 목록 데이터베이스는 도로교의 구성요소의 형태에 대한 정보와 그들에 연관된 조건이 모두 포함되어 있다. 2.3절에서 우리는 도로교의 검사 과정과 검사에 관련된 작업의 기록에 대해 논의했다. 목록 데이터베이스의 핵심은 이런 검사 데이터 주위에 내장되어 있다. 수작업 시스템에서는 유지관리 요원이 파일에서 주어진 교량의 검사 보고서를 꺼낼 수 있고, 다양한 요소의 상태를 결정하기 위해 다양한 페이지를 정독할 수 있다. 전산화된 시스템에서는 검사 정보가 데이터베이스에 저장된다. 목록 데이터베이스의 개념은 1970년대에 국가 교량 목록(NBI)의 창설에 그 뿌리가 있다.[5.7] 그러나 많은 주립 교통부서는 개별적인 요소에 대한 그들 고유의 평가안을 유지하고 있다(2.3.3절 참조). 거기에 또한 각 주의 목록 데이터베이스의 세부 수준도 해당된다.

목록 데이터베이스의 세부 수준에는 기본적으로 각 교량에 대해 저장된 정보의 양이 관련되어 있다. 어떤 주어진 구조물에 대해 바닥판 조건에서부터 배수시설물까지 저장된 수백, 수천 가지의 정보가 있다. 이러한 모든 데이터의 분류와 확산을 통한 과정은 BMS 작업을 창조하는 핵심과제 중 하나이다. 만약, 이러한 모든 데이터를 통한 로깅과 분류가 도전이라면, 그것들을 교량의 유지보수와 개선을 선택하고 조율하는 의사결정의 도구로 적용하는 것은 하나 이상인 것이다. 그러나 목록 데이터베이스가 없다면 BMS의 구축은 불가능할 것이다. 본질적으로, 목록 데이터베이스는 도로교의 그림을 나타낸다. 그 그림이 목록 데이터베이스의 품질과 완전함에 얼마나 양호하게 또는 불량하게 직접 연결되었는지 알 수 있다.

현장검사 데이터가 2.3절에서 설명된 것처럼 목록 데이터베이스의 핵심을 형성한다면, 그들은 합병할 수 있는 유일한 정보의 원천이 될 수 있다. 현재 전산 자동화 방법을 사용한다면, 교량 사진으로부터의 모든 것은 그것에 연관된 지형도로 변환되어 데이터베이스에 저장되고 사용자에 의해 접근될 수 있다. BMS 목록 데이터베이스를 시작할 수 있는 또 다른 잠재적인 정보의 원천은 기록 계획 정보이다. 우리가 나중에 더 자세하게 논의하겠지만, 만약 요소의 기하학적 특성이 알려진다면(즉 주부재의 단면 특성, 기둥 지름), 관리결정에서 설계결정까지 진일보하는 것이 가능하다(목록 데이터베이스 정보의 단일 저장소로부터).

그러나 더 많은 것이 반드시 더 좋지는 않다. 만약, 풍부한 정보가 데이터베이스에 저장되었고 아직 활용되지 않았다면, 이것은 단순히 시스템 수행에 간접비를 더하는 것이다. 큰 데이터베이스를 구축하는데 명백히 많은 원천이 필요하다면, 즉 인력과 돈 모두가 필요하다면, 그리고 막대한 양의 데이터가 쓰이지 않은 채 창조되는 것은 데이터를 적용하는 의미 있는 작업의 원천이 누수되는 것과 같다.

5.3.3 유지관리 데이터베이스

반면, 목록 데이터베이스가 교량과 그것의 상대적인 상태로 구성되는 요소의 기록을 유지한다면, 유지관리용 데이터베이스는 현재까지 구조물에서 수행된 작업뿐만 아니라 앞으로 실행 예정된 작업까지 그 설명을 포함한다. 이 정보는 결함을 바로 잡으려고 취해지는 교정방법을 결정하기 위한 목록 데이터와 반하여 언급되는데, 만약 교량이 새로운 바닥판 연결부위를 설치하고자 하면 아마도 주요 개선작업은 구조물에 수행된 작업의 더 많은 필요성으로 1년 또는 2년 연기될 것이다.

5.3.4 프로젝트 및 네트워크 수준 분석

BMS는 프로젝트 및 네트워크 수준 분석 접근법을 사용하여 기능한다. 프로젝트 수준 분석은 개별적인 구조물 자체와 결함을 바로 잡으려고 취해지는 교정방법에 관련한다. 관련된 비용과 각종 방법의 예견된 세분화는, 어떠한 보수방법이 가장 최선의 해결책인지 결정하는 경제성과 안전성 두 가지 측면에서 노력으로 수행된다.

네트워크 수준 분석은 교량 그룹과 연관된 그 자체에 관련되며, 각 교량의 요구에 의한 것뿐만 아니라 전체적인 네트워크에 기초를 둔 결정을 만든다. 예를 들면, 하나의 다리에서 바닥판 수리를 요구하거나 광범위한 세굴 손상으로 고통 받는 경우이다. 한정된 가용재정 안에서 BMS는 우선 세굴문제를 고치는 것으로 의견결정을 하는 과정을 지원할 것이다. 이는 궁극적으로 구조물의 붕괴에 관한 문제이며, 바닥판을 수리하는 것보다 훨씬 시급한 일이다. 바닥판보수는 무시할 수는 없는 일이지만 최소한 뒤로 연기할 수 있는 작업이다. 이것이 네트워크 수준에서 결정을 만들어가는 시나리오의 한 예이다.

균형 잡힌 BMS는 위에 묘사된 두 가지 방법을 이용하여 교량을 검사하는 기능성을 제공한다. 비록 BMS의 이론적 이미지가 주어진 적절한 치수로 교량의 목록을 생산하는 것 중 하나라 할지라도 현실은 매우 많이 다르다. BMS는 결정을 만드는 도구가 아니라 결정을 도와주는 도구이다. 기술자는 이런 정보를 흡수해야만 하고, BMS의 도움과 함께 네트워크의 구조물을 유지하기 위한 논리적인 계획에 도착해야 한다. 거기에는 단순히 너무 많은 BMS 분석과정 밖의 인자들이 있는데, 이것은 "블랙박스"로서 기능하는 시스템에 영향을 미친다. 국회의원에 의해 그의 지역구의 손상되는 교량을 정치적인 압력수단으로 BMS에서 관례로 사용하는 것을 상상하기란 매우 어려운 일이다.

네트워크 수준과 프로젝트 수준의 관계를 알아볼 수 있는 방법은 거시적인 데이터베이스에서 미시적인 데이터베이스로 가는 것이다. 거시적인 데이터베이스는 교량의 전체적인 관점을 나타내고, 본질적으로 멀리에서 본 조감도와 같이 행동한다. 이러한 관점에서 유지관리 요원은 그들이 대면하고 있는 문제의 크기와 범위의 진가를 얻을 수 있다. 이것을 파이차트 관점이라 부른다. 예를 들어, 전형적인 네트워크 분석 생산은 불량, 좋음, 매우 좋음과 같이 분류될 수 있는 교량의 백분율을 보여주는 것이다. 잘 만들어진 BMS는 네트워크 수준 최적 분석을 수행할 수 있고, 이것으로 제한된 예산의 구속 내에서 네트워크상의 다양한 교량의 개선을 실행할 최적의 시간을 결정할 수 있다.

미세한 프로젝트 수준 분석은 개별적인 구조물의 상세한 스냅샷을 나타낸다. 이 스냅샷은 특정한 요소, 현재의 상태, 그리고 건드리지 않은 채로 남은 가능한 세분화에 대한 정보를 포함한다. 교량의 프로젝트 수준 관점은 선택과정을 투명하게 하고, 보수의 각종 수준의 마지막 단계를 제거하는데 사용된다. 반면 네트워크 분석 방법이 어떤 교량이 숙고의 마지막 단계인지 결정하는 것인 것에 반하여, 프로젝트 수준 접근은 후보공법을 선정하고 개선범위를 명확하게 하는데 사용된다. 이 두 단계 접근은 모두 방법론적으로 장점을 활용하는 프로젝트 선택에 대해 일관적인 기준을 제공한다.

5.3.5 교량의 상태 예측

도로교의 미래 상태에 대한 예측은 교량이 받아들여야 할 보수의 형태 및 범위를 결정하는 중요한 인자이다. 이 예측은 보통 다음의 가능한 시나리오 중 하나에 바탕을 두고 이루어진다.

- 작업을 수행하지 않는다.
- 부분적이고, 임시적인 조치이다.
- 모든 결함을 해결하고자 전체적인 보수가 이루어진다.

이러한 예측을 만드는 기본적인 도구는 악화모델이다. 악화모델이란 요소의 현재 상태를 취하고, 그것으로 특정한 치료 치수에 바탕을 둔 상태를 외삽법으로 추정한다. 다음은 어떻게 악화모델이 작용하는지에 대한 예이다. 구조물의 교좌장치와 받침대는 부식과 악화의 증거를 보여주는데, 가능한 7 중에 3의 비율로 발생한다. 만약, 아무 작업도 이루어지지 않는다면 악화모델은 1～2년까지 교좌장치가 손상되는 것으로 나타낼 것이다. 만약 부분적인 작업이 바닥판연결부 탈락을 수리하고 받침대의 표면을 보수하면, 비율은 3으로 3년을 더 견딜 수 있다. 만약 구조물이 잭업되고 손상된 교좌장치가 교체된다면, 그 결과비율은 7로 나타날 것이다. 이 결과비율은 전체 구조물의 비율을 결정하는데 쓰이고, 따라서 그림은 모든 다양한 변수가 나타날 때 더 복잡하게 된다. 교좌장치가 교체될 수도 있고, 교각에 대한 문제만 남을 수도 있고, 또는 그 반대일 수도 있다. 이것은 악화모델이 설명되어야 할 질문의 유형이다.

악화 모델에 의해 생성된 답변은 교통 부서에서 이미 존재하는 지식 재산에 큰 부분에 기초를 두고 있으며, 따라서 다음 모델에 통합된다. 이러한 계획은 동일한 지리적 지역과 유사한 형식의 교량에 기록 데이터로 반영될 것이다. 지리학적 다양성, 기후와 구조적 형식이 분명히 악화 모델에 의해 생성된 대답에 큰 영향을 미칠 것이다. 예를 들어, 만약 구조물이 해양 환경에 있거나 끊임없이 동해에 노출되어 있다면, 콘크리트 부재의 해당하는 효과는 모델에 적용되어야만 한다. 악화모델의 구축은 과학보다는 예술로 더 여겨진다. 교량의 미래 상태에 영향을 주는 많은 인자들이 있기 때문에 대부분의 BMS는 미래의 악화를 예측하기 위해 확률 모델을 사용한다.

5.3.6 기타 의사결정 - 지원 기준

구조물의 악화 모델링에 의해 생성된 결과와 함께, 다양한 의사결정 지원 기준이 수행해야 할 작업에 대한 일반적인 추천에 사용된다. 이러한 기준 중의 하나가 서비스 조건 수준이다. 서비스 조건 수준은 중요성 분류(IC)와 유사한 개념인데, 이것은 구조물에 작용하는 지진하중의 효과를 결정하는데 사용된다(3.5.3절 3항 참조). 본질적으로, 서비스 조건 수준은 구조물이 필수적으로 간주될 수 있는지 여부를 정의한다. 필수적인 교량의 예는 긴급 차량 및 스쿨버스를 통과시키는 구조물이 될 것이다. 이 모델은 바닥판 폭, 수직 여유공간 그리고 재하능력 등과 같은 구조물의 다양한 특성인 기능성과 연관되어야 한다.[5.7]

다른 의사결정 지원 기준은 미래의 교통 상황에서 구조물의 손상에 이르기까지 등급별로 인자의 영향에 대한 계정으로 사용된다. 이러한 모델은 미래의 몇 년 후에 오게 될 상태를 설명하기 위한 교통부서의 원천에 대한 지출을 최적화하기 위해 사용된다.

알아두기

미국은 교통서비스를 위해 대략적으로 1조 달러를 지출하고 있다(1993년 기준). 이것은 국가 총 지출의 약 17%에 해당된다. 이 지출에 포함되는 교통시스템은 도로, 교량, 철도, 수로, 공항, 관로 그리고 기타 교통시스템이다.

5.3.7 비용 모델

다양한 치료와 대안의 비용은 BMS에서 중요한 역할을 한다. 우리가 이전에 기술자의 견적준비에서 논의한(5.2.1절 참조), 어떤 견적의 기준은 이전에 수행된 작업으로부터의 역사적인 비용이다. 하나로 통합되는 BMS에서는 다양한 수준의 작업과 상세에 해당하는 비용지출을 추적할 수 있어야 한다. 이러한 BMS는 그것의 데이터베이스에 광범위한 프로젝트 비용을 유지해야 하고(즉, 시스템상 기존의 고가 교량에 대한 전체적인 개선 비용), 좀 더 세밀한 것도 유지해야 한다(즉, 바닥판 연결부 갱신 비용).

BMS는 이러한 기본적인 작업 비용 일정뿐만 아니라, 다양한 예산과 자금의 고려사항 및 제한사항을 염두에 두어야 한다(즉 연방 일치 자금, 다양한 지역에 자금 할당). 비용 모델은 인플레이션과, 후에 작업의 지연을 초래하는 프로젝트 비용에 영향을 주는 다른 경제적인 변수 또한 고려해야 한다.

BMS는 또한 여행시간, 연료, 안전 및 사용성 개선에 대한 사용자 비용 절약을 고려해야만 한다. 이런 이유로 BMS는 어떤 교량을 먼저 개선해야 하는지 결정할 때, 항상 중차량이 다니는 교량에게 우선권을 주는 것이다.

BMS에 대한 비용 모델을 만드는 몇 가지 기본적인 기준이 있다. 운송업계에서 프로젝트 자금의 복잡한 성격을 감안한다면(2.1절 참조), 광범위한 인자는 취해질 특정한 구제 조치의 비용에 영향을 미칠 수 있다. 이런 복잡성은 비용모델의 개발을 BMS를 만드는데 가장 어려운 작업 중 하나로 만들 수 있다. 이런 모델에 의하여 생산된 결과의 정확성은 그들에게 영향을 주는 광범위한 인자를 포함해야 한다. 그러나 항상 일정한 경향이 있는데, 이는 BMS로부터 유래된 개략적인 비용숫자를 보는 것인데, 같은 방법으로 기술자의 최종 견적을 보는 것과 같다.

BMS의 다른 특징과 같이, 생성된 대답은 실질 조건보다 더 일반적인 징후이다. 그것은 생성되는 정보를 통해 선별하고, 사려 깊으며, 희망적으로 정확한 유지관리 계획을 추출하는 것이 발주자의 책임이다.

5.3.8 최적화 모델

최적화 분석은 네트워크 수준과 프로젝트 수준에서 모두 수행될 수 있다. 선형 프로그래밍이라 불리는 수학적 접근은 분석을 위해 사용된다. 최적화의 객관적인 기능은 교량의 유지보수 네트워크에서 "생애주기비용의 최소화"이다. 생애주기비용은 현재부터 일정치 않은 미래까지의 유지보수, 개선, 사용자 비용까지 포함한 모든 비용이다. 모든 미래의 비용은 현재 가치로 변환된다.

BMS의 최적화는 손상과 비용분석의 결과에 바탕을 둔 전체 네트워크의 유지관리와 개선에 대한 최소비용전략을 결정한다. 생애주기비용 분석은 최적화 모델을 위해 사용된다. 이것은 또한 모든 교량이 수용할 수 있는 서비스 충족 수준을 고려해야 한다. 예를 들면, 만약 작은 교량이 공공에 안전하지 않을 경우에는 비록 주간선도로의 확장이 더 경제적일지라도 개선되어야 한다. 최적화는 가용한 예산 안에서 수행된다.

최적화는 보통 하향식 접근방법이다. 그것은 제한된 예산 아래서 어떤 교량이 먼저 수리 또는 개선이 필요한지 결정하는 것이고, 그 다음에 결정된 교량에서 프로젝트 수준의 최적화를 실행하는데 어떤 작업이 필요한지 결정하는 것이다.

작은 다리의 사용자를 위해 상향식 접근방법도 사용된다. 비록 계산시간이 길더라도 상향식 접근방법이 하향식 접근방법보다 더 정확한 결과를 가져온다.

5.3.9 데이터베이스 구축

BMS 데이터베이스를 구축하는 것은 만만치 않은, 그리고 종종 두려움을 일으키는 작업이다. 일단 정확한 모델, 예측 그리고 추천사항을 개발하기 위해 필요한 막대한 양의 정보가 있다. 이런 것은 데이터베이스의 생성 자체에서 곤경에 빠지는 BMS 개발을 발생할 수 있다. 이것은 BMS 혼자의 특징뿐만이 아니라, 지리학적 정보 시스템(GIS)과 같은 비슷한 시스템의 건설 특징과 같다. 이 크기의 데이터베이스를 구축하는데 필요한 것은 인내와 실현 계획이다.

이러한 정보의 대규모 저장소를 만드는 한 가지 방법은 부트스트랩으로 데이터베이스를 입력하는 방법이다. "부트스트랩" 접근은 BMS가 목록 데이터베이스에 있는 경우, 핵심 데이터베이스의 생성을 요구한다. NBI의 창조와 함께 시작된 밀어 넣기 때문에 많은 교통부서가 이 점에서 잘 개발되었다. 일반적으로 BMS 개발은 구조물에 대한 설명 없이 음향 검사 프로그램의 존재로 예측되었다. 설계 시스템과 같이, BMS의 목표는 현장에서 구조물의 모델을 창조한 것으로서 이를 강조하는 것이 매우 중요하다. 골조 분석 패키지가 분석을 수행할 기둥과 상부 빔의 치수와 재료적 특성을 알려고 하는 반면에, BMS는 분석을 수행할 수 있도록 그들의 일반적인 유형과 조건을 잘 알아야 할 필요가 있다.

그러나 자동화 방법에서 어떠한 정교한 기관도 그 장소에서 필요한 데이터베이스로 BMS를 완벽하게 설계하거나 실현할 수 없을 것이다. 이것을 위한 정보가 단순히 너무 많기 때문이다. BMS의 개발은 시간의 과정을 넘어 구축된 핵심 데이터베이스와 함께 시작할 필요가 있다. 이러한 방식으로 시스템 내에서 다양한 모듈의 기본적인 기능은 데이터베이스가 자라고 성숙되는 것처럼 개발되고, 테스트되고, 수행된다. 이런 접근방법을 사용하여 교통관련 부서는 시스템으로부터의 즉각적인 이익을 현실화하고, BMS의 "최종"형태로 개발을 추구한다.

BMS는 진정으로 결코 끝나지 않고 오히려 지속적으로 진화하기 때문에 우리는 "최종"이라는 인용구로 에워싼다. 실제로 자금, 설계, 자체적으로 교량을 건설하는 방법이 정적이지 않고, 따라서 그것들을 관리하려고 개발된 시스템도 결코 정적일 수 없다. 그러나 BMS의 개발을 통해서 궁극적인 시스템 구현이 명백히 짧은, 다양하고 즉각적인 이익이 현실화될 수 있다.

예를 들어, 단순히 구조물 목록과 검사 데이터에 신속하게 접근하고 관람할 수 있는 것은 그 스스로 이익이며, 특별히 많은 교통관련 부서들이 파일 캐비닛에서 검사 데이터의 하드코피 버전을 되찾을 때이다. BMS의 개발에서 첫 번째 목표는 이미 존재하는 데이터에 접근하고 회수하는 것이다. 만약, 검사 데이터가 디지털 형태로 존재한다면 즉시 유지보수가 가능해지고, 또한 설계 관계자에게는 가장 빠른 기회이다. 다른 컴퓨터 시스템과 같이 실질적인 최종 사용자가 데이터를 얻을 수 있다면, 이런 데이터의 잠재적 사용에 대하여 개발자도 스스로 전혀 상상할 수 없는 폭발이 일어날 것이다. 그러므로 이런 데이터의 최종 사용자에 의한 즉각적인 데이터 접근은 사용자 스스로에게 매우 중요할 뿐만 아니라, BMS의 개발에서는 매우 심각한 단계이다.

5.3.10 크고 작은 구조물 관리

BMS의 개발에서 중요한 문제는 어떻게 크고 작은 구조물을 단일 데이터베이스 내에서 처리하는 것이다. 3경간 구조물의 유지보수 작업은 규모와 범위에서 100경간 구조물과 비교할 때 당연히 매우 크게 다르다. 그러나 어려운 점은 100경간 구조물이 3경간 구조물과 같은 방법으로 처리될 때 또는 그 반대일 때이다.

이 모순을 해결하는 한 가지 방법은 큰 구조물을 교량의 그룹 그 자체로 취급하는 것이다. 이것은 경간과 경간에 기반을 둔 모든 BMS 분석 방법을 수행하는 것으로, 본질적으로 100경간 교량을 경간에서 경간으로 변환하는 100개의 작은 네트워크로 바꾸는 것이다. 이러한 소위 경간 기반이라 불리는 접근법은 전체적인 교량의 네트워크에 적용된다(즉, 크고 작은 교량). 어쨌든 기억해야 할 것은 모든 네트워크의 대다수 교량에서 개선은 경간과 경간 기반이 아닌 구조물과 구조물 기반으로 일어난다는 것이다. 예를 들어, 만약 3경간 구조물의 2번째 경간에서만 교체가 요구되는 바닥판을 가졌다면, 2번째 경간의 바닥판만 교체되는 것은 정말 가망이 없는 일이다. 지난 세기 초에 건설된 많은 교량들이 오늘날의 관습보다 더 크게 다른 재료 특성(즉, 콘크리트와 철근의 강도)과 다른 크기(즉 바닥판 두께, 연석, 보도폭)를 사용했기 때문에 경간에 기반을 둔 복구는 불가능하다. 예를 들어, 교통부서에서는 1950년대 표준이었던 단경간을 재건설하지 않는다.

그러나 전반적인 네트워크 비용을 결정하는 방법으로, 경간 기반 접근법은 몇 가지 장점을 제공한다. BMS에 의해 실질적인 예측과 추천이 이루어질 때 그것은 구조물의 치료방법에 대한 가능하고 광범위한 적용을 염두에 둔다(즉, 2번째 경간의 바닥판 교체는 첫 번째와 3번째 경간의 바닥판 교체를 필요로 한다).

5.3.11 현재의 교량 관리 시스템

논의한 바와 같이, BMS는 그것을 개발하기 위해 막대한 양의 원천을 요구하는 매우 복잡한 시스템이다. 미국에서 대다수의 교통관련 부서는 정기적인 유지보수를 위한 충분한 자금이 없으며, 따라서 각자의 DOT(Department of Transportation, 교통부)에서 고유의 BMS를 개발하기란 실용적이지 못하다. 대부분의 DOT는 한두 개의 유명한 교량 관리 시스템을 채택한다(Pontis와 BRIDGIT).

Pontis는 6개 주와 몇몇 민간회사가 연합하여 FHWA에서 개발된 BMS이다. 이 데이터베이스에서 교량은 개별적인 요소로 나누어져 있다. 같은 재료로 된 요소들은 같은 방법으로 손상되면서 구획별로 그룹화되어 있다. 각 요소의 상태는 검사보고서에 따라 1에서 5로 나누어져 기록된다.

Pontis는 미래의 손상을 예측하기 위해 확률적 접근을 사용한다. 그것의 비용 모델은 교통사고, 여행시간, 연료비와 같은 사용자 비용을 견적할 능력이 있다. 최적화를 위해 개별적인 프로젝트를 선택하기보다는 전체 네트워크를 최적화하는 하향식 접근방법을 사용한다.

BRIDGIT는 NCHRP와 전국 공학기술 주식회사에 의해 공동으로 개발된 BMS이다. BRIDGIT는 모델링과 용량 측면에서 Pontis와 매우 유사하다. 그들의 데이터베이스, 손상 예측 모델 그리고 비용 모델은 모두 비슷하다. BRIDGIT와 Pontis의 주요 차이점은 최적화 접근에 있다. BRIDGIT는 최적화를 위해 상향식 접근방법을 채택했다. 그것은 또한 특정한 교량에서 동작 분석을 지연시키는 " … 하면 어떻게 될까?"라는 질문을 수행할 수 있다. 그것은 지연된다면 특정한 프로젝트가 절약될 것인지 또는 교량 전체 생애를 통해 더 경비가 소요될 것인지 말할 수 있다.

BRIDGIT는 Pontis보다 느리지만, 더 작은 네트워크에 대해 적합하다.

5.3.12 교량설계에 BMS 연결

대부분의 BMS 개발의 논의에서, 교통부서에 현존하는 CADD 시설로 잠재적인 연결을 부수적으로 언급한다. 그러나 작동하는 BMS의 중요한 성분은 종종 무시된다. 교통부서에서 유지관리와 설계업무 사이의 밀접한 연결은 컴퓨터 소프트웨어와 일상작업의 두 가지 측면에서, 더 나아진 건설 프로젝트를 만들 뿐만 아니라 작업의 많은 중복을 줄일 수 있다.

언뜻 보기에 BMS와 CADD 응용 사이의 잠재적 연결은 매우 희박해 보인다. 사실, 그들은 둘 다 교량의 요구를 충족하지만 BMS가 개선적인 치수와 예산의 고려사항을 분석하는 반면에, CADD 시스템은 설계와 최종 계약문서의 준비에 중점을 둔다. 그러나 이 두 시스템 사이에는 공동의 이익을 위해 활용하는 공통점이 존재한다.

그림 5.7은 어떻게 BMS와 CADD 사이의 연결이 계획, 설계, 건설 그리고 구조물 그 자체의 유지관리의 주기가 자연스러운지를 보여준다. BMS와 CADD 응용 프로그램에 의해 공유하는 공통점은 교량 데이터베이스이다. 언뜻 보기에 각각의 시스템에 의해 요구되는 정보는 매우 다른 것처럼 보인다. 각 시스템에서 요구되는 정보에는 분명히 많은 차이점이 있는 반면에, 무시할 수 없을 정도로 꽤 많은 공통점도 있다.

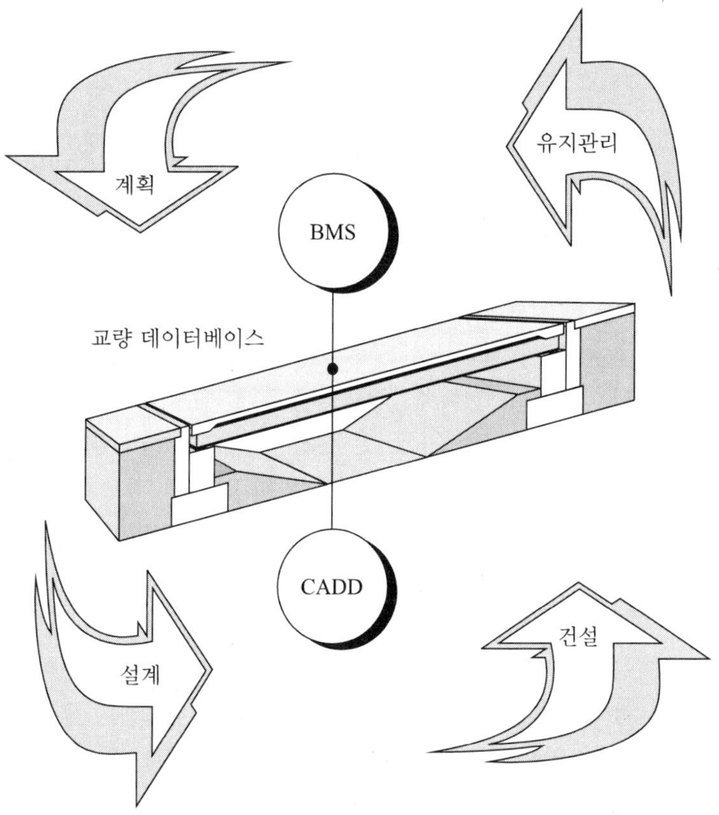

그림 5.7 CADD로 BMS의 연결은 설계 – 유지보수 주기상 매우 자연스러운 것이다.

도로교의 설계주기와 유지보수는 원천과 구조물의 물리적 건설의 계획(그리고 예산)을 포함한다. 그 주기는 구조물이 그 안전성과 사용성 요구를 확실히 충족시키기 위해 교통부서의 유지관리 사무실과 설계 사무실 사이의 교감을 요구한다. 비슷한 현상으로, BMS와 CADD는 작업의 중복을 피하기 위해 협력하는 것이 필요하다. BMS와 CADD가 서로 매우 다른 방향으로 기능을 제공하는 반면에, 그들은 공통점을 공유한다(교량 데이터베이스). 목록 데이터베이스가 점점 더 세분화되기 때문에 CADD 작업에 연관된 정보를 포함하기 위한 이런 데이터베이스의 확장은 가능하다. 예를 들면, BMS의 목록 데이터베이스는 종종 경간의 길이와 쓰여진 주부재의 형식을 저장하고 있다. 만약, 주부재와 바닥판의 단면특성치가 포함되었다면(즉, W36×150 스트링거와 8 in 바닥판), 구조물의 하중등급 분석은 CADD 환경 내에서 수행된다. 이 데이터는 개선이 필요한 지에 대한 분석을 생성하기 위해 BMS로 돌려진다. 이것은 어떻게 BMS와 CADD가 공동의 목표를 달성하기 위해 작업하는지를 보여주는 하나의 예이다.

어떻게 BMS와 CADD가 함께 작업할 수 있는지에 대한 기본적인 예는 구조물의 하중 등급에서 보인다. BMS는 무슨 유지보수 과정이 구조물에 놓이게 될지 결정하기 위해 구조물의 하중수행 능력을 알아야 할 필요가 있다. 대부분의 CADD 시스템(교량설계에 맞게 계획된)에 있는 기능성은 하중 등급 분석을 준비하기 위한 능력이다. BMS와 CADD가 별도로 작업하는 분리된 환경에서 이런 정보는 그들의 배치(CADD 또는 수동)에 어떤 수단을 사용하는 설계부서에 의해 결정되고, BMS 데이터베이스에 하드와이어링이나 넓은 컴퓨터용 종이가 준비된다.

그러나 통합된 접근은 확장된 목록 데이터베이스를 활용한다. 대부분의 BMS 목록 데이터베이스는 사용된 주부재의 형식과 마찬가지로(즉 압연된 단면, 프리스트레스트 콘크리트), 구조물의 경간장을 이미 저장하고 있다. 데이터베이스는 주부재의 단면특성(즉 W36×150, AASHITO PCI 형식 III 프리스트레스트 콘크리트 거더), 바닥판 두께, 그리고 다른 연관된 기하학적 데이터를 포함할 필요가 있다. 동일한 데이터베이스로부터 작업하면서, CADD 시스템은 필요한 정보에 접근할 수 있고, 하중등급 분석을 수행할 수 있고, 앞으로 취해질 잠재적인 치료 치수를 결정하는 미래의 분석을 위해 BMS로 정보를 돌려놓을 수 있다.

연결의 동일한 형식은 구조적 부재의 광범위한 다양성에 적용될 수 있다. 이 연결의 적용은 단지 교량 부재의 구조적 해석에 사용되는 것은 아니다. 계약문서 준비의 CADD 사용에 관한 절에서(5.2.2절) 우리는 매개변수적인 모델링의 기능성을 논의했다. 만약, 자세한 기하학적 정보가 유지되었다면 도면의 자동화 생산이 용이하게 될 수도 있다. 이러한 데이터는 대략적인 물량계산(즉, 콘크리트 에폭시 보호도장의 적용이 필요한 면적, 부재 교체로 제거되는 콘크리트의 양 등)에 더 적용될 수 있으며, 이는 보수작업이 선택된 구조물에 수행될 작업량을 자세히 견적하기 위해 BMS로 다시 돌아갈 수 있다. 이런 자세한 상호작용은 네트워크 수준 분석에서 수행되지 않고, 좀 더 자세한 프로젝트 수준 분석에서 수행될 수 있는데, 그곳에서는 중요한 질문이 발생할 수 있다. 짧은 형태로 보다 세련된 대답을 얻기 위한 잠재력은 실현 가능성이 매우 크다.

물론, 작업의 큰 정책이 이러한 통합된 시스템을 구축하기 위해 요구된다. 그러나 BMS 개발의 경우와 마찬가지로, 이러한 통합은 하룻밤에 달성되지 않는다. 이 과정은 많은 조각들이 BMS 및 CADD 양쪽 끝에 있는, 이미 개발되었다는 사실에 의해 용이하게 추진된다. 아직 해야 할 일이 남은 것은 그들 간의 통합이다. 작업이 확실히 만만하지 않지만, 절대로 불가능한 것은 아니다. 위에 주어진 하중등급의 예는 BMS와 CADD 응용을 통합하는데 취해진 훌륭한 첫 번째 단계이다. 거기에서부터 시스템간의 교차연결은 같이 맞춰나갈 수 있다.

이러한 통합을 위한 또 다른 명백한 관심사는 연관된 데이터베이스의 엄청난 크기와 그것을 구축하는 데 필요한 시간이다. 데이터베이스 크기를 기준으로 단일 데이터베이스의 모든 정보를 유지할 필요성은 없다. 별도의 데이터베이스는 데이터베이스 간 교차 업데이트를 위한 연결과 능력이 설계안에 설명되는 한 설정될 수 있다. 데이터베이스의 구축이 우려되는 한, BMS 데이터베이스의 생성을 위해 추천된 동일한 부트스탭 접근이 설계의 개발이나 CADD 데이터베이스에 적용된다.

대부분의 CADD 응용 수준 분석을 위해 필요한 데이터는 레코드 계획이나 현장 측정에서 얻을 수 있다. 구조물의 검사와 함께 수행될 수 있는 활동으로 CADD와 관련된 핵심 데이터의 현장 확인을 얻을 수 있다. 필요한 정보는 처음에는 작고, 점차적으로 필요한 그 자체로 성장할 것이다. 천천히, 한 번에 하나의 구조물로 데이터베이스는 성장할 것이고, 이 성장과 함께 기능성과 유용성에 동반 성장하게 될 것이다.

5.3.13 포장 관리 시스템에 BMS 접목

포장 관리 시스템(PMS)은 교량 구조물보다는 도로에 중점을 두고 BMS와 동일한 기능을 수행한다. 교량은 전체 도로 네트워크에서 하나의 구성요소이지만, 포장과 교량 관리 시스템 사이의 연결은 매우 중요하다. 이러한 통합의 주요 장점은 더 단일화되고 자금의 합리적인 지출이 될 것이다. 분리되고 독립적인 작업으로서의 도로와 교량의 유지보수보다는 PMS와 BMS 응용의 연결이 교통부서가 자금을 더 분별력 있고 효율적으로 할당할 수 있는 기초를 마련할 것이다.

도로에서 유지보수 작업(즉, 표면재작업)을 받는 것은 지극히 상식적이며, 또한 구조물이 같은 접근방식으로 개선되는 것도 마찬가지다. 만약, 통합된 포장과 교량 관리 시스템의 사용을 통해 도로와 교량의 결합된 작업이 예측된다면, 원천적인 합병이 이루어지고, 따라서 각 프로젝트의 전체적인 경비가 감소된다. 이러한 통합은 비슷한 방식으로 BMS와 CADD 응용 사이의 연결에도 착수된다. BMS와 CADD의 통합과 같이, PMS와 BMS의 통합은 공통 데이터베이스를 활용하여 만들 수 있다.

PMS와 BMS 사이의 공통적인 연결은 기하학적으로 도로와 교량 모두의 공유이다. PMS의 유지보수 작업이 도로상의 긴 길이(즉, 몇 마일)에서 분석되는 반면에, 교량에서의 작업은 특정한 지점에서 발생하는데, 따라서 통합된 PMS-BMS 시스템이 교량작업과 도로작업이 동시에 일어나는 위치를 확인할 수 있다.

5.3.14 GIS와 이미징 기술

BMS와 PMS 두 가지의 기능성을 향상시킬 수 있는 또 다른 기술은 GIS이다. 그들이 공유하는 기하학의 문맥 안에서 교량 데이터와 포장 데이터 모두를 볼 수 있는 능력은 교통부서에서 책임지고 있는 작업을 보거나 설명할 수 있는 훌륭한 도구를 제공한다. BMS 개발에 이용될 수 있는 또 다른 기술은 이미징이다. 이미징 기술은 계획, 검사 보고서 그리고 기타 관련 정보를 디지털 환경에서 스캐닝 및 자동 접근할 수 있다. 따라서, 만약 BMS가 어떤 특정한 추천에 도달하고 검사 보고서에서 검사자의 원래 의견을 보는 것이 바람직하다면, 사용자는 실질적인 하드복사 보고서에 보고하지 않고도 BMS 내에서 실질적인 검사 보고서에 쉽게 접근할 수 있다.

GIS와 이미징 기술은 모두 교량 관리 시스템의 개발에서 취해진 급격한 변화를 설명하기 위해 제공한다. 그러나 견고한 기초의 창조같이 음향 데이터베이스 만들기는, 이런 것과 그리고 다른 이미징 기술을 확장시키는 것을 가능하게 만들도록 기초를 제공한다. 앞으로 수십 년에 걸쳐 이런 시스템은 그것 없이는 구조물을 유지하는 것이 매우 어려운 부분까지 발달시키고 자랄 것이며, 마찬가지로 개인용 컴퓨터의 도움 없는 도로교의 설계는 상상하기 어려운 지점까지 성장할 것이다.

참고문헌

5.1 Hickerson, Thomas F., *Route Surveys and Design,* 4th ed., McGraw-Hill, New York, 1959.

5.2 *A Policy on Geometric Design of Highways and Streets,* 5th ed., American Association of State Highway and Transportation Officials, Washington, D.C., 2004.

5.3 Oglesby, Clarkson H., and Hicks, R. Gary, *Highway Engineering,* 4th ed., p. 445, John Wiley & Sons, New York, 1982.

5.4 Brinkman, Charles P., and Mak, King K., "Accident Analysis of Highway Narrow Bridge Sites," *Public Roads,* vol. 49, no. 4, pp. 127-33, March 1986.

5.5 Tonias, Demetrios E., Tonias, Elias C., Poirier, Paul J., Cotugon, Louis J., and Metewski, Peter M. "CADD as a Production Tool in Bridge Design," *Public Works,* pp. 34-7, April 1988.

5.6 Galambos, Charles F., "Bridge Design, Maintenance, and Management," *Public Roads,* vol. 50, pp. 109-15, March 1987.

5.7 *Guidelines for Bridge Management Systems,* American Association of State Highway and Transportation Officials, Washington, D.C., 1993.

5.8 *The National Highway System : The Backbone of America's Intermodal Transportation Network,* U.S. Department of Transportation, Federal Highway Administration, Washington, D.C., December 1993.

찾아보기

기타

권 영 봉 영남대학교 건설시스템공학과
최 광 규 동아대학교 토목공학과
김 경 식 청주대학교 토목공학과
공 병 승 동서대학교 토목공학과
김 희 중 계명대학교 토목공학과

교량공학 한계상태설계 정가 30,000원

발 행 2018년 3월 2일 초판 1쇄
편 저 권영봉 · 최광규 · 김경식 · 공병승 · 김희중
발행인 정우용
발행처 도서출판 동화기술
경기도 파주시 광인사길 201(문발동, 파주출판도시)
Tel (031)955-4211~6 donghwapub@nate.com
Fax (031)955-4217 www.donghwapub.co.kr
(등록) 1977년 12월 19일/9-16호

Printed in Korea
ISBN 978-89-425-9168-8